SCHMIEDE UND SCHMIEDE-TECHNIK

EIN HANDBUCH FÜR BETRIEBSLEITER, SCHMIEDEMEISTER UND STUDIERENDE

HERAUSGEGEBEN VON

DR. C. OETLING

BAND I

DIE BRENNSTOFFE, DIE ERWÄRMUNGSVORRICHTUNGEN FÜR FESTE BRENNSTOFFE UND ZUGEHÖRIGE MESSINSTRUMENTE

HANDBEDIENTE VORRICHTUNGEN, WERKZEUGE, MASCHINEN, AUSSCHLIESSLICH DRUCKLUFTMASCHINEN, SOWIE ZUGEHÖRIGE PRÜFVORRICHTUNGEN

TRANSPORT- UND BEDIENUNGSMITTEL

MIT 606 TEXTABBILDUNGEN

MÜNCHEN UND BERLIN 1920

DRUCK UND VERLAG VON R. OLDENBOURG

Vorwort.

Dieses Buch ist entstanden aus einer Arbeit, mit der ich mich Ende März 1911 an dem Preisausschreiben des Vereins Deutscher Maschinen-Ingenieure über Schmiedetechnik beteiligt und die ich dann auf Veranlassung des Preisstifters zu einem größeren Werke ausgebaut habe. Dieser Ausbau war aus zwei Gründen notwendig. Denn einerseits war die damals eingereichte Preisarbeit infolge der nur kurzen Spanne Zeit, die mir zur Verfügung stand, keine vollkommene geworden. Andrerseits waren in dem Preisausschreiben namentlich keine Grenzen für das zu behandelnde ungeheure Gebiet gezogen; es war daher für mich, der die verschiedenartigsten Schmieden mit ihren Spezialbedürfnissen aus eigener Anschauung kannte, außerordentlich schwer, die Preisfrage präzise zu beantworten. Ich konnte nur aus dem Namen des Stifters dieses Preisausschreibens den Schluß ziehen, daß es sich ursprünglich der Hauptsache nach um die Maschinenfabriksschmieden handeln sollte.

Der Wortlaut des Preisausschreibens war:

»1. Die Einrichtungen und die Bearbeitungsweisen in den verschiedenartigen Werkstätten industrieller Betriebe haben in den letzten Jahrzehnten sehr anerkennungswerte Verbesserungen erfahren; namentlich sind die Werkzeugmaschinen hinsichtlich der Genauigkeit der Arbeitsausführung sowie ihrer Leistung immer mehr vervollkommnet worden und haben zur Herabminderung der Herstellungskosten wesentlich beigetragen.

Während diese Fortschritte mehr oder weniger Gemeingut geworden sind, ist die Schmiedewerkstatt allgemein im Rückstand geblieben. Das uralte Herdfeuer mit seiner unvollkommenen Ausnutzung des Brennstoffes, seiner ebenso unvollkommenen Erwärmung und der ungenügenden Ausnutzung der Arbeitskraft bildet noch immer die Regel, wenn auch hier schon vereinzelt verbesserte Einrichtungen vorhanden, aber noch nicht allgemein bekannt sind und entsprechend gewürdigt werden.

Es ist daher erwünscht, eine sachgemäße Untersuchung über den Wert der vorhandenen neueren Einrichtungen anzustellen.

2. Die Bearbeitung soll sich, sofern nicht Abweichungen notwendig werden, erstrecken auf:

a) Besprechung der verschiedenartigen zur Verwendung kommenden Brennstoffe.
b) Vorrichtungen für die Erwärmung, Herdfeuer, Glüh- und Flammöfen, Windzuführung, Rauchabführung, Vorteile und Nachteile der mechanischen Rauchabführung gegenüber Schornsteinen u. dgl.
c) Vorrichtungen für die Bearbeitung. Hand- und maschinelle Bearbeitung, Hilfswerkzeuge, Hebe- und Transportvorrichtungen, Gesenke, Kraft hämmer, Schmiedepressen, Stauchmaschinen, Warmsägen, verschiedenartige Schweißverfahren u. dgl.
d) Vorteilhafte Herstellungsverfahren für Einzel- und Massengegenstände. Hinweis auf die Vorteile geeigneter Formgebung durch das technische Bureau u. dgl.«

*

Ich habe schon damals in meiner Preisarbeit betont, daß zunächst der Begriff des Schmiedens festgelegt werden, dann aber auch, wie schon angedeutet, das Gebiet dieser Technik, das behandelt werden sollte, mehr begrenzt werden müßte. Es wurde daher ein Übereinkommen getroffen, wonach sich die Arbeit in bezug auf das eigentliche Schmieden lediglich auf die Formengebung beschränken sollte; daher sollten meinem Vorschlage gemäß die Puddelwerke und die Eisenwalzwerke nicht mitbehandelt werden, um das Riesengebiet einigermaßen einzuschränken. Auch die Veredelung durch Zementierung und sonstige Härtung sollte nicht über das Härten von Gesenken hinausgehen. Es wurde ferner vereinbart, von den Arten der Schmieden vornehmlich die Maschinenbauschmieden, Schiffbauschmieden, die Schmieden der Eisenbahnwerkstätten, des Waggonbaus, der Röhrenwerke, der Werkzeugmachereien und die Kupferschmieden zu behandeln. Denn im Laufe der Zeit ist es nicht nur beim Eisen und Kupfer geblieben, sondern es haben sich noch andere schmiedbare Materialien ergeben, namentlich Legierungen des Kupfers.

Der Vollständigkeit halber habe ich jedoch noch außerhalb des Preisausschreibens als notwendig in Band II das Kapitel über Materialeigenschaften des Eisens eingefügt.

Die Vorarbeiten boten sehr viel Schwierigkeiten, da die Literatur über Schmieden zwar sehr reichhaltig, aber außerordentlich zerstreut ist und da doch alles geprüft werden mußte, um ein vollständiges Bild zu gewinnen.

Bei dem enormen Umfange der zu bearbeitenden Materie, welcher sich bei weiterer Vertiefung in diese ergeben hat, und bei der infolge der bisherigen großen Vernachlässigung notwendigen völligen Umgestaltung der heutigen Schmiede kann nicht erwartet werden, daß auf den ersten Wurf hier ein vollkommenes Werk geschaffen werden kann. Ich habe daher die Form eines Nachschlagewerkes gewählt. Um es zu einem Lehrbuch auszubauen, wären eine Reihe von Fragen, die noch der Lösung harren, zu klären; und wären erhebliche Mittel erforderlich gewesen. Diese standen mir jedoch nicht zur Verfügung.

An dieser Stelle möchte ich den verschiedenen Mitarbeitern an diesem Werke meinen Dank abstatten, namentlich auch dem Teil der deutschen Industrie, der mich durch eingehendste Beantwortung der von mir gestellten Fragen, deren Wichtigkeit allerseits anerkannt worden ist, in der entgegenkommendsten Weise unterstützt hat. Denn nur so ist es möglich gewesen, Daten der Praxis, die allein noch maßgeblich sind, dem Werke zugrunde zu legen.

Berlin, im Juli 1914.

Nachschrift: Die Ereignisse, die sich in der Zwischenzeit abgespielt haben, zwangen den Verlag wie auch den Verfasser, erst jetzt diesen bereits 1914 fertig gedruckten Band herauszugeben, was wir zu berücksichtigen bitten.

Berlin und München, im Mai 1920.

Der Verfasser. Der Verlag.

Inhalts-Verzeichnis.

I. Hauptteil.

I. Teil: Die Brennstoffe.

II. Teil: Die Erwärmungsvorrichtungen.

III. Teil: Vorrichtungen und Maschinen.

IV. Teil: Transport- und Bedienungsmittel.

Inhalt des II. Bandes.

Einleitung.

Ich möchte hier in kurzem die leitenden Gesichtspunkte und die Einteilung des Werkes skizzieren.

Zunächst ist wichtig, eine möglichst genaue Definition für den Begriff des Schmiedens zu finden. Ursprünglich bedeutete es: ein warmes Stück Eisen unter dem Hammer bearbeiten. Aber infolge des Fortschreitens der Technik ist diese Definition nicht mehr ausreichend. Denn es treten neben der stoßenden Arbeitsweise auch die pressende bezw. walzende auf. So mußte teilweise, wie bereits im Vorwort angedeutet, eine willkürliche Begrenzung der vorliegenden Arbeit erfolgen. Auch die Möglichkeit der gewaltigen Kraftentfaltung brachte Umgestaltungen. Vieles, das früher nur auf warmem Wege bearbeitet werden konnte, läßt sich heute infolge der zur Verfügung stehenden billigen großen Kräfte auf kaltem Wege herstellen. Ich möchte daher das Schmieden, das ich in meinem Werke behandle, in folgender Weise definieren: »Das Formen und Veredeln von Metallen auf kaltem und warmem Wege je nach der zu leistenden inneren oder äußeren Stückarbeit Schlag, Preßschlag oder Pressung durch Walzen (kontinuierliches Pressen), ohne wesentliche Abfälle namentlich durch Spanabheben, Vereinigen von Metallen durch Schweißen und Trennen unter Zuhilfenahme von Abgrate-, Loch- und Schermaschinen, sowie auch Sägen und autogenen Schneidebrennern«. Willkürlich ausgeschieden habe ich folgende unter der Walze und dem Hammer hergestellten Erzeugnisse der Hüttenwerke, und zwar

1. Halbzeug: vorgewalzte Blöcke, Knüppel, Platinen, Brammen, Breiteisen;
2. an Eisenbahn-Oberbaumaterial: Schienen, Grubenschienen;
3. Formeisen: Profileisen, Rund-, Vierkant-, Flach- und Bandeisen;
4. Bleche;
5. Walzdraht;

ferner das Herstellen von Nieten und Drahtnägeln auf kaltem Wege.

Da es nicht nur bei den formbaren Materialien, »Eisen und Kupfer« geblieben ist, habe ich auch in dem Werke Rücksicht auf die übrigen Legierungen des Kupfers, wie Durana, Delta usw. genommen.

In Anlehnung an die Preisaufgabe habe ich im 1. Teil die Brennstoffe, soweit erforderlich, berührt, namentlich aber eingehender die Gase und ihre Herstellung behandelt; auch bin ich im zweiten Hauptteil des I. Bandes auf die Verbrennungsvorgänge der Gase etwas näher eingegangen.

Ich habe dann weiter, sowohl im 1. als auch im 2. Hauptteil des I. Bandes, die Erwärmungsvorrichtungen behandelt, namentlich die Art, wie sie künftig wohl zur Verwendung gelangen dürften. Ganz übergangen habe ich die gewöhnlichen offenen Feuer, die man leider bisher noch überall sieht. Ich habe sie deshalb nicht behandelt, weil sie derartig unwirtschaftlich sind, daß jeder denkende Betriebsleiter sie entfernen wird, wenn er sich klarmacht, was sie an Brennstoff vergeuden. Man kann allenfalls noch die Verschwendung des Brennstoffes im Kochherde des Hauses dulden, in der Industrie aber muß man sie verwerfen, denn hier muß man rechnen, wenn man verdienen will.

Diese Erkenntnis hat bisher in so geringem Maße bestanden, daß man sich darüber nur wundern kann.

In dem ersten Hauptteil des I. Bandes habe ich dann die Vorrichtungen und Maschinen behandelt. Die Art, wie diese Maschinen in den einzelnen Werkstätten zu verwenden sind, habe ich in einem besonderen Kapitel in Band II beschrieben. Ich muß leider gestehen, daß die Vernachlässigung der Schmieden so groß ist, daß ich nicht eine einzige vollkommene Schmiede gesehen habe. Wie in jeder Maschinenbauanstalt drei Haupttypen von Werkzeugmaschinen vorhanden sind: Die Bohrmaschine zum Herstellen von Löchern, die Hobelmaschine zur Herstellung von Flächen und die Drehbank zur Herstellung von Rotationsformen, so sind auch in der Schmiede unerläßlich: der Hochhubfallhammer für äußere Formen, die Presse und der Schwergewichtshammer zum Recken und Breiten (innere Stückarbeit), die Biegemaschine zur Herstellung von Bogen und Abkröpfungen, die Stauchmaschine zur Herstellung von Stauchungen. Von der heutigen Verwendung des Hammers kann man sagen, daß er meist ein viel zu großes Übergewicht in der Schmiede zeigt und das in einer Form, in der man ihn absolut nicht als Universalmaschine ansprechen kann. Die Ursache für diesen Mißstand ist meiner Ansicht nach hauptsächlich darin zu suchen, daß man sich bisher niemals klargemacht hat, von welcher Art die Stückarbeit ist, die ein Hammer und eine Presse hervorbringen.

Wohl haben alte Praktiker ein richtiges Gefühl für die Wahl dieser oder jener Maschine gehabt, aber man findet auch ebenso viele falsche Anpreisungen seitens der Hammer- und Pressenfabrikanten. Wer sich aber einmal das Wesen der beiden Arbeitsvorgänge vor Augen geführt hat, wird den Streit um Hammer und Presse für völlig nutzlos erklären. Denn jede Maschine hat ihr spezielles Arbeitsfeld.

Es fehlt auch im allgemeinen in den kleinen Schmieden die Universalwerkzeugmaschine, in den großen eine ausreichende Zahl von Spezialmaschinen. Meist sind auch die Kräfte, die für die Bearbeitung der Teile angewandt werden, viel zu gering.

In dem darauffolgenden Hauptteil des I. Bandes habe ich einen Versuch gemacht, Rentabilitätsberechnungen aufzustellen, und den Nachweis zu führen unternommen, daß es für die Schmiede wichtig ist, Energie aus Zentralen ohne Zwischenverluste zu beziehen. Ich habe hier gezeigt, wie zweckmäßig sich Gase verwenden lassen, und zwar Preßluft von Hoch- und Niederspannung zum Antrieb, vergaste Öle, Niederdruckheizgas mit erhöhtem Druck für die Erwärmungsvorrichtungen, verdichteter Sauerstoff und Wasserstoff für die Autogenbearbeitung.

Der II. Band weist zuerst eine kurze Behandlung der Materialkunde auf, in der auch die Krankheitserscheinungen der Materialien Erwähnung gefunden haben. Ich habe dann einige Beispiele für die Herstellungsverfahren angeführt. Diesen Teil auszubauen, muß der Zukunft überlassen bleiben, da erhebliche Mittel erforderlich sind, um hier etwas Vollkommenes zu schaffen. Am Schluß habe ich mich der Herstellung der Gesenke zugewandt, wobei ich meine Ausführungen über die Veredlung des Eisens bzw. des Stahls auf die Gesenkherstellung beschränkt habe.

Die Meßinstrumente sowohl für die Erwärmungsvorrichtungen als auch für die Untersuchung von Maschinen und diejenigen für die Untersuchung der Materialien sind in Beispielen angeführt worden; auszubauen sind diese Kapitel vielleicht später einmal.

Historischer Teil.

Der Mythus bezeichnet Thubalkain (Hephästos oder Vulkan) als den Erfinder des Schmiedens. Die Bearbeitung des Eisens bzw. der Metalle war anfangs eine Kunst und wird in den ältesten Schriftquellen, wie in der Genesis und im Homer, erwähnt. Vorgeschichtliche Denkmäler aus den Perioden der Bronze- und der Eisenzeit zeigen uns den Ursprung der Schmiedekunst.

Voraus ging die Kultur der Kulturlosen, das Feuermachen.

Die ersten Gegenstände, die aus Metall hergestellt wurden, waren Lanzenspitzen, Schwertklingen, Beile — und seltener Schlüssel. Zu Beginn der christlichen Zeit verwandte man hauptsächlich die Bronze, während sich das Eisen noch in der untergeordneten Stellung eines lediglich nützlichen, für die Kunst ungeeigneten Materials befand. Erst die Kreuzfahrer lernten im Orient die Methode des Damaszierens, d. h. des Zusammenschweißens von Metallschichten verschiedener Härte, die sich durch verschiedenartige Färbungen an der geschliffenen Oberfläche kenntlich machten. Auch das Tauschieren, d. h. das Einlegen von Gold und Silber in Bronze, wurde ihnen dort bekannt. Doch erst die gotische Baukunst ließ die Schmiede- und Schlosserarbeit zu künstlerischer Entwicklung kommen; hier finden wir die Bretter der Kirchentüren durch eiserne Bänder verbunden, welche von den Angeln ausgehen und in Blumen und Blättern enden. Das Schlüsselschild wurde größer und kunstvoller, und auch der Türklopfer entwickelte sich weiter. Es entstanden eiserne Gitter, welche die Fenster, Vorräume, Chöre und Altane abschlossen; Kronen, Wandarme, Brunnenhäuser wurden aus Eisen gebaut, die Stiegen erhielten eiserne Geländer, die Dächer Bekrönungen und Windfahnen.

Den gleichen Verlauf nahm die Entwicklung der Waffenschmiede. Im Anfang beschäftigte sich dieser Zweig der Schmiedetechnik mehr mit der Herstellung von Trutzwaffen, während die Schutzwaffen, d. h. die Panzer, noch zurücktraten. Es wurden Beile, Schwerter, Hieb- und Stoßwaffen aller Art gefertigt. Aber je mehr hier eine Vervollkommnung eintrat, um so fester mußte auch der Panzer werden, und mit der Kunst des Eisentreibens traten in Deutschland um 1370 die Plattenharnische auf, die um 1500 ihre höchste Blüte erreichten. Damals stand die Kunst des Waffenschmiedens in so hohen Ehren, daß sie als adelig Handwerk angesehen wurde. Man darf annehmen, daß im 14. Jahrhundert die Wasserkraft zur Bewegung von Hämmern und Blasebälgen diente. Diese Annahme stützt sich darauf, wenngleich bestimmte Angaben hierüber fehlen, daß im Anfang des 15. Jahrhunderts viele Waldschmieden ihre Betriebe an Flüsse verlegten. Im 15. Jahrhundert kannte man bereits Fallhämmer, die, ähnlich einem Pochstempel, durch Hebedornen, die auf einer Welle saßen, gehoben wurden. Im 16. Jahrhundert treten Schwanzhämmer in Reck- und Zainschmieden auf. Ebenso finden wir Aufwerfhämmer. Die Schwanzhämmer und Aufwerfhämmer unterscheiden sich dadurch, daß erstere viel mehr, aber leichtere Schläge geben. Beim

Schwanzhammer steht die Hammerwelle senkrecht zum Hammerhelm, beim Aufwerfhammer parallel dem Helm.

Die Kunstschmiede erreichte eine hohe Blüte in den monumentalen Werken des 15. und 16. Jahrhunderts. Alsdann erfolgte ein Niedergang, der bis zum gänzlichen Verfall in der Zeit des ersten Napoleonischen Kaiserreichs führte. Schon früher gelangte die Edelschmiedekunst zu einer fast noch höheren Blüte. Sie verfiel infolge der Einführung der Preßarbeit, und erst neuerdings wird vielleicht wieder eine Renaissance der echten Edelschmiedekunst durch die Anwendung von Preßlufthämmern erfolgen.

Fig. 1. Der Frohnauer-Hammer.

Mit der Einführung der Maschinen, die anfangs aus Holz, später aus Eisen waren, entwickelte sich aus der Schmiedekunst langsam die moderne Schmiedetechnik. Der Mensch gewöhnte sich daran, an Stelle der bisher mit Menschenhand betriebenen Maschinen solche mit elementarer Kraft zu betreiben, und machte sich mehr und mehr die Wasserkräfte nutzbar. In den Jahren 1801 bis 1815 wandte man ausschließlich Wasserhämmer zur Bearbeitung des Schmiedeeisens und des Stahls an. Während man auf dem Kontinent mehr Aufwerfhämmer anwandte, waren in England Stirnhämmer üblich. Zum Ausschmieden, Zainen und Recken dienten Schwanzhämmer. Peter Onions läßt sich 1783 eine Vorrichtung zum Verstärken und Abschwächen des Schlages an Aufwurfhämmern patentieren, bestehend aus federnden Luftkolben. In diese Periode fällt auch die Erfindung der hydraulischen Presse durch Joseph Bramah, viell. 1795, und die Erfindung der Blechbiegemaschine durch John Ford 1815. In den Jahren 1816 bis 1830 verbesserte man die Stirnhämmer dadurch, daß man die 16 bis 100 Ztr. schweren Hämmer nicht am Kopf, sondern an einer unten angebrachten Verlängerung des Hammerhelms heben ließ. Hierdurch wurde der Amboß frei und zugänglich, und der Hub betrug 9 bis 10 Zoll.

Mit dem Bau der Eisenbahnen in den Jahren 1830 bis 1850 und den höher geschraubten Anforderungen an die Bearbeitung des Eisens trat auch in der Schmiede ein gewaltiger Umschwung ein. Es wurden moderne Walz- und Hammerindustrien gegründet, nachdem im Jahre 1839 James N a s m i t h den Dampfhammer erfunden hatte.

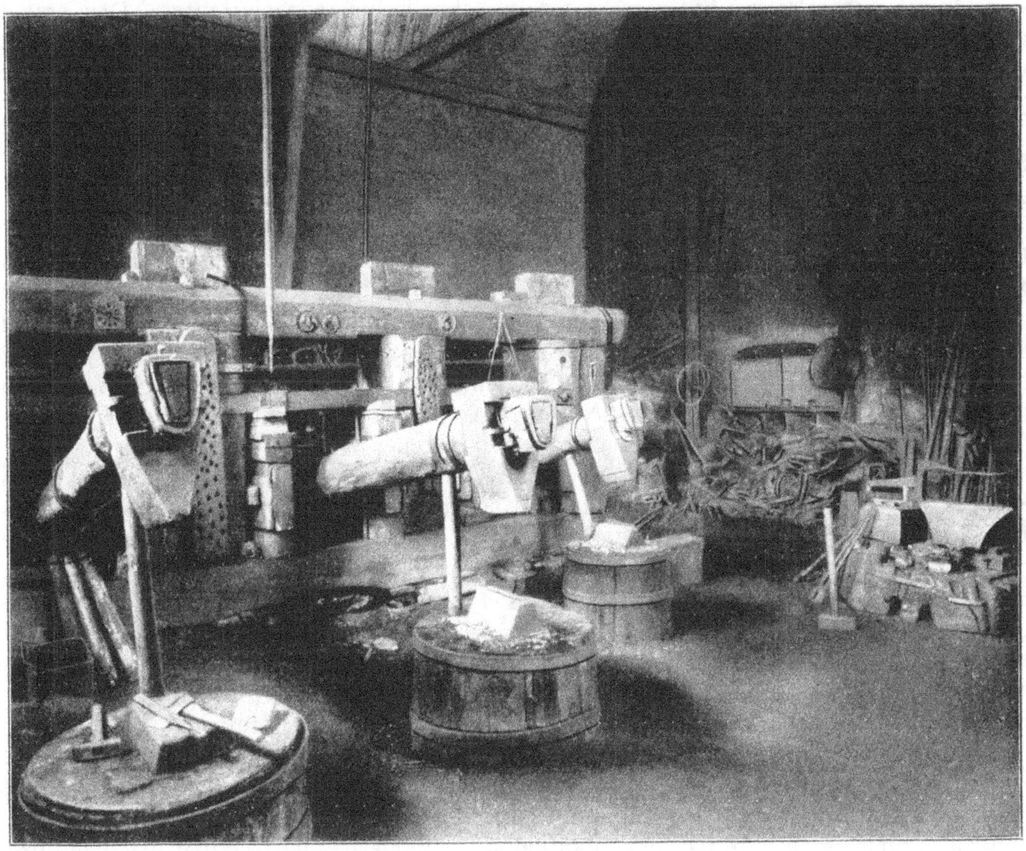

Fig. 2. Der Frohnauer-Hammer.

Der Hammer war verbunden mit dem Hammerbär, der sich in Gleitbacken bewegte; der Amboß war frei und für sich fundamentiert. Im Jahre 1840 tritt als Erfinder der Luppenmühlen in den Vereinigten Staaten Gerhard R a l s t o n auf. Ausgeführt wurde der erste Dampfhammer von den Herren S c h n e i d e r und B o u r d o n in C r e u s o t (Frankreich). In den Jahren 1842 und 1843 nahm sich N a s m i t h in England zwei Patente und baute sich einen 30 Ztr.-Hammer für sein eigenes Werk. Doch waren diese Hämmer noch sehr unvollkommen.

Mit der Einführung des Dampfhammers kam das Schmieden im Gesenk auf. Im Jahre 1841, also später als N a s m i t h, entwarf W. D o r n i n g auf der Marienhütte bei Zwickau einen Dampfhammer, der 1843 als erster in Deutschland in Betrieb gesetzt wurde. 1846 verbesserte John C o r d i e den Dampfhammer wesentlich. 1845 baute B o r s i g seinen ersten Dampfhammer, 1849 S c h m e r b e r einen verbesserten Stempelhammer zu Tagolsheim i. E. In den Jahren 1850 bis 1860 verbessern dann Borsig, Wurm in Wien, Türk, Haswell und Daelen die Dampfhämmer. Türk war damals Direktor der Eisenbahnwerkstätten zu Chartres und baute dort leichte Stempelhämmer mit hoher Schlagzahl. 1855 bauen Guillemin & Minary bei Besançon einen Druckwasserhammer mit Federung durch verdichtete Luft. In diese Periode fallen auch die wichtigen Verbesserungen Haswells an der hydraulischen Presse. Im nächsten Jahrzehnt, am 16. September 1861, setzt Alfred Krupp seinen 1000 Ztr.-Hammer in Betrieb. 1860 verbessert Farcot den Dampfhammer, indem er direkten Hochdruckdampf mit Expansion diesem zuführt. 1863 vervollkommnet Haswell abermals seine hydraulische Presse, indem er sie zum Schnellschmieden einrichtet. Den ersten Luftfederhammer neuerer Bauart erfanden 1865 Walton in Smethwick, und 1883 verbesserte A. Schmid in Zürich den Lufthammer erheblich. 1884 baut dann Sir Joseph Withworth seine erste hydraulische Presse.

Mit der Einführung der Presse jedoch schwand immer mehr der Urbegriff des Schmiedens, ein warmes Stück Eisen lediglich unter dem Hammer zu bearbeiten.

Im Wandel der Zeiten sind so manche typische Einrichtungen geschwunden. Genau so gut, wie man heute in Westfalen keine Hochofenflammen, die leuchtenden Feuermale dieses gewaltigen Industriegebiets, mehr sieht, genau so werden auch die seit Urzeiten ererbten offenen Feuer der Schmieden mit ihrer hellen Flamme schwinden und an ihre Stelle Erwärmungsvorrichtungen mit konzentrierter Wärmeentwicklung treten, die nur noch in ihrem Innern chemisch-physikalische Vorgänge abspielen lassen, um so der Vergeudung der Naturschätze Einhalt zu tun.

Den gleichen Weg geht auch der von menschlicher Kraft mühsam bewegte Blasebalg als Urväterhausrat. Es schwindet die Tradition der raucherfüllten dunkeln Schmiede, in der reckenhafte Gestalten, in glühende Farben getaucht, am Feuer den Blasebalg ziehen und den Hammer schwingen. Der Kulturmensch ist bestrebt, die rohe Kraft zu paralysieren und das geistige Moment in den Vordergrund zu stellen, und so wird die reine Handarbeit auch aus dieser Werkstatt mehr und mehr schwinden, um die Schmiede auf gleiche Höhe mit den übrigen Betrieben zu bringen. Nicht der Hammer allein kann die herrschende Hilfsmaschine in der Schmiede bleiben, sondern es müssen sich ihm die verschiedenartigsten Pressen, Biege- und Stauchmaschinen zur Seite stellen; der Hammer selbst aber muß eine völlige Umgestaltung erfahren.

Aber nicht nur in bezug auf die Hilfsmaschinen der Schmiede sind wesentliche Wandlungen eingetreten sondern auch in der Erzeugung der Antriebskräfte. Die Betriebsmaschinenaggregate sind ins Riesenhafte gewachsen, und die Bewegung zur Zentralisierung der Kräfte ist eine unaufhaltsame Folge des wirtschaftlichen Kampfes. Den auch immer größer werdenden Hilfsmaschinen führen diese Kraftzentralen Energie in Form von Elektrizität, Druckwasser und gepreßter Luft zu.

Gleichzeitig mit dieser Zentralisierung tritt eine wesentliche Verbilligung der Antriebskräfte ein. Während früher die kleinen Schieber-Dampfmaschinen 20 und 30 kg Dampf pro PS gebrauchten, sind für die gleiche Leistung in unseren modernen großen Maschinen nur noch 4,5 kg erforderlich.

Doch sind nicht bloß in der Verbilligung der Antriebskräfte der Schmiede wesentliche Fortschritte zu verzeichnen sondern auch in der Veredelung und in der Zufuhr des Brennstoffes. Friedrich Siemens hat schon vor einem halben Jahrhundert darauf hingewiesen, daß es roh wäre, die Kohle unmittelbar auf der Rostfeuerung zu verbrennen. Man hat große Gasanstalten angelegt und Gesellschaften gegründet, wie z. B. die Rheinisch-Westfälische Gasgesellschaft, die in langen Fernleitungen eine Reihe von Städten mit billigem Heizgas versorgen. Es ist aber auch gelungen, die minderwertigsten Heizstoffe heute in Generatoren zu vergasen und in der Schmiede nutzbar zu machen, so daß die falsche Preispolitik der Städte in bezug auf den Verkaufspreis des Gases wieder wettgemacht wird.

Während sich so die Bedingungen für die Erhitzung und für den Antrieb der formenden Maschinen in der Schmiede immer günstiger gestaltet haben, ist ihr anderseits in dem Elektrostahlguß ein bedeutender Feind erwachsen. Dennoch hat sich an Hand einer Reihe von Beispielen nachweisen lassen, daß Schmiedestücke oftmals selbst unter den zurzeit noch herrschenden ungünstigen Anlageverhältnissen der Schmiede billiger sind als Stahlgußstücke. Aber man darf niemals einen Feind unterschätzen, und so ist eine tiefgehende Reorganisation notwendig, wenn die Schmiede lebensfähig erhalten werden soll. Lit.-Nachw. Nr. III.

I. HAUPTTEIL

I. Teil.

Die Brennstoffe.

I. Kapitel. Allgemeines.

Abs. 1. **Einteilung der Brennstoffe.** Die zurzeit hier in Frage kommenden Brennstoffe sind vegetabilischen Ursprungs. Ihr Hauptbestandteil ist die Pflanzenfaser, welche der chemischen Zusammensetzung nach aus Kohlenstoff, Wasserstoff, Sauerstoff und Stickstoff besteht. Fortdauernd vollzieht sich die Bildung der Pflanzenfaser, indem sie aus der Luft die Kohlensäure einsaugt und umsetzt. Die Pflanzenfaser bildet in ihrer engen Gemeinschaft zunächst das Holz. Wird dann dieses Holz bzw. die Pflanzenfaser unter Luftabschluß einem Druck ausgesetzt, so entsteht unter der erhöhten Temperatur des Druckes der darauf lastenden Erdmassen Torf oder Kohle, je nach der Zeit der Lagerung. Neben dieser Umwandlung der Pflanzenfaser in festen Brennstoff entstehen durch Destillation flüssige und gasförmige Brennstoffe, die durch Spalten oder Bohrlöcher zutage treten.

Wir teilen die Brennstoffe daher ein zunächst in feste, flüssige und gasförmige Brennstoffe. Da man aber auch die Destillation und die Pressung künstlich hervorrufen kann, so haben wir weiterhin auch zwischen natürlichen und künstlichen Brennstoffen zu unterscheiden. Die Einteilung der Brennstoffe sei daher in folgender Tabelle wiedergegeben:

<table>
<tr><th></th><th>Natürliche</th><th>Künstliche</th></tr>
<tr><td rowspan="6">Feste</td><td>Pflanzenfaser</td><td>Briketts</td></tr>
<tr><td>Torf
Holz</td><td>Holzkohle</td></tr>
<tr><td>Braunkohle</td><td>Grudekoks
Briketts</td></tr>
<tr><td>Steinkohle</td><td>Gaskoks
Hüttenkoks
Briketts</td></tr>
<tr><td>Anthrazit</td><td></td></tr>
<tr><td>Flüssige</td><td>Erdöl</td><td>Spiritus
Teer</td></tr>
<tr><td>Gasförmige</td><td>Naturgas</td><td>Hochofen- oder Gichtgas, Mischgas (Kraftgas), Sauggas, Mondgas, Wassergas, Koksofengas, Leuchtgas, Generator- oder Luftgas</td></tr>
</table>

Dem Alter entsprechend ist auch der Wert an Heizkraft der natürlichen festen Brennstoffe.

Dies geht aus folgender Tabelle hervor:

	C %	H %	O %	N %	Asche %	Heizwert Kal.
Torf, lufttrocken	50—60	4,5—6,0	28—40	0—2	2—10	3000—3500
Braunkohle, Lignit	55—65	4,5—6,0	28—35			3500—4000
Holz, lufttrocken	50—70	5—6	20—28	0—2	0,5—0,2	4000—5000
» » älteres	70—75	6—8	15—20			5000—6000
Steinkohle, Sandkohle	75—80	4—6	15—18			6000—6500
» Gasflammkohle	80—85	5—6	10—15	0—1	2—10	6500—7000
» Backkohle	80—89	4,5—6	6—10			7000—7500
» Kurzfl. Backkohle	88—91	4,5—5,5	4,5—6,5			7000—7800
» Magerkohle	90—93	3,5—4,5	2—5		1	7600—8000
Anthrazit	92—94	3,5—4	2—4			8000—8200

Lit.-Nachw. Nr. 1.

Abs. 2. **Die Verwendbarkeit der Brennstoffe in der Schmiede.** Da man bisher das Eisen und die Metalle im offenen Feuer erwärmte, so war es unbedingt notwendig, daß man Brennstoffe verwendete, die nicht schwelten und keinen Schwefelgehalt besaßen, der bei den zu glühenden Stücken Krankheitserscheinungen hervorrufen konnte. In dieser Beziehung waren hauptsächlich geeignet teuere hochwertige Brennstoffe, wie z. B. Holzkohle, schwefelfreie Steinkohle, Hüttenkoks, Anthrazit. Diese Verteuerung wurde aber nicht allein durch die Hochwertigkeit des Brennstoffes hervorgerufen, sondern auch dadurch, daß Steinkohlen, die in erster Linie in Betracht kamen, sorgfältig auf den Klauberbändern ausgesucht werden mußten, damit eine schwefelkiesfreie Kohle zur Verwendung gelangte.

Durch die Einführung der Gasgeneratoren ist in dieser Beziehung ein wesentlicher Umschwung erfolgt. Minderwertige Brennstoffe, d. h. solche mit verhältnismäßig geringem Wärmegehalt, wie z. B. Torf, Braunkohle u. dgl., ferner schwefelhaltige Kohlen waren bisher, wie bereits erwähnt, von der Benutzung in der Schmiede ausgeschlossen. Jetzt dagegen ist es nicht nur möglich, die vorgenannten minderwertigen Brennstoffe in Form von Generatorgas in Gasglühöfen zu verwenden, sondern auch noch den bisher nachteiligen Schwefel als wertvolles Nebenprodukt zu gewinnen. Die Verbilligung des verwendbaren Brennstoffes erfolgte daher in mehrfacher Weise, erstens durch die Anwendungsmöglichkeit minderwertiger oder schwefelhaltiger billiger Brennstoffe, zweitens durch ihre Verwendbarkeit in Gasform, da die Erhitzung durch Gas weit weniger Kalorien pro 1 kg glühendes Eisen verlangt, als unter Anwendung fester Brennstoffe in offenen Feuern, drittens durch die Gewinnung gut bezahlter Nebenprodukte aus den Brennstoffen. Das Brennstoffkonto spielt aber in der Schmiede eine ganz wesentliche Rolle. Daher ist der Modernisierung der Schmiede in dieser Richtung besondere Aufmerksamkeit zu schenken. Lit.-Nachw. Nr. 2.

Abs. 3. **Die Verluste der Kohlen durch Lagerung und ihre Selbstentzündung.** Der atmosphärische Sauerstoff übt auf die Oberfläche der Kohlen einen zersetzenden Einfluß aus, indem diese zunächst den Sauerstoff absorbieren und dann unter Oxydation von Wasserstoff und Kohlenstoff zu Wasser und Kohlensäure zerfallen. Begünstigt wird dieser Prozeß durch die vorhandenen Schwefelkiese. Die dabei auftretende Wärme kann sich derartig steigern, daß die Kohlen zur Entzündung gelangen. Es sind daher die Kohlen vor Nässe und Erwärmung zu schützen und namentlich auch in nicht zu hohen Haufen zu lagern, d. h. im Durchschnitt nicht über 5 m. Man tut gut, in die Kohlenhaufen nach unten zugespitzte, verschlossene Röhren zu treiben, in welchen sich durch Thermometer die Temperatursteigerung beobachten läßt. Feuchte, grusige Kohlenreste sollen nicht auf stückige Kohlen geworfen werden, ohne daß sie vorher ausgetrocknet sind.

Entsteht ein Kohlenbrand, so soll er nicht mit Wasser abgelöscht werden, sondern der Brandherd ist abzugraben und die Glut durch breiigen Ton zu ersticken.

Ventilation lagernder Kohlen zur Verhütung von Selbstentzündung ist untauglich, da diese die Erhitzung oft begünstigt und die Erhöhung des Verlustes an Heizkraft, Verkokungs- und Vergasungswert nur befördert.

In England gemachte Versuche der Kriegsmarine, Kohlen unter Wasser zu lagern und so einen Abschluß der Luft herbeizuführen, sind von Erfolg gewesen. Lit.-Nachw. Nr. 3.

II. Kapitel. Feste Brennstoffe.

Abs. 4. **Schilfbriketts.** In überseeischen Ländern, wo die Beschaffung anderweitiger Brennstoffe infolge der Transportverhältnisse große Schwierigkeiten macht, ist man z. B. dazu übergegangen, Pflanzenfasern zu verdichten. In Ägypten, wo sich ungeheure Schilfablagerungen am Nilstrom und anderen afrikanischen Flußläufen finden, werden jetzt auf Vorschlag von Dr. Paul Hoering diese nach Zerkleinerung zu Briketts geformt und verdichtet. Man erhält so sehr feste, spezifisch schwere Briketts von einem Heizwerte von ca. 4000 WE. Wieweit sich dieser Brennstoff zur direkten Befeuerung von Öfen eignet, ist noch nicht festgestellt, jedenfalls aber dürfte er sich ebenso wie alle minderwertigen Brennstoffe in Generatoren vergasen lassen. Lit.-Nachw. Nr. 4.

Abs. 5. **Das Holz.** Während das Holz in früheren Jahrhunderten und jetzt noch bei den Naturvölkern der einzige Brennstoff war bzw. ist, hat es heute für die moderne Technik an Wichtigkeit verloren, da sein Vorkommen den Bedürfnissen der Industrie bei weitem nicht entspricht. Es kommt daher kaum für die Schmiede als Heizmaterial in Frage, es sei denn, daß sich Abfälle billig erwerben lassen, die dann in einem Vergaser vergast werden können (Rußland). Der Heizwert von Eiche, Buche, Tanne und Fichte beträgt im Mittel 4800 WE. Dabei liegt der Heizwert von Tannen und Fichten etwas über 5000 WE, während der von Eichen um 4600, der von Buchen um 4800 WE schwankt. Der Heizwert wird in erster Linie durch den Wassergehalt herabgedrückt, der nicht nur einen Teil des Gewichts einnimmt, sondern auch den Heizwert durch die erforderliche Verdampfung herabdrückt. Lit.-Nachw. Nr. 5.

Abs. 6. **Die Holzkohle.** Eine wesentlich größere Rolle als das Holz spielt die Holzkohle als Heizstoff in der Schmiede. Es ist dies ein Brennstoff, der sehr aschenarm und vollständig frei von Schwefel ist. Er wurde deshalb viel zu feineren Glüharbeiten, namentlich zum Glühen von hochwertigen Stählen genommen.

Gewonnen wird die Holzkohle neuerdings in Öfen und Retorten, um Nebenprodukte, wie Holzessig und Holzteer, zu erzielen, während man sie in früheren Zeiten in sog. Meilern herstellte. Der Heizwert schwankt zwischen 6500 bis 7500 WE. Das Aussehen der Holzkohle richtet sich nach der Temperatur, bei welcher die Holzkohle gewonnen ist. Holzkohle, die bei 280° hergestellt wurde, ist fest, unausgebrannt und rotbraun (Rotholz), bei 400° wird leicht entzündliche Schwarzkohle gewonnen, während man bei einer Temperatur über 1000° tiefschwarze, dichte, feste und schwer entzündliche Kohle gewinnt. Lit.-Nachw. Nr. 6.

Abs. 5. **Der Torf.** Das jüngste aller natürlichen Verkokungsprodukte ist der Torf. Er bildet sich auch in der Gegenwart noch ständig in den sog. Torfmooren. Dies sind sumpfige Gelände, aus denen das Wasser keinen Abfluß hat und in denen die darin wachsenden Pflanzen am Grunde vermodern, während sie an der Oberfläche das Torfmoor ständig durch Neubildung ergänzen. Die vermodernden Pflanzenfasern gehen allmählich in eine filzige, auch erdigbraune Masse über, den Torf. Man unterscheidet je nach dem Ausgangsprodukt Moos-, Heide-, Schilf-, Gras- und Holztorf und nach dem Grade der Zersetzung, in dem sich der Torf befindet, Rasen-, Faser- oder Moostorf als lockeres, hellbraunes, filzartiges Gewebe; Bagger-, Sumpf- und Bruchtorf als dunkle, zusammenhanglose, breiige Masse, Speck- oder Pecktorf als erdige, schwarzbraune Substanz, bei welcher die Faserstruktur bereits größtenteils vergangen ist und einen glänzenden Schnitt hat. In Deutschland wie auch in Schottland, Irland, Holland, Westfrankreich, Rußland, Norwegen und Schweden, ferner auch in der Schweiz, dann in Nordamerika und Nordasien finden sich abbauwürdige Torflager in größter Ausdehnung. In Deutschland möge an die Gebiete Oberbayerns, an die Eifel, den Harz, namentlich aber auch an die Lüneburger Heide erinnert werden, wo sich z. B. bei Elmsmoor ein Moorlager von 3000 qkm findet, ferner an das Schweger Moor. Im ganzen besitzt Deutschland an Torfmooren eine Fläche von ca. 3 Mill. ha, von denen 70 000 ha auf Bayern fallen.

Der Nachwuchs des Torfes ist sehr verschieden; man hat sowohl einen Nachwuchs von 75 cm in 100 Jahren als auch einen solchen von 1 bis 2 m in 30 Jahren beobachtet. Der lufttrockene Torf enthält 15 bis 25% Wasser, während der Rohtorf zuweilen 75% enthält. Der Heizwert schwankt zwischen 3000 und 4500 Kal. Wenn bisher auch der Torf für Schmieden überhaupt nicht in Betracht gekommen ist, so ist dieses doch neuerdings möglich gewesen, und zwar unter Anwendung der Vergasung. Hier sind namentlich die Verfahren von Caro und Mond zu nennen. Bei letzterem ist es noch möglich, Torf mit einem Wassergehalt von 50 bis 55% zu vergasen. Wesentlich ist bei Vergasung des Torfes, daß ein erheblicher Teil der Betriebskosten durch die Gewinnung von Nebenprodukten, d. h. durch die Bindung des Stickstoffes als schwefelsauren Ammon, gedeckt wird. Die Vergasung des Torfes wird in späteren Abschnitten eingehender behandelt.

Der Aschengehalt des Torfes beträgt ca. 2 bis 10%.

Lit.-Nachw. Nr. 7.

Abs. 8. **Die Braunkohle und deren Briketts.** Die aus den jüngeren Schichten der Erde stammende Kohle wird nach ihrem Alter Lignit, gemeine, erdige Braunkohle und Pechbraunkohle genannt. Die Lignite zeigen noch deutliche Holzstruktur; ihnen reihen sich an die Blätterbraunkohle, Moorkohle und Schwelkohle, welch letztere namentlich zur Darstellung der Paraffine durch Destillation verwendet wird und als Rückstand den Grudekoks liefert.

Die erdige, gemeine Braunkohle läßt weniger die Holzstruktur erkennen, ist aber noch von geringer Festigkeit. Sie wird im Tagebau gewonnen und meist zu Briketts verarbeitet.

Die älteste der Braunkohlen, die Pechbraunkohle, hat bereits ein fast schwarzes Aussehen mit muscheligem Bruch und ist verhältnismäßig fest und hart. Sie bildet den Übergang zu den Steinkohlen. Ihr Heizwert steigt bis über 6000 WE, während der Heizwert der vorgenannten Gruppen zwischen 3000 und 4000 WE liegt. Wenn sie zu Briketts gepreßt werden, beträgt ihr durchschnittlicher Heizwert 4500 bis 5000 WE.

Die Braunkohlen kommen in Deutschland namentlich in den Provinzen Sachsen und Brandenburg, in der Niederlausitz und im Königreich Sachsen sowie in den Thüringischen Staaten Anhalt und Altenburg, ferner noch in der Rheinprovinz, in der Provinz Hessen und im Großherzogtum Hessen vor. Außer in den vorgenannten Revieren findet sich die Braunkohle namentlich noch in Österreich und hier besonders in Nordböhmen, wo vor allem die ältesten Braunkohlen von hohem Heizwert gewonnen werden, ferner im Steirischen Revier. Auch hier handelt es sich um sehr alte Braunkohlen. Während die ältesten Braunkohlen, insbesondere die langflammigen, sich zur direkten Befeuerung von Glühöfen schon eignen, müssen die jüngeren Braunkohlen erst durch Vergasung in den Gasgeneratoren zu geeignetem Brennstoff für die Schmiede gemacht werden. In offenen Feuern sind sämtliche Braunkohlen unverwendbar. Lit.-Nachw. Nr. 8.

Abs. 9. **Die Steinkohle, der Anthrazit und die Steinkohlen-Briketts.** Die ältesten Pflanzenablagerungen der Erde sind unter dem hohen Druck der über ihnen lastenden Schichten im Laufe der vielen Jahrtausende zu Steinkohle und schließlich zu Anthrazit umgewandelt worden. Nur noch dann und wann findet man Denkmäler jener früheren Zeiten in Abdrücken der Riesenschachtelhalme (Sigilarien). Die Steinkohle ist bei weitem der verbreitetste und an Heizwert reichste, mithin auch der wichtigste Brennstoff. Fast über die ganze Erde finden wir die Steinkohle verbreitet und überall, wo sich Kulturvölker angesiedelt haben, wird sie abgebaut. Die Steinkohle bildet einen Riesenbestand des Nationalvermögens. Es kann daher nicht genügend dem Umstande Beachtung geschenkt werden, dieses wertvolle Gut auch in bester Weise auszunutzen. Heute fördern die Vereinigten Staaten die weitaus größte Menge, etwa 400 Mill. t; an zweiter Stelle kommt Großbritannien, an dritter Deutschland; erst dann folgen in einem erheblichen Abstande die übrigen Länder. Nach den Schätzungen der noch vorhandenen Kohlenvorräte dagegen in Milliarden Tonnen stehen die Vereinigten Staaten an erster Stelle, Deutschland an zweiter Stelle und Großbritannien erst an dritter Stelle; dabei sind die Schätze Asiens und Afrikas noch nicht berücksichtigt.

Seiner jährlichen Leistung nach zergliedert sich das deutsche Kohlenrevier in das Rheinisch-Westfälische oder Ruhrrevier, in das Oberschlesische Revier, in das Saarrevier, in das Zwickauer Revier, in das Niederschlesische Revier, in das Aachener oder Wurm- und Inde-Revier und andere kleinere. Das Rheinisch-Westfälische Kohlenrevier liegt zwischen der Ruhr und Lippe, im Osten mit Hamm beginnend, im Westen mit dem Rhein meistenteils endend, und hat seinen Mittelpunkt in der Gegend von Gelsenkirchen und Herne. Hier sind alle Kohlenarten in vorzüglichster Weise vertreten. Wir finden Gaskohle, Fettkohle und Magerkohle bis zum Anthrazit in vier verschiedenen Flözen; allerdings bildet die Hauptförderung mit ca. zwei Drittel die Fettkohle. Aus ihr werden die guten westfälischen Kokse gewonnen. Etwa 27% werden an Gaskohlen gefördert und ca. 13% an Magerkohle.

Das Oberschlesische Revier erstreckt sich vom Westen her von Gleiwitz aus über Zabrze, Beuthen nach Kattowitz und geht über in das Russisch-Polnische Revier von Dombrova. Im Süden dagegen steht dieses Revier mit dem österreichischen Schlesisch-Mährischen Revier in Verbindung.

Obgleich das Oberschlesische Revier sehr reich an Kohlen ist, fehlt es ihm doch zur Herstellung von Koks an Backkohle. Dagegen sind gute Kesselkohlen (Gasflammkohle) sowie auch Magerkohle in großer Menge vorhanden. Während man die Dauer der Vorräte des Rheinisch-Westfälischen Reviers noch auf 1500 Jahre schätzt, nimmt man für dieses Revier 5 bis 6 Jahrtausende an. Das Niederschlesische Revier von Waldenburg-Reichenbach liefert gute Kokskohle. Es ist dies ein kleines Revier, das aber stark ausgebaut ist.

Das Saarrevier erstreckt sich von Neukirchen im Osten bis nach Saarbrücken zu. Hier werden hauptsächlich Magerkohlen gewonnen.

Das kleine Sächsische Revier von Zwickau und Ölsnitz fördert meist gute Backkohle.

Das Wurm- und Inderevier liefert vor allen Dingen anthrazitische Steinkohlen, dann aber auch sämtliche übrigen Kohlensorten bis zu den Flammkohlen. Es liefert Kokskohlen von besonders guter Beschaffenheit.

Österreichs bedeutendstes Revier ist das Ostrau-Karwiner Revier, das mit dem deutschen Oberschlesischen Revier zusammenhängt. Ferner ist erwähnenswert noch das Steinkohlenrevier von Kladno.

Die russischen Reviere sind unter dem Namen Dombrova- und Donetzrevier bekannt. Letzteres ist das wichtigste, welches sowohl gute Gas-, Schmiede- als auch Kokskohle fördert. Außerdem liefert es noch Anthrazit.

Das belgische Kohlengebiet ist eine Fortsetzung des Wurmreviers und verläuft in einem Streifen über Limburg nach Lüttich und weiter über Maastal bis Namur sowie über Charleroi und Mons bis nach Frankreich hinein. Hier kommt die Steinkohle ähnlich vor wie im Aachener Revier.

In Frankreich finden wir, außer dem soeben erwähnten Kohlengebiete im Norden, die Steinkohle noch an der Loire.

Den zweiten Platz in der Weltförderung nimmt jetzt Großbritannien ein, das früher an erster Stelle stand. Die bedeutendsten Lager befinden sich an der schottischen Grenze, in der Nähe von Newcastle und Middlesborough. An der Westküste hat England sehr bedeutende Kohlenfelder in Cumberland und Lancashire, im Innern in Derbyshire und in Shropshire. Weiter kommen die bekannten Lager von Wales mit dem Hafen Cardiff hinzu.

Schottland besitzt bei Glasgow große Lager. Die gelieferten Kohlen sind vorzüglicher Natur, namentlich sowohl langflammige Gaskohle als auch Kohle zur Verkokung.

Die Vereinigten Staaten sind heute die Hauptsteinkohlenproduzenten. Sie verfügen namentlich über außerordentlich reiche Lager an Anthrazit und anthrazitischer Steinkohle, die sich im Osten des Kontinents erstrecken.

Die Steinkohlen teilen wir ein nach ihrem Verhalten bei der Verkokung, d. h. Erhitzung unter Luftabschluß. Gasarme Kohlen bleiben fast unverändert und zerfallen meist in trockenen Sand. Bei den gasreichen Kohlen dagegen wird das Gas ausgetrieben, die Kohle sintert zusammen oder backt zusammen zu größeren festen Stücken, dem Koks. Sehr gasreiche Kohlen verhalten sich jedoch unter Umständen wie ganz gasarme Kohlen, d. h. sie zerfallen nach der Entgasung zu sandigem Pulver.

Hiernach bezeichnet man daher die Kohlen als Sand-, Sinter- oder Backkohlen. Weiter aber führt man als Merkmale zu ihrer Unterscheidung an die Art, in welcher sie verbrennen; gasarme Kohlen verglühen ganz ruhig oder erzeugen höchstens ganz kurze Flammen, während Gaskohlen je nach ihrem Gasreichtum mit einer diesem entsprechenden langen Flamme verbrennen.

Man kann daher unterscheiden:

1. gasreiche Sinter- und Sandkohle (langflammig);
2. gasreiche Back- oder Sinterkohle (langflammig);
3. Back-, Schmiede- oder Kokskohle (Fettkohle);
4. Magerkohle, d. h. gasarme Sinterkohle (kurzflammig);
5. Anthrazit, gasarme Sandkohle (kurzflammig).

Als Schmiedekohle wird die unter 3. aufgeführte Fettkohle hauptsächlich benutzt. Den besten Koks liefert die unter 4. aufgeführte kurzflammige Sinter- oder Backkohle; diese eignet sich auch zur Verwendung in Generatoren.

Die bei der Kohlenwäsche usw. entstehenden Abfälle, Kohlenklein, werden unter Zusatz von 5% eines Bindemittels von Asphalt, Teer oder auch Melasse zu Briketts gepreßt, die sich gut bewährt haben.

1 hl Steinkohle wog 75 bis 80 kg. Lit.-Nachw. Nr. 9.

Abs. 10. **Der Koks.** Das feste Produkt des Kokereibetriebs und der Leuchtgaserzeugung bildet der Koks. Er ist im Vergleich zum Ursprungsmaterial nicht backend, fest und hart, d. h. widerstandsfähig gegen den Druck, was bei Beschickungen von Kupolöfen und Hochöfen sehr in Frage kommt, weniger bei seiner Verwendung in Schmieden, wo er teilweise direkt zur Feuerung von Öfen, teilweise zur Gaserzeugung in Generatoren dient. Er ist porös und ärmer an Schwefel, eine Eigenschaft, die ihn sehr wertvoll für die Schmiede macht. Infolge seiner Porosität ist das Volumen, welches er einnimmt, erheblich größer, dementsprechend müssen auch die Feuerungsräume größer als für die Steinkohle sein. Es ist daher auch erklärlich, daß, je dichter der Koks ist, um so höher auch die Temperaturen sind, die sich durch Koks erzeugen lassen.

Erzeugt wird der Koks in Kokereibetrieben in Kammeröfen, während dies in Gaswerken in horizontalen, schrägen und vertikalen Retorten erfolgt. Je höher die Schichten in den Retorten sind, um so wertvoller und dem Hüttenkoks ähnlicher wird der Koks. 100 kg Kohle sind erforderlich, um 65 bis 70 kg Koks zu erzeugen. Hiervon werden jedoch zwecks Wärmeerzeugung zur Entgasung etwa 15 kg gebraucht. Es werden daher tatsächlich nur auf 100 kg Kohle 50 bis 55 kg Koks gewonnen. 1 hl Koks wiegt ca. 35 bis 45 kg. Der Heizwert des Hüttenkokses schwankt zwischen 6700 bis 7250 WE, der Aschengehalt zwischen 6,5 und 11%. Lit.-Nachw. Nr. 10.

Abs. 11. **Minderwertige Brennstoffe.** Die minderwertigen Brennstoffe, die früher auf die Schutthaufen oder auf die Halden gefahren wurden, haben heute auch für die Schmiede durch ihre Vergasung in den Generatoren Wert bekommen und bilden daher ein außerordentlich wichtiges Heizmittel wegen ihrer Billigkeit, sofern die Frachtspesen nicht zu groß sind.

In Frage kommen: Klaubeberge mit einem Aschengehalt bis 70 bis 75%, ferner Koksabfall, Rauchkammerlösche, Kohlengrus und Bitumen aus dem Kupferschiefer. Über die Vergasung dieser minderwertigen Brennmaterialien finden sich nähere Angaben in den Abschnitten über Gase und Gaserzeuger. Lit.-Nachw. Nr. 11.

III. Kapitel. Flüssige Brennstoffe.

Abs. 12. **Das Petroleum und dessen Destillationsrückstände.** Das rohe Erdöl hat eine Farbe von pechschwarz fluorisierend bis zur Farbe der badischen Schillerweine. Das spezifische Gewicht der Rohöle beträgt für pennsylvanisches 0,8 bis 0,82, für das aus Ohio stammende 0,8 bis 0,85, für das aus Baku stammende 0,85 bis 0,90, für das aus Galizien kommende 0,82 bis 0,88, für das elsässische und Witzener ca. 0,9; es richtet sich im allgemeinen nach dem Gehalt an Benzin. Infolge des Preises tritt Petroleum als Heizöl von Öfen zurück, dagegen werden die Rückstände nach Abdestillation des Benzins und des Brennöls zu solchen Zwecken verwandt. Das bei der Destillation gewonnene Benzin wird in der Schmiede nur bei der direkten Wärmung der gepreßten Luft bzw. zu der Entzündung des später eingeführten Heizöls verwendet. Eingeteilt wird dieses Benzin wiederum in 1. Petroleumäther, Canadol, Gasolin mit einem spezifischen Gewicht von ca. 0,65 und einem Siedepunkt von 40 bis 70° C, 2. in das eigentliche Benzin mit einem spezifischen Gewicht von 0,7 und einem Siedepunkt von 70 bis 120° C, sowie 3. in Ligroin mit einem spezifischen Gewicht von etwa 0,73 und einem Siedepunkt von ca. 120 bis 135° C, und endlich in das Putzöl mit einem spezifischen Gewicht von ca. 0,745 und einem Siedepunkt von ca. 130 bis 160° C.

Das bei der Destillation gewonnene Brennpetroleum oder Kerosin hat ein spezifisches Gewicht von 0,73 bis 0,87 und einen Siedepunkt von 130 bis 300° C. Die bei der Destillation gewonnenen Rückstände zerfallen in Schmieröl, Masut, Heizöle, Paraffin und Vaselin. Der Heizwert dieser Kohlenwasserstoffe, d. h. aller Destillationsprodukte, schwankt zwischen 10 000 und 11 000 WE pro kg. So hat z. B. das rumänische Rückstandpetroleum 10 500 WE. Der Hauptproduzent von Petroleum sind die Vereinigten Staaten von Nordamerika. Ihnen schließt sich Rußland an. Während Amerika zwei Drittel der Weltproduktion liefert, ist Rußland an dieser mit etwa ein Sechstel beteiligt, so daß sich das übrige Sechstel auf alle andern Länder verteilt. Als Produzenten kommen außer den vorgenannten Staaten noch Galizien, Rumänien und Niederländisch-Indien in Frage.

Der chemischen Zusammensetzung nach besteht z. B. das russische Rückstandpetroleum nach Abdestillation von Benzin und Lampenpetroleum im Mittel aus 86% Kohlenstoff, 12% Wasserstoff und 2% Sauerstoff. Infolge seines hohen Heizwerts verträgt Petroleum bzw. vertragen die Heizöle höhere Frachten. Lit.-Nachw. Nr. 12.

Abs. 13. **Das Steinkohlenteeröl (Kreosotöl, Anthrazenöl) sowie Benzol, Phenol und Homologe.** Ein wichtiger flüssiger Brennstoff sind die Teeröle. Sie zerfallen in Kreosotöl und Anthrazenöl. Der bei der Kokerei entstehende Teer hat im allgemeinen die Zusammensetzung von 50% Pech, 30 bis 33% Kreosot- und Anthrazenöl, 7,5% Naphthalin, 2,5% Benzol und Homologe, 1,3% Phenol und Homologe, 4,5% Wasser. Das spezifische Gewicht schwankt zwischen 1,0 und 1,1. Der Siedepunkt beträgt 180° bis 360° und der Entflammungspunkt liegt über 580° C. Der Heizwert liegt durchschnittlich bei 9000 bzw. 9500 WE. Der Aschengehalt ist gering, er beträgt 0,02%, ebenso ist der Schwefelgehalt nicht sehr hoch. Aus einer Tonne Kohle werden im Kokereibetrieb 50 bis 55 kg Teer gewonnen, die etwa 15 bis 20 kg Teeröl enthalten. Da nun die Produktion des Kokses in Deutschland von 10 Mill. t im Jahre 1897, nicht ganz 13 Mill. t im Jahre 1900, über 14 Mill. t im Jahre 1903, 16½ Mill. t im Jahre 1905, 22 Mill. t im Jahre 1908 und 23½ Mill. t im Jahre 1910 betrug, so dürfte jetzt die Menge, welche aus den Koksöfen an Teerölen gewonnen werden kann, auf über 400 000 t zu schätzen sein. Es sind jedoch nur etwa die Hälfte der Koksöfen zurzeit auf Gewinnung von Nebenprodukten eingerichtet. 1909 betrug die Gesamt-Steinkohlenteererzeugung aus den Kokereien Oberschlesiens und Westfalens sowie aus den Gasanstalten her ca. 300 000 t, 1911 ca. 450 000 t.

Der Bergassessor R a t h in Essen gibt im »Glückauf« vom 22. Juli 1912 folgende Zahlen an:

	21 000 t	Gasöl,
	45 000 t	Paraffinöl,
	12 000 t	Schieferöl,
	400 000 t	Steinkohlenteeröl
zusammen	478 000 t.	

Diese Mengen kommen jedoch nicht nur für Heizzwecke in Frage, sondern auch für Imprägnierungszwecke, zum Antrieb von Dieselmotoren und für diverse andere Zwecke. Lit.-Nachw. Nr. 13.

Abs. 14. **Die Schwelöle aus den Braunkohlen.** Bei der trockenen Destillation der Braunkohle zur Gewinnung der Paraffine und des Erdwachses werden als Nebenprodukte ebenfalls Teeröle gewonnen, die den gleichen Heizwert haben wie die Steinkohlenteeröle. Die Wasserstoffzahl des Braunkohlenteeröls und des Paraffinöls wird mit 1,6 bis 1,7 angegeben. Lit.-Nachw. Nr. 14.

IV. Kapitel. Die gasförmigen Brennstoffe.

a) Die Gase.

α) Das Naturgas.

Abs. 15. **Das Naturgas, Eigenschaften, Vorkommen und Verbreitung desselben.** An einzelnen Punkten der Erde treten Heizgase von der Zusammensetzung 70 Vol.-% Methan, 20 Vol.-% Wasserstoff mit 10 Vol.-% indifferenter Gase (Kohlensäure, Stickstoff) zutage, doch sind in der Zusammensetzung selbst bei ein und derselben Quelle dauernd Schwankungen zu beobachten. Wir finden diese Gasquellen in den Vereinigten Staaten von Nordamerika, in Kanada, in der Umgegend von Baku, in Persien und in China. Teilweise waren diese Quellen schon im Altertum bekannt und wurden von den Feueranbetern verehrt. Sie stehen meist mit unterirdischen Erdölablagerungen und Bitumen in Verbindung und erhalten ihre Kommunikation mit der Erdoberfläche auf irgendwelche Weise, z. B. Spaltenbildung oder künstliche Bohrlöcher. Die Ausbeute an Erdgas betrug im Jahre 1906 in den Vereinigten Staaten 10,9 Mill. cbm im Werte von 47 000 000 Dollar. In Kanada beabsichtigt man die Stadt Montreal mit einem 144 km weit entfernt liegenden Erdgasfelde in Verbindung zu setzen. Der Anfangsdruck des Naturgases, welches den Quellen der Carnegie-Natural Gas Co. in Pennsylvania, West-Virginia, entströmt, schwankt zwischen 56 und 84 Atm. In der Saugleitung der Kompressoren für die Fernleitung dieses Gases auf 150 km beträgt der Druck noch 11 bis 15 Atm, sinkt aber bei Betrieb der Kompressoren auf 4,5 Atm. herab. Interessant ist, daß man auch in Deutschland kürzlich auf das Vorhandensein von Erdgas gestoßen ist, nämlich auf die Erdgasquelle von Neuengamme bei Hamburg. Die Quelle wird derartig ausgenutzt, daß eine Rohrleitung bis nach Hamburg gelegt wurde und 15% dieses Gases dem Steinkohlengas der Gaswerke zugeführt wird. Eine höhere Beimischung ist unmöglich, da das Gas fast aus reinem Methan besteht und unter diesen Umständen sämtliche Brenner geändert werden müßten. Es sollen täglich ca. 45 000 cbm verbraucht werden, d. h. etwa $^1/_{10}$ der ausströmenden Gasmenge. Lit.-Nachw. Nr. 15.

β) Die künstlichen Gase.

Abs. 16. **Entgasung und Vergasung.** Infolge der Erkenntnis, daß gasförmige Brennstoffe bei der Verbrennung einen weit höheren Nutzeffekt geben als feste Brennstoffe, war man anfangs bestrebt, diese zu entgasen. Derartige Bestrebungen reichen zurück bis in den Anfang des vorigen Jahrhunderts. Erst später ging man mehr und mehr dazu über, auch die Brennstoffe zu vergasen, obgleich das Wassergas bereits seit Mitte des 18. Jahrhunderts bekannt war. Namentlich in den letzten Jahren aber hat man der rationelleren Ausnutzung der Brennstoffe eine erhöhte Aufmerksamkeit geschenkt in dem Maße, als die Brennstoffe teurer wurden und der Bedarf an Kraft und Wärme immer höher stieg. Vor allen Dingen lernte man aber auch die große Wichtigkeit der Nebenprodukte kennen, die bei der Kohlendestillation gewonnen wurden. Es mag eigenartig klingen, daß die Wertverhältnisse sich günstiger stellen, wenn man die Kohle zerlegt, als wenn man sie unmittelbar auf dem Rost unter dem Ofen verbrennt. Mit Recht sagte Siemens, daß es eine unverantwortliche Verschwendung sei, die rohe Kohle direkt zu verbrennen, anstatt sie vor der Verbrennung zu verbrennen. Um diesen Veredelungsprozeß in das richtige Licht zu setzen, mag angeführt sein, daß der Verkaufswert einer Tonne Steinkohle ohne Fracht im Jahre 1908 mit M. 11 anzusetzen war, während man außer dem Gas brutto

770 kg	Koks	zu 19 M/t =	M. 14,63	
50 kg	Rohteer	zu 25 M/t =	M. 1,25	
10 kg	Ammoniak	zu 260 M/t =	M. 2,60	(als Sulfat berechnet)
6 kg	Benzol	zu 180 M/t =	M. 1,08	
		zusammen	M. 19,65	

durch den Veredelungsprozeß gewinnt. Hierzu kommt noch, daß, wie schon gesagt, für die Eisenerhitzung mittels Gas viel weniger Wärmeeinheiten erforderlich sind als bei Erhitzung durch rohe Kohle (s. Abs. »Kosten der Eisenerhitzung«, 2. Hauptteil). Leider steht diesem volkswirtschaftlichen Problem, wie schon einmal gesagt, die falsche Preispolitik der Städte entgegen, die aus den Gaswerken wesentlich höhere Dividende erzielen will (meist 10%) im Vergleich zu den Elektrizitätswerken (meist 5%).

Während nun die Entgasung der Steinkohle ein sehr hochwertiges Gas liefert, liefert die Vergasung ein mindergehaltiges Gas, das aber unverhältnismäßig billiger ist. Es betragen die Erzeugungskosten des letzteren etwa nur $^1/_{10}$ pro cbm gerechnet; allerdings ist dabei zu bedenken, daß der Gehalt an WE nur $^1/_4$ beträgt. Den Städten entsteht eine Schwierigkeit, da das Volumen des letzteren Gases ein größeres ist, wegen der Änderung des Rohrnetzes auf größere Querschnitte, doch werden sie sich diesen sozialen Forderungen nicht lange entziehen können, namentlich da es auch in hygienischer Beziehung außerordentlich wichtig erscheint, anstatt mit den Schwefelgasen die Stadtluft verunreinigen zu lassen, den Schwefel in Form von Düngemitteln an die Landwirtschaft abzugeben. Lit.-Nachw. Nr. 16.

An künstlichen Gasen unterscheiden wir:

Abs. 17. **Das Leuchtgas.** Dieses wird durch Destillation von Steinkohlen gewonnen, ferner auch aus Holz und Öl, Braunkohle und Torf. Das in Retorten erzeugte Gas wird einer Reinigung unterworfen und in den verschiedenen Vorlagen und Reinigungsapparaten Teer, Ammoniak, Zyan, Rhodan, Schwefelwasserstoff, Schwefelkohlenstoff, unter Umständen auch Holzgeist, Essigsäure und Kohlensäure aufgefangen. Je nach Beschaffenheit des Urstoffes und der Destillationstemperatur erhalten wir ein Leuchtgas verschiedener Zusammensetzung, und zwar:

Bestandteile des Gases	Steinkohlengas Volum-%	Holzgas Volum-%	Ölgas Volum-%
Wasserstoff H_2	49	33	27
Methan CH_4	34	23	40
Schwere Kohlenwasserstoffe (besonders Äthylen C_2H_4 und Benzol C_6H_6)	4	8	33
Kohlenoxyd CO	8	36	—
Kohlensäure CO_2	2	(im Rohgas 25)	—
Stickstoff N_2	3	—	—
Heizwert von 1 cbm (auf Wasserdampf bezogen)	5160 WE	etwa 5000 WE	8300 WE

Entgasungsversuche mit deutschen Gaskohlen ergaben nachstehende Resultate:

Kohlensorte	100 kg Rohkohle geben			Gasbeschaffenheit		
	Gas 15° 760 mm cbm	Koks kg	Teer kg	Gaswasser kg	Spez. Gewicht	Ob. Heizwert 0° 760 mm
Ruhrkohlen:						
Dahlbusch	28,6	73,9	4,1	4,8	0,380	5635
Zollverein	29,5	70,9	4,9	5,4	0,394	5700
Schlägel und Eisen	31,9	70,3	5,1	5,2	0,390	5730
Saarkohlen:						
Kamphausen	32,5	69,2	5,8	4,9	0,410	5700
Reden-Bildstock	37,0	67,7	6,3	5,1	0,393	5920
Sächsische Kohlen:						
Zwickauer Brückenberg Knörpel	32,3	62,3	7,0	9,3	0,406	5900
Schlesische Kohlen:						
Hedwig Wunsch Stück	33,9	66,1	6,5	7,8	0,450	5500

An Schwefelgehalt in Form von Schwefelwasserstoff nimmt das Gas unter sonst gleichen Umständen mit steigender Temperatur bei der Erzeugung ab. In den Steinkohlen ist der Schwefel in den verschiedensten Verbindungen und Formen vorhanden, und zwar als elementarer Schwefel, als Sulfat und als Schwefelkies. In dem erzeugten Leuchtgase tritt er auf als Schwefelwasserstoff, Schwefelkohlenstoff, dann aber auch als Merkaptane und Senföle, die beiden Verbindungen, die dem Gas den eigentümlichen Geruch geben. Der Gehalt an Schwefel schwankt im Reingase, bezogen auf 100 cbm desselben zwischen 20 g und 150 g. Im Durchschnitt aber beträgt er ca. 60 g. Im Rohgase beträgt der Schwefelstoffgehalt in Vol.-% 0,7. Der Heizwert des Steinkohlengases fällt zwar mit steigender Erzeugungstemperatur pro cbm Gas, die Heizwertzahl, d. h. die gesamte Ausbeute an Heizwerten aus der Kohle steigt dagegen. Der unterste Heizwert des normalen Leuchtgases soll je nach der Zusammensetzung des Gases nicht unter 4500 WE bei 0° und 760 mm, d. h. 4265 WE bei 15° und 760 mm betragen. Der oberste Heizwert des normalen Leuchtgases soll 5200 WE bei 0° und 760 mm, bzw. 4740 WE bei 15° und 760 mm sein. Lit.-Nachw. Nr. 17.

Abs. 18. **Das Koksofengas.** Dieses Gas, welches während der ganzen Entgasungszeit von 30 und mehr Stunden in den Kammeröfen der Kokereien gewonnen wird, gibt durchschnittlich einen geringeren Heizwert. Die Garungszeit ist abhängig von dem Wassergehalt der Kohle, der Gleichmäßigkeit der Beheizung, der Ofentemperatur und der Ofenbreite. In Flammöfen dauert sie 28 bis 36, in Teeröfen 20 bis 30 Stunden. Der Heizwert ist um so geringer, je mehr Kohlensäure und Stickstoff durch Rauchgase infolge Undichtigkeiten der Öfen mit angesaugt werden. Fängt man das Gas, welches in der ersten Hälfte der Destillationszeit entsteht, gesondert auf, so steht dieses dem Leuchtgas an Heizkraft nicht nach. Dieses Gas wird z. B. auf 13 km von Hamborn bis Mülheim a. d. R. in einer Rohrleitung von 200 mm l. W. unter einem Druck von 1000 bis 1500 WS geleitet. Der oberste Heizwert der Koksofengase beträgt in den ersten 14 Destillationsstunden 6300 WE, in den übrigen 19 Stunden 4580 WE. Lit.-Nachw. Nr. 18.

Abs. 19. **Das Wassergas.** Das Wassergas hat in den letzten Jahrzehnten wieder mehr und mehr die Aufmerksamkeit der Gasfachleute auf sich gezogen, nachdem man zweckmäßig gefunden hat, Leuchtgas mit diesem zu vermischen, weil man das städtische

Leuchtgas nicht nur zum Beleuchten, sondern auch zum Heizen verwendet. Meiner Überzeugung nach wird man aber, nachdem man sich an den Gedanken gewöhnt haben wird, Schmiedeöfen mit Gas zu befeuern, speziell diesem Gase eine noch erhöhtere Aufmerksamkeit schenken, weil es sich wegen seines Wasserstoffgehalts vorzüglich zu Heizzwecken eignet. — Zuerst wurde dieses Gas von dem Italiener Fontana um die Mitte des 18. Jahrhunderts hergestellt, der erkannte, daß, wenn man Wasserdampf über glühende Kohlen leitet, sich dieser unter Bildung eines brennbaren Gases versetzt. Verdrängt wurde dieses Gas, weil das Steinkohlengas den damaligen Bedürfnissen infolge seiner leuchtenden Flamme mehr entsprach. Um einen Ausweg zu schaffen, begann man in Amerika infolge seines Reichtums an Mineralölen das Wassergas zu karburieren. Der Schmied, der Wasser auf seine Kohlen gießt, erzielt dadurch, wie er zu sagen pflegt, eine reinere Hitze, die auch größer ist, aber er kennt nicht die Ursachen dieser Erscheinung, die in der Erzeugung des Wassergases liegen.

Bei dem Durchblasen von Wasserdampf durch glühenden Kohlenstoff zerlegt sich jener in seine beiden Bestandteile Wasserstoff und Sauerstoff, welch letzterer sich mit dem Kohlenstoff im naszierenden Zustande zu Kohlenoxyd verbindet. Das dadurch entstehende Gemisch von nahezu gleichem Volumen Wasserstoff und Kohlenoxyd nennt man reines oder blaues Wassergas. In der Praxis jedoch wickelt sich der Prozeß nicht ganz so gleichförmig ab, sondern man erhält ein Gas, welches noch etwas Kohlensäure, Stickstoff und ganz geringe Mengen an Schwefelverbindungen enthält. Der untere Heizwert dieses Gases kann mit 2500 WE angenommen werden. Es verbrennt mit hoher Flammentemperatur, d. h. mit 2000°, besitzt aber keine Leuchtkraft; um so mehr aber eignet es sich namentlich seiner Billigkeit wegen zum Beheizen von Erwärmungsvorrichtungen für Schmieden. Im Mittel hat 1 cbm Wassergas folgende Zusammensetzung und Brennwert:

	Zusammensetzung	Brennwert
CO_2	3,3	0
CO	44,0	1342
CH_4	0,4	34
H	48,6	1254
N	3,7	0
		2630

Dementsprechend würde 1 kg Koks 1,33 cbm Wassergas entsprechend 2970 WE liefern und ebensoviel WE in dem erzeugten Generatorgas, die sich jedoch auf 3,13 cbm Generatorgas verteilen. Diese Zahlen entstammen einem Versuch mit einem Generator von Schulz, Knaudt & Co. in Essen. Hier ist einzuflechten, daß die Arbeitsweise der Wassergasgeneratoren derartig ist, daß sie alternierend arbeiten, und zwar erfolgt zunächst die sog. Heißblaseperiode, während der die Kohlenschichten im Generator durch Einblasen von Luft in Glut gesetzt werden, und dann die Periode des Gasmachens, d. h. es wird Dampf durch die glühenden Schichten geblasen. Es gibt nun zwei verschiedene Arten von Herstellungsverfahren des Wassergases, und zwar 1. das sog. Kohlensäureverfahren nach Delwick-Fleischer, bei welchem während der Heißblaseperiode nur Kohlensäure erzeugt wird, während 2. bei dem sog. Generatorverfahren in dieser Periode Generatorgas erzeugt wird. Bei den Schulz-Knaudtschen Generatoren dauert das Wassergasmachen 4 Minuten, die Periode der Generatorgaserzeugung 11 Minuten; bei Delwick-Fleischer dagegen beträgt die Heißblaseperiode 1 Minute, die Periode des Gasmachens 8 Minuten. Dieses Verfahren erzielt daher auch aus 1 kg Koks 2 cbm Wassergas oder 2,3 cbm auf 1 kg Kohlenstoff. Wegen des alternierenden Arbeitens ist es notwendig, daß der Generatoranlage ein Gasometer zur Aufspeicherung beigefügt wird. Der obere Heizwert des Wassergases beträgt 2750 WE. Die Wassergasanlagen sind neuerdings erheblich verbessert worden durch die Einführung mechanisch bewegter Roste.

Zum Betrieb von Explosionsmotoren ist das Wassergas in reinem Zustand weniger geeignet, ein Umstand, der für das Zentralisierungsbestreben der Energieerzeugung in der Schmiede nicht förderlich ist. Soll aber ein Motor an eine Wassergaserzeugungsanlage angeschlossen werden, so ist nach dem Generatorverfahren zu arbeiten und das Generatorgas für den Motor getrennt aufzufangen. Lit.-Nachw. Nr. 19.

Abs. 20. **Das Mischgas.** Dieses Gas wird dadurch erzeugt, daß Dampf und Luft gleichzeitig mittels Injektors unter den Rost des Generators geblasen werden. Hierbei soll das Mischungsverhältnis von Luft und Dampf derartig gewählt werden, daß trotz möglichst großer Wasserdampfversetzung die Kohlen dennoch in heller Glut bleiben. Es ist also ein Verfahren ähnlich dem Wassergasverfahren nach dem Generatorgasprinzip, nur daß es sich hier nicht um einen alternierenden Betrieb handelt, sondern um einen kontinuierlichen, gemischten Betrieb. Um eine möglichst hohe Ausnutzung des Dampfes zu erreichen, wird das Dampfluftgemisch durch die abziehenden Gase (nicht durch den Generator) vorgewärmt. Je besser die Vorwärmung des Dampfluftgemisches erfolgt, um so mehr kann man sich der äußersten Grenze von 0,75 kg Wasserdampf auf 1 kg Kohlenstoff bzw. 100 cbm Luft vermischt mit 34 kg Wasserdampf, nähern und dabei ein gutes Gas erhalten. Die Menge des Wasserdampfes soll genau geregelt werden. Der Einfluß des Wasserdampfes auf die Gaserzeugung ist von Bone und Wheener an einer Generatoranlage in Warrington untersucht worden. Bei Steigerung der Dampfsättigungstemperatur über 45° bzw., wenn mehr als 1 kg Dampf 1 kg Kohle zugeführt wurde, verringerte sich der Gehalt des Gases an Kohlenoxyd, während die Kohlensäure und der Wasserstoffgehalt zunahmen. Je größer die zugeführte Dampfmenge war, um so größer war auch der Gehalt an Ammoniak. Die Zusammensetzung des Gases war:

Dampfsättigungstemperatur	60°	65°	70°	75°	80°
Mittlere Zusammensetzung des erlangten Gases:					
CO_2	3,25	6,95	9,15	11,65	13,25
CO	27,30	25,40	21,70	18,35	16,05
H	16,60	18,30	19,65	21,80	22,65
CH_4	3,35	3,40	3,40	3,35	3,50
N	47,50	45,90	46,10	44,83	44,55

Die Vergasung 1 t trockener Kohle ergab einen Gasertrag in cbm bei 0° C, 760 mm

und einer Dampfsättigungstemperatur des Gebläses	60°	55°	50°	45°
in cbm	3820	3760	3750	3790

Das Mischgas wird auch noch als Kraftgas, Halbwassergas und Dowsongas bezeichnet. Lit.-Nachw. Nr. 20.

Abs. 21. **Die Generatorgase, namentlich Heizgase aus minderwertigen Brennstoffen.** Während sich die Bezeichnung »Mischgasverfahren« hauptsächlich auf Anthrazit und Steinkohle bezieht, d. h. Brennstoffe, die wasserarm sind, bezeichnet man mit dem Namen »Generatorgase« namentlich alle diejenigen Heizgase, die als Sauggas in Motoren und auch in Feuerungen verwendet werden und neben Anthrazit und Steinkohle vornehmlich aus Braunkohlenbriketts, Braunkohlen, Torf sowie aus Kohlenlösche, Koksgrus, Abfallkohle erzeugt werden. Für die Zusammensetzung und den Heizwert der Gase mögen einige Beispiele angeführt sein:

Nach Kerpely: Abtrieb von Hochofenkoks mit 18,25% Asche und einem Heizwert von 5636 WE ergab ein Gas von 5,57% CO_2, 26,9% CO, 11,91% H und 1113 WE.

Koksasche aus dem westfälischen Revier mit 15,2% Asche und einem Heizwert von 5570 WE ergab ein Gas von 5,9% CO_2, 26,05 CO, 3% H, 0,6% CH_4 und 1130 WE.

Mitteldeutsche und mulmige Braunkohle mit 5,8% Asche und einem Heizwert von 2300 WE ergab ein Gas von 7,0% CO_2, 26,0 CO, 13,5% H_2, 1,2% CH_4, 0,3% C_2H_4 und 1260 WE.

Rheinische Braunkohlenbriketts mit 4,6% Asche und einem Heizwert von 4800 WE ergaben ein Gas von 3,4% CO_2, 31,5% CO, 11,0% H_2, 2,5% CH_4, 0,2% C_2H_4 und 1450 WE.

Oberschlesische, wenig backende Steinkohle mit 9,5% Asche und einem Heizwert von 6750 WE ergab ein Gas von 1,8% CO_2, 30,4% CO, 12,6% H_2, 3,4% CH_4 und 1530 WE.

Nach Pintsch ist die Zusammensetzung des aus dem mit Rauchkammerlösche beschickten Treppenrostgenerator entströmenden Gases 17,6 bis 24,2% Kohlenoxyd, 20,0 bis 9,2% Wasserstoff, 10,4 bis 4,8% Kohlensäure. Der Heizwert der Beschickung war bei Kohlenlösche aus dem Saargebiet 4521 WE bei 32,3% Aschengehalt; bei Lösche aus oberschlesischer Kohle 6050 bis 6230 WE bei 19,2 bis 23,1% Aschengehalt. Das erzeugte Gas besaß ohne Rücksicht auf den Ursprung der Lösche einen Heizwert von 987 bis 1050 WE.

Der Betrieb zur Erzeugung des Generatorgases ist im allgemeinen der gleiche wie bei der Erzeugung des Mischgases, nur mit dem Unterschied, daß Dampf und Luft gleichzeitig dauernd eingeleitet wird. Die Einleitung des Dampfes jedoch richtet sich in bezug auf seine Menge nach dem Wassergehalt des Beschickungsmaterials. So fällt die Hinzufügung des Dampfes bei der Vergasung von Torf gänzlich fort, da dieser bereits genügend Wasser enthält. Lit.-Nachw. Nr. 21.

Abs. 22. **Das Hochofengas.** Im Jahre 1898 wies Lürmann darauf hin, daß es von großer Wichtigkeit sei, die Hochofengase nicht nutzlos als Fackeln der Hochöfen verbrennen zu lassen, sondern aufzufangen und zu verwerten. Dieser wichtige Hinweis hat der Eisenindustrie Millionen an Ersparnissen gebracht. Die Hochofengase aus Kokshochöfen enthalten im Mittel, wenn trocken, 10% Kohlensäure, 28% Kohlenoxyd, 3% Wasserstoff und 59% Stickstoff. 1 cbm Hochofengas hat bei 0° C 950 WE, die bei 10% Feuchtigkeit auf 855 WE heruntergehen. Es ist also ein verhältnismäßig armes Gas. Die Grenzwerte kann man annehmen mit:

	Min.	Max.
Kohlensäure	15%	6%
Kohlenoxyd	20%	34%
Wasserstoff	1%	4%
Stickstoff	64%	56%
Brennwert	640 WE	1044 WE
1 cbm erfordert atm. Luft	0,50 cbm	0,91 cbm.

1 cbm Gichtgas wiegt im Mittel 1,28 kg; 1 kg Gichtgas ist im Mittel = 0,78 cbm; es ist daher das spezifische Gewicht des Gases = 0,25. Die theoretische Verbrennungstemperatur der Gichtgase beträgt 1200 bis 1400°, doch hängt die erreichte Temperatur im Ofen, wie wir später sehen werden, nicht von dem WE-Gehalt des Gases ab. Lit.-Nachw. Nr. 22.

Abs. 23. **Das Mondgas.** Neben Generatorgas (Sauggas) wird in letzter Zeit auch vielfach »Mondgas« für Heizzwecke von Öfen aller Art verwendet. Der Grundgedanke dieses nach seinem Erfinder Dr. Ludwig Mond benannten Verfahrens besteht darin, Brennstoffe unter reichlichem Dampfzusatz und unter Berücksichtigung der im übrigen maßgebenden Verhältnisse — welche eben dieses Verfahren kennzeichnen — in Generatoren zu vergasen, wodurch der Stickstoff des Brennmaterials zu seinem größten Teile in Form von Ammoniak im Gase gewonnen wird. Dieser Ammoniak wird durch Berieselung des Gases mit Schwefelsäure in geeigneten Apparaten in Form von Ammoniumsulfat übergeführt, das ein vielgesuchtes und wertvolles Produkt als Düngemittel darstellt (Abs. 61).

Für das vorstehende Verfahren können ebensowohl hochwertige Brennmaterialien, wie Steinkohle und Anthrazit, als auch minderwertige Kohlen (aschenreiche Kohlen, Braunkohlen und vor allem auch Torf) Verwendung finden.

Das erzeugte Gas ist nahezu bei allen Brennmaterialien das gleiche und zeigt im Durchschnitt

CO_2	CO	H	CH_4
16%	13%	25%	3%.

Es weist demnach einen Heizwert von 1250 bis 1300 Kal. auf und ist dem in den vollkommensten modernen Generatoren gewonnenen Heizgasen vollständig gleichwertig.

Für den Betrieb der Öfen erscheint das Mondgas sogar in gewisser Beziehung noch vorteilhafter, da es vollkommen gekühlt ist und daher nicht mit Feuchtigkeit beladen aus der Reinigeranlage austritt, während gewöhnliches Generatorgas, besonders bei minderwertigen Brennmaterialien, einen Feuchtigkeitsgehalt von 100 bis über 200 g im cbm aufweist, was bei den hohen Temperaturen der Öfen einen sehr unliebsamen Ballast bedeutet.

Der Erlös aus den gewonnenen Nebenprodukten (neben Ammoniumsulfat auch hochwertiger Teer) ist ein so großer, daß in den meisten Fällen das Gas kostenlos zur Verfügung steht, so daß es beinahe richtig wäre, das Gas als Nebenprodukt zu bezeichnen.

Selbstverständlich sind für die Rentabilität die örtlichen Verhältnisse maßgebend, und zwar kommen neben dem Preise des Brennmaterials auch die Kosten für die Schwefelsäure, die Verkaufspreise für Ammoniumsulfat und die Arbeitslöhne in Betracht. Im allgemeinen geben naturgemäß größere Anlagen bessere Rentabilität als kleinere.

Im Durchschnitt können jedoch die nachstehenden Stickstoffgehalte als diejenigen Grenzen gelten, bei welchen unter normalen Verhältnissen die Rentabilität einer Mondgasanlage als sicher bezeichnet werden kann:

Steinkohle mit ca. 7000 Kal. Heizwert und 1 % Stickstoff. Braunkohle mit ca. 5000 Kal. Heizwert und 0,7% Stickstoff. Torf mit ca. 45% Feuchtigkeit und 0,5% Stickstoff. Lit.-Nachw. Nr. 23.

Abs. 24. **Übersicht über die Zusammensetzung der Gase.** Um eine Übersicht über die Zusammensetzung und den Heizwert der einzelnen Gase zu geben, sei folgende Tabelle angeführt:

	Steinkohlenleuchtgas	Koksofengas im Durchschnitt	Generatorgas aus Kohle	Generatorgas aus Koks	Wassergas	Mischgas aus Koks	Sauggas aus Anthrazit	Mondgas aus Kohle
	Bestandteile in Volum-%							
Wasserstoff H	49	47,0	6,5	1	50	15	14	26,4
Methan CH_4	34	28,0	1,9	—	1	—	2	2,5
Schwere Kohlenwasserstoffe C_2H_4	3	2,0	—	—	—	—	—	—
Schwere Kohlenwasserstoffe C_6H_6	1	0,5	—	—	—	—	—	—
Kohlenoxyd CO	8	6,0	23,7	27	41	24	23	10,2
Kohlensäure CO_2	2	2,5	5,3	5	5	7	4	16,3
Stickstoff N	3	14,0	62,6	67	4	54	57	44,6
Heizwert für 1 cbm	5160	4300	1050	845	2600	1110	1230	1200

Lit.-Nachw. Nr. 24.

γ) Heizwerte und Preise vergasbarer und gasförmiger Brennstoffe.

Abs. 25. **Tabelle der Heizwerte verschiedener vergasbarer Brennstoffe in WE.** In nachstehender Tabelle sollen die Heizwerte verschiedener Brennstoffe angeführt werden. Die Heizwerte der festen Brennstoffe und auch die der flüssigen sind den Kohlenuntersuchungen des Herrn Dr. Aufhäuser in Hamburg entnommen, die im Auftrage des Vereins für Feuerungsbetrieb und Rauchbekämpfung in Hamburg ausgeführt worden sind (Ausgabe 1912). Der Heizwert ist bezogen auf Rohkohle, infolgedessen auch auf Wasserdampf.

A. Englische Steinkohlen.

Durham.

Sorte	WE
Auckland, Gaskohle	7598
» ungesiebte	7536
» »	7518
» »	7481
» »	7253
» »	6940
Burnhope, unscreened	7536
» Smalls	7276
Consett, Gaskohle	7478
» »	7434
Dawdon (Londonderry) unscreened	6890
Deans Primrose, Gaskohle	7540
» » »	7375
Dunston Garesfield	7699
Easington, Gaskohle	7786
» »	7679
» »	7320
East Hartley, Stückkohle	7011
East Hetton	7695
Eldon	7066
Eldon-Randolph	7166
Felling Main	7175
Garesfield, Förderkohle	7361
» »	7235
Gareswood Main	7436
Harton	7203
»	7080
Holmside	7661
»	7480
Horden, Gaskohle	7032
Garesfield Original-Förderkohle	7793
» » »	7735
» » »	7678
» » »	7675
» » »	7596
» » »	7558
» » »	7553
» » »	7512
» » »	7504
» » »	7491
» » »	7419
» » »	7381
» » »	7166
Morrisons	7775
»	7399
»	7358
New Pelton Main	7541
» » »	7482
» » »	7467
New Pelton Main	7365
» » »	7227
» » »	7136
» » »	7029
Seaham Main	7535
» »	7371
» »	7301
Hebburn, Gaskohle	7180
» »	7169
» »	7116
» »	7106
Lambton, unscreened	7377
» »	7215
» ⅓ Smalls	7119
» Smalls	6894
» »	6959
Leverson-Wallsend	7586
» »	7269
Londonderry, Gaskohle	7438
New Tanfield	7344
Pelaw Main, Steam	7439
» » »	7337
Priestmans, Förderkohle	7578
» »	7545
» »	7468
» »	7225
Ravensworth Pelaw	7572
» »	7499
Seaham Main	7350
» »	7240
Silksworth	7502
»	7456
»	7349
»	7289
»	7276
»	7291
Sunderland	6867
Tanfield Moor, ungesiebt	7683
» » »	7609
» » »	7550
» » »	7488
» » »	7466
Wearmouth, Gaskohle	7593
» »	7526
» »	7252
» »	7316
West Leverson, Gaskohle	7413
Wingate (Harvey)	7122
Thornley, Gaskohle	7697

Thornley, Gaskohle	7560
» »	7344
Townley Main, Gaskohle	7880
» » »	7844
» » »	7774
» » »	7675
» » »	7584
Usworth, Gaskohlen	7415
» »	7320
Washington, Gaskohle	7372
» »	7403
» »	7253
» »	7279
Washington, Mittel aus 6 Proben	7135

Northumberland (Westhartley-Kohlen).

Bebside, grobe	7091
» »	6632
Bothal, grobe	6998
» »	6873
» »	6836
» »	6726
» »	6659
» »	6554
» gesiebte	6838
» »	6721
» »	6434
» ungesiebte	6759
» »	6606
Bowers Stückkohle	7068
» »	7042
» Singles	6604
» Smalls	6204
» »	5801
Broomhill	6807
Buddles Stückkohle	7080
» »	6871
» »	6839
» Smalls	6322
» »	6198
» »	6117
» Siebgrus	5679
Cowpen, Stückkohle	7053
» »	7024
» »	6911
» »	6571
» Smalls	6317
Cowpen-Bothal-Davison:	
Mischungen von Smalls	6097
» » »	5797
» » »	4927
Cramlington	6751
»	6245
» Mittel aus 4 Proben	6544
Davison, grobe	6927
» »	6960
» »	6945
» »	6698
» »	6625
» »	6385
» ungesiebte	6183
» »	5656
Hastings, grobe	6429
» »	6328
» Smalls	5285
» »	5212
Howards, Large	7163
Howards, Large	7155
» »	7121
» »	6843
» »	6541
» »	6454
» zechengesiebt	6779
Mickley, Gasförderkohle	7785
» »	7727
» »	7688
» »	7676
» »	7378
Netherton	7017
Newbiggin	6990
Preston, ungesiebte	6221
Ravensworth, Stückkohle	7312
» grobe	6505
» ungesiebt	6485
» Smalls	6094
» »	5917
eal Westhartley	6516
» » Mittel aus 8 Proben	6793
Scremerston	6510
Seghill, Stückkohle	6961
» Smalls	5538
Wallsend (Haighmoor)	6987
Westhartley, ohne nähere Bezeichnung:	
Westhartley, zechengesiebt	7219
» »	7199
» »	7177
» »	7103
» »	7051
» Stückkohle	7000
» »	6897
» »	6783
» »	6769
» »	6762
» »	6724
» »	6610
» »	6578
» »	6480
» »	6494
» »	6302
» »	6285
» Förderkohle	6141
» »	6072
» »	5997
» »	5947
» Smalls	5700
» »	5708
» »	5581
» »	5667

Westhartley in Mischung mit westfäl. Kohle Dahlbusch	6632
Whorlton, Stückkohle	7747
» »	7612
» »	7419
» »	7338
» »	7462
» Smalls	7214
» »	7181
Whorlton, Smalls	7150
» »	7143
» »	7134
» »	7117
» »	7108
» »	7087
» »	7076
» »	6979

Yorkshire.

Allerton Bywater, washed Smalls	7033
» » » Peas	6696
Blackton	6662
Breywood, unscreened	6787
Brodsworth Slack	5676
Bullcroft, Cobbles	6909
» »	6779
Carlton, washed Singles	7428
» Förderkohle	7161
» »	7157
» »	6681
Charlesworth, New Market:	
40 Proben von 1909, maximal	7398
minimal	6705
Mittel	7100
72 Proben von 1908, maximal	7254
minimal	6898
Mittel	7130
Crigglestone Beans	7146
Denaby, Singles	7404
Dinnington, Hards	7347
Featherstone, washed Peas	7423
Glas Houghton, Trebles Nuts	7397
» » Singles	7292
» » Trebles Nuts	7283
» » Single	7172
» » Pea Nuts	7073
» » Gaskohle	7008
» » Singles	6947
» » Gas- und Feinkohle	6788
» » Rough Slack	6684
» » » »	6646
» » » »	6622
» » » »	6519
» » » »	6505
» » Fine Slack	6389
» » » »	6332
Hemsworth	6992
Haighmoor (Crigglestone)	7353
» »	7142
» »	6775
Hickleton	7516
Kiveton Hards	7168
Maltby Slack	6648
» Rough Slack	5827
Manvers, Cobbles	7674
Mitchell, Peas	7729
Mearfield, ungesiebte Nuß	6821
Nearfield, ungesiebte Nuß	6816
» » »	6806
» » »	6777
» » »	6750
» » »	6717
» » »	6666
» » »	6654
» » »	6646
» » »	6620
» » »	6602
» » »	6458
» » »	6434
New Silkstone, Smalls	6718
» » »	6235
Old Silkstone, Cannel-Kohle	8124
Peckfield Cobbles	6510
Rothervale, washed Peas	7808
Silkstone (Standard) ungesiebte Nußkohle:	
Mittel aus 6 Proben	6463
» » 10 »	6343
» » 10 »	6350
» » 9 »	6452
» » 10 »	6278
» » 10 »	6223
» » 7 »	6194
im Mittel	6439
Silkstone	6342
» gesiebte Kohle	6228
Wakefield, gesiebte Nuß	6460
Wath. Main, large nuts	7525
» » small nuts	7466
Yorkshire, ohne nähere Bezeichnung:	
gesiebte Nußkohle	7814
» »	7801
Nußkohle	7368
»	7145
»	6991
grobe	6910
»	6874
»	6658
Singles	6771
Trebles, Mittel aus 5 Proben	6902
» » » 5 »	6870
» » » 3 »	6745
» » » 3 »	7093
»	7357
»	7328

Derbyshire.

Sorte	Wert
Barnsley, Nuß	7468
Bolsover Creswell, Hartstückkohle	7195
» » »	7035
» » »	6720
» » »	6775
Derbyshire, ohne nähere Bezeichnung:	
Hartstückkohle	7006
»	6866
»	6657
»	6231
Derbyshire, Hartstückkohle	6142
Glapwell, Hartstückkohle	6998
» »	6892
» »	6693
Hardwick, Förderkohle	6961
Pilsley, Peas	7241
» Beans	7105
» Smalls	6596
Staveley-Hards	6882
Tibshelf	7124

Nottinghamshire.

Sorte	Wert
Clifton, Hards and Cobbles	5926
Gedling, Cobbles	6567
» Peas	6347
Kirkby, Cobbles	6772
» Small nuts	6530
Mansfield, rough Slack	6554
» » »	5631
Manton, Cobbles	7006
New Hucknall, Slack	7172

South Wales (Cardiff).

Sorte	Wert
Canal Valley, screened	6844
Cardiff-Kohlen:	
ohne nähere Bezeichnung	8100
» » »	7956
» » »	7914
» » »	7860
» » »	7791
» » »	7696
» » »	7630
» » »	6913
» » »	6440
Corys Merthyr	7836
» » Smalls	7222
Dynevor Duffryn	7933
Albion Merthyr, Mischung: Large und Smalls	6552
Ferndale	7814
»	7760
»	7928
New Valley	7724
Nixon-Navigation	7723
Penllyn Merthyr	7927
» »	7874
» »	7853
» »	7843
» »	7767
Pentre	7817
Powell-Duffryn	8111

Schottland.

Sorte	Wert
ABC-Gaskohle (Blairmuckhill)	7617
Aitken Stückkohle	7756
» »	7637
» »	7492
» »	7460
» »	7368
» »	7239
» »	7048
» » Smalls	7060
» » »	7115
» » »	6884
» » »	6823
» » »	6773
» » »	6764
» » »	6861
» » Duff	6718
» » Smalls	6672
» » »	6592
» » »	6324
Bankrigg, unges. Steam	7099
» » »	6695
Bankton, screened	6736
» Nuß	6295
Bannockburn Nuß	7319
» »	7073
» »	6998
» »	6974
» Nuß Gum	6342
Benthy (Bent) Slack	6622
Birkrigg, Steam	6526
Blackhill	7376
Blackrigg, unscreened	6301
Blairhall	7085
Bowhill	6890
»	6734
» Duff	6172
Bridgeness, Gum	6961
Carnock, Nuß	7700
» »	7767
» »	7697
» »	7672
» »	7588

Clyde, Nuß	6833
Coldness, doubles	6272
Cowdenbeath Lochgelly, gesiebte	6406
» Pearls	6422
» Nuß	6058
» Beans	5794
» Duff, gesiebte	5584
Craigend, grobe	7353
» »	7063
» »	6947
Crofton (Crofthead) double nuts	5911
Denbeath, Nuß	6139
Denbeath, Singles	5844
Devon Splint, Stückkohle	7089
Dysart, Large	5897
» »	5750
Ellismuir	5854
Fifeshire ohne nähere Bezeichnung:	
Fifeshire Pearls	6273
» »	6235
» »	6127
» Steam nuts	5903
» » »	5759
» » »	5744
» Singles	5390
» »	5018
Forresters Navigation	7254
» »	7032
» »	6892
» »	6579
Forth Moor, Smalls	6475
» » »	5692
Gartshore, grobe	7851
» »	7346
Glencraig	7440
»	7093
»	7026
» unscreened	6544
Grangemouth, gesiebte	7071
» Steam	6647
Jawcraig, Steam	7379
Kinneil, Steam	6902
» Smalls	6887
Kinneil, Steam	6902
» Smalls	6887
» »	6858
» »	6841
» »	5800
Lanarkshire ohne nähere Bezeichnung:	
Trebles	6703
»	6915
Doubles	6448
Pearls	6300
Singles	6288
Doubles	6209
Lassodie, Beans	6136
Lethans	6808
Leven	6945
Lochgelly, Steam	7098
» Förderkohle	6728
» Doubles, Singles und Pearls	6538
» Stückkohle	6540
» »	6531
» ungesiebte	6500
» Doubles and Beans	5947
» Beans	5794
Mansfield, Slack	6554
Mauldslie, grobe	6986
» »	6913
Newbattle, Doubles	7029
Niddrie Brights	6591
Portland, nuts	6637
» screened Cobbles	6250
Shieldhill, grobe	7529
» »	7509
» »	7487
» »	7449
» »	7432
» »	7431
» »	7377
» »	7325
» »	7318
» »	7295
» »	7286
» »	7277
» »	7223
» »	7208
» »	7148
Summerlee, grobe	6696
» »	6600
Schottische Gaskohlen ohne nähere Bezeichnung	6909
do.	6597
Warshop, Slack	6196
Wilsons-Glencraig, washed Pearls	6488
» »	6182

Englische Anthrazite.

Wales.

Cawdor	7925
Gellyceidrim, Duff	7318
Gwaun-Clawdd, Large	8092
New Valley, Large	7724
Seven Sisters, Large	7966
» » »	7937
» » »	7895
Wellsield Nuß IV	7831
» Peas, Mittel aus 2 Proben	7049
Wales Anthrazite ohne nähere Bezeichnung	7898
do.	7875
do.	7803
do.	7701
Wales-Peas	7769

Schottland.

Cairnrigg	7598
Darngavil, Singles	7531
» »	7430

Fortrigg Duff	6571
Glencraig, unscreened	7658
Hirstrigg, Duff	6406
Longrigg	7163
» ungesiebte	7614
Polmaise, Pearls	7415
Polmaise, Pearls	7123
» »	7015
» Duff	6995
Schottischer Anthrazit ohne Bezeichnung	7427
do.	7311

Englische Briketts.

(Aus englischen Kohlen in England hergestellt.)

»Anchor« (Cardiff-Distrikt)	7971
» » »	7967
» » »	7211
»Arrow« (Cardiff-Newport)	7451
» » »	7389
» » »	7402
»Atlantic«	7716
»Crown« (Patent-Cardiff)	7925
»Pacific« (Swansea-Distrikt)	7558
» » »	7347
»Star« (Heath Patent-Cardiff)	7764
» » » »	7634
Swan	7136
Merthyr (Zeichen: Lokomotive)	7637
» » »	7583
» » »	7712

B. Deutsche Steinkohlen.

Rheinisch-Westfälische.

Anthrazit.

Gottfried Wilhelm, Nuß II	8089
» » » IV	7825
» » » IV	7836
» » » IV	7835
» » » IV	7810
» » » IV	7798
» » » IV	7788
» » » IV	7713
» » 7 Proben	7875—7748
Kohlscheid, gewaschene Nuß	8047
Langenbrahm	8082
» Nuß IV	7751
»	7822
Pauline	7487
Vereinigte Wiesche, Nuß IV	7761

Magerkohlen und Eßkohlen.

Adler Magerförderkohle	7364
Caroline (Holzwickede) Eßnuß III	7623
Zentrum, Eßnuß IV	7535
Eintracht Tiefbau, Eßnuß IV	7675
Engelsburg, Eßnuß IV	7605
Freie Vogel und Unverhofft	7599
Freiburg, Magernußkohle	7588
Gottessegen, Magerstückkohle	7705
» Eßnuß IV	7445
» » IV	7671
Hagenbeck, Magerförderkohle	7418
Hasenwinkel, Eßförderkohle, 8 Proben	7576—7132
im Mittel	7357
» Eßförderkohle	7404
» Magergrus	7616
Johann Deimelsberg, Nuß III	7773
Margarethe, Stückkohle	7663
» »	7533
Markanna, Magerförderkohle	7303
Pörtingssiepen, grobfeuchte Feinkohle	7039

Fettkohlen.

Adolf von Hansemann, Stückkohle	7559
» » » »	7440
» » » Nuß IV	7541
» » » » IV	7282
Bergmanns Glück: melierte Kohle	7598
» »	7339
Bonifazius, Nuß	7924
Borussia, Stückkohle	7651
Caroline (Harpener) Nuß IV	7650
Concordia, Förderkohle	6935
Consolidation, Stückkohle	7727
» »	7641
» »	7793
» »	7791
» »	7720
» »	7549
» Nußkohle	7872
» »	7772
» (grobfeucht)	7566
Constantin der Große, Stück	8030
» » » melierte	7979
» » » Förderkohle	7714
» » » Nuß I	7944
» » » Nuß I u. II	7532
» » » » II	7888
» » » » III	7876
» » » » IV	7791
» » » » IV	7767
Courl, Nuß I	7739
» » III	7666
» »	7634
Dahlbusch, Stückkohle	7810

Dahlbusch, Stückkohle 7709
» » 7598
Dannenbaum, Nuß I 7680
Deutscher Kaiser, Stückkohle 7512
Emscher Lippe, Stückkohle 7802
» » » 7788
Franziska Tiefbau, 33% Stückgehalt . . . 7976
Friedrich der Große 7779
» » » Stückkohle 7524
» » » » 7442
» » » » 7402
Germania, Nuß I 7784
» Stückkohle 7683
Graf Moltke, Stückkohle 7556
» » » 7393
» » Nuß IV 7612
Hannover, Stückkohle 7903
Hannibal, Stückkohle 8005
» » 7951
» » 7827
» » 7669
Hansemann, siehe Adolf von Hansemann.
Helene und Amalie 7264
Hermann 7615
v. d. Heydt (Harpener) 7604
Holland, Stückkohle 7858
» » 7828
» Nuß I 7783
» » III/IV 7766
» » meliert 7448
» » » 7330
Julia, Förderkohle 7454
» Fördergrus 7398
König Ludwig, Nuß III 7862
» » » 7724
» » » 7615
» » » IV 7634
» » » IV 7575
» » » IV 7481
» » » IV 7347
» » melierte Förderkohle . . . 7504
» » » » . . . 7459
» » » » . . . 7365
» » Förderkohle 7360
» » » 7069
König Wilhelm (Wolfsbank) Förderkohle . 7450
» » » » . 7944
Königsborn 7410
» Stückkohle 7863
Königin Elisabeth, Förderkohle 7209
» » » 7185
Massen, Nuß III 7600
» » 7440
» 7025
Minister Achenbach, Stückkohle 7828
» » » 7802
» » » 7598
Minister Stein, Förderkohle 7225
» » » 7110
Monopol, Förderkohle 7439
» Fördergrus 7328
» » 7274
Monopol, Fördergrus 7161
Neu-Iserlohn, Nuß I 7858
Neumühl, Förderkohle 7637
» » 7558
» Stückkohle 7558
» » 7412
» » 7302
» » 4 Proben . . 7476—7028
Preußen, Stückkohle 7759
» » 7754
» Nuß I 7673
» » I/II 7782
» » IV 7786
» » IV 7763
» » IV 7636
Pluto, Nuß IV 7737
» Mittel aus 5 Proben 7230
Prosper Arenberg, Nuß IV 7499
Recklinghausen, Förderkohle 7533
» » . . . . 7634—7422
Rheinelbe und Alma, Nuß II 7815
» » » Stückkohle 7713
» » » » 7477
» » » » 7502
Rheinpreußen, Stückkohle 7839
» » 7835
» Förderkohle 7750
» » 7715
» » 7455
» » 7339
Shamrock, Nuß III 7900
Sieben Planeten (Harpener) 7699
Tremonia, Nuß II 7694
Victor, Nuß II 7997
» » III/IV 7791
» » III/IV 7767
» » III/IV 7543
Victoria (Lünen) Stückkohle 7793
» » Nuß I 7730
» » Förderkohle 7594
» » Fördergrus 7400
» » » 7218
Wiendahlsbank Förderkohle 6974
Zollern, gewaschene Feinkohle 7064

Gasflammkohlen.

Brassert, Stückkohle 6587
» » 6544
Consolidation, Stückkohle 7712
Dahlbusch, Stückkohle 7829
» Förderkohle 7071
» » 6893
Dorstfeld, Nuß III 7663
Ewald, Nuß II 7639
» Förderkohle 7309
» » 7301
» » 7230
» » 7047
» » 6936
» » 6802
» » 6406
Ewald Fortsetzung 6481

Fürst Hardenberg, Nuß I	7375
» » » I/II	7241
» » Förderkohle	6694
Friedrich der Große, Förderkohle	7757
General Blumenthal, Nuß III	7420
» » Förderkohle	7235
» » »	7167
» » »	7067
Gladbeck	6566
Graf Bismarck, gesiebte Stückkohle	7548
» » » »	7418
» » Förderkohle	7423
» » »	7408
» » »	7332
» » »	7313
» » »	7286
» » »	7264
» » »	7075
» » »	7050
» » »	7024
Graf Moltke, Förderkohle	7144
» » »	6899
Hugo, Stückkohle	7691
» Förderkohle	7434
» »	7411
» »	7139
» »	6851
» »	6820
» »	6752
König Ludwig, Förderkohle	6897
Königsgrube, Förderkohle	7376
» »	6827
Mathias Stinnes, Stückkohle	7599
» » Nuß IV	7429
» » » III	7289
» » Förderkohle	7231
Neu-Essen, Förderkohle	7102
» »	6734
» »	6772
» » 7 Proben	7046—6506
» » im Mittel	6837
Nordstern, Förderkohle	7150
» »	6985
» »	6926
» »	6807
Prosper (Arenberg) Förderkohle	6848
» » »	6777
» » »	6481
Rheinbaben	7120
Rheinelbe und Alma, Stückkohle	7722
»» » » »	7688
» » » »	7659
» » » »	7349
» » » Nuß I	7839
» » » » I	7592
» » » » III	7749
Schlägel und Eisen, Förderkohle	7011
» » » »	6957
» » » »	6723
» » » »	6686
» » » »	6284
Unser Fritz, Stückkohle	7431
» » »	7371
» » »	7129
» » Förderkohle	7162
» » »	7155
» » »	6884
Werne, Nuß II	7294
» » II	7115
» » III	7079
» » I	6988
» Stückkohle	6680
Wilhelmine Viktoria, Förderkohle	7300
» » »	7163
» » »	7004
Zollverein, Stückkohle	7754
» Nuß I	7832
» » II	7863
» » III	7697
» » IV	7644
» Flammförderkohle	7194
» Flammfördergrus	7260
» Stückkohle	7561
» Nuß II	7779
» » II	7633
» Förderkohle	7600
» »	7347
» »	7327
» »	7320
» »	7300
» Flammfördergrus	7547
» »	7144
» »	7039
» grobfeucht	6788
» »	6730
» »	6768

Saar- und Lothringer Kohlen.

Dudweiler, Stückkohle	7092
Friedrichsthal, Nuß III	7325
» » II	6980
v. d. Heydt, Nußgrieß	6135
Itzenblitz, Nuß II	6789
Klein-Rosseln, gew. Nuß 15/35	7474
» » gew. Nuß 35/50	7455
» » Nuß II	7389
» » » III/IV	6856
» » 0/18	6318
Klein-Rosseln 0/7 grobfeucht	6061
Kohlwald, Nuß II	6679
La Houve, Abfall und Förderkohle	4729
La Houve, Abfall und Förderkohle	4852
Merlenbach, Fettnuß 50/80	7326
» » 35/50	7412
» » 15/35	7433
» » 7/15	7231
Reden, Nuß II	7093
Spittel, Fettnuß 50/80	7443

Spittel, Fettnuß 35/50 7368
» » 15/35 7336
» » 7/15 7250
Sulzbach. 7437
Louisenthal, Förderkohle 5823

Schlesien.

Brade, Stückkohle 6189
Broer-Schächte 6014
Cleophas, Gaskohle 7518
Concordia, Kleinkohle 6923
Deutschland 7287
Emanuelsegen, Würfelkohle 6352
Emanuelsegen, Würfelkohle 6228
Ferdinand und Florentine 6589
» » » 6513
Fürstensteiner.
Gruben, Staubkohle 6375
Fürstin Pauline-Schacht 6785
Heinitz, Stückkohle 6639
Karolinengrube 6574
Königin Luise, Förderkohle 6866
Königin Louise und Ferdinand u. Florentine 6574
Königsgrube 6927
Königsgrube Redderkohle 6196
Königshütte, Stückkohle 6737
Preußen 7114
Radzionkaugrube 6091
Schlesiengrube, Würfel I 7263
» » I 7151
Wolfgang, Stückkohle 7224
» » 7201
» » 7102
» » 7045
» » 6825
Wollheim, Förderkohle 6671
Oberschlesische Kohlen ohne nähere Bezeichnung 6774
Oberschlesische Kohlen, Nuß III/IV . . . 6474
» » Schlammkohle . . 6018

Hannover und Sachsen.

Barsinghausen (Deisterkohle). 6093
» » 6231
Hertha 4065
Oberkirchen, Sorte III u. IV 6161
Osterwald, Förderkohle 5686
Ölsnitz, sächsische Würfelkohle 6122

Steinkohlen-Mischungen.

Limburger Magerkohle und Gelsenkirchner Fettfeinkohle I 7420
do. 7211
Deisterkohle Barsinghausen mit Massen . . 6791
Deisterkohle Barsinghausen mit Minister Achenbach 6506
Dahlbusch mit Westhartleykohle 6632
Schlesische Kohle.
Ferdinand und Florentine mit engl. Fettflammförderkohle 7004
Wilhelmine Viktoria und Hugo, Förderkohle 6804

Deutsche Steinkohlenbriketts.

(Der Stempel oder die besondere Form ist in Klammern beigefügt.)

Baakermulde (D. L.) 7530
Dahlhausen, Tiefbau (D. T.) 7678
Eintracht, Tiefbau (E. T.) 7851
Deutsch-Luxemburg (D. L.) ohne Zechenangabe 7635
do. 7514
Emdener Brikettfabrik 7633
Engelsburg (B. V. G.) 7731
Fröhliche Morgensonne (F. M.) 7657
» » » 7545
Gottessegen (Z. G.) 7580
Gottfried Wilhelm (Anthrazit-Eiform-Brikett 7689
Eiberg (Z. E.) 7625
Hansa, Bremerhaven:
Anthrazit-Eibrikett 7609
» » 7605
Stückbrikett 7529
Helene und Amelié (V. H. A.) 7771
Ver. Hamb. und Franziska (G. H.) 7736
Ver. Hamb. und Franziska (G. H.) 7503
Harpener Bergbau-A.-G. 7712
» » 7588
Herkules (Z. H.) 7589
» » 7564
» » 7537
» (Eiform) 7159
Hugo Stinnes, Harburg a. E.:
Stückbriketts 7379
» 7251
» 7179
» 7159
» 7137
» 7009
» 6937
Flammeiformbriketts 7480
» 7412
» 7358
» 7204

Königin Elisabeth (K. E.) 7652
Koksaschebriketts (westfäl.):
mit Teerpech als Bindemittel 6494
» » » » 6123
» » » » 5662
» » » » 5559
» Zellpech » » 6778
Koksgrus mit 30% Anthrazitgrus, Zellpech als Bindemittel 6704
Margarete (Eiformbrikett) 7543
» » 7562
Neu-Holland (N. H.) 7572
» » 7499
»Pionier«, Gew. f. Zellpech-Verwertung in Walsum, Werk Lüttringhausen, Koks Anthrazit mit Zellpech als Bindemittel 6835
do. 6699
Prinz-Regent (D. L.) 7579
Rosenblumendelle (R.) 7638
Schürbank-Charlottenburg (S.) 7781
Siebenplaneten (Stempel Sieben Sterne) . 7528
Vereinigte Wiesche, Anthrazit-Eiformbrikett 7760

C. Steinkohlenkoks.

Elmshorner Gaskoks (aus Durham-Gaskohlen) 6990
Hamburger Gaskoks 6877
» » 6740
» » 6345
» » 6185
Hammonia-Koks d. Nordd. Kohlen- und Kokswerke in Hamburg 7369
do. 7192
Hammonia-Koks d. Nordd. Kohlen- und Kokswerke in Hamburg 7181
do. 6893
Wilhelmsburger Gaskoks 6451
» » 6324
Wilhelmshavener Gaskoks 6001
Coalite (in England hergestellter koksähnlicher Brennstoff) 7372

D. Braunkohlen, Braunkohlenbriketts und Torf.

Rohbraunkohlen.

Böhm. Braunkohle »Rudolf« 4598
Böhm. Braunkohle »Venus-Tiefbau« . . . 4892
do. 4853
Böhm. Braunkohle ohne nähere Bezeichnung:
Brüxer Nußkohle 5242
Brüxer Kohle 4756
» » 4791
» » 4261
Arnsbach (Hessen-Nassau), Förderkohle . 2901
Iringhausen (bei Kassel) 3022
Kauzleben (Bez. Halle) 2800
Ostheim (Hessen-Nassau), Gruskohle . . . 2428
Sophie (Etgersleben) 2807
» » 2719
Wolfersdorf (Bez. Halle) 3091
Braunkohle von Foligno (Oberitalien) . . . 3240

Braunkohlenbriketts.

»Anna« 4817
»Anker« (Eintracht-Braunkohlen-Werke, N.-L.) 4600
»Agnes Plessa« (Plessaer Braunkohlen-Werke) 4771
do. 4514
»Beuna« (Beunaer Kohlenwerke) 5079
»Blitz« (Mitteldeutsches Braunkohlen-Syndikat, Leipzig) 5195
do. 4994
do. 4926
do. 4762
»Bockwitz« (Milly-Grube N.-L.) 4771
» » » » 4711
»Cecilie« (Grube Cecilie, Bez. Halle) . . . 4879
»Elisabeth« (Anhaltische Kohlenwerke, Mücheln, Bez. Halle (Stempel: A.K.W.) . . 4803
»Fürst Bismarck« (bei Meuselwitz, S.-A.) . 4916
»Humboldt« (Wallensen, Hann.) 4705
»Ilse« (Ilse-Bergbau-A.-G. N.-L.), Durchschnittsprobe aus 13 Hamburger Niederlagen 4795
»Ilse« (Ilse-Bergbau-A.-G. N.-L.) 4967
»Kleeblatt« (Anhaltische Kohlenwerke, Mücheln) 4820
»Kleeblatt« (Anhalt. Kohlenwerke, Mücheln) 4870
Komet (Beutersitzer Kohlenwerke, N.-L.) 4428
Kötzschau (Bez. Zeitz) 5208
Luise 4797
Krone (N. L.) 4736
» » 4608
Michel (Frankleben b. Merseburg) 4795
» » » » 4838
Treue (Braunschweigische Kohlen-Bergwerke) 4859
Union (Rhein. Braunkohlen-Brikett) . . . 4882
» (Generator-Brikett) 4822
Ferdinand (Gewerkschaft Alwine bei Senftenberg) 4702

Torf.

Bremerförde, Backtorf 4362
Oldenburger Torf 3512
Norddeutscher Torf, ohne nähere Bezeichnung 2809

E. Ausländische Kohlen.

(Mit Ausnahme von England.)

Europa.

Belgien: Monceau Fontaine, gewaschene Nuß	7553
ohne Bezeichnung	7576
» »	6761
» »	6456
Holland: Limburger Staatsmynen Wilhelmina Nuß I	8062
Oranje-Nassau	7829
Heerlen, Förderkohle	7226
Rußland: Beste Donetzkohle (Smollianinowski-Flötz)	8077

Überseeische.

Afrika: Eland Laagte, Durban	6607
» » »	6766
» » »	6666
» » »	6459
Mittelburg, Delagoa	6775
Witbank	6563
To Point, Natal	6731
Nordamerika: New River	7549
Südamerika: Chile	5935
Chile	5846
China: Hungschang	7014
»	6512
Ostindische Braunkohle	5664

F. Verschiedene Brennstoffe.

Rückstände.

Lokomotiv-Rauchkammerlösche	5885
Koksgrus-Rückstände	2554
Flugasche	1783
»	4455
Holzasche	5379
»	2209

Holz, Vegetabilien, Abfälle u. ä.

Suddite, brikettförmiger, künstlicher Brennstoff aus Nilschilf	3586
Amerikanische Holzkohle	6838
Birkenholz, lufttrocken	3726
Espenholz, lufttrocken	3774
Altes Bauholz, über der Erde	3974
» » unter » »	3729
Stuhlrohrabfälle	3777
Quebrachoholz ausgelaugt und getrocknet	4076
Dasselbe naß	1680
Quebrachoholz ausgelaugt und getrocknet	4021
Dasselbe naß	1749
Fichtenrinde ausgelaugt und getrocknet	3880
Dieselbe naß	895
Fichtenrinde ausgelaugt und getrocknet	3783
Dieselbe naß	1377
Valolnea, ausgelaugt und lufttrocken	3452
Dieselbe naß	380
Lohe	1421
»	1099
»	1073
Fichtenschälspäne	3723
Kaffeeschalen	3912

Flüssige Brennstoffe.

Autonapht (Dapol), spez. Gew. 0,712	10435
Rohpetroleum von Kalifornien:	
spez. Gew. 0,952	9085
spez. Gew. 0,864	9654
spez. Gew. 0,950	8968
spez. Gew. 0,950	9120
Rohpetroleum von Peru, spez. Gew. 0,860	10097
Rohpetroleum von Mexiko, spez. Gew. 0,937	9700
Masut, spez. Gew. 0,900	9895
Gasöl, spez. Gewicht 0,845	10210
» » » 0,859	10109
» » » 0,875	10024
» » » 0,867	10071
Teeröl, spez. Gewicht 1,025	9088
» » » 1,057	8959
» » » 1,015	8957
» » » 1,060	8866
» » » 1,044	8892
» » » 1,078	8884
» » » 1,065	8863
» » » 1,045	8879

Die nachstehend aufgeführten Heizwerte sind dem Aufsatze von Wolf: Kalorimetrische Ergebnisse aus dem Laboratorium des Magdeburger Vereins für Dampfkesselbetrieb entnommen.

Westfälische Steinkohle	Prosper II Nuß II gesiebt	7643
	Prosper II Nuß II ungesiebt	6886
	Holland	7345
	Friedrich der Große	7199
	Helene Amalie	7669
	Ewald	7240
	Hasenwinkel	7473

Westfälische Steinkohle	Konstantin der Große Nuß IV	7809
	Königsgrube	7119
	Erin (Castrop) Nuß II	7774
	Zollern Nuß II gesiebt	7874
	Rheinelbe Stückkohle I.	7245
	Neuglück (Altendorf)	8256
	Steingatt	7861
	Courl Nuß IV	7186
	Germania	7813
	Anthrazit von Piesberge	6690
	Königin Louise	7021
Schlesische Steinkohle	Hohenzollern	6794
	Radzionskau	6694
	Oberkirchen (Deister)	6322
	Neuhaus bei Sonnenberg	5614
Sächsische Steinkohle	Zwickau	5930
	Lugau	6311
	Rjeschitza	6011
	Russische Steinkohle	5596
Englische Steinkohlen	Linby	6946
	West Hartley	6822
	East Hartley Smalls	6917
	Parkton	7017
	Fifeshire (Schottland)	5653
	Chelmside	7606
	Davison	6843
	Yorkshire	6751
	Amerikanischer Anthrazit Chestnut	7682
	» » Rice	6718
	Koks von Königin Louise	6503
	Gaskoks der Gasanstalt Magdeburg	6881
	Koksrückstände der Gasanstalt Bromberg	5579
Böhmische Braunkohle	Johannesschacht	5438
	Duxer Braunkohle	4750
	Böhmische Braunkohle	4200
	Humboldtschacht, Brüx	4390
Mitteldeutsche erdige Braunkohle	Clara bei Zirke (Posen)	2694
	Ernst bei Düderrode	2544
	Nordschacht bei Frellstädt	3214
	Treue bei Offleben	2836
	Glückauf bei Völpke	3302
	Friedrich Christian bei Aschersleben	3217
	Neue Hoffnung bei Pömmelte	3196
	Johanne Henriette bei Unseburg	2918
	Pfännerschaft bei Halle a. S.	2229
	Louise bei Höttensleben	4502
	Archibald bei Schneidlingen	2810
	Möncheberg bei Ihringshausen	3562
	Columbus bei Hammersleben	2778
	Marie, Bitterfeld	2738
	Hermine, Bitterfeld	2800
	Greppiner Werke	3072
	Zwenkau bei Leipzig	2436
	Meuselwitz	2457
	Borna	2288
	Mackranstädt	2189
	Habichtswalde, Haldekohle	2718
	Nieczichowo	1983
	Kiefernholz aus Rakitno, Rußland	3750
	Eichenholz » » »	3774

Torf aus der Gegend von Rostock	4376
» » » » » Ganzlin	2711
» » » » » Ribnitz	2992
Preßstein aus Anthrazit	7579
Preßstein aus Braunkohlenschlamm	2776
Braunkohlenschlamm (Fürstenwalder Braunkohle)	2174
Preßstein aus Clarenberg, Braunkohle	4550
Torf-Preßstein aus Ostrach	4179
Naphtharückstand aus Sumatra	9982
» » Java	9764
Spiritus	4956
Schlacke von Braunkohle	634

Endlich sollen noch einige W. E.-Zahlen, die aus verschiedenen Quellen stammen, namentlich über Gase, angeführt werden.

Die Firma Ehrhard & Sehmer gibt an, daß das Gas, welches aus einem Morgangenerator gewonnen wird, durchschnittlich 1200 WE enthält. H. Gerdes (Firma Julius Pintsch) gibt in einem Vortrag über Wassergas einen Heizwert von 2500 bis 2600 WE, bei Karburierung mit Benzol einen Heizwert von 3660 bis 3760 WE an. An anderer Stelle gibt derselbe Verfasser bei Bildung von Wasserstoff und Kohlenoxyd den Heizwert des Wassergases mit 2810 WE an. Die Gesellschaft für Gasfeuerungstechnik, welche die Patente von Kerpely ausnutzt, gibt z. B. in einem Aufsatze von Gobiet als Beispiel den Wärmegehalt der Gase, die in einem Kerpely-Hochdruckgenerator von 2 m Schachtdurchmesser gewonnen wurden, wie folgt an:

Aus Koksasche	1332 WE pro cbm
Aus Kohlenstaub der Oheimgrube	1356 » » »
Aus steierischer Braunkohle	1408 » » »
Aus bosnischer Feinkohle	1517 » » »
Aus Koksasche	1304 » » »
Aus ½ Koksasche, ½ Kohlenlösche (backend)	1390 » » »

Der untere Heizwert ist im allgemeinen für Schmiedeöfen anzunehmen; nur dann, wenn die Abgase zur Erwärmung von Wasser und gepreßter Luft dienen, ist der obere Heizwert anzunehmen.

Lit.-Nachw. Nr. 25.

Abs. 26. **Zusammenstellung einiger Preise vergasbarer Brennstoffe und von Gasen.**

In nachstehendem mögen einige Preise von Brennstoffen angeführt werden, wie sie sich in der Praxis ergeben haben.

In der Zeitschrift des »Bayerischen Revisionsvereins« finden sich unter »Verdampfungsversuche des Jahres 1911« folgende Angaben:

Mariensteiner Würfelkohle franko Kesselhaus München M. 2,18 pro 100 kg oder 36,6 Pf. pro 100 000 WE;

Haushamer Waschgrieß franko Kesselhaus München M. 1,21 pro 100 kg oder 23,5 Pf. pro 100 000 WE;

Gewaschene Peißenberger Nuß I franko Kesselhaus München M. 1,76 pro 100 kg oder 34,1 Pf. pro 100 000 WE;

Daßnitzer Adolf Mittelkohle Ia franko Kesselhaus München M. 1,85 pro 100 kg oder 40 Pf. pro 100 000 WE;

Saarkohle Nuß II Reden-Itzenplitz franko Kesselhaus Augsburg M. 2,38 pro 100 kg oder 34,9 Pf. pro 100 000 WE;

Ruhrkohle Nuß II Zeche Radbod franko Kesselhaus Nürnberg M. 2,656 pro 100 kg oder 35,2 Pf. pro 100 000 WE;

Zieditzer Braunkohle Zeche Gustav franko Kesselhaus Nürnberg M. 1,073 pro 100 kg oder 31,3 Pf. pro 100 000 WE;

Peißenberger Nuß I franko Kesselhaus München M. 1,69 pro 100 kg oder 32,8 Pf. pro 100 000 WE;

Sächsische Briketts franko Kesselhaus München M. 1,993 pro 100 kg oder 41,2 Pf. pro 100 000 WE.

Flüssige Brennstoffe, wie Gasteeröl, werden z. B. laut Abschluß 1911 in Mannheim mit M. 4,25 und 1913 mit M. 4,65 pro 100 kg bezahlt und 5,06 Pf. pro 100 000 WE. Anderseits wurde 1913 für Steinkohlenteeröl von der Teerproduktenvereinigung bei Reingewicht ausschließlich Faß mit M. 5,25 ab Erkner angeboten und M. 5,50 pro 100 kg Reingewicht bei 15 000 kg-Waggon franko Schmalkalden; das ergibt für 100 000 WE 60 Pf. Die Teerrohpreise sind jedoch im Jahre 1914 infolge der vielen neuen Dieselmotoren derart gestiegen, daß das Teeröl M. 6.— und das Parellin M. 6,50 ab Erkner kostet.

Ehrhard & Sehmer geben an, daß sich der cbm Gas aus einem Morgangenerator auf 0,38 bis 0,4 Pf. einschließlich Amortisation und Verzinsung stellt, so daß 100 000 WE 32,5 Pf. kosten.

Bei einem Preise von M. 19,05 pro t Koks in Dresden, das Kilo zu 7000 WE gerechnet, wovon 5500 WE im Generator nutzbar gemacht werden, den Gehalt des Generatorgases zu 1100 WE angesetzt, kostet 1 cbm = 0,381 Pf. und 100000 WE = 34,6 Pf.; dazu kommt noch Amortisation und Bedienung.

Die Firma Julius Pintsch gibt an, daß Wassergas sich bei einer Erzeugung von 50 cbm pro Stunde auf 5 Pf., bei größeren Anlagen auf 3 bis 3½ Pf. pro cbm einschließlich Amortisation, Verzinsung und Löhnen stellt. 100 000 WE würden daher M. 2 bzw. M. 1,25 kosten.

Die Firma Dellwik-Fleischer, Wassergas-Gesellschaft, gibt an, daß heute sich 2 cbm Wassergas aus 1 kg Koks, d. h. 2,3 cbm Wassergas pro kg Kohlenstoff herstellen lassen, das gibt bei einem Kokspreis von M. 19,05 pro t für 1 cbm Wassergas 0,85 Pf. ohne Verzinsung etc.

Die Warsteiner Gruben- und Hüttenwerke geben an, daß die Selbstkosten bei einem Wärmegehalt von 2600 WE sich auf 2 bis 4 Pf. pro cbm stellen, mithin auf 7,7 Pf. bzw. 15,4 Pf. pro 100 000 WE.

Schließlich seien noch einige Leuchtgaspreise, die besonders billig für die Industrie erscheinen, aus dem Vortrag von Albrecht über »Gasfeuer in Gewerbe und Industrie« angeführt, und zwar geben die Gasanstalten der nachstehend verzeichneten Orte Industriegas zu folgendem Pfennigpreis pro cbm ab:

Altenburg i. S.	10 Pf.	Dortmund . . .	10 Pf.	Immigrath. . .	10 Pf.
Barmen	10 »	Düsseldorf . . .	8 »	Iserlohn	10 »
Barop	10 »	Duisburg. . . .	10 »	Kettwig	10 »
Berlin	10,4 »	Elberfeld. . . .	8 »	Köln	10 »
Beuthen	10 »	Essen	10 »	Kupferdreh . .	10 »
Biebrich . .	10-14 »	Fraulautern . .	10 »	Lüttringhausen	9 »
Bonn.	10 »	Gelsenkirchen .	10 »	Magdeburg . .	10 »
Brackel	10 »	Gleiwitz	10 »	Minden	10 »
Breslau	10 »	Goch.	10 »	Mühlheim a. R.	6-10 »
Castrop	10 »	Hagen i. W. . .	10 »	Neukirchen . .	10 »
Darmstadt. . .	9 »	Herne	10 »	Neuß.	8 »
Detmold	10 »	Hückeswagen .	10 »	Neuwied .	10—12 »

Oberhausen . . 7 Pf.	Siegburg . . . . 10 Pf.	Tegel . . . . . . 10 Pf.
Ohligs . . . . . 9 »	Sindelfingen . . . 9 »	Uerdingen . . . 10 »
Recklinghausen 8-10 »	Soest . . . . 9 »	Wald . . . . 7—9 »
Remscheid . . . 8 »	Solingen . . . . 10 »	Waldenburg . . 10 »
Rheine . . . . . 8 »	Stettin. . . . . 10 »	Witten . . . . . 8 »
Saarbrücken. . 10 »	Stolberg, Rhld.,	u. wen.
Schwellen . . . 10 »	10—12 »	

Es kosten demnach 100000 WE unter Annahme, daß der cbm Leuchtgas 5000 WE enthält

bei 10 Pf.	. . . .	M. 2,—
» 9 »	. . . .	» 1,80
» 8 »	. . . ,	» 1,60
» 7 »	. . . .	» 1.40
» 6 »	. . . .	» 1.20

Lit.-Nachw. Nr. 26.

Aus dieser Zusammenstellung sieht man, daß eine Reihe von Gaswerken Industriegas zu billigerem Preise abgibt, und es ist zu bedauern, daß durch die falsche Preispolitik der Gaswerke nicht allgemein das Industriegas zu billigerem Preise abgegeben wird.

b) Die Gaserzeuger.

Abs. 27. **Allgemeines über die Gaserzeuger.** In den letzten Jahren ist der rationellen Ausnutzung der Brennstoffe eine erhöhte Aufmerksamkeit zugewandt worden. Aus diesem Grunde hat man auch bei der Konstruktion der Apparate zur Vergasung der Brennstoffe der Anforderung in weitgehendstem Maße Rechnung getragen, nicht nur die verschiedenartigsten Brennstoffe, sondern auch minderwertige Brennstoffe in den Vergasern zu veredeln. Dadurch ist entschieden in bezug auf die Verwendung von Brennstoffen ein neues gewaltiges Feld eröffnet worden. Bisher war die Schmiede fast ausschließlich an schwefelfreie Steinkohlen und Koks gebunden, während man jetzt Brennstoffe verwerten kann, wie Braunkohlen, Kohlenlösche, Torf und Lignite, die früher gar nicht in Frage kamen.

Wir stehen hier am Anfang einer neuen Entwicklung, denn bis jetzt gibt es abgesehen von den Hüttenschmieden nur ganz wenige Firmen, die sich dazu entschlossen haben, ihre Schmieden teilweise unter Anwendung von Gaserzeugern zu beheizen. Das liegt zum Teil auch daran, daß, wenn auch die heutigen großen Gasöfen schon recht gute Resultate geben, die mittleren und kleinen sicherlich nach einer allgemeinen Einführung sich ebenfalls durch die Praxis verbessern lassen.

Der Gaserzeuger besteht im allgemeinen aus einem schachtartigen Ofen, in welchem der Brennstoff unter Hinzutritt von Luft oder Luft und Wasserdampf durch unvollkommene Verbrennung in brennbare Gase verwandelt wird, oder auch, wie dieses bei den Wassergasgeneratoren der Fall ist, der Brennstoff in abwechselnden Perioden durch Luftzutritt erhitzt und dann zur Spaltung des eingeleiteten Wasserdampfes benutzt wird, um hierdurch das Wassergas zu erzeugen. Die Vergasungsprozesse selbst sind in den Abschnitten über die betreffenden Gase bereits geschildert worden.

Die in nachstehenden Abschnitten näher beschriebenen Generatoren habe ich wie folgt eingeteilt: 1. in Kleingeneratoren zur Erzeugung von Saug- oder Druckmischgas aus Anthrazit und Koks, 2. in Kleingeneratoren für die Erzeugung von Generatorgas aus Braunkohlen, Torf, Ligniten und minderwertigen Brennstoffen, 3. in Großgeneratoren und 4. in Wassergasanlagen. Die in den beiden ersten Gruppen beschriebenen Generatoranlagen eignen sich hauptsächlich für kleinere Schmieden, während die in den beiden letzten Gruppen erwähnten Gaserzeugungsanlagen für größere Schmieden bestimmt sind. Muß die Entschlackung bei den kleineren Anlagen mit der Hand vorgenommen werden, so wird sie bei den Großgeneratoren durch mechanisch betriebene Roste (Dreh- oder Wanderroste) selbsttätig entfernt.

Hinter den Generatoren wird das Gas durch Reinigungsapparate geleitet. Es werden hierbei zum Teil sehr wertvolle Nebenprodukte gewonnen, welche bei weitem die Kosten der Vergasung decken.

Die Brennstoffausnutzung in den Generatoren beträgt zum Teil über 90%, die Wärmeausnutzung des Brennstoffes bei Reingas von 0° und 760 mm 70 bis 80%.

Die Drehroste verlangen sehr wenig Kraft, ca. 1,25 bis 0,75 PS.

Der Luftverbrauch für die Vergasung ist bei der Berechnung des Ventilators mit 6 cbm pro 1 kg Kohlenstoff in der Kohle einzusetzen. So beträgt er bei Braunkohle 2,5 bis 3 cbm, bei Steinkohle 4 bis 5 cbm. Der Ventilator muß imstande sein, eine Pressung von 250 bis 300 mm Wassersäule zu liefern.

α) Brennstoffwahl und Luft-Dampfregulierung.

Abs. 28. **Brennstoffwahl bei der Beschaffung von Generator-Gasanlagen.** 1. Nach Angaben der Firma Julius Pintsch, A.-G. Berlin.

Die Ausbildung der Generatoren hängt von der Zusammensetzung und Körnung des Brennstoffes ab.

Alle bitumenfreien Brennstoffe, d. h. Holzkohle, Hüttenkoks (bitumenfreier) Anthrazit und (garer) Gaskoks lassen sich in gewöhnlichen Schachtgeneratoren vergasen.

Die bitumenhaltigen Brennstoffe ergeben dagegen bei der Vergasung in gewöhnlichen Schachtgeneratoren ein teerhaltiges Gas. Nur bei Verwendung des Gases zu Heizzwecken spielt der Teergehalt keine Rolle, wenn das Gas ungekühlt und ungereinigt bald nach dem Verlassen des Generators verbrannt wird. Gänzlich ungeeignet ist ein teerhaltiges Gas für den Betrieb von Gasmaschinen. Es müssen daher für Kraftzwecke die Generatoren entweder so gebaut werden, daß sich kein Teer bei der Vergasung bilden kann, oder es muß der Teer nachträglich durch besondere Apparate (Teerausscheider) aus dem Gase entfernt werden.

Die bitumenhaltigen Brennstoffe jüngerer Formation, d. h. Braunkohlenbriketts, Braunkohle, Torf und Holz, werden in sog. Doppelfeuergeneratoren vergast.

Da aus den Steinkohlen sich die Bitume wesentlich schwerer austreiben lassen als aus den übrigen bitumenhaltigen Brennstoffen, können Steinkohlen in den Doppelfeuergeneratoren nicht vergast werden; es sind vielmehr Generatoren ganz besonderer Bauart erforderlich. Diese Steinkohlengeneratoren haben den Vorzug, daß sich in ihnen sämtliche Brennstoffe der gleichen Körnung vergasen lassen.

Feinkörnige Brennstoffe, d. h. Brennstoffe unter 8 mm Körnung, erfordern Generatoren mit Treppenrost und lassen sich nur vergasen, wenn sie bitumenfrei sind (Rauchkammerlösche, Kleinanthrazit, Kleinkoks) oder nur wenig Bitume enthalten, so daß die nachträgliche Ausscheidung des Teeres möglich ist.

Eine Gasanlage arbeitet um so wirtschaftlicher

1. je geringer die Anschaffungskosten der Anlage sind,
2. je weniger Bedienung sie erfordert,

3. je billiger der Brennstoff ist (maßgebend für die Beurteilung des Brennstoffes ist sein Heizwert),
4. je mehr von der im Brennstoff verfügbaren Wärme in das Gas überführt wird.

Am billigsten sind die Koksgeneratoranlagen. Die Brikettgeneratoranlagen stellen sich etwa 25% teuerer, die Steinkohlen-Generatorgasanlagen und die Drehrost- und Treppenrost-Generatorgasanlagen etwa 50% teuerer als die Koksgeneratorgasanlagen.

Der Aufwand an Bedienung hängt vom Aschengehalt des Brennstoffes ab und ist bei den ersten 3 Anlagen nahezu gleich, nur bei Treppenrost-Generatorgasanlagen stellt er sich durchschnittlich etwa 50% höher als bei den übrigen Generatorgasanlagen, bei dem Drehrostgenerator jedoch wieder wesentlich geringer.

Der Brennstoffpreis kann einwandfrei nur durch Einziehen von Angeboten an Ort und Stelle ermittelt werden.

Über die Güte der Vergasung, d. h. über die Ausnutzung des fraglichen Brennstoffes durch — beispielsweise — Pintsch-Generatorgasanlagen gibt die folgende Tabelle ausführlichen Aufschluß.

Brennmaterial	Durchschnittlicher Heizwert des Brennstoffes pro kg	Garantierter Nutzeffekt der Generatoren in %	Pro kg Brennstoff in Gasform erzeugte WE	Brennstoffverbrauch pro 1000 WE des erzeugt. Gases in kg	Unterer Heizwert des erzeugten Gases pro cbm
I.					
Anthrazit	7500—8000	80	6000—6400	0,16—0,17	1200
Koks	6000—7500	75—80	4500—6000	0,17—0,23	1100
II.					
Braunkohlen	3500—5000	50—70	1750—3500	0,28—0,57	1000
Braunkohlenbriketts . .	4300—5000	70—75	3010—3750	0,27—0,34	1100—1200
Torf	3000—3500	50—70	1500—2275	0,44—0,67	900—1000
Holz	3000—4500	50—65	1500—2925	0,34—0,67	900—1000
III.					
Steinkohlen	6500—7500	65—70	4225—5250	0,2 —0,24	950—1000
IV.					
Anthrazitgrus	7000—7500	55—65	3850—4875	0,2 —0,26	1100—1200
Koksgrus, Koksasche .	5000—6500	50—60	2500—3900	0,26—0,40	1000—1100
Rauchkammerlösche . .	5000—6000	50—60	2500—3600	0,28—0,40	1000—1100

Alle Angaben beziehen sich auf Brennstoffe normaler Beschaffenheit. Der Nutzeffekt ist abhängig von dem Aschen- und Wassergehalt sowie von der Schlackenbildung. Bei Brennstoffen, bei denen diese Verhältnisse sehr ungünstig ausfallen, ist der Nutzeffekt entweder entsprechend niedriger oder eine einwandfreie Vergasung überhaupt nicht möglich.

2. Die Firma Gasmotoren-Fabrik Deutz gab mir folgende Beispiele bezüglich der Generatorwahl auf Grund von Analysen, die in ihrem Laboratorium an Kohlenproben angestellt worden sind.

1. Laboratoriumsbericht.

Brennstoff: deutscher (Kohlscheider-) Anthrazit; von der Vereinigungs-Gesellschaft im Wurmrevier Kohlscheid.

Aussehen: dunkelschwarz.

Bruchstelle: glatt, glänzend.

Stückgröße bzw. Brikettform: 15 bis 25 mm.

Dem Zerbrechen setzt der stückförmige Brennstoff großen Widerstand entgegen.

I. Verkohlung:

	a) Ursprüngl.	b) Wasserfreies
	Material	
Fixer Kohlenstoff	81,3 %	82,9 %
Flüchtige Bestandteile	12,3 %	12,6 %
Asche	4,4 %	4,5 %
Wasser	2,0 %	—
	100,0 %	100,0 %

Koks der gepulverten Kohle: pulverförmig.

Verhalten des stückförmigen Brennstoffes beim Erhitzen im Tiegel: günstig, bleibt ganz, ohne zu zerfallen.

II. Heizwertbestimmung (ermittelt durch Kalorimetrie, Elementaranalyse, Berechnung, Schätzung):

Oberer Heizwert (Verbrennungswärme) pro 1 kg Brennstoff bei 2,0% Wasser und 4,4% Asche	8129 Kal.
Unterer Heizwert (Heizeffekt) pro 1 kg Brennstoff bei 2,0% Wasser und 4,4% Asche . . .	7833 Kal.

III. Schwel-Analyse: Teergehalt (bezogen auf brennbare Substanz): 0,03 Gew.-%.

IV. Schwefelbestimmung (ursprüngliches Material):

Flüchtiger Schwefel	0,824% S.
Aschenschwefel	0,066% S.
Gesamtschwefel	0,890% S.

Beurteilung:

Obiger Anthrazit ist ein normaler, zur Vergasung im Anthrazitgenerator gut geeigneter Brennstoff.

2. Laboratoriumsbericht.

Brennstoff: Hüttenkoks; bestimmt für die Vergasung im Einfeuergenerator.

Aussehen: grauschwarz.

Bruchstelle: unregelmäßig gezackt.

Stückgröße bzw. Brikettform: Nußgröße 20 bis 35 mm.

Dem Zerbrechen setzt der stückförmige Brennstoff großen Widerstand entgegen.

I. Verkohlung:

	a) Ursprüngl.	b) Wasserfreies
	Material	
Fixer Kohlenstoff	84,1 %	87,9 %
Flüchtige Bestandteile	3,6 %	3,7 %
Asche	8,0 %	8,4 %
Wasser	4,3 %	—
	100,0 %	100,0 %.

II. Heizwertbestimmung (ermittelt durch Kalorimetrie, Elementaranalyse, Berechnung, Schätzung):

Unterer Heizwert (Heizeffekt) pro 1 kg Brennstoff bei 4,3% Wasser und 8,0% Asche, ca. 6800 Kal.

III. Schwefelbestimmung (ursprüngliches Material):

Flüchtiger Schwefel	0,590% S.
Aschenschwefel	0,248% S.
Gesamtschwefel	0,838% S.

Beurteilung:

Obiger Koks ist ein guter Hüttenkoks und als solcher ein zur Vergasung im Einfeuergenerator geeigneter Brennstoff.

3. Laboratoriumsbericht.

Brennstoff: Stichtorf; bestimmt für die Vergasung im Doppelgenerator im Gemisch mit Schwandorfer Briketts.

Aussehen: schwarzbraun.

Bruchstelle: unregelmäßig rissig.

Stückgröße bzw. Brikettform: verschieden, z. B. 40 × 80 × 200 mm.

Dem Zerbrechen setzt der stückförmige Brennstoff mäßigen Widerstand entgegen.

I. Verkohlung:

	a) Ursprüngl. Material	b) Wasserfreies Material
Fixer Kohlenstoff	18,2 %	28,0 %
Flüchtige Bestandteile	41,4 %	63,1 %
Asche	5,7 %	8,9 %
Wasser	34,7 %	—
Sa.:	100,0 %	100,0 %.

Koks der verpulverten Kohle: pulverförmig.

Verhalten des stückförmigen Brennstoffes beim Erhitzen im Tiegel: günstig; hält größeren Druck aus, ohne zu zerfallen.

II. Heizwertbestimmung (ermittelt durch Kalorimetrie, Elementaranalyse, Berechnung, Schätzung):

Unterer Heizwert (Heizeffekt) pro 1 kg Brennstoff bei 34,7% Wasser und 5,7% Asche, ca. 2200 Kal.

III. Schwel-Analyse: Teergehalt (bezogen auf brennbare Substanz): 5,21 Gew.-%.

IV. Schwefelbestimmung (ursprüngliches Material):

Flüchtiger Schwefel	0,56% S.
Aschenschwefel	0,65% S.
Gesamtschwefel	1,21% S.

Beurteilung:

Es ist nicht ausgeschlossen, daß sich obiger Torf (vorausgesetzt, daß der Wassergehalt später nicht wesentlich höher ist), vermischt mit Schwandorfer Briketts, im Verhältnis 1 : 1 mit Erfolg im Doppelgenerator vergasen läßt.

4. Laboratoriumsbericht.

Brennstoff: Torfkoks im Ofen gewonnen aus Torf der Torfmoore der Wyksaer Werke, bei Station Morrow; bestimmt für die Vergasung im Einfeuer- bzw. Doppelgenerator.

Aussehen: dunkelschwarz, matt — rissig.

Bruchstelle: unregelmäßig gezackt.

Stückgröße bzw. Brikettform: ca. 50 × 50 × 120 mm.

Dem Zerbrechen setzt der stückförmige Brennstoff sehr großen Widerstand entgegen.

I. Verkohlung:

	a) Ursprüngl. Material	b) Wasserfreies Material
Fixer Kohlenstoff	66,2 %	70,1 %
Flüchtige Bestandteile	24,0 %	25,4 %
Asche	4,3 %	4,5 %
Wasser	5,5 %	—
Sa.:	100,0 %	100,0 %.

Koks der gepulverten Kohle: pulverförmig.

Verhalten des stückförmigen Brennstoffes beim Erhitzen im Tiegel: günstig, hält großen Druck aus, ohne zu zerfallen.

II. Schwel-Analyse: Teergehalt (bezogen auf brennbare Substanz): 0,04 Gew.-%.

III. Schwefelbestimmung (ursprüngliches Material):

Flüchtiger Schwefel	0,095% S.
Aschenschwefel	0,093% S.
Gesamtschwefel	0,188% S.

Beurteilung:

Obiger Torfkoks ist ein gut entschweltes Koksmaterial, das sich gut zur Vergasung im Einfeuergenerator eignen wird. Das hierbei erhaltene Generatorgas wird sehr arm an Schwefelverbindungen sein; ebenso wird das Gas nahezu teerfrei sein.

5. Laboratoriumsbericht.

Brennstoff: Preßtorf aus Rußland; bestimmt für die Vergasung im Doppelgenerator.

Aussehen: dunkelbraun, rissig.

Bruchstelle: unregelmäßig gezackt.

Stückgröße bzw. Brikettform: 60 × 80 × 100 mm.

Dem Zerbrechen setzt der stückförmige Brennstoff großen Widerstand entgegen.

I. Verkohlung:

	a) Ursprüngl. Material	b) Wasserfreies Material
Fixer Kohlenstoff	21,3 %	26,3 %
Flüchtige Bestandteile	56,7 %	70,0 %
Asche	3,2 %	3,7 %
Wasser	19,0 %	—
Sa.:	100,0 %	100,0 %.

Koks der gepulverten Kohle: ganz schwach zusammenhängend.

Verhalten des stückförmigen Brennstoffes beim Erhitzen im Tiegel: günstig, bleibt ganz und hält großen Druck aus, ohne zu zerfallen.

II. Schwel-Analyse: Teergehalt (bezogen auf brennbare Substanz): 7,74 Gew.-%.

III. Schwefelbestimmung (ursprüngliches Material):

Flüchtige Schwefel	0,14% S.
Aschenschwefel	0,08% S.
Gesamtschwefel	0,32% S.

Beurteilung:

Vorausgesetzt, daß der Wassergehalt des zur Verwendung gelangenden Preßtorfes nicht wesentlich mehr als 20% beträgt, wird der eingesandte Torf sich mit Erfolg im Doppelgenerator vergasen lassen und ein für Motorenbetrieb geeignetes Kraftgas liefern.

6. Laboratoriumsbericht.

Brennstoff: Niederlausitzer Br.-Briketts Marke »Fielitz« der Grube »Felix« in Clettnitz (N.-L.); bestimmt für die Vergasung im Doppelgenerator.

Aussehen: dunkelbraun glänzend.

Bruchstelle: unregelmäßig gekörnt.

Beschaffenheit und besonderes Kennzeichen: Briketts sind gezeichnet mit 2 Paar Schlägel und »Fielitz«.

Stückgröße bzw. Brikettform: 40 × 60 × 180 mm.

Dem Zerbrechen setzt der stückförmige Brennstoff großen Widerstand entgegen.

I. Verkohlung:

	a) Ursprüngl. Material	b) Wasserfreies Material
Fixer Kohlenstoff	32,1 %	37,9 %
Flüchtige Bestandteile	47,4 %	55,9 %
Asche	5,3 %	3,2 %
Wasser	15,2 %	—
Sa.:	100,0 %	100,0 %.

Koks der gepulverten Kohle: pulverförmig.

Verhalten des stückförmigen Brennstoffes beim Erhitzen im Tiegel: günstig, bleibt ganz und hält größeren Druck aus, ohne zu zerfallen.

II. Schwel-Analyse: Teergehalt (bezogen auf brennbare Substanz): 5,26 Gew.-%.

III. Schwefelbestimmung (ursprüngliches Material):

Flüchtiger Schwefel	0,16% S.
Aschenschwefel	0,32% S.
Gesamtschwefel	0,48% S.

Beurteilung:

Die eingesandten Briketts sind ein zur Vergasung im Doppelgenerator geeignetes Brikettmaterial. Bei der Verwendung der Salonbriketts zum Betriebe des Generators müssen diese gebrochen werden.

7. Laboratoriumsbericht.

Brennstoff: Rhein. Union-Briketts (Braunkohlen), bestimmt für die Vergasung im Doppelgenerator.

Aussehen: dunkelbraun glänzend.

Bruchstelle: unregelmäßig gekörnt.

Beschaffenheit und besonderes Kennzeichen: Briketts sind gezeichnet mit »Union«.

Stückgröße bzw. Brikettform: I. 60 × 65 × 43 mm; II. 50 × 55 × 75 mm.

Dem Zerbrechen setzt der stückförmige Brennstoff großen Widerstand entgegen.

I. Verkohlung

	I.	II.
Fixer Kohlenstoff	34,64%	36,54 %
Flüchtige Bestandteile	45,33 %	45,67 %
Asche	5,25 %	3,72 %
Wasser	14,78 %	14,07 %
Sa.:	100,00 %	100,00 %.

Koks der gepulverten Kohle: pulverförmig.

Verhalten des stückförmigen Brennstoffes beim Erhitzen im Tiegel: günstig; bleibt ganz und hält größeren Druck aus, ohne zu zerfallen.

II. Schwel-Analyse: Teergehalt (bezogen auf brennbare Substanz): I. 4,04 Gew.-%; II. 5,60 Gew.-%.

III. Schwefelbestimmung (ursprüngliches Material):

	I.	II.
Flüchtiger Schwefel	0,098% S.	0,109% S.
Aschenschwefel	0,417% S.	0,183% S.
Gesamtschwefel	0,515% S.	0,292% S.

Beide Brikettsorten sind ein zur Vergasung im Doppelgenerator geeignetes Brikettmaterial. Im großen und ganzen zeigen die Brikettsorten einen nur geringen Qualitätsunterschied. Sorte II besitzt einen höheren Heizwert und wäre deshalb vor Sorte I zu bevorzugen.

8. Laboratoriumsbericht.

Brennstoff: englischer Anthrazit aus Wales; bestimmt für die Vergasung im Einfeuergenerator. Laut Mitteilung — Preis für 10 000 kg M. 265 — frei Schiff.

Aussehen: tiefschwarz glänzend.
Brennstoff: glatt glänzend.
Stückgröße bzw. Brikettform: I. 8 × 20 mm; II. 10 × 25 mm.
Dem Zerbrechen setzt der stückförmige Brennstoff großen Widerstand entgegen.

I. Verkohlung:

	I.	II.
Fixer Kohlenstoff	87,52 %	86,74 %
Flüchtige Bestandteile	7,15 %	7,53 %
Asche	3,80 %	4,50 %
Wasser	1,53 %	1,23 %
Sa.:	100,00 %	100,00 %.

Koks der gepulverten Kohle: pulverförmig.

Verhalten des stückförmigen Brennstoffes beim Erhitzen im Tiegel: günstig; bleibt ganz und hält größeren Druck aus.

II. Schwel-Analyse: Teergehalt (bezogen auf brennbare Substanz): I. 0,015 Gew.-%; II. 0,012 Gew.-%.

III. Schwefelbestimmung (ursprüngliches Material):

	I.	II.
Flüchtiger Schwefel	0,786% S.	0,736% S.
Aschenschwefel	0,038% S.	0,020% S.
Gesamtschwefel	0,824% S.	0,756% S.

Obige Anthrazite sind ein zur Vergasung im Einfeuergenerator zwecks Erzeugung von Kraftgas sehr gut geeignetes Material.

Abs. 29. **Dampfregulierung bei Sauggasanlagen. D.R.P. 152 690.** Bauart Julius Pintsch, A.-G. Berlin O. Treten bei den Sauggasanlagen normaler Ausführung größere Belastungsschwankungen, z. B. durch starkes Drosseln der Ofengasleitung beim Bedienen, plötzliche Maschinenentlastungen etc. auf, so wird die Gaserzeugung durch zu reichliche Wasserstoffgasbildung ungünstig beeinflußt. Bei der hohen Belastung ist die Dampferzeugung durch die große Menge der durch den Verdampfer hindurchgeführten heißen Generatorgase verhältnismäßig stark gesteigert worden, und in dem Augenblicke, in welchem die Entlastung erfolgt, wird daher ein verhältnismäßig größeres Dampfquantum als bei vorangegangener Belastung, bezogen auf das Verhältnis zwischen Dampf und Luft, unter den Rost geführt, das in keinem Verhältnis steht zu der geringen Gasmenge, die bei der augenblicklich eingetretenen schwachen Belastung benötigt wird. Es wird also während dieser kurzen Übergangszeit sehr wenig Luft und sehr viel Dampf durch die Brennstoffsäule hindurchgesaugt. Die Folge davon ist zunächst eine starke Wassergaserzeugung. Durch die Zersetzung der reichlichen Wasserdampfmenge erleidet der Generator jedoch einen großen Wärmeverlust. Er kühlt sich verhältnismäßig schnell stark ab und erzeugt dann nur noch ein mangelhaftes Gas. Außerdem gibt das sehr wasserstoffreiche Gas bei gleichzeitigem Anschluß einer Antriebsmaschine durch Früh- und Selbstzündungen an dieser stets zu Betriebsstörungen Veranlassung.

Zur Vermeidung aller dieser Übelstände, die aber, wie gesagt, nur bei anormalen Betriebsverhältnissen mit sehr starken Belastungsschwankungen auftreten, werden die Sauggasanlagen vorteilhaft mit folgender Einrichtung versehen (D. R. P. 152690 Fig. 3): In die Dampfleitung zwischen Verdampfer und Generator wird ein Dampfstrahlgebläse geschaltet, dessen Dampfdüse so bemessen ist, daß der in dem Verdampfer erzeugte Dampf eine Spannung von ca. 2 m Wassersäule bei normalem Betriebe erreicht. Selbstverständlich ist der Verdampfer mit allen nötigen Sicherheitsvorrichtungen versehen, die eine höhere Dampfspannung in ihm auf keinen Fall zulassen. Das Dampfstrahlgebläse ist so reguliert, daß eine dem Dampfquantum für die günstigste Gaserzeugung angepaßte Luftmenge angesaugt und zusammen mit dem Dampf in den Generator gedrückt wird. Unterhalb des Generatorrostes ist außerhalb noch eine zweite Leitung vorhanden, durch welche das überschüssige Dampfluftgemisch ins Freie geführt wird.

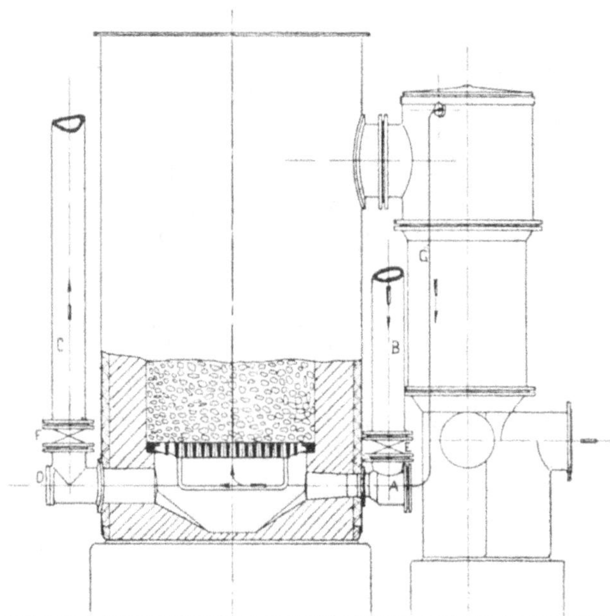

Fig. 3.

Die Generatoren über 100 cbm dieser Firma zur Vergasung kleinkörniger Brennstoffe arbeiten alle nach diesem System. Die Schlackentüren dieser Generatoren brauchen deshalb gar nicht dicht schließend zu sein, denn unterhalb des Rostes herrscht stets ein kleiner Überdruck von einigen Millimetern Wassersäule. Es kann deshalb also nur etwas von dem Dampfluftgemisch aus dem Generator heraustreten, Luft allein jedoch selbst bei geöffneten Schlackentüren niemals direkt in den Generator hineingesaugt werden.

β) Die Klein-Gang- und Druckgasgeneratoren für Anthrazit und Koks (Flaurostgeneratoren).

Abs. 30. **Generatoranlagen für Koks und Anthrazit.** Bauart Gebr. Körting, A.-G. Körtingsdorf bei Hannover. Die Gebr. Körting, A.-G., bezeichnet ihre Generatoren für Koks und Anthrazitgas (Fig. 4) als »Einfeuergeneratoren«. Gemäß dem allgemeinen Entwicklungsgang der Generatorindustrie hat die Firma früher ausschließlich Druckgasanlagen gebaut, während seit ca. 10 Jahren vorwiegend Sauggasanlagen hergestellt werden.

Bei den Druckgasanlagen wird der zum chemischen Prozeß der Gaserzeugung benötigte Dampf gleichzeitig als Kraftquelle benutzt, um dem Generator die Verbrennungs-

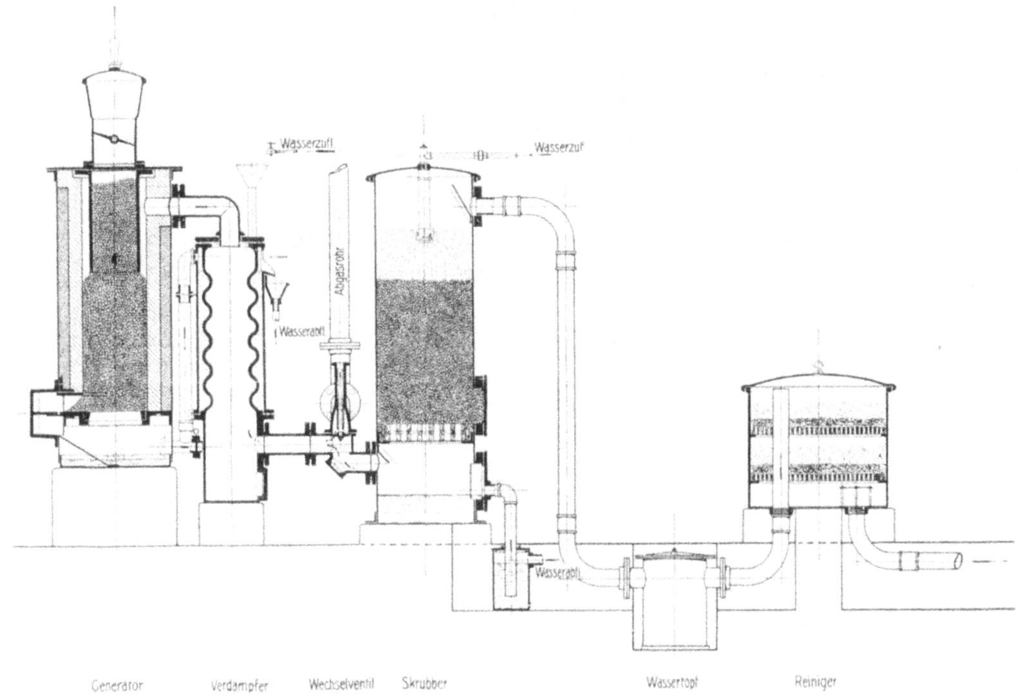

Fig. 4.

luft zuzuführen. Zu diesem Zweck wird Dampf von ca. 4 Atm. anderweitig entnommen oder in einem besonderen Hochdruckkessel erzeugt und dann durch das Strahlrohr eines Luftansaugers (Dampfstrahlgebläse) unter den Rost geführt. Das in der üblichen Weise durch Skrubber und Spänereiniger gekühlte und gereinigte Gas passiert vor seiner Verwendung einen kleinen Gasometer. Dieser gewährleistet einerseits einen gleichmäßigen Gasdruck, anderseits regelt er automatisch die Menge des jeweils erzeugten Gases dadurch, daß die Gasometerglocke mit dem Dampfzufuhrorgan des erwähnten Luftsaugers durch Kettenübertragung in Verbindung steht. Bei steigendem Gasdruck und somit steigender Gasglocke wird die Wirkung des Luftansaugers und dadurch die Gaserzeugung vermindert und umgekehrt.

Bei den Sauggasanlagen dagegen wirkt die durch Motor betriebene Pumpe auf die Gasanlage und saugt so die notwendige Verbrennungsluft in den Generator hinein. Den zur Gaserzeugung benötigten Dampf gewinnt man in diesem Falle kostenlos, indem man das noch heiße Gas vor seiner Abkühlung und Reinigung durch einen entsprechenden Apparat, den sog. Verdampfer, leitet. Während viele Firmen den Verdampfer unmittelbar auf den Generator aufbauen, macht die Gebr. Körting-A.-G. dies nur auf besonderen Wunsch. Bei normalen Ausführungen setzt die Firma den Verdampfer als selbständigen Apparat neben den Generator. Die Firma sucht einen Vorteil darin, daß erstens bei dieser Bauart der Generator und seine Ausmauerung von oben leicht zugängig bleiben und daß zweitens das Gas den Verdampfer von oben nach unten durchstreicht. Hierdurch wird erreicht, daß die oberen Wasserschichten zuerst heiß werden. Es tritt somit schon Dampfbildung ein, ehe der ganze Wasserinhalt erwärmt ist, und dies hat sich als ein Vorteil erwiesen.

Neuerdings hat man die Methode der kostenlosen Dampferzeugung auch auf Druckgasanlagen ausgedehnt. Man rüstet diese ebenfalls mit Verdampfern in der Gasleitung aus und drückt die Verbrennungsluft mittels eines Ventilators durch den Verdampfer in den Dampfraum unter den Rost des Generators, wobei natürlich der erzeugte Dampf mitgerissen wird, oder aber, man saugt das Gas mittels Exhaustoren, Jägergebläse o. dgl. aus dem Generator, und drückt es weiter, wobei die Verbrennungsluft für den Rost durch den Dampfraum des Verdampfers durchgesogen wird. Eine Gasometerglocke sorgt wiederum für die Regelung von Gasdruck und Gaserzeugung, und zwar dadurch, daß sie das Absperrorgan einer Umführungsleitung von der Druckleitung zurück in die Saugleitung öffnet und schließt.

Abs. 31. **Sauggasanlage für Anthrazit, Koks und Holzkohle.** Bauart Gasmotorenfabrik Köln — Deutz. Die Deutzer Sauggasanlage Fig. 5 besteht im

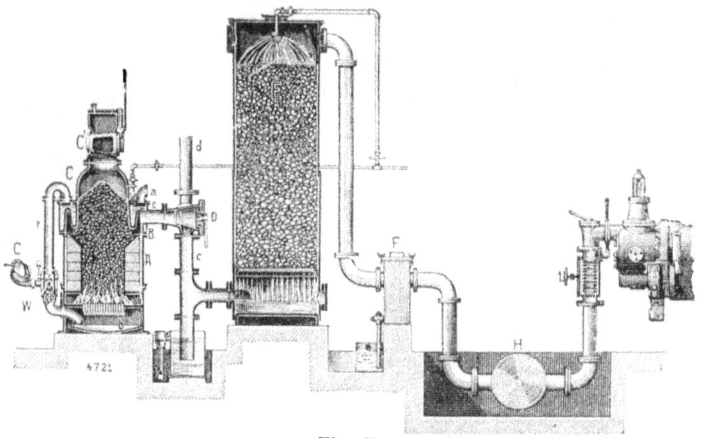

Fig. 5.

wesentlichen aus dem Generator und dem Skrubber, wozu noch je nach dem Brennstoff weitere Reinigungsapparate, wie Kondensator, Trockenreiniger, Schwefelreiniger, Exhaustor, Zentrifugalwascher kommen können.

Der Generator ist ein niedriger, allseitig geschlossener Schachtofen, auf dessen Rost eine hohe Kohlenschicht liegt. Abgedeckt wird dieser Schacht durch einen gußeisernen Kasten, der in seiner äußeren Form sich dem Generatormantel anschließt, während sein gefalteter Innenraum zum Teil als Wasserbehälter ausgebildet ist und als Verdampfer dient, jedoch in der Mitte die Fortsetzung des ausgemauerten Kohlenschachtes bildet. Über der inneren Durchbrechung dieser Verdampferschale ist der Kohlenaufnehmer mit Fülltrichter angebracht, dessen Doppelverschluß eine Belästigung des Wärters durch heiße Gase beim Einfüllen frischen Brennstoffes ausschließt. Die Decke des Verdampfers hat zwei Öffnungen. Die eine führt direkt ins Freie und dient zum Zutritt der erforderlichen Luft, während an die andere sich die Dampfluftleitung anschließt, deren Ausmündung unter dem Rost des Generators liegt. Zum Anblasen wird die in diese Leitung eingebaute Wechselklappe so umgestellt, daß die Dampfluftleitung geschlossen ist und durch den kleinen Ventilator Frischluft unter den Rost geblasen wird.

Zur Erzeugung von Kraftgas tritt die Luft durch den Luftzutritt in die Verdampferschale ein, streicht hier über den heißen Wasserspiegel und reichert sich dabei mit Wasserdämpfen an. Durch die Dampfluftleitung gelangt sie sodann in den Aschenkasten unter den Rost und tritt durch diesen in die glühende Brennstoffsäule des Generators, wo Luft und Wasserdampf zusammen mit der Kohle in Kraftgas umgewandelt werden. Das noch heiße Gas tritt durch das mit einem Wechselhahn versehene Rohr von unten in den Skrubber, wo es ein mit Wasser berieseltes Koksfilter durchstreichen muß und dadurch gekühlt und gereinigt wird. Der Wasserspiegel in der Verdampferschale wird durch steten Zufluß und Überlauf auf gleichbleibender Höhe erhalten, das überlaufende Wasser tritt durch ein kleines Röhrchen in den Aschenkasten, wo es verdampft.

Da die Deutzer Sauggasanlagen während des Betriebes unter geringerem als atmosphärischem Druck stehen, ist ein Austreten von Gas bei etwaigen Undichtheiten unmöglich. Aber auch das Eindringen von Luft in den Generator in einem solchen Maß, daß ein explosibles Gemisch im Innern des Generators entsteht, ist praktisch ausgeschlossen, so daß die Sauggasanlagen vollständig gefahrlos arbeiten.

Diese Sauggasanlagen werden listenmäßig in folgenden Größen hergestellt:

Größe Nr.	0	I	IIa	IIb	IIIa	IIIb	IV	V	VI	VII	VIII	IX	X
Gaserzeugung max. cbm pro Std. . .	25	45	70	90	110	150	225	310	410	480	630	850	1200

In diesen Generatoren können folgende Brennstoffe Verwendung finden:
Anthrazit: Nuß III (12 bis 25 mm); Nuß IV (8 bis 16 mm) bei engerem Rost.
Koks: etwa gleicher Körnung, größerer, bei Anlagen von 150 cbm Gaserzeugung an.
Holzkohle: desgl.

Der Brennstoff soll enthalten nicht mehr als:
Anthrazit: 8% flüchtige Bestandteile, 1% Schwefel und 6% Asche.
Koks: 2½% flüchtige Bestandteile, 1% Schwefel und 10% Asche.
Holzkohle: 6% Asche.

Ein höherer Gehalt an flüchtigen Bestandteilen oder Schwefel erfordert den einen oder andern der obengenannten besonderen Reinigungsapparate.

Abs. 32. **Anthrazit-Sauggasanlage.** Bauart Benz & Co., Rhein. Motorenfabrik A.-G., Mannheim. Fig. 6. Diese Sauggasapparate dienen zur Erzeugung eines brennbaren

Fig. 6.

Gases aus mageren Brennstoffen, wie Anthrazit, Koks, Holzkohlen usw. Ein Strom feuchter Luft wird über den glühenden Brennstoff gesaugt, dabei entsteht infolge einer Vermengung des Sauerstoffes der Luft mit dem Kohlenstoff des Heizmittels ein brennbares Gas, welches nach Reinigung zum Betrieb von Öfen geeignet ist. Da die Vergasung der hier benutzten trockenen Brennstoffe keine Schwierigkeiten mit sich bringt, ist der Gasgenerator als einfacher Schachtofen ausgebildet, bestehend aus einem mit feuerfesten Steinen ausgemauerten schmiedeeisernen Mantel. Für eine gleichmäßige Vergasung wird die Vorbedingung einer gleichmäßigen Verteilung des zuströmenden Luftdampfgemisches zur Rostfläche erfüllt durch geeignete Ausbildung der Luftkanäle im Aschenraum. Die Brennstoffschicht im Schacht kann sehr hoch gehalten werden, so daß ein Vorrat für längere Betriebsdauer eingefüllt werden kann, was eine einfache und nur zeitweise notwendige Bedienung zur Folge hat. Zur Anreicherung der Verbrennungsluft mit Dampf ist an den Generatorkessel eine Verdampfungseinrichtung angebaut, in welcher dauernd ein gleichmäßiger Wasserspiegel aufrecht erhalten wird. An Nebeneinrichtungen ist ein Koksreiniger vorhanden, der alle Unreinlichkeiten und festen Bestandteile niederschlägt, so daß ein reines Gas nach dem Ofen abströmen kann. Zum Anblasen des Generators dient ein Ventilator; zur Beobachtung des richtigen Arbeitens der Anlage werden zwei Druckmesser eingebaut. Bei Verwendung weniger hochwertigen Brennstoffes wird zur besseren Reinigung des Gases zweckmäßig noch eine weitere Einrichtung vorgesehen; für einen solchen Fall eignet sich ein Drahtreiniger, das ist eine Patrone aus Drahtgeflecht, die in die Rohrleitung eingesetzt wird, oder ein Gasfilter, bestehend aus einem mit Holzwolle angefüllten eisernen Gefäße.

Unter allgemeinen Betriebsverhältnissen erfolgt die Zufuhr der Treibgase selbsttätig unter der Saugwirkung des Gassaugers, was namentlich für längere Leitungen erforderlich wird; ein Gebläse zwischen Generator und Verwendungsstelle, das dieser die Gase unter Druck zuführt, ist auch notwendig, wenn ein Motor vorhanden ist.

Anschließend sei eine Zusammenstellung der Leistung und Verbrauchszahlen normaler Modelle der Benzwerke gegeben:

Größe	Gas cbm/Std.	Verbrauch an Anthrazit von 8000 WE Heizwert für 1 cbm und 1 Stunde in g
I	12	1280
II	16	1180
III	20	1160
IV	32	1050
V	40	980
VI	60	900
VII	80	860
VIII	100	860
IX	140	830
X	200	820
XI	250	800

Die Kosten von 1 cbm Gas bestimmen sich aus dem angegebenen Brennstoffverbrauch unter Zugrundelegung des augenblicklichen Marktpreises.

Abs. 33. **Kraftgaserzeuger für Befeuerung mit Anthrazit und Koks.** Bauart G. Luther, A.-G., Braunschweig. Fig. 7 und 8. Die Gaserzeugungsanlage setzt sich zusammen: aus dem Generator mit dem für sich stehenden Verdampfer, dem Skrubber (Koksreiniger mit Wasserberieselung) und der etwa vorhandenen besonderen Reinigungsanlage.

Fig. 7.

Der Generator besteht aus einem aufrechtstehenden, zylindrischen Schachtofen mit Schamotteausmauerung. Den Deckel bildet ein Aufsatz, der in der Mitte zu einem Kohlenaufnehmer ausgebildet ist und oben die Füllvorrichtung mit Doppelverschluß trägt. Dieser verhindert, daß Luft beim Aufgeben des Brennmaterials in den Generator tritt und so das Gas verschlechtert wird. Die Beschickung mit Anthrazit oder Koks kann in der einfachsten Weise und gefahrlos von einer besonderen Bühne aus, zu der eine feste Treppe führt, durch jederzeitiges Nachfüllen geschehen. Der Generator arbeitet mit unterer Luft- und Dampfzuführung in der Weise, daß ein fast teerfreies Gas erzeugt wird. Der untere Teil des Generators ist zum leichteren Abschlacken und Entfernen der durch den Rost fallenden losen Asche durch eine Schachttür auch während des Betriebes leicht zugänglich. Ein Austritt von Gasen oder Verbrennungsprodukten ist, weil im Generator Unterdruck herrscht, dabei ausgeschlossen.

Nach ihrem Austritt aus dem Generator durchziehen die Gase den angebauten Verdampfer, um hier zunächst ihre Eigenwärme zur Erzeugung des nötigen Wasserdampfes abzugeben. Der Verdampfer besteht durchwegs aus Gußeisen und kann in einfacher Weise von Schlamm und Kesselstein gereinigt werden. Die Verdampferschale ist bequem auswechselbar. Der erzeugte Dampf wird durch eine Rohrleitung

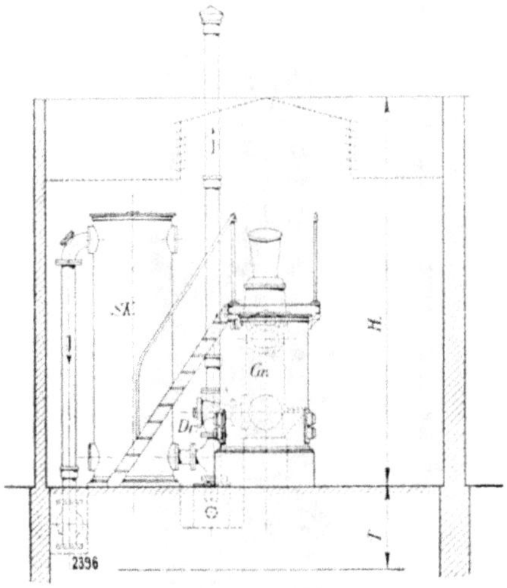

Die kleinsten zulässigen Raumverhältnisse für Luthersche Anthrazit-Generatoranlagen.

Erklärungen:

Gr = Generator
Vr = Verdampfer
Dr = Dreiweghahn mit Kamin
Sk = Skrubber
Sp = Trockenreiniger
Bd = Bedienungsbühne

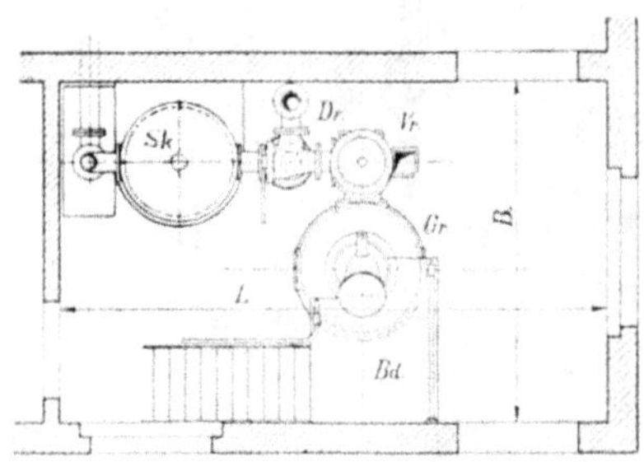

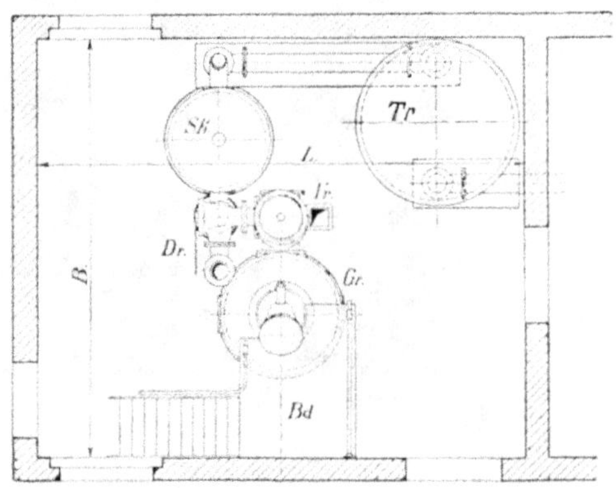

Für 16—80 PS. Fig. 8. Für 90—300 PS

Maßtabelle.

Nr. der Gasanlage	00	0	I	II	III	IV	V	VI
Erzeugte cbm . . .	60	100	150	240	300	400	600	900
Raumlänge L . . .	3700	4100	4400	4600	5200	5300	5900	7000
Raumbreite B . . .	2300	2400	2600	2800	4400	4800	5100	5800
Raumhöhe H . . .	3800	4250	4250	4350	4450	4900	4900	5000

„H“ ist die Höhe des Raumes, dessen man unmittelbar über dem Generator bedarf. Bei vorhandenen Räumen kann dieses Maß entweder dadurch erreicht werden, daß man einen Dachreiter (siehe Skizze) aufsetzt, oder, indem man den Fußboden um ein gewisses Maß „T“ (siehe Skizze) tiefer legt. Für Anlagen für mehr als 900 cbm haben die in der Tabelle angegebenen Raummaße keine Gültigkeit.

unter den Rost des Generators geführt und in den Brennschacht geleitet. Infolge des tangentialen Eintritts der Gase und des mehrfachen Richtungswechsels lassen diese auf ihrem Wege durch den Verdampfer bereits den größten Teil des Staubes fallen; dieser kann jederzeit durch die mit Wasserverschluß versehene Reinigungslucke entfernt werden.

Im Skrubber werden die Gase, während sie eine Koksschicht durchziehen, gründlich mit Wasser gewaschen und gleichzeitig abgekühlt. Wasser, das etwa durch das Gas mitgerissen wird, sowie das Kondenswasser des Gases sammelt sich in einem Wassertopf, der hinter dem Skrubber in die Rohrleitung eingebaut ist. Ist die Anlage auch mit einem Trockenreiniger ausgerüstet, was bei größeren Anlagen zutrifft, so treten die Gase nach dem Verlassen des Wassertopfes in diesen Reiniger, um hier nochmals gründlich gereinigt und namentlich ausgiebig getrocknet zu werden.

Die zwischen Generator und Gassauger liegenden Apparate und Leitungen sind mit Druckmessern versehen, so daß sie bequem beobachtet werden können.

Abs. 34. **Planrostgeneratoren für Feuerung mit Anthrazit.** Bauart Julius Pintsch, A.-G. Berlin. Fig. 9 u. 10. Die Planrostgeneratoren werden hauptsächlich bei kleineren Durchsatzmengen verwendet, durch die das Bedienungspersonal zum Abschlacken der Generatoren nur wenig in Anspruch genommen wird und bei denen sich mechanische Entschlackungsvorrichtungen noch nicht als wirtschaftlich erweisen.

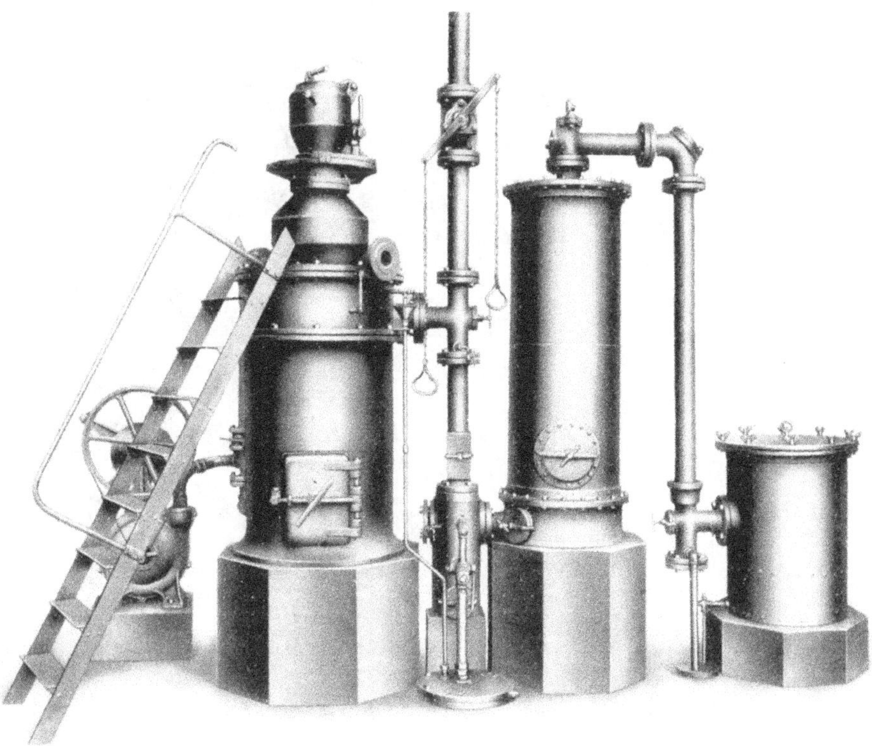

Fig. 9.

Sie werden daher auch meist zur Vergasung von Koks oder Anthrazit normaler Körnung benutzt. Man kann sie einteilen in Anlagen, die heißes, ungereinigtes Gas erzeugen, und in solche, die gekühltes und gereinigtes Gas liefern. Das in den zuerst genannten Generatoren erzeugte heiße, ungereinigte Gas wird zur Beheizung von Werkstätten und von großen Öfen verwendet. Diese Generatoren, in denen auch Steinkohlen, Braunkohlen, Braunkohlenbriketts usw. vergast werden können, werden möglichst in der Nähe der Verbrennungsöfen aufgestellt. Ihr Brutto-Nutzeffekt beträgt etwa 90%. Besondere Reinigungsapparate sind hierbei nicht nötig. Ferner wird,

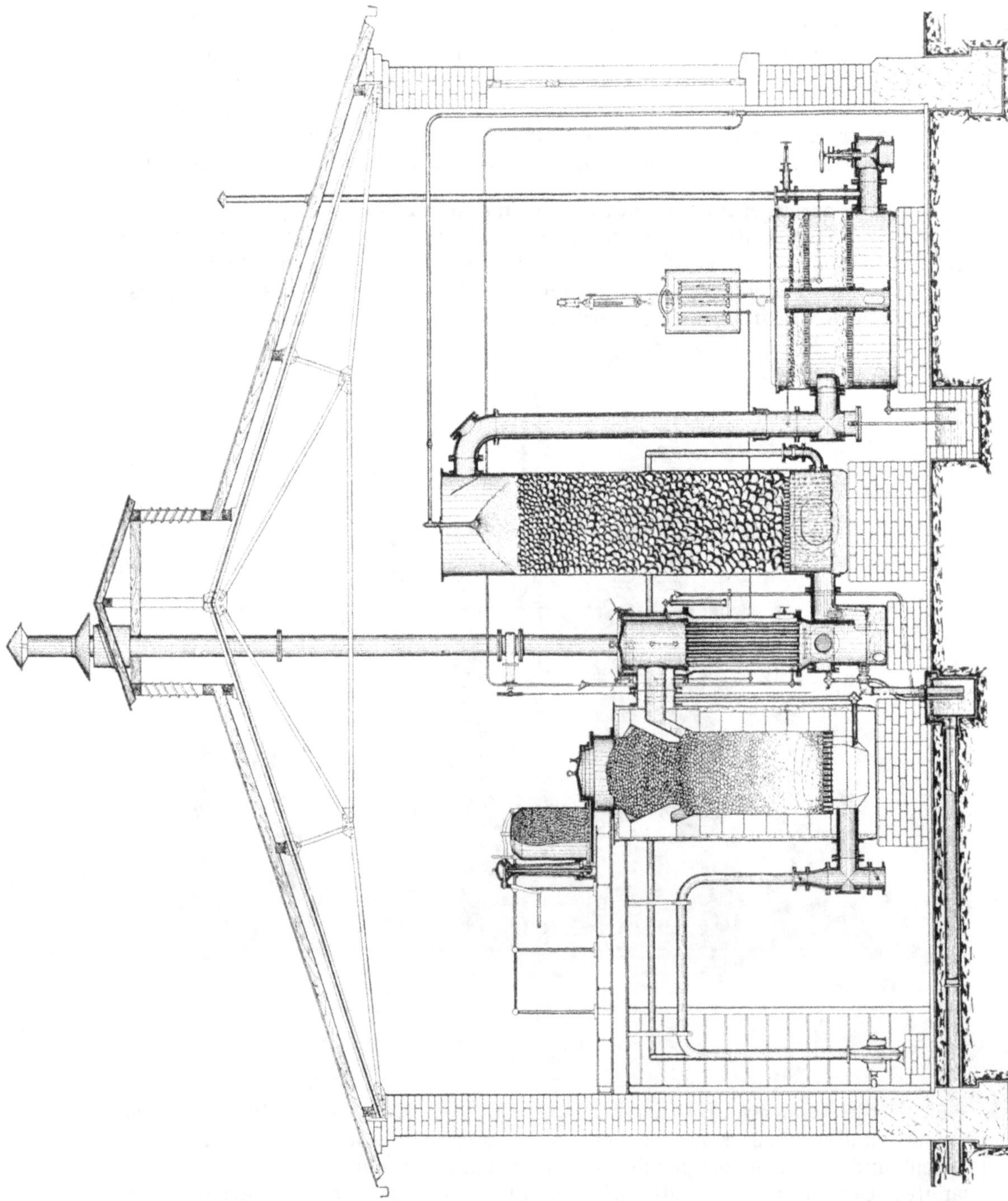

Fig. 10.

wenn der Generator direkt an den Ofen gestellt werden kann, der Verdampfer überflüssig. Diese Fälle kommen fast nur bei großen Anlagen vor.

Zu den Planrostgeneratoranlagen der zweiten Art, die ein gekühltes und gereinigtes Gas liefern, gehören die Sauggasanlagen für den Motorbetrieb und werden für Öfen benutzt, die, in gewisser Entfernung von der Generatoranlage stehend, mit gekühltem, gereinigtem Gase beheizt werden müssen. Diese Sauggasanlagen werden für Gasmaschinenbetrieb und für Heizzwecke gewöhnlich in zwei Ausführungen gebaut. In Fig. 9 sind Sauggasanlagen der Firma für Leistungen bis zu 45 PS oder für eine Gaserzeugung bis zu 100 cbm in der Stunde dargestellt und in der Fig. 10 Anlagen für Leistungen von mehr als 45 PS bis 1000 PS oder für eine Gaserzeugung von mehr als 100 bis 2500 cbm in der Stunde für jeden Generator.

Der Unterschied besteht im wesentlichen darin, daß bei den kleineren Ausführungen zugunsten möglichster Einfachheit und Billigkeit von der Aufstellung eines besonderen Verdampfers Abstand genommen ist, die Erzeugung des Wasserdampfes vielmehr in einer gußeisernen, in dem oberen Teil des Generators eingebauten Schale vorgenommen wird. Bei großen Generatoren würde diese Bauart zu wenig Dampf liefern und auch noch den weiteren Nachteil haben, daß die Dampfentwicklung nicht schnell genug den Belastungsschwankungen nachfolgt. Aus diesem Grunde wird von der genannten Größe an ein besonderer Röhrenverdampfer aufgestellt, für den neben der erforderlichen Heizfläche folgende Gesichtspunkte maßgebend sind:

1. Die Röhren müssen sich leicht vom Flugstaub reinigen lassen. Der Deckel muß bequem abgenommen werden können.
2. Die Röhren müssen sich leicht vom Kesselstein reinigen lassen. Nach Abnahme des Verdampferkopfes muß das Röhrenbündel nach oben aus dem Verdampfermantel ohne weiteres herausgenommen werden können.

Durch besondere starkwandige und nicht zu enge Rohre, die im Gegenstrom vom Speisewasser umflossen werden, ist einem frühzeitigen Zerfressenwerden und einer zu schnellen Verstopfung vorgebeugt.

Besonderer Wert ist auf gute Reinigung des Gases gelegt. Es genügt die Aufstellung des gewöhnlichen wasserberieselten Koksskrubbers noch nicht, um einen mehrwöchentlichen einwandfreien Betrieb zu gewährleisten, namentlich nicht, wenn Koks oder grushaltiger Anthrazit vergast werden soll. Es ist vielmehr nötig, noch einen besonderen mit Sägespänen als Filtermasse zu beschickenden Reiniger aufzustellen, um auch die feineren im Gase enthaltenen Staubteile zurückzuhalten und auf diese Weise zu erzielen, daß die Ofendüsen, bzw. die Gasmaschinen nicht öfter gereinigt zu werden brauchen als beim Betriebe mit Leuchtgas. Höchstens bei gewaschenem und gesiebtem, bitumenfreiem Anthrazit ist es zulässig, nur mit einem, dann aber gehörig groß zu haltenden Skrubber zu arbeiten.

Die in Abs. 29 erwähnte Dampfluftregulierung wird von der Firma bei allen Generatorgasanlagen von mehr als 100 cbm Leistung eingebaut.

Die Abmessungen der Generatoren werden meistens für einen Brennstoff von 30 bis 50 mm Körnung bestimmt. Man geht dann mit der Belastung des Generators, wenn das Gas für Gasmaschinenzwecke benutzt werden soll, auf etwa 150 kg pro qm Querschnitt. Die Widerstände betragen dabei bis zu 50 mm in der Schütthöhe. Soll das Gas für die Beheizung von Öfen benutzt werden, so kann man auch den Schornsteinzug des Ofens zur Gaserzeugung verwenden, nach welchem System z. B. alle Generatoren der Steinkohlengasanstalten gebaut sind. In diesem Falle ist allerdings nur ein geringer Druckverlust von etwa 3 bis 5 mm innerhalb der Koks- und Brennstoffsäule und dementsprechend nur eine Belastung von etwa 50 kg pro qm Schachtquerschnitt zulässig, während man hier, wo Ventilatoren oder andere Maschinen für die Bewegung der Gase zur Verfügung stehen, bis auf die dreifache Belastung gehen kann. Dabei wachsen die Widerstände im Quadrat, also auf das Neunfache. Über 50 mm soll man mit dem Druckverlust nicht gehen; sonst zeigen sich Schwierigkeiten; es bilden sich in der Brennschicht Löcher, und man hat dann im Betriebe nur Unannehmlichkeiten. Geht man nicht über 30 bis 50 mm hinaus, so erzielt man immer einen glatten Betrieb. Will man nun ein kleinkörniges Material vergasen, so muß man den Schachtquerschnitt des Generators größer wählen, kann aber mit der Schütthöhe tiefer gehen; die Belastung soll bei einer Brennstoffkörnung von durchschnittlich 8 mm nicht größer sein als 75 kg pro qm, weil sonst der Druckverlust höher als 50 mm wird. Man kann also auch im Schachtgenerator mit Koksgrus arbeiten, wenn nicht die Bedingung vorgeschrieben ist, daß der Generator während des Betriebes abgeschlackt werden soll. Das ist bei einer geringeren Schütthöhe nicht möglich; wenn mit dem Schlackeisen in einem Generator mit geringer Schütthöhe während des Betriebes hantiert wird, zerstört man die Glutzone.

Es werden deshalb bei diesen Brennstoffen besser Generatoren mit Maschinenrosten angewendet werden.

Die Ausnutzung des Brennstoffes in Planrostgeneratoren obiger Firma ist aus folgender Tabelle zu entnehmen.

Brennmaterial	Durchschnittlicher Heizwert des Brennstoffes pro kg	Garantierter Nutzeffekt der Generatoren in %	Pro kg Brennstoff in Gasform erzeugte WE	Brennstoffverbrauch pro 1000 WE des erzeugten Gases in kg	Unterer Heizwert des erzeugten Gases pro cbm
Anthrazit	7500—8000	80	6000—6400	0,16—0,17	1200
Koks	6000—7500	75—80	4500—6000	0,17—0,23	1100

Eine Untersuchung zur Bestimmung der Wirkungsgrade der Generatoren hat in dem Fürstenwalder Werke der Firma an einem Generator Nr. III mit besonderem Verdampfer und mit Anthrazitfeuerung in der Weise stattgefunden, daß das bei den angegebenen verschiedenen Belastungen erzeugte Gas mit einem Gasmesser gemessen, kalorimetriert und analysiert wurde. Der aus der Analyse rechnerisch festgestellte Heizwert des Gases stimmte hierbei mit dem kalorimetrisch bestimmten Heizwerte überein.

Belastung: cbm Gas in der Stunde	Unterer Heizwert des Gases Kal./cbm	Ausbeute von 1 kg Anthrazit	Wirkungsgrad des Generators
24,9	954,5	5,53	0,683
30,9	1087,3	5,11	0,721
43,6	1188,0	5,46	0,840
81,6	1203,3	5,64	0,880

Werte des Anthrazits.

Heizwert	7715,0 Kal./kg
Feuchtigkeit	2,2%
Koks	91,8%
Asche	4,0%
Destillationsprodukte	2,0%.

Die Tabelle zeigt, daß der thermische Nutzeffekt des Generators bei normaler Belastung, also bei etwa

$$\frac{25 \times 2700}{1200} = 56 \text{ cbm stündl. Gaserzeugung } 85 \text{ v. H. beträgt.}$$

Abmessungen und Leistungen der Planrost-Generatoren.

Nr.	Schacht-durchmesser	Durchmesser	Höhe	Leistung in cbm Std.
I	300	670	960	18
II	350	670	960	36
III	400	750	1085	57
IV	450	860	1055	80
V	500	910	1520	102
VI	600	1010	1720	136
VII	650	1060	2150	180
VIIa	700	1160	2565	215
VIII	750	1210	2620	285
IX	800	1310	2595	340
X	900	1461	2675	450
XI	1000	1561	2860	570
XII	1150	1761	3100	740
XIII	1300	1962	3410	900
XIV	1500	2235	3526	1250
XV	1700	2450	4290	1590
XVI	1900	2716	4595	1930
XVII	2100	2916	4350	2270

Abs. 35. **Steinkohlen-Gas-Generatoren.** Bauart Julius Pintsch, A.-G. Fig. 11 u. 12. Mit dieser Bauart hat die Firma die Schwierigkeiten bei der Beseitigung des Teers der Steinkohlen im Generatorbetrieb, dadurch behoben, daß sie den Generator (Fig. 11) mit einem großen Entgasungsschacht *A* ausgestattet hat, in dem die Kohle vollständig destilliert wird, bevor sie in den eigentlichen, darunter liegenden Vergasungsschacht *H* hineinkommt. Der Füllraum des Entgasungsschachtes ist für mehrere Stunden bemessen. Das in der unteren Vergasungszone entstehende heiße Generatorgas wird zum Teil durch die frisch aufgegebenen Kohlen im Entgasungsschacht in genügender Menge hindurchgesaugt und entgast sie. Die Gase werden dann wieder unter den Rost geleitet und verbrannt. Man ist daher sicher, daß die Kohle, wenn sie aus dem oberen Füllschacht in den unteren Vergasungsschacht hinuntersinkt, vollständig entgast ist. Der von den heißen Gasen mitgeführte Teer wird mit diesen zusammen durch ein Dampfstrahlgebläse oder einen mit Dampf oder Luft (Druck bis 2 m WS) betriebenen Strahlexhaustor am oberen Ende des Entgasungsschachtes abgesaugt und unter den Rost geblasen. Die unter den Rost gelangenden Teerdämpfe und Gase werden hier unter reichlicher Zuführung von Luft in freier Flammenentfaltung verbrannt. Die Verbrennungsprodukte dringen zusammen mit überschüssiger Luft in den Vergasungsraum ein, wo sie zum größten Teil zu Kohlenoxyd und Wasserstoff reduziert werden. Die größte Menge des in der Vergasungszone entstehenden Generatorgases wird dann durch die Reinigungsapparate von der Gaspumpe abgesaugt, während ein kleinerer Teil die frisch aufgegebene Kohle im Füllschacht entgast.

Die Firma übernimmt bei dieser Bauart die Garantie für die Ruß- und Teerfreiheit der Gase hinter dem Generator. Das Gas braucht nur in einem normalen, wasserberieselten Skrubber und Sägespänereiniger von Staub befreit zu werden. Auch werden die Waschwasser infolge der Vernichtung der Teerdämpfe durch das Generatorgas nur äußerst wenig verunreinigt, so daß diese beim Verlassen der Skrubber fast ganz geruchlos sind. Das Gas ist selbst bei starken Belastungsschwankungen von gleichmäßiger Zusammensetzung. Der untere Heizwert des Gases beträgt etwa 950 WE im cbm. Das Gas steht daher dem Hochofengas nahe.

Als Generatorrost benutzt die Firma einen solchen aus Schamotte, da ein eiserner Rost sofort verbrennen würde. Man kann aber auf ihm keinen kleinkörnigen Brennstoff verfeuern. Auch würde die erforderliche hohe Schüttung im Generator bei kleinkörnigem Material sehr große Widerstände ergeben.

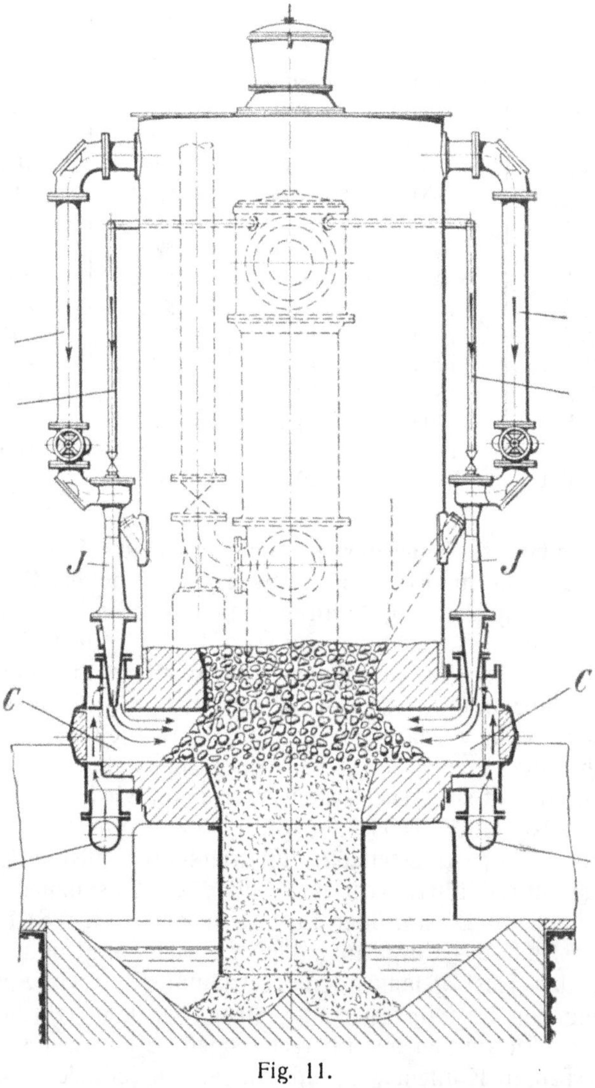

Fig. 11.

Ferner sind diese Generatoren derart gebaut, daß sich die Asche und die Schlacken ohne Änderung der Gasbeschaffenheit bequem während des Betriebes entfernen lassen, mithin ein ununterbrochener Tag- und Nachtbetrieb gewährleistet werden kann.

Die Ausnutzung der Steinkohlen in den Generatoren zeigt folgende Tabelle:

Brennmaterial	Durchschnittlicher Heizwert des Brennstoffes pro Tag	Garantierter Nutzeffekt der Generatoren in %	Pro kg Brennstoff in Gasform erzeugte WE	Brennstoffverbrauch pro 1000 WE des erzeugten Gases in kg	Unterer Heizwert des erzeugten Gases pro cbm
Steinkohlen	6500—7500	65—70	4225—5250	2,0—0,24	950—1000

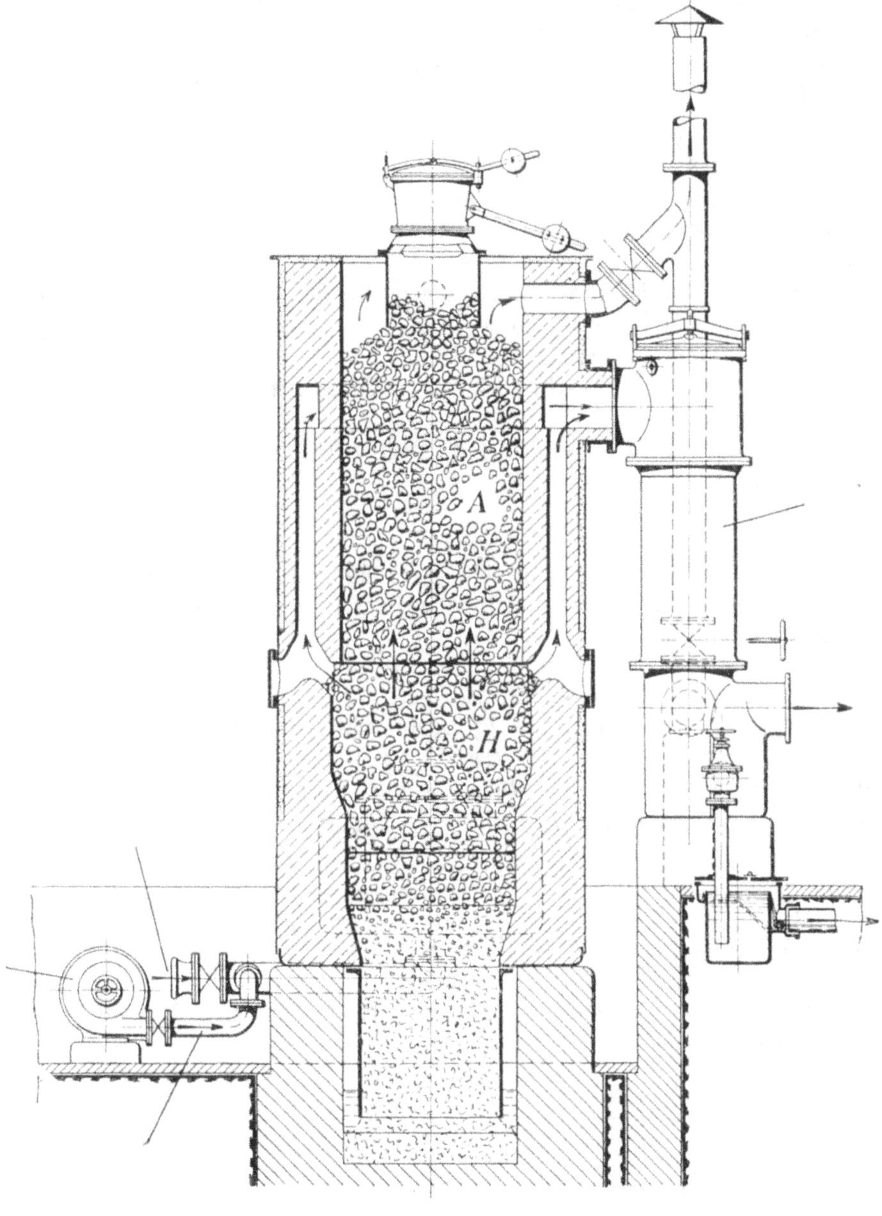

Fig. 12.

Die Anforderungen, die an die Kohlen, wenn sie in diesen Generatoren vergast werden sollen, zu stellen sind, sind etwa folgende:

1. Aschegehalt nicht über 10%.
2. Körnung nicht unter 30 mm und nicht über 120 mm; demnach eignet sich am besten Nuß I (40 bis 70 mm).
3. Die Kohle darf bei der Erhitzung (Abdestillation) nicht blähen und allzu stark backen. Wie zu verfahren ist, um backende Kohle zu vergasen, ist weiter unten angegeben.

Ich halte es für zweckmäßig, im folgenden eine Zusammenstellung der in dem Versuchsgenerator von 150 PS in dem Fürstenwalder Werk der Firma bereits mit Erfolg ausprobierten Kohlensorten zu geben, die als für einen guten Betrieb geeignet befunden werden:

a) Schlesische Kohlen:
Zeche Mathilde in Morgenroth bei Kattowitz,
Gräfin Lauragrube, Hugoschacht bei Königshütte, Oberschlesien,
Borsigwerker Kohle, Gottessegen, Aschenbornschacht;

b) Westfälische Kohlen:
Kohle der Gewerkschaft Gottessegen, Löttringshausen b. Dortmund,
Vereinigte Margarete in Sölde i. W.,
Zeche Johann Deimelsberg in Stelle.
Außerdem die Anthrazitkohlen des Ruhrreviers (Pörtingsiepen).

c) Saarkohlen:
Grube Göttelborn, Post Illingen, Bezirk Trier;

d) Böhmische Steinkohlen:
Ostrauer Kohle;

e) Englische Steinkohlen:
sind bisher im Großverbrauch noch nicht durchprobiert. Es sollen sich jedoch die Kohlen der nördlichen Felder von Nottingham in der Gegend von Linby eignen.

Backende Kohlen sind ohne weiteres zu vergasen, wenn nicht backende Steinkohlen, Anthrazit, Koks, Torf, Braunkohle oder Braunkohlenbriketts zugemischt werden oder der Generatorschacht bedeutend höher gebaut wird, so daß nur eine ganz allmähliche Anwärmung und Entgasung der Kohlen im Entgasungsschachte erfolgt.

Die Möglichkeit, backende Kohlen durch Zusatz nicht backenden Brennstoffes zu vergasen, erschließt dieser Generatorart u. a. fast ganz Rheinland und Westfalen, ist also von größter Bedeutung. Zur Gewinnung eines Urteils, ob sich eine fremde Kohle zur Vergasung im Generator eignet, ist die Einsendung einer Durchschnittsprobe von etwa 10 kg an die Firma erforderlich.

Abmessungen, Leistungen und Preise der Steinkohlengas-Generatoren.

Nr.	Schacht-durchmesser	Äußerer Durchmesser	Höhe	Leistung in cbm/Std.
IX	800	1560	3720	250
X	900	1660	3720	320
XI	1000	1760	3800	390
XII	1150	1860	3800	510
XIII	1630 × 860	2390 × 1620	3880	640
XIV	1900 × 900	2600 × 1660	3880	830
XV	2150 × 1050	2914 × 1794	3950	1020
XVI	3050 × 1050	3826 × 1770	3950	1400

γ) Die Kleingeneratoren für Braunkohlenbriketts, Braunkohlen, Torf, Lignite und minderwertige Brennstoffe (Planrostgeneratoren).

Abs. 36. **Generatoranlagen für Braunkohlenbriketts.** Bauart Gebr. Körting, A.-G., Körtingsdorf bei Hannover. Fig. 13. Die Erzeugung von teerfreiem, also für den Maschinenbetrieb geeignetem Generatorgas aus Rohbraunkohle wird von den in

Frage kommenden Fabriken für kleine Anlagen wenig angestrebt, da die deutsche Rohbraunkohle bei einem Gehalt von 50 bis 60% Wasser und ihrer geringen Festigkeit für den Transport nicht geeignet ist und als Brennstoff in großem Maßstabe nicht in Frage kommt. Dagegen ist die trockene, gepreßte Braunkohle, das Brikett, als

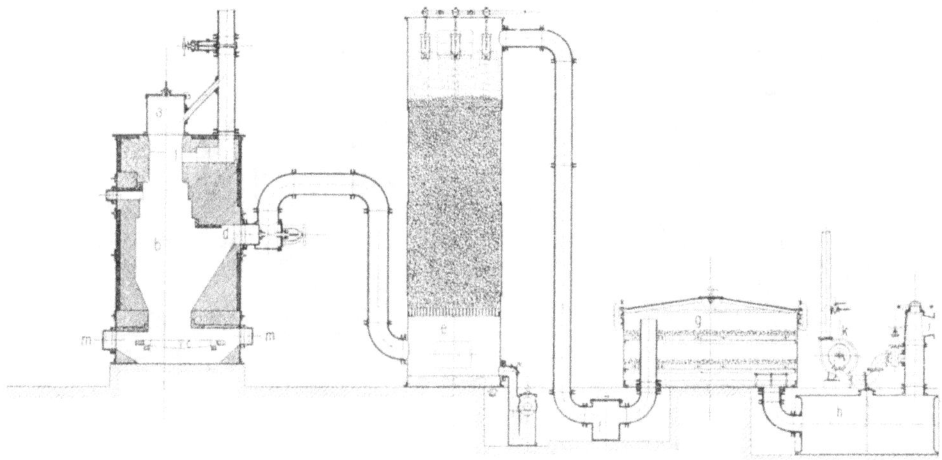

Fig. 13.

Brennmaterial für Gasgeneratoren zum Kleinofen- und Maschinenbetrieb gut eingeführt und weit verbreitet. Alle Generator bauenden Firmen stimmen im Prinzip darin überein, daß sie in die Kleingeneratoren für Brikettvergasung von oben nach unten brennen lassen, also die Luft oben einführen und das Gas weiter unten absaugen lassen. Die hierbei entstehenden Teerdämpfe werden dann mit durch das Feuer gezogen und in schwer kondensierbare Gase übergeführt.

Während nun einige wenige Firmen die Klein-Brikettgeneratoren als Einfeuergeneratoren ausbilden, derart, daß das Gas unmittelbar über oder unter dem Rost entnommen wird, wird bei den meisten Brikettgeneratoren, so auch bei dem Generator der Firma Gebr. Körting, A.-G., das Gas in etwa halber Höhe des Generators entnommen, wobei auch Luftzufuhr unter den Rost stattfindet. Das Feuer brennt demnach von oben und unten nach der Mitte zu. Dadurch, daß auf dem Rost ein, wenn auch etwas mattes, Feuer unterhalten wird, erreicht man, daß ein steter Transport der im oberen Feuer erzeugten Asche nach dem stets zugängigen Rost erfolgt, wo die Asche periodisch entfernt werden kann.

Ob zwar mehrere Firmen ihre Braunkohlenbrikettgeneratoren genau wie die Anthrazit- und Koksgeneratoren mit Verdampfern ausrüsten, verzichtet die Gebr. Körting-A.-G. hierauf. Sie beruft sich darauf, daß der Gehalt der Braunkohlenbriketts an Wasserstoff, Sauerstoff und hygroskopischem Wasser mit durch das obere Feuer gezogen wird, also dem Vergasungsprozeß erhalten bleibt und auch hierfür genügt, während für das schwächere untere Feuer die Wasserdämpfe ausreichen, die lediglich dadurch entstehen, daß der Aschfall voll Wasser gehalten wird. Der Wegfall des Verdampfers beim Körtingschen Brikettgenerator bedeutet eine Vereinfachung hinsichtlich der Anschaffungskosten, Platzfrage, Bedienung und Reparatur und Reinigungsarbeiten. Die Brikettgeneratoren werden in Größen von 33 cbm bis 750 cbm stündlich gebaut. Der Kohlenverbrauch pro 1 cbm Gas und Stunde beträgt ca. 300 g.

Fig. 14.

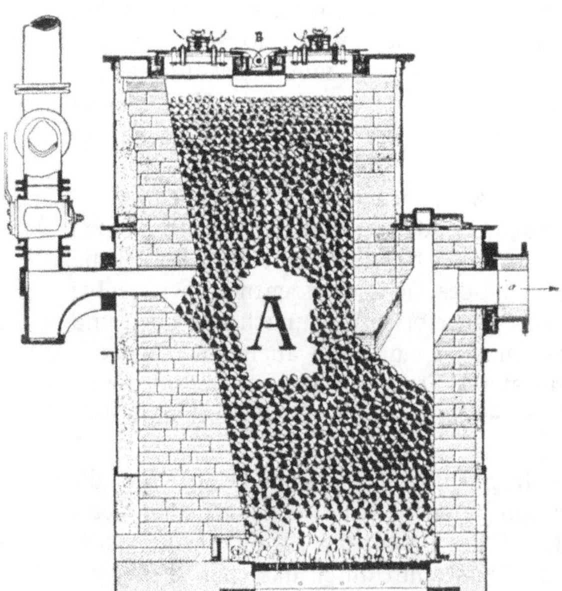

Fig. 15.

Abs. 37. **Zweifeuergenerator für Braunkohlenbriketts, Torf etc.** Bauart Gasmotorenfabrik Köln-Deutz. Fig. 14 u. 15. Da sich bei der Vergasung der Braunkohlenbriketts, Torf, Rohbraunkohle usw. im gewöhnlichen Anthrazitgenerator (Einfeuergenerator) ein stark teerhaltiges Gas ergibt, dessen praktische Verwendung zu Schwierigkeiten führt, baut auch die Gasmotorenfabrik Deutz für die genannten Brennstoffe ihre sog. Doppel- oder Zweifeuergeneratoren, in denen derartige Teerbildung vermieden wird.

Der Doppelgenerator besteht aus einem oben offenen Schachtofen, der unten einen Rost besitzt. Während das Gas in der Mitte abzieht, findet die Luftzufuhr von oben und unten gleichzeitig statt, so daß sich zwei Brennzonen bilden. Der oben aufgegebene Brennstoff wird zunächst durch die Berührung mit der unter ihm liegenden glühenden Schicht verkokt und hierbei, indem er nach abwärts sinkt, im unteren Teile des Ofens vollständig vergast. Die bei der Verkokung nach abwärts ziehenden Destillationsprodukte enthalten noch eine große Menge leicht kondensierbarer flüchtiger Kohlenwasserstoffe (Teere); diese werden aber, da sie vor ihrem Austritt aus dem Generator in volle Glut befindliche Kohlenschichte durchstreichen müssen, vollständig in schwer kondensierbare Gase zerlegt. Das erzeugte Gas verläßt den Generator praktisch teerfrei, so daß es nur nötig ist, die etwa mitgerissenen Staubteilchen in geeigneter Weise durch Reinigungsapparate auszuscheiden und das Gas vor seiner Verwendung zu kühlen. Zu diesem Zwecke wird das Gas wie bei den Anlagen mit Einfeuergeneratoren durch einen Staubabscheider und Skrubber und durch weitere Spezialreinigungsapparate geleitet.

Die Deutzer Zweifeuergenerator-Gasanlagen werden listenmäßig in folgenden Größen hergestellt:

Größe Nr.	0	I	II	III	IV	V	VI	VII	VIII	IX	X
Gaserzeugung max. pro Std. cbm	40	65	100	170	225	310	410	550	750	1100	1300

In den Zweifeuergeneratoren können folgende Brennstoffe Verwendung finden:

Braunkohlenbriketts verschiedener Herkunft, z. B. des Rheinischen und Lausitzer Reviers.

Torf von unter 25% Wassergehalt.

Sonstige Brennstoffe, so Holz und auch Anthrazit und Koks, falls deren Vergasung im Einfeuergenerator nicht durchführbar ist.

Abs. 38. **Kraftgaserzeuger für Befeuerung mit Braunkohlenbriketts.** Bauart G. Luther, A.-G., Braunschweig. Fig. 16 u. 17. Die Gaserzeugungsanlage setzt sich

Fig. 16. Kraftgas-Erzeuger für Befeuerung mit Braunkohlen-Brikett. Bauart G. Luther, A.-G. Braunschweig.

zusammen aus: dem Generator mit dem für sich stehenden Verdampfer, dem Skrubber (Koksreiniger mit Wasserberieselung) und dem Trockenreiniger.

G e n e r a t o r: Dieser besteht aus einem aufrecht stehenden Schachtofen mit Schamotteausmauerung. Der Generator arbeitet mit oberer und unterer Luftzuführung

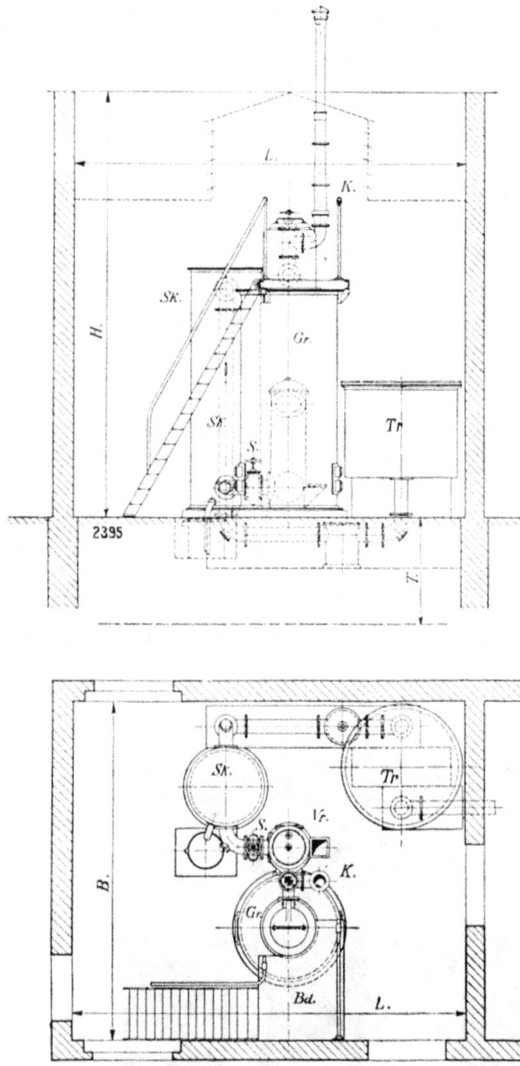

Die kleinsten zulässigen Raumverhältnisse für Luthersche Braunkohlen - Brikett - Generatoranlagen.

Gr = Generator
Vr = Verdampfer
S = Schieber
K = Kamin
Sk = Skrubber
Sp = Trockenreiniger
Bd = Bedienungsbühne

„H ist die Höhe des Raumes, dessen man unmittelbar über dem Generator bedarf. Bei vorhandenen Räumen kann dieses Maß entweder dadurch erreicht werden, daß man einen Dachreiter (siehe Skizze) aufsetzt, oder, indem man den Fußboden um ein geringes Maß „T" (siehe Skizze) tiefer legt. Für solche Anlagen, deren Leistung mehr als 900 cm beträgt, haben die in der Tabelle angegebenen Raummaße keine Gültigkeit.

Fig. 17.

Maßtabelle.

Nr. der Gasanlage	00	0	I	II	III	IV	V	VI	VII
Erzeugte cbm/Std .	60	100	150	240	300	400	600	750	900
Raumlänge L . . .	3800	4000	4500	5000	5600	6300	7000	7600	8200
Raumbreite B . .	3200	3500	3750	4200	4600	5000	5300	5800	6300
Raumhöhe H . . .	4500	5000	5000	5100	5200	5300	5300	5500	5500

in der Weise, daß ein teerfreies Gas erzeugt wird. Der untere Teil des Generators ist auch während des Betriebes leicht zugänglich, damit die durch den Rost fallende lose Asche ohne Schwierigkeit entfernt werden kann. Auf der oberen Stirnwand ist der Fülltrichter für das Brennmaterial angeordnet. Da der Deckel während des Betriebes offen bleibt, so kann die Brikettbeschickung in der einfachsten Weise und gefahrlos durch jederzeitiges Nachfüllen vorgenommen werden. Durch die Deckelöffnung wird gleichzeitig die Hauptverbrennungsluft angesaugt. Eine Feuerbrücke in Höhe des Gasaustrittes ermöglicht zu jeder Zeit eine Kontrolle der Gaserzeugung bezw. des Generatorzustandes.

Verdampfer: Nach ihrem Austritt aus dem Generator durchziehen die Gase den Verdampfer, um zunächst ihre Eigenwärme zur Erzeugung des nötigen Wasserdampfes abzugeben. Infolge des tangentialen Eintritts der Gase und des mehrfachen Richtungswechsels lassen diese auf ihrem Wege durch den Verdampfer bereits den größten Teil des Staubes fallen; dieser kann dann jederzeit durch die mit Wasserverschluß versehene Reinigungsluke entfernt werden. Der erzeugte Dampf wird durch die Rohrleitungen unter den Rost des Generators geführt.

Im Skrubber werden die Gase beim Passieren einer Koksschicht durch Wasser gründlich gewaschen und gleichzeitig abgekühlt. Etwa mitgerissene Wasserteile sowie das sich niederschlagende Kondenswasser sammeln sich in dem hinter dem Skrubber in die Rohrleitung eingebauten Wassertopf.

Trockenreiniger: Nachdem die Gase den Wassertopf verlassen haben, treten sie in den Trockenreiniger, um hier nochmals gründlich gereinigt und vor allem ausgiebig getrocknet zu werden, worauf sie für Beheizung der Glühöfen gebrauchsfertig sind. Steigt die Rohrleitung nach der Schmiede an, oder ist sie verhältnismäßig lang, so empfiehlt es sich, auch hinter dem Trockenreiniger noch einen Wasserfang zur Aufnahme von Kondenswasser anzubringen.

Die zwischen Generator und Gassauger liegenden Apparate und Leitungen sind mit Druckmessern versehen, damit sie bequem beobachtet werden können.

Abs. 39. **Kraftgaserzeuger für die Befeuerung mit Rohbraunkohle.** Bauart G. Luther, A.-G., Braunschweig. Fig. 18 u. 19. Der Kraftgaserzeuger für Rohbraunkohle ähnelt in seiner Bauart dem in Abschnitt 43 beschriebenen Kraftgaserzeuger für Torffeuerung.

Der durch die Abbildung veranschaulichte Kraftgaserzeuger mit für sich stehendem Verdampfer ist für trockene Kohle bestimmt; kommt nasse Kohle zur Verwendung, so fällt der Verdampfer, wie bei dem Torfgenerator, weg, weil dann das Brennmaterial einen hinreichenden Feuchtigkeitsgehalt hat, um den nötigen Wasserdampf zu erzeugen.

Wie bei dem Braunkohlenbrikett-, dem Torf- und dem Holzgenerator bleibt auch bei dem Generator für Rhobraunkohle der Deckel während des Betriebes offen, so daß die Beschickung mit dem Brennmaterial in der einfachsten Weise und durchaus gefahrlos durch Nachfüllen vorgenommen werden kann. Der Generator arbeitet ebenfalls mit oberer und unterer Luftzuführung oder bei angebautem Verdampfer mit Luft- und Dampfzuführung in der Weise, daß ein teerfreies Gas erzeugt wird.

Abs. 40. **Doppelfeuergeneratoren zur Vergasung von Braunkohlen, Braunkohlenbriketts, Holz und Torf und ähnlichen Brennstoffen.** Bauart Julius Pintsch, A.-G., Berlin. Diese Anlagen unterscheiden sich von den in Abs. 34 beschriebenen Anlagen zur Vergasung von Koks und Anthrazit in der Bauart des Generators und Verdampfers. Die Reinigungsapparate sind die gleichen, sie dienen also nur zur Abkühlung der Gase und zur Reinigung von Staub. Andere Momente kommen für die Reinigung nicht in Betracht, denn die bitumenhaltigen Destillationsprodukte der Braunkohlenbriketts und des Torfes werden in dem Generator vollkommen verbrannt. Allerdings werden die Reinigungsapparate etwas größer gewählt als bei den Koks- und Anthrazitanlagen, weil bei der Vergasung der Braunkohlenbriketts eine feine Asche zurückbleibt, die leicht von den abgesaugten Gasen mitgerissen wird.

Ferner erfolgt bei diesen Generatoren, ebenso wie bei den Grus- und Steinkohlengeneratoren, die Inbetriebsetzung des Generators nicht dadurch, daß das Generatorfeuer durch einen Ventilator angeblasen wird, sondern dadurch, daß mit einem Exhaustor, der zwischen den Skrubber und den Reiniger geschaltet ist, die Verbrennungsluft in den Generator hineingesaugt wird. Die verbrannten Gase, die den Weg durch den Skrubber usw. nehmen müssen, werden durch eine besondere Ausblaseleitung, die noch mit einer Verbrennungsvorrichtung versehen werden kann, hinter dem Exhaustor ins Freie geblasen.

Fig. 18. Kraftgaserzeuger für Befeuerung mit Roh-Braunkohle. Bauart G. Luther.

Der Generator selbst besitzt sowohl in seinem hinteren als auch an seinem oberen Teile eine Feuerzone. Beide können den Betriebsverhältnissen entsprechend jederzeit geregelt werden. Das fertige Gas wird in der Mitte des Generatorschachtes abgesaugt. In der oberen Feuerzone werden die Braunkohlenbriketts entgast. Es tritt hier aber gleichzeitig soviel Luft hinzu, daß die leicht flüchtigen Destillationsprodukte sofort verbrannt werden. Das Verbrennungsprodukt reduziert sich sofort wieder in der glühen-

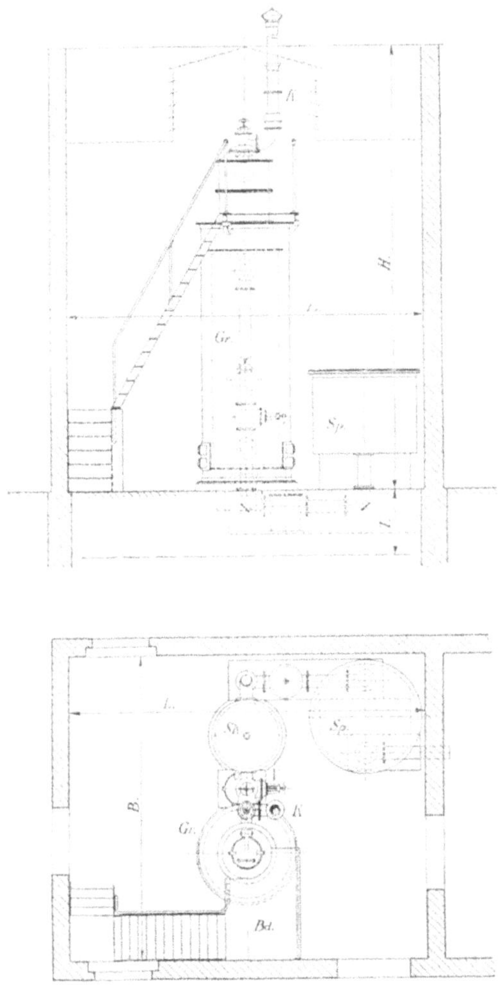

Die kleinsten zulässigen Raumverhältnisse für Luthersche Rohbraunkohlen - Generatoranlagen.

Erklärungen:

Gr = Generator
Sp = Trockenreiniger
Sk = Skrubber
V = Verbindungsleitung
Bd = Bedienungsbühne
K = Kamin

„H" ist die Höhe des Raumes, dessen man unmittelbar über dem Generator bedarf. Bei vorhandenen Räumen kann dieses Maß entweder dadurch erreicht werden, daß man einen Dachreiter (siehe Skizze) aufsetzt, oder, indem man den Fußboden um ein gewisses Maß „T" (siehe Skizze) tiefer legt. Für Anlagen, deren Leistung mehr als 900 cbm per Std. beträgt, haben die in der Tabelle angegebenen Raummaße keine Gültigkeit.

Fig 19.

Maßtabelle.

Nr. der Gasanlage	00	0	I	II	III	IV	V	VI	VII
Erzeugte cbm/Std. .	60	100	150	240	300	400	600	750	900
Raumlänge L . . .	3600	4000	4400	5000	5600	6200	6600	7200	8400
Raumbreite B . .	3200	3400	3750	4200	4600	5000	5200	5600	6200
Raumhöhe H . . .	5500	6100	6100	6100	6500	6500	6500	6500	6500

den Kohlenschicht und verläßt den Generator in einer ähnlichen Zusammensetzung wie das Koks- und Anthrazitgeneratorgas. In der unteren Feuerzone, die ja, nachdem die Braunkohlenbriketts in der oberen Feuerzone schon vollständig entgast sind, nur aus glühenden Koksstücken und Asche besteht, spielt sich derselbe Prozeß ab wie in den normalen Anthrazit- und Koksgeneratoren. Bei Braunkohlenbriketts, Holz und Torf kann man gewöhnlich nur wenig Wasserdampf zusetzen, da diese Brennstoffe an und für sich schon einen ziemlich hohen Wassergehalt haben. Es ist deshalb von der Anordnung eines besonderen Wasserverdampfers Abstand genommen; das erforderliche Verdampfungswasser wird unter den Rost geleitet, wo genügend Wärme für dessen

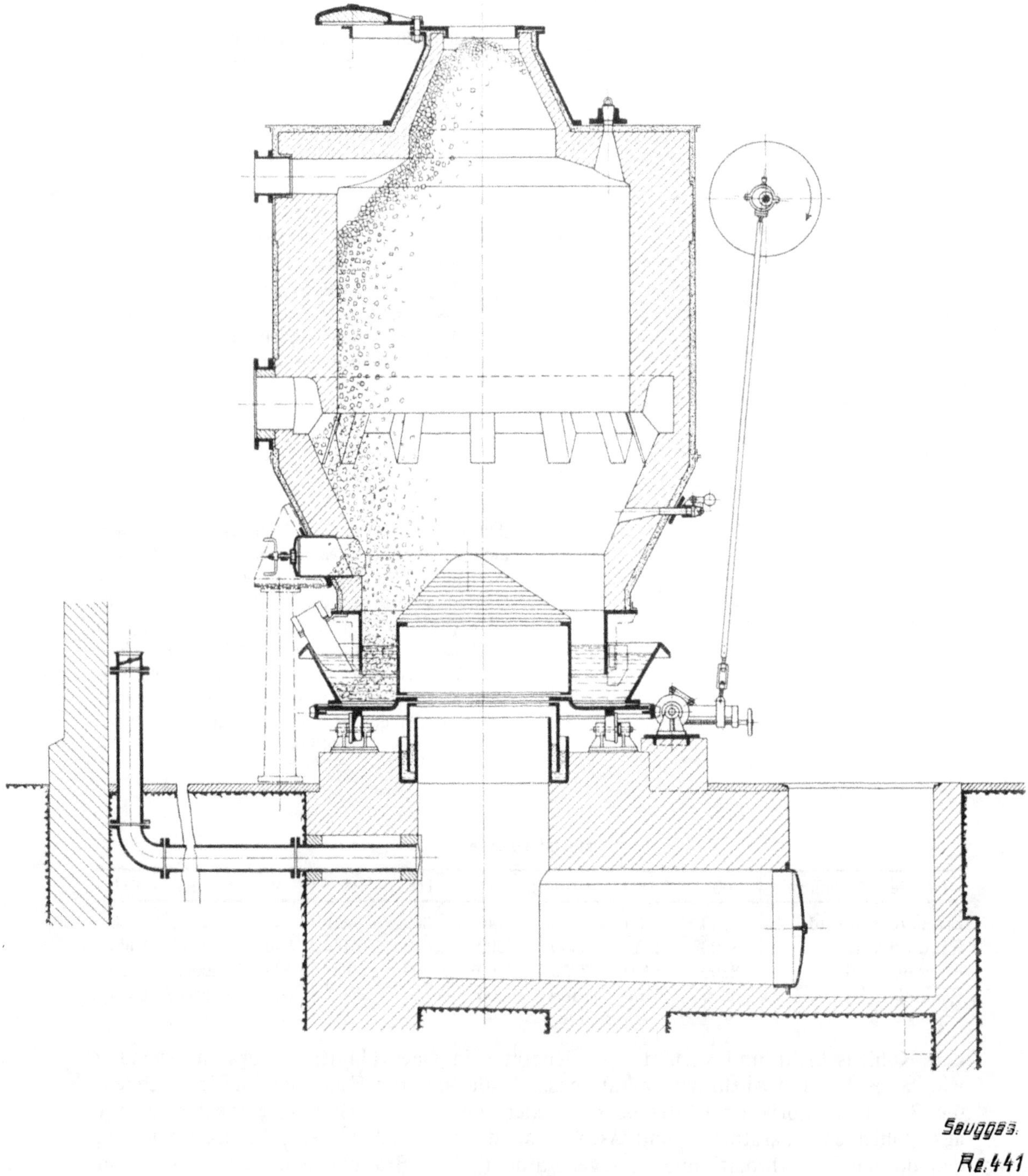

Fig. 20.

Verdampfung vorhanden ist. Bei Vergasung eines Brennstoffes mit etwa 20% Wassergehalt ist ein Zusatz von Wasserdampf überhaupt nicht mehr erforderlich.

Die heißen, aus dem Generator abziehenden Gase werden, bevor sie in den Skrubber gelangen, durch einen Luftvorwärmer geleitet, in dem das Generatorgas heruntergekühlt und die für die Verbrennung der Destillationsprodukte benötigte Luft gleichzeitig bis auf etwa 200° bis 300° vorgewärmt wird. Der Wirkungsgrad des Generators wird durch die Anordnung eines solchen Luftvorwärmers um einige Prozent erhöht.

Die Ausnutzung der verschiedenen Brennstoffe, die in Pintschschen Doppelfeuergeneratoren erzielt werden kann, zeigt folgende Tabelle:

Brennmaterial	Durchschnittlicher Heizwert des Brennstoffos pro kg	Garantierter Nutzeffekt der Generatoren in %	Pro kg Brennstoff in Gasform erzeugte WE	Brennstoffverbrauch pro 1000 WE des erzeugten Gases in kg	Unterer Heizwert des erzeugten Gases pro cbm
Braunkohlen . .	3500—5000	50—70	1750—3500	0,28—0,57	1000
Braunkohlenbrik.	4300—5000	70—75	3010—3750	0,27—0,34	1100—1200
Torf	3000—3500	50—70	1500—2275	0,44—0,67	900—1000
Holz	3000—4500	50—65	1500—2925	0,34—0,67	900—1000

Für Leistungen von einem stündlichen Durchsatz von mehr als 350 kg führt die Firma ihre Doppelfeuergeneratoren auch mit mechanischer Entschlackung als Drehrostgeneratoren nach Fig. 20 aus; diese ähneln also den Großgeneratoren.

Abmessungen und Leistungen der Doppelfeuer-Generatoren.

Nr.	Schachtdurchmesser	Normalleistung in cbm/st
VI	600	100
VII	650	130
VIIa	700	175
VIII	750	210
IX	800	270
X	900	330
XI	1000	440
XII	1150	550
XIII	1300	710
XIV	1500	880
XV	1700	1200
XVI	1900	1530
XvII	2100	1850

Abs. 41. **Sauggasgeneratoren für Braunkohlenbrikettfeuerung.** Bauart Benz & Co., Rheinische Motorenfabrik, A.-G., Mannheim. Fig. 22 u. 23. Während wie bekannt magere Brennstoffe wie Anthrazit, Koks, Holzkohlen usw. in gewöhnlichen Schachtöfen mit einer Feuerzone über dem Rost vergast werden können, würden bituminöse Heizmittel in solchen Gaserzeugern nur Schwelgase entwickeln können, die in den Gasleitungen sich niederschlagen und hier sowohl als auch in den Öfen Düsen verstopfen. Aus diesem Grunde ist es bei der Verwertung von Braunkohlenbriketts oder Preßtorf erforderlich, geeignete Maßnahmen zur Zersetzung dieser Schwelgase zu treffen, es geschieht dies auch hier durch die Anordnung zweier Brennzonen übereinander. In der ersten Brennzone erfolgt die Vergasung der Briketts, während beim Durchströmen

der Gase durch die zweite Brennzone der entstandene Koks verbrannt und die Schwelgase zersetzt werden. Die Braunkohlenbrikettgeneratoren dieser Konstruktion besitzen denselben Wirkungsgrad wie einzonige Generatoren, infolge der geringeren Kosten von Braunkohlenbriketts ist der Betrieb solcher Anlagen außerordentlich billig.

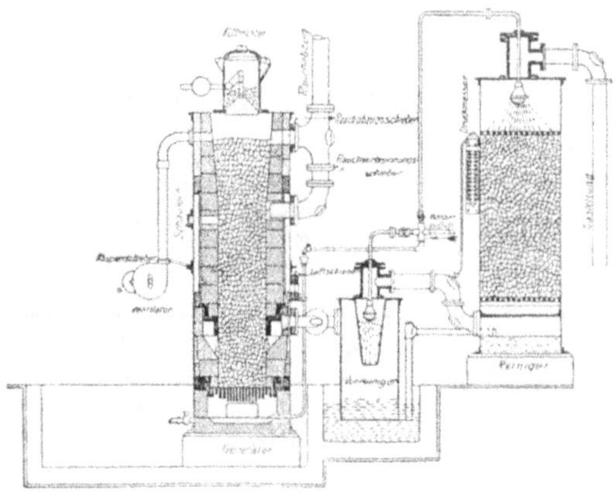

Fig. 22.

In ihrer Gesamtanordnung setzen sich die Benz-Braunkohlenbrikett-Generatoren zusammen aus dem eigentlichen Gaserzeuger mit zwei Brennzonen, in welchem der Brennstoff von oben eingefüllt und das Gas unten abgesaugt wird. Es tritt dann in den Vorreiniger ein, wo es durch eine Wasserbrause abgekühlt und dabei von den eingeführten Asche- und Kohlenteilchen gereinigt wird. Zur weiteren Reinigung treten die Gase alsdann in den Hauptreinigungskessel, welcher mit einer Koksschicht gefüllt ist und ebenfalls vom Wasser benetzt wird. Auf dem Wege durch diese Einrichtung wird das Gas von allen Unreinlichkeiten befreit, so daß es zur Verwertung zu Heizzwecken geeignet ist. Eine Eigenheit der vorliegenden Bauart beruht auf einem patentierten Verfahren, die Abgase beim

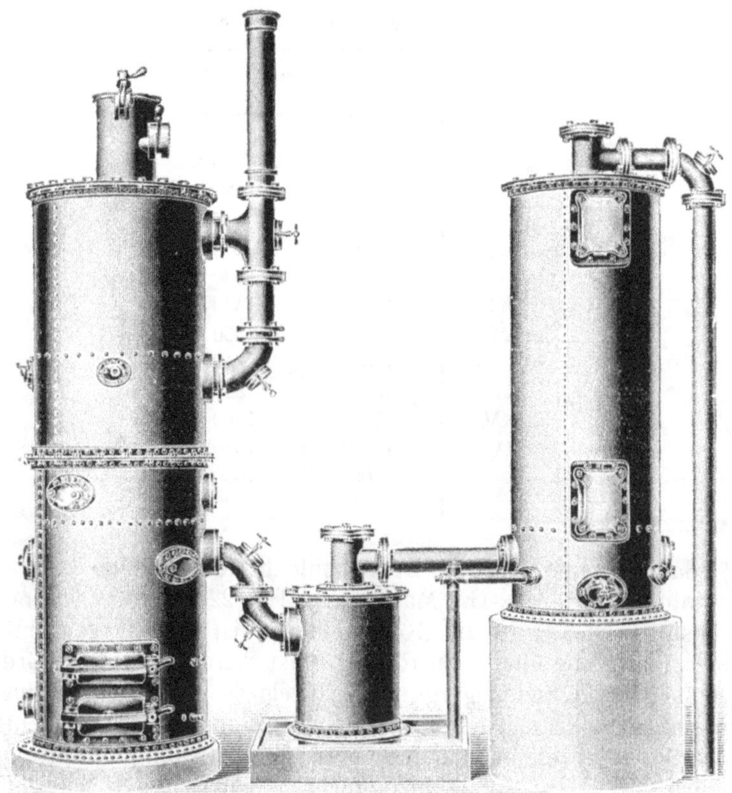

Fig. 23.

Stillstand der Öfen rauch- und geruchlos aus dem Generator austreten zu lassen, so daß eine Belästigung der Anwohner vermieden wird.

Über Leistung und Brennstoffverbrauch der Braunkohlenbrikettgeneratoren Bauart Benz & Cie. gibt folgende Tabelle Aufschluß:

Größe	Erzeugte Gasmenge in cbm/Stund.	Verbrauch an Braunkohlenbriketts von 5000 WE Heizwert für 1 cbm und Stunde in g
I	32	1550
II	40	1450
III	50	1300
IV	60	1300
V	70	1280
VI	80	1270
VII	100	1270
VIII	120	1250
IX	140	1250
X	160	1200
XI	200	1200
XII	250	1200

Die Kosten von 1 cbm Gas bestimmen sich aus dem angegebenen Brennstoffverbrauch unter Zugrundelegung des augenblicklichen Marktpreises für den Brennstoff.

Abs. 42. **Generatoren für Torf.** Bauart Gebr. Körting, A.-G., Körtingsdorf bei Hannover. Fig. 24. Die Verwendung von Torf zur Erzeugung von maschinenreinen

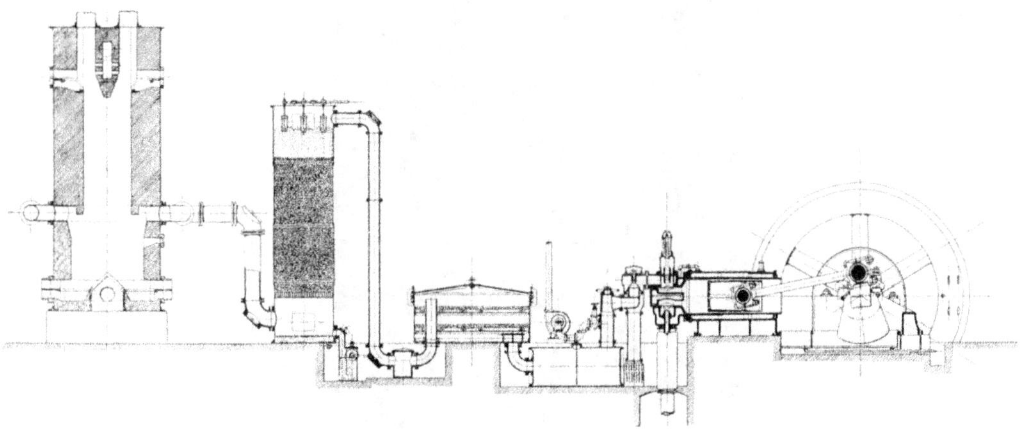

Fig. 24.

Gasen stieß auf Schwierigkeiten. Nur in den wenigsten Fällen ist der zur Verfügung stehende Torf stets gleichmäßig trocken. In den meisten Fällen schwankt sein Feuchtigkeitsgehalt zwischen 25 und 60%. Wird solcher Torf in einem Doppelgenerator verfeuert, so gelingt es nicht immer, das obere Feuer in Gang zu halten, da der Torf zu naß ist, um rückwärts gegen die Richtung der niedergehenden Verbrennungsluft zu zünden. Vielmehr sinkt schon bei 20% Wassergehalt die obere Feuerschicht in dem Maße herab, wie auf dem Rost Abbrand stattfindet. Die Gebr. Körting-A.-G. sah sich daher veranlaßt, im oberen Generatorteile ein paar Roste einzubauen. Auf diesen Rosten lagert sich brennender Torf ab, der nun seinerseits fortlaufend den nachrutschenden Torf entzündet. Diese Konstruktion macht es wünschenswert, die Schwelgase nicht mehr direkt nach unten durch das obere Feuer zu ziehen, sondern der Rostkonstruktion entsprechend nach oben abzusaugen. Die weitere Folge war, daß die Schwelgase nicht mehr dem oberen, sondern durch einen besonderen Kanal unter den unteren Rost und somit dem unteren Feuer zugeführt werden mußten, wo sie eben wie im Braunkohlenbrikettgenerator zerstört bzw. in schwer kondensierbare Gase übergeführt werden. Auch der Torfgenerator der Gebr. Körting-A.-G. liefert also ein Gas, das für Heizbetrieb geeignet ist. Diese Torfgeneratoren werden in Größen von 100 bis 700 cbm stündlich hergestellt. Der Kohlenverbrauch pro cbm und Stunde beträgt ca. 480 g bei ca. 30% Feuchtigkeit des Torfes.

Fig. 25. Kraftgaserzeuger für Torf.

Abs. 43. **Kraftgaserzeuger für Befeuerung mit Torf.** Bauart G. Luther, A.-G., Braunschweig. Fig. 25 u. 26. Die Gaserzeugungsanlage setzt sich wieder zusammen aus: dem Generator, dem Skrubber (Koksreiniger mit Wasserberieselung) und dem Trockenreiniger.

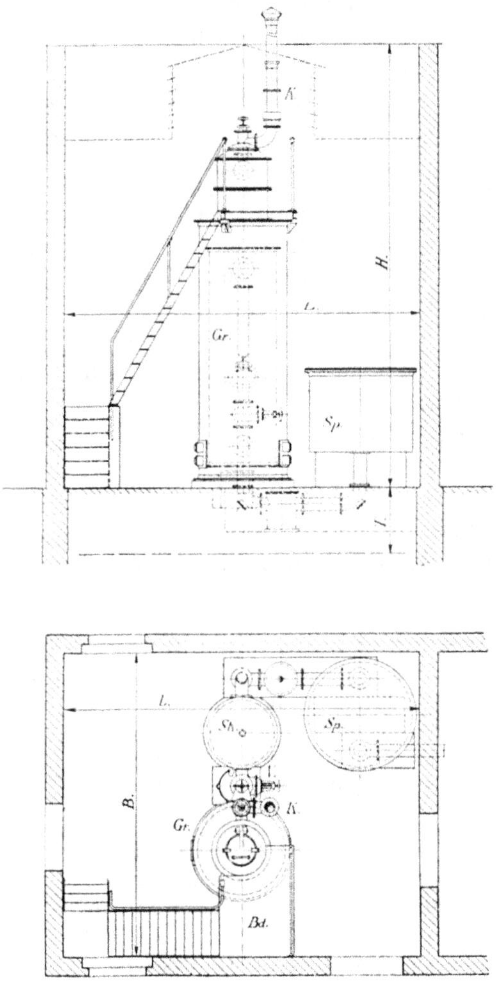

Die kleinsten zulässigen Raumverhältnisse für Luthersche Torf-Generatoranlagen.

Erklärungen:

Gr = Generator
Sp = Trockenreiniger
Sk = Skrubber
V = Verbindungsleitung
Bd = Bedienungsbühne
K = Kamin.

„H" ist die Höhe des Raumes, dessen man unmittelbar über dem Generator bedarf. Bei vorhandenen Räumen kann dieses Maß entweder dadurch erreicht werden, daß man einen Dachreiter (siehe Skizze) aufsetzt, oder, indem man den Fußboden um ein gewisses Maß „T" (siehe Skizze) tiefer legt. Für Anlagen, deren Leistung mehr als 900 cbm/Std. beträgt, haben die in der Tabelle angegebenen Raummaße keine Gültigkeit.

Fig. 26.

Maßtabelle.

Nr. der Gasanlage	00	0	I	II	III	IV	V	VI	VII
Erzeugte cbm./Std. .	60	100	150	240	300	400	600	750	900
Raumlänge L . . .	3600	4000	4400	5000	5600	6200	6600	7200	8400
Raumbreite B . .	3200	2400	3750	4200	4600	5000	5200	5600	6200
Raumhöhe H . . .	5500	6100	6100	6100	6500	6500	6500	6500	6500

Die Bauart entspricht zum großen Teil der in Abschnitt 38 enthaltenen Beschreibung des Kraftgaserzeugers für Braunkohlenbrikettfeuerung; ein Unterschied besteht nur insofern, als der dem Brikettgenerator angebaute Verdampfer bei dem Torfgenerator wegfällt, da der zur Feuerung gelangende naturtrockene Torf hinreichenden Feuchtigkeitsgehalt hat, um den für die Vergasung notwendigen Wasserdampf zu erzeugen.

Wie bei dem Brikettgenerator bleibt auch bei dem Torfgenerator der Deckel während des Betriebes offen, so daß die Beschickung mit Brennmaterial in der einfachsten Weise und gefahrlos durch jederzeitiges Nachfüllen vorgenommen werden kann. Durch die Deckelöffnung wird gleichzeitig die Hauptverbrennungsluft angesaugt. Außerdem arbeitet der Generator mit oberer und unterer Luftzuführung in der Weise, daß ein teerfreies Gas erzeugt wird.

Abs. 44. **Kraftgaserzeuger für Holzfeuerung.** Bauart G. Luther, A.-G. Braunschweig. Fig. 25. Diese ähneln in ihrer Bauart den Kraftgaserzeugern für Torffeuerung. Als Brennmaterial kann in Stücke geschnittenes Abfallholz jeder Art benutzt werden. Äste, Wurzelstücke, Schwarten, Stammstücke, Schnittholz aus Schreinereien usw. sind ohne weiteres als Brennmaterial geeignet.

Der Deckel des Holzgenerators bleibt ebenfalls während des Betriebes offen, so daß sich hinsichtlich der leichten und gefahrlosen Beschickung dieselben Vorteile ergeben, wie bei dem Kraftgaserzeuger für Torffeuerung.

Stündlicher Brennstoffverbrauch bei etwa 3000 Kal. Heizwert des Brennstoffes für 3,2 cbm im Mittel 1 kg.

Für die Raummaße ist die Fig. 26 auf Seite 75 maßgebend und sind die kleinsten zulässigen Raumverhältnisse für Luthersche Holz-Generatoranlagen folgende:

Maßtabelle.

Nr. der Gasanlage	00	0	I	II	III	IV	V	VI	VII
Erzeugte cbm/Std. .	60	100	150	240	300	400	600	750	900
Raumlänge L . . .	4300	4900	5300	5800	6400	7000	8300	9000	10500
Raumbreite B . .	3200	3500	3800	4250	4700	5200	5400	5900	6500
Raumhöhe H . . .	6150	6150	6150	6500	6900	6900	7000	7100	7200

„H" ist die Höhe des Raumes, dessen man unmittelbar über dem Generator bedarf. Bei vorhandenen Räumen kann dieses Maß entweder dadurch erreicht werden, daß man einen Dachreiter (siehe Skizze S. 75) aufsetzt, oder, indem man den Fußboden um ein gewisses Maß „T" (siehe Skizze S. 75) tiefer legt. Für Anlagen, deren Höhe mehr als 900 cbm per Stunde beträgt, haben die in der Tabelle angegebenen Raummaße keine Gültigkeit.

δ) Groß-Gas-Generatoren.

Abs. 45. **Treppenrostgeneratoren.** Bauart Julius Pintsch, A.-G., Berlin. Fig. 27. Zur Vergasung von feinkörnigen Brennstoffen oder Abfallprodukten wie Koksgrus, Anthrazitkoks (Perlkoks, Schröben, Braschen), Koksaschenabfall, Kleinkoks, Lokomotiv-Rauchkammerlösche und ähnliche Materialien unter 8 mm Körnung eignen sich dort, wo ein gleichmäßiger Betrieb verlangt wird, die Treppenrostgeneratoren obiger Firma. Die genannten Brennstoffe lassen sich jedoch nur dann einwandfrei vergasen, wenn sie bitumenfrei (ohne teerbildende Bestandteile) sind (Rauchkammerlösche, Kleinanthrazit, Kleinkoks) oder nur wenig Bitumen enthalten, so daß die nachträgliche Ausscheidung des Teers möglich ist.

Die auf dem Generator angebrachten Füllvorrichtungen besitzen einen doppelten Verschluß, so daß man den Brennstoff hineinschleusen kann, ohne daß dabei Luft in den Generator eintritt. Das Brennmaterial böscht sich auf den Treppenrost auf. Die Böschung kann derart bemessen werden, daß man je nach der Korngröße des Materials eine bestimmte Vergasungshöhe erhält. Oberhalb des Rostes bildet sich eine Glutzone, die Gase durchstreichen die Schütthöhe und verlassen oben den Generator.

Die Generatoren sind derart gebaut, daß sich die großen Schlackenmengen, die gerade bei den feinkörnigen Brennstoffen häufig auftreten, ohne Betriebsunterbrechung entfernen lassen. Die Schlacktüren können jederzeit geöffnet werden, ohne daß in der Gaserzeugung irgendwelche Verschlechterung eintritt, weil diese Generatoren mit der patentierten Dampfluftregulierung ausgestattet sind (siehe Abs. 29).

Fig. 27.

Die Abgase, die den Generator oben verlassen, werden durch den Verdampfer geleitet, der Dampf mit geringer Spannung von 1 bis 1,5 m WS erzeugt. Der niedrig gespannte Dampf tritt in ein Strahlgebläse ein und drückt so viel Luft unter den Treppenrost, wie zur Vergasung erforderlich ist, so daß stets dasselbe Dampfluftgemisch vorhanden ist.

Die Treppenrostgeneratoren fallen allerdings ziemlich groß aus. Sie werden deshalb rund gebaut und ihre Roste bilden gewissermaßen einen Trichter. Die Rostfläche ist so groß, daß, wenn mit dem Schlackeisen bei Entfernung großer Schlackstücke die Glutzone an einer Stelle zerstört wird, diese im Verhältnis zur ganzen Rostfläche nur klein sein kann, und wenn dort wirklich etwas unreduziertes Gas in das Innere gelangt, so verschlechtert sich im allgemeinen die Gaszusammensetzung nur sehr wenig.

Die mitdargestellte Anordnung des Teerscheiders wendet obige Firma an, wenn ihre Koksgeneratoren mit teerhaltigem Material betrieben werden sollen und der Teer mechanisch ausgeschieden werden muß. Der Teer wird durch besondere Teerausscheidungsapparate entfernt. Ihre Bauart ist ähnlich derjenigen, die bei Steinkohlengasanstalten Verwendung findet. Es wird zwischen den Generator und Teerscheider ein Vorskrubber eingeschaltet, in dem man das Gas auf die bestimmte Temperatur bringt, bei der die Ausscheidung des Teers am besten vor sich geht. Darauf treten die Gase in einen Teerwascher ein, der einen ziemlich hohen Druckverlust ergibt, sie werden dann durch ein Kapselgebläse oder Ventilator angesaugt und ihrer Verwendungsstelle zugedrückt. Gleichzeitig ist ein Umgang eingeschaltet und in diesen ein Regler eingebaut, der dafür sorgt, daß selbst bei plötzlicher Entlastung durch den Teerscheider die volle Gasmenge hindurchstreicht, so daß hierbei nicht etwa eine geringere Geschwindigkeit in dem Teerscheider herrscht, denn dann würde die mechanische Ausscheidung ungenügend sein. Man kann die Regelung aber auch so vornehmen, daß man die Glocke des Teerscheiders der Belastung entsprechend ein- und austauchen läßt. Das hat sich aber nicht so gut bewährt, wie die später dargestellte Art. Beträgt z. B. oben an dem Generatorausgang bei voller Belastung der Unterdruck 80 mm WS, so wird er am Ausgange des Teerscheiders, der etwa 200 mm Druckverlust erzeugt, auf 280 mm steigen. Der Über- oder Unterdruck hinter dem Ventilator soll auch bei Belastungsänderungen stets der gleiche bleiben, er soll beim Gasmaschinenbetrieb jedenfalls 200 mm nicht überschreiten. Diese Regulierung arbeitet so, daß sie auf einen bestimmten Druck eingestellt werden kann. Hier ist er mit $\pm$ 0 angegeben. Wird der Generator entlastet, so daß am Ausgang des Generators nur etwa 40 mm Unterdruck entstehen, so hat man im Teerscheider eine Differenz von 240 mm zur Verfügung. Die Gase werden also durch den Umgangsregler bei geringerer Generatorbelastung noch mit größerer Geschwindigkeit durch den Teerscheider geschickt als bei voller Belastung. Demnach erzielt man bei einer Verringerung der Belastung noch eine bessere Ausscheidung. Auch diese Anordnung hat sich im Betriebe sehr gut bewährt.

Die Ausnutzung der feinkörnigen Brennstoffe, die in diesen Treppenrostgeneratoren erzielt werden kann, ergibt folgende Tabelle:

Brennmaterial	Durchschnittl. Heizwert des Brennstoffes pro kg	Garantierter Nutzeffekt der Generatoren %	Pro kg Brennstoff in Gasform erzeugte WE	Brennstoffverbrauch pro 1000 WE des erzeugten Gases in kg	Unterer Heizwert des erzeugten Gases pro cbm
Anthrazitgrus	7000—7500	55—65	3850—4875	0,2 —0,26	1100—1200
Koksgrus, Koksasche . .	5000—6500	50—60	2500—3900	0,26—0,40	1000—1100
Rauchkammerlösche . .	5000—6000	50—60	2500—3600	0,28—0,40	1000—1100

Abmessungen und Leistungen der Treppengeneratoren.

Nr.	Normale Ausführungen:		
	Schachtdurchmesser	Durchmesser	Höhe
VI	1950	2337	1460
VII	2070	2470	1500
VIIa	2180	2587	1645
VIII	2300	2712	1650
IX	2420	2816	1920
X	2580	2986	2065
XI	2920	3336	2190
XII	3360	3776	2300
XIII	3500	3936	2380

Abs. 46. **Gasgenerator System Czerny** der Gasgenerator- und Braunkohlenverwertung. G. m. b. H., Leipzig. Fig. 28. Dieser Generator besteht der Hauptsache nach, wie die Drehrostgeneratoren anderer Systeme, aus der Kohlenbeschickungsvorrichtung, dem Generatorschacht mit kreisrundem Querschnitt, dem Rostkegel und aus einer Vorrichtung zur Herausbeförderung der Asche und Schlacke.

Der konstruktive Unterschied zwischen diesem Generator und dem anderer Systeme, die sich vielfach an das System Kerpely anlehnen, besteht darin, daß der Rostkegel des Generatorschachtes fix ist und die Asche- und Schlackenentnahme nicht seitlich an der Mantelfläche des Generatorschachtes erfolgt, sondern durch eine Öffnung einer unterhalb der lichten Öffnung des Generatorschachtes rotierenden Entschlackungsscheibe. Die unter der Scheibe heraustretende Asche und Schlacke wird vorerst mittels Abstreifers gegen die Peripherie des Wasserbassins herausbefördert und von da mittels einer Stauschaufel über den Rand desselben in den Schlackenwagen.

Fig. 28.

Hervorzuheben an dieser Konstruktion ist, daß die Asche und Schlacke ganz gleichmäßig nach dem ganzen ringförmigen Querschnitte des unteren Teiles des Generatorschachtes entfernt wird und ein gleichmäßiges Setzen der Kohlenschüttung dadurch stattfindet. Hierdurch wird die Leistungsfähigkeit des Generators erheblich größer und die Zusammensetzung der Generatorgase eine gleichmäßige, was übrigens noch durch die automatisch arbeitende Kohlenbeschickungsvorrichtung unterstützt wird.

Der Generator System Czerny hat sich insbesondere zur Vergasung von Braunkohlen und deren Briketts als geeignet erwiesen, für letztere hauptsächlich aus dem Grunde, weil der Rostkegel des Generatorschachtes still steht und infolgedessen nicht zerkleinernd auf die meist in der Glühhitze keinen großen Zusammenhang habenden Braunkohlenbriketts wirkt.

Der Wirkungsgrad des Generators System Czerny beträgt 85 bis 90%, und es wird hierdurch ermöglicht, Brennmaterialien von niedrigerem Heizwerte zur Erzielung höherer Temperaturen zu verwenden, selbst bei Verwendung von nicht erhitzter Verbrennungsluft.

Wo es sich um die Erzielung von ununterbrochen ganz gleichmäßig zusammengesetzten Generatorgasen handelt, wie bei den großen Härteanlagen von Spezialstahl, ist die Verwendung einer automatischen Kohlenfüllvorrichtung eine Notwendigkeit; im anderen Falle genügt auch ein periodischer Kohlenfülltrichter.

Die Gasgeneratoren werden für einen stündlichen Kohlendurchsatz von 200 bis 2000 kg gebaut. Der Kraftbedarf für den Antrieb der Kohlenbeschickungs- und Entschlackungsvorrichtung beträgt pro Generator maximal 1 PS, der Dampfverbrauch pro 1 kg Kohle ca. 0,15 kg.

Abs. 47. **Morgangeneratoren.** Bauart Ehrhardt & Sehmes, G. m. b. H., Saarbrücken. Fig. 29. Der Generator besteht im wesentlichen aus einem einfachen, runden, feuerfest ausgemauerten Schacht; die Kohle wird oben entweder halbstündlich durch einen einfachen Trichter aufgegeben oder durch einen besonderen Beschikkungsapparat, der sie kontinuierlich herabfallen läßt und gleichmäßig verteilt. Letzteres läßt sich aber nicht für alle Kohlensorten wirklich erzielen.

Fig. 29.

Die Kohle liegt dann etwa einen Meter hoch im Schacht in Glut. Darunter befindet sich noch etwa 1 m Schlacke, welche die Stelle des Rostes vertritt. Von unten wird mittels Ventilators Luft eingeblasen, die sich beim Durchströmen der Schlacke gleichmäßig verteilt und gleichzeitig die Wärme der Schlacke aufnimmt. Die so erhitzte Luft tritt weiter oben mit der Kohle in Berührung und vergast sie. Das Gas entweicht oben seitlich durch einen Stutzen. Die abgekühlte Schlacke wird unten durch ein Wasserbassin, das den Wind und das Gas hindert, unten aus dem Generator auszutreten, nach Bedarf täglich 1 bis 2 mal herausgeschaufelt. Dabei rutscht im Generator Schlacke und Kohle entsprechend nach, und der ganze Feuerbestand im Generator reguliert sich so immer wieder gleichmäßig ein. Das Gas verläßt den Generator in regelmäßigem Strom, um zu den Öfen in Kanälen oder Leitungen geführt zu werden.

Bei großen Entfernungen kühlt sich das etwa 5 bis 600° heiße Gas pro m um 3 bis 4° bei gemauerten Kanälen und etwa 6 bis 7° bei oberirdischen Rohrleitungen ab, die wegen Wärmeverlust und daraus herrührender Teerabscheidung auch feuerfest ausgemauert sein müssen. Am Ofen steuert der Arbeiter durch ein Regulierventil den Zufluß des Gases nach Belieben.

Das Gas hat etwa 1200 WE pro cbm Heizwert, also etwa den vierten Teil des Leuchtgases. Einschließlich der Verzinsung und Abschreibung kostet 1 cbm etwa 0,38 bis 0,40 Pfennig; der 1 cbm Leuchtgas entsprechende Wärmewert von etwa 4 cbm stellt sich also etwa auf 1,5 Pfennig, während dieses Leuchtgas fast 10 mal so viel kostet (1 cbm 13 bis 14 Pfennige). Derartige Gaserzeuger werden in Größen von 4, 5, 7 und 10 t Tagesleistung in 24 Stunden gebaut und kosten M. 6 bis 8000, jedoch ohne die zum Anschluß an die Öfen nötigen Kanäle. Größere Gaserzeuger für 15 und 20 t Kohlenvergasung pro 24 Stunden rüstet man mit mechanischer Entschlackung (Drehrost) aus.

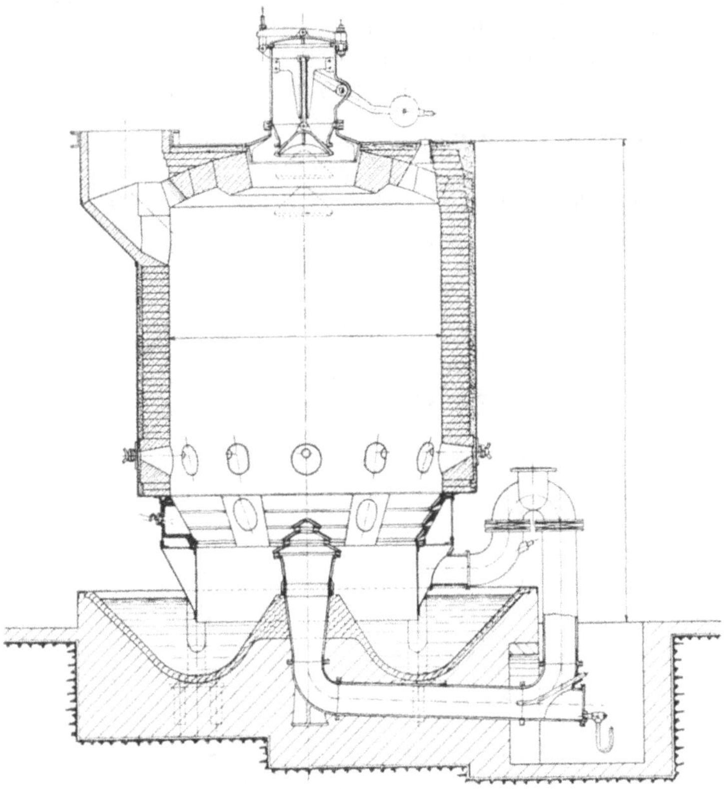

Fig. 30.

Abs. 48. **1. Kontinuierlich arbeitender Generator mit Zentral- und Peripherie-Windzuführung.** Bauart Huth & Röttger, G. m. b. H., Dortmund. Fig. 30. Die Eigenart dieses kontinuierlich arbeitenden Generators besteht darin, daß außer der Zentralwindzuführung noch eine Peripheriewindzuführung vorhanden ist, welche eine absolut gleichmäßige Verteilung des Windes auf den ganzen Generatorquerschnitt gewährleistet. Bei dieser Peripheriewindzuführung wird der Gebläsewind durch Düsen in das Innere des Generators geblasen, so daß ein Aufsteigen an dem Generatormauerwerk ausgeschlossen ist. Die mittlere Haube erhält in drei Etagen Windaustrittsöffnungen, welche in jeder Etage der Größe des Umfanges und des Generatorquerschnittes entsprechend angeordnet sind. Die Haube besteht aus einzelnen Teilen, welche unabhängig voneinander ausgewechselt werden können.

Die Zentral- und Peripheriewindzuführungsrohre werden, jedes für sich, durch Schieber reguliert; ferner wird der Luft durch besondere, regulierbare Rohre Dampf in den erforderlichen Mengen zugeführt. Für den Peripheriewind ist noch ein besonderer Windverteilungskasten vorhanden, welcher mit dem darüberliegenden Rostkasten durch gleichmäßig verteilte Öffnungen verbunden ist.

In dem unteren Teile des Generatormantels befinden sich zwei Reihen Stochlöcher, durch welche das Feuer jederzeit kontrolliert und bei stark backender Kohle größere sich etwa bildende Schlackenstücke zerkleinert werden können. Die Stochlöcher werden entweder mit Kugel- oder mit Kegelverschluß versehen, so daß eine Belästigung der Arbeiter durch ausströmende Gase vollkommen ausgeschlossen ist.

Die Beschickungsvorrichtung ist eine einfache Handbeschickung mit doppeltem Gasabschluß, mit welcher jedoch eine vollkommen gleichmäßige Verteilung der Kohle auf den ganzen Generatorquerschnitt erreicht wird. Wird der Verschluß- und Verteilungskegel nur wenig gesenkt, so fällt die Kohle nach der Mitte des Generators, dagegen mehr zur Peripherie, je tiefer der Kegel heruntergelassen wird.

2. Drehrostgenerator mit mechanischer Entschlackung. Fig. 31 und 32. Dieser Drehrostgenerator mit mechanischer Entschlackung gleicht im Prinzip dem einfachen, kontinuierlich arbeitenden Generator mit Zentral- und Peripheriewindzuführung der Firma.

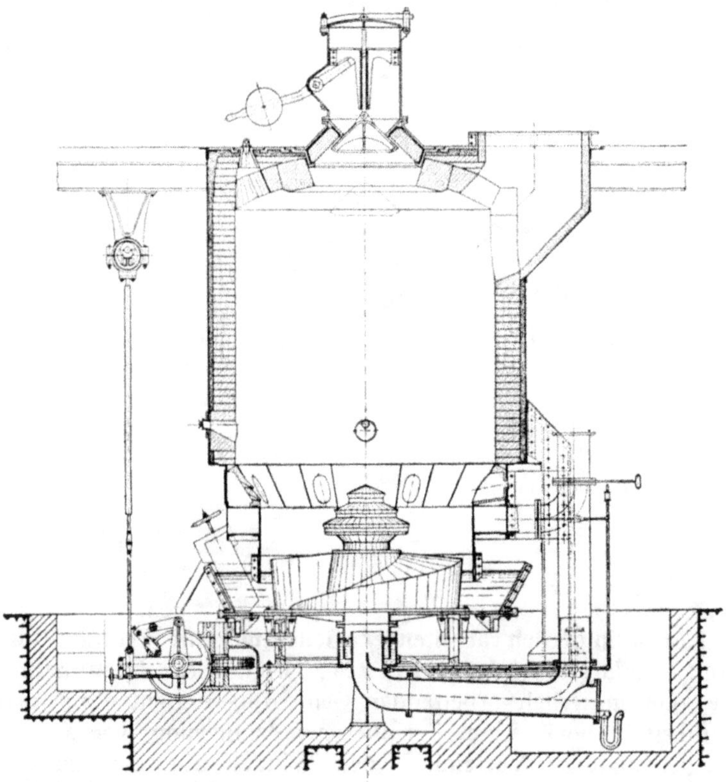

Fig. 31.

Die beiden getrennt regulierbaren Windzuführungen und ein großer, freier Windeintritt in den Generator gestatten eine große Vergasung bei normalem Winddruck.

Der Drehrost dieses Generators besteht aus einem leicht zugänglichen, konzentrischen, schneckenförmigen Körper, welcher die in drei Etagen geteilte Windhaube trägt. Die drei Ringe der letzteren sind untereinander durch spiralförmig angeordnete Rippen verbunden. Infolge der eigenartigen Form des Drehkörpers wird durch seine Drehung die Kohlen- bzw. Schlackensäule langsam gehoben, um an den beiden senkrecht abfallenden Stellen plötzlich zu fallen. Außer der drehenden Bewegung findet also auch noch eine senkrechte Bewegung der Brennstoffsäule statt, wodurch ein Zusammenbacken der Schlacke verhindert wird. Durch die Spiralform des Körpers wird außer-

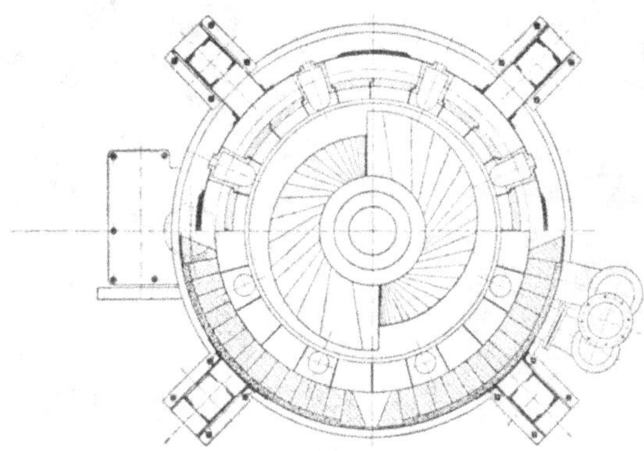

Fig. 32.

dem die Asche zum Tellerrande befördert, um durch eine oder mehrere regulierbare Schaufeln aus dem Generator entfernt zu werden. Die Menge der zu entfernenden Asche wird durch die Höher- und Tieferstellung der Schaufeln, dem Aschengehalte der Kohle entsprechend, bestimmt. Ist der Aschengehalt sehr gering, so daß die täglich erzeugte Aschenmenge in 1 bis 2 Stunden durch den Drehrost entfernt werden kann, so kann dieser doch in Tätigkeit bleiben, indem die Aschenschaufeln vollständig hochgeschraubt werden.

Der Peripherierost wird ständig durch das zugeführte Luft- und Dampfgemisch gekühlt, wodurch ein Anbacken der Schlacke an die Seitenwände verhindert wird, ohne daß eine Wasserkühlung nötig ist, die den Wirkungsgrad des Generators erheblich vermindern würde.

Die Leistungen der Generatoren betragen bei

Generator-Durchm.	Drehrost	Einfache kontin. arbeitende Generatoren
3000 mm	18 bis 20 t	ca. 14 t
2700 »	15 bis 17 t	ca. 12 t
2400 »	12 bis 14 t	ca. 10 t
2000 »	9 bis 11 t	ca. 6,5 bis 7,5 t

in 24 Stunden, eine normale Generatorkohle vorausgesetzt.

Abs. 49. **Drehrostgenerator für die Vergasung von Stein- und Braunkohle.** Bauart Thyssen & Co., A.-G. Mülheim a. Ruhr. Fig. 33—34. Die Konstruktion ist der Betriebssicherheit wegen möglichst einfach gehalten. Auf dem drehbaren Aschenteller baut sich der Rost auf, welcher zum Zweck des langsamen Herausdrängens der Schlacke exzentrisch gesetzt ist. Die Bauart ist zweckmäßig und erzielt gleichmäßige Windverteilung. Mächtige Schlackenräumer, die vom Rost bis an den Mantel reichen, verhindern den Ansatz der Schlacke und erleichtern das Stochen. Der Schlackenräumer ist patentamtlich geschützt. Der Generatorschacht wird je nach Kohlenart

Fig. 33. Generatoren für Braunkohlenbriketts.

entweder gemauert oder als Kühlmantel ausgebildet. Die Herstellung des Kühlmantels aus einem einzigen Blechstück durch Bördelung ist ebenfalls geschützt. Der Vorteil der Ausführung liegt in dem Fehlen von Nietnähten im Innern des Schachtes; es gibt somit keine Undichtigkeiten. Die Stochlöcher mit Preßwind oder Dampfschutz ermöglichen ein leichtes Stochen ohne Gasbelästigung.

Die Baugrößen sind folgende:

Lichte Schachtweite		3 m	2,6 m	2,1 m
Durchsatz in 24 Stunden . . .				
Steinkohle, mager	t	28	22	14
» backend	t	20	16	10
Braunkohlenbrikett	t	29	24	15
Kraftbedarf	PS	1,5	1,2	1
Gaspreis pro 1 cbm . . .	Pf.	0,3	0,31	0,33

Der Wärmegehalt des Gases in reinem Zustande beträgt 1300 bis 1400 Kal.

Gaszusammensetzung:

		CO	H_2	CH_4	CO_2
Steinkohle, mager	%	30	12	2,0	3
» fett	»	26	12	2	5
Braunkohlenbrikett	»	28	14	2,5	4
Koks	»	31	12	—	3

Abs. 50. **Gasgeneratoren.** Bauart H u g o R e h m a n n, Hüttentechnisches Bureau, Düsseldorf. Die Fig. 37—44 zeigt das Bild eines Drehrostgenerators, System »Reh-

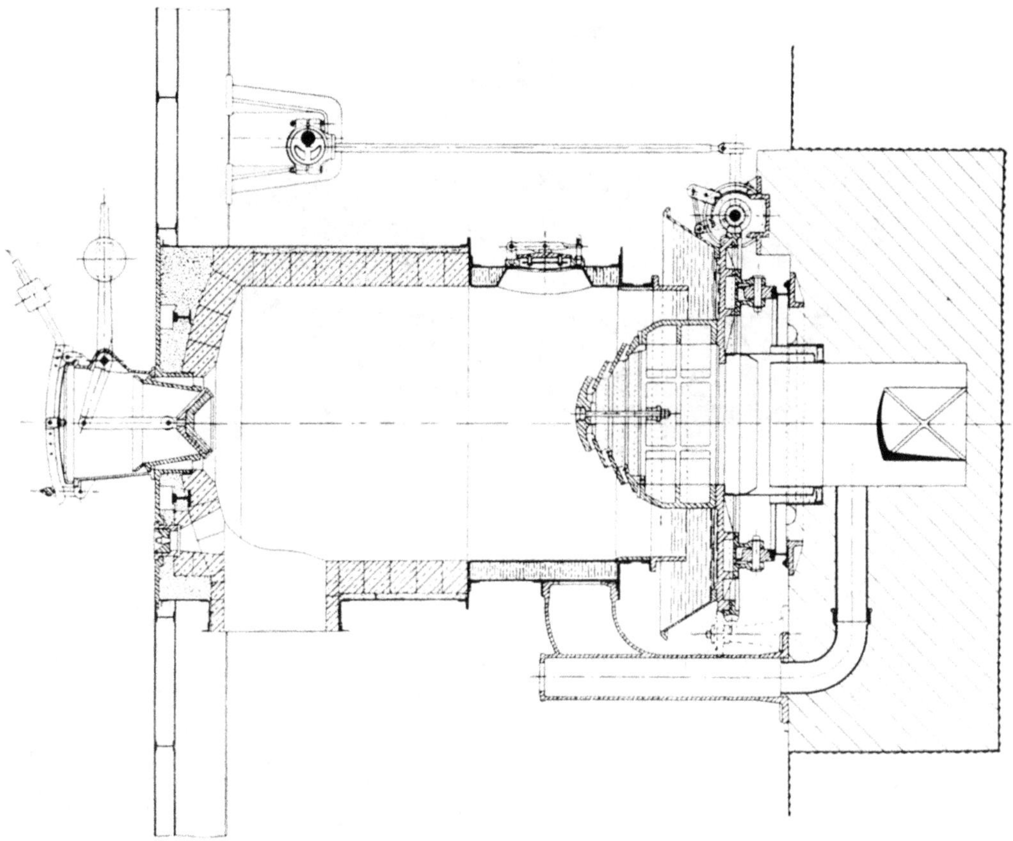

Fig. 34. Drehrostgenerator ohne Kühlmantel System Thyssen.

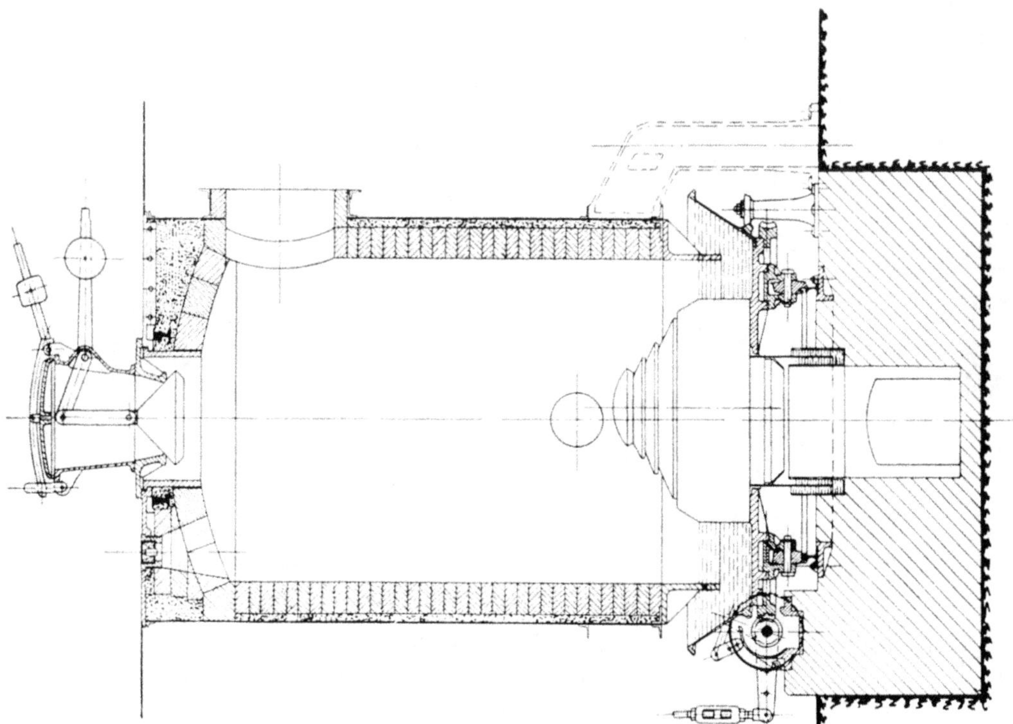

Fig. 35. Drehrostgenerator mit Kühlmantel System Thyssen.

Fig. 36.

mann«, der in der Praxis gute Resultate erzielt hat und durch eine Reihe von Patenten geschützt ist.

Der Generator besteht im wesentlichen aus einem runden Schacht, der mit entsprechend gutem Material ausgemauert ist und bei stark backenden Brennstoffen mit einem wassergekühlten Mantel versehen werden kann. Dieser Schacht wird oben mit einer Deckplatte abgeschlossen, auf welcher sich für den Brennstoff der Füll-

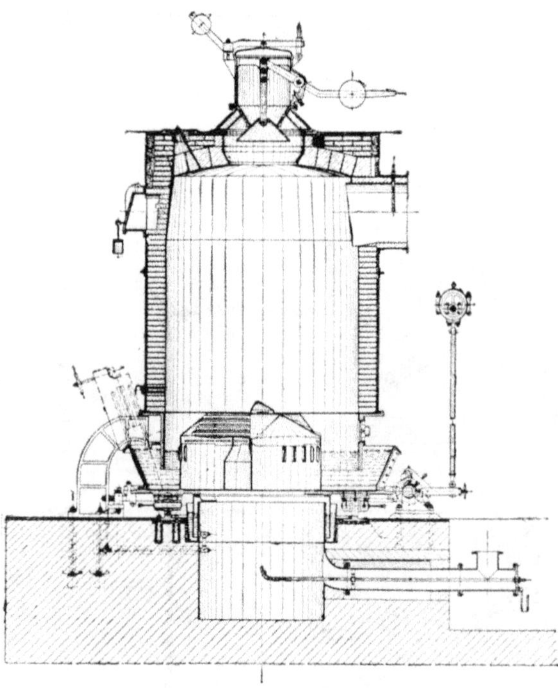

Fig. 37.

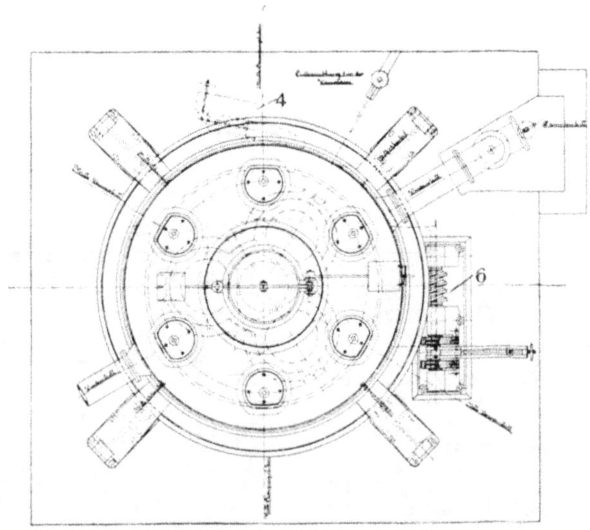

Fig. 38. Gasgenerator mit selbsttätiger Entschlackungsvorrichtung.

trichter befindet, der einen doppelten Gasabschluß hat. Die Konstruktion dieser Beschickungsvorrichtung hat, wie aus der Fig. 43 zu ersehen ist, den Vorteil, daß ohne mechanische Teile der Heizer den Brennstoff sowohl an den Außenrand wie auch zur Mitte des Generators, je nach Bedarf, führen kann.

Der Boden des Generators wird durch eine mit Schnecke und Schneckenrad drehbare Schüssel gebildet. Auf dieser Schüssel sitzt der eigenartig konstruierte Drehrost, durch welchen mit dem Luft-Dampfverteiler das Gemisch auf dem ganzen Querschnitt gleichmäßig verteilt wird.

Durch die fortwährende Drehung des Rostes wird der Brennstoff infolge der Konstruktion des Rostes einerseits in dauernde Bewegung gesetzt, anderseits sinkt die Asche überall, auch von der Mitte nach unten, wird selbsttätig, den Spitzen des Rostes folgend, nach dem Außenrand des Schlackentellers gedrängt und dort kontinuierlich aus dem Aschenteller durch den Aschenräumer entfernt.

Die Menge der zu entfernenden Schlacke läßt sich mit dem Aschenräumer regeln.

Durch die oben beschriebenen Anordnungen wird zunächst ein gleichmäßiges Nachsinken der Brennstoffsäule erreicht, ein Zusammenbacken der Schlacken vermieden und infolgedessen die Stocharbeit von oben durch die Schür-

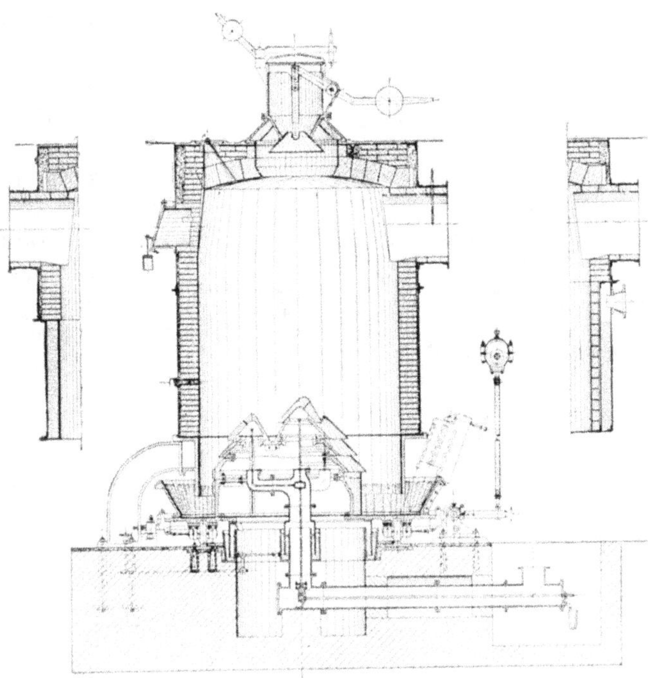

Fig. 39.

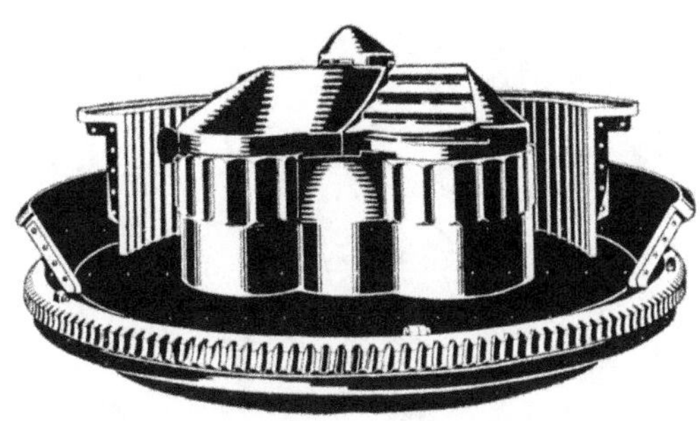

Fig. 41. Flachrost.

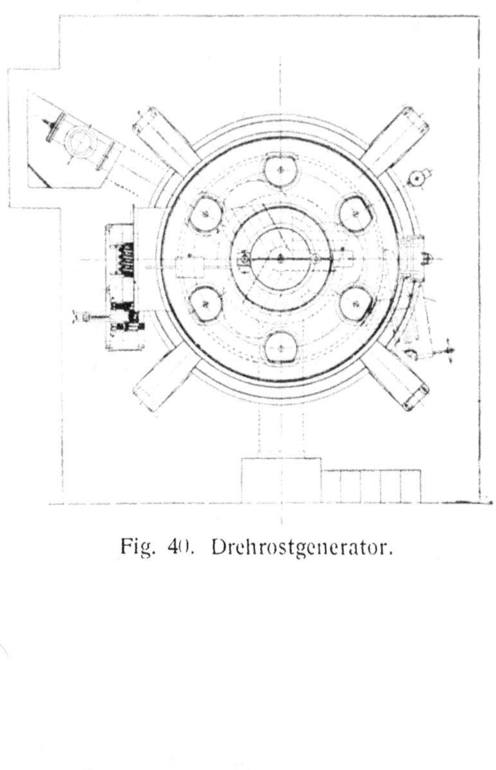

Fig. 40. Drehrostgenerator.

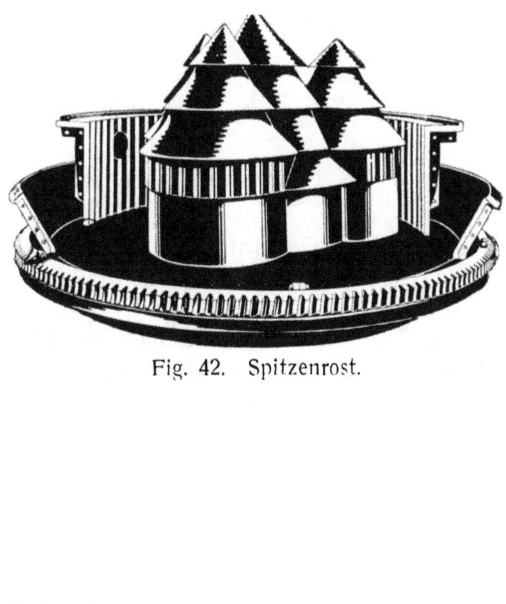

Fig. 42. Spitzenrost.

löcher erleichtert und verringert. Die Luft kann auf dem ganzen Querschnitt durch die Schlacke zum Brennstoff treten, ohne daß sich Kanäle bilden. Ferner kann die Brennstoff- und Schlackenhöhe stets eingestellt werden, so daß das einzuführende Luft- und Dampfgemisch immer durch dieselbe Brennstoffhöhe durchtreten kann. Hierdurch ist die Durchsatzmenge an Brennstoff hoch, die Qualität des Gases eine gute und die Zusammensetzung des Gases immer dieselbe.

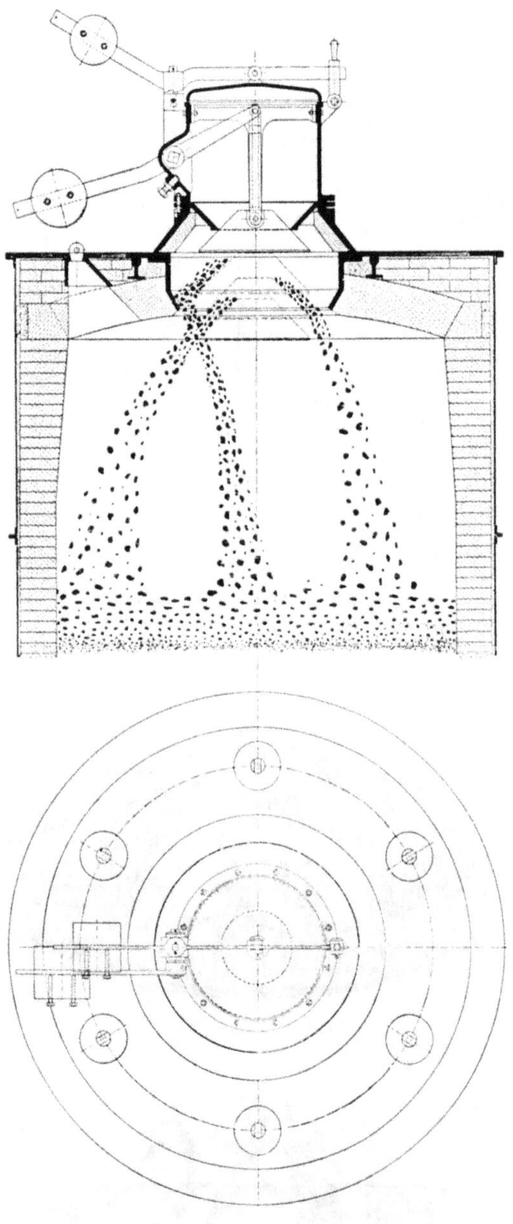

Fig. 43 u. 44. Handbeschickungsvorrichtung.

Der Brennstoff wird vollständig verbrannt, und die Asche hat keine verwertbaren Kohlenbestandteile mehr, so daß die Ausnutzung des Brennstoffes vollkommen ist; es können daher auch die schlechtesten Kohlen noch vorteilhaft vergast und dadurch nutzbar gemacht werden.

Für die Vergasung von Brennstoffen, deren Rückstände schwach backen oder sogar pulverförmig sind, wie z. B. Braunkohle und Braunkohlenbriketts, ist es notwendig, den Generatorinhalt möglichst in Ruhe und daher den Rost möglichst niedrig zu halten, trotzdem aber eine sehr gute Luftverteilung und gute Aschenaustragung zu haben.

Für diese Zwecke führt die Firma eine neue Konstruktion aus, welche aus beiliegender Fig. 41, 42 zu ersehen ist. Aus diesen Figuren, welche beide Roste darstellen, lassen sich die Höhenunterschiede erkennen.

Das Unterteil dieses Rostes ist genau wie bei der früheren Konstruktion, so daß die Verarbeitung der eventuellen Schlacke und das Herausbringen der Asche genau so einfach ist wie früher. Die Rostanordnung an und für sich ist praktisch, und auch in diesem Falle kann der Brennstoff von der Mitte sowohl, wie von den Seiten nachsinken. Die Rostschlitze sind der Drehung entgegengesetzt, um zu verhindern, daß sie sich verstopfen. Der Rostaufbau ist niedrig, so daß die gesamte Rostfläche gering ist.

Auch dieser Generator hat sich in der Praxis bewährt, und mit Hilfe dieser neuen Rostkonstruktionen ist der Ausnutzung eines jeden Brennstoffs Rechnung getragen.

Abs. 51. **Generator „Patent Kerpely“**, bisher ausgeführt von der Gesellschaft für Gasfeuerungstechnik G. m. b. H., Dresden-A., jetzt in Frankreich von

Etablissements Henry Mariolle, Section des Gazogènes, Paris, 25 Rue Bagère. Dieser Generator wird unter möglichster Anpassung an die Eigenschaften der verschiedenen Brennstoffe ausgeführt. Bei den großen Unterschieden im Verhalten

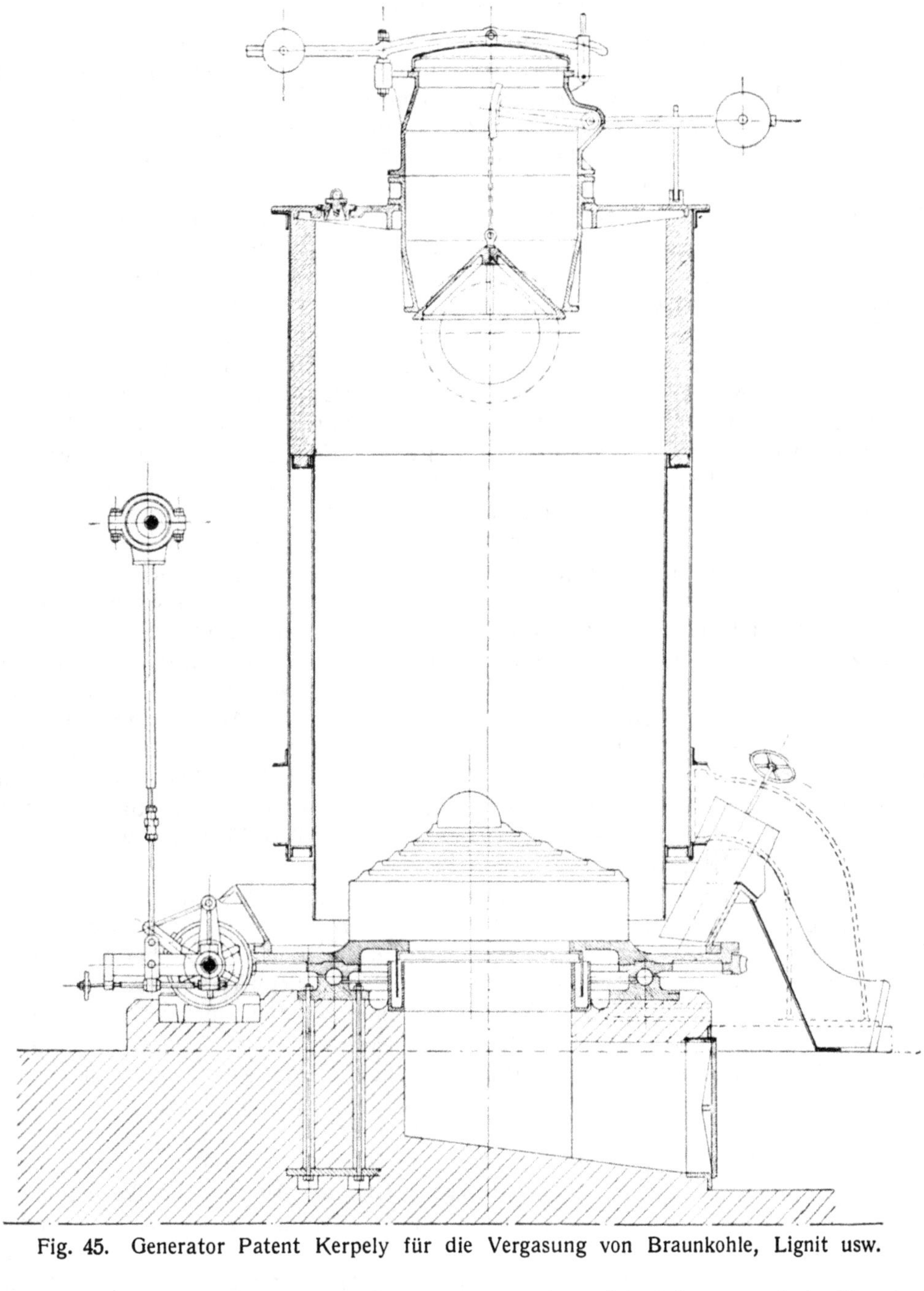

Fig. 45. Generator Patent Kerpely für die Vergasung von Braunkohle, Lignit usw.

der Kohlen bei der Entgasung und Vergasung machen sich daher geänderte Konstruktionen frü die besonderen Verhältnisse notwendig. Im allgemeinen ist aber folgender Aufbau allen Konstruktionen gemeinsam:

Der Schachtmantel (siehe Schnittzeichnung Fig. 45) ist durch 3 bis 4 Tragsäulen gegen das Fundament abgestützt, daher von der Gebäudekonstruktion vollkommen unabhängig. In den Schachtraum ragt der Rost hinein, der auf der Aschenschüssel aufgebaut und mit dieser drehbar ist. Die Schüssel ist mit Wasser gefüllt und besitzt einen gleichfalls mit Wasser gefüllten Zargenverschluß, so daß der Abschluß des Wind- bzw. Generatorraumes gegen außen gesichert ist. Die mit dem Rost verbundene Schüssel ruht auf einem Kugellaufkranz und trägt am Umfange einen Zahnkranz; mittels der Schnecke und dem Antriebsmechanismus wird der Generatorunterteil in eine langsam rotierende Bewegung gesetzt. In die Schüssel ragt der Räumer hinein, der während der Drehung die Asche anstaut und über den Schüsselrand befördert, von wo sie mittels der Aschenrutsche in einen Behälter oder Aschenkanal gelangt. Die Zufuhr von Luft und Dampf für die Vergasung geschieht in dem Raum unter dem Rost. Der Schacht ist oben durch die mit Schür- und Schaulöchern versehene Decke abgeschlossen, die den Fülltrichter trägt. Im obersten Teile des Mantels befindet sich der horizontale oder geneigte Gasabzug.

Die für diese Beschreibung benutzte Schnittzeichnung Fig. 45 stellt einen Generator für die Vergasung von Braunkohle und Lignit oder für sehr magere Steinkohlensorten dar. Die Konstruktion ist charakterisiert durch den hohen Kühlmantel und den besonders niedrigen Rost. Es erklärt sich dies dadurch, daß die Braunkohlensorten eine sehr hohe Brennstoffschicht erfordern, um bei der leichten und raschen Vergasung eine genügend hohe Reduktionszone zu haben.

Für die Vergasung von Steinkohlen kommt der Generator in etwas veränderter Form zur Verwendung. Der Kühlmantel ist bedeutend niedriger, da die Brennstoffschicht im allgemeinen nur $^3/_5$ derjenigen der Braunkohle beträgt. Auch ist es ratsam, den Kühlmantel etwas unter normaler Kohlenoberfläche endigen zu lassen, da besonders die gasreichen, backenden Sorten zur Entgasung eine große Wärmemenge gebrauchen und ein zu hoher Kühlmantel daher eine schlechtere Gasqualität nach sich ziehen würde. Der obere Schachtteil ist durch eine starke Ausmauerung mit Deckengewölbe vor Zerstörung und übermäßiger Abkühlung geschützt. Besondere Aufmerksamkeit ist der Ausführung des Doppelmantels gewidmet, da die Temperaturen bei der Vergasung der Steinkohle bedeutend höhere sind als bei der von Braunkohle. Da sich Nietverbindungen in der Feuerzone bei etwa vorkommendem Wassermangel sehr störend bemerkbar machen, ist der Mantel durchweg geschweißt und der obere Flansch sowie die großen Schürlöcher in Rosthöhe gebördelt.

Bei Kohlen von nicht schlackenden und nicht allzusehr backenden Eigenschaften wird ferner der Generator gleicher Konstruktion unter gänzlichem Fortfall des wassergekühlten Doppelmantels ausgeführt. Ausgemauerte Schächte sind bei Generatoren ursprünglich ausnahmslos verwendet worden. Erst die Schwierigkeiten bei der Vergasung vieler und gerade der minderwertigen Brennstoffsorten führten zu dem Prinzip der Schachtkühlung (Turk) mittels gußeiserner, gekühlter Ringe. Diese Konstruktion wurde durch von Kerpely in folgerichtiger Entwicklung zu dem wesentlich betriebssicheren Doppelmantel ausgebildet. Die Kosten der Wasserbeschaffung — falls das vorgewärmte Kühlwasser nicht mit Vorteil zur Kesselspeisung verwendet wird — haben immer wieder zu Versuchen geführt, den Doppelmantel wegzulassen. Unter Zugrundelegung genauer Schlackenanalysen und dementsprechender Auswahl des Ausmauerungsmaterials führt die Gesellschaft seit langem diese Konstruktion aus, wo es die Brennstoffbeschaffenheit erlaubt.

Eine beachtenswerte Konstruktion, welche den Generator gleichzeitig zur Dampferzeugung benutzt und so nicht nur Dampf für die Vergasung, sondern auch ein reichliches Quantum für andere Zwecke kostenlos liefert, kommt mit Vorteil dann zur Verwendung, wenn das Generatorgas einer Reinigung unterworfen wird. Um den Wasserverbrauch der Reinigungsanlage möglichst zu verringern, wird dem Gas seine Eigenwärme dadurch weitgehendst entzogen, daß man den Doppelmantel als Dampfkessel ausbildet (Patent Marischka, siehe Fig. 46). Die Konstruktion — die bereits im Dauerbetriebe erprobt ist — zeigt über dem als Wasserraum ausgebildeten Unterkessel (an Stelle des Doppelmantels) ein System von Wasserrohren, die in den unter der Generatordecke liegenden Dampfraum münden. Die heißen Gase passieren die

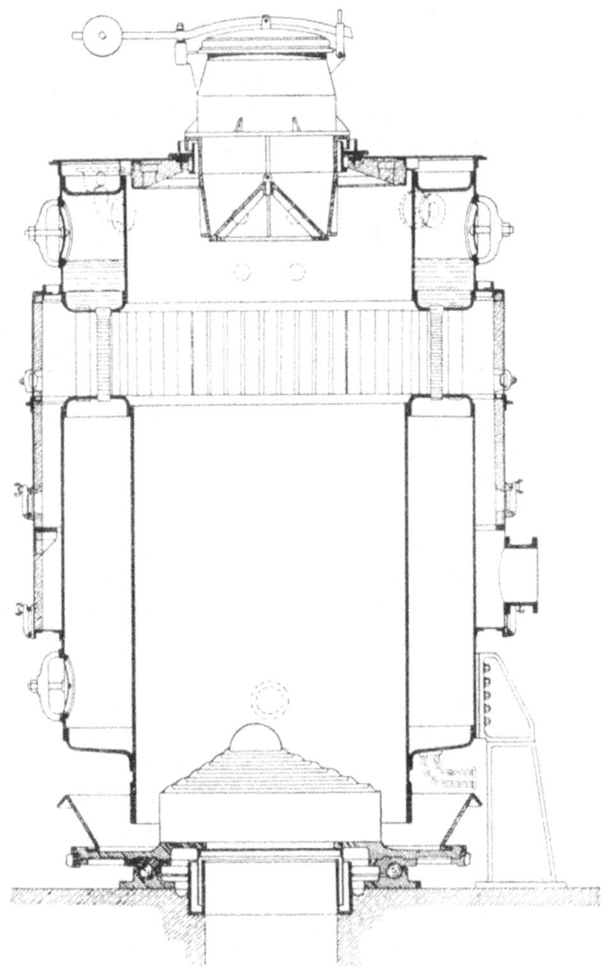

Fig. 46.

Wasserrohre und umspülen nochmals den Unterkessel, bevor sie durch den Gasabzug der Reinigung zugeführt werden. Diese Konstruktion erlaubt z. B. bei der Koksvergasung eine Endtemperatur von ca. 250° gegenüber ca. 750° bei Verwendung von Generatoren gewöhnlicher Konstruktion. Entsprechend der großen Heizfläche des Kessels (55 qm bei einem Generator von 2000 mm Durchm.) ist das bei normaler Vergasungsleistung erzeugte Dampfquantum mehr als 1 kg pro 1 kg Koks, so daß außer dem für die Vergasung benötigten Dampf noch eine reichliche Menge zum Betriebe der Antriebsmaschinen der Generator- und Reinigungsanlage sowie für andere Hilfszwecke zur Verfügung stehen.

Ferner sei auf die Teilung des Rostraumes hingewiesen. Diese Konstruktion, nach D. R. P. 202 257, hat sich besonders bei Generatoren großen Durchmessers als vorteilhaft erwiesen, um eine gleichmäßige Regelung des Feuers über den ganzen Schachtquerschnitt hin zu erzielen. Sie ermöglicht es, den verschiedenen Zonen der Brennstoffsäule mehr oder weniger Dampf, und umgekehrt weniger oder mehr Luft vollkommen nach Bedarf zuzuführen, so daß die Bildung von Schlackenklumpen oder totliegenden Partien usw. durch ungleichmäßige Feuer sehr leicht verhindert werden kann. Besonderen Vorteil bietet sie auch bei der Vergasung von Förderkohlen und anderen staubreichen Brennstoffen, bei welchen die Beschickungssäule in der Mitte stets dichter liegt als in der Randpartie.

Aus diesem selben Gesichtspunkte heraus — die Vergasung über den ganzen Generatorschacht möglichst gleichförmig zu gestalten — hat die Firma auch der Konstruktion der Fülltrichter ihre spezielle Aufmerksamkeit gewidmet. Der Kerpely-Trichter, auf Fig. 45 dargestellt, erlaubt nicht nur, gleichzeitig die Mitte und den Rand der Brennstoffsäule zu bestreuen, sondern macht vor allem die alleinige Begichtung der zentralen und der äußeren Partien voneinander unabhängig. Die Kohlenhöhe kann somit je nach Bedarf am Rande oder in der Mitte größer gehalten werden. Dieser Fülltrichter verhindert aber besonders bei feinstückigen Brennstoffen die ungleichmäßige Beschickung, die sich bei großen Schachtdurchmessern der Generatoren und Verwendung gewöhnlicher Fülltrichter durch das gleichzeitige Auftreten von Rand- und Mittelfeuer bei dazwischenliegender toter Ringschicht stark störend bemerkbar macht.

Das Prinzip der Konstruktion ist demnach bei allen Ausführungen das gleiche. Mit Rücksicht auf die jeweils geänderten Eigenschaften des Brennmaterials sind aber einzelne Teile des Generators verschieden ausgebildet, immer auf Grund von Betriebserfahrungen.

Die Arbeitsweise ist entgegen den älteren Konstruktionen eine absolut kontinuierliche, da die Asche ununterbrochen auf mechanischem Wege aus der in langsamer Drehung befindlichen Aschenschüssel an dem feststehenden Aschenstaublech (Abstreifer) hochsteigt und über das Aschenrutschblech aus dem Generator hinausbefördert wird. Dadurch kommen alle Nachteile und Schwierigkeiten der Rostputzarbeit und Abaschung, sowie die dafür aufzuwendenden hohen Arbeitslöhne in Wegfall.

Hand in Hand geht damit aber ein gleichmäßiges und kontinuierliches Nachsinken der Asche- und Brennstoffschichten vor sich, um so mehr, als das Ansetzen von Schlacken an den Generatorwandungen durch den Kühlmantel verhindert wird. Die Bildung von Hohlräumen und totliegenden Brennstoffpartien ist ausgeschlossen.

Die oben genannten Hauptpunkte des Vergasungsvorganges im Kerpelygenerator, die ihn von den andern Gaserzeugern unterscheiden, erlauben auch, den Wasserstoffgehalt des Gases in großen Grenzen beliebig zu regeln. Selbst bei der Vergasung von stark schlackenden Brennstoffen läßt sich ein trockenes Gas mit geringem Wasserstoffgehalt erreichen, da keine übermäßigen Dampfmengen zur Schlackenzersetzung notwendig sind. Ob es für Schmieden zweckmäßiger ist, dem Gase einen höheren Wasserstoffgehalt zu geben, müßten vergleichendc Versuche ergeben.

Die Gleichmäßigkeit der Vergasung wird aber selbst in den ungünstigsten Fällen erreicht, da durch die geschützte Zwei- und Mehrteilung des Rostes der Vergasungsvorgang durch Regelung der Windmenge, der Windpressung und der Zusatzdampfmenge in den einzelnen Rostkammern und damit für die darüberliegenden Brennstoffschichten absolut nach Belieben genau zu regeln ist.

Der Generator »Kerpely« liefert Gas von geringem Kohlensäuregehalt, höchstem Heizwert und gleichmäßiger Zusammensetzung, Gas von größter Trockenheit, beliebig in seiner Zusammensetzung, je nach speziellem Wunsch, wasserstoffarmes Gas, höchstmöglichsten Nutzeffekt infolge des geringen Kohlensäuregehaltes und absoluter Ausnutzung der Asche.

Der Generator »Patent Kerpely« kommt in 4 Größen zur Ausführung, und zwar:

	Mit einem Schachtdurchmesser von mm			
	1600	2100	2600	3000
	Die Vergasungsleistung ist hierbei in Tonnen per 24 Stunden			
a) Für mulmige Braunkohle . .	6— 8	12—15	18—22	26—30
b) » lignitische oder Pechbraunkohle	8—12	18—23	23—30	35—40
c) » Braunkohlenbriketts . . .	6— 9	14—18	20—25	28—32
d) » magere Steinkohlen . . .	5— 8	11—14	16—22	23—27
e) » fette Steinkohlen	4— 5	9—11	13—16	18—21
f) » Koks und Anthrazit . . .	6— 9	12—16	19—25	26—35

Der Generator von 1600 mm Durchmesser hat sich bisher in der keramischen Industrie und in Betrieben mittlerer Größe eingeführt, während der Generator von 2100 mm Durchmesser den am häufigsten ausgeführten Typ des Braunkohlengenerators darstellt und sowohl einzeln als in großen Batterien vereinigt Anwendung findet. Für Steinkohle ist er oft, namentlich bei mageren Sorten in Verwendung.

Der Generator von 2600 mm Durchmesser bildet den Standard-Typ für Steinkohlenanlagen und kommt bei großen Braunkohlenanlagen noch zur Ausführung.

Der Generator von 3000 mm Durchmesser findet namentlich für die Vergasung von stark backenden Steinkohlen Verwendung.

Die motorische Kraft für die Rotation der Schüssel und des Rostes ist unter Berücksichtigung der geleisteten Arbeit überraschend gering. Pro Generator rechnet man durchschnittlich 0,5 bis 1,5 PS. Voraussetzung hierfür ist naturgemäß eine gute Instandhaltung des Kugellagers sowie des Antriebsmechanismus. Die Transmissionswelle macht 40 bis 60 Touren pro Minute und kann über oder unter Flur verlegt werden. Die Schüssel macht unter normalen Verhältnissen bei 10 bis 15% Asche im Brennstoff eine Umdrehung in 3½ bis 5 Stunden. Eine handliche Einstellvorrichtung gestattet aber eine Steigerung bis zu 2½ Umdrehungen pro Stunde bezw. eine Verlangsamung bis zu 1 Umdrehung in 12 Stunden.

Der Kühlwasserverbrauch des Mantels ist je nach der Natur des verwendeten Brennstoffes verschieden. Er beträgt pro 1 qm innerer Mantelfläche und Stunde bei der Vergasung von Braunkohle 0,2 cbm, bei Steinkohle 0,4 cbm, gerechnet mit einer Erwärmung auf ca. 70° C. Eine Steigerung auf 80° ist zulässig, erfordert aber größere Aufmerksamkeit, um stellenweise Dampfbildung zu vermeiden. Ein, bei den großen Generatoren zwei Entlüftungsrohre verhindern bei eventueller Dampfbildung ein Entstehen von Spannung. Der Kühlwasserzufluß ist an der tiefsten Stelle des Mantels, der Ablauf an der höchsten Stelle angebracht. Einmal monatlich, bei unreinem Wasser öfters, empfiehlt es sich, bei den vorgesehenen Reinigungsöffnungen im unteren Teile des Mantels den etwa abgesetzten Schlamm aus dem Innern des Doppelmantels zu entfernen.

Der Luftverbrauch für die Vergasung ist bei Berechnungen des Ventilators mit 5 cbm pro 1 kg Kohlenstoff einzusetzen, beträgt daher bei Braunkohlen 2—2,8 cbm, bei Steinkohlen ca. 3,5—4,2 cbm pro 1 kg Brennstoff. Der Ventilator muß imstande sein, Wind von 250 bis 300 mm Wassersäule Pressung zu liefern.

Die zum Betriebe des Generators benötigte Dampfmenge schwankt nach der Natur der Brennmaterialien in weiten Grenzen: Pro 1 kg Kohle von 0,12 bis 0,25 kg. Bei sehr gasarmen, aber aschereichen Kohlen ist der Dampf am höchsten, bei fetten, nicht schlackenden Kohlen — am geringsten. Bei der Vergasung von Koks ist ebenfalls mit 0,20 bis 0,25 kg Dampf pro 1 kg vergastes Material zu rechnen. Zweckmäßig ist der Dampf überhitzt zu verwenden, um eine Kondensation im Rostraum zu vermeiden. Gut trockener Dampf ist aber in allen Fällen ausreichend. Dampfüberhitzer können entweder im Generatorschacht oder in den Staubsammlern und Gasabfallrohren eingebaut werden.

Erzielte Resultate beim Betriebe von Kerpely-Generatoren mit verschiedenen Brennstoffen.

Art und Herkunft des Brennstoffes	Zusammensetzung des Brennstoffes			Heizwert der Kohle	Durchmesser des Generators	Vergasungsleistung in 24 Std.	Durchschnittsanalyse des erzeugten Gases					Heizwert des Gases pro cbm ohne Teer
	C	Wasser	Asche		mm	kg	CO_2	CO	H_2	CH_4	C_2H_4	
Mitteldeutsche mulmige Braunkohle	29,4	52,7	5,8	2300	2600	15000	7,0	26,0	13,5	1,2	0,3	1260
Rheinische Braunkohlenbriketts . .	54,5	13,3	4,6	4800	2600	24000	3,4	31,5	11,0	2,5	0,2	1450
Westfäl. stark backende Steinkohle	72,5	4,0	8,0	6700	2600	16000	2,7	27,5	6,0	3,2	0,4	1310
Rheinische backende Steinkohle . .	77,3	2,0	7,5	7100	3000	20000	3,6	27,3	10,5	2,6	0,4	1370
Abfallsteinkohle des Saarrevieres .	58,0	2,4	26,8	5600	3000	18000	3,5	27,0	9,0	2,6	0,3	1300
1/2 Westf. Steink., 1/2 Braunk.-Briketts	—	—	—	—	3000	22000	3,2	28,0	10,8	3,2	0,4	1450
Oberschlesische backende Steinkohle	74,3	4,1	7,8	7000	2600	17000	3,2	26,8	9,3	5,6	0,4	1540
» wenig » »	71,9	3,3	9,5	6750	2600	20000	1,8	30,4	12,6	3,4	—	1530
Ostrauer Steinkohle (stark backend)	66,2	3,7	14,8	6100	2500	16000	4,0	25,0	13,0	1,5	—	1220
» Abfallkoks	78,0	12,0	10,0	5700	2000	15000	3,0	29,8	9,1	0,8	—	1200
Galizische Magerkohle	57,4	16,0	13,3	5200	2000	14000	3,5	29,3	11,8	1,0	—	1300
Ungarische Steinkohle	—	—	—	—	2000	10000	4,2	28,1	9,0	2,2	—	1260
Oberungarischer Lignit	55,4	13,0	11,5	5100	2000	18000	5,0	27,0	13,6	1,8	—	1300
Ungarische Braunkohle	54,0	18,0	5,2	5000	2000	19500	5,0	28,5	14,6	3,2	—	1520
Böhmische Braunkohle	43,2	25,0	16,9	4100	2000	25000	2,6	30,7	14,0	2,1	—	1440
» Steinkohle	62,5	8,0	11,9	6400	2000	12000	4,0	27,5	10,0	2,2	—	1290
Steirische Glanzkohle	57,7	7,2	13,1	5400	2000	21000	2,5	31,0	14,5	2,0	0,1	1510
Bosnische Braunkohle	45,4	19,0	20,6	4200	2000	18000	5,5	26,5	12,0	0,5	—	1250
Italienische Braunkohle	56,8	12,5	13,7	5200	2000	23000	1,2	33,0	12,7	2,0	0,1	1510
Südfranzösischer Anthrazit	71,8	3,3	23,5	5900	1550	7000	4,7	27,7	10,0	0,2	—	1130
Französ. Steinkohle (St. Etienne) .	68,6	7,5	12,3	7300	2600	16500	4,5	25,4	8,6	3,3	0,3	1350
» » (Nord)	55,3	1,5	11,0	7000	3000	18000	2,2	27,4	8,2	—	—	—
Belgische » (Mons)	53,0	4,5	5,0	6600	3000	17500	3,5	27,5	11,6	3,2	0,2	1370
Englische » (Wales) . . .	42,0	8,0	23,9	5100	3000	18000	3,1	26,5	8,8	3,4	—	1310
» » (Yorkshire) .	54,8	7,8	6,2	6400	3000	22000	4,0	29,0	10,0	3,5	0,2	1450
» » (Newcastle) .	52,2	5,8	6,5	6700	3000	24000	2,2	28,6	9,0	2,2	0,3	1320
Polnische » (Dombrowa) .	63,2	8,5	11,5	5800	2600	18000	1,4	31,0	12,4	2,2	—	1440
Südrussische Steinkohle	49,5	1,5	16,2	6400	3000	20000	2,2	27,8	10,0	3,5	0,3	1420

Abs. 52. **Torfkraftgasanlagen.** Bauart Görlitzer Maschinenbau-Anstalt und Eisengießerei A.-G., Görlitz. Die Ausnutzung des Torfs erfolgt am vorteilhaftesten durch Vergasung. Das aus ihm erzeugte Gas eignet sich nicht nur zum Betriebe von Gasmaschinen, sondern auch zum Heizen von Schmiedeöfen u. dgl., denn es weist je nach der Trockenheit des Torfs pro cbm Gas 1000 bis 1200 WE auf. Bedingung für die wirtschaftliche Ausnutzung des Torfs ist jedoch eine Generatorkonstruktion, die den Eigenarten des Torfs Rechnung trägt. Zu berücksichtigen sind vor allen Dingen die im Torf enthaltenen Teerbildner und der hohe Wassergehalt, den der Torf meistens aufweist. Diesen beiden Eigenschaften des Torfs trägt der Patentgenerator

Fig. 47. Zwei SMA.-Pat.-Gaserzeuger für Leistungen von je 750 PS.

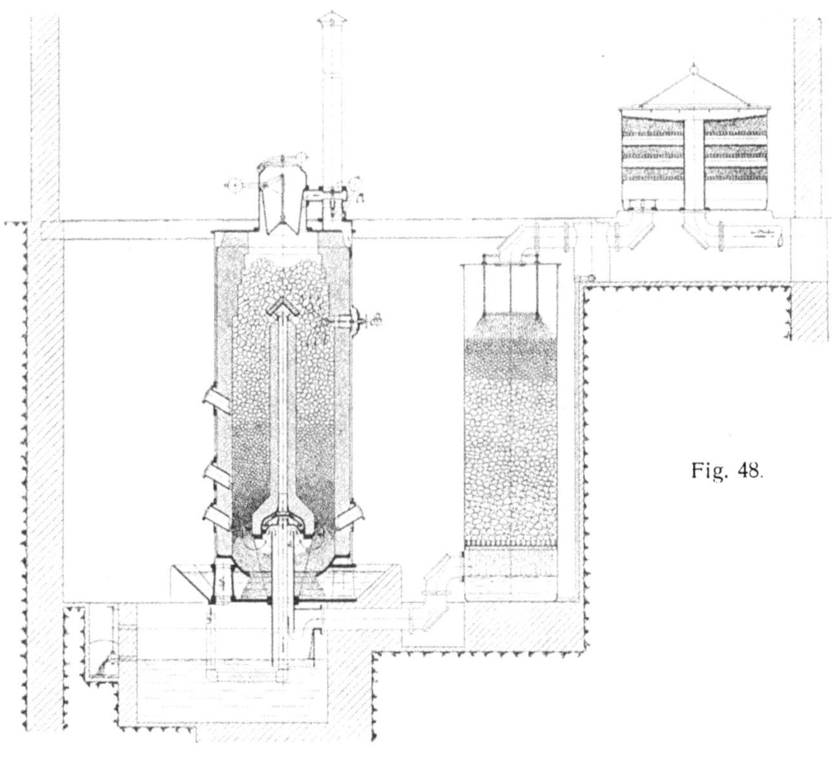

Fig. 48.

Fig. 47 und 48 der Aktien-Gesellschaft Görlitzer Maschinenbau-Anstalt und Eisengießerei Rechnung. Bei diesem wird der frische Brennstoff, aber auch die Verbrennungsluft oben zugeführt und das Gas unten abgeführt. Die Verbrennung erfolgt also von oben nach unten. Die Teerbildner scheiden schon bei einer verhältnismäßig geringen Temperatur oben im Generator als Schwelgas aus. Dieses geht dann mit der Verbrennungsluft nach unten durch die glühenden Koksschichten, und auf diesem Wege werden die Teerbildner in schwer kondensierbare Gase verwandelt.

Dem großen Wassergehalt des Torfes kann nur durch Wärme begegnet werden. Es ist daher Bedingung, die bei der Vergasung freiwerdende Wärme nach Möglichkeit für jene nutzbar zu machen. Dieses geschieht bei dem Görlitzer Torfgenerator in zweckmäßiger Art und Weise: der ganze Generator wird von zwei eisernen Doppelmänteln umgeben. Zwischen diesen Mänteln steigt ein Teil der Verbrennungsluft hoch und bildet so ein förmliches Luftfutter um den Generator. Die sonst durch Ausstrahlung verloren gehende Wärme wird daher bei diesem Generator auf die Verbrennungsluft übertragen und damit dem Vergasungsvorgang erhalten. Aber auch die Wärme des abziehenden Gases wird durch entsprechend angeordnete Luftzuführung innerhalb der Gasabzugsleitung auf den weiteren Teil der Verbrennungsluft übertragen. Hierdurch wird es ermöglicht, auch verhältnismäßig stark wasserhaltigen Torf noch mit Erfolg zu vergasen.

Bei der Krafterzeugung müssen natürlich auch die Gasmaschinen den Eigenarten des Torfs Rechnung tragen.

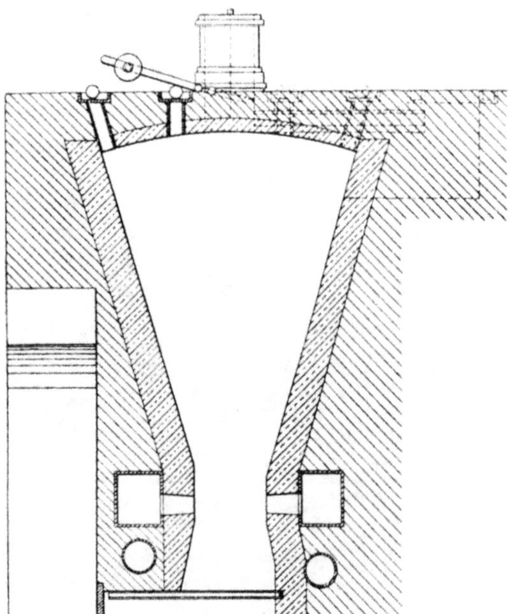

Fig. 49.

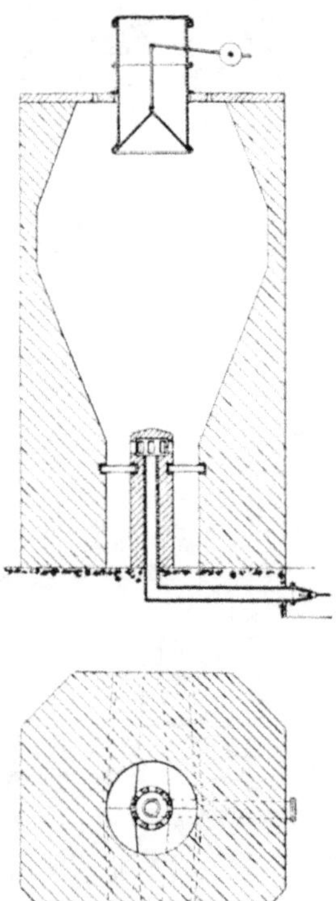

Fig. 50.

Abs. 53. **Der Hellergenerator.** Bauart Montan- und Industriewerke vorm. J. D. Stark, Kasniau b. Pilsen. Fig. 49 und 50. Der Hellergenerator besteht in seinem Aufbau lediglich aus Mauerwerk, das einen sich nach unten verengenden Vergaserschacht bildet. Dieser Schacht ist innen mit feuerfesten Steinen ausgekleidet und in seiner Höhe so reichlich bemessen, daß der frisch aufgegebene Brennstoff die entsprechende Trocknung und Vorwärmung für die Vergasung findet. An der Stelle nun, wo sonst der Rost angebracht ist, besitzt der Vergaser eine starke Einschnürung, die sich nach unten als hoher Aschensack fortsetzt. Dadurch erscheint der Hellergenerator als rostloser Vergaser gekennzeichnet.

In diesen Aschensack ragt ein Windkasten hinein, dessen zahlreiche Düsen gerade in der Höhe der erwähnten Einschnürung liegen. Der Windkasten ist mit einem einfachen, eigenartigen Dampfstrahlgebläse verbunden.

Diese Anordnung der Vergasungszone ist ein wesentliches Merkmal des Hellergenerators, ein weiteres besteht in der ebenso einfachen wie bequemen Vorrichtung zum Abziehen der erzeugten Asche. Zu diesem Zwecke sind unterhalb der Düsen in den Innenwandungen des Aschensackes Nuten angebracht, die das Mauerwerk in Form von Schlitzen durchsetzen. In diese werden die gegebenenfalls auf Rollen gelagerten Bleche oder Platten eingeschoben, die während des Abziehens dem glühenden Material als Träger dienen. Durch diese einschiebbaren Platten wird das Nachfallen des Brennstoffes aus dem Vergaserschacht in den Aschensack bei der Entleerung des letzteren verhindert und das Abziehen der Asche ohne jede Unterbrechung des Betriebes ermöglicht. Die Öffnungen im Aschensack zum Abziehen werden durch in Falz liegende Schamotteplatten geschlossen.

Hieraus geht hervor, daß bei der Konstruktion des Hellergenerators jede komplizierte Einrichtung, die sonst die Ursache von Betriebsstörungen sein kann, vermieden wird und reparaturbedürftige Teile überhaupt nicht vorhanden sind.

Die Beschickung des Generators geschieht in üblicher Weise von oben. Mehrere in der Decke entsprechend angebrachte Stoßbüchsen gestatten mittels eingeführter Stoßstangen eine rasche und gleichmäßige Verteilung des Vergasungsmaterials. Die Gasentnahme findet in der Regel unterhalb der Decke statt.

Da der Hellergenerator für alle vergasbaren Brennstoffe nur in einem Typ ausgeführt wird, darf man ihn als »Universalgenerator« bezeichnen. Der Hellergenerator benötigt bei einer Grundfläche von ca. 3,20/2,30 m eine Gesamthöhe von ca. 4,50. Zum Aufbau sind erforderlich: 8 cbm Schamottemauerwerk und ca. 1000 kg Gußeisen — der Hellergenerator ist also auch der billigste Generator.

Mit einem solchen Typ können in 24 Stunden 3500 bis 4000 kg Brennstoff vergast werden. Außer dem kleinen Typ *A* wird ein größerer Typ B mit einem Durchsatzquantum von ca. 7000 kg Brennstoff in 24 Stunden gebaut. Der Betrieb erfolgt ausschließlich durch Zufuhr von trockenem Dampf, dessen Druck mit 3 bis 4 Atm. ausreicht. Für die Leitung genügt ein Rohr von ca. 20 mm Durchmesser. Der Dampfverbrauch ist gering, er beträgt, wie genaue Messungen ergeben haben, nur 500 kg pro Generator und 24 Stunden, also weniger als für Generatoren anderen Systems erforderlich ist.

Die günstige Nutzwirkung des Hellergenerators entsteht nun dadurch, daß durch die beschriebene Einschnürung des Vergaserschachtes alle Kohlenteilchen im Innern des Gaserzeugers gezwungen werden, sich in dem engen Halse unmittelbar an den Düsen des Windkastens vorüber zu bewegen, wo sie von dem Dampf- und Windstrom erfaßt und einer so schnellen und gleichmäßigen Vergasung unterworfen werden, daß es an keiner Stelle zu einer vorzeitigen Destillation oder zu einer Einwirkung der Destillationsprodukte auf noch unberührten Brennstoff kommen kann, also eine schlackenlose Vergasung erzielt wird. Die Rückstände bilden daher auch eine rein weiße, totgebrannte Asche.

Hervorzuheben ist noch, daß diese völlig schlackenlose Vergasung ohne jede Kühlung erreicht wird und auch der Generator selbst kühl arbeitet. Die Gase ziehen mit einer Temperatur von ungefähr 80 bis 120° C ab.

Da eine weitere Bedienung des Generators nicht erforderlich ist, so stellen sich die reinen Betriebskosten des Generators gering.

Das vom Hellergenerator geförderte Gas enthält nach den durchgeführten Analysen 27 bis 30% Kohlenoxyd, 12 bis 14% Wasserstoff, 2 bis 3% Methan und einen Brennwert von ca. 1500 Kal.

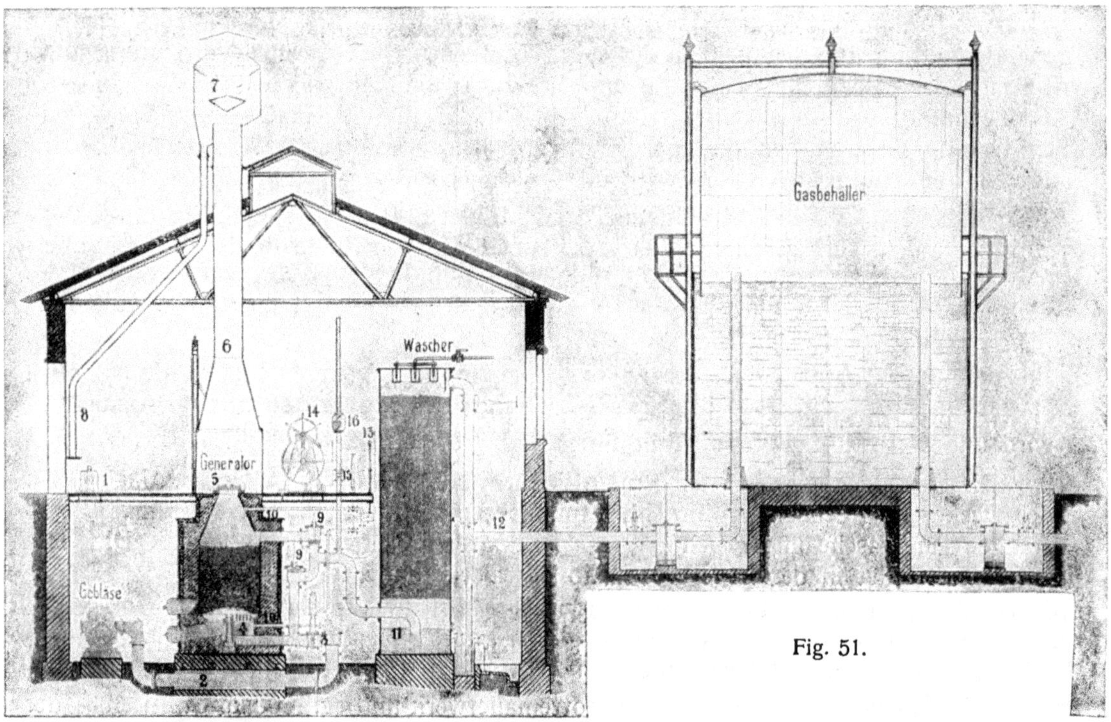

Fig. 51.

Abs. 54. **Wassergasgenerator.** Bauart Dellwik-Fleischer, Wassergas-Ges. m. b. H., Frankfurt a. M. Die Generatoren nach dem Dellwik-Fleischersystem sind einfach, das ganze Verfahren ökonomisch und ohne jede Komplikation. Daß die heutige große Verbreitung des Wassergases dem Dellwik-Fleischerverfahren zu verdanken ist, beweist die Statistik, wonach bis zur Anwendung des Dellwik-Fleischerverfahrens nur ganz vereinzelte Anlagen für blaues Wassergas existiert haben, während nach der Erfindung von Dellwik-Fleischer über 200 Anlagen bis jetzt rasch hintereinander entstanden sind.

Eine Wassergasanlage, System Dellwik-Fleischer, Fig. 51, besteht in der Hauptsache aus dem Gaserzeuger (Generator), welcher mit dem Ventilator, der zum Heißblasen des Brennstoffes benötigt wird, durch eine Windleitung direkt verbundeu ist. Vom Generator gelangt das heiße Gas durch ein Tauchrohr in den Skrubber, d. h. den wasserberieselten Wascher und Kühler des Gases, in welchem das Gas in der Richtung nach oben gegen das herunterrieselnde Kühl- und Waschwasser zu strömen hat. Aus dem Skrubber gelangt das fertige Gas in den Gasbehälter, wo es aufgespeichert wird.

Die Arbeitsweise ist einfach. Der Koks im Generator wird durch intensiven Luftstrom vom Ventilator in etwa einer Minute heißgeblasen, wobei die Abgase, die wertlos sind, ins Freie gelassen werden. In den dann verschlossenen und nur zum Skrubber geöffneten Generator wird entweder von oben oder von unten Dampf eingeblasen und am entgegengesetzten Ende des Generators das fertige Wassergas zum Skrubber geleitet. Die Dauer des Dampfens beträgt 6 bis 8 Minuten.

Soll das Wassergas von Schwefelwasserstoff gereinigt werden, was für Schmiede und verschiedene Industriezwecke erforderlich ist, so werden hierfür Eisenerzreiniger, wie man solche in den Leuchtgasanstalten verwendet, noch eingeschaltet, so daß das Gas von Schwefelwasserstoff vollständig gereinigt wird.

Fig. 52 stellt die Wärmebilanz des Wassergasprozesses dar.

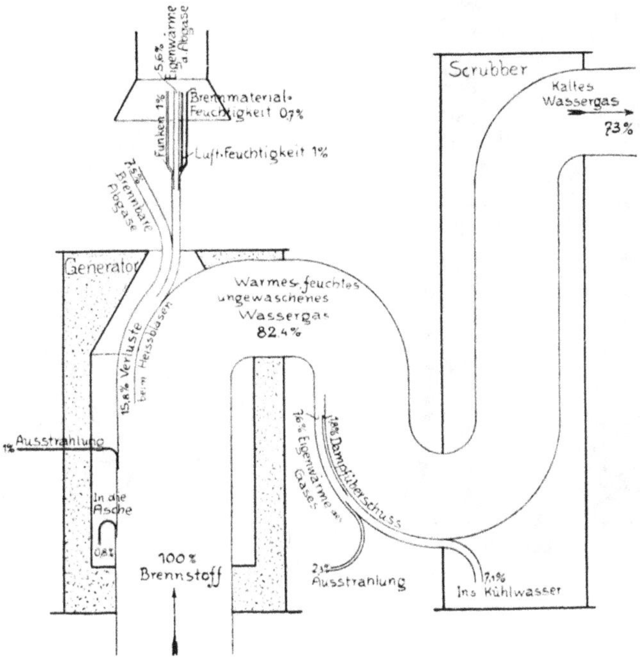

Fig. 52. Wärmebilanz des Wassergas-Prozesses.

Abs. 55. **Drehrostgeneratoren für Wassergaserzeugung.** Bauart B e r l i n - A n h a l t i s c h e M a s c h i n e n b a u - A k t i e n - G e s e l l s c h a f t, Abteilung Köln-Bayenthal.

Die Vorteile des Drehrostes, die innerhalb kurzer Zeit zu einer fast vollständigen Verdrängung der bisher üblichen Großgeneratorensysteme führten, hat die Bamag auch für ihre Wassergasgeneratoren nutzbar gemacht.

Durch folgerichtige Anpassung der gewöhnlichen Drehrostkonstruktion an die Eigenarten des Wassergasprozesses ist es ihr gelungen, eine vollständig selbsttätige Entschlackung ihrer Wassergasgeneratoren zu erreichen. (D. R. P. Nr. 237 026.)

Seinem Äußeren nach zeigt dieser Drehrostgenerator den für den modernen Gaserzeuger charakteristischen Aufbau, Fig. 53, nämlich:

a) den eigentlichen Generatorschacht, der mit feuerfestem Material ausgemauert ist (Fig. 54);
b) die drehbare Wasserschüssel mit dem eigentlichen Rost. Die Fig. 55 und 56 zeigen, zu welchen Formen sich dieser Rost entwickelt hat.

Der Generatormantel ruht auf vier kräftigen Säulen und ist oben mit einer gußeisernen Platte abgedeckt, welche die Beschickungsvorrichtung trägt.

Die Firma hat auf die Durchbildung einer möglichst einfachen und betriebssicheren Beschickungsvorrichtung großen Wert gelegt. Sie will Übelstände, wie das Verbrennen der unteren Dichtflächen, das Abbrennen oder Reißen der Aufhängung des Verteilungskegels, das unfehlbar eine Betriebsunterbrechung des Generators zur Folge hat, ferner ungenügende oder einseitige Streuung, welche erhöhte Stocharbeit und unregelmäßigen Gang des Generators nach sich zieht, durch ihre Konstruktionen vermieden sehen.

Fig. 53. Drehrost-Generator für 1000 cbm Wassergas — Blaugas pro Stunde.

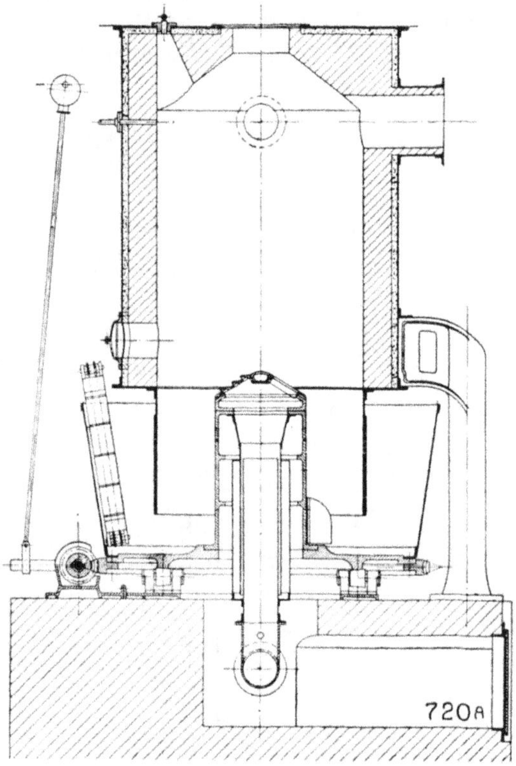

Fig. 54. Wassergas-Drehrostgenerator.

Die Skizzen in Fig. 57 zeigen diese Ausführung. Durch rasches und langsames Senken des Verteilungskegels hat es der Stocher in der Hand, das Brennmaterial beliebig nach dem Rand des Generators oder nach der Mitte zu streuen.

Um die Brennzone des Generators jederzeit kontrollieren zu können, sind an verschiedenen Stellen des Blechmantels Schauluken angeordnet, die einen bequemen Einblick in den Generator gestatten.

Der für einen guten Gang des Generators wesentlichste Teil ist der Rost mit den Schlackenräumern. Von seiner Konstruktion hängt unmittelbar der Kraftverbrauch für die Bewegung der Drehschüssel sowie die Windverteilung auf dem Generatorquerschnitt und damit mittelbar auch die Vergasung sowie der Gehalt der Schlacke an unverbrannten Bestandteilen ab, mit anderen Worten: der Wirkungsgrad des Generators überhaupt.

Der Forderung möglichst günstiger Windverteilung bei großem Durchgangsquerschnitt des Rostes steht die Grundbedingung zur Seite, daß ein Vollsetzen der Austrittsöffnungen bei der Drehung ausgeschlossen ist. Dies wird dadurch erreicht, daß der Wind nicht radial, sondern tangential entgegen der Drehrichtung des Rostes austritt.

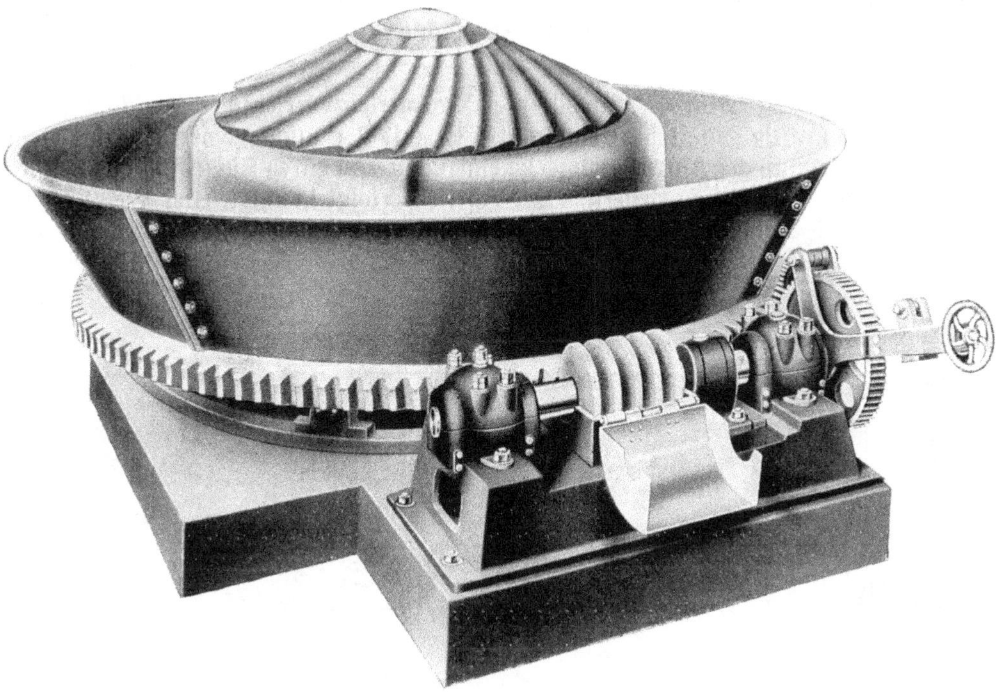

Fig. 55. Drehrost mit fächerförmiger Rosthaube (D. R. P.).

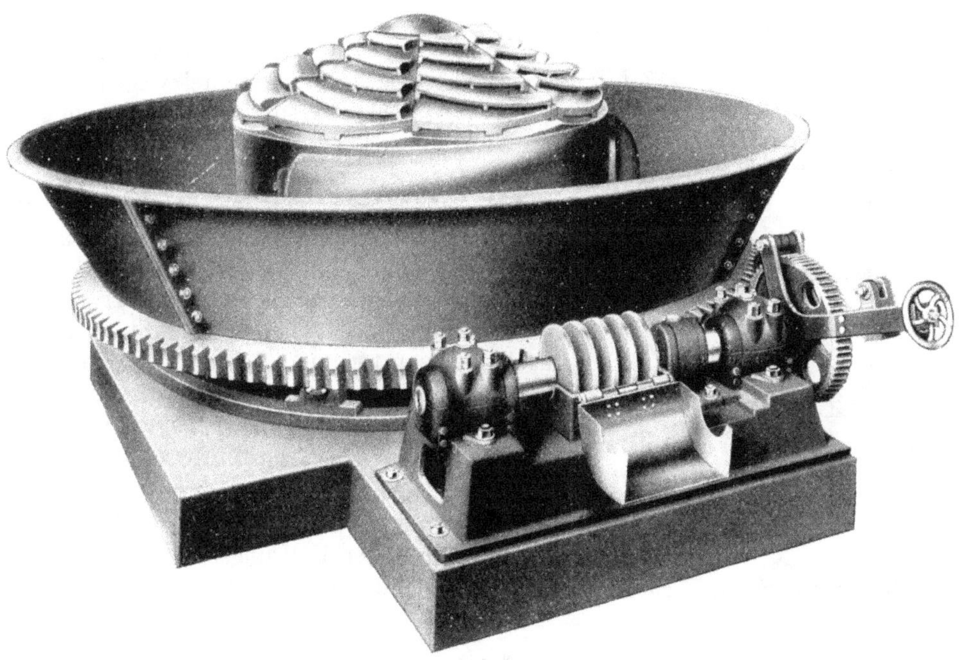

Fig. 56. Drehrost mit taschenförmiger Rosthaube (D. R. P.).

Eine andere Ausführungsform dieses Rostes als Fig. 55 zeigt Fig. 56, wie sie hauptsächlich für grobstückige Brennstoffe in Anwendung kommt und sich ebenfalls bewährt hat.

Besondere Sorgfalt wird der Ausbildung der Antriebsvorrichtung gewidmet. Ihre außerordentlich kräftig gehaltene Grundplatte ist mit der Fundamentplatte des Generators verschraubt, um der Antriebsschnecke einen dauernd guten Eingriff in das Schneckenrad der Wasserschüssel zu sichern. Der Antrieb erfolgt in einfachster Weise mittels Stahlklinken und Stahlgußzahnrad. Zur Aufnahme des Axialdruckes der Schneckenwelle ist ein kräftiges Kugellager eingebaut.

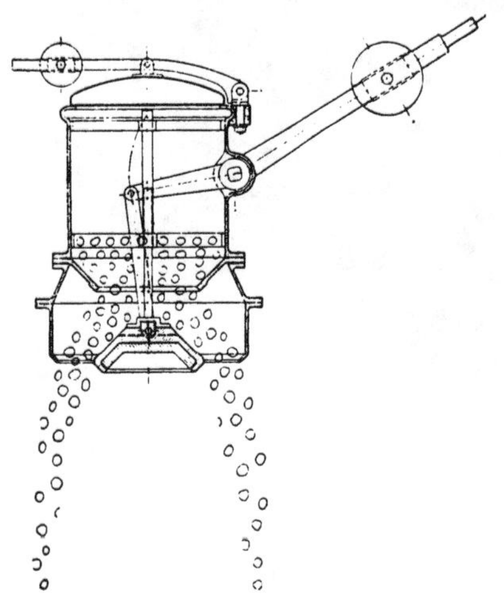

Fig. 57. Steuerung nach innen.

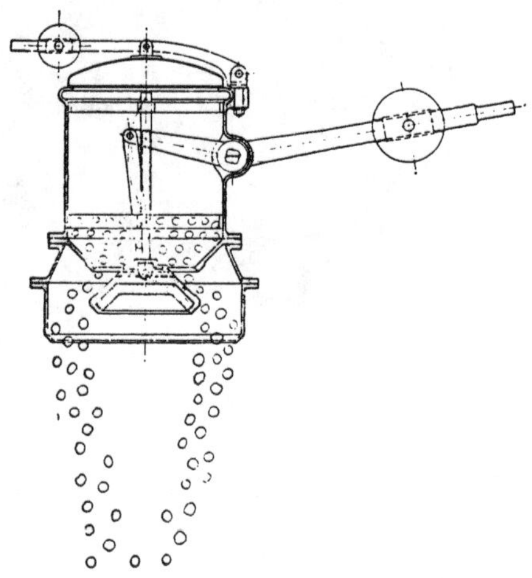

Fig. 57a. Mittlere Steuerung.

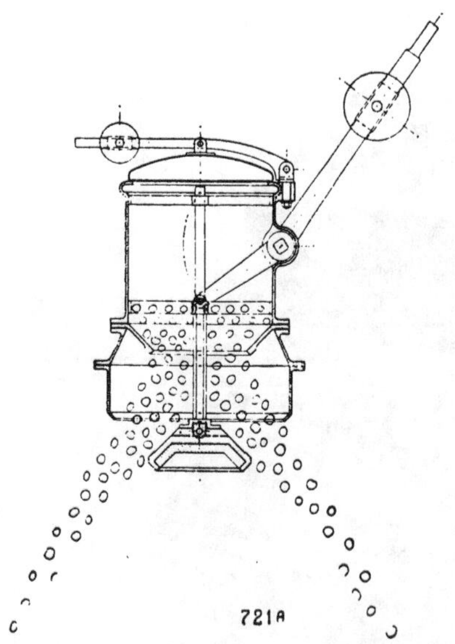

Fig. 57c. Steuerung nach außen.

Zum Fördern der Schlacke aus dem Generatorinnern unter dem Tauchmantel weg nach außen dienen besondere, exzentrisch verlaufende Schlackenräumer, die an den Rostuntersätzen angeschraubt sind (Fig. 53 und 54). Diese dem Verschleiß erfahrungsgemäß am meisten ausgesetzten Teile des Rostes sind leicht auswechselbar, ohne daß der Rost abgebaut zu werden braucht. In die Schüssel ist eine Ascheaustragvorrichtung einer geschützten Konstruktion eingebaut, welche die aus dem Generatorinnern herausgeförderte Schlacke über den Schlüsselrand weg befördert, bis sie über eine Schurre in einen bereit stehenden Ascheabfuhrwagen oder auf ein Transportband fällt.

Die Schüssel selbst läuft auf vier, an der Fundamentplatte befestigten Tragrollen und ist durch weitere vier Führungsrollen gegen horizontale Verschiebung gesichert.

Abs. 56. **Wassergasanlage.** Bauart Warsteiner Gruben- und Hüttenwerke. A.-G., Warstein.

Konstruktion. Die in nachstehender Figur 58 dargestellte Wassergaserzeugungsanlage besteht wieder aus folgenden Hauptteilen:

1. Generator,
2. Skrubber,
3. Gasbehälter.

Der Generator wird durch einen im Innern mit feuerfestem Material ausgemauerten Blechzylinder gebildet. Kurz über dem Fundament in handlicher Höhe sind gasdichte Schlacktüren angebracht. Der obere Abschluß des Generators wird durch ein sog. Kaminventil hergestellt. Die zur Einführung der Luft und zur Fortleitung des erzeugten

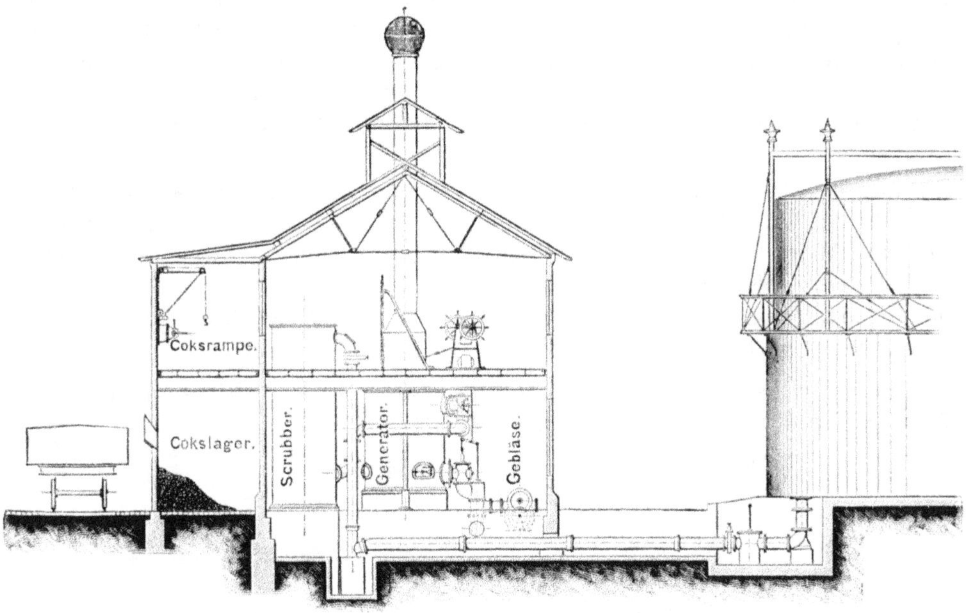

Fig. 58. Wassergas-Anlage.

Gases erforderlichen Verschlüsse sind zwangläufig miteinander verbunden, so daß der ganze Apparat fast einer automatisch wirkenden Maschine gleichkommt. Der Skrubber ist ebenfalls ein zylindrischer Blechkörper, dessen Inneres ein Berieselungssystem zur Kühlung und Reinigung des Gases besitzt. Der Gasbehälter dient dazu, das erzeugte Gas aufzunehmen und wird hinsichtlich der Bauart als hier bekannt vorausgesetzt. (Siehe auch II. Hauptteil.)

Nebenapparate sind: Das zur Erzeugung des Windes während der Heißblaseperiode erforderliche Gebläse und die Staubreiniger. Die Luft wird unter einem Druck von ca. 1000 mm Wassersäule in den Generator eingeblasen, wozu geeignete Hochdruckgebläse erforderlich sind.

Was die Bauart der Reiniger anbetrifft, so gleichen diese den Kastenreinigern, die in der Leuchtgasfabrikation üblich sind. (Siehe auch II. Hauptteil.) Eine Arbeitsbühne trennt den unteren Teil der Apparate — Generatoren — von den oberen. Bedienung und Beschickung der Generatoren spielen sich oberhalb der Arbeitsbühne ab.

Arbeitsweise. Der Vorgang bei der Wassergasbereitung ist folgender: Nachdem der Verbrennungsraum des Generators mit Koks gefüllt und letzterer durch natürlichen Zug in Glut gesetzt ist, wird in seine Sohle Wind mittels eines Gebläses ca. $1\frac{1}{2}$ bis 3 Minuten lang eingeblasen. Die dadurch entstehenden Verbrennungsgase entweichen durch das geöffnete Kaminventil nach dem Kamin über Dach. Nachdem die Kokssäule im Generator auf Weißglut erhitzt ist, wird der Wind abgestellt und das Kaminventil geschlossen. Hierauf kann 6 bis 10 Minuten lang Gas gemacht werden, indem zuerst das Gasventil geöffnet und dann Dampf in den Generator eingeblasen wird. Der Dampf durchstreicht die glühende Koksschicht, sich nach der Gleichung $C + H_2O = 2\,H + CO$ zu Wassergas zersetzend. Das gebildete Gas entweicht durch eine Rohrleitung nach dem Skrubber hin. Nach Verlauf dieser Gasperiode wird die Dampfzuführung abgestellt, das Gasventil geschlossen und das Kaminventil geöffnet. Nun kann das Blasen wieder in der schon angezogenen Weise beginnen; man gast dann wieder und so fort. Der Prozeß verläuft somit intermittierend. Diese Arbeitsweise bedingt das Vorhandensein eines Gasbehälters zur Aufspeicherung des in den einzelnen Perioden erzeugten Gases. Bevor das Gas in den Behälter tritt, passiert es den Skrubber, wo es gekühlt und gereinigt wird. Eine weitere Reinigung erfährt das Gas, ehe es zur Verbrennung in Erwärmungsvorrichtungen gelangt, in den Staubreinigern, deren Zahl sich nach der Größe der Anlage richtet.

Da alle beschriebenen Manipulationen bei der Gasbereitung automatisch verriegelt sind, so ist bei dem System »Warstein« jede Explosionsgefahr ausgeschlossen. Das erzeugte Wassergas hat eine Verbrennungswärme von 2570 Kal. pro 1 cbm und erfordert etwa 0,7 bis 1 kg Dampf pro 1 cbm.

Je nach der Preislage des zu verwendenden Kokses und der Größe der Anlage stellt sich 1 cbm Wassergas auf ca. 2 bis 4 Pf.

Dimensionen. Wassergasanlagen nach dem System »Warstein« werden in folgenden Größen zur Ausführung gebracht.

Type	I	50	bis	80	cbm	stündl.	Leistung
»	II	100	»	150	»	»	»
»	III	200	»	250	»	»	»
»	IV	300	»	350	»	»	»
»	V	500	»	650	»	»	»
»	VI	750	»	1000	»	»	»

Abs. 57. **Wassergasgeneratoren.** Bauart Julius Pintsch A.-G., Berlin. Der Generator besteht aus einem zylindrischen, schmiedeeisernen Blechgefäß mit einer starken, feuerfesten Schamotteausmauerung. Zwischen letzterer und den Außenwänden befindet sich ein Zwischenraum, der mit einem schlechten Wärmeleiter ausgefüllt ist, um die Wärmeverluste auf ein Minimum zu reduzieren.

Der Generator steht auf kurzen Säulen, um unter diesem Apparate einen Raum zum Ablöschen der Schlacke zu gewinnen. Der Rost ist durch zwei Schlacktüren leicht zugängig. Die Zufuhr von Koks erfolgt durch eine am Generatordeckel befindliche Fülltür. Ober- und unterhalb der Feuersäule steht ein Generator mit einem Wäscherskrubber in Verbindung. In der Verbindungsleitung zwischen Generator und Skrubber befindet sich ein über Dach führendes und durch eine Klappe abgeschlossenes Rohr für die Verbrennungsgase der Warmblaseperioden. Diese Gase führen nicht unbedeutende Mengen Flugasche mit sich, sie haben deshalb vor ihrem Austritt ins Freie einen aus Rohren gebildeten Skrubber zu passieren, in welchem die Flugasche durch einen feinen Sprühregen niedergeschlagen wird.

Eine Arbeitsbühne, welche in Höhe der Generator-Fülltür liegt, dient zum Beschicken des Generators mit frischem Koks und zur kontinuierlichen Bedienung der Apparate, d. h. zur Handhabung aller Hebel zu den Ventilen, Schiebern und Sicherheitsvorrichtungen.

Fig. 59.

Das zur Förderung der benötigten Windmenge dienende Hochdruckgebläse ist mit dem Generator durch eine Windleitung verbunden, welch letztere durch einen Windschieber an dem Gaserzeuger abgeschlossen oder geöffnet wird. Unter der Arbeitsbühne liegt ein automatisch eingreifendes Verriegelungssystem, welches jede willkürliche Bewegung der Schieber verhindert und eine Bedienung letzterer nur in richtiger, gefahrloser Reihenfolge gestattet. Eine Manometertafel zeigt den in jeder Fabrikationsphase herrschenden Druck an und orientiert den Gasmacher jederzeit über das richtige Funktionieren aller Apparate. Der für den Generator und zur Heizung des Gasbehälters erforderliche Dampf wird eventuell einer Dampfkesselanlage entnommen.

Arbeitsweise: Der Betrieb gestaltet sich etwa folgendermaßen: Nachdem das Gebläse in Gang gesetzt und in den kalten Generator Feuer gebracht ist, wird derselbe mit einer hohen Koksschicht beschickt und der Generator-Windschieber geöffnet. Infolgedessen tritt Luft in großen Mengen und unter höherem Druck unter den Rost und erhitzt sehr schnell die ganze Kokssäule. Die Verbrennungsgase entweichen während der Anheizperiode durch das am oberen Generatorausgang befindliche, durch das Dach führende Abgasrohr bei geöffneter Klappe ins Freie. Sobald das Brennmaterial in der gewünschten Glut ist, wird die Windzufuhr unterbrochen und die Gasperiode beginnt. Zu diesem Zwecke läßt man unter oder über der glühenden Koksschicht Dampf in den Generator einströmen und schließt den Auslaßdeckel für die Verbrennungsgase. Der Dampf findet in dem glühenden Kohlenstoffe seine Zersetzung und neue Verbindung zu Wassergas. Das Gas wird in den Skrubber gedrückt, in welchem es bei seinem Eintritt einen Wasserverschluß überwinden muß und so am Zurücktreten verhindert wird. Das Gas steigt im Skrubber von unten nach oben, während von oben Wasser durch eine Brause gleichmäßig verteilt, herabrieselt und das Gas zugleich wäscht und kühlt.

Der eigentliche Betrieb setzt sich mit Ausnahme des Anheizens und des Schlackens nur aus einfachen Handgriffen zusammen, die in regelmäßigen Zwischenräumen genau nach der Uhr vorzunehmen sind. Die Bedienung ist derart einfach und leicht, daß sie

Fig. 60.

ein gewöhnlicher Arbeiter in wenigen Tagen erlernen kann. Auch ist das Anheizen des kalten Generators nur nach längerem Betriebsstillstande erforderlich; nach einer eintägigen Betriebsunterbrechung ist die Koksfüllung des Generators noch in Glut, ohne daß sich ein wesentlicher Abbrand zeigt, und nach einem Warmblasen von ca. 10 Minuten ist der Apparat wieder zum Gasen bereit. In Zwischenräumen von ca. 45 Minuten muß der Generator mit Koks beschickt werden.

Besonders zu erwähnen ist bei diesem Verfahren die Umkehrung in der Richtung der Gaserzeugung oder die sogenannte „Abwärtstour". Wenn der Dampf stets nur unter der Koksschicht eingeführt wird, so wird die untere Zone, welcher die Arbeit der Dampfzersetzung zufällt, infolge zu großer Abkühlung untätig. Die Gebläseluft kann alsdann während der Warmblaseperiode ihre Aufgabe des Neuerhitzens in dieser Zone nicht mehr erfüllen, und die folgende Dampfzufuhr der Gasperiode würde diese kalte Zone immer mehr vergrößern, wodurch die Leistung des Generators erheblich verringert und die Qualität des Gases verschlechtert würde. Dieser Übelstand ist durch den periodischen Wechsel in der Dampfzuführung vollkommen beseitigt; durch die Einrichtung, daß von Zeit zu Zeit durch eine einfache Umsteuerung der Dampf oben in den Generator tritt und das Gas denselben unten verläßt, wird eine gleichmäßige Beanspruchung und eine Ausnutzung der gesamten Feuersäule erzielt.

Es ist sehr zweckdienlich, das Wassergas nach dem Verlassen des Skrubbers noch durch einen Staubreiniger zu drücken, welcher die letzten mechanischen Beimengungen des Gases zurückhält und die anschließende Rohrleitung vor Verstopfungen bewahrt. Es sind von der Firma meist zwei Reiniger gleicher Größe für die Endleistung der Anlage projektiert, von denen zunächst nur einer zur Aufstellung kommt.

Das Wassergas wird nunmehr einem Gasbehälter zugeführt, welcher das in einzelnen Gasperioden erzeugte Wassergas zu sammeln und in gleichmäßigem Strome weiterzudrücken hat.

c) Verbesserung minderwertiger Gase.

Abs. 58. **Gasgemische.** Werden Öfen mit Gasen von sehr geringem Heizwert befeuert, und sollen diese Öfen, die im allgemeinen nur zu Glühzwecken dienen, zeitweilig eine höhere Temperatur haben, die sich infolge der Konstruktion des Ofens ohne weiteres nicht erreichen läßt, so wird es erforderlich sein, die Heiz-Gase zu Schweißzwecken anzureichern.

Dieses kann dadurch geschehen, daß die Hochofen- oder Generatorgase mittels Leuchtgas aus einer städtischen Gaszentrale, Koksofengase oder auch mittels Wassergas aus einer solchen und endlich durch Hinzufügung von Azetylen aus einer kleinen Reserveanlage auf ein Gasgemisch höheren Wärmegehalts gebracht werden. Die Mischapparate bedürfen einer genauen Regulierung, und das Gasgemisch ist von Zeit zu Zeit zu prüfen, entweder durch Gasentnahmen in Intervallen oder durch fortlaufende selbsttätige Kontrollapparate (siehe II. Hauptteil).

Abs. 59. **Die Herstellung von Generatorgas unter Anwendung von Lindeluft.** Nachdem es gelungen ist, durch fraktionierte Destillation die Luft an Sauerstoff anreichern zu können, ist man auch auf den Gedanken gekommen, diese angereicherte Luft zur Herstellung von Misch- und Generatorgasen zu verwenden. Sowohl Professor von Linde in München als auch Professor Hempel in Dresden haben sich dem Studium dieser Frage gewidmet. Es ist zweifellos, daß sich ein reicheres Heizgas durch Verwendung von Lindeluft herstellen läßt. In Schmieden, in denen Sauerstofferzeugungsanlagen für autogene Bearbeitung vorhanden sind, dürfte es sich vielleicht lohnen, diese Anlagen mit zu verwenden, die zum Generator geführte Luft derartig zu verbessern. Bisher hat sich das Verfahren in der Großeisenindustrie noch keine praktische Bedeutung erringen können (L.-N. Nr. 59).

d) Die Gewinnung von Nebenprodukten.

Abs. 60. **Die Gewinnung von Nebenprodukten bei der Herstellung von Heizgas für die Schmiede.** Bei den Generatoren, die Braunkohle vergasen und nur ein Feuer besitzen, wie die Generatoren von Kerpely, Heller etc., bleibt der erzeugte Teer im Generator unverbrannt und geht mit dem Gase, wenn dieses heiß genug bleibt, in den Glühofen über, um hier erst zu verbrennen. Aber trotz Anwendung einer Vorlage und der unterirdischen Zuführung des Gases zu den Glühöfen zwecks Wärmeisolation scheidet sich der Teer doch in dem Rohre ab, und dann ist die Leitung in gewissen Zeiträumen auszubrennen, was erstens den Verlust eines wertvollen Nebenproduktes bedeutet und zweitens einen Betriebsstillstand.

So ist mir ein solcher Fall bekannt, wo in Kerpelygeneratoren 20 bis 28 t Braunkohle vergast werden und pro t vergaster Braunkohle 95 bis 100 kg Teer mit dem Gase aus dem Generator gehen.

Durch Einschaltung geeigneter Teerabscheider kann man dieses wertvolle Produkt gewinnen und die Kosten der Vergasung damit decken.

Der bei kühler Erzeugung des Gases abfallende Teer gibt häufig einen verhältnismäßig hohen Wert, weil er, bei niedriger Temperatur erzeugt, mehr Öl enthält als der Kokereiteer und normale Gasanstaltsteer.

Die in der Kohle enthaltenen Stickstoffverbindungen zersetzen sich infolge der hohen Temperatur der Glutzone bei der üblichen Generatorgaserzeugung, so daß der Stickstoff größtenteils in elementarer Form mit dem Gase entweicht. Sorgt man aber durch Zufuhr größerer Dampfmengen für eine verhältnismäßig niedrige Generatortemperatur, so erhält man den Stickstoff in Form von Ammoniak (NH_3), und es ist möglich, durch Behandeln des Gases mit verdünnter Schwefelsäure das Ammoniak in das als Düngemittel hohen Wert besitzende Ammoniumsulfat $(NH_4)_2 SO_4$ überzuführen und das Salz durch Abdampfen der gewonnenen Lauge zu gewinnen. Von dem Ammoniumsulfat erzielen nämlich 100 kg einen Verkaufspreis von etwa M. 25; aus 1 t Steinkohle mit einem Stickstoffgehalt von etwa 1,2% können ungefähr 40 kg Sulfat, die einem Werte von etwa M. 10 entsprechen, gewonnen werden.

Mit der vermehrten Dampfzufuhr ist allerdings eine Verschlechterung des Generatorwirkungsgrades verbunden; durch möglichst weitgehende Ausnutzung der beim Verlassen des Generators im Gase enthaltenen fühlbaren Wärme tritt jedoch ein Ausgleich ein.

Neuerdings hat auch die Firma Dawson & Mason Gas-Plant Co. in Glasgow den Bau eines Moosegenerators aufgenommen, der bei Lieferung eines Gases von 1380 WE für Ammoniakgewinnung eingerichtet ist.

In Deutschland ist es erstens die Firma Julius Pintsch, die sich mit Anlagen zur Gewinnung von Nebenprodukten beschäftigt, ferner aber auch insbesondere die Deutsche Mondgas- und Nebenprodukten-Gesellschaft m. b. H. in Berlin, deren Anlagen als Beispiel im folgenden Abschnitt beschrieben werden.

Abs. 61. **Generatoren mit Nebenprodukten-Gewinnung.** Bauart Deutsche Mondgas- und Nebenprodukten-Gesellsch. m. b. H., Berlin. Fig. 61 und 62. Neben der Verwendung von gewöhnlichen Generatorgas- und Sauggasanlagen gewinnt bei den dauernd steigenden Kohlenpreisen immer mehr ein besonderes Verfahren Wichtigkeit, das es sich zur Aufgabe macht, neben hochwertigem Gas auch insbesondere den Stickstoff der Kohle in Form von Ammoniak bzw. Ammonsulfat nutzbar zu machen. Der Betrieb der Generatoren ist dabei vollständig analog demjenigen bei der Druckgaserzeugung lediglich mit dem Unterschiede, daß die Brennstoffe unter reichlichem Dampfzusatz und dementsprechend unter Berücksichtigung der notwendigen Anpassung der Apparate vergast werden.

Das Verfahren eignet sich ebensowohl für hochwertige Brennmaterialien, wie Steinkohle und Anthrazit, als auch für minderwertige Kohlen (aschenreiche Kohlen, Braunkohlen) und vor allem auch Torf. Gerade das aus letzterem Material erzeugte Gas wird sich für Schmiedezwecke besonders eignen, da der Torf außerordentlich schwefelarm ist und dementsprechend ein sehr reines Gas geben wird.

Der im Bunker befindliche Torf gelangt durch eine Rutsche in den Generator, in dem er vergast wird. Die austretenden Gase gehen durch eine Leitung in den Gaswascher, in dem sich Wasser befindet und in dem durch auf das Wasser aufschlagende Flügelräder ein feiner Sprühregen von Wasser erzeugt wird, der 1. das Gas kühlt, 2. durch diese Kühlung eine Kondensation der Teernebel bewirkt und 3. im Gase mitgeführte Staubteilchen niederschlägt. Der Wascher ist so eingerichtet, daß Teer und Staub bequem entfernt werden können. Das Gas tritt weiter in den Säurewascher, der in seiner Konstruktion mit dem Gaswascher übereinstimmt. In dem Säurewascher wird jedoch anstatt des Wassers als Waschflüssigkeit Schwefelsäure zugesetzt, die mit dem Ammoniak des Gases eine Lauge von schwefelsaurem Ammoniak bildet. Das

Fig. 61.

Fig. 62.

im Gase enthaltene Ammoniak wird durch die feinzerstäubte Flüssigkeit aufgenommen und in der Verdampferanlage *O* auf schwefelsaures Ammoniak eingedampft. Das vom Ammoniak befreite Gas tritt in den Gaskühler. Auch dieser ist in der Konstruktion genau analog dem Gas- und Säurewascher. Aus diesem Apparat gelangt das Gas in den Zentrifugalreiniger, in dem ein Schaufelrad rotiert, gleichzeitig wird durch Düsen Wasser eingespritzt. Gas und Wasser werden äußerst intensiv durcheinandergewirbelt, wodurch eine weitere Kühlung des Gases eintritt, die eine Kondensation des im Gase enthaltenen Wasserdampfes bewirkt. Ferner werden hier noch etwa vorhandene Teernebel zur Kondensation gebracht und niedergeschlagen. Das Gas gelangt alsdann in den Trockenreiniger, wo noch etwaige Spuren von Staub und Teer zurückgehalten werden. Aus dem Trockenreiniger strömt das Gas nunmehr direkt zur Gasmaschine unter Druck zu.

Die in dem Gebläse angesaugte Luft wird in den Luftvorwärmer gedrückt. In diesem befindet sich warmes Wasser, auf dessen Oberfläche wie im Gaswasser Flügelräder aufschlagen und einen feinen Sprühregen von Wasser erzeugen. Die Luft wird gleichzeitig erwärmt und mit Wasserdampf gesättigt und tritt, nachdem ihr je nach Bedarf noch Dampf zugesetzt ist, in den Überhitzer, wo sie stark überhitzt wird. Nach Passieren des Überhitzers tritt das überhitzte Gebläse in den Generator und wird in geeigneter Weise in die Feuerzone eingeführt.

Der Dampfkessel dient zur Erzeugung des für den Betrieb der Mondgasanlage erforderlichen Dampfes.

Um ein Beispiel für die Wirtschaftlichkeit der Mondgasanlagen zu geben, mögen nachstehend die Betriebskosten einer Anlage zur Vergasung von täglich 40 t lufttrockenem Torfs aufgeführt sein, wobei durchwegs mit Werten gerechnet wurde, die ungünstiger als einheimische Durchschnittsziffern sind.

Der Torf enthält 1,3% Asche und 0,97% Stickstoff in der Trockensubstanz. Preis pro t lufttrockener Torf mit etwa 25% Feuchtigkeit = M. 5,90.

In der Anlage sind pro 24 Stunden ca. 40 t lufttrockener Torf zu vergasen, was bei kontinuierlichem Betrieb einem Jahresquantum von 14 600 t entspricht, oder einem Werte von		M. 86 150
Für die Erzeugung 342 t schwefelsaures Ammoniak werden 331 t Schwefelsäure von 60° Be. benötigt. Unter Annahme eines Preises von M. 30 pro t Säure beläuft sich das Säurekonto pro Jahr auf		» 9 930
Löhne für 6 Mann und 2 Vorarbeiter		» 13 000
Betriebsleitung und Laboratorium		» 5 000
Unterhaltung, Reparaturen, Beleuchtung, Schmier- und Putzmaterial		» 8 000
Amortisation und Verzinsung:		
Anlagekapital für Gasanlage	M. 360 000	
Gebäude	» 45 000	
	M. 405 000	
Die Amortisation ist so bemessen, daß das Kapital in 20 Jahren abgeschrieben ist, und die Verzinsung ist mit 4,5% vorgesehen		» 31 000
Summa Betriebskosten		M. 153 080

Einnahmen:

Pro t Trockentorf werden 31 kg schwefelsaures Ammoniak erzeugt oder pro Jahr 342 t. Unter Annahme eines Verkaufspreises von M. 250 pro t ergibt dies einen Wert von	M. 86 000
Die Teerausbeute beträgt pro Jahr 320 t à M. 25	» 8 000
Summa Einnahmen	M. 94 000

Zusammenstellung:

Betriebskosten	M. 153 080
Betriebseinnahmen	» 94 000
Die Gaskosten betragen demnach	M. 59 080

Die jährlich zur Verfügung stehende Gasmenge beträgt 21 900 000 cbm mit einem Heizwert von 1300 Kal. pro cbm.

1 cbm Gas kostet demnach

$$\frac{5908000}{21900000} = 0{,}27 \text{ Pf.},$$

was geringer ist als die Gaskosten bei den modernsten Drehrostgeneratoren, die selbst bei billiger Kohle (im Revier) mit ca. 0,30 Pf. veranschlagt werden müssen.

V. Kapitel. Verbrennungslehre.

Abs. 62. **Die Verbrennung insbesondere der festen Brennstoffe nach theoretischen Gesichtspunkten.** Mit Verbrennung bezeichnet man den chemischen Vorgang der Vereinigung von Sauerstoff mit anderen Elementen.

Der Sauerstoff ist gasförmig und bildet einen Bestandteil der atmosphärischen Luft, die aus ca. 20 Raumteilen Sauerstoff und 80 Teilen Stickstoff besteht oder in Gewichtsprozenten ausgedrückt im Verhältnis 23 : 77. Es ist ein farb- und geruchloses Gas, das die chemische Bezeichnung O trägt. Sein Atomgewicht ist 16.

Das wichtigste Element in bezug auf die Vereinigung mit Sauerstoff bei der Verbrennung ist der Kohlenstoff. Seine Entzündungstemperatur liegt bei 800° C. Die chemische Bezeichnung desselben ist C und sein Atomgewicht 12. Der Kohlenstoff verbrennt mit Sauerstoff, wenn die Verbrennung eine vollkommene ist, zu Kohlensäure nach der Formel

$$C + 2\,O = CO_2.$$

Hierbei werden 8080 WE entwickelt.

Bei der unvollkommenen Verbrennung, d. h. wenn nicht genügend Sauerstoff vorhanden ist, wird der Kohlenstoff zu Kohlenoxyd verbrannt, eine chemische Reaktion, die sich nach der Formel

$$C + O = CO$$

vollzieht; hierbei entstehen nur 2475 WE. (Eine WE ist gleich der Wärmemenge, welche notwendig ist zur Erhöhung der Temperatur von Wasser um 1° C.)

Der Wasserstoff ist für die Praxis das zweitwichtigste Element, das bei der Verbrennung in Frage kommt. Er ist ein Gas, das meist nur in Verbindungen vorkommt. Seine chemische Bezeichnung ist H und sein Atomgewicht 1. Es ist das leichteste Gas, 1 cbm wiegt bei atmosphärischem Druck 89,578 g. Seine wichtigste Verbindung, die der Wasserstoff mit dem Sauerstoff eingeht, ist das Wasser nach der Formel

$$2\,H + O = H_2O.$$

Seine Entzündungstemperatur liegt bei 500°. Bei der Verbrennung von 1 cbm Wasserstoff zu Wasserdampf werden 2620 WE entwickelt, bei der Verbrennung zu Wasser 3110 WE, bezogen auf 1 kg H 29 140 WE bzw. 34 600 WE.

Wird bei der Vereinigung zweier Elemente Wärme frei, so bezeichnet man diese chemische Reaktion mit einer exothermischen; dieses ist bei allen direkten Verbrennungen von Kohlenstoff und Sauerstoff der Fall. In Gaserzeugern namentlich vollziehen sich aber gleichzeitig bei der Verbrennung Zersetzungsprozesse, die Wärme verbrauchen; solche Reaktionen bezeichnet man mit endothermischen Reaktionen.

Durch hohe Temperaturen lassen sich die meisten chemischen Verbindungen zerlegen, d. h. dissoziieren. Eine Dissoziation vollzieht sich am leichtesten, wenn gleichzeitig ein anderes chemisches Element vorhanden ist, zu dem es bei dieser Temperatur eine größere Neigung (Affinität) hat, sich zu verbinden. Die Höhe der Temperatur spielt dabei oft eine große Rolle, z. B. wenn man Wasserdampf bei 1000° über glühenden Kohlenstoff leitet, so vollzieht sich folgende Dissoziation:

$$2\,H_2O + C = CO_2 + 4\,H.$$

Beträgt die Temperatur jedoch 1200°, so erfolgt folgende Umlagerung der Atome:

$$H_2O + C = 2\,H + CO.$$

Die Beobachtung, daß sich ein Zersetzungsprozeß mit der Höhe der Temperatur ändert, ist von Wichtigkeit bei Erzeugung von Wassergas. Ein anderer wichtiger Prozeß dieser Art ist die Spaltung von Kohlensäure zu Kohlenoxyd in Gegenwart von Kohlenstoff nach der Formel

$$CO_2 + C = 2\,CO.$$

Dieser Prozeß ist von Bedeutung bei der Erzeugung von Generatorgas.

Beim Heizwert unterscheidet man zwischen oberem Heizwert, d. h. Verbrennung zu flüssigem Wasser und unterem Heizwert, d. h. Verbrennung zu Wasserdampf. In den meisten Fällen der Praxis kommt lediglich der untere Heizwert in Frage, welcher um die latente Verdampfungswärme des durch die Verbrennung erzeugten Wassers niedriger ist als der obere Heizwert.

Abs. 63. **Die Verbrennung in der Praxis.** Die Temperatur, welche in einer Feuerung erzeugt wird, hängt nicht nur von der Art des Brennstoffes ab, sondern von der Dichte der Verbrennung. Die Temperatur wird um so höher sein, je konzentrierter die bei der Verbrennung erzeugten Produkte sind, d. h. je geringer die Verdünnung durch Luftüberschuß ist, mit welchem die Verbrennung stattfindet.

Der Verbrennung mit natürlichem Schornsteinzug ist insofern eine Grenze der Ausnutzung gesetzt, als die Gase zur Erzielung des Zuges mindestens eine Temperatur von 200° haben müssen. Bei künstlichem Zug kann die Temperatur selbstverständlich weiter herabgedrückt werden.

Ein Körper gerät in lebhafte Verbrennung, wenn er auf die ihm eigene Entzündungstemperatur erhitzt wird. Seine Verbrennung hört auf, sobald diese Temperatur aus irgendwelchen Ursachen herabgesetzt wird, gleichgültig ob ihm Sauerstoff zugeführt wird oder nicht. Durch Abkühlung der Flamme wird eine unvollständige Verbrennung hervorgerufen, und es erfolgt Rußabscheidung. Diese unvollkommene Verbrennung wird dann noch gefördert, wenn nicht genügend Sauerstoff vorhanden ist. Es bilden sich Teerdämpfe usw., welche sich als Ruß und Rauch bemerkbar machen und von denen sich Ruß an kalten Flächen niederschlägt. Unwirksam bleibt es daher selbstverständlich, den Verbrennungsgasen, die aus der Verbrennung stammen, nachträglich Luft zuzuführen, da dann lediglich eine Verdünnung, niemals eine Verbrennung derselben stattfinden kann. Die Verbrennung muß durch hohe Temperaturen erzielt werden.

Koks liefert dagegen selbst bei unvollständiger Verbrennung keinen Rauch oder Ruß, sondern sein Kohlenstoff verbrennt anstatt zu Kohlensäure zu Kohlenoxyd.

Der Luftbedarf zur Verbrennung von festem Kohlenstoff berechnet sich wie folgt:

1 cbm Kohlensäure wiegt	1,965 kg
in demselben ist 1 cbm Sauerstoff von Gewicht enthalten	1,429 kg
folglich haben wir an Kohlenstoff	0,536 kg.

1 cbm Luft wiegt 1,293 kg bei 0^0 und 760 mm. In dieser Luft sind enthalten 0,209 cbm Sauerstoff = 0,298 kg und 0,791 cbm Stickstoff = 0,994 kg.

Je größer der Luftüberschuß, um so geringer wird die pro cbm enthaltene Kohlensäuremenge sein und von um so geringerer Dichte auch die Verbrennung selbst. Es ist daher möglich, den Wärmeverlust durch Feststellung des Kohlensäuregehalts in den Rauchgasen zu ermitteln. Nimmt man an, daß die Temperatur 270^0 in den abziehenden Rauchgasen beträgt, so ergibt sich nachstehender Wärmeverlust:

Vol-% CO_2	4	5	6	7	8	9	10	11	12	13	14	15
Wärmeverlust in % . . .	44	35	29	25	22	19	17,5	16	14,7	13,5	12,5	11,7

Abs. 64. **Das Decken der Feuer.** Literatur über das Decken von Feuern in Glühöfen auf dem Versuchswege liegt meines Wissens nicht vor, wohl aber über das Decken von Kesselfeuerung, welche Rückschlüsse auf erstere zuläßt. C. Cario hat in der Versuchsanstalt des Magdeburger Vereins für Dampfkesselbetrieb eine Reihe von Versuchen vorgenommen und diese veröffentlicht.

Die Vorteile des Deckens von Feuern liegen in der Ersparnis an Zeit und Mühe für den Heizer. Bei größeren Anlagen, bei denen ein Heizer bis zu 4 Feuern zu bedienen hat, erfordert das Anzünden und Anheizen bei Kesseln nach 10 stündiger Nachtpause bis zu einer vollen Stunde. Dieselben Verhältnisse würden also auch annähernd für Kessel zutreffen, die mit Glühöfenabgasen geheizt werden, um den vollen Dampfdruck bei Arbeitsbeginn wieder zu haben. Bei Kesseln, die auf Glühöfen liegen und nicht mit Halbgasfeuerung versehen sind, soll nur soviel Kohle zum Decken des Rostes verwendet werden, als gerade ausreicht. Bei Öfen mit Halbgasfeuerung soll ebenfalls der Trichter nur soviel Brennstoffmenge enthalten, daß sie bis zum anderen Morgen ausreicht. Bei Öfen mit Kesseln soll der Schornsteinschieber weit genug geschlossen werden, damit die Deckkohle nicht lebhaft brennen kann, aber auch nicht zu weit, um das Ausströmen von Schwelgasen aus der Feuerung zu verhindern. Die passendste Zugstärke liegt zwischen $\frac{1}{2}$ und 1 mm Wassersäule. Bei Halbgasfeuerungen dürfte aller Wahrscheinlichkeit nach mehr Zug erforderlich sein, da zunächst in der Halbgasfeuerung nur brennbare Gase entwickelt werden, die befürchten lassen, daß Explosionen entstehen.

Bei Wiederbeginn des Betriebes sind zuerst der Essenschieber und die Feuertür zu öffnen und erst nach einer halben bis 1 Minute das Feuer anzufachen. Meist treten solche Explosionen am Ende der Betriebspause beim Anfachen des Feuers auf, wenn es der Heizer unterlassen hat, vorher Schieber und Feuertür zu öffnen, damit die Gase abziehen können. Es ist darauf zu achten, daß in den Betriebspausen sich Leute nicht unmittelbar in der Nähe des Ofens schlafen legen, da durch die Undichtigkeit des Mauerwerks die entwickelten Kohlenoxydgase aus dem Ofen dringen können. Die Kosten des Feuerdeckens dürften nicht erheblicher sein als diejenigen des Anheizens. Es fallen namentlich die Kosten für Brennholz usw. und seine Lagerung weg. Lit.-N. Nr. 64.

Abs. 65. **Die Untersuchung einer Ofenanlage.** Um den Nutzeffekt einer Feuerungsanlage festzustellen, sind folgende einzelne Feststellungen zu machen:

1. Der Brutto- und Nettonutzeffekt, durch Feststellung des Gewichtes der eingesetzten Eisenmenge und Feststellung der Temperatur, mit welcher die Stücke aus dem Ofen gezogen werden; Feststellung des Gewichtes der ausgebrachten Eisenmenge, um den Abbrand genau bestimmen zu können; Feststellung der Brennstoffmenge, die während der Versuchszeit verwendet wurde, durch Wiegen im Vergleich zur theoretisch erforderlichen Wärmemenge.
2. Des Kaminverlustes, zu berechnen aus dem Temperaturüberschuß der Abgase, ihres Volumens und ihrer Wärmekapazität.
3. Des Verlustes des unverbrannten Kohlenstoffs in den Herdrückständen. Dies geschieht in der Weise, daß man deren Gewicht bestimmt, dann in einer Durchschnittsprobe den Gehalt der brennbaren Substanzen und diese in die Rechnung einsetzt mit Kohlenstoff von 8100 WE. Der Wärmeverlust, welcher durch die Beseitigung der Asche und Schlacken aus dem Verbrennungsraum entsteht, ist derart gering, daß er vernachlässigt werden kann.
4. Des Verlustes in den Rauchgasen. Dieser wird bestimmt durch einen Rauchgasanalysator. Die Untersuchung hat sich auszudehnen auf den prozentualischen Gehalt an Kohlensäure und etwaiger Kohlenoxydmenge in den Abgasen.
5. Endlich des Verlustes, der durch Strahlung entsteht.

Es sind weiter noch folgende Messungen zu machen:

Temperatur der Luft vor dem Herde.
Temperatur der Außenluft.
Temperatur vor dem Rekuperator oder Regeneratoren.
Temperatur hinter dem Rekuperator oder Regeneratoren.
Temperatur an der Feuerbrücke.
Temperatur hinter dem Herd.

Diese Messungen sind namentlich für die Wirkungsweise der Rekuperatoren und Regeneratoren zu machen.

Liegt ein Kessel auf einer Ofenanlage oder ist er dahinter geschaltet zwecks Ausnutzung der Wärme der Rauchgase, so ist sein Nutzeffekt gesondert zu bestimmen durch Wägen oder Messen des verdampften Wassers und Berechnung der zur Verdampfung erforderlichen Wärmemenge nach der Regnaultschen Formel

$$606{,}5 + 0{,}305 \times t = t_1,$$

wobei t die Dampftemperatur, t_1 die Speisewassertemperatur darstellt.

Bei Garantieversuchen ist auf die Ausnutzung der Herdfläche durch die Schmiedestücke und auf die Dicke der Schmiedestücke Rücksicht zu nehmen; auch ist einheitliches Material zu verwenden.

VI. Kapitel. Diverses.

Abs. 66. **Durchführung von Vergasungsversuchen.** Vergasungsversuche werden durchgeführt 1.) um das Verhalten eines bisher nicht bekannten Brennstoffes bei der Vergasung zu studieren und die günstigsten Verhältnisse (Schütthöhe, Windpressung, Dampfzusatz) zu ermitteln; 2.) handelt es sich in den meisten Fällen aber nicht nur um das Herausfinden der für den betreffenden Brennstoff günstigsten Bedingungen, sondern auch um Feststellung der Leistung im Dauerbetriebe (Durchsatz, mittlere Gaszusammensetzung, Gastemperatur, Brennstoffausnutzung usw.), so daß durch den Versuch verläßliche Unterlagen für die Bemessung der Größe von Generatoranlagen und die Rentabilitätsberechnung gefunden werden. Daraus folgt, daß nur ein exakt durchgeführter und über eine längere Zeit ausgedehnter Versuch die richtige Ermittlung der wichtigsten Werte gestattet. Vertrautheit mit der Konstruktion des Gaserzeugers, fortgesetzte Beobachtung, ein rasch und verläßlich arbeitendes Laboratorium, größte Exaktheit, fortlaufende Kontrolle und Aufzeichnung aller Vorfälle sind die unerläßlichen Voraussetzungen für jeden derartigen Versuch, für dessen Durchführung folgendes zu beachten ist:

Versuchsdauer richtet sich nach der für jeweiligen Zweck erforderlichen Genauigkeit festzustellender Werte, Größe des Generators, bei aschenarmen Brennstoffen länger als bei aschenreichen. (Kerpelygenerator von 2 m Durchm., mittlerer Aschengehalt von mindestens 36 Stunden.)

Versuchsbrennstoff soll der mittleren Zusammensetzung der später im Betriebe verwendeten möglichst nahekommen. Genaue Bezeichnung bei Versendung. Identifizierung durch Waggonnummern. Durchschnittsprobe bei Entladen (jede zwanzigste oder dreißigste Schaufel beiseite) wiederholt vierteilen. Großes zerschlagen. Aus 50 kg Probe 2 oder 3 Wasserbestimmungen, Rest zerkleinern, davon Probe für vollständige Elementaranalyse. Oder beim Versuch von jeder Charge Probe in ein Gefäß und aus diesem Durchschnittsprobe.

Durchsatzleistung. Chargen wiegen. Vergleich mit Waggongewichten. Bei Versuchsbeginn Schütthöhe feststellen, bei Schluß auf gleiche Schütthöhe bringen, eventuell Sonderversuch in den letzten Stunden, wenn Beharrungszustand erreicht ist. Versuche tunlichst bei einem mit Brennstoff von bekannten Eigenschaften im Betrieb befindlichen Generator beginnen, damit günstigste Bedingungen für Vergasung rascher herausgefunden werden. Zeit und Anzahl der einzelnen Chargen notieren. Wind-, Dampf- und Gasdruck, Gastemperatur etwa stündlich ablesen. Dampfmessung durch Kondensation oder mit Gehre-Dampfmesser (siehe Abschnitte über Meßinstrumente). Rostgeschwindigkeit notieren.

Gasanalysen. Besser mehr kleine Proben in Pipetten von ca. 200 cbm Inhalt als weniger große Proben in Saugflaschen, wegen Verstopfen und Schadhaftwerden der Schläuche durch Teer und Staub, Absorption von CO_2 durch Wasser. Gasproben Tag und Nacht stündlich nehmen. (CO bei Analyse sehr genau absorbieren, da sonst meist zu hohe Werte für CH_4 gefunden werden.)

Wasser, Teer und Staubgehalt des Gases mit Watterohr, ersteres mit Chlorkalzium, Watterohr dann mit trockener Luft trocknen.

Brennstoffrückstände. Proben erst dann nehmen, wenn alle alte Asche aus dem Generator entfernt ist. Probenahme wie bei Kohle.

Die auf Grund des Versuches direkt oder durch Rechnung ermittelten Werte werden am besten in die auf Seite 119 bis 120 befindlichen Tabellen eingetragen.

1. Formeln zur raschen Berechnung der wichtigsten Werte.

Es bedeutet:

C_1 = Kohlenstoffgehalt in 1 kg Brennstoff
C_2 = » » 1 » Brennstoffrückständen
A_1 = Aschengehalt » 1 » Brennstoff
A_2 = » » 1 » Brennstoffrückständen
Cg = Kohlenstoffgehalt » 1 cbm Gas nach Durchschnittsanalyse
Ct = » von dem in 1 cbm Gas enthaltenen Teer und Staub
Cv = Kohlenstoffverlust durch die Brennstoffrückstände (bezogen auf 1 kg Brennstoff)
(in g)

WE_B = Heizwert von 1 kg Brennstoff in WE,
WE_G = » » 1 cbm Gas bei Normalbedingungen in WE,
Vg = Gasausbeute aus 1 kg Brennstoff in cbm bei Normalbetrieb.

Dann ist:

1. $Cv = C_2 \frac{A_1}{A_2}$,
2. $Cg = 5{,}38\,(CO_2 + CO + CH_4)$ Klammerwert in Volumprozenten. Siehe auch Tabelle S. 126,
3. $WE_B = 81\,C + 290\left(H - \frac{O}{8}\right) + 25\,S - 6\,H_2O$ aus der Elementaranalyse,
4. $WE_G = 30{,}4\,CO + 25{,}7\,H_2 + 85{,}7\,CH_4$. Siehe Tabellen S. 123—125,
5. $Vg = \frac{C_1 - Cv}{Cg + C_1}$,
6. Wärmeausnutzung, bezogen auf Reingas bei NB. $= \frac{100\,Vg \cdot WE_G}{WE_B}\,\%$,
7. Brennstoffausnutzung $= 100\,\frac{C_1 - (Cv + VgCt)}{C_1}\,\%$.

2. Praktisches Beispiel für die Ermittlung der Versuchswerte.

Abfallkoks aus dem Ostrauer Revier. Der Versuch wurde in einem Hochdruckgenerator »Patent Kerpely« von 2 m Durchmesser durchgeführt.

1. Unmittelbar beim Versuch erhaltene Werte:

Versuchsdauer: $42\frac{1}{2}$ Stunden,
Vergaste Brennstoffmenge: 18000 kg,
Daraus berechnet Durchsatz pro Stunde: 423 kg,
» » » » » und 1 qm Schachtfläche: 130 kg,
Gastemperatur (Mittel aus 50 Ablesungen): 493° C,
Winddruck (» » 40 »): 395 mm,
Dampfverbrauch, pro Stunde gemessen, mit Gehre-Dampfmesser: 50,2 kg,
Dampfverbrauch pro 100 kg Brennstoff: $\frac{50 \cdot 100}{423} = 11{,}8$ kg.

2. Vom Laboratorium erhaltene Werte:

50 Gasanalysen. Durchschnitt ergibt: 3,6 % CO_2, 30,6 % CO, 9,5 % H,
Elementaranalyse: 62,05 % C, 15,0 % H_2O, 20,9 % Asche, 0,6 % H, 0,36 % O, 0,65 % N, 0,44 % S,
Analyse der Brennstoffrückstände: 20,6 % C, 79,1 % Asche,
Mittel der Wasser- und Teerbestimmungen: 13,0 g Wasser in 1 cbm Gas, 8,5 g Teer und Staub in 1 cbm Gas.

Somit ist: $C_1 = 620,5$ g, $C_2 = 206,0$ g, $A_1 = 209,0$ g, $A_2 = 791,0$ g, $Ct = 0,7 \cdot 8,5$ $= 5,95$ g (Teer und Staub enthalten fast stets 70% C),

und nach 1. $Cv \;= 206 \frac{209}{791} = 54,4$ g,

» 2.[1] $Cg \;= 5,38\,(3,6 + 30,6) = 184$ g,

» 3. $WE_B = 81 \cdot 62,05 + 290 \left(0,6 - \frac{0,36}{8}\right) + 25 \cdot 0,44 - 6 \cdot 15 = 5110$ WE,

» 4.[1] $WE_G = 30,4 \cdot 30,6 + 25,7 \cdot 9,5 = 1174$ WE.

» 5. $Vg \;= \frac{620,5 - 54,4}{184 + 5,95} \sim 3,0$ cbm,

» 6. Wärmeausnutzung $= \frac{3 \cdot 1174}{5110} = 68,9\%$,

» 7. Brennstoffausnutzung $=$
$= 100 \frac{620,5 - (54,4 + 3 \cdot 5,95)}{620,5} = 90\%$

(6. und 7.: bezogen auf kaltes, teerfreies Gas.)

Diese Werte sind nun in der umstehenden Form zusammengestellt.

3. Zusammenstellung der Ergebnisse des Vergasungsversuches mit Abfallkoks des Ostrauer Reviers.

Ort des Versuches		Donawitz
Zeit des Versuches		13. bis 15. Mai
Art des Generators		Hochdruckgenerat. »Patent Kerpely«
Analyse des Brennstoffes %	C	62,05
	Wasser	15,—
	Asche	20,90
	H	0,60
	O	0,36
	N	0,65
	S	0,44
Körnung des Brennstoffes %	0—0,5 mm	9,—
	0,5—1 mm	7,—
	1—3 mm	16,—
	3—5 mm	13,—
	5—8 mm	10,—
	8—12 mm	8,—
	über 12 mm	37,—
Dauer des Versuches		42½ Stunden
Durchsatz in Summe		18000 kg
Durchsatz pro Stunde		423 kg
Durchsatz pro Stunde und qm Schachtfläche		120 kg

Durchschnittsgasanalyse	CO_2	3,6%
	CO	30,6%
	H	9,5%
	CH_4	—
Teer und Staub im cbm Gas		8,5 g
Kohlenstoffgehalt der Asche		20,6%
Kohlenstoffverlust pro kg Brennstoff durch die Asche		54,4 g
cbm Gas (0°, 760 mm) pro 1 kg Brennstoff		3,0 cbm
Heizwert von 1 cbm Gas		1174 WE
Heizwert von 1 kg Brennstoff		5110 WE
Wärmeausnutzung des Brennstoffes bei Reingas (0°, 760 mm)		68,9%
Brennstoffausnutzung		90%
Gastemperatur		493° C
Feuchtigkeit im cbm Gas (0°, 760 mm)		13,0 g
Ammoniak im cbm Gas (0°, 760 mm)		—
Dampfverbrauch pro 100 kg Brennstoff		11,8 kg
Winddruck unter dem Rost		395 mm H_2O-Säule

[1]) Berechnung nach Tabelle.

4. Zusammenstellung der Ergebnisse des Vergasungsversuches mit ....

....

Ort des Versuches		
Zeit des Versuches		
Art des Generators		
Analyse des Brennstoffes $^0/_0$ . . .	C	
	Wasser	
	Asche	
	H	
	O	
	N	
	S	
Körnung des Brennstoffes $^0/_0$.	9—0,5 mm	
	0,5—1 mm	
	1—3 mm	
	3—5 mm	
	5—8 mm	
	8—12 mm	
	über 12 mm	
Dauer des Versuches		
Durchsatz in Summe		
Durchsatz pro Stunde		
Durchsatz pro Stunde und cbm Schachtfläche		

Durchschnitts-analyse	CO_2	
	CO	
	H	
	CH_4	
Teer und Staub in cbm Gas .		
Kohlenstoffgehalt der Asche . .		
Kohlenstoffverlust pro kg Brennstoff durch die Asche . . .		
cbm Gas (0°, 760 mm) pro 1 kg Brennstoff		
Heizwert von 1 cbm Gas . . .		
Heizwert von 1 kg Brennstoff .		
Wärmeausnutzung des Brennstoffes bei Reingas (0°, 760 mm)		
Brennstoffausnutzung		
Gastemperatur		
Feuchtigkeit im cbm Gas (0°, 760 mm)		
Ammoniak im cbm Gas (0°, 760 mm)		
Dampfverbrauch pro 100 kg Brennstoff		
Winddruck unter dem Rost . .		

5. Notizen während des Versuches

mit ....

Zeit	Charge od. Gewicht	Wind-druck	Dampf-druck	Dampf-ventil	Gas-temperatur	Rost-geschwin-digkeit	Gas-druck	Analyse CO₂				Bemerkungen über Schütthöhe etc.
								CO_2	CO	H	CH_4	

Abs. 67. **Die physikalischen Eigenschaften der Luft und der Heizgase.** In den nachfolgenden Tabellen, die hauptsächlich auch für die Untersuchung der Wärmevorgänge in den Öfen dienen, sind die physikalischen Eigenschaften der Luft und der Heizgase zusammengestellt.

1. Spezifische Gewichte der Gase usw.

Gas	Spez. Gewicht Luft = 1	Spez. Gewicht in kg	Spez. Wärme Cp.	Heizwert pro kg oberer	Heizwert pro kg unterer	Heizwert pro 1 cbm	Gewicht LB pro kub. Ft.	B. T. V. pro kub. Ft.
Luft	1	1,293	0,2375	—	—	—	0,08065	—
N	0,967	1,250	0,2438	—	—	—	0,07797	—
O	1,105	1,430	0,2175	—	—	—	0,08918	—
NH_3	0,597	0,766	0,5202	—	—	—	0,04778	—
H	0,0696	0,08995	3,4090	33 928	28 557	2 568,7	0,00561	0,3016
H_2O	0,6059	0,783	0,4805	—	—	—	0,04885	—
CO	0,967	1,251	0,2425	—	2 429	3 038,7	0,07802	0,3568
CO_2	1,529	1,977	0,2039	—	—	—	0,12335	—
CH_4	0,558	0,722	0,5929	13 318	11 970	8 570,0	0,04503	1,0150
C_2H_4	0,985	1,274	0,4040	11 916	11 145	14 197,7	0,07947	1,6671
C_2H_2	0,92	1,189	0,3880	11 914	11 499	13 672,3	0,07416	1,6060
SO_2	2,263	2,881	0,1544	—	—	—	0,17970	—
H_2S	1,178	1,523	—	—	2 741	4 174,5	0,09497	0,4902

2. Ausdehnung der Gase.

t °C	α t	(1 + α t)	t °C	α t	(1 + α t)	t °C	α t	(1 + α t)
10	0,0367	1,0367	410	1,5047	2,5047	810	3,9727	3,9727
20	0,0734	1,0734	420	1,5414	2,5414	820	3,0094	4,0094
30	0,1101	1,1101	430	1,5781	2,5781	830	3,0461	4,0461
40	0,1468	1,1468	440	1,6148	2,6148	840	3,0828	4,0828
50	0,1835	1,1835	450	1,6515	2,6515	850	3,1195	4,1195
60	0,2202	1,2202	460	1,6882	2,6882	860	3,1562	4,1562
70	0,2569	1,2569	470	1,7249	2,7249	870	3,1929	4,1929
80	0,2936	1,2936	480	1,7616	2,7616	880	3,2296	4,2296
90	0,3303	1,3303	490	1,7983	2,7983	890	3,2663	4,2663
100	0,3670	1,3670	500	1,8350	2,8350	900	3,3930	4,3930
110	0,4037	1,4037	510	1,8717	2,8717	910	3,3397	4,3397
120	0,4404	1,4404	520	1,9084	2,9084	920	3,3764	4,3764
130	0,4771	1,4771	530	1,9451	2,9451	930	3,4131	4,4131
140	0,5138	1,5138	540	1,9818	2,9818	940	3,4498	4,4498
150	0,5505	1,5505	550	2,0185	3,0185	950	3,4865	4,4865
160	0,5872	1,5872	560	2,0552	3,0552	960	3,5232	4,5232
170	0,6239	1,6239	570	2,0919	3,0919	970	3,5599	4,5599
180	0,6606	1,6606	580	2,1286	3,1286	980	3,5966	4,5966
190	0,6973	1,6973	590	2,1653	3,1653	990	3,6333	4,6333
200	0,7340	1,7340	600	2,2020	3,2020	1000	3,6700	4,6700
210	0,7707	1,7707	610	2,2387	3,2387	1020	3,7434	4,7434
220	0,8074	1,8074	620	2,2754	3,2754	1040	3,8168	4,8168
230	0,8441	1,8441	630	2,3121	3,3121	1060	3,8902	4,8902
240	0,8808	1,8808	640	2,3488	3,3488	1080	3,9636	4,9636
250	0,9175	1,9175	650	2,3855	3,3855	1100	4,0370	5,0370
260	0,9542	1,9542	660	2,4222	3,4222	1120	4,1104	5,1104
270	0,9909	1,9909	670	2,4589	3,4589	1140	4,1838	5,1838
280	1,0276	2,0276	680	2,4956	3,4956	1160	4,2572	5,2572
290	1,0643	2,0643	690	2,5323	3,5323	1180	4,3306	5,3306
300	1,1010	2,1010	700	2,5690	3,5690	1200	4,4040	5,4040
310	1,1377	2,1377	710	2,6057	3,6057	1220	4,4774	5,4774
320	1,1744	2,1744	720	2,6424	3,6424	1240	4,5508	5,5508
330	1,2111	2,2111	730	2,6791	3,6791	1260	4,6242	5,6242
340	1,2478	2,2478	740	2,7158	3,7158	1280	4,6976	5,6976
350	1,2845	2,2845	750	2,7525	3,7525	1300	4,7710	5,7710
360	1,3212	2,3212	760	2,7892	3,7892	1400	5,1380	6,1380
370	1,3579	2,3579	770	2,8259	3,8259	1500	5,5060	6,5060
380	1,3946	2,3946	780	2,8626	3,8626	1600	5,8720	6,8720
390	1,4313	2,4313	790	2,8993	3,8993	1700	6,2390	7,2390
400	1,4680	2,4680	800	2,9360	3,9360	1800	6,6060	7,6060

3. Spezifische Wärmen von Gasen (0—2000⁰).

Temperatur	Pro 1 Kilogramm						Pro 1 Kubikmeter					
							Luft, CO, H		CO_2		H_2O	
	Luft	CO_2	CO	CH_4	H	H_2O	Cp.	WE	Cp.	WE	Cp.	WE
0	0,2375	0,1952	0,2425	0,5930	3,4090	0,4415	0,3046	0	0,3801	0	0,3607	0
100	0,2405	0,2079	0,2455	0,6004	3,4517	0,4702	0,3100	31	0,4301	40	0,3866	37
200	0,2434	0,2206	0,2486	0,6078	3,4943	0,4989	0,3153	62	0,4461	83	0,4152	77
300	0,2464	0,2333	0,2516	0,6152	3,5369	0,5276	0,3207	94	0,4791	129	0,4383	120
400	0,2494	0,2460	0,2546	0,6226	3,5795	0,5562	0,3260	126	0,5121	178	0,4642	165
500	0,2523	0,2586	0,2577	0,6300	3,6221	0,5850	0,3314	159	0,5451	231	0,4901	213
600	0,2553	0,2713	0,2607	0,6374	3,6647	0,6137	0,3368	192	0,5781	288	0,5160	263
700	0,2583	0,2840	0,2637	0,6448	3,7073	0,6424	0,3421	226	0,6111	347	0,5419	316
800	0,2612	0,2967	0,2667	0,6522	3,7699	0,6711	0,3575	261	0,6441	410	0,5677	371
900	0,2642	0,3094	0,2698	0,6596	3,7925	0,6998	0,3528	296	0,6771	476	0,5936	429
1000	0,2672	0,3221	0,2728	0,6671	3,8351	0,7285	0,3582	331	0,7101	545	0,6195	490
1100	0,2702	0,3348	0,2758	0,6745	3,8777	0,7572	0,3636	365	0,7431	618	0,6454	553
1200	0,2731	0,3475	0,2789	0,6819	3,9204	0,7859	0,3689	404	0,7761	694	0,6713	619
1300	0,2761	0,3602	0,2819	0,6893	3,9630	0,8146	0,3743	441	0,8091	774	0,6971	688
1400	0,2791	0,3728	0,2849	0,6967	4,0056	0,8433	0,3796	470	0,8421	856	0,7230	759
1500	0,2820	0,3855	0,2880	0,7041	4,0482	0,8720	0,3850	517	0,8751	941	0,7489	832
1600	0,2850	0,3982	0,2910	0,7115	4,0908	0,9007	0,3904	556	0,9081	1031	0,7748	908
1700	0,2880	0,4109	0,2940	0,7189	4,1334	0,9294	0,3957	595	0,9411	1123	0,8007	987
1800	0,2909	0,4236	0,2970	0,7264	4,1761	0,9581	0,4011	635	0,9741	1219	0,8265	1068
1900	0,2939	0,4363	0,3000	0,7333	4,2187	0,9868	0,4064	675	1,0071	1318	0,8524	1152
2000	0,2969	0,4490	0,3031	0,7412	4,2613	1,0155	0,4118	717	1,0401	1420	0,8783	1239

4. Feuchtigkeitsgehalt von Generatorgas.

⁰C	g/1 m³	⁰C	g/1 m³	⁰C	g/1 m³	⁰C	g/1 m³
0	5	30	36	60	190	80	700
10	9	40	62	70	350	90	1800
20	19	50	110	75	490		

5. Feuchtigkeitsgehalt gesättigter Luft.

⁰C	g/1 m³	⁰C	g/1 m³	⁰C	g/1 m³	⁰C	g/1 m³
—20	1,060	16	13,554	36	41,393	56	108,399
—10	2,303	18	15,270	38	45,878	58	118,465
0	4,876	20	17,177	40	53,766	60	129,292
2	5,580	22	19,286	42	56,096	65	160,048
4	6,370	24	21,617	44	61,881	70	196,640
6	7,259	26	24,168	46	68,176	75	239,910
8	8,257	28	27,016	48	75,008	80	290,783
10	9,372	30	30,130	50	82,404	85	350,033
12	10,618	32	33,548	52	90,410	90	418,832
14	12,007	34	37,288	54	99,867	100	589,585

Abs. 68. **I. Tabellen zur Berechnung des Heizwertes von Generatorgas aus der Gasanalyse.**

%	Wärme-Einheiten			%	Wärme-Einheiten			%	Wärme-Einheiten			%	Wärme-Einheiten			%	Wärme-Einheiten		
	CO	H	CH_4		CO	H	CH_4		CO	H	CH_4		CO	H	CH_4		CO	H	CH_4
0,0				5,2		134		10,4	316	267		15,6	475	401		20,8	632	535	
0,1			9	5,3		136		10,5	319	270		15,7	478	403		20,9	636	537	
0,2			17	5,4		139		10,6	322	272		15,8	481	406		21,0	638	540	
0,3			26	5,5		141		10,7	325	275		15,9	484	409		21,1	641	542	
0,4			34	5,6		144		10,8	328	278		16,0	487	411		21,2	644	545	
0,5			43	5,7		146		10,9	331	280		16,1	490	414		21,3	648	547	
0,6			51	5,8		149		11,0	334	283		16,2	493	416		21,4	651	550	
0,7			60	5,9		151		11,1	337	285		16,3	496	419		21,5	654	553	
0,8			68	6,0		154		11,2	340	288		16,4	499	421		21,6	657	555	
0,9			77	6,1		157		11,3	344	290		16,5	502	424		21,7	660	558	
1,0			86	6,2		159		11,4	347	293		16,6	505	427		21,8	663	560	
1,1			94	6,3		162		11,5	350	296		16,7	508	429		21,9	666	563	
1,2			103	6,4		164		11,6	353	298		16,8	511	432		22,0	669	565	
1,3			111	6,5		167		11,7	356	301		16,9	514	434		22,1	672	568	
1,4			120	6,6		170		11,8	359	303		17,0	517	437		22,2	675	571	
1,5			128	6,7		172		11,9	362	306		17,1	520	439		22,3	678	573	
1,6			137	6,8		175		12,0	365	308		17,2	523	442		22,4	681	576	
1,7			146	6,9		177		12,1	368	311		17,3	526	445		22,5	684	578	
1,8			154	7,0		180		12,2	371	314		17,4	529	447		22,6	687	581	
1,9			163	7,1		182		12,3	374	316		17,5	532	450		22,7	690	583	
2,0			171	7,2		185		12,4	377	319		17,6	535	452		22,8	693	586	
2,1			180	7,3		188		12,5	380	321		17,7	538	455		22,9	696	589	
2,2			188	7,4		190		12,6	383	324		17,8	541	457		23,0	699	591	
2,3			197	7,5		193		12,7	386	327		17,9	544	460		23,1	702	594	
2,4			205	7,6		195		12,8	389	329		18,0	547	463		23,2	705	596	
2,5			214	7,7		198		12,9	392	332		18,1	550	465		23,3	708	599	
2,6			223	7,8		200		13,0	395	334		18,2	553	468		23 4	711	601	
2,7			231	7,9		203		13,1	398	337		18,3	556	470		23,5	714	604	
2,8			240	8,0		206		13,2	401	339		18,4	559	473		23,6	717	607	
2,9			248	8,1		208		13,3	404	342		18,5	562	475		23,7	720	609	
3,0			257	8,2		211		13,4	407	344		18,6	565	478		23,8	724	612	
3,1			265	8,3		213		13,5	410	347		18,7	568	481		23,9	727	614	
3,2			274	8,4		216		13,6	413	350		18,8	572	483		24,0	730	617	
3,3			282	8,5		218		13,7	416	352		18,9	575	486		24,1	733	619	
3,4			291	8,6		221		13,8	420	355		19,0	578	488		24,2	736	622	
3,5			300	8,7		224		13,9	423	357		19,1	581	491		24,3	739	625	
3,6			308	8,8		226		14,0	426	360		19,2	584	493		24,4	442	627	
3,7			317	8,9		229		14,1	429	362		19,3	587	496		24,5	745	630	
3,8			325	9,0		231		14,2	432	365		19,4	590	499		24,6	748	632	
3,9			334	9,1		234		14,3	435	368		19,5	593	501		24,7	751	635	
4,0			342	8,2		236		14,4	438	370		19,6	596	504		24,8	754	637	
4,1			351	9,3		239		14,5	441	373		19,7	599	506		24,9	757	640	
4,2			360	9,4		242		14,6	444	375		19,8	602	509		25,0	760	643	
4,3			368	9,5		244		14,7	447	378		19,9	605	511		25,1	763	645	
4,4			377	9,6		247		14,8	450	380		20,0	608	514		25,2	766	648	
4,5			385	9,7		249		14,9	453	383		20,1	611	517		25,3	769	650	
4,6			394	9,8		252		15,0	456	386		20,2	614	519		25,4	772	653	
4,7			402	9,9		254		15,1	459	388		20,3	617	522		25,5	775	655	
4,8			411	10,0	304	257		15,2	462	391		20,4	620	524		25,6	778	658	
4,9			419	10,1	307	260		15,3	465	393		20,5	623	527		25,7	781	660	
5,0		129	428	10,2	310	262		15,4	468	396		20,6	626	529		25,8	784	663	
5,1		131		10,3	313	265		15,5	472	398		20,7	629	532		25,9	787	666	

%	Wärme-Einheiten			%	Wärme-Einheiten			%	Wärme-Einheiten			%	Wärme-Einheiten		
	CO	H	CH_4		CO	H	CH_4		CO	H	HO_4		CO	H	HO_4
26,0	790	668		31,6	961	812		37,2	1131	956		42,8	1301	1100	
26,1	793	671		31,7	964	815		37,3	1134	959		42,9	1304	1103	
26,2	796	673		31,8	967	817		37,4	1137	961		43,0	1307	1105	
26,3	800	676		31,9	970	820		37,5	1140	964		43,1	1310	1108	
26,4	803	678		32,0	973	822		37,6	1143	965		43,2	1313	1110	
26,5	806	681		32,1	976	825		37,7	1146	968		43,3	1316	1113	
26,6	809	684		32,2	979	827		37,8	1149	970		43,4	1319	1115	
26,7	812	686		32,3	982	830		37,9	1152	973		43,5	1322	1118	
26,8	815	689		32,4	985	833		38,0	1155	977		43,6	1325	1121	
26,9	818	691		32,5	988	835		38,1	1158	979		43,7	1328	1123	
27,0	821	694		32,6	991	338		38,2	1161	982		43,8	1332	1126	
27,1	824	696		32,7	994	840		38,3	1164	984		43,9	1335	1128	
27,2	827	699		32,8	997	843		38,4	1167	987		44,0	1338	1131	
27,3	830	702		32,9	1000	845		38,5	1170	990		44,1	1341	1134	
27,4	833	704		33,0	1003	858		38,6	1173	992		44,2	1344	1136	
27,5	836	707		33,1	1006	851		38,7	1176	995		44,3	1347	1139	
27,6	839	709		33,2	1009	853		38,8	1180	997		44,4	1350	1141	
27,7	842	712		33,3	1012	856		38,9	1183	1000		44,5	1353	1144	
27,8	845	714		33,4	1015	868		39,0	1186	1002		44,6	1356	1146	
27,9	848	717		33,5	1018	861		39,1	1189	1005		44,7	1359	1149	
28,0	851	720		33,6	1021	863		39,2	1192	1008		44,8	1362	1151	
28,1	854	722		33,7	1024	866		39,3	1195	1010		44,9	1365	1154	
28,2	857	725		33,8	1028	879		39,4	1198	1013		45,0	1368	1156	
28,3	860	727		33,9	1031	871		39,5	1201	1015		45,1	1371	1159	
28,4	863	730		34,0	1034	874		39,6	1204	1018		45,2	1374	1162	
28,5	866	732		34,1	1037	876		39,7	1207	1020		45,3	1377	1164	
28,6	869	735		34,2	1040	879		39,8	1210	1023		45,4	1380	1167	
28,7	872	738		34,3	1043	881		39,9	1213	1026		45,5	1383	1169	
28,8	876	740		34,4	1046	884		40,0	1216	1028		45,6	1386	1172	
28,9	879	749		34,5	1049	887		40,1	1219	1031		45,7	1389	1175	
29,0	882	745		34,6	1052	899		40,2	1222	1033		45,8	1392	1177	
29,1	885	748		34,7	1055	892		40,3	1225	1036		45,9	1395	1180	
29,2	888	750		34,8	1058	894		40,4	1228	1038		46,0	1398	1182	
29,3	891	753		34,9	1061	897		40,5	1231	1041		46,1	1401	1185	
29,4	894	756		35,0	1064	899		40,6	1234	1043		46,2	1404	1187	
29,5	897	758		35,1	1067	902		40,7	1237	1046		46,3	1408	1190	
29,6	900	761		35,2	1070	904		40,8	1240	1049		46,4	1411	1193	
29,7	903	763		35,3	1073	907		40,9	1243	1051		46,5	1414	1195	
29,8	906	766		35,4	1076	910		41,0	1246	1054		46,6	1417	1198	
29,9	909	768		35,5	1079	912		41,1	1249	1056		46,7	1420	1200	
30,0	912	771		35,6	1082	915		41,2	1252	1059		46,8	1423	1203	
30,1	915	774		35,7	1085	917		41,3	1256	1061		46,9	1426	1205	
30,2	918	776		35,8	1088	920		41,4	1259	1064		47,0	1429	1208	
30,3	921	779		35,9	1091	922		41,5	1262	1067		47,1	1432	1211	
30,4	924	781		36,0	1094	925		41,6	1265	1069		47,2	1435	1213	
30,5	927	784		36,1	1097	928		41,7	1268	1072		47,3	1438	1216	
30,6	930	786		36,2	1100	930		41,8	1271	1074		47,4	1441	1218	
30,7	933	789		36,3	1104	933		41,9	1273	1077		47,5	1444	1221	
30,8	936	792		36,4	1107	935		42,0	1277	1079		47,6	1447	1223	
30,9	939	794		36,5	1110	938		42,1	1280	1082		47,7	1450	1226	
31,0	942	797		36,6	1113	940		42,2	1283	1085		47,8	1453	1228	
31,1	945	799		36,7	1116	943		42,3	1286	1087		47,9	1456	1231	
31,2	948	802		36,8	1119	946		42,4	1289	1090		48,0	1459	1234	
31,3	952	804		36,9	1122	848		42,5	1292	1092		48,1	1462	1237	
31,4	955	807		37,0	1125	951		42,6	1295	9096		48,2	1465	1239	
31,5	958	810		37,1	1128	953		42,7	1298	1097		48,3	1468	1241	

%	Wärme-Einheiten			%	Wärme-Einheiten			%	Wärme-Einheiten			%	Wärme-Einheiten			%	Wärme-Einheiten		
	CO	H	CH_4		CO	H	CH_4		CO	H	CH_4		CO	H	CH_4		CO	H	CH_4
48,4	1471	1244		50,8	1544	1306		53,2		1367		55,6		1429		58,0		1491	
48,5	1474	1246		50,9	1547	1308		53,3		1370		55,7		1431		58,1		1493	
48,6	1477	1249		51,0	1550	1311		53,4		1372		55,8		1434		58,2		1496	
48,7	1480	1252		51,1	1553	1313		53,5		1375		55,9		1437		58,3		1498	
48,8	1484	1254		51,2	1556	1316		53,6		1378		56,0		1439		58,4		1501	
48,9	1487	1257		51,3	1560	1318		53,7		1380		56,1		1442		58,5		1503	
49,0	1490	1259		51,4	1563	1321		53,8		1383		56,2		1444		58,6		1506	
49,1	1493	1262		51,5	1566	1324		53,9		1385		56,3		1447		58,7		1509	
49,2	1496	1264		51,6	1569	1326		54,0		1388		56,4		1449		58,8		1511	
49,3	1499	1267		51,7	1572	1329		54,1		1390		56,5		1452		58,9		1514	
49,4	1502	1270		51,8	1575	1331		54,2		1393		56,6		1455		59,0		1516	
49,5	1505	1272		51,9	1578	1334		54,3		1396		56,7		1457		59,1		1519	
49,6	1508	1275		52,0		1336		54,4		1398		56,8		1460		59,2		1521	
49,7	1511	1277		52,1		1339		54,5		1401		56,9		1462		59,3		1524	
49,8	1514	1280		52,2		1342		54,6		1403		57,0		1465		59,4		1527	
49,9	1517	1283		52,3		1344		54,7		1406		57,1		1467		59,5		1529	
50,0	1520	1285		52,4		1347		54,8		1408		57,2		1470		59,6		1532	
50,1	1523	1288		52,5		1349		54,9		1411		57,3		1473		59,7		1534	
50,2	1526	1290		52,6		1352		55,0		1414		57,4		1475		59,8		1537	
50,3	1529	1293		52,7		1354		55,1		1416		57,5		1478		59,9		1539	
50,4	1532	1295		52,8		1357		55,2		1419		57,6		1480					
50,5	1535	1298		52,9		1360		55,3		1421		57,7		1483					
50,6	1538	1300		53,0		1362		55,4		1424		57,8		1485					
50,7	1541	1303		53,1		1364		55,5		1426		57,9		1488					

II. Zusammensetzung von Luft.

O	N	Luft	O	N	Luft	O	N	Luft	O	N	Luft
1	3,76	4,76	26	97,81	123,81	51	191,86	242,86	76	285,91	361,91
2	7,52	9,52	27	101,57	128,57	52	195,62	247,62	77	289,67	366,67
3	11,28	14,28	28	105,34	133,34	53	199,36	252,36	78	293,44	371,44
4	15,05	19,05	29	109,10	138,10	54	203,15	257,15	79	297,20	376,20
5	18,81	23,81	30	112,86	142,86	55	206,91	261,91	80	300,96	380,96
6	22,57	28,57	31	116,62	147,62	56	210,67	266,67	81	304,72	385,72
7	26,33	33,33	32	120,38	152,38	57	214,43	271,43	82	308,48	390,48
8	30,10	38,10	33	124,15	157,15	58	218,19	276,19	83	312,24	395,24
9	33,86	42,86	34	127,91	161,91	59	221,96	280,96	84	316,01	400,01
10	37,62	47,62	35	131,67	166,67	60	225,72	285,72	85	319,77	404,77
11	41,38	52,38	36	135,43	171,43	61	229,48	290,48	86	323,53	409,53
12	45,12	57,12	37	139,19	176,19	62	233,24	295,24	87	327,29	414,29
13	48,91	61,91	38	142,96	180,96	63	237,01	300,01	88	331,06	419,06
14	52,67	66,67	39	146,72	185,72	64	240,77	304,77	89	334,82	423,82
15	56,43	71,43	40	150,48	190,48	65	244,53	309,53	90	338,58	428,58
16	60,19	76,19	41	154,24	195,24	66	428,29	314,29	91	342,34	433,34
17	63,95	80,95	42	158,00	200,00	67	252,05	319,05	92	346,10	438,10
18	67,72	85,72	43	161,77	204,77	68	255,82	323,82	93	349,87	442,87
19	71,48	90,48	44	165,53	209,53	69	259,58	328,58	94	353,63	447,63
20	75,24	95,24	45	169,29	214,29	70	263,34	333,34	95	357,39	452,39
21	79,00	100,00	46	173,05	219,05	71	267,10	338,10	96	361,15	457,15
22	82,76	104,76	47	176,81	223,81	72	270,86	342,86	97	364,92	461,92
23	86,53	109,53	48	180,57	228,57	73	274,63	347,63	98	368,67	465,67
24	90,29	114,29	49	184,34	233,34	74	278,39	352,39	99	372,44	471,44
25	94,05	119,05	50	188,10	238,10	75	282,15	357,15			

III. Kohlenstoff im Gas.

C-halt. Gase in %	C in g in 1 cbm Gas	Gasmenge cbm von 1 kg C	C-halt. Gase in %	C in g in 1 cbm Gas	Gasmenge cbm von 1 kg C	C-halt. Gase in %	C in g in 1 cbm Gas	Gasmenge cbm von 1 kg C
1,0	5,38	186,0	22,0	118,36	8,45	31,4	168,9	5,92
2,0	10,76	93,0	22,5	121,05	8,27	31,6	170,0	5,88
3,0	16,46	26,1	23,0	123,74	8,09	31,8	171,1	5,84
4,0	21,52	46,5	23,5	126,43	7,91	32,0	172,2	5,81
5,0	26,90	37,2	24,0	129,12	7,74	32,2	173,2	5,77
5,5	29,59	34,1	24,5	131,81	7,58	32,4	174,3	5,73
6,0	32,28	31,0	25,0	134,5	7,43	32,6	175,4	5,70
6,5	34,97	28,7	25,2	135,6	7,38	32,8	176,5	5,66
7,0	37,66	26,5	25,4	136,6	7,32	33,0	177,5	5,64
7,5	40,35	24,8	25,6	137,7	7,26	33,2	178,6	5,60
8,0	43,04	23,2	25,8	138,8	7,20	33,4	179,7	5,57
8,5	45,73	21,9	26,0	139,9	7,14	33,6	180,8	5,53
9,0	48,42	20,6	26,2	140,9	7,09	33,8	181,8	5,50
9,5	51,11	19,6	26,4	142,0	7,04	34,0	182,9	5,46
10,0	53,80	18,6	26,6	143,1	6,98	34,2	183,9	5,43
10,5	56,49	17,7	26,8	144,2	6,93	34,4	185,1	5,40
11,0	59,18	16,9	27,0	145,3	6,88	34,6	186,1	5,37
11,5	61,87	16,1	27,2	146,3	6,84	34,8	187,2	5,34
12,0	64,56	15,4	27,4	147,4	6,79	35,0	188,3	5,31
12,5	67,25	14,8	27,6	148,5	6,74	35,5	191,0	5,23
13,0	69,94	14,3	27,8	149,6	6,68	36,0	193,7	5,16
13,5	72,63	13,8	28,0	150,6	6,64	36,5	196,4	5,09
14,0	75,32	13,3	28,2	151,7	6,59	37,0	199,1	5,02
14,5	78,01	12,8	28,4	152,8	6,55	37,5	201,7	4,95
15,0	80,70	12,4	28,6	153,9	6,50	38,0	204,4	4,88
15,5	83,39	12,0	28,8	154,9	6,46	38,5	207,1	4,81
16,0	86,08	11,6	29,0	156,0	6,41	39,0	209,8	4,76
16,5	88,77	11,2	29,2	157,1	6,37	39,5	212,5	4,70
17,0	91,46	10,9	29,4	158,2	6,32	40,0	215,2	4,65
17,5	94,15	10,6	29,6	159,2	6,28	41,0	220,6	4,55
18,0	96,84	10,3	29,8	160,3	6,23	42,0	225,9	4,44
18,5	99,53	10,0	30,0	161,4	6,19	43,0	231,4	4,33
19,0	102,22	9,79	30,2	162,5	6,15	44,0	236,7	4,22
19,5	104,91	9,54	30,4	163,6	6,11	45,0	242,1	4,13
20,0	107,60	9,29	30,6	164,6	6,08	46,0	247,5	4,05
20,5	110,29	9,07	30,8	165,7	6,04	47,0	252,9	3,95
21,0	112,98	8,86	31,0	166,8	6,00	48,0	258,2	3,87
21,5	115,67	8,65	31,2	167,8	5,96	50,0	269,0	3,72

Abs. 69. **Die Verbrennungsprodukte.** a) Bei festem Brennstoff. Verbrennt man 0,536 kg reinen Kohlenstoff, so erhält man als Verbrennungsprodukt 1,0 cbm Kohlensäure, wozu 1 cbm Luftsauerstoff gebraucht wird. Die Rauchgase enthalten 21 Volumenprozente Kohlensäure und 79 Volumenprozente Stickstoff.

Verbrennt man 1,0 kg Steinkohle von der Zusammensetzung $C = 82,53$, $H = 5,55$ und $O = 11,92$, so erhält man als Verbrennungsprodukt 1,54 cbm Kohlensäure und 0,62 cbm Wasserdampf; es werden hierzu 1,77 cbm Luftsauerstoff gebraucht. Die entstehenden Rauchgase enthalten 18,8 Volumenprozente Wasserdampf.

b) Bei flüssigen Brennstoffen sind die Verbrennungsprodukte folgende:

Verbrennt man z. B. 1 kg Mineralöl von der Zusammensetzung 85,7% Kohlenstoff und 14,3% Wasserstoff, so erhält man 1,60 cbm Kohlensäure und 1,60 cbm Wasserdampf. An Luftsauerstoff werden hierzu gebraucht 2,40 cbm. Die Abgase enthalten an Kohlensäure 15,05 Volumenprozente, an Stickstoff 84,95 Volumenprozente und an Wasserdampf 15,05 Volumenprozente.

Bemerkenswert ist schon hier die hohe Wasserdampfbildung.

c) Bei gasförmigen Brennstoffen sind die Verbennungsprodukte z. B. bei der Verbrennung von 1 cbm Leuchtgas mit einer Zusammensetzung von

34	Volumenprozenten	CH_4	(Methan)
49	»	H_2	(Wasserstoff)
8	»	CO	(Kohlenoxyd)
4	»	C_2H_4	(Äthylen)
1	»	C_6H_4	(Benzol)
2	»	CO_2	(Kohlensäure)
2	»	N_2	(Stickstoff)

folgende:

0,58 cbm Kohlensäure
1,28 » Wasserdampf
wofür 1,16 » Luftsauerstoff oder + 4,38 cbm Stickstoff = 5,54 cbm Luft erforderlich sind.

Die Abgase enthalten 11,7 Volumenprozente Kohlensäure,
88,3 » Stickstoff
und 25,8 » Wasserdampf.

Es ist hier ganz besonders auf die Menge des entstehenden Wasserdampfes hinzuweisen, daher sind bei starker Abkühlung des Gases die Abzüge aus Tonröhren zu bauen. Dies ist auch wichtig für die Ausbildung der Rekuperatoren und Regeneratoren.

Das Gesagte gilt aber nur für vollkommene Verbrennung ohne Luftüberschuß. Bei unvollkommener Verbrennung wird Kohlenoxyd gebildet, dagegen treten bei zu großem Luftüberschuß infolge der Verdünnung andere Volumenprozentsätze ein. Auch sind die Angaben der cbm auf 0° und 760 mm Barometerstand bezogen, daher sind diese bei erhöhter Temperatur entsprechend zu modifizieren. (Lit. Nachw. No. 69.)

1 cbm Luft nimmt ein:

bei	0° C = 0,773 cbm	bei	400° C = 2,468 cbm
»	50° C = 1,183 »	»	500° C = 2,835 »
»	100° C = 1,367 »	»	600° C = 3,202 »
»	150° C = 1,550 »	»	700° C = 3,569 »
»	200° C = 1,734 »	»	800° C = 3,936 »
»	250° C = 1,917 »	»	900° C = 4,303 »
»	300° C = 2,101 »	»	1000° C = 4,670 »

Die übrigen Zahlen sind in der Tabelle 2 Seite 121 zu finden.

Abs. 70. **Einfluß der Luftfeuchtigkeit.** Divary machte auf dem Kongreß für Berg- und Hüttenwesen zu Lüttich im Jahre 1905 über die Erfahrungen der Verwendung trockenen Gebläsewindes auf den Eisenwerken von Schneider & Co. in Creusot bemerkenswerte Angaben, welche die von James Gailey bestätigen, dahingehend, daß man in Creusot infolge der Verschiedenheit des Koksverbrauchs für eine Tonne erzeugtes Eisen im Sommer und im Winter auf diese Erscheinung aufmerksam geworden sei. In nachstehender Tabelle sind die sich ergebenden Werte aufgeführt, die im Jahre 1904 gemacht wurden.

	Wasser in 1 cbm Gebläseluft g	Mehrverbrauch an Koks für 1 t Eisen gegenüber dem trockensten Monat kg
Januar	6,3	0
Februar	6,6	10
März	7,6	13
April	7,8	47
Mai	10,0	56
Juni	11,7	103
Juli	13,0	133
August	12,0	90
September	9,3	55
Oktober	8,0	28
November	7,6	25
Dezember	7,0	35

Neuerdings trocknet man vielfach den Gebläsewind der Hochöfen mittels Kälteerzeugungsanlagen.

Dieselben Erscheinungen aber, die wir in Hochöfen haben, infolge der vergrößerten Menge der Luftfeuchtigkeit, haben wir auch in den Glühöfen wie auch in den Generatoren zu erwarten. Bei der Erzeugung des Mischgases ist diese Regelung insofern eine leichte, als man in den Zeiten größter Luftfeuchtigkeit, d. h. morgens und abends und in den Sommermonaten die Dampfzufuhr an der Hand eines Hygrometers verringern kann. Wie weit sich künstliche Trockenanlagen für den Gebläsewind der Glühöfen rentieren, hängt von der Größe und der Zahl der Glühöfen ab.

Bei Halbgasfeuerung ist darauf zu achten, daß die Sekundärluft trocken ist; die Primärluft kann dagegen feucht sein. Lit.-N. Nr. 70.

Abs. 71. **Das Glühen fester Körper.** In den 40 er Jahren des vorigen Jahrhunderts stellte der Amerikaner J. Draper das Gesetz auf, daß alle Körper bei einer Temperatur von ca. 525^0 zu leuchten beginnen. Bei dieser Temperatur zeigt sich zunächst ein schwaches rotes Licht, das mit steigender Hitze in Orange und schließlich in Weiß übergeht. Es werden zuerst die Strahlen großer Wellenlänge sichtbar, d. h. die roten; dann allmählich kommen diejenigen des gelb, grün, blau und violett hinzu, die gemeinsam die weißen Strahlen geben. Nicht jedes Auge vermag sofort die roten Strahlen zu erfassen. Farbenblinde sind daher nicht imstande, diese unterste Strahlengattung zu empfinden, und selbst gesunde Augen vermögen oft nicht die feinen Tönungen von grün und blau zu unterscheiden. Die Tatsache aber, daß Farbenblinde das Rotglühen nicht richtig sehen, ist für den Schmiedebetrieb von Wichtigkeit. Daher sollten die anzustellenden Leute auf Farbenblindheit geprüft werden. Auf die Wichtigkeit der Prüfung und Behandlung (Schonung) des Auges wird im IV. Hauptteil weiter eingegangen. Auch der augenblickliche Zustand des Auges hat auf die Fähigkeit, Helligkeitsgrade und Farben wahrzunehmen, den größten Einfluß. Verschiedene Forschungen haben ergeben, daß das Drapersche Gesetz besser in eine andere Fassung zu kleiden ist als ursprünglich, und zwar:

»Alle Körper beginnen bei derselben Temperatur eine bestimmte Strahlungsart auszusenden.«

H. F. Weber hat 1886 gefunden, daß der Rotglut ein graues Licht vorausgeht. Diese Beobachtung ist auch später von Stenger bestätigt und von Lummer näher erklärt worden. Die Ursache der vorgenannten Erscheinung ist auch, daß die Beobachtungen durch Schaupyrometer um 3 bis 5% voneinander abweichen. Lit.-N. Nr. 71.

Zweiter Teil.

Die Erwärmungsvorrichtungen.

I. Kapitel. Allgemeines.

Abs. 72. **Der bisherige Zustand: Die offenen Feuer und ihr Brennstoffverbrauch; die Feuer zum Anwärmen von Blechplattenrändern und Heckplatten; die Feuer zum Anwärmen von Profileisen. Die Verwerfung der offenen Feuer.** Wie von alters her benutzte man bis vor kurzem in Schmieden fast ausschließlich offene Feuer zum Anwärmen der Arbeitsstücke. Betrachten wir einmal den Verbrennungsvorgang, der sich in offenen Feuern abspielt. Während man bei der Kesselfeuerung schon lange bestrebt war, durch folgerichtiges Aufwerfen der Kohle eine richtige Verbrennung zu erzielen, indem man entweder von Hand die vollständig in Brand geratenen Kohlen auf dem Rost nach hinten zur Feuerbrücke schob, um vorne die frische Kohle aufzuwerfen, damit die Entgasungsprodukte der letzteren auf dem Wege über die Glutschichten verbrannten, oder aber auch mittels eines Wanderrostes diesen Vorgang bewerkstelligte, war nichts von solchen Maßregeln bei den offenen Feuern zu entdecken. Der Schmied warf, wenn er ein neues Stück Eisen in sein Feuer legte, neue Kohle auf die glühenden Schichten, um das Eisen vollständig zu bedecken. Das Gebläse trieb die Flammen der tiefliegenden Glutschichten der Feuermulde durch die kalten aufgeworfenen Kohlen, entgaste sie und nahm ihnen so einen Teil ihres Wärmegehalts. Aber nicht nur das; jedes Zusammenhalten der entwickelten Wärme war in den verwendeten offenen Feuern ausgeschlossen. Selten kam es vor, daß ein Schmied Steine um sein Feuer setzte, aber dies auch nur, um eine höhere Glutschicht zu bekommen. Ja man ging sogar noch anders vor. Ich selbst habe es des öfteren gesehen, daß man, wenn man Heckplatten biegen oder Stirnwände von Feuerbuchsen kümpeln wollte, einen großen Wagen Koks in der Schmiede auf dem Boden ausschüttete, mit öliger Putzwolle und vielem Holz entzündete und dann ohne Reduktion zum Anblasen einen Preßluftschlauch hineinlegte. Den Erfolg dieser grenzenlosen Unwirtschaftlichkeit kann man sich denken.

Der Nutzeffekt der offenen Feuer ist dementsprechend auch ein äußerst geringer. Ein bestimmter Wert hierfür war bisher fast unbekannt. Ich persönlich hatte zwar früher bestimmt, daß der Brennstoffverbrauch offener Feuer zum eingesetzten Eisen 100% betrug; daher war ich genötigt, um hier Werte zu erlangen, eine große Umfrage bei der deutschen Industrie zu halten. In dankenswerter Weise sind mir auch Zahlen zugegangen. Bei 12 Firmen, von denen jede mehrere Bestimmungen gemacht hat, betrug im Mittel der Brennstoffverbrauch zum Einsatz 98%. Der höchste Brennstoffverbrauch,den eine Firma bekanntgab, war bei ihren Angaben im Durchschnitt 239%. Der niedrigste Wert, den mir eine Firma angab, betrug im Durchschnitt 40% (wahrscheinlich hier stark backende Kohle). Diese Zahlen stimmen auch mit den mir erst kürzlich von Herrn Fachschuldirektor a. D. Haedicke bekanntgegebenen Versuchen mit offenen Feuern sehr gut überein. Die Versuche fanden in der Kgl. Fachschule für die Stahlwaren- und Kleineisenindustrie des Bergischen Landes statt. Hier schwanken die Resultate um 99% und 70% für gewöhnliche Feuer und gehen bei besonderen Maßnahmen bis auf 40% herab. Über diese Versuche soll ein Referat in »Stahl und Eisen« veröffentlicht sein.

Auch wurden mir Zahlen über die Erhitzung von Profileisen von zwei Firmen zur Verfügung gestellt. Ich habe hier angenommen, daß die erwärmte Stelle ½ m lang war und erhielt dann als Wert von Brennstoff zum Einsatz die Zahlen 38, 60, 109, 121%. Selbstverständlich geht dieser Wert noch wesentlich hinauf, sobald man annimmt, daß die erwärmte Stelle nur 300 oder 400 mm betrug.

Über den Brennstoffverbrauch bei dem oben gekennzeichneten Erhitzen von Blechplattenrändern und Heckplatten ist mir leider Genaues zu bestimmen nicht möglich gewesen, aber man kann sich ungefähr ein Bild machen, wenn man die vorgenannten Zahlen betrachtet.

Setzt man nun den Brennstoffverbrauch der offenen Feuer in Höhe von 99% im Durchschnitt in Vergleich mit dem Brennstoffverbrauch von Schmiedeöfen, der um 10 bis 25% unter Verwendung fester Brennstoffe schwankt, so muß man zu dem Resultat kommen, daß man die offenen Feuer als gänzlich unwirtschaftlich verwerfen muß. Und jeder Betriebsleiter, der seine Schmiede rentabel gestalten will, muß zunächst damit beginnen, die offenen Feuer so bald wie möglich aus seiner Schmiede zu entfernen.

Abs. 73. **Die Rauchabsaugung, ein untaugliches Mittel.** Wohl nirgends kann man das Sprichwort »den Teufel durch Beelzebub austreiben« besser anwenden als hier. Statt auf Mittel zu sinnen, den Rauch zu verbrennen und die Entgasungsprodukte zur Wärmeerzeugung nutzbar zu machen, verfiel man darauf, den Rauch der offenen Feuer abzusaugen. Oft waren recht erhebliche Kräfte und Anlagekosten erforderlich, um auf diese Weise die Schmiede rauchfrei zu erhalten. Es ist nicht zu leugnen, daß man morgens beim Anzünden der offenen Feuer oft nicht die Hand vor den Augen sehen konnte. Das richtige Mittel, um diesen Übelstand zu beseitigen, ist die Verwendung von Öfen als Erwärmungsvorrichtungen, bei denen der Rauch zur Erzeugung von Wärme verbrennt und nicht erst noch mittels Kraft abgesaugt werden muß.

Abs. 74. **Irrtümliche Vorstellung über die Verwendbarkeit von Öfen als Erwärmungsvorrichtungen.** Ich möchte hier einem falschen, mir häufig entgegengehaltenen Einwand begegnen, daß sich nämlich Öfen nur für Massenfabrikation eignen. Hier liegt eine Verwechselung vor. Es kommt beim Erwärmen in der Schmiede gar nicht darauf an, daß die Stücke genau gleiche Formen haben, sondern es ist nur notwendig, daß bei Öfen mit festem Brennstoff eine gewisse Menge vorhanden ist, und hiernach richtet sich die Größe des Ofens. Selbstverständlich ist, daß man nicht Bleche mit hochsperrigen Stücken zusammenbringt, sondern den Glühraum nicht größer macht, als notwendig ist, und bei großer Verschiedenheit der Glühstücke lieber zwei Öfen nimmt.

Abs. 75. **Der Brennstoffverbrauch zum Einsatz bei Anwendung verschiedener Erwärmungsvorrichtungen und verschiedener Brennstoffe. Kosten der Eisenerhitzung.** Die Kosten der Eisenerhitzung richten sich im wesentlichen nach der Verwendung und der Bauart der Erwärmungsvorrichtungen, aber auch nach den Kosten des Brennstoffes. Die Kosten des Brennstoffes werden namentlich sehr beeinflußt durch die auf diesem lastenden Frachten, anderseits aber wird unter Umständen, wenn die Verbrennung günstiger erfolgen kann, wie z. B. bei den flüssigen und den gasförmigen Brennstoffen, selbst der teure Preis des Brennstoffes keinen Einfluß auf die Billigkeit der Erhitzung ausüben.

In der nachstehenden Tabelle ist in der Kolonne 1 die Art der Erwärmungsvorrichtung gekennzeichnet, in der Kolonne 2 der Brennstoff zum eingesetzten Eisen, in der Kolonne 3 der Brennstoffpreis am Orte der Benutzung angegeben, während in der Kolonne 4 die WE pro 1 kg aufgeführt sind; Kolonne 5 zeigt dann den Preis, wieviel 10 000 WE in Pf. kosten. Diese Kolonne ist mit eine der wichtigsten. Von gleicher Bedeutung ist dann die folgende Kolonne 6, in welcher der Verbrauch an Wärmeeinheiten aufgeführt ist. Dieser zeigt große Schwankungen. Entsprechend den beiden vorangehenden Kolonnen gibt schließlich Kolonne 7 das Endresultat an.

Die Tabelle ist hier für feste Brennstoffe durchgeführt und findet ihre Fortsetzung im 2. Hauptteil für flüssige und gasförmige Brennstoffe.

Art der Erwärmungsvorrichtungen	Brennstoffverbrauch zum Einsatz	Preis des Brennstoffes	WE pro 1 kg	Preis von 10 000 WE in Pf.	Bedarf für 1 kg zur Glut gebrachtes Eisen, ausgedrückt in	
					WE	Pf.
1. Offenes Feuer	1000 : 1500 = 150 %	10 000 kg = M. 260 fr. Hof—Schmalkalden	7800	3,30	11 700	3,90
do.	1000 : 1500 = 150 %	10 000 kg = M. 255 fr. Hof—Schmalkalden	7800	3,15	11 700	3,67
do.	1000 : 1000 = 100 %	10 000 kg = M. 260	7800	3,30	7 800	2,60
do.	1000 : 1000 = 100 %	10 000 kg = M. 245	7800	3,15	7 800	2,45
do.	1000 : 900 = 90 %	10 000 kg = M. 260	7800	3,30	7 020	2,34
do.	1000 : 900 = 90 %	10 000 kg = M. 245	7800	3,15	7 020	2,21
do.	1000 : 500 = 50 %	10 000 kg — M. 260	7800	3,30	3 900	1,30
do.	1000 : 500 = 50 %	10 000 kg = M. 245	7800	3,15	3 900	1,22
2. Halb-Öfen	1000 : 150 15 %	10000 kg Koks M. 290 mit Fracht in Dresden	7000	4,22	1 050	0,99
do.	1000 : 200 25 %	10000 kg Koks = M. 290 mit Fracht in Dresden	7000	4,22	1 000	0,59
3. Rekuperativ-Ofen	1000 : 100 = 10 %	10 000 kg = M. 210 + 20 Rollgeld ab Zeche	7800	2,70	780	0,21
do.	1000 : 100 = 10 %	10 000 kg = M. 140 + 20 Rollgeld ab Zeche	7800	2,13	780	0,16
do.	1000 : 200 = 20 %	10 000 kg = M. 210 mit Fracht ab Lübeck	7800	2,70	1 560	0,42
do.	1000 : 200 = 20 %	10 000 kg = M. 140 + 20 Rollgeld ab Zeche	7800	2,13	1 560	0,32
do.	1000 : 250 = 25 %	10 000 kg = M. 210 mit Fracht ab Lübeck	7800	2,70	1 950	0,50
do.	1000 : 250 = 25 %	10 000 kg = M. 140 + 20 Rollgeld ab Zeche	7800	2,13	1 950	0,40

Abs. 76. **Der thermische Wirkungsgrad der offenen Feuer und der Öfen für festen Brennstoff.** Der thermische Nutzeffekt einer Erwärmungsanlage berechnet sich aus dem Verhältnis von verbrauchtem Brennstoff bzw. dessen Gehalt an WE zur eingesetzten Eisenmenge und der erzielten Temperatur. Hierbei spielt die spezifische Wärme des Eisens eine erhebliche Rolle; abhängig ist die spezifische Wärme von dem Prozentsatz der Beimengungen, wie Kohlenstoff etc.

Aufschluß über die spezifische Wärme des Eisens bei verschiedenen Temperaturen geben die Arbeiten von Oberhoffer, sowie von Oberhoffer und Meuthen.

Bei der Berechnung des Wärmebedarfs für das Erhitzen des Eisens haben wir meist zwei Vorgänge zu berücksichtigen:

1. das Erwärmen von kalt (20° C) auf Schmiedewärme (900 bis 1200° C), was wir mit erster Hitze bezeichnen,
2. das Wiedererwärmen meist von 700° C auf 900 bis 1200° C, die zweite und die folgenden Hitzen.

Für 1. ist die spez. Wärme:

$$\begin{aligned} 0^\circ\text{—}\ 650^\circ &= 0{,}143 \\ 650^\circ\text{—}\ 800^\circ &= 0{,}156 \\ 800^\circ\text{—}1050^\circ &= 0{,}168 \\ 1050^\circ\text{—}1200^\circ &= 0{,}166 \end{aligned}$$

folglich

$$\begin{array}{rcr} 650 \times 0{,}143 &=& 93{,}7 \\ 150 \times 0{,}156 &=& 23{,}5 \\ 250 \times 0{,}168 &=& 42{,}0 \\ \underline{150} \times 0{,}166 &=& \underline{24{,}9} \\ 1200 & & 184{,}1 \end{array}$$

$$\frac{184{,}1}{1200} = 0{,}153 \text{ durchschnittliche spez. Wärme.}$$

Für 2. ist die durchschnittliche spez. Wärme:

$$\begin{aligned} 700\text{—}1050 &= 0{,}168 \\ 1050\text{—}1200 &= 0{,}166 \end{aligned}$$

folglich

$$\begin{array}{rcr} 350 \times 0{,}168 &=& 58{,}8 \\ \underline{150} \times 0{,}166 &=& \underline{24{,}9} \\ 500 & & 83{,}7 \end{array}$$

$$\frac{83{,}7}{500} = 0{,}167 \text{ durchschnittliche spez. Wärme.}$$

Die spezifische Wärme soll im Mittel angenommen werden für eine Erhitzung von 20° Lufttemperatur auf 1100° Ofentemperatur mit 0,16. Der thermische Wirkungsgrad eines Ofens ergibt sich dann aus folgender Formel:

$$\eta = \frac{G_1 \cdot c_1 t_1}{G_2 \cdot p}.$$

Ist nun der Brennstoffverbrauch 5,7% zum Einsatz, $G_1 = 1000$ kg Eisen, $c_1 =$ der spez. Wärme von 0,16, t_1 die Temperatur des glühenden Eisens $= 1100^\circ$, G_2 die Brennstoffmenge auf 1000 kg Einsatz $= 57$ kg, p der Wärmegehalt der Kohlen $= 7300$ WE, so ergibt sich

$$\eta = \frac{1000 \cdot 0{,}16 \cdot 1100}{57 \cdot 7300} = 0{,}42.$$

Es ist somit der thermische Nutzeffekt des Ofens 42%.

Haedicke gibt den thermischen Nutzeffekt der offenen Feuer, die er seinerzeit untersucht hat, mit 1,66% bis 2,745% an, der unter gewissen Umständen günstigstenfalls auf 5,40% steigen kann.

Schönburg führt in seinen thermischen Untersuchungen über »Hüttentechnische Wärmeöfen« als thermischen Nutzeffekt eines Stoßofens mit Halbgasfeuerung und Rekuperator 42% an, als den eines Stoßofens eines kontinuierlichen Drahtwalzwerkes mit Gasfeuerung 45%, als den eines Wärmeofens einer Geschoßpresse mit direkter Feuerung und Rekuperator 16%, als den eines Ofens, der mit einem Kessel zusammengebaut war, 12%, mit Kessel zusammen 34% an. Lit.-N. Nr. 76.

Abs. 77. **Belastung der Öfen und der Brennstoffverbrauch.** In den beiden vorhergehenden Abschnitten habe ich den Brennstoffverbrauch zum Einsatz und den thermischen Wirkungsgrad der Erwärmungsvorrichtungen besprochen. Ich habe jetzt nur noch nachzutragen, daß die in der Literatur angegebenen Zahlen über den Nutzeffekt der Öfen sich in den meisten Fällen auf Vollbelastung beziehen. Sinkt in dem Betrieb die Belastung eines Ofens, so steigt auch nicht unerheblich im ungünstigsten Sinne das Verhältnis von Brennstoffverbrauch zum Einsatz, denn es ist unter allen Umständen eine gewisse Menge Brennstoff aufzuwenden, um den Ofen auf einer bestimmten Temperaturhöhe zu erhalten. Diesen Aufwand mag man mit der Leergangsarbeit einer Maschine vergleichen.

So erhöht sich z. B. bei Regenerativöfen der Brennstoffverbrauch von 12 bis 15% bei Vollbelastung, auf 18 bis 20% bei halber Beanspruchung und bei Rekuperativöfen von 20 bis 25% bei Vollbelastung, auf durchschnittlich 27½% bei halber Beanspruchung.

Es sind daher die Öfen für festen Brennstoff in ihrer Größe für den betreffenden Betrieb genau festzulegen, und man wird deshalb neben größeren Öfen auch kleinere Öfen aufstellen müssen. Die ganze Schmiede aus einem Ofen zu speisen wird in den seltensten Fällen angängig sein. Möglich ist aber bei der Teilung, die kleinen Öfen derartig zu berechnen, daß diese stets nahezu vollbelastet sind und daher einen nicht zu ungünstigen Wirkungsgrad zeigen. Wir werden später (I. und II. Hauptteil) sehen, daß hierin die Gasöfen in ihrer Beheizung erhebliche Vorteile bieten.

Es ist ferner zu berücksichtigen, daß, wenngleich sich kleinere Stücke infolge ihrer größeren Oberfläche leichter erwärmen lassen als große Stücke, bei Öfen, die mit kleinen Stücken beschickt sind, die Ofentüren weit häufiger geöffnet werden müssen und dann Wärme jedesmal verloren geht, wenn nicht Vorsichtsmaßregeln getroffen werden. Vorsichtsmaßregeln, wie sie in Abs. 92 beschrieben sind, sind aber heute kaum anzutreffen.

Die Leistungsfähigkeit des Ofens wird im allgemeinen nach Größe der Herdfläche berechnet. Bei Öfen von 2000 × 1000 mm Ofensohle rechnet man bei Regenerativsystem 400 kg Einsatz pro qm stündlich.

Abs. 78. **Die Anwendung von Muffelöfen.** Die Anwendung von Muffelöfen an Stelle von Flammöfen hat im allgemeinen nur da Zweck, wo es sich darum handelt, hochwertigen Stahl oder auch Gesenke zu glühen, bei welchen der Abbrand auf ein Minimum reduziert werden soll. Hierbei ist selbstverständlich Voraussetzung, daß die Heizgase, welche die Glühöfen ohne Muffel durchstreichen, von schwefelfreier Kohle herrühren. Ist kein schwefelfreier Brennstoff zu erhalten, so ist dieser zu vergasen und der Schwefel in geeigneten Anlagen zu absorbieren. Diese Entschwefelungsanlagen werden im 2. Hauptteil näher beschrieben.

Der Hauptgrund, weshalb Flammöfen den Muffelöfen vorzuziehen sind, ist der wesentlich höhere Nutzeffekt der ersteren; nach den mir vorliegenden Daten schätze ich ihn auf 25%. Die Muffel soll daher nicht zu groß gewählt werden, damit nicht auch infolge dieser Ursache zu viel Brennstoff gebraucht wird.

Abs. 79. **Der Abrand.** Der Gestaltung der Höhe des Abbrandes wird in Schmieden meist wenig Beachtung geschenkt, während man sich damit in Hüttenwerken infolge der Verarbeitung sehr großer Quantitäten mehr beschäftigt hat.

Nach Angaben von dem Fachschuldirektor a. D. Haedicke beträgt die Menge des Abbrandes bei seinen Versuchen mit offenen Feuern 0,1 bis 0,2%; in Öfen dagegen ist der Abbrand teilweise recht erheblich. Nach Angaben von W. Schömburg ist man von 4,5 bis 5,5% — Flußeisen vorausgesetzt — bei den direkt gefeuerten Wärmeöfen bis auf 1,5 bis 2,5% bei Gas- und bis auf 3,5 bis 4,5% bei Halbgasöfen herabgekommen. Es gibt aber eine Reihe von Öfen, wo der Abbrand wesentlich höher ist. Dies kommt namentlich auch bei mit Petroleum befeuerten Öfen vor. Die hohe Flammentemperatur begünstigt den Abbrand, und die Hauptursache ist der hohe Luftüberschuß der Heizgase auf der Ofenreise. Unter den Abschnitten Meßinstrumente für die Prüfung der Erwärmungsvorrichtungen ist darauf hingewiesen, wie in einem Falle durch Anwendung eines Rauchgasanalysators der Abbrand um 10% zurückging, nachdem man durch Regulierung den Kohlensäuregehalt der Rauchgase von 3 auf 12% gesteigert hatte. Lit.-N. Nr. 79.

Abs. 80. **Der Einfluß der Form und der Masse auf die Erhitzung; Zeit des Glühens.** Im allgemeinen gilt, wenn auch keine exakten Messungen vorliegen, daß sich dünnere Stücke, d. h. Stücke mit größerer Oberfläche, rascher zum Glühen bringen lassen als Stücke mit geringerer Oberfläche, z. B. Kugeln und Würfel. Dieses ist verständlich, wenn man annimmt, daß die Oberfläche das Eindringen der Hitze erleichtert. Nicht ganz verständlich ist die Zeitdifferenz, wenn man eine große Geschwindigkeit der Leitungsfähigkeit der Metalle für Wärme in Betracht zieht.

Die absolute Wärmeleitungsfähigkeit K von Metallen, bezogen auf Millimeter, Milligramm, Sekunde und Zentesimalgrad geht aus nachstehender Aufstellung hervor:

In einer ebenen Platte von 1 mm Dicke, deren beide Seiten um 1° verschiedene Temperatur haben, geht durch jeden Quadratmillimeter in der Sekunde so viel Wärme als nötig ist, um K mg Wasser von 0 auf 1° zu erwärmen.

Bei Schmiedeeisen und einer Temperatur von	K
100°	15,67
150°	14,47
200°	13,57
275°	12,40.

Die Angaben für die übrigen Metalle finden sich in der »Materialkunde« II. Hauptteil.

Der Satz »Gut geglüht ist halb geschmiedet« führt uns auf etwas anderes, d. h. darauf, daß die Entspannung des Materials und die Umlagerung der Kohlenverbindungen, die für das Schmieden notwendig ist, nicht so rasch vorwärts geht, sondern einer gewissen Zeit bedarf. Die Firma Krupp gibt deshalb für Gesenkematerialien eine gewisse Glühzeit, bezogen auf den cbm, an, Werte, die offenbar auf Erfahrung beruhen. Ich bin auch der Ansicht, und habe dies auch in vielen Fällen beobachten können, daß es durchaus nicht zweckmäßig ist, mit zu heißen Flammen zu arbeiten. Flammen minderwertiger Heizgase wirken oft günstiger als Flammen der hochwertigen Heizöle.

Nach der »Hütte« beträgt die Blockwärmdauer für Flußeisen folgende Zeiten:

Materialquerschnitt m/m Seitenlänge	Kohlenofen Einsatz		Gasofen Einsatz	
	kalt	rotwarm	kalt	rotwarm
50	25 Min.	15 Min.	20 Min.	10 Min.
100	50 »	40 »	45 »	30 »
225	1 Std. 20 Min.	1 Std. 10 Min.	1 Std. 15 Min.	1 Std.
400	2 » 30 »	1 » 45 »	2 Std.	1 Std. 30 Min.
625	3 » 15 »	2 Std.	3 »	1 » 45 »

Lit.-N. N. 80.

II. Kapitel. Die Neben- und Hilfsvorrichtungen.

1. Winderwärmungsanlagen.

Abs. 81. **Rekuperatoren, Regeneratoren und Winderhitzertürme.** Zur Winderwärmung dienen Rekuperatoren und Regeneratoren. Bei den ersteren hat die Wärme der Abgase durch das Mauerwerk in einen danebenliegenden Kanal hindurchzugehen und hier die Frischluft anzuwärmen. Der Strom der Frischluft und der Abgase erfolgt stets in gleicher Richtung insofern, als eine Umschaltung der Kanäle nicht erfolgt. Beide Luftströme verlaufen aber nach dem Gegenstromprinzip. Die Regeneratoren dagegen sind Wärmespeicher, die, nachdem sie sich mit Wärme vollgesogen haben, umgeschaltet werden müssen, um diese Wärme der dann sie durchstreichenden Verbrennungsluft abzugeben. Bei den Hochöfen werden die steinernen Winderhitzer Cowperapparate genannt. Dieselben sind große Blechmäntel von 4 bis $7\frac{1}{2}$ m Durchm., meist jedoch zwischen 6 und 7 m Durchm., einer Höhe von 18 bis 40 m, einer Heizfläche von 900 bis 8500 qm. Die Vergrößerung des Durchmessers ist nicht so vorteilhaft, wie die größere Höhe der Winderhitzer für die Ausnutzung der Wärme der Gasverbrennungsprodukte. Die Stärke der Blechmäntel schwankt zwischen 10 und 12 mm im unteren Teil, im oberen zwischen 8 und 10 mm. Die Kuppel ist 8 mm stark, die Bodenplatte 12 bis 15 mm; die Stöße sind luftdicht vernietet. Das Auskleidungsmauerwerk ist 500 mm stark mit einem Spielraum von 50 mm zwischen Blech und Mauerwerk. Das Spiel in der Kuppel beträgt 1% der Cowperhöhe. Für die Berechnung des Gewichts und der Heizfläche des Gitterwerks ist folgendes maßgeblich:

Erwärmt sich der Wind des Schmiedeofens bzw. des Cowpers von t auf t_1, so ist die entzogene Wärme stündlich ($= W$ in WE)

$$W = G \cdot (t_1 - t) \cdot s.$$

In dieser Formel ist

$G =$ Windmenge in 1 Std./kg;

$s =$ spez. Wärme der Luft $= 0{,}24$;

$t_1 =$ Temperatur im Heißwindstutzen (Mittelwert aus Ablesungen in der Windperiode, letztere $= st$ angenommen);

$t =$ Temperatur im Kaltwindstutzen (meist etwa 25° infolge der Kompressionswärme) bei Anwendung von Gebläsemaschinen und der für Hochöfen erforderlichen höheren Pressung. Bei der niedrigen Pressung, welche für die Schmiedeöfen nur erforderlich ist, ist dieser etwa nur mit 20° anzusetzen.

Für je 1000 WE, welche der Wind aufnehmen soll, rechnet man bei

$t_1 = 700^0$ 290 kg Gitterwerk
$t_1 = 800^0$ 340 kg »
$t_1 = 900^0$ 410 kg »

Um die Heizfläche zu berechnen, können folgende Angaben gemacht werden:

a) bei einer Steindicke von 70 mm Öffnungen = 160 qmm 955 kg,
b) » » » » 65 mm » = 160 qmm 915 kg,
c) » » » » 60 mm » = 160 qmm 871 kg,
d) » » » » 50 mm » = 160 qmm 776 kg,
e) » Sechsecksteinen, 140 Loch Durchm., 50 mm Zwischenmittel 949 kg.

1 qm Heizfläche zu a) entspricht 78,8 kg
1 qm » » b) » 72,2 kg
1 qm » » c) » 65,9 kg
1 qm » » d) » 53,9 kg
1 qm » » e) » 71,2 kg.

Die Anwendung von Regeneratoren, die richtiger an Stelle des falschen Fremdwortes „Wärmespeicher" genannt werden, hat bei Schmiedeöfen noch immer nicht die genügende Würdigung gefunden, vielleicht wegen falsch angebrachter Sparsamkeit. Während man bei den Rekuperatoren möglichst wenig Material aufwendet, um der Wärme leichteren Durchgang zu schaffen, muß bei den Wärmespeichern erheblich mehr Steinmaterial aufgewendet werden. Der Vorteil der Rekuperatoren ist, daß die Temperatur des Windes eine verhältnismäßig gleichmäßige ist, während bei den Regeneratoren infolge des Umschaltens naturgemäß Schwankungen entstehen. Die Rekuperatoren haben aber den Nachteil der Schwierigkeit, die nebeneinander liegenden Abgas- und Frischluftkanäle absolut dicht zu halten, namentlich wenn große Hämmer in der Nähe sind. Dieser Nachteil führt oft zu erheblichen Wärmeverlusten. Eine wesentliche Frage ist auch bei der Aufstellung der Rekuperatoren oder Regeneratoren 1. die Übersicht der Schmiede zu wahren, 2. aber bei ihrem Versenken in die Tiefe nicht mit dem Grundwasser zu kollidieren. Kleine Öfen, die in Gruppen aufgestellt sind, kann man zusammen sehr gut auf einen gemeinsamen Rekuperator oder Regenerator arbeiten lassen, der auch nicht zu tief in die Erde kommt. Wählt man Winderhitzertürme, so wird man gut tun, diese an der Wand des Gebäudes aufzustellen. Eine bessere Ausnutzung der Wärme in den beiden erwähnten Winderhitzern wird man dadurch erreichen, daß man künstlichen Zug anwendet. Dieser wird namentlich bei Verwendung von Regeneratoren von Vorteil sein, da man nach dem Umschalten gut einen vergrößerten Zug der Abgase gebrauchen kann. Lit.-N. Nr. 81.

2. Die Winderzeuger.

Abs. 82. **Allgemeines über Winderzeuger.** Die für die Förderung der Luft unter erhöhtem Druck bestimmten Maschinen sind für die Schmiede zweckmäßigst nach der Art Schaufler zu wählen. Diese Schaufler können als einfache Ventilatorgebläse oder als Turbinengebläse ausgebildet sein. Heute werden diese Maschinen mit derartig gutem Wirkungsgrade hergestellt, daß man meiner Ansicht nach von den geräuschvollen Kapselgebläsen absehen kann, deren Wirkungsgrad durch den Staubgehalt der Luft nach einer gewissen Zeit erheblich sinkt, sofern man nicht größere Luftfilter vorbauen will. Da die Widerstände in den Leitungen, namentlich in den Heißwindleitungen und den sich anschließenden Rekuperatoren und Regeneratoren nicht unerheblich sind, so sind sie in ihrer Schaufelung entsprechend einzurichten. Daher soll man lieber mit einem höheren Wassersäulendruck bei der Anschaffung der Gebläse rechnen. Durchschnittlich haben wir mit einem Wassersäulendruck von 1000 bis 1500 mm zu rechnen, je nachdem die Leitungen lang und die Widerstände erheblich sind. Die Spannung am Ofen beläuft sich dann auf 800 bis 1000 mm abgesehen von Preßgas. Die Wartung der Turbogebläse ist gegenüber den Kapselgebläsen einfacher.

Abs. 83. **Turbogebläse.** Bauart Aktiengesellschaft Kühnle, Kopp & Kausch, Frankenthal (Pfalz).

1. Niederdruck-Ventilatoren für Drücke bis 500 mm WS.

Die Konstruktion dieser Gebläsemaschinen besteht im wesentlichen aus einem solid gebauten, zweiteiligen, gußeisernen Gehäuse, Stahlwelle mit Laufrad und inneren Abdichtungsringen sowie aus zwei automatisch wirkenden Ringschmier-Bügellagern.

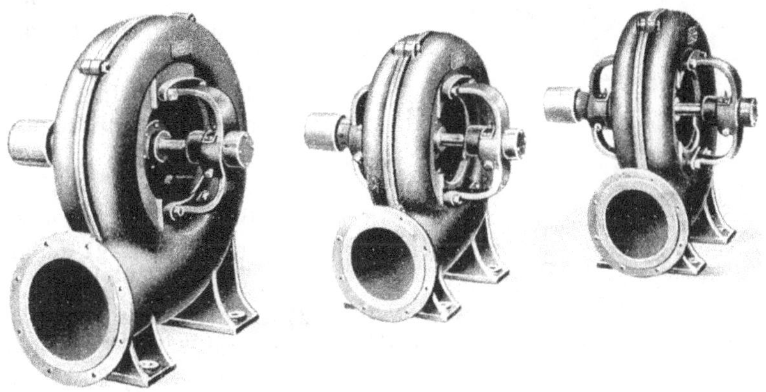

Fig. 63.

Als Material für die Wellen wird Spezialstahl verwendet. Auf der Welle sitzt eine geschmiedete Nabe mit angeschmiedetem Metallring; zu beiden Seiten dieses Ringes sind die Schaufeln des Laufrades angebracht.

Das Laufrad selbst ist ein geschlossenes System, in welchem die Luft mit möglichst geringen Reibungsverlusten geführt wird. Zu beiden Seiten des Laufrades sind Abdichtungsringe angebracht, welche ein Zurückfluten der Gebläseluft nach dem Saugstutzen usw. verhindern. — Die beiderseitigen Saugöffnungen sind reichlich groß gewählt, so daß die Luft mit möglichst geringem Widerstand frei eintreten kann. Die Doppelbügellager zeichnen sich durch große Festigkeit aus, ohne daß sie den freien Eintritt der Luft behindern. Die Form des gußeisernen Gehäuses ist so gewählt, daß die Geschwindigkeit der Luft in möglichst vorteilhafter Weise in Druck umgesetzt wird.

Die Nutzeffekte, welche sich mit solchen Ventilatoren erzielen lassen, betragen 70%.

Solche Niederdruck-Ventilatoren mit Riemenantrieb sind auf Fig. 63 dargestellt.

Die Bedienung der Ventilatoren ist außerordentlich einfach und fast Null, da die einzige Abnutzung in den beiden Lagern stattfinden kann, welche zudem reichliche Abmessungen erhalten.

Fig. 64 stellt einen Ventilator mit direkt gekuppeltem Drehstrommotor dar, und zwar besitzen Motor und Ventilator insgesamt nur drei Lager. Die Grundplatte für den Motor ist an dem Gebläsegehäuse direkt angegossen und damit eine Gewähr gegeben, daß Motor und Ventilator in dauernd betriebssicherer Weise verbunden sind.

Fig. 65 veranschaulicht einen gleichen Ventilator, jedoch mit etwas anormaler Konstruktion, welche durch die Drehstromtourenzahl des den Ventilator antreibenden Motors bedingt wird. Der Ventilator ist in dieser Form auch für etwas höhere Drücke verwendbar. Die Ventilatoren dienen hauptsächlich zum Betriebe von Schmiedeöfen mit niederem Gebläsedruck usw.

Fig. 64. Niederdruckgebläse mit Drehstrommotor.

2. Mitteldruck-Gebläse für Drücke bis etwa 1200 mm WS.

Fig. 66 bis 69 stellen Mitteldruckgebläse dar mit einseitiger Ansaugung. Sie unterscheiden sich von den Ventilatoren der Gruppe 1 dadurch, daß sie für entsprechend höheren Druck in kräftigster Weise zur Ausführung gebracht werden. Auf Fig. 66 sehen wir eine Gruppe solcher Mitteldruckgebläse für Riemenantrieb. Solche Gebläse werden in den verschiedensten Größen gebaut.

Die Konstruktion dieser Gebläse ist aus Fig. 67 deutlich zu erkennen. Die Gebläsewelle lagert in zwei kräftigen Ringschmierlagern und trägt das Laufrad frei auf einer Seite.

Das Laufrad besteht aus einer schmiedeeisernen Nabe mit angenieteten Laufradschaufeln. Die Laufräder haben zu beiden Seiten schmiedeeiserne Wände, welche die Luft in einwandfreier Weise beim Durchgang durch das Laufrad führen. Zu beiden Seiten des Laufrades sind wieder Dichtungsringe angeordnet, welche ein Zurückfluten der verdichteten Luft verhindern. Diese Dichtungsringe sind von verschiedenem Durchmesser, so daß der einseitige Saugschub hierdurch fast vollständig aufgehoben wird. Die Welle erhält in einem Lager einen Druckring, so daß das Gebläselaufrad in seiner horizontalen Stellung sicher gehalten wird. Das Gehäuse dieser Mitteldruckgebläse besitzt am äußeren Umfange einen sog. Diffusor, welcher in bestmöglicher Weise die Geschwindigkeit der Luft in Druck umsetzt, so daß mit diesen Gebläsen ein Effekt bis 75% erzielt werden kann. Bei höheren Drücken erhalten die Laufräder recht beträchtliche Umfangsgeschwindigkeiten, welchen die Laufräder jedoch durch geeignetes Material — Nickelstahl — Rechnung tragen.

Fig. 65.

Der Saugstutzen ist als Deckel ausgebildet, welcher abnehmbar ist. Nach Abnahme dieses Deckels kann das Laufrad von der Welle ohne weiteres heruntergezogen werden. Es ist daher dafür gesorgt, jederzeit das Innere des Gebläses einer Revision

Fig. 66.

zu unterziehen, welche besonders dann erwünscht ist, wenn die Gase, die gefördert werden, stark staubhaltig sind. Fig. 68 zeigt uns solche Mitteldruckgebläse in direkter Kupplung mit einem Dreh- bzw. Gleichstrommotor.

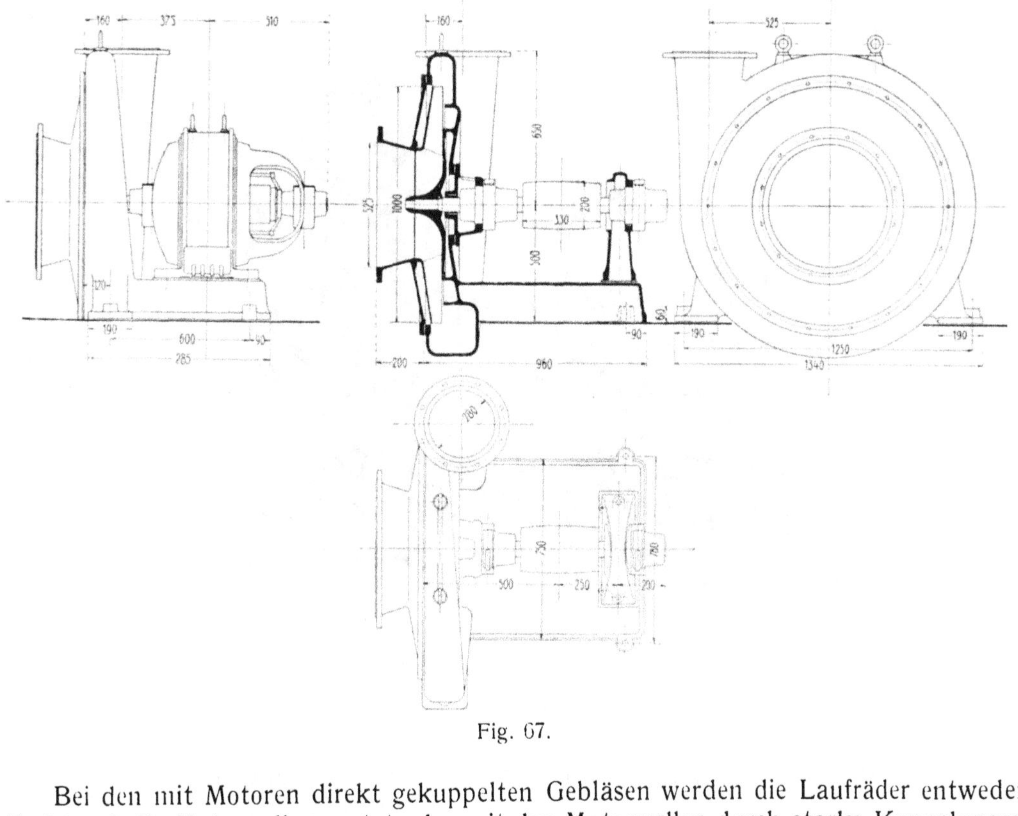

Fig. 67.

Bei den mit Motoren direkt gekuppelten Gebläsen werden die Laufräder entweder direkt auf die Motorwelle gesetzt oder mit den Motorwellen durch starke Kuppelungen derartig verkuppelt, daß Motorwelle und Gebläsewelle ein starres System bilden. Die Motoren sitzen auch hier wieder auf angegossenen Grundplatten der Gebläse, so daß eine dauernde Betriebssicherheit gewährleistet ist.

Fig. 69 stellt ein solches Gebläse mit horizontalem Druckstutzen und direkt gekuppeltem Motor durch starre Kupplung dar. Die Grundplatte bei diesem letzteren Gebläse ist nicht angegossen, sondern besonders angeschraubt. Dies hat den Vorteil, daß das Gebläse eventuell auch an anderer Stelle mittels angebautem Riemenantriebs oder mittels eines anderen Motors für andere Drücke und Leistungen verwendet werden kann.

Fig. 68.

Diese Gebläse dienen zum Betriebe von großen Schmieden, in welchen eine größere Gruppe von Öfen durch ein Gebläse betrieben werden kann. Dieses ist bei den K.K.K.-Rateaugebläsen zu empfehlen, zumal der Effekt zwischen 50 bis 125% der Normalleistung annähernd derselbe bleibt, so daß also bei ½ Last auch nur die Hälfte der Kraft verbraucht wird.

Die Druckstutzen der Gebläse werden mit der Rohrleitung durch ein konisches Diffusorrohr verbunden, so daß die letzte Geschwindigkeitsenergie noch in Druck umgesetzt wird.

Fig. 69.

3. Hochdruck-Gebläse für Drücke bis zu 3000 mm WS.

Fig. 70 zeigt uns ein Hochdruckgebläse, welches für sehr große Mengen gebaut ist, bei welchem die Luft durch zwei nach unten gehende Saugstutzen angesaugt wird und durch einen vertikalen Druckstutzen weitergeleitet wird. Diese großen Gebläse sind nicht nur in ihrer vertikalen, sondern auch horizontalen Ebene geteilt, um jederzeit

Aktiengesellschaft Kühnle, Kopp & Kausch, Frankenthal-Rheinpfalz.

Niederdruckgebläse Typ NG, System „Rateau".

Größe	100 mm WS			150 mm WS			200 mm WS			250 mm WS			300 mm WS			400 mm WS			500 mm WS		
Nr.	Q cbm/M.	n Touren/M.	N PS.	Q	n	N	Q	n	N	Q	n	N	Q	n	N	Q	n	N	Q	n	N
NG I	12	2650	0,43	14,5	3250	0,78	17	3750	1,22	19	4200	1,7	21	4600	2,26	24	5300	3,45	27	5900	4,85
NG II	16	2190	0,565	19,5	2650	1,1	22,5	3100	1,6	25	3480	2,2	28	3800	3,0	32	4380	4,5	36	4900	6,4
NG III	24	1960	0,835	29,5	2400	1,55	34	2770	2,35	38	3100	3,3	41,5	3400	4,35	48	3920	6,7	53,5	4380	9,3
NG IV	36	1715	1,23	44	2100	2,25	51	2425	3,5	57	2770	5,2	62,5	2970	6,4	72	3430	9,85	80	3820	13,6
NG V	55	1480	1,85	67	1815	3,4	78	2100	5,25	87	2340	7,3	95	2560	9,6	110	2960	14,8	123	3310	20,7
NG VI	93	1240	3,1	114	1520	5,7	131	1750	8,75	147	1960	12,25	161	2150	16	186	2480	25	208	2770	35
NG VII	126	1055	4,15	154	1295	7,6	178	1500	11,7	200	1670	16,5	218	1825	21,5	252	2110	33	280	2360	45
NG VIII	168	915	5,5	206	1120	10	238	1300	15,5	268	1450	22	291	1585	28,5	336	1830	44	376	2050	61,5
NG IX	265	780	8,6	325	955	15,8	375	1100	24,5	420	1230	34	460	1350	45	530	1560	68,5	593	1745	96
NG X	340	657	11	420	805	20,5	485	930	31,5	540	1035	43,5	595	1140	57,5	685	1315	88,5	765	1470	123,5

Aktiengesellschaft Kühnle, Kopp & Kausch.

Mitteldruckgebläse Typ MG 0—9a, System K. K. K.-Rateau.

Größe	500 mm WS			600 mm WS			700 mm WS			800 mm WS			900 mm WS			1000 mm WS		
Nr.	Q	n	N	Q	n	N	Q	n	N	Q	n	N	Q	n	N	Q	n	N
MG 0	30	3550	5	33	3900	6,35	36	4200	8,3	38	4500	10	41	4800	12	43	5060	14
MG 1	47	2900	7,75	52	3200	10,25	56	3450	13	60	3700	15,8	64	3920	19	67	4130	22
MG 2	68	2675	11	75	2935	14,75	77	3000	17,5	82	3220	21,5	87	3410	25,5	92	3600	30
MG 3	88	2340	14,5	96	2570	18,75	104	2770	23,75	111	2960	29	112	2970	32,5	118	3130	38
MG 4	110	2100	18,1	120	2310	23,5	130	2490	29,7	139	2665	36,5	148	2830	43,5	156	2985	51
MG 5	137	1870	22	150	2050	29	162	2215	36,5	173	2365	45	184	2510	53	194	2650	62
MG 6	173	1685	28	189	1845	36,5	205	2000	46,5	218	2130	56	232	2260	67	245	2380	78,5
MG 7	198	1530	32	217	1680	41,7	235	1820	52,5	250	1935	64	265	2050	76,5	280	2160	89
MG 8	232	1400	37	255	1540	49	277	1670	62	294	1775	75,5	312	1880	90	330	1985	105
MG 9	270	1300	43,5	295	1420	57	320	1540	71,5	340	1640	86,5	360	1735	103	380	1830	120
MG 9a	352	1300	56,5	385	1420	74,5	417	1540	93	445	1640	113	470	1735	134,5	486	1830	157

eine bequeme Montage resp. Demontage zu ermöglichen. Eine andere Ausführung unterscheidet sich von Fig. 70 nur dadurch, daß die Luft oder Gase in einem einseitigen Saugstutzen von unten angesaugt und in einem horizontal abgehenden Druckstutzen weitergeleitet werden. — Diese Gebläse sind für Drücke von etwa $1\frac{1}{2}$ bis 3 m WS bestimmt und erhalten zur möglichst guten Ausnutzung der aufgewendeten Energiemengen reichlich bemessene Diffusoren.

Fig. 70.

Abs. 84. **Turbinengebläse.** Bauart C. H. Jaeger & Co., Leipzig-Plagwitz. Die Wirkungsweise von Jaegers Turbinengebläsen und Turbinenkompressoren gleicht im wesentlichen der von Turbinenpumpen: Luft oder Gas wird einem schnell rotierenden Laufrad am inneren Umfange in radialer Richtung zugeführt. In den Radkanälen erfährt das Gas eine bestimmte Geschwindigkeit und Druckerhöhung, entsprechend der auf das Rad übertragenen Geschwindigkeitsenergie. Das Laufrad ist mit einem feststehenden Leitring umgeben, in dessen Kanälen die hohe Geschwindigkeit der aus dem Laufrad ausströmenden Luft in Druck umgesetzt wird. Ist nur ein Laufrad vorhanden, so kann der Leitring fortfallen und das Gehäuse selbst so ausgebildet werden, daß die Luftgeschwindigkeit möglichst vollkommen ausgenutzt wird. Genügt ein Laufrad nicht mehr zur Erzeugung des verlangten Druckes, so können, wie bei Pumpen, mehrere Räder in einem Gehäuse angeordnet werden, welche nacheinander vom Luftstrom durchflossen werden, und deren einzelne Drücke sich zu dem Gesamtdruck zusammensetzen.

Bei Drücken über ca. 1 Atm. zwingt die steigende Lufttemperatur mit Rücksicht auf Betriebssicherheit und Wirkungsgrad zur Kühlung der Luft während der Verdichtung im Gehäuse. Man unterscheidet dementsprechend hinsichtlich der Bauart ungekühlte Turbinengebläse (anwendbar bis ca. 1 Atm. Luftüberdruck) und Turbinenkompressoren mit Wasserkühlung (anwendbar bis zu ca. 10 Atm. Luftüberdruck).

Die von einem Rad erzeugte Druckerhöhung und somit die Radzahl eines mehrstufigen Gebläses hängt von dem Gewicht der angesaugten Luft resp. des Gases, von der Umfangsgeschwindigkeit des Rades, der Schaufelform und bei Kompressoren von der Wirksamkeit der Kühlung ab. Je leichter ein Gas ist, desto kleiner ist der Druck, den ein Rad bei bestimmter Geschwindigkeit erzeugen kann, resp. desto größer muß bei gegebener Geschwindigkeit die Stufenzahl des Gebläses sein, um einen verlangten Druck zu erzeugen. Die Umfangsgeschwindigkeit des Rades richtet sich nach der Drehzahl der Antriebsmaschine und der zu fördernden Menge. Ein großes Volumen erfordert ein großes Rad, während ein kleines Volumen zur Verringerung des Raddurchmessers nötigt, damit die Radbreite nicht zu klein ausfällt, durch welche der Wirkungsgrad ungünstig beeinflußt werden würde. Im allgemeinen ist bei gleicher Fördermenge und gleichem Enddruck die Maschine mit größerer Stufenzahl hochwertiger. Im Interesse der Wirtschaftlichkeit ist ferner die Drehzahl immer möglichst hoch zu wählen: Bei Antrieb durch Drehstrommotor in der Regel ca. 3000, bei Dampfturbinenantrieb ca. 4000 in der Minute und mehr. Riemenantrieb ist nur bei kleineren Maschinen anwendbar.

Die Abdichtung der einzelnen Stufen im Gehäuse gegeneinander erfolgt lediglich durch Labyrinthe. Infolgedessen läuft der rotierende Teil unter Vermeidung jeg-

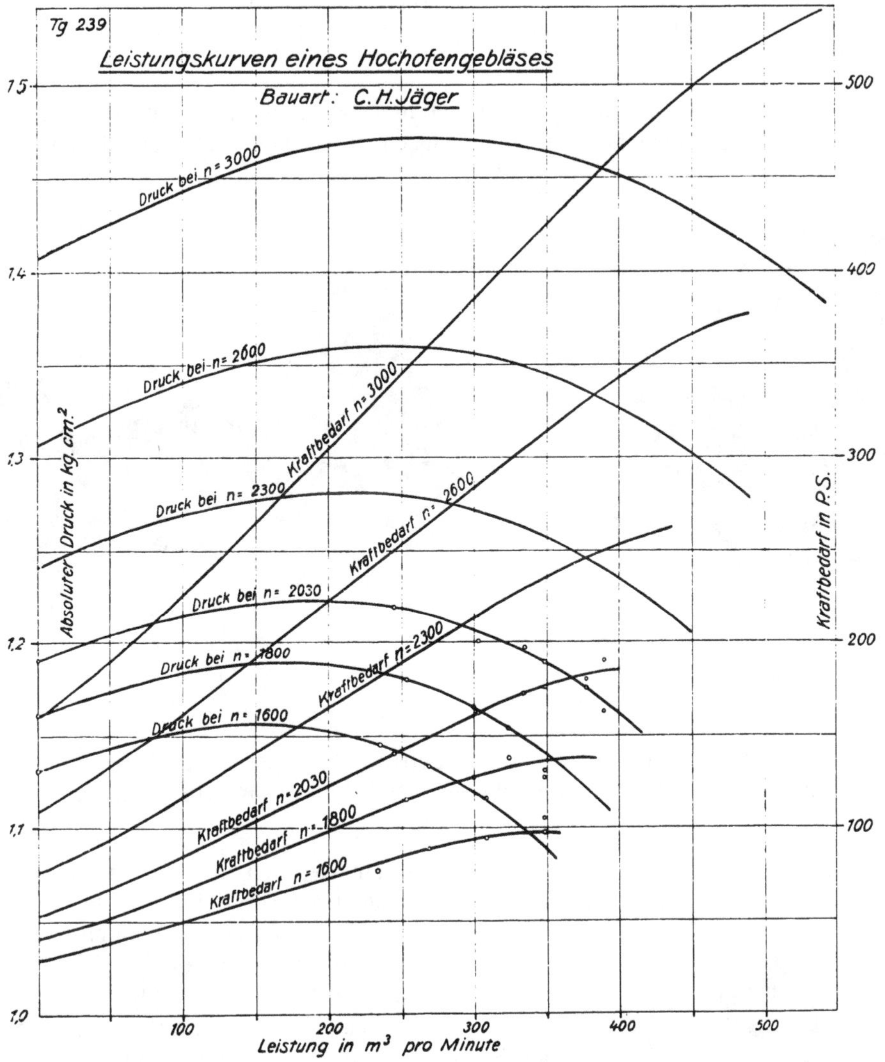

Fig. 71.

licher Schmierung reibungsfrei im Gehäuse. Die einzigen Stellen, an denen mechanische Reibung auftritt, sind die Lager. Die Wartung dieser Maschinen ist einfach und beschränkt sich in den meisten Fällen auf eine Kontrolle der Lagertemperaturen. Der Ölverbrauch stellt sich niedrig, insbesondere kommt die geförderte Luft- oder Gasmenge mit dem Schmieröl überhaupt nicht in Berührung, da die Lager außerhalb der Gehäuse angeordnet sind.

Zwischen der angesaugten Menge sowie dem Druck besteht, ebenso wie bei Turbinenpumpen, je nach der Schaufelform ein bestimmter Zusammenhang durch die sog. Kennlinien, derart, daß (Fig. 71), gleiche Drehzahl vorausgesetzt, bei vergrößertem Widerstand die Fördermenge fällt, bei verringertem Widerstand steigt. Infolgedessen kann die Fördermenge durch einen Schieber, der zweckmäßig in die Saugleitung eingebaut wird, eingestellt werden, wobei sich der Wirkungsgrad in weiten Grenzen nur wenig ändert. Anderseits wird ein Turbinengebläse oder ein Kompressor, welcher in eine Rohrleitung mit verschiedenen Entnahmestellen arbeitet, sich selbsttätig dem jeweiligen Luftbedarf anpassen. Auch bei vollkommen abgesperrter Druckleitung kann ein schädlicher Überdruck nicht entstehen. Sicherheitsventile sind daher in der Regel überflüssig.

Die Größe der Druckzunahme bei verringerter Leistung resp. der Verlauf der Kennlinien wird bei Jaegers Turbinengebläsen und Kompressoren durch geeignete

Fig. 72.

Fig. 73.

Formgebung der Schaufeln im Lauf- und Leitrad dem jeweiligen Verwendungszweck so weit als möglich angepaßt, so daß diese hinsichtlich der Regulierfähigkeit den hohen Ansprüchen genügen.

Ungekühlte Turbinengebläse einstufiger Bauart werden zur Bedienung von Öfen angewendet. Da hierfür meist nur kleine Leistungen erforderlich sind, so ist Riemenantrieb ebensogut möglich wie direkte Kupplung mit der Antriebsmaschine (siehe Fig. 72 und 73). Diese Maschinen besitzen ein Laufrad mit einseitiger Zuströmung. Das Gehäuse ist als spiralförmiger Diffusor ausgebildet. Nach Abnahme des Saugseitendeckels ist das Laufrad zugänglich. Fig. 74 zeigt ein Turbinengebläse, passend für besonders große Glühöfen. Das Laufrad saugt hier die Luft von beiden Seiten an. Die nach unten gerichteten, durch die Grundplatte hindurch geführten Saugöffnungen besitzen rechteckige Querschnitte zum Anschluß an einen Saugkanal. Im Interesse guter Zugänglichkeit sind bei den großen Gebläsen Gehäuse und Lager horizontal geteilt.

Fig. 74.

Abs. 85. **Tabelle der erforderlichen Windmenge und des Kraftverbrauchs.** Die Bestimmung des Luftverbrauchs pro Minute bei 100% Luftüberschuß erfolgt annähernd wie folgt:

1 kg Kohlenstoff verbrennt zu Kohlensäure mit $2 \times 11{,}6$ kg Luft.

1 cbm Luft wiegt $\frac{1{,}252 \cdot p}{1 + at}$ kg.

Dabei ist p die Spannung der Luft in kg/qcm und $a = \frac{1}{273}$.

$1 + at$ ist bei 30° C, d. h. der höchsten Temperatur im Ventilatorraum, gleich 1,101.

Erfahrungsgemäß ist bei Hochöfen mit einem Verlust von 25 bis 40% in Leitungen und Winderhitzern zu rechnen. Unter normalen Verhältnissen rechnet man daher mit 5,5 cbm verdichteter Luft für 1 kg Koks.

Da man meist bei festen Brennstoffen mit 40—75% Luftüberschuß rechnen darf, sei in nachstehender Tabelle der theoretische Luftverbrauch angegeben, der mit der betreffenden Zahl zu multiplizieren ist:

Kohlenstoff pro Stunde in kg . .	10	20	30	40	50	60	70	80	90
Theoretischer Luftbedarf in cbm .	89,5	1,79	2,68	3,58	4,47	5,37	6,26	7,16	8,50

Der Kraftverbrauch beträgt nach der „Hütte" für normale Verhältnisse in bezug auf Windgeschwindigkeit, schädliche Räume und Strömungswiderstände:

Überdruck in kg/qcm	0,2	0,3	0,4	0,5	0,6	0,7	0,8	0,9	1,0	1,25
Indizierte Windleistung in PS für 100 cbm Luft minutlich	58	78	95	112	128	143	158	170	184	213

Lit.-Nachw. Nr. 85.

3. Zuleitungen, Absperrorgane etc.

Abs. 86. **Die Heißwindleitungen.** Der aus den Wärmeaustauschvorrichtungen und Wärmespeichern kommende heiße Wind verlangt gegenüber dem kalten Winde den dreifachen Querschnitt, da sein Volumen in das Dreifache gewachsen ist. Anderseits sollen die Heißwindleitungen wegen der Strahlung und der Leitung keinen zu großen Durchmesser erhalten. Daher muß eher die Geschwindigkeit des Gasstromes bei zunehmender Kraft der Maschinenleistung gesteigert werden. Die Isolierung erfolgt durch Ausmauerung mittels poröser, feuerfester Steine von geringem spezifischen Gewicht (s. Abs. 116 und 117). Sie soll etwa 250 bis 400 mm stark sein, je nach dem Durchmesser der Rohre. Da diese Steine durch große Windgeschwindigkeiten und infolge der hohen Temperatur leicht zerstört werden, nimmt man bei Hochofenleitungen die innerste Auskleidung der Isolierung durch ganz gute Schamottesteine, während dann erst die äußeren Schichten aus porösen Steinen hergestellt werden. Ich bin der Ansicht, daß man durch geeignete Glasuren, wie z. B. Karborundum, bessere Resultate erzielen wird.

Abs. 87. **Die Umschaltventile und die Heißwindschieber.** Zum Abstellen des heißen Windes gegen den Ofen werden Heißwindschieber verwendet, deren Gehäuse aus Gußeisen ist, während die Scheibe aus phosphorarmem Gußeisen oder aus wassergekühltem Bronzekörper oder wassergekühlten Sitzflächen besteht. Das Kühlwasser muß jedoch so beschaffen sein, daß es keinen Kesselstein absetzt. Eine Kühlung der Scheibe ist nicht notwendig, wenn die Stärke derselben genügend groß ist.

Für das Umschalten der Regeneratoren gibt es verschiedene Systeme:

1. Die Siemenssche Wechselklappe, welche durch Klappbewegung die Gaswege umschaltet.
2. Das Fischersche Ventil, ein schräggeteilter Drehschieber, durch dessen Drehbewegung die Kanäle umgeschaltet werden. Diese wird gebaut von der Firma Fischer & Demmler in Mülheim a. Ruhr.
3. Dem Forterschen Ventil, eine schwenkbare Haube aus Stahlblech, deren Kanten in wassergefüllten Becken ruhen und die immer zwei Kanäle bedeckt, während ein dritter äußerer Kanal stets frei ist.

Abs. 88. **Druckregulier- (Sicherheits-) Ventil für Gebläse.** Bauart Aerzener Masch.-Fabrik, G. m. b. H., Aerzen-Hameln. Wenn in Schmiedewerkstätten plötzlich eine Anzahl Düsen abgestellt wird, so wird sich, falls dem Winde kein Ausweg geboten wird, der Winddruck bei Anwendung von Kapselgebläsen bedeutend steigern. Eine übermäßige Druckerhöhung veranlaßt aber nicht nur eine Störung der anderen Öfen, sondern erfordert auch eine der höheren Windpressung entsprechende größere Betriebskraft und verursacht Unregelmäßigkeiten im Betriebe.

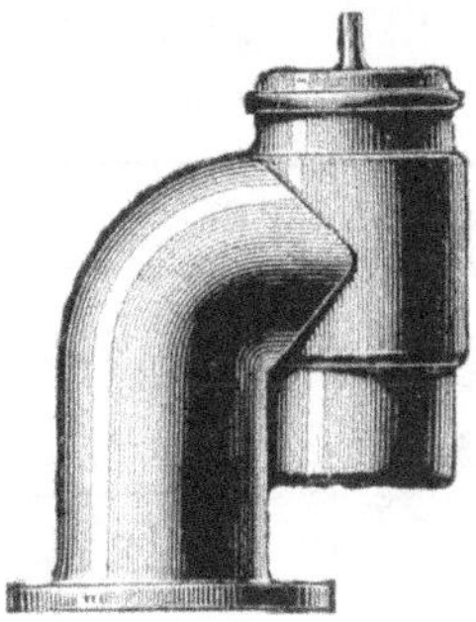

Fig. 75.

Die gewöhnlichen Sicherheitsventile sind fortwährenden ungleichförmigen Bewegungen unterworfen, indem sie vom Winddruck auf- und niedergeworfen werden; diese Bewegungen pflanzen sich in der Leitung fort und verursachen so ein stoßweises Austreten des Windes an der Düse.

Dieses Ventil bewirkt unter allen Umständen einen konstanten, gleichmäßigen Druck in der Windleitung. Es öffnet und schließt sich allmählich selbsttätig, nicht stoßweise, je nachdem mehr oder weniger starker Druck in der Leitung ist, so daß man beliebig viele Öfen abstellen oder beliebig mehr oder weniger Luft in die einzelnen Öfen blasen lassen kann.

Maß-Tabelle.

Nr.	Für Gebläse Leistungen in m^3 pro Min.	Anschluß-Flanschen Durchm. mm	Lichtw. mm
0	0,8— 1,2	—	38
1	2,5— 5,5	150	52
2	8,5— 11,5	185	70
3	14,5— 18,0	210	90
4	24,0— 30,0	260	120
5	44,0	320	180
6	62,0	370	220
7	92 —132	400	250
8	160 —210	450	300
9	330	575	400
10	435	740	550

Die Ventile sind für einen Minimaldruck von 200 mm Wassersäule eingerichtet, können aber mittels Belastungsscheiben (wovon zwei jedem Ventil beigeliefert werden) für jeden beliebigen Winddruck eingestellt werden. Einer Wartung oder Ölung bedarf das Ventil nicht, es müssen nur von Zeit zu Zeit Kolben und Gehäuse von dem vom Gebläse eingeführten Staube gereinigt werden.

Das Druckregulierventil kann zwar an jeder geeigneten Stelle der Windleitung angebracht werden, doch ist es zu empfehlen, einen Ort zu wählen, wo der eventuell ausströmende Windstrom nicht störend wirkt. Steht das Gebläse in einem besonderen Raume, so findet sich in der Regel daselbst auch der geeignetste Platz für Anbringung des Ventils.

Abs. 89. **Erforderliche Querschnitte für Gebläseleitungen.** Für die Saugleitung des Gebläses, die am besten ins Freie geführt wird, um eine möglichst niedrige Kompressionstemperatur zwecks erhöhten Lieferungsgrades zu erhalten, wählt man erfahrungsgemäß unter Annahme einer gleichmäßigen Strömungsgeschwindigkeit annähernd 6 m. Die Druckleitung dagegen ist für eine Windgeschwindigkeit von 10 bis 12 m zu berechnen.

Abs. 90. **Die Windabsperrschieber für Kaltluft.** Bauart Aerzener Masch.-Fabrik, G. m. b. H., Aerzen-Hameln. Zur Regulierung der Windmengen an kleineren Öfen verwendet man Windabsperrschieber Fig. 76 und 77. Diese haben ein Gehäuse aus Gußeisen und einen Schieber ebenfalls aus Gußeisen, während die Stange aus Schmiedeeisen besteht. Die Dichtungsflächen des Schiebers als auch der Flanschen sind sauber abgedreht und gut rechtwinklig passend zur Rohrachse geteilt. Durch mehr oder weniger vorgenommenes Herausziehen des Schiebers wird der Querschnitt des Rohres mehr freigegeben, so daß der Wind in voller Menge zum Ofen strömen kann.

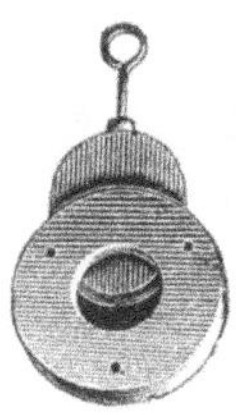

Fig. 76.

Fig. 77.

Tabelle über Maße und Gewichte.

Für Rohrleitungen von mm	50	65	75	80	90	100	115	140	150	200	250	300	350	400	450	500	550
Gewicht kg . . .	5	7	8	9	11	12	14,5	20	40	60	85	120	165	185	200	220	250

Die größeren Schieber, Fig. 77, von 150 mm Durchmesser erhalten 2 Anschlußflanschen.

Abs. 91. **K.K.K.-Multiplikator.** Bauart Aktien-Gesellschaft Kühnle, Kopp & Kausch, Frankenthal, Pfalz. Die Regulierung der Windmenge bei technischen Öfen erfolgt und erfolgte bisher ausschließlich mittels Drosselschiebers, welcher nach Gutdünken des Ofenarbeiters eingestellt wurde. Irgendeine Kontrolle, welche Windmengen in den Ofen eingeblasen werden, ist hierbei vollständig ausgeschlossen. Naturgemäß muß diese Regulierung größte Kraftverluste herbeiführen. Bei den bisher gebräuchlichen Kapselgebläsen erfolgt die Regulierung durch ein Sicherheitsventil; letzteres ist für einen zu erwartenden Höchstdruck eingestellt. Derartige Anlagen, d. h. solche mit sog. zwangläufigen Gebläsen, arbeiten immer mit maximalen Luftmengen und eventuell auch mit maximalen Druckhöhen, da die einzige Regulierung das Sicherheitsventil darstellt, welches lediglich diejenigen Mengen, die das Maximum überschreiten, unter Höchstdruck zum Abblasen bringt. Die Kapselgebläse werden daher stets einen nicht unbeträchtlichen Teil ihres Kraftverbrauches ungenutzt aufwenden müssen.

Der K.K.K.-Multiplikator Fig. 78 ist ein Apparat, der in der Regel in die Saugleitung, unter Umständen auch in die Druckleitung einer K.K.K.-Rateaugebläseanlage einzuschalten ist. Der in der Saugleitung zum Ansaugen der Luftmenge erforderliche Unterdruck wird durch den Multiplikator vervielfacht und auf dem zum Apparat gehörigen Kontaktvakuummeter angezeigt. Jeder Zeigerstellung des Vakuummeters

Fig. 78.

entspricht eine ganz bestimmte Fördermenge. Das Vakuummeter besitzt zwei beliebig einstellbare elektrische Kontakte, die mit einer oder eventuell mit je einer ebenfalls zum Apparat gehörigen elektrischen Alarmklingel in Verbindung stehen. Man hat es nun in der Hand, die Kontakte derart einzustellen, daß sie bei bestimmten, aber beliebig einstellbaren Grenzförderleistungen die Alarmklingel ertönen lassen, und zwar dann, wenn die Mengeleistung das zulässige Minimum oder Maximum erreicht. Ertönt im ersteren Falle das Alarmsignal, so ist das Zeichen gegeben, daß z. B. die zugehenden Düsen aufgestochert werden müssen bzw. die Tourenzahl des Gebläses gesteigert werden muß, um den höheren Widerstand der Düsen zu überwinden und auf diese Weise dem Ofen zu ermöglichen, die normale Luftmenge aufzunehmen. Ertönt für den zweiten Fall die Alarmklingel, dann ist das Zeichen gegeben, daß der Schieber in der Druckleitung mehr oder weniger geschlossen bzw. zweckmäßig die Tourenzahl des Gebläses verringert werden muß, damit nicht unnötig Wind und Kraft vergeudet wird.

In Verbindung mit dem Multiplikator kann statt eines einfachen Manometers ein Registriermanometer gebracht werden, um den Wechsel in den vom Ofen während einer längeren Zeit aufgenommenen Luftmengen vollkommen verfolgen zu können.

Schließlich können auch die einstellbaren elektrischen Kontakte zur Betätigung eines kleinen Servomotors benutzt werden. Der Servomotor ermöglicht ganz nach Wunsch eine automatische Einstellung des Gebläses entweder auf konstante Leistungsmengen bei veränderlichem Widerstande der Ofenanlage oder auch auf konstanten Druck bei veränderlichen Windmengen, indem er den Regulator des Antriebsmotors in zweckmäßiger Weise bedient.

Die annähernd verlustlose Regelung der Mengeleistung durch den Druckschieber und des Druckes durch Veränderung der Tourenzahl nach den Angaben des Multiplikators läßt stets unter günstigstem Drucke genau so viel Luft in den Ofen blasen, als er benötigt, so daß die Kraftvergeudung verringert ist.

Abs. 92. **Hydraulische Rauchschiebeöffner mit Türverschluß.** Bauart Ww. Joh. Schumacher, G. m. b. H., Köln. Fig. 79. Es ist eine bekannte Tatsache, daß, wenn der Heizer bzw. Schmied die Türe, gleichviel der Feuerung oder Beschickung, öffnet, um durch diese zu bedienen, eine Menge kalte Luft in das Innere der Feuerung bzw. Ofens einströmt, was naturgemäß mit einem erheblichen Wärmeverlust verbunden ist. Es fällt auch noch der Umstand ins Gewicht, daß durch die einströmende kalte Luft das Ofengewölbe sehr in Mitleidenschaft gezogen wird.

Fig. 79.

Die Maschinen- und Armaturenfabrik von Wwe. Joh. Schumacher in Köln hat nun einen sinnreichen Apparat in den Handel gebracht, welcher diese Übelstände vermeidet. Über der Feuertür ist ein Schieberhahn angeordnet, dessen Handgriff in senkrechter Stellung die Feuertür verschließt. An einer Seitenwand des Ofens ist weiter ein Zylinder mit Kolben und Kolbenstange befestigt, die mit dem Rauchschieber in Verbindung steht. Der Schieberhahn hat einerseits Verbindung mit einer Hochdruckwasser- oder Luftleitung und anderseits mit dem vorgenannten Zylinder. Wird nun der Hebel des Schieberhahnes in die Horizontalstellung gebracht, die Feuertür dadurch also freigegeben, so wird dadurch Wasser auf den Kolben geleitet und auf diese Weise der Rauchschieber geschlossen, so daß keine kalte Luft in die Feuerung eintreten kann, sobald die Türe geöffnet worden ist. Ist die Türe wieder geschlossen, so wird der Hebel in die senkrechte Stellung gelegt, wodurch das Wasser aus dem Zylinder abfließen und der Schieber, welcher mit einem Kontergewicht verbunden ist, sich wieder heben kann.

III. Kapitel. Die Flammöfen für feste Brennstoffe.

1. Allgemeines.

Abs. 93. **Die mit festen Brennstoffen befeuerten Schmiedeöfen.** Die mit festen Brennstoffen befeuerten Erwärmungsvorrichtungen der Schmiede teilen wir nach folgenden Gesichtspunkten ein:

A. Halböfen: Hierunter verstehe ich bedeckte Feuer, bei denen noch der Brennstoff mit dem zu erhitzenden Eisen in Berührung kommt oder wenigstens zunächst keine Gasbildung stattfindet wie bei den Halbgasöfen. Sie werden fast ausschließlich mit Koks befeuert und haben auch keine Luftvorwärmung in besonderen Kammern.

B. Flammöfen ohne aufgelagerten Kessel und ohne Rekuperation. Die in dieser Gruppe zusammengefaßten Öfen haben eine gesonderte Feuerung, so daß das Brennmaterial nicht mehr mit den eingesetzten Schmiedestücken in Berührung kommt.

Um Kompliziertheiten zu vermeiden, hat man bei diesen kleinen Ofengrößen von Rekuperatoren, wie auch von der Ausnutzung der Gase in Kesseln Abstand genommen. Dies ist möglich, weil im allgemeinen die kleineren Öfen scheinbar bessere Nutzeffekte geben als die großen. Die Ursachen hierfür finden bei der Besprechung der Öfen für gasförmige Brennstoffe ihre Erläuterung.

C. Flammöfen ohne Regeneration und ohne Rekuperation dagegen mit aufgelagertem oder angebautem Kessel: Bei dieser Gattung von Flammöfen wird die Wärme der abziehenden Gase, da diese ihre Wärme an den Kessel zwecks Dampferzeugung abgeben sollen, nicht mehr in Rekuperatoren und Regeneratoren auf die Verbrennungsluft zwecks Erhöhung der Reaktionsgeschwindigkeit übertragen. Infolgedessen ist der thermische Grad der Feuerung kein so günstiger wie bei den Flammöfen mit Luftvorwärmung (s. Abs. 76). Anderseits wird ein Teil der Wärme der Abgase zur Dampferzeugung nutzbar gemacht. Ist es möglich, den Dampf in der Schmiede rationell zu verwenden, so kann man sich dieser Art von Öfen bedienen. Ihre Aufstellung muß jedoch so erfolgen, daß sie die Übersicht der Schmiede nicht stört, was bei aufgelagertem Kessel, wenn die Öfen frei stehen, der Fall ist.

Infolgedessen, daß eine Luftvorwärmung nicht oder schwer möglich ist, lassen sich Halbgasfeuerungen weniger gut anwenden, wohl aber mechanische Rostbeschickungen, z. B. Wanderroste.

D. Flammöfen mit Halbgasfeuerung und Luftrekuperator: Bei dieser Art von Flammöfen wird die Wärme der abziehenden Gase dadurch nutzbar gemacht, daß man sie durch einen Rekuperator streichen läßt, um in diesem meist im Gegenstrom die sekundäre Verbrennungsluft der Halbgasfeuerung auf hohe Temperatur zu bringen. Der Rekuperator ist entweder als nebeneinander liegendes Kanalsystem aus Schamottemauerwerk hergestellt oder neuerdings auch als Röhrenrekuperator. Es dürfte sich vielleicht als zweckmäßig erweisen, beide Arten von Rekuperatoren zu vereinigen, denjenigen aus Schamottekanälen direkt hinter dem Herd und entfernter liegend den Röhrenrekuperator, weil dieser empfindlicher ist. Die Halbgasfeuerung besteht meist aus einem tiefliegenden Rost, über dem sich eine große Schicht Brennstoff auftürmt. Während über dem Rost die Glut steht, sind die obersten Schichten die frisch aufgeworfene Kohle, welche durch die von unten aufsteigende Hitze zunächst getrocknet, dann vergast und schließlich verkokt wird, um in der tiefsten Schicht auf dem Rost zu verbrennen. Die entstehenden Gase werden durch die an der Feuerbrücke vorgewärmte Sekundärluft verbrannt.

E. Flammöfen mit Halbgasfeuerung und Luftregenerator: Soll zur Befeuerung der Glühöfen eine nicht ganz hochwertige Steinkohle verwendet werden, wie diese bei Flammöfen mit Halbgasfeuerung und Rekuperation erforderlich ist, und besitzt der

Brennstoff auch einen größeren Wassergehalt, so ist es erforderlich, daß die Sekundärluft sehr gut vorgewärmt werde.

Die starke Erhitzung wird aber besser erreicht durch den Einbau eines Regenerators. Dieser besteht entweder aus einem Paar unter dem Ofen eingebauten Kanalsystemen oder auch aus zwei vom Ofen gesondert aufgebauten Winderhitzertürmen, in denen Schamottematerial in Form von Gitterwerk angehäuft wird, welches imstande ist, die Wärme aufzuspeichern. Durch Umschaltventile werden die Kanäle abwechselnd bald von den heißen Abgasen, bald von der zu erwärmenden Verbrennungsluft durchflossen. Auf diese Weise wird eine hohe Temperatur der Verbrennungsluft erreicht.

2. Halböfen oder bedeckte Feuer.

Abs. 94. **Wärmeofen für Koksfeuerung.** Bauart Oberhagener Maschinenfabrik Dan. Heuser, Hagen i. Westfalen. Dieser Wärmeofen Fig. 80 und 81 eignet sich zum Wärmen von Massenartikeln für Gesenkschmieden usw. Er erreicht auf kleinem Raum eine große Hitzeentwicklung bei verhältnismäßig guter Ausbeute des Kokses. Der Wärmeofen besteht aus Gußeisen, und die einzelnen Teile sind zusammengeschraubt. Innen ist der Ofen mit Schamottesteinen ausgemauert. Die Befeuerung des Ofens erfolgt durch die beiden Seitentüren. Die Tür an der Vorderseite des Ofens ist mit Einführungsöffnung versehen. Sowohl die Ofendecke als auch die vordere Tür werden durch fließendes Wasser gekühlt. Dadurch wird der Arbeiter gegen strahlende Hitze und die Tür gegen Verbrennen bewahrt. Um eine große Einführungsöffnung zu bekommen, wird die Ofentür zum Hochziehen eingerichtet. Die Windzuführung erfolgt durch den unten am Rost angebrachten Kasten. Dieser ist durch ein Gelenk abklappbar und ermöglicht eine schnelle, vollkommene Entleerung und Reinigung. Über dem Feuerraum ist eine aus Schamottestein bestehende gewölbte Zwischendecke angebracht. Die Feuergase umspülen diese Decke und treten erst, nachdem sie hier noch den langsam herabfallenden Koks vorgewärmt haben, durch ein Abzugsrohr ins Freie. Die so erglühte Zwischendecke strahlt nun ihre Hitze wieder gegen die zu wärmenden Stücke ab, wodurch diese von oben und unten, d. h. vollständig gleichmäßig durchwärmt werden.

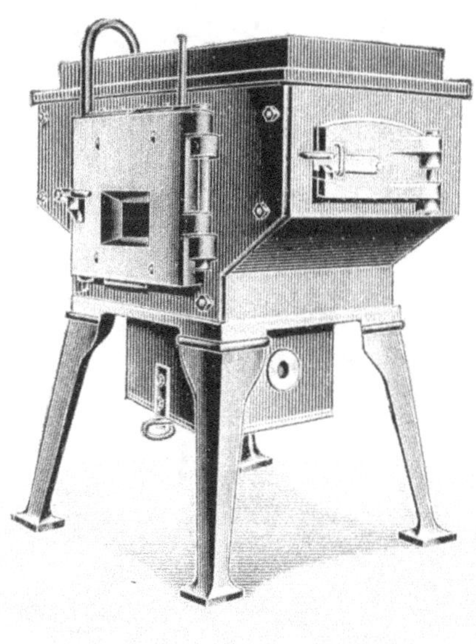

Fig. 80.

Tabelle der Wärmeöfen für Koksfeuerung.

Modellzeichen	W. O. 3	W. O. 4	W. O. 5	W. O. 6	W. O. 7	W. O. 5a doppelt
Raumbedarf, Länge und Breite mm	1100 × 600	1200 × 700	1500 × 850	1700 × 1050	1900 × 1150	2500 × 850
Höhe des Ofens . . . . mm	1250	1400	1600	1700	1800	1600
Einführungsöffnung: Höhe und Breite . . . . mm	250 × 100	300 × 120	350 × 120	410 × 200	650 × 200	350 × 150
Tiefe des Ofens . . . . mm	500	600	775	870	1000	775
Länge der zu glühenden Stücke mm	240	375	475	575	700	475
Gewicht . . . . kg	500	850	1250	1650	2000	2300

Fig. 81.

Fig. 82. Bradley-Schmiedeherd.

Abs. 95. **Halböfen.** Bauart Bradley. Syrakus, Ohio, vertrieben durch Alfred H. Schütte, Köln-Deutz. Fig. 82. Der gußeiserne Feuerkasten ist mit Schamottesteinen ausgemauert und wird durch eine abnehmbare Brücke abgedeckt, die ebenfalls aus feuerfesten Steinen besteht. Der Boden des Feuerkastens wird durch Kipproste gebildet, die man durch gemeinschaftlichen Hebel gleichzeitig in Schüttelbewegungen versetzen kann.

Der durch Schieber regelbare Gebläsewind tritt aus dem unter den Rosten befindlichen Windkasten in das Feuer. Dies geschieht auf der ganzen Rostfläche, wodurch ein breites, ganz gleichmäßiges Feuer erzielt wird. Die erwähnte Abdeckbrücke verhindert jede schädliche Abkühlung und erhält das Feuer in ungeschwächtem, intensivstem Glutzustande. Schlacke und Asche fallen in den Windkasten, aus dem sie durch Öffnen einer Klappe leicht entfernt werden.

Die Zuführung und Anwärmung des Brennmaterials erfolgt nach und nach von der Kohlenschütte aus. In der Regel ist der Herd zur Einführung des Schmiedematerials von der Vorder- und Rückseite aus eingerichtet.

Für den Anfang ist der Bezug eines fertig ausgemauerten Herdes zu empfehlen; etwa erforderliche Nachmauerungen können von jedem Betriebe selbst vorgenommen werden.

Tabelle.

Nr.	6	7	8	9	10	11	12
Gesamtrostfläche = Breite und Tiefe des Feuerraumes . . mm	225 × 230	350 × 230	450 × 230	575 × 350	1030 × 230	575 × 700	350 × 1850
Anzahl der Roste . . .	2	2	2	2	4	4	4
Gewicht mit Ausmauerung verpackt ca. kg	270	340	400	540	790	1000	
Gewicht ohne Ausmauerung verpackt ca. kg	150	190	235	330	420	565	750

Abs. 96. **Feststehender Koks - Schmiedeofen.** Bauart Maschinenfabrik Hasenclever, Akt.-Ges., Düsseldorf. Fig. 83.

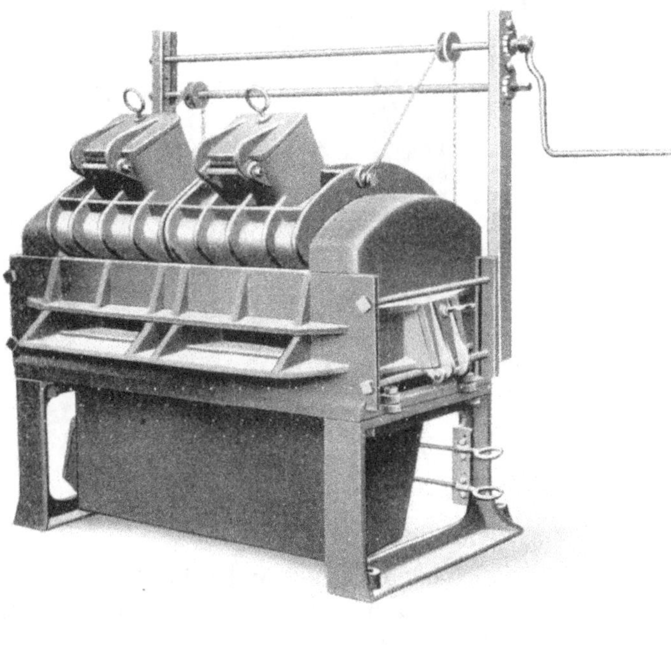

Fig. 83. Ofen A. O. I.

Zweck: Dieser Ofen dient für kleinere oder mittlere Leistungen von Schmiede- und Walzmaschinen u. dgl.

Konstruktion: Das Brennmaterial wird durch die Fülltrichter, die mit verschließbarem Deckel versehen sind, eingeführt. Die obere Decke aus Gußeisenrahmen mit Schamottesteinen, die bei dem Ofen A. O. 1. zweiteilig ist, ist zum bequemen Abheben mit einer Kurbel mit Sperrvorrichtung zu versehen. Die Öfen arbeiten mit Unterwind. Rost- und Windkasten sind zur Reinigung bequem zugänglich und verschließbar. Schlacke und Asche fallen in den Aschkasten unterhalb des Rostes. Durch Schieber läßt sich die Luftzuführung nach Bedarf regeln. Auf der ganzen Rostfläche wird ein gleichmäßiges und gutes Feuer erzielt, das nur wenig Staub und Rauch ergibt. Die Arbeitsstücke werden in die Öffnung mit kleinem Auflagetisch eingeführt; besonders lange Stücke können auch durch die seitliche Tür eingelegt werden. In diesem Falle werden die anderen Öffnungen zweckmäßig zugesetzt werden.

Tabelle der Abmessungen und Gewichte.

Modell-Zeichen	Länge des Feuerraums mm	Breite des Feuerraums mm	Erforderliches Luftquantum stündlich cbm	Gewicht netto ca. kg
AO I	1000	400	40	1800
AO II	500	400	30	1200

Fig. 84. Vierkantiger Ofen K. O.

Fig. 85. Runder Ofen.

Abs. 97. **Drehbare Koks-Schmiedeöfen.** Bauart Maschinenfabrik Hasenclever, A.-G., Düsseldorf. Zweck: Diese Öfen Fig. 84, 85 dienen zum Anwärmen von Bolzen, die auf bestimmte Länge vorher mit einer Schere geschnitten sind. Die Bolzen werden nur einseitig angewärmt zur Herstellung der Kopfformen. Insbesondere finden diese Öfen Verwendung bei der Bolzen- und Nietenfabrikation. Konstruktion: Das Oberteil der Öfen ist stopfbüchsenartig auf den Fuß gesetzt, und in einem Kugellager drehbar, so daß der Hilfsarbeiter bequem an seinem Platze stehen bleiben kann und dem Arbeiter an der Presse oder Schmiedemaschine die angewärmten Pinnen bequem greifbar zuwerfen kann. Wenn lange Arbeitsstücke angewärmt werden sollen, können die Öfen auch festgestellt werden. Es ist dann notwendig, eine Auflagebrücke zu schaffen. Die Öfen besitzen Klapproste und sind schnell und bequem zu reinigen. Die vierkantigen Öfen können derart gebaut werden, daß die Schamottesteine entweder mit Schlitzen oder einzelnen Rundlöchern versehen sind. Der Ofenfuß besitzt einen Flansch für den Anschluß an die Windleitung. Ein Regulierschieber dient zur genauen Einstellung der Windstärke. Der Koks wird durch die obere Tür eingelegt. Über diese Koksöfen wird noch ein Rauchfang angeordnet, damit die ausströmenden Gase ins Freie geführt werden.

Tabelle.

Modell-Zeichen	Für Bolzen bis	Lichte Weite des Feuerraums	Erforderliches Luftquantum stündlich 200—300 mm Wassersäule	Gewicht netto	Gewicht brutto seemäßig verpackt
	mm Durchm.	mm	cbm	ca. kg	ca. kg
KO I.	50	450	40	550	650
KO II.	30	350	30	400	500
RK I.	50		40	400	500
RK II.	30		30	300	350
RK III.	15		20	200	250

Abs. 98. **Anwärmöfen.** Bauart de Fries & Cie., A.-G., Düsseldorf. Der Ofen Nr. 1 Fig. 86 besteht in der Hauptsache aus dem mit Schamottesteinen ausgemauerten Feuerkasten, der auf Füßen ruht; er wird oben durch einen mit Fülltrichtern versehenen Deckel abgeschlossen, dessen beide Hälften durch Gegengewichte ausbalanziert sind und sich durch Kurbeln in Verbindung mit Sperrvorrichtungen leicht aufheben und für beliebige Öffnungen einstellen lassen. Die Deckelhälften sind aus feuerfesten Steinen zusammengesetzt, die in eisernen Rahmen gehalten werden.

Fig. 86.

Der Boden des Feuerkastens wird durch einen Rost gebildet, der ein Abschlacken durch Kippen nach unten ermöglicht.

Schlacke und Asche fallen in den Windkasten unterhalb des Rostes; Rost und Windkasten sind durch Öffnungen zugänglich, die durch Klappen verschließbar sind.

Der Gebläsewind gelangt in den Windkasten durch eine doppelte Windleitung, die zwecks Regelung der Windstärke zwei getrennte, von außen bequem zu bedienende Schieber besitzt. Von hier aus tritt der Wind durch den Rost in den Feuerkasten.

Der Ofen kann rauch- und staubfrei arbeiten; zur Abführung der Verbrennungsgase ist die Anordnung eines Rauchfanges erforderlich. Der Ofen Nr. 2 ist im großen ganzen dem Ofen Nr. 1 gleich, er ist nur kürzer, entsprechend der Breite einer Deckelhälfte von Nr. 1.

Tabelle.

Nr.	1	2
Länge des Feuerraums . . . . mm	1000	500
Breite des Feuerraums . . . . mm	390	390
Windanschluß lichte Weite engl. Zoll	3 1/2	3 1/2
Erforderliche Bodenfläche . . mm	1600×1100	1150×1100

Abs. 99. **Spezial-Anwärmeöfen.** Bauart A. Schröder, Maschinenfabrik und Eisengießerei, Burg a. d. W. Die Konstruktion dieses Ofens Fig. 87 ist folgende: Auf einem Winkeleisenrahmen, welcher mit vier ebenfalls aus Winkeleisen hergestellten Füßen versehen ist, wird der Gebläsekasten mit Rost und Unterschieber aus geeignetem Grauguß hergestellt montiert. In diesem Zustande werden die Öfen versandt, und am Orte der Verwendung wird aus Schamottesteinen der Feuerungsraum gesetzt und dann der Winkeleisenrahmen mit Ziegelsteinen ausgemauert. Auf der oberen Seite wird ein Schornstein angebracht und der Gebläsekasten an einen Ventilator angeschlossen.

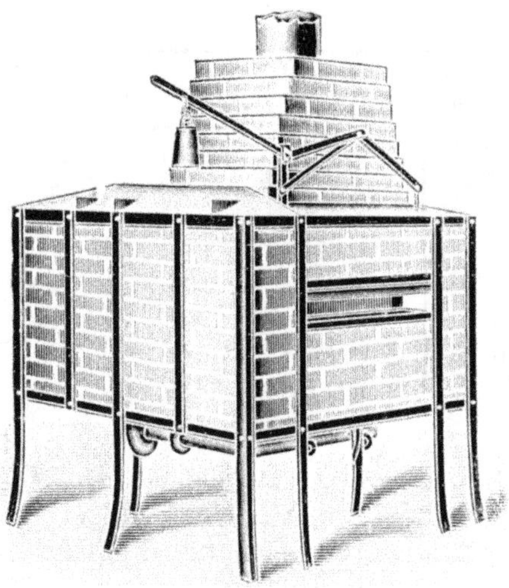

Fig. 87.

Ein Vorteil dieser Konstruktion ist, daß zwischen dem aus Schamottesteinen oder feuerfesten Steinen hergestellten Feuerungsraum und der außerdem den Ofen abschließenden Ziegelsteinmauer eine Luftschicht besteht. Die Hitze wird durch eine eigenartige Führung der Kanäle nach vorn in die Höhe gezogen und kann infolgedessen nicht nach außen treten.

Bei den ausgeführten Anlagen soll sich auch ein geringer Brennmaterialverbrauch herausgestellt haben. Er soll sogar weniger als bei Öfen anderer Konstruktion sein, obwohl die Hitze in dem Ofen eine stärkere ist. Zahlen wurden jedoch nicht gegeben.

Die Speisung dieser Öfen geschieht durch Kohle oder Koks von der hinteren Seite aus. Das Brennmaterial, welches durch die gesetzlich geschützte Luftführung angewärmt wird, fällt selbsttätig nach, wodurch kein Aussetzen in der Benutzung des Ofens notwendig wird.

Der äußere Mantel des Ofens wird nicht so warm, daß eine den Arbeiter hindernde Wärme austreten kann.

Abs. 100. **Transportabler Schmiede-Glühofen „Mercedes I".** Bauart Albert Baumann, Aue, Erzgebirge. Dieser Ofen dient dem Zwecke, Stangenmaterial aus Schmiedeeisen oder Stahl von ○ □ ▭ ∟ oder beliebigen Querschnitten und Profilen in größerer Zahl in den Ofen einzuführen und auf eine hohe Temperatur zu erwärmen.

In großen Schmieden, wo Schmiedeteile jeder Art als Massenfabrikate maschinell durch Pressen, Fallhämmer, Federhämmer usw. hergestellt werden und jede Handarbeit fortfällt, ist es erforderlich, Stangen an einem Ende dem Zweck entsprechend zu erhitzen und gleichzeitig eine große Anzahl Stangen stets fertig zum Druck vorzuhalten. — Dieser Leistung dient der in Fig. 88 abgebildete Ofen.

Der Brennstoff ist Koks oder ein Gemisch von minderwertiger Kohle und Koks. — Bei mittleren Temperaturen genügt sekundäre Verbrennungsluft, die im unteren Teil des Ofens vorgewärmt wird, und gut ziehender Schornstein. Bei höheren Temperaturen ist ein Unterwind für gute Verbrennung und schnelle Erwärmung sowie große Erhitzung erforderlich.

Die Ofenkonstruktion ist so vorgesehen, daß Stangen in großer Anzahl von beliebiger Länge in den Rosten, die in den Arbeitsöffnungen eingesetzt sind, angewärmt werden und bestreichen die Feuergase direkt vom Rost aus das Material.

Ist Plattenmaterial oder Profileisen von außergewöhnlichen Querschnitten zu erwärmen, so wird über den Rost eine Abdeckplatte aus hochfeuerfester Schamotte eingelegt. Dadurch wird erreicht, daß zuerst von der Bodenplatte die Stichflamme aufgenommen, die Flamme geführt und im Hitzeraum verteilt wird. Die Wärmeverteilung ist gleichmäßiger und überträgt sich in gleicher Weise auf das Werkstück.

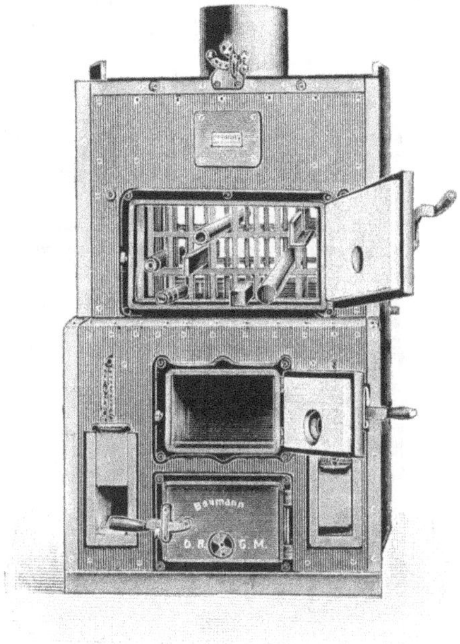

Fig. 88.

Durch den Einbau einer verschiebbaren geschlossenen Muffel kann der Ofen auch als ein Muffelofen mit geschlossenem Hitzeraum zur Verarbeitung von Stahlmaterial verwandt werden. Im letzten Falle wird von den Heizgasen zuerst der Muffelboden und dann die Muffelwände beheizt. Das zu erwärmende Material kommt dann mit den Heizgasen nicht in Berührung; die Erwärmung geschieht durch die strahlende Wärme, ist jedoch langsamer, dafür aber wesentlich gleichmäßiger. Die Abführung der Rauchgase erfolgt in der Ofenmitte durch ein Rauchrohr mit eingebauter Drosselklappe.

Der Ofen hat eine oder auch zwei Arbeitsöffnungen; der Verschluß erfolgt durch Dreh- oder Aufzugstüren, Schiebetüren sind weniger zweckmäßig.

Die Rostfläche richtet sich nach der Ofengröße. Unterhalb der Roststäbe, die in Spezialguß mit gehärteter Bahn angefertigt sind, befindet sich der Aschenraum.

In ein schmiedeeisernes Gehäuse von starker Ausführung wird das Ofenbaumaterial in hochfeuerfester Schamotte eingebaut. Zwischen Mauerwerk und dem schmiedeeisernen Schutzmantel ist gut wirkendes Isolationsmaterial eingebaut.

Der Ofen ist vollkommen geschlossen und muß bei der Aufstellung auf ein Fundament zu stehen kommen.

Die Gebläseluft, von einem Hochdruckventilator erzeugt, tritt durch ein schmiedeeisernes Rohr, in der Mitte unterhalb des Rostes liegend, strahlenförmig aus — fördert die Verbrennung und erhöht gleichzeitig die Temperatur im Ofen.

Der Ofen wird in der Weise in Betrieb gesetzt, daß der Brennstoff durch die Feuertür auf den Rost gelegt wird. Die sekundäre Luftmenge wird durch verstellbare Schieber reguliert, die abziehenden Gase durch die Drosselklappen im Rauchabzugsrohr, das an einen gut ziehenden Schornstein anzuschließen ist.

Der Brennstoffverbrauch beträgt pro qm Rostfläche 50 bis 60 kg Kohlen pro Stunde; er ist abhängig von der verlangten Temperatur und Leistung.

Die erforderliche Verbrennungsluft beträgt pro Stunde und 1 kg Kohle = 20 cbm.

Abs. 101. **Transportable Schmiedeöfen „Mercedes II“.** Bauart Albert Baumann, Aue, Erzgebirge. Zur Herstellung von Schmiedestücken jeder Art, insonderheit jedoch von solchen Teilen aus S. M.-Eisen, die mittels Schmiedepressen, Dampf-

und Fallhämmer bearbeitet werden, was einfach als Gesenkschmiederei bezeichnet werden soll, eignet sich der Schmiedeofen nach Fig. 89.

Das Feuerungsmaterial ist Koks oder auch eine Mischung von geringwertiger Kohle und Koks. Zur Erhöhung der Temperatur im Ofen bzw. zur Erwärmung des Materials wird unterhalb des Rostes Gebläseluft zugeführt.

Fig. 89.

Die Konstruktion ist einfach. Auf einem Untergestell aus Winkeleisen ist der komplette Ofen aufgesetzt. Ein eiserner Blechkasten, der, genügend versteift, gleichzeitig als Schutzmantel dient, ist mit hochfeuerfester Schamotte ringsherum ausgemauert. Der Rost, aus 2 Reihen Roststäben mit gehärteter Bahn, liegt unterhalb der Arbeitstüren. Der Aschenbehälter besteht aus einem schmiedeeisernen ausziehbaren Kasten.

Die Abführung der Rauchgase erfolgt in der Ofenmitte durch die Decke mittels Abzugrohrs nach dem Schornstein.

Die Arbeitsöffnungen von beliebiger Größe sind durch schräge Klapptüren verschlossen. Die Anordnung ist so getroffen, daß 2 Türen gegenüberstehen.

Die Gebläseluft, von einem Hochdruckventilator erzeugt, wird durch ein schmiedeeisernes Rohr, in der Mitte des Rostlagers eingeführt. Das Rohr ist auf ¼ seiner Oberfläche gegen den Rost mit Austrittsöffnungen versehen, damit die Gebläseluft, fein verteilt unter dem Rost vorgewärmt, zu dem Brennstoff kommt. Außerhalb des Ofens ist der Anschluß für die Luftzuführungsleitung vorgesehen. Die Luftpressung in der Rohrleitung beträgt ca. 100 bis 300 mm WS.

Der Ofenbetrieb erfolgt in der Weise, daß durch die Arbeitsöffnung der einen Seite der Brennstoff zugeführt wird. Sobald der Ofen gut brennt und die erforderliche Temperatur erreicht ist, werden die Werkstücke auf der anderen Seite durch die Arbeitsöffnung eingebracht. Die Werkstücke liegen demnach direkt auf den Brennstoffen und werden von den Heizgasen allseitig umspült und sehr schnell hoch erwärmt.

Der Brennstoffverbrauch beträgt pro qm Rostfläche ca. 55 bis 75 kg Kohlen pro Stunde. Der Kohlenbedarf ist abhängig von der Leistung und der Temperatur, auf welche das Material erwärmt werden soll.

Die Luftmenge beträgt ca. 20 bis 25 cbm pro 1 kg Kohle und Stunde.

Abs. 102. **Schmiedeöfen mit Wasserkühlung.** Bauart L u d w. L o e w e & C o., Aktiengesellschaft, Berlin NW. Fig. 90. Diese dienen insbesondere zum gleichzeitigen Erhitzen mehrerer Stangen. Das Beschicken des Rostes mit Koks und das Schüren erfolgt durch die beiden Seitentüren. Die Rauchgase bestreichen den Feuerraum von oben und ziehen durch einen Rohrstutzen ab; event. wird an Stelle des letzteren ein Krümmer oder ein nach dem Boden führendes Rohr geliefert. Die vordere Feuertür wird durch Wasser gekühlt, das durch einen Stutzen auf die Decke und von da in die Entwässerungsleitung fließt. Die Seitentüren sind durch Schamotteplatten geschützt. Beim Öffnen der Verschlußklappe des Aschenkastens (in den auch die Windrohre einmünden) wird der Rost selbsttätig gedreht und damit entleert.

Nummer	I	II	III
Arbeitsöffnung, Schlitz . . mm	70 × 360	75 × 615	75 × 615
„ „ . . mm	160 × 360	140 × 615	140 × 615
„ „ . . mm	—	160 × 615	160 × 615
„ „ . . mm	—	230 × 615	230 × 615
Grundfläche des Heizraumes mm	345 × 445	410 × 710	565 × 710
Bodenfläche (bei geöffn. Tür.) mm	2450 × 1125	2800 × 1200	2800 × 1355
Nettogewicht . . . . . . ca. kg	800	1050	1200

3. Öfen ohne Kessel, Rekuperator oder Regenerator.

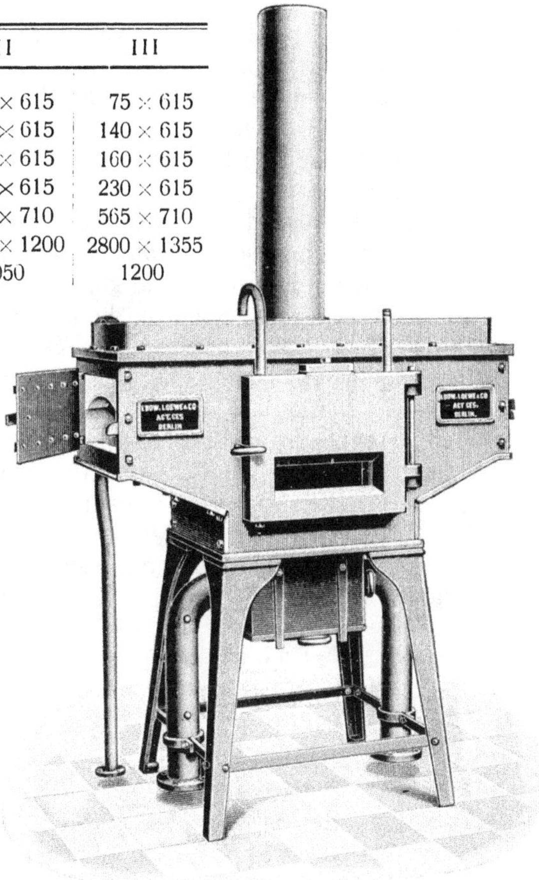

Fig. 90.

Abs. 103. **Schmiedeofen für Flammkohlenfeuerung.** Bauart Maschinenfabrik Hasenclever, A.-G., Düsseldorf. Zweck: Dieser Schmiedeofen Fig. 91 ist zum Anwärmen von Schmiedestücken geeignet, die mit horizontalen Schmiedemaschinen oder Friktions-Schmiedepressen u. dgl. zu verarbeiten sind. Er ist so eingerichtet, daß auch längere Stücke, die beispielsweise nur an einer bestimmten Stelle in der Mitte anzuwärmen sind, auf der anderen Seite des Ofens durchgesteckt werden können.

Konstruktion: Der Ofen wird mit Flammkohlen geheizt und muß an einen etwa 25 m hohen Schornstein angeschlossen werden. Der Ofen arbeitet mit Wind über und unter dem Rost. Die

Fig. 91.

Windzuführung über dem Rost hat einen doppelten Zweck: erstens wird hierdurch eine reine Flamme erzielt und zweitens wird durch richtige Einstellung des Windrohres die Flamme direkt auf das Eisen geblasen, wodurch diese nötigenfalls wie eine Stichflamme wirken kann. Das zu erwärmende Eisen wird durch die seitlichen Öffnungen *A* hindurch bis auf den Herd geschoben, wo es nur mit der reinen Flamme in Berührung kommt. Die Öffnungen können verschieden groß gehalten werden, je nach Form und Größe des Eisens. Zu diesem Zwecke sind zu beiden Seiten des Ofens die Öffnungen in gußeisernen Rahmen, welche mit Schamotte auszumauern sind, angeordnet. Diese sitzen lose im Ofen und können nach rechts und links verschoben werden. Daher ist es auch möglich, Stangen, die nur in der Mitte auf bestimmte Länge erhitzt werden dürfen, z. B. Daumenwellen, hier vorteilhaft einzulegen. Die zu erhitzende Materiallänge kann genau eingestellt werden. Für verschiedene Eisensorten sind verschiedene Rahmen erforderlich. Der Ofen ist oben mittels Gewölben abgedeckt, die abnehmbar sind, damit man an den Herd kommen kann. Denselben Zweck hat eine hintere Öffnung (Kopfplatte). Hier wird für gewöhnlich ein Stein eingesetzt, welcher herausgenommen werden kann; alsdann lassen sich auch lang zu erwärmende Stangen einlegen. Die Öffnung wird in der Gußplatte noch durch einen Schieber geschlossen. Der ganze Ofen wird oben mit Sand abgedeckt, damit er möglichst wenig Wärme ausstrahlt. Der Kamin muß guten Zug haben.

Tabelle der Abmessungen und Gewichte:

Grundfläche	ca. 2450 × 1100 mm
Rostfläche	ca. 520 × 500 mm
Herdbreite	ca. 250 mm
Einlegeöffnung	ca. 870 mm
Bei 200 mm Wassersäule Windbedarf .	ca. 30 cbm pro Min.
Gewicht der Armaturen	ca. 3000 kg.

4. Öfen mit aufgelagertem Kessel ohne Rekuperator und Regenerator.

Abs. 104. **Halbgas-Flammöfen mit aufgelagertem Kessel.** Bauart Rheinische Chamotte- und Dinas-Werke, Köln. Zieht man es vor, die vorhandene Abwärme des Ofens zur Dampferzeugung zu verwenden, so wäre eine Einrichtung, wie auf Fig. 92 dargestellt, anzuwenden. In diesem Falle werden die Abgase durch eine Gewölbeöffnung dem über dem Ofen montierten Dampfkessel zugeführt und dort nutzbringend verwandt. Man ist bei dieser Anordnung in der Lage, pro kg verfeuerter Kohle ca. 1,5 kg Dampf von etwa 4 bis 5 Atm. Überdruck zu erzeugen.

Abs. 105. **Schmiedeöfen mit aufgelagerten Kesseln.** Bauart Huth & Röttger, G. m. b. H., Dortmund. Auf umstehender Zeichnung Fig. 93 ist ein Schmiedeofen dargestellt, bei dem die Abhitze durch einen über dem Ofen gelagerten Kessel ausgenutzt wird. Die Wärmekosten der Schmiedeöfen sollen hier durch Nutzbarmachung der Abhitze zur Dampferzeugung herabgemindert werden. Es wird bei solchen Anlagen je nach Größe des Ofens und der Konstruktion des Kessels noch eine 5 bis 6 fache Verdampfung erzielt. Die Befeuerung dieser Öfen erfolgt mit einer einfachen Halbgasfeuerung. Die erforderliche Verbrennungsluft besteht aus Unter- und Oberwind. Der erstere wird mit Dampf vermischt direkt unter dem Rost eingeblasen, während der Oberwind unter dem Ofenherd und in den Seitenwänden der Halbgasfeuerung sowie in einem doppelten Gewölbe über der Feuerung vorgewärmt wird und sich beim Austritt aus dem doppelten Gewölbe vor der Feuerbrücke des Ofens mit den Heizgasen mischt. Auf diese Weise wird das Erreichen einer guten Schweißhitze gesichert.

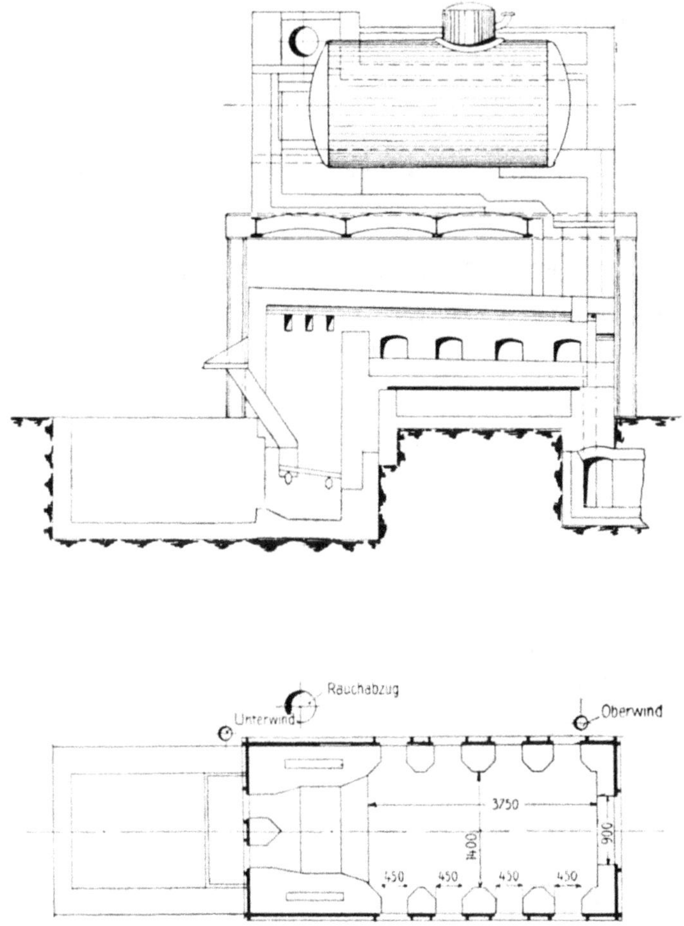

Fig. 92.

5. Flammöfen mit Rekuperatoren.

Abs. 106. **Schweißöfen mit Halbgas-Rekuperativ-Feuerung.** Bauart Huth & Röttger, G. m. b. H., Dortmund. Die Zeichnung Fig. 94 zeigt einen Schweißofen zum Schweißen sehr großer Pakete, d. h. von 600 kg Stückgewicht für Schmiedezwecke. Dieser ist mit der kontinuierlich arbeitenden Halbgasfeuerung der Firma ausgerüstet, die eine Betriebspause des Ofens beim Abschlacken erübrigt. Wie sich im Betriebe ergeben hat, nimmt das Abschlacken nur 10 bis 15 Minuten in Anspruch, und so ist die Arbeit, da Staubentwicklung nicht vorhanden und die Hitze nur gering ist, gegenüber älteren Konstruktionen eine viel leichtere. Der Ofen, der satzweise mit je 3 Paketen beschickt wird, liefert pro Schicht drei Satz = 5400 kg und braucht dafür nur 1100 bis 1300 kg Kohle = 20 bis 24%. Die Ausnutzung der Abgase erfolgt in

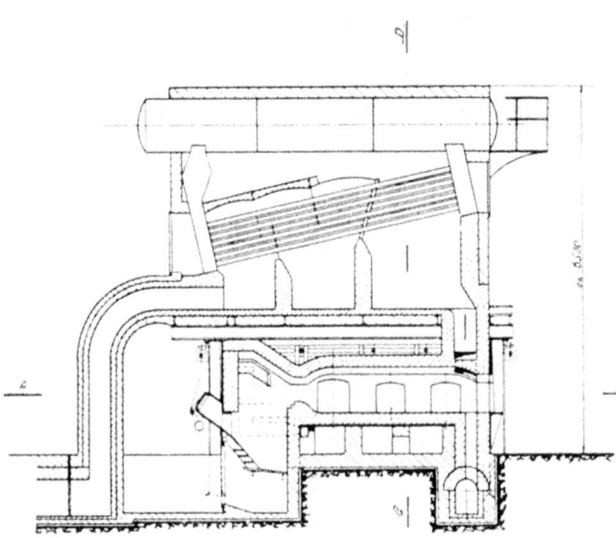

Schnitt E—F

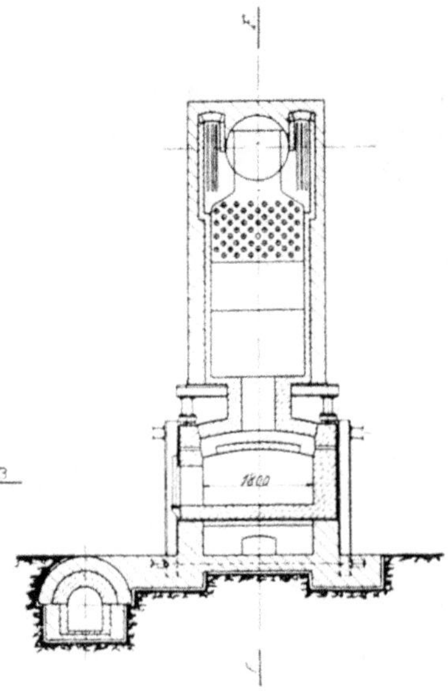

Schnitt C—D

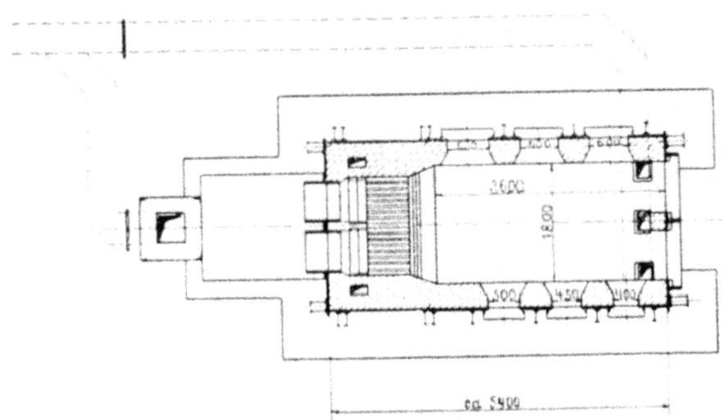

Schnitt A—B

Fig. 93.

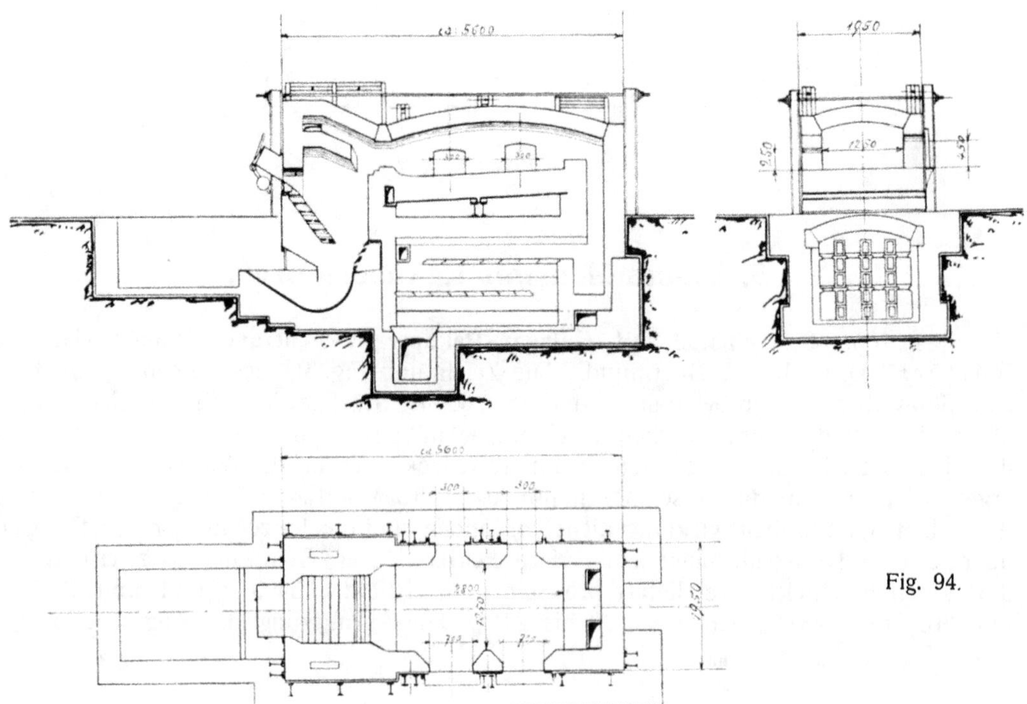

Fig. 94.

dem Spezialrekuperator, der, aus Formsteinen besonderer Art zusammengesetzt, eine sehr hohe Luftvorwärmung auf 750 bis 850° C erreichen läßt, wodurch der verhältnismäßig geringe Kohlenverbrauch erzielt wird.

Abs. 107. **Rekuperativ-Halbgasschmiedeöfen.** Bauart Rheinische Chamotte- und Dinas-Werke, Köln. Auf Fig. 95 ist ein Schmiedewärmeofen mit Rekuperativ-Halbgasfeuerung dargestellt, wie solcher in der modernen Schmiede vielfach Verwendung findet. In ihm können Flußeisenblöcke bis zu 800 kg und mehr Stückgewicht auf Schweißhitze erwärmt werden, wobei der Kohlenverbrauch ca. 10 bis 13%

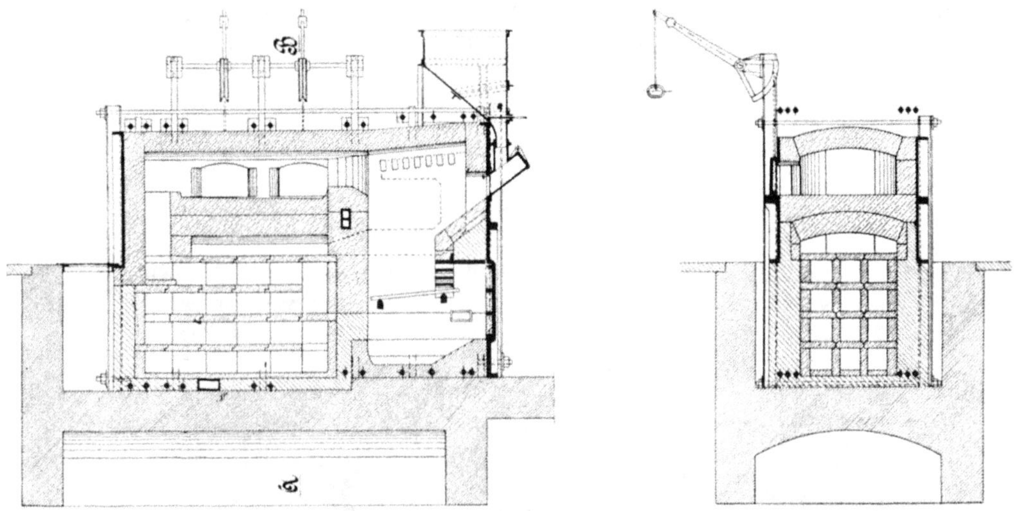

Längsschnitt Fig. 95. Querschnitt

vom Einsatz beträgt. Die durch den nach den neuesten Erfahrungen konstruierten und praktisch erprobten, nach dem Gegenstromprinzip arbeitenden Rekuperator ziehenden Abgase erhitzen die Verbrennungsluft auf eine hohe Temperatur, wodurch die sonst verloren gehende Abwärme dem Ofen wieder nutzbringend zugeführt wird. Im gegebenen Falle ist der Ofen in ein Betonfundament gesetzt, welches dann Anwendung findet, wenn der Ofen auf stark wasserführendem Grunde aufgestellt werden soll.

Fig. 96 zeigt den nach denselben Prinzipien konstruierten Wärmeofen in Verbindung mit einem Blechglühofen dergestalt, daß der Blechglühherd einfach an den

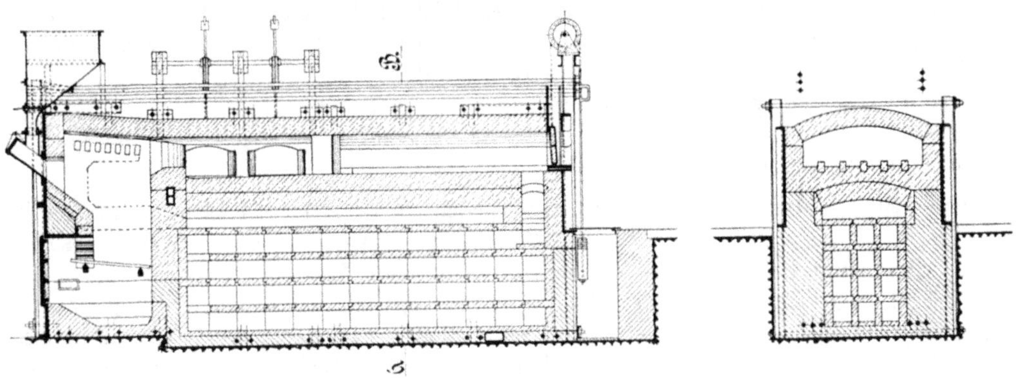

Längsschnitt Fig. 96. Querschnitt

Schweißherd des Glühofens angebaut ist. Diese Vereinigung bietet den Vorteil, daß man im Blechglühherd ohne wesentlichen Mehraufwand an Kohle Bleche von einem Gesamtgewicht, das bis etwa die Hälfte desjenigen der im Schweißherd erhitzten Blöcke betragen kann, hellrotwarm zu glühen imstande ist. Auch dieser Ofen ist auf seiner ganzen Herdlänge mit einem Rekuperator zur Nutzbarmachung der Abwärme versehen; ebenso kann die Beschickung der Feuerung in diesem wie in jenem Falle durch eine mechanische Einrichtung erfolgen.

Abs. 108. **Halbgas-Rekuperation-Blechglühöfen.** Bauart Freienwalder Chamottefabrik Henneberg & Co., Freienwald. Fig. 97 und 98. Zweck: Der abgebildete Glühofen dient zum Erhitzen von Blechen, wie sie im Schiffbau Verwendung finden, um z. B. unter geeigneten Hämmern zu Heckplatten etc. geformt zu werden.

Fig. 97.

Konstruktion: Der breite flache Herd ist an beiden Seiten durch aufziehbare Türen zugänglich. Unter dem Herd liegt der Rekuperator, der aus Zickzackkanälen besteht. Die im Rekuperator im Gegenstrom erhitzte Verbrennungsluft tritt durch Öffnungen in der Feuerbrücke zur vollen Verbrennung der Feuergase ein.

Die Größe des Herdes beträgt 2 m $\times$ 1 m und in 12 Stunden werden bei vollem Betrieb 600 kg Steinkohle verbraucht.

Abs. 109. **Halbgas-Rekuperativ-Schmiedeofen.** Bauart Chamottefabrik Henneberg & Co., Freienwald. Fig. 99 und 100. Zweck: Die Erwärmungsvorrichtung dient zum Erhitzen von Schmiedestücken aller Art.

Konstruktion: Der Herd ist durch drei seitliche und eine Öffnnug an der Stirnwand zugänglich. Die Schiebetüren sind durch Gegengewichte ausbalanziert. Unterhalb der wegen der schweren Schmiedestücke sehr kräftig gestützten Herdsohle befindet sich der Rekuperator. Die Feuergase bestreichen die Herdsohle vollständig, erwärmen diese ganz gleichmäßig und fallen durch zwei rechts und links der Stirnwand angeordnete Abzugsöffnungen in den Rekuperator.

Die Verbrennungsluft durchstreicht den Rekuperator im Gegenstrom und tritt in die Feuerung einmal unter dem Rost und einmal oberhalb des Schachtgewölbes zu beiden Seiten ein.

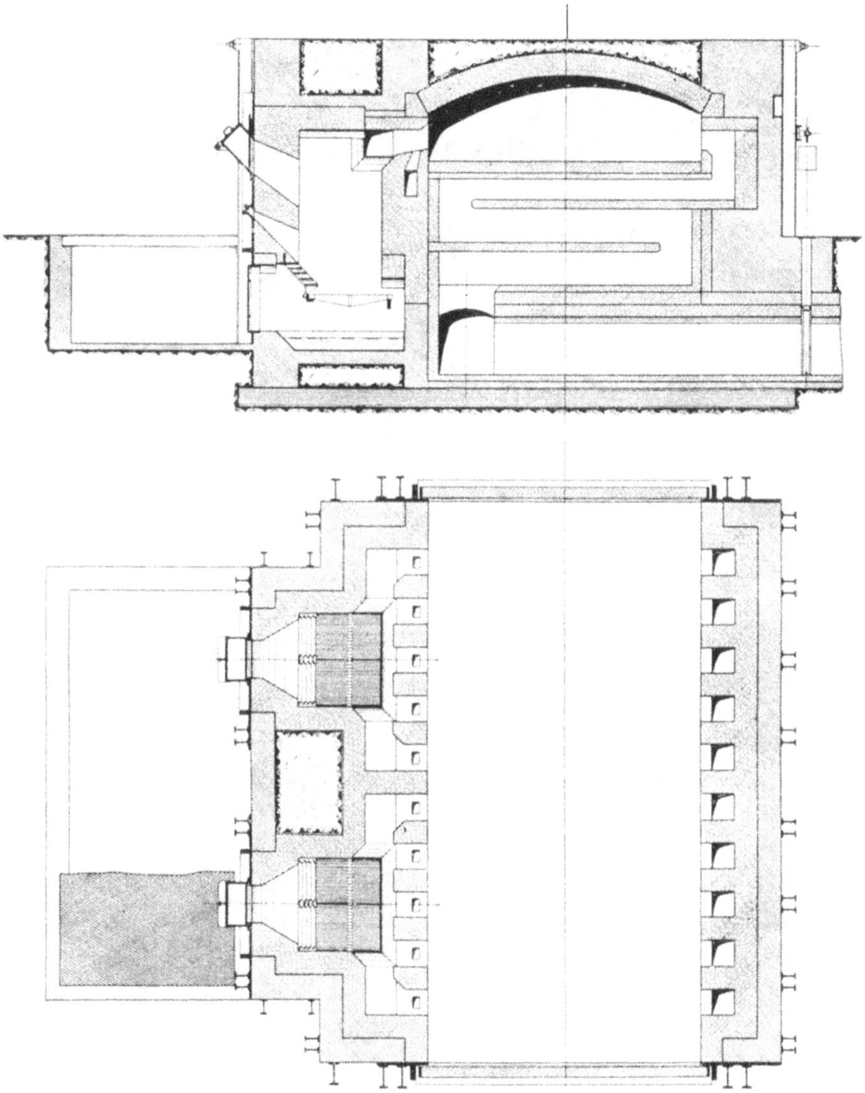

Fig. 98.

Der Rost besteht teils aus einem Treppen-, teils aus einem Planrost. Unterhalb des Rostes befindet sich ein Wasserbecken.

Armiert ist der Ofen mit starken Trägern. Die feuerberührten Teile sind aus feuerfesten Materialien, während die übrigen aus Rotziegeln hergestellt sind. Die Hohlräume sind mit losen Isoliermaterialien ausgefüllt.

Abs. 110. **Kombinierter Schmiede- und Bolzen-Wärmofen mit Halbgasfeuerung und Rekuperator.** Bauart Eickworth & Sturm G. m. b. H., Dortmund. Zweck:

Fig. 99.

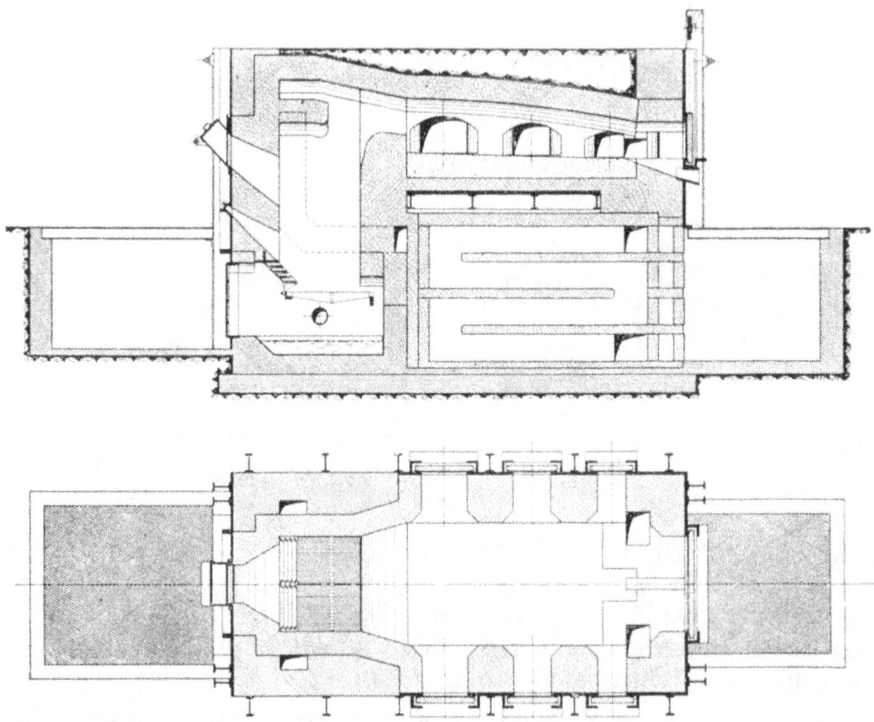

Fig. 100.

Der kombinierte Wärmofen nach Fig. 101 dient mit seinem größeren Herd zur Erwärmung von Profileisen und Blechen für die Biege- und Preßarbeiten. In dem kleineren

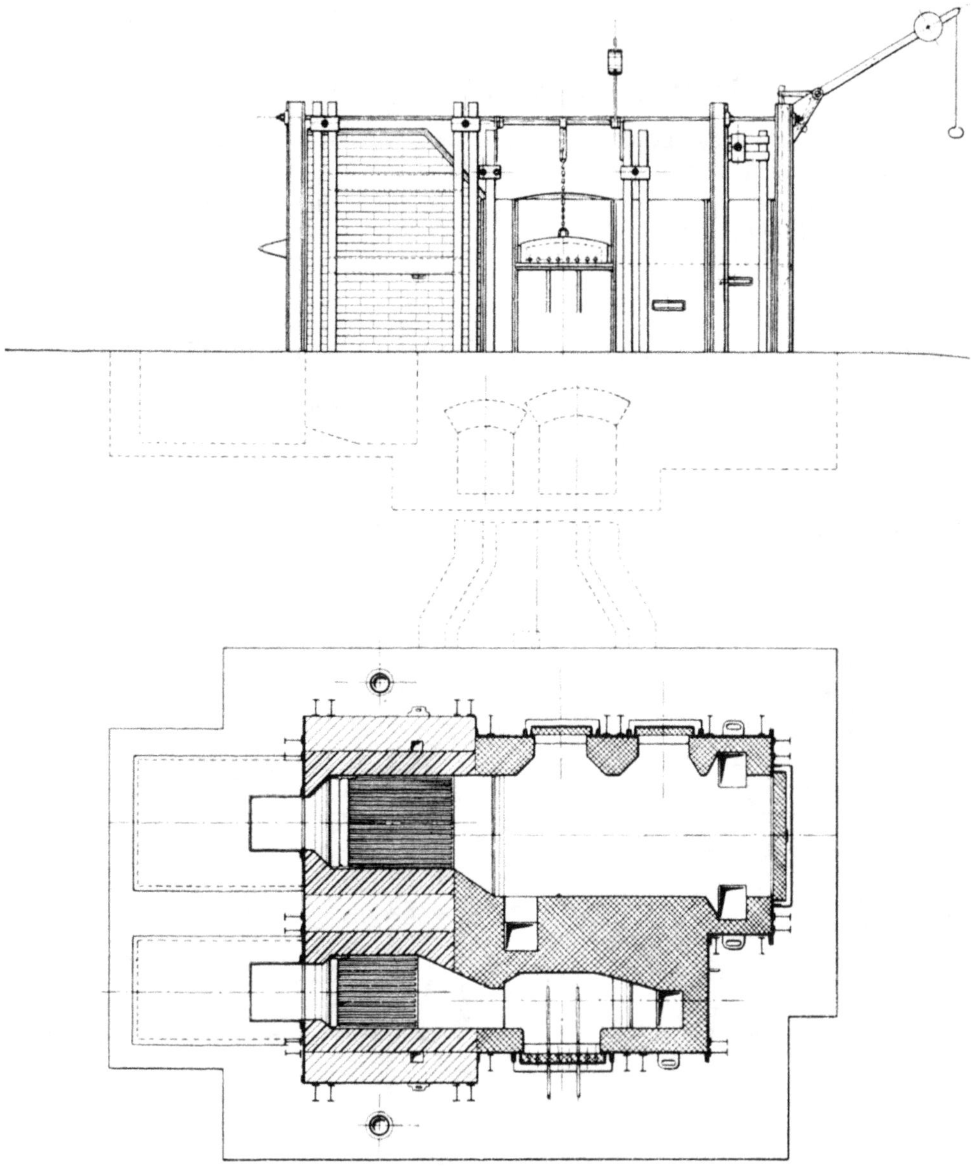

Fig. 101. Kombinierter Schmiede- und Bolzen-Wärmofen mit Halbgasfeuerung.

Herd werden dagegen Rundeisen und Flacheisenstücke bis auf Schweißhitze gebracht und auf Hämmern oder Pressen zu Schrauben, Matrizen etc. ausgearbeitet.

Konstruktion: Der größere Herd des kombinierten Ofens hat an der Stirnseite und seitlich Arbeitstüren zur Beschickung des zu erwärmenden Materials.

In diesem Herd können pro Schicht 10 t Material erwärmt werden und der Kohlenverbrauch beträgt hierbei ca. 500 kg. Der kleinere Herd hat seitlich die Arbeitsöffnung, welche bei der Erwärmung von Rundeisen durch einen Einsatz mit Wasserkühlung und runder Öffnung für die Einführung der Rundeisen abgeschlossen wird. Durch diese

Anordnung wird, wie beabsichtigt, nur der vordere Teil des Rundeisenstabes auf Weißhitze erwärmt.

Der Rekuperator zur Erwärmung der Sekundärluft befindet sich unterhalb der Herdsohlen. Die Primär- und Sekundärluft wird mittels Ventilators dem Ofen zugeführt.

6. Flammen-Öfen mit Regeneratoren.

Abs. 111. **Die Halbgasregenerativ-Flammöfen.** Vertreter dieser Gattung von Erwärmungsvorrichtungen sind mir nicht bekannt geworden, wohl aber werden solche fälschlich unter diesem Namen in den Handel gebracht, die aber in Wirklichkeit nur Halbgas-Rekuperativflammöfen sind.

IV. Kapitel. Die Muffelöfen für festen Brennstoff.

Abs. 112. **Muffelöfen mit Rekuperativ-Halbgasfeuerung.** Bauart Rheinische Chamotte- und Dinas-Werke, Köln a. Rh. Zum Ausglühen von Kleineisenzeug findet vielfach der auf Fig. 102 dargestellte Ofen Anwendung. Er ist als Muffelofen ausgebildet und ebenfalls mit einer Rekuperativ-Halbgasfeuerung ausgerüstet, wodurch der geringe Kohlenverbrauch gewährleistet ist. Fig. 103 ist ein Doppelmuffelofen für längere Stücke.

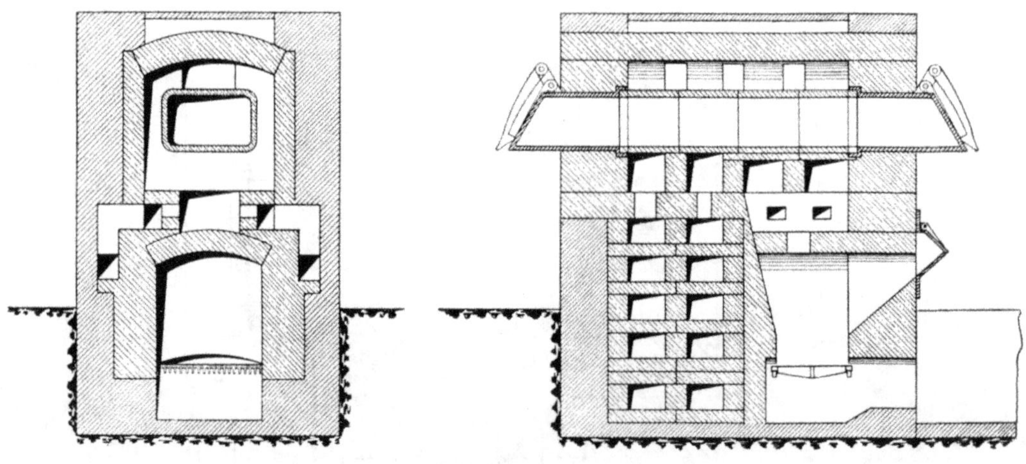

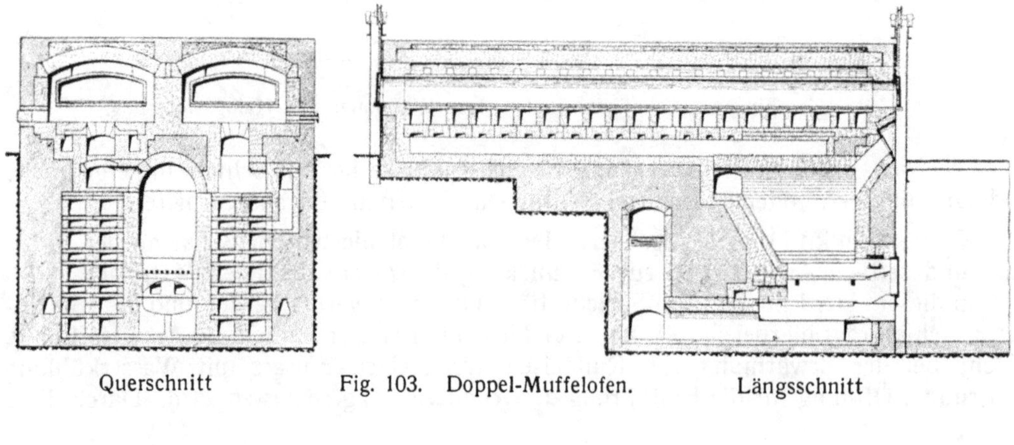

Querschnitt Fig. 103. Doppel-Muffelofen. Längsschnitt

V. Kapitel. Die elektrischen Erwärmungsvorrichtungen mit Ausschluß der Schweißmaschinen.

Abs. 113. **Allgemeines über diese.** In den nachstehenden Abschnitten sind Vorrichtungen beschrieben, bei denen die Erwärmung mittels Elektrizität erfolgt. Es handelt sich hier meist um die Erzeugung verhältnismäßig geringer Wärmemengen. Auch ist die Erwärmung auf diesem Wege nur dann anwendbar, wenn die Elektrizität dem Werke billig aus Überlandzentralen u. dgl. zur Verfügung steht.

Abs. 114. **Elektrisch heizbare Öfen mit Platinbewicklung.** Bauart W. C. Heraeus, G. m. b. H., Hanau. Für die Bearbeitung der Metalle ist eine genaue Einhaltung bestimmter Temperaturen oft außerordentlich wichtig. Ein Hilfsmittel, um Tempe-

Fig. 104. Einfacher Horizontal-Röhrenofen mit regulierbarem Verschluß.

raturen bis etwa 1300° zu erreichen und beliebig lange konstant halten zu können, ist die elektrische Heizung. Für diese Zwecke besonders geeignet sind die Röhrenöfen, wie es die Fig. 104 und 105 zeigen. Um ein Porzellanrohr ist eine Spirale aus sehr dünner Platinfolie gewickelt. Wird der elektrische Strom durch diese Spirale geschickt, so wird er in Wärme umgewandelt. Durch Vorschalten eines in der Fig. 104 sichtbaren Widerstandes kann diese Erwärmung in beliebiger Weise reguliert werden, und es gelingt daher leicht, jede gewünschte Temperatur zu erreichen und einzuhalten. Um die Oxydation zu vermeiden, können auch beliebige Gase durchgeleitet werden, und die Temperatur kann mit Hilfe des Le Chatelier-Pyrometers genau kontrolliert und bestimmt werden, wie dies aus Fig. 105 ersichtlich ist. Um ein Beispiel zu geben, sei nur erwähnt, daß in diesen Öfen zahlreiche Untersuchungen über die sog. Härte- oder Umwandelungspunkte aller möglichen Stahlsorten ausgeführt worden

Fig. 105. Ofen mit Einlegerohr.

sind. Die Öfen können u. a. auch dazu benutzt werden, um z. B. die Höchsttemperatur zu bestimmen, die ein Material wie Stahl verträgt, ohne in seinem Gefüge zerstört zu werden, oder, wie man sich ausdrückt, zu verbrennen.

Eine besondere Bedeutung für die Materialprüfung hat noch der Ofen in Form des Marsofens gewonnen, welcher zur genauen Bestimmung des Kohlenstoffes in Eisen und Stahl dient. Die Stahlspäne werden in den kleinen Ofen auf etwa 1100° erhitzt und im Sauerstoff verbrannt, während die aus der Kohle des Stahles entstehende Kohlensäure in besonderen Apparaten aufgefangen und darin gewogen werden kann.

Abs. 115. **Apparat zum Anwärmen von Radreifen auf elektrischem Wege.** (D. R. P. Miebach 237570). Bauart Elektromotorenwerk »Glückauf«, Dortmund. Zweck: Der Apparat nach Fig. 106 und 107 dient zum Anwärmen von Radreifen für Eisenbahnwagen und Lokomotiven usw. zwecks Aufschrumpfens auf die Radscheibe, Radsterne usw.

Konstruktion: Im wesentlichen besteht der Apparat aus einer gußeisernen Grundplatte und dem aus einem aufgerollten Dynamoblechstreifen hergestellten wirksamen Eisenkörper, der zwischen zwei Bronzeringe gepreßt und durch diese mit der Grundplatte verbunden ist. An dem oberen Rande trägt der Eisenblechkörper eine Anzahl horizontaler radialer Nuten, in die eine Drehstrom- oder Wechselstromwicklung eingebettet ist. Für die Isolierung dieser Wicklung ist wegen der auftretenden hohen Temperaturen Asbest und ein besonders wärmebeständiger Lack verwendet.

Arbeitsweise: Der zu erwärmende bzw. zu dehnende Radreifen wird unmittelbar auf den aktiven Eisenblechkörper gelegt; ein Festhalten ist nicht erforderlich, da auch bei Verwendung von Drehstrom wegen des magnetischen Zuges und der Reibung zwischen Apparat und Reifen eine Drehung des letzteren nicht stattfindet. Nachdem man den Reifen aufgelegt hat, schließt man die Wicklung an das Leitungsnetz, schaltet nach erfolgter Erwärmung den Strom wieder aus, legt die Radscheibe in den Reifen und hebt nun den Reifen samt der Radscheibe ab.

Die Vorzüge des Apparates bestehen in der steten Betriebsbereitschaft, der Vermeidung irgendwelcher Zunderbildung und des Ansetzens von Schlacken und sonstigen Verunreinigungen, in der vollständig gleichmäßigen Erwärmung der Radreifen.

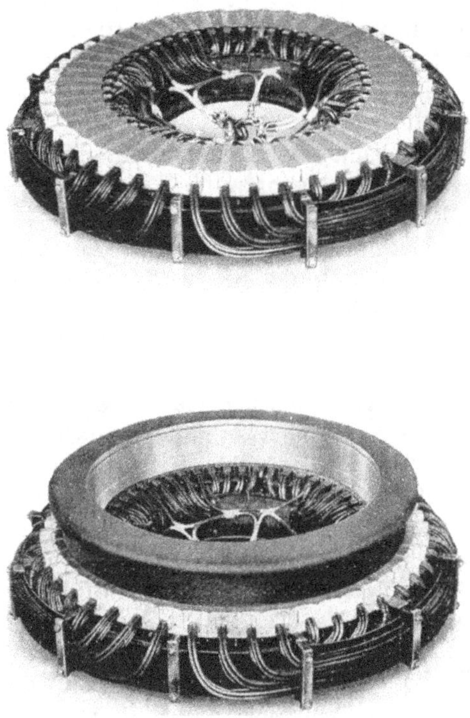

Fig. 107.

VI. Kapitel. Die feuerfesten Materialien.

Abs. 116. **Einteilung feuerfester Produkte.** Man teilt die feuerfesten Produkte ein in:

1. reine Schamottesteine,
2. saure Steine,
3. Halbschamotte- oder halbsaure Steine,
4. Kohlenstoffsteine,
5. basische Steine und Stampfmassen,
6. verschiedene Produkte und feuerfesten Mörtel.

Mit reinen Schamottesteinen bezeichnet man Steine, die aus gebranntem Ton (Schamotte) verschiedener Mahlung und gut gemahlenem Rohton, dem Bindeton, bestehen, zu Stein geformt und dann gebrannt sind. An Stelle des gebrannten Tons werden für Schamottesteine, die starken Temperaturwechsel auszuhalten haben, Kapselscherben, das sind Abfälle aus der Porzellanfabrikation, beigemengt. Die Form der Schamottesteine ist eine sehr reichhaltige.

Unter sauren Steinen versteht man kieselsäurereiche Steine; so z. B. Silikasteine, englische Dinas- und Kalkdinassteine. Silikasteine finden ihre Verwendung beim Bau von sehr stark erhitzten Öfen, bei denen Temperaturwechsel nur sehr wenig in Frage kommen. Sie können da nicht verwandt werden, wo Flugasche und Schlackenflüsse auftreten. Sie werden gebraucht zum Bau flacher Ofengewölbe, welche einer starken Hitze widerstehen müssen. Die Silikasteine bestehen aus 95% Kieselsäure und 1 bis 2% Kalk (Kalkdinassteine) bzw. an Stelle von Kalk einem höheren Tongehalt und nur 80 bis 92% Kieselsäure (Tondinassteine).

Halbschamotte- oder halbsaure Steine nennt man solche Schamottesteine, bei denen ein Teil des gebrannten Tons durch gemahlene Quarzite, Quarzkiesel oder Quarzsand ersetzt ist.

Kohlenstoffsteine sind solche, die aus gemahlenem Koks mit 15 bis 25% heißem Teer hergestellt sind. Sie werden in Holzformen zu Steinen geformt und unter Luftabschluß bei hoher Temperatur gebrannt.

Die basischen Steine und die basischen Stampfmassen enthalten Chromerze, Dolomit und Magnesitsteine. Diese Steine kommen für die Schmiede kaum in Betracht.

Zu den verschiedenen feuerfesten Produkten sind zu zählen: die feuerfesten Überzüge für Steine. Hier kommt hauptsächlich in Betracht das Karborund, ein im elektrischen Ofen gewonnenes Siliziumkarbid, das in dünner Schicht mit Wassergas im Ofen auf die Steine gestrichen wird.

Unter diese Rubrik fallen auch die porösen feuerfesten Steine, die teils als Wärmeschutzsteine dienen, teils zum Leitungsbau für heiße Luft und heiße Gase, neuerdings aber auch bei flammenloser Verbrennung verwandt werden. Man erreicht eine Porosität, wenn man Kokskohle, Stein- oder Braunkohlengrus, Sägespäne und auch Raps mit gemahlenem Bindeton mischt und Quarz und gemahlene Schamotte hinzufügt. Die Festigkeit dieser Steine ist nur halb so groß wie die guter Schamottesteine.

Der feuerfeste Mörtel dient zum Fugen feuerfesten Mauerwerks. Er soll möglichst die gleiche Zusammensetzung haben wie die zu vermauernden Steine. Die feuerfesten Steine sollen so dicht gefugt werden, daß kaum 2 mm Fuge entsteht, und nur diese Unebenheiten sollen mit dem feuerfesten Mörtel ausgefüllt sein. Es hat sich als zweckmäßig erwiesen, selbst bei hochtonreichen Steinen dem Mörtel etwas Quarz hinzufügen. Er soll keine übermäßigen Mengen Bindetons enthalten, um ein Schwinden zu vermeiden. Alle Mörtel sollen möglichst fein gemahlen sein und sollen eher eine Neigung haben zu treiben. Die Steine müssen naß vermauert werden. Es ist darauf zu achten, daß der Mörtel alle Fugen gut ausfüllt, namentlich diejenigen, die dem Feuer zugekehrt sind.

Abs. 117. **Eigenschaften der feuerfesten Materialien.** Um den hohen Temperaturen genügenden Widerstand entgegenzusetzen, ist es notwendig, die Öfen mit feuerfesten Materialien auszukleiden. »Feuerfest« ist ein nicht ganz einheitlicher Begriff, dieser ist abhängig von den jeweiligen Verwendungszwecken. Die feuerfesten Materialien müssen rasche Temperaturwechsel vertragen können und dürfen bei hohen Hitzegraden nicht erweichen und auch nicht schmelzen, ferner mit Körpern und Gasen, mit denen sie in Berührung kommen, keine leicht schmelzbaren Verbindungen eingehen. Man beurteilt die feuerfesten Produkte 1. nach ihrer Schwerschmelzbarkeit, 2. ihrer Formbeständigkeit, 3. ihrer Widerstandsfähigkeit gegen Temperaturwechsel, 4. ihrer Dichte und mechanischen Festigkeit, 5. ihrer Widerstandsfähigkeit gegen chemische Einflüsse. Die Schwerschmelzbarkeit wird bestimmt nach Segerkegeln. Segerkegel 26 entspricht einer Temperatur von etwa 1650°, und man nimmt an, daß dieses die niedrigste Feuerbeständigkeit ist. Man nennt diejenigen Materialien feuerfest, deren Schmelzpunkt zwischen Segerkegel 26 und 30 liegt, während man diejenigen Produkte, deren Schmelzpunkt zwischen 30 und 36 liegt, als hochfeuerfest ansieht. Bei der Formbeständigkeit treten uns drei Hauptgesichtspunkte entgegen: 1. das Erweichen, 2. das Wachsen und 3. das Schwinden. Bezüglich des Erweichens ist zu bemerken, daß manche feuerfesten Tone mit hochliegendem Schmelzpunkt die Eigenschaft besitzen, schon bei verhältnismäßig niederen Temperaturen zu erweichen. Derartige Tone sind für den Ofenbau ungeeignet. Weiter gibt es feuerfeste Steine, die ein Wachsen zeigen, d. h. sie dehnen sich nicht nur bei der einmaligen Erwärmung aus, sondern sie haben die Eigenschaft, daß dieses Ausdehnen eine bleibende Formveränderung bildet. Dieses zeigen namentlich feuerfeste Steine mit hohem Kieselsäuregehalt, und zwar treiben diejenigen Steine am meisten, bei denen Quarzite verwandt worden sind aus Gebirgstücken, ferner Kiesel- und Quarzsande, während Steine mit Findlingsquarzit (auch Hornstein genannt) selbst bei ganz hohen Temperaturen nur ein geringes wachsen. Die dritte Art der Formveränderung ist das Schwinden. Diese Formveränderung zeigen alle Tone beim Brennen mehr oder weniger. Man mischt sie daher entweder mit bereits gebranntem Ton (Schamotte), so daß die Menge des ungebrannten Tons (Bindeton) möglichst gering wird. Auch setzt man stark schwindenden Tonmaterialien Quarzite hinzu, die durch ihr Wachsen das Schwinden ausgleichen. Tonreiche Bauxite sollen in guten, feuerfesten Produkten nicht vorhanden sein. Keilsteine, welche durch ihr Schwinden den Einsturz von Gewölben bedingen, sollen aus Schamotte hergestellt werden, die so viel wachsenden Quarzit enthalten, daß sie sich eher etwas ausdehnen, als Neigung zum Schwinden zeigen.

Es ist in einer Reihe von Fällen notwendig, daß die feuerfesten Materialien eine Widerstandsfähigkeit gegen raschen Temperaturwechsel zeigen; dies ist z. B. namentlich bei Regeneratoren der Fall. Bei solchen raschen Abkühlungen darf der Stein nicht rissig oder brüchig werden, auch dürfen nicht Teile des Steines absplittern. Die Widerstandsfähigkeit eines Steines ist gegen Temperaturwechsel um so geringer, je dichter sein Gefüge ist. Schamottesteine, namentlich solche mit grobem Korn, vertragen daher Temperaturwechsel am besten, während quarzhaltige Dinassteine für Temperaturwechsel ungeeignet sind.

Die mechanische Widerstandsfähigkeit steht oft im Gegensatz zu derjenigen der Temperaturen. Bei Schmiedeöfen werden stark beansprucht vor allem die Herdsohle, die aber auch gleichzeitig stark erhitzt ist. Die Beanspruchung ist nicht nur mechanischer Natur, sondern die Herdsohle ist auch den Einflüssen der Schlacken und der schmelzenden Metalle ausgesetzt. Es sind daher hierfür dichte, feuerfeste Steine zu wählen. Je dichter ein Stein, um so geringer ist die Möglichkeit des Eindringens zerstörender Substanzen in sein Inneres. Mechanische Festigkeit und Dichte sind naturgemäß voneinander abhängig. Ein Stein ist mechanisch um so fester, je dichter er ist. Als Maß für die Dichte von Schamottesteinen gilt die Aufnahmefähigkeit von Wasser der bei 120° C getrockneten Steine. Die mechanische Festigkeit wird bestimmt durch Abreiben. Die Druckfestigkeit soll im Minimum 120 kg/qcm im Mittel bei guten Schamottesteinen betragen.

Chemische Einflüsse sind im allgemeinen bei Schmiedeöfen wenig zu erwarten. Eine Zerstörung von Steinen an Generatoren sind in der Kokszone beobachtet worden, wo dampfförmige Salze sich bilden, die aus Kohlen stammen, deren Grubenwässer stark kochsalzhaltig sind. Zerstörend können auch flüssige Metalle wirken.

Abs. 118. **Lieferungsbedingungen des Vereins der Fabrikanten feuerfester Produkte in Westdeutschland.** § 1. Der Beginn der Lieferung erfolgt bei Neuanfertigung von Steinen nicht unter 3, schwierige nicht unter 4 Wochen nach Auftragerteilung bzw. endgültiger Festlegung der Steinezeichnung.

§ 2. Ausstellungen gegen Gewicht, Stückzahl und Beschaffenheit der Waren werden nur innerhalb einer Frist von 14 Tagen nach Eingang der Ware berücksichtigt. Mängelrüge wegen äußerer Beschaffenheit ist, falls Abnahme später als 3 Monate nach dem festgesetzten Lieferungstermin erfolgt, nicht mehr zulässig.

§ 3. Der Besteller ist verpflichtet, die aus Fabrikationsrücksichten und wegen der Bruchgefahr mehr angefertigten Steine bis zu 5% über das bestellte Quantum hinaus abzunehmen.

Bei kleineren Stückzahlen unter 100 und schwierigen Formstücken ist es aus denselben Rücksichten gestattet, die mehr angefertigten Reservestücke, sofern sie den Abnahmebedingungen entsprechen, mitzuliefern und zu berechnen.

§ 4. Nachträgliche Änderungen der Zeichnung berechtigen zur Berechnung der dadurch entstehenden Mehrkosten.

§ 5. Abweichungen von $\pm$ 2% der aufgegebenen Abmessungen sind statthaft. Bei Dimensionen unter 100 mm ist eine Abweichung von $\pm$ 3 mm erlaubt. Eine Durchbiegung bis 1½% der Länge ist zulässig. Für nachweislich fehlerhafte Stücke wird baldigst kostenfreier Ersatz angefertigt und geliefert.

Jede weitere Verbindlichkeit auf Vergütung von Arbeitslöhnen u. dgl. Schadensersatzansprüchen wird abgelehnt.

§ 6. Zeitgarantie für die Haltbarkeit der Steine wird nicht übernommen.

§ 7. Bei Streitigkeiten über die Einhaltung der eingegangenen chemischen und physikalischen Garantie entscheidet als letzte Instanz ausschließlich das »Chemische Laboratorium für Tonindustrie Professor Dr. H. Seger und E. Cramer, G. m. b. H.« in Berlin. Stichproben sind gemeinsam zu nehmen.

§ 8. Die vereinbarte Lieferungsfrist wird verschoben bei Störungen, welche die regelmäßige Durchführung des Betriebes und des Versandes unmöglich machen:

a) Streik der eigenen Arbeiter oder Arbeitsmangel,
b) Förderungsbehinderung im eigenen Betriebe oder bei den Lieferanten,
c) Bruch oder Fehlbrand,
d) Mobilmachung,
e) Wassergefahr,
f) Wassermangel (geschlossene Schiffahrt).

§ 9. Rechnungen auch über Teillieferungen werden spätestens monatlich ausgestellt und sind bis zum 15. des der Lieferung folgenden Monats ohne Abzug zahlbar.

Auch bei frachtfreier Lieferung erfolgt der Versand auf Gefahr des Empfängers. Die Fracht ist vom Empfänger zu Lasten des Lieferanten vorzulegen.

§ 10. Für frachtfrei zurückgesandte, in gutem Zustand befindliche Säcke wird die Hälfte des berechneten Wertes vergütet.

Diese Lieferungsbedingungen sind auch bei den Produzenten Mittel- und Ostdeutschlands eingeführt worden.

Abs. 119. **Das Wärmeleitungsvermögen von Ofenbaumaterialien und Isolierungen.** Poensgen gibt in der Zeitschrift »Verein Deutscher Ingenieure« in seinen Untersuchungen über die Wärmeleitungsfähigkeit plattenförmiger Stoffe eine Reihe von Wärmeleitungszahlen bekannt, die für den Ofenbau der Schmiede zwecks Isolierung gegen Wärmestrahlung sowie auch zur Isolierung der Heißwindleitungen erwärmter Preßluft wichtig sind. Die hiervon in Betracht kommenden Zahlen mögen daher in nachstehendem aufgeführt werden. Dabei ist besonders zu bemerken, daß die Wärmeleitungszahl in $\frac{\text{WE}}{\text{st m}\,^0\text{C}}$ bei steigender Temperatur sich erhöht. Ich gebe daher auch nur die höheren Zahlen wieder:

Stoffe	Temperatur	Wärmeleitungszahl
Maschinenziegel	80	0,47
Hohlziegelmauerwerk	59	0,31
Schamotte	60	0,53
Rheinische Schwemmsteine	30	0,14
Teakholz senkrecht zur Faser	50	0,17
Asbestschiefer	50	0,19
Korkplatte	100	0,042
Platte aus gebundener Blätterholzkohle	70	0,05
Gebrannter Kieselgurstein Nr. 1	100	0,075
» »	200	0,089
» »	300	0,104
» » Nr. 3	100	0,078
» »	200	0,090
» »	300	0,103

L.-N. Nr. 119.

VII. Kapitel. Meßinstrumente zur Kontrolle der Erwärmungsvorrichtungen und Gaserzeuger.

1. Die Hitzemesser.

Abs. 120. **Allgemeines über Hitzemesser.** Die in nachstehenden Abschnitten beschriebenen Ofenmeßinstrumente dienen zur Bestimmung der Temperaturen je nach Art ihrer Ausbildung 1. im Glühraum selbst, 2. in den Rekuperatoren und Regeneratoren, 3. in den die Abgase ableitenden Kanälen und Schornsteinen und 4. zur Messung der Hitze der Glühstücke selbst. Verschiedene dieser Instrumente ermöglichen es, daß die Temperaturen vom Meistersitze aus an den verschiedensten Stellen, nicht nur an einem Ofen, sondern auch an mehreren Öfen durch einfaches Umschalten kontrolliert werden können. Hierdurch werden erhebliche Kosten durch Vermeidung einer Verschwendung des Brennstoffes erspart, sowie ein Überhitzen des Materials verhindert.

Außer den Meßinstrumenten sind hier noch aufgenommen die geaichten Probekegel zur Bestimmung der Hitze nach Professor Seger.

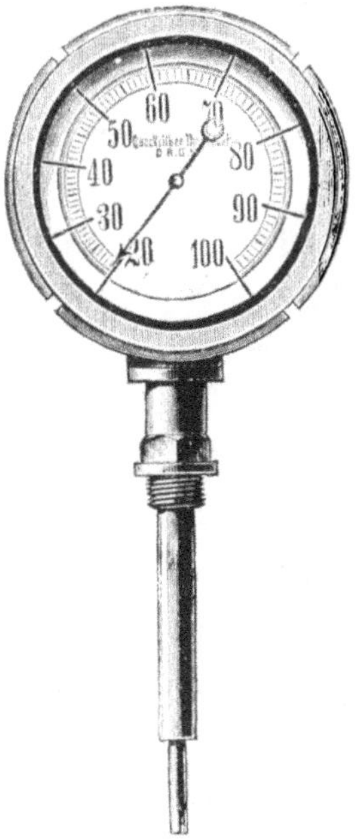

Fig. 108.

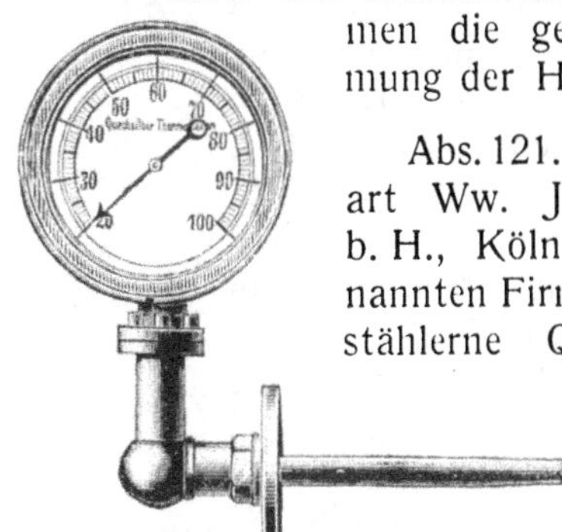

Fig. 109.

Abs. 121. **Thermometer und Pyrometer.** Bauart Ww. Johann Schumacher, G. m. b. H., Köln a. Rh. Von der vorstehend genannten Firma werden in den Handel gebracht stählerne Quecksilberthermometer Fig. 108 und 109 und Graphitpyrometer Fig. 110 und 111. Jene sind für Temperaturen bis 500° C, diese für solche bis 1000° C gerechnet. Daher eignet sich auch dasjenige für 500° C für Anlaßbäder, dasjenige für 1000° für Muffelöfen u. dgl. Beide Instrumente bestehen aus einem Schaft, welcher den Abgasen ausgesetzt wird und in dem sich das wärmeempfindliche Element befindet, während an einem Gehäuse mit Räderwerk, Zeiger und Zifferblatt die Temperaturen der Abgase abgelesen werden können.

Abs. 122. **Quecksilber-Pyrometer.** Bauart G. A. Schultze, Berlin-Charlottenburg. Die gewöhnlichen Quecksilberpyrometer lassen sich nur bis zu Temperaturen von ungefähr 250 bis 300° benutzen. Schon bei Temperaturen über 250° verdunstet das Quecksilber ziemlich beträchtlich. Um Quecksilberpyrometer für noch höhere Temperaturen gebrauchen zu können, ist es erforderlich, den Raum über dem Quecksilber in der Quecksilberkapillare mit einem hochgespannten Gas zu füllen, um den Siedepunkt des Quecksilbers, der bei etwa 360° liegt, entsprechend höherzurücken.

Fig. 110.

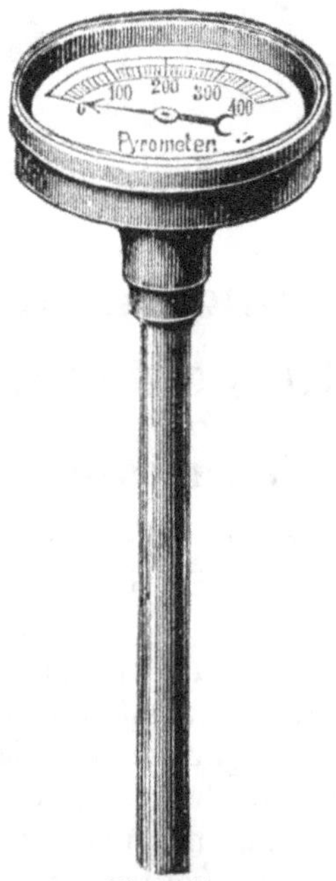

Fig. 111.

Die von der Firma G. A. Schultze für Temperaturen für mehr als 250° C gelieferten Pyrometer sind in dieser Art ausgeführt. Die Quecksilberkapillare ist hierbei über dem Quecksilber mit Kohlensäure von etwa 20 Atm. Druck gefüllt, daher können die Instrumente zum Messen von Temperaturen bis etwa 530° C benutzt werden, vorübergehend auch noch für etwas höhere Temperaturen.

Vorzugsweise finden die so hergestellten Pyrometer zum Messen von vorgewärmter Luft und Abgastemperaturen Anwendung. Alsdann erhalten die Instrumente am unteren Ende einen durchlöcherten Schutzkorb (Fig. 112), so daß die Gase direkt an die Quecksilberkugel des Thermometers herantreten können, wodurch eine rasche Temperaturabgabe gewährleistet ist. Thermometer, bei denen die Kapillare in der gleichen Weise hergestellt ist, finden

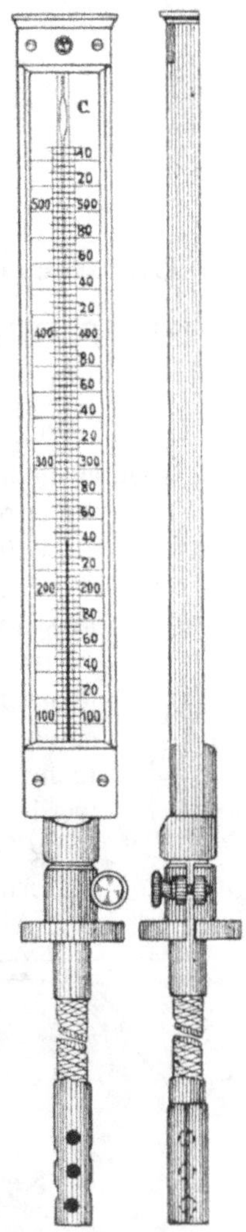
Fig. 112.

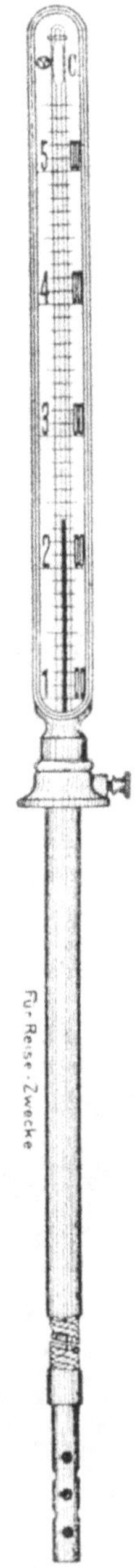

Fig. 113.

ferner Anwendung zur Messung der Temperatur von erhitzter Preßluft. Fig. 113 stellt für diesen Zweck benutzte Thermometer dar. Da die zu messende Luft unter einem höheren Druck steht, so ist es hierbei erforderlich, noch ein besonderes, geschlossenes, aus Stahl bestehendes Einschraubestück zu verwenden, in welches das eigentliche Thermometer teleskopisch passend eingesetzt wird. Hierdurch ist einmal größte Sicherheit gegenüber der hochgespannten Luft erreicht, sodann Gewähr für rasche Temperaturanzeige gegeben.

In manchen Fällen handelt es sich darum, die Temperaturen auf einigermaßen große Entfernungen, etwa 8 bis 10 m, abzulesen. Um den Vorteil eines dauernd genauen Instrumentes zu haben, verwendet man auch hierfür Glas-Quecksilberthermometer. Um jedoch eine Ablesung auf die angegebene Entfernung von 8 bis 10 m zu ermöglichen, werden für diese Fälle die Instrumente zunächst mit besonders großer Skala ausgeführt und vor diese außerdem noch eine gewölbte Glaslinse zur Vergrößerung sowohl des Quecksilberfadens als auch der Teilung gesetzt. Dadurch wird der gewünschte Zweck erreicht.

Abs. 123. **Thermoelektrische Fernthermometer.** Bauart Keiser & Schmidt, Berlin-Charlottenburg. Das Prinzip der thermoelektrischen Fernthermometer Fig. 114 bis 120 beruht

Fig. 114. Thermoelement mit Stahlrohr.

Fig. 115. Thermoelement mit $^3/_4$'' Gasgewinde.

Fig. 116. Thermoelement mit Blechhaube.

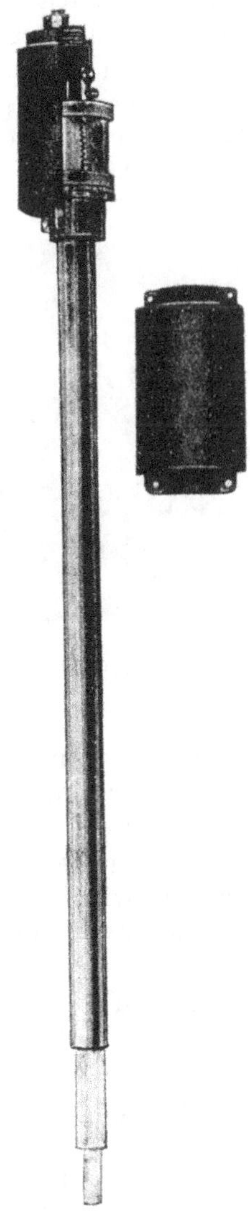

Fig. 117/118. Thermoelement mit Gußhaube u. Quarzglasarmierung.

darauf, daß durch Erhitzung der Lötstelle zweier verschiedener Metalle (Thermoelement) eine elektromotorische Kraft entsteht, die von einem Galvanometer gemessen wird.

Das Thermoelement besteht demnach aus zwei an einem Ende zusammengelöteten Drähten mit entsprechender Armatur, die sich im wesentlichen aus dem Anschlußkopf und den Schutzrohren für die Drähte zusammensetzt.

Als Material für die Thermoelemente gelangt für die höchsten Temperaturen Platin-Platinrhodium und für Temperaturen bis 800° Eisen-Konstantan zur Anwendung. Für mittlere Temperaturen bis etwa 1100 bis 1200° fertigt die Firma Keiser & Schmidt ein Spezialelement »Pyrkon« an, das innerhalb dieses Meßbereiches einen vollwertigen Ersatz der weit teueren Platinelemente darstellt. Wegen ihrer hohen Genauigkeit und Unveränderlichkeit werden Thermoelemente von der Phys. Techn. Reichsanstalt zur amtlichen Prüfung zugelassen, so daß sie auch mit amtlichem Aichschein geliefert werden können.

Die thermoelektrische Meßanordnung besteht aus dem Thermoelement, der Leitung und dem Anzeige- oder Registrierinstrument. Der Kupferquerschnitt der zweckmäßig isolierten Leitung (meist Gummiaderleitung) beträgt gewöhnlich 1 qmm. Die Anzeige- und Registrierinstrumente sind Galvanometer, die in Temperaturen geaicht sind. Mittels eines Umschalters können beliebig viele Elemente an ein einziges Anzeigeinstrument angeschlossen werden. Die Registrierinstrumente können mit einem automatischen Umschalter für den Anschluß von 3 und 5 Thermoelementen geliefert werden, wobei die Registrierkurven gleichzeitig, aber von einander getrennt aufgezeichnet werden. Als Neuerung bringt die Firma Keiser & Schmidt ein Registrierinstrument auf den Markt, bei dem die Temperaturkurven von sechs verschiedenen Thermoelementen in kontrastreich sich voneinander abhebenden Farben aufgezeichnet werden; infolgedessen sind die durcheinanderlaufenden Kurven leicht zu unterscheiden.

Fig. 119. Galvanometer.

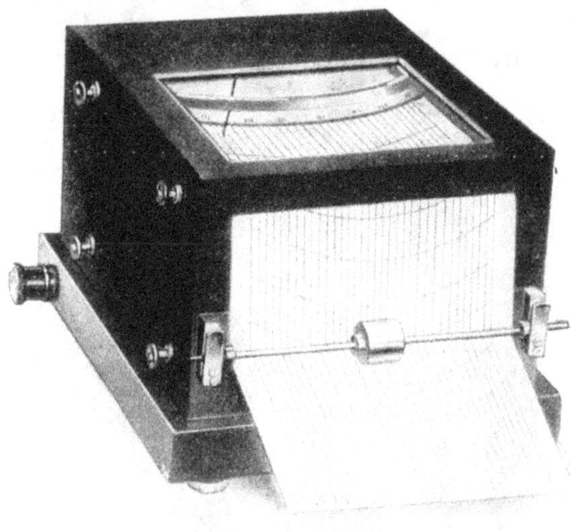

Fig. 120. Registrier-Galvanometer.

Für die Messungen in Härtebädern werden die Elemente noch mit einem übergeschobenen Schutzrohr aus Stahl versehen, das nach etwa erfolgter Zerstörung durch die Härtebäder leicht und ohne erhebliche Kosten gegen ein neues ausgewechselt werden kann. An Stelle des Schutzrohres kann auch eine verschiebbare Stahlmuffe treten, welche die Austrittstelle des Elementes aus dem Härtebade, wo dieses erfahrungsgemäß am meisten leidet, schützt. Falls es wünschenswert erscheint, wird bei Härtebädern mit höheren Temperaturen das Element in einer rechtwinklig gebogenen Montierung geliefert, damit der Kopf nicht der direkten Wärmestrahlung der Bäder ausgesetzt ist.

Zu der Temperaturmessung der Ofenabgase im Fuchs zwecks Kontrolle der Öfen finden Eisen-Konstantanelemente in Stahlrohrarmierung Verwendung, die meist dauernd in den Fuchskanal bzw. Fuchs eingebaut werden.

Temperaturkontrolle in den Öfen erfolgt mit Elementen aus Platin-Platinrhodium, die bei Temperaturen bis 1000° ein Stahlschutzrohr besitzen, das für höhere Temperaturen gekürzt wird, so daß die Porzellandoppelrohre aus Marquardtscher Masse, in die das eigentliche Element eingebettet ist, frei herausragen. Gegen die direkte Berührung mit den Flammen, gegen die oxydierende Wirkung der Abgase sowie gegen zu schroffen Temperaturwechsel, der ein Zerspringen der sonst sehr widerstandsfähigen Porzellanrohre zur Folge haben würde, werden die Elemente durch an dem einen Ende geschlossene Schamotterohre geschützt, die dauernd in die Öfen eingebaut werden und in die Meßstelle hineinragen. So montierte Elemente vertragen Temperaturen bis 1600°. Für Temperaturen bis 1200° können die Elemente eine Quarzrohrarmierung erhalten, die sich gut bewährt hat.

Abs. 124. **Elektrische Temperatur-Elemente nach Le Chatelier.** Bauart W. C. Heraeus G. m. b. H., Hanau. Da die sichere Feststellung der Temperaturen für die Schmiede von großer Wichtigkeit ist, so wurden sehr viele Prinzipien versucht, um eine genaue Kontrolle zu ermöglichen. Das thermoelektrische Pyrometer nach Le Chatelier hat sich bisher für Temperaturen bis zu 1500° bewährt. Es ist bekannt, daß zwei verschiedene Metalle bei der Erhitzung ihrer Verbindungsstelle einen schwachen elektrischen Strom haben. Da die Stärke dieses Stromes von der Temperatur abhängig ist, so hat man die Möglichkeit, aus der Stärke dieses Stromes die Temperatur zu bestimmen. Allerdings ist es erforderlich, daß sich die Metalle nicht durch Oxydation oder andere mechanische Angriffe ändern. Diesen Bedingungen entspricht das Le Chatelier-Pyrometer, welches aus einem Draht chemisch reinem Platin und einem solchen aus chemisch reinem Platin mit 10% chemisch reinem Rhodium besteht. Durch sehr schwierige umfangreiche Untersuchungen ist es gelungen, diese Legierungen so gleichmäßig herzustellen, daß sie stets dieselben Werte zeigen. Um nun die Temperaturen zu erkennen, ist es notwendig, die Verbindungsstelle dieser beiden Metalle der zu bestimmenden Temperatur auszusetzen und dann den Strom in einem Galvanometer zu messen. Diese Galvanometer sind direkt auf Temperaturen geaicht, so daß man ohne weiteres die Temperatur ablesen kann. Es ist auch möglich, Registriergalvanometer anzuschließen, so daß man dadurch imstande ist, den vollständigen Verlauf bei einem derartigen Prozeß zu verfolgen. Da man den Strom durch Kupferdrähte fast beliebig weit leiten kann, so ist es auch möglich, an einer Zentralstelle eine Anzahl von Temperaturen zu kontrollieren. Für die Verwendung in der Schmiede ist es allerdings notwendig, den Platindraht gegen mechanische Beschädigungen zu bewahren, weshalb er in besonderen Montierungen, die dem betreffenden Zweck angepaßt sind, eingezogen wird, ferner um die Thermoelementdrähte vor der Einwirkung schädlicher Gase und Dämpfe zu schützen. In Tafel 121 sind verschiedene Montierungen angegeben. Fig. 1 und 2 dieser Tafel sind für dauernde Messungen, wie z. B. in Härtemuffeln und Glühöfen bestimmt, Fig. 3 zur vorübergehenden Kontrolle, während Fig. 4 und 5 für spezielle Zwecke, wie z. B. für Bleibäder, bestimmt sind. Fig. 122 zeigt eine Schalttafel zur gleichzeitigen Ablesung von 4 Thermoelementen. Durch Drücken auf die untere Taste kann ein beliebiges Thermoelement eingeschaltet und mit diesem gemessen werden.

Auf etwas anderem Prinzip beruht das Quarzglas-Fernthermometer. In der Schmiede bietet dieses Instrument, da es bis höchstens 700° C zeigt, nur für Temperaturbestimmungen, Abgase und Ölbäder usw. Vorteile. Bei ihm wird die Veränderung des Widerstandes von in Quarzglas eingeschmolzenem Platindraht bestimmt.

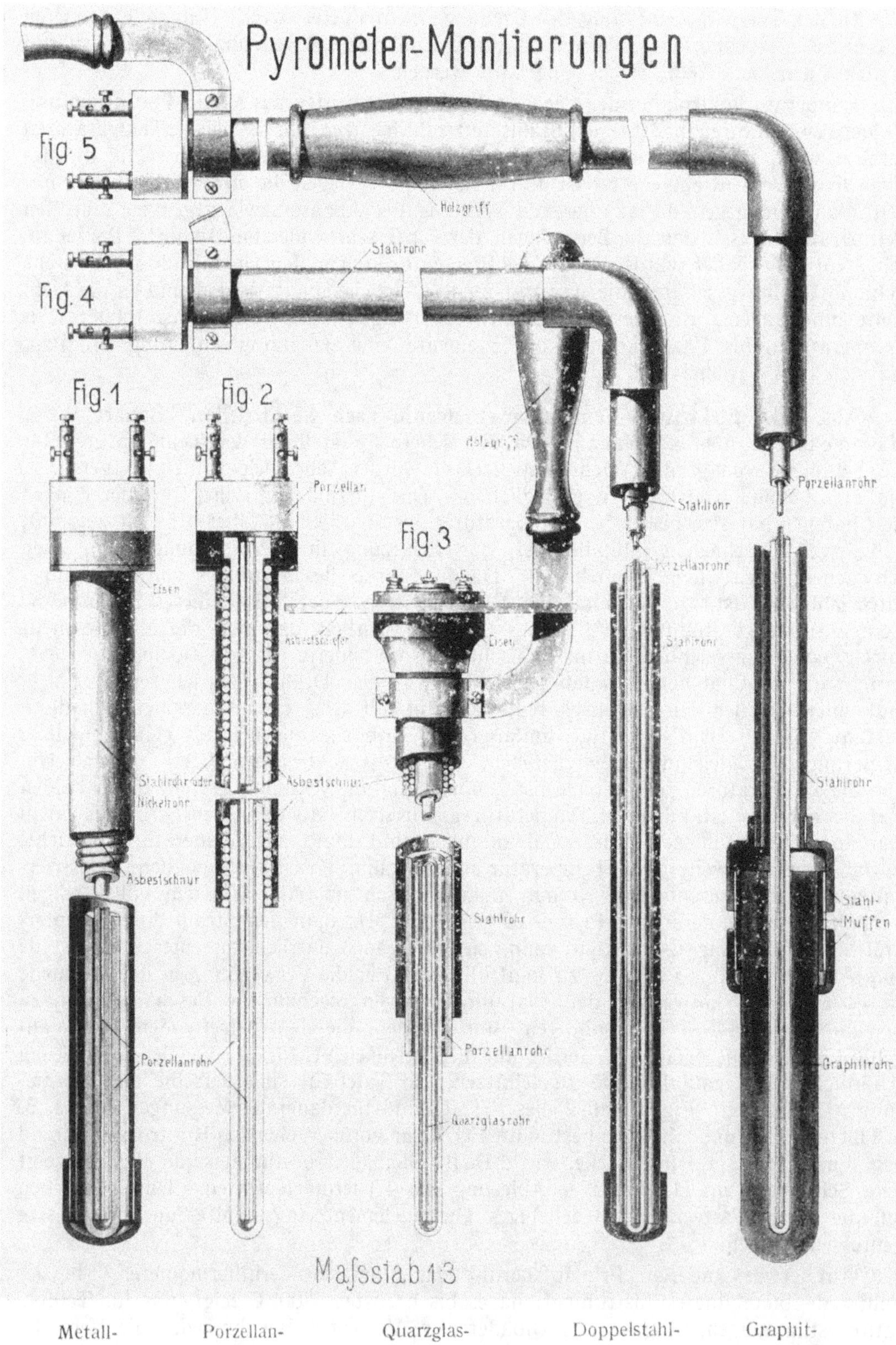

Metall-Montierung | Porzellan-Montierung | Quarzglas-Montierung | Doppelstahlrohr-Montierung | Graphit-Montierung

Fig. 121.

Auch bei dem Thermometer lassen sich Temperaturen genau registrieren oder eine große Anzahl von einer Zentralstelle aus kontrollieren.

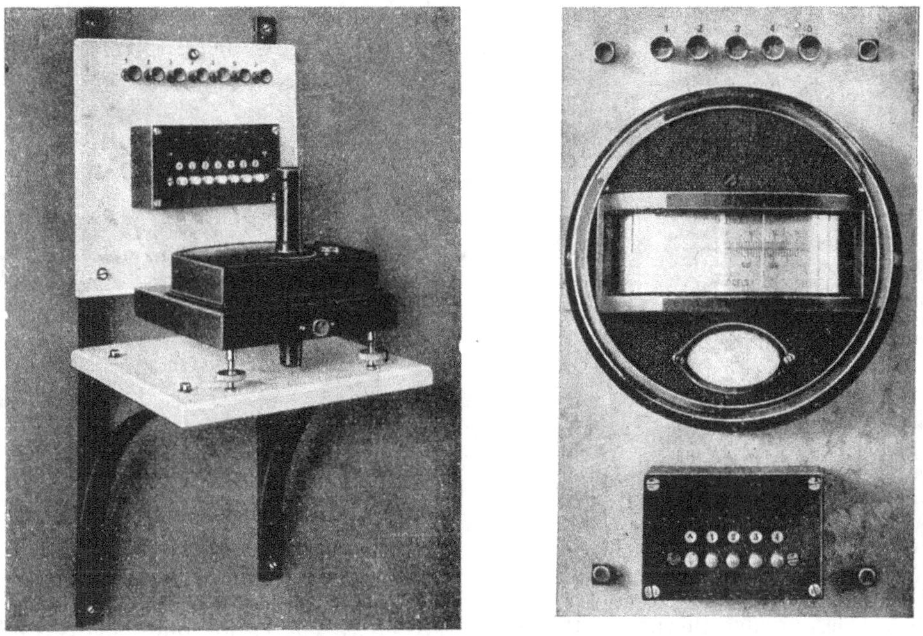

Fig. 122. Galvanometer auf Wandkonsolen und Marmortafeln.

Abs. 125. **Die Thermo-elektrischen Pyrometer.** Bauart Hartmann & Braun, A.-G., Frankfurt a. M. Wie schon erwähnt, kann man zur Messung von Temperaturen, insbesondere von hohen Temperaturen, die thermoelektrischen Kräfte verwenden, welche in einem aus zwei verschiedenen Metallen bestehenden elektrischen Leiter an der Berührungsstelle entstehen, sobald diese Berührungsstelle einer höheren Temperatur ausgesetzt wird. Diese thermoelektrischen Kräfte sind — geeignete Wahl der Metalle vorausgesetzt — proportional dem Temperaturzuwachs, und man ist daher in der Lage, ein Meßgerät, welches die genannten thermoelektrischen Kräfte mißt, ohne weiteres zur Messung der Temperatur zu benutzen.

Die Verwendung geschieht nach Fig. 123. In dieser stellt $T\,E$ das sog. Thermoelement dar, welches aus zwei Metalldrähten m_1 und m_2 besteht, die an der Stelle l

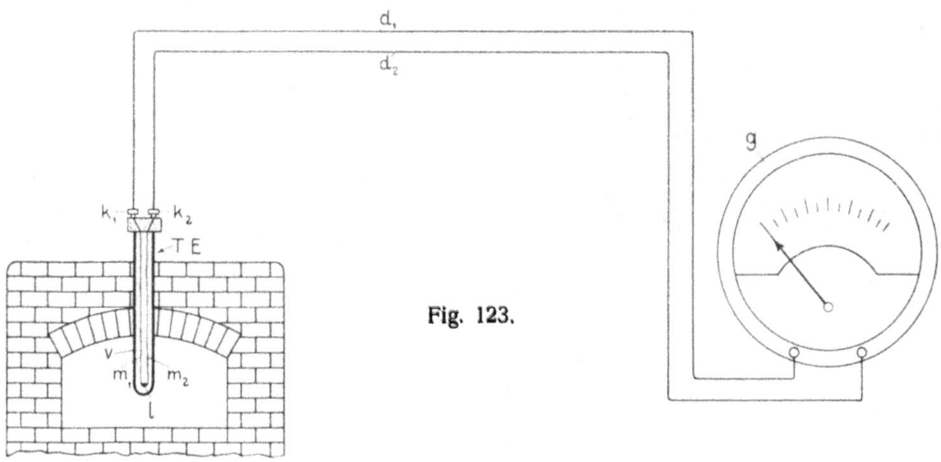

Fig. 123.

durch Löten oder Schweißen fest miteinander verbunden sind und durch Verkleidung v geschützt sind. Diese Verbindungsstelle wird der zu messenden Temperatur ausgesetzt. Die freien Enden der Metalldrähte m_1 und m_2 sind an Klemmen k_1 und k_2 befestigt, von denen Leitungsdrähte d_1 und d_2 zu dem Galvanometer g führen, das auf einer Skala einen spielenden Zeiger enthält. Diese wird entweder in Millivolt zur Ab-

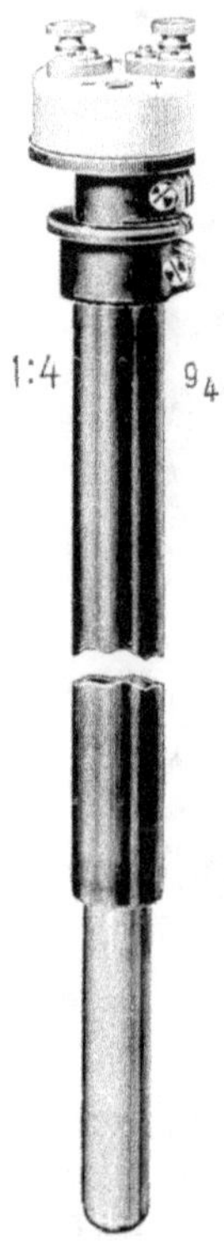

Fig. 124.

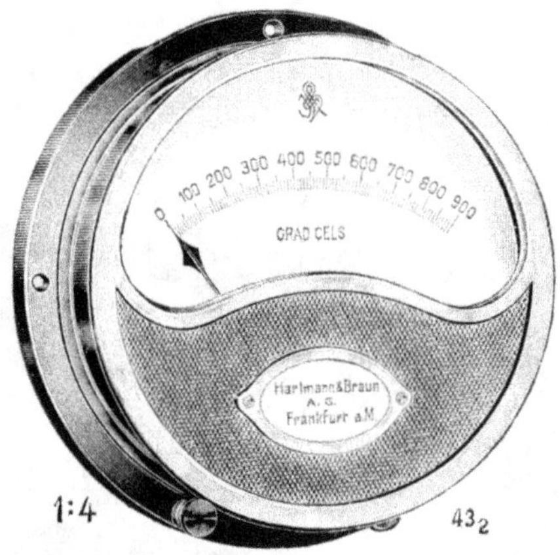

Fig. 125.

Fig. 126.

lesung der thermoelektrischen Kraft oder, wie es gewöhnlich der Fall ist, einfach in Grad Celsius geteilt, so daß man ohne Rechnung die Temperatur ablesen kann.

Je nach dem Gebrauchszweck wird das Thermoelement aus verschiedenen Metallen zusammengesetzt, und zwar eignet sich für hohe Temperaturen bis höchstens 1600° C das von Le Chatelier angegebene Platin-Platinrhodiumelement, während für Temperaturen bis zu 1100 bezw. 900° C Ele-

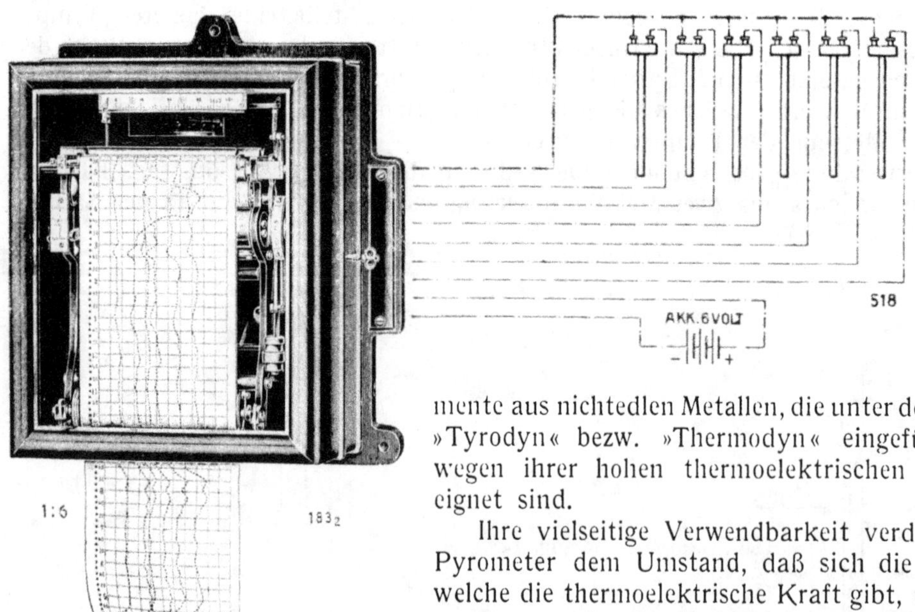

Fig. 127.

mente aus nichtedlen Metallen, die unter dem Namen »Tyrodyn« bezw. »Thermodyn« eingeführt sind, wegen ihrer hohen thermoelektrischen Kraft geeignet sind.

Ihre vielseitige Verwendbarkeit verdanken die Pyrometer dem Umstand, daß sich die Lötstelle, welche die thermoelektrische Kraft gibt, unter Verwendung geeigneter Verkleidungen bequem in Gefäße, Öfen u. dgl. einführen läßt, ganz besonders auch in Glühöfen und Härteöfen, wie sie in der Schmiedetechnik Verwendung finden, wie Fig. 1 andeutet. Für Temperaturen bis etwa 1000 oder 1100° werden solche Verkleidungen ohne weiteres aus Stahlrohr bzw. aus Reinnickelrohr hergestellt. Bei Temperaturen bis 1200° C werden Schamotterohre verwendet. Für Temperaturen bis 1400° kommt für Messungen von bei kurzer Dauer Quarzrohr in Betracht, während für die höchsten Temperaturen bis zu 1600° die sog. Marquardtsche Masse Verwendung findet. Fig. 124 zeigt beispielsweise ein Thermoelement mit Verkleidung aus Marquardtscher Masse (oder Quarz), welches überdies durch ein Stahlrohr geschützt ist, aus dem das die Lötstelle schützende Verkleidungsrohr unten herausragt.

Die als Anzeigemeßgeräte dienenden Galvanometer werden in verschiedenen Ausführungen verwendet. Für feste Anlagen sind die Ausführungen nach Fig. 125 und 126 geeignet; erstere für die Thermoelemente »Thermodyn« bis höchstens 900° C, letztere für die Elemente »Tyrodyn« bis 1100° und für diejenigen nach »Le Chatelier« bis 1600° C. Außerdem werden noch tragbare Thermogalvanometer für rein wissenschaftliche Zwecke gebaut.

Eine sehr vollkommene Einrichtung für Temperaturmessungen zeigt die Fig. 127, welche nicht nur die Ablesung der augenblicklichen Temperatur, sondern auch ihre dauernde Aufzeichnung gestattet. Aber nicht bloß der Temperaturzustand eines Ofens, sondern mehrerer Öfen bis zu 6 Stück oder verschiedener Stellen eines Ofens, z. B. am Eintritt der Flamme, in der Mitte des Ofens, beim Austritt aus dem Ofen, aus dem Rekuperator usw., können mit einem dieser Registriermeßgeräte abgelesen und aufgezeichnet werden, und zwar erfolgt die Aufzeichnung in sechs verschiedenen Farben auf ein und demselben Papierstreifen, so daß man jederzeit in der Lage ist, den Temperaturverlauf aller 6 Öfen miteinander zu vergleichen.

Für niedrigere Temperaturen bis höchstens 700° können unter Umständen statt der oben beschriebenen Pyrometer auch die sog. elektrischen Widerstandsthermometer nach Dr. Bruger Verwendung finden. Es würde jedoch zu weit führen, diese hier zu beschreiben.

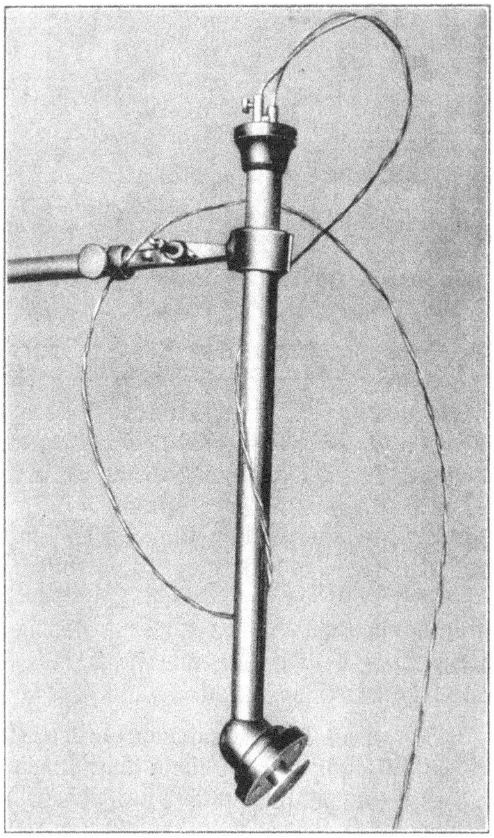

Fig. 128.

Abs. 126. **Berührungs-Pyrometer.** Bauart Keiser & Schmidt, Charlottenburg. Fig. 128. Für die Temperaturmessung von Schmiedestücken bei unterbrochener Härtung, beim Pressen und Drücken usw. fertigt die Firma Keiser & Schmidt Spezialthermoelemente an, die wegen ihrer einfachen Handhabung beachtenswert sind. An einem etwa 2 m langen Stabe ist ein normales Platin-Platinrhodiumelement angeklemmt, an dessen Ende eine kleine Platte aus einem sehr hoch schmelzbaren Material angeschweißt, so daß eine möglichst innige Berührung mit dem Schmiedestück und daher eine rasche Temperaturübertragung auf die Lötstelle des Elementes stattfindet. Dieses ist mit einem wärmeisolierten Griff versehen und wird von einem Arbeiter gegen das Schmiedestück usw. gepreßt, während das Ableseinstrument, z. B. auf einer Tafel, zusammen mit den Manometern zur Anzeige des ausgeübten Preßdruckes am Kontrollstand befestigt ist, und dort von dem zuständigen Meister oder Pressenführer abgelesen wird.

Abs. 127. **Das Wanner-Pyrometer.** Bauart Dr. R. Hase, Hannover. Das physikalische Prinzip des Wanner-Pyrometers beruht auf dem Gedanken, die Temperatur eines Körpers durch Beobachtung des von ihm ausgestrahlten Lichtes zu messen. Diesem Prinzip entsprechend besteht das Wanner-Pyrometer aus einem spektral-analytischen und einem photometrischen Teil. Ersterer Fig. 129 dient dazu, das auffallende Licht durch ein Prisma spektral zu zerlegen. Die Ebene des Okularspaltes ist so eingestellt, daß nur das rote Licht der Wasserstofflinie zur Beobachtung gelangen kann. Der photometrische Teil des Apparates Fig. 130 besteht aus dem Amiciprisma,

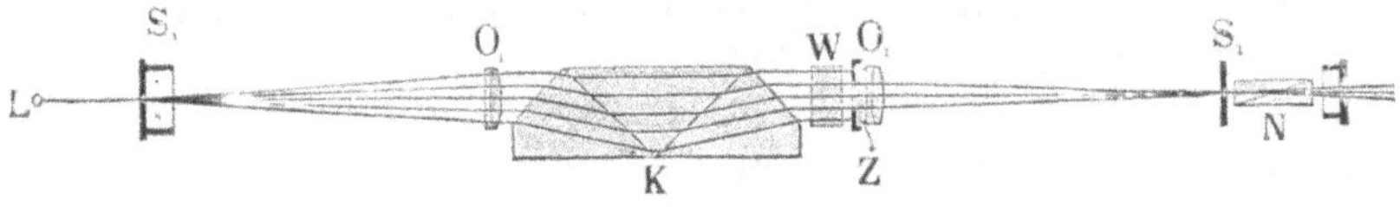

Fig. 129.

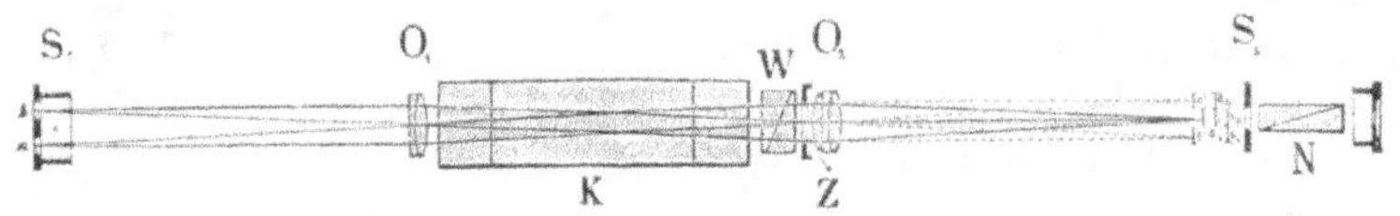

Fig. 130.

dem Wollastonprisma, dem Biprisma und dem Analysator. Der Winkel des Biprismas ist so berechnet, daß die beiden der optischen Achse zunächst liegenden Bilder im Okularspalt aufeinanderfallen und deren Licht allein in das Auge des Beobachters gelangt. Da ihre Schwingungsrichtungen senkrecht aufeinander stehen, kann durch Drehung des Analysators gleichzeitig die Helligkeit des einen Bildes geschwächt und die des anderen erhöht werden. Beleuchtet man nun noch den einen Lichteintrittsspalt durch eine konstante Vergleichslichtquelle, während der andere Spalt von dem zu beobachtenden glühenden Körper bestrahlt wird, so ist es nur erforderlich, die beiden durch das Biprisma gebildeten Hälften des Gesichtsfeldes durch Drehen des Analysators auf gleiche Helligkeit zu bringen, um das Verhältnis der Intensitäten beider für eine bestimmte Wellenlänge zu erkennen. Die Meßgenauigkeit liegt zwischen 1 und 2%.

Der nach dem vorstehend erläuterten Prinzip konstruierte Apparat Fig. 131 besteht aus folgenden Teilen: dem Spektralphotometer, der Stromquelle mit Strommesser, Widerstand und Ausgleichswiderstand, und der Einstellvorrichtung mit Amylacetatlampe.

Das Photometer Fig. 132 ist ein stark vernickeltes Rohr, welches am vorderen Ende die Amylacetatlampe trägt, während an dem Objektivende eine Teilkreisscheibe angeordnet ist, auf welcher der Zeiger für die Drehung des Analysators spielt. Außerdem ist die Scheibe mit einer Revolverblende ausgerüstet für die Rauch- und Abschwächungsgläser. Die vor dem Instrument sichtbare Amylacetatlampe dient zur zeitweiligen Kontrolle der Vergleichslampe und wird mittels Visiers auf die der Eichung zugrunde liegende Flammenhöhe eingestellt.

Fig 131.

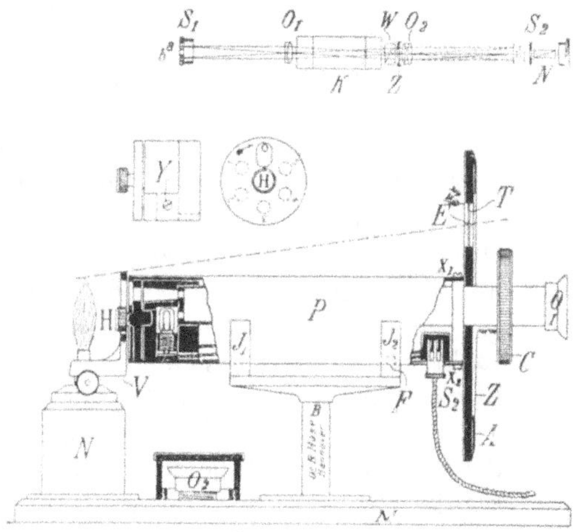

Fig. 132.

Als Stromquelle dient eine Akkumulatorenbatterie, welche an dem Deckel die Meß- und Reguliervorrichtungen trägt. Mittels Tragriemens läßt sich diese leicht transportieren.

Abs. 128. **Segerkegel.** Segerkegel sind keramische Schmelzkörper in Form von abgestumpften dreiseitigen Pyramiden (Tetraedern), die in der Praxis kurz Kegel genannt werden. Sie bilden eine im ganzen aus 59 Nummern bestehende Reihe systematisch aufgebauter, an Schwerschmelzbarkeit stetig zunehmender Silikatgemenge, die für die niedrigen Nummern eine glasurartige, für die höheren eine tonartige Zusammensetzung besitzen, und umfassen die Temperatur von etwa 600 bis 2000°. Die Segerkegel erweichen mit dem Fortschreiten der Hitze allmählich mehr und mehr und neigen schließlich ihre Spitze. Sie gelten als geschmolzen, wenn die sich biegende Spitze die Unterlage leicht berührt (vgl. Segerkegel Nr. 8 in Fig. 133). Dieser Zeitpunkt ist stets mit Genauigkeit zu erkennen. Die Segerkegel 022 bis 20 sind etwa 6 cm hoch, die Segerkegel 26 bis 42 sind etwa 2,5 cm hoch. Auf besonderen Wunsch werden jedoch auch die erstgenannten Segerkegel 2,5 cm hoch und die kleinen 6 cm hoch geliefert. Die Segerkegel werden ausschließlich in der Kgl. Porzellan-Manufaktur zu Berlin hergestellt und tragen die obenstehende, gesetzlich geschützte Marke (Zepter).

Fig. 133.

Fig. 134.

Die Fig. 133 zeigt drei Segerkegel, 0,22 bis 20. Der erreichte Hitzegrad entspricht dem Schmelzpunkt von Segerkegel 8; Segerkegel 7 ist schon zu stark geschmolzen, Segerkegel 9 aber noch nicht geschmolzen. Der Vorteil der Segerkegel ist die Billigkeit (100 Stück = 4,50) und die Unempfindlichkeit.

Da die Segerkegel Silikatgemische sind, so besitzen sie ebensowenig wie die Silikate selbst einen in allen Fällen und unter den verschiedenen Erhitzungsbedingungen bestimmten, stets gleichbleibenden (absoluten) Schmelzpunkt. Es ist daher nicht möglich, für die Segerkegel Schmelzpunkte nach Celsiusgraden allgemein anzugeben. Zur genauen Messung von Temperaturen nach Celsiusgraden eignen sie sich daher im allgemeinen nicht, sondern nur in den Fällen, wenn die Schmelzpunkte der einzelnen Segerkegel für bestimmte, genau wieder zu erhaltende Erhitzungsbedingungen bekannt sind, also zum Beispiel in elektrischen Versuchsöfen mit regelbarer Erhitzungsgeschwindigkeit. Eine genaue Bestimmung der Temperatur auf einzelne Grade ist natürlich auch hierbei nicht ausführbar. In allen anderen Fällen kann die Angabe der Schmelztemperaturen der Segerkegel in Celsiusgraden nur ganz annähernd stattfinden. Wollte man aber aus der Abhängigkeit der Schmelzpunkte von den Erhitzungsbedingungen auf eine Unsicherheit bei der Verwendung von Segerkegeln oder gar auf deren Unbrauchbarkeit schließen, so wäre dies eine völlige Verkennung des eigentlichen Zweckes und des darauf begründeten praktischen Wertes der Segerkegel.

Unter diesen Voraussetzungen enthält die folgende Aufstellung die Nummern der Segerkegel und die annähernden Mittelwerte ihrer Schmelzpunkte in Celsiusgraden, die bei neueren Messungen in Versuchsöfen gefunden wurden.

Rote Segerkegel

022 —600°	010a—900°	010— 900°	7—1230°
021 —650°	09a— 920°	09— 930°	8—1250°
020 —670°	08a— 940°	08— 970°	9—1280°
019 —690°	07a— 860°	07—1000°	10—1300°
018 —710°	06a— 980°	06—1020°	11—1320°
017 —730°	05a—1000°	05—1040°	12—1350°
016 —750°	04a—1020°	04—1060°	13—1380°
015a—790°	03a—1040°	03—1080°	14—1410°
014a—815°	02a—1060°	02—1100°	
013a—835°	01a—1080°	01—1120°	
012a—855°	1a—1100°	1—1140°	
011a—880°	2a—1120°	2—1155°	
	3a—1140°	3—1170°	
	4a—1160°		
	5a—1180°		
	6a—1200°		

Das in Fig. 134 dargestellte Gehäuse dient zum Fernhalten der Stichflammen und wird quer zur Flammenrichtung aufgestellt.

Abs. 129. **Pyroskop,** vertrieben von Alfred H. Schütte, Köln-Deutz. Die bekannten elektrischen Pyrometer geben, da ihre Elemente nur kurz in den Glühraum des Ofens hineinreichen, bloß die genaue Temperatur des Glühraumes an, während die wirkliche Temperatur des eingebrachten Schmiedegutes nur aus der Farbe und Glühdauer auf Grund längerer Erfahrung und guter Beobachtungsgabe mehr oder weniger richtig geschätzt werden kann.

Das nebenstehend in Fig. 135 abgebildete Pyroskop gibt die Temperatur des im Ofen befindlichen Schmiedegutes annähernd genau an; die Messung geschieht auf optischem Wege durch Vergleich der Glühfarbe des Schmiedegutes mit einer Temperaturfarbenskala.

Die Farbenskala wird durch ein Diaphragma gebildet, dessen verschieden gefärbte Häutchen den Glühfarben des Stahles zwischen 650 und 1150° C entsprechen. Die durch das Diaphragma hindurchgehenden Strahlen einer hellbrennenden, ca. 18 mm hohen Petroleumflamme werden durch einen kleinen Spiegel in der Sehachse des Beobachtungsteleskops in das Auge des Beschauers geworfen, so daß infolge einer optischen Wirkung auf dem zu prüfenden Stück ein farbiger, kreisrunder Fleck erscheint, der mit der Glühfarbe des Schmiedegutes verglichen wird. Durch Drehen eines handlich angebrachten Rädchens läßt sich das Diaphragma so einstellen, daß der Farbenfleck auf dem erwärmten Stücke mit der jeweiligen Farbe desselben übereinstimmt; die jeweilige wirkliche Temperatur des betreffenden Teiles kann man dann auf einer durch die Einstellung mitbewegten Skalatrommel sofort ablesen. Umgekehrt kann der Farbenfleck nach der Skala auf eine vorgeschriebene Temperatur eingestellt und die Erwärmung des Schmiedegutes bis zur Farbenübereinstimmung gebracht werden.

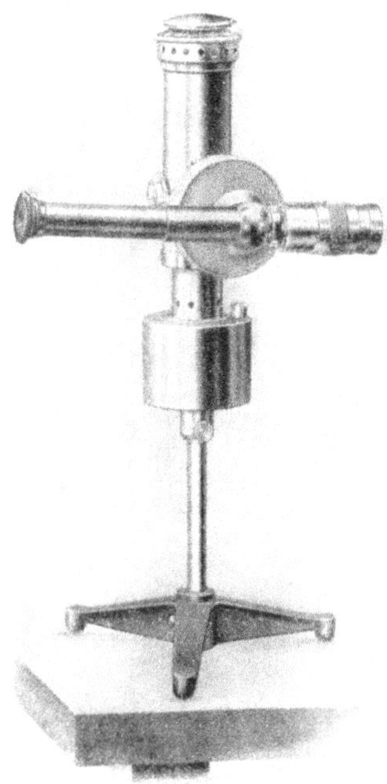

Fig. 135.

Das Instrument ist vollständig unabhängig vom Ofen und bedarf zu seinem Gebrauch weder elektrischer Leitungen noch Batterien oder sonstiger Hilfsvorrichtungen. Es wird auf seinem Stativ in passender Höhe befestigt und kann in genügender Entfernung vom Ofen benutzt werden, so daß man bei der Beobachtung durch die Hitze nicht belästigt wird.

Die einfache Handhabung, die Unabhängigkeit von irgendwelchen Nebeneinrichtungen und die Zuverlässigkeit der Angaben machen das Pyroskop zu einem wertvollen Instrument der Schmiede.

Gewicht ca. 3,5 kg.

2. Die Hygrometer.

Abs. 130. **Allgemeines über Hygrometer.** Da ich die Messung des Luftfeuchtigkeitsgrades für große Schmieden für Halbgasfeuerung und wegen seiner Beeinflussung der Gasbildung in den Generatoren von Wichtigkeit halte, um nach einem solchen Instrument die Dampfzufuhr einstellen zu können, habe ich auch dieses mit unter den Meßinstrumenten für Öfen u. dgl. aufgeführt. Bei der Verbrennung spielt die Luftfeuchtigkeit eine große Rolle. Diese Erscheinung hat in Hochöfenbetrieben z. B. bereits dazu geführt, die Luft durch Kälteanlagen zu trocknen. Auch ist nach dem Grade der Feuchtigkeit das Mischungsverhältnis zwischen Gas und Luft einzustellen, eine Beobachtung, die man an Automotoren oft macht. Da die Luftfeuchtigkeit häufig Veränderungen ausgesetzt ist, so ist daher ihre fortgesetzte Kontrolle in gutgeführten Betrieben zweckmäßig.

Abs. 131. **Hygrometer.** Bauart Lambrecht-Göttingen. Um nun den Feuchtigkeitsgehalt der Luft feststellen zu können, bedient man sich des sog. Hygrometers, das die Prozente der relativen Feuchtigkeit der Luft angibt. Der Mechanismus beim Lambrechtschen Hygrometer Fig. 136 beruht auf der Verlängerung und Verkürzung eines Haarstranges, der je nach dem Feuchtigkeitsgehalte der Luft verlängert oder verkürzt wird. Die Längenunterschiede werden mit Hilfe eines Hebels auf eine Achse übertragen, die ihrerseits mit einem Zeiger in Verbindung steht, der die Angaben wieder auf einer in Prozente eingeteilten Skala macht.

3. Zugluft- und Druckmesser.

Abs. 132. **Allgemeines über Zugluft- und Druckmesser.** Diese Gattung von Meßinstrumenten ist für die Muffelglühöfen, die mit festem Brennstoff befeuerten, außerordentlich wesentlich, da von dem guten Zuge erheblich die Güte der Verbrennung abhängt.

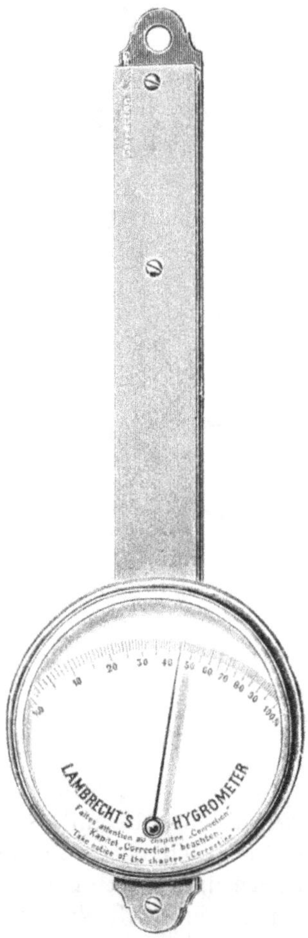

Fig. 136. (Zu Abs. 131.)

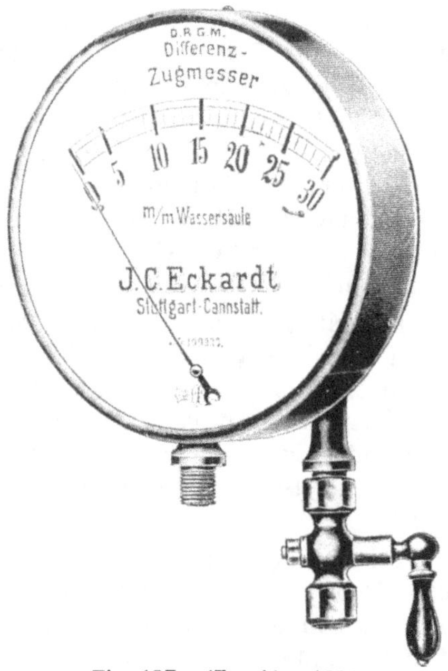

Fig. 137. (Zu Abs. 133.)

Bei Flammöfen wirken sie als Kontrollierinstrument, denn mit ihnen läßt sich nicht nur der Zug der Abgase in den Schornsteinen messen bzw. in den Anlagen mit künstlichem Zug sondern auch der Eintritt falscher Luft und die Geschwindigkeit der sekundären Verbrennungsluft, welche die Regeneratoren und Rekuperatoren durchströmen. Sie geben den Unterdruck bzw. den Überdruck in mm Wassersäule an. Sie sind teilweise selbstregistrierend und lassen zu, daß die Öfen in bezug auf die Höhe der Luftbewegung vom Meistersitz aus kontrolliert werden können.

Abs. 133. **Differenz-Druck- und Zugmesser.** Bauart I. C. Eckardt, Stuttgart-Cannstadt. Zweck: Dieses Meßinstrument dient in der Schmiede dazu, den Zug sowohl der Frischluft als auch der Abgase zu kontrollieren.

Konstruktion: Diese Zugmesser werden ausgeführt:

1. als einfache Zugmesser im Eisengehäuse,
2. als einfache Zugmesser mit graphischer Darstellung,
3. als Differenzzugmesser im Eisengehäuse, Fig. 137,
4. als Differenz-Zugmesser mit graphischer Darstellung.

Sie zeichnen sich durch Einfachheit und stabile Bauart aus, da sie als Hauptbestandteil eine gewellte Doppelmembrankapsel besitzen, die sich durch die Erzeugung eines luftverdünnten Raumes innerhalb derselben etwas durchbiegt.

Bei dem Differenz-Zugmesser wird auch der um die Membrankapsel herumliegende Raum vom zu messenden Luftdruck beeinflußt.

Die Durchbiegung der Kapsel wird durch ein geeignetes Hebelwerk auf den Zeiger übertragen.

Die Zugmesser werden normalerweise bis 30 mm Wassersäule eingeteilt.

Ein angegossener Fuß läßt eine einfache Befestigung der Instrumente an der Wand zu.

Aufstellung und Arbeitsweise. Nachdem der Zugmesser durch ein oder zwei Rohre, je nachdem er als einfacher oder als Differenzzugmesser ausgeführt ist, von einem beliebig entferntliegenden Aufstellungsorte mit dem Glühofen verbunden ist, zeigt das Instrument durch Zeigerwerk oder durch Aufzeichnung auf der Papiertrommel der 12 Stunden laufenden Registrieruhr den Zug an. Der einfache Zugmesser gibt nur den Unterdruck der Abgase an, da er mit dem Fuchs vor dem Schieber zu verbinden ist. Der Differentialzugmesser dagegen, dessen eines Rohr mit dem Rekuperator und dessen anderes Rohr mit dem Fuchs in Verbindung steht, gibt die Differenz dieser beiden Unterdrücke an.

Abs. 134. **Unterdruckmesser.** Bauart Apparate-Bauanstalt Paul de Bruyn G. m. b. H., Düsseldorf. Die Konstruktion und Wirkungsweise des Apparates (s. Fig. 138) ist folgende: In dem aus gezogenem Messingrohr hergestellten Flüssigkeitsbehälter *A* ist ein konzentrisches Rohr *B* eingebaut, welches sich nach unten fortsetzt und an die Rohrleitung zum letzten Feuerzug angeschlossen wird. Über dieses Rohr ist der ebenfalls aus gezogenem Messingrohr angefertigte doppelwandige Flüssigkeitsverteiler *C* gestülpt, welcher in Glyzerin eintaucht. Dieser Verteiler scheidet die Absperrflüssigkeit in zwei Teile mit kreisringförmigem Niveau; ferner werden durch ihn zwei voneinander abgeschlossene Lufträume *a* unterhalb und *b* oberhalb seiner Deckfläche gebildet. Der Raum *b* steht durch ein kleines Röhrchen an der Rückseite des Apparates mit der Atmosphäre in Verbindung. Tritt nun in dem Luftraum *a* ein Unterdruck auf, so steigt der innere Flüssigkeitsspiegel, der äußere senkt sich und mit ihm der Verteiler. Diese Bewegung wird noch verstärkt durch den Spannungsunterschied zwischen dem Unterdruck innerhalb des Verteilers und der auf seine Deckelfläche wirkenden Atmosphäre.

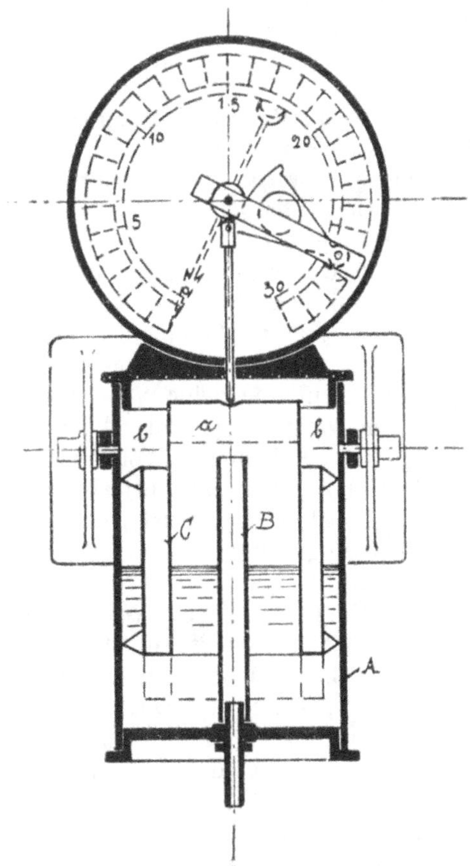

Fig. 138.

Der Oberteil des Apparates (Skala oder Registrierung) ist auf den Flüssigkeitsbehälter staubdicht aufgepaßt und verschraubt. Die Bewegungen des Verteilers werden bei dem Skalaapparat durch ein fast reibungslos arbeitendes Zahnsegment auf einen Zeiger übertragen, welcher in 12facher Übersetzung mathematisch genau den Unterdruck in mm Wassersäule anzeigt. Beim registrierenden Unterdruckmesser wird die Bewegung des Verteilers auf einen Hebel und durch diesen auf eine Schreibfeder übertragen, welche den jeweiligen Unterdruck in doppeltnatürlicher Größe fortlaufend aufzeichnet. Der Hebel ist in Stahlspitzen reibungslos gelagert und ausbalanciert. Die Schreibfeder liegt lediglich durch ihr Eigengewicht an der Registriertrommel an, wodurch ein Versagen der Schrift und ein Festsetzen der Feder ausgeschlossen ist.

Während der Skalaapparat an der Vorderwand des Ofens angebracht wird, wird der Registrierapparat in der Regel auf dem Betriebsbureau oder auch auf dem erhöhten Meistersitz aufgestellt. Für die Verbindungsleitungen mit dem letzten Feuerzeuge des Ofens werden ¾″ starke Gasrohre verwendet. Die Länge der Leitung ist auf die Genauigkeit der Angaben des Apparates von keinem Einfluß.

Der Skalaunterdruckmesser (Fig. 138) wird an einer vom Heizerstande aus leicht zu beobachtenden Stelle angebracht. Er zeigt dem Feuermann die geringsten Schwankungen des Unterdruckes sofort und deutlich an. Die sehr große und übersichtliche Skala gestattet ein bequemes Ablesen. Aus den genauen Angaben des Apparates lernt der Heizer in kürzester Zeit kennen, worauf es bei seiner Feuerung in bezug auf Richtigkeit der Bedienung ankommt. Er wird vor allen Dingen in den Stand gesetzt, jederzeit die richtige Essenschieberstellung zu bewirken und somit dem Feuer die einer rationellen Verbrennung entsprechende Luftmenge zuzuführen bzw. beim Öffnen der Flammofentür keine unnötige Hitze aus dem Ofen gehen zu lassen.

In der steten Kontrolle über die Arbeitsweise des Heizers liegt unbestritten eine direkte Kohlenersparnis; diese Kontrolle ist durch den registrierenden Unterdruckmesser in vollkommenster Weise erreicht. Aus seinem Diagramm ist nicht nur zu ersehen, ob der Heizer zu jeder Zeit mit dem vorgeschriebenen Unterdruck, also mit der richtigen Luftmenge arbeitete, sondern auch wann und in welchen Zwischenräumen er das Feuer beschickte, abschlackte, die Feuertüren geöffnet wurden usw.

Abs. 135. **Krellscher Zugmesser.** Bauart G. A. Schultze, Charlottenburg. Das Flüssigkeitsmanometer nach Krell stellt im wesentlichen eine vereinfachte Ausführungsform des Krellschen Mikromanometers dar. Es besteht aus einem verhältnismäßig großen Glasgefäß mit eingeschmolzenem Meßrohr und ist auf einem soliden Eichenholzbrettchen montiert. Das Meßrohr ist je nach der geforderten Genauigkeit mehr oder weniger zur Horizontalen geneigt. Diese Neigung bewirkt eine deutliche Verschiebung des Flüssigkeitsfadens in vergrößertem Maßstabe bei den geringsten Drücken, die auf das Manometer einwirken: hierdurch können Gaspressungen von 0,1 mm Wassersäule noch genau abgelesen werden. Zum richtigen Einstellen der Neigung des Apparates dient eine kleine Wasserwage, die in das Holz eingelassen ist. Wenn die Luftblase der Wasserwage auf Mitte einspielt, hängt das Manometer richtig. Die Manometer für kleinere Meßbereiche werden in einfachster Weise mittels einer an den beiden Aufhängeösen befestigten Schnur an zwei Nägeln aufgehängt, wie aus Fig. 139 u. 140 zu ersehen ist. Die Apparate für größere Meßbereiche werden direkt an den Ösen aufgehängt; die eine Öse ist jedoch durch eine Klemmschraube verstellbar, um ein bequemes Ausrichten nach der Wasserwage zu ermöglichen. Die Skala am Meßrohr kann je nach Wunsch fest oder verschiebbar ausgeführt werden.

Die Füllflüssigkeit ist rotgefärbter Alkohol vom spezifischen Gewicht 0,8 für Apparate mit kleinem Meßbereich und großer Empfindlichkeit. Wird statt dessen Quecksilber vom spezifischen Gewicht 13,6 als Füllung benutzt, so können dieselben Apparate für einen ca. 17 mal größeren Meßbereich bei entsprechend reduzierter Empfindlichkeit verwandt werden (siehe nachstehende Tabelle). Die Flüssigkeit muß bei richtigem Stand der Wasserwage und, wenn beide Anschlußschlauchtüllen offen sind, bis zum Nullstrich der Skala im Meßrohr stehen. Die richtige Einstellung darf nur durch Verschieben der Skala oder durch Herausnehmen bzw. Zufüllen von Flüssigkeit, nie jedoch durch Veränderung der Neigung des Apparates bewirkt werden.

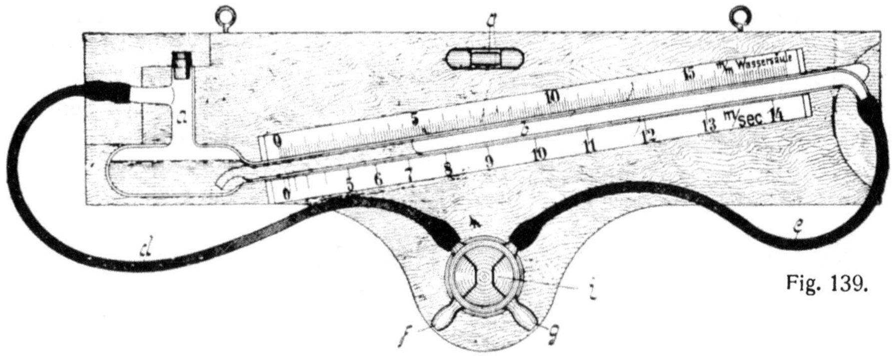

Fig. 139.

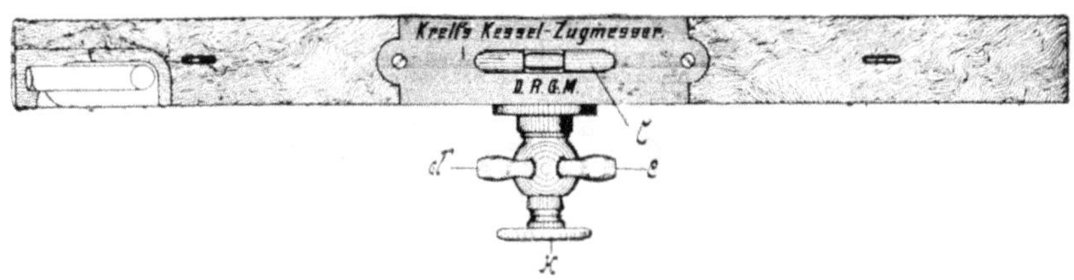

Fig. 140.

Folgende verschiedene Arten der Messung lassen sich mit dem Instrument ausführen:

1. Zug- oder Unterdruckmessung,
2. Druckmessung,
3. Zugunterschied- oder Druckdifferenzmessung,
4. Geschwindigkeitsmessung,
5. Volumenmessung.

Meßbereich bei Füllung mit: Alkohol		Quecksilber		Abmessungen der lieferbaren Größen
Maximaldruck mm W.-S.	Maximalgeschw. m/Sek.	Maximaldruck mm W.-S.	Maximalgeschw. m/Sek.	
7	8	115	35	395 × 65
10	10	165	42	395 × 65
15	13	250	50	395 × 65
30	18	500	70	395 × 80
50	23	800	90	460 × 110
100	33	1650	135	460 × 200
125	37	2100	150	460 × 220

Abs. 136. **Verbund - Zugmesser.** Bauart G. A. Schultze. Charlottenburg. In einem gemeinschaftlichen, luftdicht abgeschlossenen Gehäuse sind zwei eigenartig ausgestaltete Zugmeßmechanismen untergebracht, deren wesentlichste Teile zwei Glocken sind.

Diese beiden ausbalancierten Glocken befinden sich in Gefäßen, in denen sie in eine nicht verdunstende Sperrflüssigkeit tauchen, mit welcher sie Hohlräume bilden.

Das Gestänge, an welchem die Glocken hängen, überträgt deren Bewegung auf zwei Zeiger, die sich unabhängig voneinander um einen gemeinschaftlichen Mittelpunkt drehen und vor der gleichen Skala spielen. Beide Zeiger sind verschieden gefärbt, und zwar rot und grün.

Der Raum des geschlossenen Gehäuses steht mit dem Feuerraum, der Raum unter der einen Glocke mit der Außenluft und der Raum unter der anderen Glocke mit dem Ende des Rekuperators in Verbindung.

Die Bewegung des mit der ersten Glocke verbundenen Zeigers wird demnach den Unterdruck der Gase gegenüber der Außenluft anzeigen, während die Bewegung des

Fig. 141.

mit der zweiten Glocke verbundenen Zeigers den Druckunterschied (Differenzzug) zwischen Feuerraum und Abgaskanal erkennen läßt.

Außen am Gehäuse befinden sich noch zwei ebenfalls verschieden gefärbte, verstellbare Zeiger, welche auf die günstigsten Zug- bzw. Unterdruckwerte eingestellt werden. Nach diesen hat der Heizer sich zu richten.

Die Registrierung der Angaben des Verbundzugmessers wird in der Weise ausgeführt, daß die Bewegung der Glocken auf zwei Schreibfedern übertragen wird, die den

Unterdruck und den Zugunterschied auf einem um eine Uhrwerkstrommel gelegten Papierstreifen selbsttätig aufzeichnen.

Die Einrichtung ist so getroffen, daß der Ausschlag der beiden Schreibfedern nach der gleichen Richtung erfolgt. Da sich die Schreibfedern aneinander vorbeibewegen müssen, so sind sie in wagerechter Richtung um etwa 2 mm auseinander gerückt. Dementsprechend erscheinen die Angaben von Unterdruck- und Zugunterschied um dieses geringe Maß gegeneinander verschoben.

Abs. 137. **Differenz-Zugmesser.** Bauart Maschinen- und Armaturenfabrik Ww. Joh. Schumacher, G. m. b. H., Köln a. Rh. Dieser Zugmesser besteht aus einem horizontalen Glasgefäß zur Aufnahme von Wasser und einer sich daran anschließenden, geneigt liegenden Glasröhre mit hieran befestigter Skala. Das Ende der horizontalen Röhre wird mittels einer Rohrleitung mit dem Innenraum der Feuerung hinter der Feuerbrücke und dasjenige der schräg gelegten Röhre auf dieselbe Weise mit dem Rauchabzugkanal kurz vor dem Rauchschieber verbunden. Die Differenz zwischen der Zugstärke am Ende des Ofens und derjenigen in der Feuerung kann in

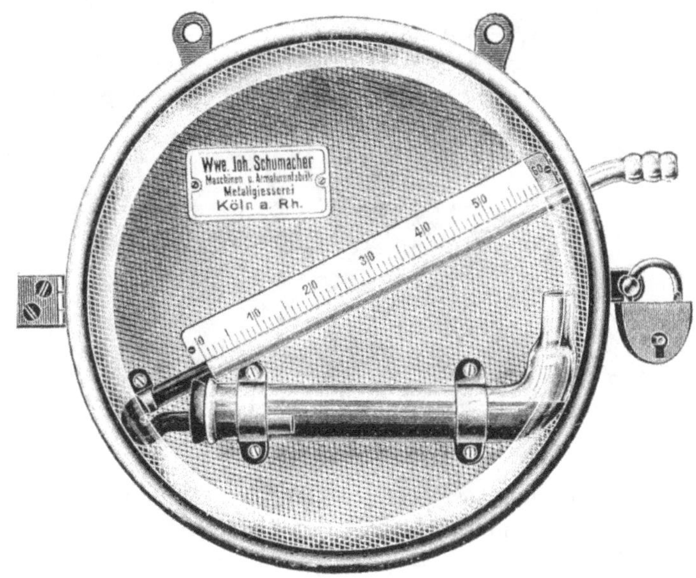

Fig. 142.

dieser Weise auf der Skala abgelesen werden. Sie entspricht der Geschwindigkeit der Heizgase in den Feuerzügen. Je geringer diese Geschwindigkeit bis zu einem gewissen Grade ist, desto mehr Gelegenheit haben die Gase, einerseits ihre Wärme an das eingesetze Eisen abzugeben, und anderseits tritt keine zu große Luftmenge in die Feuerung bzw. den Herd ein, die an der Verbrennung nicht teilnimmt und somit verlustbringend sein würde.

Eine zu geringe Geschwindigkeit kann aber auch eine unvollkommene Verbrennung zur Folge haben, die ebenfalls mit einem Kohlenverlust verbunden ist. Lücken im Feuer, abgebranntes Feuer werden durch eine zu große Zugdifferenz bzw. Luftgeschwindigkeit, verschlackter Rost durch eine zu geringe Zugdifferenz bzw. Luftzufuhr durch diesen Zugmesser angezeigt.

Abs. 138. **Verbund-Differenz-Zugmesser „Hacosa".** Bauart Hallwachs & Co., Saarbrücken. Der Verbunddifferenzzugmesser ersetzt drei Einzelapparate: Unterdruck-

und zwei Zugunterschiedmesser. Durch gleichzeitige Beobachtung von Unterdruck und Zugunterschied erhält man ein richtiges Urteil über das Arbeiten der Feuerung. Gase und staubige Luft kommen nicht mit dem Innern des Zugmessers in Berührung; es ist daher keine Verschmutzung möglich, somit auch stets zuverlässige Angaben, deren Richtigkeit durch die Nullpunktskontrolle jederzeit nachgeprüft werden kann.

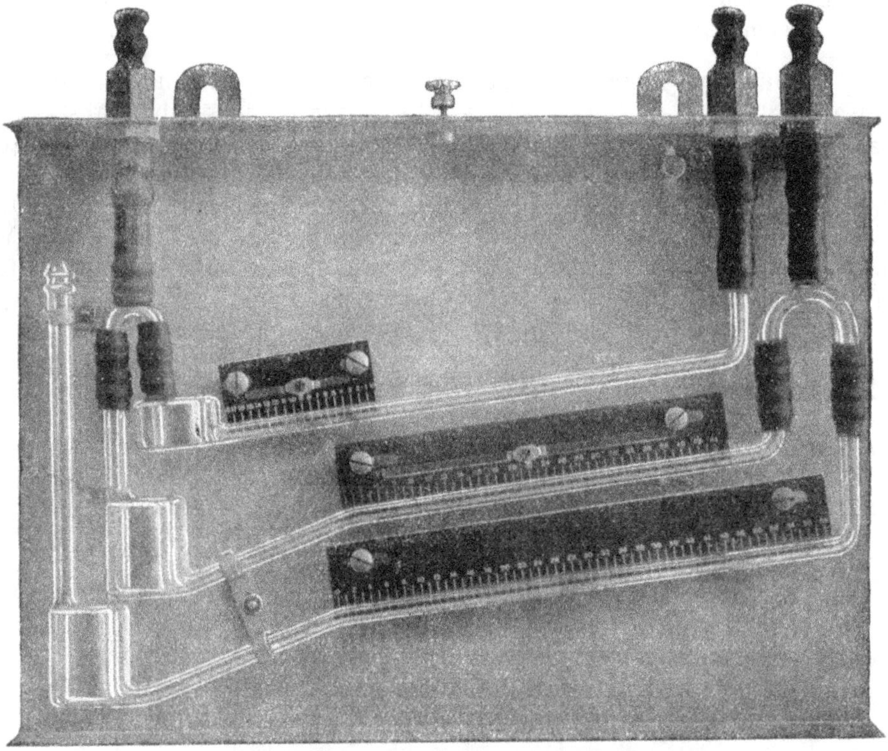

Fig. 143.

Der Verbund-Differenzzugmesser »Hacosa« hat drei Ofenkontrollrohre, die in einem Kasten angeordnet sind. Die untere Röhre dient zur Feststellung der Zugstärke des Ofens. Die mittlere Röhre zeigt die Zugdifferenz an zwischen »über Rost« und »vor dem Schieber«. Die obere Röhre gibt die Zugdifferenz an zwischen »über Rost« und »unter Rost«.

Die bisher besprochenen Zugmesser sind entweder einfache Zug- oder Unterdruckmesser sowie Zugunterschiedsmesser oder Differenzzugmesser, ferner Verbundzugmesser. Über diese sei im Vergleich zu dem Verbund-Differenzzugmesser folgende Betrachtung aufgestellt.

Wie arbeitet ein einfacher Zug- oder Unterdruckmesser?

Es ist richtig, daß die Beobachtung des Unterdruckes des Zugunterschiedes zwischen Feuerraum und Fuchs zu einer besseren Bedienung der Feuerung führt. Immerhin sind bei alleiniger Verwendung solcher Apparate falsche Schlüsse nicht ausgeschlossen. Z. B. zeigt ein Unterdruckmesser auch dann einen hohen Wert an, wenn der Rost verschlackt ist, die angezeigte starke Zugkraft also in Wirklichkeit gar nicht vorhanden ist, da die Schlackenschicht einen zu großen Widerstand bietet. Ebenso kann der Zugunterschiedsmesser zu falschen Schlüssen führen, denn dieser zeigt auch dann einen großen Wert und damit ein großes Gasvolumen an, wenn die Feuer- oder Herdtür zum Teil geöffnet ist. Eine lebhafte Verbrennung, wie man nach den

Angaben des Zugunterschiedsmessers vermuten sollte, findet in einem solchen Falle gar nicht statt.

Erst eine gleichzeitige Beobachtung von Unterdruck und Zugunterschied zwischen »vor Schieber« und »über Rost« und »unter Rost« sichert genaue Aufschlüsse darüber, welche Verhältnisse tatsächlich im Feuerraum vorhanden sind.

Zeigt z. B. der Unterdruckmesser einen hohen Wert, der erste Zugunterschiedsmesser aber einen zu kleinen, der zweite einen zu großen Wert an, so wird dadurch bestimmt angegeben, daß der Rost verschlackt und nur eine schwache Verbrennung stattfindet.

Zeigt der zweite Zugunterschiedsmesser aber einen zu kleinen Wert an, so ist der Rost zu dünn beschickt oder hat freie Stellen, wodurch die Luft ohne Widerstand eintreten kann und durch Abkühlung der Heizgase Verluste herbeiführt.

Ist z. B. ferner die Feuertür geöffnet, so daß der erste Zugunterschiedsmesser einen hohen Wert anzeigt, so wird gleichzeitig der durch den Unterdruckmesser angegebene Wert zurückgehen, womit gesagt ist, daß das vom ersten Zugunterschiedsmesser angezeigte große Gasvolumen lediglich durch den Eintritt kalter Luft, nicht aber durch lebhafte Verbrennung entstanden ist.

Was hat man bei den einzelnen Angaben des Verbunddifferenzzugmessers zu tun?

a) Für Handbeschickung kleiner Öfen.

Ist frisch aufgeworfen und die Feuertür geschlossen, so soll eine bestimmte Zugkraft im Feuerraum (Normalzugkraft) und bestimmte Zugunterschiede (Normalzugunterschiede) vorhanden sein. Ist der Unterdruck größer, der erste Zugunterschied kleiner als normal, so ist die Brennschicht zu hoch und zu verringern. Haben sich die Werte nach der entgegengesetzten Seite verändert, so ist die Brennschicht zu niedrig, oder es ist zu ungleichmäßig aufgeworfen. Letzteres zeigt der zweite Zugunterschiedsmesser durch zu niedrigen, ersteres durch zu hohen Stand an.

Der Rost ist zu reinigen und auf eine Vergrößerung des aufgeworfenen Brennstoffes zu achten.

Sobald die Zugkraft im Feuerraum durch Abbrand auf einen bestimmten Wert gefallen und der erste Zugunterschied merklich gestiegen, der zweite aber gefallen ist, ist neu zu beschicken.

Die angesammelten Verbrennungsrückstände vergrößern den Rostwiderstand. Der Unterdruck im Feuerraum wird dadurch erhöht, der erste Zugunterschied nimmt ab, der zweite zu. Der Schieber ist dann weiter aufzuziehen, bis der normale Zugunterschied am ersten Zugunterschied erreicht ist, oder es ist abzuschlacken, auch kann die Unterluftzuführung mehr geöffnet werden.

Bei größerer Rostleistung sollen alle Werte größer, bei kleinerer geringer sein.

b) Selbsttätige Beschickung:

Bei unveränderter Schieberstellung soll sowohl die Größe des Unterdruckes als auch die der Zugunterschiede unverändert bleiben.

Steigt ohne äußeren Eingriff der erste Zugunterschied und fällt gleichzeitig der zweite, ebenso die Zugkraft im Feuerraum, so ist entweder die Brennschicht zu dünn, oder es sind unbedeckte Stellen vorhanden.

Wird der erste Zugunterschied kleiner und gleichzeitig der zweite, während der Unterdruck im Feuerraum größer wird, so ist entweder die Brennschicht zu hoch, oder die Rostglieder sind verschlackt.

Für den ersten Fall ist die Brennschicht zu ebenen oder je nach Umständen die Schnelligkeit der Brennstoffzuführung zu ändern, im ersteren Falle der Schlackenabstreicher nachzusehen, oder, falls die Rostglieder verschmolzen sind, auszuwechseln.

Die angesammelten Verbrennungsrückstände vergrößern den Rostwiderstand. Der Unterdruck im Feuerraum wird dadurch erhöht, der erste Zugwiderstand nimmt ab, der zweite zu. Der Schieber wäre dann weiter aufzuziehen, bis der normale Zugunterschied am ersten Zugunterschied erreicht ist. Man kann auch abschlacken oder die Unterluftzuführung mehr öffnen.

Auch bei dieser Feuerungsweise sollen bei größerer Rostleistung alle Werte größer, bei kleinerer geringer sein.

Abs. 139. **Elektrisch registrierender Fernmanometer „Hacosa" von 0—1 Atm. resp. von 0—760 mm Quecksilbersäule.** Bauart Hallwachs & Co., Saarbrücken. Das Prinzip des Apparates besteht darin, daß in dem einen Schenkel eines U-förmigen Manometerrohres Fig. 144 Platindrähte angebracht sind, die einerseits mit Quecksilber in dem Manometerrohre, anderseits mit einem elektrischen Widerstand in Verbindung stehen. Durch den in dem U-förmigen Manometerrohre wirkenden Druck steigt das Quecksilber in dem mit Platindrähten ausgerüsteten Schenkel des Manometerrohres an und schaltet so Widerstände ein und aus. Die Widerstände werden von einem elektrischen Meßinstrument Fig. 145 registrierend oder nichtregistrierend gemessen. Daher kann man an dem Meßinstrument den jeweiligen Druck entweder in mm Wassersäule oder in Atm. ablesen. Als Betriebsquelle dient entweder Starkstrom (Gleichstrom) oder eine Akkumulatorenbatterie von 12 Volt Spannung.

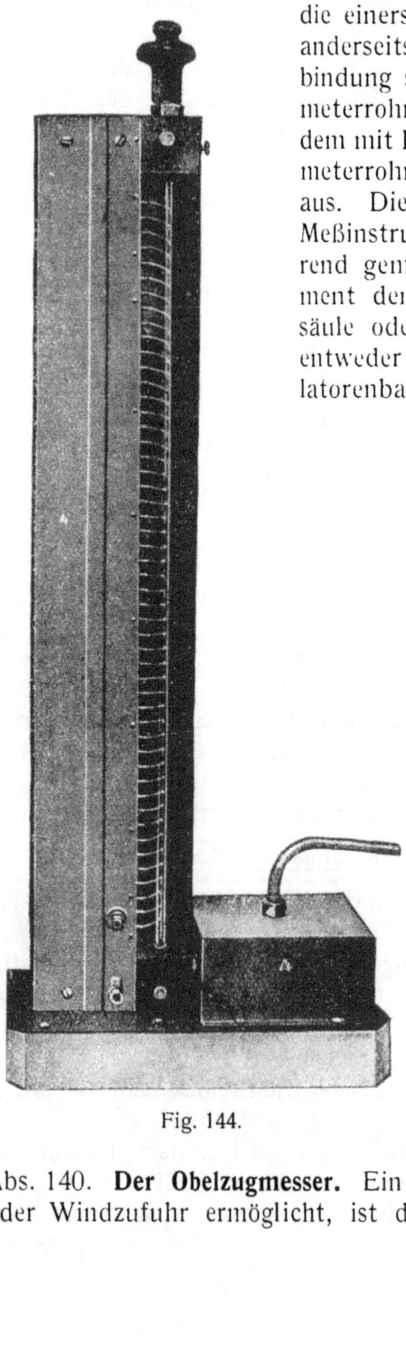

Fig. 144.

Fig. 145.

Abs. 140. **Der Obelzugmesser.** Ein Apparat, der eine zweckentsprechende Regelung der Windzufuhr ermöglicht, ist der von Fig. 146 gezeigte Obelzugmesser, der durch das Chemische Laboratorium für Tonindustrie Professor Dr. H. Seger und E. Cramer, G. m. b. H., Berlin NW. 21, bezogen werden kann. Dieser besteht aus einem Zeigerzugmesser mit einer Schreibvorrichtung, die auf einer durch ein kräftiges Uhrwerk gedrehten Papierscheibe, dem Kontrollblatt, mit allen Schwankungen dauernd die angewandte Windstärke selbsttätig mit roter Farbe aufzeichnet. Ist die günstigste Windstärke einmal ermittelt, dann kann diese mit Hilfe des Obelzugmessers auch in der Folgezeit stets eingehalten werden. Dieses ist namentlich bei Gasfeuerungen der Fall. Das Kontrollblatt enthält 10 Kreise, entsprechend den Zugmessergraden, ferner eine Anzahl die Kreise schneidende Kreisbögen, welche die Stunden und Viertelstunden andeuten. Weist der Zeiger auf der Gradeinstellung z. B. Windstärke 5, so schreibt die Feder auf dem 5. Kreise des Kontrollblattes.

Der Obelzugmesser wird an einer geeigneten Stelle am Meisterplatz aufgestellt und durch eine gasdichte Rohrleitung von 13 bis 26 mm Durchmesser mit der Windleitung verbunden. Um ihn betriebsfertig zu machen, öffnet man den verschlossenen muldenartigen Behälter (auf Fig. 146 rechts am Kasten) und gießt in den Einguß langsam und vorsichtig in dünnem Strahle so viel Petroleum, bis dieses an die rote Marke im Innern der Mulde reicht. Dann öffnet man die Glastür und entfernt zunächst das alte Kontrollblatt. Nun zieht man mit dem beigegebenen Schlüssel auf und steckt ein neues, mit Tag- und Monatsangabe versehenes Kontrollblatt so auf, daß die Spitze der Schreibfeder gerade in die Zeitspalte weist, die dem augenblicklichen Zeitpunkt entspricht. Hierauf tut man in die obere Öffnung der Schreibfeder ein Tröpfchen Farbe, und der Obelzugmesser ist für 12 Stunden betriebsfertig. Der Obelzugmesser, der für verschieden große Windstärken geliefert werden kann, kostet einschließlich 500 Kontrollblätter M. 95,—. Auf Wunsch kann der Zugmesser auch mit einer Stech- und Läutevorrichtung verbunden werden, so daß alle 10, 15, 20 oder 30 Minuten ein Läutewerk ertönt. Mit dieser Einrichtung kostet er einschließlich 500 Kontrollblätter M. 150.—.

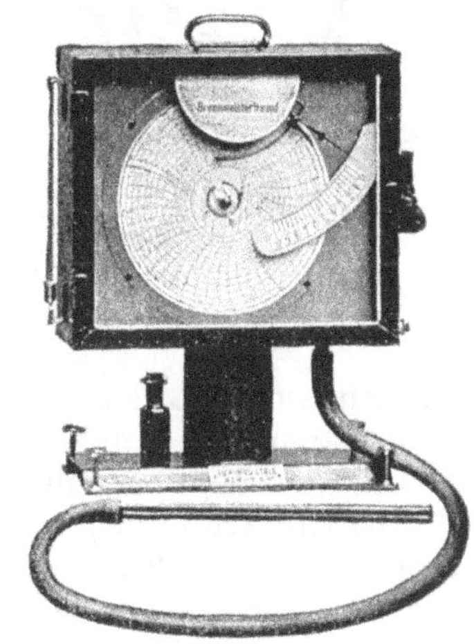

Fig. 146.

4. Die Gas- und Luftmengenmesser.

Abs. 141. **Allgemeines über Gas- und Luftmengenmesser.** Die in den folgenden Abschnitten beschriebenen Ofenmeßinstrumente unterscheiden sich von den in den vorhergehenden erwähnten dadurch, daß sie die verbrauchten Gas- und Luftmengen direkt in cbm ablesen lassen. Beide Arten von Meßinstrumenten haben ihre Vorteile; während die ersteren sich namentlich für mit festen Brennstoffen befeuerte Ofenanlagen eignen, lassen sich diese Instrumente besonders für gasbefeuerte Öfen mit Vorteil verwenden, da bei diesen das Mischungsverhältnis von Gas und Luft die Hauptrolle spielt; ferner bei Generatoren.

Abs. 142. **Registrierender Volumenmesser.** Bauart Apparate-Bauanstalt Paul de Bruyn, G. m. b. H., Düsseldorf. Fig. 147.

Zweck: Dieser Apparat dient zur Mengenmessung der Verbrennungsluft, entsprechend dem Vorhergesagten, namentlich bei gasbeheizten Öfen zum Zwecke der richtigen Gasluftmischung.

Konstruktion: Das Grundprinzip des Volumenmessers beruht auf der Erscheinung, daß zwei in demselben Luftstrom eingebaute und mit Flüssigkeitssäulen in Verbindung gebrachte Rohre (Pitotrohre), von denen das eine mit, das andere gegen den Luftstrom abgebogen ist, an den Flüssigkeitssäulen verschiedene Anzeigen bzw. Drücke ergeben; und zwar ist der Unterschied in den Angaben um so größer, je höher die Luftgeschwindigkeit und je dichter das Medium ist. Der Unterschied der Drücke ändert sich im Quadrat der Geschwindigkeitszu- oder -abnahme und ist direkt proportional mit dem spezifischen Gewicht der Luft.

Fig. 147.

Das Kennzeichen der Konstruktion des Volumenmessers »System de Bruyn« liegt darin, daß die beiden aus den Pitotrohren mit verschiedener Stellung im Luftstrom abgeleiteten Drücke auf einen Flüssigkeitsverteiler (Schwimmer) wirken. In dem zylindrischen Gefäße ist eine bestimmte Menge Paraffinöl eingefüllt und der Schwimmer in diese Flüssigkeit eingebracht. Durch den Schwimmer entstehen zwei vollständig voneinander getrennte Lufträume, und zwar oberhalb und unterhalb seiner Deckelflächen. Beide Lufträume werden mit den in der Meßleitung eingebauten Pitotrohren verbunden.

Der Volumenmesser hat mithin die Aufgabe, die Differenz zweier Drücke zu messen, weshalb der Luftraum oberhalb und unterhalb des Schwimmers gegen die Atmosphäre luftdicht abgeschlossen sein muß. Den Abschluß des oberen Luftraumes gegen die Atmosphäre bewirkt die abnehmbare Haube, welche gleichzeitig die Registriertrommel bzw. den Diagrammstreifen schützt, während der Luftraum unterhalb des Schwimmers durch den im Topf befindlichen Paraffinölspiegel gegen die Atmosphäre abgedichtet ist.

Die Druckzuführungsrohre sind außerhalb des Apparates mit gekuppelten Hähnen versehen, um die Räume oberhalb und unterhalb des Glockenschwimmers gleichzeitig unter Druck setzen zu können. Die Räume unter resp. über dem Schwimmer sind als Luftkessel ausgebildet und dienen dazu, plötzlich auftretende Luftschwankungen und Stöße abzuschwächen, wodurch das aufgezeichnete Diagramm in seinen Umrissen klar hervortritt.

Der Schwimmer, der sich nach Maßgabe der Differenz der beiden Drücke einstellt, überträgt seine Bewegung direkt ohne Registriermechanismus und dadurch ohne Fehler verursachende Zwischenglieder auf das Diagramm. Große Angriffsflächen und reibungslose Führung bewirken, daß der Apparat den geringsten Geschwindigkeitsschwankungen folgt und das vorhandene Volumen genau anzeigt.

Der Apparat wird mit 24 stündiger und 7 tägiger Registrierung ausgeführt.

Abs. 143. **Brabéesche Staurohre.** Bauart G. A. Schultze, Berlin-Charlottenburg. Wie schon im vorhergehenden Abschnitt gesagt, ist es für viele Fälle der Schmiedeofenpraxis wichtig, die durch ein Rohr von einem bestimmten Querschnitt hindurchgehende Luft- oder Gasmenge erkennen und ständig ablesen zu können. Für diesen Zweck wird auch das Dr. Brabbéesche Staurohr in Verbindung mit einem daran angeschlossenen Druckunterschiedsmesser benutzt. Diese Meßmethode gründet sich auf die Bestimmung des sog. Strömungsdruckes, der auf die der Strömung entgegengerichtete Mündung eines Meßröhrchens ausgeübt wird und in bestimmtem Verhältnis zu der Strömungsgeschwindigkeit steht.

Zur Aufnahme dieses Strömungsdruckes wird das Dr. Brabbéesche Staurohr von außen in die betreffende Rohrleitung eingeführt, wie Fig. 148 angibt. Das Staurohr selbst besteht (Fig. 149) aus dem zylindrischen Meßrohr *a*, dessen Mündung der Strömung entgegengerichtet ist, und wird von einem etwas weiteren Mantel derart umgeben, daß das Rohr *a* über dem den Übergang bildenden Kegel *b* etwas hervorschaut. Auf dem Umfange des Mantels befinden sich mehrere Öffnungen *c*, durch die sich der statische Druck des Gases in den Innenraum der von Mantel und Meßrohr gebildeten Ringkammer fortpflanzt. Sowohl von der Stauspitze *a* als auch von der erwähnten Ringkammer führen zwei getrennte Rohre nach außen zu den beiden Schlauchtüllen *J* und *H*.

Nach außen hin wird das Staurohr angeschlossen an einen Druckdifferenzmesser, wie schon oben erwähnt. Dieser Druckdifferenzmesser kann in verschiedener Art ausgeführt werden, je nach der Größe der Geschwindigkeit und kann aus einem einfachen Flüssigkeitsmanometer bestehen, wie beispielsweise der Krellzugmesser, kann jedoch

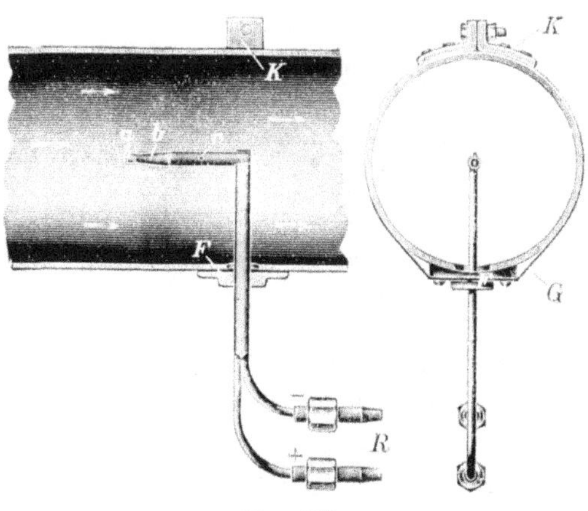

Fig. 148.

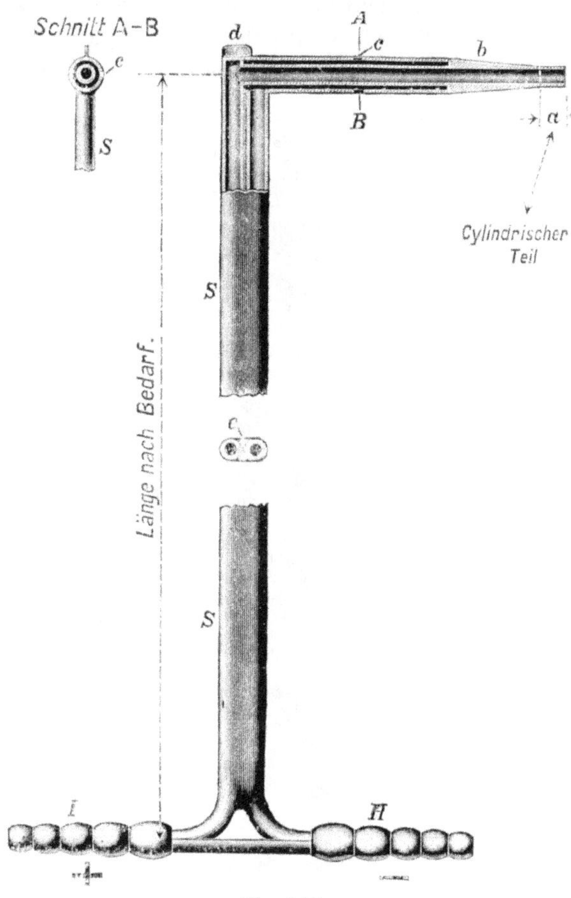

Fig. 149.

auch ein Apparat mit Zeiger und Zifferblatt sein. Es hängt dies lediglich von den Wünschen ab, welche in diesem oder jenem Falle gestellt werden.

Die Zuleitungen von dem Staurohr nach dem Anzeigeapparat können für praktische Zwecke beliebig lang ausgeführt werden, so daß also z. B. die in irgendeine Rohrleitung strömende Menge an Stellen, die 20 m und mehr von der Meßstelle entfernt sind, ständig abgelesen werden kann. Man ist damit über die Momentanwerte unterrichtet, so daß man in jedem Augenblick die durch eine Rohrleitung strömende Gas- oder Luftmenge erkennen kann.

Abs. 144. **Rotameter.** Bauart Deutsche Rotawerke, G. m. b. H., Aachen. Fig. 150 und 151. Die Deutschen Rotawerke, G. m. b. H., Aachen, bauen als Spezialapparat zur Mengenmessung von gespannten Gasen, wie Heizgas von 400 mm Preßgas, von 1000 mm Preßluft, Azetylen, Wassergas, Wasserstoff, Sauerstoff, den Rotameter. Der Apparat besteht aus dem eigentlichen Rotamesser mit freischwebendem, rotierendem Schwimmer, der unter Verwendung eines Indikators gestattet, Preßluft selbst bei variabler Kompression zuverlässig zu messen, so daß der Apparat für die verschiedensten Betriebe und Leistungen ohne weiteres verwendbar ist. Die Messung geschieht in der Weise, daß man die Ablesung am Schwimmerstande in Litern mit der vom Indikator angezeigten Zahl multipliziert. Das Resultat ist die durchströmende Menge Druckluft bezogen auf Atmosphärendruck. Da sich Schwimmer und Indikator momentan einstellen, so kann die Messung sehr schnell vorgenommen werden, und die Kontrolle sämtlicher Gasöfen, Schweißanlagen, Preßluftapparate und Maschinen eines Betriebes nimmt somit nur kurze Zeit in Anspruch. Der Apparat ist keinem

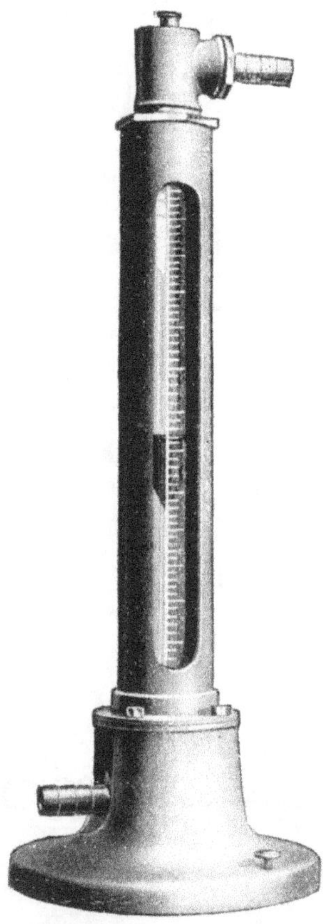

Fig. 150. Transportabler Rotamesser für Preßluft.

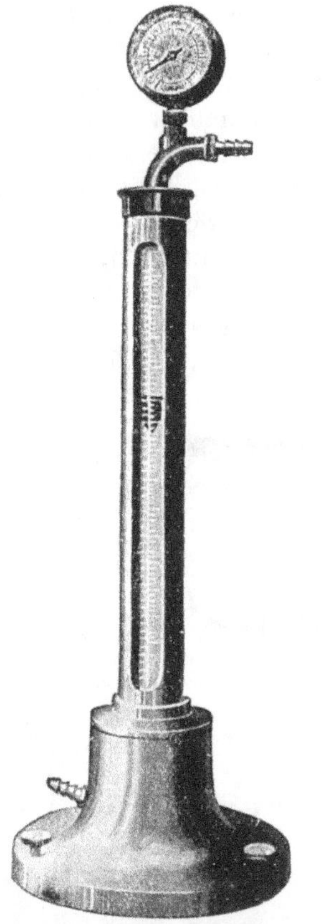

Fig. 151. Sauerstoffmesser für die autogene Schweißung.

Verschleiß unterworfen, da der Schwimmer frei schwebt und die Wand des Meßrohres nicht berührt. Aus diesem Grunde bleibt die Anzeige des Apparates auch unveränderlich, so daß er jahrelang zur Messung benutzt werden kann. Das Instrument ist äußerst stabil und dauerhaft gebaut und speziell für den Gebrauch im Betriebe eingerichtet.

Von besonderer Bedeutung dürfte das Instrument für die Betriebe werden, die ausgedehnte Preßluft- und Heizgasnetze haben, die von einer Zentrale gespeist werden. Hier liegt oft die Arbeitsstelle sehr weit vom Luftkompressor oder Gasverdichter entfernt, und der bei vollem und forciertem Betriebe in den eventuell zu engen Rohrleitungen auftretende Druckabfall ist oft sehr erheblich. Wollte man hier den Heizgas- oder Preßluftverbrauch mit einem Instrumente messen, das nur bei einem bestimmten

Druck richtig anzeigt, so würde das Resultat große Fehler aufweisen. Es ist daher unumgänglich notwendig, ein Instrument anzuwenden, das sich dem an der betreffenden Stelle jeweils vorhandenen Druck anpaßt; dieses erfüllt der Rotameter mit Indikator. Die regelmäßige Kontrolle der Maschinen und Gaserwärmungsvorrichtungen an der Arbeitsstelle bietet, abgesehen von der Prüfung dieser selbst, den großen Vorteil, daß man einen genauen Aufschluß über die Druckverhältnisse in den einzelnen Zweigleitungen erhält und damit auch über die Rentabilität der Anlage.

Auch das Mischungsverhältnis zwischen Sauerstoff einerseits und Wassergas oder Azetylen anderseits bei Schweißanlagen läßt sich mit diesen Apparaten gut einstellen und kontrollieren.

Abs. 145. **Stationsgasmesser mit innenliegender Lagerung.** Bauart Julius Pintsch, A.-G., Berlin. Fig. 152 und 153. In dem Gehäuse ist in bekannter Weise die Meßtrommel aus bestem, doppeltgeglühtem und glanzverzinntem Holzkohleneisenblech angeordnet. Die Flanschen der Gehäuseteile werden auf besonderen Werkzeugmaschinen genau bearbeitet, so daß die gefrästen Flanschflächen eine vollkommene Dichtung des Gehäuses gewährleisten.

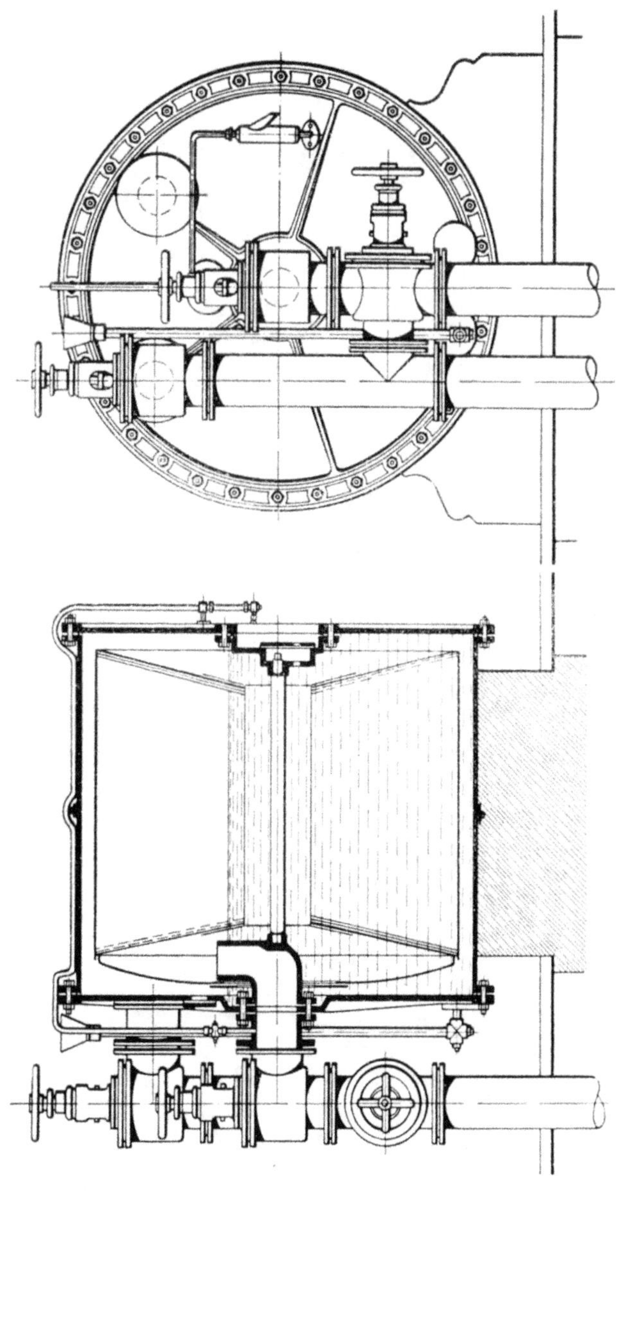

Fig. 152. Stationsgasmesser ohne Schlammfang.

Größere Gasmesser erhalten eine von außen leicht zu bedienende Schmiervorrichtung für die Zapfen der Trommelwelle. Die sauber gedrehten Wellen laufen bei den kleineren Gasmessern in einfachen, gußeisernen Lagern, bei den größeren dagegen in Rotgußlagern mit kugelförmigen Lagerschalen nach der Art der bekannten Sellerslager.

Das an jedem Gasmesser angebrachte Wasserstandsglas ist so eingerichtet, daß es nicht den Wasserstand im Gehäuse, der höher ist als in der Trommel, sondern den wirklichen Wasserstand innerhalb der Trommel anzeigt. Auf besonderen Wunsch wird auch ein zweites Wasserstandsglas zur Beobachtung des Unterschiedes zwischen dem Druck innerhalb und außerhalb der Trommel angeordnet.

Stationsgasmesser, die auf dem Gaswerk zum Nachweis des erzeugten Gases dienen erhalten in der Regel eine stetige Wasserzuführung zur Erhaltung des richtigen Meßraumes in der Trommel, d. h. es läuft eine der Größe des Gasmessers entsprechende Menge Wasser durch das Einfüllrohr zu und durch eine am Vorder- oder Hinterboden angebrachte Überlaufvorrichtung wieder ab, deren Standrohroberkante mit der Wasserlinie in der Trommel abschneidet.

Derartige Vorrichtungen werden von der Firma in zwei Arten ausgeführt.

Der in Fig. 154 und 155 dargestellte Überlauf wird der Klingsche genannt. Er besteht im wesentlichen aus einem zylindrischen Gefäße *a*, dessen oberes Kreuzstück mit dem oberen Hahn des Wasserstandanzeigers und mit dem Eingang des Gasmessers verbunden ist. Das unten heraustretende Rohr *b* trägt oben einen mit Gewinde versehenen Einstellring *c* und steht mit dem Innenraum des Gasmessers unterhalb der Wasserlinie in Verbindung. Das zylindrische, mit einem Auslauf *d* versehene Gefäß *a* enthält noch ein das innere Rohr *b* umschließende Tauchrohr *e*, das nahezu bis auf den Boden des Gefäßes reicht. — Durch diese Anordnung und die Einwirkung des Gasdruckes zwischen Eingang und Ausgang des Gasmessers auf den Innenraum *f* des Überlaufes wird stets der tatsächliche Wasserstand in der Trommel angezeigt und durch den steten Wasserzulauf dauernd auf der richtigen Höhe erhalten.

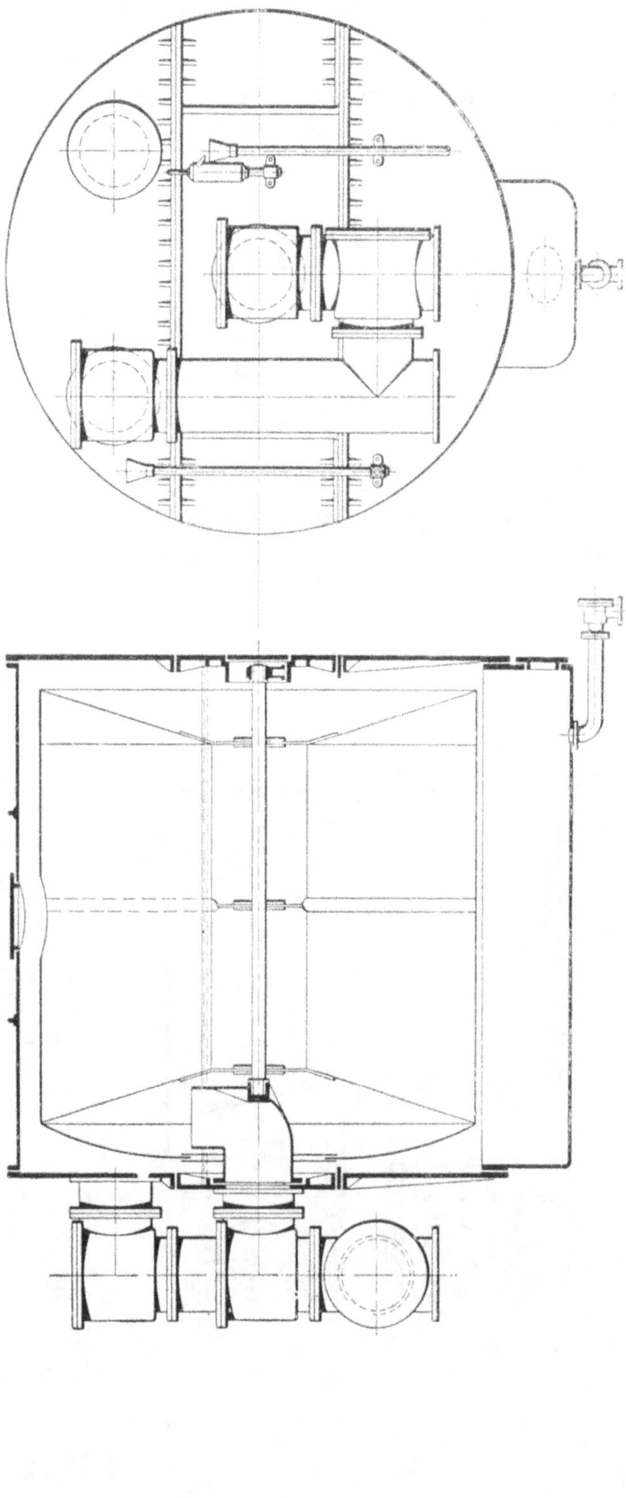

Fig. 153. Stationsmesser mit Schlammfang.

Der Überlauf kann nach Lösung der Schraube *h* bequem gereinigt werden und ist im übrigen, falls er einer Untersuchung oder Instandsetzung unterzogen werden soll, durch Lösen der Muffe *g* und der unteren Verbindung des Rohres *b* leicht zu entfernen.

In den Fällen, in denen gewünscht wird, das Überlaufen des Wassers jederzeit beobachten zu können, wird zweckmäßig eine Überlaufvorrichtung nach Fig. 156 angewendet, die gleichzeitig als Wasserstandanzeiger dient. Das Blechgefäß wird hier durch den starkwandigen, in Metallfassungen eingesetzten Glaszylinder von 42 mm äußerem Durchmesser ersetzt. Das eigentliche Überlaufrohr

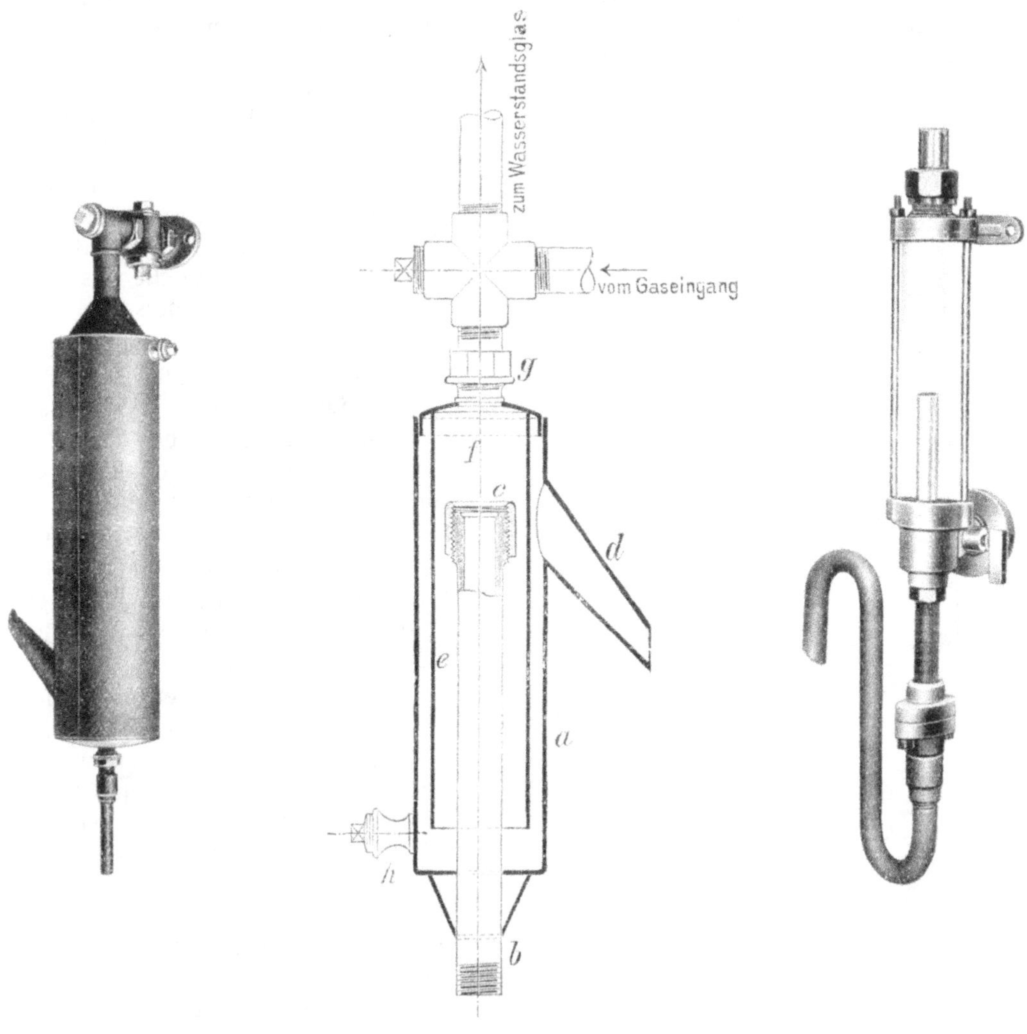

Fig. 155.

ragt in diesen Glaszylinder von unten hinein, ist gleichzeitig als Wasserverschluß ausgebildet und besitzt in Höhe der Metallfassung zwecks genauer Einstellung ein feines Gewinde, mit dessen Hilfe es je nach Bedarf höher oder tiefer eingestellt werden kann. Im übrigen ist der Überlauf so eingerichtet, daß das Wasser in ihm wie beim Klingschen Überlauf unter dem Druck des in die Trommel einströmenden Gases und mit dem Wasser des Gasmessers unterhalb der Wasserlinie in Verbindung steht, wodurch der gleiche Zweck erreicht wird, daß stets der Wasserstand im Inneren der Meßtrommel ganz genau angezeigt und auf gleicher Höhe erhalten wird.

Zur Messung der Temperatur des Gases im Innenraum des Stationsgasmessers bringt die Firma auf Wunsch auch besondere Thermometer an den Apparaten an, die sich durch eine große Deutlichkeit und Dauerhaftigkeit vor den gebräuchlichen Thermometern auszeichnen.

Die Stationsgasmesser werden auf Wunsch mit vollständigen Uhrenanlagen und sämtlichen dazugehörigen Nebenapparaten ausgerüstet.

Die Anordnung der Zählwerke ist derart getroffen, daß man sie ohne weiteren Eingriff in den Gasmesser leicht nachprüfen kann. Gewöhnlich werden die Zählwerke mit Zeigern in der bekannten Art ausgeführt.

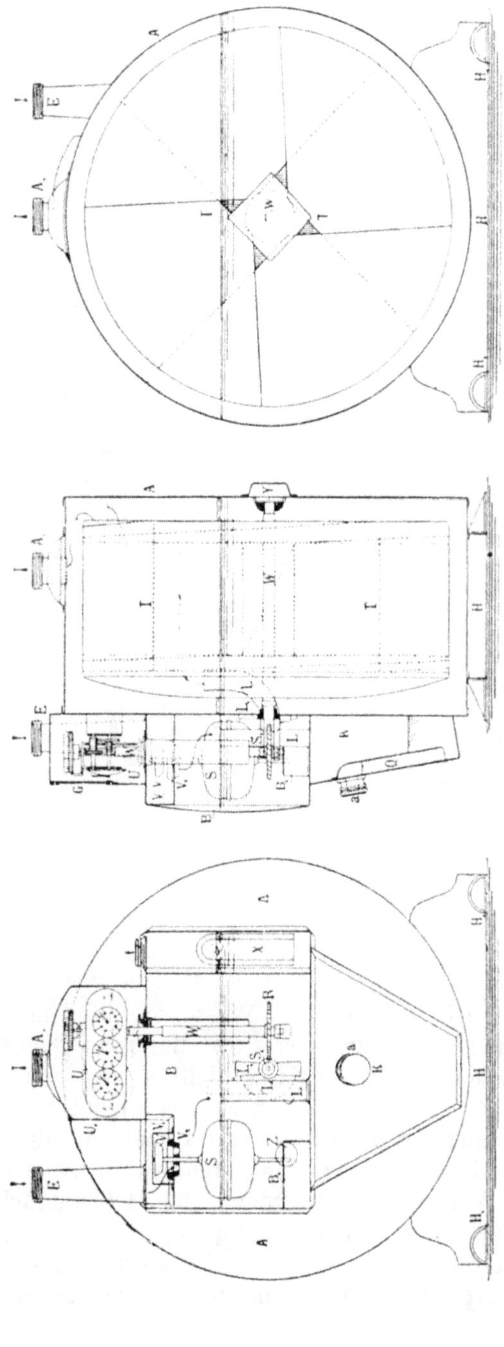

Fig. 157.

Abs. 146. **Gasmesser** der Firma S. Elster, Berlin NO. Zum Zwecke der Volumen-Messung von Leucht-, Generator- und Wassergas an Glühöfen baut obige Firma dem stündlichen Gasverbrauch entsprechende Gasmesser, welche das verbrauchte Gas genau messen.

Diese Gasmesser können für größeren Verbrauch als gußeiserne Gasmesser, für kleineren als Gasmesser in Weißblechgehäuse, oder aber als sog. trockene Gasmesser ohne Wasserfüllung Verwendung finden.

Alle Gasmesser können auch für erhöhten Druck eingerichtet werden, falls das Gas den Glühöfen unter erhöhtem Druck zugeführt und gemessen werden soll.

Die Gasmesser für Wasserfüllung dieser Firma Fig. 157 besitzen eine vierkammerige Meßtrommel, welche die Gestalt einer archimedischen Schraube besitzt und etwa drei Viertel in Wasser taucht. Durch die schräg gestellten Kammerflächen wird die Meßtrommel durch den Druck des Gases in Umdrehung versetzt und mißt pro Umdrehung ein bestimmtes Volumen. Die Umdrehungen der Trommel werden durch geeignete Räderübersetzung auf ein Zählwerk übertragen, so daß man an demselben den wirklichen Gasverbrauch jederzeit ablesen kann.

Um ein Einfrieren der Füllflüssigkeit zu verhindern, verwendet man in neuerer Zeit für die Füllung der nassen Gasmesser Öl, welches kältebeständig ist. Auch Glyzerin sowie Chlormagnesiumlösung, also Flüssigkeiten, die einen hohen Kältegrad vertragen, kommen in Anwendung.

Die vorerwähnte Gefahr des Einfrierens mit den damit verbundenen Übelständen wird jedoch vermieden, wenn man sog. trockene Gasmesser zur Messung des Gases aufstellt.

Die trockenen Gasmesser bestehen im wesentlichen aus zwei oder drei Balgen, welche durch den Druck des Gases hin und her bewegt werden, und diese Bewegung wird ebenfalls auf ein Zählwerk übertragen, welches den Gasverbrauch angibt. Die trockenen Gasmesser bedürfen keiner Füllung, können daher nicht einfrieren und bedürfen keiner Wartung, sie können leicht aufgestellt werden und beanspruchen nur wenig Platz.

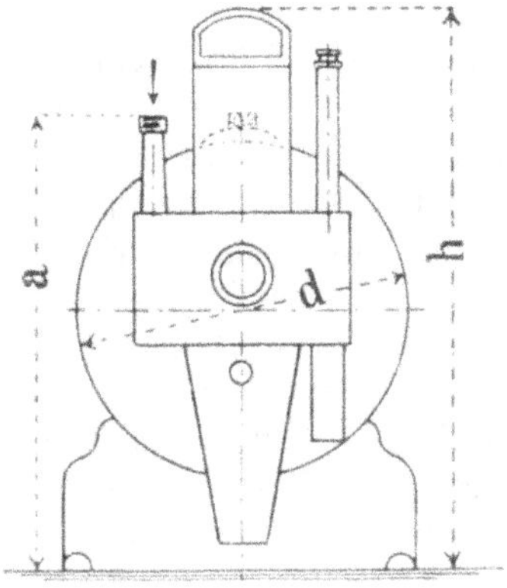

Fig. 158.

Tabelle der Abmessungen nasser Gasmesser für Drücke bis 200 mm Wassersäule.

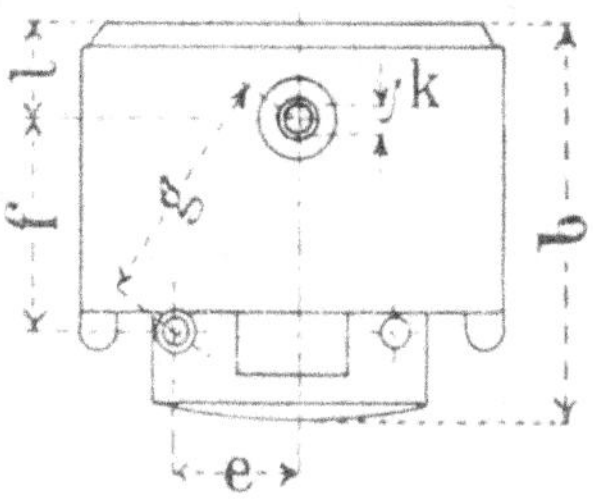

Fig. 158.

J Liter	Durchgang per Std. cbm	a mm	b mm	c mm	d mm	e mm	f mm	g mm	h mm	i mm	k Zoll	l mm	Gewicht verpackt ca. Kilo
3,57	0,45	455	245	160	265	80	120	144	620	10	1/2"	55	12,5
7,14	0,75	510	270	180	350	100	135	165	645	10	1/2"	62	15
14,28	1,50	560	340	235	400	112	185	216	650	15	3/4"	66	25
20,00	2,25	590	375	300	430	115	233	255	660	15	3/4"	73	30
28,57	3,00	610	460	330	490	115	250	275	675	25	1"	117	40
41,67	4,50	636	550	400	555	121	296	320	690	30	1 1/4"	138	50
55,56	6,00	690	595	425	616	141	325	354	715	30	1 1/2"	146	60
71,40	7,50	720	640	465	650	145	330	355	735	30	1 1/2"	225	70
83,30	9,00	748	690	520	665	145	440	464	750	40	1 1/2"	180	80
111,10	12,00	820	760	565	715	150	477	500	800	45	2"	185	100
142,90	15,00	882	800	610	780	160	500	525	820	45	2"	180	120
210,50	22,50	950	935	748	850	172	600	630	890	45	2 1/2"	215	170
285,00	30,00	1050	1125	760	935	172	658	680	940	45	2 1/2"	185	220

5. Brenngasanalysatoren.

Abs. 147. **Allgemeines über Brenngasanalysatoren.** Diese Instrumente dienen dazu, das in den Generatoren erzeugte Gas auf seine Zusammensetzung zu prüfen und aus der gewonnenen Analyse den Heizwert feststellen zu können. Tabellen hierfür sind in Abschnitt 68 wiedergegeben.

Sie haben aber nicht nur den Zweck, den Heizwert zu bestimmen, sondern der Kontrolle, um z. B. diesen durch Verringerung des Wasserdampfes bei sehr feuchten Kohlen, geeigneter Luftzufuhrregulierung usw. heraufzusetzen. Auch läßt sich mit den Apparaten der Schwefelgehalt des Gases feststellen, um rechtzeitig die Entschwefelungsmassen erneuern zu können.

Abs. 148. **Orsatapparat zur Analyse von Leucht- und Heizgasen.** Bauart Julius Pintsch, A.-G., Berlin. Der Orsatapparat besteht aus der Meßröhre mit Niveaugefäß (rechts oben auf dem Gestell), fünf Absorptionspipetten, dem mit Kupferoxyd gefüllten Verbrennungsröhrchen aus Jenaer Hartglas oder besser aus geschmolzenem Quarz, sowie aus der hinter dieses geschalteten Absperrpipette. Die Verbindung zwischen der Meßröhre, den Absorptionspipetten und dem Verbrennungsröhrchen stellt eine Hahnkapillare nebst den erforderlichen Verbindungskapillaren dar. Das Prinzip der Gasanlanalyse besteht darin, daß in der Meßröhre ein bestimmtes Volumen des zu untersuchenden Gasgemisches (am besten genau 100 ccm, um den Anteil der Einzelgase in Prozenten ablesen zu können) aufgenommen wird, das man nacheinander in die einzelnen Pipetten und durch das Verbrennungsröhrchen führt, um aus der durch Absorption oder Verbrennung erhaltenen Volumendifferenz die Einzelgase des Gasgemisches festzustellen. Die Absorptionspipetten sind von rechts nach links in der gleichen Reihenfolge angeordnet, in der die Bestandteile eines jeden Gases zur Bestimmung gelangen und von der, wie sich ergeben wird, nicht abgewichen werden darf.

Fig. 159.

Der freie Hahn *H* Fig. 159 an der Hahnkapillare wird nur in den Fällen benutzt, wo man wegen eines Unterdruckes in der Leitung (an Sauggasanlagen usw.) mit dem Apparat das Gas ansaugen muß. Die Zapfstelle wird mit der Meßröhre durch einen Gummischlauch (eventuell unter entsprechender Reduktion desselben) verbunden, durch diese das Gas angesaugt und durch den freien Hahn solange herausgedrückt, bis man sicher ist, daß die Luft vollständig entfernt ist und nur noch das zu untersuchende Gas eingefüllt wird.

Zur Füllung der verschiedenen Teile des Apparates bedient man sich der nachstehenden Reagentien:

A. Niveaugefäß und Meßröhre: Gefärbte Mischung gleicher Raumteile Glyzerin (1,26) und verdünnter Schwefelsäure.

B 1. Absorptionspipette für Kohlensäure CO_2 : 25 bis 30 proz. wässrige Lösung von Kaliumhydroxyd (Kalilauge).

B 2. Absorptionspipette für schwere Kohlenwasserstoffe $C_n H_n$: Rauchende Schwefelsäure mit etwa 25% Anhydrid (SO_3).

B 3. Absorptionspipette für Sauerstoff O_2: Phosphor in dünnen konischen Stangen von 3 mm Durchmesser unter Wasser.

B 4. Absorptionspipetten für Kohlenoxyd CO: Ammoniakalische Lösung von Kupferchlorür ($Cu_2 Cl_2$).

C) Absperrpipette hinter dem Verbrennungsröhrchen: (Wie unter A).

Beispiele von Analysen.

Die vorstehenden Ausführungen sollen durch einige Beispiele erläutert werden.

1. Analyse eines Steinkohlengases: In die Reiniger wird Luft eingeleitet, es ist deshalb auf Sauerstoff Rücksicht zu nehmen. Nach dem Zusammenlaufen und dem Einstellen auf Atmosphärendruck wird abgelesen.

	99,8 cm³	Unterschied	Vol. Proc.
Nach der Absorption durch Kalilauge	96,4 cm³	3,4 cm³	3,4 CO^2
Nach der Absorption durch rauchende Schwefelsäure und Entfernung der Dämpfe durch Kalilauge	91,6 »	4,8 »	4,8 C_nH_n
Nach der Absorption durch Phosphor	91,2 »	0,4 »	0,4 O_2
Nach der Absorption durch Kupferchlorür	83,4 »	7,8 »	7,8 CO
Die Gasmenge wird vermindert auf	41,7 »	—	—
Nach der Verbrennung über Kupferoxyd	16,8 »	24 9 cm³ × 2	49,8 H_2
Nach der Absorption durch Kalilauge	1,5 »	15,3 cm³ × 2	30,6 CH_4
Rest	—	—	3,0 N_2

2. Analyse eines karburierten Wassergases: Es wird bei der Reinigung keine Luft eingeleitet, deshalb ist auf Sauerstoff keine Rücksicht zu nehmen. Nach dem Zusammenlaufen und Einstellen auf Atmosphärendruck wird abgelesen.

	100,1 cm³	Unterschied	Vol. Proc.
Nach der Absorption durch Kalilauge	94,8 cm³	5,3 cm³	5,3 CO_2
Nach der Absorption durch rauchende Schwefelsäure und Entfernung der Dämpfe durch Kalilauge	86,3 »	8,5 »	8,5 C_nH_n
Die Gasmenge wird reduziert auf	43,1 »	—	—
Nach der Absorption durch Kupferchlorür	31,3 »	11,8 cm³ × 2	23,6 CO
Nach Verbrennung bei niedriger Temperatur	11,2 »	20,1 cm³ × 2	40,2 H_2
Nach Verbrennung bei hoher Temperatur	13,6 »	+ 2,4	—
Nach der Absorption durch Kalilauge	1,9 »	9,3 + 2	18,6 C_nH_{2n+2}
Rest	—	—	3,8 N_2

Volumenzunahme bei der Verbrennung 4,8 cm³ = 25,9 % der C_nH_{2n+2}.

Bei gleichzeitiger Verbrennung von Wasserstoff H_2 und Paraffinkohlenwasserstoffen C_nH_{2n+2} würde gefunden worden sein:

$$(31{,}3 - 13{,}6)\,2 = 35{,}4\,\%\ H_2$$
$$\text{gegen}\quad 40{,}2\,\%\ H_2$$
$$\text{und}\ (13{,}6 - 1{,}9)\,2 = 23{,}4\,\%\ CH_4$$
$$\text{gegen}\quad 18{,}6\,\%\ C_nH_{2n+2}.$$

Daß die oben angeführten Grenzkohlenwasserstoffe die beobachtete Volumenvermehrung zu bewirken imstande sind, ergibt sich aus nachstehendem Schema.

Für Äthan:

$$C_2H_6 : x + y = 2\,(11{,}2 - 1{,}9) = 18{,}6\ \text{cm}^3 \quad x + 2\,y = 2\,(13{,}6 - 1{,}9) = 23{,}4\ \text{cm}^3$$

Für Propan:

$$C_3H_8 : x_{,} + y_{,} = 2\,(11{,}2 - 1{,}9) = 18{,}6\ \text{cm}^3 \quad x_{,} + 3\,y_{,} = 2\,(13{,}6 - 1{,}9) = 23{,}4\ \text{cm}^3$$

Für Butan:

$$C_4H_{10} : x_{,,} + y_{,,} = 2\,(11{,}2 - 1{,}9) = 18{,}6\ \text{cm}^3 \quad x_{,,} + 4\,y_{,,} = 2\,(13{,}6 - 1{,}9) = 23{,}4\ \text{cm}^3$$

Für Pentan:

$$C_5H_{12} : x_{,,,} + y_{,,,} = 2\,(11{,}2 - 1{,}9) = 18{,}6\ \text{cm}^3 \quad x_{,,,} + 5\,y_{,,,} = 2\,(13{,}6 - 1{,}9) = 23{,}4\ \text{cm}^3$$

$$x = 13{,}8\ CH_4 \qquad y = 4{,}8\ C_2H_6$$
$$x_{,} = 16{,}2\ » \qquad y_{,} = 2{,}4\ C_3H_8$$
$$x_{,,} = 17{,}0\ » \qquad y_{,,} = 1{,}6\ C_4H_{10}$$
$$x_{,,,} = 17{,}4\ » \qquad y_{,,,} = 1{,}2\ C_5H_{12}.$$

3. Analyse eines Blauwassergases: Der Gehalt an Methan muß ermittelt werden. Nach Zusammenlauf und Einstellung auf Atmosphärendruck wird abgelesen:

	100,0 cm^3	Unterschied	Vol. Proc.
Nach der Absorption durch Kalilauge	93,8 cm^3	6,2 cm^3	6,2 CO_2
Das Gasvolumen wird vermindert auf	46,9 »	—	—
Nach der Absorption durch Kupferchlorür	29,2 »	17,7 $cm^3 \times 2$	35,4 CO
Nach der Verbrennung über Kupferoxyd	2,5 »	$26,7 \times 2$	53.4 H_2
Nach der Absorption durch Kalilauge	2,1 »	$0,4 \times 2$	0,8 CH_4
Rest	—	—	4,2 N_2

3 a. Analyse des Blauwassergases 3 ohne Berücksichtigung des Methangehaltes. Nach Zusammenlaufen und Einstellen auf Atmosphärendruck wird abgelesen:

	99,9 cm^3	Unterschied	Vol. Proc.
Nach der Absorption durch Kalilauge	93,7 cm^3	6,2 cm^3	6,2 CO_2
Die Gasmenge wird vermindert auf.	31,2 »	—	—
Nach der Verbrennung über Kupferoxyd . . . . , .	13,4 »	17,8 cm $\times 3$	53,4 H_2
Nach der Absorption durch Kalilauge.	1,4 »	$12,0 \times 3$	36,0 CO + CH_4
Rest	—	—	4,2 N_2

4. Analyse eines Generatorgases: Das Brennmaterial ist garer Koks, es ist deshalb auf Methan keine Rücksicht zu nehmen. Nach Zusammenlaufen und Einstellen auf Atmosphärendruck wird abgelesen:

	100,1 cm^3	Unterschied	Vol. Proc.
Nach der Absorption durch Kalilauge	92,7 cm^3	7,4 cm^3	7,4 CO_2
Nach der Verbrennung über Kupferoxyd	80,2 »	12,5 »	12,5 H_2
Nach Absorption durch Kalilauge	58,9 »	21,3 »	21,3 CO
Rest.	—	—	58,9 N_2

Während es nicht angängig ist, aus den Analysen von Steinkohlengas, karburiertem Wassergas u. a. die Heizwerte zu berechnen, ist dieses bei Blauwassergas, Generatorgas, Dowsongas, Sauggas ausführbar, da deren Komponenten genau bekannt und die Heizwerte dieser Bestandteile genau festgestellt sind.

	Gewicht von 22,4 l (76 cm und 0° C)	Heizwert der Volumeneinheit flüssiges Wasser von 0° C	Verbrennungsprodukt Wasserdampf von 20° C
Methan	16 gr	9574 WE	8610 WE
Wasserstoff H_2 . . .	2 »	3090 »	2610 »
Kohlenoxyd CO . .	28 »	3058 »	3058 »

Hieraus berechnen sich die Heizwerte (bezogen auf Wasserdampf von 20° C).

3. Blauwassergas:
   $8610 \times 0{,}008 + 2610 \times 0{,}534 + 3058 \times 0{,}354 = 2545$ WE.

3 a. Blauwassergas (ohne Rücksicht auf CH_4):
   $2610 \times 0{,}534 + 3058 \times 0{,}360 = 2495$ WE.

4. Generatorgas:
   $2610 \times 0{,}125 + 3058 \times 0{,}213 = 980$ WE.

Zum Schlusse sei noch bemerkt, daß nach vieljähriger Erfahrung der im Junkerschen Kalorimeter ermittelte Heizwert 1 bis 2½% niedriger gefunden wird, als der aus der Analyse berechnete.

Abs. 149. **Selbsttätiger Generatorgas-Analysator auf Gehalt an Kohlensäure und an schwefliger Säure.** Bauart Keiser & Schmidt, Berlin-Charlottenburg. 1. Zur Prüfung auf Kohlensäuregehalt. Der in Abschnitt 152 näher beschriebene Apparat zur Bestimmung des Kohlensäuregehaltes in Rauchgasen kann auch mit einigen Abänderungen zur Bestimmung der Qualität von Brenngasen verwendet werden, da diese nicht unwesentlich vom Kohlensäuregehalt abhängig ist. Der Apparat eignet sich für diese Zwecke deshalb, weil die Messungen gerade bei den in Frage kommenden niedrigen Kohlensäuregehalten bis zu etwa 5% besonders genau verlaufen. Der Analysator kann entweder an ein Zeigerinstrument zur direkten Ablesung oder an ein Registrierinstrument angeschlossen werden, das die Meßergebnisse in Kurven aufzeichnet, so daß auch noch eine nachträgliche Kontrolle möglich ist, das aber außerdem auch eine direkte Ablesung gestattet. Der Anschluß des Analysators an das Anzeige- bzw. Registrierinstrument kann auf fast beliebige Entfernungen durch Kupfer-Gummibandleitung (in Spezialfällen Gummiader oder Bleikabel) von 1 bis 1,5 qmm Kupferquerschnitt erfolgen.

2. Prüfung auf Gehalt an schwefliger Säure. Auch ein genauer Nachweis des Gehaltes an schwefliger Säure, der in vielen Fällen in der Schmiedetechnik von höchster Wichtigkeit ist, kann mit diesem System erzielt werden. Hierfür sind verschiedene Ausführungen denkbar. Genügt es, den Gehalt an Kohlensäure plus schwefliger Säure festzustellen, so kann der Apparat in seiner üblichen Zusammensetzung Verwendung finden; ist dies nicht der Fall und will man den Gehalt an schwefliger Säure losgelöst von dem Kohlensäuregehalt kennen lernen, so kann dies durch eine besondere Kombination von zwei Analysatoren mit einem Registrier- oder Anzeigeinstrument erfolgen. Der Vorgang ist dabei so, daß in dem einen Analysator die Kohlensäure und die schweflige Säure, während in dem zweiten nur die Kohlensäure absorbiert wird, und die Thermobatterien beider Analysatoren gegeneinandergeschaltet sind, so daß nach außen als thermoelektrische Kraft nur die Differenz, d. h. die Wirkung der schwefligen Säure in dem Anzeige- bzw. Registrierapparat zur Geltung kommt.

Abs. 150. **Generatorgas-Analysenapparat „Deutz".** Bauart Dr. Siebert & Kühn, Kassel. Der Gasanalysenapparat »Deutz« Fig. 160 und 161 dient zur schnellen Ausführung genauer und vollständiger Analysen aller Industriegase. Der Apparat »Deutz« ist konstruktiv so verbessert, daß mit ihm auch in der Hand des weniger Geübten eine schnelle, sichere und genaue Analyse ausführbar ist. Die übliche Anordnung der Absorptionsgefäße in einer Reihe ist bei diesen Apparaten verlassen und durch eine drehbare Anordnung der zu einem Aggregat vereinigten Absorptionsgefäße ersetzt worden.

Um den Analysengang möglichst einfach zu gestalten, erfolgt die Absorption der Kohlensäure mittels Kalilauge, die der sog. schweren Kohlenwasserstoffe mittels

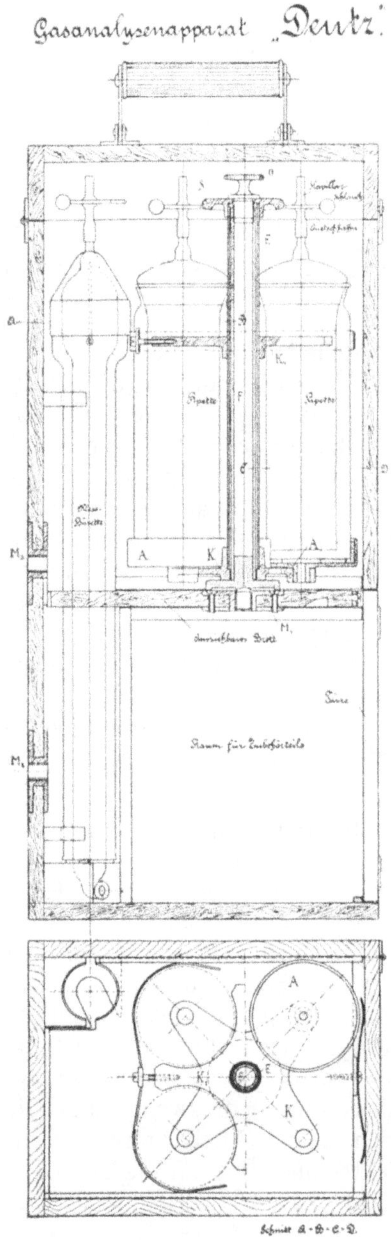

Fig. 160.

rauchender Schwefelsäure und die des Sauerstoffes mittels Phosphor. Die Bestimmung der brennbaren Gase Kohlenoxyd, Wasserstoff und Methan geschieht nach Zumischen von Luft bzw. Sauerstoff entweder durch Verbrennung nach der Explosionsmethode oder durch Verbrennung in einer mit Platinpalladiumasbest versehenen Quarzglaskapillare. Die erste Methode wird bei Leuchtgas, Erdgas, Schwel-, Destillations- und den meisten Generatorgasen, die andere bei Abgasen, Rauchgasen und armen Generatorgasen angewandt. Der Apparat kann jedoch auch zur Bestimmung der genannten Gase nach anderen gebräuchlichen Methoden verwendet werden.

Der Gasanalysenapparat »Deutz« besteht in der Hauptsache aus einem um eine feststehende Achse vertikal drehbaren Aggregat, das durch den Einbau der vier Absorptionsgefäße in ein Messinggestell gebildet wird. Das bei dem Apparat benutzte, für flüssige und feste Reagenzien geeignete Absorptionsgefäß (Pipette) besteht aus zwei zylindrischen, mittels Schliffes ineinander eingesetzten Gefäßen, von denen das innere in ein Kapillarröhrchen endet, das für gewöhnlich als Absperrvorrichtung ein Stück guten Kapillar-Gummischlauches nebst Quetschhahn trägt, auf Wunsch jedoch auch mit Glashahn versehen werden kann. Der Raum des Innengefäßes ist zum größten Teil mit dünnwandigen Glasröhren ausgefüllt, die als Reaktionsflächen dienen.

Durch die drehbare Anordnung der Absorptionsgefäße fallen die langen, leicht zerbrechlichen und kostspieligen Verbindungskapillare weg. Ein weiterer Vorteil des Apparates ist seine leichte Handhabung und sein bequemer Transport.

6. Instrumente zur Untersuchung von Rauchgasen.

Abs. 151. **Allgemeines über Instrumente zur Untersuchung von Rauchgasen.** Diese Instrumente dienen zur Untersuchung der Rauchgase, die aus den Schmiedeöfen stammen. Mit ihnen werden vornehmlich die Rauchgase auf den Kohlensäuregehalt geprüft, eine Analyse, aus der hauptsächlich die Dichtigkeit der Verbrennung festgestellt wird, d. h. ob mit richtigem, möglichst geringem Luftüberschuß gearbeitet wird. Je niedriger der Kohlensäuregehalt in Rauchgasen ist, um so höher sind die Wärmeverluste. Hierüber ist im Abschnitt 158 nähere Aufklärung gegeben. Ferner läßt sich mit dem Apparat der eventuelle Kohlenoxydgehalt bestimmen, der dadurch entsteht, daß unverbrannte Gase den Ofen verlassen. Ausdrücklich mag hier noch hervorgehoben sein, daß diese Instrumente auch für gas- und ölbefeuerte Öfen dienen.

Wenn diese Instrumente derartig beschaffen sind, daß sie eine selbsttätige dauernde Kontrolle ausüben, so lassen sich mit ihnen ganz erhebliche Summen ersparen. Untergebracht werden dieselben am besten mit den übrigen Meßinstrumenten in einer Wandnische, die mit einer Spiegelglastür, vor der sich ein Drahtnetz befindet, verschlossen ist.

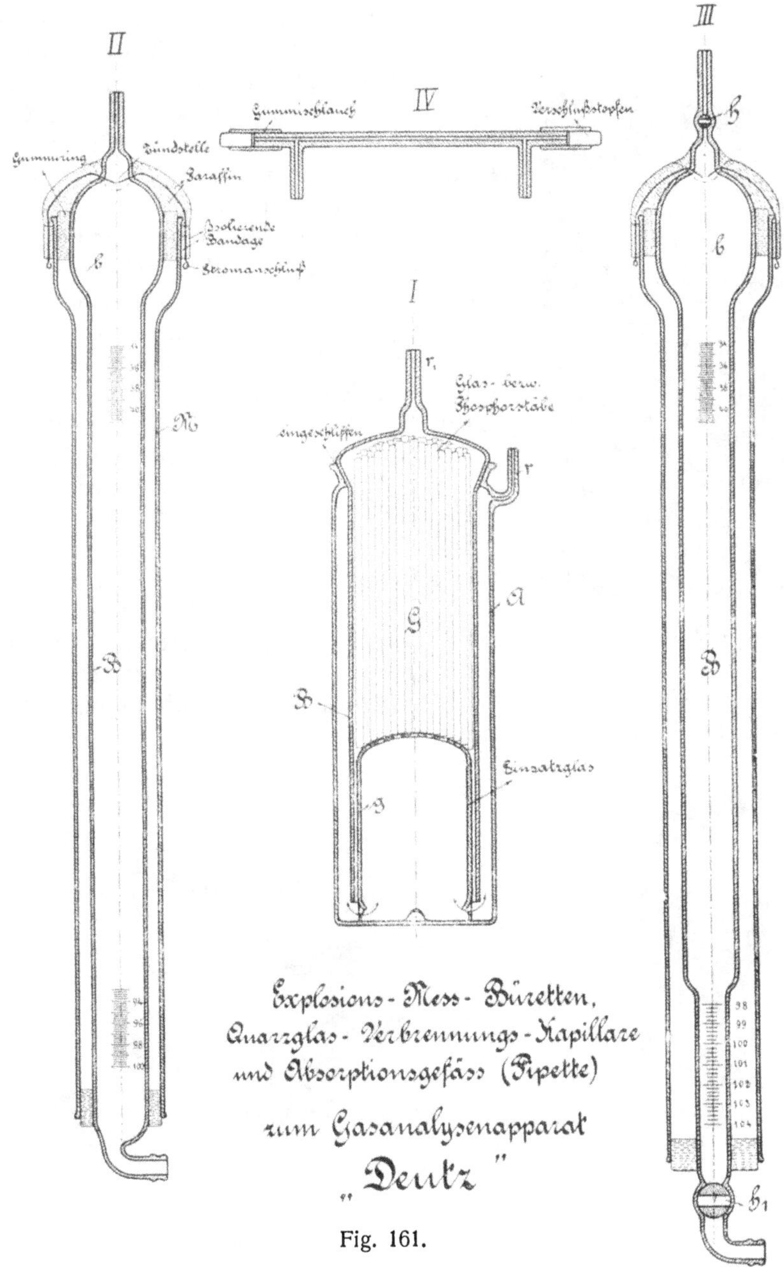

Fig. 161.

Abs. 152. **Rauchgas-Analysator zur Nah- und Fernanzeige sowie Registrierung.** System Keiser & Schmidt. Fig. 162. Das Prinzip des Analysators beruht darauf, daß Kohlensäure von Kalilauge absorbiert wird, wobei eine gewisse Wärmemenge frei wird, welche die Temperatur der Kalilauge erhöht. Diese Temperaturzunahme wird mittels einer Thermobatterie bestimmt und bildet ein direktes Maß für den Kohlensäuregehalt der untersuchten Gase.

Der Vorgang ist folgender: Die Rauchgase werden durch eine Wasserstrahlpumpe (bzw. kleines Dampfgebläse oder elektrisch angetriebenen Exhaustor) angesaugt und durch den Apparat gedrückt, wobei sie eine Thermobatterie in gleichmäßigem Zuge umspülen. Aus einem Gefäß tropft ununterbrochen Kalilauge auf die Lötstellen der Thermobatterie und absorbiert dort die in dem vorbeiströmenden Gasgemisch enthaltene Kohlensäure. Die bei dieser chemischen Reaktion entstehende Wärme ruft an den Klemmen der Batterie eine dem Kohlensäuregehalt proportionale elektromotorische Kraft hervor, die nun — durch einfache Kupferleitungen — auf beliebige Entfernungen an ein in Prozenten des Kohlensäuregehaltes geeichtes Anzeige- bzw. Registriergalvanometer (Fig. 163 und 164) übertragen wird. Die in der Zeiteinheit durch den Apparat geleitete Gasmenge wird durch sinnreiche, dabei aber einfache Einrichtungen dauernd konstant gehalten.

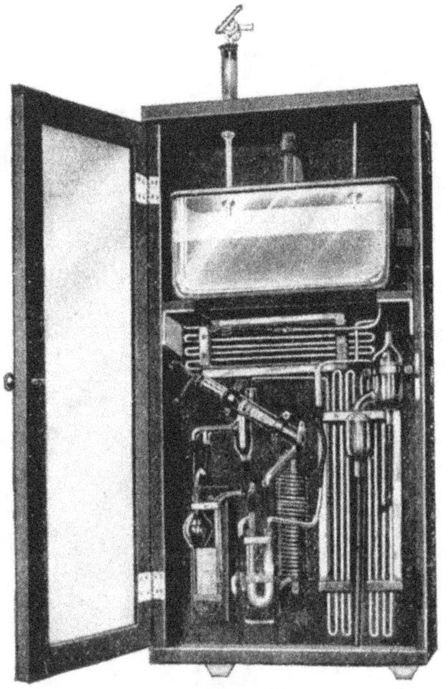

Fig. 162.

Die Vorzüge des Apparates liegen in der automatischen Funktion, in der Genauigkeit und in der auf fast beliebige Entfernungen möglichen kontinuierlichen Übertragung der Meßergebnisse.

Es ist möglich, sechs Analysatoren an ein gemeinsames, sechsfaches Registrierinstrument mit verschiedenfarbigen Kurven anzuschließen.

Der Apparat kann auch mit einer Einrichtung zur Bestimmung des mittleren Kohlensäuregehaltes versehen werden.

Fig. 163.

Fig. 164.

Abs. 153. **Der „Ados"-Rauchgasprüfer.** Bauart »Ados«-G. m. b. H., Aachen. Fig. 165 und 166. Zur Feststellung der Kohlenausnutzung bei irgendwelchen Verbrennungsvorgängen untersucht man, wie bereits erwähnt, die Verbrennungsgase auf Kohlensäure, da ein Kilogramm Kohle ein bestimmtes Luftquantum zur regelrechten Verbrennung braucht, über dieses Quantum hinaus zugeführte Luft dem Feuer aber Wärme entzieht. Die Verbrennungsgase fester Brennstoffe sollten 12 bis 15% CO_2 enthalten. Da Stichproben mit Handapparaten nicht genügen, baute die Firma einen automatisch arbeitenden Apparat, »Ados«, der, die Prinzipien des »Orsat«-Handapparates beibehaltend, durch den Schornsteinzug oder durch Wasser betrieben, automatisch fortlaufend

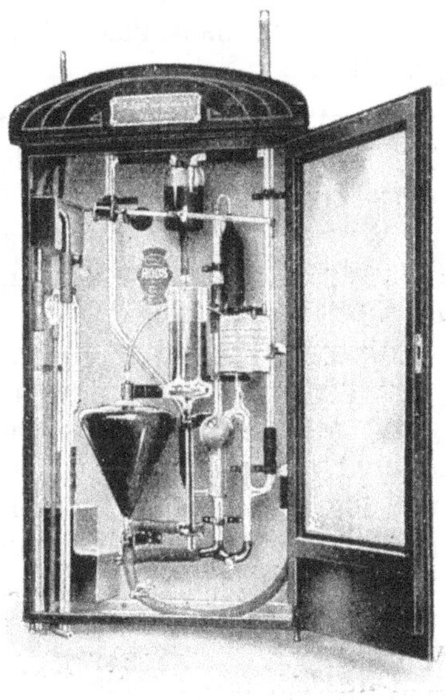

Fig. 165.

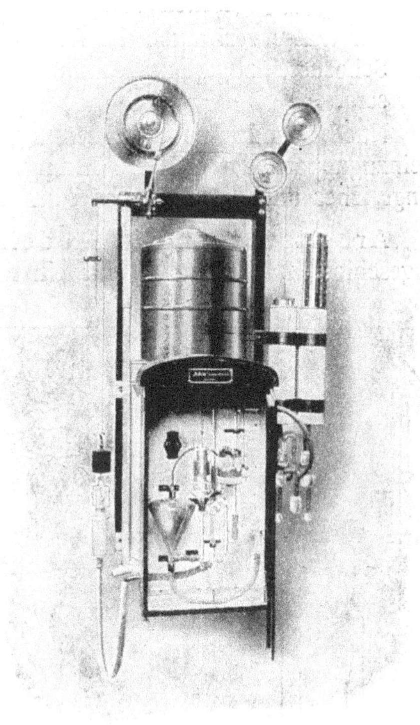

Fig. 166.

Proben aus den Gasen nimmt, sie auf CO_2 untersucht und das gefundene Resultat in Form eines Diagrammes Fig. 167 aufzeichnet, so daß der Betriebsleiter stets ein genaues Bild über die Kohlenausnutzung hat.

Bei Schmiede- und Glühöfen ist die Feststellung des CO_2-Gehaltes und dadurch auch des O-Gehaltes (CO_2 und O ergänzen sich stets zu 20) aber auch noch aus einem anderen Grunde wichtig.

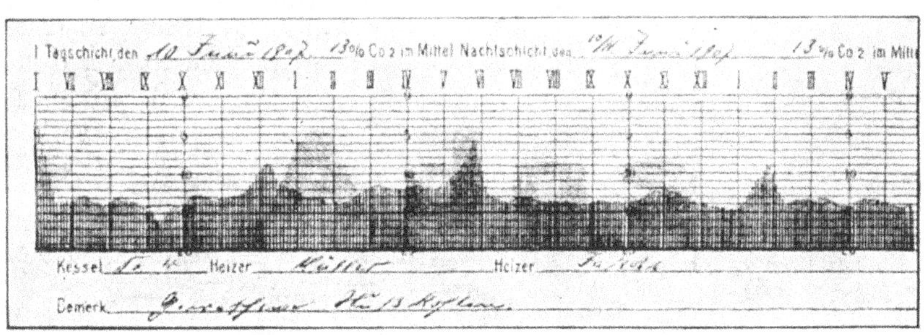

Fig. 167.

Werden dem Feuer große Mengen überschüssiger Luft zugeführt, so daß die Analyse einen geringen CO_2-Gehalt anzeigt, dann bildet sich an dem Werkstück Eisenoxyd, weil eben der überschüssige Sauerstoff sich mit dem Eisen verbindet. Es ist ohne weiteres einleuchtend, daß bei geringen vorhandenen Sauerstoffmengen, wenn also die Analyse hohe Kohlensäure zeigt, der Abbrand geringer werden muß.

Die Praxis hat die Richtigkeit dieser Theorie ergeben. Ich erwähne nur einen Fall, in dem bei einem Glühofen der Abbrand bei 3% CO_2 um 10% mehr betrug, als bei 12% CO_2, abgesehen von einer Kohlenersparnis von ca. 25%.

Der Wasserverbrauch des Ados-Typs *F* beträgt ca. 50 l pro Stunde. Zum Betriebe des Schornsteinzugapparates muß ein Unterdruck von 12 mm Wassersäule vorhanden sein.

Nachfolgend eine Beschreibung des einfacheren Wasserapparates. Der Schornsteinzugapparat ist in der Wirkung der gleiche, nur der Antriebsmechanismus ist umfangreicher und bedingt zwei Pumpen mit Rückschlagventilen.

Arbeitsvorgang in Modell F. Fig. 168. An *E* ist eine Saugvorrichtung angeschlossen, während *D* mit einer Rohrleitung zum Ofen verbunden ist. Es werden also Gase durch *D*, *C* und *E* hindurch gesaugt. Das aus *L* in *H* fallende Wasser beschwert den Schwimmer in *K*, der die Flüssigkeit aus *K* in *C* verdrängt, *E* und *D* hydraulisch abschließt, die abgefangenen Gase auf Atmosphärendruck komprimiert und *P* hydraulisch abschließt. Die nun abgefangenen 100 cbm Gas werden durch weiteres Steigen der Flüssigkeit, die bis in die Kapillarröhre hinaufgeht, auf die Absorptionsflüssigkeit in *A* gedrückt. Die Absorptionsflüssigkeit absorbiert einen Teil der Gase (z. B. Kohlensäure), während die nicht absorbierbaren Gase das gleiche Quantum Absorptionsflüssigkeit nach unten drängen, das nur einen Ausweg nach *B* findet. Durch das Rohr in *N* kann bei jeder Analyse ein stets gleiches Quantum Luft entweichen, bis die gestiegene Absorptionsflüssigkeit das Rohr hydraulisch absperrt, so daß bei weiterem Steigen die unter der Glocke abgeschlossene Luft diese und gleichzeitig das Registrierwerk anhebt, so daß die Feder auf 0 ein Diagramm aufzeichnet.

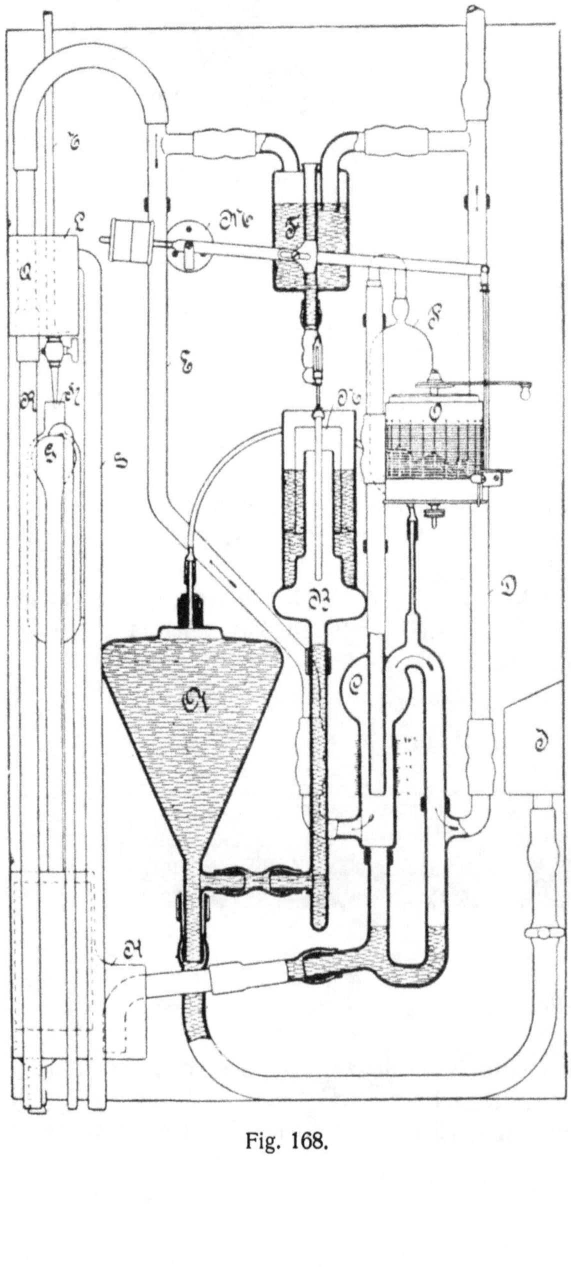

Fig. 168.

Je mehr Gase absorbiert werden, um so weniger Absorptionsflüssigkeit kommt nach *B* und um so kürzer wird der Strich auf 0. Je weniger Gase absorbiert sind, um so höher wird der Strich auf 0, so daß man an der Skala die Prozente absorbierter Gase ablesen kann.

Inzwischen ist das Wasser aus *L* in *H* und *G* so hoch gestiegen, daß es den Scheitelpunkt des Hebers *G* erreicht, hierdurch ein Ausheben von *G* und *H* sowie des Schwimmers bewirkend. Da der Schwimmer steigt, fällt die Flüssigkeit in *C*, die Verbindung mit *P*, *E* und *D* freigebend. Gleichzeitig fällt in *B* die Absorptionsflüssigkeit, die untersuchten Gase aus *A* in *C* zurückdrängend, so sie durch *E* abgesaugt werden. Das Registrierwerk sinkt mit dem Fallen der Absorptionsflüssigkeit auf seinen alten Stand. Sobald in *H* Luft eintritt, reißt die Wassersäule im Heber ab, so daß ein neues Ansteigen des Wassers erfolgen kann.

Sperrgefäß *F* läßt die Gase aus *D* nach *E* entweichen, wenn durch die in *C* steigende Flüssigkeit *F* und *D* gesperrt sind.

Abs. 154. **Rauchgasprüfer.** Bauart J. C. Eckardt, Stuttgart-Cannstatt. Fig. 169 u. 170. Der zum Ansaugen der Gase dienende Injektor wird nach nachstehender Fig. 170 mit der Wasser- und Rauchgasleitung verbunden. Das den Injektor durchströmende

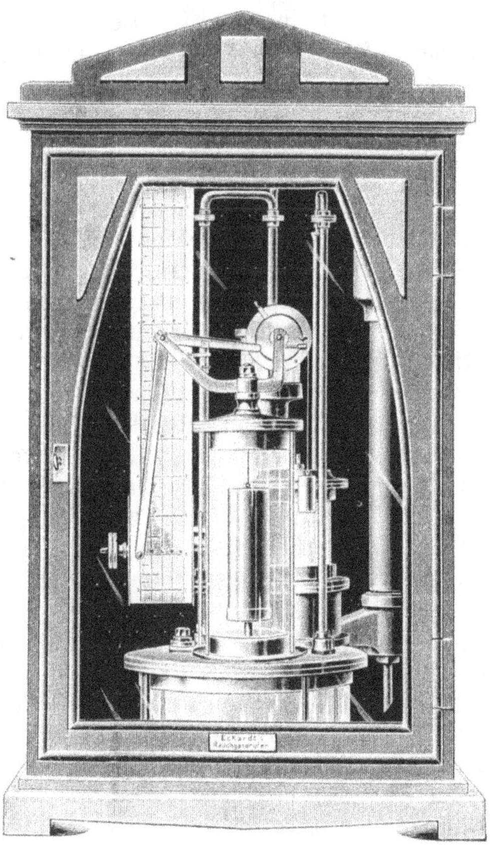

Fig. 169.

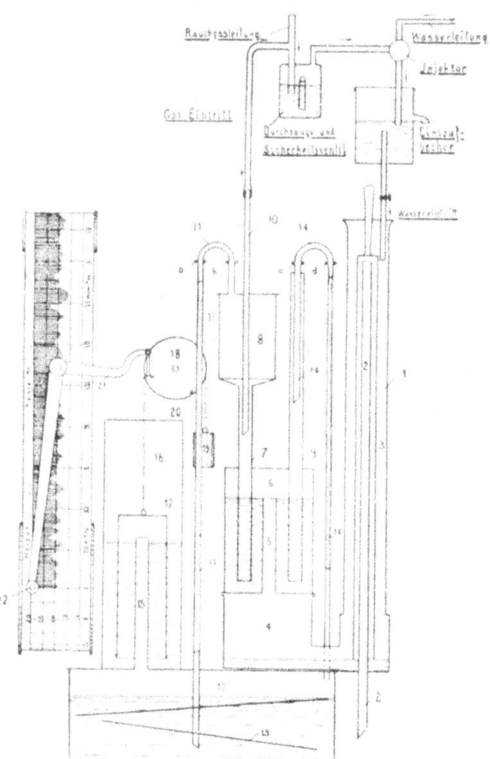

Fig. 170.

Wasser saugt ununterbrochen Gase aus dem Rauchkanal (Fuchs) der zu untersuchenden Feuerung an und läßt sie zusammen mit dem Wasserstrahl in den Einlaufbecher und von dort ins Freie entweichen. Von diesem kontinuierlichen Gasstrom saugt der Rauchgasprüfer (vor dem Injektor und Ventil) selbsttätig für jede Analyse ein bestimmtes Gasquantum ab. Es ist also das zur Untersuchung kommende Gas stets frisch, so daß der Rauchgasprüfer immer die Verbrennung anzeigt, die unmittelbar vorher in der Feuerung stattgefunden hat. Aus dem Einlaufbecher läuft fortwährend ein Teil des zum Ansaugen der Gase benutzten Wassers in das Steigrohr 1, worin es bis zum Scheitel des Überlaufrohres 2 steigen kann.

Über das Überlaufrohr 2 ist ein etwas weiteres, oben geschlossenes Rohr 3 lose übergeschoben. Die Rohre 2 und 3 wirken zusammen als Saugheber, der das Steigrohr 1 schnell entleert, sobald das Wasser in Rohr 2 überzulaufen beginnt.

Der Heber arbeitet solange, bis der sinkende Wasserspiegel die untere Öffnung des Rohres 3 freigibt, infolgedessen die Wassersäule abreißt und der Wasserspiegel wieder zu steigen beginnt. Auf diese Weise wird ein abwechselndes Steigen und Fallen des Wasserspiegels in gleichmäßigen Zwischenräumen erreicht, wobei die Geschwindigkeit durch Regulierung des Wasserzuflusses in gewissen Grenzen durch einen Hahn verändert werden kann. Es wird im allgemeinen in den Zwischenräumen von 1 bis 2 Minuten eine Analyse ausgeführt und das Ergebnis auf einem Diagramm ablesbar registriert. Mit dem Steigrohr 1 kommuniziert unten die Kammer 4. Durch das Ansteigen des Wassers wird die in Kammer 4 enthaltene Luft durch das Rohr 5 in die darüberliegende Kammer 6 verdrängt, die bis zum Scheitel des Rohres 5 mit einer indifferenten Flüssigkeit gefüllt ist. Die nach Kammer 6 übergetriebene Luft verdrängt aus dieser eine entsprechende Menge der Arbeitsflüssigkeit durch Rohr 7 in das Meßgefäß 8 und gleichzeitig in das Steigrohr 9. Sobald der Wasserspiegel in Kammer 4 wieder sinkt, fließt auch die Arbeitsflüssigkeit aus dem Meßgefäß 8 und den Rohren 7 und 9 wieder in die Kammer 6 zurück. Infolge der Saugwirkung der aus dem Meßgefäß zurückfließenden Flüssigkeit füllt sich diese durch das mit der Gasquelle in Verbindung stehende Rohr 10 mit den zu untersuchenden Gasen an. Sobald die Arbeitsflüssigkeit jetzt wieder ansteigt, schiebt sie die Gase vor sich her, und zwar zunächst einen Teil von ihnen wieder in das Rohr 10 zurück, bis dessen Mündung von der Flüssigkeit erreicht und abgesperrt wird. Die nunmehr in dem Meßgefäß 8 eingeschlossene Gasmenge wird durch die weitersteigende Flüssigkeit durch das Rohr 11 in den die Absorptionsflüssigkeit enthaltenden Behälter 12 geschoben, wobei die Gase aus dem Rohr 11 in kleinen Perlen unten austreten und an den geneigten Flächen 13 entlanggleitend ihren Weg durch die Absorptionsflüssigkeit nehmen müssen. Durch das Rohr 14, welches in das Steigrohr 9 eintaucht, steht das Absorptionsgefäß zunächst noch in Verbindung mit der Atmosphäre, so daß der erste Teil der in dasselbe eintretenden Gase auf diesem Wege entweichen kann, und zwar solange, bis die in Rohr 9 ansteigende Flüssigkeit auch die Mündung des Rohres 14 absperrt. Dies erfolgt in dem Augenblick, wo im Meßgefäß 8 noch eine ganz bestimmte Gasmenge (100 ccm) enthalten ist, die nun weiter in den Absorptionsraum übergeführt wird. Bei dem Durchtritt der Gase durch die Absorptionsflüssigkeit wird der absorptionsfähige Teil derselben absorbiert (beispielsweise bei Rauchgasen die Kohlensäure durch Kalilauge), während der übrig bleibende Rest der Gase durch Rohr 15 unter die im Gefäß 16 in Glyzerin hängende Tauchglocke 17 gelangt. Die mittels Faden an der drehbaren Rolle 18 befestigte und durch das Gegengewicht 19 ausbalancierte Tauchglocke erhebt sich daher um ein der jeweils darunter tretenden Gasmenge entsprechendes Stück. Diese Bewegung der Tauchglocke wird durch einen Anschlag 20 an der Rolle 18 auf den drehbar gelagerten Winkelhebel 21 übertragen, wobei die an diesem befestigte Schreibfeder 22 auf einem durch ein Uhrwerk bewegten Diagrammstreifen den von der Tauchglocke zurückgelegten Weg aufzeichnet. Der Diagrammstreifen ist mit einer Skala versehen, auf der die von der Tauchglocke gemessene Gasmenge bzw. der von der Absorptionsflüssigkeit absorbierte Teil direkt in Prozenten abgelesen werden kann.

Sobald alle Gase aus dem Meßgefäß 8 verdrängt sind, beginnt das Wasser im Steigrohr 1 und damit auch die Arbeitsflüssigkeit im Meßgefäß 8 wieder zu sinken, wodurch eine neue Gasprobe durch Rohr 10 angesaugt wird, während gleichzeitig die untersuchten Gase aus der Tauchglocke 17 in den Absorptionsraum 12 zurücktreten und aus diesem durch das Rohr 14 an die Atmosphäre entweichen, sobald die sinkende Arbeitsflüssigkeit in Rohr 9 die Mündung des Rohres 14 wieder freigibt.

Abs. 155. **Rauchgasprüfer.** Bauart Julius Pintsch A.-G., Berlin. Die Fig. 171 zeigt das Äußere des Rauchgasprüfers, Bauart Pintsch, in geschlossenem Zustande Die Apparateteile sind in einen kräftigen, eisernen Kasten eingebaut, der eine rauhe Behandlung durch das Heizpersonal sowie Stöße vertragen kann, ohne daß man befürchten müßte, daß die Meßapparate hierunter leiden. Zur Beobachtung der Aufzeichnungen hat die obere Tür eine Scheibe aus starkem Glas.

Alle inneren Einzelteile sind aus Metall angefertigt und sämtliche Verbindungen bestehen aus Kupferrohr mit sicheren Verschraubungen. Zur Erklärung der einzelnen Apparate und des Meßvorganges diene die Fig. 172.

Die gesamte Inneneinrichtung besteht: aus den beiden Meßuhren I und II, dem dazwischen angebrachten Schreibwerk *R* mit der Schreibtrommel *T*, der Wasserstrahl-

Fig. 171.

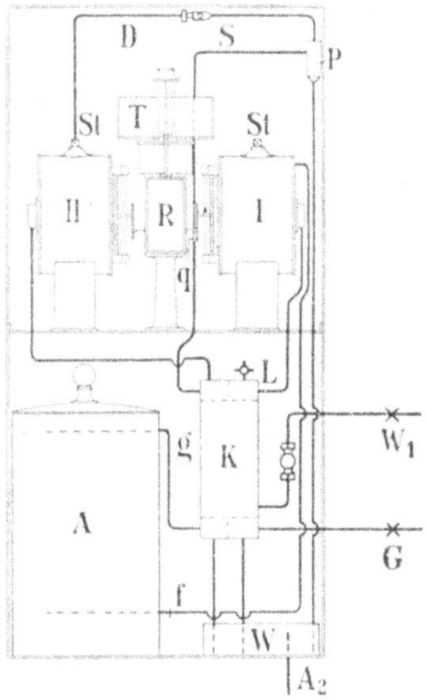

Fig. 172.

pumpe *P* und dem Kühler *K* mit dem darunter befindlichen Wasserabschlußkasten *W*, sowie dem Absorptionsgefäß *A*.

Die Pumpe *P* saugt gleichlaufend bei einem Wasserverbrauch von etwa 10 l in der Stunde einen Gasstrom von 40 l durch den Apparat. Das durch die Pumpe abgesaugte Gas tritt durch *G* ein und durchstreicht die eine Hälfte, die erste Kammer des Kühlers *K*. Hierdurch wird das Gas auf einen der Wassertemperatur entsprechenden Wärmegrad gebracht. Wie hoch oder niedrig diese Temperatur ist, bleibt ganz gleichgültig. Nachdem das Gas den Kühler passiert hat, wird es in dem Gasmesser I dem Volumen nach gemessen und gelangt sodann bei *f* in das Absorptionsgefäß *A*. Dieses ist mit einer Mischung von drei Teilen Kalkpulver und einem Teil Sägespänen gefüllt. Die Sägespäne dienen lediglich zu einer Auflockerung des Kalkpulvers. Der Kalk befreit das Gas von der in ihm enthaltenen Kohlensäure. Weil das Gas bei diesem chemischen Vorgange erwärmt wird, gelangt sein Rest durch g in die zweite Kammer des Kühlers K, um hier wieder auf genau die gleiche Temperatur gebracht zu werden, die es vor der Messung in der Gasuhr I hatte. Jetzt wird das Gas in der Gasuhr II dem Volumen nach gemessen und gelangt von dort durch die Pumpe P und den Wasserkasten W ins Freie.

Das zum Hindurchsaugen des Gases benötigte Wasser tritt bei W_1 in den Apparat, gelangt in den Kühler K, durchfließt dessen Kühlrohre und kommt schließlich durch das Verbindungsrohr zur Wasserstrahlpumpe P. Dort saugt es das Gas an, und das nun entstandene Gemisch von Wasser und Gas gelangt in den Wasserabschlußkasten W, von wo es durch einen Überlauf abfließt.

Zur Regelung des Kühlwassers ist in dem senkrecht liegenden Teil der Wassereintrittsleitung ein besonderer Hahn eingebaut. Durch diese senkrechte Anordnung wird vermieden, daß sich vor dem verengten Durchgang des Wasserregulierhahnes Luftblasen festsetzen, die den Durchtritt des Wassers behindern könnten.

Die beiden Gasuhren sind nassen Systems, d. h. der Abschluß der einzelnen Meßkammern der drehbaren Trommeln wird durch eine Flüssigkeit bewirkt, und zwar in diesem Falle durch feinstes Paraffinöl; es ist deshalb gewählt, um jede Einwirkung auf die Gase und jede Verdunstung zu vermeiden. Solche Gasmesser lassen sich derart mit Flüssigkeit füllen, daß der Meßinhalt zweier Messer genau übereinstimmt. Infolgedessen muß sich die Trommel der Gasuhr II um so viel langsamer drehen, als dem Gase Kohlensäure entzogen ist. Die Gasmesser sind nun derart eingestellt, daß der Messer II bei ausgeschaltetem Absorptionsgefäß um etwa 4% langsamer läuft als Messer I, um eine sog. Leerlaufaufzeichnung zu erzielen. Diese besteht aus 3 bis 4 mm langen Strichen, deren obere Enden an der Nullinie (Fig. 173) liegen müssen.

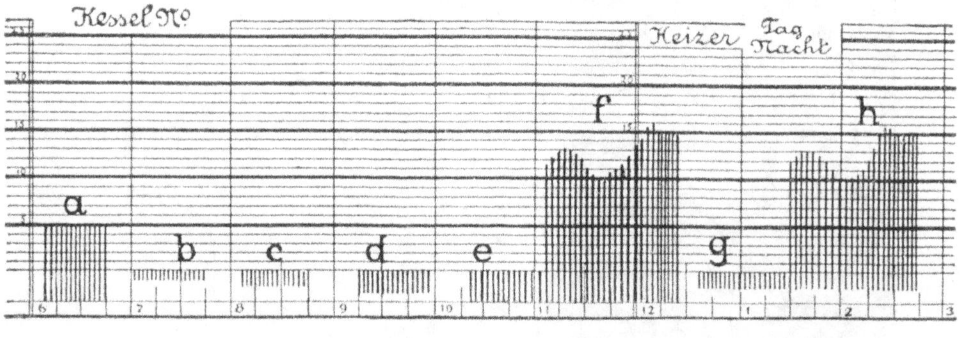

Fig. 173. Stück eines Diagrammstreifens in natürl. Größe.

Es ist gleichgültig, wie lang die Leerlaufstriche sind, sobald nur die oberen Enden mit der Nullinie zusammenfallen, registriert der Apparat nach Einschaltung der Absorptionsbüchse den Kohlensäuregehalt in Prozenten der durchstreichenden Gase. Die Umdrehungen der Trommeln beider Gasmesser werden auf das Schreibwerk R übertragen, und dieses zeichnet die gewonnenen Ergebnisse mit Hilfe einer Schreibfeder auf einen Papierstreifen der Trommel T auf.

Das Schreibwerk ist ebenso einfach wie interessant und deshalb noch besonders durch die Fig. 174 und 175 veranschaulicht.

Aus den beiden Gasmessern I und II ragen die verlängerten Wellen a_1 und a_2 der Trommel heraus. Diese Wellen übertragen ihre Drehung mittels Zahnräder auf die beiden einzelnen Wellen b_1 und b_2 des Schreibwerkes. In der Mitte des Schreibwerkes haben diese beiden Wellen je ein größeres konisches Zahnrad c_1 und c_2 erhalten, die ihrerseits wieder gemeinschaftlich in ein kleineres Rad l eingreifen. Dieses kleine konische Rad l ist drehbar innerhalb eines größeren Zahnrades d befestigt.

Die beiden Trommelwellen und demzufolge auch die Wellen b_1 und b_2 mit den Rädern c_1 und c_2 haben entgegengesetzte Drehrichtung. Solange sich die beiden Räder c_1 und c_2 mit gleicher Geschwindigkeit drehen, wird das Rad l nur um die eigene Achse gedreht, und diese steht still. Wird aber zum Beispiel das Rad c_2 angehalten, so muß sich das Rad l auf dem Umfang des Rades c_2 abwälzen, d. h. es wird im Sinne der Drehrichtung des Rades c_1 auf dem Umfang des Rades c_2 weiterschreiten. Da sich das Rad l aber anderseits auch auf dem Umfang des Rades c_1 abwälzt, jedoch in umgekehrter Drehrichtung, so wird sich die Achse des Rades l um die Achse der Wellen b mit einer Winkelgeschwindigkeit drehen, die gleich ist der halben Winkelgeschwindigkeit des Rades c_1. In Wirklichkeit drehen sich aber fortwährend beide Trommelwellen und demzufolge auch beide Räder c_1 und c_2, nur, wie bereits früher ausgeführt, mit verschiedenen Geschwindigkeiten. Die Trommelwelle a_2 des Messers II dreht sich langsamer als diejenige a_1 des Messers I.

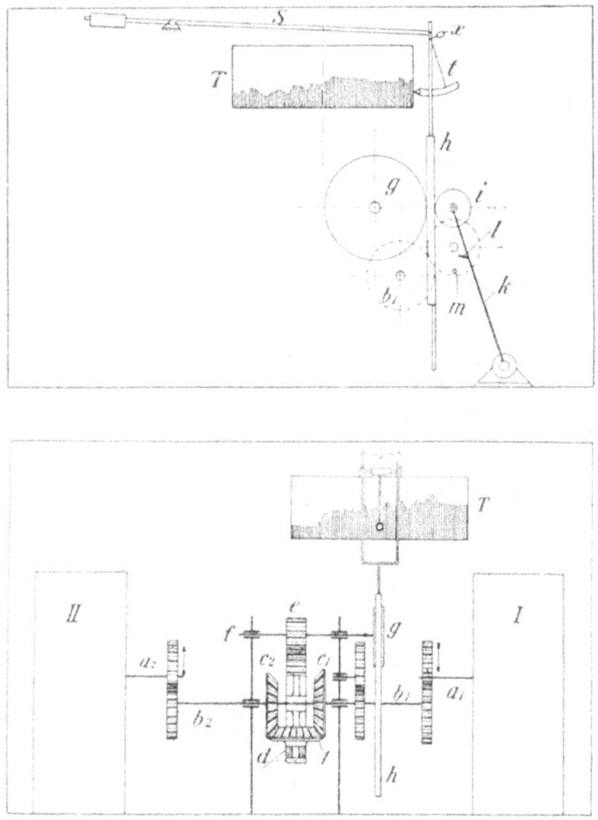

Fig. 174/175.

Es dreht sich also auch das Zahnrad c_2 langsamer als c_1. Die Achse des Rades l wird sich demnach jetzt mit einer Winkelgeschwindigkeit um die Achsen der Wellen b drehen, die gleich ist der halben Differenz der Winkelgeschwindigkeiten der Räder c_1 und c_2. Nun ist aber die Achse des Rades l an dem Rad d befestigt, das lose auf den Wellen b gelagert ist. Dieses Rad wird demnach durch die Achse des Rades l ebenfalls gedreht. Da sich die Trommel des Messers II proportional dem Kohlensäuregehalt des Gases langsamer als die Trommel des Messers I dreht, so muß sich auch das Rad proportional dem Kohlensäuregehalt drehen, und es erübrigt sich nur, diese Bewegung aufzuzeichnen. Zu diesem Zwecke wird die Drehung des Rades d durch ein Zahnrad auf die Welle f übertragen, an deren Ende das Reibrad g angebracht ist. Mit Hilfe der Rolle i wird die Stange h an das Reibrad g gedrückt. Am oberen Ende der Stange h ist die Schreibfeder t befestigt. Diese zeichnet die Bewegungen von h auf einem Papierstreifen der Trommel T auf. Die Trommel mit dem Diagrammstreifen dreht sich in 24 Stunden einmal um ihre Achse. Sie erhält die Bewegung durch ein eingebautes Ankeruhrwerk. Das Aufziehen dieses Uhrwerkes geschieht dadurch, daß man die Trommel einfach im umgekehrten Sinne dreht. Der Diagrammstreifen wird täglich erneuert. Die Stange S dient zur Führung der Schreibstange h und hat am anderen Ende ein Gegengewicht, um das Gewicht der Stange h auszugleichen.

Die Schreibstange h würde stets gleichmäßig nach oben fortgeschoben werden, wenn nicht eine Unterbrechung eintreten würde. Diese Unterbrechung wird dadurch bewirkt, daß der Stift m gegen die Nase l des Druckrollenhebels k drückt und hierdurch die Druckrolle i von der Schreibstange h abhebt. In diesem Augenblick gelangt die Schreibstange wieder nach unten in die Anfangsstellung.

Der Stift m ist an einem Zahnrad befestigt, das mit einem zweiten Zahnrad auf der Welle b_1 in Eingriff steht. Die Auslösung der Schreibstange erfolgt deshalb stets nach einer ganz bestimmten Anzahl Umdrehungen der Trommel des Gasmessers I, also dann, wenn eine ganz bestimmte Menge Gas abgemessen ist. Trotzdem also das Gas in immer gleichmäßigem Strome durch den Apparat geht, wird der Prozentgehalt an Kohlensäure stets von einem bestimmten Volumen Gas angegeben. Daß das Gas stets gleichmäßig durch den Apparat strömt, und daß stets die ganze Gasmenge analysiert wird, ist ein ganz besonderer Vorteil des Apparates, denn hierdurch wird ein weitaus besserer Durchschnitt an Analysen erhalten, als wenn von einem gleichmäßig abgesaugten Gasstrom nur immer zeitweilig ein Teil entnommen und untersucht wird. In einer Stunde werden durchschnittlich 20 bis 25 Analysen aufgezeichnet.

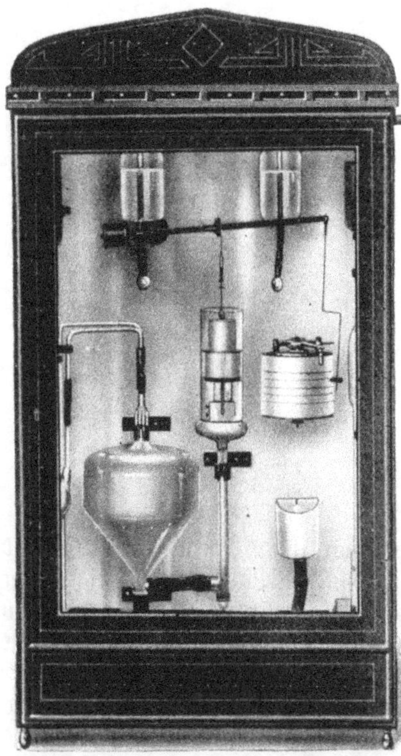

Fig. 176.

Abs. 156. **Heizeffektmesser „Hacosa“.** Bauart H a l l w a c h s & C o., Saarbrücken. Fig. 176.

Z w e c k: Dieser Apparat dient wie die vorgenannten zur Kontrolle der Verbrennung und zur selbsttätigen Entnahme von Rauchgasanalysen.

K o n s t r u k t i o n: Der Apparat besteht aus einem Schrank, der zweckmäßig im Zimmer des Meisters oder Betriebsleiters aufgestellt wird, da die Länge der Rohrleitung ohne Einfluß auf die Richtigkeit der Analysen ist. In diesem Schrank sind untergebracht: der Gassauger, die Meßbürette, die Absorptionsgefäße, das Kraftwerk und der Schreibapparat.

A r b e i t s w e i s e: Das Schlauchende 4a Fig. 177 ist mit der $\frac{1}{2}''$-Gaszuführungsleitung zu verbinden, während das Schlauchende 13a an eine $\frac{1}{4}''$-Wasserleitung anzuschließen ist. Dieses Schlauchende mündet in den Überlaufkasten 13. 19a mit anschließender Röhre 19 ist der Überlauf für diesen Kasten, während die in diesem Kasten sich befindende Düse 18 durch eine Schlauchverbindung mit Röhre 5 verbunden ist. Das Wasser aus dem Überlaufkasten 13 fließt nun durch die Löcher der Düse 18 in die Saugröhre 20 und erzeugt hier eine Saugwirkung, wodurch das Gas durch 4a, Ventil 7, Röhre 5, angesaugt wird, so daß ständig Gas dem Kessel entnommen wird. Entleert sich nun die Meßbürette 3, so wird in dieselbe aus diesem ständigen Gasstrom durch Ventil 6 Gas angesaugt, und zwar mehr als 100 cbcm unter dem wechselnden Vakuum des Kesselzuges und der verschiedenen Widerstände. Wird der kleine Hahn des Überlaufkastens 13 geöffnet, so fließt durch die Röhre 9 Wasser in den Kraftwerkkasten 12, schließt hier die Mündungen von 9 und Heber 8 und drückt ein Luftkissen auf die Sperrflüssigkeit in

Meßflüssigkeitsbehälter 11, in welchem die Meßbürette 3 und auch die Gasaustrittsröhre 3a mündet. Durch Zusammendrücken dieses Luftkissens wird die Meßflüssigkeit in der Meßbürette 3 und auch in der Gasaustrittsröhre 3a gehoben, komprimiert zunächst in 3 die unter wechselndem Vakuum angesaugte Gasmenge auf Atmosphärendruck und

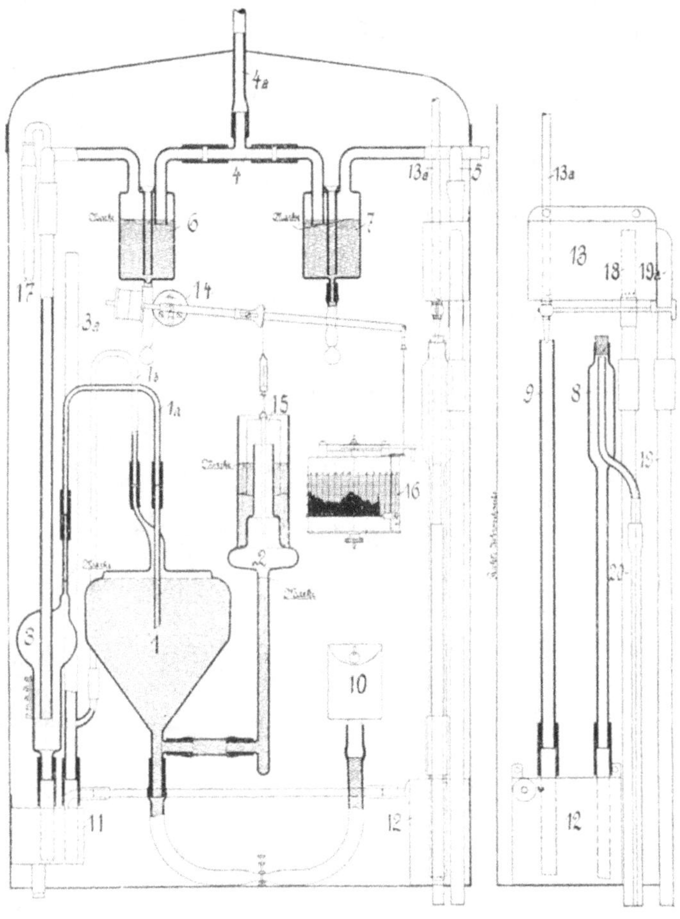

Fig. 177.

drückt das überschüssige Gas durch die senkrechte Röhre der Meßbürette 3 in den Gummibeutel 17. Bei 0 angekommen, wird diese Röhre geschlossen, so daß in diesem Augenblick 100 cbcm Gas unter dem Druck des Gummibeutels, der keine Vergrößerung gegenüber dem Atmosphärendrucke nachweist, abgefangen werden. Gleichzeitig wird auch an dem Gasaustrittsrohre 3a der Bogen des engen Rohres 1 *b* geschlossen. Durch weiteres Anheben der Flüssigkeit perlt alsdann durch die eingeschmolzene Röhre 1*a* in Gefäß 1 das Gas durch die Kalilauge hindurch, und es findet sowohl bei der Durchperlung als auch an der großen Absorptionsfläche die Absorption der Kohlensäure statt. Der nicht absorbierte Gasrest verdrängt die Kalilauge nach Gefäß 2, und die Justierung ist so einzustellen, daß, wenn 80 cbcm Kalilauge nach 2 übergedrückt worden sind, das Röhrchen der kleinen Taucherglocke 15 geschlossen wird, so daß beim weiteren Überdrücken der Kalilauge in Gefäß 2 ein Heben des Glöckchens, verbunden mit der Bewegung des Schreibzeuges, erfolgen muß. Ist also keine Kohlensäure in den Gasen vorhanden gewesen, so sind 20 cbcm zum Hochdrücken des Glöckchens benutzt und ist der Diagrammstreifen von 20—0 beschrieben worden. Würden 10 cbcm absorbiert worden sein, so sind dementsprechend auch nur 90 cbcm Kalilauge übergedrückt worden, so daß das Glöckchen den fehlenden 10 cbcm entsprechend, sich weniger gehoben und infolgedessen auch bloß der Schreibstift das Diagramm von 20—10 beschrieben hat. Der nichtbeschriebene Teil ist also das Resultat der Absorption.

Gleichzeitig mit dem Überdrücken der Gase ist auch die Flüssigkeit in der Röhre 9 und dem Heber 8 gestiegen, hat in letzterem den Scheitelpunkt in dem Momente erreicht, wo die 100 cbcm Gas durch die Eintauchröhre in Gefäß 1 hindurchgetrieben worden sind. Der Heber hebert nun schneller aus als durch den kleinen Hahn des Überlaufkastens 13 Wasser zufließt. Der Kraftwerkkasten 12 entleert sich daher, was zur Folge hat, daß das eingeschlossene Luftkissen aus 11 wieder nach 12 zurücktritt und die Meßflüssigkeit aus 3 und Röhre *3a* nach 11 fließt, wodurch der nichtabsorbierte Gasrest aus Gefäß 1 durch *1b* und *3a* austreten kann und die Kalilauge und das Registrierwerk wieder auf seinen Normalstand zurückfällt. Durch das Fallen der Meßflüssigkeit in 3 ist dann wiederum neues Gas für die folgende Analyse in die Meßbürette gesaugt worden. Gefäß 10 dient zum Füllen des Gefäßes 1 und zum Einstellen der Flüssigkeit auf die Marke des Gefäßes 2.

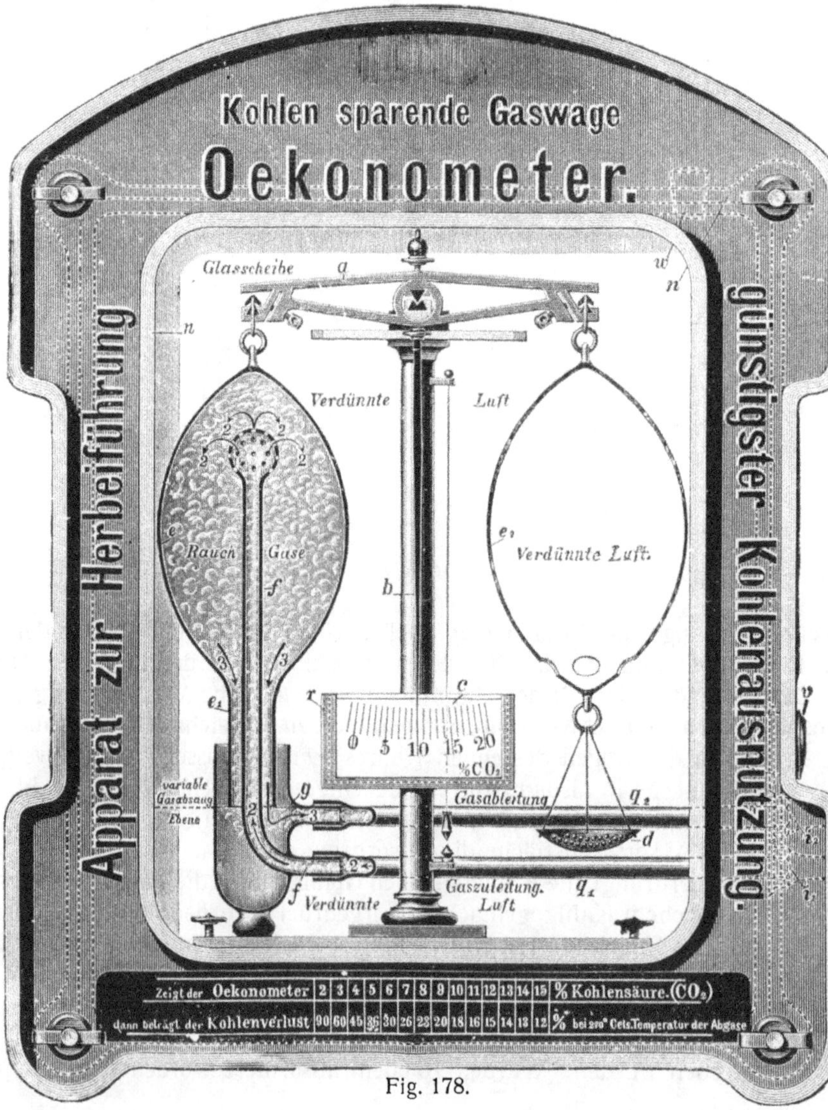

Fig. 178.

Abs. 157. **Rauchgaswage „Ökonometer".** Bauart Maschinen- und Armaturenfabrik Ww. Johann Schumacher, G. m. b. H., Köln. Kohlenstoff verbrennt bekanntlich mit Sauerstoff, welcher bei jeder Feuerung der dieser zugeführten Luft entnommen wird, zu Kohlensäure; wie ebenfalls bekannt, enthält die Luft ca. 20% Sauerstoff. Die von der Verbrennung herrührenden Abgase haben deshalb im Höchstfalle, d. h. bei vollkommener Verbrennung, auch einen Höchstgehalt von ca. 20% Kohlensäure.

Die Rauchgaswage »Ökonometer« hat den Zweck, den Kohlensäuregehalt der Rauchgase durch direkte Wägung festzustellen. Die Rauchgaswage »Ökonometer« hat die Gestalt einer gewöhnlichen Präzisionswage, an deren einem Balken ein Glasgefäß hängt, durch welches die Abgase einer Feuerung fortwährend durchgeleitet werden. Der andere Balken trägt ein Gegengewicht zur Ausbalancierung. Da das Verhältnis der Gewichte von Luft und Kohlensäure ungefähr gleich 13 : 20 ist, so ist es klar, daß ein Gemisch von Luft und Kohlensäure in den Grenzen 1 bis 20% immerhin einen merklichen Ausschlag bei der Wage hervorruft. Der Ausschlag wird mittels eines Zeigers auf einer Skala angezeigt. Es ist auf dieser Wage erreicht worden, die Menge der in einer Feuerung sich entwickelnden Kohlensäure fortlaufend erkennen zu können.

Abs. 158. **Tabellen der Wärmeverluste in Abgasen.**

% CO_2	1	2	3	4	5	6	7	8	9	10	11	12	13	14	15	16	17	18	19	20	21
Temp.	139	272	399	520	635	745	850	950	1045	1136	1223	1306	1385	1406	1531	1599	1664	1726	1785	1841	1895
Luftüberschuß	2000	950	600	425	320	250	200	165	133,3	110	91	75	62,5	50	40	31,25	23,5	16,27	10,5	5	0%
°C Fuchs	Wärmeverluste in % Verbrennungswärme																				
100	72,0	36,0	24,0	18,0	14,5	12,1	10,4	9,1	8,2	7,4	6,7	6,2	5,7	5,3	4,9	4,7	4,4	4,2	4,0	3,8	3,6
200		72,9	48,3	36,7	29,5	24,6	21,2	18,6	16,6	15,0	13,7	12,6	11,7	10,9	10,2	9,6	9,1	8,6	8,2	7,8	7,4
300			74,2	55,3	44,9	37,6	32,4	28,4	25,3	22,9	20,9	19,3	17,7	16,6	15,6	14,7	13,9	13,2	12,6	12,0	11,4
400			100	75,6	60,8	50,9	43,9	38,5	34,3	31,1	28,4	26,2	24,3	22,7	21,3	20,0	18,9	18,0	17,1	16,3	15,6
500				95,8	77,1	64,6	55,7	48,9	43,8	39,6	36,2	33,4	31,0	28,9	27,1	25,5	24,2	22,9	21,9	20,9	20,0
600					93,9	78,7	68,2	59,7	53,4	48,2	44,2	40,8	37,9	35,3	33,2	31,3	29,6	28,1	26,8	25,6	24,5
700						93,2	81,2	70,8	63,3	57,4	52,5	48,4	45,0	42,0	39,5	37,2	35,2	33,5	31,9	30,5	29,2
800							94,2	82,2	73,6	66,7	61,0	56,3	52,3	48,9	46,0	43,4	41,1	39,1	37,3	35,6	34,1
900								93,9	84,1	76,2	69,8	64,4	59,9	56,0	52,7	49,7	47,1	44,8	42,8	41,0	39,2
1000									94,9	86,1	78,8	72,8	67,8	63,4	59,6	56,3	53,4	50,8	48,5	46,6	44,5
1100										96,2	88,2	81,3	75,8	71,0	66,8	63,1	59,8	57,1	54,4	52,0	49,9
1200											97,7	90,3	84,1	78,8	74,1	70,1	66,5	63,3	60,5	57,9	55,6

Ferner sei in nachfolgendem eine Tabelle wiedergegeben, aus der die Kohlenverluste bei verschieden großer Luftüberschußmenge abzulesen sind. Die Temperatur der Abgase ist mit 270° C angenommen.

Bei	15	14	13	12	11	10	9	8	7	6	5	4	3	2	% Kohlensäuregehalt
ist der Luftüberschuß	1,3	1,4	1,5	1,6	1,7	1,9	2,1	2,4	2,7	3,2	3,8	4,7	6,3	9,5	mal so groß als theoret. notwendig
und der absolute Kohlenverlust ca.	12	13	14	15	16	18	20	23	26	30	36	45	60	90	Prozent.

7. Rauchschieberkontroller.

Abs. 159. **Allgemeines über Rauchschieberkontroller.** Da ich die sachgemäße Betätigung des Rauchschiebers bei Schmiedeöfen für ihre Wirtschaftlichkeit von großer Wichtigkeit halte, und man bisher ohne weitere Vorkehrungen die Ofentüren beim Einsetzen der Materialien, wie auch beim Herausziehen öffnete, so daß die heißen Gase in diesen Augenblicken rascher aus dem Ofen strömen konnten, habe ich das in nachstehendem Abschnitt beschriebene Kontrollinstrument mit in das Werk hineingenommen, da es für die Schmiede nach meiner Ansicht von großer Bedeutung werden kann.

Auch halte ich die Bedienung der Rauchschieber während der Arbeitspausen und nach Feierabend für außerordentlich wesentlich, da nur so am anderen Morgen der Ofen rasch betriebsbereit sein kann.

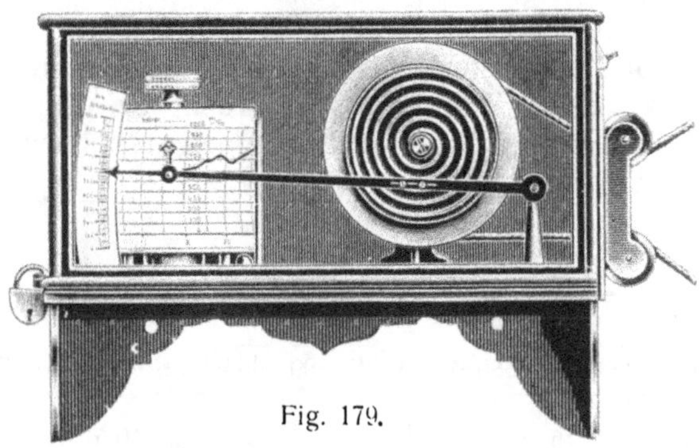

Fig. 179.

Abs. 160. **Rauchschieberkontrollapparat.** Bauart J. C. Eckardt, Stuttgart-Cannstatt. Reguliereinrichtungen verfehlen oftmals ihren Zweck, wenn sie nicht die Möglichkeit bieten, ablesbar erkennen zu lassen, daß diese Einrichtungen auch tatsächlich benutzt und bedient werden.

Der Rauchschieber ist wie gesagt eine wichtige Vorrichtung für die Ofenanlagen; denn von dessen sachgemäßer und fleißiger Bedienung hängt es ab, ob beim Öffnen der Beschickungstüren Kaltluft im vollen Querschnitt zum Rauchkanal strömt, also unreguliert, oder sachgemäß gedrosselt dem Schornstein zugeführt wird.

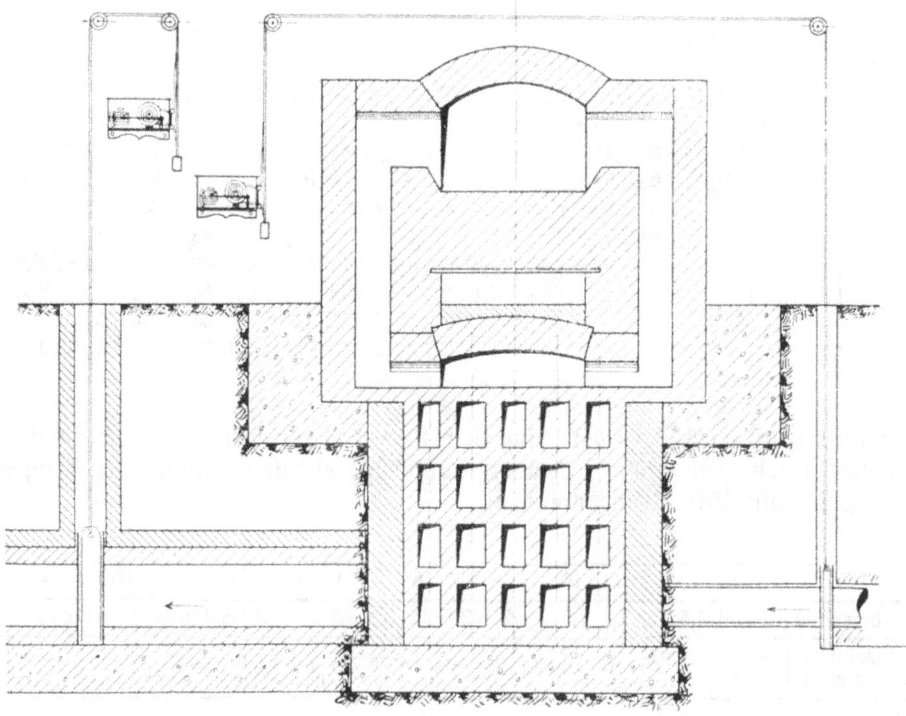

Fig. 180.

Alle Hilfsmittel zur Verbesserung und Erhöhung des Effektes der Feuerungsanlage sind zwecklos, wenn der Rauchschieber unbedient liegen bleibt. Nicht selten ist das jedoch leider der Fall.

Hier kann nur ein Rauchschieberkontrollapparat der Firma J. C. Eckardt, Stuttgart-Cannstatt, Fig. 179 Wandel schaffen und vor Verlusten schützen.

Die Bedienung des Ofens ist durch diesen Apparat gezwungen, ob sie will oder nicht, den Rauchschieber zu bedienen, da der Rauchschieberkontrollapparat genau Aufschluß darüber gibt, ob die Regulierung des Schiebers fleißig vorgenommen wurde oder nicht.

In Fig. 180 ist die Anbringung eines solchen Apparates schematisch veranschaulicht. Ein Drahtseil wird um die Führungsrolle der Schnecke geführt. Verstellt der Heizer den Schieber, so wird sich das Schneckenrad links oder rechts drehen. Ein mit dem Zeiger verbundenes Hebelwerk überträgt diese Bewegung mittels Schreibfeder auf den Papierstreifen. Dessen Einteilung kann beliebig — nach der höchsten und tiefsten Schieberstellung — vorgenommen werden.

Die Trommeldrehung kann nach Wunsch in 12 oder 24 Stunden erfolgen.

VIII. Kapitel. Die Abführungen und Wärmeausnutzung der Rauchgase.

1. Die Schornsteine.

Abs. 161. **Allgemeines über die Schornsteine.** Dem Baumaterial nach unterscheidet man zwei Arten von Schornsteinen, erstens gemauerte Schornsteine, zweitens Blechschornsteine. Die ersteren kommen hauptsächlich bei großen Öfen in Frage, die letzteren bei kleineren, namentlich auch bei Gasfeuerung, bei denen die Abgasmengen infolge geringeren Luftüberschusses kleiner sind. Die Blechschornsteine werden in dem Falle meist im unteren Teile mit Schamotte ausgesetzt. Bei Öfen, die mit Gas geheizt werden, müssen die Schornsteine mit glasierten Steinen oder Rohren ausgekleidet werden, da sich aus den Abgasen erheblich viel Wasser niederschlägt. Bei den gemauerten Schornsteinen unterscheidet man Schornsteine für Dampfkesselanlage, solche für Hochöfen, Stahlwerke und Walzwerke und endlich Schornsteine für andere metallurgische Werke, für die chemische Industrie und für die Glashütten. Die letztere Gattung von Schornsteinen kommt hier nicht in Frage, da chemische Einwirkungen beim Glühen des Eisens und der Metalle ausgeschlossen sind. Wohl aber kommen die beiden ersten Arten zur Ausführung, und zwar die erstere, wenn die Gase durch vorgelagerte Dampfkessel, Rekuperatoren, Regeneratoren und Preßlufterhitzer mindestens auf 270° abgekühlt sind, die an zweiter Stelle genannte Art, wenn die Gase sehr heiß abgehen. Die Schornsteine für hohe Temperaturen sind bis zur Spitze innen mit Schamottesteinen ausgemauert. Für diese Schornsteine kommen etwas andere Regeln in Frage als für die Dampfschornsteine, die aus Formsteinen hergestellt sind.

Auch sind die Schornsteine für hohe Temperaturen vom Fuß bis zur Spitze zu bändern, während das bei Schornsteinen mit niedriger Temperatur nur an der Spitze notwendig ist.

Die Gitterschornsteine, Diszipatorenschornsteine genannt, eignen sich recht gut zur Zerstreuung von Rauchgasen, namentlich aus der metallurgischen Industrie. Da Metalldämpfe aber nicht in den Abgasen von Glühöfen vorkommen, sondern höchstens Ruß, dieser aber nach den Versuchen des Erfinders Professor H. Wislicenus, Tharandt, kein pflanzenschädliches Agens ist, so dürfte die Anwendung dieser Schornsteine in

Schmieden überflüssig erscheinen. Bildet sich Rauch, so wird man besser dafür sorgen, diesen durch Abänderung der Feuerung nicht entstehen zu lassen.

Bei einer Schornsteinhöhe von 35 m ist die Fläche der oberen lichten Weite zu $^1/_5$ der Rostfläche anzunehmen, bei Höhen von 36 bis 40 m zu $^1/_6$, bei Höhen von 45 m zu $^1/_7$, bei Höhen von 50 m zu $^1/_8$.

Für den Bau von Schornsteinen sind durch den Erlaß des Preußischen Ministeriums vom 3. April 1902 folgende Normen vorgeschrieben worden:

»Zur Ermittelung der Kantenpressung ist der Winddruck mit 150 kg pro qm in die Stabilitätsrechnung einzusetzen. Ferner ist in der Stabilitätsberechnung der Nachweis zu erbringen, daß auf der Leeseite des Schornsteins die Kantenpressung 7 kg/qcm im Mauerwerk bei Verwendung von Kalksandmörtel und 15 kg/qcm bei Anwendung von verlängertem Zementmörtel nicht übersteigt.«

Dabei soll gleichzeitig der Erweis gebracht werden, daß sämtliche Lagerungen auf der Luvseite klaffen können, mithin keine Zugspannung vorhanden ist. Endlich ist der Nachweis zu erbringen, daß bei einem Winddruck von 125 kg/qm der Ausschlag der Resultante aus Winddruck und Gewicht innerhalb der Lichtweite des Schornsteins verbleibt. Für den Bau dürfen nur Steine verwendet werden, die mindestens 200 kg/qcm aushalten können und in die Rechnung ist das Gewicht für den cbm Mauerwerk einzusetzen, welches tatsächlich aus dem Gewicht der verwendeten Steine hervorgeht.«

Unter Zugrundelegung dieser Bestimmungen hat Professor Lang in Hannover eine Methode zur Berechnung von Schornsteinen entworfen. Alle Schornsteine sind von der Mündung bis zur Fundamentsohle in kreisrundem Querschnitt auszuführen, da der Bodendruck sich günstiger verteilt als bei anders geformten und das Fundament sich durch Ersparnisse an Mauerwerk billiger stellt. Der Fuchskanal eines jeden Schornsteins soll unter Fußboden innerhalb des Fundamentklotzes eingeführt werden, und zwar ist sein Querschnitt gleich dem Mündungsquerschnitt am oberen Ende des Schornsteins zu machen. Die Fläche der Fundamentsohle ist so groß zu berechnen, daß deren Randspannung 2,5 kg/qcm auf die Bodenfläche nicht überschreitet. Die Absätze des Fundaments von 0,5 zu 0,5 m Höhe sind bei dessen Gewichtsberechnung nicht zu berücksichtigen, denn man nimmt an, daß der Boden, der über den Absätzen liegt, ebenso schwer ist wie das Mauerwerk. Bei Temperaturen über 350 bis 400° soll ein Drittel der Schornsteinhöhe mit einem Schutzfutter aus feuerfesten Steinen ausgesetzt werden können. Im oberen Teil des Schornsteines sind eiserne Ringe, die von außen angelegt werden, anzubringen, da ohne diese Vorsichtsmaßregel selbst Schornsteine aus bestem Material und guter Ausführung sehr häufig Wärmerisse erhalten, die zu Streitigkeiten führen. Es ist zu empfehlen, sich von dem Ausführenden Garantie geben zu lassen für die Sicherheit gegen Risse, Schiefwerden und Wettereinfluß. Man kann annehmen, daß sich zurzeit der Preis des Schaftmauerwerks auf M. 30 bis 40 stellt, für den Preis eines fertigen Schornsteins einschließlich Fundament gibt Joly folgende Formel an: Preis $= 125\, h\, d$, wobei h die Schornsteinhöhe und d die Lichtweite des Schornsteines bedeutet.

Abs. 162. **Tabelle der Normalien für den Bau von Schornsteinen,** herausgegeben vom Magdeburger Verein für Dampfkesselbetrieb.

Die Zeichen im Kopfe der Tabelle bedeuten:

H = Höhe des Schornsteins vom Fußboden bis zur oberen Mündung in m.
W = Weite des Schornsteins oben innen in m.
h = Höhe der Absätze bei gleichmäßiger Einteilung in m.
h_1 = etwa abweichende Höhe des obern Absatzes in m.
R_u = Radius des unteren Schaftquerschnittes außen in m.
r_u = Radius des unteren Schaftquerschnittes innen in m.

R_0 = Radius des oberen Schaftquerschnittes außen in m.
r_0 = Radius des unteren Schaftquerschnittes innen in m.
Δ_s = Zunahme der Wandstärke für den nächstunteren Absatz in m.
s_1 = Wanddicke des oberen Absatzes in m $= R_0 - r_0$.
s_m = Wanddicke des unteren Absatzes in m $= R_u - r_u$.
n = Anzahl der Absätze des Schornsteinschaftes.
ω = Winddruck auf 1 qm in Tonnen.
V = Volumen des Schaftes in cbm.
γ = Spez. Gewicht des Mauerwerks.
G = Gewicht des Schaftes in Tonnen.
σ_0 = Druck der Schaftsohle auf das Fundament bei Windstille in Atmosphären.
σ' = Randspannung im Schafte bei 0,15 t/qm Winddruck auf der Windseite in Atmosphären.
σ'' = Randspannung im Schafte bei 0,15 t/qm Winddruck auf der Leeseite in Atmosphären.
σ''' = Randspannung in Atmosphären, die bei 0,15 t/qm Winddruck auf der Leeseite entstehen würde, wenn die Steine ohne Mörtel trocken aufgebaut wären.
$\overline{\sigma'''_{zul.}}$ = Größter zulässiger Wert von σ'''.
$\sigma'_{zul.}$ = Größter zulässiger Wert von σ'.
T = Tiefe des Fundamentes in m.
D = Durchmesser des Fundamentes unten in m.
d und t = Durchmesser und Tiefe der Schornsteinseele im Fundament in m.
a, b u. c = Maße der Fuchsöffnung im Fundament.
e, f u. g = Maße der horizontalen Einsteigeöffnung im Fundament in m.
i, k u. l = Maße der vertikalen Einsteigeöffnung im Fundament in m.
V_1 = Volumen des Fundamentes in cbm.
G_1 = Gewicht des Fundamentes in Tonnen.
ς_0 = Druck der Fundamentsohle auf den Baugrund bei Windstille in Atmosphären.
ς' = Randspannung der Fundamentsohle auf den Baugrund bei Winddruck auf der Windseite in Atmosphären.
ς'' = Randspannung der Fundamentsohle auf den Baugrund bei Winddruck auf der Leeseite in Atmosphären.

In Preußen ist für neue oder zu verändernde Schornsteine stets Genehmigung nachzusuchen. Das Gesuch ist gegebenenfalls an den zuständigen Revisionsverein zu richten. Zeichnung und Stabilitätsberechnung sind in je drei Ausfertigungen, vom Antragsteller und Erbauer mit Datum und Unterschrift versehen, beizufügen.

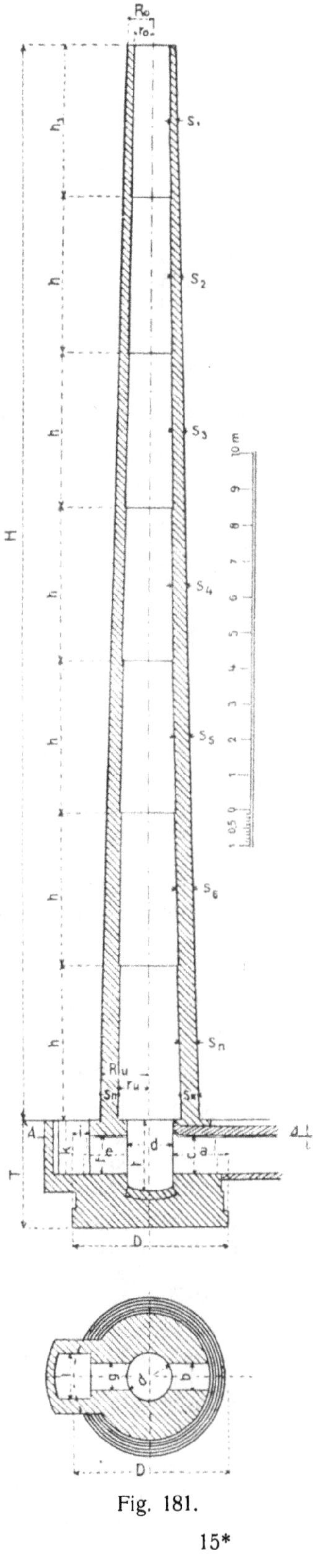

Fig. 181.

1. Schaft.

H	W	h	h_1	R_u	r_u	R_o	r_o	Δ_s	s_o	s_n	n	ω	V	γ	G	σ_o	σ''	σ'	σ'''	$\sigma'''_{zul.}$	$\sigma'_{zul.}$
10	0,30	2,50	2,50	0,670	0,320	0,350	0,150	0,05	0,20	0,35	4	0,15	6,7	1,7	11,4	1,0	3,1	—1,0	4,0	6,5	—1,4
	0,40	3,385	3,23	0,685	0,385	0,400	0,200	0,05	0,20	0,30	3	0,15	6,7	1,7	11,4	1,1	3,3	—1,1	4,3		
	0,50	3,40	3,20	0,690	0,390	0,450	0,250	0,05	0,20	0,30	3	0,15	7,1	1,7	12,1	1,2	3,5	—1,1	4,5		
	0,60	3,40	3,20	0,700	0,400	0,500	0,300	0,05	0,20	0,30	3	0,15	7,5	1,7	12,8	1,2	3,6	—1,1	4,6		
15	0,40	3,00	3,00	0,850	0,450	0,400	0,200	0,05	0,20	0,40	5	0,15	14,0	1,7	23,8	1,4	4,3	—1,4	5,7	7,3	—1,5
	0,50	3,00	3,00	0,850	0,450	0,450	0,250	0,05	0,20	0,40	5	0,15	14,6	1,7	24,8	1,5	4,5	—1,4	5,8		
	0,60	3,75	3,75	0,880	0,530	0,500	0,300	0,05	0,20	0,35	4	0,15	14,7	1,7	25,0	1,6	4,6	—1,4	6,0		
	0,70	3,75	3,75	0,890	0,540	0,55	0,35	0,05	0,20	0,35	4	0,15	15,4	1,7	26,2	1,7	4,8	—1,5	6,2		
20	0,50	3,40	3,00	1,020	0,570	0,450	0,250	0,05	0,20	0,45	6	0,15	24,8	1,7	42,2	1,9	5,3	—1,5	6,4	8,0	—1,6
	0,60	4,00	4,00	1,050	0,650	0,500	0,300	0,05	0,20	0,40	5	0,15	24,5	1,7	41,7	2,0	5,5	—1,6	6,8		
	0,70	4,00	4,00	1,080	0,680	0,550	0,350	0,05	0,20	0,40	5	0,15	26,0	1,7	44,2	2,0	5,5	—1,5	6,6		
	0,80	4,00	4,00	1,090	0,690	0,600	0,400	0,05	0,20	0,40	5	0,15	27,0	1,7	45,9	2,1	5,6	—1,5	6,7		
25	0,75	4,20	4,00	1,240	0,790	0,575	0,375	0,05	0,20	0,45	6	0,15	39,8	1,7	67,7	2,4	6,3	—1,6	7,4	8,8	—1,6
	1,00	4,20	4,00	1,280	0,830	0,700	0,500	0,05	0,20	0,45	6	0,15	43,7	1,7	74,3	2,5	6,6	—1,6	7,5		
	1,25	4,20	4,00	1,330	0,880	0,825	0,625	0,05	0,20	0,45	6	0,15	48,0	1,7	81,6	2,6	6,8	—1,6	7,5		
	1,50	4,20	4,00	1,350	0,900	0,950	0,750	0,05	0,20	0,45	6	0,15	51,3	1,7	87,2	2,7	7,1	—1,6	7,9		
30	1,00	4,30	4,20	1,425	0,925	0,700	0,500	0,05	0,20	0,50	7	0,15	61,6	1,7	104,7	2,8	7,4	—1,7	8,2	9,5	—1,7
	1,25	4,30	4,20	1,470	0,970	0,825	0,625	0,05	0,20	0,50	7	0,15	66,5	1,7	113,0	3,0	7,6	—1,7	8,2		
	1,50	5,00	5,00	1,550	1,100	0,950	0,750	0,05	0,20	0,45	6	0,15	68,5	1,7	116,4	3,1	8,0	—1,6	8,5		
	1,75	5,00	5,00	1,600	1,150	1,075	0,875	0,05	0,20	0,45	6	0,15	73,5	1,7	125,0	3,2	8,0	—1,6	8,6		
35	1,25	4,40	4,20	1,596	1,046	0,825	0,625	0,05	0,20	0,55	8	0,15	88,2	1,7	149,9	3,3	8,4	—1,8	9,1	10,3	—1,8
	1,50	5,00	5,00	1,690	1,190	0,950	0,750	0,05	0,20	0,50	7	0,15	91,3	1,7	155,3	3,4	8,5	—1,7	9,2		
	1,75	5,00	5,00	1,740	1,240	1,075	0,875	0,05	0,20	0,50	7	0,15	97,8	1,7	166,3	3,6	8,7	—1,6	9,8		
	2,00	5,00	5,00	1,760	1,260	1,200	1,000	0,05	0,20	0,50	7	0,15	102,7	1,7	174,6	3,7	9,0	—1,7	9,6		
40	1,50	5,80	5,20	1,770	1,220	1,000	0,750	0,05	0,25	0,55	7	0,15	123,9	1,7	210,6	4,1	10,1	—1,9	10,7	11,0	—1,8
	1,75	5,80	5,20	1,835	1,285	1,125	0,875	0,05	0,25	0,55	7	0,15	132,2	1,7	224,7	4,2	10,1	—1,7	10,5		
	2,00	5,80	5,20	1,840	1,290	1,250	1,000	0,05	0,25	0,55	7	0,15	138,0	1,7	234,6	4,3	10,6	—1,9	11,1		
	2,25	5,80	5,20	1,885	1,335	1,375	1,125	0,05	0,25	0,55	7	0,15	150,4	1,7	255,7	4,6	10,8	—1,8	11,2		
45	1,75	5,70	5,10	1,930	1,330	1,125	0,875	0,05	0,25	0,60	8	0,15	163,2	1,7	277,4	4,5	11,0	—1,9	11,5	11,8	—1,9
	2,00	5,70	5,10	1,970	1,370	1,250	1,000	0,05	0,25	0,60	8	0,15	172,4	1,7	293,1	4,7	11,2	—1,9	11,7		
	2,25	5,70	5,10	2,000	1,400	1,375	1,125	0,05	0,25	0,60	8	0,15	181,0	1,7	307,7	4,8	11,5	—1,9	12,0		
	2,50	5,70	5,10	2,080	1,480	1,500	1,250	0,05	0,25	0,60	8	0,15	192,9	1,7	327,9	4,9	11,4	—1,6	11,7		
50	2,00	6,25	6,25	2,125	1,525	1,250	1,000	0,05	0,25	0,60	8	0,15	203,9	1,7	346,6	5,0	12,0	—1,9	12,5	12,5	—2,0
	2,25	6,25	6,25	2,175	1,575	1,375	1,125	0,05	0,25	0,60	8	0,15	214,3	1,7	364,3	5,2	12,2	—1,9	12,4		
	2,50	6,25	6,25	2,230	1,630	1,500	1,250	0,05	0,25	0,60	8	0,15	225,7	1,7	383,7	5,3	12,3	—1,7	12,6		
	2,75	6,25	6,25	2,290	1,690	1,625	1,375	0,05	0,25	0,60	8	0,15	237,4	1,7	403,6	5,4	12,3	—1,6	12,6		
55	2,25	6,20	5,40	2,270	1,620	1,375	1,125	0,05	0,25	0,65	9	0,15	256,4	1,7	435,9	5,5	12,9	—2,0	13,3	13,3	—2,0
	2,50	6,20	5,40	2,340	1,690	1,500	1,250	0,05	0,25	0,65	9	0,15	276,7	1,7	470,4	5,6	13,1	—1,9	13,4		
	2,75	6,20	5,40	2,430	1,780	1,625	1,375	0,05	0,25	0,65	9	0,15	287,3	1,7	488,4	5,7	12,8	—1,5	13,0		
	3,00	6,20	5,40	2,480	1,830	1,750	1,500	0,05	0,25	0,65	9	0,15	300,0	1,7	510,0	5,8	12,9	—1,4	13,1		
60	2,50	6,70	6,40	2,460	1,810	1,500	1,250	0,05	0,25	0,65	9	0,15	308,6	1,7	524,5	6,0	13,9	—1,9	14,3	14,0	—2,1
	2,75	6,70	6,40	2,560	1,910	1,625	1,375	0,05	0,25	0,65	9	0,15	326,0	1,7	554,3	6,1	13,7	—1,6	13,9		
	3,00	6,70	6,40	2,620	1,970	1,750	1,500	0,05	0,25	0,65	9	0,15	340,9	1,7	579,5	6,2	13,8	—1,5	14,0		
	3,25	6,70	6,40	2,690	2,040	1,875	1,625	0,05	0,25	0,65	9	0,15	356,8	1,7	606,5	6,3	13,8	—1,3	13,9		
65	2,75	6,50	6,50	2,650	1,950	1,625	1,375	0,05	0,25	0,70	10	0,15	380,8	1,7	647,4	6,4	14,4	—1,7	14,6	14,8	—2,1
	3,00	6,50	6,50	2,700	2,000	1,750	1,500	0,05	0,25	0,70	10	0,15	396,6	1,7	674,3	6,5	14,6	—1,6	14,8		
	3,25	6,50	6,50	2,770	2,070	1,875	1,625	0,05	0,25	0,70	10	0,15	414,8	1,7	705,1	6,6	14,7	—1,4	14,8		
	3,50	6,50	6,50	2,830	2,130	2,000	1,750	0,05	0,25	0,70	10	0,15	431,7	1,7	733,9	6,7	14,7	—1,3	14,8		
70	3,00	7,00	7,00	2,800	2,100	1,750	1,500	0,05	0,25	0,70	10	0,15	440,2	1,7	748,3	6,9	15,6	—1,8	15,8	15,5	—2,2
	3,25	7,00	7,00	2,900	2,200	1,875	1,625	0,05	0,25	0,70	10	0,15	462,4	1,7	786,1	7,0	15,5	—1,5	15,6		
	3,50	7,00	7,00	2,960	2,260	2,000	1,750	0,05	0,25	0,70	10	0,15	480,6	1,7	817,0	7,1	15,6	—1,4	15,7		
	3,75	7,00	7,00	3,050	2,350	2,125	1,875	0,05	0,25	0,70	10	0,15	502,5	1,7	854,3	7,2	15,5	—1,0	15,6		

2. Fundament.

H	T	t	D	d	a	b	c	e	f	g	i	k	l	ϱ_0	ϱ''	ϱ'	V_1	G_1
10	1,5	0,7	2,4	0,4	1,00	0,230	0,32	0,65	0,50	0,40	0,35	0,50	0,90	0,5	0,9	0,	6,4	10,9
	1,5	0,9	2,4	0,5	0,95	0,31	0,43	0,70	0,50	0,40	0,25	0,60	0,90	0,5	1,0	0,	6,2	10,6
	2,0	1,1	2,4	0,6	0,90	0,38	0,54	0,60	0,54	0,40	0,30	0,75	0,90	0,6	1,0	0,	8,2	14,0
	2,0	1,2	2,4	0,7	0,85	0,46	0,66	0,60	0,66	0,46	0,25	1,00	0,96	0,6	1,0	0,	8,0	13,6
15	2,0	1,0	3,0	0,6	1,20	0,31	0,43	0,80	0,50	0,40	0,40	0,70	0,90	0,7	1,3	0,	13,3	22,6
	2,0	1,0	3,0	0,6	1,20	0,38	0,54	0,80	0,54	0,40	0,40	0,75	0,90	0,7	1,3	0,	13,2	22,4
	2,5	1,5	3,0	0,7	1,15	0,46	0,66	0,80	0,66	0,46	0,35	1,00	0,96	0,7	1,5	0,	16,2	27,5
	2,5	1,5	3,0	0,8	1,10	0,57	0,84	0,75	0,84	0,57	0,35	1,20	1,07	0,7	1,5	0,	15,6	26,5
20	2,5	1,5	3,5	0,6	1,45	0,38	0,54	1,00	0,54	0,46	0,45	1,00	0,96	0,8	1,6	0,1	22,7	38,6
	2,5	1,5	3,5	0,8	1,35	0,46	0,66	0,90	0,66	0,46	0,45	1,00	0,96	0,8	1,7	0,	22,2	37,7
	2,5	1,5	3,6	0,8	1,40	0,54	0,76	0,90	0,76	0,54	0,50	1,20	1,04	0,8	1,6	0,	23,2	39,5
	3,0	2,0	3,6	0,9	1,35	0,61	0,89	0,90	0,89	0,61	0,45	1,50	1,11	0,9	1,8	0,	27,3	46,4
25	3,0	2,0	4,0	1,0	1,50	0,57	0,82	1,00	0,82	0,57	0,50	1,5	1,07	1,0	2,0	0,	34,2	58,1
	3,0	2,0	4,2	1,2	1,50	0,76	1,10	0,90	1,10	0,76	0,60	1,5	1,26	1,0	1,9	0,	36,2	61,5
	3,5	2,5	4,2	1,3	1,45	0,95	1,40	0,90	1,40	0,80	0,55	2,0	1,30	1,1	2,2	0,	40,8	69,4
	4,0	3,0	4,4	1,55	1,425	1,15	1,66	0,80	1,55	0,85	0,625	2,5	1,35	1,1	2,2	0,	49,3	83,8
30	3,0	2,0	4,5	1,3	1,60	0,76	1,10	1,10	1,10	0,76	0,50	1,5	1,26	1,1	2,3	0,	41,9	71,2
	3,5	2,5	4,6	1,4	1,60	0,95	1,40	1,10	1,40	0,85	0,50	2,0	1,35	1,2	2,4	0,	49,5	84,2
	4,0	3,0	4,8	1,6	1,60	1,15	1,66	1,05	1,60	0,90	0,55	2,5	1,40	1,2	2,4	0,	59,9	101,8
	4,0	3,0	5,0	1,8	1,60	1,38	1,93	1,00	1,60	0,95	0,60	2,5	1,45	1,2	2,4	0,	63,0	107,0
35	3,5	2,5	5,2	1,5	1,85	0,95	1,40	1,15	1,40	0,90	0,70	2,0	1,40	1,2	2,4	0,	64,0	108,9
	4,0	3,0	5,4	1,8	1,80	1,15	1,66	1,10	1,66	1,00	0,70	2,5	1,50	1,2	2,4	0,1	76,1	129,3
	4,0	3,0	5,6	1,9	1,85	1,38	1,93	1,10	1,65	1,00	0,75	2,5	1,50	1,2	2,4	0,1	81,5	138,5
	4,5	3,5	5,8	2,1	1,85	1,53	2,20	1,00	1,65	1,05	0,85	3,0	1,55	1,3	2,4	0,1	94,9	161,2
40	4,0	3,0	6,0	1,8	2,10	1,15	1,66	1,20	1,66	0,95	0,90	2,5	1,45	1,3	2,5	0,2	96,3	163,7
	4,0	3,0	6,5	1,9	2,30	1,38	1,93	1,25	1,70	1,00	1,00	2,5	1,50	1,3	2,2	0,3	112,2	190,8
	4,5	3,5	6,5	2,1	2,20	1,53	2,20	1,10	1,70	1,05	1,10	3,0	1,55	1,3	2,4	0,3	122,7	208,6
	4,5	3,5	6,5	2,3	2,10	1,73	2,50	1,10	1,70	1,10	1,00	3,0	1,60	1,4	2,5	0,2	118,8	202,0
45	4,0	3,0	7,0	2,0	2,50	1,38	1,93	1,30	1,75	1,00	1,00	2,5	1,50	1,3	2,3	0,3	131,8	224,2
	4,5	3,5	7,0	2,2	2,40	1,53	2,20	1,20	1,75	1,05	1,20	3,0	1,55	1,4	2,5	0,3	144,0	244,8
	4,5	3,5	7,5	2,3	2,60	1,73	2,50	1,20	1,75	1,10	1,15	3,0	1,60	1,3	2,3	0,4	165,2	280,8
	5,0	4,0	7,5	2,6	2,45	1,91	2,76	1,10	1,75	1,15	1,10	3,5	1,65	1,4	2,5	0,4	178,2	302,9
50	4,5	3,5	7,5	2,4	2,55	1,53	2,20	1,30	1,80	1,05	1,25	3,0	1,55	1,4	2,5	0,3	166,1	282,4
	4,5	3,5	8,0	2,5	2,75	1,73	2,50	1,30	1,80	1,10	1,45	3,0	1,60	1,4	2,3	0,4	187,6	318,9
	5,0	4,0	8,0	2,6	2,70	1,91	2,76	1,30	1,80	1,15	1,40	3,5	1,65	1,5	2,5	0,4	205,1	348,6
	5,0	4,0	8,5	2,8	2,85	2,10	3,00	1,20	1,80	1,20	1,65	3,5	1,70	1,4	2,3	0,5	228,7	388,8
55	4,5	3,5	8,5	2,5	3,00	1,73	2,50	1,42	1,85	1,10	1,33	3,0	1,60	1,4	2,4	0,4	215,9	367,1
	5,0	4,0	8,6	2,7	2,95	1,91	2,76	1,39	1,85	1,15	1,31	3,5	1,65	1,5	2,5	0,5	241,5	410,5
	5,0	4,0	9,0	2,9	3,05	2,10	3,00	1,38	1,85	1,20	1,42	3,5	1,70	1,5	2,4	0,5	260,9	443,6
	5,5	4,5	9,5	3,1	3,20	2,29	3,30	1,33	1,85	1,25	1,62	4,0	1,75	1,5	2,4	0,6	317,3	539,4
60	5,0	4,0	9,5	2,8	3,35	1,91	2,76	1,46	1,90	1,15	1,64	3,5	1,65	1,5	2,4	0,5	299,5	509,1
	5,0	4,0	10,0	2,9	3,35	2,10	3,00	1,51	1,90	1,20	1,79	3,5	1,70	1,4	2,3	0,6	331,1	562,8
	5,5	4,5	10,0	3,1	3,45	2,29	3,30	1,47	1,90	1,25	1,73	4,0	1,75	1,5	2,4	0,6	356,3	605,8
	6,0	5,0	10,5	3,3	3,60	2,48	3,57	1,44	1,90	1,30	1,91	4,5	1,80	1,5	2,4	0,7	425,9	724,0
65	5,0	4,0	10,0	3,0	3,50	2,10	3,00	1,60	1,95	1,20	1,65	3,5	1,70	1,5	2,5	0,6	328,8	559,0
	5,5	4,5	10,5	3,1	3,70	2,29	3,30	1,60	1,95	1,25	1,85	4,0	1,75	1,6	2,5	0,7	355,1	603,6
	6,0	5,0	10,8	3,4	3,70	2,48	3,57	1,52	1,95	1,30	1,93	4,5	1,80	1,6	2,5	0,7	452,0	768,4
	6,0	5,0	11,0	3,6	3,70	2,67	3,86	1,48	1,95	1,35	1,97	4,5	1,85	1,6	2,5	0,7	460,9	783,5
70	5,5	4,5	11,0	3,2	3,90	2,29	3,30	1,65	2,00	1,25	2,00	4,0	1,75	1,6	2,5	0,7	438,9	746,1
	6,0	5,0	11,0	3,4	3,70	2,48	3,50	1,65	2,00	1,30	2,15	4,5	1,80	1,7	2,5	0,8	471,0	800,7
	6,0	5,0	11,6	3,6	4,00	2,67	3,87	1,60	2,00	1,35	2,15	4,7	1,85	1,6	2,5	0,7	518,0	882,1
	6,5	5,5	12,0	3,8	4,10	2,86	4,15	1,60	2,00	1,40	2,20	5,0	1,90	1,7	2,5	0,8	598,7	1015,8

2. Rauchsauger.

Abs. 163. **Die Anlagen für künstlichen Zug.** In der letzten Zeit ist man dazu übergegangen, an Stelle der Schornsteine Anlagen für künstlichen Zug zu errichten. Der Vorteil der Saugzuganlage für die Schmiedeöfen liegt vor allem in der Anpassungsfähigkeit an die Betriebsverhältnisse. Es ist möglich, den Saugzug plötzlich abzustellen, wenn z. B. Stücke aus dem Ofen gezogen oder hineingelegt werden sollen, so daß keine kalte Luft durch die offenen Beschickungstüren entrömt. Ferner ist man ganz unabhängig von den Witterungsverhältnissen, so daß man einen außerordentlich regelmäßigen Betrieb erzielen kann. Außerdem ist man in der Lage, in die Ofenreise größere Widerstände einzuschalten, um die Wärme der Abgase möglichst gut ausnutzen zu können. Dieser Idee setzt sich jedoch zuerst ein Widerstand entgegen, weil Abgase von ca. 120° C einen genügenden Auftrieb im Schornstein nicht mehr zu ergeben vermögen, so daß die Zugwirkung allein nicht ausreicht. Nicht vorteilhaft ist, daß im Rekuperator stärkerer Unterdruck entsteht. Die heute in Betracht kommenden Anlagen für künstlichen Zug beruhen auf dem indirekten Verfahren, d. h. es wird durch einen Ventilator Luft mittels Düse in den vertikal gehenden Rauchkanal geblasen, der die Stelle des Schornsteins einnimmt.

Der Kraftverbrauch ist äußerst gering, und die Anlagekosten übersteigen nicht die der Schornsteine für natürlichen Zug, da diese wegen der hohen Temperaturen der abgehenden Gase besonders mit Schamotte ausgemauert sein müssen, während bei Anlagen mit künstlichem Zug die Gase nicht nur wegen der Verdünnung, sondern auch wegen der besseren Ausnutzung kühler abgehen.

Abs. 164. **Rauchsauger** der Firma Gebr. Körting, Aktiengesellschaft, Körtingsdorf-Hannover. Die vorgenannte Firma liefert an Stelle von rotierenden Ventilatoren für den indirekten künstlichen Schornsteinzug Dampf- oder Luftstrahlgebläse, welche wegen ihrer Unempfindlichkeit direkt in den Schornstein eingebaut werden können. Zum Zweck der selbsttätigen Dampferzeugung liefert die Firma einen als stehenden Dampfkessel ausgebildeten Schornstein, wie dieses in Fig. 182 dargestellt ist. Es werden von der Firma 10 Größen angefertigt, die für eine Verbrennung anfangend von 20 kg Steinkohle bzw. 35 kg Braunkohle stündlich bis 1930 bzw. 3200 kg ausreichen.

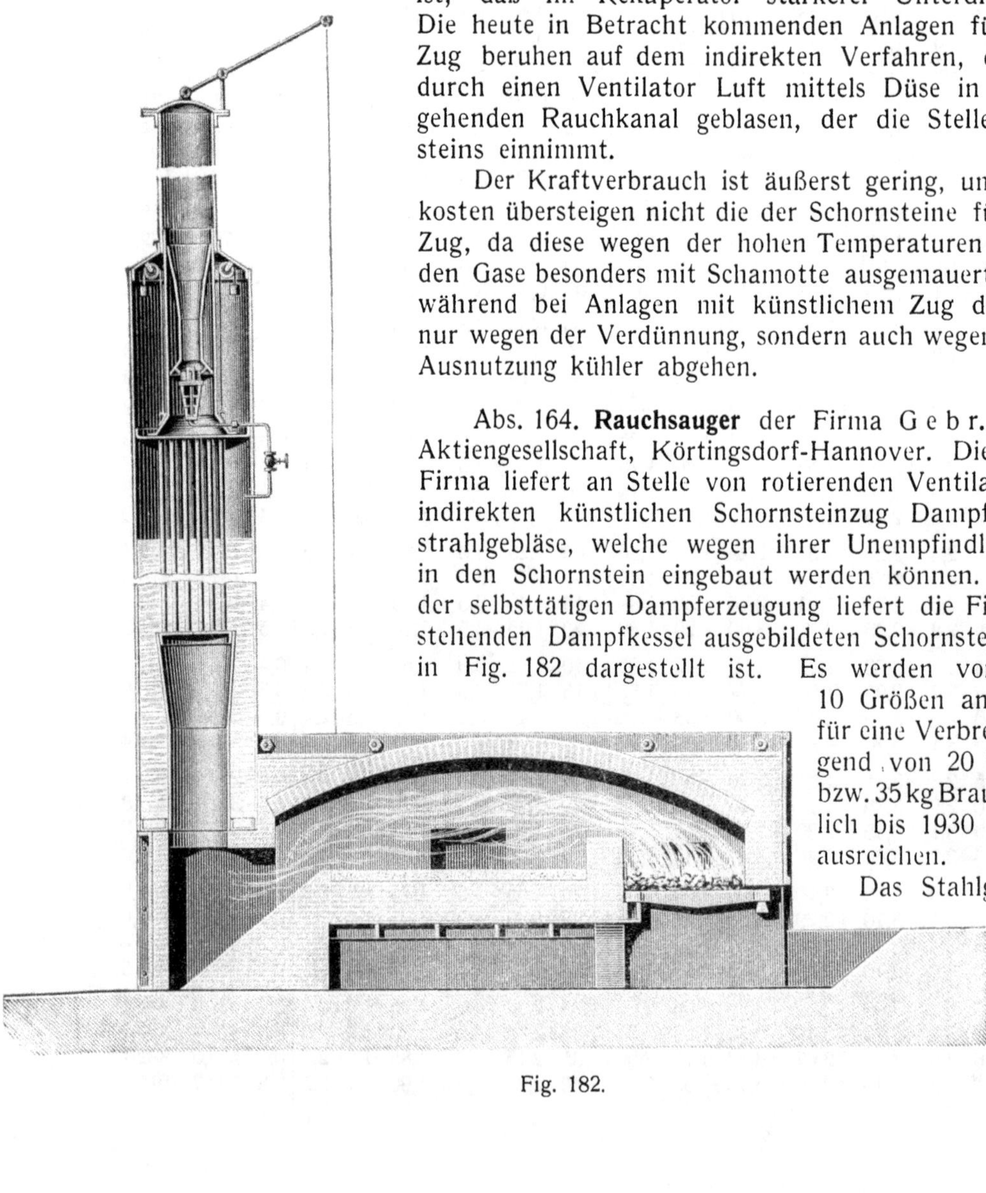

Fig. 182.

Das Stahlgebläse selbst ist ein Verbund-Stahlgebläse, bei welchem der eingelassene Dampf-bzw.

Luftstrahl zunächst wenig umliegende Luft mit sich reißt, der so gebildete Strahl wiederum die umliegenden Abgase mit ansaugt und, indem der Strahl immer mehr an Geschwindigkeit verliert, das Volumen der mitgeführten Luft ein immer größeres wird.

Abs. 165. **Künstlicher Zug für Schmiedebetriebe.** System Schwabach, gebaut von der Gesellschaft für künstlichen Zug, G. m. b. H., Berlin-Charlottenburg. In neuerer Zeit findet wie gesagt für die Absaugung der Rauchgase von Schweiß- und Glühöfen das Verfahren zur Erzeugung künstlichen Zuges, zunehmende Verwendung.

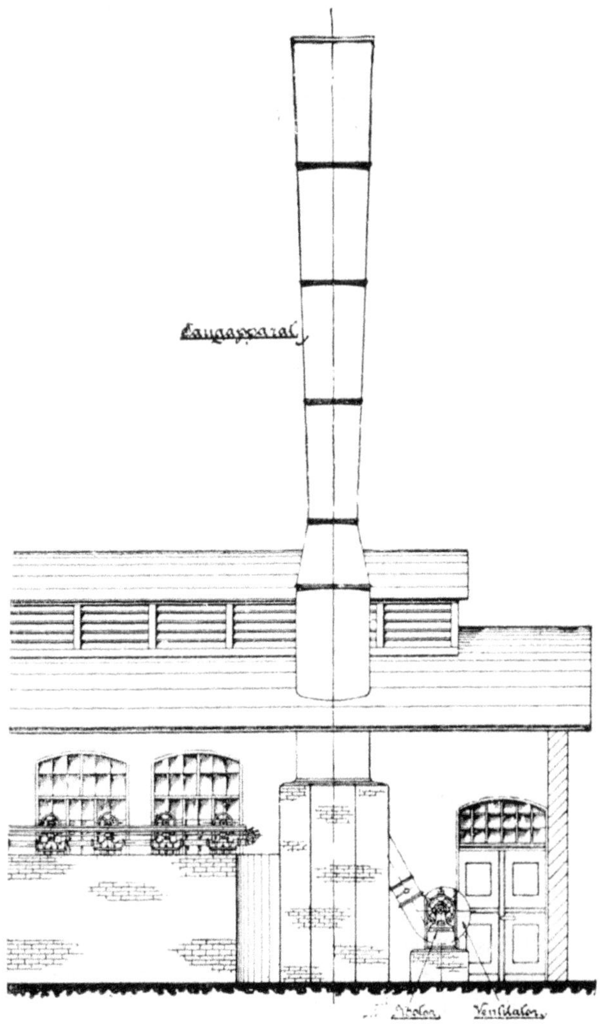

Fig. 183.

Das Schwabachverfahren beruht darauf, daß atmosphärische Luft mittels eines außerhalb der Rauchkanäle aufgestellten Ventilators angesaugt und mit geringer Spannung durch düsenförmige Öffnungen in den Abzugschlot geblasen wird. Das hierdurch unterhalb der Düse entstehende Vakuum erzeugt im Feuerraum einen Unterdruck von beliebiger Größe, wodurch dann die Verbrennungsluft nachgesaugt wird. Die Saugöffnung des Ventilators kann auch mit einem in der Nähe befindlichen Raum, dessen Entlüftung verbessert werden soll, in Verbindung gebracht werden.

Die Anlagen für künstlichen Zug werden als freistehende und eingebaute ausgeführt. Das typische Bild einer freistehenden Saugzuganlage zeigen nebenstehende Abbildungen Fig. 183 und 184. Der Apparat ist seitlich neben dem Ofen auf einem gemauerten Sockel aufgestellt. Der Ventilator wird zweckmäßig unmittelbar neben dem Apparat angeordnet. Sein Antrieb erfolgt durch Riemen bzw. Kupplung oder Zusammenbau mit einem Motor.

Die eingebauten Anlagen kommen hauptsächlich dann in Frage, wenn der bestehende Schornstein für den gesteigerten Betrieb nicht mehr ausreicht. Der Schornstein erhält dann eine entsprechende, der genannten Gesellschaft ebenfalls geschützte Ausmauerung, welche die charakteristische Form der sonst in Eisenblech hergestellten Schornsteine aufweist.

Die Zugregulierung bei den Schwabachapparaten geschieht mittels einer Doppelreguliervorrichtung, welche eine bequeme und wirtschaftliche Regelung der Leistung wie des Kraftverbrauches in den feinsten Abstufungen sowie eine stets günstige Verbrennung ermöglicht. Außerdem wird der Apparat mit einem der Gesellschaft auch patentamtlich geschützten Spezialdampfgebläse ausgerüstet, welches eine Reserve von Sicherheit und ständiger Betriebsbereitschaft bildet.

Die Vorzüge des künstlichen Zuges gegenüber dem natürlichen Schornsteinzug sind wie schon gesagt die völlige Unabhängigkeit von den Einflüssen der Witterung, die außerordentlich feinfühlige Regulierbarkeit und die Steigerung des Nutzeffektes

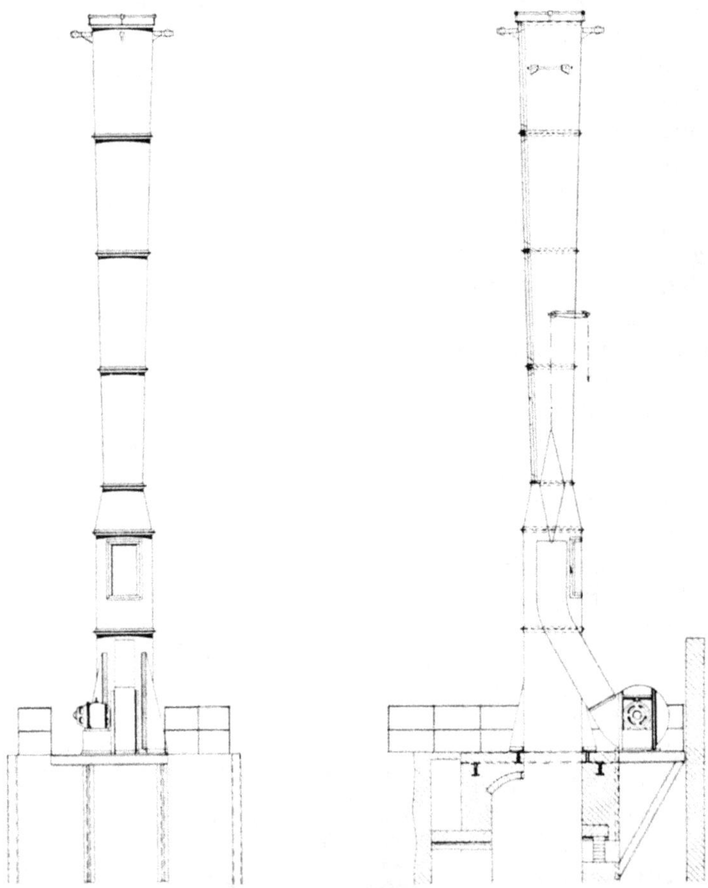

Fig. 184.

der Verbrennung durch die stets gleichmäßig gute Luftzuführung zur Feuerung. Der Kraftbedarf der Anlagen ist ein äußerst geringer und beträgt nur etwa 1% der verbrannten Kohlenmengen.

Das Schwabach-Zugverfahren hat bereits in zahlreichen Schmiedebetrieben, insbesondere auch für Glüh- und Schweißöfen, Verwendung gefunden.

Abs. 166. **Indirekt arbeitende Saugzuganlagen** nach Louis Prat Bauart, Babcock & Wilcox-Co., Oberhausen, Rhld. Die Vorrichtung besteht im wesentlichen aus einem verhältnismäßig kleinen Zentrifugalgebläse, einem als Abzugrohr ausgebildeten schmiedeeisernen Gassaugapparat, dem Druckrohr, einer kurzen Windleitung zur Verbindung des Sauggasapparats mit dem Ventilatoraustritt und einer Reguliervorrichtung. Die Wirkungsweise ist die gleiche wie die eines Ejektors. Wir haben es also auch hier mit einem getriebenen und einem treibenden Mittel zu tun. Das erstere sind die abzuführenden Verbrennungsgase, das letztere bildet ein Frischluftstrom, der durch das Gebläse hervorgerufen und durch das Druckrohr in den Saugapparat geführt wird. Der letztere setzt den dem treibenden Frischluftstrom durch den Ventilator mitgeteilten Druck in eine Saugwirkung um, wie es ähnlich bei den Ejektoren geschieht.

Auch die Form des Saugapparates erinnert an die eines Ejektors. Er besitzt einen unteren zylindrischen Teil, an welchen ein konvergierender Konus anschließt. Diesem folgt ein zylindrisches Rohrstück, von welchem aus die Rohrwandungen bis zur Mündung des Kamins wieder divergieren. Der zylindrische Unterteil hat den Zweck, die etwa einseitig eintretenden Rauchgase bis an die Austrittsstelle der treibenden Frischluft zu führen und sie auf diesem Wege über den ganzen Querschnitt gleichmäßig zu verteilen. Er muß daher eine genügende Länge besitzen. Die aus einem konvergierenden und einem geraden Rohrstück bestehende Einschnürung ist allen Ejektoren eigentümlich. An dieser Stelle teilt der Frischluftstrom den Rauchgasen teilweise die ihm innewohnende Energie mit, indem er die Gase beschleunigt und die eigene Geschwindigkeit verringert. Das Gemisch von Verbrennungsgasen und Luft erhält eine aus den ursprünglichen Geschwindigkeiten resultierende Bewegung. Da diese in dem engen Querschnitt der Einschnürung verhältnismäßig hoch wird und das Gemisch also eine recht beträchtliche lebendige Kraft besitzt, wird zur Ausnutzung der letzteren der Rohrquerschnitt bis zur Mündung derartig erweitert, daß dort nur noch eine mäßige Geschwindigkeit verbleibt und der Austritt ins Freie annähernd stoßfrei erfolgt. Die Windleitung vom Ventilator tritt schon im unteren Schornsteinteil ein und läßt die Luft in Höhe der Einschnürung durch eine düsenartige Mündung ausströmen.

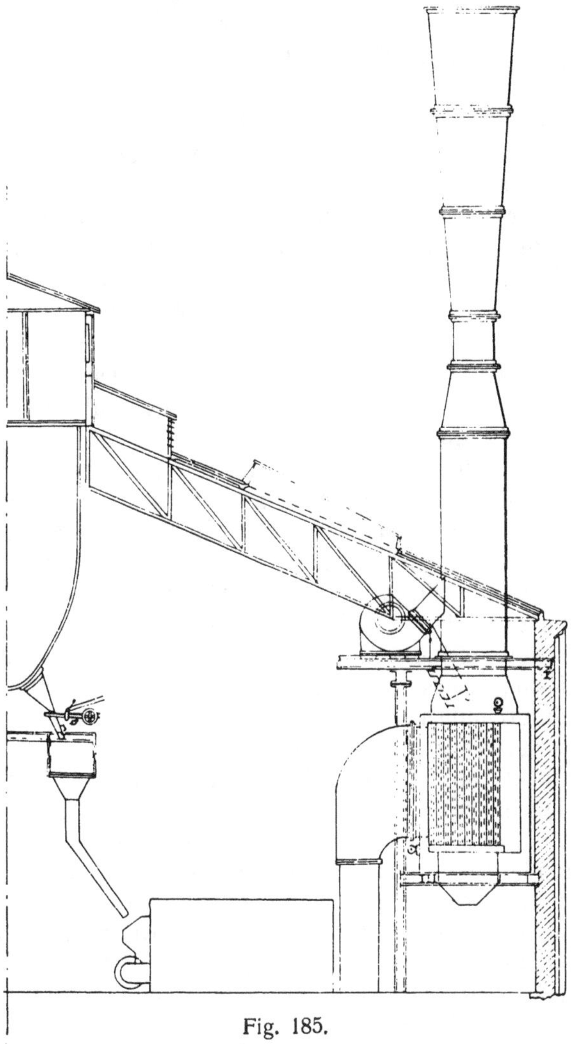
Fig. 185.

Von der richtigen Ausbildung der Querschnitte und der Form des Saugapparates sowie von der richtigen Wahl der Pressung und Menge der treibenden Luft hängt der Effekt und der Kraftbedarf der Anlage ab. Die Bestimmung dieser Werte ist daher die wichtigste Aufgabe des Konstrukteurs. Bei den dazu erforderlichen Berechnungen müssen die Bewegungsgesetze von Gasen in Leitungen und insbesondere die durch sehr eingehende Versuche ermittelten Grundsätze Berücksichtigung finden.

Die Aufstellung der indirekten Zuganlage geschieht meist unmittelbar über dem unterirdischen gemeinsamen Rauchkanal zu ebener Erde. Die Fundamente fallen wegen des geringen Gewichtes sehr einfach aus. Bei Vorhandensein eines oberirdischen

Rekuperators, Regenerators oder Gas- bzw. Preßluftvorwärmers kann der Abzugsschlot auch auf das dafür hergerichtete Mauerwerk gestellt werden. Der Ventilator, welcher im Gegensatz zu dem bei den direkten Anlagen kleine Dimensionen hat, kann dann entweder zu ebener Erde oder ebenfalls hoch montiert werden (Fig. 185). Bei letzterer Anordnung ist der Platzbedarf der Zuganlage fast gleich Null. Ist eine Verseilung des Schornsteines nicht möglich oder nicht erwünscht, so kann dieser auch selbstspannend ausgeführt werden. Natürlich fällt dann die Fundamentierung etwas kräftiger aus, da der gesamte Winddruck durch das Fundament aufgenommen werden muß. Bei vielen kleineren Ofenanlagen wird eine Saugzuganlage genügen, während man bei größeren Betrieben meist mehrere Zugvorrichtungen aufstellt, um nicht zu große Schornsteinabmessungen zu erhalten. Für große Ofenanlagen, in Verbindung mit vielen kleinen, gibt man in der Regel jedem großen Ofen eine besondere Zuganlage. Diese Anordnung ist zwar etwas teurer, hat aber den Vorzug, daß jeder große Ofen unabhängig von den übrigen arbeitet.

Der Antrieb des Ventilators geschieht in den meisten Fällen durch einen Elektromotor. Da nämlich die Umdrehungszahl des Ventilators hier bedeutend höher ist als bei den direkten Saugzuganlagen, stellt sich der Antriebsmotor wesentlich billiger, so daß die Anschaffungskosten kaum teuerer als beim Riemenbetrieb sind, dagegen die Unannehmlichkeiten des letzteren umgangen werden.

Die Regulierung erfolgt durch eine besondere Vorrichtung und ermöglicht bei entsprechender Veränderung des Kraftbedarfes ein leichtes Anpassen der Zugstärke an die jeweiligen Betriebsverhältnisse. Außerdem wird meist eine Regulierung durch die Umdrehungszahl des Motors vorgesehen. Bei Gleichstrommotoren ist ohne weiteres eine wirtschaftliche Veränderung der Geschwindigkeit möglich, dagegen ist die Regulierung eines normalen Drehstrommotors unökonomisch, da zur Verminderung der Umdrehungen die überschüssige Energie vernichtet werden muß. Es kommen jedoch in letzter Zeit auch Drehstrommotoren mit wirtschaftlicher Regulierbarkeit auf den Markt, die sog. Kollektormotoren, welche sich für den Ventilatorbetrieb vorzüglich eignen.

Bei direkter Kupplung der Motor- und Ventilatorwelle bietet die indirekt arbeitende Saugzuganlage die größte Betriebssicherheit. Eine Überlastung des Motors ist ausgeschlossen, da die Leistung des Ventilators nie über einen bestimmten Wert hinauskommen kann, denn die Luftförderung wird durch den Düsenquerschnitt im Saugapparat begrenzt. Bei dem direkten System dagegen ist durch Verringerung der den Rauchgasen entgegentretenden Widerstände, z. B. infolge schlecht bedeckten Rostes, die Zunahme der zu fördernden Gasmengen und somit eine ungewöhnliche Leistung des Gebläses und Motors möglich. Da der Ventilator nur Frischluft fördert, also den Rauchgasen völlig entzogen ist, kommt eine Verschmutzung des Gebläses und damit das verbundene Zurückgehen seines Wirkungsgrades nicht vor. Ebenso ist eine frühzeitige Abnutzung der Anlage infolge der Hitze und des Säuregehaltes der Rauchgase ausgeschlossen.

Der Kraftbedarf einer indirekten Zuganlage hält sich in niedrigen Grenzen. Er beträgt bei Kesseln, wie schon erwähnt, nur etwa 1% der Leistung, welche die von ihm abhängige Dampfkraftanlage erzeugt. Dabei können die Verbrennungsgase, soweit es mit den Rekuperatoren, Regeneratoren und Gas- und Preßluftvorwärmern möglich ist, ausgenutzt werden, ohne daß sich dadurch die Intensität des Zuges verringert.

Abs. 167. **Künstliche Saugzuganlagen für Schmiedeöfen.** Bauart Dr. Hans Cruse & Co., Berlin W. 50. Fig. 186 stellt eine Anlage dieses Systems dar. Es wird als direktes bezeichnet. Wie bereits dargetan, ist es dadurch gekennzeichnet, daß der Ventilator die Rauchgase selbst ansaugt und fördert. Die Firma Cruse & Co.

verwendet aber nebenher auch Saugzuganlagen des indirekten Systems zur Absaugung von Rauchgasen aus Schmiedewerkstätten; denn man kam auf den Gedanken, statt der Außenluft die Rauchgase und die heiße Luft der Schmiede mit dem Ventilator abzusaugen und durch die Düse in den Kamin einzublasen. Dadurch gelang es,

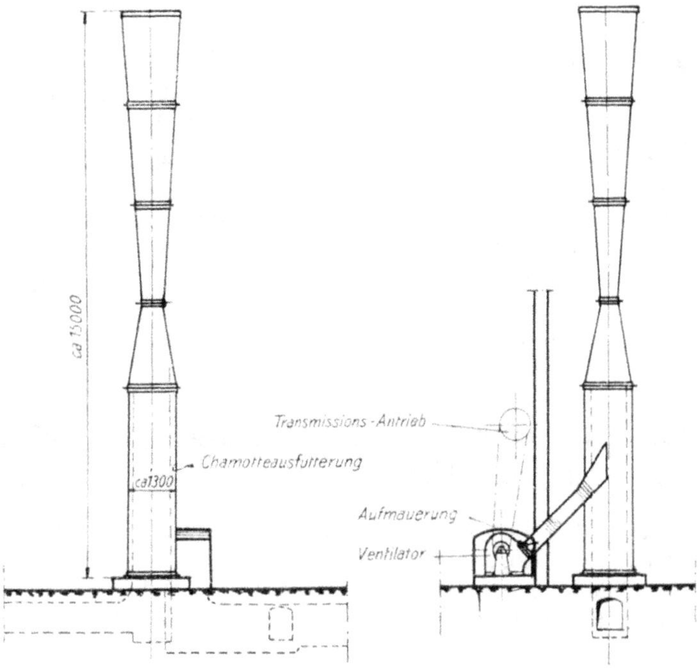

Fig. 186.

die Rauchbelästigung in der Schmiede auf bequeme Weise zu vermeiden, denn bei den in Betracht kommenden großen Luftmengen ist man in der Lage, die gesamten durch die Einsatztüren entwichenen schlechten Ofenabgase abzusaugen. Die Anlage hat sich durchaus bewährt. Der Kraftverbrauch der Ventilatoren beträgt 1 bis 2% der Dampfleistung der Abhitzekessel. Infolge der Speisewasservorwärmung wird eine Brennstoffersparnis von etwa 15 bis 18% erzielt, so daß sich trotz der Betriebskosten für die Saugzuganlage ein beträchtlicher Reingewinn außer der allgemeinen Betriebsverbesserung ergibt.

Abs. 168. **Absaugungsrohranlagen.** Bauart Maschinenfabrik Augsburg-Nürnberg, A.-G., Nürnberg. Wenn mehrere kleinere Öfen an Pressen für die

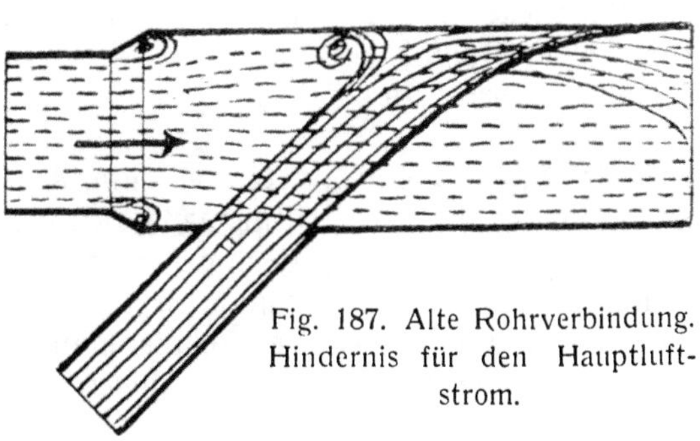

Fig. 187. Alte Rohrverbindung. Hindernis für den Hauptluftstrom.

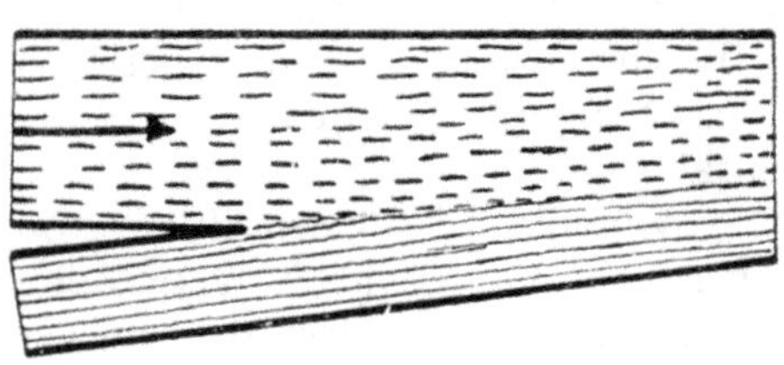

Fig. 188. N. A. N.-Rohrverbindung. D. R. P. Störungsfreie Einmündung in den Hauptluftstrom.

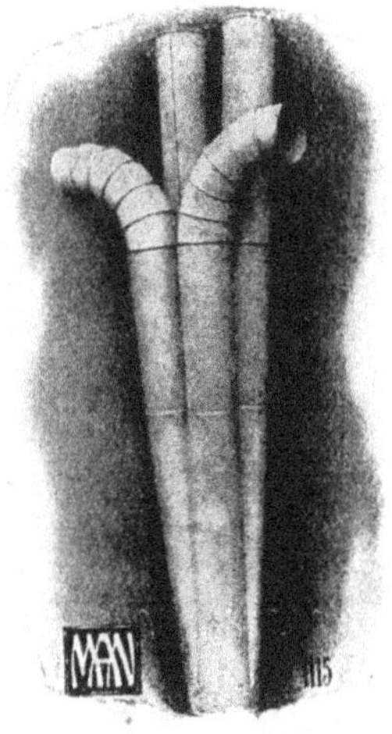

Fig. 189. M.A.N.-Rohrverbindung D. R. P.

Absaugung zusammengefaßt werden sollen, so ist der Einführung der einzelnen Abgasekanäle in den Hauptabsaugungskanal der Anlage für künstlichen Zug besonders Beachtung zu schenken.

Die Rohrverbindungen der älteren Anlagen besaßen wegen der praktischen Schwierigkeiten, spitzwinklige Rohrverbindungen herzustellen, einen Einmündungswinkel von 45° und darüber. Der steil einmündende Luftstrahl der Hebeleitung wirkt aber wie ein in das Hauptrohr gestelltes Hindernis und verursacht daher einen Druckabfall, der sich bei jeder Verbindung wiederholt (Fig. 187). Dagegen ermöglicht das Verfahren der Fig. 188 und 189 M. A.-N., A.-G., in einfacher Weise die Herstellung beliebig spitzwinkliger Rohrverbindungen mit stetigem Querschnittsübergang, die der Firma patentiert ist. Hierdurch wird jede Stauung des Hauptluftstromes vermieden und der gesamte Druckabfall und damit der Kraftbedarf sehr vermindert.

3. Anlagen zur Wärmeausnutzung der Rauchgase mit Ausnahme von Rekuperatoren und Regeneratoren für Verbrennungsluft.

Abs. 169. **Allgemeines über die Ausnutzung der Wärme in den Rauchgasen.** Da die Wärmeausnutzung der Abgase durch Rekuperatoren und Regeneratoren bereits in der Gruppe der Winderwärmungsanlagen dargelegt wurde, bleibt nur noch in dem folgenden Abschnitt die Wärmeausnutzung in Dampfkesseln und Warmwasserapparaten zu besprechen.

Abs. 170. **Die Wärmeausnutzung der Rauchgase durch Dampfkessel.** Die Ausnutzung von Wärme der abziehenden Gase von Schmiedeglühöfen kann, sofern sich die Verhältnisse hierfür besonders günstig gestalten, auch in Dampfkesseln erfolgen. Diese werden dann entweder auf den Glühöfen gelagert oder hinter sie geschaltet. Stets aber muß die Stellung der Öfen in der Schmiede derartig sein, daß die Übersicht über sie nicht verloren geht, also meist nahe einer Wand. Die Kessel, welche zur Verwendung gelangen können, müssen große Dampfsammler und hohe Spannung haben, da der Betrieb der Schmiede ein sehr stark intermittierender ist. Auch ist zu berücksichtigen, daß man, wenn ein großes Stück aus einem Ofen mit Dampfkessel gezogen wird, um unter dem Hammer oder der Presse bearbeitet zu werden, das Feuer des Glühofens zu reduzieren ist, wodurch auch der Dampfkessel weniger Dampf produziert, während gleichzeitig der Hammer oder die Presse jetzt Dampf aus dem Kessel entnehmen. Der Betrieb ist also äußerst ungleichmäßig. Zeitweilig genügt auch nicht die im Glühofen verstocherte Kohle, da nicht ausreichend Glühstücke vorhanden sind, anderseits, z. B. im Winter, für die Heizung beträchtlich mehr Dampf gefordert wird. Alsdann wird es immer notwendig sein, Reservekessel anzufeuern. Dieser Betrieb ist ebenfalls unrationell.

Walzenkessel können ihres großen Gewichts wegen nicht als Kessel zum Auflagern auf die Glühöfen verwendet werden. Wegen ihrer verhältnismäßig kleinen Heizfläche beanspruchen sie einen sehr großen Raum hinter den Glühöfen und sind daher nicht vorteilhaft in Schmieden verwendbar. Früher hat man auch stehende Kessel namentlich hinter Schweiß- und Puddelöfen verwendet, ist aber von diesen mehr und mehr abgegangen. Wegen ihres großen Dampfsammelraumes und der Anwendung des Gegenstromprinzips und der Wärmestauung lassen sich die stehenden Kessel, nach Oetling, in Schmieden verwenden. Ihr Nutzeffekt ist über 70%.

Neuerdings hat man auch Wasserrohrkessel mit erheblich großem Oberkessel angewandt, um sowohl eine gute Heizfläche als auch genügend großen Dampfsammelraum zu haben.

Da die Kondensationsverluste in dem freiliegenden Rohrnetze erheblich sind, so kann man nach der »Hütte« als überschlägigen Wärmeverbrauch für eine effektive PS/Std. 6000 WE annehmen. Kurze Rohrleitungen sind für das wirtschaftliche Arbeiten einer solchen Dampfanlage als Vorbedingung anzusehen. Diese sind aber in Schmieden selten anzubringen.

Ich halte jedoch den Dampfbetrieb für die Schmiede heute nicht mehr rationell. Auf dieses Thema werde ich noch im III. Hauptteil besonders eingehen.

Lit.-N. Nr. 170.

Dritter Teil.

Vorrichtungen und Maschinen.

1. Kapitel. Handbediente Werkzeuge und Vorrichtungen.

Abs. 171. **Allgemeines über die handbedienten Werkzeuge und Vorrichtungen.** In nachstehenden Abschnitten sollen die jetzt in Schmieden gebrauchten Werkzeuge und Vorrichtungen beschrieben werden. Die Zahl der Vorrichtungen und Werkzeuge ist verhältnismäßig klein, da Spezialwerkzeuge in der Schmiede noch sehr viel fehlen. Ebenso sind die Meßwerkzeuge noch mangelhaft. Ich habe versucht, eine Auswahl brauchbarer Werkzeuge und Vorrichtungen zu beschreiben.

Abs. 172. **Der Amboß für Handarbeit.** Der Amboß, der alte Arbeitstisch des Schmiedes, wird heute in den verschiedensten Formen in geschmiedetem Stahl ausgeführt. Es ist ein rechteckiger Klotz, der einseitig oder beiderseitig mit Hörnern versehen wird. Die Seite, an welcher der Schirrmeister steht, wird als Meisterseite bezeichnet, die entgegengesetzte die Zuschläger- oder Gesellenseite. Die Arbeitsbahn und die Hörner werden gehärtet. Auf der einen Querseite erhält der Amboß meist ein viereckiges Loch für die Einsteckgesenke. Aus den Fig. 190 bis 210, welche vom Verband der Amboßwerke zur Verfügung gestellt wurden, gehen die mannigfachen Formen, wie sie in den verschiedenen Ländern gefordert werden, hervor. Das Gewicht des Schmiedeambosses müßte der Art seiner Verwendung entsprechen. Eine Berechnung, ihm ein derartiges Gewicht zu geben, daß dem darauf ausgeführten Schlage ein genügend großer Widerstand entgegengesetzt wird, die lebendige Kraft, die nicht in Arbeit umgesetzt wird, zu vernichten, ist bisher nicht erfolgt. Für gewöhnliche Schmiedeambosse, auf denen mit Zuschlaghämmern bis zu 10 kg gearbeitet wird, wird angegeben, daß diese 200 bis 300 kg schwer sein sollen, während die Ambosse, auf denen mit Bankhämmern gearbeitet wird, nur 100 bis 150 kg schwer zu sein brauchen, und diejenigen der Nagelschmiede nur etwa 25 bis 35 kg zu wiegen brauchen. Unterstützt wird der Amboß durch das Fundament des Ambosses, den Amboßstock.

Abs. 173. **Amboßstöcke aus Holz, Amboßuntersätze.** Bauart Aerzener Masch.-Fabrik, G. m. b. H., Aerzen-Hameln. Fig. 211. Als Unterlage erhalten die Ambosse, wie bisher fast allgemein üblich, Wurzelstöcke von Eichen oder festen Hölzern. Neuerdings wendet man dagegen die recht zweckmäßigen gußeisernen Amboßunterteile an, wie sie z. B. von der Aerzener Maschinenfabrik, G. m. b. H., hergestellt werden. Der geschlossene gußeiserne Hohlkörper ist sehr kräftig und besitzt oben ein Loch für die Sandeinfüllung. Die Fläche, auf welcher der Fuß des Ambosses sitzen soll, ist gehobelt,

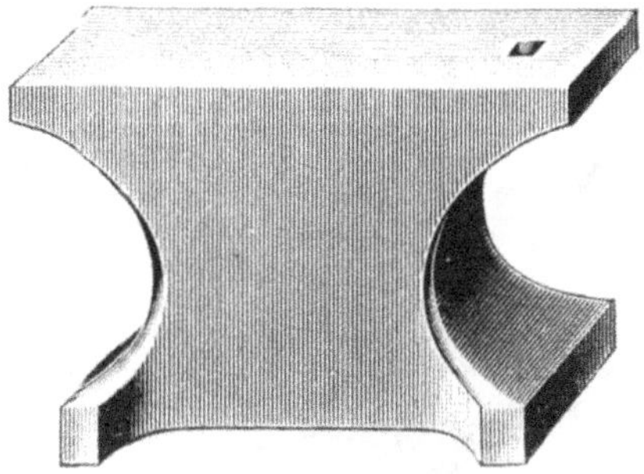

Fig. 190. Norddeutscher Amboß ohne Horn.

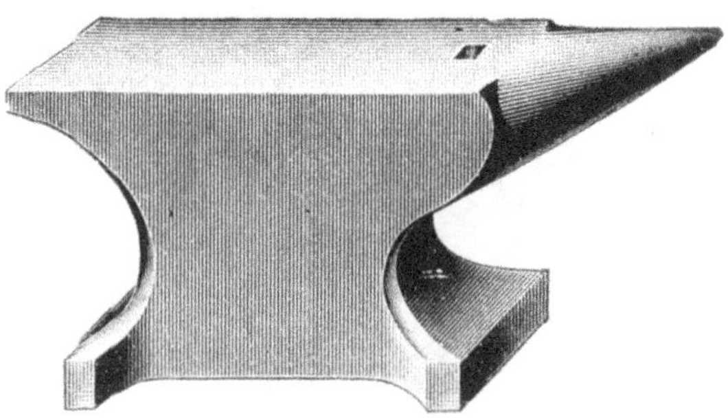

Fig. 191. Norddeutscher Amboß.

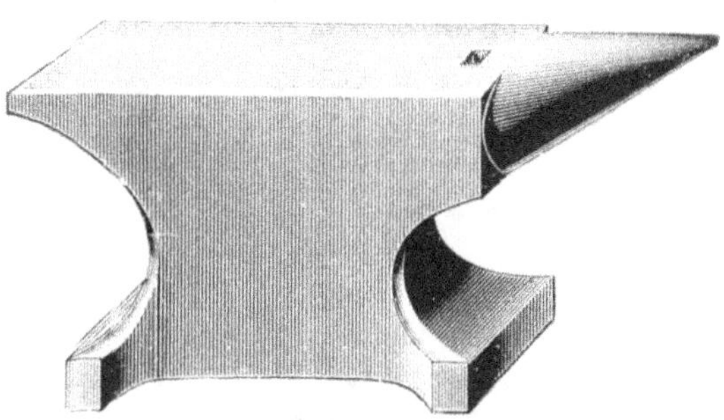

Fig. 192. Norddeutscher Amboß mit eingesetztem Horn.

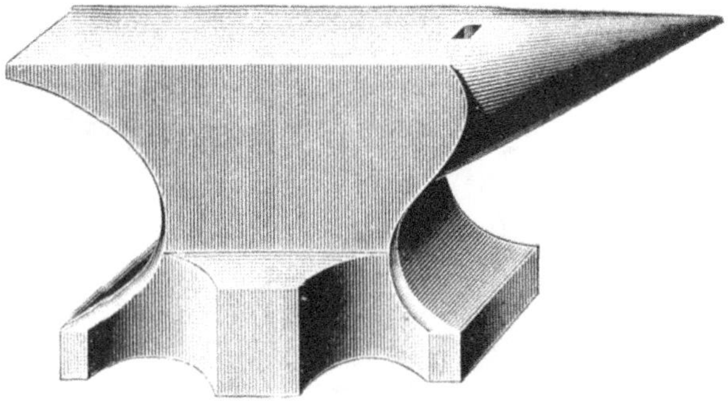

Fig. 193. Norddeutscher Amboß mit nicht eingesetztem Horn und Stand.

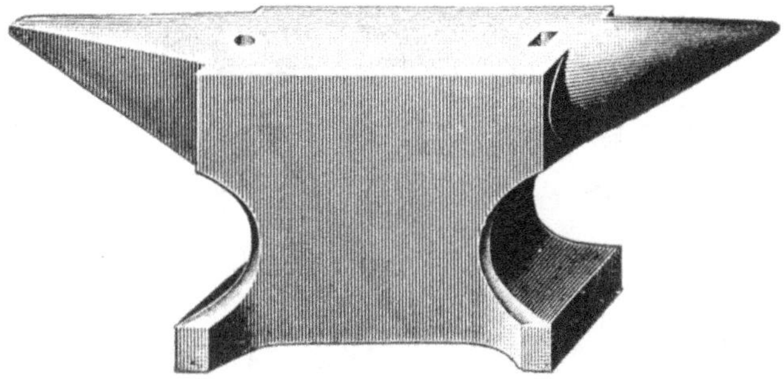

Fig. 196. Norddeutscher Amboß.

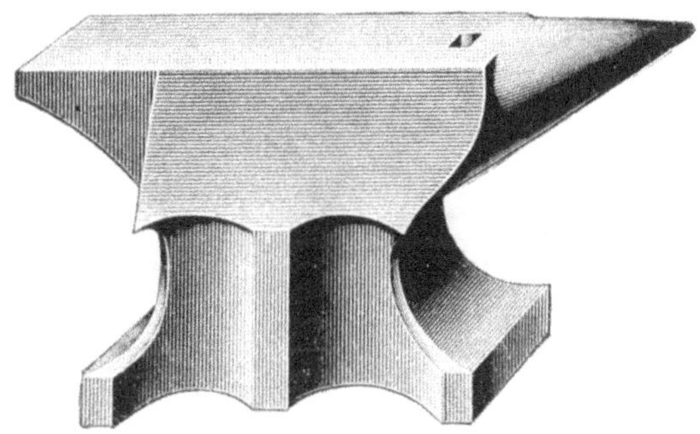

Fig. 197. Mitteldeutscher Amboß mit Brust.

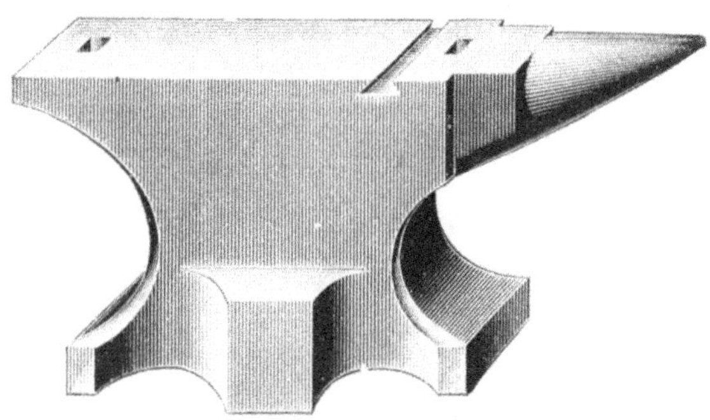

Fig. 195. Norddeutscher Amboß mit Fuge, Stand und Doppelhorn.

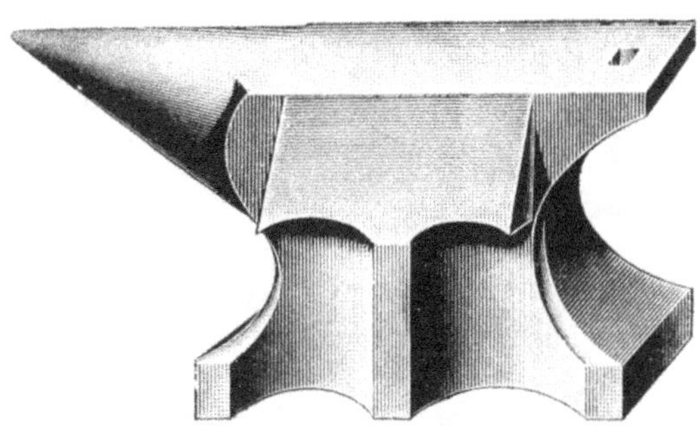

Fig. 198. Mitteldeutscher Amboß mit Brust.

Fig. 194. Norddeutscher Amboß mit eingesetztem Horn und Stauch.

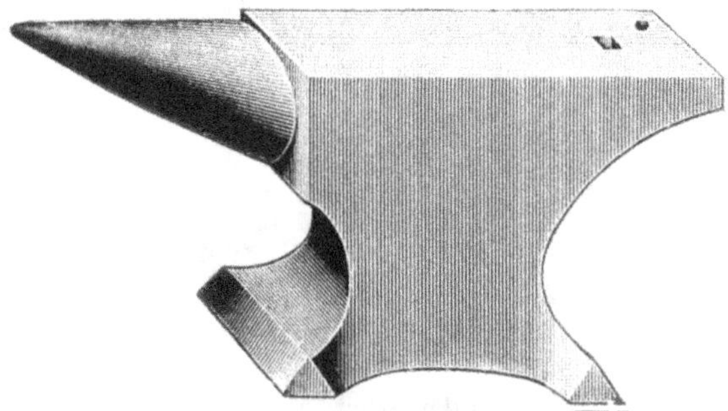

Fig. 207. Englischer Amboß mit abgesetztem Horn.

Fig. 199. Sächsischer Amboß mit Doppelfuß ohne Horn.

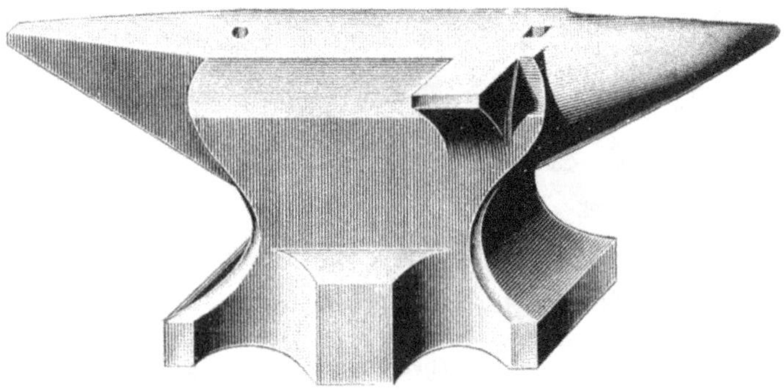

Fig. 202. Süddeutscher Amboß mit halber Brust, Bahnansatz und Stauch.

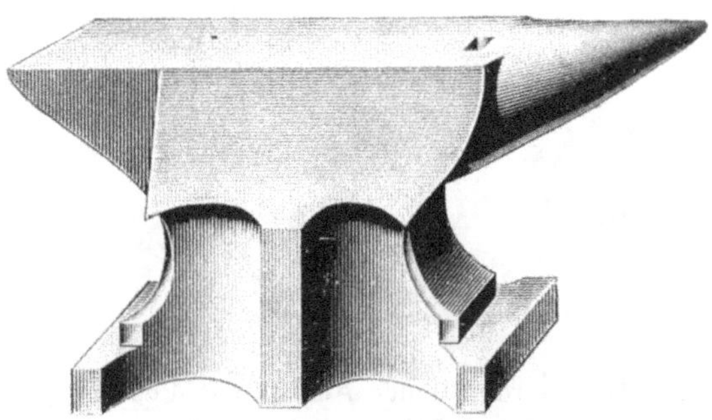

Fig. 200. Süddeutscher Amboß mit Brust.

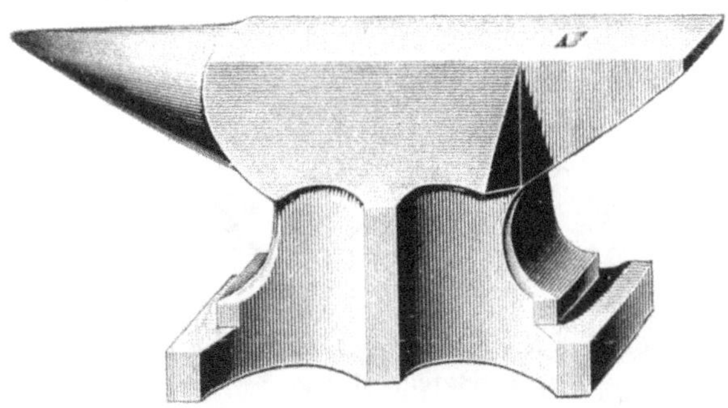

Fig. 203. Altbayerischer Amboß mit Doppelfuß.

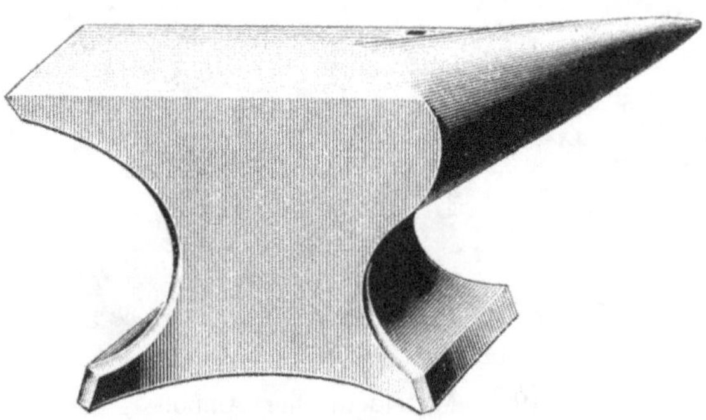

Fig. 206. Französischer Amboß mit Horn.

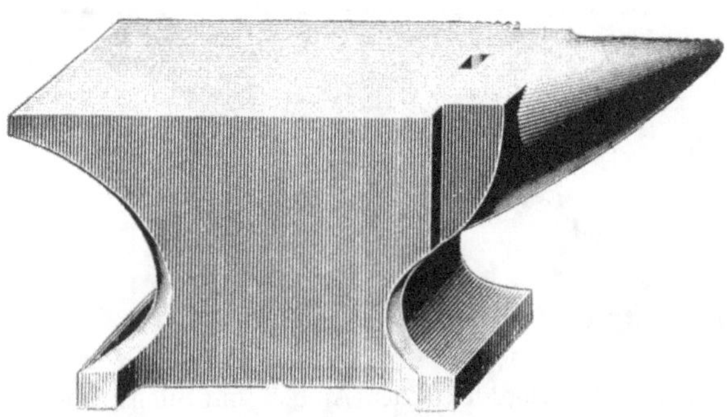

Fig. 205. Holländischer Amboß mit Absatzhorn.

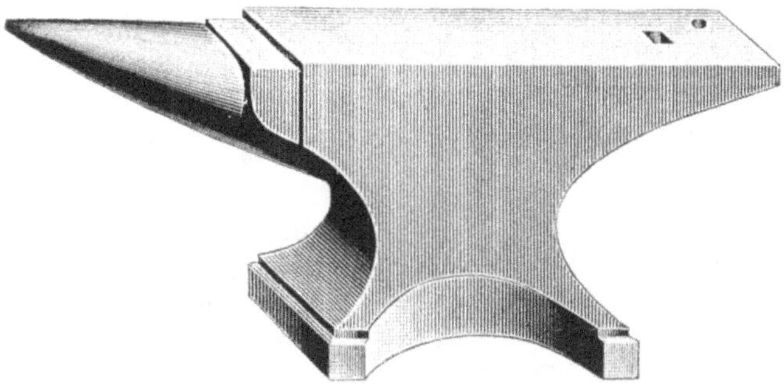

Fig. 208. Amerikanischer Amboß mit abgesetztem Doppelhorn.

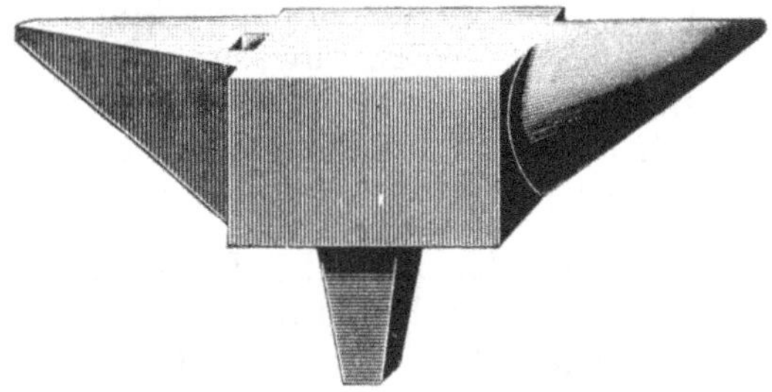

Fig. 209. Spanischer Amboß.

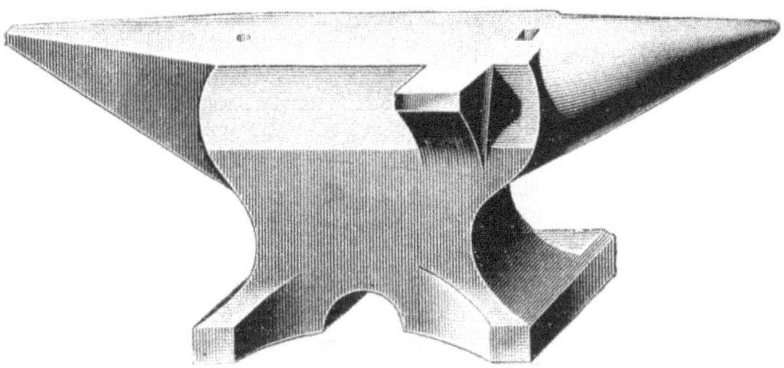

Fig. 204. Schweizerischer Amboß mit halber Brust, hohlem Fuß und Ansatzbahn (Vorderseite).

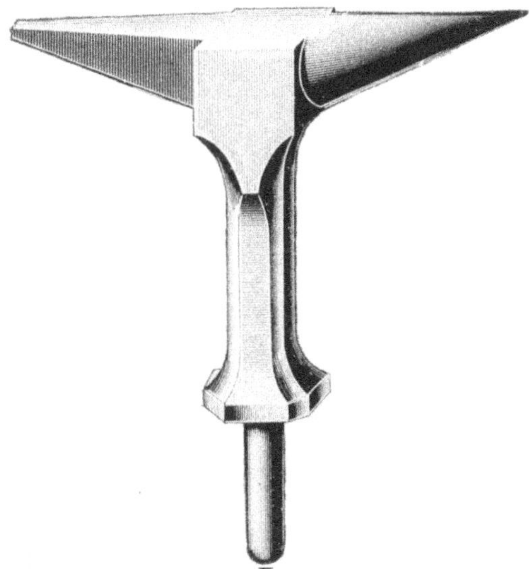

Fig. 210. Sperrhorn.

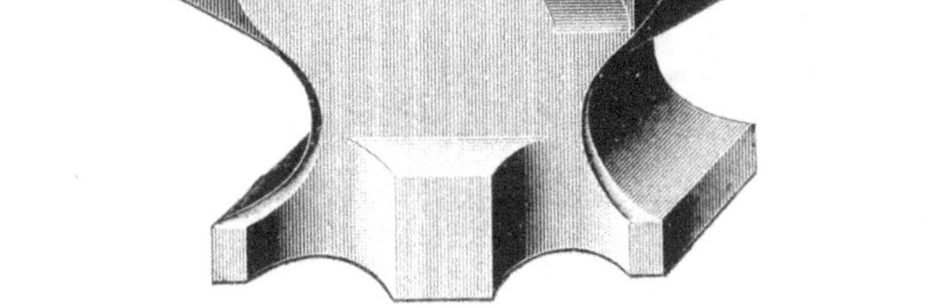

Fig. 201. Süddeutscher Amboß mit Bahnansatz und Stauch.

ebenso die Seitenflächen der Nockenleisten. Mittels Keilen aus Hartholz wird der Amboß seitlich festgekeilt. Infolge seiner guten Auflagen und seines vergrößerten Amboßgewichts weist diese Art der Befestigung und Gründung des Ambosses einen wesentlich besseren Stand auf als auf den bisher verwendeten Wurzelstöcken. Eine andere Art der Befestigung ist, daß man einen pyramidenförmigen Blechkasten mit Beton aus-

Fig. 211.

gießt. Auf die abgestumpfte Spitze der Pyramide, deren Fläche so groß ist wie der Fuß des Ambosses, wird der Amboß mit Schrauben befestigt, die in Beton eingegossen sind. Der Rand des Blechkastens ist etwas höher als die Betonfüllung. Diese Höhendifferenz wird ausgefüllt durch einen Bleiausguß, wodurch gleichzeitig der Amboß gut festgehalten wird.

Abs. 174. **Der Amboß für Handarbeit** nach Oetling. Auf Grund der Untersuchungen von Beckmann über das Amboßgewicht (siehe Abs. 260) und meiner Feststellungen über den Effekt des menschlichen Schlages (siehe Abs. 266) komme ich

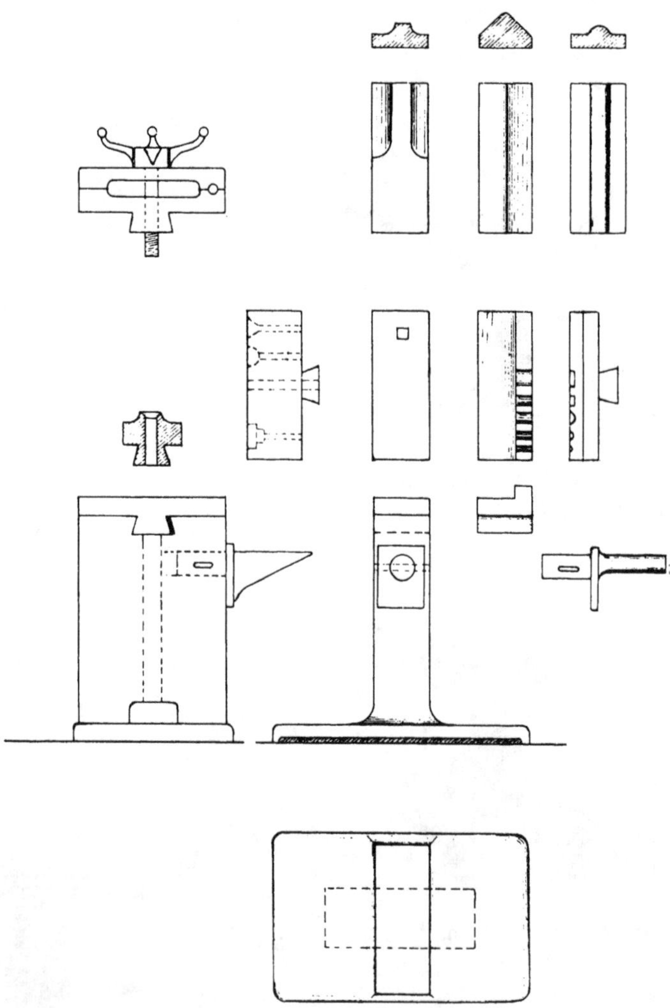

Fig. 212.

zu dem Schluß, daß es angebracht sein dürfte, auch den Amboß einer Rekonstruktion zu unterziehen und diesen Grundlagen anzupassen. Durch den gußeisernen schweren Fuß erhält der bisherige Amboß schon eine erhebliche Verbesserung. Aber zwischen dieser Konstruktion und der von mir hier vorgeschlagenen ist nur noch ein Schritt. Auf obenstehend abgedruckter Zeichnung Fig. 212 ist ein Amboß dargestellt, dessen Gewicht zunächst so groß ist, daß der Effekt des menschlichen Schlages genügend ausgenutzt wird, denn die Menschenkraft ist teuer, und man soll auch nicht unnütz den Arbeiter ermüden. Der bisherige Amboß, der auf einen Eichenstock gestellt ist, läßt viel zu viel Kraft verloren gehen. Infolge der Erhöhung des Amboßgewichtes bzw. des Ersetzens des bisherigen Holzstocks durch eine gußeiserne Säule ist es 1. möglich, dem Amboß eine elastische Grundlage zu geben, sodaß er ohne Fundament und ohne Verankerung an jeder Stelle der Schmiede aufgestellt werden kann; 2. aber läßt jetzt der gußeiserne Fuß zu, den eigentlichen teueren Stahl-Amboß in seiner Masse wesentlich zu reduzieren, was zu einer Verbilligung führt. Ich habe ihn daher ausgebildet mit aufkeilbaren schwachen Bahnen aus zähem Stahl mit oberflächlicher Härtung. Diese ist notwendig wegen des Verschleißes, da Gußeisen den Beanspruchungen nicht widersteht, und ist bisher auch das einzige, was den Amboß wertvoll macht. Diese Konstruktion ist aber auch deshalb zweckmäßig, weil man nun den auswechselbaren Bahnen verschiedene Formen geben kann. Seitlich ist an dem Amboßfuß ein Horn angekeilt; mitten durch den Fuß geht eine vertikale Bohrung zum Anstauchen. Der Fuß ist so groß gewählt, daß die Bodendrücke (siehe IV. Hauptteil) in kleinen, den Anforderungen entsprechenden Grenzen gehalten werden.

Abs. 175. **Ring-Richthörner.** Bauart Paul Auerbach, Werkzeugmaschinenfabrik und Eisengießerei, Saalfeld a. d. Saale. Zum Biegen von leichteren Reifen und Ringen sowie zum Ausrichten derselben in allen möglichen Durchmessern verwendet man schon seit langer Zeit in Schmieden Ring-Richthörner. (Fig. 213). Diese werden von genannter Firma in sechs verschiedenen Modellen fabriziert, und zwar:

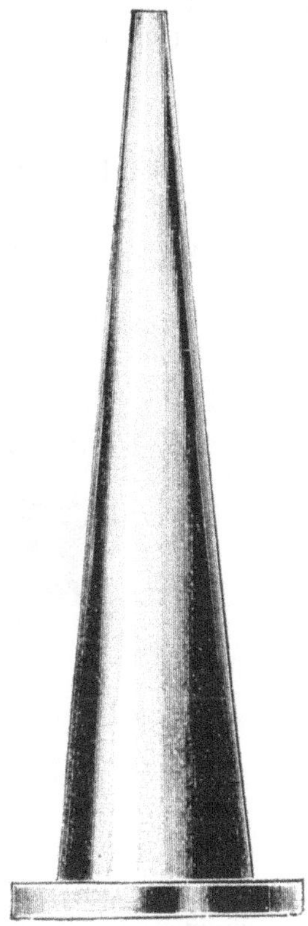

Fig. 213.

Nummer	1	2	3	4	5	6
Höhe mit Bord gemessen . ca. mm	750	1400	1400	1400	1450	1420
Oberer Durchmesser . . . » »	35	35	40	40	60	35
Unterer Durchmesser . . . » »	260	280	320	350	500	400
Gewicht roh . . . . . . ca. kg	54	96	132	154	245	196
» abgedreht . . . . » »	50	87	124	146	225	177

Abs. 176. **Drehbare Loch- und Gesenkplatte.** Eine recht zweckmäßige Art von Gesenke- und Lochplatten sind die drehbaren Gesenke- und Lochplatten der Firma Aerzener Maschinenfabrik, G. m. b. H. Diese weisen an der einen Seite starke, gedrehte Zapfen auf, welche in Lagern laufen (Fig. 214). Die Platte ist um diese Achse drehbar und besitzt eine Feststellung, um alle drei Seiten benutzen zu können. Sehr zweckmäßig sind auch die drehbaren Gesenkebänke einer anderen Firma, welche quadratische lang-

Fig. 214.

gestreckte Gesenkebalken fabriziert, die ebenfalls um die Längsachse drehbar sind. Da es meist nicht notwendig ist, daß die Gesenke eine so große Länge haben, wie es für die Stabilität erforderlich ist, schlage ich vor, den großen Querschnitt durch Ausführung der Bänke in Sechskantform oder Achtkantform besser auszunutzen.

Die Füße dieser Vorrichtungen sind aus starker Eisenkonstruktion, bestehend aus Blechen und Winkeleisen.

Abs. 177. **Füße für Richt- und Gesenkeplatten.** An Stelle der bisher üblichen mangelhaften Holzunterlagen für Richt- und Gesenkeplatten von 1500 bis 2500 mm werden jetzt neuerdings solche aus schwerem Profileisen hergestellt. Die von der

Fig. 215

Aerzener Maschinenfabrik, G. m. b. H., gelieferten Richtplattengestelle bestehen aus einem Rahmen von starkem U-Eisen, auf welchem die gehobelte Richtplatte ruht. Die Ecken sind als Füße ausgebildet und bestehen aus starken Blechwinkeln, die an ihrem unteren Ende mittels eines Rahmens aus Winkeleisen verbunden sind. Auf diese Weise ist es möglich, den Raum unter den Richtplatten stets sauber und übersichtlich zu halten. Fig. 215.

Abs. 178. **Der Revolvergesenkamboß.** Nach Oetling. Es ist ein fühlbarer Mangel in der Schmiede, daß der Gesenkwechsel konstruktiv noch recht unvollkom-

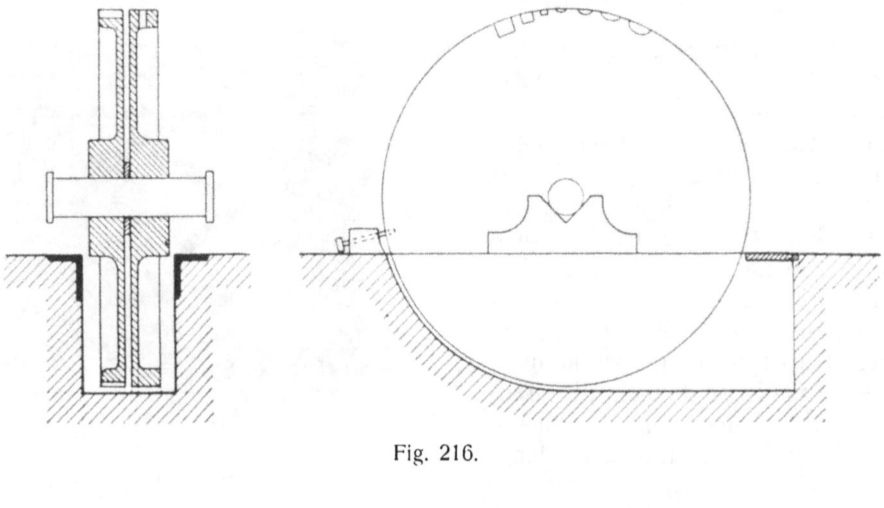

Fig. 216.

men ist und daher mit den heutigen Mitteln noch schwierig und langsam vonstatten geht. Ich schlage daher vor, an Stelle der Loch- und Gesenkeplatten scheibenförmige Revolverambosse zu verwenden. Bei einer Amboßhöhe von 650 mm ist es möglich, zwei auf einer horizontalen starken Welle drehbaren Scheibenambossen einen Durchmesser von 1000 mm zu geben. Wir haben also die Möglichkeit, auf einen Umfang von 2 · 3,14 m eine große Anzahl von Gesenken und verschieden geformten Löchern unterzubringen. Die Scheiben sind ähnlich den Schwungscheiben mit einseitig sitzender Nabe, voller Scheibe und einseitigem Kranz, der auf derselben Seite sich befindet, wie die Nabe. Beide glatten Flächen werden dann Rücken an Rücken auf einer starken Welle befestigt, die in dreieckigen Spurlagern läuft. Die Welle ist möglichst kurz, damit sie gegen eine Verbiegung standhält. Ein Drittel der Revolverscheiben laufen in einer Grube. Die Festhaltung der Scheiben ist leicht, da infolge des großen Durchmessers die an dem Umfange angebrachte Sperrung sicher wirkt. Fig. 216.

Abs. 179. **Richtplatten.** Bauart Paul Auerbach, Werkzeugmaschinenfabrik und Eisengießerei, Saalfeld a. d. Saale. In jeder Schmiede sind mehr oder weniger Schmiedestücke, Winkel usw. anzufertigen, die genau rechtwinklig oder gerade sein sollen. Zum Ausrichten dieser Teile verwendet man mit Vorteil Richtplatten, die je nach Größe und Schwere der vorkommenden Arbeitsstücke entweder massiv oder halbmassiv, d. i. mit Rippen auf der Auflageseite, angefertigt sind. Richtplatten werden von genannter Firma in 16 verschiedenen Modellen hergestellt, und zwar:

Fig. 217.

Massive Richtplatten.

Nummer	1	2	3	4	5	6	7	8
Länge . . . . ca. mm	300	400	400	500	600	700	700	800
Breite . . . . » »	300	250	400	500	600	550	700	800
Stärke . . . . » »	70	60	80	80	90	90	90	100
Gewicht . . . » kg	50	48	97	150	220	258	330	483

Fig. 217.

Fig. 218.

Fig. 218.

Richtplatten mit Rippen.

Nummer	9	10	11	12	13	14	15	16
Länge . . . . ca. mm	300	400	400	500	600	700	700	800
Breite . . . . » »	300	250	400	500	600	550	700	800
Plattenstärke . . » »	50	40	50	50	50	50	60	60
Rippenhöhe . . » »	50	40	50	50	50	50	60	60
Gewicht. . . . » kg	42	39	82	120	175	180	270	340

Abs. 180. **Biegeplatten für Profileisen.** Diese Vorrichtung dient hauptsächlich in den Winkelschmieden der Schiffswerften zur Herstellung aller Arten kleinerer aus einem Stück gebogener Eisenkonstruktionen.

Sie besteht aus einer schweren Platte, wie sie für den Spantenplan verwendet wird, doch sind die Löcher dichter zu setzen. Ich schlage vor, auch an den Seitenkanten der Platte Schwalbenschwänze einzuhobeln, zur Anbringung seitlicher Spannvorrichtungen. Zu lagern ist diese Biegeplatte auf Füßen, wie sie in Abschnitt 177 beschrieben sind, oder auch, wie ich empfehle, auf einem zentralen Fuß, damit man bequem auch um die Platte herumgreifende Aufspannvorrichtungen benutzen kann. Fig. 219.

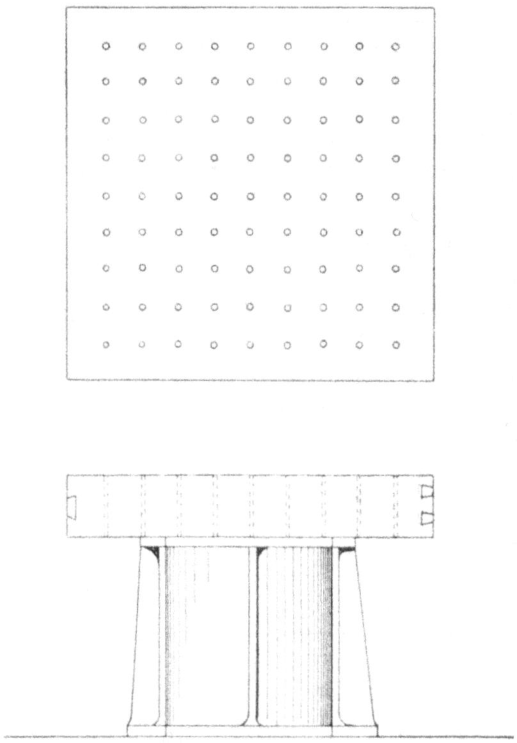

Fig. 219.

Abs. 180. **Der Spantenplan.** Der Spantenplan besteht aus einer mehr oder minder großen Anzahl quadratischer Eisenplatten, welche meist auf gerammten Pfählen ruhen und zu einer Ebene sehr gut ausgerichtet sind. Die Lage des Spantenplans ist dem Zwecke entsprechend vor dem Spantenglühofen mit dem Zwischenraum für die Bedienung bzw. für den Standort einer Biegemaschine. Die einzelnen Platten sind sehr kräftig gehalten und mit Löchern versehen zum Einstecken der Aufspannhaken bzw. zum Einsetzen der Handbiegevorrichtungen. Die Arbeitsweise auf dem Spantenplan ist die, daß die für die Spanten bestimmten Profileisen rasch aus dem Glühofen gezogen, an dem geraden Ende des Spants durch Aufspannhaken befestigt werden und dann mittels der Handbiegevorrichtungen oder mittels hydraulischer Preßkolben (s. Abs. 315, 316) nach der auf dem über dem Spantenplan liegenden Reißboden gefertigten Holzschablone gebogen wird. Die fertige Biegung wird festgehalten durch Einschlagen weiterer Aufspannhaken und Dorne bis zum Erkalten.

Abs. 182. **Aufspannhaken.** Die Aufspannhaken sind je nach ihrer Arbeit, die sie zu verrichten haben, aus 20 bis 30 mm starkem Rundeisen hergestellte Haken, deren Schenkel parallel laufen, jedoch ungleich lang sind. Das lange Ende ist etwas konisch zugeschärft und paßt leicht in die Löcher der Richtplatte bzw. des Spantenplans. Sobald diese mit dem Hammer in der Richtplatte bzw. in der Platte des Spantenplans angezogen werden, stellen sie sich etwas schräg und klemmen sich und damit auch das aufzuspannende Profileisen fest. Gelockert werden sie durch seitliches Anschlagen mit dem Hammer.

Abs. 183. **Handbiegevorrichtungen für Spantenplane und Biegeplatten für Winkeleisen.** Um den glühenden Winkeleisen von Hand die gewünschte Form zu geben, verwendet man auf dem Spantenplan ein Biegeeisen, welches mittels eines Dornfortsatzes, der sich am Fuß des exzentrischen Schuhes befindet, in eines der Löcher des Spantenplans gesteckt wird. Fig. 220. In der Verlängerung des kürzesten Radius steht der ca. $1\frac{1}{2}$ m lange handgebogene Handgriff, um genügend Gewalt anwenden zu können, die starken Spantenprofile herumzuholen. Während der eine Arbeiter biegt, schlägt ein zweiter Arbeiter Spannhaken ein, sobald das Eisen die richtige Form hat, damit es nicht zurückfedern kann.

Diese sehr praktischen Vorrichtungen ließen sich auch recht gut auf den Biegeplatten verwenden. Entsprechend der höheren Lage der Platte müßten dann die Griffe der

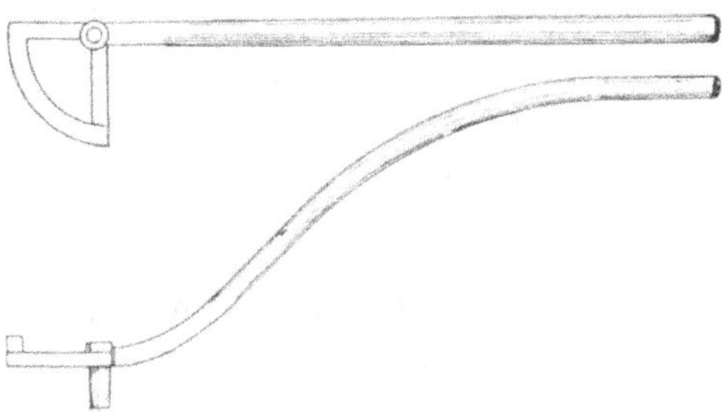

Fig. 220.

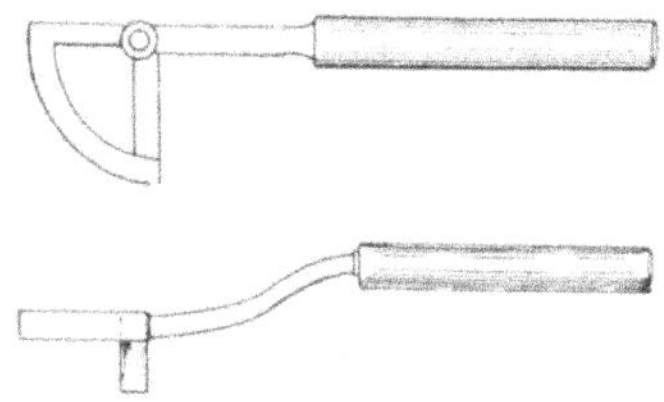

Fig. 221.

Biegevorrichtungen weniger steil gebogen sein. Fig. 221. Auch können die Griffe kürzer sein, ebenso die Exzentrizität des Schuhes eine andere als bei den vorgenannten, da es sich hier meist um die Bearbeitung leichterer Profile handelt.

Abs. 184. **Steckgesenke für Ambosse wie Hörnchen, Abschröter, Untergesenke.** Fig. 222. Als Gegengesenk der Obergesenkhämmer dienen die Untergesenke, welche

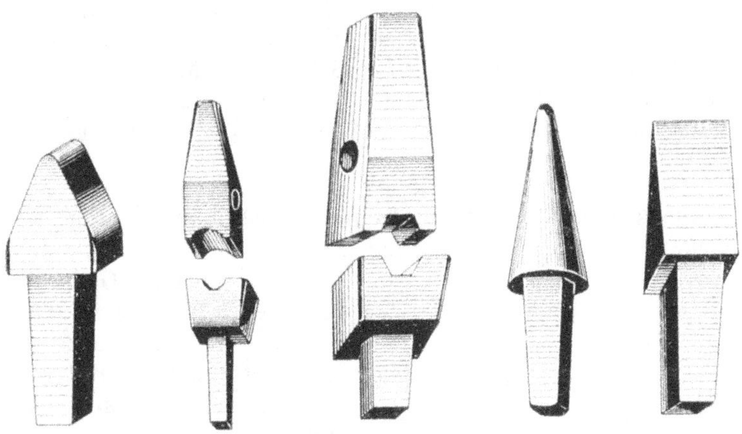

Fig. 222.

mittels quadratischen Fortsatzes in das Loch des Ambosses eingesetzt werden. Nehmen diese Gesenke die Form eines aufrechtstehenden Meißels an, so nennt man sie Abschröter, nehmen sie die Form eines aufrechtstehenden Hornes an, so nennt man sie Hörnchen. Die Abschröter dienen, wie der Name besagt, zum Abschroten, und dieses wird durch Auflegen des warmen Stückes Eisen auf den Abschröter und Niedertreibenden desselben mittels Hammers bewirkt. Die Hörnchen verwendet man zur Herstellung kleiner Ringe, Ösen u. dgl., wo das große Horn zu ungleiches Kaliber gibt.

Abs. 185. **Die Handhämmer.** Fig. 223. Die zum Schlagen dienenden Handhämmer in der Schmiede werden eingeteilt in Vorschlaghämmer, Kreuzhämmer und Bankhämmer. Die Hand- und Bankhämmer haben ein Gewicht von 1 bis 2,5 kg, während die Zuschlaghämmer (die Kreuz- und Vorschlaghämmer) 3 bis 10 kg schwer sind und nicht mehr mit einer Hand, sondern mit zwei Händen geführt werden. Der eigentliche Hammer setzt sich zusammen aus einem geformten Stahlklotz und dem Hammerstiel. Zur Befestigung des Hammerstiels erhält der Stahlklotz ein rundes oder ovales Loch, welches im Schwerpunkte des Klotzes liegt. Die eine Schlagseite des Hammers, welche meist quadratisch geformt ist, nennt man die Hammerbahn, während die zugeschärfte Schlagseite mit Finne bezeichnet wird. Steht die Finne parallel zum Hammerstiele, so bezeichnet man den Zuschlaghammer als Vorschlaghammer, steht sie senkrecht zum Stiel, so bezeichnet man den Hammer als Kreuzhammer. Zur Blechbearbeitung kommen dann noch Spannhämmer zum Spannen und Schlichten zur Verwendung. Diese haben eine kreisrunde Hammerbahn, welche ein wenig konvex und poliert ist. Die Befestigung des Stiels im Hammer erfolgt durch Keile oder aber durch zwei den Stiel umfassende Eisen, die hakenförmig den Hammer halten.

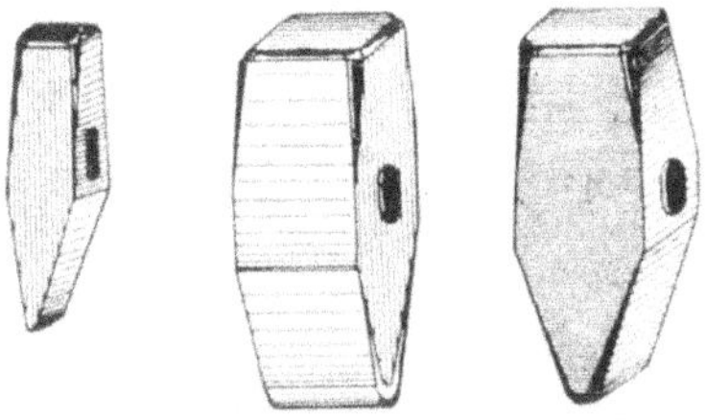
Fig. 223.

Die Ergebnisse meiner Untersuchungen über die Wirkung des Schlageffektes, bei welchem sich zeigte, welche wesentlichen Unterschiede die Größe des spezifischen Effektes in Bezug auf die zu leistende innere oder äußere Stückarbeit ausübt, veranlassen mich, vorzuschlagen, auch die Handhämmer in Größe der Bahnen und des Hammergewichts hiernach einzurichten. Es dürfte meines Erachtens zweckmäßig sein, einen Kreuzhammer mit zwei rechteckigen Bahnen anzufertigen, zum Formen der Schmiedestücke und einen Schlichthammer mit quadratischen Bahnen, jedoch von verschiedener Größe der Schlagflächen. Die Schlichthämmer müssen von leichterem Gewicht sein, als die Reckhämmer. Angaben über die spezifischen Effekte finden sich im IV. Hauptteil, über den Effekt des menschlichen Schlages im I. Hauptteil in Abs. 255.

Abs. 186. **Gesenkehämmer, Setz-, Ball- und Schlichthämmer.** Fig. 294. Wegen des schwierigen Gesenkewechsels in mechanischen Hämmern wird noch häufig auf dem Amboß mittels Gesenkhämmern gearbeitet. Der Gesenkhammer, dessen Finne als Gesenk ausgebildet ist, hat eine verschmälerte Bahn als Aufschlagfläche. Während der Schmied mit der linken Hand das Stück in der Zange hat, und mit der rechten Hand am Stiel den Gesenkhammer führt, schlägt der Zuschläger mittels Vorschlaghammer auf die Aufschlagfläche des Gesenkhammers. In ähnlicher Weise werden auch die Schlicht-, Setz- und Ballhämmer gehandhabt. Die Aufschlagflächen der Hämmer sind meist etwas ballig, damit jeder Schlag zentral sitzt. Die an Stelle der Finnen ausgebildeten Schlicht- und Setzflächen der Schlicht- und Setzhämmer sind quadratisch, beim Setzhammer die Kanten scharf und die Fläche eben, während beim Schlichthammer die Kanten abgerundet sind und auch die Fläche ganz schwach gewölbt ist. Beim Ballhammer ist die Finne stark ballig, langgestreckt.

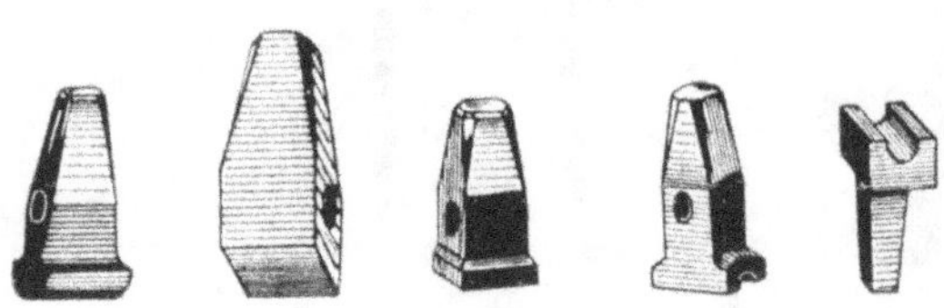
Fig. 224.

Abs. 187. **Durchtreiber für Rund- und Vierkant, Schrotbeile für warmes und kaltes Arbeiten.** Durchtreiber wie Schrotbeile haben eine langgestreckte Hammerform von geringem Querschnitt. Die zur Aufschlagfläche ausgebildete Hammerbahn ist wieder schwach gewölbt. Bei den Schrotbeilen ist die Finne scharf, bei den Kaltschrotbeilen in der Längsrichtung etwas gewölbt und von größerem Schneidwinkel als bei den Warmschrotbeilen, letzteres, damit das Beil nicht klebt und rascher schneidet. Beim Durchschroten muß das Warmschrotbeil immer gut abgekühlt werden. Die Kanten der Finne des Warmschröters sind scharf. Fig. 225.

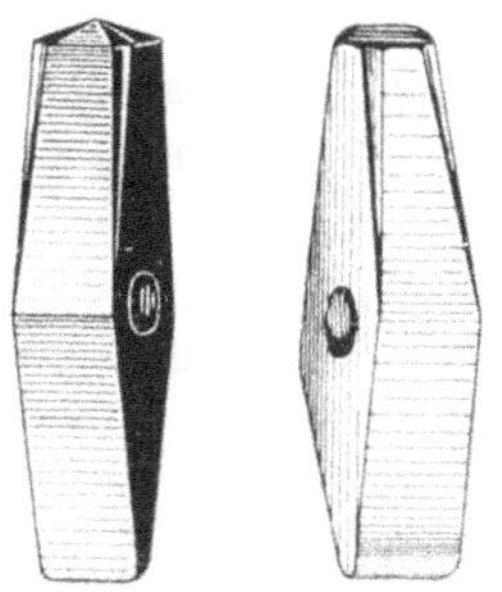

Fig. 225.

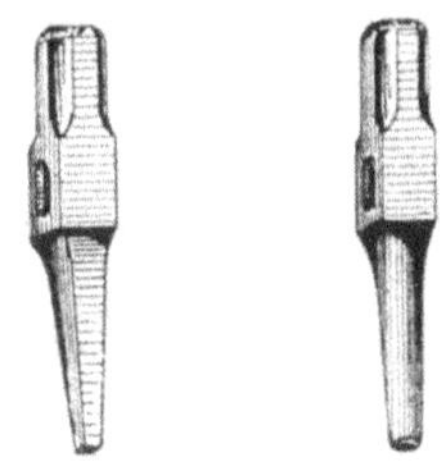

Fig. 226.

Der Durchtreiber hat an Stelle der scharfen Finne eine runde oder quadratische, die nach dem Stiele zu konisch verläuft. Selbstverständlich kann auch an Stelle der quadratischen Finne eine dreieckige, rechteckige oder sonstige Form treten. Die Kanten der Finne sind scharf, die Durchtreiberfläche daher eventuell etwas nach innen gewölbt.

Abs. 188. **Die Zangen.** Die Schmiedezangen Fig. 227 teilen wir ein nach der Form ihres Maules, und zwar unterscheiden wir Flachzangen, deren Maul aus zwei langgestreckten, rechteckigen Schnäbeln, Rundzangen, deren Maul aus zwei an den Enden zylindrisch geformten Schnäbeln, Rechteckzangen, deren Maul aus zwei T förmigen Schnäbeln besteht. Außerdem gibt es noch Wolfsmaulzangen mit gewellten Schnabelinnenflächen. Fig. 228. Die Länge dieser Zangen variiert zwischen 300 und 700 mm, das Gewicht zwischen 0,75 und 3 kg. Wolfsmaulzangen von 250 mm Länge fassen Rund- und Vierkanteisen bis 6 kg, von 350 mm solches bis 10 kg, von 450 mm solches von 4 bis 15 kg, von 500 mm solches von 6 bis 20 kg, von 550 mm solches von 10 bis 25 kg, von 600 mm solches von 15 bis 30 kg, von 650 mm solches von 20 bis 40 kg.

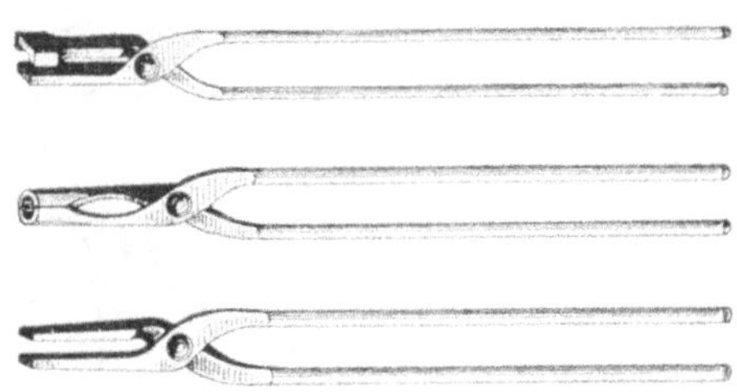

Fig. 227.

Fig. 228.

Bei eigenartig geformten Schmiedestücken wird es vorkommen, daß der Schmied sich auch anders geformte, dem Stück entsprechende Zangen anfertigen wird.

Abs. 189. **Von Hand bediente mechanische Ofenbeschickungsvorrichtungen.** Um eine größere Menge einzelner Teile auf einmal in den Ofen zu legen oder auch ein größeres Stück bequem in den Glühraum einzubringen und dabei den Herd zu schonen, mag nachstehend beschriebene Vorrichtung, die als Vorläuferin der Beschickungskräne (Chargiermaschine) in Martinwerken diente, als zweckmäßig angeführt werden.

Auf einem Fahrgestell, auf welchem sich entweder zwei Böcke befinden, ist ein um seine Längsachse drehbarer, in vertikaler Richtung kippbarer und bei Anwendung eines Königstocks auch um seine Lagerstelle in horizontaler Richtung drehbarer Schwengel befestigt. An dem vorderen Ende befindet sich ein Flansch, der in eine Mulde eingreift, welche die einzusetzenden Glühstücke aufnehmen kann. An dem hinteren Ende des Schwengels ist ein verschiebbares Gegengewicht angebracht, so daß der Schwengel ohne Schwierigkeiten mittels des T-förmigen, am hinteren Ende angebrachten Griffs bewegt werden kann. Die Lagerung des Schwengels ist der Größe der Mulde entsprechend etwas höher als die Herdsohle des Ofens. Durch Drehen des Schwengels um seine Längsachse wird nach Einführung der Mulde in den Ofen der Inhalt im Ofen ausgeschüttet.

An Stelle der Mulde kann auch an dem vorderen Ende des Schwengels eine Zange angebracht werden, die durch den hohen Schwengel hindurch mittels Gewindezugstange vom hinteren Ende her bedient werden kann.

Abs. 190. **Freistehender Tiefspann-Schmiedeschraubstock,** Bauart Sauerbrei und Co., geliefert von Gottlieb Engels, Remscheid. Ein wirklich brauchbarer

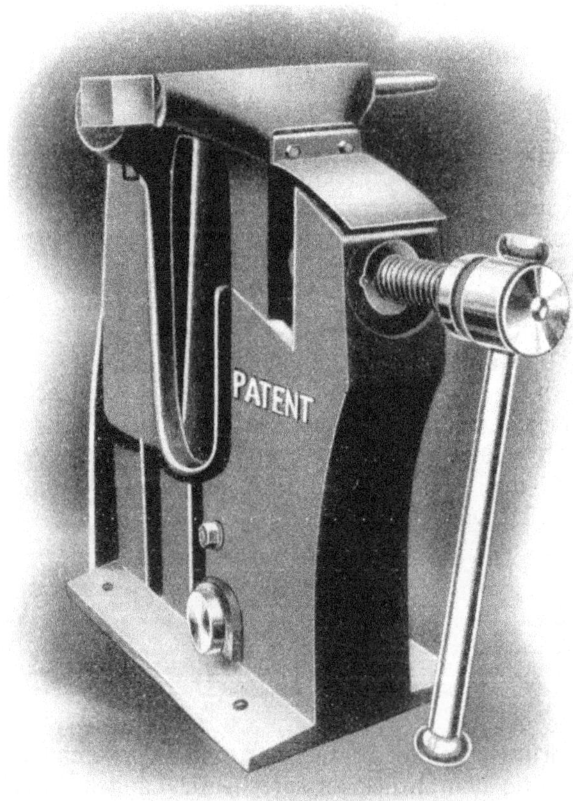

Fig. 229.

Schmiedeschraubstock fehlte bisher vollständig; die gewöhnlichen Schlosserschraubstöcke, welche infolge Mangels eines derartigen Werkzeuges für Schmiedearbeiten benutzt werden mußten, genügten in keiner Weise, so daß einem wirklichen Bedürfnis mit dem vorliegenden Schraubstock abgeholfen wird, welcher für Schmiedearbeiten jeglicher Art extra konstruiert wurde und für solche Zwecke auch vorzüglich geeignet ist.

Bei Konstruktion des Schmiedeschraubstockes, welcher freistehend auf dem Erdboden montiert wird, wurde in erster Linie Rücksicht darauf genommen, freien Raum zu schaffen, um Arbeitsstücke großen Umfanges und jeder Form in Backenmitte bearbeiten zu können.

Die Abbildung Fig. 229 zeigt denn auch, daß diesem wichtigen Umstand in jeder Weise Rechnung getragen ist und zunächst eine große Tiefspannung dadurch erzielt wurde, daß die Spindel in einem besonderen Bocke gelagert ist und dadurch bei Einspannung der Werkstücke nicht hinderlich wird. Der hintere Schraubstockteil hat eine fast in voller Höhe befindliche breite Durchlaßöffnung erhalten; die Stahlbacke ist abnehmbar, wodurch es möglich wird, mit diesem Schraubstock Biegungen aller Art bis zu geschlossenen Rahmen einfach, leicht und schnell ausführen zu können, ein Vorzug, den keiner von allen existierenden Schraubstöcken aufzuweisen vermag. Durch besondere Einlagebacken, welche sich jede Werkstätte selbst herstellen kann, können den Werkstücken aber auch gleich beliebige und eigenartige Formen gegeben werden, welche Spezialzwecken dienen.

Die Tiefspann-Schmiedeschraubstöcke sind ganz aus Stahlguß gefertigt. Die aufliegenden Stahlbacken sind abnehmbar, bei Größe II ist auch der bewegliche Schraubstockbacken mit einem auswechselbaren Einsatz eingerichtet.

	Größe I	Größe II
Ganze Höhe	750 mm	950 mm
Tiefspannung	500 mm	650 mm
Hintere Durchlaßöffnung	130 mm	150 mm
Backenbreite	300 mm	350 mm
Gewicht . . . ca.	250 kg	380 kg.

Abs. 191. **Aufspannvorrichtungen.** Fig. 230. Müssen Gegenstände bei der Formgebung durch eine Maschine oder auch mittels der Hand einseitig oder mehrfach festgehalten werden, so erfordert die Eigenart des Schmiedens, daß dieses Einspannen in kürzester Zeit erfolgt. Das hat seinen Grund darin, daß sonst die Erhitzung des Eisens rasch verloren geht. Im Gegensatz zu Aufspannvorrichtungen an Maschinen anderer mechanischer Werkstätten sind langsam arbeitende Schraubvorrichtungen zu verwerfen, und es kommen nur hochgängige Gewinde für die Schmiede in Frage, die dennoch genügend Halt geben müssen. Wesentliche Dienste aber leisten Aufspannvorrichtungen, die je nach der vorhandenen Antriebskraft entweder hydraulisch oder pneumatisch getätigt werden. Diese wirken momentan und nehmen keinen großen Raum in Anspruch, obwohl sie das zu formende Stück dennoch genügend festhalten.

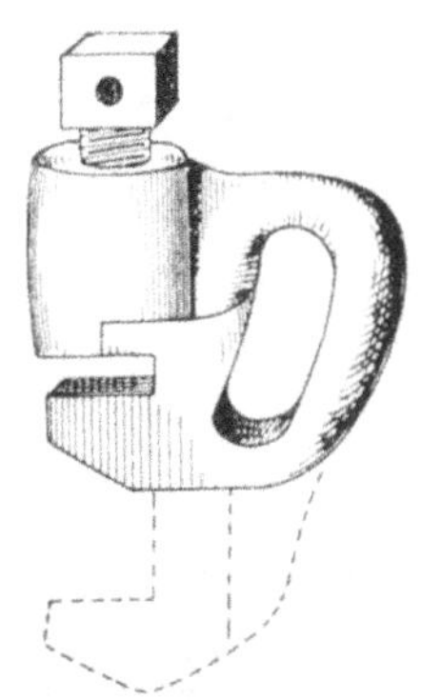

Fig. 230.

Abs. 192. **Klauenböckchen zum Aufspannen von Matrizen.** Bauart: Erzgebirgische Schnittwerkzeug- und Maschinenfabrik, Schwarzberg i. Sa. Die von obiger Firma in den Handel gebrachten Klauenböckchen »Visier« dienen dazu, den Aufspannklauen eine leichtere Unterstützung auf der entgegengesetzten Seite des Schnittes zu geben. Bisher verwandte man meist Eisenabfälle und Blechstreifen, um die richtige Höhe zu bekommen. Waren diese Teile ölig, so kam es oft vor, daß sie beim Arbeiten rutschten. Die in Frage stehenden Klauenböckchen dagegen sind geriffelte Klötze von dreieckigem Querschnitt, die sich mit der Riffelung ineinander legen. Da der eine Riffelklotz kleiner ist als der Hauptriffelklotz, so läßt er sich durch die Riffelung sicher in verschiedene Höhenlagen festlegen und kann dann der Aufspannklaue eine gute Unterlage geben.

Die beigedruckten Abbildungen Fig. 231 geben eine genügende Erklärung.

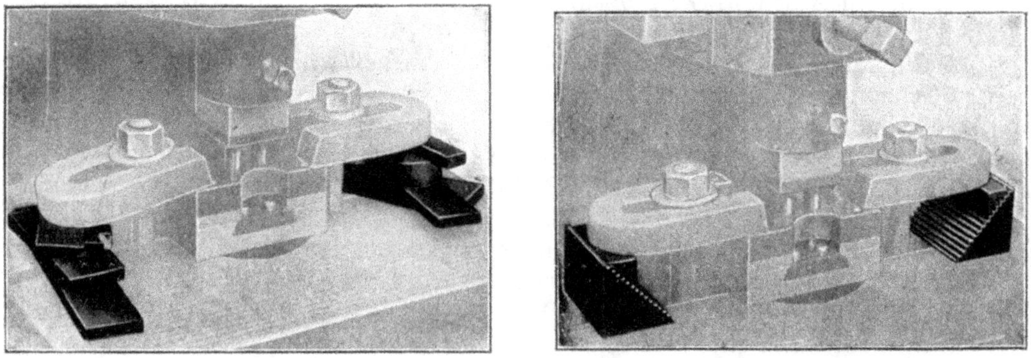

Fig. 231. Das Aufspannen von Werkzeugen in Pressen in alter und neuer Weise.

Abs. 193. **Vorrichtung zum Rollen von Augen an den Hauptlagern der Tragfedern.** In der Zeitschrift des Vereins Deutscher Ingenieure beschreibt der Eisenbahn-Betriebsingenieur Hartmann eine Vorrichtung für die in den Eisenbahnwerkstätten sehr häufig vorkommende Arbeit des Rollens von Augen an den Hauptlagern der Tragfedern. Eine derartige Vorrichtung besteht, wie sie z. B. in den Eisenbahnwerkstätten in Göttingen seit mehreren Jahren mit Erfolg in Betrieb ist, aus einem Führungsstück *A* Fig. 332 mit den Bolzen *C*, an den der Hebel *B* mittels eines Gelenkes angeschlossen ist. Das Federblatt wird nun an einem Ende soweit angewärmt, wie es der Länge und dem Umfange des zu rollenden Auges entspricht. Nachdem das Ende in irgendeiner Weise abgehauen, zugeschärft und umgebogen ist, wird es in das Führungsstück *A* derart eingeschoben, daß das Federende von dem zugeschärften und durch kreuzförmige Meißelhiebe aufgerauhte Hebelende *B* erfaßt und durch Drehung um den Bolzen *C* herumgebogen wird. Der feste Schluß wird durch Nachfassen mit dem Hebel *B* erreicht. (Lit.-N. Nr. 193).

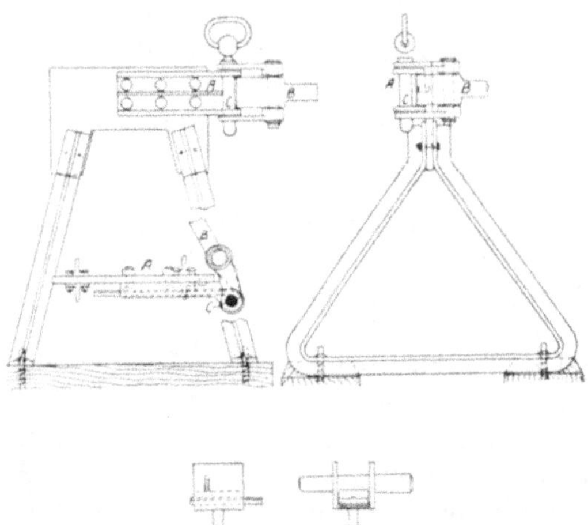

Fig. 232.

Abs. 194. **Feilen.** Fig. 233. In jeder Kunst-Schmiedewerkstätte werden neben den Schmiedemaschinen unter den Werkzeugen namentlich Feilen und Raspeln gebraucht. Wenn auch geübte Arbeiter die Formen der Schmiedestücke mit dem Hammer allein fertig bringen, so ist doch in vielen Fällen eine weitere Bearbeitung mittels Feilen erforderlich. In den Schmieden kommen hauptsächlich folgende Feilensorten in Betracht:

Arm- und Handfeilen sowie Packfeilen im Gewicht von 1 bis 5 kg pro Stück,

größere halbrunde Feilen von 30 bis 50 cm Hieblänge,
kleine Schlichtfeilen zum Prüfen der Härte an Schmiedeteilen.

Geeignete Feilen liefert z. B. Friedr. Dick in Eßlingen a. N.

Die Ausgaben für Feilen machen in jedem mittleren oder größeren Werke eine nicht unbedeutende Summe aus. Es ist aber am falschen Orte gespart, wenn neue Feilen nur nach dem Preis eingekauft werden. Wenn man Feilen kauft, die von einer vertrauenswürdigen Fabrik aus bestem Tiegelgußstahl mit einem Kohlenstoffgehalt von 1 bis 1,3% geliefert werden, und wenn derartige Feilen selbst 20 bis 30% mehr kosten als Feilen aus Flußstahl oder Bessemerstahl, so stellen sich erstere trotz des höheren Anschaffungspreises im Gebrauch bedeutend billiger, weil die Arbeiter damit mehr leisten und länger damit schaffen können als mit der billigen Ware.

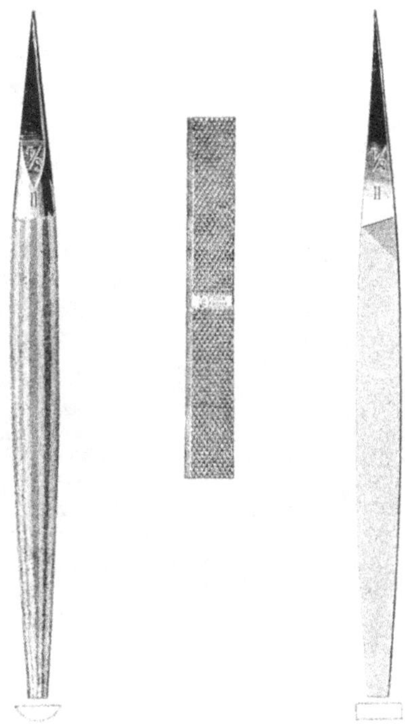

Fig. 233.

Ein weiterer Vorteil ist beim Aufhauen der abgenutzten Feilen vorhanden. Feilen aus billigem Material nutzen sich schneller ab und werden beim Aufhauen rissig, krumm und von ungenügender Härte; gute Tiegelgußstahlfeilen aber können öfter aufgearbeitet werden und bleiben bei richtiger Behandlung stets brauchbar und ohne Risse und Sprünge.

Abs. 195. **Streudüsen.** Bauart Gebr. Körting, Akt.-Ges., Körtingsdorf b. Hannover. Streudüsen dienen zur Zerstäubung von Wasser und arbeiten in der Weise, daß durch einen im Innern der Düse an sich festsitzenden Schraubengang die hindurchströmende Flüssigkeit in eine drehende Bewegung versetzt wird, so daß sie vermöge der Fliehkraft sofort nach Verlassen der Düse in feinste Teile auseinander gerissen, also zerstäubt wird. Je nach der Pressung, unter welcher sich die zu zerstäubende Flüssigkeit befindet, ferner je nach dem Durchmesser der Düsenmündung und zuletzt auch nach der Form des Streukegels, welche durch die innere Ausbildung der Düse und deren Mündung bedingt wird, kann man die verschiedenartigsten Wirkungen erzielen, die Zerstäubung mehr oder weniger fein gestalten und so die Streudüsen für die verschiedensten Zwecke nutzbar machen.

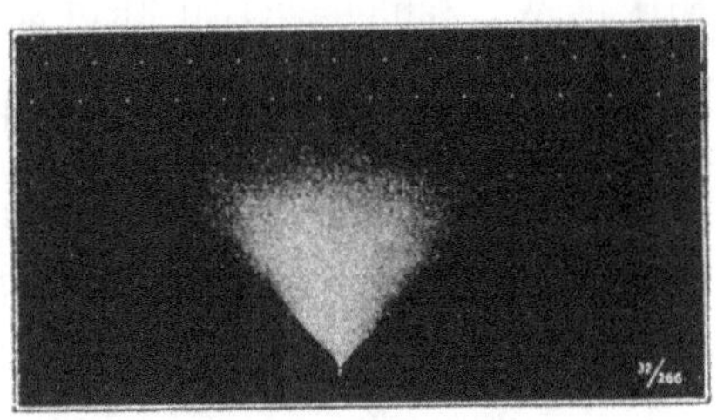

Fig. 234.

Fig. 234 zeigt die Wirkungsweise einer Staubdüse, Fig. 235 diejenige einer Lüftungsdüse, Fig. 236 die erstere im Querschnitt, Fig. 237 die andere in der Ansicht. Die Staubdüsen zerstäuben in größerem Winkel, während der Streukegel der Lüftungsdüsen ein spitzerer ist; die Zerstäubung durch die Staubdüsen ist dafür eine ganz wesentlich feinere als die der anderen. Die Wirkungsweise der Kühldüsen liegt etwa in der Mitte beider.

Schon längst hat die Praxis ergeben, daß keine der bisher bekannten Zerstäubungsvorrichtungen eine so vielseitige Verwendbarkeit in sich schließt, weil die Art der

Wirkung, insbesondere aber die außerordentlich feine und gleichmäßige Zerstäubung von keinem anderen Zerstäuber erreicht wird; dabei ist die geschilderte Streudüse der weitaus einfachste Zerstäubungsapparat.

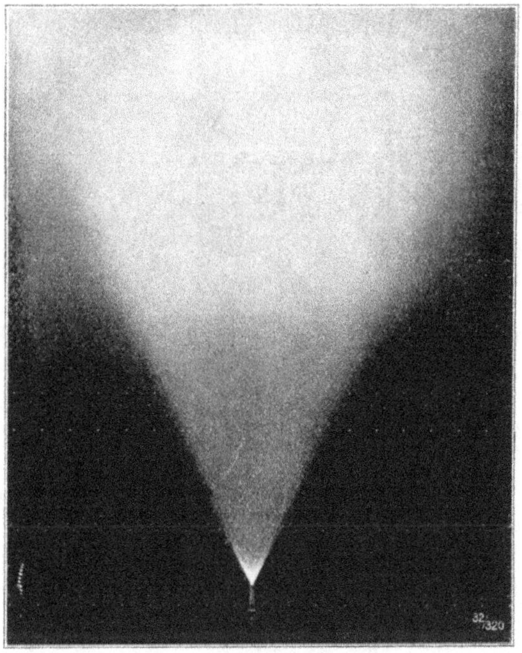

Fig. 235.

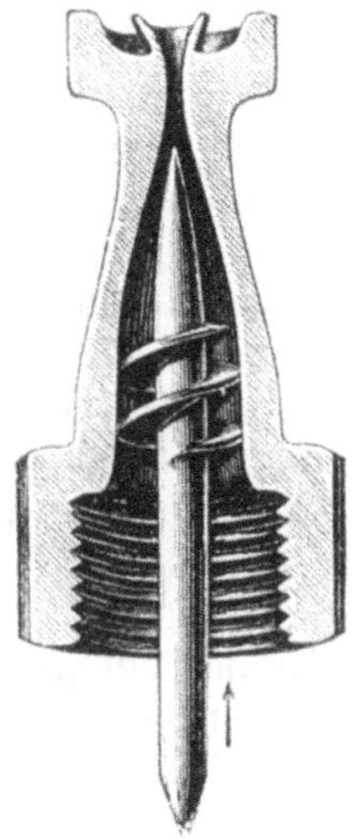

Fig. 236.

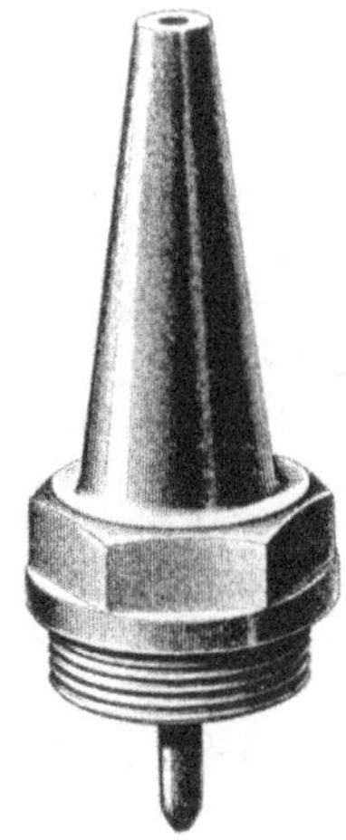

Fig. 237.

Die Düsen sind nicht nur als Wasser sparende Kühldüsen bei Abkühlen von Schmiedestücken zu verwenden, sondern namentlich auch beim Schlichten mit Wasser.

Abs. 196. **Meßwerkzeuge.** Die heute in der Schmiede angewandten Meßwerkzeuge sind noch sehr unvollkommener Natur. Sie sind alle mehr oder weniger auf den Maschinenbau zugeschnitten, nicht aber für den spezifischen Gebrauch in der Schmiede. Die Eisenwinkel, die im Maschinenbau verwendet werden, sind nur dann in der Schmiede brauchbar, wenn sie einen zweckmäßigen Griff besitzen, durch den sie gegen glühende Stücke gehalten werden können. Greiftaster, Lochtaster, Schubleeren und Maßstäbe weisen alle eine ganz unbrauchbare Teilung auf, wenn die beiden ersten überhaupt eine Teilung besitzen. Eine Teilung ist notwendig, da rasch gemessen werden muß, weil sonst die Stücke an Hitze verlieren. Die Teilung ist deshalb unbrauchbar, weil sowohl Striche wie Zahlen viel zu klein sind, denn es ist immer zu bedenken, daß das Licht in der Schmiede gedämpft ist. Auch den Stahllinealen fehlt es an praktisch angebrachten Handhaben, genau so wie bei den Eisenwinkeln. Sehr wünschenswert erscheint mir die Verwendung von Schablonen und Meßblöcken, die mit Stangen versehen sind und deren Griff als Öse ausgebildet ist, damit sie in der Nähe der Schmiedemaschine aufgehängt werden können und dem Schmied stets zur Hand sind. Diese Meßblöcke sind ein recht brauchbares Meßwerkzeug, wenn z. B. Stücke unter der Presse auf eine bestimmte Stärke gedrückt werden sollen. Mit Bezug auf die Beschaffung von brauchbaren Meßwerkzeugen kann in der Schmiede gar nicht genug getan werden, denn je höher die Präzision der Schmiedearbeit ist, um so geringer ist die in der mechanischen Werkstatt erforderliche Fertigbearbeitung und um so mehr wird sich die Schmiede rentieren.

II. Kapitel. Mit elementarer Kraft betriebene Werkzeugmaschinen.

Abs. 197. **Allgemeines über mit elementarer Kraft betriebene Werkzeugmaschinen.** Der Mensch ist bestrebt, in seinen Konstruktionen zunächst natürliche Vorgänge, z. B. die Bewegung der Hand, nachzuahmen. So war es erklärlich, daß er, als er die Anwendung und Übersetzung von Kräften des Wassers und der Tiere kennen lernte, zunächst als erste Werkzeugmaschine der Schmiede den Stiel- oder Schwanzhammer schuf. Alsdann kam der Fallhammer, in Anlehnung an die Gesetze der fallenden Körper. Mit der Einführung der Dampfkraft folgten dann der Dampfhammer, und so begründet sich auch das Dominieren des Hammers in der Schmiede. Aber langsam sah man ein, daß man nicht mehr mit dem Hammer allein auskommen konnte, und ganz allmählich kam es zur Schaffung anderer Werkzeugmaschinen. Mit dem Fortschreiten der übrigen Werkstätten, die sich immer mehr Spezialmaschinen anschafften, ist man in der neuesten Zeit dazu gekommen, auch die Schmiede mit Spezialmaschinen zu versehen. Ich habe eine Schmiede gesehen, wenngleich selbst diese noch keineswegs vollkommen war, die dazu neigte, mit dem Dominieren des Universalhammers zu brechen und für jede Arbeitsleistung und Methode eine Spezialmaschine zu schaffen. Dieses Prinzip ist auch m. E. unbedingt richtig — der Universalhammer ist durchaus nicht für alle Zwecke brauchbar, sondern muß mit den übrigen Maschinen eine gleiche Rangordnung annehmen und zur Spezialmaschine ausgebildet werden.

In den nun folgenden Abschnitten gebe ich die hauptsächlichsten Werkzeugmaschinen der Schmiede wieder, mit Ausnahme derjenigen, welche mit gepreßter Luft betrieben werden, die ich der Einheitlichkeit wegen im II. Hauptteil behandle.

Abs. 198. **Unterschied in der Wirkung eines Hammers, einer Presse und der Zwischenstufen.** Es besteht ein großer Streit, ob der Hammer oder die Presse die Oberherrschaft unter den Schmiedemaschinen behalten bzw. erringen soll. Hierbei ist grundsätzlich zu unterscheiden:

1. welcher Art die zu bewirkende Arbeit ist, und ob diese Arbeit besser von einem Hammer oder einer Presse zu leisten wäre,
2. welche Art der Arbeitsmaschinen in ihrer Leistungsfähigkeit höher ist bzw. welche Größen die gleiche Arbeit leisten, und welche Maschine sich in der Rentabilität günstiger stellt.

In diesem Abschnitt soll zunächst eine Betrachtung darüber angestellt werden, in welcher Weise sich die Arbeiten, die von einem Hammer und einer Presse geleistet werden, von einander unterscheiden; im IV. Hauptteil erst über ihre Rentabilität.

Die allgemeine Ansicht ist, daß beim Niederstauchen eines Zylinders mittels eines Hammers die Endschichten meistens nach außen treiben, während die Mittelschicht in ihrer Stärke stehen bleibt (Fig. 238 III) und umgekehrt beim Niederstauchen mittels einer Presse die Mittelschicht ausbaucht, während die Enden zunächst annähernd stehen bleiben (Fig. 238 I). Selbst R. Daehlen war der Ansicht, daß günstigstensfalls unter dem Hammer nur das Bild II Fig. 238 entstehen könnte.

Über das Ausbauchen von Zylindern unter der Presse hat Fr. Riedel neuerdings einen sehr schönen Beitrag geliefert. Er hat gezeigt, daß das Ausbauchen der Mittelzone von unter der Presse gedrückten Zylindern eine Ursache der Bildung der von ihm mit »Rutschkegeln« bezeichneten Stauungserscheinungen ist. Die Bildung solcher Stauhügel ist eine Erscheinung aller fließenden Medien beim Anprall auf einen Widerstand und auch eine analoge Erscheinung im warmen, plastischen Eisen, das durch Schlag oder Druck an die Fließgrenze gebracht wird. Dies gilt, wenn die Verflüssigung des Eisenkörpers durchweg gleichmäßig erfolgt. Wir werden aber sehen, daß dies nicht

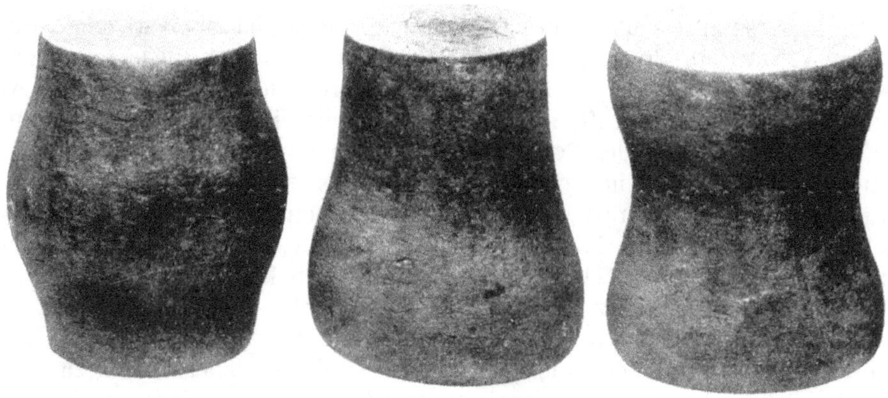

I II III

Fig. 238.

immer zutrifft, sondern auch örtlich stärkere Verflüssigungen eintreten. Es ist daher auch irrig, ein plastisches Magma (erhitztes Metall) mit einem starren Körper (kaltes Metall) in dieser Beziehung zu vergleichen.

Die Form dieser Stauhügel ist in gleichmäßig dünnflüssigen Medien keine reine Kegelform, sondern im allgemeinen bei diesen, z. B. bei Luft und Wasser, die einer übertürmten Welle. Aller Wahrscheinlichkeit nach wird nun teilweise der Unterschied in der Hervorrufung dieser Bilder in der Ausbildung dieser Stauhügel liegen; denn je größer Kraft und Geschwindigkeit, desto höher der Stauhügel. Infolge der Bildung eines spitzen und eines stumpfen Winkels fließen auch in verschiedenartiger Weise die Medien ab.

Wesentlich unterstützt wird diese Erscheinung noch dadurch, daß zu den verschieden großen Effekten auch eine Verschiedenartigkeit der Orte tritt, an welchen das Material am meisten der Fließgrenze nahegebracht wird. Auf die Wirkung der Deformationswärme soll später noch eingegangen werden. Während die Deformation bei dem leichten Hammerschlag und demzufolge auch in den äußeren Schichten infolge Elastizität vor sich geht, erfolgt diese bei starkem Preßdruck oder durch Schlag von hohem Effekt in den mittleren Schichten.

Martens und Beckmann haben nun durch Versuch gefunden, daß für die Erzeugung des Stauchbildes Nr. I durch einen Hammer die Größe der Geschwindigkeit bezw. die Höhe des Bärs von keinem Einfluß war, sondern lediglich die Größe des Effekts pro cm². Verringert man den Effekt pro cm² bei einem Hammer, so erhalten wir zunächst das Stauchbild Nr. II; verringern wir denselben noch weiter, so erhalten wir schließlich das charakteristische Stauchbild Nr. III.

Daß die Temperatur des Stückes eine erhebliche Rolle in Bezug auf die Größe der Stauchung spielt, bedarf nicht der Erwähnung. Hierauf soll noch näher im Abs. 280 eingegangen werden.

Zu der Gesamtwärme des Stückes aber tritt bei der Bearbeitung noch die Deformationswärme infolge der Vernichtung von Energie; diese wird da am größten sein, wo die größte Deformation stattfindet. Ihrerseits aber bringt sie das Material an den

Stellen der Fließgrenze näher, und so entsteht in der Deformationszone eine kulminierende Wirkung. Die Wärmeerzeugung ist bei schnellschlagenden Hämmern oft so groß, daß eine dunkelrot glühende Stange beim Recken hellrot wird. Die Verteilung der Deformationswärme läßt sich am besten an längeren Stauchzylindern erkennen. Hierbei dürfte die von der Temperaturhöhe beeinflußte Elastizität des Eisens eine nicht unwesentliche Rolle spielen, so daß die Temperaturunterschiede bei zunehmender Arbeitswärme nicht mehr so deutlich hervortreten. Dargestellt ist sie annähernd in der farbigen Tafel.

Infolge der verschiedenen örtlichen Verteilung der Deformationswärme ist auch für die Erzeugung des Stauchbildes I gleichgültig, ob der Effekt hauptsächlich aus großer oder kleiner Geschwindigkeit resultiert, da die Verflüssigungszone im Innern liegt. Nicht gleichgültig ist dies bei der Erzeugung des Stauchbildes III, denn hier liegt die Verflüssigungszone an der Oberfläche, und der mit großer Geschwindigkeit ankommende Bär muß auf diese anders wirken als ein langsam aufsetzendes schweres Gewicht. Bei dem Stauchbilde II tritt die Deformationswärme stets an der Unterseite des Stauchzylinders auf und verteilt sich über die ganze untere Hälfte des Stauchzylinders. Es erfolgt gewissermaßen ein Sacken des Materials. In dieser Erkenntnis liegt wohl eines der wichtigsten Prinzipien der Schmiedetechnik.

Zieht man nun die weiteren Konsequenzen hieraus für die Anpassung der spezifischen Arbeitsleistung von Werkzeugmaschinen der Schmiede, so ergibt sich, daß die leichten Hammermaschinen und im speziellen der Fallhammer infolge der großen Endgeschwindigkeiten sich am besten für die äußere Formgebung eignen, da das mit großer Geschwindigkeit kommende Gesenk das an der Oberfläche verflüssigte Metall in die äußersten Teile der Gravierung verspritzt. Dies ist namentlich bei Stücken der Fall und bei einer mannigfach geformten Oberfläche. Es kommt daher auch vor, daß bei Gegenständen, die verschiedene Querschnitte aufweisen, die Materialverdrängung infolge der geringen Geschwindigkeit der Presse eine ungleichmäßige ist und daher erhebliche Gratbildungen erfolgen können. Weiter werden hier oftmals infolge des geringeren oberflächlichen Fließens des Eisens unter dem langsamen Preßdruck und der längeren Berührungszeit der Gesenke mit dem Werkstücke unerwünschte Kehlungen entstehen, wo scharfe Übergänge verlangt werden. Sehr schöne Fließbilder von Luft hat Dr. Mach veröffentlicht, nicht nur an Platten, sondern auch an unterbrochenen Flächen. Diese Photographien sind äußerst instruktiv.

Soll dagegen eine innere Stückarbeit geleistet werden, wie z. B. beim Recken, so wird man dieses, namentlich bei zunehmender Materialstärke, entweder unter der Presse oder unter einem Hammer von höherem Effekt bewirken. Für das Verdichten des Materials dürfte vielleicht das Behandeln des Materials unter der Presse oder unter dem Hammer von größtem Effekt das Gegebene sein. Denken wir uns eine Stange, die zunächst in der einen Richtung gedrückt wird und dann um 90 Grad gewendet, so wird die Verflüssigungszone ein Kreuz bilden, und je nach der Art des Wendens wird auch die Art der gleichmäßigen Verdichtung zu erwarten sein. Für das Formen des Materials ist meines Erachtens die Behandlung unter einem Hammer von mittlerem Effekt, der das Stauchbild II erzeugt, das Zweckentsprechende. Diese Stauchung scheint mir deshalb für diesen Fall die günstigste zu sein, weil hier das Material im unteren Teile des Stückes verhältnismäßig gleichmäßig an die Flüssigkeitsgrenze gebracht und nach den Seiten abgeflossen ist. Wir erhalten das Bild der Sackung, und gesackte Materialien erwiesen sich bisher als stets gleichmäßig gut verdichtet. Wenden wir das Stück um 180°, so erhalten wir die Sackung nach der anderen Seite. Ob die Verdichtung besser nach dem Bilde I oder II erfolgt, muß vorläufig eine offene Frage bleiben. Das können nur Versuche lehren.

Gesenkstücke mit steigenden Ansätzen, die unter dem Fallhammer geschlagen werden sollen, sind zunächst unter dem Schwergewichtshammer oder der Presse vorzuarbeiten, denn die steigenden Ansätze sind als innere Stückarbeit anzusehen. Sie sind beim Sacken zuerst in das Untergesenk, dann in das Obergesenk zu nehmen, da dieses infolge höherer Repulsion kürzere Zeit mit dem Arbeitsstück in Berührung ist.

Infolge der Möglichkeit, starke und schwache Schläge mit langsamer oder höherer Geschwindigkeit zu geben, ist dem sogenannten allgemeinen Schmiedehammer mit Luft- oder Dampfbetrieb eine gewisse Universalität nicht abzusprechen. Diese Universalität besitzt die Presse nicht.

Daß unter der Presse durch Druck eine Periode intensiven Fließens sich einstellt — genügende Wärme des Stückes zur Einleitung dieses Vorganges vorausgesetzt — ist ein Analogon zur Verflüssigung des Eisens durch Druck. Diese Periode des intensiven Fließens ist von Sobbe, Riedel und Beckmann verschiedentlich behandelt worden. Das Fließen erfolgt in der Deformationszone.

Ich halte es auch für nicht ganz ausgeschlossen, daß man überhaupt für das Arbeiten unter der Presse höhere Temperaturen zu wählen hat als unter dem Hammer, wenn es sich darum handelt, äußere Formen, z. B. an einer Kurbelwelle, für das Präzisionsschmieden möglichst scharf auszuprägen.

Eine wesentliche Frage, die hier Erklärung finden muß, ist auch, ob die teilweise Stauchung eines Stückes durch Pressung oder durch Schlag besser zu erzielen ist. An Rohren, an welchen Muffen angestaucht werden sollen, halte ich es infolge der Länge der Stauchung für angebracht, daß diese durch Pressung erfolgt. Bei sogenannten Stauch- und Schmiedemaschinen dagegen versucht man schon durch Anwendung von Kniehebeln, bei den Vincentpressen durch hochgängige Schrauben und Schwungkörper, eine schlagartige Pressung hervorzurufen, da die Stauchung zweifellos durch den Schlag besser die Matrizen mit Material ausfüllen wird als die langsame Pressung. Dies sind für den Konstrukteur äußerst wichtige Grundlagen.

Die Herstellung von Spaten, Pflugscharen, wo innere Arbeit — die des Reckens und Breitens — geleistet werden soll, läßt sich aber unter dem repulsierenden Hammer deshalb günstiger bewerkstelligen, weil die Stücke unter der Presse zu rasch abkühlen; es müßten dann wesentlich höhere Temperaturen für das Arbeiten unter der Presse gewählt werden. Dennoch gibt es auch für diese Arbeitsleistung Pressen.

I. Maschinen von reiner Schlag- bis Preßschlagwirkung.

1. Mit elementarer Kraft betriebene Hämmer.

Abs. 199. **Allgemeines über die Federhämmer.** Unter diesen mechanisch betriebenen Federhämmern verstehe ich folgende:

α) Die Hebelhämmer, deren Stiel an sich infolge des gewählten Materials, z. B. Holz, federt und dessen federnde Wirkung durch Zugfedern, Gummipuffer u. dgl. noch unterstützt wird.

β) Die aus diesen Hämmern hervorgegangenen Blattfederhämmer, deren Stiel durch ein Paket aufeinander gelegter Blattfedern ersetzt worden ist.

γ) Die Bogenfederhämmer, die für die federnde Wirkung bogenartig gespannte Federn benutzen.

Während bei den ersten beiden Arten von Hämmern der Bär eine Winkelbewegung macht, ist er bei der letzteren Gattung zwischen Gleitschienen geführt. In dieser Einteilung kommen eine Reihe von Mischformen vor; so gibt es auch Blattfederhämmer mit geführtem Bär.

Im allgemeinen besitzen diese Hämmer eine ziemlich hohe Schlagzahl und ein geringes Bärgewicht und eignen sich als solche für die Kleineisenindustrie. Es wird diesen Hämmern meist nachgesagt, daß sie einen geringen Kraftverbrauch besitzen, da die Federn die Kraft immer wieder zurückgeben, die sie beim Aufwärtsgange aufspeichern. Das ist richtig, aber es wird bei einer Reihe von Hämmern wieder sehr viel Kraft vernichtet durch das Gleitenlassen des Antriebsriemens auf der Antriebscheibe, um eine Verschiedenheit in der Schlagzahl hervorzurufen. Auch bei diesen Hämmern wird sehr häufig die an der Verwendungsstelle gebrauchte Kraft in Rechnung gezogen, nicht aber die wirklich erzeugte und verbrauchte Kraft an der Erzeugungsstelle. Die vielen Zwischenverluste werden oft erheblich; ich komme im III. Hauptteil darauf noch zu sprechen.

Infolge des Winkelschlages bei nicht geführtem Bär müssen möglichst gleichmäßig starke Arbeitsstücke verschmiedet werden, denn bei großen Ungleichmäßigkeiten in der Materialstärke muß die Amboßbahn durch eine höhere oder weniger hohe ersetzt werden.

In ihrer Arbeitsleistung verrichten die Hämmer eine reine Prellschlagarbeit. Wegen Anwendung der Federn ist das Repulsionsbestreben ein sehr hohes und daher kann mit diesen Hämmern kein klebender Schlag, d. h. kein Preßschlag erzeugt werden.

Die diesen Hämmern zufallende Arbeit ist somit auch vollständig abgegrenzt. Fehlerhaft ist meist die Schabotte ausgebildet, denn für diese reinen Repulsionshämmer kommen nur Stahlschabotten in Frage.

d) Hebel- und Schwanzhämmer (Aufwurfhämmer).

Abs. 200. **Aufwerfhammer mit Stiel.** Modell A. Bauart Bradley, Syracus, N. Ohio, U. S. A., vertrieben durch Alfred H. Schütte, Köln-Deutz. Fig. 239. In der Hauptsache ist der Hammer für runde Gesenkschmiedeteile, wie Handgriffe, Gitterspitzen, Bolzen und ähnliche Stücke, bestimmt, doch kann er auch für flache Gesenkschmiedearbeiten verwandt werden, besonders wenn ohne Wechsel der Gesenke Stück um Stück von der Stange geschmiedet werden kann. Er findet allerdings auch Anwendung zum Recken und Breiten dünner Teile, zum Ausschmieden von Beilen, Äxten, Sensen, Feilen u. dgl. sowie in der Flanschen- und Fittingsfabrikation.

Der hölzerne Hammerbalken ist in gehärteten Stahlkörnern aufgehängt und für Amboß- und Hammerbäreinsätze verschiedener Höhe vertikal verstellbar. Er erhält seine Bewegung von der Antriebswelle aus durch ein in weiten Hubgrenzen verstellbares Exzenter, dessen Pleuelstange sich der Höhe des Arbeitsstückes entsprechend durch einfachen Handhebel bequem und schnell verlängern bzw. verkürzen läßt.

Um dem Hammer die für das Schmieden im Gesenke unerläßliche Elastizität zu verleihen, sind an geeigneten Stellen 4 Gummipuffer angebracht. Zwei von ihnen werden beim Aufwärtsgange des Balkens zusammengepreßt und machen durch ihre Rückwirkung den Schlag äußerst scharf und wirksam, während die beiden andern nach erfolgtem Schlag den Balken elastisch zurückdrängen, so daß er zwischen den 4 Gummipuffern etwa wie der Hammer in der Hand eines Schmiedes schwingt.

Die starke stählerne Antriebswelle ist zu beiden Seiten des Exzenters lang gelagert.

Fig. 239.

Nummer	0	1	2	3	4	5	6
Bärgewicht . . . kg	7	12	18	28	37	45	90
Für Material bis mm	20	25	35	45	50	65	90 - 100
Entfernung von Mitte Amboß bis Mitte der Pleuelstange . mm	460	585	735	760	865	865	865
Amboßhöhe . . mm	585	600	710	785	840	840	840
Drehungen der Antriebswelle = Schlägezahl per Minute .	435	400	300–315	290–300	275	275	225–240
Durchmesser der Riemscheibe . . . mm	250	300	350	450	450	450	665
Breite d. Treibriemens mm	65	75	100	150	150	150	200
Kraftbedarf . . . PS	$^1/_2$–$^3/_4$	$^3/_4$–1	$1^1/_2$–2	2–$2^1/_2$	$2^1/_2$–3	$2^1/_2$–3	3–$3^1/_2$
Erforderliche Bodenfläche . . . . mm	1370 × 710	1725 × 735	2080 × 865	2265 × 1090	2440 × 1220	2440 × 1220	2700 × 1370
Gewicht, verpackt, ca. kg	700	1125	5670	2450	3000	3050	4750

Modell C. Fig. 240. Die Größen Nr. 3 bis 8 dieses Modelles finden Verwendung, wenn es sich um ständige Benutzung des Hammers für schwerere Leistungen handelt. Nr. 9 und 10 kommen vorzugsweise für schwerere Schmiedearbeiten in Betracht und sind in Maschinenbauanstalten, in Lokomotivwerkstätten und Waggonfabriken eingeführt.

In der allgemeinen Anordnung der arbeitenden Teile unterscheidet sich dieser Typ verschiedentlich von Modell A. Der Hammerbär läuft hier geradlinig in nachstellbarer Führung, so daß Bär- und Amboßeinsatz immer parallel bleiben. Bär und Hammerbalken sind beweglich verbunden; durch einen breiten Schlitz im oberen Teil des Bären ist ein Riemenstück geführt, dessen Enden an beiden Seiten des hölzernen Balkens durch Zwingen befestigt sind. Ein Gummipuffer zwischen Bär und Balken bietet dem Balkenende beim Niedergang eine elastische Unterlage, die eine stoßfreie Übertragung ermöglicht.

Fig. 240.

Die vorstehende Abbildung (Fig. 240) zeigt den Hammer Nr. 9, der mit vier Gummipuffern in der Schwinge versehen ist, während die kleineren Hämmer deren nur zwei haben. Bei Nr. 9 und 10 ist zur Höhenverstellung des Bären an Stelle der sonst üblichen Klemmhülse mit Handgriff eine Stellmutter mit Rechts- und Linksgewinde angewandt.

Bis zu der nachstehend angegebenen Materialstärke, die sich auf Schmiedeeisen bezieht, arbeiten die Hämmer am rationellsten; mit Vorteil können hauptsächlich Teile verarbeitet werden, die prellenden Schlag verlangen.

Bei Verarbeitung von Stahl geht man zweckmäßig nur bis zu zwei Drittel der angegebenen Stärke.

Nummer	3	4	5	6
Bärgewicht . . . . kg	23	34	45	57
Für Material bis . . . . . . mm	35	45	45	50
Entfernung von Mitte Amboß bis Mitte Pleuelstange . . . . . mm	890	890	1040	1040
Amboßhöhe . . . . mm	790	790	790	790
Drehungen der Antriebswelle = Schlägezahl pro Minute . . .	315	315	300	300
Durchmesser der Riemscheibe mm	350	350	450	450
Breite des Treibriemens. . . . mm	100	100	150	150
Kraftbedarf . . . . PS	$1^1/_2$–2	$1^1/_2$–2	2–$2^1/_2$	2–$2^1/_2$
Erforderliche Bodenfläche . . . mm	1370 × 815	1370 × 815	1525 × 990	1525 × 990
Gewicht, verpackt . . . . . ca. kg	1550	1600	2300	2400

Nummer	7	8	9	10
Bärgewicht . . . . kg	68	90	136	225
Für Material bis . . . . mm	65	75	80–100	100–125
Entfernung von Mitte Amboß bis Mitte Pleuelstange . . . . . mm	1040	1370	1675	1675
Amboßhöhe . . . . mm	790	790	790	790
Drehungen der Antriebswelle = Schlägezahl pro Minute	275	225	200	200
Durchmesser der Riemscheibe mm	560	560	660	865
Breite des Treibriemens . . . mm	150	150	200	200
Kraftbedarf . . . . mm	$2^1/_2$–3	3–$3^1/_2$	$3^1/_2$–4	4–5
Erforderliche Bodenfläche . . . mm	1980 × 1040	1980 × 1065	2440 × 1320	2440 × 1320
Gewicht, verpackt . . . . . ca. kg	2850	3400	5150	5975

Steuerung des Hammers erfolgt durch den vorn rings um das Bett herumgehenden Fußtrittbügel; ein leichter Druck auf den Bügel bringt den Hammer in Betrieb. Je nach der Stärke des ausgeübten Druckes hat es der Schmied vollständig in der Hand, Zahl und Kraft der Schläge in weiten Grenzen nach Belieben vollständig zu regeln. Die Hubhöhen lassen sich je nach Art der Arbeit durch Verstellung des Antriebsexzenters auf der Antriebswelle schnell einstellen resp. verändern. Die Höhenlage des Hammers wird der jeweiligen Materialstärke durch ganz bequem und schnell ausführbare Verkürzung bzw. Verlängerung der Pleuelstange angepaßt.

Der Amboßblock bildet ein besonderes, vom Gestell durch eine Isolationsschicht (Holzzwischenlage) getrenntes Gußstück, das auf einem besonderen Fundamente ruht. Der Amboß selbst ist zwecks genauer Einstellung der Gesenke in der Längsrichtung verschiebbar.

Der Antrieb des Hammers erfolgt gewöhnlich direkt von der Transmission aus, doch ist bei voraussichtlich öfter vorkommenden, längeren Betriebspausen die Anbringung eines Deckenvorgeleges zu empfehlen. Bei elektrischem Antrieb ist ein über dem Hammer anzubringendes Zwischenvorgelege erforderlich. Die Stärke des Elektromotors muß mindestens doppelt so groß wie der in den Tabellen angegebene Kraftbedarf angenommen werden.

Abs. 201. **Hebelhämmer mit Riemenfriktions-(Adko)Antrieb.** Bauart: Koch & Cie. Maschinenfabrik, Remscheid-Vieringhausen. Lizenznehmer Belgien: Ateliers de l'Est Louis Denis, Liège. England: B. & S. Massey, Openshaw Manchester. Der Hammer schwingt mit dem Hebel in zwei Zapfen und wird durch mehrere am hinteren Hebelende angreifende Spiralfedern in der dargestellten schrägen Lage gehalten, so daß er in der Ruhe in einer gewissen Höhe über dem Amboß schwebt. Die beiden Zapfen des

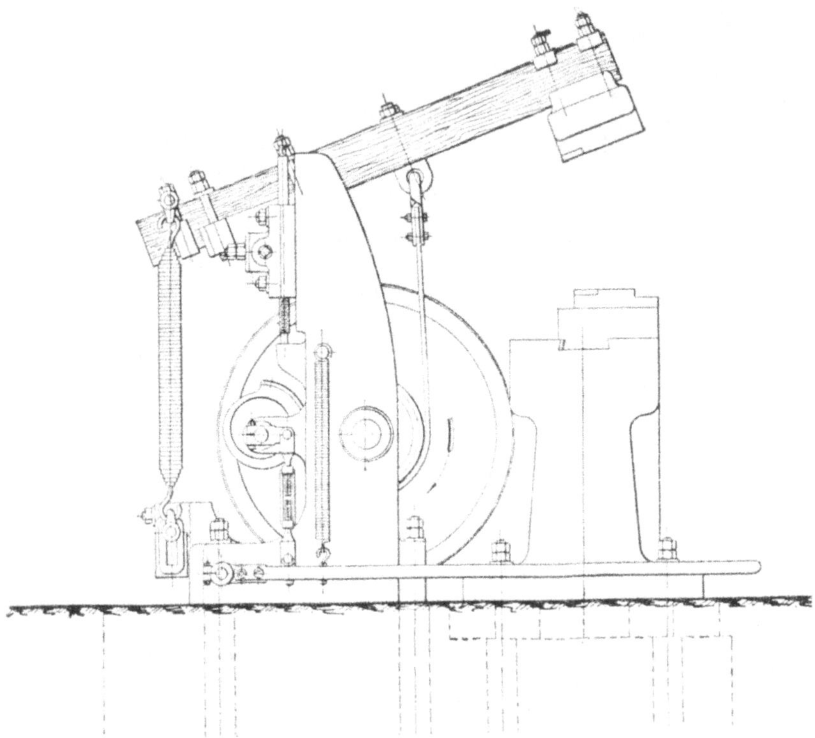

Fig. 241.

Hammerhebels ruhen in Lagern, welche am Hammergestell vertikal und seitlich verstellbar sind, wodurch es ermöglicht ist, Hammer und Amboßbahn genau parallel, eventuell auch schräg zueinander einzustellen, wie es die jeweilig vorliegende Schmiedearbeit gerade erfordert. In dem Unterteil des zweiständrigen Gestells ist eine Welle gelagert, welche durch ein an der Außenseite angebrachtes, durch Riemen angetriebenes Schwungrad in Umdrehung gesetzt wird. Diese Welle trägt zwischen den beiden Ständern eine Scheibe, deren Umfang etwa zur Hälfte von einem Riemen lose berührt wird, welcher mit einem Ende an der unteren Seite des Hammerhebels, mit dem anderen an einer unrunden Rolle befestigt ist, die derart mit dem Fußtritt in Verbindung steht, daß sie durch ihn gegen die rotierende Scheibe gedrückt werden kann. Fig. 241.

Die Wirkungsweise des Hammers ist sehr einfach und beruht darauf, daß er von dem Riemen durch die zwischen diesem und der rotierenden Scheibe entstehende Friktion nach abwärts gezogen wird und somit einen entsprechend kräftigen Schlag ausführt, sobald man das hintere Riemenende mit der unrunden Rolle gegen die rotierende Scheibe drückt. Dies geschieht durch den Fußtritt, und die Schlagstärke des Hammers hängt davon ab, ob jener nur ganz leicht oder etwas kräftiger niedergetreten wird. Die zum Treten erforderliche Kraft ist dabei minimal, und man ist in der Lage, anhaltend ungefähr 160 leichte und 80 kräftige Schläge pro Minute zu erzielen und bis zu dieser Grenze nach Belieben schnell oder langsam aufeinander folgende, kräftige oder leichte Schläge auszuführen. Sobald man den Tritt freigibt, geht er unter dem Einfluß einer Feder in seine frühere Lage zurück, während gleichzeitig die an dem Hammerhebel angreifenden und während des Schlages stärker gespannten Spiralfedern den Hammer wieder in seine ursprüngliche Lage ziehen.

Fig. 242.

Die gußeiserne Schabotte ist vom Hammergestell getrennt, sie erhält in der normalen Ausführung einen schmiedeeisernen Aufsatz, indem die Schmiedesättel bzw. Gesenke durch Keile befestigt werden; auch ist sie mit einem durchgehenden Loch versehen, um das Stauchen von Köpfen an längeren Schrauben usw. sowie ähnlichen Arbeiten zu ermöglichen. Fig. 242.

Der Hammerhebel wird im allgemeinen aus zähem Holz, auf besonderen Wunsch aus nahtlosem Stahlrohr gefertigt, jedoch haben sich Holzhebel als haltbarer erwiesen.

Maß- und Gewichts-Tabelle.

Nummer	1	2	3
Bärgewicht . . . . kg	20	35	60
Betriebskraft . . . ca. PS	1,5	2,5	3,75
Erforderlicher Raum . . ca. einschl. Schabotte	1,40×0,75	1,70×0,95	2,00×1,20
Gewicht ohne Schabotte ca. kg	550	900	1500
Gewicht mit Schabotte und Aufsatz . . . . . . ca. kg	900	1550	2500

Abs. 202. **Aufwurfhammer.** Bauart Gebr. Edelhoff, Maschinenfabrik, Vohwinkel. Zweck: Der Hammer ist bestimmt zum Breiten und Recken, speziell zum Breiten von Hacken, Beilen, Pflugscharen, Hauern und dgl., auch zum Stempeln von Bolzen, Hälsen an Erlen und Mauerkellen usw.

Konstruktion: Diese Hämmer Fig. 223 sind nach Art der Blattfederhämmer gebaut, jedoch tritt an die Stelle des Federbündels ein hölzernes Hammerheft und zwei in einem Stahlgußgehäuse befindliche Gummipuffer, wodurch dem Hammer bei geringem Kraftverbrauch ein hoher Schlageffekt gegeben wird. Der Hammer ähnelt dem amerikanischen Bradley-Hammer, jedoch hat dieser Aufwurfhammer bei allen Größen eine nachstellbare Bärführung, durch welche jeder einzelne Schlag genau auf derselben Stelle erfolgt.

Beim Schmieden ganz dünner Gegenstände empfiehlt die Firma statt der gußeisernen Schabotte einen eichenen Amboßstock zu nehmen, weil dadurch das Schmieden für den Schmied angenehmer wird, auch der Hammer weniger leidet.

Arbeitsweise: Der Hammer wird angetrieben mittels Riemen von der Transmission oder auch vom Elektromotor. Auf der Antriebsachse kann durch ein verstellbares Exzenter die Hubhöhe und Schlagstärke des Hammers genau eingestellt werden. Durch eine Zugstange wird die Bewegung auf den Pufferrahmen, in welchen sich die beiden Gummipuffer befinden, übertragen. Das Hammerheft, welches mit dem hinteren Ende zwischen den beiden Puffern liegt, gibt durch den Drehpunkt dem Hammerbär die auf und ab schwingende Bewegung, und die Schlaganzahl wird durch Fußtritt reguliert.

Fig. 243. Größe 2. — Type B.

Maß- und Gewichts-Tabelle.

Größe Nr.	1	2	3	4	5
Bärgewicht . . . . kg	20	35	60	100	150
Schmiedet noch mit Leichtigkeit Quadrateisen bis . . . . mm	40	60	75	100	130
Schlaganzahl pro Minute bis	400	350	300	250	180
Bärhub bis . . . . mm	150	180	210	280	320
Kraftbedarf normal ca. . . . . . PS	1	2	3—4	5—6	7—8
Gesamtgewicht ca. . . . . kg	1000	1850	2650	4000	5000

β) Blattfederhämmer.

Abs. 203. **„Atlas"-Blattfederhammer.** Bauart Rudolf Schmidt & Co., Düsseldorf-Wien. Fig. 244. Die Atlas-Blattfederhämmer besitzen ein einhüftiges Gestell, an dessen auskragendem Arm sich die Bärführung befindet. An der über dem Hammer gelagerten Blattfeder ist an dem vorderen Ende der Bär aufgehängt, während an dem hinteren der Angriff der Kraft durch eine federnde Exzenterstange erfogt. Durch die zwei Federn wird die Schlagstärke, da der Schlag nicht nur durch das Gewicht des Bären, sondern auch noch durch die Wirkung der Blattfeder entsteht, welche den Bär auf den Amboß schnellt, bedeutend verstärkt.

Fig. 244.
Hammer Nr. 4.

Die Steuerung der Hämmer geschieht durch einen Fußtritthebel, den der Schmied allein reguliert, ohne daß er bei der Arbeit gestört wird oder hierbei einer Unterstützung bedarf. Nach kurzer Übung hält jeder Schmied die Schlagstärke in der Hand, da er durch entsprechend stärkere oder schwächere Betätigung des Fußtritthebels die Schläge stärker oder schwächer auf das Arbeitsstück fallen lassen kann.

Die Atlas-Blattfederhämmer tragen eine patentierte Bärschutzkappe. Diese verstärkt den Bären und ist gleichzeitig als Fettkappe ausgebildet, die durch kontinuierlich reichliche Schmierung das vorzeitige Ausscheuern der Bärführung vermeidet und vor allem auch die Belästigung des vor dem Hammer stehenden Schmiedes durch etwa herumspritzendes Schmiermaterial verhindert; auch eine Verletzung durch abspringende Bruchstückchen der Federenden ist hierdurch ausgeschlossen.

Die Konstruktion des Hammers weist keinerlei komplizierte Teile auf, was zur Folge hat, daß bei normaler Behandlung nur natürlicher Verschleiß vorkommt, es sei denn, daß gelegentlich ein Ersatz der mittleren Blattfedern sich notwendig macht, ein Austausch, der leicht in kürzester Zeit besorgt werden kann.

Größen, Abmessungen, Gewichte.

Größe Nr.	0	1	2	3	4	5	6
Bärgewicht.	15	30	60	100	150	200	250
Tourenzahl (Schlaganzahl per Min.) ca.	375	300	225	175	—	135	120
Kraftbedarf . . . . etwa PS	$^{1}/_{2}$—1	1—$1^{1}/_{2}$	2—3	4—6	6—8	8—12	10—14
Hubhöhe des Bären. . . . . mm	100	150	220	280	300	350	375
Schmiedet vorteilhaft noch:							
Flacheisen bis Höhe . . . . . . mm	40	70	100	130	150	170	190
Vierkanteisen bis . . . . mm	25	40	60	100	120	150	175
Riemenscheiben-Durchm. u. Breite mm	250 × 50	350 × 65	400 × 100	600 × 110	700 × 120	800 × 155	800 × 155
Erforderliche Bodenfläche Länge . m	1	1,2	1,7	2	2,2	2,5	2,7
Ohne Bedienungsraum Breite . . m	0,6	0,65	0,8	1	1,2	1,5	1,7
Gewöhnliehe Länge d. Hammerkerne mm	100	125	180	200	225	250	260
Höchstzulässige Länge der Hammerkerne. . . . . mm	150	175	225	230	260	300	320
Höchstzulässige Breite der Hammerkerne. . . . . mm	125	150	180	130	150	175	180
Gewicht d. kompletten Hammers ca. kg	550	850	1880	3850	5750	8300	8750

Abs. 204. **Blattfederhammer.** Bauart K o c h & Cie., Remscheid-Vieringhausen. Bei dem in Fig. 245 dargestellten B l a t t f e d e r h a m m e r erfolgt die Auf- und Abwärtsbewegung des Bären durch eine Kurbelwelle, deren Bewegung auf diesen mittels irgend eines federnden Elementes übertragen wird. Die Exzentrizität der am hinteren Ende des Hammerständers gelagerten Kurbelwelle ist verstellbar, so daß man bis zu einer gewissen Höchstgrenze mit geringerem oder größerem Bärhub bzw. mit leichteren oder kräftigeren Schlägen arbeiten kann. Die nötige Federung wird durch eine größere Anzahl übereinander gelegter, dünner Federblättchen sowie durch die an deren hinterem Ende angreifende, ebenfalls federnd ausgebildete Kurbelstange bewirkt. Der Antrieb erfolgt durch eine Riemenscheibe, neben der eine Leerlaufscheibe angeordnet ist, auf welcher der Riemen in der Ruhestellung läuft. Durch mehr oder weniger tiefes Niedertreten des Fußtrittes wird der Riemen mittels der Riemengabel nur teilweise oder vollständig auf die Antriebsscheibe geleitet; dadurch ist man in der Lage, die Kurbelwelle mit beliebiger Schlagzahl arbeiten zu lassen. Entsprechend der jeweiligen Schlagzahl ist bei diesen Hämmern auch die Schlagkraft, d. h. bei schnell aufeinander folgenden Schlägen sind diese kräftig, bei langsameren leichter. Langsam und kräftig oder aber schnell und leicht kann man mit den Blattfederhämmern nicht arbeiten.

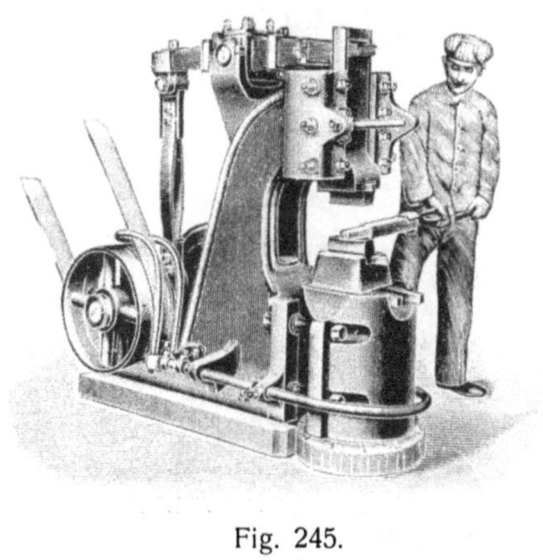

Fig. 245.

Um den Hammer momentan stillstellen zu können, ist auf dem anderen Ende ein Schwungrad angeordnet, gegen dessen Umfang sich eine Bremsbacke legt, sobald der Antriebsriemen von der festen auf die Losscheibe geführt wird. Für Reck-, Breit-, dünne Stahlbleche- und Rundgesenkarbeiten sind sie besonders geeignet.

Die gangbarsten Größen der Blattfederhämmer sind

Bärgewicht kg	35	60	100
Größte Schlagzahl pro Minute ca. .	350	275	255
Größter Bärhub . . . . . . mm	150	225	275
Kraftbedarf . . . . ca.	1,5	2,5	5 PS
Erforderlicher Raum . . . . . m	1,20 × 0,70	1,70 × 0,85	2,0 × 1,0
Gesamtgewicht . . . . . . ca. kg	950	1925	3900

γ) Bogenfederhämmer.

Abs. 205. **Federhämmer.** Bauart B. S. Massey, Ltd., Manchester. Fig. 246 und 247. Zweck: Diese Federhämmer eignen sich für das Ausziehen von Gabeln und Hauen, zum Schmieden von Feilen und Messerwaren, sowie zu leichter Planierarbeit, d. h. da, wo lange Serien von gleichkräftigen Schlägen mit großer Repulsion erforderlich sind.

Fig. 246.

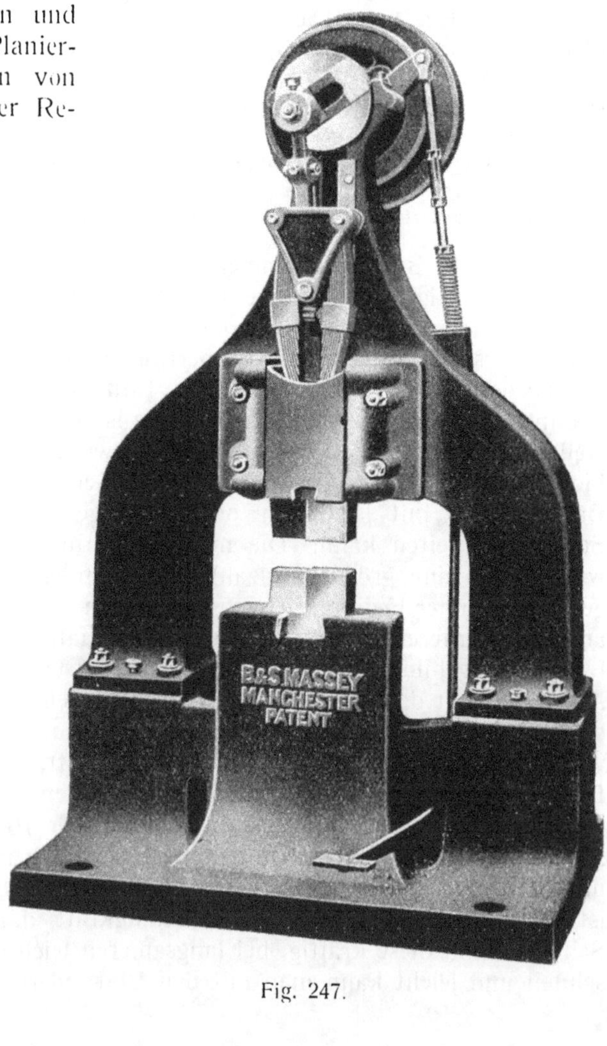

Fig. 247.

Konstruktion: Ständer und Schabotte sind bei diesen Hämmern miteinander fest verbunden. Am oberen Ende des Ständers befindet sich zwischen zwei Lagern die Antriebswelle. Die Antriebsscheibe, welche lose auf der Welle läuft, bildet zugleich das schwere Schwungrad. Die Antriebswelle trägt an dem einen Ende die Exzenterscheibe, die mit den Triebteilen des Bären in Verbindung steht und ferner zwischen den Lagern neben der Treibscheibe die konische Friktionskuppelung bereitet. Der sehr lange Bär gleitet in nachstellbaren Führungen, und als Eigenart weist der Hammer vertikal gestellte Bogenfedern auf, durch welche Raum gespart wird. In ruhendem Zustande hängt der Bär in den Federn, ohne den Amboß zu berühren. Er ist an den unteren Enden der Federn mittels zweier stählerner Gelenke aufgehängt.

Arbeitsweise: In Betrieb gesetzt wird der Hammer durch Fußhebel, welcher die Friktionskuppelung mit der schweren Antriebsscheibe in Berührung bringt. Ebenso wird die Stärke der Schläge durch einen Fußhebel reguliert. Hublänge und Bärhöhe über dem Einsatz werden mittels genau gezahntem Gestänge reguliert. Die richtige Spannung der Federn wird mittels einer Zwischenschraube erzielt.

Maß- und Gewichts-Tabelle.

Überhängendes Modell:

Bärgewicht	kg	50	100
Längster Hub	mm	205	230
Freier Abstand zwischen Führungen	»	203	222
Abstand zwischen Amboßeinsatzfläche und den Führungen	»	180	305
Schlagzahl in der Minute		320	280
Totalhöhe vom Boden in mm	mm	2135	2260
Ausladung bis Einsatzmitte	»	28 + 180	305 + 190
Gewicht (annähernd. Brutto)	kg	2000	2500

Bogenförmiges Modell:

Bärgewicht	kg	25	50	100
Längster Hub	mm	180	205	230
Freier Abstand zwischen den Führungen	»	168	216	222
Abstand zwischen Amboßeinsatzfläche und den Führungen	»	70	300	305
Schlagzahl in der Minute		350	320	280
Totalhöhe vom Boden	mm	1650	2195	2300
Ausladung bis Einsatzmitte		100 + 165	380 + 135	380 + 135
Gewicht (annähernd. Brutto)	»	1000	2500	3500

Abs. 206. **Die Federhämmer „Bahco-Vulkanus„.** Bauart A./B.-B. A. Hjorth & Co., Stockholm. Der eigentliche Maschinenkörper besteht nur aus einem Stück und ist aus Gußeisen. Die Schabotte ist lösbar, also nicht mit dem Körper verbunden, wodurch die Vibration vermindert und der Effekt des Schlages erhöht werden soll. Auch die Schabotte ist aus Gußeisen gefertigt, kann aber auf Wunsch auch aus Martinstahl geliefert werden; die Ausführung dürfte überall da zu empfehlen sein, wo eine öftere Umwechselung des Ambosses sich nötig macht und die Repulsion des Bären erhöht werden soll.

Charakteristisch ist bei den Hämmern Fig. 248 und 249 die Kurbelwelle, welche aus zwei zylindrischen Teilen besteht, die ihrerseits durch einen Zapfen verbunden werden, über welchen eine gleichzeitig den Lagerhals der Kurbelstange bildende bewegliche

Kugel geschoben ist. Bei Verschiebung der Kurbelwelle nach der einen oder der anderen Seite wird infolge der hierdurch verursachten Verschiebung der Kugel der Schlag entweder vergrößert oder verkleinert; die Verschiebung der Kurbelwelle läßt sich mittels einer einfachen Vorrichtung während des Ganges der Hämmer bewirken. Der Hammerbär, der an einem Riemen oder auch an einer Kette aufgehängt ist, läuft in kräftigen Führungen, welche auf Wunsch auch nachstellbar ausgeführt werden können. Je nach Größe der zu bearbeitenden Stücke kann der Hammerbär höher oder tiefer eingestellt und somit der Abstand zwischen dem Amboß und der Hammerbahn verändert werden, so daß die Schlagstärke für größere und kleinere Arbeitsstücke ungefähr

Fig. 248.

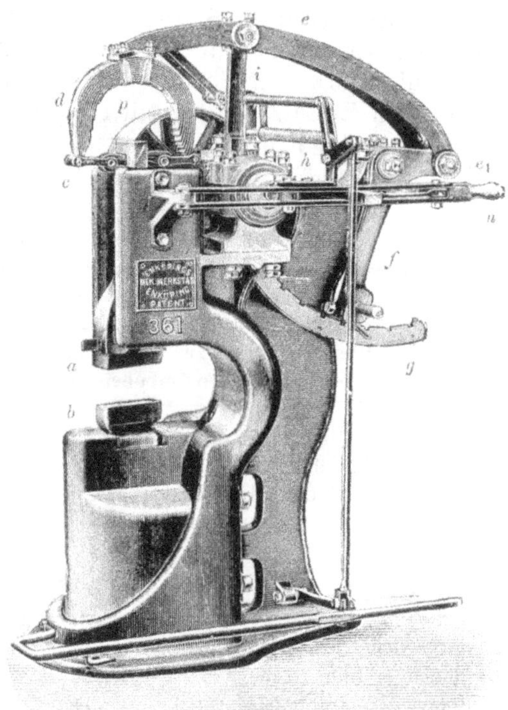

Fig. 249.

die gleiche ist. Die große Schlaggeschwindigkeit, sowie die Möglichkeit der sicheren Regulierbarkeit während des Betriebes machen die Hämmer Fig. 249 geeignet für die Ausführung von leichten Schweißarbeiten, sowie verschiedener Gesenkearbeiten. Sie eignen sich für das Schmieden großer und kleiner Stücke, die prellende Schläge verlangen und sind also für alle derartigen im Groß- und Kleinbetriebe der Schmiede vorkommenden Arbeiten geeignet.

Billigere Typen der Federhämmer »Bahco-Vulkanus« sind die nach Fig. 248. Der Unterschied zwischen den Hämmern Fig. 248 und Fig. 249 besteht in der Hauptsache in der Konstruktion der Kurbelwelle und der Kurbelstange. Die Kurbelwelle von Fig. 248 gleicht derjenigen, wie man sie bei einzylindrigen Dampfmaschinen anwendet, weswegen auch die Schlagstärke nicht während des Ganges der Hämmer reguliert werden kann. Die Kurbelstange wird gebildet von einer Hülse und einem Kolben, demzufolge man den Hammerbären höher oder tiefer stellen kann für größere oder kleinere Arbeiten.

Sämtliche Federhämmer »Bahco-Vulkanus« sind mit Fest- und Losscheibe ausgerüstet, welche kräftig ausgeführt sind und von denen eine als Schwungrad wirkt. Die Ingangsetzung geschieht durch Niederdrücken des Fußhebels, wodurch

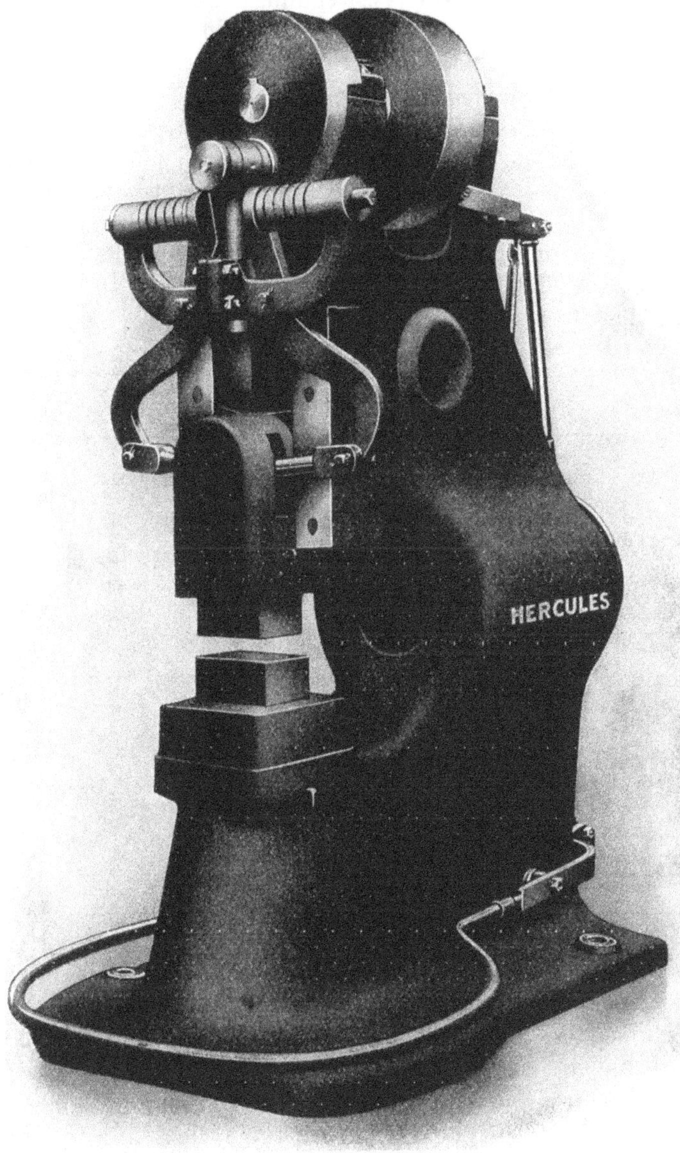

Fig. 250.

der Riemen auf die Antriebsriemenscheibe überführt wird. Die Hämmer arbeiten also nur dann, wenn der Fußhebel niedergedrückt wird, während sie beim Loslassen des letzteren sofort in den Ruhestand zurückkehren.

Der Kraftverbrauch beträgt je nach Größe und Arbeitsgeschwindigkeit $1\frac{1}{4}$ bis $8\frac{1}{2}$ PS.

Abs. 207. **Federhämmer Modell JJ,** geliefert von Alfred H. Schütte, Köln-Deutz. In dem Federhammer Modell JJ ist ein neuer Typ auf den Markt gekommen, der sich durch verschiedene Konstruktionseinzelheiten von andern Hämmern dieser Art unterscheidet.

An Stelle der üblichen Blattfedern kommen hier kräftige Spiralfedern in Verbindung mit einem Hebelsystem zur Verwendung. Dieser Einrichtung wird nachgerühmt, daß sie große Dauerhaftigkeit besitzt und einen außerordentlich elastischen und wuchtigen, nachhaltigen Schlag erzeugt.

Ständer und Schabotte bilden zusammen ein schweres Gußstück, das durch seine Form und Materialverteilung den Schlag aufnimmt. Der in langen, nachstellbaren Führungen gleitende Bär ist mit der Kurbelscheibe durch ein aus den vorerwähnten Spiralfedern und geschmiedeten Stahlhebeln bestehendes Zwischenglied verbunden. Der Antrieb erfolgt unmittelbar von der Transmission aus auf die Riemenscheibe mit Reibungskuppelung, die durch Fußtritthebel betätigt wird. Bei Nr. 2 befindet sich in Amboßhöhe eine Öffnung im Ständer zum Durchstecken von Stangenmaterial. Fig. 250.

Nummer		1	2
Bärgewicht	kg	28	70
Hub	mm	375	400
Masse des Obergesenkes normal	»	100 × 60	150 × 100
Masse des Obergesenkes zulässig	»	100 × 75	175 × 135
Masse des Untergesenkes normal	»	125 × 60	175 × 100
Masse des Untergesenkes zulässig	»	150 × 150	225 × 225
Ausladung von Mitte Amboß bis Ständer	»	350	400
Durchmesser der Öffnung im Ständer	»	—	175
Drehungen der Kurbelwelle per Minute	»	275	225
Kraftbedarf	ca. Ps	1	4
Gesamthöhe	mm	1650	1900
Erforderliche Bodenfläche	»	710 × 915	915 × 1520
Gewicht, verpackt	»	1000	2000

δ) Fallhämmer.

Abs. 208. **Allgemeines über die Fallhämmer.** Nach der Art der Ausbildung der Fallhämmer teilen wir diese ein in Gesenkefallhämmer, vornehmlich zur Herstellung von formenreichen Oberflächen-Arbeiten und in Fallhämmer zum Recken und Breiten für allgemeine Schmiedezwecke; dementsprechend sind auch ihre Schabotte und die Bärführungen ausgebildet.

Die Wirkung dieser Hämmer ist je nach dem Verhältnis von Höhe zu Bärgewicht 1. ein prellender Schlageffekt für äußere Stückarbeit bei leichtem Bärgewicht und großer Fallhöhe; 2. eine mehr quetschende Schlagwirkung bei geringerer Fallhöhe und großem Bärgewicht für innere Stückarbeit; beide Arten von Hämmern haben daher nichts miteinander gemein. Bei ersteren ist der Effekt pro qcm klein, bei den letzteren größer.

Bei den Hämmern, die für Gesenkarbeiten bestimmt sind, sind die Gleitbahnen, in denen der Bär sich mit dem Obergesenk bewegt, bis tief nach unten geführt und lassen für das Arbeitsstück nur von vorn her Zugang. Auf dem Tisch der Schabotte befindet sich für das Untergesenk eine derartige Einrichtung, daß dieses sich zum Obergesenk genau ausrichten läßt. Diese Gattung von Hämmern ist daher eine ausgesprochene Gattung von Spezialhämmern, die sich durch keine andere ersetzen läßt.

Bei den Fallhämmern dagegen, die für allgemeine Schmiedearbeiten bestimmt sind, sind die Ständer nach rückwärts gekröpft und die Gleitbahnen nicht ganz hinunter geführt, so daß sie auch seitlich Freiheit geben, das Schmiedestück einzuführen. Auf der Schabotte steht die Amboßbahn in einfacher Schlitzführung, und zwar zumeist unter 45°. Gegenüber den Zylinderhämmern, Luft- und Dampfhämmern haben diese Hämmer den Vorteil, daß namentlich starke Stücke unter ihnen verarbeitet werden können, ohne daß der Hub erheblich reduziert wird, wenn sie mit höchstem Hub bezw. Leistung arbeiten. Auch entstehen durch das hohe Arbeitsstück keine Treibmittelverluste.

Nicht richtig ist in Anbetracht der hier vorgenommenen Differenzierung der Fallhämmer in Gesenkehämmer und Reckhämmer meist die Ausbildung der Schabotte. Während bei Gesenkefallhämmern ein Repulsionsschlag gewünscht wird, soll er bei Reckfallhämmern ein klebender sein.

Der Sicherung der Schrauben ist nicht immer die nötige Aufmerksamkeit geschenkt.

Gruppiert habe ich die Hämmer nach der Antriebsart:

1. in Riemenfallhämmer und
2. in Stangenfallhämmer,

ferner aber auch in Antriebsvorrichtungen für Riemenfallhämmer mit Ausnahme derjenigen, die mit Preßluft betätigt werden, welche ich im II. Hauptteil näher behandle.

Der einfachste aller Hämmer ist der von Hand betätigte Riemenfallhammer. An zweiter Stelle folgt derjenige, bei welchem durch Niederziehen des Riemens auf eine rotierende Scheibe der Transmission letzterer mitgenommen und der Bär gehoben wird. Man hat dann weiter die Riemenfallhämmer ausgebildet und hierfür gesonderte Aufzugsvorrichtungen gebaut, wie sie in den Abschnitten unter 3. beschrieben sind. Eine besondere Gruppe der Riemenfallhämmer sind die Riemenfriktionshämmer. Wegen einer Reihe von Nachteilen mancher Riemenfallhämmer hat man den Riemen durch ein Brett ersetzt. Der Vorteil dieser Art von Hämmern, bei denen der Bär an einer Stange befestigt ist, die durch Anpressen rotierender Rollen gehoben wird, ist die präzise Einhaltung der gewünschten Fallhöhe.

Die Riemenfallhämmer haben gegenüber den Stangenfallhämmern den Vorteil, daß sie eine wesentlich größere Hubhöhe des Bären in einer gewissen Raumhöhe der Schmiede zulassen. Die Stangenfallhämmer verlangen für die aufwärtsgehende Stange erheblich an Höhe, und daher geht deren Hub meist nicht über 2 m hinaus, während die Riemenfallhämmer Hübe bis zu 3 m und mehr aufweisen. Da sich nun die lebendige Kraft im Quadrat der Geschwindigkeit steigert $\left(\frac{G' \cdot v^2}{2}\right)$, so ist die Fallhöhe nicht unwesentlich, namentlich in bezug auf das eingangs Gesagte über die Wirkung leichter Bärgewichte mit hoher Fallhöhe und schwerer Bärgewichte mit niedriger Fallhöhe.

1. Stangenfallhämmer.

Abs. 209. **Fallhämmer.** Bauart Billings & Spencer Co., Hartford Conn., bzw. Lud. Loewe & Co., A.-G., Berlin. Diese Fallhämmer zeichnen sich durch ihre äußerst stabile und gedrungene Konstruktion aus. Der Querschnitt der Ständer ist V förmig ausgeführt und durch eine Längsrippe verstärkt; die Spitze bildet die Führungen für den Hammerbär.

Die Maschinen besitzen eine vorteilhafte Vorrichtung zur Betätigung der Hebeschienenklemme, welche das Gestänge und den Riegel an der Seite des Ständers entbehrlich macht. Die Hebeschienenklemme wird durch Exzenter und Fußhebel ausgelöst und sitzt über den Friktionsrollen, so daß das Eindringen des Schmiermaterials zwischen Klemme und Hebeschiene vollkommen ausgeschlossen ist.

Zur Einrückung der Friktionsrolle ist eine Vorrichtung am unteren Teil des linken Ständers angebracht, die eine Anzahl rasch hintereinander folgender Schläge beim niedergedrückten Fußtritt gestattet; beim Fallen des Bären wird der Knopf am linken Ständer zurückgeschoben, wodurch der die vordere Friktionsrolle betätigende Hebel durch das Eigengewicht heruntersinkt und die Rolle an die Hebeschiene anpreßt. Die Auslösung geschieht ohne jeglichen Stoß durch den Auslösungshebel, der in jeder Höhe an einer Zahnstange bequem eingestellt werden kann.

Eine weitere Eigenart dieser Maschine ist die, daß alle Ein- und Nachstellungen mittels Ex-

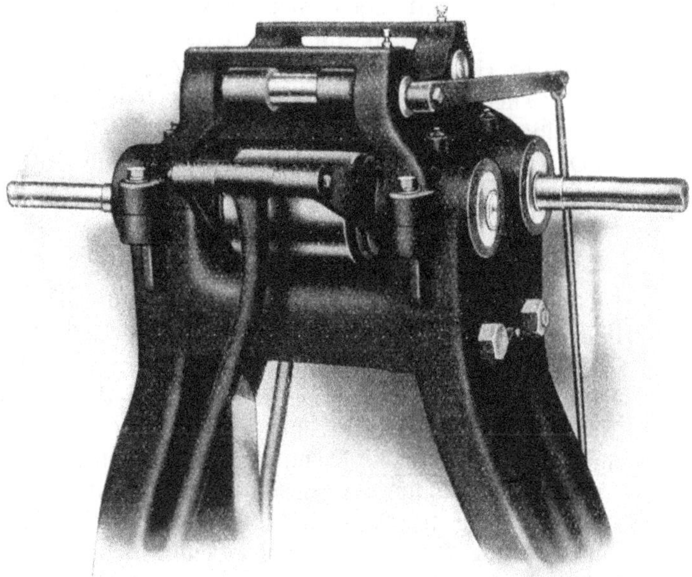

Fig. 252. Konstruktion des Oberteils (patent).

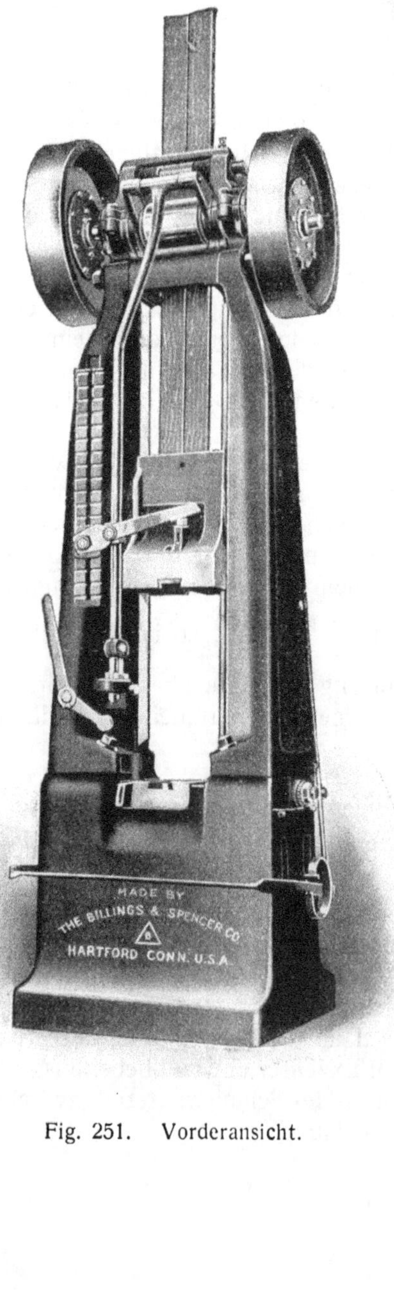

Fig. 251. Vorderansicht.

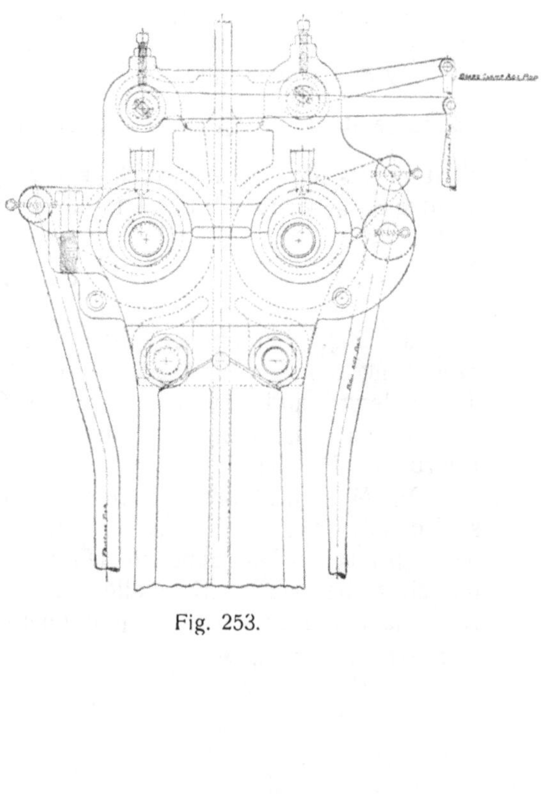

Fig. 253.

zenter gemacht werden, welche die Rollen und Klemmen stets parallel ausrichten. Die Nachstellung erstreckt sich auf die hintere Friktionsrolle und Hebeschienenklemme und wird mittels Stangen, welche an den Exzentern befestigt sind, in bequemer Höhe vom Fußboden aus vorgenommen. Die Bronzebüchsen in den Exzenterlagern können leicht herausgenommen und ersetzt werden. Eine patentierte Schutzvorrichtung an jedem Ende der Friktionsrollen verhindert, daß das Öl aus den Lagern auf die Friktionsrollen und von hier an die Hebeschiene gelangt.

Zur genauen Einstellung der Gesenke, so daß Ober- und Unterteil genau übereinstimmen, sind die Maschinen mit Einstellvorrichtung versehen, welche einwandsfreie Schmiedestücke gewährleistet. Der Deckel des Ständeroberteils ist um ein Scharnier drehbar angeordnet, wodurch alle Teile leicht zugänglich sind.

Gewichts- und Maß-Tabelle.

Größe	Fall-gewicht	Gesamt-gewicht	Entfernung zwischen den Ständern über d. Schabotte	Desgl. zwischen den Gleit-flächen	Größte Fallhöhe ohne Gesenke	Erforderliche Höhe zum Aufstellen der Maschine	PS	Größe der Grundflächen der Schabotte
Nr.	kg	kg	mm	mm	mm	mm		mm
1	180	5520	382	305	1420	5020	$5^1/_4$	688 × 1020
2	225	5600	382	305	1325	5020	$5^3/_4$	688 × 1020
3	275	7000	458	356	1525	5330	$6^1/_4$	762 × 1200
4	365	8500	458	356	1525	5330	8	762 × 1220
5	450	10400	548	434	1680	5800	$9^1/_2$	1020 × 1400
6	550	11800	548	434	1680	5800	$11^1/_2$	1020 × 1400
7	635	11900	548	434	1680	5800	12	1020 × 1425
8	725	14700	548	434	1680	5800	$12^3/_4$	1020 × 1425
9	820	18600	636	510	1880	6250	$14^1/_4$	990 × 1655
10	910	20000	636	510	1880	6250	16	1020 × 1680
11	1130	25400	700	560	2040	6780	18	1200 × 1820
12	1360	29000	750	610	2040	6780	19	1220 × 1820

Abs. 210. **Friktionsfallhämmer mit zwei Führungsständern.** Bauart Aerzener Maschinenfabrik, G. m. b. H., Aerzen-Hameln. Diese Hämmer eignen sich besonders für Gesenkschmiedearbeiten. Der Bär kann zu diesem Zwecke für verschiedene Höhen bzw. Schlagstärken eingestellt bzw. selbsttätig aufgefangen werden. Zum schnellen und leichten Einbauen der Gesenke sind die sehr starken Führungsleisten auf der Schabotte nachstellbar angeordnet und mit dieser solide verbunden. Die seitlichen Stahlnocken der Ständer sind gut geschmiedet und haben gesicherte, starke Stellschrauben.

Die Hebeschiene, aus hartem Holzmaterial, ist auf sichere Weise mit dem Bär verbunden und wird mittels zweier Friktionsrollen, die in Bronzelagern mit Ringschmierung oder selbsttätiger Schmierung mit konsistentem Fett exzentrisch gelagert sind, und je einer Riemenscheibe mit offenem gekreuztem Riemen angehoben.

Die Hämmer Fig. 254 und 255 unterscheiden sich in der Hauptsache durch die größere Ausladung der Ständer der ersteren Ausführung. Diese Ausführungsart eignet sich besonders zu Arbeiten, welche unter dem Hammer einen größeren Raum beanspruchen.

Die Steuerung ist für Hand- und Fußsteuerung eingerichtet, kann aber auch automatisch sein.

Der Bär und die Einsätze sind aus Stahlguß, letztere gehärtet. Der Zwischeneinsatz ist aus geschmiedetem Stahl.

Er ist mit langen und breiten Gleitflächen ausgerüstet.

Gewichts- und Maß-Tabelle für die Hämmer Fig. 254.

Nr.	Bär-Gew. kg	Fall-höhe ca. m	Lichte Weite zwischen d. Führungen mm	Ausladung zwischen d. Ständern mm	Riemenscheibe Durchm. mm	Riemenscheibe Breite mm	Umdrehung per Minute	Gesamt Gewicht ca. kg
1	100	1,90	250	700	600	110	120	3800
2	150	2,00	280	700	700	125	120	4300
3	200	2,00	300	780	800	150	120	5800
4	250	2.00	300	780	900	175	110	7200
5	300	2,00	340	870	900	175	110	9000
6	400	2,00	340	870	1000	200	110	12000
7	500	2,20	350	900	1100	200	110	13000
8	600	2,20	350	900	1200	200	110	15000

Gewichts- und Maß-Tabelle für die Hämmer Fig. 255.

Nr.	Bär-Gewicht kg	Fallhöhe ca. m	Lichte Weite zwischen den Führungen mm	Riemenscheibe Durchm. mm	Riemenscheibe Breite mm	Umdrehung per Minute	Gesamt-Gewicht ca. kg
1	100	1,90	250	600	110	120	3 650
2	150	2,00	280	700	125	120	4 000
3	200	2,20	300	800	125	120	5 200
4	250	2,20	300	900	150	110	6 500
5	300	2,00	340	900	175	110	8 000
6	400	2,00	340	1000	200	110	10 000
7	500	2,00	350	1100	200	110	11 800
8	600	2,00	400	1200	225	100	14 000
9	800	2,00	400	1300	225	100	19 000
10	1000	1,90	450	1500	250	100	24 000

Abs. 211. **Automatischer Reibungsfallhammer.** Bauart Maschinenfabrik Lorenz, Ettlingen. Der Hammer Fig. 256 ist für Gesenkschmiedearbeiten geeignet.

Die Bedienung des Hammers erfolgt durch einen Arbeiter, welcher die Bewegungen des Fallbären durch einen Fußhebel in leichter und sicherer Weise bewirkt.

Der Hub läßt sich auf jedem Punkt der Ständerhöhe durch einfaches Verschieben des an der Hubstange verstellbaren Klobens rasch einstellen.

Der Fallbär wird durch Klemmvorrichtung und Holzdiele zentral aufgefangen, wodurch seitliches Schlagen auf die Ständer, Zerstörung der Führungen sowie Brüche der Ständer vermieden werden. Auch läßt er sich an jedem Punkt seines Niederganges fast augenblicklich festhalten; ebenso ist ein langsames Heruntersinken des Fallhammers möglich.

Die Schläge können durch Bewegungen des Hand- oder Fußhebels in beliebiger Länge, Kraft und Geschwindigkeit hintereinander ausgeübt werden.

Typ	AT 6	AT 6½	AT 7	AT 8	AT 8½	AT 9	AT 10
Größte Fallhöhe . . . . mm	1200	1400	1400	1 600	1 600	1 800	2 000
Weite zwischen den Ständern . . . . . . mm	360	360	390	410	410	450	500
Durchmesser der Antriebs-Riemenscheibe mm	700	700	850	1 000	1 000	1 100	1 250
Breite der Riemenscheibe . . . . mm	180	180	200	200	200	225	250
Umdrehungen pro Minute	140	140	130	120	120	100	90
Gewicht des Fallbären . . . . ca. kg	250	250	300	500	600	750	1 000
Gewicht der Schabotte . . . . ca. kg	3000	3750	4500	7 500	9 000	11 250	20 000
Gesamtgewicht des Hammers . . . . . ca. kg	6300	6400	8750	14 000	15 500	20 500	28 500

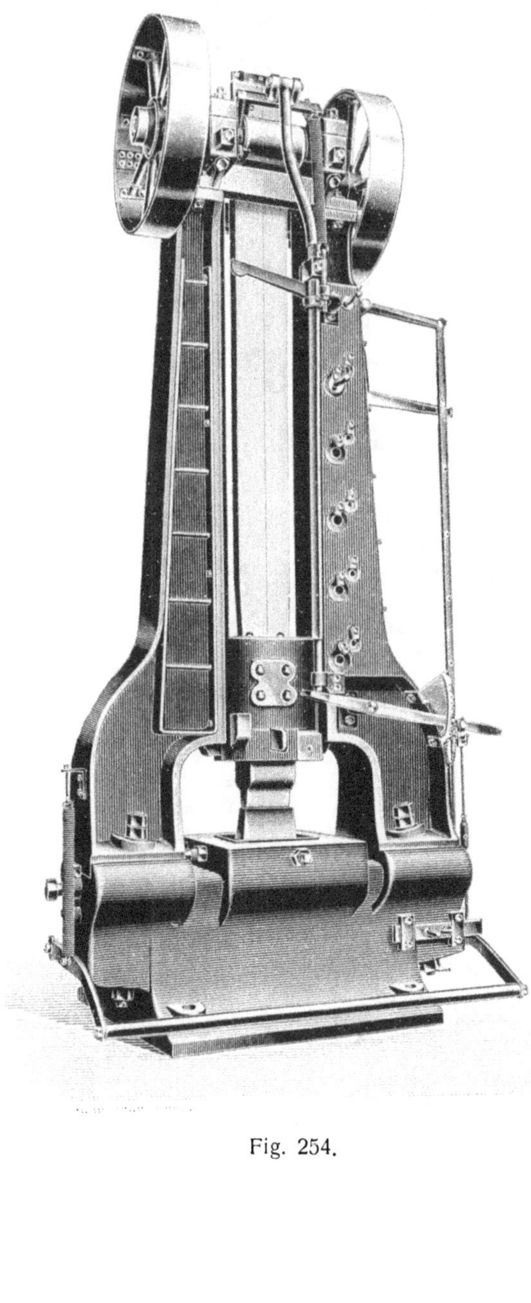

Fig. 254.

Fig. 255.

Durch Einstellen des unteren Klobens an der Hubstange, entsprechend der Matrizendicke, kann das Abprallen der Matrize für den Anfang der Aufwärtsbewegung des Fallbären benutzt werden. Sowohl einzelne als auch ununterbrochene Schläge lassen sich durch Bedienung des Fußhebels erzielen. Bei einzelnen Schlägen wird der Fußhebel nach erfolgtem Schlag freigegeben, worauf der Fallbär in die eingestellte Höhenlage zurückgeht und dort hängen bleibt. Für ununterbrochene Schläge wird der Fußhebel dauernd niedergehalten.

Abs. 212. **Zweiständriger Friktionsgesenkefallhammer.** Bauart Gebr. Edelhoff, Maschinenfabrik, Vohwinkel. Fig. 257.

Fig. 256.

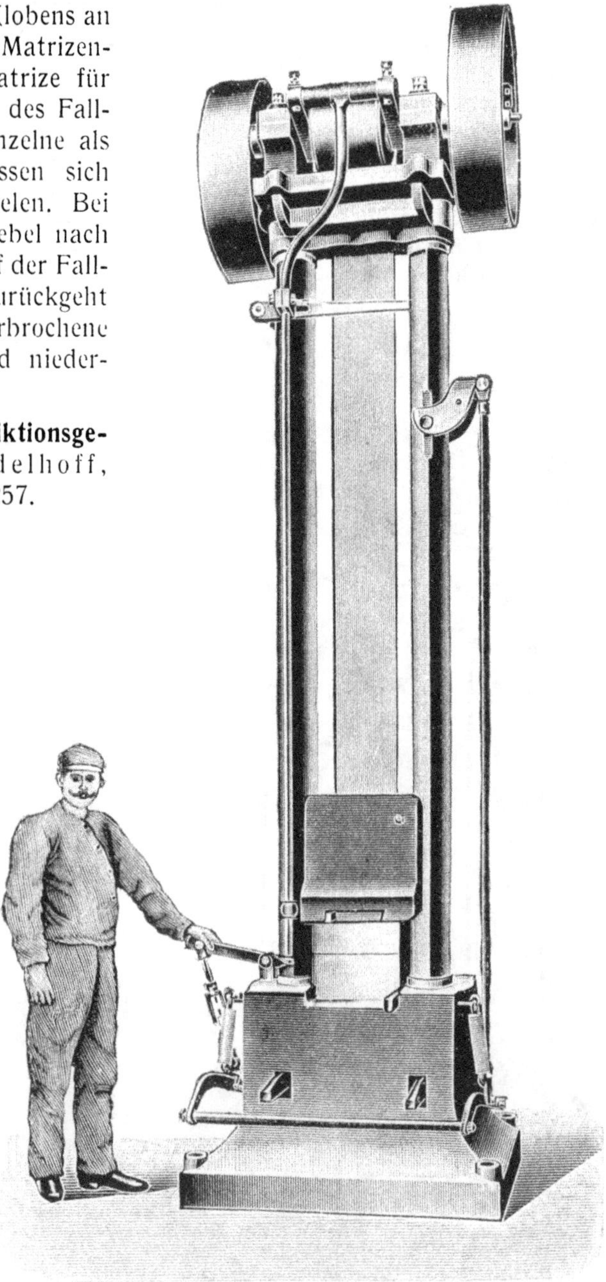

Fig. 257.

Zweck: Diese Art von Hämmern dient zur Herstellung von Gesenkearbeiten.

Konstruktion: Die Hämmer werden, wie üblich, zwecks guter Führung des Obergesenkes zweiständrig mit schmiedeeisernen oder gußeisernen Säulen gebaut.

Der Antrieb erfolgt mit einem offenen und einem gekreuzten Riemen von der Transmission oder auch vom Elektromotor aus, wobei der Motor beiderseits eine Riemenscheibe trägt. In dem Friktionskopf befindet sich eine festgelagerte und eine durch Exzenter verstellbare Walze, die durch Handhebel oder Fußtritt vor- und zurückgedrückt wird. Beim Zusammenrücken der Walzen wird eine Holzhebeschiene, an deren unterem Ende der Hammerbär befestigt ist, gehoben. Der Hammerbär kann in jeder beliebigen Höhe gehalten werden, er fällt bei dem Druck auf den Hebel frei herunter. Beim Fallen kann er beliebig aufgefangen werden und rückt in der höchsten Stellung aus, entweder durch Einschnitt der Hebeschiene oder durch selbsttätiges Aufsetzen auf eine Stellstütze. Schabottegewicht = dem 12fachen des Bärgewichts. Maximalfallhöhe 2000 mm.

Tabelle zu den zweiständrigen Hämmern.

Modelle C . . . Nr.	1	2	3	4	5	6	7	8	9	10
Bärgewicht . . . . . . kg	100	150	200	250	300	400	500	600	750	1000
Gesamtgewicht . . . . kg	1900	2700	3600	4600	6000	7200	9000	11100	14200	18000
Durchmesser der Antriebsscheibe . . . . mm	500	550	600	650	700	800	900	1000	1100	1200
Tourenzahl der Antriebsscheibe pro Min.	140	130	125	120	110	90	85	80	75	70
Kraftbedarf . . . . . ca. PS	$1^1/_2$	$2^1/_4$	3	$3^3/_4$	$4^1/_2$	6	7	8	10	12

Abs. 213. **Stangenfriktionshämmer.** Bauart A. Schröder, Maschinenfabrik und Eisengießerei, Burg a. d. Wupper. Fig. 258. Bei diesen Stangenfriktionshämmern wird der Hammer oder Bär durch die Friktion gehoben, die dadurch entsteht, daß zwei rotierende Scheiben vermittelst eines von der Hand zu bedienenden Steuerhebels gegen ein Brett gedrückt werden, an welchem der Bär befestigt ist.

Sobald der Druck der Scheiben gegen das Brett aufhört, fällt der Bär auf die Schabotte und verrichtet die von ihm auszuführende Arbeit.

Damit der Bär sich stets in einer guten, sicheren Führung bewegt, hat obige Firma an den Ständern der Friktionshämmer zwei schmiedeeiserne Führungsleisten angebracht, welche nachgestellt werden können, sobald der Bär zu lose gehen sollte.

Durch diese Einrichtung ist eine gute Führung des Bärs stets gesichert. Vermieden wird dadurch, daß der Bär sich nach kurzem Gebrauch festsetzt und die Leisten an dem unteren Ende abbrechen.

Das Gewicht der Schabotte ist bei diesen Friktionshämmern nach meiner Tabelle genügend groß genommen, um einen guten Schlageffekt zu sichern (siehe Abs. 261).

Zum Antrieb eines Friktionshammers dienen zwei Riemen, von denen einer gekreuzt läuft. Hierdurch wird das Brett zum Heben des Bären gleichmäßig auf beiden Seiten von den Friktionsscheiben gefaßt, und deshalb ist der Verschleiß des Brettes geringer.

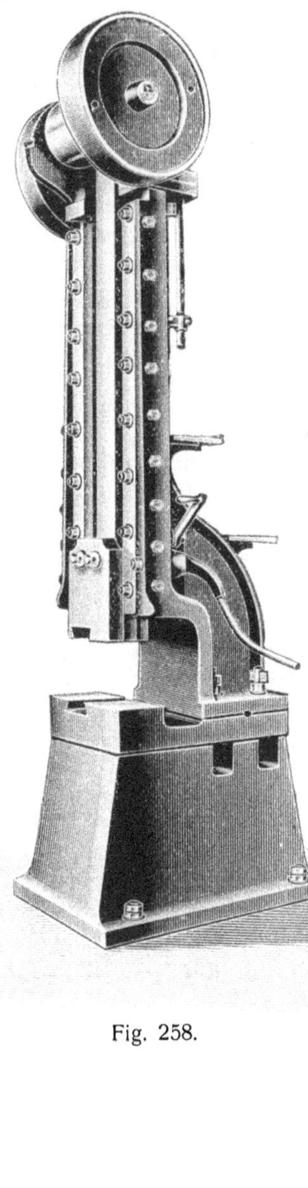

Fig. 258.

Nummer des Hammers	1	2	3	4	5
Gewicht . . . . . ca. kg	3200	3800	5100	6400	7600
Bärgewicht . . . . . ca. kg	100	150	200	250	300
Fallhöhe . . . . . mm	1300	1400	1500	1600	1700
Ausladung der Ständer . . . . »	300	300	400	400	400
Antriebsscheiben Dmr. . . . . »	650	650	700	700	800
Antriebsscheiben-Breite . . . . »	100	125	150	200	200
Antriebsscheiben-Tourenzahl . . . »	120	120	110	110	100
Kraftbedarf . . . . . ca. PS	2	3	4	5	6
Zur Aufstellung ist ein Raum nötig von:					
Breite . . . . . mm	800	900	1000	1100	1200
Tiefe . . . . . mm	1300	1400	1500	1600	1700
Höhe . . . . . mm	3650	3750	3800	3900	4000

Abs. 214. **Einhüftiger Friktionsfallhammer.** Bauart Gebr. Edelhoff, Maschinenfabrik, Vohwinkel. Fig. 259.

Zweck: Diese Hämmer dienen wie der vorstehende ebenfalls zur Reck- und Breitarbeit.

Konstruktion: Sie sind als einständrige Hämmer mit Gußständer gebaut, wobei drei Seiten zum Schmieden frei sind. Auch ist der Ständer gekröpft, damit man die Arbeitsstücke weit genug unter den Amboß schieben kann.

Da mit dem Hammer mehr innere Stückarbeit als äußere geleistet werden soll, so reichen auch die Führungen des Bären nicht so weit nach abwärts, genau wie bei den in Abs. 213 beschriebenen Hämmern. Die Hubhöhe ist entsprechend niedrig, denn sie beträgt maximal 1,5 bis 1,75 m.

Tabelle zu den einständrigen Hämmern.

Größe	1	2	3	4	5	6	7	8
Bärgewicht . . . . . kg	—	75	100	150	200	250	300	400
Gesamtgewicht . . . . . kg	—	—	3000	4000	5000	6000	7500	10 000
Durchmesser der Antriebsscheibe . mm	—	400	500	550	600	650	700	800
Tourenzahl	—	150	140	130	125	120	115	90

Abs. 215. **Einständer-Friktionsfallhämmer.** Bauart Aerzener Maschinenfabrik, G. m. b. H., Aerzen-Hameln. Fig. 260. Der Bär ist an einer nach oben gerichteten hölzernen Hebeschiene, aus Hartholz, befestigt und wird mittels eines Friktionsrollenpaares, welches oben auf den Bärführungsständern montiert ist, hochgezogen. Jede dieser beiden Rollen wird mittels Riemenscheibe mit offenem und gekreuztem Riemen angetrieben.

Der Bär, aus einem Stück Stahl, hat zylindrische Form und ist, um eine möglichst große Länge zu erhalten, als Holzzylinder ausgeführt.

Fast auf seinem ganzen Umfange ist er geführt und hat infolgedessen eine große Gleitfläche und geringe Abnutzung.

Prellschläge können auf den Bär und die Führung keine schädliche Wirkung ausüben; der Schlag ist ruhend und fest, auch in tiefster Stellung behält der Bär noch eine sehr lange Führung; gegen Verdrehung ist er durch Keil gesichert.

Der Führungsständer ist aus einem Stück gegossen und hat, der Bärkonstruktion entsprechend, eine zylindrische Gleitfläche; diese Bärführung ist nachstellbar, so daß der Bär dauernd die sichere Führung behält.

Die Steuerung wird mittels Handsteuerhebels bewirkt, und der Bär folgt genau in demselben Sinne und dem Maße den Bewegungen dieses Hebels. Läßt man bei angehobenem Bär den Handsteuerhebel los, so bleibt der Bär in der betreffenden Höhenstellung schwebend.

Je nachdem der Steuerhebel schnell oder

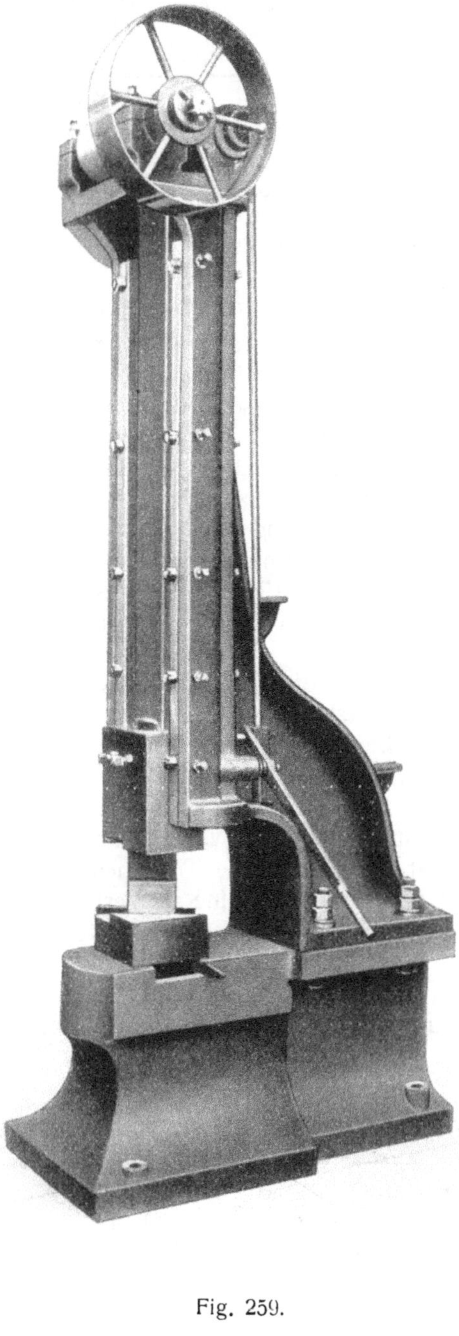

Fig. 259.

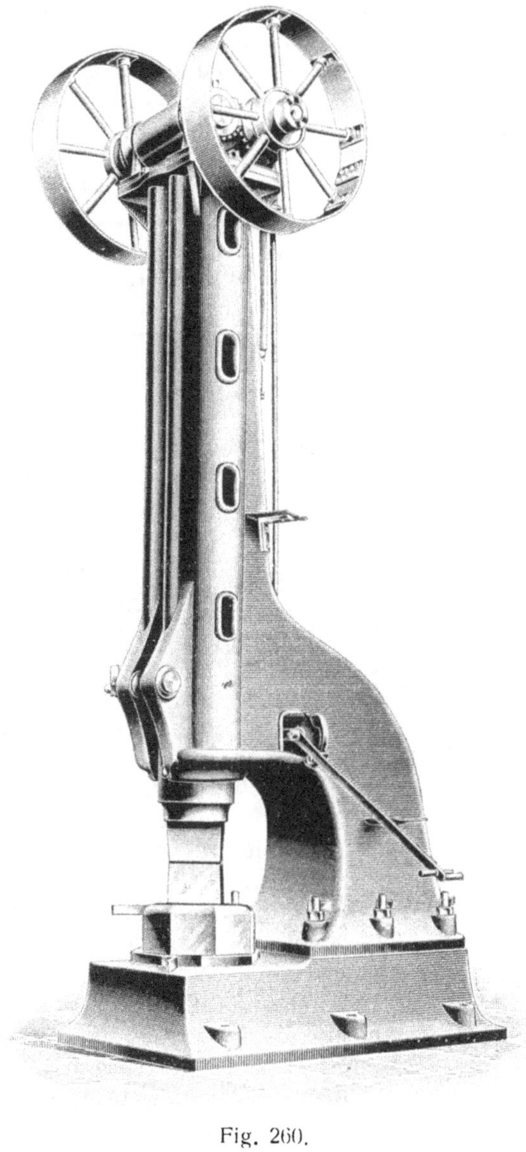

Fig. 260.

langsam niedergedrückt wird, fällt auch der Bär in dieser Weise. Der höchste Hub ist an der Handsteuerplatte begrenzt, außerdem ist noch ein Sicherheits-Anstoßhebel am oberen Teile der vertikalen Steuerstange angeordnet, so daß der Bär niemals an die Friktionsrollen anstoßen kann.

Auf der Schabotte ist in zweckmäßiger Weise ein auswechselbarer Zwischenkopf angeordnet, und auf diesem ist erst der untere Hammereinsatz eingekeilt. Der Bär wie auch die Einsätze sind aus geeignetem Stahlmaterial; diese haben gehärtete Bahnen.

Der Hammer eignet sich vorteilhaft für allgemeine Schmiedearbeiten, namentlich für Reck- und Breitarbeiten.

Gewichts- und Maß-Tabelle.

Nr.	Bär-Gew. kg	Bär-Durchmesser in mm	Annähernde Betriebskraft in PS	Riemenscheibe Durchmesser mm	Riemenscheibe Breite mm	Fallhöhe mm	Bauhöhe für höchste Stellung der Holzschienen mm	Vorteilhaft für Eisenstärken bis qmm	Gesamt-Gewicht kg
0	50	200	1,00	480	100	1500	5150	40	2200
1	100	220	1,50	550	110	1550	5250	60	2500
2	150	250	2,50	650	120	1550	5250	80	3500
3	200	280	3,00	750	135	1700	5500	100	4600
4	250	315	4,00	820	160	1850	5600	125	5500
5	300	350	5,00	900	175	2000	6400	150	6500

Abs. 216. **Der Friktionsschmiedehammer.** Bauart Fischer & Co., Düsseldorf. Fig. 261. Der Friktionsschmiedehammer wird von der Transmission aus durch gerade und gekreuzte Riemen getrieben, wodurch zwei Trommeln bewegt werden, zwischen denen sich eine hölzerne Hebeschiene befindet. An dieser Schiene ist der Hammerbär befestigt. Die Trommelwellen laufen in exzentrisch gelagerten Büchsen, welche durch Zahnradsegmente miteinander verbunden sind. Die Trommeln selbst können durch einen Handhebel, der mittels Stangen mit den exzentrisch gelagerten Büchsen in Verbindung steht, gleichmäßig einander genähert und wieder voneinander entfernt werden. Die Mittellinie der Stange und der Bärführung bleiben unverändert zusammenfallend. Ein Schiefdrücken und ein dadurch bedingtes Brechen der Stange kann also niemals stattfinden, da die Mittellinie der Stange und die der Bärführung durch die Präzisionssteuerung stets übereinstimmen müssen.

Nähert man die Trommeln einander, so wird die Hebeschiene von ihnen gefaßt und mit dem Bär hochgezogen. Beim höchsten Stande des Bären werden die Trommeln durch entsprechende Bewegung des Handhebels voneinander entfernt, wodurch die Hebeschiene frei wird, so daß der Bär ungehindert herunterfallen kann. Dicht oberhalb des Bären ist die Hebeschiene so dünn, daß sie von den Trommeln bei deren engster Stellung und beim höchsten Stand des Bären nicht mehr gefaßt werden kann; infolgedessen berührt der Bär auch in seiner höchsten Stellung nicht die Trommeln.

Beim Loslassen des Handhebels wird der Bär durch eine in Verbindung mit der Steuerstange stehende nachspannbare Feder sowohl in der höchsten Stellung als auch in jeder Höhe der Führung selbsttätig schwebend gehalten.

Die Schabotte mit der fest angeschraubten Führung erhält das zweiundzwanzigfache Gewicht des Bären, wodurch der Nutzeffekt des Schlages ein sehr hoher ist und

Gewichts- und Maß-Tabelle.

FF.	I	II	III	IV	V	VI	VII
Fallhöhe . . . . . mm	1000	1250	1500	1500	1750	1750	1 750
Bärgewicht . . . . kg	50	100	150	200	250	300	500
Gesamtgewicht . . ca. »	2550	3000	3900	4500	7000	7500	14 000
Erforderliche Betriebskraft ca. . PS	$^3/_4$	$1^1/_4$	$2^1/_4$	$2^3/_4$	3	$3^1/_2$	$4^1/_2$

eine Fortpflanzung desselben vermieden wird, da der Hammer noch auf ein System elastischer Holzschwellen, welche sich beim Schlagen durchfedern können, montiert ist.

Fig. 261.

Abs. 217. **Friktionsschmiedehämmer.** Bauart Max Hasse & Comp., Berlin N. Fig. 262. Der umstehend abgebildete Friktionsfallhammer dient zum Schmieden der

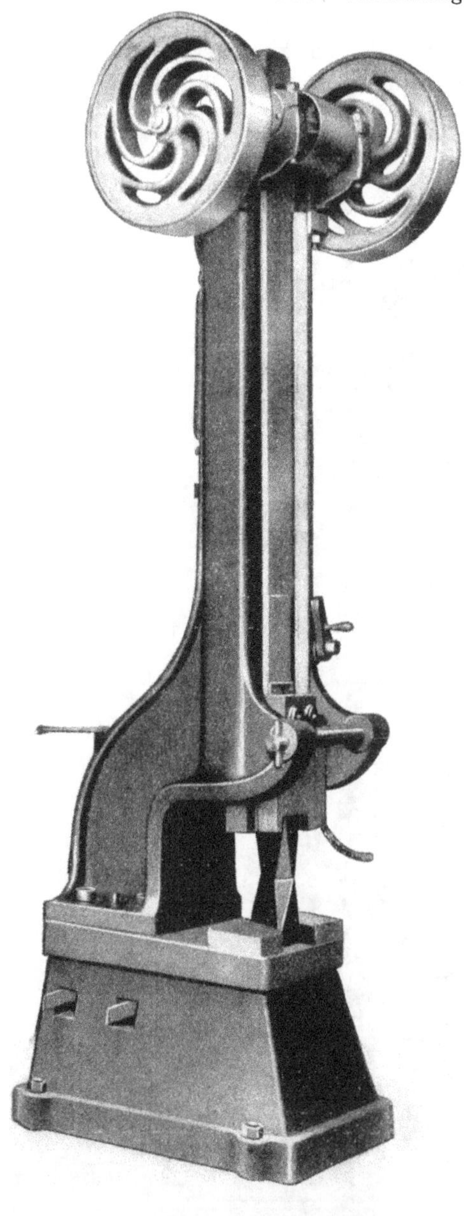

Fig. 262.

verschiedensten Schmiedestücke, bei denen innere Stückarbeit geleistet werden soll. Er wird durch einen offenen und einen gekreuzt von der Transmission aus laufenden Riemen angetrieben. Der Hammerbär hängt an einer hölzernen Hebeschiene, welche sich zwischen zwei rotierenden Walzen befindet. Preßt man letztere gegen die Schiene, so wird diese mit dem Bär emporgehoben und fällt wieder zum Schlage herab, sobald man die Walzen voneinander entfernt. Die Achsen der beiden Walzen sind in excentrischen Buchsen gelagert, welche durch Zahnradsegmente untereinander und durch ein Gestänge mit einem Handhebel in Verbindung stehen. Je nachdem man diesen Hebel bewegt, werden die Walzen mittels der Exzenter gegen die Hebeschiene gedrückt oder von ihr entfernt. Man kann auf diese Weise leichte und schwere Schläge ganz nach Belieben ausführen. Ein Überschreiten des Maximalhubes des Hammerbären ist durch die Konstruktion der Hebeschiene unmöglich. Der Hub ist kurz, Schabotte und Ständer sind verhältnismäßig schwer gehalten, um den Schlag des Hammers möglichst aufzunehmen. Das Fundament besteht nach Vorschrift der Firma aus kreuzweise aufeinander ruhenden Balken, so daß ein federnder Stoß entsteht; diese Balken liegen auf einem massiv gemauerten Fundament, welches von einer Luftschicht umgeben ist.

Größe	a	b	c	d
Bärgewicht	100 kg	150 kg	200 kg	250 kg
Hubhöhe	1,5 m	1,5 m	1,5 m	1,5 m
Antriebsscheibe:				
Durchmesser	635 mm	635 mm	780 mm	780 mm
Breite	100 »	125 »	125 »	155 »
Umdrehungen in der Minute	110—120	110—120	110—120	110—120
Grundfläche	730 × 1100 mm	730 × 1100 mm	920 × 1250 mm	920 × 1250 mm
Kraftverbrauch	2 PS	3 PS	4 PS	5 PS
Gewicht	3200 kg	3800 kg	5000 kg	6000 kg

2. Riemenfallhämmer.

Abs. 218. **Gesenk-Riemenfallhammer.** Bauart Th. Kieserling & Albrecht, Maschinenfabrik und Eisengießerei, Solingen. Die Fallhämmer führt die genannte Firma in verschiedenen Konstruktionen aus:

1. Eine normale Konstruktion, nach Fig. 263, bei welcher die Schabotte aus bestem Spezialgußeisen besteht und gut gehobelt ist. Die Stangen sind sauber geschlichtet und oben durch einen schmiedeeisernen Doppelbügel miteinander verbunden; eine Stange ist durch eine Schraube nachstellbar. Der Bär und der in der Schabotte zur Aufnahme der Werkzeuge festgekeilte Einsatz bestehen aus bestem S.M.-Stahl.

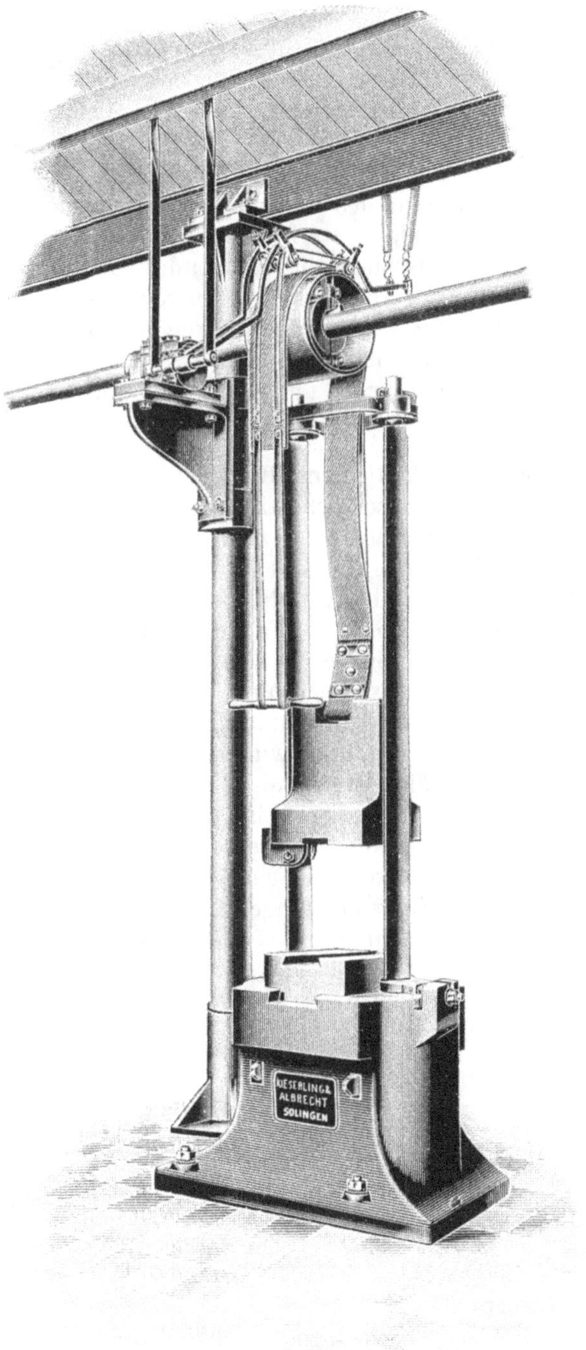

Fig. 263.

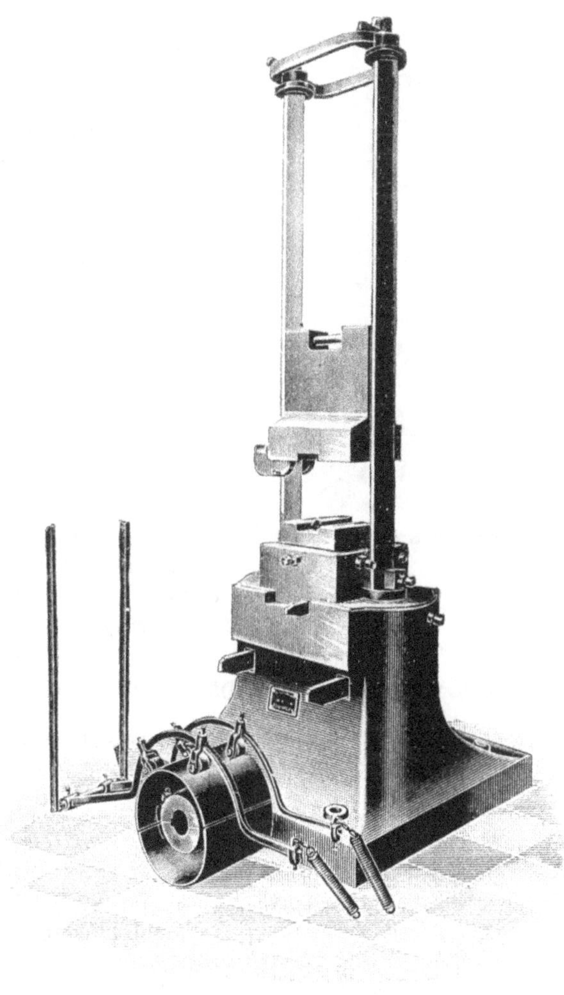

Fig. 264. Fallhammer mit verstellbarem Präzisionseinsatz, Modell Fh.

2. Den gleichen Fallhammer führt die Firma auch mit einem kastenförmig ausgefrästen Untersatz und einem darin durch Schrauben präzise verstellbaren Einsatz aus, in den wiederum die Werkzeuge eingekeilt werden. Fig. 264. Diese Ausführung wird zur Herstellung von kleineren Gesenkschmiedestücken vorgezogen, bei denen es auf besondere Präzision ankommt, und um die untere Matrize zu der oberen möglichst genau und schnell passend einstellen zu können. Die übrige Ausführung ist bei diesem Hammer wie bei dem an erster Stelle genannten.

3. Die Fig. 265 zeigt einen Hammer mit von oben bis unten in ganzer Stärke durchgehenden Stangen. Diese sind in der Schabotte präzise verstellbar, um den Verschleiß des Bären auszugleichen, und zwar legt sich gegen die Stangen von innen ein prismatisch ausgehobeltes Druckstück, welches sich wiederum gegen Keile legt, die durch Hin- und Herschieben die Entfernung zwischen den Stangenspitzen regulieren. Durch mehr oder weniger starkes Anziehen der oberen Keile oder der unteren kann auch die Entfernung der Stangen unten auf der Schabotte oder oben an der Spitze reguliert werden. Außen werden die Stangen durch zwei Seitenbacken gehalten. Diese Konstruktion ist vorzuziehen infolge der präzisen Einstellbarkeit der Stangenentfernung unten und oben, während die Entfernung bei einem Bügel oben stets die gleiche bleibt.

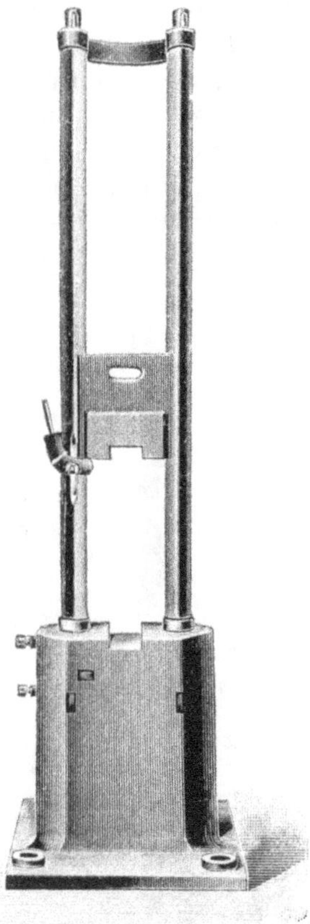

Fig. 265.

Abs. 219. **Zweiständrige Gesenk-Riemenfallwerke.** Bauart A. Schröder, Maschinenfabrik und Eisengießerei, Burg a. d. W. Der Fallhammer besteht aus einer Schabotte, zwei Führungsstangen, dem Hammerbär und der Antriebsscheibe. Das Gewicht der Schabotte ist entsprechend dem Bärgewicht das 10fache; das Gesamtgewicht jedoch höher. Die quadratisch gehobelten Führungsstangen sind durch Keile mit der Schabotte befestigt. Eine dieser Stangen ist freistehend und die andere durch Stellschrauben und Keile nachstellbar, damit sich der Bär stets in einer guten Führung bewegt. Dadurch wird ein genaues Ineinandergreifen der Gesenke gewährleistet. Am oberen Ende sind die Führungsstangen durch einen starken schmiedeeisernen Bügel verbunden, welcher auch das Herausgleiten des Bären verhindert. Zum Unterbringen der Gesenke kann der Hammerbär durch eine an der feststehenden Führungsstange angebrachte Klinke hochgehalten werden. Der Hammerbär ist aus zähem Stahlformguß.

Das Heben des Hammerbärs wird in der Regel durch Ziehen an dem freien Ende des mit dem Hammerbär verbundenen Riemens bewirkt.

Gewichts- und Maß-Tabelle.

Nummer	1	2	3	4	5	6	7	8	9	10	11	12	13
Gesamtgewicht des Fallwerks ca. kg	700	900	1100	1350	2000	2700	3300	3900	4500	5100	6300	7500	8000
Bärgewicht . . . . » »	35	50	75	100	150	200	250	300	350	400	500	600	700
Gewicht der Schabotte . . . » »	400	600	800	1000	1500	2000	2500	3000	3500	4000	5000	7000	7000
Normale Fallhöhe . . . . . . mm	1250	1500	1500	1600	1750	2000	2000	2500	2500	2500	3000	3000	3000
Zur Aufstellung ist erforderlich ein													
Raum von: Breite . . . . . mm	660	620	700	700	860	950	1000	1050	1050	1100	1100	1100	1200
Tiefe . . . . . »	600	620	800	800	1025	1050	1100	1150	1150	1400	1500	1600	1800
Höhe . . . . . »	2500	2600	2700	2800	2800	2800	3000	3200	3300	3500	3800	4000	4200

Abs. 220. **Gesenke-Riemenfallhämmer für Handbetrieb.** Bauart Koch & Cie., Maschinenfabrik, Remscheid-Vieringhausen. Einen Riemenfallhammer für Handbetrieb in normaler Ausführung stellt die nachstehende Abbildung Fig. 266 dar. In der dem Bärgewicht und der Fallhöhe entsprechenden Schabotte aus Gußeisen sind mittels Keilen die beiden schmiedeeisernen Führungsstangen befestigt, die an ihrem oberen Ende durch einen starken Bügel miteinander verbunden werden. Die eine Führungsstange ist feststehend und mit einer Klinke zum Aufsetzen des Hammerbären versehen, die zweite Stange auf das Genaueste nachstellbar.

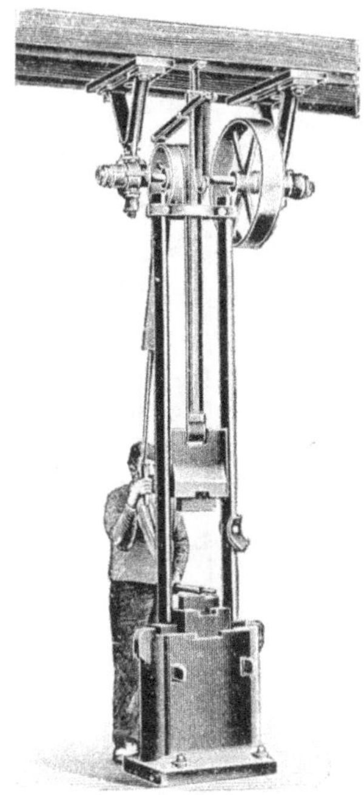

Fig. 266.

Auf der oberhalb des Hammers befindlichen rotierenden Welle ist die gußeiserne Hubscheibe angebracht, über welche der Hubriemen geht, an dessen einem Ende der zwischen den Führungsstangen gleitende Hammerbär befestigt ist. Durch genügend starkes Ziehen an dem anderen Hammerende wird der Bär gehoben, während er fällt, sobald der Zug aufhört.

Um das Schleifen des Riemens auf der Hubscheibe in der Ruhestellung zu verhindern, wird ein einfacher Riemenabheber geliefert; seine Wirkungsweise dürfte aus der Abbildung Fig. 266 hervorgehen.

Es ist nicht erforderlich, daß jeder Riemenfallhammer einen besonderen Antrieb hat, vielmehr können mehrere Hämmer, ohne voneinander abhängig zu sein, direkt unter einer gemeinschaftlichen, eventuell unter einer schon vorhandenen Welle aufgestellt werden, welche gleichzeitig noch zum Antrieb anderer Maschinen dienen kann, natürlich genügend stark und entsprechend solide gelagert sein muß. Anstatt des Handaufzugs kann bei diesen Hämmern ein Druckluftaufzug verwendet werden.

Die Obergesenke bzw. Schmiedesättel werden fast durchweg ohne weiteres mittels Keilen im Hammerbär befestigt. Die Befestigung der Untergesenke direkt in der gußeisernen Schabotte ist nur dann ratsam, wenn sie eine verhältnismäßig große Auflagefläche haben und nicht häufig gewechselt werden, da andernfalls infolge der kleinen Fläche und durch das öftere Keilen die Schabotte sehr leiden würde. Diese wird deshalb mit einem Aufsatz aus Schmiedeeisen oder Stahlguß versehen, welcher weit haltbarer ist, auch nötigenfalls leicht nachgearbeitet werden kann.

Tabelle.

Nummer	0	1	2	3	4	5	6	7	8	9	10	11
Bärgewicht . . ca kg	35	50	75	100	150	200	250	300	400	500	600	750
Fallhöhe . . . ca. m	1,50	1,50	1,50	1,75	1,75	1,75	2,00	2,00	2,00	2,00	2,00	2,00
Gew. d. Schabotte ca. kg	500	650	900	1200	1800	2400	3000	3600	4800	6000	7200	9000
Gesamtgewicht ca. kg	740	950	1260	1620	2385	3150	3900	4700	6100	7575	9075	11275

Abs. 221. **Gesenke-Friktionsriemenfallhämmer.** Bauart Oberhagener Maschinenfabrik Daniel Heuser, Hagen i. Westf. Fig. 267. Zweck: Die Friktionsriemenfallhämmer dienen zur Herstellung von im Gesenk geschmiedeten Massenartikeln, wie Schraubenschlüssel, Drehbankherze, Automobilteile, Eisenbahnmaterialien, wie Zughaken, Kuppelungen usw.

Konstruktion: Die Hämmer bestehen aus der gußeisernen Schabotte, auf deren Tisch die Matrizen mittels vier Stahlschrauben befestigt werden. Um das Einschlagen der Matrizen in die Schabotte zu vermeiden, ist unter der Matrize eine eingelegte Stahlplatte vorgesehen. Die Obermatrize wird in einem Fallbären eingekeilt, der sich zwischen zwei kräftigen Quadrateisenstangen führt.

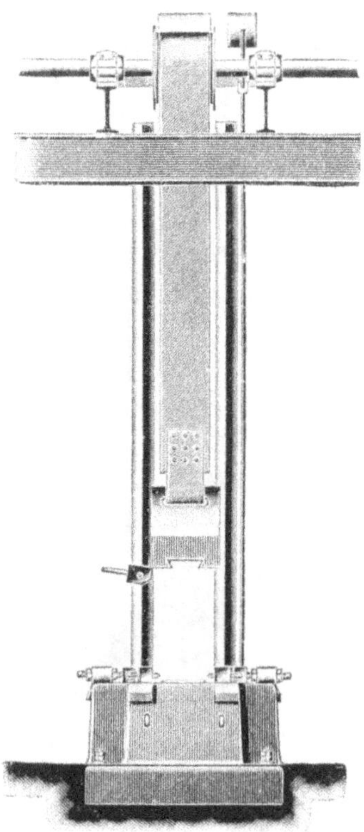

Fig. 267.

In handlicher Höhe ist ein Aufsetzer vorgesehen, auf welchen der Fallhammerbär in ruhendem Zustande aufgesetzt wird. Die Führungsstangen sind für ev. Verschleiß nachstellbar angeordnet und führen sich oben lose an einer Stangenbefestigung, um der Schabotte beim Setzen folgen zu können. Der Riemen, mit welchem der Bär hochgezogen wird, liegt auf einer rotierenden Randriemenscheibe. Gegen diese rotierende Randriemenscheibe drückt eine besonders präparierte Drückrolle, welche mittels Handhebels, der an der Schabotte befestigt ist, betätigt wird. Sobald der bedienende Arbeiter auf den Handhebel drückt, preßt die Papierrolle gegen den auf der rotierenden Randriemenscheibe liegenden Kamelhaarriemen und nimmt den Bären mit hoch. Beim Loslassen des Handhebels wird die Rolle durch ein Kontergewicht abgehoben, und der Bär fällt frei.

Diese Hämmer werden in verschiedenen Bärgrößen ausgeführt. Auch werden sie doppelt angefertigt, d. h. mit einem schweren Bären und einem leichten Bären. Hierüber siehe II. Hauptteil.

Arbeitsweise: Die Bedienung ist leicht, so daß selbst ein ungelernter Arbeiter den Hammer zu bedienen vermag.

Die auf Weißglut angewärmten Stahlstücke werden von Hand auf die Matrize gelegt und alsdann mit einer Fallhöhe von 3 bis $3\frac{1}{2}$ m ins Gesenk geschlagen. Die Stahlstücke pressen sich hierdurch in die Gravuren der Matrize ein. Durch 2 bis 3 Schläge ist das Schmiedestück fertiggestellt. Nach dem ersten Schlage wird das Schmiedestück und das Gesenk durch Wind vom Zunder freigeblasen. Hierauf erfolgen 1 bis 2 Fertigschläge. Die geschlagenen Stücke sind dann sauber und vollständig zunderfrei.

Friktionsriemen-Fallhämmer.

Bärgewicht kg	Einfaches Schabottengewicht kg	Hub m	Stangenweite (normal) mm	Gesamtgewicht kg
250	3 000	3,5—5	350	3 900
500	6 000	3,5	450	7 500
750	9 000	3,5	500	11 000
1 000	12 000	3,5	550	14 500
1 500	18 000	3,2	650	22 400
2 000	24 000	3,0	700	29 000

Doppelfriktionsriemen-Fallhämmer.

Gr. Bär	Kl. Bär	Gemeinsames Schabottengewicht	Hub		Stangenweite		Gesamtgewicht
			Gr. Bär	Kl. Bär	Gr. Bär	Kl. Bär	
kg	kg	kg	m	m	mm	mm	kg
250	75	3 750	3,5	4	350	250	4 895
500	150	7 000	3,5	3,8	450	300	9 400
750	200	11 000	3,5	3,8	500	300	13 520
1 000	250	14 500	3,5	3,7	550	320	17 640
1 500	300	21 000	3,2	3,5	650	340	26 120
2 000	350	27 500	3,0	3,4	700	360	33 280

Abs. 222. **Riemenfriktionshammer für Reckarbeit.** Bauart A. Schröder, Maschinenfabrik und Eisengießerei, Burg a. d. W. Der in Fig. 268 und 269 abgebildete Riemenfriktionshammer obiger Firma ist ein Hammer, welcher nach den bis jetzt

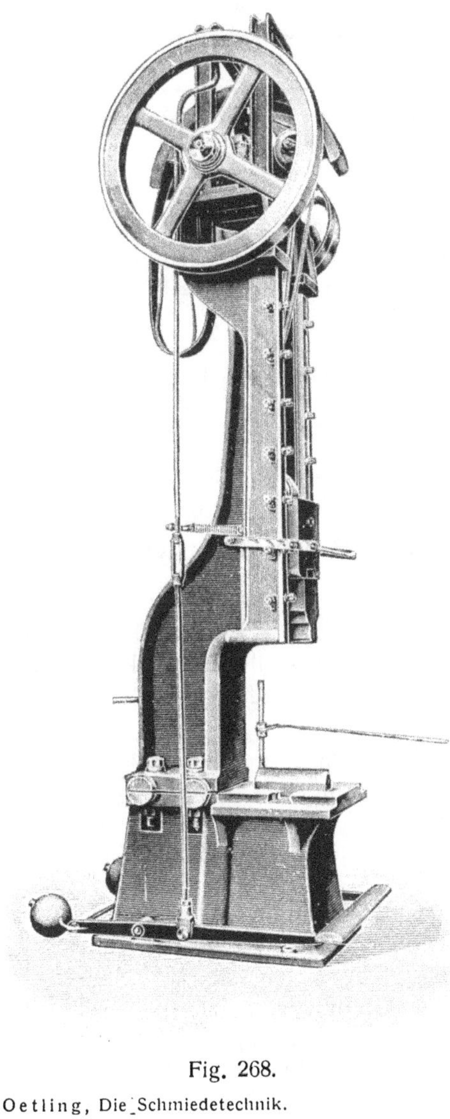

Fig. 268.

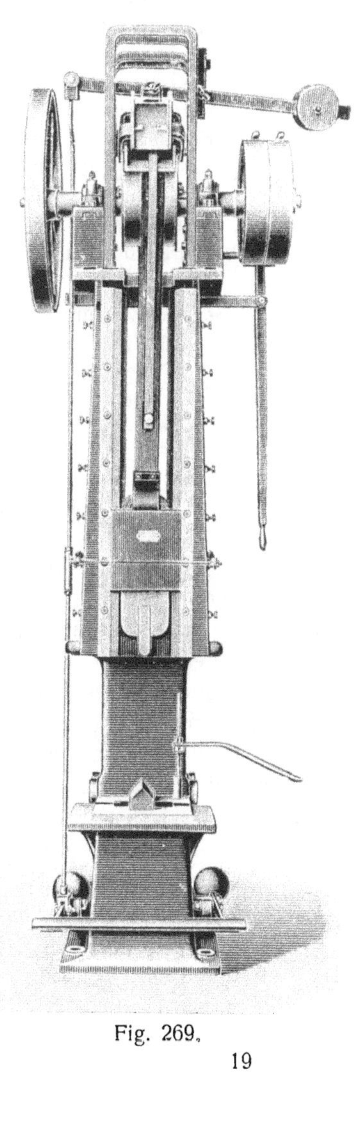

Fig. 269.

gemachten praktischen Erfahrungen event. an Stelle eines Brettfriktionshammers verwendet werden könnte.

Wie aus den Abbildungen ersichtlich, besteht auch dieser Hammer aus einer Schabotte, einem Hammerbär, einem Führungsständer und einer Vorrichtung zum selbsttätigen Heben und Senken des Bären.

Der Ständer ist gekröpft, damit man entsprechend der Arbeit von allen Seiten auch mit sperrigen Stücken zum Amboß gelangen kann.

Die Bahnen sind parallell oder senkrecht zur Hammerachse gestellt.

Das Gewicht der Schabotte bezw. Gesamtgewicht ist so groß genommen, daß ein guter Schlageffekt erzielt wird.

Damit der Bär sich stets in einer guten, sicheren Führung bewegt, sind an dem Ständer zwei schmiedeeiserne Führungsleisten angebracht, welche nachgestellt werden können, sobald der Bär zu lose geht.

Die Hebevorrichtung dieser Hämmer ist in dem nächsten Absatz beschrieben. Sie dient gleichzeitig als Riemenabheber, wodurch der Riemenverschleiß geringer als bei gewöhnlichen Fallwerken sein soll.

Nummer des Riemenfriktionshammers	1	2	3	4	5
Gesamtgewicht . . . . ca. kg	3000	4000	5100	6400	7600
Bärgewicht . . . . ca. kg	100	150	200	250	300
Fallhöhe . . . . mm	1300	1400	1500	1600	1700
Ausladung der Ständer . . . . . »	300	300	400	400	400
Ausladung der Antriebsscheibe . »	520	560	625	700	700
Breite der Antriebsscheibe . . . . »	120	150	150	160	160
Touren der Antriebsscheibe . . . »	80	80	80	80	80
Kraftbedarf . . . . »	2	3	4	5	6
Zur Aufstellung ist nötig ein Raum von:					
Breite . . . . mm	1500	1500	1600	1600	1700
Tiefe . . . . »	1400	1400	1500	1500	1600
Höhe . . . . »	4000	4200	4300	4400	4500

3. Antrieb von Fallhämmern außer Druckluftantrieb.

Abs. 223. **Beschreibung der Hebevorrichtung für Riemenfallhämmer.** Bauart A. Schröder, Maschinenfabrik und Eisengießerei, Burg a. d. W. Diese Hebevorrichtung Fig. 270 besteht aus einem aus Profileisen hergestellten Bügel, in welchem mehrere Rollen, deren Entfernung genau der Tourenzahl und dem Durchmesser der Antriebsscheibe entsprechen, drehbar gelagert sind.

Durch einen leichten Druck auf einen an der Schabotte angebrachten und mit dem Rollenbügel durch eine Verbindungsstange verbundenen Hand- oder Fußtritthebel wird dieser Rollenbügel auf die äußere Seite des Antriebsriemens gesenkt und dadurch die zum Heben des Hammerbären notwendige Friktion zwischen Antriebsscheibe und Riemen erzeugt.

Durch Loslassen des Steuerhebels hebt sich der Rollenbügel, die Friktion hört auf, und der Bär fällt auf die Schabotte, um dort seine Arbeit zu verrichten.

Aus der Abbildung ist ersichtlich, daß diese Hebevorrichtung einfach ist. Auch ist der Arbeiter in der Lage, den Bär in jeder Stellung festzuhalten. Selbst wenn der Bär von seiner höchsten Stellung fällt, kann er in jeder Lage aufgehalten oder so langsam heruntergelassen werden, daß er nur leise das Schmiedestück berührt.

Die Betriebssicherheit bei Fallwerken mit dieser Hebevorrichtung ist eine größere, da der Bär auch beim Heruntergleiten fast sofort zum Stillstand gebracht werden kann. Bei leichten und mittleren Fallwerken resp. Bärgewicht ist der Schmied in der Lage, selbst den Steuerungshebel entweder durch Hand- oder Fußtritt zu bedienen, und auch bei großen Bärgewichten und umfangreichen Schmiedestücken ist die Bedienung leicht und sicher durch einen jugendlichen Arbeiter zu besorgen. Auch wird durch Fallwerke mit dieser Hebelvorrichtung der Vorteil erzielt, daß die Fallhöhe nicht begrenzt ist, sondern beliebig groß genommen werden kann. Ferner behindern keinerlei Stangen usw. die freie Zugänglichkeit des Fallwerks von allen Seiten.

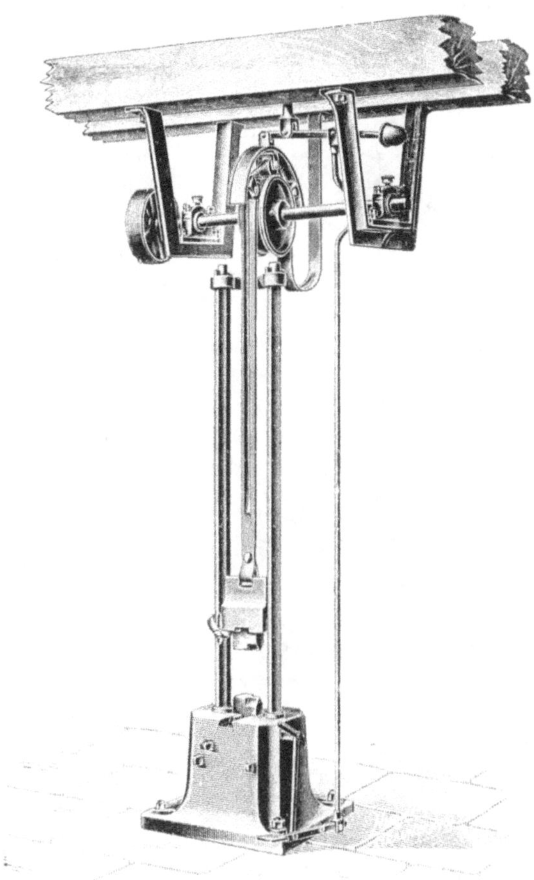

Fig. 270.

Der Riemenverschleiß hat sich durch Versuche als sehr gering herausgestellt und ist jedenfalls nicht größer als bei Fallwerken ohne Hebevorrichtungen.

Außerdem dient diese Hebevorrichtung auch als Riemenabheber, sobald der Hammerbär ruht und auf den Steuerungshebel kein Druck ausgeübt wird. Zu diesem Zweck ist ein zweiter, schmaler Riemen über die Rollen geführt und mit den beiden Enden des Hauptriemens verbunden. Sobald sich der Rollenbügel von dem Hauptriemen abhebt, zieht ihn der schmale Riemen von der Antriebsscheibe ab, worin ihn noch das zur Ausbalancierung dienende Gegengewicht unterstützt. Zum Betriebe von Fallwerken mit einer solchen Hebevorrichtung ist nicht unbedingt ein besonderes Vorgelege erforderlich, wie die obenstehende Abbildung zeigt. Sie können auch unter der vorhandenen Transmission aufgestellt werden.

Nummer	1	2	3	4	5	6	7	8	9	10	11	12	13
Passend f. Bärgewicht kg	35	50	75	100	150	200	250	300	350	400	500	600	700
Kraftbedarf . . . . PS	0,5	0,75	1,00	1,25	2,00	2,75	3,25	4,00	4,75	5,50	6,75	8,00	9,25
Bei Fallhöhe . . . . mm	1250	1500	1500	1600	1750	2000	2000	2500	2500	2500	3000	3000	3000

Abs. 224. **Fallhammerantrieb „Adko“.** Bauart Koch & Cie., Maschinenfabrik, Remscheid-Vieringhausen. Der Übelstand der unsicheren Regulierung der Hubhöhe ist bei der als »Adko-Antrieb« bezeichneten, durch D. R. P. und Auslandspatente geschützten Hebevorrichtung in recht vollkommener Weise vermieden. Die Konstruktion läßt nebenstehende Fig. 271 erkennen. Der Riemen, bei Riemenfallhämmern für Transmissionsantrieb, wird an dem höchsten Punkt einer unrunden Scheibe befestigt, deren Umfang etwas größer ist als der größte Hub des Hammers. Diese unrunde Scheibe

kann sich lose auf dem exzentrischen Teil einer verkröpften Welle drehen, auf welcher ein Hebel befestigt ist, der durch eine Zugstange mit dem Steuerhebel (Fußtritt oder Handhebel) in Verbindung steht. Sobald man diesen niederbewegt, dreht sich die exzentrische Welle und die unrunde Scheibe drückt den Riemen gegen die rotierende Hubscheibe, welche ihn mitnimmt und infolgedessen den Bär hebt, und zwar in der Weise, daß der Hub des Bären mit der Bewegung des Steuerhebels genau korrespondiert. Man ist so in der Lage, den Bär ganz nach Bedarf mehr oder weniger hochgehen zu lassen und ihn auch in jeder gewünschten Höhe sicher schwebend zu halten.

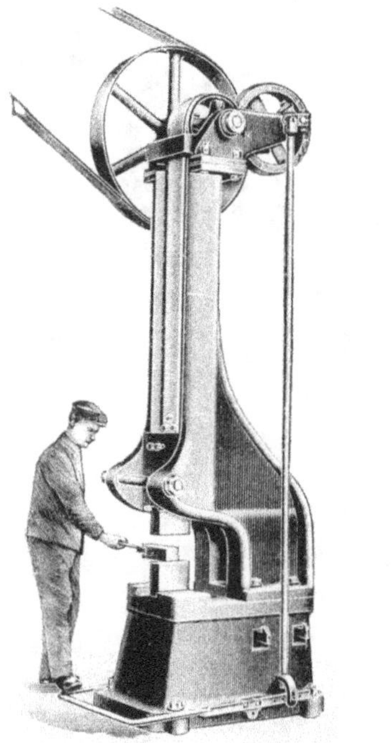

Fig. 271.

Die Abbildung eines Reckfallhammers mit dem »Adko«-Antrieb läßt auch diejenigen Einrichtungen erkennen, welche dazu dienen sollen, um zwei andere Mängel zu beseitigen und dadurch von dem Geschick und der Aufmerksamkeit des Arbeiters unabhängig zu machen.

Das Rucken des Riemens durch zu plötzliches Anheben wird dadurch vermieden, daß man zwischen dem Steuerhebel und dem Hebel auf der verkröpften Welle eine als »Adko-Druckregler« (D. R. G. M.) bezeichnete Feder von einer dem Bärgewicht entsprechenden Stärke anordnet.

Den Riemenverschleiß kann man durch Verwendung eines möglichst widerstandsfähigen Riemenmaterials, durch Verminderung der Umdrehungszahl der Hubscheibe bzw. durch Verwendung einer solchen von geringerem Durchmesser vermindern, auch dadurch, daß man eine möglichst breite unrunde Druckscheibe verwendet und dafür Sorge trägt, daß die rotierende Hubscheibe genau rund läuft, was bei vorhandenen Riemenfallhämmern selten zutrifft. Noch wirksamer ist die Anordnung der »Adko-Riemenklemme« (D. R. G. M.), welche es ermöglicht, den Riemen direkt unterhalb der Hubscheibe, ohne Zeitverlust in jeder beliebigen Stellung des Bären festzuklemmen, so daß dieser nicht fallen kann. Durch Anheben des Bärs tritt die Klemme von selbst außer Tätigkeit. Während früher beim Anheben sowie beim langsamen Niederlassen des Bären immer ein und dieselbe Stelle des Riemens außergewöhnlich stark beansprucht wurde und somit auch einem viel stärkeren Verschleiß unterworfen war als die übrigen Teile, ist es bei Verwendung der Riemenklemme leicht möglich, den dadurch an sich schon wesentlich geringeren Verschleiß ziemlich gleichmäßig über die ganze Länge des Riemens zu verteilen und so dessen Haltbarkeit bedeutend zu erhöhen.

Tabelle der Antriebe.

Nummer	1	2	3	4	5	6
Für Bärgewicht . . . . . von kg	50	100	150	200	250	300
Für Fallhöhe . . . . . . von m	1,5	1,5	1,5	1,5	1,5	1,5
Durchmesser . . . . mm	700	800	950	1100	1250	1400
Breite der Antriebsscheibe . mm	80	100	120	130	140	150
Umdrehungszahl der Antriebsscheibe in der Minute	100	90	50	70	65	60
Betriebskraft . . . . . . ca. PS	0,75	1,25	1,75	2,50	3,00	3,50

Ein weiterer Vorteil dieser Klemme ist die Möglichkeit, den Hammerbären ohne besondere Aufmerksamkeit und Geschicklichkeit, auch fast ohne Zeit- und Kraftverlust feststellen zu können; diese Verluste waren bei dem bisher üblichen Aufsetzen des Bären auf eine Stütze nicht zu vermeiden und machten in manchen Fällen einen großen, wenn nicht gar den größten Teil der erforderlichen Arbeitszeit und Betriebskraft aus.

Abs. 225. **Fallwerkaufzug mit Reibungsvorgelege.** Bauart Erdmann Kircheis in Aue in Sachsen. Fig. 272. Auf angegossenen Konsolen ist das Triebwerk gelagert. Es besteht aus der Vorgelegewelle mit dem Schwungrad, dem Reibungsrad *R* und den Fest- und Losscheiben *F L*, sowie aus dem schwingend über *R* gelagerten Rade *M*, über welchem der Bärenriemen liegt. Das Rad *M* wird von dem zweiarmigen Hebel *H* an einem Arm getragen,

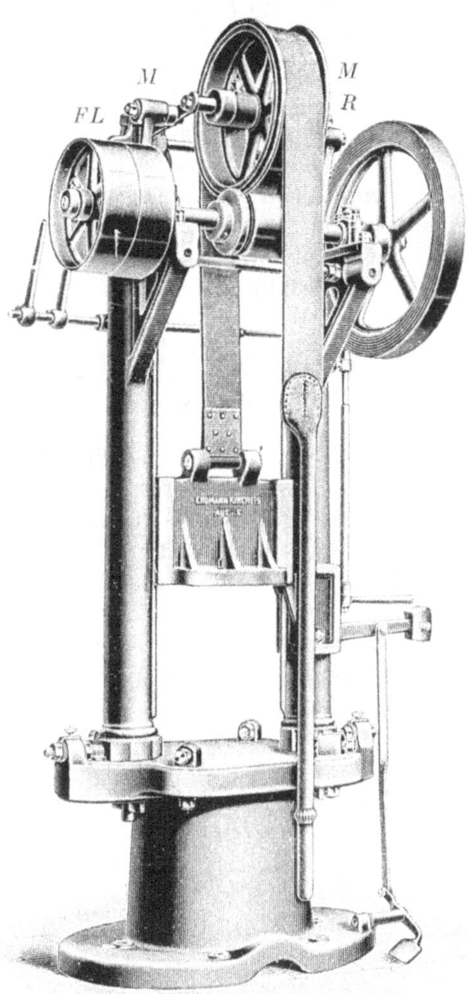

Fig. 272.

Fig. 273.

getragen, während am anderen die Zugfeder wirkt, welche *M* mit geringer Spannung bei nicht angezogenem Bärriemen etwas von *R* entfernt hält. Zieht man nun am Riemen nur wenig, so wird *M* mit den Reibungsrändern in das Reibungsrad *R* gepreßt und durch die entstehende Reibung gezwungen, an der kontinuierlichen Drehung der Vorgelegewelle teilzunehmen. Infolgedessen nimmt Scheibe *M* den Riemen, also auch den Bären mit in die Höhe, und zwar so hoch, bis man den Riemen losläßt, worauf *M* sofort durch den Federzug von *f* ausgelöst wird und der Bär frei herunterfällt.

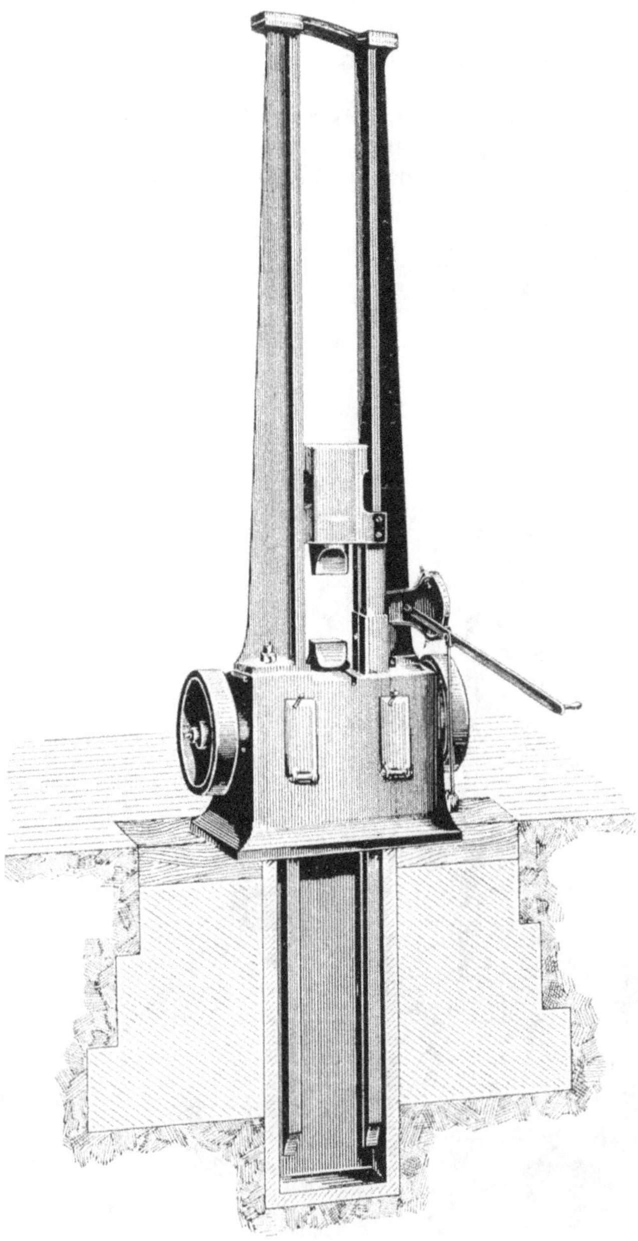

Fig. 274.

4. Besonders betätigte Fallhämmer.

Abs. 226. **Friktionsfallhämmer mit Präzisionssteuerung, mit zwei abwärts gerichteten Hebeschienen für Reck- oder Gesenk-Arbeiten.** Bauart Aerzener Maschinenfabrik, G. m. b. H., Aerzen (Hannover). Bei diesem Friktionsfallhammer Fig. 273 und 274 wird der Bär mittels zweier nach abwärts gerichteten hölzernen Hebeschienen und Friktionsrollen hochgedrückt.

Das Friktionsvorgelege ist daher am unteren Teile des Hammers, in der Schabotte, angeordnet.

Der Schwerpunkt des ganzen Hammers wird auf diese Weise möglichst tief gelegt. Die Konstruktion wird stabiler und die Schlagwirkung des Fallbären ist sicherer.

Ferner wird die ganze Bauhöhe als Fallhöhe ausgenutzt, welche bei verhältnismäßig schwachen Führungsständern im oberen Teile sehr groß sein kann. Es ist der einzige Stangenfallhammer mit großem Hub. Der Hammer kann in niedrigen Räumen Aufstellung finden und doch eine relativ große Fallhöhe erhalten, da, wie schon erwähnt, die Hebeschienen des Fallbären nach unten gerichtet sind und in einen gemauerten oder hölzernen Schacht oder in zwei unten abgedichteten eisernen Rohren in das Fundament hineinragen.

Der Bär ist sehr sicher und präzise geführt und bleibt auch in seiner tiefsten Stellung ganz in den nachstellbaren Führungen.

Die Steuerung geschieht mittels Handsteuerhebels, und der Bär folgt präzise den Bewegungen dieses Hebels in gleichem Sinne; auch kann er in jeder Stellung schwebend erhalten werden.

Die Begrenzung der höchsten Bärstellung erfolgt, wenn die unteren Enden der entsprechend langen Hebeschienen die Friktionsrollen passiert haben. In dieser Stellung erhalten die beiden Stiele bzw. Hebeschienen auf den Friktionsrollen einen guten Stützpunkt, so daß der Bär sicher und leicht in seiner obersten Stellung gehalten werden kann, ohne besondere Reibungsverluste.

Infolge des sehr tief liegenden Gesamtschwerpunktes des Hammers und des unten in der Schabotte angeordneten Antriebes genügt, wenn das Gesamtgewicht nicht genügend groß, je nach den örtlichen Verhältnissen ein leichtes Fundament mit einem entsprechenden Schwellen- bzw. Balkenrost, wodurch sich die Anlagekosten vermindern.

Bei richtiger Ausführung halte ich diese Konstruktion für sehr bemerkenswert. Der Bär und die Einsätze sind aus Stahlguß, letztere gehärtet.

Gewichts- und Maß-Tabelle.

Nr.	Bär-gewicht	Fall-höhe	Bauhöhe	Vorteil-haft für Eisen-stärken	Betriebs-kraft	Riemenscheibe		Gesamt-gewicht
						Durch-messer	Breite	
	kg	m	ca. m	qmm	PS	mm	mm	ca. kg
0	50	2,00	3,30	40	1,00	540	100	1500
1	100	2,00	3,35	60	0,50	600	110	2000
2	150	2,00	3,40	80	2,50	700	125	2580
3	200	2,20	3,70	100	3,00	800	150	3500
4	250	2,25	3,85	125	4,00	900	175	4800
5	300	2,40	4,00	150	5,00	1000	200	6400

ε) Dampffallhämmer.

Abs. 227. **Allgemeines über Dampfstanzen.** Diese Art von Werkzeugmaschinen beschreibe ich im II. Hauptteil, da sich der Antrieb solcher Zylindermaschinen günstiger mit Preßluft gestaltet.

ζ) Die Dampfhämmer.

Abs. 228. **Allgemeines über die Dampfhämmer.** Zu der Gattung der Zylinderhämmer gehören zunächst die Dampfhämmer. Man teilt sie nach der Wirkungsweise des Treibmittels in Hämmer mit Oberdampf und solche mit reiner Fallwirkung ein. Für die kleineren Größen kommt die letztere Art von Hämmern überhaupt nicht mehr in Betracht, und auch für größere Hämmer wird sie nur noch als Verbindung beider Arten ausgeführt. Weiter teilt man sie nach den Formen der Gestelle ein, und zwar in

1. einständrige, direkt auf der Schabotte montierte Hämmer;
2. einständrige Hämmer mit einer auf besonderem Fundament stehenden Schabotte;
3. in zweiständrige Hämmer, deren beide Ständer nach rückwärts gerichtet sind, mit einer auf besonderem Fundament stehenden Schabotte;
4. torartige Doppelständerhämmer mit auf besonderem Fundament stehender Schabotte;

5. torartige Hämmer mit schmiedeeisernem Unterbau und auf besonderem Fundament stehender Schabotte.

Der Steuerung und Betätigung nach werden die Hämmer eingeteilt in solche mit selbsttätiger Steuerung und solche mit Steuerung von Hand.

Die einständrigen, direkt auf der Schabotte montierten Hämmer werden zurzeit bis zu einem Bärgewicht von 400 kg gebaut. Infolge des Umstandes, daß der Hammer auf der Schabotte selbst montiert ist und das Ständergewicht mit als Masse wirkt, die dem Stoß sich entgegenstellt, ferner daß die Elastizität beim Aufschlag des Bären auf den Amboß geringer ist, erfordert er nur wenig Fundament.

Die zweite Art der Hämmer, einständrig, mit einer auf besonderem Fundament stehenden Schabotte, wird bis zu einem Fallgewicht von 1500 kg und einem Hube von etwa 1000 mm gebaut.

Die dritte Art von Dampfhämmern, die zweiständrigen, deren beide Ständer nach rückwärts gerichtet sind und eine besonders fundamentierte Schabotte haben, sind hauptsächlich in England üblich. Die Hammerbahnen stehen bei dieser Ausführung nicht unter einem Winkel zur Schmiedeachse, sondern in der Richtung der Ständer, eventuell auch senkrecht zu dieser. Denn bei diesen Hämmern lassen sich die Schmiedestücke zwischen den Ständern hindurchführen. Die Ständer haben eine sehr große Fundamentplatte, welche von der Schabotte durchsetzt wird.

Die torartigen Doppelständerhämmer, deren Ständer aus Gußeisen sind und die eine auf besonderem Fundament stehende Schabotte besitzen, werden bis zu einem Fallgewicht von 15 000 kg und etwa 2400 mm Hub gebaut.

Die torartigen Hämmer mit schmiedeeisernem Unterbau und auf besonderem Fundament stehender Schabotte werden bis zu einem Fallgewicht von 15 bis 25 000 kg und einem Hub von ca. 3000 mm gebaut. Diese letzteren können sehr hohen Beanspruchungen unterworfen werden, allerdings sind bei der Anwendung von schmiedeeisernen Unterbauten erhebliche Durchbiegungen nicht zu vermeiden, und daher reduzieren die Elastizitäten den Effekt nicht unwesentlich.

Die Wirkung der Dampfhämmer ist eine sehr verschiedene; wenn die Bären leicht genug sind, kann sie je nach der Geschwindigkeit des Kolbens dieselbe sein wie bei Fallhämmern, die des prellenden Schlages; und falls das Fallgewicht schwer genug ist und man die Steuerung derartig einstellt, daß der Kolben mit verhältnismäßig langsamer Geschwindigkeit auf das Schmiedestück aufsetzt, mehr eine pressende, selbstverständlich vorausgesetzt, daß das Schmiedestück bezw. die Bahnen entsprechend dimensioniert sind. Man kann daher diesen Hämmern eine gewisse Universalität nicht absprechen.

Die Steuerung der Hämmer besteht teilweise in Ventil-, teilweise in Schiebersteuerungen; bei den kleineren werden sie mit dem Fuß betätigt, bei den größeren durch einen besonderen Mann, dem Hammerführer, von Hand.

Die Führung der Hammerbären erfolgt bei dünnen Kolbenstangen in einer besonderen Gleitbahn, welche nachstellbar ist, bei dicken Kolbenstangen liegt die Führung in dem unteren Deckel des Zylinders.

Abs. 229. **Dampfhämmer** der Sächsischen Maschinenfabrik vorm. Rich. Hartmann, A.-G., Chemnitz. Diese Firma baut wohl als älteste Spezialfirma Dampfhämmer für 100 bis 1500 kg Fallgewicht mit einem Ständer und für 1000 kg bis zu den schwersten mit Doppelständern.

Einständrige Dampfhämmer erhalten entweder obere Kolbenstangenführung, Fig. 275, für sperrige Schmiedearbeiten oder untere Bärführung, Fig. 276/277, für Schmieden, die Gesenkarbeiten vornehmen wollen.

Die doppelständrigen Hämmer werden mit Rücksicht auf höhere Beanspruchungen infolge von größeren Dampfdrücken und härterem Material in neuerer Zeit vielfach mit schmiedeeisernen Blechsäulen, zum Teil aber auch in starker Gußständerkonstruktion, Fig. 278, ausgeführt.

Die Schabotte wird bei allen Hämmern freistehend angeordnet; nur bei Spezial-Gesenkdampfhämmern, die ausschließlich für genaue Matrizenarbeiten und Massenfabrikation bestimmt sind, zum Beispiel für die Automobilindustrie, wird die Schabotte mit den Ständern durch Schrauben fest verbunden.

Fig. 275.

Der Zylinder wird nicht mit dem Ständer aus einem Stück gegossen sondern an diesen angeschrumpft oder mit ihm kräftig verschraubt. Dasselbe gilt von der unteren Bärführung.

Bei Einständerhämmern werden Kolben, Kolbenstange und Bär aus einem Stück hergestellt, während dies bei Doppelständerhämmern der besseren Montage und des größeren Bärgewichtes wegen vermieden werden muß.

Zum Hochhalten des Hammerbären während der Stillstände ist eine Stützvorrichtung vorgesehen.

Die obere Hubbegrenzung erfolgt durch eine Prellvorrichtung, welche den Zylinderdeckel vor Stößen schützt.

Besonders beachtenswert ist die Steuerung der Hämmer, auf deren Ausbildung der größte Wert gelegt ist. Während nur bei den kleinsten Hammertypen eine einfache Rundschiebersteuerung zur Anwendung gelangt, besitzen alle anderen eine präzis arbeitende, entlastete Doppelsitz-Ventilsteuerung.

Der Hauptwert dieser Steuerung liegt darin, daß sie ganz erheblich dampfdichter, d. h. wirtschaftlicher arbeitet als eine Schiebersteuerung mit weichen Schieberflächen, die bereits nach kurzem Gebrauch sehr große Undichtheiten besitzt.

Weiterhin erfordert die Betätigung einer entlasteten Ventilsteuerung einen so geringen Kraftaufwand, daß auch die größten Dampfhämmer vom Hammerführer ohne irgendwelche Ermüdung mit Leichtigkeit gesteuert werden können.

Dagegen ist die Reibung eines dicht eingepaßten, nicht entlasteten Schiebers so groß, daß dessen Steuerung nur sehr schwer beweglich ist und dadurch unexakt arbeitet.

Infolge dieser beiden Eigenschaften: der absoluten Dichtheit und leichten Beweglichkeit der Steuerung ergeben sich bei diesen Hämmern nachstehende Vorteile: große Dampfersparnis, Sicherheit der Schlagstärke bei beliebigen Fallhöhen, geringster Kraftaufwand für die Bedienung, Gleichmäßigkeit der einzelnen Schläge bei fester Einstellung der Steuerung, d. h. bei selbsttätiger oder automatischer Steuerung, wofür die Hämmer ebenfalls eingerichtet sind, Unempfindlichkeit der Steuerungsorgane bei Verwendung von überhitztem Dampf und hohem Dampfdruck, große Manövrierfähigkeit, Möglichkeit, unter schwereren Hämmern kleinere, schwierigere Arbeiten auszuführen, die man sonst nur unter bedeutend leichteren Hämmern herstellen kann.

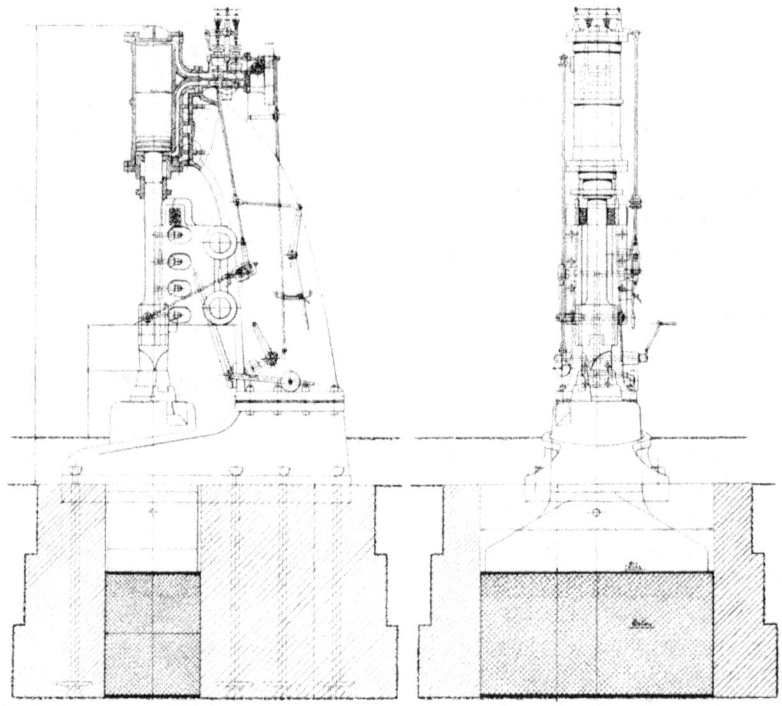

Fig. 276/277.

Außer diesen besonderen Merkmalen besitzen die genannten Hämmer eine Vorrichtung zur Entwässerung der anschließenden Rohrleitung. Unmittelbar vor dem Eintritt in den Ventilkasten durchströmt der Dampf einen wirksamen Wasserabscheider, wodurch Wasserschläge im Zylinder vermieden werden. Der Wasserabscheider wird mittels Kondenstopf dauernd entwässert.

Gerade bei Dampfhämmern ist diese Vorrichtung von großer Bedeutung, da sich in der Zeit der Stillstände und bei Verwendung trockengesättigten Dampfes in der zumeist schlecht oder gar nicht isolierten Frischdampfleitung viel Kondensat ansammelt.

Das Frischdampfabsperr- bzw. Regulierorgan der Zuleitung kann vom Führerstande aus bequem bedient werden.

Für reichliche und wirksame Schmierung sorgt eine automatisch angetriebene Schmierpresse.

In der Regel arbeiten die Hämmer mit Dampf von 6 Atm. Dieser Druck ist bislang immer noch üblich; wie oben erwähnt, werden die Hämmer aber auch für jeden gewünschten höheren Druck und jede übliche Überhitzung sowie für Abdampfverwertung gebaut.

Fig. 278.

Abmessungen und Gewichte der Dampfhämmer mit einseitigem Ständer.

I. Kolbenstange durch den oberen Zylinderdeckel geführt, Figur 275.

Nummern der Dampfhämmer		1	2	3	4	5	6	7	8	9	9b
Fallgewichte	kg	100	200	300	400	500	600	800	1000	1250	1500
Zylinderbohrungen bei 6 Atm. Betriebsdruck . . . D	mm	170	210	250	280	310	340	380	410	450	480
Hub	»	300	360	450	500	540	610	690	780	900	1000
Abmessungen: Ganze Höhe über Fundament	»	2585	3125	3460	3735	3950	4295	4725	5250	5795	—
Abmessungen: Länge der Fundamentplatte	»	1320	1770	1975	2150	2330	2530	2800	2970	3150	—
Abmessungen: Höhe d. Ambosses über Fußboden	»	700	660	660	660	660	660	660	660	650	—
Abmessungen: Fundamenttiefe	»	870	1160	1365	1520	1700	1800	1940	2120	2270	—
Abmessungen: Breite der Fundamentplatte	»	800	820	950	1020	1050	1150	1260	6460	1650	—
Abmessungen: » » Fundamentgrube	»	1280	1300	1400	1580	1730	1880	2080	2350	2550	—
Rohrweiten für Frischdampf	»	40	45	52	60	80	80	90	90	90	—
» » Abdampf	»	50	55	65	75	90	90	100	100	100	—
Gewicht der Schabotte	ca. kg	1550	2400	3600	4800	6000	7200	9600	12000	15800	—

II. Mit unterer Bärführung, Fig. 276 und 277.

Nummern der Dampfhämmer		1a	2a	2b	3a	4a	5a	6a	7a	8a	9a	9c
Fallgewichte	kg	150	200	250	300	400	500	600	800	1000	1250	1500
Zylinderbohrungen . . *D*	mm	195	210	225	240	260	280	310	340	380	410	450
Hub	»	500	540	580	610	660	720	760	850	920	1000	1100
Ganze Höhe über Fundamentplatte	»	2700	2910	—	3180	3370	3575	3770	4080	4430	4867	—
Gewicht der Schabotte	ca. kg	2250	3000	--	4500	6000	7500	9000	12000	15000	18500	

Die Abmessungen, Rohrweiten, Gewichte von II wie unter I.

Abmessungen und Gewichte der Dampfhämmer mit Doppelständer.

Nummern der Dampfhämmer			10	11	12	13	14	15	16	17
Fallgewichte		kg	1000	1250	1500	2000	2500	3000	4000	5000
Zylinderbohrungen bei 6 Atm. Betriebsdruck		mm	360	380	400	480	510	550	600	680
Hub		»	930	950	1000	1250	1300	1340	1550	1730
Abmessungen	Ganze Höhe über Fundament	»	4445	4620	5035	5520	5800	5790	6620	6710
	Lichte Höhe zwischen d. Ständern	»	1100	1120	1140	1140	1140	1300	1410	1410
	» Weite » » »	»	1700	1850	2000	2600	2600	2600	3000	3080
	Höhe d. Ambosses über Fußboden	»	650	650	650	520	540	560	560	560
	Breite der Fundamentplatte	»	1820	1910	2000	2500	2500	3000	3200	3715
	» » Ständerfüße	»	680	720	750	1000	1100	1250	1080	1270
Rohrweiten für Frischdampf		»	90	90	100	110	110	120	140	150
Rohrweiten für Abdampf		»	100	100	110	130	130	140	160	170
Gewicht der Schabotte		ca. kg	15000	18500	22500	30000	37500	45000	60000	75000
Gewicht von Amboß und Hammerbahn		kg	870	975	975	1400	1500	1600	1850	2050

Abs. 230. **Dampfhämmer.** Bauart B. und S. Massey, Ltd., Manchester. Die Dampfhämmer baut die vorgenannte Firma in drei Ausführungen: 1. als einhüftiges Doppelständermodell mit geführtem Bär, Fig. 279; 2. als einhüftiges Modell einständrig ohne Bärführung, Fig. 281; 3. als Bogen- oder Brückenmodell. Die erstgenannte Gattung besitzt einen Doppelständer aus Gußeisen mit U förmigem Querschnitt und starken nach außen gekehrten Rippen. Diese sind auf einer schweren Grundplatte verschraubt; die zusammenstoßenden Flächen der Grundplatte und der Ständer sind gehobelt. Die V förmigen Bärführungen sind bei den Hämmern bis zu 150 kg Bärgewicht lose eingelegt und nachstellbar, darüber an die Ständer angeschraubt aber ebenfalls nachstellbar. Der Zylinder ist aus Feinkorneisen gegossen und mit den oberen Teilen der Ständer fest verschraubt. Der Schieberkasten ist bei Hämmern unter 750 kg Bärgewicht mit dem Zylinder zusammengegossen, um unnötige Dichtungen zu vermeiden; über diese Größe hinaus ist er jedoch angeschraubt. Die Flanschen der Abdampf- und Zuleitung sind wegen leichterer Auswechselung der Dichtungen horizontal angeordnet. Der Schieberkasten enthält einen Kolbenschieber und das Absperrventil. Der Kolbenschieber wird einmal von Hand gesteuert, das anderemal selbsttätig. Fig. 280(6) weist die selbsttätige Steuerung auf, während die Abbildung des 1000 kg-Hammers mit nicht geführtem Bär die Handsteuerung aufweist, Fig. 282. Die selbsttätige Steuerung wird durch den Bogenhebel I unter

Mitwirkung der Feder *L* hervorgebracht; die Handsteuerung dagegen mittels des Hebels *Q*. Das Absperrventil wird durch den Hebel *B* gesteuert und reguliert gleichzeitig den Dampfeintritt und damit auch Schlagzahl und Schlagstärke.

Kolben und Kolbenstange sind aus einem Stück geschmiedet und mittels konischem Zapfen in den Bär eingesetzt. Der Bär ist aus Stahl geschmiedet; die Ansätze, welche die Rolle tragen, Fig. 280(4), von der aus die Selbststeuerung betätigt wird, sind bei Hämmern über 150 kg Bär mit angeschmiedet, wodurch Brüche vermieden werden. Die Einsätze bei Hämmern unter 600 kg sind aus Stahlguß, bei größeren Hämmern aus festem, feinkörnigem Gußeisen. Sie sind sowohl im Bär als auch im Amboß schwalbenschwanzförmig befestigt.

Die Schabotte ist unabhängig von der Grundplatte auf gesondertem Fundament aufgestellt und durchsetzt die erstere. Bei Hämmern unter 600 kg ist ein Teil der Schabotte gedreht und das entsprechende Loch der Grundplatte zwecks guter Führung ausgebohrt. Der große Keil *Z*, Fig. 280(1) verhindert jede Drehung der Schabotte.

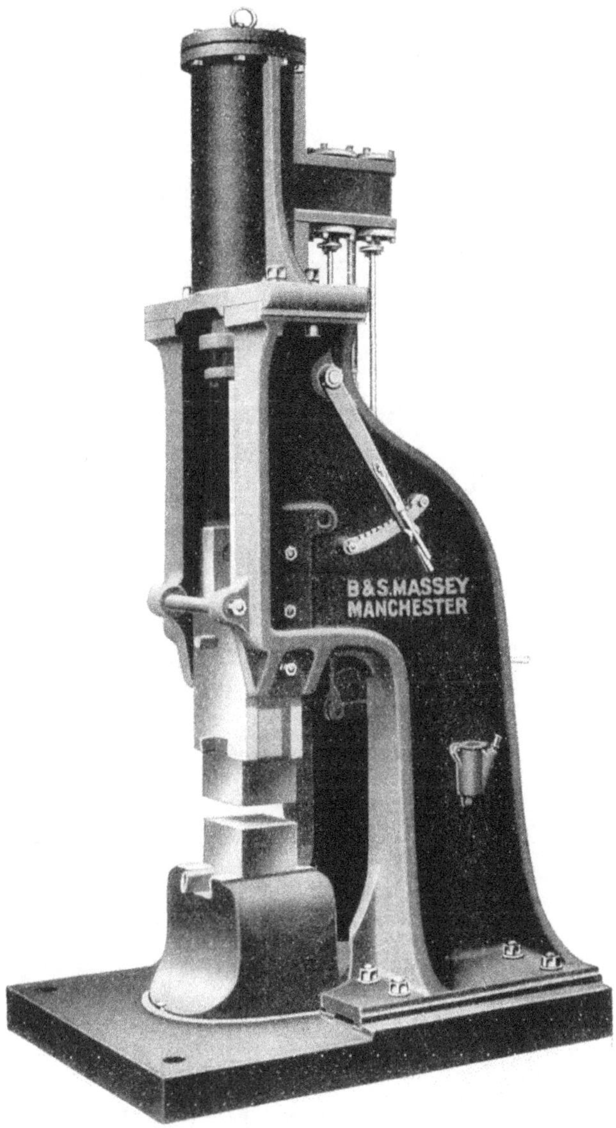

Fig. 279.

Maß- und Gewichts-Tabelle. Fig. 279.

Bärgewicht		25 kg	50 kg	75 kg	100 kg	150 kg	200 kg	250 kg	300 kg
Zylinderdurchmesser (Druck 3,5—5,5 Atm.)	mm	108	133	152	152	190	203	229	229
Maximalhub	›	280	305	330	330	430	485	535	535
Abstand zwischen Führungen	›	178	197	159	159	210	260	260	260
Ausladung bis Einsatzmitte		195	230	255	255	280	280	330	330
Gesamtgewicht	kg	1000	1250	2000	2250	3000	3500	5000	5500
ohne Schabotte	›	750	875	1500	1500	1750	2000	3000	3000

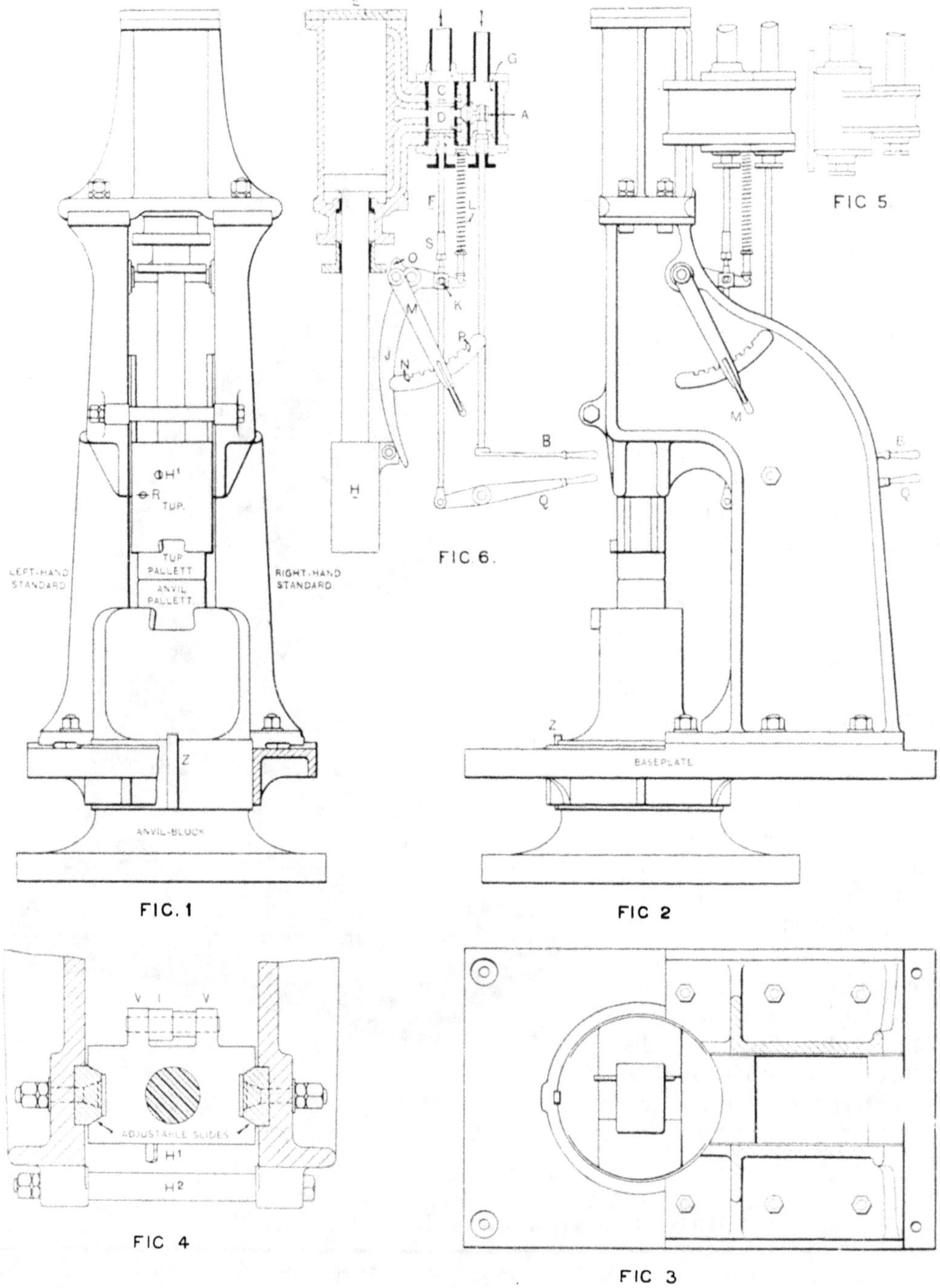

Fig. 280.

Die einständrigen Hämmer ohne Führung haben eine starke Kolbenstange, und der Zylinder ist mit seiner Längsseite gegen den Ständer angeschraubt. Der Ständer selbst ist diesmal in Hohlguß ausgebildet. Die Firma führt diese Hämmer auch mit Ständern aus Blech- und Eisenkonstruktion aus für Fälle, in denen hoher Zoll und hohe Transportkosten dies zweckdienlich erscheinen lassen.

Fig. 281.

Maß- und Gewichtstabelle. Fig. 279.

Bärgewicht		350 kg	400 kg	500 kg	600 kg	750 kg	1000 kg	1250 kg
Zylinderdurchmesser (Druck 3,5—5,5 Atm.)	mm	254	254	305	305	240	368	400
Maximalhub	»	610	610	685	685	760	340	915
Abstand zwischen Führung	»	286	286	324	324	370	370	430
Ausladung bis Einsatzmitte	»	355	355	380	380	455	455	455
Gesamtgewicht	kg	6500	7000	8750	9750	13250	17250	20750
ohne Schabotte	»	3750	3750	4750	5000	7500	9500	11000

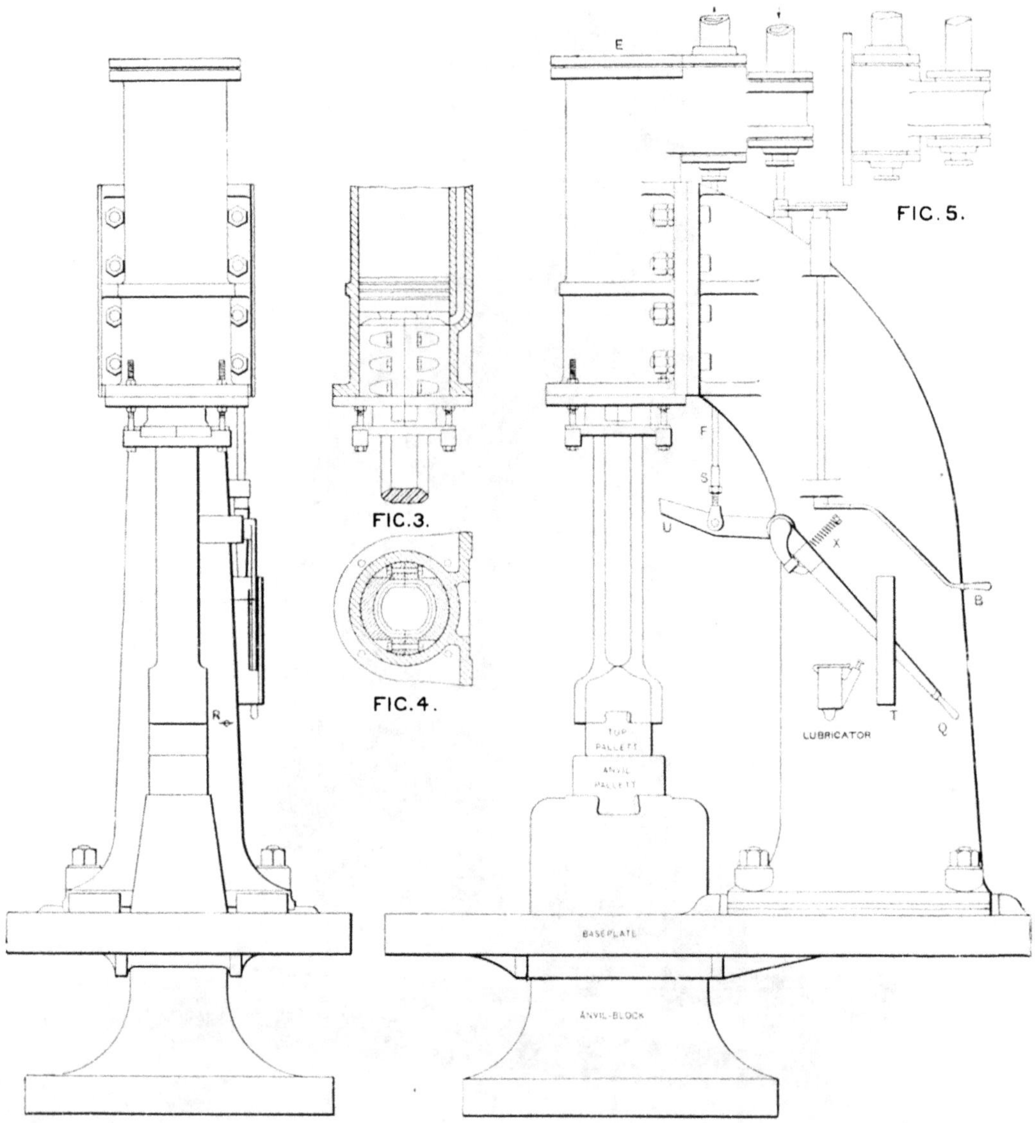

FIC. 1. FIC. 2.

Fig. 282.

Maß- und Gewichts-Tabelle. Fig. 281.

Bärgewicht		150 kg	250 kg	350 kg	400 kg	500 kg	625 kg	750 kg	1000 kg	1250 kg	1500 kg	2000 kg
Zylinderdurchmesser (Druck 3,5—5,5 Atm.)	mm	228	280	318	318	356	356	406	445	463	521	559
Maximalhub	»	535	610	660	660	760	760	865	965	1065	1145	1295
Ausladung bis Einsatzmitte	»	510	610	610	610	625	625	655	750	890	915	940
Gesamtgewicht	kg	3500	5500	6750	7500	9750	11250	14500	18250	21500	27000	32500
ohne Schabotte	»	2250	3500	4250	4500	6000	6250	8500	10500	11700	15500	17250

Bei den Bogen- und Brückenmodellhämmern werden die Ständer teils in starkem Rippenguß, teils in Eisenkonstruktion (bei den Brückenhämmern jedoch nur in Eisenkonstruktion) ausgeführt, während die Zylinder teilweise zwischen die Ständer, teils oben auf die Enden der Ständer festgeschraubt sind. Zwischen den Ständern liegt zumeist die sehr lange Führung. Nur bei einigen Konstruktionen finden wir eine Abweichung, indem die Führung fallen gelassen und dafür eine starke Kolbenstange zur Anwendung gelangt ist. Diese Hämmer dienen hauptsächlich zu Kupferschmiedearbeiten. Die Hämmer mit gußeisernem Gestell werden mit folgenden Bärgewichten gebaut: 150, 250, 350, 500, 750, 1000, 1250, 1500, 2000, 2500, 3000, 4000, 5000, 6000, 7000, 8000, 10 000 und 12 000 kg. Die Hübe schwanken zwischen 430 mm und 2285 mm. Die Hämmer mit bogenförmigem Gestell in Eisenkonstruktion werden in Größen von 500 bis 12 000 kg Bärgewicht gebaut, die Brückenhämmer in Größen von 500 bis 2500 kg.

Abs. 231. **Dampfhämmer.** Bauart J. Banning, A.-G., Maschinenfabrik, Hamm in Westfalen. Diese Firma baut ein- und zweiständrige Hämmer, die einständrigen in der Größe von 50 bis 2500 kg und die zweiständrigen mit 200 bis 20 000 kg Fallgewicht.

Die Hämmer werden so gebaut, daß die Schabotte getrennt von dem Gestell auf ein besonderes Fundament gesetzt wird: sog. freistehende Hämmer. Die einständrigen von 50 bis 500 kg Fallgewicht werden jedoch, wenn ihre Inanspruchnahme nicht groß ist, auch mit der Schabotte, durch Schrauben und Schrumpfringe verbunden hergestellt: auf Schabotte montierte Hämmer. Das Schabottegewicht führt die Firma nach den Bestimmungen der Baubehörde bei der Konzessionierung des Hammers, meistens gleich dem 12- bis 15 fachen des Fallgewichts, aus.

Bezüglich der Steuerung der Banning-Hämmer unterscheidet man wiederum solche, bei denen der Bär die Steuerung selbst besorgt — Selbststeuerung — und die in der Größe von 25 bis 25 kg Fallgewicht ausgeführt werden, sowie solche, deren Steuerung nur von Hand aus betätigt wird, ausgeführt bis 20 000 kg Fallgewicht. Die Steuerung der Hämmer mit Selbststeuerung kann von Hand aus auf starke, schwache, schnelle und langsame Schläge auch während des Ganges des Bären eingestellt werden — vereinigte Hand- und Selbststeuerung —, ferner kann, jedoch gegen besondere Vereinbarung, noch eine Erweiterung der Steuerung geschaffen werden, indem durch einen besonderen Hebel Setzschläge gegeben werden — Einzelschlag. Statt der vereinigten Hand- und Selbststeuerung baut die Firma Hämmer bis zu 300 kg Fallgewicht auch mit vereinigter Fuß- und Selbststeuerung. Ferner fertigt sie kurzhübige Schnellhämmer — speziell für die Verarbeitung von Werkzeugstahl — mit direkter Innensteuerung des Bären.

Die Hammerbären von 25 bis 1500 kg werden normalerweise mit kräftiger Stange in einem Stück aus Gußstahl geschmiedet hergestellt, während die Bären von 1500 kg aufwärts aus Stahlguß oder Schmiedestahl mit einer eingesetzten leichteren Kolbenstange aus Spezialstahl ausgeführt sind.

Sämtliche Dampfhämmer sind zum Schutze der Zylinderdeckel mit Puffervorrichtung versehen. Die Bärführungen sind auswechselbar.

Die Einsätze der gewöhnlichen Reckhämmer sind aus Stahlguß mit gehärteten und geschliffenen Bahnen.

Ausgeführt werden die Dampfhämmer von dieser Firma:

1. Als einständriger, auf Schabotte montierter Dampfhammer mit vereinigter Hand- und Selbststeuerung, Fig. 283, in nachstehenden Größen:

Fallgewicht	Hub	Ausladung des Ständers	Gewicht des Hammers	Gewicht der Schabotte	Ungefähres Gewicht der Einsätze
kg	mm	mm	kg	kg	kg
50	200	260	600	1200	30
75	250	314	730	1680	40
100	320	385	1200	2200	50
150	340	390	1400	2600	90
200	400	390	1700	3000	100
250	470	420	1900	3750	130
300	550	425	2400	4500	150
300	620	590	2800	4500	150
400	630	430	3300	6000	200
500	800	505	4500	7500	250

2. Als Dampfhammer auf Schabotte mit vereinigter Fuß- und Selbststeuerung. Diese Hämmer werden in Größen von 50 bis 300 kg Bärgewicht auch mit vereinigter Fuß- und Selbststeuerung an Stelle der Hand- und Selbststeuerung ausgeführt. Fig. 284.

3. Als einständriger, freistehender Dampfhammer mit vereinigter Hand- und Selbststeuerung sowie Einzelschlagvorrichtung. Fig. 285.

4. Als Dampfschnellhammer. Der in Fig. 286 abgebildete Dampfschnellhammer unterscheidet sich von den bekannten Hämmern dadurch, daß er keine äußeren Steuerungsteile besitzt. Die Dampfzufuhr unter und über dem Bärkolben gibt der Bär sich selbst in dem

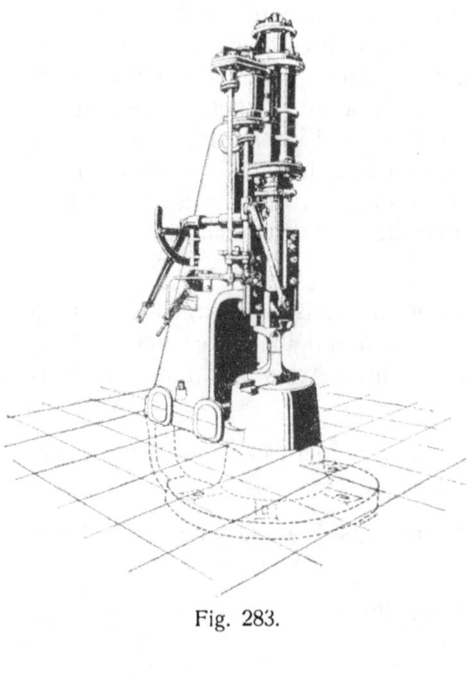

Fig. 283.

Fig. 284.

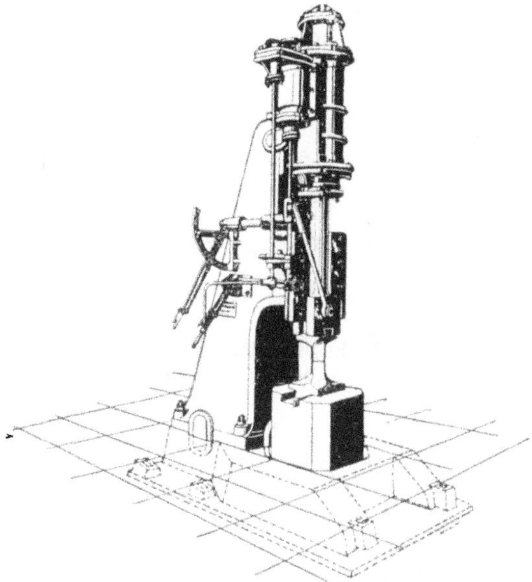

Fig. 285.

Tabelle der Normalmodelle.

Fallgewicht kg	Hub mm	Ausladung des Ständers mm	Gewicht des Hammers inkl. Sohlplatte ohne Schabotte kg	Ungefähres Gewicht der Einsätze kg
100	320	385	2200	50
150	340	400	2700	90
150	150	420	2800	90
200	400	400	3000	100
200	600	400	3100	100
250	475	420	3300	130
250	600	400	3360	130
250	600	590	4250	130
300	700	450	5100	150
400	700	480	6000	200
500	780	600	8150	250
600	780	600	8200	280
750	870	630	9750	300
750	870	1000	11500	300
1000	1000	850	14300	500
1250	1000	850	14700	600
1500	1000	1250	21500	750

Fig. 286.

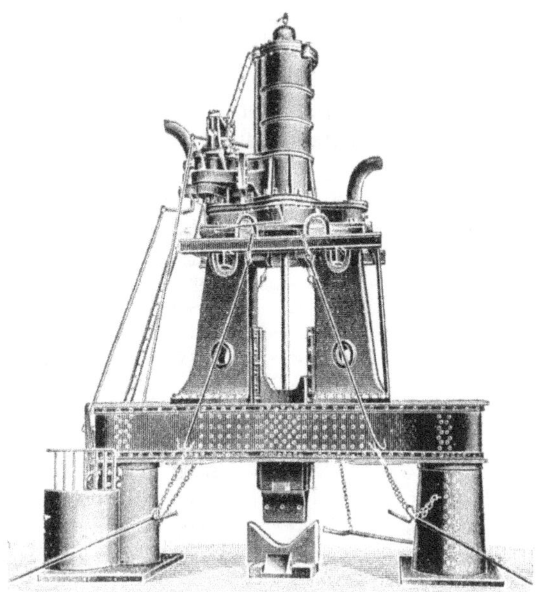

Fig. 287.

richtigen Maß und in der richtigen Zeit und Reihenfolge. Die Bewegung des Hammerbären wird durch Öffnen des Dampfabsperrschiebers eingeleitet. Bei geringer Dampfzufuhr in den Hammerzylinder spielt der Bär auf und ab, ohne den Untereinsatz zu berühren. Wird jedoch der Dampfabsperrschieber mehr geöffnet, so schlägt der Hammer, und zwar um so schneller und kräftiger, je mehr man den Schieber öffnet. Der Schlageffekt ist auch um so kräftiger, je härter das zu verarbeitende Material ist. Infolgedessen eignet sich dieser Hammer für die Bearbeitung von Werkzeugstahl usw. Die Schlagzahl ist bis 400 in der Minute. Dieser Hammer wird auch mit Fußsteuerung ausgeführt.

Tabelle der Normalmodelle.

Bärgewicht kg	Hub mm	Gewicht des Hammers
100	175	
200	225	—
300	275	

5. Als zweiständrige Dampfhämmer, in Hohlgußständerkonstruktion, mit Ventil-Handsteuerung mit und ohne Oberdampf arbeitend, von 1500 bis 15 000 kg Fallgewicht.

Tabelle der Normalmodelle.

Fallgewicht kg	Hub mm	Lichtmaß zwischen den Ständern mm
1500	1100	ca. 2500
2000	2000	» 3100
2500	1400	» 2100
3000	1500	» 3500
4000	1250	» 2550
6000	2000	» 4000
10000	2000	» 4100
15000	2400	» 5000

6. Als Dampfhämmer in schmiedeeiserner Brückenständerkonstruktion mit Ventil-Handsteuerung mit und ohne Oberdampf arbeitend, von 1500 bis 20000 kg Fallgewicht. Fig. 287.

Tabelle der Normalmodelle.

Fallgewicht kg	Hub mm	Lichtmaß zwischen Säulen mm
1500	1150	ca. 3000
2000	1250	» 3150
2500	1500	» 3150
3000	1600	» 3500
4000	1600	» 3500
5000	2000	» 3600
6000	2500	» 4000
7500	2500	» 4000
15000	2700	» 5600

Abs. 232. **Dampfhämmer.** Bauart G. Brinkmann & Co., G. m. b. H., Witten-Ruhr.

I. Einständerhämmer von 100 bis 600 bzw. 750 bis 1500 kg Fallgewicht. Fig. 288 und 289. Der Hammerständer, in Hohlgußkonstruktion ausgeführt, steht auf einer besonderen Fußplatte, während die Schabotte, von der Fußplatte umfaßt, auf einem eigenen gesonderten Fundamente aufgestellt wird. Der vordere, die Schabotte umfassende Teil der Fußplatte kommt der erheblichen Beanspruchung wegen und, um ein gleichmäßiges und dauerndes Festkeilen der Schabotte zu ermöglichen, in starkem, kastenförmigen Querschnitt mit glatter Innenwand zur Ausführung. Die Schraubenköpfe der vorderen Fundamentanker liegen unter Flur, bilden also kein Hindernis für die Schmiede.

Kolben, Kolbenstange und Bär sind aus einem Stück und gleich den auswechselbaren Führungsleisten aus geschmiedetem Stahl gefertigt.

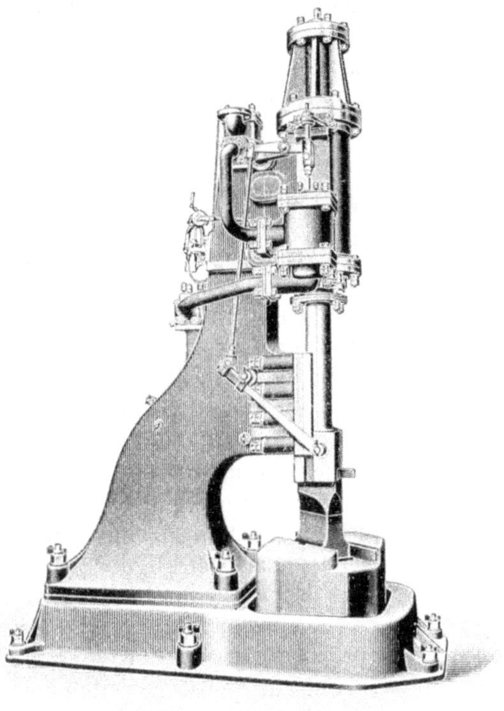

Fig. 288.

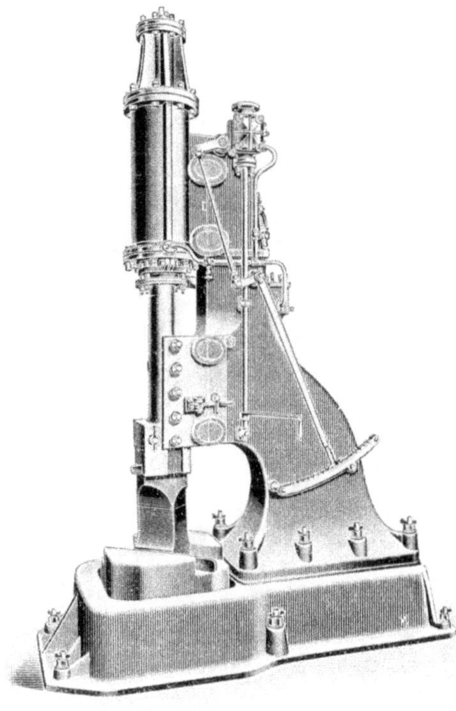

Fig. 289.

Bei Hämmern von 750 bis 1500 kg wird die Bärführung als besonderes Stück in Stahlformguß hergestellt und durch Schrumpfringe und Prisonkeil mit dem Ständer verbunden. Fig. 289.

Die Steuerung ist an den Breitseiten des Hammerständers angeordnet, damit die am Hammer beschäftigten Leute vor Verletzungen durch das schwingende Steuergestänge bewahrt werden.

Zur Vermeidung von Deckelbrüchen bei ungeschickter oder mißbräuchlicher Betätigung der Steuerung wird der Kolben bzw. Bär bei etwaigem Überschreiten der oberen Hubgrenze von einer starken Federprellvorrichtung abgefangen. Die Prellfeder dieser auf dem Dampfzylinder angeordneten Vorrichtung liegt nicht im Dampfraum des Zylinders, sondern außerhalb desselben in einem mittels Stopfbüchse abgetrennten starken Gehäuse und bedingt keine Vergrößerung der schädlichen Dampfräume.

Die Schmierung der vom Dampf berührten Teile erfolgt durch eine von der Selbststeuerung aus angetriebenen Schmierpresse.

II. Dampfhämmer zweiständriger Bauart. Fig. 290. Die Ständer dieser Hämmer sind in Hohlgußform ausgeführt, stehen auf breit ausgebauten Fußplatten, während die Schabotte, von den Fußplatten umfaßt, auf einem eigenen gesonderten Mauersockel aufgestellt wird. Die Verbindung der beiden Ständer erfolgt oben durch acht starke Schrumpfringe mit dem genau eingefügten Dampfzylinder, in der Mitte des Hammers durch zwei kräftige Verbindungsschienen und unten durch die Querverankerung der beiden Ständerfußplatten, auf denen die Ständer mit Schrauben, Schrumpfringen und gehobelten Keilen befestigt sind.

Die Steuerung ist an einer Breitseite des Ständers angeordnet. Der Kolbenschieber und die Kanalbüchse sind auswechselbar, so daß die Behebung von Dampflässigkeitsverlusten infolge Verschleißes der genannten Teile ohne Abbau des Dampfzylinders geschehen kann.

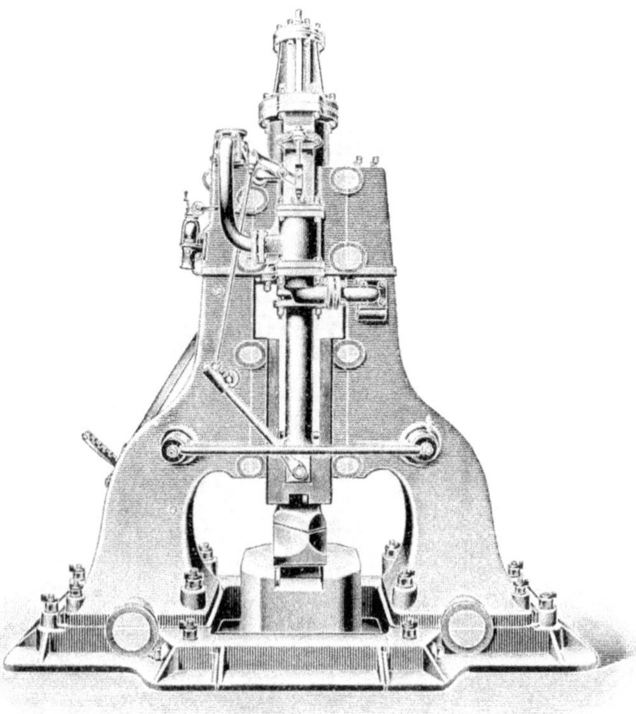

Fig. 290.

Kolben, Kolbenstange und Bär werden in einem Stück geschmiedet. In Fällen höchster Beanspruchung oder bei einer sehr groß verlangten Führungslichtweite wird jedoch getrennte Ausführung von Kolben, Kolbenstange und Bär angewandt. Die Bärführungen werden aus Gußeisen hergestellt und durch starke Schrumpfringe mit dem Ständer verbunden, in Fällen hoher Beanspruchung jedoch aus Stahlformguß oder geschmiedetem Stahl ausgeführt, wobei die Befestigung durch Stahlschrauben erfolgt.

Zur Vermeidung von Deckelbrüchen wird der Kolben bei etwaigem Überschreiten der oberen Hubgrenze ebenfalls von einer starken Feder-Prellvorrichtung abgefangen.

III. Dampfhämmer mit schmiedeeisernem Unterbau. Fig. 291. Der aus einer Brücke und zwei Säulen bestehende Unterbau ist in schwerer Blech- und Winkeleisenkonstruktion ausgebildet. Die beiden gußeisernen Führungsständer sind unverrückbar in der Brücke gelagert, werden unten durch zwei kräftige Schienen und oben durch das in Hohlgußform ausgeführte Kronstück in genauer und sicherer Weise miteinander verbunden. Mit Rücksicht auf die Beanspruchung erhalten die Ständer unten einen Querschnitt in geschlossener Kastenform und oberhalb der Brücke einen solchen in kräftiger, rippenförmiger Ausbildung.

Der Hammerbär wird in geschmiedetem Stahl und die mittelstarke Kolbenstange in Nickelstahl hergestellt. Die Befestigung des ebenfalls aus geschmiedetem Stahl bestehenden Kolbens an der Stange geschieht durch Schrumpfring und Büchse, die des Bären an dieser durch Kugelknauf, Kugelpfanne und starken Flachkeil unter besonderer Berücksichtigung leichter Lösbarkeit. In Fällen höchster Beanspruchung oder bei einer sehr groß verlangten Führungslichtweite erfolgt unter Umständen die Anwendung einer dicken Kolbenstange in Nickel- oder Spezialstahl und eine Bärbefestigung mittels eines Konusses.

Die in Stahlguß zur Ausführung gelangenden Bärführungen sind durch Stahlschrauben mit den Ständern verbunden und infolge ihres prismatischen Bäreingriffes nachstellbar.

Der Dampfzylinder mit den beiden angegossenen Schieberräumen weist nur horizontale Dichtungsflächen auf zwecks leichter Abdichtung.

Die Hämmer werden ausgerüstet mit einer neuen Hand-Kolbenschiebersteuerung. Die durch nachstehendes Schnittbild Fig. 292 verdeutlichte Steuerung ermöglicht eine

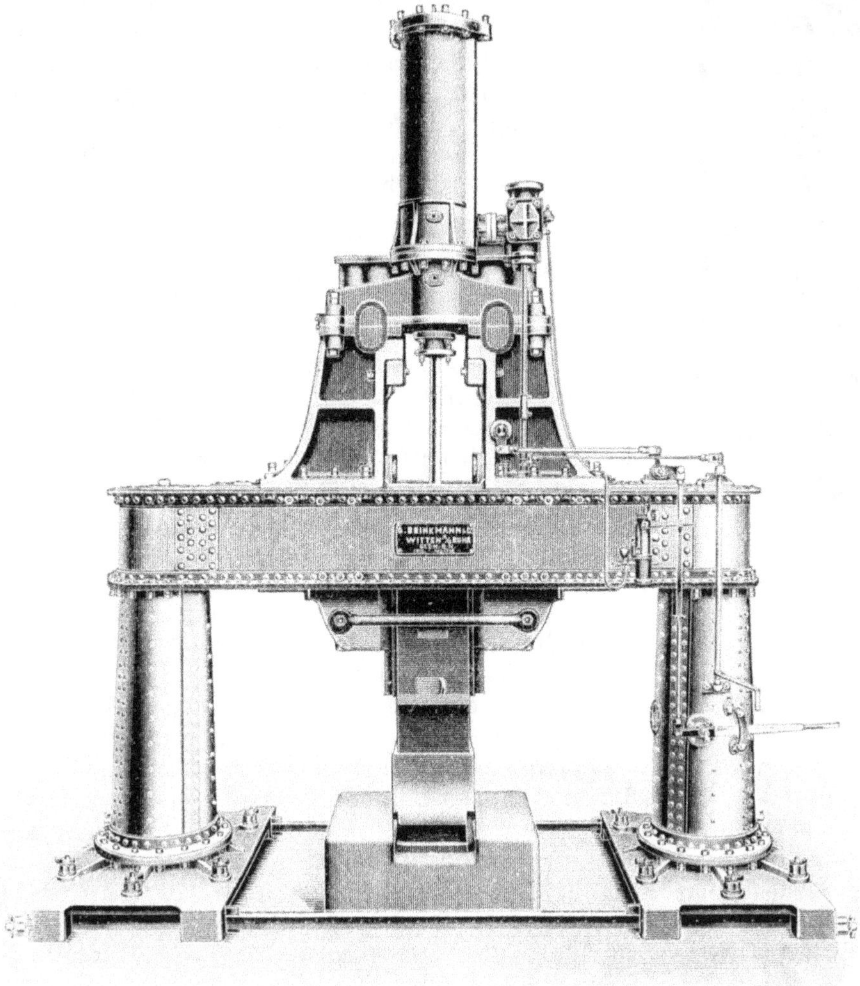

Fig. 291.

Dampfersparnis, erreicht durch Reduzierung des Volumens der schädlichen Kanalwechselräume ein geringes Maß infolge Verlegung der beiden Dampfverteilungsorgane unmittelbar an die Zylinderenden. Die Firma gibt an, daß bei dieser Steuerung das Volumen der schädlichen Kanalräume infolge der ganz kurz ausfallenden Dampfwege nur 15 bis 17% der Kolbenschiebersteuerung und nur 12 bis 13% der Ventilsteuerung beträgt.

Diese Steuerung gestattet ferner eine leichte Verstellbarkeit der Dampfverteilungsorgane und ihrer Wirkungen zueinander. Diese Verstellbarkeit macht es dem Hammerführer möglich, den erstrebten leichten, jedoch nicht ungestümen Bärgang bei jeder verlangten Oberdampfwirkung zu erreichen, und zwar durch Verändern zweier Stangenlängen mittels Verschraubung.

Die als entlastete Kolbenschieber ausgebildeten Dampfverteilungsorgane werden dampfdicht in ihre Büchsen eingeschliffen. Die letzteren sind auswechselbar.

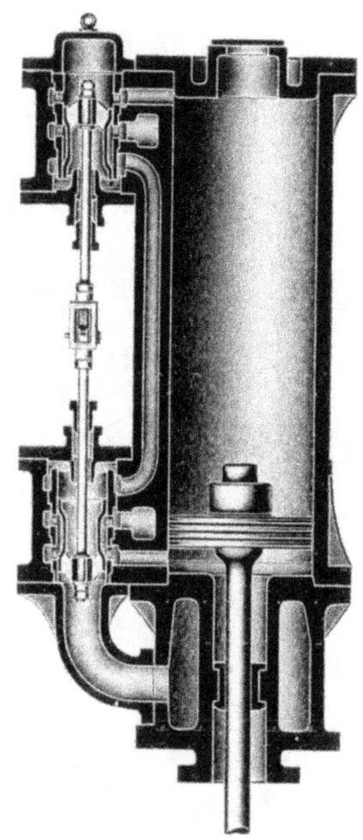

Fig. 292. Steuerung D. R. P. Nr. 189 122.

Die Bedienung der Steuerung kann nach Bedarf von Flur oder von einer Bühne aus erfolgen. Die Oberdampfwirkung ist durch Umlegen eines Riegels an- und abzustellen.

Die breit ausgebauten, unter Flur liegenden Fußplatten erhalten eine Querverbindung mittels zweier Vierkantanker.

Diese Brückenhämmer werden ausgeführt mit Fallgewichten von 1250 bis 10 000 kg.

Abs. 233. **Dampfhammer.** Bauart Eschweiler-Ratinger Maschinenbau-Aktiengesellschaft, Eschweiler-Aue. Die Fabrik baut Dampfhämmer von 100 bis 20 000 kg Fallgewicht. Die kleinen Hämmer bis 1000 kg Fallgewicht werden als einständrige Schnellhämmer mit selbsttätiger Steuerung ausgeführt, und zwar die Größen bis 500 kg Fallgewicht je nach Wunsch mit fester oder loser Schabotte, die Hämmer über 500 kg Fallgewicht nur mit loser Schabotte.

Bei diesen Hämmern, Fig. 293, ist der gußeiserne Hohlgußständer mit der Schabotte bzw. mit dem Untersatz durch Schrauben und Schrumpfringe recht solide verbunden, der Hammerbär ist mit dem Kolben und der Kolbenstange aus S. M.-Stahl in einem Stück geschmiedet. Die auswechselbaren Einsätze werden aus Stahlguß hergestellt und erhalten geschliffene Bahnen. Die Steuerung erfolgt durch einen entlasteten Kolbenschieber, dessen Bewegung vom Hammerbär mittels Gleitstückes bewirkt wird. Der Hub des Bären wird reguliert durch Drehen einer kleinen Kurbelwelle, an der das Gleitstück gelagert ist. Die Schlagstärke kann auf zwei Wegen vermehrt oder vermindert werden: einmal durch Verschieben des Gleitstückes (Hubveränderung) und zweitens durch Drosselung des eintretenden Dampfes vermittelst eines Flachschiebers. Bei den größeren Schnellhämmern ist die Steuerung auch zum Geben von Einzelschlägen eingerichtet, derart, daß mittels eines Handhebels der Schieber unabhängig von seiner automatischen Bewegung durch den Bär verschoben werden kann. Eine Prellvorrichtung mit sehr kräftiger Feder schützt den Zylinderdeckel gegen Beschädigung beim Arbeiten mit der Handsteuerung.

Die großen Hämmer über 1000 kg Fallgewicht werden meist mit schmiedeeisernem Untergestell gebaut, da sie solcher Art für allgemeine Schmiedezwecke einen recht großen Raum zwischen den Ständern gewähren, Fig. 294. Für Spezialzwecke, wie zum Schmieden in Hohlbahnen, zum Recken, Ausbreiten usw. werden jedoch auch Hämmer mit gußeisernen Doppelständern bis etwa 2500 kg Fallgewicht gebaut.

Die Säulen des schmiedeeisernen Untergestelles ruhen auf schweren gußeisernen Sohlplatten, welche durch schmiedeeiserne Ankerbolzen unverrückbar miteinander verbunden sind.

Die Hammerbrücke wird derartig bemessen, daß die eintretende Durchbiegung sehr klein ausfällt. Die gußeisernen Führungsständer werden in Rippenguß hergestellt; sie erhalten auswechselbare, sauber gehobelte Gleitbahnen aus Stahlguß, welche durch schließend eingepaßte Schraubenbolzen und eingesetzte Querkeile mit den

Führungsständern fest verbunden sind. Einem Verschieben der Führungsständer auf der Hammerbrücke ist durch auf diese aufgenietete Arretierwinkel, welche bei den größeren Hämmern aus Stahlguß hergestellt werden, vorgebeugt. Der Kopf der Füh-

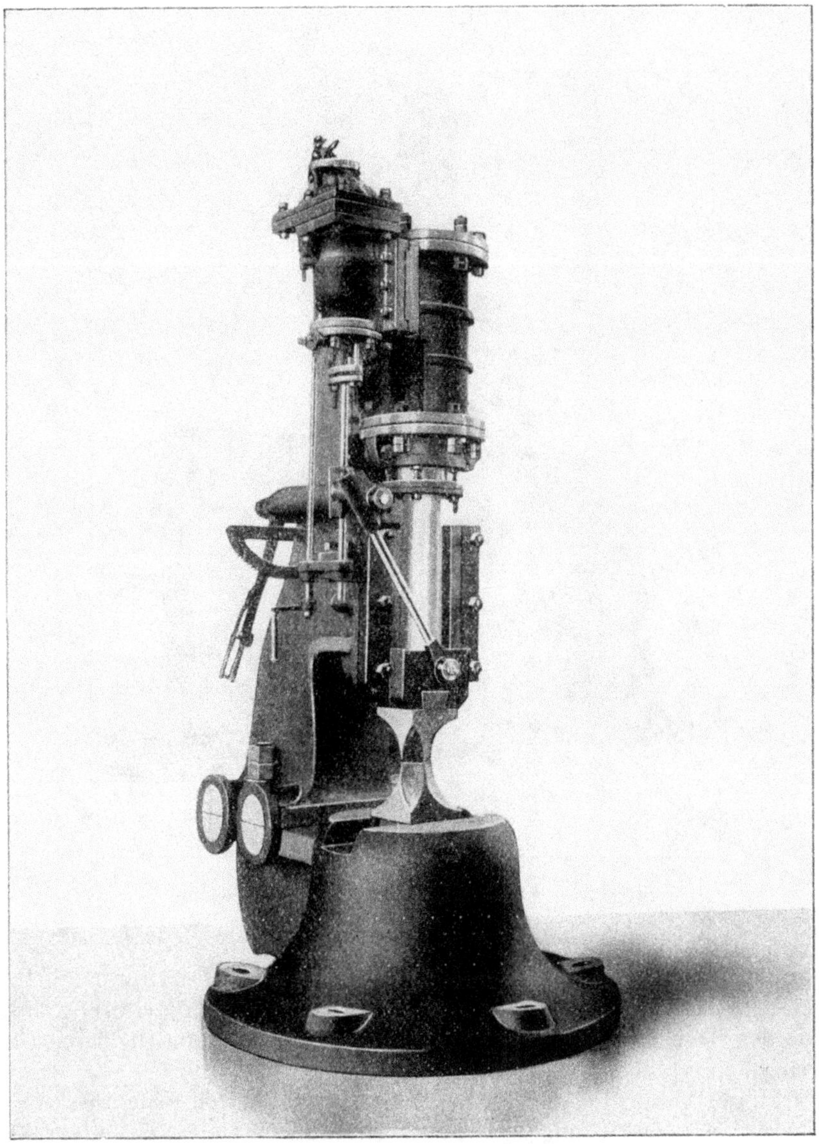

Fig. 293. Dampfschnellhammer von 2000 kg Fallgewicht.

rungsständer ist mit dem in Hohlguß hergestellten gußeisernen Zylinderuntersatz verfalzt und hierdurch sowie durch starke Schrumpfringe und Schrauben unverrückbar mit ihm verbunden.

Der Hammerbär, die Einsätze und der möglichst leicht gehaltene Dampfkolben bestehen aus Stahlguß. Der Dampfkolben ist mit der aus bestgeeignetem, haltbarem Stahl hergestellten Kolbenstange in recht solider Weise verbunden, und zwar durch eine hohe aufgeschnittene Stahlmutter mit übergezogenem Schrumpfring. Bei den kleineren Hämmern bis etwa 350 mm Zylinderbohrung wird auf Wunsch Kolbenstange und Kolben auch aus einem Stück geschmiedet hergestellt. Bei größeren Abmessungen und für Hämmer, welche starken Prellschlägen bei besonders hartem Material ausgesetzt sind, ist jedoch diese Ausführung nicht zu empfehlen, weil der Ersatz einer gebrochenen Stange sich zu teuer stellt.

Fig. 294. Hammer von 2500 kg Fallgewicht.

Die Verbindung der Kolbenstange mit dem Bären wird derart ausgeführt, daß eine gewisse Beweglichkeit zwischen beiden vorhanden ist. Das kugelförmig ausgebildete untere Ende der Kolbenstange ruht in geschmiedeten Stahlpfannen, deren obere zweiteilige durch einen Stahlring zusammengehalten wird.

Zwei kräftige, gegen Lösen gesicherte Stahlkeile halten einerseits die Pfannen gegen die Kugel der Kolbenstange und bewirken anderseits die Verbindung der ganzen Kolbenstangenlagerung mit dem Bären.

Der Durchmesser des Dampfzylinders ist so bemessen, daß einerseits ein schneller Gang des Hammers und eine verhältnismäßig gute Oberdampfwirkung gewährleistet, anderseits aber auch einer übertriebenen Expansion des Dampfes und einem zu hohen Dampfverbrauch vorgebeugt wird. Der Dampfzylinder besitzt eine große Wandstärke, sehr kräftige Kopf- und Fußflanschen sowie eine Anzahl horizontaler und vertikaler Verstärkungsrippen.

Die Steuerung wird bei allen von Hand gesteuerten Hämmern durch aus Phosphorbronze hergestellte Doppelglockenventile bewirkt. Von der Anwendung eines Kolbenschiebers als Steuerorgan wird auch bei den kleineren Hämmern von 1000 bis 3000 kg

Fallgewicht abgesehen. Entlastete Doppelsitzventile besitzen bekanntlich gegenüber Schiebern den Vorteil der leichteren Beweglichkeit.

Die Steuerungen werden auch für abstellbaren Oberdampf eingerichtet. Soll der Hammer ohne Oberdampf arbeiten, so wird durch ein Hilfsgestänge das Auslaßventil für Oberdampf konstant offen gehalten, während das Einlaßventil geschlossen bleibt.

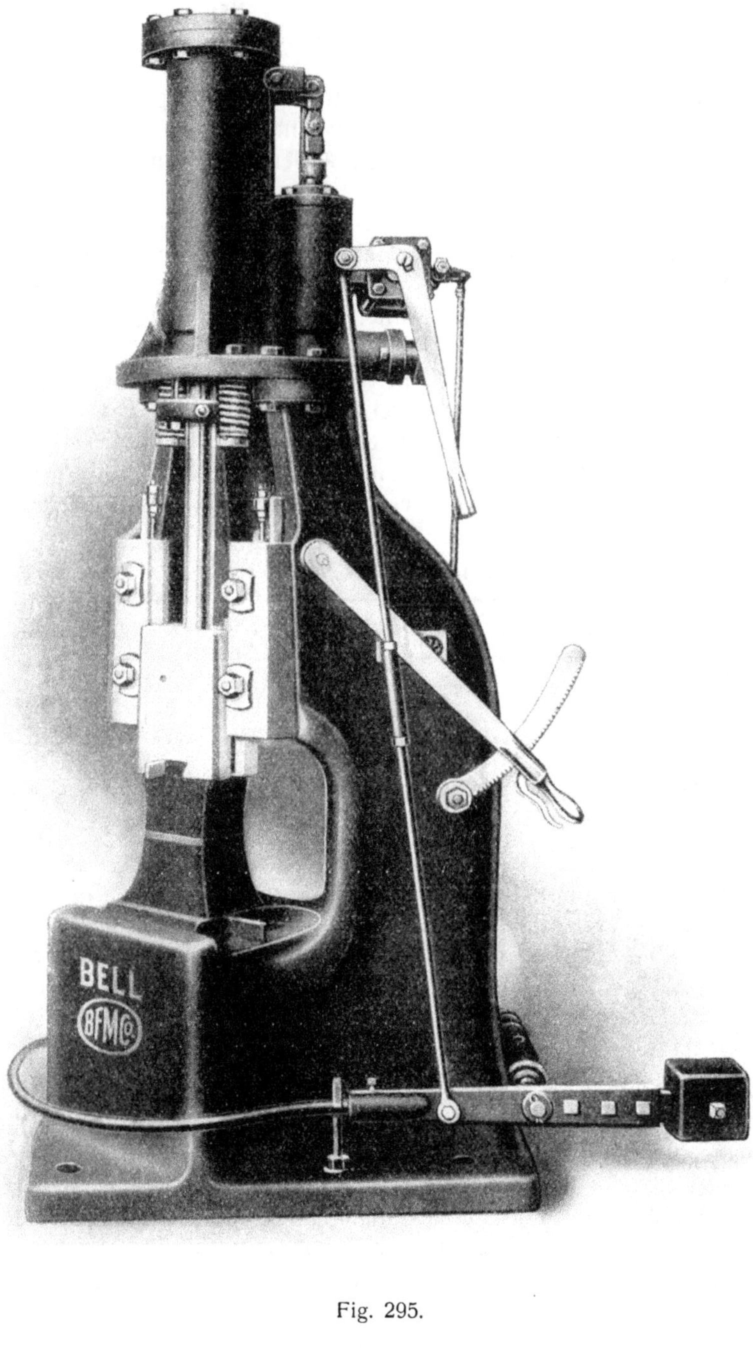

Fig. 295.

Abs. 234. **Dampfhämmer.** Bauart Buffalo Foundry and Machine Company, Buffalo. Fig. 295. Dieser einhüftige Hammer ist von den Dampfhämmern der einzige, bei dem der Ständer aus Siemens-Martin-Stahlguß gebaut ist. Wie die praktische Arbeit bewiesen hat, ist es vollkommen zweckmäßig, wenn man Stahl gebraucht zu dem Teil, in welchem das untere Gesenke eingekeilt ist, wenn dieser mit dem Hauptrahmen des Hammers in einem Stück hergestellt und letzteres mit U-förmigen, nachstellbaren Führungen für den Bär des Hammers versehen ist. Diese Konstruktion sichert gleichzeitig vollkommene Übereinstimmung der Gesenke zueinander, sobald ein einfacher oder wiederholter Schlag ausgeführt wird. Nach dem Konstrukteur Bell werden diese »Bell-Hämmer« genannt.

Diese Hämmer werden deshalb zum Gesenkeschmieden gebraucht. Die Hammerbahn bildet mit dem Säulenteil des Hammers einen Winkel, so daß beim Gebrauch von einfach geformten Gesenken auch lange Arbeitsstücke in Gesenken geschmiedet werden können.

Die Trittschemelanordnung reguliert die automatische Bewegung. Durch sie kann der Schmied, ohne die Dienste eines Helfers jedwede Arbeit verrichten, da der Hammer mit Selbststeuerung arbeitet. Es ist möglich, durch ganz geringe Bewegung auf dem Trittbrett die feinsten Verschiedenheiten an Kraft und Geschwindigkeit hervorzubringen, oder, falls dies nicht gewünscht wird, kann die automatische Regulierung leicht ausgeschaltet und der Hammer mittels Hand durch Manipulation der Hebel des Haupt- und Drosselventils bedient werden.

Dieser Hammer hat ein ausbalanciertes Kolbenventil, das vertikal in Buchsen läuft, und mit dem fallenden Teile des Hammers sind keine anderen Verbindungen vorhanden als durch gleitenden Kontakt des sichelförmigen Hebelarms gegen die Rückseite des Hammerbären.

Gebaut werden diese Hämmer in Größen von:

Bärgewicht	kg	45,3	91	136	182	272
Zylinderdurchmesser	mm	100	120	133	152	177
Hub	»	330	355	406	507	558
Gewicht	kg	1000	1560	2450	3000	3620

Abs. 235. **Dampfhämmer.** Bauart J o h. K l e i n e w e f e r s S ö h n e in Krefeld. Die vorstehend genannte Firma stellt her:

1. Einständrige, direkt auf der Schabotte montierte Dampfhämmer.
2. Einständrige Dampfhämmer mit einer auf besonderem Fundament stehenden Schabotte. Fig. 296 und 297.
3. Doppelständerhämmer oder Gerüsthämmer mit auf besonderem Fundament stehender Schabotte; und zwar in der Regel mit vereinigter Hand- und Selbststeuerung sowie auch mit besonderer Einzelschlagvorrichtung für Gesenkschläge. Fig. 298 und 299.

Die Steuerung dieser Hämmer ist eine vereinigte Hand- und Selbststeuerung mit Ober- und Unterdampfwirkung. Das Steuerungsorgan ist ein vollständig entlasteter und ausbalancierter Kolbenschieber, der durch eine am Bär drehbar befestigte Steuerstange und eine im Ständer exzentrisch gelagerte Schwinge betätigt wird.

Hubhöhe, Schlagstärke und Schlagzahl können mittels eines die Höhenlage der Schwinge betätigenden und eines zweiten, auf den Dampfregulierschieber einwirkenden Hebels während des Ganges beliebig geändert werden, wie es auch möglich ist, den Bären während des Ganges plötzlich in Höhenlage festzuhalten oder unter Oberdampfdruck auf dem Schmiedestück ruhen zu lassen. Die Steuerung erlaubt es ferner, den Hammer in jeder Höhenlage spielen zu lassen, um hohe Stücke zu stauchen oder zu drücken.

Selbstgang und Handsteuerung sind ohne Anwendung eines besonderen Einzelschlaghebels zu wechseln, so daß es möglich ist, während des Ganges unmittelbar aus dem Selbstgang zur Handsteuerung überzugehen und Setz- und Einzelschläge zu geben. Die Steuerung arbeitet ohne Schlag und Stoß. Ihre Betätigung ist einfach und erfordert keinen nennenswerten Kraftaufwand.

Der Kolbenschieber ist in einer auswechselbaren Büchse aus Gußeisen eingeschliffen. Die Steuerstange ist der Länge nach durchbohrt, um so Gewicht und dadurch die Bruchgefahr zu vermindern. Sie schwingt um einen in den Bärklotz konisch eingesetzten Bolzen aus Nickelstahl und ist zwischen Bär und Ständer gelagert, so daß die Bedienungsmannschaft in keiner Weise durch hin- und herschwingende Teile belästigt oder gefährdet wird. Die Handhebel zur Betätigung der Steuerung befinden sich an der Breitseite des Hammers, so daß der Hammerführer einerseits den Schmiedevorgang beobachten kann, anderseits durch das Schmiedestück selbst, oder beim Abschroten durch etwa abfliegende Teile nicht belästigt wird.

Fig. 296. Einständriger Dampfhammer, 500 kg Fallgewicht mit vereinigter Hand- und Selbststeuerung und besond. Einzelschlagvorrichtung für Gesenkschläge.

Fig. 297. Einständriger Dampfhammer, 1300 kg Fallgewicht mit einfacher Handsteuerung.

Der Hammerständer ist in Hohlguß besonders kräftig ausgeführt und auf einer besonderen Sohlplatte durch Schrauben und schmiedeeiserne Schrumpfbänder befestigt. Die Sohlplatte umgreift die Schabotte allseitig in gleicher Höhe und mit glatter Innenwand, so daß ein gleichmäßiges und dauerndes Festkeilen derselben ermöglicht wird.

Die Schabotte ist auf einem besonderen, mit dem übrigen Hammerfundament in keinem Zusammenhang stehenden Fundament montiert, um die direkte Übertragung der Erschütterungen auf den Hammer zu vermeiden.

Kolben, Kolbenstange und Bärklotz sind zusammen aus einem Stück besten Siemens-Martin-Stahls geschmiedet; der Kolben ist mit stählernen Dichtungsringen versehen.

Die Bärführung wird bei den größeren Typen als besonderes Stück aus Stahlformguß hergestellt. Sie ist mit dem Ständer durch schwere, schmiedeeiserne Schrumpfringe verbunden und in horizontaler und vertikaler Richtung durch in das Stahlformgußstück eingreifende Vorsprünge des Ständers gesichert. Die eigentlichen Führungsleisten sind in das Stahlformgußstück vertieft eingelassen, so daß die Führungsschrauben gegen Seitenschläge entlastet sind. Die Leisten haben trapezförmige Form und können nachgestellt werden.

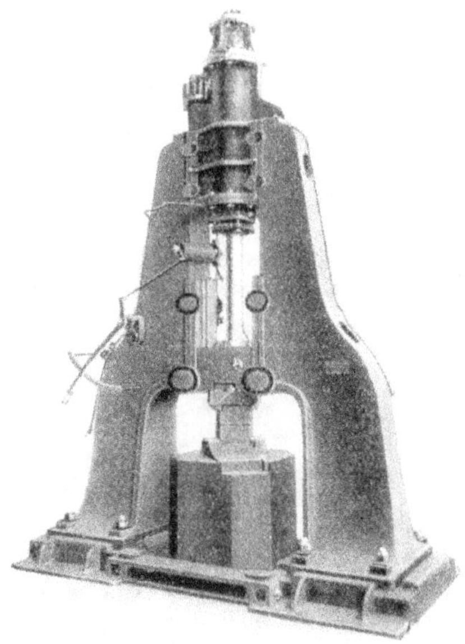

Fig. 298. Doppelständerhammer, 1000 kg Fallgewicht mit vereinigter Hand- und Selbststeuerung.

Der Zylinder ist mit dem Ständer durch schwere Schrauben und Schrumpfringe verbunden. Steuergehäuse und Zylinder sind in einem Stück gegossen. Dadurch entstehen kürzere, verlorene Dampfräume.

Um durch die Überschreitung der oberen Hubgrenze infolge ungeschickter Betätigung der Steuerung einen Bruch der Zylinderdeckel zu vermeiden, ist der Zylinder mit einer Federprellhaube versehen. Die Feder befindet sich bei dieser außerhalb des Dampfraumes.

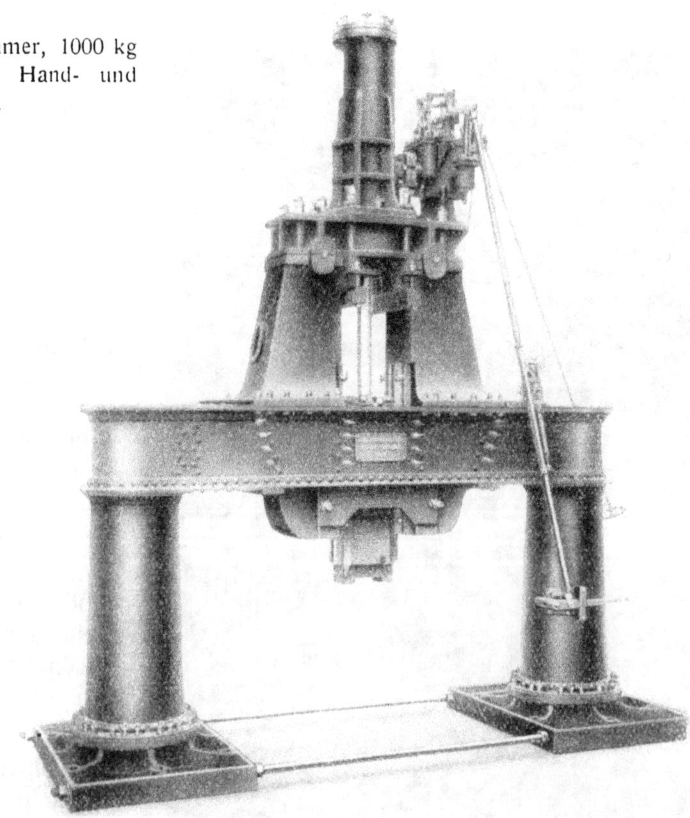

Fig. 299. Doppelständerhammer mit vereinigter Hand- und Selbststeuerung, 1500 kg Fallgewicht.

A r b e i t s v o r g a n g. Die Steuerwelle ist an ihrem Ende mit einem Kurbelzapfen versehen, um den die Schwinge schwingt. Auf einen in den Bärklotz eingesetzten Zapfen ist die Steuerstange drehbar gelagert. Beim Hin- und Hergang des Bären bewegt sie sich in der Schwinge hin und her, so daß diese um den Kurbelzapfen schwingt und dabei mittels des Daumens und der Schieberstange den Steuerschieber hin und her bewegt, so daß er einmal den Dampf unter, einmal über dem Bärkolben eintreten läßt.

Mit Hilfe des Handhebels ist es nun möglich, den Drehpunkt hoch und niedrig zu stellen, wodurch bewirkt wird, daß der Eintrittskanal für den Oberdampf längere oder kürzere Zeit offen bleibt, so daß man den Hammerhub willkürlich verändern kann.

Durch Regulierung der Dampfzufuhr mittels des Dampfregulierhebels hat man es in der Hand, die Schlagstärke zu regulieren, den Hammer durch Entgegenführen von Frischdampf an einer beliebigen Stelle während des Hubes anzuhalten oder spielen zu lassen, während das Arbeitsstück gewendet oder auf den Amboß gelegt wird.

Dampfhämmer, einständrig, auf Fundamentplatte montiert, mit losen Schabotten.

Fallgewicht . . ca. kg	100	120	150	200	250	300	350	400	500	600	750
Hammerhub . . mm	350	350	350	450	600	600	700	700	780	780	875
Ausladung d. Ständers	400	400	400	400	400	400	450	450	600	600	650
Anzahl der Schläge .	400 bis 150 Min.								150 bis 100		
Fallgewicht . . ca. kg	800	1000	1250	750	800	1000	1250	800	1000	1250	1500
Hammerhub . . mm	875	875	875	875	875	875	875	1000	1000	1000	1000
Ausladung d. Ständers	650	850	850	1000	1000	1000	1000	850	850	850	100
Anzahl der Schläge .	150 bis 100 Min.										

Dampfhämmer, einständrig, auf Schabotte montiert, mit festen Schabotten.

Fallgewicht . . ca. kg	75	100	120	150	200	250	300	400	500	500	600
Hammerhub . . mm	260	260	350	350	350	450	450	600	700	780	780
Ausladung d. Ständers	320	320	400	400	400	400	400	400	450	600	600
Anzahl der Schläge .	450 bis 175 Min.										

Die Hämmer der Gruppe III (Fig. 299), die sogenannten Gerüsthammer werden mit einem Fallgewicht von 1500 bis 25000 kg gebaut; sie erhalten in der Regel eine von Hand betätigte Ventil- oder Kolbensteuerung. Das ist namentlich beim Schmieden schwerer Maschinenteile, bei denen ein kontinuierliches Schlagen wie beim Selbstgang nur sehr selten erforderlich ist, von Vorteil. Während bei der Kolbensteuernug die Hämmer stets mit Oberdampf arbeiten, kann bei dieser Ventilsteuerung der Oberdampf abgestellt werden. Die Hämmer arbeiten dann als reine Fallhämmer, was z. B. beim Lupenschmieden notwendig ist. Die Hämmer mit schmiedeeisernem Unterbau und auf besonderem Fundament stehender Schabotte werden nur mit von Hand betätigter Ventilsteuerung geliefert, welche so eingerichtet sind, daß sie sowohl mit Oberdampf als auch ohne diesen arbeiten können.

Abs. 236. **Dampfhammer mit Hand- und Selbststeuerung.** Bauart Breuer, Schumacher & Co., Kalk.

Zweck: Der Dampfhammer gemäß nebenstehender Abbildung Fig. 300 nach einer Ausführung der Firma Breuer-Schumacher, Kalk, ist außer der üblichen Hand- mit Selbststeuerung versehen. Der Hammer eignet sich sowohl zur allgemeinen Schmiedearbeit als auch, ausgerüstet mit Bärhochhalter- und Einzelschlagvorrichtung, für gewisse Gesenkschmiedearbeiten.

Konstruktion: Das Gerüst des Dampfhammers besteht aus zwei in die Fundamentplatte eingepaßten, kräftigen Rippengußständern, die oben durch die Sohlplatte des Zylinders unter sich und mit diesem zusammengehalten sind und deren Ausladung so gewählt ist, daß Stücke beliebiger Länge geschmiedet werden können. Zu diesem Zweck steht auch noch der Hammereinsatz unter 45° gegen die Führung. Der

Fig. 300.

Amboß ist vollständig vom Hammer getrennt, indem er die Fundamentplatte durchdringt und auf einem eigenen Holzfundament aufruht. Bei diesem Hammer ist besonders darauf gesehen worden, daß der Bär während seines Hubes dauernd so geführt bleibt, daß ein übermäßiger Verschleiß der Zylinderstopfbüchse sowie des Zylinders selbst beim Schmieden von Stücken, die der Bär einseitig treffen soll, vermieden wird.

Kolben, Kolbenstangen und Bär sind aus einem Stück Stahl geschmiedet. Gesteuert wird das Heben und Fallen des Bärs in der Weise, daß dieser mit teilweiser Zylinderfüllung hochgehoben und entweder mit Volldruck oder mit Expansion fallen gelassen wird. Die Steuerung ist so eingerichtet, daß die Schlagstärke während des Gangs beliebig verändert werden kann.

Die Hämmer werden mit einem Minimalbärgewicht von 75 kg ausgeführt. Bei einem Bärgewicht von 150 kg an aufwärts sind die Hämmer mit einer Prellvorrichtung versehen, die in einem auf dem Zylinder angebrachten Haubenaufsatz besteht. Die in dem letzteren eingeschlossene Pufferfeder nimmt den Stoß des Hammerkolbens auf, wodurch die Gefahr eines Zylinderdeckelbruches oder Zylinderbruches tunlichst vermieden ist.

Die Schmierung des Hammers erfolgt durch einen selbsttätig von der Schieberstange betätigten Schmierapparat, der das Öl zunächst zum Einlaßschieber drückt und von hier aus die sämtlichen in Betracht kommenden Teile schmiert.

Der Hammerbär läßt sich ohne Ausbauen des Zylinders in einfacher Weise ein- und ausbringen.

Arbeitsweise: Mit dem Hammer lassen sich in gewöhnlicher Weise durch Handsteuer Einzelschläge geben. Die Selbststeuerung des Hammers erfolgt durch den mechanisch betätigten Steuermechanismus.

Für Gesenkschmiedearbeiten empfiehlt sich eine besondere Bärhochhalte- und Einzelschlagvorrichtung, die durch einen dritten, besonderen Handhebel betätigt wird. Hiermit läßt sich ein exakter, leichter und auch stärkster Einzelschlag geben. Beim Anheben des Einzelschlaghebels geht der Bär in seine höchste Lage und verharrt in dieser, was bei den verschiedensten Gesenkschmiedearbeiten von großem Vorteil ist. Durch Herunterdrücken des Hebels in die tiefste Lage ist die Einzelschlagvorrichtung ganz ausgeschaltet, und die Selbststeuerung tritt wieder in Tätigkeit.

Abs. 237. **Kombinierte Patent-Reck- und Gesenke-Dampfhämmer.** Bauart Nicholson Tool & Co., Werkzeugmaschinenfabrik, Newcastle on Tyne.

Zweck: Dieser kombinierte Reck- und Gesenke-Dampfhammer soll eine Arbeiter ersparende Werkzeugmaschine sein, um die Herstellungskosten von Bolzen und Muttern aller Größen von 1 bis 3 Zoll Durchmesser zu verringern; ferner dient sie zum Schmieden und Schweißen von Füßen an die Streben der Schiffshandstangen und Arbeiten ähnlicher Art, außerdem läßt sich mit ihr jede gewöhnliche Schmiedearbeit innerhalb seiner Leistungsfähigkeit herstellen.

Konstruktion: Die Schabotte ist ein besonderer Gußteil, der auf einem Fundament unterhalb des Bodenniveaus ruht und ganz unabhängig von dem Ständer mit Fußplatten des Hammers ist. Für die Herstellung von Bolzen werden besondere Bahnen benutzt, die oben am Amboßblock befestigt sind. In diesem Gesenk wird der Bolzenkopf zum Sechseck oder irgendeinem anders geformten Kopf durch das Obergesenk geschlagen, je nach der eingesetzten Bahn. Der Anschlag unten wird in eine Stellung, entsprechend der Bolzenlänge oder Strebe, die hergestellt werden soll, gebracht.

Ein besonderes Merkmal an diesem Hammer ist die Verwendung eines gespaltenen Ambosses, der Arbeiten zuläßt bis zu 1091 mm, wie z. B. Schiffsstreben. Die letzteren werden senkrecht unter den Hammerbär gebracht und entweder aus dem Stück geschmiedet, oder es kann der Fuß angeschweißt werden. Durch Öffnen des gespaltenen

Ambosses wird ein schnelles Herausnehmen desselben ermöglicht. Mit dem Hammer können Muttern rasch mit runden Löchern vollständig zentrisch und parallel zu den Außenflächen geschmiedet werden, indem man besondere zu diesem Zwecke vorgesehene Gesenke benutzt.

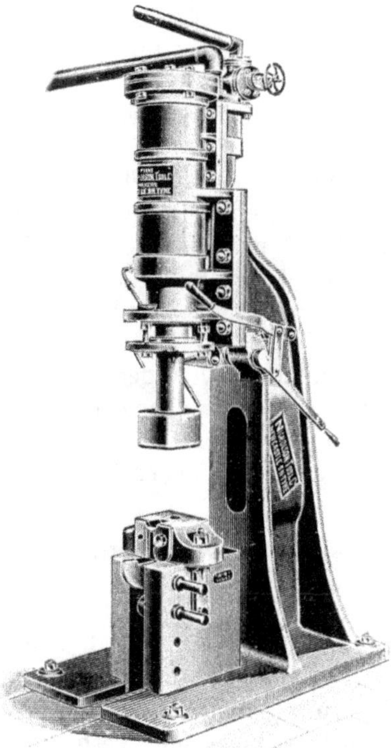

Fig. 301.

Die Kolben und Kolbenstangen sind aus einem Stück Schmiedestahl geschmiedet, die Hammerbahnen und der Bär sind aus demselben Material hergestellt. Die Dampfsteuerung ist als Kolbenschieber ausgebildet und die äußere Steuerung so angeordnet, daß sie von vorn vom Schmied und hinten von einem Jungen bedient werden kann.

Dieser Hammer ist imstande, 26 sechseckige Bolzenköpfe von $1\frac{1}{2}$ Zoll Durchmesser, oder 38 Halbrundkopfbolzen in einer Stunde, bedient von einem Lehrling, herzustellen.

Abs. 238. **Die Verbundhämmer.** Diese Gattung von Hämmern werde ich im II. Hauptteil beschreiben, da ihre Verwendung als Preßlufthämmer mir wichtiger erscheint denn die als Dampfhämmer. Während man nämlich in der Lage ist, die Preßluft mit den einfachsten Mitteln wieder zu erwärmen, bevor sie in die zweite Expansionsstufe gelangt, ist dies bei Dampf nur schwer möglich, da eine höhere Temperatur erforderlich ist. Es entstehen aber ohne Zwischenerwärmung bei Dampf verhältnismäßig große Kondensationen, und deshalb haben alle Firmen den Bau von Dampf-Verbundhämmern wieder aufgegeben.

Abs. 239. **Anlage der Rohrleitungen bei Dampfhämmern.** Als allgemeine Regeln für die Frisch- und Abdampfrohre von Dampfhämmern möge folgendes gelten:

1. Die Rohre sollen in der Richtung des strömenden Dampfes Gefälle haben.
2. Am Ende der Hauptdampfleitung ist ein Wassersack mit selbsttätigem Kondenswasserabscheider sowie Kondenstopfapparat anzubringen.
3. Alle Zuleitungen an den Dampfhämmern müssen durch aufrechtstehende T-Stücke von der Hauptleitung abgezweigt werden, so daß das Kondenswasser ungehindert bis zum Ende fließen kann.
4. Es ist empfehlenswert, entweder 1 bis 2 m von der ersten Abzweigung einen selbsttätigen Schmierapparat an der Hauptleitung anzuschließen oder an jedem Hammer für sich.
5. Scharfe Ecken in den Rohrleitungen sind zu vermeiden.
6. Mit Rücksicht auf etwaige Reparaturen ist eine Flanschverbindung sowohl in die Frischdampfzweigleitung als auch in den Auspuff nahe dem Hammer anzubringen und ein Absperrventil auf das T-Stück der Hauptleitung zu setzen.
7. Die Leitungen sollen sich frei dehnen können.
8. In Hinsicht auf Erschütterungen sind Zuströmungs- und Auspuffleitung federnd aufzuhängen.

η) Saugluftthämmer mit angebauter Luftpumpe.

Abs. 240. **Allgemeines über die Saugluftthämmer.** Diese Gattung von Hämmern gehört, wie die der Dampfhämmer, zu den Zylinderhämmern. Sie üben, wie alle Hämmer, meist Prellschläge aus; einige besitzen jedoch gleich den Dampfhämmern eine derartige Regulierfähigkeit, daß sie auch klebende Schläge, d. h. Preßschläge abgeben können. Wegen dieser Eigenschaft ist auch dieser Hammer als Universalhammer zu bezeichnen. Sofern sie von einer durchlaufenden Transmissionswelle ihren Antrieb mittels Riemens erhalten, ist ihre Schlagzahl eine gleichbleibende. Es ist daher ratsam, um langsame, klebende Schläge geben zu können, sie mittels regulierbaren Elektromotors anzutreiben. Dieser muß jedoch derartig beschaffen sein, daß bei der Regulierung der Tourenzahl keine Verluste durch Einschaltung von Widerständen entstehen; dies ist möglich bei Anwendung von Gleichstrommotoren, schwierig bei Anwendung von Drehstrommotoren.

Ihrer konstruktiven Ausbildung nach haben diese Hämmer als gemeinsame Merkmale die mit dem Ständer zusammengebaute Luftpumpe. Die in den nachstehenden Abschnitten beschriebenen Hämmer nutzen sowohl das erzeugte Vakuum der Pumpe als auch die erzeugte Druckluft aus. Das Anheben des Bärs erfolgt bei allen diesen Hämmern hauptsächlich durch Saugluft; nur selten wird dieses Anheben durch die erzeugte Druckluft unterstützt. Ich habe daher auch einen Unterschied gemacht zwischen diesen Hämmern und jenen, bei denen das Anheben und das Hinunterwerfen des Bären hauptsächlich durch Druckluft erfolgt, wenngleich auch bei teilweise diesen Hämmern das Vakuum der angebauten Luftpumpe mitwirkt. Sie sind im II. Hauptteil beschrieben.

In der Art der Anbringung der Luftpumpe unterscheidet man zwei Arten bei diesen Hämmern, und zwar erstens diejenigen, bei denen der Hammerzylinder und der Luftpumpenzylinder gemeinschaftlich ist, und zweitens diejenigen, bei denen beide Zylinder getrennt sind. Der Wirkungsgrad dieser Hämmer schwankt zwischen 50 und 80%, er ist größer bei höherliegender Tourenzahl.

Gebaut werden diese Hämmer zumeist bis 400 kg, in einem Falle bis 1000 kg. Lit.-Nachw. Nr. 240.

Abs. 241. **Luftdruckhämmer Serie B.** Bauart Aerzener Maschinenfabrik, G. m. b. H., Aerzen-Hameln. Das Gestell des Hammers Fig. 302 zeigt eine besonders breite Fußfläche zwecks sicheren und ruhigen Standes. Die Bärkolben und Arbeitskolben haben einen gemeinschaftlichen Zylinder. Derselbe ist oben offen und unten mit einem aufgeschliffenen Deckel und einer Stopfbüchse abgedichtet. Der Bär, aus einem Stück Stahl geschmiedet, hat doppelte, sicher und präzise nachstellbare Führung mit großer Gleitfläche. Deshalb haben die unvermeidlichen Prellschläge auf den Bärkolben im Luftzylinder keinen schädlichen Einfluß, und der Luftzylinder bleibt dicht; auch verschwindet der Bär nicht im Führungszylinder, sondern bleibt selbst bei höchstem Hube sichtbar, so daß dessen Bewegungen vom Schmied stets verfolgt werden können; er hat großen Hub, daher kräftigen Schlag, und kann, auf einem Luftkissen schwebend, plötzlich hochgehalten werden.

In den unteren Zylinderdeckel ist ein Rückschlagventil eingebaut. An der rechten Außenseite des Luftzylinders ist ein zweifacher Lufthahn angebracht, dessen Gehäuse mit dem Hohlraum des Hammerständers als Auspuffraum in Verbindung steht. Beide Hähne sind fest miteinander verbunden und werden gemeinsam mittels eines Handhebels gesteuert.

Der Drehschieber e, Fig. 303, welcher mittels einer Welle w und der Kegelräder r und r_1 von der Hammerkurbelwelle aus bewegt wird, hat eine schlitzförmige Öffnung a, welche bei einer bestimmten Kurbelstellung, beim Niedergange des Arbeitskolbens *m* bzw. Bären *n*, mit der Öffnung *k* des Zylinders *g* und somit auch mit dem Raume *p* zwischen den beiden Kolben *m* und *n* korrespondiert.

Bei dieser Stellung des Drehschiebers *e* kann durch ein Ventil *v* Luft in den Raum *p* eintreten, um eine Vakuumwirkung auf den Bärkolben *n* während des Schlages zu verhindern und somit einer Verminderung der Schlagstärke vorzubeugen.

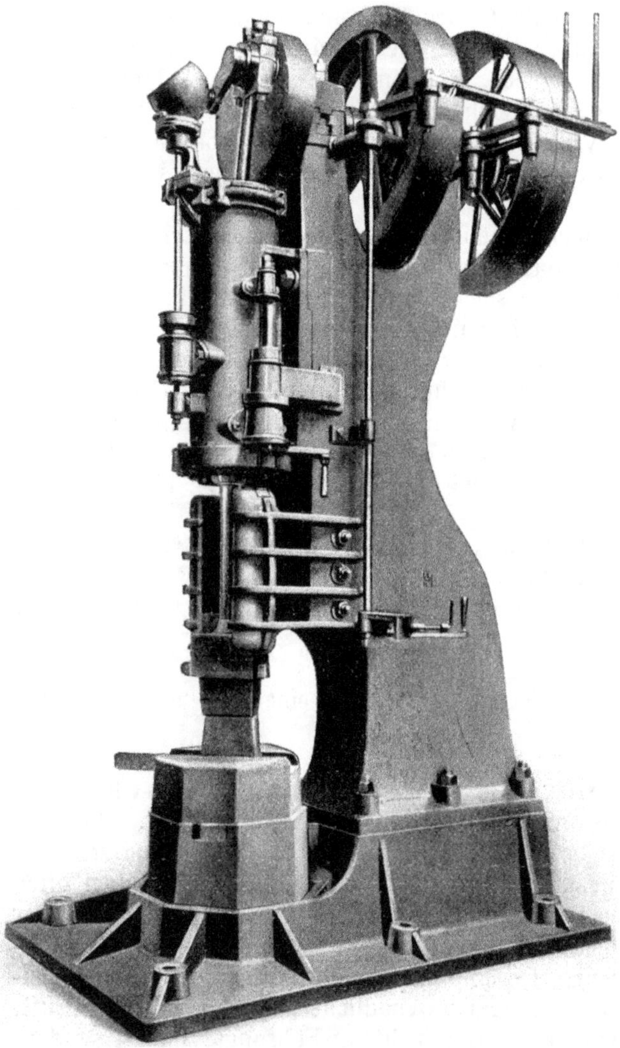

Fig. 302.

Während des Aufganges des Arbeitskolbens *m* schließt der Drehschieber *e* den Luftzutritt nach dem Raume *p* ab, damit in ihm eine Luftverdünnung eintreten kann, wodurch der Bär hochgeschleudert wird.

Außer dem Vorteil der Vermeidung einer Vakuumbildung über dem Bären bzw. Bärkolben während der Schlagperiode bzw. Verminderung der Schlagkraft wird durch die beschriebene Luftsteuerung eine präzise Bärsteuerung und vermittels des Luftsteuerhahnes jede gewünschte Schlagstärke erreicht.

Der Drehschieber *e*, welcher eine geringe Konizität besitzt und dicht im Gehäuse eingepaßt ist, muß leicht in ihm laufen. Um dieses sicher zu erreichen und ein Senken des Drehschiebers *e* zu vermeiden, läuft die stehende Welle *w* in einem genau einstellbaren Spurlager.

Die Schmierung des Drehschiebers erfolgt vermittels eines verstellbaren Tropfölers in einer Ölvase.

Bei der Aufwärtsbewegung des Saug- bzw. Arbeitskolbens entsteht unter ihm eine Luftverdünnung, so daß infolge des äußeren Luftdruckes der Bärkolben bzw. der Hammerbär energisch angehoben und durch den Rückgang des Arbeitskolbens mit großer Wucht herabgeschleudert und somit der Schlag ausgeübt wird. Dieser ist kräftig und elastisch infolge der bedeutenden Luftpressung, welche zwischen Arbeitskolben und Bärkolben in der oberen Stellung entsteht, wo sich die beiden Kolben in ihren entgegengesetzten Bewegungen treffen.

Das plötzliche Hochhalten des Bären wird erreicht, indem durch Schließung des Luftsteuerhahnes der Luftaustritt unter dem Bärenkolben verhindert, der Lufteintritt jedoch beim Ansaugen bzw. Hochgange des Bären ungehindert durch das im Zylinderdeckel unter dem Kolben befindliche Rückschlagventil erfolgen kann, so daß der Bär auf einem elastischen Luftkissen schwebt. Je nachdem der Luftsteuerhahn mehr oder weniger geöffnet wird, schwingt der Bär entsprechend tiefer. Der Bär kann mit Präzision so gesteuert werden, daß er das untergehaltene Schmiedestück nur ganz leicht berührt. Ungefähr in Mittelstellung erreicht man bei kleinstem Hube die leichtesten Schläge. Mit dem weiteren Öffnen des Hahnes wächst die Stärke des Schlages. Während des Schmiedens wird die Luft unter dem auf- und niedergehenden Bärkolben *m* nach dem Hohlraum des Hammerständers gepumpt und wieder herausgesogen, und zwar durch die Kanäle *k*, *k*, *l*, so daß auch ohne Anwendung eines Auspuffrohres ein störendes Geräusch der in den Zylinder ein- und austretenden Luft nicht vorhanden ist.

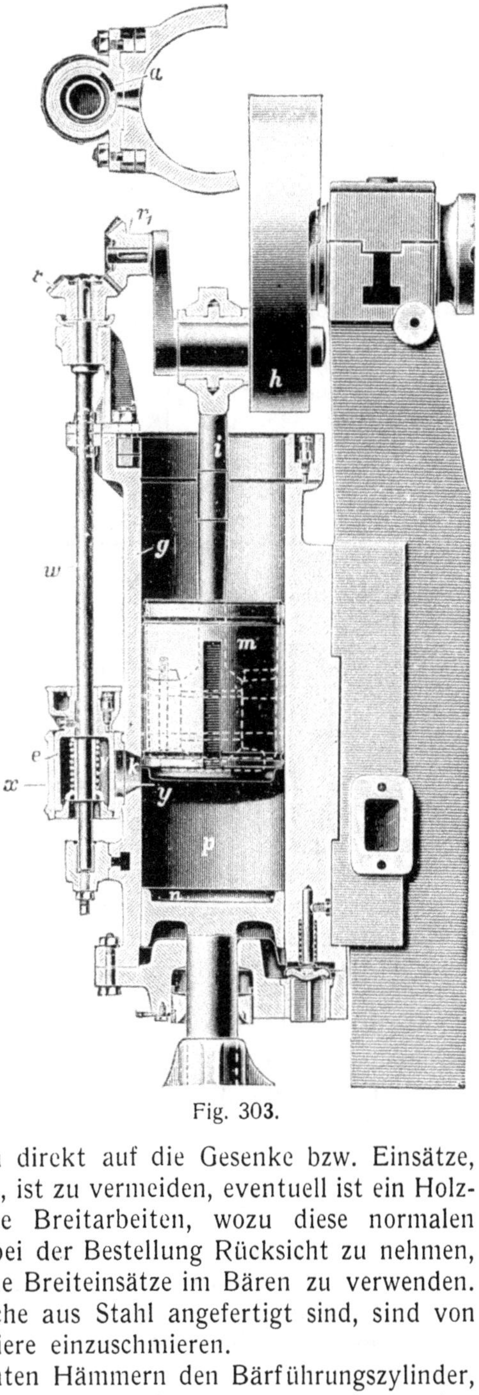

Fig. 303.

Die Intensität der Schläge kann sowohl mittels des Hahnsteuerhebels allein bei unverminderter Schlagzahl als auch gleichzeitig mit dem Riemensteuerhebel bzw. durch Veränderung der Schlagzahl geregelt werden. Feste, kräftige Schläge erfolgen bei voller Tourenzahl und Hahnhebel ganz nach links ausgelegt bzw. bei offenem Hahn, die leichtesten Schläge bei entsprechend mehr geschlossener ungefährer Mittelstellung des Hahnhebels und eventuell verminderter Tourenzahl vermittels des Riemensteuerhebels. Die geeigneten Stellungen sind sehr bald herausgefunden, der Hammer ist mit Leichtigkeit zu steuern. Einzelschläge werden nur mit dem Hahnhebel gesteuert, eventuell bei verminderter Schlagzahl. Beim Stillstand des Hammers steht der Steuerhebel stets auf Leergangstellung bzw. für die schwingende Bärbewegung eingestellt.

Ein Fallen- oder Schlagenlassen des Bären direkt auf die Gesenke bzw. Einsätze, ohne daß unter dem Hammer geschmiedet wird, ist zu vermeiden, eventuell ist ein Holzbrett dazwischenzuhalten. Auf dünnwandige Breitarbeiten, wozu diese normalen Schmiedehämmer nicht konstruiert sind, ist bei der Bestellung Rücksicht zu nehmen, eventuell sind in Ausnahmefällen sehr schmale Breiteinsätze im Bären zu verwenden. Die Zähne der konischen Steuerrädchen, welche aus Stahl angefertigt sind, sind von Zeit zu Zeit mit etwas Fett oder Räderschmiere einzuschmieren.

Es ist zu empfehlen, bei stark beanspruchten Hämmern den Bärführungszylinder, welcher zuweilen sehr warm wird, mit Zylinderöl zu schmieren, anstatt mit gewöhnlichen leichtflüssigen Schmierölen.

Die Schabotte ist eventuell vom Hammergestell isoliert, und in diesem Falle gegen Verschiebung gesichert; sie besitzt einen auswechselbaren Zwischeneinsatz, in welchem der stählerne untere Hammereinsatz eingekeilt und ebenfalls gegen Verschiebung gesichert ist. Das Gewicht der Schabotte beträgt das ca. 13- bis 15 fache des Bärgewichts.

Luftdruckhammer (mit isolierter Schabotte).
Gewicht- und Maßtabelle.

Nr.	Leistung entsprechend der eines Dampfhammers mit ca. Bärgewicht	Maximal-Bärhub	Geeignet für		Umdrehungen bzw. Schlagzahl pro Min.	Annähernde Betriebskraft	Antriebsscheiben		Gewicht
			Eisenstärke bis	Eisenhöhe bis			Durchmesser	Breite	
	kg	mm	qmm	mm	ca.	PS	mm	mm	kg
B 11	50	295	70	90	240	3	480	90	2800
B 12	100	375	100	125	220	6	550	110	3900
B 13	150	500	140	190	200	9	750	130	6700
B 13a	175	500	150	190	190	10	750	130	7000
B 14	200	650	170	240	170	12	950	150	9200
B 14a	250	650	180	240	160	15	1150	150	9500
B 15	300	650	200	240	150	18	1350	160	10500

Luftdruckhammer (mit fester Schabotte).
Gewicht- und Maßtabelle.

Nr.	Leistung entsprechend der eines Dampfhammers mit ca. Bärgewicht	Maximal-Bärhub	Anzahl der Schläge	Vorteilhaft für		Annähernde Betriebskraft	Antriebsriemenscheiben		Gewicht
				Eisenstärke bis	Eisenhöhe bis		Durchmesser	Breite	
	kg	mm	pro Min.	qmm	mm	PS	mm	mm	ca. kg
B 11	50	295	240	70	90	3	480	90	2300
B 12	100	375	220	100	125	6	550	110	3500

Abs. 242. **Yeakley-Luftdruckhämmer.** Bauart: Billeter & Klunz, Aschersleben.

Zweck: Die Yeakley-Luftdruckhämmer dienen zur allgemeinen Herstellung von Schmiedeteilen.

Konstruktion: Aus der nebenstehenden Querschnittzeichnung Fig. 304 ist ersichtlich, daß Yeakley-Luftdruckhämmer einen Arbeits- (Bärzylinder) und einen Luftpumpenzylinder aufweisen, welche mit dem Gestell zusammengegossen sind. Zwischen beiden, die durch Kanäle miteinander verbunden sind, ist das Steuerventil *F* und die Windkammern *G* angeordnet.

Die Bären der Yeakley-Luftdruckhämmer sind aus extra zähem Spezialstahlguß hergestellt und an den Führungsflächen genau geschliffen.

Sie haben bei den Hämmern bis 75 kg Bärgewicht runden Querschnitt und sind auf der einen Seite abgeflacht. Fig. 305. — In diesem Falle ist in dem Bärzylinder an dieser Stelle ein Bronzesegment angeordnet, so daß die Bären gegen Verdrehung gesichert sind. Bei den größeren Typen von 100 kg Bärgewicht an haben die Bären vierkantige Form. Fig. 306. Die Bärführungen sind nachstellbar.

Der Luftpumpenkolben *b* wird durch eine Pleuelstange von der im hinteren Teil des Gestells liegenden Antriebswelle betätigt. Die Antriebswelle ist in zwei oder drei Lagern gelagert, trägt außerhalb des Gestells Voll- und Leerscheibe und im Innern eine Kurbelschwungscheibe, welche durch ein Ausbalanziergewicht die Massen des Kolbens und des Triebwerks ausgleicht. Die Schabotte ist bei Hämmern von 30 und 50 kg angegossen, darüber vom Gestell abgetrennt und durchsetzt dieses. Sie steht dann auf gesondertem Fundament.

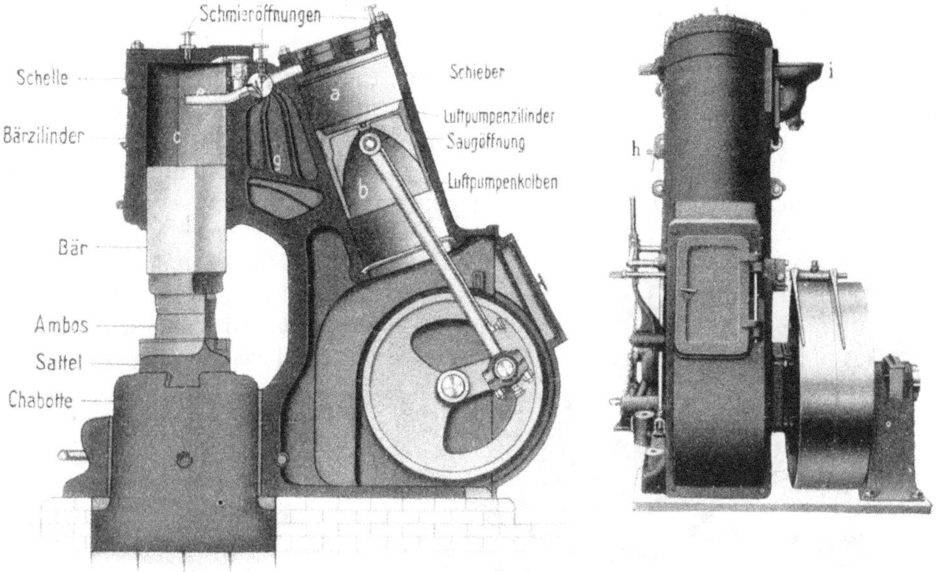

Fig. 304.

Fig. 305.

Die Arbeitsweise der Hämmer ist folgende: Sobald der Riemen auf die Festscheibe gebracht wird, saugt der Kolben beim Niedergang die im Bärzylinder *C* befindliche Luft durch den Kanal *E* ab. Infolge des entstehenden Vakuums bewegt sich der Bär in seinem Zylinder aufwärts und verharrt in höchster Stellung bewegungslos. Die beim Druckhub (Aufwärtsgang) des Kolbens erzeugte Druckluft wird in die Windkammern *G* abgeleitet, da die Lederklappen des Steuerventils sich nur beim Saughub des Kolbens öffnen und den Kanal *E* freigeben.

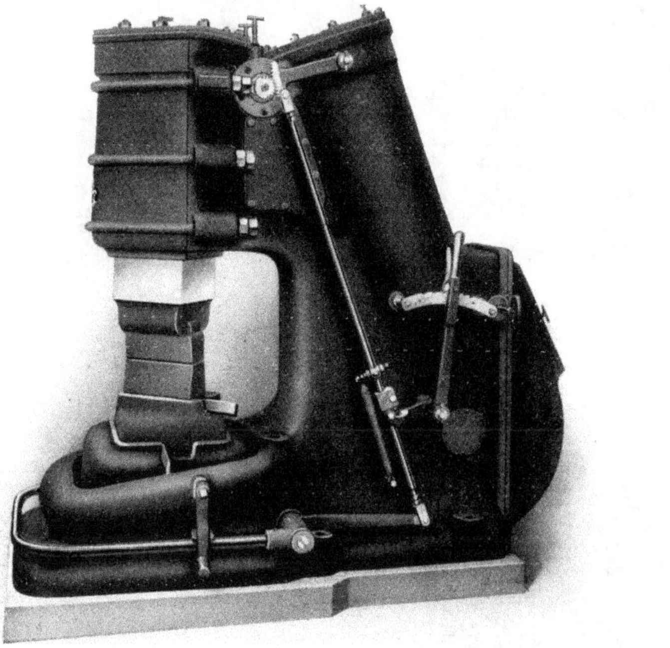

Fig. 306.

Der Kanal *E I*, ein Druckkanal, ist während des Leerlaufes durch das Steuerventil *F* abgeschlossen. Wird durch Betätigung des Hand- oder Fußsteuerhebels die Lage des Steuerventils *F* verändert, so wird der Kanal *E I* teilweise für die Druckluft freigegeben und der Bär beginnt zu schlagen. In gleichem Verhältnis, wie die Windkammern *G* durch das Steuerventil durch Betätigung der Steuerhebel abgeschlossen werden, nimmt die Schlagstärke zu, so daß der Hammer also die schwersten Schläge gibt, wenn sämtliche Windkammern abgesperrt sind. Bei einer gewissen Steuerventileinstellung kann der Bär unter Druck auf dem Schmiedestück niedergepreßt werden, so daß der Schmied mit dem Handhammer kröpfen und biegen kann. Das am Luftpumpenzylinder vorgesehene Ventil *h* dient zur Regulierung des Lufteintrittes im Zylinder, während durch das auf der entgegengesetzten Seite angeordnete Ventil *J* etwa zu viel eingesaugte Luft ausgestoßen wird. Durch Verstellung des Ventiles *J* ist man außerdem in der Lage, die Vakuum- und Druckluftverhältnisse des Hammers zu regulieren, also auch durch Verschleiß eingetretenen Druckluftverlust auszugleichen.

Die Yeakley-Luftdruckhämmer werden außer den in der Tabelle angegebenen Größen mit 350, 450 und 650 kg Bärgewicht ausgeführt.

Modelle	L. B. 2	L. B. 3	L. H. 4	L. H. 5	L. H. 6
Bärgewicht . . . . kg	50	75	100	150	250
Hub . . . . mm	275	350	400	450	550
Zahl der Schläge . . . . pro Min.	200	200	180	165	130
Raumbedarf: Länge . . . . ca. mm	1500	1800	1900	2000	2350
Breite . . . . » »	800	1400	1250	1350	1450
Höhe . . . . » »	1550	1800	1800	1950	2200
Erforderlicher Elektromotor . . . . ca. PS	5	10	12	18	23
Gesamtgewicht . . . . ca. kg	2000	4000	5000	6400	9000
Mehrgewicht für Einrichtung mit elektrischem Antrieb ohne elektrisches Zubehör . . . . ca. kg	100	300	300	300	300

Abs. 243. **Lufthammer mit gemeinsamem Bär- und Luftzylinder.** Bauart: Breuer, Schumacher & Co., Köln-Kalk.

Zweck: Der nebenstehend abgebildete Lufthammer Fig. 307 dient zur Ausführung kleiner allgemeiner Schmiedearbeiten, insbesondere zum Ausrecken von Rund- und Quadrateisen sowie zum Ausschmieden von Probestäben in Hüttenwerken.

Konstruktion: An höchster Stelle des gußeisernen Hammerständers lagert die Hammerantriebswelle, die ihren Antrieb entweder durch Transmission oder durch Elektromotor erhält. Diese Antriebswelle trägt an dem einen freien Ende ein Schwungrad, an dem anderen eine Kurbelscheibe, die mittels Lenkstange mit einem Kolben aus Gußeisen verbunden ist, der sich in dem oberen Teil des feststehenden, vorn am Hammerständer befestigten Zylinders aus Gußeisen auf und ab bewegt. Zwecks Abdichtung sind in dem äußeren Umfang dieses Kolbens eine Anzahl Ringe eingedreht. Im unteren Teil des Zylinders ist der zylindrische Hammerbär aus Schmiedestahl eingesetzt, dessen unterer Teil einen Hammereinsatz mit gehärteter Bahn trägt. Um auch bei einseitigen Schlägen eine übermäßig starke Beanspruchung der Zylinderwände und dadurch ein Reißen des Zylinders mit Sicherheit auszuschließen, ist der letztere an seinem unteren Teil durch einen aufgepaßten schmiedeeisernen Ring verstärkt.

Fig. 307.

Die Bahn ist unter 45° in den oberen Teil der Schabotte eingesetzt, die bei den kleineren Hammermodellen mit dem Ständer aus einem Stück gegossen, bei den größeren Modellen, wie aus der Abbildung ersichtlich, mit dem Ständer durch kräftige Schrauben verbunden ist.

Zwischen Kolben und Hammerbär bleibt ein Luftraum, der zwecks Steuerung des Hammers mittels eines Hahnes mit der äußeren Luft in Verbindung gesetzt werden kann. Der Hahnkegel selbst ist konisch ausgebildet und nachziehbar. Die Drehung des Steuerhahnes und somit das Steuern des Hammers geschieht durch einen einfachen Hebel. Um den Hammerbären in seiner höchsten Lage festzuhalten, ist die Anordnung so getroffen, daß sich in der dieser Lage entsprechenden Stellung des Steuerhebels ein kleiner, durch diesen beeinflußter, verschiebbar in der Zylinderwand eingesetzter Bronzestift gegen den zylindrischen Umfang des Hammerbären anpreßt und denselben in seiner Lage festhält.

Arbeitsweise: Schließt man den Weg zwischen Zylinder und Außenluft ab, so wird der Hammerbär energisch angesaugt und im nächsten Augenblick durch den umgehenden Betriebskolben mit großer Wucht herabgeschleudert. Je nachdem man den Hahn mehr oder weniger öffnet, hat man es in der Hand, die Schlagstärke beliebig zu regulieren, ohne die Geschwindigkeit der Antriebswelle zu vermindern.

Ein Zusammentreffen des Kolbenkörpers und des Hammerbären kann unmöglich stattfinden, da die sich abwechselnd verdünnende und verdichtende Luft ein vorzügliches Kissen bildet. Der Luftdruck, der den Hammerbären auf den Amboß treibt, ist beträchtlich und von kräftiger Wirkung. Durch genaue Versuche hat sich ergeben, daß der Druck bei 100 mm Kolbengeschwindigkeit in der Sekunde 4 Atm. und bei 120 mm in der Sekunde 5 Atm. Überdruck beträgt.

Abs. 244. **Beschreibung der Luftdruckhämmer.** Bauart: Mammutwerke, Werkzeugmaschinenfabrik Berner & Co., Nürnberg. Fig. 308. Das Ge-

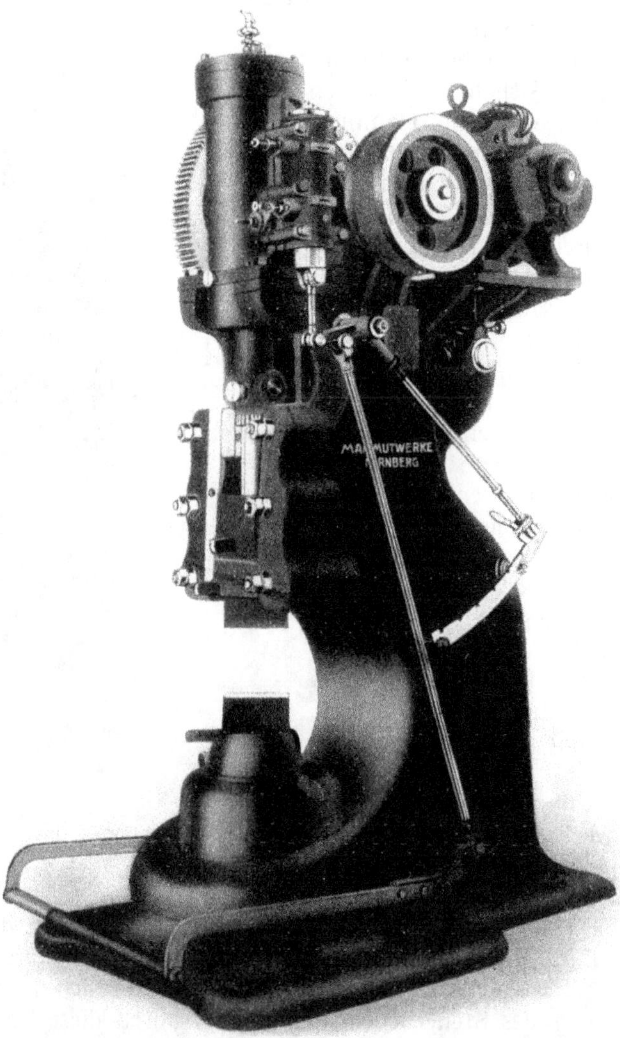

Fig. 308.

stell dieser Hämmer ist mit Rücksicht auf Einfachheit als Einständer ausgeführt. Es ist kräftig gehalten, im Innern mehrfach versteift und mit großer Fußfläche versehen, wodurch ein ruhiger Stand der Maschine erreicht wird.

Die Fußplatte besitzt eine Aussparung, welche die bei allen Größen vom Gestell getrennte Schabotte aufnimmt. Letztere ist aus Gußeisen, von dem in der Tabelle aufgeführten Gewichte und trägt oben einen stählernen Zwischeneinsatz, welcher die ebenfalls aus Stahl gefertigten, gehärteten und geschliffenen Einsätze aufnimmt. Der Bär besitzt einen gleichen Einsatz, so daß diese die eigentliche Hammerbahn bilden.

Der mittlere Teil des Gestelles ist als Führung ausgebildet und nimmt zwischen langen Deckleisten den massiven Bären auf. Dieser ist außerdem aber noch durch Kolben und Kolbenstange im Zylinder geführt. Neuerdings werden diese Hämmer auch mit einer nachstellbaren Stopfbüchse an der Kolbenstange versehen, wodurch der Zylinder stets dicht gehalten und ein etwa durch Abnutzung erforderlicher Ersatz der Dichtungsringe leicht vorgenommen werden kann.

Fig. 309.

Der Antrieb erfolgt entweder durch Fest- und Losscheibe direkt von der Transmission ohne Zwischenschaltung eines Vorgeleges durch Riemen oder durch einen Elektromotor, der auf ein am Hammerständer angebrachtes Konsol gesetzt wird und durch geräuschlos arbeitende Zahnräder (Rohhautritzel) die Kurbelwelle antreibt. Ein Schwungrad aus Gußeisen bewirkt den Ausgleich der wechselnden Drehmomente. Sowohl bei Riemenantrieb als auch bei direktem, elektrischem Einzelantrieb liegen die Antrieborgane etwa in Dreiviertelhöhe des Hammers, der untere Teil des letzteren bleibt also vollständig frei zum Bearbeiten von langen Stangen usw. Weil der Riemenzug in einer relativ wenig bedeutenden Höhe wirkt, haben die Hämmer eine gute Stabilität.

Der Zylinder ist vorn an dem Hammergestell aufgeschraubt, also feststehend.

In dem Zylinder bewegen sich zwei Kolben, von denen der untere durch Kurbelwelle, Zugstange und Schwinge gleichmäßig bewegt wird. Fig. 309. Die Lufträume über und unter dem oberen Kolben werden durch den Steuerschieber zur Erzielung leichter und schwerer Schläge gedrosselt. Fig. 310.

Der Arbeitsprozeß spielt sich nur in einem einzigen, feststehenden Zylinder ab und hat nach Angaben einen geringen Kraftverbrauch.

Der Bär ist bei diesen Luftdruckhämmern stets sichtbar, verschwindet also nicht im Zylinder, um dann gewissermaßen unerwartet auf das Arbeitsstück herabzuschießen; der Schmied kann daher die einzelnen Phasen der Bärbewegung stets mit den Augen verfolgen.

Die den Schlagprozeß regelnden Organe sind bei diesem Hammer gegen Staub geschützt gelagert. Der Hammer ermöglicht in rascher Folge schwere, leichte und

Einzelschläge, ist daher für in der Schmiede vorkommende Formarbeiten geeignet. Der Bär wird allein durch eine Luftsteuerung in der Hochlage gehalten. Läßt der Arbeiter absichtlich oder unabsichtlich die Steuerung los, so geht der Bär selbsttätig in seine höchste Stellung zurück und verharrt dort stets sichtbar. Die Bedienung der Hämmer kann durch einen Handhebel oder durch einen Fußtritt erfolgen; bei Benutzung des letzteren hat der Schmied beide Hände frei, erspart also einen besonderen Hammerführer.

Fig. 310.

Arbeitsvorgang beim Mammuthammer: Auf der untenstehenden Fig. 311 ist der Hammer in ruhender Stellung veranschaulicht.

Wird nun der Hammer in Betrieb gesetzt, so bewegt sich der Kolben *A* nach abwärts, wobei er durch Kanal *B* Luft ansaugt, welche den Raum zwischen Arbeitskolben *A* und Bärkolben *C* einnimmt. Auch durch Ventil *D*, dessen Kanal halb geöffnet ist, wird Luft angesaugt.

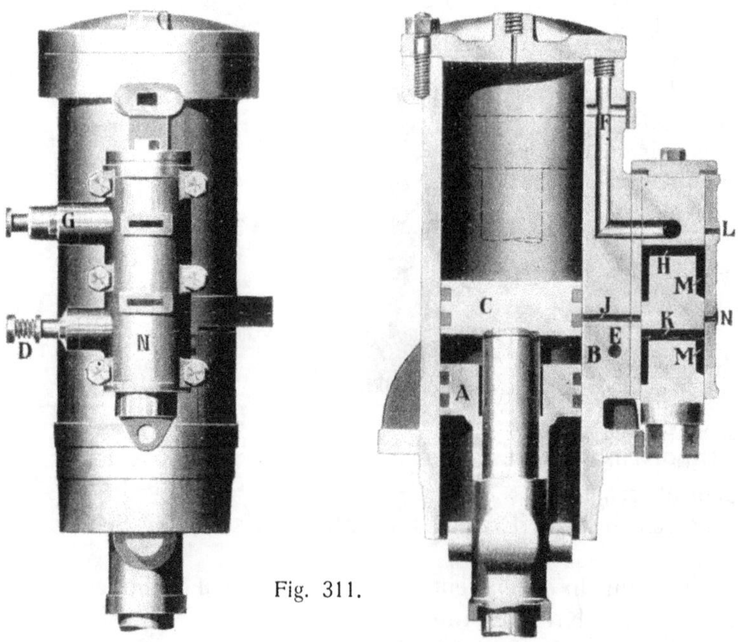

Fig. 311.

Beim Aufwärtsgehen des Arbeitskolbens *A* wird die Luft über ihm verdichtet, da das Ventil *D* ein Entweichen der Luft nicht zuläßt, während durch den Schlitz *N* nur eine ganz bestimmte Menge Luft austreten kann, welche durch einen Drosselschieber genau eingestellt wird. Dadurch wird der Bärkolben *C* in die Höhe gedrückt, die Luft über ihm entweicht durch den Kanal *F* und das Rückschlagventil *G*.

Bei der zweiten Abwärtsbewegung des Kolbens *A* ist die Luftverdünnung oberhalb des Bärkolbens *C* noch nicht ausreichend, um diesen hochzuhalten. Der Kolben *C* fällt daher wieder zurück und der Bär, welcher mit dem Arbeitskolben durch die Kolbenstange fest verbunden ist, schlägt auf dem Amboß auf.

Durch die Wiederholung dieses Vorganges wird der Kolben C nochmals in die Höhe geschleudert, findet, da er über sich nur noch verdünnte Luft hat, keinen Widerstand und fliegt weit in die Höhe, bis er die Öffnung des Kanals F überdeckt und die dann noch verbleibende Luft in dem oberen Raume komprimiert. Diese Kompression verhindert, daß der Bärkolben oben am Zylinderdeckel anschlägt.

Der untere Arbeitskolben A macht nunmehr seine regelmäßigen, auf- und abwärts gehenden Bewegungen. Der obere Bär- oder Schlagkolben C bleibt infolge des Vakuums über ihm ungefähr in der punktiert gezeichneten Stellung hängen und macht leicht schwingend die Bewegungen des unteren Arbeitskolbens mit.

Um zu schmieden, wird der Steuerschieber in die Höhe geschoben, so daß die Kanäle H und F und J und K miteinander korrespondieren. Dann tritt sofort Luft durch die Öffnung L über dem Kolben C, wodurch die Luftverdünnung über ihm entsprechend beeinflußt wird. Der Kolben C wird also dem Kolben A nachfallen und dessen Weg mitmachen, und zwar mehr oder weniger schnell, je nachdem die Luft in mehr oder weniger großen Mengen entweichen kann. Diese Regulierung des Luftentweichens erfolgt durch die höhere oder tiefere Stellung des Steuerschiebers, dessen Schlitze in Form eines Dreiecks, oben weit und unten eng, gehalten sind, während die Kanäle K und H vorn bei M schräg auslaufen.

Fig. 312.

Der Steuerschieber Fig. 312 wird durch den Handhebel oder den Fußtritt betätigt. Je weiter diese nach unten gedrückt werden, desto kräftiger werden die Schläge, in der niedrigsten Stellung sind sie am stärksten. Dieses beruht darauf, daß auf dem Wege zwischen der höchsten und niedrigsten Hebelstellung bei der Schlagregulierung ein Luftausgleich stattfindet. Die Luft entweicht, wie vorhin gezeigt, durch die Kanäle des Schiebergehäuses, in der höchsten Stellung des Steuerschiebers kann die Luft durch die hinten im Schiebergehäuse befindliche Öffnung entweichen, bei starkem Schlagen darf keine Luft austreten.

Die Vorgänge unten im Zylinder zwischen A und C verändern sich nicht, nur entweicht die Luft beim Schmieden anstatt durch das Ventil G durch den Kanal J, der durch den Steuerschieber mehr oder weniger gedrosselt werden kann.

Es ist noch folgendes zu bemerken: Durch die Kompression zwischen A und C ist ein Teil der Luft durch B entwichen, beim Abwärtsgehen des Kolbens A bildet sich zwischen A und C ein luftverdünnter Raum, welcher C freier und leichter fallen läßt.

Tabelle.

Bärgewicht . . . . kg	30	50	75	100	150	200	300
Größte Bärbewegung (Hub) . . mm	230	250	300	350	400	450	500
Anzahl der Schläge . . . . pro Min.	240	230	220	210	195	180	170
Schmiedet Stahl bis . . . . . . mm	55	70	100	140	170	200	240
Kraftbedarf . . . . PS	1,5	2,5	3	4	5	8	15
Erforderlicher Elektromotor . . PS	2	3	4	5	7	10	18
Höhe . . . . mm	1910	2055	2215	2365	2520	2725	3000
Breite . . . . mm	700	750	870	1000	1100	1240	1400
Länge . . . . mm	1040	1175	1310	1470	1640	1760	1900
Gewicht d. Hammers ohne Schabotte kg	750	1100	1500	2100	2700	3400	4000
Gewicht der Schabotte . . . . . kg	600	750	1100	1300	2000	2800	4300

Fig. 313.

Abs. 245. **Der allgemeine Schmiedehammer.** Bauart: Longworth, Samuelson & Co., Ltd., Banbury. Fig. 313. Dieser patentierte Lufthammer besitzt folgende Eigengenschaften. Auf der Schabotte mit breiter Basis ist der einhüftige

Ständer aufgeschraubt. An dem auskragenden Arm ist der Zylinder unbeweglich befestigt. Er ist mit sehr großen, tiefliegenden Riemenscheiben versehen, kann von jeden gewöhnlichen Wellenstrang oder direkt durch Elektromotore angetrieben werden. Von der tiefliegenden Antriebswelle wird unter Vermittlung einer Schwinge durch Pleuelstangen der im oberen Teil des Hammerzylinders gleitende Kolben auf und ab bewegt.

Wenn der Longworthsche Hammer in Bewegung gesetzt wird, berühren sich die Kolben nicht, sondern bleiben in passender Entfernung voneinander, da sich zwischen ihnen ein Luftkissen befindet.

Dieser Umstand gestattet, daß der Schlag oder die Schläge plötzlich gegeben werden können, oder daß der Hammer bei der Arbeit sofort angehalten werden kann.

Mittels eines Fuß- oder Handhebels können einzelne Schläge ausgeführt werden, ebenso wie eine augenblickliche Wiederholung von Schlägen jeder gewünschten Intensität.

Der Wechsel von schweren zu leichten Schlägen und umgekehrt oder zu Schlägen von irgendwelcher mittleren Kraft kann rasch ausgeführt werden. Die leichten Schläge erfolgen in derselben Anzahl pro Minute wie die schweren; auch werden die leichten Schläge mit gleicher Sicherheit und Regelmäßigkeit an Kraft gegeben.

Der Longworthsche Krafthammer hat keinerlei Bremsen, welche die Teile abnutzen und Antriebskraft beanspruchen.

Da der arbeitende Luftzylinder in beträchtlicher Entfernung vom Bär des Hammers angebracht ist, so kann er nicht erhitzt werden durch unmittelbare Berührung mit dem heißen Eisen auf dem Amboß.

ϑ) Die Explosionshämmer.

Abs. 246. **Allgemeines über die Explosionshämmer.** Es ist eine Reihe von Versuchen gemacht worden, Hämmer mit Explosionsantrieb unter Verwendung von Gas und Erdöl zu bauen, ohne daß jedoch diese Hämmer Eingang in die Praxis gefunden haben. An Literatur finden sich über diese Hammergattung die im Literaturverzeichnis angeführten Stellen. Lit.-Nachw. Nr. 246.

ι) Die Spezialhämmer.

Abs. 247. **Allgemeines über die Spezialhämmer.** In den folgenden Abschnitten habe ich die Spezialkonstruktionen der bisher beschriebenen Hammergattungen, d. h. mit Ausnahme der Gattung der Drucklufthämmer, welche im II. Hauptteil ihre Aufnahme finden, angeführt. Die Ausbildung der Spezialhämmer soll dem Konstrukteur ganz besonders am Herzen liegen, denn die Herrschaft des Hammers als alleinige Universalmaschine dürfte immer mehr und mehr zurückgehen. Daß die Gesenkefallhämmer und Federhämmer auch als Spezialhämmer anzusehen sind, bedarf wohl nicht der Erwähnung; da sie aber eine Gattung von Hämmern für sich bilden, mußten sie bereits vorher beschrieben werden. Der Konstrukteur muß künftighin noch mehr Wert darauf legen, der individuellen Wirkungsweise des Hammers Rechnung zu tragen und dementsprechend auch seine Konstruktion auszubilden. Will er Oberflächenwirkung mit dem Hammer leisten, so wird die Geschwindigkeit des Bären eine sehr hohe, der spezifische Effekt ein geringer sein müssen, will er innere Arbeit in dem Stücke leisten, so ist die Geschwindigkeit herab-, das Bärgewicht heraufzusetzen.

Die Hämmer sind dann als Spezialhämmer anzusprechen, wenn sowohl ihre Ständer, ihre Hammerbahnen als auch ihre Schabotte Sonderkonstruktionen im Vergleiche zu den Schmiedehämmern für allgemeine Schmiedearbeiten aufweisen und sich der zu leistenden Arbeit zweckdienlichst anpassen. Lit.-Nachw. Nr. 247.

Abs. 248. **Pneumatische Schlichthämmer.** Bauart: Piercy & Co., Ltd., Birmingham. Fig. 314.

Der Hammer besteht aus einem Ständer, auf welchem zwei Zylinder in einem gemeinschaftlichen Gußstück befestigt sind. Der kleinere Zylinder ist vertikal und dient dem Hammerkolben, der den Hammerkopf trägt. Der größere Zylinder ist

Fig. 314.

oben mit dem Vertikalzylinder vereinigt und horizontal gelagert. Er hat einen Kolben mit kurzem Hub. Ein weiter Kanal verbindet diese beiden Zylinder, und der kurze Hub in dem großen Zylinder wird in einen langen Hub im kleineren Zylinder umgesetzt.

Die Kolbenbewegung im größeren Zylinder wird hervorgebracht durch einen Exzenter auf der Treibwelle, der für jeden gewünschten Hub eingestellt werden kann und mithin für jede Art Schlag. Die Bewegung des Bären im kleineren Zylinder wird erzielt durch das abwechselnde Halbvakuum und durch die Luftkompression zwischen den beiden Zylindern. Wenn man dickes Kupfer abschlichtet, so ist ein größerer Hub im größeren Zylinder erforderlich, aber wenn man dünnes Metall planieren will, so ist nur ein sehr kleiner Hub erforderlich. Der Schlag, den der Hammer gibt, ist nach Angabe derselbe wie der vom menschlichen Arm gegebene Schlag mit einem gewöhnlichen Handhammer, was für ein gutes Abschlichten nötig ist.

Die Höhe resp. Stellung des Ambosses ist bei diesen Hämmern von Wichtigkeit. Wenn der Hammerkopf auf dem Amboß ruht, so muß der obere Teil des Bärkolbens im kleineren Zylinder gerade mit dem unteren Rand des Loches an der Seite des Zylinders abschneiden, das nach dem Auslaßventil führt.

Arbeitsweise: Der Handgriff, welcher sich am unteren Ende des kleineren Zylinders befindet, ist der einzige, der betätigt werden muß. Wenn der Arbeiter diesen Griff, so weit er kann, von sich stößt, so hält der Hammer an, und der Bär ist in jeder erforderlichen Stellung festgehalten. Auf dem größeren Zylinder befindet sich ein kleines Einlaßventil, welches so eingestellt werden sollte, daß es sehr wenig offen steht.

Je mehr er den Griff zu sich hinzieht, desto größer ist die Kraft des Schlages.

Sobald der Hammer angehalten werden soll, ist der Lufthahn am größeren Zylinder weit zu öffnen, und der obere Kolben zieht dann frei Luft ein und aus, ohne den Bären zu bewegen, wenn aber der Lufthahn geschlossen ist, tritt weniger Luft ein und der Hammer fängt an zu arbeiten.

Wenn der Hammer mit größter Geschwindigkeit dünnes, hartes Metall bearbeitet, so kann es ganz geschlossen sein, aber für allgemeine Arbeiten wird es genügend sein, wenn es 0,7 mm offen steht. Sein Zweck ist, während des Hubes aufwärts gerade genug Luft hereinzulassen, um zu verhindern, daß der Bär zu heftig angesaugt wird, und der Gebrauch des Hammers einige Minuten lang wird ergeben, wie weit dies Ventil offen stehen dürfte.

Am kleineren Zylinder befindet sich ein Auslaßventil, welches ebenfalls so eingestellt werden sollte, daß es wenig offen steht. Sein Zweck ist, nach jedem Hub die komprimierte Luft herauszulassen, die den vorherigen Schlag beschleunigte.

Die Drehzahl der Vorgelegewelle der Normalhämmer ist durch Stufenscheiben einstellbar.

Abs. 249. **Schlichthammer.** Patent Longworth. Gebaut von Samuelson & Co., Ltd., Banbury. Fig. 315. Dieser Hammer besteht aus einer starken hölzernen Fußplatte, auf der der Amboß und der Hammerständer aufgeschraubt sind. Mittels eines patentierten, verschiebbaren Gelenkbolzen kann, wenn erforderlich, die Kraft der Schläge schnell geändert werden, um sich den verschiedenen Stärken des Materials anzupassen.

Er besitzt keinerlei Bremsen oder Dichtungen oder Dichtungsdeckel an der Kolbenstange, welche die Arbeitsteile abnutzen und einen Teil der Leistung verbrauchen. Die Bewegung zum Betrieb des Luftzylinders geschieht in vollkommen senkrechter Weise, weshalb der Luftzylinder keine äußere Führung braucht, sondern einzig und allein durch seinen eigenen Kolben und seine Kolbenstange geführt wird, auf welcher er sich frei drehen kann.

Der Luftzylinder und Kolben sind im Durchmesser beträchtlich größer als bei anderen Krafthämmern. Letzterer ist mit Stellmuttern versehen, so daß man ihn gleichmäßig mit der Kolbenstange heben und senken kann, um Verschiedenheiten in der Stärke und Abnutzung der gebrauchten Werkzeuge zu gestatten. Diese eben erwähnten Anordnungen sollen die Dauerhaftigkeit und Wirksamkeit der Teile vergrößern. Die

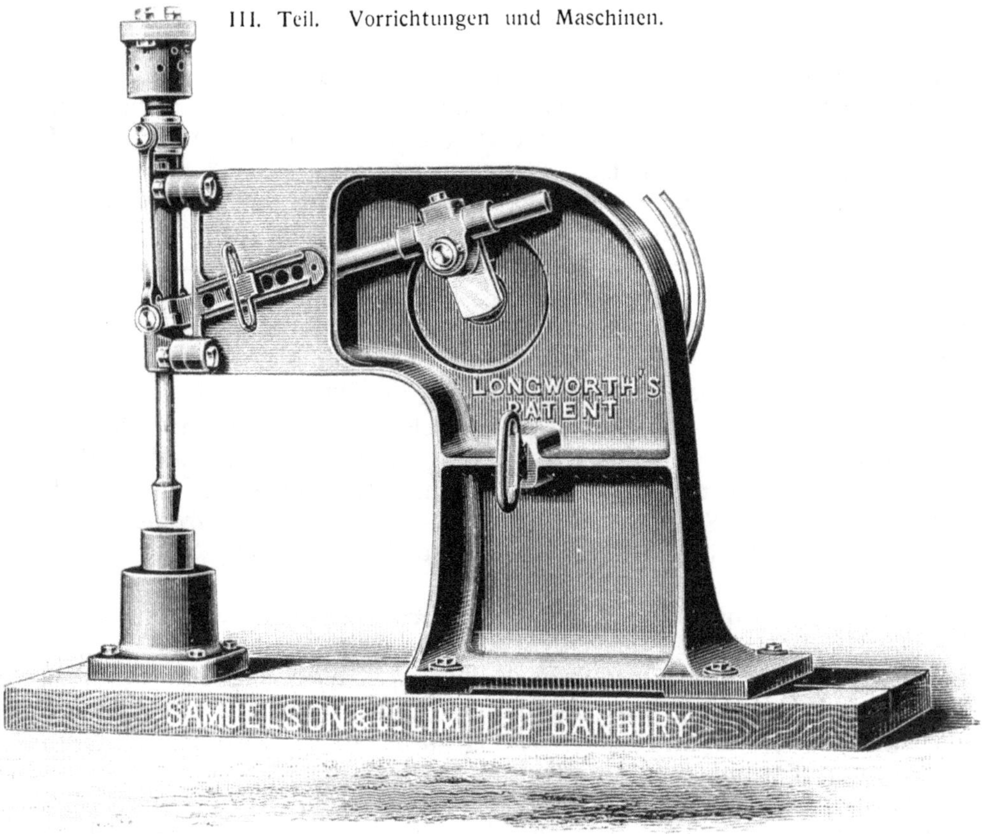

Fig. 315.

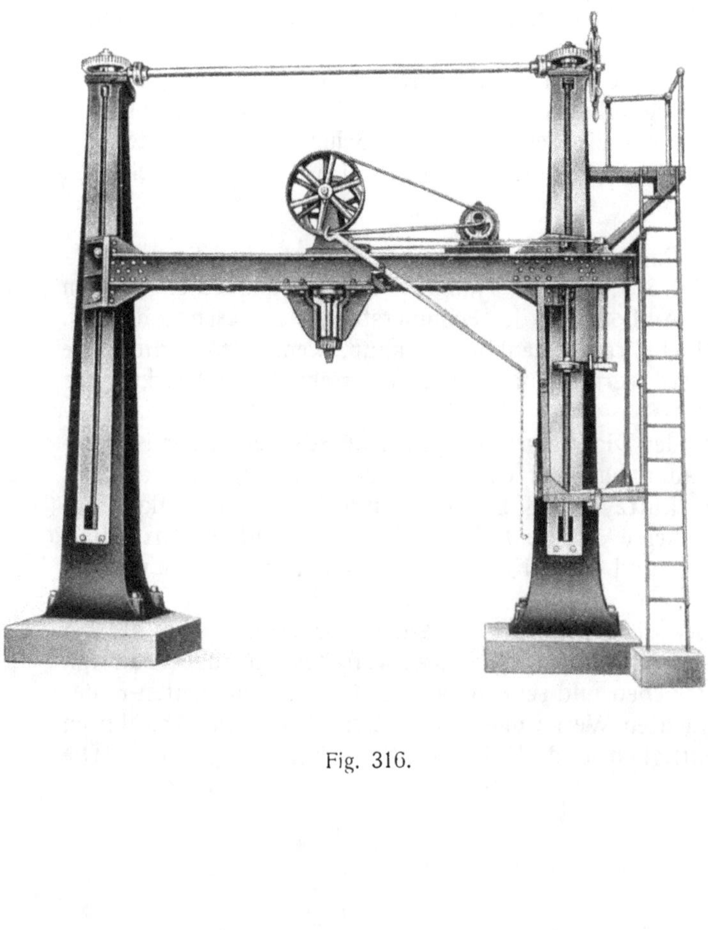

Fig. 316.

Hämmer sind mit besonders großen Riemenscheiben versehen und werden mittels Riemen angetrieben. Sie sind speziell gebaut zum Planieren und Spannen von Kupfer, Messing, Delta, Durana-Blechtafeln usw. sowie für leichtere Schmiedearbeiten.

Abs. 250. **Luftdruckhämmer in Zweiständerausführung.** Bauart: Aerzener Maschinenfabrik, G. m. b. H., Aerzen. Fig. 316. Diese Konstruktion ist besonders geeignet für Kesselblech- und Kupferschmiedearbeiten, Rohr- und Kesselschweißarbeiten. Der Hammer ist komplett mit Motor auf vertikal verstellbaren Querbalken montiert, welcher mit gußeisernen Führungsschlitten, vertikalen Stellspindeln und Mutter an zwei gußeisernen Führungsständern mittels gemeinsamer Querwelle und Handrad oder Riemenantrieb in beliebiger Höhe eingestellt werden kann, entsprechend dem Durchmesser der zu schweißenden Rohre usw.

Der Führerstand für den Steuermann ist mit dem Querbalken starr verbunden und wird mit diesem auf und nieder bewegt. Der Stand für die Vertikalverstellung

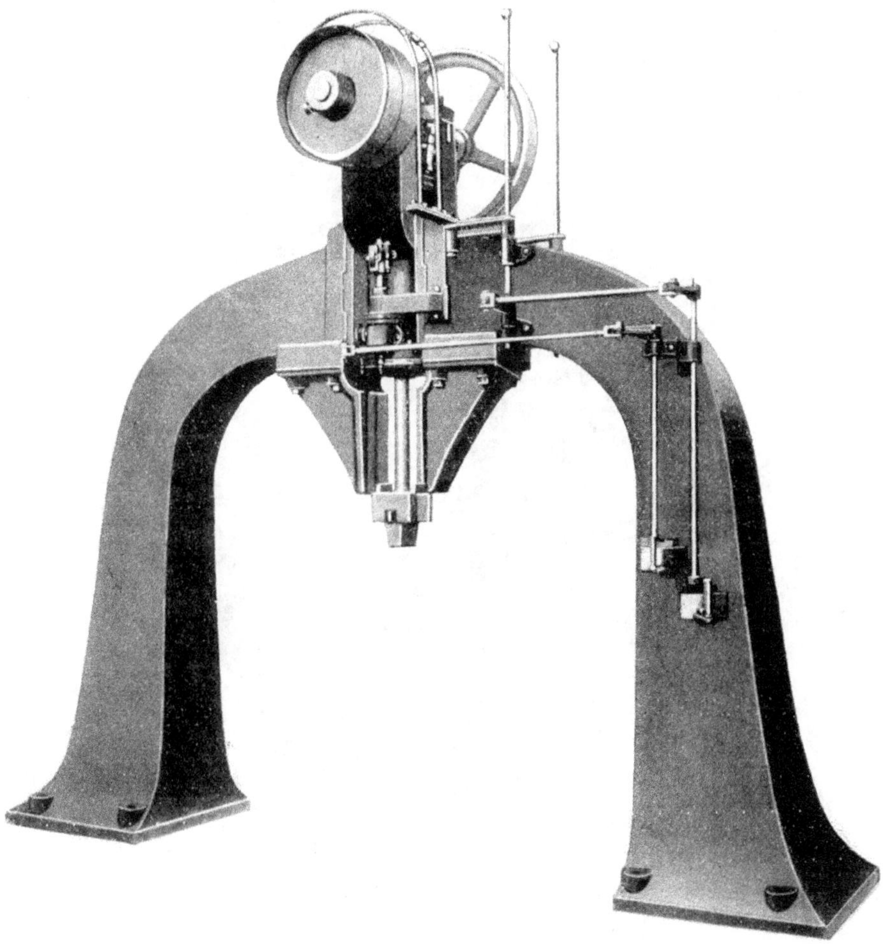

Fig. 317.

ist feststehend; beide Plätze sind durch eine eiserne Treppenleiter zugänglich. Die beiden Führungsschlitten sind während des Betriebes mittels Schrauben fest an die Führungsständer angeschraubt und werden vor der Verstellung gelöst.

Der Antrieb erfolgt direkt mittels Riemen vom Elektromotor, welcher mit Spannschienen auf dem Querbalken montiert ist. Der Hammer hat eine feste und eine lose Riemenscheibe, der Motor infolgedessen eine doppeltbreite Riemenscheibe. Der Antrieb kann eventuell auch von der Transmission erfolgen.

Abs. 251. **Luftdruckhammer auf Bogenständer.** Bauart: Aerzener Maschinenfabrik G. m. b. H., Aerzen. Fig. 317.

Zweck: Dieser Hammer ist für Kesselblech- und Kupferschmiedearbeiten, Rohr- und Kesselschweißarbeiten usw. bestimmt.

Konstruktion: Auf zwei Ständern, die zu einem Bogen vereinigt sind, ruht ein Luftdruckhammer. Die Konstruktion des Hammers ist bereits im Abs. 241 beschrieben worden.

Der Hammer wird entweder durch Elektromotor unter Vermittlung von Zahnrädern direkt oder mittels Riemen von einer Transmission angetrieben. Gesteuert wird der Hammer wie auch der Riemenrücker durch Handhebel, die an dem einen Ständer in bequem erreichbarer Höhe angebracht sind.

Die Form des Ambosses richtet sich nach den zu bewerkstelligenden Arbeiten.

Fig. 318.

Abs. 252. **Spezialhammer für die Feilenfabrikation.** Bauart: J. C. & Alb. Zernses, Remscheid-Haddenbach. Der Hammer wird in zwei Konstruktionen und je zwei Ausführungen, also in vier Größen, gebaut, und zwar für die Feilenfabrikation mit hin und her gehendem Hammerbären über dem Gesenke während des Schmiedens.

Er besteht aus einem Ständer, an dem sich unten am Hintergestell die Antriebswelle befindet; von hier aus ist eine Verbindung durch ein verstellbares Exzenter sowie der Exzenterstange mit Verschraubung und Scharnier nach oben hergestellt, woselbst diese mit einer Lage Blattfedern verbunden ist. Die Blattfedern sind in der Mitte in einer Achse und oben an dem Ständer gelagert; etwas tiefer liegend befindet sich eine zweite Lagerung, welche hoch und nieder stellbar und an welcher der Holzstiel befestigt ist, an dem sich am äußersten Ende der Hammerbär befindet. Der Hammerbär hat nun am oberen Ende hin eine vierkantige Öffnung, durch welche die Blattfedern, welche in der obersten Achse liegen, gehen. Sobald nun die Hauptantriebswelle in Bewegung gesetzt wird, wird die Exzenterstange durch das angebrachte verstellbare Exzenter hoch und nieder gehoben und damit auch die Blattfedern bzw. der Hammerbär in Schwingung und in Schlagbewegung versetzt. Will man nun einen stärkeren Schlag haben, so stellt man das Exzenter auf der Antriebswelle auf den höchsten Hub, außerdem löst man die ersten Schrauben hinter dem Hammerbären an den Blattfedern, so daß diese sich freier bewegen können und bedeutend härter schlagen. Das Inbetriebsetzen geschieht durch Fußtritt, wodurch der Riemen von der Los- zur Festscheibe gebracht wird, dagegen wird durch eine Bremse sofort veranlaßt, daß der Hammer in höchster Lage stillsteht; ferner ist der Stiel an seinem hinteren Ende hoch und nieder zu stellen, damit die Obergesenke in dem Hammerbären passend zu den Untergesenken sich befestigen lassen. Die Schabotte steht frei.

Die Bedienung ist einfach, und man kann jede beliebige Schlagstärke bei Einzel- und Folgeschlägen erreichen. Ein um eine Achse drehbares Gewicht bedingt, daß man zum Schmieden von Feilen, wie aus Fig. 318 ersichtlich, den Hammer während des Schlagens über dem zu bearbeitenden Stück hin und her wandernd schlagen lassen kann; dieses geschieht, indem ein Riemen vom Gegengewicht aus wie beim Fallhammer über eine Scheibe auf der Transmission geleitet ist; sobald man an dem Riemen zieht, geht das Gewicht hoch, und die geeigneten Kulissen ziehen den Holzstiel mit dem Hammerbären zurück, läßt man den Riemen los, so bedingt das Gewicht wieder, daß der Hammerbär vorne schlägt; dieses kommt aber nur in Betracht bei dem Schmieden von ⌓- und △-Feilen.

Tabelle.

Größe	Schmiedet Feilen bis	Gewicht des Hammers kg	Hub mm	Schlagzahl pro Min.	Kraftbedarf PS	Raumbedarf mm
Modell A	von 4 Zoll resp. 14 resp. 18	1100	230	300	1—4	1500 Länge 1000 Breite 1250 Höhe
Modell B	von 10 Zoll bis zu den größten und schwersten Gewichtsfeilen	2300	230	300	—	

Abs. 253. **Spezialhämmer mit Dampfantrieb für Breit- und Planierarbeit.** Bauart: B. u. S. M a s s e y, Ltd., Manchester. Diese Hämmer dienen zum Ausschlagen bzw. Planieren von Spaten, Schaufeln, Pflugscharen usw., zum Ausrecken sehr harten Schnelldrehstahls. Fig. 319.

Fig. 319.

K o n s t r u k t i o n: Wegen der starken Beanspruchung sind diese Hämmer als Doppelständerhämmer ausgeführt. Auf dem oberen Ende des Doppelständers ist eine verbindende Platte aufgeschraubt, die den Zylinder trägt bzw. mit dem Zylinder zusammengegossen ist. Die Zylinder haben große Durchmesser, und daher besitzt der Hammer eine hohe Schlagzahl. Der Bär ist aus geschmiedetem Stahl und zwischen den Ständern durch starke, nachstellbare V-Führungen geführt. Die Steuerung ist selbsttätig, läßt jedoch eine Regulierung von Stärke und Geschwindigkeit der Schläge sowie kurzem oder langem Hub zu. Die Schabotte durchsetzt entweder die Grundplatte und ist, dann getrennt vom Hammergestell auf eigenem Fundament aufgesetzt, oder sie wird mit diesem zusammengegossen.

Maßtabelle.

Bärgewicht	100 kg	150 kg	200 kg	300 kg	500 kg	750 kg
Zylinderdurchmesser . . . . . mm	191	219	235	270	330	368
Maximalhub . . . . mm	255	290	330	380	510	685
Freier Raum zwischen Führungen mm	178	251	289	346	381	413
Gesamtgewicht . . . . kg	3000	3750	5000	7000	11750	18000

ϰ) Allgemeines.

Abs. 254. **Dynamik starrer Körper.** Erklärungen, Masse und Grundgesetze, welche für die Schmieden in Betracht kommen.

I. Kraft und Masse. Kraft = Masse × Beschleunigung, in Buchstaben ausgedrückt:

$$P = m \times p,$$

wobei die Größe der Kraft P als Ursache der Beschleunigung p einer freibewegten Masse ist.

Das Gewicht eines Körpers (des Bären) steht unter dem Einfluß der Schwere oder Anziehungskraft der Erde und erfährt beim freien Fall die Beschleunigung $= g$. Es besteht daher zwischen seinem Gewicht G, der entsprechenden Masse m und der Beschleunigung g, d. h. Gewicht = Masse × Beschleunigung durch die Schwere folgende Beziehung:

$$G = m\,g.$$

II. Arbeit. Als Arbeit bezeichnet man das Produkt aus einer nach Größe und Richtung konstanten Kraft P und dem Weg s, welcher von dem Angriffspunkte der Kraft in der Richtung der Kraft zurückgelegt wird.

III. Leistung. Die Leistung, die Arbeitsstärke oder der Effekt ist die in einer Sekunde verrichtete Arbeit. Kraft × Geschwindigkeit ist daher in Buchstaben ausgedrückt:

$$E = P \times v.$$

Die Geschwindigkeit ist gemessen in der Kraftrichtung. Die technische Maßeinheit für die Leistung ist das Sekundenmeterkilogramm (mkg/Sek.) und die Pferdestärke = 75 mkg/Sek.

IV. Kinetische Energie. Das Arbeitsvermögen oder die kinetische Energie einer bewegten Masse, auch lebendige Kraft genannt, ist das Produkt aus der halben Masse m und dem Quadrat ihrer Geschwindigkeit:

$$L = \tfrac{1}{2}\,m\,v^2.$$

V. Bewegungsgröße. Als Bewegungsgröße bezeichnet man das Produkt aus einer bewegten Masse und der Geschwindigkeit, d. h.:

$$= m\,v.$$

Der beschleunigte Fall eines Bären und die lebendige Kraft.

Es genügt im allgemeinen für die Praxis, wenn man an Stelle der Formel $L = \tfrac{1}{2}\,m\,v^2$ den Wert setzt: $0{,}05\,G\,v^2$.

In nachstehender Tabelle ist für gewisse Fallhöhen die Endgeschwindigkeit v in Metern und das dazugehörige v^2 angegeben. Aus dieser Tabelle läßt sich dann leicht das Arbeitsvermögen zweier Fallhämmer von verschiedenen Bärgewichten und verschiedenen Höhen bestimmen.

Fallhöhe h m	Endgeschwindigkeit v m	v^2
0,55	3,3	10,89
0,59	3,4	11,56
0,62	3,5	12,25
0,66	3,6	12,96
0,70	3,7	13,69
0,74	3,8	14,44
0,78	3,9	15,21
0,82	4,0	16,00
0,86	4,1	16,81
0,90	4,2	17,64
0,94	4,3	18,49
0,99	4,4	19,36
1,03	4,5	20,25
1,08	4,6	21,16
1,13	4,7	22,09
1,17	4,8	23,04
1,22	4,9	24,01
1,27	5,0	25,00
1,54	5,5	30,25
1,83	6,0	36,00
2,15	6,5	42,25
2,50	7,0	49,00
2,87	7,5	56,25
3,26	8,0	64,00
3,68	8,5	72,25
4,13	9,0	81,00
4,60	9,5	90,25
5,10	10,0	100,00

Unvollkommen elastischer Stoß.

Beträgt für beide Körper der Elastizitätskoeffizient a, so ist:

$$c_1 = \frac{M_1 v_1 + M_2 v_2 - M_2 (v_1 - v_2) \sqrt{a}}{M_1 + M_2},$$

$$c_2 = \frac{M_1 v_1 + M_2 v_2 + M_1 (v_1 - v_2) \sqrt{a}}{M_1 + M_2},$$

$$\text{Arbeitsverlust } L = \frac{1}{2} \frac{M_1 M_2}{M_1 + M_2} (v_1 - v_2)^2 (1 - a).$$

Der Elastizitätskoeffizient a findet sich $a = h_1 : h$, worin h_1 die Höhe bezeichnet, bis zu welcher eine Kugel aus dem betreffenden Stoff zurückprallt, wenn man sie aus der Höhe h niederfallen läßt. Die Größe von a hängt wesentlich ab von der Geschwindigkeit, mit welcher die Kugel auftrifft, d. h. von h. Im Mittel ist für Elfenbein $a = (^8/_9)^2$, für Stahl und Kork $a = (^5/_9)^2$, für Glas $a = (^{15}/_{16})^2$. Im Falle des unelastischen Stoßes ist $a = 0$, im Falle des vollkommen elastischen ist $a = 1$. Lit.-Nachw. Nr. 254.

Abs. 255. **Die Intensität des menschlichen Schlages.** Man täuscht sich meist über den Effekt des menschlichen Schlages und wählt infolgedessen die mechanischen Hämmer sehr leicht für allgemeine Schmiedearbeiten zu klein. Nach von mir gemachten Beobachtungen unter Anwendung der Heimschen Methode ist der Schlag eines Mannes mit einem Vorschlaghammer ebenso schwer wie der eines 50 kg-Beché-Hammers. Ein 50 kg-Hammer hat daher nur eine höhere Schlagzahl als ein Mensch, daher soll man für allgemeine Schmiedearbeiten, die bisher mit der Hand ausgeführt wurden, nicht unter diese Größe gehen, denn leichtere Schläge lassen sich allemal mit dem Hammer geben. Es ist ein Irrtum, wenn man glaubt, daß schwere Schläge zu schmiedende Materialien zertrümmern. Dies liegt nicht an den schweren Schlägen, sondern an der Glühdauer, d. h. das betreffende Material hat während der zu kurzen Glühperiode noch nicht alle Spannungen verloren; oder aber es sind auch Krankheitserscheinungen des Materials (siehe IV. Hauptteil). Lit.-N. Nr. 255.

Abs. 256. **Die Häufigkeit der von einem Manne ausgeführten Schläge.** Die Zahl der Schläge, welche ein Mann in der Minute auszuführen vermag, richtet sich erstens nach dem Gewicht des Hammers und zweitens nach der Länge des Weges, welchen der Hammer zurückzulegen hat. Außerdem aber richtet sich die Zahl nach der Tageszeit. Am Morgen, wo der Mann frisch ist, ist die Zahl um 20—30% höher als am Abend. Die Zahl der Schläge beträgt beim Schlagen über Kopf mit dem schweren Vorschlaghammer ca. 40, beim Schlagen mit dem schweren Bankhammer ca. 60 und geht bei den leichtesten Hämmern, z. B. beim Treiben des Durana, bis auf 100 pro Minute im Mittel hinauf. Lit.-Nachw. Nr. 256.

Abs. 257. **Die Anforderungen an die Manövrierfähigkeit des Hammers.** Eine Hauptbedingung für die Güte des Universalhammers ist, daß der Hammer sich in jeder Nuance ohne erheblichen Kraftverlust regulieren läßt. Er muß sowohl bei rascher wie auch bei langsamer Schlagfolge je nach Wunsch schwere oder leichte Schläge geben, denn beim schweren Schlagen muß meistenteils der Hammer langsam arbeiten, damit der Schmied das Stück unter dem Hammer wenden kann und auch genügend Zeit hat, es fortzurücken, da schwere Schläge auf dem Arbeitsstück entsprechend größere Veränderungen zurücklassen. Beim Schlichten dagegen, das durch leichte und leichteste Schläge vorgenommen wird, soll der Hammer möglichst rasch schlagen, namentlich da, wo es sich darum handelt, Bleche zu spannen. Diesen Anforderungen entsprechen nicht alle Hämmer. Federhämmer geben vielfach die schweren Schläge erst bei voller Tourenzahl ab, und die leichten Schläge werden dadurch erreicht, daß der Antriebriemen nur teilweise auf der Antriebscheibe läuft, während die übrige Kraft durch Gleiten vernichtet wird. Gerade die Anforderung, daß der Hammer eine hohe Regulierfähigkeit besitzt und dem Schmied die Möglichkeit gibt, die infolge der einzelnen Schläge in eine Reihe von Phasen zerlegte Arbeitsleistung genau zu beobachten, unterscheidet ihn vorteilhaft von der Presse, bei welcher die Quetschung des Materials nur zu leicht über das gewünschte Maß hinausgeht. Auch muß der Schmied, solange er das Arbeitsstück selbst regieren kann, den Hammer allein steuern können.

Die große Manövrierfähigkeit, die ein gutgesteuerter Hammer besitzt, macht ihn deshalb bei Verwendung geeigneter Schabotten und Hammerbahnen auch brauchbar, Spezialarbeiten zu verrichten. Lit.-Nachw. Nr. 257.

Abs. 258. **Die Anforderungen an die Ausbildung der Schabotteform und -Material.** Die Ausbildung der Schabotte aller Hämmer, sei es der von Dampfhämmern, Lufthämmern, Friktionsfallhämmern u. dgl., die zu allgemeinen Schmiedezwecken dienen sollen, wie auch bei denjenigen Hämmern, die zu Spezialzwecken dienen, so auch der Gesenkefallhämmer, läßt heute noch viel zu wünschen übrig.

Der Amboß soll nicht, wie bisher, lediglich ein Widerlager sein, um die Kraft des Bären zwecks Deformierung des Schmiedestücks zum Ausdruck gelangen zu lassen, sondern er ist als der wichtigste mitwirkende Teil des Hammers mitzubetrachten; denn nach meiner Überzeugung müssen wir ihn als Kraftspeicher auffassen, der in wechselseitiger Bewegung mit dem Bären zur Deformation beiträgt, indem er die in den Amboß übergegangene, zur Deformation erstmalig nicht verwendete Kraft des Bären nach dem Stoß nutzbar macht. Deshalb ist auch die Form und das Gewicht des Ambosses nicht gleichgültig. Die Verrichtung von Arbeit durch den Amboß schließe ich namentlich aus der in Abs. 193 wiedergegebenen Stauchfigur 2.

In unmittelbarer Beziehung zu der Ausbildung des Ambosses steht die Ausbildung des Bären. Das Repulsionsvermögen des Ambosses läßt den leichten Bären der Gesenkehämmer sofort nach dem Schlag wieder hoch fliegen. Dieses sofortige Abheben der Gesenke voneinander ist ungemein wichtig, erstens, da beim Gesenkschmieden die Deformationswärme an der Außenfläche des Schmiedestücks entsteht und durch die Gesenke keine Abkühlung erfahren darf, zweitens, um durch diese Deformationswärme das Ausglühen der Gesenke zu vermeiden. Andererseits ist der Bär, wenn er innere Stückarbeit leisten soll, möglichst schwer auszugestalten, um bei der Zurückfederung der Schabotte Widerstand zu leisten und quetschend zu wirken.

Mit Bezug auf die Art des Schlages, ob der Schlag ein repulsierender oder klebender sein soll, ist die Schabotte in geeignetem Material und geeigneter Form herzustellen, für den prellenden Schlag der Feder- und Gesenkefallhämmer langgestreckt in Stahl, für den klebenden Schlag der Reckfallhämmer, der Luppen- und Brückenhämmer dagegen breit in Gußeisen.

Bei dem Universal-Schmiedehammer muß, wenn sie die Stellung einer Universalwerkzeugmaschine in der Schmiede einigermaßen behaupten soll, der Amboß der Schabotte derartig eingerichtet werden, daß er leicht auszuwechseln oder zu verschieben ist. Eine Reihe von englischen Firmen hat bereits jetzt die Hammergestelle mit einer sehr großen rechteckigen Fußplatte versehen. Diese Fußplatte kann einen großen Teil des Gewichts der Schabotte darstellen. Den kleineren Teil der Schabotte, den eigentlichen Amboß, kann man dann auf dieser Platte in genügend kräftigen Nuten verschieben und ihn durch selbsttätig sichernde Schrauben oder Keile befestigen. Bedingung ist dabei, daß das Gesamt-Widerstandsgewicht reichlich ist, so daß keine erheblichen Drücke mehr auftreten und das Ganze elastisch gelagert ist. Wesentlich z. B. ist die Verschiebung und die Aufstellung eines zweiten Ambosses, wenn man mit dem Hammer auch Kröpfungen herstellen will, z. B. bei der Anfertigung einer Welle. Weiter ist es z. B. bei der Anfertigung einer Welle durchaus wünschenswert, daß man einen Amboß für den gekröpften Teil der Welle vorbereitet und, um Zeitverlust zu vermeiden und die Hitze des Stückes ausnutzen zu können, einen solchen für den runden Teil der Welle, aus dem wieder das Gesenk sich leicht herausschlagen läßt, wenn die Welle auf zwei verschiedene Stärken abgesetzt ist.

Solche kastenartige Ambosse, die den Wechsel der Gesenke bzw. Bahnen leicht gestatten, sind bereits in England im Gebrauch. Die Ausbildung der Schabotte in der vorgenannten Weise und die Möglichkeit, durch die Anwendung mehrerer Gesenke leichter und genauer auf Maß schmieden zu können, wird die Rentabilität der Schmiede wesentlich unterstützen, da das Präzisionsschmieden von größter Wichtigkeit ist.

Bei den Spezialhämmern, also der Art, zu welcher sich der Hammer mehr und mehr ausbilden wird, ist zum Teil die Schabotte in der äußeren Form in geeigneter Weise ausgestaltet worden, aber dieses Gebiet ist von den hammerbauenden Firmen noch viel mehr zu kultivieren, sofern der Hammer nicht verdrängt werden soll. Denn sie sollten bedenken, daß der Wechsel der Bahnen bei einer Presse viel leichter ist als bei einem Hammer, da die Bahnen der Pressen nicht annähernd so sicher befestigt zu werden brauchen wie die der Hämmer, bei welchen Prellschläge zu befürchten sind.

Großer Wert ist auf die Größe der Auflagefläche der Schabotte zu legen, denn bei einer zu kleinen Auflagefläche wachsen die spezifischen Bodendrücke, die Kraftverluste und Bodenerschütterungen bringen. Ausführlicher habe ich die Bodendrücke im IV. Hauptteil behandelt. Lit.-Nachw. Nr. 258.

Abs. 259. **Die Verbindung der Schabotte mit dem Hammergestell.** Die feste Verbindung der Schabotte mit dem Hammergestell ist bei Fallhämmern allgemein üblich, da man hier erstens die Gleitbahnen gut nachstellen kann und zweitens Brüche namentlich bei Anwendung schmiedeeiserner Gleitbahnen weniger befürchtet. Die amerikanische Firma Buffalo Foundry & Machine Co. verbindet bei ihren Dampfhämmern die Schabotte ebenfalls mit dem Gestell durch Zusammengießen und wendet hierbei als Material Stahlguß an. Die Firmen Eulenburg, Mönting & Co. in Schlehbusch und Banning in Hamm bauen ebenfalls Hämmer mit angegossener Schabotte und verwenden dazu Gußeisen. Hierbei wird bis zu einem Bärgewicht von 800 kg hinaufgegangen.

Ich halte auch die Befürchtungen von Brüchen und erhöhter Abnutzung der Hämmer bei richtiger Konstruktion für übertrieben. Selbstverständlich ist, daß namentlich die Schabotte entsprechend dem Schlageffekt schwer ist und nicht etwa, wie leider vielfach üblich, entsprechend dem Bärgewicht. Der Verlust an Schlageffekt ist zu beschränken und der Hammer auf elastische Unterlage zu stellen. Der Ständer, wenn er durch Schrumpfringe mit der Schabotte verbunden ist, soll nicht zu schwer, aber doch genügend kräftig ausgebildet sein, damit die Schrumpfringe nicht zu stark beansprucht werden. Zweifellos ist, daß der Effekt ein besserer ist, da die Last des Ständers mit zum Schabottegewicht zählt.

Einfügung von Stahlsehnen in das Gestell dürfte bei dieser festen Verbindung von Vorteil sein. Wesentlich und neu ist die federnde Aufhängung der Schabotte an dem Hammergestell. Zu dieser Konstruktion haben auch die Beckmannschen Laboratoriumsversuche geführt. Beckmann hat gefunden, daß der Schlageffekt der gleiche ist, wenn er den Amboß auf Federn oder auf Holz stellte. Die Tabelle der Beckmannschen Schlagversuche sei daher hier wiedergegeben; das Gewicht des Bären war 100 kg, Fallhöhe 2,0 m, Amboß 1000 kg.

Nr. des Versuchs	Abmessungen der Proben vor dem Versuch		Höhe nach dem Versuch mit federndem Amboß	Höhe nach dem Versuch Amboß auf Holz	Temperatur	Gesamtarbeit	Federverkürzung	Verlorene Arbeit	
	Höhe mm	Durchm. mm	mm	mm	° C.	mkg	mm	mkg	in % der Gesamtarbeit
1	50	34	36,0	34,7	1200	201,6	15,8	33,5	16,6
2	50	34	40,0	39,7	1000	201,6	16,1	35,0	17,3
3	50	34	42,1	41,6	800	201,7	16,8	38,3	18,9
4	60	37	42,3	45,5	1200	201,5	15,5	32,1	15,9
5	60	37	51,0	50,9	1000	201,6	16,0	34,4	17,0
6	60	37	53,5	52,3	800	201,6	16,5	36,8	18,2
7	44	43,2	34,7	35,2	1200	201,6	15,8	33,5	16,6
8	44	43,2	37,3	37,8	1000	201,7	16,8	38,3	18,9
9	44	43,2	38,6	39,0	800	201,7	17,2	40,1	19,8
10	50	34	—	—	20	201,8	18,4	47,7	23,6
11	60	37	—	—	20	201,9	19,0	51,2	25,3

Auf die Konstruktion des regulierbar federnd aufgehängten Ambosses werde ich im II. Hauptteil näher eingehen.

Bei richtigem Bau können auch Riesenhämmer in dieser Art hergestellt werden. Lit.-Nachw. Nr. 259.

Abs. 260. **Der Einfluß der Erschütterungen auf die Konstruktion und das Material bei Hämmern, Pressen und Zwischenstufen.** Erschütterungen machen sich in zwei Richtungen geltend: erstens in dem Kristallinwerden namentlich von gehärteten Stählen, und zweitens in dem Ausschlagen von Konstruktionsteilen. Die erstgenannte Erscheinung äußert sich meistens in Brüchen und bildet eine Ermüdungserscheinung des Materials.

Das Ausschlagen von Konstruktionsteilen kommt namentlich bei Prellungen vor, durch welche das Material verdrückt wird, dann erfolgt infolge des Nichtmehrpassens der betreffenden Teile eine starke Abnutzung. Dies tritt zutage z. B. an Gelenken von kleinen Hämmern, die den Kleinschmieden verkauft werden. Meistens sind die Gelenkbolzen und die Lager bei weitem zu gering konstruiert bzw. zu hoch belastet. Derartige Fehler sind als Konstruktionsfehler zu bezeichnen, und die Hämmer müßten bei einer Begutachtung unbedingt das Prädikat »mangelhaft« erhalten. Ähnlich steht es mit Stopfbüchsen von Dampf- und Lufthämmern, welche oft durch Prellungen beschädigt werden. Sie müssen dann derartig konstruiert sein, daß sie sich nachstellen lassen und auch die auftretenden spezifischen Drücke möglichst klein sind. Auch Steuerungen, namentlich wenn sie hoch belastet sind, wie z. B. an hydraulischen Pressen, leiden infolge übertragener Erschütterungen, so daß sie undicht werden. Auch diesem Übelstande läßt sich abhelfen. Lit.-Nachw. Nr. 260.

Abs. 261. **Das Verhältnis des Schlageffekts zum Amboßgewicht, Gewicht der Schabotte, Teilung desselben.** Bei Hämmern findet man fast allgemein die Angabe des Schabottegewichts als das x-fache Verhältnis zum Bärgewicht. Dies ist durchaus unrichtig. Das Schabottegewicht muß in einem gewissen Verhältnis zum Schlageffekt stehen, denn der hohe Fall eines Riemenfallhammerbären bedarf eines ganz anderen Widerstandes zur Aufnahme des Stoßes als der niedrige Fall eines Stangenfallhammerbären von gleichem Bärgewicht. Nachstehend mögen Beispiele gegeben sein für die großen Differenzen, die zwischen diesen beiden Gattungen von Hämmern in bezug auf das Schabottegewicht herrschen, ferner auch noch einige Angaben über andere Hämmer gemacht sein. Aber nicht nur das Schabottegewicht kommt bei diesen Hämmern in Frage, sondern auch das Gesamtgewicht abzüglich Bärgewicht, sobald diese Massen mit der Schabotte zusammenhängen.

Billings, Spenzer Cie. Stangenhämmer.

Bärgewicht . . . . kg	365	450	550	635	725	820	910	1 130	1 360
Schabottegewicht . . . . . . kg	5 400	6 800	8 200	9 600	10 900	12 300	13 600	17 000	20 400
Gesamtgewicht . . . . kg	8 500	10 400	11 800	11 900	14 700	18 600	20 000	25 400	29 000
Größte Fallhöhe . . . . m	1,525	1,680	1,680	1,68	1,68	1,88	1,88	2,04	2,04
Effekt in m/kg	550	740	910	1 040	1 190	1 476	1 638	2 250	2 700
Schabottegewicht = x fache der m/kg	9,9	9,2	8,9	9,1	9,2	8,3	8,3	7,5	7,5
Gesamtgewicht abzüglich Bär = x fache der m/kg	14,7	13,5	12,4	10,9	11,7	12,1	11,7	10,8	10,0

Stangenfallhämmer einer deutschen Firma.

Bärgewicht	kg	400	500	800	1 000
Schabottegewicht	kg	4 450	6 750	10 800	13 500
Gesamtgewicht	kg	9 500	12 400	17 000	24 000
Größte Fallhöhe	m	1,600	1,700	1,700	1,900
Effekt in m/kg		625	785	1 285	1,920
Schabottegewicht = xfache der m/kg		7,3	8,5	8,2	7,05
Gesamtgewicht abzüglich Bär = xfache der m/kg		14,2	14,0	11,9	12,0

Riemenfallhämmer für Dampfhubwerk.

Bärgewicht	kg	400	800
Schabottegewicht	kg	6 000	12 000
Gesamtgewicht	kg	7 200	14 150
Größte Fallhöhe	m	2,8	2,8
Effekt in m/kg		1 120	2 240
Schabottegewicht = xfache der m/kg		5,35	5,4
Gesamtgewicht abzüglich Bär = xfache der m/kg		6,05	5,95

Feilenhammer einer deutschen Firma.

Bärgewicht	kg	30	55
Effekt in m/kg	ca.	22	48
Gewicht der bewegl. Schabotte allein	kg	640	960
Schabottegewicht = xfache der m/kg		29,0	20,0

Lufthammer einer deutschen Firma.

Bärgewicht	kg	50	100	150	350	500
Effekt in m/kg		83	195	325	900	1450
Gewicht der freistehenden Schabotte mit Einsatz und Gesenk	kg	900	1500	2240	5250	7668
Schabottegewicht = xfache der m/kg		10,4	7,7	6,9	5,8	5,3

Riesenhammer der Firma Böhler.

Bärgewicht	kg	15 000
Hub, unverkürzt	m	2,4
Effekt bei freiem Fall und 0,4 Schmiedehöhe	m/kg	30 000
Schabottegewicht	kg	310 000
Schabottegewicht = xfache der m/kg		10,4

Aus Vorstehendem ersehen wir, welch große Verschiedenheiten in der Annahme des Schabottegewichts zum Effekt geherrscht haben. Unrichtig ist, daß man das Verhältnis des Gesamtgewichts bzw. des Amboßgewichts zu den erzeugten mkg pro Schlag mit der Größe des Hammers sinken läßt, anstatt es steigen zu lassen, denn ein kleiner Hammer wird nicht annähernd die gleiche Menge an Vibrationswellen aussenden wie ein großer Hammer. Die Ursache dafür, daß die Fabriken diese Maßnahme getroffen haben, liegt offenbar in der Preisgestaltung.

Beckmann fand nun, daß der Verlust bei Verwendung einer Schabotte vom 8fachen des Schlageffekts bei 1200° heißem Eisen 16,2%, betrug, bei 800° heißem Eisen 19,0% und bei kaltem Eisen 24,4%. Es sei ferner erwähnt, daß Höniger durch Schlagversuche ermittelte, daß bei kalten Stahlzylindern die nicht zur Formveränderung gebrauchte Arbeit 22% der aufgewandten Arbeit war.

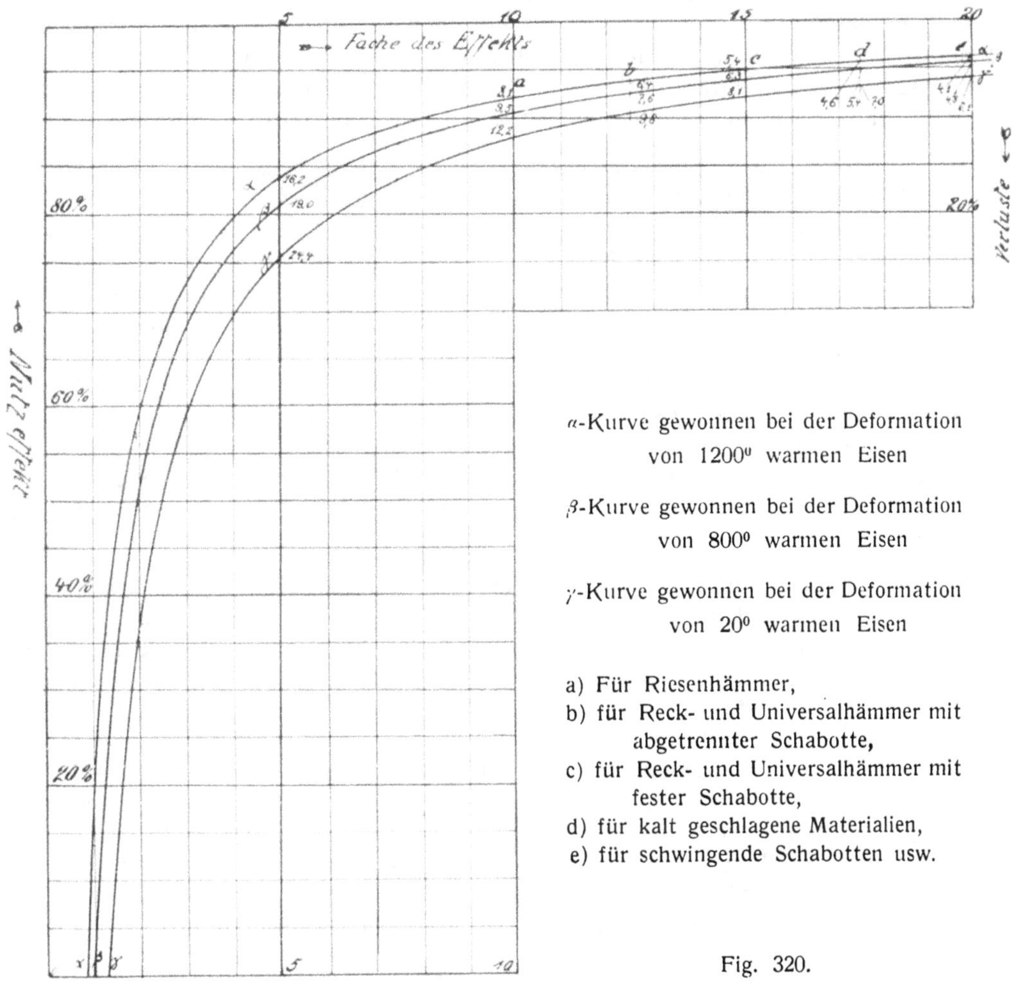

Fig. 320.

Fußend auf den Angaben Beckmanns, habe ich in obenstehend abgedruckter Fig. 320 die Kurve konstruiert, welche die Nutzeffekte bezw. die Verluste bei verschiedenen Amboßgewichten für einen gewissen Schlageffekt wiedergibt. In der Figur habe ich auch ferner diejenigen Amboßgewichte gekennzeichnet, die m. E. für die einzelnen Arten von Hämmern erforderlich sind.

Auf Grund der vorstehend gezeichneten Kurve ist man künftig in der Lage, den Nutzeffekt des von einem Hammer ausgeübten Schlages zu bestimmen. Die Höhe des Schabottegewichts richtet sich in Verbindung mit der regulierbar federnden Anhängung nach der gewollten Formveränderung des Werkstückes.

Eine weitere Folge des ausreichenden Schabottegewichts ist auch, daß der Hammer nur geringe Fundamente braucht, und die Mehrkosten eines erhöhten Schabottegewichts durch die geringeren Kosten des Fundaments teilweise ausgeglichen werden. Es sind daher die zurzeit bestehenden usuellen behördlichen Vorschriften, so weit diese das Schabottegewicht nach dem Mehrgewicht bestimmen, als durchaus unzureichend zu bezeichnen. Hierauf gehe ich näher in Band II ein.

Nach meinen Erfahrungen halte ich es auch für möglich, die Schabotte, wenn sie zu schwer werden sollte, ohne Störung horizontal und vertikal zu teilen und gewissermaßen das Fundament durch ein eisernes zu ersetzen. Die horizontale Teilung hat man bereits bei sehr großen Dampfhämmern durchgeführt, nur ist dazu eine solide Verbindung der Teile untereinander nötig, was mit selbsttätig nachspannenden Ankern auch möglich ist. Die Montage der Schabotte wird hierdurch eine leichtere, namentlich wenn die vorhandenen Montagekräne nicht ausreichen. Lit.-Nachw. Nr. 261.

Abs. 261. **Das Gießen von Riesenschabotten.** Da der Transport von Schabotten über 20 000 kg auf der Eisenbahn besonders schwere Wagen verlangt, welche im Maximalfalle 40 000 kg tragen, und da auch die auf der Eisenbahn befindlichen Hebevorrichtungen kaum mehr als dieses Gewicht zu tragen vermögen, wird man gut tun, entweder die Schabotten zu teilen oder, wenn die einzelnen Teile der Schabotte dieses Gewicht noch übersteigen, die Schabotten an Ort und Stelle zu gießen. Über den Guß derartiger Schabotten macht Böhler in »Stahl und Eisen« nähere Angaben. Solche Schabotten sind natürlich dann auch in einem Stücke zu gießen, aber mit Kernlöchern zu versehen, um Drehzapfen zwecks Wendens einsetzen zu können, da die Schabotte mit dem Teil, der den eigentlichen Amboß trägt, nach abwärts gegossen werden muß. Sind keine Kupolöfen einer Gießerei in unmittelbarer Nähe, so wird man genötigt sein, Ölöfen aufzustellen und reichlich mit Thermit zu arbeiten, um das Eisenbad flüssig zu erhalten. Lit.-Nachw. Nr. 262.

Abs. 262. **Schabotten, teils aus Stahl- teils aus Grauguß.** Die Firma Owens & Renschler Co. in Hamilton, Ohio, gießt Schabotten für Hämmer, deren oberer Teil aus Stahlguß hergestellt ist. Diese Schabotten, welche Stahlgußköpfe haben, scheinen namentlich geeignet zu sein für Gesenkefallhämmer, bei denen die Repulsion eine erhebliche sein soll, auch weil die Gesenke, falls sie keine große Unterfläche haben, sich leicht in Graugußschabotten einarbeiten und die Keilflächen durch häufigen Gesenkewechsel leiden. Die Schabotten werden hergestellt, indem die aus Stahlguß gegossenen Köpfe auf den Boden der Form beim Gießen gelegt werden. Die Köpfe haben, damit sich das Gußeisen gut mit ihnen verbinde, die erforderlichen Ansätze. Bei sehr großen Schabotten, die am Aufstellungsorte gegossen werden müssen, hat dieses Verfahren insofern sehr viel Zweck, als die Köpfe vor dem Eingießen bearbeitet werden können, während sonst die Bearbeitung von an Ort und Stelle gegossenen Schabotten viel Kosten und Mühe macht. Lit.-Nachw. Nr. 263.

II. Maschinen mit Preßschlagwirkung.

1. Vielhammermaschinen.

Abs. 264. **Allgemeines über Vielhammer- bzw. Mehrfachgesenkschmiedemaschinen.** In dieser Gruppe fasse ich alle diejenigen Maschinen zusammen, die mittels Exzenter eine größere Anzahl von Schlagpressen oder Preßhämmern in Bewegung setzen, die entweder nebeneinander auf Untergesenke oder konzentrisch auf ein Werkstück arbeiten. Sie dienen meistenteils zur Reduktion von Eisenquerschnitten, z. B. zur Herstellung von Feilenangeln, Messerangeln u. dgl. Bei den Maschinen, die mit konzentrischen Hämmern arbeiten, wird das Werkstück sofort fertig geformt, während bei denjenigen, deren Stößel nebeneinander liegen, das Werkstück nacheinander in einer Reihe von Gesenken fertig gearbeitet wird. Je nach der Drehzahl üben diese Maschinen einen mehr oder weniger großen Schlag aus. Lit.-Nachw. Nr. 264.

Fig. 321.

Abs. 265. **Vielhammerschmiedemaschinen.** Bauart: William Ryder, Ltd., Bolton. Fig. 321. Die Arbeitsweise und die Bauart der Maschinen ist, wie folgt: Ein starker, gußeiserner Rahmen trägt oben, in Lagern laufend, eine Welle mit einem Exzenter für jeden Preßhammer; dieser Exzenter drückt den Schlitten nieder, welcher seinerseits das Obergesenke herunterdrückt und die Feder zusammenpreßt. Wenn der Exzenter sich zu seiner Höchstlage wendet, folgt ihm der Schlitten mit dem Obergesenke infolge des Federdruckes. Es werden aber auch die Obergesenke, wie

Schnitt Fig. 322 zeigt, auf dem Schlitten durch nachstellbare Schraubenspindel verbunden.

Das Untergesenke ist durch Schrauben und Handgriff verstellbar und bleibt fest während des Schmiedens, nur das Obergesenke bewegt sich.

Ein Schwungrad ist an jedem Ende der Welle befestigt, um den Stoß besser auszugleichen, welcher bei schwerer Schmiedearbeit erzeugt würde, wenn sich nur an einem Ende ein Schwungrad befände. Eine Antriebsscheibe ist an einem Ende dieser Welle

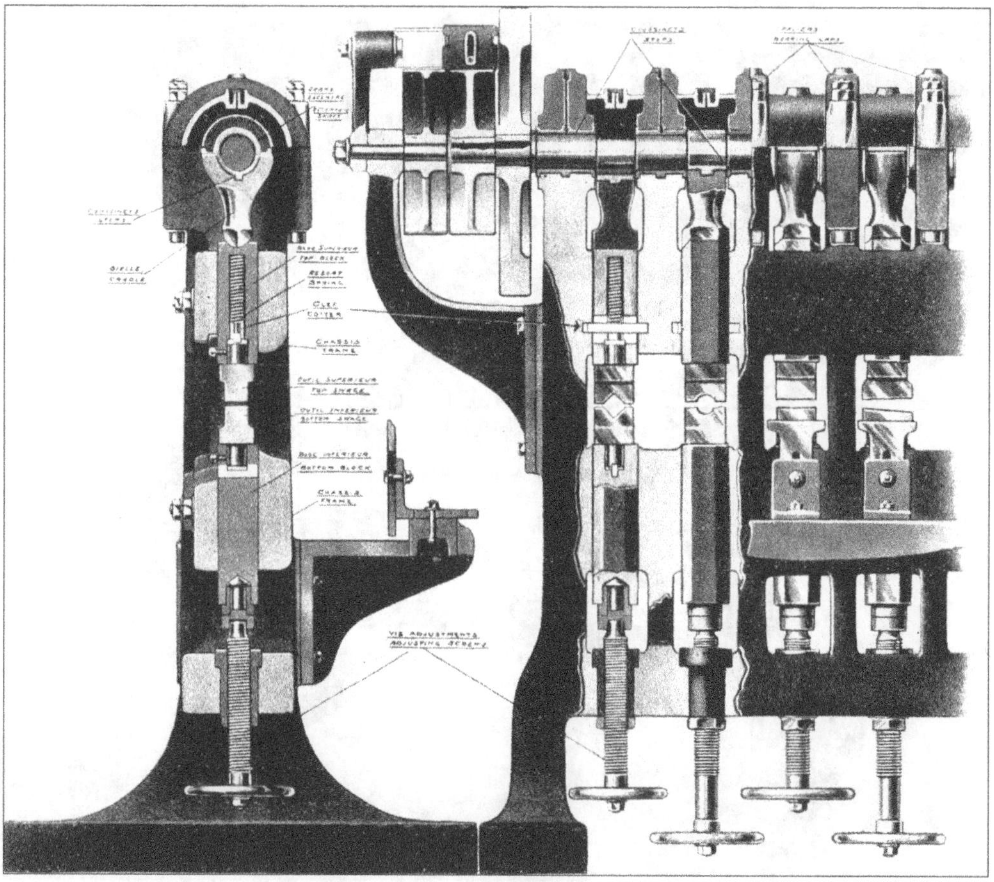

Fig. 322.

aufgekeilt. Diese lose Scheibe läuft auf einer besonderen Welle und kommt mit der Exzenterwelle nicht in Kontakt. Die Umdrehungszahl ist 800 pro Min.

Diese Maschinen werden entweder mit oberen Lagerdeckeln, die durch Bolzen befestigt sind, versehen, bei deren Abnahme die Welle aus ihrem Lager herausgommenen werden kann, oder aber die Maschine ist aus einem Stück mit dem Lager (ohne Deckel) gegossen, ein Fall, bei dem die Welle der Länge nach herausgezogen werden muß und die Exzenter natürlich innerhalb des Durchmessers des Hauptwellenlagers sein müssen.

Abs. 266. **Mehrfachgesenkeschmiedemaschine.** Bauart: Sächsische Maschinenfabrik vorm. Rich. Hartmann A.-G., Chemnitz. Diese Maschinen

(Fig. 323) dienen vorwiegend zur Herstellung von Bolzen, Schrauben, Anspitzen von Schienennägeln usw.

Die Maschine besteht aus einem als Hohlgußkörper ausgebildeten Ständer, der an seinem oberen Teil die Lager für die Exzenterwelle trägt.

Der Antrieb der Exzenterwelle erfolgt durch Fest- und Losscheibe, die auf derselben angebracht sind. An beiden Enden der Exzenterwelle ist je ein Schwungrad befestigt, welche die beim Schmieden auftretenden Stöße und Ungleichförmigkeiten ausgleichen. Die 4 Exzenter der Antriebswelle sind derart gleichmäßig verteilt, daß niemals 2 Exzenter zusammen arbeiten, sondern immer einer nach dem andern. Die Exzenter betätigen die Stößel, welche die obere Hälfte der Gesenke tragen. Ihre untere Hälfte ist in nachstellbaren Schiebern befestigt. Diese sind federnd angeordnet.

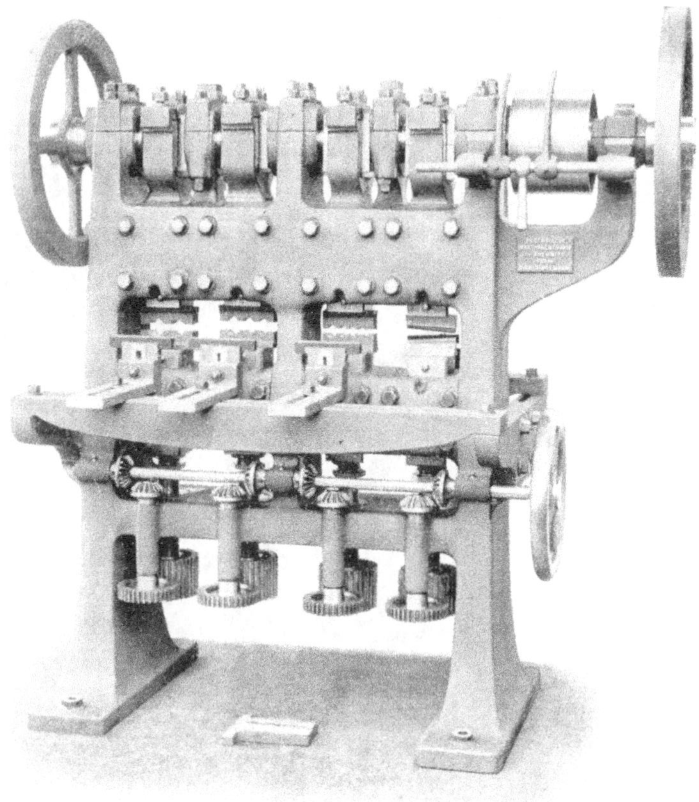

Fig. 323.

Die Maschine besitzt außerdem noch einstellbare Auflagen für das Material.

Die Hubzahl eines jeden Exzenters beträgt ca. 1300 pro Min.

Abs. 267. **Angelreckmaschine.** Bauart: Coultor und Mackenzie Maschine Company, Bridgeport, Conn. Fig. 324. Herrn Andrew Berg, Bridgeport, Conn., wurde kürzlich ein Patent bewilligt, welches gewisse Vervollkommnungen der konstruktiven Details der Angelreckmaschine schützt. Dieses wurde von ihm der Maschinengesellschaft Coulter & Mackenzie daselbst abgetreten. Die Gesellschaft hat die Maschine gebaut, welche in der nachstehenden Abbildung gezeigt ist, und erwähnenswerte Vervollkommnungen zur Herstellung der Feilenhefte besitzt.

Der Rahmen der Maschine ist mit mehreren Lagern versehen, in welchen, wie die Abbildung zeigt, in dem oberen Teil der Maschine die Hauptantriebswelle mit zwei großen Riemenscheiben gelagert ist. Von dieser Hauptwelle wird die Kraft mittels vertikaler Wellen, welche sich auf jeder Seite der Maschine befinden, nach der unten liegenden horizontalen Welle durch Kegelräder übertragen.

Die vier Zahnstaucher sind in der kleinen Öffnung in der Mitte der Maschine sichtbar und an hin und her gehenden Treibstangen befestigt, aus welchen sie je nach Bedarf entfernt werden können. Diese Treibstangen sind durch Zapfen mit Armen verbunden, deren Köpfe auf Exzenter angreifen, welche ihrerseits auf den früher erwähnten vier Wellen befestigt sind.

Das Arbeitsstück wird in einem Futter gehalten, das auf zwei horizontalen Führungsstiften montiert ist, welche an der vorderen Seite der Maschine hervorragen. Auf diesen kann es frei hin und her gleiten. Dieses Klemmfutter wird elastisch durch zwei Federn gegen den Rahmen der Maschine gehalten und besitzt einen Wulst auf seiner

Fig. 324.

Oberfläche, um das Stück zu halten, welches durch die vier Hämmer bearbeitet werden soll. Wenn man die Heftzapfen einer Feile im Gesenke schmiedet, ruht der Körper der Feile auf dem hervorstehenden Wulst des Futters und wird in der richtigen Lage durch zwei Backen gehalten, deren Bewegung durch einen Griff unterhalb des Futters und eines Verbindungsgliedes, das daran befestigt ist, reguliert wird. Das äußere Ende des unbearbeiteten Stückes ruht gegen ein verstellbares Widerlager, während das vordere in dem Schmiedefeld steht, wo die Hämmer die Stangenenden reduzieren, um die Heftzapfen zu formen. Die horizontalen Gesenke dieser Hämmer verlaufen spitz, um die Heftzapfen zu formen, und während diese die Stange reduzieren, erhalten sie von den flachen, vertikal arbeitenden Hämmern die Stärke des Heftzapfens gleich derjenigen des Körpers der Feile.

Die vertikalen und horizontalen Wellen, wie das Schneckenrad am unteren Ende der linken vertikalen Welle, laufen ununterbrochen und verleihen den die hin und hergehenden Stempel bzw. Gesenke tragenden Treibstangen abwechselnde Bewegung, und zwar durch die Exzenter, welche in der Mitte der Wellen angebracht sind. Die Exzenter sind so eingestellt, daß die Treibstangen sich paarweise in der Bewegung abwechseln, so daß, wenn die Stempel der horizontal beweglichen Treibstange sich einander nähern, diejenigen der vertikalen Treibstangen auseinander gehen. Anfangs erfolgt dann noch ein loses Hin- und Hergehen der Treibstangen, so daß ihre Stempel nicht in Berührung mit dem Stück kommen, welches im Gesenk geschmiedet werden soll. Wenn ein Arbeitsstück in die Lage zum Schmieden gebracht worden ist, wird der Fußtritt heruntergedrückt und die Kegelbremse unterhalb der Schnecke eingerückt, so daß die Schnecke zwangläufig eine kurze vertikale Welle antreibt. Dies erfolgt in der Weise, daß sie sich langsam dreht, wodurch die Exzenter die Stempel zwingen, sich nach und nach einander zu nähern, in dem Maße, wie die Stange reduziert wird. Sobald diese Welle eine volle Umdrehung gemacht hat, wird die Bremse durch einen Nocken gelüftet, der auf der Stange hervorsteht und die Welle anhält, während die Treibstange lose hin und her geht.

Die Operation zur Herstellung dieser Heftzapfen wickelte sich in 4 Sek. ab, während die Maschine von einem unerfahrenen Knaben gehandhabt wurde. Alles, was der Arbeiter zu tun hat, besteht darin, daß er die heiße Stange zwischen die vier Hämmer legen muß; sobald diese zur gewünschten Größe reduziert ist, öffnen sich jene automatisch, um ein neues unbearbeitetes Stück aufzunehmen. Die abgebildete Maschine wiegt ungefähr 2000 kg, ist 1524 mm hoch, nimmt 609 × 1219 mm Platz ein und erfordert 5 PS zum Antrieb. Die Hauptantriebswelle macht 450 Umdrehungen pro Minute, und ihre Riemenscheiben sind 406 mm im Durchmesser und 101 mm breit.

Abs. 248. **Vierschlaghämmer.** Bauart: Th. Kieserling & Albrecht, Maschinenfabrik und Eisengießerei, Solingen. In Figur 325 ist ein Spezialhammer dargestellt, bei welchem vier einzelne Hämmer, einer von unten, einer von oben, zwei von rechts und links abwechselnd gegeneinander schlagen, um kurze Eisenstücke in verjüngender Form anzulängen. Die ausgereckten Stücke werden jedoch nicht vollständig glatt, da glatte Säume sich nicht zum Ausrecken eignen, sondern dazu etwas gewölbt sein müssen, und diese Wölbung zeichnet sich auf dem ausgereckten Stück ab (siehe Figur 326). Die Maschine wird in zwei Größen gebaut, und eignet sich zum Ausrecken von

Fig. 325.

Material von 6 resp. 10 mm Rund- oder Quadratstahl. Die einzelnen Hämmer sind als Winkelhämmer ausgebildet und werden durch auf die Antriebsachse aufgekeilte Exzenter bewegt. Die Entfernung kann durch zwischen Exzenterbügel und Hämmern eingebaute verstellbare Zugstangen reguliert werden. Der Hammer arbeitet mit 500 Touren bei gleicher Anzahl Schläge eines jeden Hammers; er gibt eine Leistung von 2000 Stück pro 10 Stunden.

Fig. 326.

Abs. 269. **Reduziermaschinen zum Strecken, Verjüngen usw.** Geliefert von Alfred H. Schütte, Köln-Deutz. Die Maschinen dienen zum Strecken, Verjüngen, Anspitzen und Konischhämmern von Metallen aller Art, wie Eisen, weicher Stahl, Messing, Kupfer, Durana, Delta usw. in Form von Stäben, Röhren sowie anderer für die Bearbeitung geeigneter Teile.

Bei der angewandten Arbeitsmethode entsteht kein Materialabfall; das Material wird verdichtet und, besonders bei Stahl, in der Struktur verbessert, Kupfer-

Fig. 327. Modell L Nr. 4.

Fig. 328. Modell L Nr. 3.

auflage wird nicht zerstört. Das Reduzieren geschieht auf kaltem Wege, also ohne Zunderbildung, doch sind für besondere Fälle, z. B. zur vorteilhaften Herstellung von Spinnmaschinenspindeln, einige kleinere Maschinen auch für Warmbehandlung lieferbar.

In bezug auf die Wirkungsweise werden die Maschinen in zwei verschiedenen Konstruktionen ausgeführt:

Modell L, für kleinere Dimensionen, mit schnellen, kurzen, hämmernden Schlägen arbeitend,

Modell D, für größere Dimensionen, mit langsameren, mehr pressenden Schlägen arbeitend.

Modell L. Der Hämmermechanismus besteht aus einem trommelartigen Gehäuse, in dessen Innenseite eine Anzahl Rollen in gleichen Abständen so eingebettet sind, daß sie sich leicht drehen können. Der in das Gehäuse hineinragende Kopf der Arbeitswelle trägt in einer Führung die beiden sich gegenüber stehenden Hammerschlitten; am inneren Ende der Schlitten befinden sich die Gesenke, am äußeren sitzen Rollen, die ebenfalls leicht drehbar sind. Bei Rotation der Arbeitswelle werden die durch die Zentrifugalkraft nach außen gedrängten Schlitten durch die etwas hervorstehenden Schlagrollen auf das eingeführte Arbeitsstück getrieben.

Für Vollmaterial auf kaltem Wege.

Nr.	2½	3	3½	4	5
Größter Materialdurchmesser mm	4,75	8	9,5	12,7	19
Länge der Gesenke . . . . mm	25/50	50/70	57/76	63/100	76/127
Erforderliche Bodenfläche . mm	560 × 560	700 × 700	760 × 760	760 × 1220	825 × 1220
Gewicht, unverpackt . . ca. kg	295	475	570	1260	1500

Für Vollmaterial auf warmem Wege.

Nr.	3½ HS	5 HS
Größter Materialdurchmesser mm	8	9,5
Länge der Gesenke . . . . mm	76	140
Erforderliche Bodenfläche . mm	760 × 760	825 × 1220
Gewicht, verpackt . . . ca. kg	570	1500

Modell D. Bei dieser Ausführung kommen die in einem Ring gelagerten Schlagrollen mit den beiden Hammerschlitten unmittelbar in Berührung. Die bei Rotation des Hammerschlittenkopfes infolge der Zentrifugalkraft nach außen gedrängten Schlitten werden durch die in ihren Schwungkreis hineinragenden Rollen unter abwälzender Bewegung der arbeitenden Teile auf das eingeführte Material getrieben.

Für Vollmaterial auf kaltem Wege.

Nr.	3½ A	4 A	5 A	6 A	7 A
Größter Materialdurchmesser mm	19	25	38	44	50
Länge der Gesenke . . . . mm	56/76	63/100	76/127	76/127	100/152
Erforderliche Bodenfläche . mm	760 × 760	760 × 1220	825 × 1220	925 × 1375	1025 × 1450
Gewicht, unverpackt . . ca. kg	570	1260	1500	2350	3125

Für Rohrmaterial auf kaltem Wege.

Nr.	3½ AT	4 AT	5 AT	6 AT	7 AT
Größter Rohrdurchmesser . mm	38	50	65	88	100
Größte Wandstärke . . . . mm	2,4	2,4	3,2	3,2	3,2
Länge der Gesenke . . . . mm	76/127	76/152	100/176	127/200	127/200
Erforderliche Bodenfläche . . .	760 × 760	760 × 1220	825 × 1220	925 × 1375	1025 × 1450
Gewicht, unverpackt . . ca. kg	610	1350	1625	2350	3125

Abs. 270. **Bolzenkopfschmiedemaschine.** Bauart: Maschinenfabrik Hasenclever A.-G., Düsseldorf.

Zweck: Die Maschine dient zur Massenfabrikation von vier- und sechskantigen oder T-Kopfschrauben. Diese Schraubensorten werden von der Maschine ohne jede Gratbildung hergestellt, so daß eine besondere Operation für die Abgratung wie bei der Herstellungsweise mit Friktionspressen oder horizontalen Stauchmaschinen nicht in Betracht kommt. Die Leistung beträgt bis zu 10 000 Stück in 10 Stunden, je nach Bolzensorte und Größe.

Fig. 329.

Konstruktion: Diese Maschinen sind liegende Hammerpressen. Von der Hauptwelle wird durch eine Druckstange der Hauptschlitten bewegt. Vor diesem ist das Kreuz mit 4 oder 6 Hämmern angeordnet. Die 4 oder 6 Hämmer in dem Kreuz werden vom Hauptschlitten durch entsprechende Gelenke betätigt. Der zu schmiedende Bolzen wird durch zwei Klemmbacken gehalten. Das Material für die Kopfbildung wird durch den sog. Döpper im Hauptschlitten nach vorne geschoben und durch die 4 oder 6 seitlichen Hämmer in der gewünschten Form ausgeschmiedet. Als Neuerung an dieser Hammermaschine ist die Konstruktion zu erwähnen, daß sämtliche Scharnierbewegungen vermieden sind, wodurch in dem Schlitten der geringste Hub und damit ein entsprechend geringer Verschleiß erzielt wird. Die Bolzen fallen nach vollendetem Schmieden selbsttätig aus der Maschine. Die Maschine besitzt eine Sicherheitsvorrichtung an der Zugstange, die dann in Wirkung tritt, wenn kaltes Material oder Eisen in zu großen Durchmessern in die Maschine eingeführt wird.

Maß- und Gewichtstabelle.

Type	Bolzen bis Durchmesser mm	Leistung Länge mm	Stückzahl in 10 Std.	Kraftbedarf ca. PS	Erforderlicher Raum ca. mm	Gewicht netto ca. kg
BS0/Z	32	700	2500—7000	5—6	3000 × 1600	5500
BS/Z	26	580	4000—8000	4—5	2000 × 1400	3500
BSI/Z	22	500	4500—8500	3—4	2300 × 1300	3000
BSII/Z	16	500	7000—9000	2—3	2000 × 1100	2000

2. Mechanisch betriebene Stauchpressen für Stangenmaterial.

Abs. 271. **Allgemeines über mechanisch betriebene Stauchpressen für Stangenmaterial.** Die unter dem Namen Schmiedemaschinen auf den Markt gebrachten mechanischen Stauchpressen sind horizontal arbeitende Maschinen, die fast alle als gemeinsames Merkmal zwei Kniehebel aufweisen, von denen der eine zur Festhaltung des in die Matrize gelegten Materials dient, während der andere Hauptkniehebel die Stauchung vollzieht. Infolge der Anwendung des Kniehebels ist die Wirkung auf das warme Eisen schlagartig pressend, denn es handelt sich auch meist um Anstauchungen von Köpfen, Bunden u. dgl., bei denen die Stauchung keine sehr große Länge besitzt, und das Material die Matrize scharf ausfüllen soll. Bei diesen Maschinen wird nicht nur innere, sondern auch äußere Stückarbeit geleistet.

Eine andere Art der unter diese Rubrik fallenden mechanischen Stauchpressen sind die vertikal arbeitenden Vincent-Pressen. Sie besitzen hochgängige Spindeln, zum Teil mit geringen Massen, und üben daher oft mehr Pressung als Schlag aus. Infolgedessen ist es bei diesen Maschinen zum Teil notwendig, Vorgesenke einzuschalten.

Abs. 272. **Friktionspressen.** Bauart: A. Schröder, Maschinenfabrik und Eisengießerei, Burg a. d. Wupper. Diese Friktionspressen finden Verwendung zur Fabrikation von Nieten und Schrauben und zu Gesenkschmiedearbeiten mannigfaltigster Art. Fig. 330.

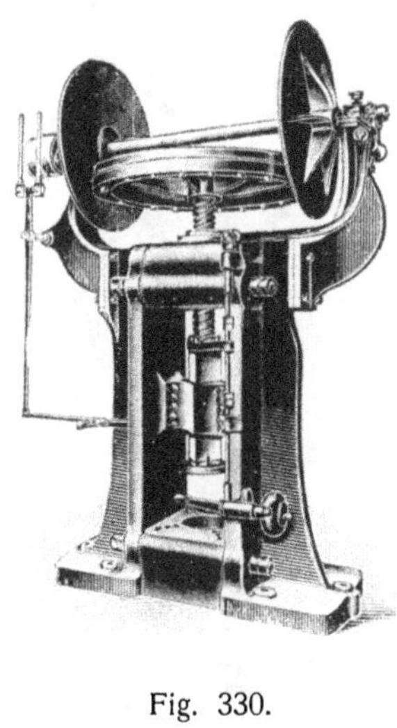

Fig. 330.

Infolge der großen Druckleistung, die diese Pressen ausüben müssen, werden an ihre Bestandteile große Anforderungen gestellt, und deshalb ist es notwendig, daß diese Maschinen nicht nur aus den besten und widerstandsfähigsten Rohmaterialien hergestellt werden, sondern auch für forcierte Beanspruchung richtig konstruiert und dimensioniert sind.

Im Gegensatz zu anderen Friktionspressen besteht der Körper dieser Presse aus vier Teilen, und zwar aus den beiden Ständern, Oberteil und der Schabotte. Die Teile greifen derart ineinander, daß sie mit Hilfe von Schraubenankern sowie Schrumpfringen ein festes Ganze bilden. Diese Konstruktion hat den Vorteil, daß bei eventuellen Brüchen nur der defekt gewordene Teil (z. B. nur der Ständer) ersetzt bzw. neu angefertigt zu werden braucht, während der übrige Teil der Presse gerettet ist.

Die aus Spezialstahl hergestellte zwei- bis dreigängige Spindel läuft in einer langen Rotgußmutter.

Die Herstellung des Körpers aus vier Teilen hat auch den Vorteil, daß die Maschine bequemer zu transportieren ist, was speziell für Fuhrwerks- und Seetransport wichtig ist.

Bei dem Schröderschen Typ wird das Schwungrad aus Stahlguß hergestellt und mit einem auf Hochkant gesetzten Friktionsriemen versehen, wodurch nicht nur eine gute und gleichmäßige Friktion, sondern auch eine größere Dauerhaftigkeit des Riemens erzielt werden soll. Die Steuerung erfolgt durch Hand- oder Fußtritthebel.

Gewicht . . . . kg	5500	6800	8200	11000
Spindelstärke . . . . mm	135	150	175	200
Ständerweite . . . . mm	450	450	475	500
Spindelhub, total . . . . mm	275	300	325	350
Größter Arbeitsraum zwischen Tisch u. Schieber mm	375	400	450	500
Kraftbedarf . . . . PS	$2^1/_2$	4	$5^1/_2$	8

Fig. 331.

Abs. 273. **Friktions - Vincent-Pressen für Bolzen- und Nietenfabrikation.** Bauart: Maschinenfabrik Hasenclever Akt.-Ges., Düsseldorf. Fig. 331.

Zweck: Diese Maschinen werden in der Hauptsache zur Herstellung von Nieten, Bolzen mit allen vorkommenden Kopfformen benutzt. Mit Hilfe des Patent-Vorstauchapparates können auch die kompliziertesten Kopfformen in der rationellsten Weise hergestellt werden.

Konstruktion: Der Antrieb erfolgt auf Fest- und Losscheibe unter Anwendung einer Riemenrückvorrichtung. Die Losscheibe ist mit einer Lünemannschen Schmierbüchse versehen. Durch den Steuerhebel wird das Vorgelege einmal mit einer Vertikalscheibe von links an die Mittelfriktionsscheibe für die Aufwärtsbewegung, das anderemal rechts für die abgehende Bewegung gedrückt. Die Mittelfriktionsscheibe steht bei dieser Bauart still, d. h. sie wird nicht nach oben und unten bewegt, sondern erhält durch die Vertikalscheiben nur eine drehende Bewegung. Dadurch wird die Spindel auch nur in der einen oder andern Richtung gedreht und nicht auf Biegung beansprucht. Durch die drehende Bewegung der Spindel wird der Schlitten (auch Bär genannt) auf- und abwärts bewegt. Der Schlitten ist hinten zwangläufig mit Hebel und Gegengewicht ausgestattet, so daß die Maschine dank dieser Ausgleichvorrichtung sehr leicht zu bedienen ist. Ferner wird hierdurch erreicht, daß in der Minute 30—35 Schläge ausgeführt werden können. Der Schlitten ist aus einem Block Stahl geschmiedet und hat eine besonders lange und gute Führung. Der Schlag bei diesen Maschinen wird von unten nach oben ausgeführt, derart, daß das Obergesenk feststeht. Der Schlag wird also auf die Obermatrize gegeben, von hier aus auf Spindel und Schlitten übergeleitet, so daß der Körper vollständig entlastet ist. Dieser Punkt erscheint wichtig, da hierdurch Körperbrüche bei diesen Maschinen nicht zu erwarten sind. Der Schlitten ist oben und unten durch je vier prismatische, nachstellbare Führungsleisten geführt. Diese Führungsleisten arbeiten wieder auf auswechselbaren Verschleißplatten am Körper. Die Spindel selbst ist aus einem Spezialstahl gefertigt, und erhält in Mutter aus Deltametall lange Führung. Di: Übertragung der Steuerhebelbewegung auf die Friktionsscheibenwelle erfolgt durch ein Zwischenglied bzw. eine Kulisse aus Stahlsteinen und Bronzelagern, so daß hier bei der hohen Umdrehungszahl des Vorgeleges (ca. 400 in der Minute) nur ein geringer Verschleiß auftritt. Zu erwähnen ist noch, daß die vertikale Friktionsscheibe dem Lederverschleiß entsprechend genau einzustellen ist. Jede Scheibe ist mit zwei Muttern und einem Federkeil befestigt. Durch die Mutter mit Gewinde auf der Welle ist die vorerwähnte genaue Einstellung jederzeit leicht zu erreichen. Die Mittelscheibe ist mit einer Lederbandage ausgerüstet, die einfach und schnell nach Verschleiß ersetzt werden kann. Die Bandage hält bei ordnungsmäßigem Betriebe immerhin 5 Monate.

Die Patent-Vorstaucheinrichtung: Die Patent-Vorstaucheinrichtung der Hasenclever-Presse verdient besondere Erwähnung, da große Köpfe mit einer Hitze hergestellt werden können.

Das Wesentliche der Neuerung besteht darin, daß der Bolzen in der Untermatrize nicht bewegt wird, da Untermatrize und Fertigmatrize in der Maschine fest verlagert sind, und die lose eingesetzte Vorstauchmatritze durch Schieber zwischen Untermatrize und Fertigmatrize gebracht wird. Die Fig. 332 zeigt diese Einrichtung.

Ein Anschlag sorgt dafür, daß die Vorstauchmatrize genau geführt wird. Außerdem ist diese Matrize im oberen Teile konisch gehalten, wodurch sie in einer entsprechenden Aussparung der Fertigmatrize Führung findet. An der unteren Seite ist die Matrize ebenfalls konisch gehalten und paßt hierdurch auf einen entspre-

Fig. 332.

chenden Konus der Untermatrize. Es ist somit die weitgehende Gewähr für genaue Zentrierung der Werkzeuge gegeben.

Die in der oben beschriebenen Weise hergestellten Bolzen sind im Prinzip genau so behandelt wie die Bolzen, die mit zwei Pressen bzw. bei zweimaligem Anwärmen hergestellt werden. Durch die Vereinfachung der Herstellung in einer Hitze mit einer Maschine ergibt sich eine erhöhte Leistungsfähigkeit sowie eine Ersparnis an Löhnen und Brennmaterial. Als weiterer Vorteil kann eine schärfere Ausprägung der Kopfformen angeführt werden, was namentlich für Bolzen mit Vierkant oder Oval unter dem Kopf in Betracht kommt. Die Neueinrichtung zeigt das Untergesenk nur mit der Fertigform, und somit wird schon beim ersten Schlage beinahe die volle untere Form gegeben und beim zweiten Schlage scharf nachgeprägt.

Arbeitsweise: Die Bedienung dieser Schlagpresse ist einfach. Die vertikalen Scheiben werden durch die Steuerung bzw. Gegengewichte seitlich an die auf der Spindel befestigte mittlere Friktionsscheibe gedrückt, wodurch diese in Drehung versetzt wird. Die Mutter, welche die Drehung der Spindel nicht mitmachen kann, geht auf- und abwärts und nimmt dabei den Bären mit. Bei der untersten Stellung des Bären wird der angewärmte Stift, welcher mit dem Kopf versehen werden soll, in die Matrize gebracht. Drückt man mit einer Hand auf den Steuerhebel, so schnellt der Bär in die Höhe gegen die Matrize und der Bolzenkopf ist fertig. Läßt man den Steuerhebel wieder los, so geht der Bär infolge der Gegengewichte wieder herunter, und der gepreßte Bolzen wird selbsttätig so weit angehoben, daß ihn der Arbeiter bequem mit der Zange wegstoßen kann.

Maß- und Gewichtstabelle.

Bolzendurchmesser bis einschl. mm	Nieten bis einschl. mm	Schienennägel bis qmm	Bolzenlänge bis mm	Stückzahl in 10 Std. ca.	Kraftbedarf ca. PS	Erforderlicher Raum Länge, Breite, Höhe ca. mm	Hub mm	Gewicht netto ca. kg
60	65	—	400	1500—4000	12—14	3,0 × 3,0 × 4,5	580	16 500
50	55	—	350	2000—5000	10—12	2,8 × 2,8 × 4,2	500	11 000
40	45	25	300	3000—6000	8—10	2,4 × 2,4 × 3,8	430	7 500
30	35	20	250	3500—7000	6—8	2,3 × 2,3 × 3,4	330	6 200
22	28	12	220	4000—7500	4—6	1,8 × 1,8 × 2,9	300	3 500
15	20	9	200	4500—8000	3—4	1,6 × 1,6 × 2,3	250	2 200
10	12	—	150	5000—9000	2—3	1,5 × 1,5 × 2,0	180	1 250

Abs. 274. **Schmiedemaschine System „Defries-Ajax“.** Bauart: De Fries & Cie. A.-G., Düsseldorf. Fig. 333.

Zweck: Die horizontale Schmiedemaschine dient zur Herstellung der verschiedenartigsten Formteile aus Stangenmaterial durch Stauchen.

Konstruktion: Die Maschine besteht aus einem massiven, kräftigen Bett, in welchem die Kurbelwelle gelagert ist, die durch ein von Riemen getriebenes Schwungrad ihren Antrieb mittels Stirnräder erhält. Von der Kurbelwelle wird dem Stempel sowie der Matrize eine hin und her gehende Bewegung erteilt, und zwar sind die Richtungen der Bewegung senkrecht zueinander. Die Bewegung des Stempels wird von der Kurbelwelle direkt durch Pleuelstange auf einen Schlitten, der den Stempel hält, übertragen. Von der Schlittenbewegung wird durch ein der Firma patentiertes Hebelsystem mit drei Drehpunkten die Bewegung einer Matrizenhälfte abgeleitet. Durch die Anordnung dieses Hebelsystems wird erreicht, daß die bewegte Matrizenhälfte, sobald sie ihre Endstellung (Matrizenschluß bzw. Festklemmung des Arbeitsstückes) erreicht hat, in dieser Stellung verharrt, bis der Stempel zurückgezogen wird. Die zweite Matrizenhälfte ist entweder fest, von Hand verschiebbar oder kann auch wie die erste durch ein besonderes Hebelsystem maschinell bewegt werden. Zur Sicherung der Maschine gegen Bruch bei Überlastung ist ein Zerreißbolzen im Schwungrad, einer im Hebelsystem zur Bewegung der Matrizen und nach patentierter Anordnung ein solcher Zerreißbolzen in der Pleuelstange angeordnet.

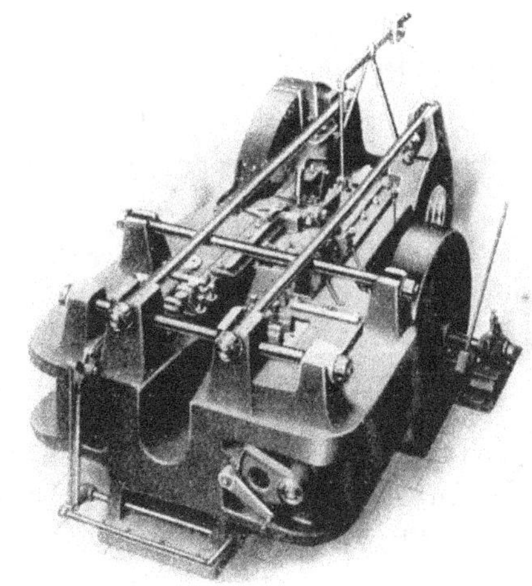

Fig. 333.

A r b e i t s w e i s e: Das Material wird in der zu verstauchenden Länge auf Hitze gebracht und in die Matrizenöffnung gehalten. Hierauf betätigt der Arbeiter einen Fußtritt, durch den die kontinuierlich hin und her gehende Pleuelstange mit dem Schlitten gekuppelt wird. Dadurch bewegt sich der Schlitten mit und gibt zunächst der Matrize eine Bewegung, so daß die Matrizen geschlossen bzw. das Material von diesen festgeklemmt wird. Ist diese Festklemmung erfolgt, so hat der Stempel sich bis zum Arbeitsstück vorgeschoben und beginnt die gewünschte Form zu stauchen, indem er das Material in die Matrize drückt; alsdann geht der Stempel zurück, die Matrizen öffnen sich und das fertig gestauchte Stück kann herausgenommen werden. Nötigenfalls muß es alsdann von der Stange mittels der für diesen Zweck gebauten Warmsäge abgeschnitten werden. Die Maschine arbeitet je nach der Größe mit einem Druck von 30—1000 t.

Maß- und Gewichtstabellen für Maschinen mit fester rechter Klemmbacke.

Modell SM	1	2	3	4	5
Für Rund- oder Vierkantmaterial bis . . . . . . mm	25	40	50	65	75
Klemmbackenöffnung . . . mm	45	64	70	70	100
Hub . . . . mm	124	178	200	200	232
Schlittenbewegung nach Schluß der Klemmbacken . . . mm	60	75	90	90	120
Anzahl der Hübe pro Min. . .	80	65	60	60	50
Kraftverbrauch . . . . ca. PS	8	10	12	15	20
Erforderliche Bodenfläche . mm	2200 × 1250	2500 × 1400	2800 × 2000	3200 × 2150	3600 × 2300

Modell SM	$5^1/_2$	6	7	8
Für Rund- oder Vierkantmaterial bis . . . . . . mm	85	100	125	150
Klemmbackenöffnung . . . mm	110	120	185	175
Hub . . . . mm	250	293	327	521
Schlittenbewegung nach Schluß der Klemmbacken . . . mm	125	150	180	240
Anzahl der Hübe pro Min. . .	50	40	35	30
Kraftverbrauch . . . . ca. PS	25	30	40	50
Erforderliche Bodenfläche . mm	4000 × 2400	4300 × 2600	5000 × 3000	6200 × 3750

Sonder-Maßtabellen für Maschinen mit beweglicher rechter Klemmbacke.

Modell SM	1	2	3	4	5
Größte Klemmbackenöffnung bei geöffneter rechter Klemmbacke . . . . mm	70	94	110	110	165

Modell SM	$5^1/_2$	6	7	8
Größte Klemmbackenöffnung bei geöffneter rechter Klemmbacke . . . . mm	185	215	255	315

Alle übrigen Maße sind den vorhergehenden Tabellen zu entnehmen.

Abs. 275. **Acme-Anstauchschmiedemaschinen,** geliefert von Alfred H. Schütte, Köln-Deutz. Die Maschine, Fig. 334, arbeitet mit zwei Schlitten, einem Gesenk- oder Schließschlitten zum Festhalten des Materials und einem Stauchschlitten, die beide

Fig. 334.

von der dreimal gelagerten Kurbelwelle bewegt werden. Sie gleiten mit Bronzesohlen in gehärteten Stahlbahnen.

Der Stauchschlitten mit dem Kopfstempel wirkt direkt schlagartig auf das Stauchende; er betätigt sogleich den verstellbaren Anschlag für die zu stauchende Materiallänge. Der Gesenkschlitten wird durch einen kräftig wirkenden Kniehebelmechanismus mit wenig Drehpunkten bewegt, in dem eine starke Spiralfeder als vollkommene Sicherung gegen Bruch des Maschinenbettes bei etwaiger Überschreitung des normalen Preßdruckes eingeschaltet ist. Durch Einstellung dieser Feder können die Gesenkbacken, je nach Art und Form der Stauchung, längere oder kürzere Zeit geschlossen gehalten werden. Die Maschinen bis Nr. $2\frac{1}{2}$ haben an der rechten Seite eine Schere mit Anschlag für bestimmte Längen.

Das schwere, mit Bronzebuchse auf der Welle laufende Schwungrad (bei Nr. 2—4 Stirnrad) ist mit dieser durch eine elastische Kuppelung verbunden, die durch Niederbewegung des Fußhebels betätigt wird und nach dessen Freigabe mit jeder Drehung der Kurbelwelle selbsttätig ausrückt. Bei Nietenherstellung von der Stange kann die Maschine durch Niederhaltung des Fußhebels ununterbrochen arbeiten.

Die Bedienung ist so einfach, daß dazu kein besonders geschickter Arbeiter erforderlich ist.

Die Maschinen Nr. $\frac{3}{4}$—2 sind mit Einrichtung für Nieten- und Schraubenfabrikation von der Stange ausgestattet.

Nr.	$\frac{3}{4}$	1	$1\frac{1}{4}$	$1\frac{1}{2}$	2	$2\frac{1}{2}$	3	4
Für Bolzen bis Durchmesser . . . Zoll	$\frac{3}{4}$	1	$1\frac{1}{4}$	$1\frac{1}{2}$	2	$2\frac{1}{2}$	3	4
Für Nieten (von der Stange) bis Durchmesser . . . Zoll	$\frac{1}{2}$	$\frac{3}{4}$	$\frac{3}{4}$	1	$1\frac{1}{4}$	$1\frac{1}{2}$	—	—
Drehungen der Kurbelwelle per Minute .	75	75	75	60	55	50	45	40
Kraftbedarf . . . ca. PS	5	$7\frac{1}{2}$	$7\frac{1}{2}$	10	13	15	20	25
Erforderliche Breite . . . mm	1424	1700	1700	1875	2500	2700	2775	3250
Bodenfläche, Tiefe . . . mm	1775	2150	2150	2500	2600	2850	3100	3875
Gewicht, verpackt . . . ca. kg	3300	5300	5500	8900	12300	16800	23000	28000

Abs. 276. **Horizontale Schnellstauchschmiedemaschinen.** Bauart: E. W. Bliß & Co., Brooklyn N.Y. Fig. 335.

Zweck: Diese Maschinen sind in der gleichen Weise wie die beiden vorgenannten zum Schmieden von Stangen und Ständern bestimmt.

Konstruktion: Der Antrieb des Stauchschlittens erfolgt direkt von der Kurbelwelle aus vermittelst einer zum Einstellen der Werkzeuge regulierbaren Pleuelstange. Das Schließen der Matrize geschieht durch einen Kniehebelmechanismus, welcher direkt von der Kurbelwelle betätigt wird und die zum Schließen der Matrize erforderliche Zeit reduziert, so daß ein großer Arbeitshub des Stauchschlittens verfügbar wird.

Folgende Punkte sind bei dieser Maschine hervorzuheben:

1. Die leicht regulierbare Kurbelstange ermöglicht schnelleres, bequemeres und genaueres Einsetzen der

Fig. 335.

Werkzeuge auf die richtige Höhe des Arbeitsstückes als durch Zuhilfenahme von Blechhinterlagen.

2. Der Antrieb der Kniehebel direkt von der Pleuelstange aus sichert dem Stempel eine solide Führung, da der Schlitten nicht aus seiner Druckrichtung durch die seitliche Beanspruchung des Kniehebelanschlusses gezogen wird. Auch ist der Verschleiß der seitlichen Führungsplatten aus diesem Grunde geringer, also die Einführung der Stauchwerkzeuge in der Matrize bei dieser Maschine genauer, wodurch die Arbeitsstücke stets sauberer ausfallen. Schließlich fällt hierdurch die seitliche Öffnung für den Durchlaß des Kniehebelanschlusses weg, welche das Gestell unter Umständen verschwächt.

Fig. 336.

3. Die Verwendung der »Bliß-Sicherheitskuppelung«, Fig. 336, gegenüber der Fallhebeleinrückung.

Diese Sicherheitsvorrichtung läßt sich durch einen Griff so einstellen, daß die Maschine nur Einzelschläge gibt, während sie sich andernfalls auch für kontinuierliche Hübe verwenden läßt. Die Einrückung der Maschinen erfordert bis zum Maximum nur $1/3$ Hubverlust, während zur Einwirkung der Fallhebelmaschinen ein Maximum von unbedingt ca. $3/4$ Hub erforderlich ist. Um dies zu erläutern, dienen untenstehende Skizzen. Fig. 337 bezieht sich auf eine Fallhebelmaschine, Fig. 338 auf die Bliß-Maschinen.

Winkel II, III und IV in Fig. 337 gleich 120⁰ zeigt die Kurbelumdrehung, während welcher die Einrückung der Fallhebelmaschinen vor sich gehen kann, wohingegen die Einrückung auf dem ganzen übrigen Teile der Kurbelumdrehung gleich Winkel IV, I, II gleich 240⁰ unmöglich ist.

Setzt der Arbeiter z. B. seinen Fuß auf das Trittbrett, wenn die Kurbel im Punkte IV steht, so muß er so lange auf den Fußtritt drücken, bis die Kurbel im Punkte II angelangt ist, was dem Hubwege *A*, *B*, *C* entspricht. Jetzt erst kann der den Fallhebel tragende Schieber zur Seite bewegt werden, worauf der Fallhebel auf die jetzt unter ihm befindliche Pleuelstange fällt. Er gleitet nun solange auf derselben, bis die Pleuelstange wiederum in ihrer Totlage I angelangt ist, also während des Hubweges *C*. *D*, *E* bis *F*. In diesem Punkte erst fällt der Fallhebel zwischen Pleuelstange und Stauchschlitten.

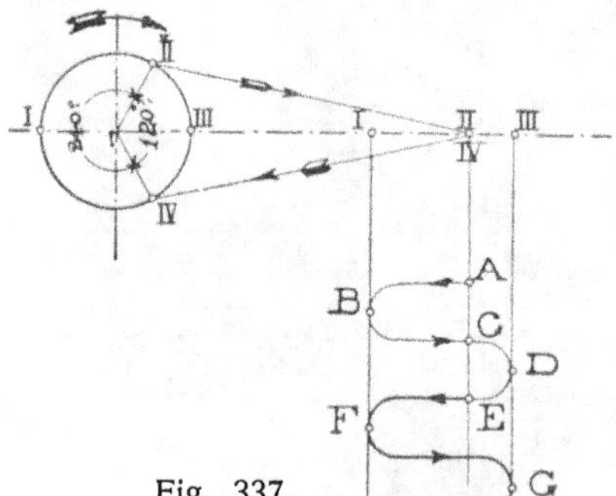

Fig. 337.

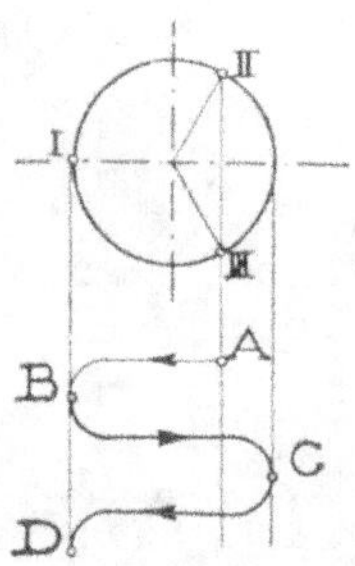

Fig. 338.

Sobald die Kuppelung auf Einzelschläge eingestellt ist, braucht der Arbeiter auch nicht mehr während der Einrückung den Fuß vom Fußtritt zu entfernen. Die Kuppelung rückt selbsttätig aus.

4. Zum Abschneiden der Stücke auf Länge dient an der rechten Seite der Maschine eine Schere. Diese kann auch für Biege- und Schmiedearbeiten verwendet werden.

5. Das Bett der Maschine ist entsprechend äußerst kräftig gehalten; außerdem wird es von schweren Stahlankern durchzogen.

6. Um einer Überanstrengung vorzubeugen, ist in den Kniehebelmechanismus ein glatter Brechbolzen eingelegt, welcher zum Bruche kommt, wenn beim Schließen der Matrize die eingehaltene Stange sich nicht richtig im Gesenk befindet oder ein zu starkes Stück zwischen die Matrizen gerät. Für die Überanstrengung beim Stauchen sind die Maschinen durch einen in das Schwungrad eingelegten, glatten Abscherbolzen gesichert.

7. Da jedoch die hauptsächliche Gefahr des Bruches, Wellenverbiegens resp. Festkeilens in der Stauchrichtung am Ende des Hubes z. B. durch übermäßige Gratbildung oder zuviel Material entsteht und da in diesem Falle der Brechbolzen im Antriebsrade wegen der großen Hebelübersetzung im letzten Moment des Hubes sich selbst bei einem sehr übermäßigen Druck nicht abscheren kann, haben Bliß & Co. einen Druckausgleicher eingefügt, welcher mechanisch oder hydraulisch den Maximaldruck in der Stauchrichtung begrenzt, d. h. elastisch nachgibt.

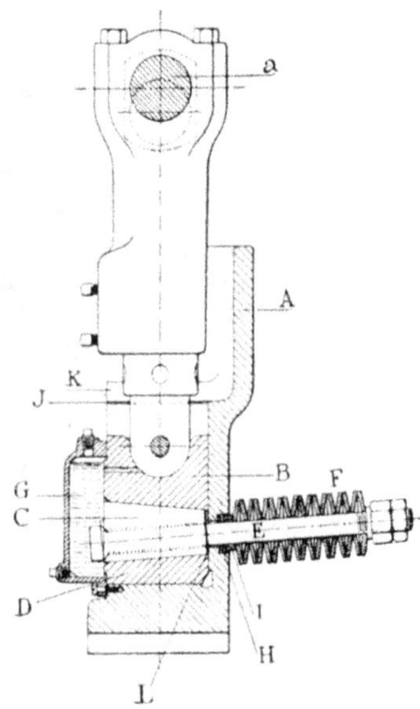

Fig. 339.

Fig. 339 zeigt den mechanischen Druckausgleicher (System »Wilzin« D. R. P.). Das Ende der Pleuelstange ist nicht direkt mit dem Werkzeugschlitten verbunden, sondern drehbar in dem beweglichen Block gelagert. Zwischen demselben und dem im Werkzeugschlitten befestigten Block *D* wird vermittelst eines langen Bolzens, dessen Austritt durch Lederringe *H* verschlossen ist und auf welchen kräftige Federn aufgeschoben sind, der Keil *C* in seiner Normallage gehalten.

Sobald nun der Widerstand durch Einhalten von zu viel oder zu kaltem Material den sich durch die Federwirkung ergebenden Maximaldruck der Presse übersteigt, wird der Keil *C* bei gleichzeitiger Zusammendrückung der Federn zwischen den Blöcken *B* und *D* herausgeschoben, wodurch die Presse vor Brüchen gesichert ist. Beim Rückgang der Kurbel nimmt der Keil infolge der Federn selbsttätig seine normale Lage wieder ein.

Die kippende Bewegung des Keils wird dadurch erreicht, daß an der Stelle *J* zwischen Block *B* und dem Ansatz *K* des Werkzeugschlittens ein kleiner Spielraum gelassen ist. Bewegt sich nun die Pleuelstange nach vorn, so hebt sich in diesem Momente der Block vom Keil ab. Gleichzeitig macht aber auch der Keil die oben erwähnte kippende Bewegung um seine Ecke *L*, wodurch er sich vom Blocke *D* löst.

Abs. 277. **Stauch- und Schmiedemaschinen.** Bauart: G r e e n w o o d & B a t l e y, Ltd., Leeds. Die Stauch- und Schmiedemaschinen dieser Firma zeichnen sich durch die Anwendung von langen Druckschlitten aus, die von der vorne liegenden Hauptwelle mittels Exzenter betätigt werden. Wir haben also drei während der Arbeit sich nach rückwärts bewegende Druckschlitten: den Hauptstauchschlitten, der in der Mitte der Maschine liegt, und die zu beiden Seiten liegenden Druckschlitten, welche mittels schiefer Ebene auf die Matrizenhalter wirken.

Durch die in Fig. 340 wiedergegebene Aufsicht der Maschine in Verbindung mit nachstehendem Buchstabenverzeichnis ist eine weitere Erklärung der Maschine überflüssig.

A = Daumenwelle (Exzenterwelle).
B = Verlängerung der Welle mittels des Antriebrades.
C = Kupplung.
D = Stifthebel für die Kupplung.

E = Halbmondfeder für die Kupplung.
F = Schlußdaumenscheibe (Exzenter) für die Schlußmatrize.
F_1 = Druck- oder Endplatte des Schlittens zum Schließen der Matrize.
F_2 = Druckschlitten zum Bewegen der linken Schlußmatrizen.
F_3 = linker Matrizenschlußschlitten.
G = rechter Matrizenschlußschlitten.
H = Brechkapsel als Sicherung.
I = linker Druckexzenter.
J = Druck- oder Endplatte für den Druckschlitten.
K = Druckschlitten zum Bewegen des linken Matrizendruckstückes.

Fig. 340.

K_1 = linkes Matrizendruckstück.
L = Anstauchexzenter.
L_1 = Endplatte des Stauchschlittens.
L_2 = Stauchschlitten.
L_3 = Rückzugfeder für den Stauchschlitten.
L_4 = Rückzughebel für den Stauchschlitten.
L_5 = Rückzugexzenter für den Stauchschlitten.
L_6 = Zugstange für den Stauchschlitten.
M = Exzenter für den rechten Druckschlitten zur Matrize und Schere.
M_1 = Endplatte des Druckschlittens.
M_2 = Druckschlitten.

M_3 = rechtes Matrizendruckstück und Scherenschlitten.
N = Schere.
O = Daumenplatte zum Öffnen der rechten und linken Matrizenhälfte.

Es ist dieses die einzige Maschine, die anstelle von Kniehebeln mit Exzentern und schrägen Gleitflächen arbeitet.

Abs. 278. **Horizontale Schmiede- und Stauchmaschinen.** Bauart: A. Schröder, Maschinenfabrik und Eisengießerei, Burg a. d. Wupper. Fig. 341. Der Antrieb der Schmiedemaschinen erfolgt vermittelst schwerer Riemenscheiben, welche gleichzeitig als Schwungräder ausgebildet und deren Umfangsgeschwindigkeit und Gewichte zwecks Erzeugung großer Fliehkräfte resp. Preßdrücke besonders hoch gehalten sind.

Ein starkes gefrästes Räderpaar überträgt die großen Kräfte der Schwungräder auf die aus Siemens-Martin-Stahl geschmiedete Kurbelwelle und von dieser durch eine starke Pleuelstange auf den Stauchschlitten der Maschinen. Letzterer ist reichlich hoch gehalten, so daß er zwei, drei oder auch vier Stauchwerkzeuge aufnehmen kann, wodurch sich zwei bis vier Operationen ohne Werkzeugwechsel ausführen lassen. Dieses ist von wesentlichem Vorteil, wenn das zu stauchende Stück im Verhältnis zum Stangenquerschnitt besonders groß ist.

Fig. 341.

Zwecks Einarbeitung mehrerer Gesenke sind analog dem Stauchschlitten auch die Matrizen reichlich dimensioniert, von denen die rechte im allgemeinen fest, die linke dagegen beweglich angeordnet ist. Die Bewegung der linken Matrize erfolgt vermittelst Kniehebelanordnung, durch welche ein schneller Matrizenschluß erreicht wird.

Ferner befindet sich an jeder Maschine eine momentane Ein- und Ausrückung, wobei vermittelst eines Fußtritts ein schwerer Ausklinkhebel betätigt wird. Durch beständiges Niederhalten des Fußtritts wird ein kontinuierliches Arbeiten der Maschine erreicht. Um den bei solchen Maschinen bereits häufiger eingetretenen Bettbrüchen vorzubeugen, führt die Maschinenfabrik A. Schröder, Burg a. d. Wupper, die Betten ihrer Maschinen nicht in gewöhnlichem Grauguß, sondern in Siemens-Martin-Stahlguß (Festigkeit von 50 kg pro qmm bei 15% Dehnung) aus, wodurch eine erhöhte Leistungsfähigkeit dieser Maschinen infolge geringerer Atmung erzielt wird. Sie sind durch Längs- und Querrippen versteift sowie durch schwere Längs- und Queranker armiert. Während die Friktionskuppelung hauptsächlich zur Sicherung der Längsachsen der Maschinen dient, sichert ein in die Kniehebelanordnung eingelegter Sicherheitsbrechbolzen die Maschine in der Quervorrichtung.

Die Einstellung der Materiallänge beim Einhalten erfolgt mittels verstellbaren Anschlags, welcher beim Vorgang des Stauchschlittens selbsttätig zur Seite schwingt und beim Rückgang wieder in die frühere Stellung zurückkehrt. Auf der rechten Seite der kleineren Maschinen werden auf Wunsch kräftige Scheren auf Winkelböcken angebracht, welche sich, dem Sicherheitsbolzen entsprechend, jedoch nur zum Schneiden dünnerer Materialien eignen. Zur Erzielung weiter Klemmbackenöffnungen führt die Firma die Maschine auch mit beweglicher rechter Matrize aus. Hier erfolgt deren Bewegung vermittelst eines breiten, langen Keiles, welcher durch Kurbel und Zahnstange betätigt wird. Dieser Keil verbürgt infolge seiner großen Druckflächen stets einen soliden Schluß der Matrizen, wodurch eine Gratbildung unmöglich ist. Außerdem kann der Keil den Vorteil gewähren, daß bei eventuell festgefahrener Maschine diese ohne die geringste Demontage leicht von Hand zurückgefahren werden kann.

Hauptmessungen der normalen Maschinen.

Nr.	1	2	3	4
Für Rund- oder Vierkantmaterial bis . mm	30	40	50	65
Matrizenöffnung . . . . mm	45	50	65	80
Hub . . . . mm	130	170	190	220
Schlittenbewegung nach Schluß d. Matrizen mm	72	90	100	110
Umdrehungen d. Kurbelwelle (Hubanzahl) p. Min.	80	70	60	55
Kraftverbrauch . . . . ca. PS	8	10	12	15
Erforderliche Bodenfläche . . . . mm	2300 × 1400	2600 × 1650	3000 × 2300	3400 × 2500
Gewicht, unverpackt . . . . ca. kg	4000	6500	8000	11000
Für Maschinen mit bewegl. rechter Matrize gelten außer obigen Angaben noch folgende:				
Größte Matrizenöffnung bei geöffneter rechter Matrize . . . . mm	90	120	135	160
Gewicht, unverpackt . . . . ca. kg	4800	8000	10000	13500

Nr.	5	6	7	8
Für Rund- oder Vierkantmaterial bis . mm	80	100	125	150
Matrizenöffnung . . . . mm	100	125	150	180
Hub . . . . mm	250	300	400	520
Schlittenbewegung nach Schluß d. Matrizen mm	135	160	200	250
Umdrehungen d. Kurbelwelle (Hubanzahl) p. Min.	50	40	35	30
Kraftverbrauch . . . . ca. PS	22	30	40	50
Erforderliche Bodenfläche . . . . mm	3800 × 2800	4300 × 3300	5000 × 4000	6500 × 4500
Gewicht, unverpackt . . . . ca. kg	14500	26000	38000	60000
Für Maschinen mit bewegl. rechter Matrize gelten außer obigen Angaben noch folgende:				
Größte Matrizenöffnung bei geöffneter rechter Matrize . . . . mm	180	225	290	330
Gewicht, unverpackt . . . . ca. kg	17000	29000	42000	64000

Abs. 279. **Horizontale Schmiedemaschinen.** Bauart: Maschinenfabrik Hasenclever, A.-G., Düsseldorf.

Zweck: Auch diese Konstruktion ist wieder für solche Schmiedestücke bestimmt, in denen an Stangenmaterial Bunde angestaucht oder von der Stange Flanschen, Ringe od. dgl. abgeschmiedet werden sollen.

Konstruktion: Die Maschine Fig. 342, stellt eine horizontal arbeitende Kurbelpresse dar, die zwei oder drei bewegliche Arbeitsschlitten besitzt. Der Hauptschlitten wird von der Kurbelwelle aus direkt betätigt, während der eine Klemmschlitten mittels Hebelübersetzung vom Stauchschlitten aus senkrecht zu diesem bewegt wird. Der andere Klemmschlitten steht gewöhnlich fest. Die Klemmschlitten tragen die eigentlichen Matrizen, in die die einzelnen Kaliber eingearbeitet werden. Der Hauptschlitten, der die Stempel trägt, ist so hoch gehalten, daß er zwei bis vier Stempel aufnehmen kann. Dadurch ist es möglich, mehrere Operationen (Vorstauchen, Fertigschmieden,

Lochen usw.) in einer Hitze unmittelbar hintereinander, also ohne Werkzeugwechsel, auszuführen. Der Hauptschlitten wird durch einen Einfallhebel nach Niederdrücken eines Fußhebels vom Arbeitsstande bewegt. Der Einfallhebel ist aus Stahl hergestellt und besitzt an seiner Einfallstelle gehärtete Stahlplatten, so daß Verbiegungen oder sonstige Anstände ausgeschlossen sind. Nur die Stahlplatten müssen von Zeit zu Zeit erneuert werden. Die Maschine ist so gebaut, daß nach jedem Hub die sämtlichen Schlitten in der rückwärtigen Stellung stehen bleiben und nur durch Betätigung des Fußhebels am Arbeiterstande in Bewegung gesetzt werden können. Bei

Fig. 342.

der Einrückung eilt der Klemmschlitten dem Hauptschlitten vor, und zwar derart, daß das zwischen den Backen gehaltene Eisen so früh erfaßt und festgehalten wird, daß beim Auftreffen des Stempels auf das zu verarbeitende Material dieses nicht mehr zurückgehen kann, so daß bei weiterem Vorgang des Hauptschlittens das Material gepreßt und das ganze Kaliber ausgefüllt wird. Beim Rückgang öffnen sich die Backen erst dann, wenn der Stempel das Werkstück schon freigegeben hat. Damit das Kaliber auch stets gleichmäßig ausgefüllt wird, ist ein verstellbarer Anschlag angeordnet, der die jeweilig notwendige Materialmenge genau bestimmt. Auf der linken Seite ist eine Schere angeordnet, welche für leichte Hilfsarbeiten benutzt werden kann. Man kann mit dieser Vorrichtung nicht nur schneiden, sondern auch biegen, lochen, abgraten usw.

Der Körper ist der schweren Arbeit entsprechend stark gehalten, wobei großer Wert auf die günstigste Materialverteilung gelegt ist. Die größeren Modelle erhalten Längs- und Queranker, um auch bei den größten Beanspruchungen der Maschinen ein Federn zu verhindern. Die sämtlichen Schlitten sind aus Siemens-Martin-Stahlguß, die Hebel zum Teil geschmiedet. Die beweglichen Teile sind auf auswechselbaren Verschleißplatten angeordnet. Die Wellen und Bolzen sind aus geschmiedetem Spezialstahl und arbeiten in langen Lagern oder Büchsen aus bester Phosphorbronze.

Das Schwungrad ist als Riemenscheibe ausgebildet. Bei den Typen I—III werden die Räder mit Klinkvorrichtung, um ein möglichst bequemes Einstellen der Werkzeuge zu erzielen, geliefert. Die Zahnräder erhalten gefräste Zähne. Die Vorgelegewelle arbeitet in Ringschmierlagern.

Die Hebelübertragung vom Hauptschlitten auf den beweglichen Klemmschlitten ist eine der wichtigsten Konstruktionen bei diesen Maschinen. Es kommt darauf an, nach Schluß der Klemmbacken einen möglichst großen Vorgang des Stauchschlittens zu erreichen, um entsprechend viel Material stauchen zu können. Diese Konstruktion besitzt die Eigenschaft, daß der Vorgang des Stauchers erheblich groß ist. Außerdem erzielt man durch diese Bauart eine schnellere Arbeitsweise der Klemmbacken, wodurch eine gewisse Schlagwirkung erreicht wird, die besonders wichtig ist bei Arbeitsstücken, die an einem Ende abgesetzt werden, wie z. B. bei Isolatorstützen oder bei Wagenachsen u. dgl. Das neue Hebelsystem der Firma stellt ein Zweipunktsystem dar, das gegenüber dem bekannten Dreipunktsystem weniger Hebel aufweist. Bei dieser Konstruktion schwingt der am Hauptschlitten angreifende Hebel, der die Bewegung des Klemmschlittens einleitet, während der eigentlichen Arbeitsperiode um seine Totpunktlage, wodurch erreicht wird, daß die verfügbare Arbeitskraft fast vollständig zum Schmieden ausgenutzt werden kann.

Die Konstruktion mit feststehender rechter Klemmbacke bietet nur eine beschränkte Verwendbarkeit der Maschine. Arbeitsstücke mit besonders großem Bund können nur schwierig herausgenommen werden, solche mit mehreren Bunden an einer Stange oder solche mit großer Schenkellänge für den Stauchschlitten, wobei die Schenkellänge größer ist als der Hub der Maschine, können nach dem Schmieden aus den Klemmbacken rückwärts überhaupt nicht herausgenommen werden, weil die geringe Klemmbackenöffnung keine genügende Bewegungsfreiheit für die Stücke gibt. Um der Maschine eine weitgehendere Verwendbarkeit zu geben und insonderheit auch Stücke, wie vorher erwähnt, herstellen zu können, hat die Firma die rechte Klemmbacke nach ihrem Patent auch beweglich angeordnet. Das rechte Kniegelenk ist derartig ausgebildet, daß die Hebel bei geschlossener Backe nicht in der Totlage, sondern etwas darüber hinaus stehen. Die Hebel haben auf der Druckseite einen Anschlag, so daß sie sich absolut nicht bewegen können und den größten Druck sicher aufnehmen. Im übrigen kann die rechte Klemmbacke bei Herstellung einfacher Arbeitsstücke, die keine große Klemmbackenöffnung erfordern, festgestellt werden.

Der Arbeiter hat für die Mitbewegung der rechten Klemmbacke nur einen Hebel zu bedienen; sie erfolgt von der Hauptwelle aus auch selbsttätig.

Um die Maschinen oder einzelne Teile bei Überbeanspruchungen vor Beschädigungen zu bewahren, hat die Firma drei Sicherheitsvorrichtungen angeordnet, von denen die erste selbsttätig wirkt und in der direkten Preßdruckrichtung angeordnet ist. Sobald die Kurbel zur Horizontalen einen kleinen Winkel einschließt und der vorgesehene Enddruck überschritten wird, tritt diese Vorrichtung in Funktion: die Maschine ist aber sofort wieder arbeitsbereit, ohne Auswechslung irgendwelcher Teile.

Das große Zahnrad ist lose auf die Hauptwelle gesetzt und wird durch sog. Abscherbolzen mitgenommen, die bei Überbeanspruchung der Hauptwelle auf Torsion die Maschine und die Zahnräder vor Schaden bewahren.

Die dritte Sicherheitsvorrichtung ist im Hebelsystem vorgesehen, die in Wirksamkeit tritt, sobald sich ein Widerstand zwischen den Klemmbacken befindet.

Bei diesen sämtlichen Sicherheitsvorrichtungen hat die Firma Bolzen, die auf Zug beansprucht werden, vermieden.

Maß- und Gewichtstabelle

der horizontalen Schmiedemaschinen Modell BSS Patentkonstruktion C mit beweglicher rechter Backe sowie mit neuer, vereinfachter Patent-Hebelübersetzung.

Modellzeichen	Gebaut für einen Enddruck von ca. kg	Für Bolzen bis Schaftdurchmesser mm	Hub des Hauptschlittens mm	Schlittenvorschub nach Schluß der Klemmbacken mm	Klemmbackenöffnung mm	Normale Klemmbackenabmessungen mm	Anzahl der ausführbaren Hübe pro Minute	Anzahl der Sicherheitsvorrichtungen	Kraftbedarf bei gruppenweisem Antrieb ca. PS	Kraftbedarf bei Einzelantrieb, Motorstärke ca. PS	Gewicht netto ca. kg
BSS 0	1 000 000	150	300	180	230	500 × 500 × 225	35	3	40	55	55 000
BSS I	750 000	125	300	180	220	500 × 500 × 225	40	3	30	40	46 000
BSS Ia	500 000	100	270	165	200	475 × 450 × 220	45	3	27	35	34 000
BSS II	300 000	85	230	155	170	450 × 410 × 210	50	3	20	28	23 000
BSS III	200 000	70	215	135	135	380 × 370 × 185	55	3	15	20	17 000
BSS IV	150 000	55	200	125	120	320 × 320 × 160	60	3	12	16	13 000
BSS V	85 000	45	175	110	110	275 × 290 × 140	65	3	10	12	9 000
BSS Va	60 000	38	150	95	95	250 × 250 × 125	75	2	8	10	6 200
BSS VI	40 000	30	125	85	80	225 × 200 × 110	80	2	6	8	4 800
BSS VIa	25 000	22	100	50	65	175 × 150 × 105	90	2	5	7	3 300
BSS VII	16 000	16	80	42	50	125 × 100 × 100	85	2	4	6	2 500

Abs. 280. **Horizontale Spezialschmiedemaschine.** Bauart: Maschinenfabrik Hasenclever, A.-G., Düsseldorf. Fig. 343.

Zweck: Diese Maschine ist insonderheit für die Massenfabrikation von Nieten, und Schraubensorten mit Nietkopf und ähnlichen Kopfformen bestimmt.

Konstruktion: Der Antrieb erfolgt auf Fest- und Losscheibe unter Vermittlung eventueller Riemenrückvorrichtung. Die Festscheibe ist als Schwungrad ausgebildet, und das andere Wellenende ist mit zweiter Schwungscheibe ausgestattet. Die Maschine kann in der Minute mit 50—60 Umdrehungen arbeiten, und theoretisch bei jeder Umdrehung einen Niet liefern. Zum Unterschied von den horizontalen Schmiedemaschinen für größere Schmiedestücke, bei denen die Bewegung des linken Klemmbackenschlittens vom Hauptschlitten aus erfolgt, ist diese Spezialmaschine mit Schlittenbewegung direkt von der Hauptwelle aus gebaut. Dadurch wird erreicht, daß zum Einführen des Eisenstabes und zum Ausstoßen des Arbeitsstückes mehr Zeit übrig bleibt als bei den Maschinen mit der Klemmbackenbewegung vom Hauptschlitten aus. Die Betätigung des seitlichen Klemmschlittens erfolgt durch eine Kurbel, wodurch ein ruhiges und stoßfreies Arbeiten der Maschine erzielt wird. Bei dieser Spezialmaschine ist die Werkzeugeinrichtung derart, daß mit der Backe die Nieten von der Stange abgeschnitten werden. Durch die Schließbewegung der linken Klemmbacke wird also der zur Bearbeitung notwendige Pinn abgeschnitten, in demselben Augenblick trifft der Döpper vom Hauptschlitten das Arbeitsstück und gibt diesem die Kopfform. Hiernach öffnet sich die linke Klemmbacke sofort wieder, und das gepreßte Arbeitsstück fällt selbsttätig zur Erde herab. Für den Fall, daß das Arbeitsstück nicht selbsttätig aus der Matrize fällt, ist noch eine Ausstoßvorrichtung angebracht, so daß ein sicheres Ausfallen bei einer Umdrehung der Hauptwelle gewährleistet ist. Hinter der linken Klemmbacke ist eine Messerscheibe angeordnet, die mehrfach zu verwenden ist. Auch die Klemmbacken lassen sich bei diesen Maschinen vier, eventuell achtseitig verwenden. Um die Maschine gegen Bruch zu sichern, sind im Stauch- und Klemmschlitten je eine Sicherheitsvorrichtung angebracht. Bei mittelmäßigen Arbeitern kann mit einer Leistungsfähigkeit von 10 000 bis 15 000 Stück bei gangbaren Nietensorten gerechnet werden. Die arbeitenden Teile, wie Hauptschlitten, Klemmschlitten usw., sind aus Stahl verfertigt und laufen auf Verschleißplatten in besonderen Führungen.

Fig. 343.

Maß- und Gewichtstabelle.

Modell Zeichen	Für Nieten bis Durchmesser mm	Nietenlänge mm	Anzahl der Hübe pro Min.	Kraftbedarf ca. PS	Gewicht netto ca. kg
NSS 0	40	200	50	10	19 000
NSS I	32	150	60	8	14 000
NSS II	25	120	65	6	9 200

Abs. 281. **Warmmutternpresse.** Bauart: Maschinenfabrik Hasenclever A.-G., Düsseldorf. Fig. 344 und 345.

Fig. 344. Warmmutterpresse Modell M. P IV a.

Fig. 345. Warmmutterpresse Modell MPO.

Zweck: Diese Maschine dient zur Massenherstellung von gewöhnlichen Vier- und Sechskantschraubenmuttern und Bundmuttern. Außerdem wird sie vielfach zur Herstellung von Fittings, Schloßteilen für Wagenbau, Krampen, Flanschen und ähnlichen Arbeitsstücken verwandt, wie sie zum Teil in IV. Hauptteil dargestellt sind.

Konstruktion: Die Maschine ist als horizontal arbeitende Presse gebaut. Die Hauptwelle ist doppelt im Maschinenständer gelagert und bewegt durch Knaggen die Werkzeugschlitten. Die Werkzeuge bestehen bei der Mutternpresse aus fünf Teilen, und zwar aus der Matrize, in welcher bei gewöhnlichen Muttern das Arbeitsstück durch zwei Sechskantstempel auf verschiedenen Schlitten auf die gewünschte Höhe gebracht werden, und zwei Lochdornen. Nachdem die Schlitten die Stauchung ausgeführt haben, treten die beiden Dorne in Arbeit und pressen die eigentlichen Arbeitsstücke aus. Das von der Stange abgeschnittene Material wird durch die beiden Dorne so auseinandergedrückt, daß nur ein dünnes Abfallscheibchen von ca. 3 mm für Abfall in Betracht kommt. Als Neuerung ist die bewegliche Patent-Schlittenkonstruktion zu erwähnen, wobei der rechte Dorn lose in den Schlitten gelegt wird und durch die eigenartige Ausbildung des Dornschlittens eine besonders lange Führung erhält. Durch diese Neuerung wird vermieden, daß Muttern mit einseitigem Grad oder einseitigen Löchern hergestellt werden. Die Schlitten werden abgedeckt, so daß ein Eindringen von Wasser oder Zunder vermieden und der Verschleiß auf ein Minimum reduziert wird. Weiter können bei der neuen Schlittenkonstruktion die Dorne des Hauptschlittens nach Abnutzung auf der linken feststehenden Seite benutzt werden. Das Zahnrad läuft lose auf der Welle und wird durch zwei Abscherbolzen mitgenommen, die im Falle einer Überbeanspruchung die Maschine vor Schaden bewahren. Außerdem sind hinter dem Schlitten noch Brechbolzen angeordnet, die weiter zur Sicherheit dienen.

Maß- und Gewichtstabelle.

Warm-Mutternpressen Modell MP mit neuer Schlittenkonstruktion D.-R.-P. a.
Leistung bei normalen deutschen Muttern.

Modellzeichen	Gewindedurchmesser bis mm	Stückzahl in 10 Stunden ca.	Hub mm	Hübe pro Min.	Erforderliche Bodenfläche (ohne Ofen) mm	Kraftbedarf ca. PS	Gewicht netto ca. kg
MP 0	40—75	1 000—3 000	145	30	4500 × 3600	15	18 000
MP I	30—65	1 500—3 500	120	35	4300 × 2600	10	14 000
MP Ia	25—55	2 000—3 000	110	40	4000 × 2300	9	10 000
MP II	20—45	3 000—4 500	90	55	3800 × 2200	8	8 000
MP IIa	16—40	4 500—6 500	85	50	3600 × 2200	7	7 000
MP III	12—30	5 000—9 000	75	60	3100 × 2100	6	4 600
MP IVa	9—25	10 000—15 000	65	70	2800 × 1300	5	3 700
MP IV	6—20	12 000—18 000	42	80	2300 × 1100	3	2 200
MP IVb	6—12	13 000—20 000	30	85	2000 × 1000	2	1 200

3. Mechanische Schmiedepressen.

Abs. 282. **Allgemeines über mechanische Schmiedepressen.** Diese Art von Arbeitsmaschinen der Schmiede steht in ihrer Wirkungsweise zwischen den Hämmern und den hydraulischen Schmiedepressen, denn diese Maschinen üben einen Preßschlag aus. Die bewegten Massen sind hier größer als bei den ähnlichen Vincentpressen. Im Gegensatz zu den Fallhämmern strengen diese Maschinen, sofern das Material richtig dimensioniert wird, die Gesenke durch den Stoß nicht so stark an, wohl aber bleiben die Gesenke mit dem warmen Stück länger in Berührung. Außerdem erfolgen Betriebsstörungen, sobald zu große Stücke oder Fremdkörper zwischen die Preßholme gelangen.

Die früher hier durch entstandenen Ständerbrüche werden neuerdings vermieden durch Abscherbolzen; wenn auch hierdurch kostspielige Defekte vermieden werden, so ist doch immerhin das Wiedereinsetzen der Brechbolzen mit einer gewissen, obschon nur kurzen Betriebsstörung verbunden. Infolge der Ausübung der Schlagpressung bzw. Preßschlages wird man günstiger Stücke auf dieser Maschine herstellen, welche äußerlich nicht so reich geformt sind wie diejenigen Stücke, die man unter dem Fallhammer herstellt. Anderseits lassen sich unter diesen Maschinen bequemer Stücke herstellen, welche in der Länge und der Breite verhältnismäßig groß sind und deren Gesenke sich in dem Fallhammer deswegen schwerer einbauen lassen und steigende Ansätze aufweisen, die innere Stückarbeit verlangen. Als Beispiel seien Kurbelwellen angeführt. Lit.-Nachw. Nr. 282.

Abs. 283. **Mechanische Schmiedepresse.** Bauart: A. Schröder, Maschinenfabrik und Eisengießerei, Burg a. d. Wupper. Fig. 346. Die Schmiedepresse hat eine Ständerweite bis zu 1 m, und dadurch ist man in der vorteilhaften Lage, mehrere Gesenke (bis zu 6 Stück) gleichzeitig aufzustellen, so daß mit einer Hitze mehrere Manipulationen mit dem Schmiedestück vorgenommen werden können. Infolgedessen vermindert sich der Brennmaterialverbrauch, und außerdem wird vermieden, daß das Material an Güte viel verliert, was sonst durch die vielen Anwärmungen leicht der Fall ist.

Fig. 346.

An einer Seite der Schmiedepresse ist eine Warmschere von 200 mm Messerlänge oder Kopfpresse angebracht, welche zum Abschneiden des zu verarbeitenden Materials und Entfernen des beim Pressen entstandenen Grates dient.

Die Bedienung dieser Schmiedepresse ist einfach und leicht. Durch einen leichten Druck auf einen Hand- oder Fußtritthebel erfolgt das Einrücken der Presse bzw. die Umdrehung der Kurbelwelle und dementsprechend die Auf- und Abwärtsbewegung des Schiebers; er kann jedoch in jeder beliebigen Stellung ausgerückt werden.

Beim forcierten Pressen unter der Schmiedepresse besteht die Gefahr, daß durch Unachtsamkeit ein Eisenteil zwischen Ober- und Untermatrize zu liegen kommt, welches nicht dahin gehört, oder die Gesenke nicht richtig eingestellt bzw. befestigt sind, oder daß das angewärmte Stück infolge Unsicherheit des die Presse bedienenden Arbeiters nicht in die richtige Lage kommt oder ziemlich erkaltet ist. In solchen Fällen tritt eine außergewöhnliche Überanstrengung der Schmiedepresse ein, welche ohne entsprechende Vorkehrungen zum Defektwerden der Maschine führen würden.

Bei dieser Schmiedepresse wird einer Bruchgefahr in dreifacher Weise vorgebeugt:

1. durch die Sicherheitsfriktionskuppelung, welche schleift, sobald ein höherer Druck in der Presse auftritt, wie berechnet;
2. im Falle, daß diese Friktionskuppelung den Überdruck nicht schnell genug aufheben kann, ist durch Anwendung von Spannschuhen (Verbindung der Traverse mit den beiden Ständern) eine zweite Sicherheitsvorrichtung geschaffen, indem dieselben bei Überanstrengung der Presse brechen. Da diese Spannschuhe einfache, rohe Gußklötze sind, so können sie schnell und billig ersetzt werden;

3. eine weitere Sicherung stellt die geschützte Fußtrittein- und -ausrückung dar, welche derart gestellt werden kann, daß ein unbeabsichtigtes oder unberechtigtes Ingangsetzen der Presse ausgeschlossen ist.

Durch diese Sicherheitsvorrichtungen wird also erzielt, daß die Presse in jedem Fall vor schweren Defekten geschützt ist.

Diese Presse findet Verwendung zur Herstellung von Äxten, Beilen, Hacken, Kreuzpickeln, Schaufeln, Hämmern, Mühlsteinschärfwerkzeugen, Wagenachsen, Bügeleisenbolzen, Hufeisen, Kugeln, Flanschen, Pflugteilen und -scharen, Windenteilen, Kurbelwellen, landwirtschaftlichen Maschinenteilen, Isolatorenstützen und sonstigen entsprechenden Schmiedestücken.

Nummer der Schmiedepresse		I	II	III
Gewicht mit Warmschere	ca. kg	7000	12 000	20 000
Gewicht mit Kopfpresse	ca. kg	7500	13 000	21 000
Entfernung zwischen den Ständern	mm	1000	1 000	1 000
Höchster Schieberstand	mm	400	400	500
Schieberhub (kann bis 200 mm erhöht werden)	mm	150	150	200
Hubzahl pro Minute		35	30	28
Kraftbedarf	PS	6—8	10—12	15—17
Zur Aufstellung ist ein Raum erforderlich von:				
Breite	mm	3500	3 600	4 000
Tiefe	mm	1900	2 000	2 500
Höhe	mm	2750	2 800	3 500

Abs. 284. **Doppelte Stanzpresse.** Bauart: Ernst Schieß, Werkzeugmaschinenfabrik A.-G., Düsseldorf. Diese Stanzpresse, Fig. 347, ist für einen größten Druck von ca. 1 000 000 kg und u. a. für Herstellung von Laschen bei einer Leistung von 220 qcm gebaut.

Der Antrieb erfolgt durch einen Elektromotor von ca. 100 PS Leistung, der mittels Räderübersetzung die Schwungradwelle antreibt. Die beiden in Stahlguß ausgeführten, mit nachstellbaren Leisten versehenen Stößel sind durch mehrteilige Gewichte ausbalanciert und machen ca. 16 Hübe in der Minute, wobei der Exzenterhub ca. 180 mm beträgt.

Die Maschine ist in allen Teilen kräftig gehalten. Die beiden Ständerteile sind aus zähem Grauguß hergestellt und sind mit den Lagerböcken für die Vorgelegewellen aus einem Stück gegossen. Zur Verstärkung des an und für sich schon kräftigen Gestells, welches allein bereits der verlangten Leistung entspricht, sind noch schwere Schrumpfbolzen vorgesehen, welche warm eingezogen werden und ebenfalls allein den ganzen Druck aufzunehmen vermögen.

Zur Verhütung einer Überlastung der Maschine sind an dem am Schwungrade sitzenden Ritzel Abscherbolzen angebracht. Die Exzenterwelle ist aus Schmiedestahl hergestellt und in Bronzebüchsen gelagert. Die beiden Exzenterzapfen sind doppelt gelagert und haben eine Stärke von 360 mm.

Die zwei Haupträder sind aus Stahlguß mit sauber gegossenen Zähnen, das Motorritzel ist aus Bronze und die übrigen Räder mit sauber gefrästen Zähnen aus Stahlguß hergestellt. Alle Wellen sind in Bronzebüchsen gelagert. Die Schwungradwelle läuft in Ringschmierlagern. Die Druckdaumen und die Druckstücke bestehen aus Stahl.

Das erste Vorgelege läuft in einem öldichten, gußeisernen Schutzgehäuse, und die übrigen Vorgelege sind durch Blechhauben unfallsicher eingekapselt.

Die Hubverminderung geschieht durch Auswechseln eines niedrigeren Druckstückes. Die Aufspannflächen an dem Stößel und an dem Tisch sind zur Aufnahme von Messer-

Fig. 347.

stöcken eingerichtet. Der Stößel ist durch zweiarmigen Hebel und Gegengewichte ausbalanciert und an dem Hebel mittels Ösen aufgehängt. Die Stößelführung besteht aus langen, nachstell- und auswechselbaren Leisten.

Gewicht der Maschine ca. 138 000 kg.

Abs. 285. **Doppelexzenterpresse mit Riemenantrieb.** Bauart: Eschweiler-Ratinger Maschinenbau-A.-G. (Ermag), Eschweiler-Aue. Die Maschine,

Fig. 348, dient zum Pressen und Lochen von Kleineisenzeug. Sie ist gebaut für einen Stößeldruck von 225 000 kg und eine maximale Scherfläche von 45 qcm.

Der sehr kräftig gehaltene Ständer besteht aus Gußeisen; er ist in zwei Hälften ausgeführt, welche durch starke Schrumpfringe fest miteinander verbunden sind.

Fig. 348.

Der Ständer erhält beiderseits durch zwei von oben bis unten durchgehende Zuganker eine wesentliche Verstärkung.

Die Zahnräder bestehen aus Stahlguß; die Stößelwelle, aus bestem S.M.-Stahl, ist in langen Rotgußbüchsen gelagert. Stößel und Drucksteine sind aus Stahlguß hergestellt.

Beiderseitige Ausrückvorrichtungen gestatten, jede Maschinenseite für sich außer Betrieb zu setzen.

Abs. 286. **Vertikale Friktionsschmiedepressen.** Bauart: Maschinenfabrik Hasenclever A.-G., Düsseldorf.

Zweck: Diese Maschinen, Fig. 349, sind von der Maschinenfabrik Hasenclever für Gesenkschmiedearbeiten in einer Spezialkonstruktion während der letzten Jahre auf den Markt gebracht worden.

Konstruktion: Der Körper ist bei dieser Maschine nach einer bewährten Methode geteilt, d. h. das obere Querstück aus Siemens-Martin-Stahlguß ist mittels gedrehter Zentrierringe und warm eingezogener, schwerer Stahlsehnen mit dem Ständer fest verbunden. Der beim Pressen auftretende Druck wird von den Sehnen aufgenommen und der Körper selbst vor Bruch geschützt. Der Bär, aus Siemens-Martin-Stahl, besitzt vier prismatische, leicht nachstellbare Führungsleisten und gleitet mit diesen wieder auf besonderen Verschleißplatten, so daß Körper und Bär selbst keinem Verschleiß ausgesetzt sind. Die Spindel, aus Kruppschem Tiegelstahl verfertigt, trägt die mittlere Friktionsscheibe mit Kernlederarmierung, die ersetzbar ist. Der Spindelhub ist besonders groß gewählt, um große Arbeitsstücke bearbeiten zu können. Die vertikalen Scheiben sind an beiden Seiten sauber abgedreht, mittels Federkeile befestigt und durch je zwei große Muttern und Gewinde horizontal genau einstellbar. Die Welle läuft in Ringschmierlagern. Die Scheiben sind auf der Welle nachgedreht und ausbalanciert, so daß ein Schlagen ausgeschlossen ist. Die besonders aufgeschraubten Lagerböcke sind mit Prisonstiften fixiert. Die Übertragung der Steuerhebelbewegung auf die Friktionscheibenwelle erfolgt durch ein Zwischenglied, welches aus einer auf dem Wellenende zwischen zwei Bunden gelagerten Kulisse aus Phosphorbronze mit seitlich darin laufenden Stahlsteinen besteht. Der Antrieb erfolgt durch

Fest- und Losscheibe versehen mit Lünnemannscher Schmierbüchse und Riemenausrückvorrichtung.

Auf Wunsch werden die Maschinen auch mit selbsttätiger Aushebevorrichtung für die Arbeitsstücke und mit selbsttätiger Bäraufhaltvorrichtung geliefert.

Fig. 349. Modell W P I. 500000 kg. Druckleistung mit selbsttätiger Bäraufhaltevorrichtung.

Beschädigungen der Spindel bei Unachtsamkeit des Arbeiters oder bei Prellschlägen sind durch eine der Firma geschützte Vorrichtung vermieden. Um ein Abreißen der Spindel vom Bär bei dessen Hochgehen zu verhindern, ist zwischen Bär und Traverse eine federnde Hemmvorrichtung angeordnet. Eine Bremsvorrichtung zwischen Mittelscheibe und Traverse verhütet ein Durchgehen der Spindel nach unten und ein

Abreißen von der Mittelscheibe in den Fällen, wenn kein Werkzeug eingesetzt ist. Bei etwaigem Festbremsen ist ein Lösen der Mittelscheibe durch einige Hammerschläge gegen die auslösbaren Keile zu erreichen. Überbeanspruchungen durch Prellschläge können nicht schädlich auf die Spindel wirken, da die Friktionsscheibe lose auf die Spindel gesetzt und durch Stahlbrechbolzen mitgenommen wird, die gegebenenfalls abscheren und so die Spindel selbst schützen.

Friktions-Schmiedepressen Modell WP.

Modellzeichen	Gebaut für einen Enddruck von	Spindeldurchmesser	Spindelhub	Lichte Weite unter den Führungsprismen	Lichte Höhe zwischen Tischfläche und Stößelunterkante	Kraftbedarf bei gruppenweisem Antrieb	Kraftbedarf bei Einzelantrieb Motorstärke	Gewicht netto
	ca. kg	mm	mm	mm	mm	ca. PS	ca. PS	ca. kg
WP 0	800 000	350	600	900	750	35	50	45 000
WP I	500 000	300	500	800	700	28	40	35 000
WP II	400 000	250	500	700	600	22	30	28 000
WP IIa	400 000	250	500	800	600	22	30	30 000
WP III	300 000	225	475	600	600	18	26	25 000
WP IIIa	300 000	225	475	700	600	18	26	26 500
WP IIIb	300 000	225	500	1000	350	18	26	25 000
WP IV	225 000	200	450	550	550	15	22	15 000
WP IVb	325 000	230	450	550	550	16	20	17 000
WP V	180 000	180	400	500	500	12	18	10 000
WP VI	150 000	160	350	450	500	10	15	7 500
WP VIa	150 000	160	500	600	500	10	15	10 000
WP VII	110 000	140	300	450	450	8	12	6 000
WP VIII	75 000	125	300	400	450	6	9	4 500
WP IX	50 000	110	250	350	350	4	8	3 500
WP X	40 000	100	200	350	350	3	6	2 500

III. Maschinen mit reiner Preßwirkung.

1. Hydraulische Schmiedepressen zum Recken, Breiten und Verdichten.

a) Reinhydraulische Pressen.

Abs. 287. **Die reinhydraulischen und die dampfhydraulischen Schmiedepressen für Reck- und Verdichtungszwecke.** Wir kommen nun zu den Maschinen mit reiner Preßwirkung. Diese Gattung von Arbeitsmaschinen dürfte als Konkurrentin des Dampfhammers entstanden sein, namentlich für die Ausführung in großen Dimensionen, für die der bisherige Riesenhammer infolge seiner Erschütterungen durch mangelhafte Konstruktion sich nicht mehr als brauchbar erwies. Die hydraulischen Schmiedepressen leisten eine reine Druckarbeit und wirken daher nicht so sehr auf die äußeren Schichten des Schmiedestücks, sondern leisten mehr innere Stückarbeit. Je stärker daher die Stücke sind, die zu bearbeiten sind, um so eher wird man eine Presse der Elastizität wegen anwenden. Aber nicht nur aus dem Grunde, innere Stückarbeit an stärkeren Stücken zu leisten, ging man zur Presse über, sondern weil je höher das Stück ist, um so mehr von dem Hub des jetzt gebräuchlichen Hammers weggenommen wird, und zwar gerade zu einer Zeit, wo der Effekt des Hammers der höchste sein muß; ist das Stück bereits ausgereckt, dann ist keine so große lebendige Kraft mehr notwendig. Infolge ihres breiten Arbeitstisches und der dadurch gegebenen Möglichkeit, komplizierte und geteilte Hohlbahnen, Biegeklötze usw. aufspannen zu können, kann diese Maschine in dieser Beziehung eine Universalarbeitsmaschine genannt werden, dagegen entbehrt die Presse im Vergleich zum Hammer der Universalität der Wirkung d. h. sowohl innere wie äußere Stückarbeit, z. B. rasches Schlichten zu leisten.

Will man auf der hydraulischen Presse ebenfalls nach Möglichkeit äußere Stückarbeit zwecks reiner äußerer Formen für das Präzisionsschmieden erzielen, so wird es erforderlich sein, mehrere einfache Vor- und Nachgesenke bzw. Hohlbahnen, die auf den breiten Arbeitstischen der hydraulischen Schmiedepressen für allgemeine Arbeit Platz haben, aufzuspannen. Nicht zu verkennen ist, daß man durch die ruhigere Arbeit eventuell auch keine so teuern aus Stahl gefrästen Gesenke anzuwenden braucht, sondern solche aus Gußeisen unter Zusatz von Chrom. Wie schon einmal betont, ist es ganz außerordentlich wesentlich, nicht nur für das schnelle Arbeiten, sondern auch für die Genauigkeit der Arbeiten, die Bahnen und Gesenke von Maschinen der Schmiede leicht auszuwechseln, und auch rasch, denn die Glühhitze eines Stückes geht nur zu bald verloren. Vorbildlich kann daher den Konstrukteuren von Schmiedewerkzeugmaschinen die Art des Gesenkewechsels sein, wie dieser z. B. an Pressen von Davy Brothers, Niles und Banning ausgeführt wird. Nach diesen werden in der Achsrichtung der kurzen Seite der Schmiedepresse vertikal zur Schmiederichtung das Untergesenk oder der Sattel auf einer Gleitbahn hydraulisch verschoben. Steht z. B. auf der Presse eine sattelförmige Hohlbahn zum Vorschmieden, so steht rechts davon auf der Gleitbahn eine runde Hohlbahn zum Fertigschmieden. Für den Wechsel wird lediglich die obere Preßbahn durch Abkeilen gelöst, der Kolben der Presse etwas hochgezogen, während die Oberbahn auf der Unterbahn liegen bleibt. Ober- und Unterbahn werden dann seitlich ausgefahren, worauf gleichzeitig die beiden neuen Ober- und Untergesenke aufeinandergelegt von der anderen Seite her unter der Presse erscheinen. Es bedarf dann lediglich des Senkens des Preßkolbens und nach kurzem Ausrichten des Festkeilens des Obergesenkes.

Eine ähnliche Einrichtung gibt es z. B. für das Pressen von Automobilnaben mit zylindrischen Ansätzen von großem Durchmesser. Hier schiebt sich das Untergesenk, die Zugmatrize, in der Richtung des Schmiedes vor, so daß das Stück leicht eingelegt werden kann. Nach Einlegen wird die Matrize genau zentrisch unter die Presse zurückgeschoben.

Weiter haben wir die Möglichkeit, ein präzises Schmieden auf Millimetergenauigkeit durch Zwischenlegen von Endmassen zu erzielen, was bei Schmiedehämmern nicht so leicht möglich ist.

Alle Urteile über schnelleres Arbeiten des Hammers oder der Presse sind nach meiner Überzeugung ganz unnötige Streitigkeiten, denn man kann nur zwei Maschinen von gleicher Leistung vergleichen. Es gibt gewiß Fälle, z. B. das Recken, die verglichen werden können. Im allgemeinen dürfte aber die Wirkungsweise derartig verschieden sein, daß ein Vergleich nicht stattfinden kann. Genau wie bei den Hämmern findet man viel falsche Anpreisung in bezug auf das, was die Pressen leisten sollen, so z. B. zu Gesenkearbeiten.

Reinhydraulische und dampfhydraulische Pressen unterscheiden sich dadurch, daß letztere das erforderliche Preßwasser nicht einem hydraulischen Akkumulator entnehmen, sondern in einem angebauten oder daneben stehenden Dampftreibapparat erzeugen. Die Wirkung der Presse selbst bleibt im allgemeinen bei beiden die gleiche, nur ermöglicht der dampfhydraulische Treibapparat eine weit leichtere Regulierung des Preßdruckes, d. h. der Dampfdruck stellt sich genau entsprechend dem Widerstande ein. Die Anwendbarkeit der einen oder anderen Art hydraulischer Schmiedepressen hängt von den örtlichen Verhältnissen ab. Ich beabsichtige hier nicht, auf die Rentabilitätsverhältnisse der beiden Maschinen einzugehen, da ich diese im III. Hauptteil eingehender behandeln werde. Es sei hier nur gesagt, daß Ersparnisse an Kraftverbrauch sich mit dem Dampfdruckübersetzer wohl machen lassen, was bei der reinhydraulischen Presse nicht der Fall ist, aber in Wirklichkeit durchaus nicht immer gemacht werden. Im Gegensatz zu den mechanisch betriebenen Schmiedepressen ist bei der hydraulischen Presse keine solche Gefahr von Ständerbrüchen durch Einführung zu starker Materialien vorhanden. Lit.-Nachw. Nr. 287.

Abs. 288. **Reinhydraulische Hammerpresse, einhüftig, und reinhydraulische Schmiedepresse.** Bauart: Hydraulik G. m. b. H., Duisburg. Bei dieser Presse versucht die Firma die Universalität des Hammers in seiner Wirkung zu erreichen. Die beweglichen Eigengewichte der Presse sind außergewöhnlich schwer, so daß bei ihrem raschen Fall eine Schlagwirkung erzielt wird, die sich durch Verkürzung des anschließenden Preßhubes geltend macht und bei Schlichtarbeiten den Gebrauch von Preßwasser überhaupt erübrigt. Die Presse wird von der Hydraulik G. m. b. H., Duisburg, und zwar vorzugsweise in einhüftiger Ausführung, hergestellt. Fig. 350.

Die Presse ist nach dem Rapidsystem gebaut, dessen Eigenheiten darin bestehen, daß Füllwasser, welches zum Auffüllen des Preßzylinders während der Leergangsperiode, also während des leeren Abwärtsgleitens des Preßplungers, erforderlich ist, zwangläufig aus einem oberhalb des Preßzylinders angeordneten sog. Verdrängerzylinder durch einen Verdrängerkolben in den Preßzylinder gedrückt wird. Hierdurch wird im Gegensatz zu solchen Pressen, bei denen aus einem offenen Behälter Wasser in den Preßzylinder nachfließt, letzterer tatsächlich vollständig aufgefüllt, und zwar unabhängig von der Geschwindigkeit, mit welcher der Plunger abwärtsgleitet. Es ist also unter allen Umständen vermieden, daß ein leerer Raum im Preßzylinder entsteht, welcher bei Einleitung der Preßbewegung nutzlos mittels Preßwasser aufgefüllt werden müßte.

Gegenüber den Pressen, welche mit Windkessel das Auffüllen des Preßzylinders im Leergang bewirken, bei denen also auch ein vollständiges Auffüllen unabhängig von der Leergangsgeschwindigkeit zu gewärtigen ist, wird der Rapidpresse die Eigenschaft nachgerühmt, daß für den Rückzug nur soviel Kraft gebraucht wird, als zum Heben der beweglichen Eigengewichte und Überwindung der Reibung erforderlich ist. Die mit Windkessel arbeitende Presse muß in der obersten Stellung des Preßplungers im Windkessel einen Gegendruck erzeugt haben, der groß genug ist, um beim nachfolgenden leeren Abwärtshube den Zylinder sicher aufzufüllen. Im allgemeinen wird im Windkessel durch den Preßplunger ein Gegendruck von 4—5 Atm. hervorgerufen. Da die Rapidpresse nur die beweglichen Eigengewichte zu heben braucht, spart sie also an Rückzugkraft und soll daher ökonomischer arbeiten.

Bezüglich der Steuerung ist noch hervorzuheben, daß das große Füllorgan, durch welches das Füllwasser aus dem Verdränger in den Zylinder gedrückt wird, auch während des Rückzuges offen ist, so daß der Rückzug sehr schnell erfolgen kann. Die sämtlichen Bewegungen der Presse werden durch einen einzigen Handhebel gesteuert, der sinnfällig mit den Bewegungen des Preßplungers auf- und abwärts gestellt wird.

In der Fig. 350 ist noch die ältere Bauart gezeigt, bei welcher der Rückzugzylinder im Verdrängerzylinder angebracht ist. Die neuere Ausführung der Firma Hydraulik G. m. b. H. sieht zwecks rascher Auswechselung schadhaft gewordener Manschetten zwei Rückzugzylinder, nämlich rechts und links vom Preßzylinder, vor, und zwar sind die Rückzugstangen als Rückzugplunger ausgebildet.

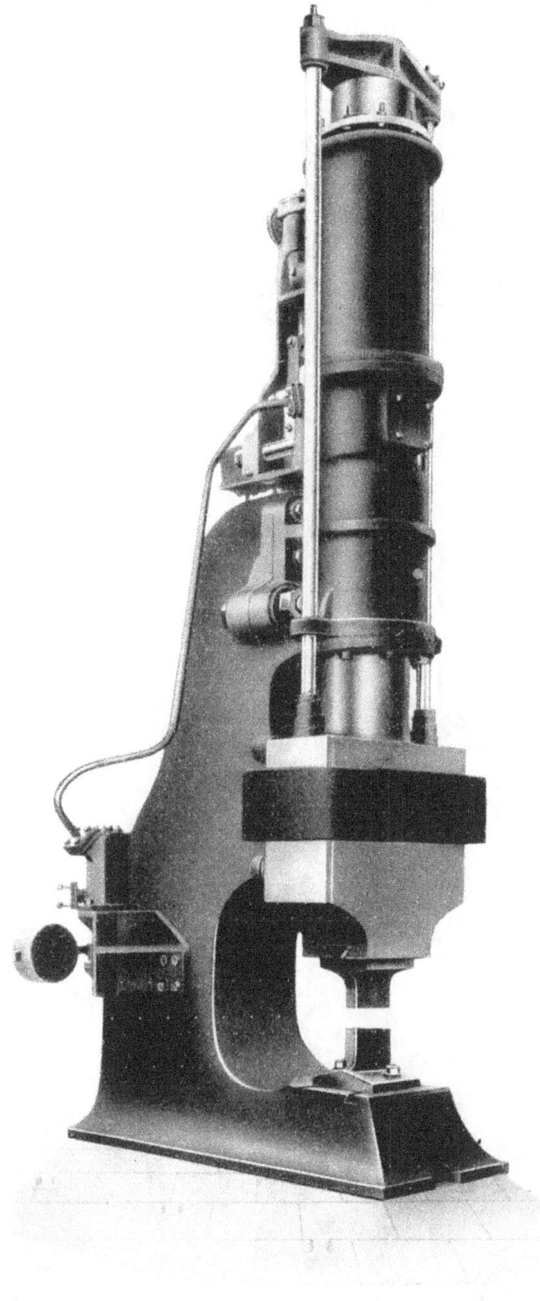

Fig. 350.

Die Presse ist nach dem reinhydraulischen Prinzip gebaut, d. h. das Preßwasser wird mittels Pumpe in einen Akkumulator gepreßt und von dort aus durch die Steuerung der Presse zugeführt.

Eine reinhydraulische Viersäulenpresse nach dem Rapidsystem ist in Fig. 351 dargestellt. Diese Presse wird in allen Dimensionen bis zu den größten und schwersten Pressen gebaut.

Fig. 351.

Abs. 289. **Schnellschmiedepresse in Einständerkonstruktion** nach »Kreuser«, ausführende Firma J. Banning, Akt.-Ges., Hamm, Westfalen.

Zweck: Die Pressen eignen sich für Reck- und Stauchschmiedearbeiten, speziell für die Herstellung sperriger Schmiedestücke.

Konstruktion: Die Pressen, Fig. 352, besitzen einen kräftigen Ständer, bei welchem die mit ihm vergossene Kanone direkt als Füllwasserbehälter ausgebildet ist.

Um den bei der schnellen Arbeitsweise der Presse durch den herabfallenden Plunger entstehenden Schlag aufzufangen, ist der Ständer wie bei Dampfhämmern mit einer angegossenen Schabotte ausgeführt.

Besonderer Wert ist ferner auf eine solide Führung des Preßplungers gelegt, so daß Seitenkräfte in günstiger Weise auf das Pressengestell übertragen werden. Das Vorfüllventil D. R. P. der reinhydraulischen Presse (Fig. 353) ist im Kopfe des Preßzylinders eingebaut, die Handsteuerung ist übersichtlich angeordnet, um eine gute Verständigung zwischen Schmiede und Pressenführer zu ermöglichen.

Die schematische Konstruktion und Wirkungsweise der reinhydraulischen Presse »Bauart Kreuser« D. R. P. zeigen die Fig. 354—358.

Die Fig. 354—357 zeigen die Presse und die Steuerung in den vier charakteristischen Stellungen Rückzug, Stillstand, Vordruck und Preßdruck.

Fig. 352.

Die Presse verbraucht nur Druckwasser bei der Rückzugs- und bei der Preßgangsbewegung; für den Vordruckhub und natürlich auch bei dem Stillstande der Presse wird kein Druckwasser benötigt. Die Besonderheit dieser Steuerung liegt außer in der großen Einfachheit der Steuerorgane:

1. in dem geringen Druckwasserverbrauch, der einerseits bedingt wird durch den zwangläufigen Abschluß des Niederdruckraums vom Preßzylinderraum vor dem Druckwassereintritt in den letzteren, so daß also niemals Druckwasser in den Niederdruckbehälter übertreten kann, und ferner dadurch, daß die Abdichtung des Druckraumes von dem Niederdruckraum außer durch eine aufgeschliffene Ventilfläche durch eine Kopfmanschette erfolgt. Weiterhin hat das Innenventil des Vorfüllventils nur auf dem Schließwege des letzteren, also jedesmal auf einem verschwindend kleinen Zeitpunkte, die Abdichtung gegen den Hochdruck zu bewirken, so daß eine geringste Ab-

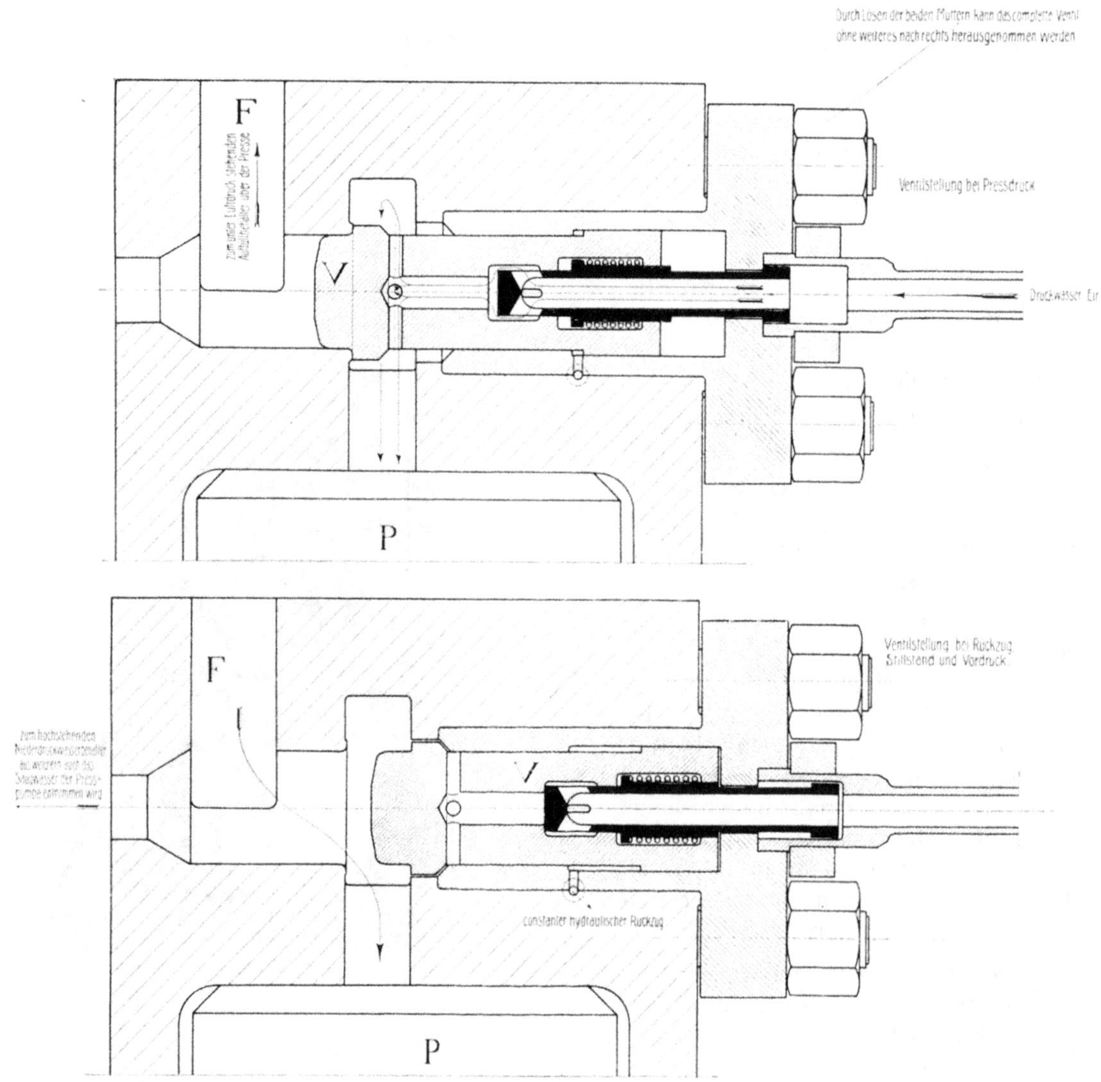

Fig. 353.

nutzung und ein dauernd gutes Dichthalten des ganzen Vorfüllorganes erreicht werden soll;

2. darin, daß die Geschwindigkeit des Preßstempels beim Leergang wie auch beim Preßgang ohne weiteres durch die entsprechende Bewegung des Handhebels reguliert werden kann, infolgedessen eignet sich diese Pressenkonstruktion sowohl für alle Schmiedearbeiten als auch für Kümpel-, Scher- und Stanzarbeiten;

3. in dem ruhigen, stoßfreien Gang, weil, wenn nach dem Preßgange das Vorfüllventil sich öffnet, das Spannungswasser aus dem Preßzylinder schon durch das kleinere Innenventil des Vorfüllventils entwichen war;

4. in der verhältnismäßig großen Leer- und Preßgangsgeschwindigkeit, die durch den direkt über der Presse unter geringer Luftspannung stehenden Füllwasserbehälter in Verbindung mit der richtigen Ausbildung der gesamten Steuerungsorgane und Wasserwege unter Berücksichtigung der auftretenden Wasserwiderstände erreicht wird. So werden in diesem Sinne die neueren Pressen »Bauart Kreuser« mit schräg im Preß-

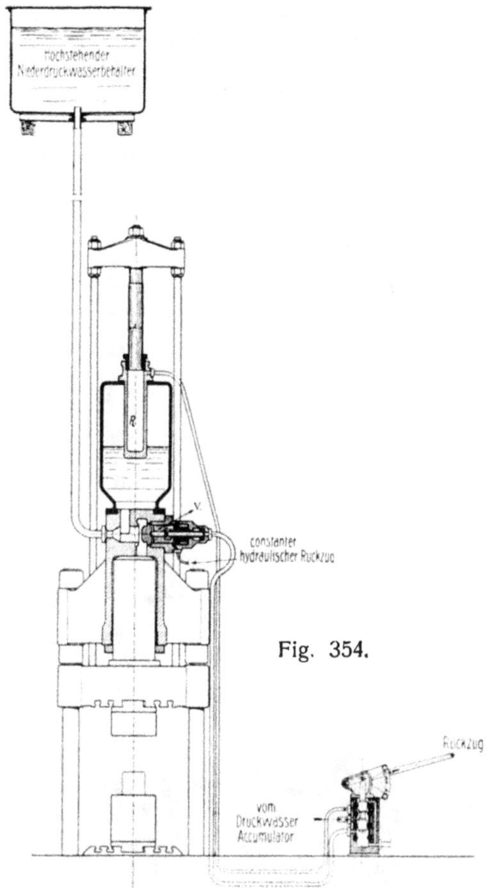

Fig. 354.

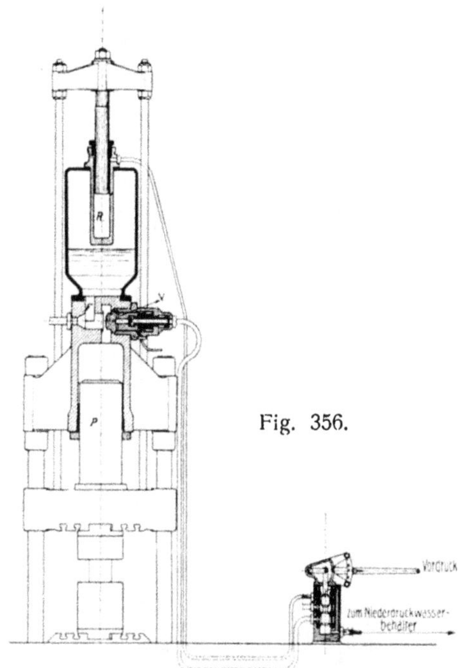

Fig. 356.

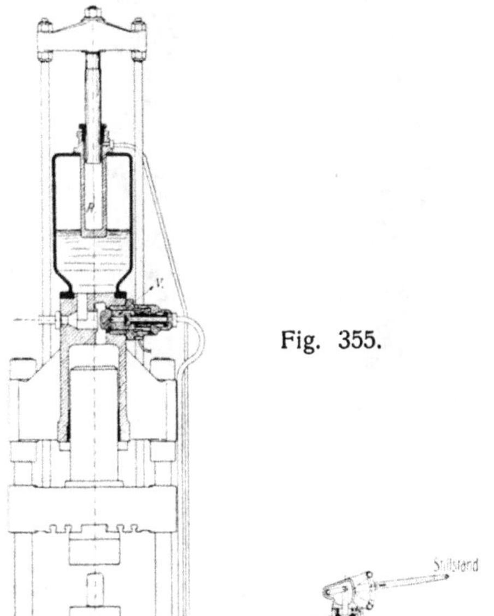

Fig. 355.

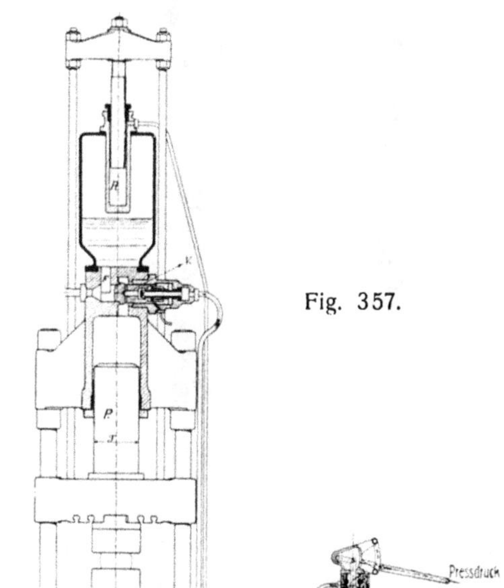

Fig. 357.

zylinder eingebautem Vorfüllventil ausgeführt (D. R. G. Fig. 385). Diese Neuerung wird als Fortschritt im hydraulischen Pressenbau bezeichnet, denn durch die Schräglage

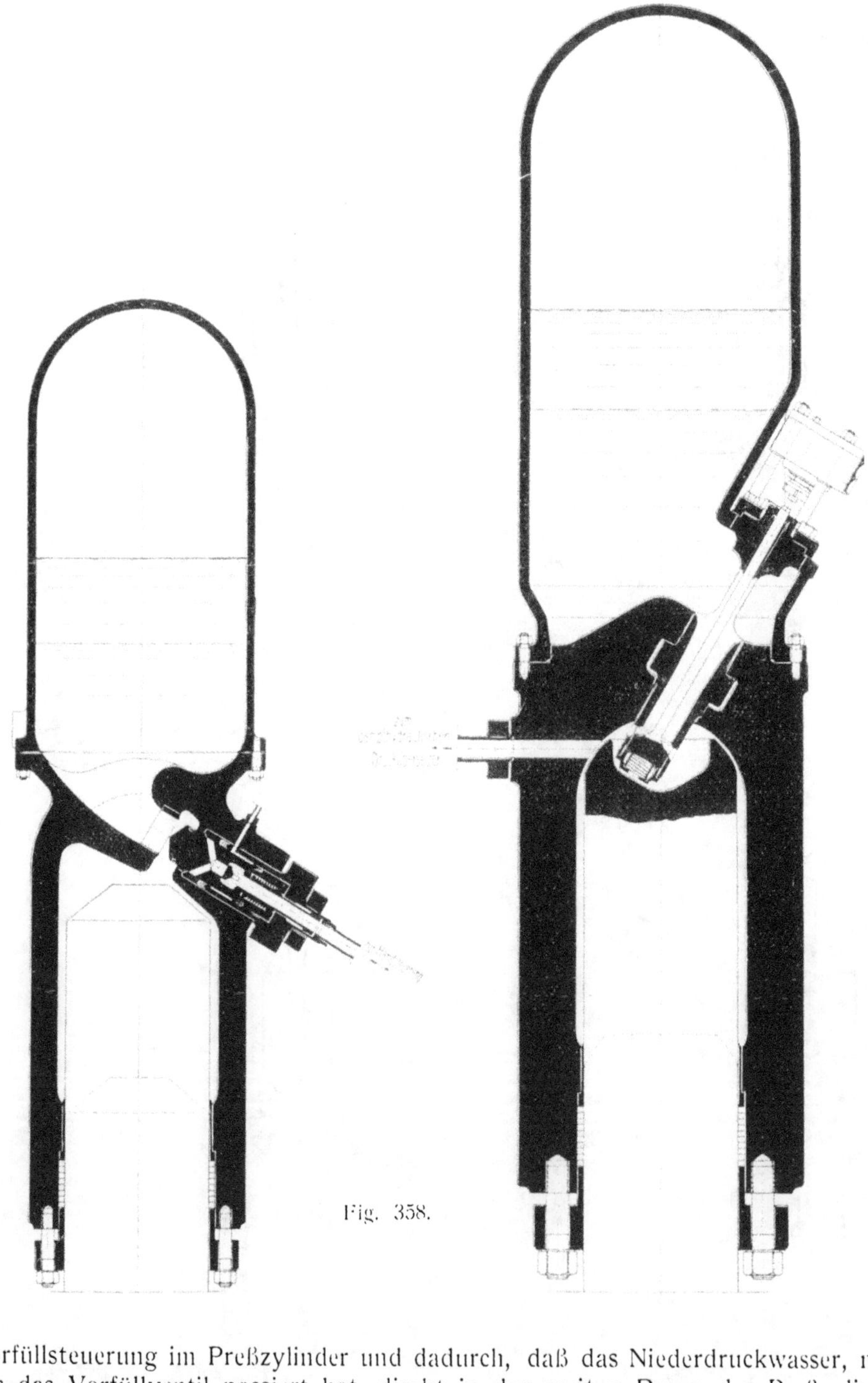

Fig. 358.

der Vorfüllsteuerung im Preßzylinder und dadurch, daß das Niederdruckwasser, nachdem es das Vorfüllventil passiert hat, direkt in den weiten Raum des Preßzylinders eintritt, tritt sehr geringer Spannungsabfall zwischen Niederdruckwasserbehälterdruck und Preßzylinderdruck beim Leergange ein.

Als Beispiel für die Kolbengeschwindigkeit dieser Pressen sei erwähnt, daß solche mit Leergangsgeschwindigkeit von 1,8 m in der Sekunde ausgeführt worden sind, wobei durch Preßzylinderindikatordiagramme ein steter Wasserkraftschluß zwischen Füllwasserbehälter und Preßzylinderraum bewiesen werden konnte.

Maß- und Gewichtstabelle.

Nr.	Preßdruck t	Gesamt-hub mm	Pro Ausladung mm
1	100	325	1750
2	150	375	875
3	200	450	875
4	300	500	875
5	400	550	875
6	500	600	875

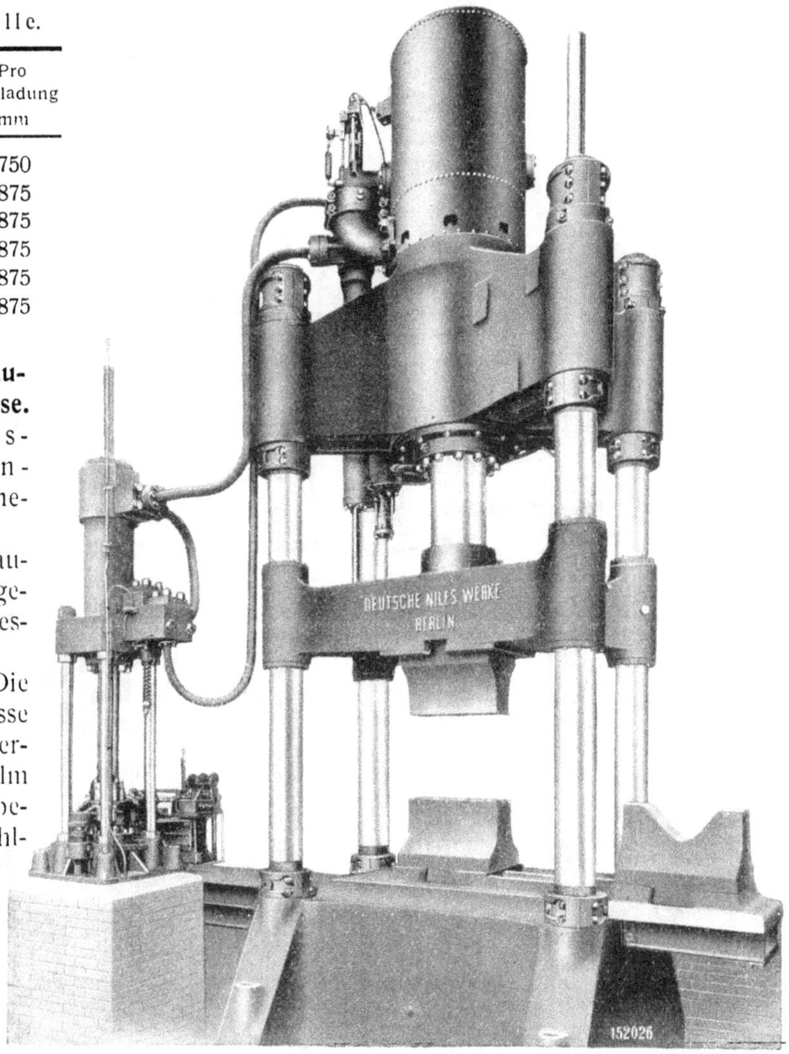

Fig. 359.

Abs. 290. **Reinhydraulische Schnellschmiedepresse.** Bauart: Deutsche Niles-Werkzeugmaschinen-Fabrik, Berlin-Oberschöneweide.

Zweck: Die reinhydraulische Schnellschmiedepresse gemäß Fig. 359 dient zum Pressen von Schmiedestücken.

Konstruktion: Die Presse ist als Viersäulenpresse gebaut. Das Unterteil derselben, der obere Querholm und das Führungsstück, bestehen aus ausgeglühtem Stahlformguß, Säulen und Plunger sowie der in den Oberholm eingesetzte Preßzylinder sind aus SM-Stahl angefertigt. Zum bequemen Einbringen und Auswechseln der Bahnen und um gleichzeitig mit mehreren Sätteln arbeiten zu können, ist am Unterteil ein hydraulischer Verschiebetisch, welcher von einem hydraulischen Verschiebezylinder betätigt wird, vorgesehen.

Neben der Presse ist ein hydraulischer Treibapparat, Fig. 360, aufgestellt, welcher es ermöglicht, die Presse mit zwei verschiedenen Druckstufen, und zwar mit 600 und 1200 t, zu betätigen. Außerdem ist eine automatische Druckstufensteuerung vorgesehen, welche beim Arbeiten mit 1200 t in Tätigkeit tritt und eine Druckwasserersparnis von ca. 30% bewirkt. Sobald die Handsteuerung *L* auf »Halt« gestellt ist, sind sämtliche Kanäle geschlossen. Hierbei verharrt die Presse in der augenblicklich eingenommenen Lage. Beim Sinken gelangt das Abwasser durch die Rückzüge. Durch das von *A* durch *M* und *K* fließende, unter Druck von ca. 4 Atm. stehende Füllwasser wird der Abwärtsgang des Plungers *c* beschleunigt. *G* ist der Multiplikatortreibzylinder, welchem Druckwasser vom Akkumulator zugeführt wird. Das in dem Multiplikatorpumpenzylinder *F* befindliche Wasser wird durch die Druckleitung *N* zum Preßzylinder *B* verdrängt. Die Pressung beginnt mit der niedrigsten Druckstufe. Der Raum unterhalb des in dem Multiplikatorpumpenzylinder *F* arbeitenden Kolbens steht mit dem Füllwasserbehälter *A* in Verbindung, und zwar so lange, bis in dem Zylinder *F* ein bestimmter

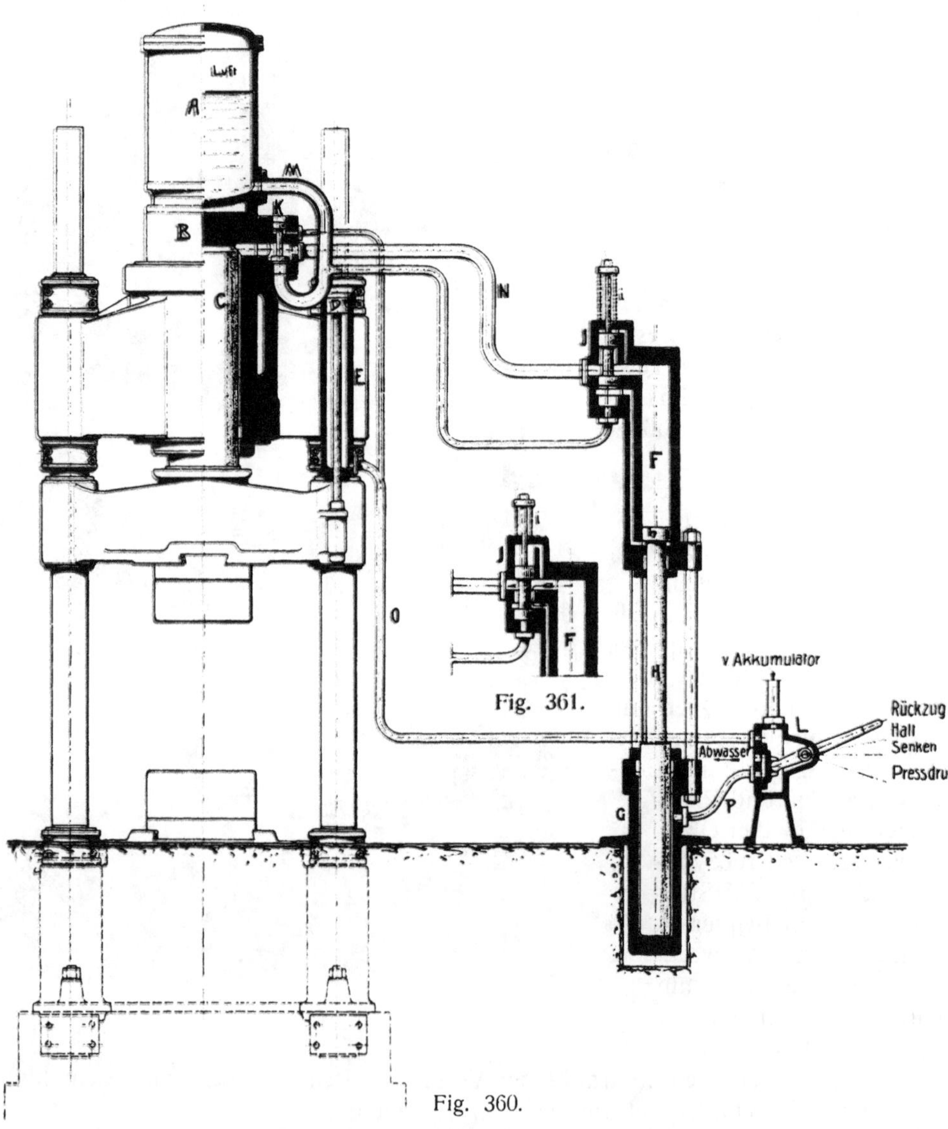

Fig. 361.

Fig. 360.

Druck, und zwar meist der halbe Maximaldruck, entsteht, der die Spannung der Feder *i* überwindet und den Schieber abwärts bewegt, wodurch die Räume über und unter dem Kolben *h* miteinander in Verbindung treten (Fig. 361) und somit die höchste Druckstufe eingeschaltet wird, indem jetzt nur die Kolbenstange des Plungers *H* in dem Multiplikatorpumpenzylinder *F* Preßwasser erzeugt und in den Preßzylinder *B* drückt. Beim Rückzug erhält der Zylinder *E* Druckwasser. Das Ventil *K* wird angehoben, und der Preßplunger *C* drängt das in dem Preßzylinder *B* befindliche Wasser nach dem Füllwasserbehälter *A*. Multiplikatortreibzylinder *G* erhält Abwasser. Hierauf erfolgt der Abwärtsgang des Übersetzerplungers *H*. Der Multiplikatorpumpenzylinder *F* füllt sich mit Wasser aus dem Füllwasserbehälter *A*. In Fig. 362 sind die Arbeitsdiagramme von reinhydraulischen Schmiedepressen veranschaulicht. Das durch die linke Figur veranschaulichte Diagramm zeigt den Druckwasserverbrauch einer gewöhnlichen Schmiedepresse. Das durch die rechte Figur dargestellte Diagramm zeigt den Druckwasserverbrauch einer Schmiedepresse, welche mit der automatischen Druckstufensteuerung nach einer Patentanmeldung ausgerüstet ist. Die Ersparnis an Druckwasser beträgt hierbei etwa 30%. Die schraffierte Fläche stellt den Druckwasserverbrauch dar.

Die Abdichtung sämtlicher Kolben der Presse erfolgt durch eine durch D. R. G.-M. geschützte Lederpackung. Zum Drehen der Schmiedestücke während des Schmiedens ist an der Presse eine hydraulische Wendevorrichtung angebracht, welche in bequemer Weise durch einen Steuerapparat betätigt wird.

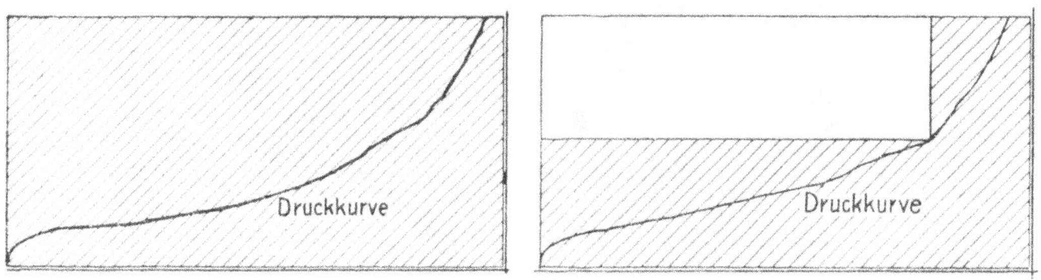

Fig. 362.

A r b e i t s w e i s e: Zuerst sinken, nachdem der Pressenführer durch eine geringe Abwärtsführung des Steuerhebels den Antrieb dazu gegeben hat, die beweglichen Pressenteile unter dem Einfluß ihrer Schwere schnell herab, bis die obere Bahn auf dem Schmiedestück aufruht. Während dieser Bewegung ist durch eine Füllsteuerung Wasser aus dem über der Presse angeordneten Füllbehälter in den Preßzylinder übergetreten und hat diesen vollständig angefüllt. Nach einem weiteren Antrieb des Pressenführers schließt sich die Füllsteuerung, und es wird nun durch Vermittlung des hydraulischen Treibapparates der Preßdruck im Preßzylinder erzeugt. Dieser Preßdruck kann vorher mittels einer leicht zu betätigenden Steuerung auf die gewünschten Größen — entweder 600 oder 1200 t — eingestellt werden.

Diese reinhydraulische Presse wird auch als einhüftig ausladende Presse ausgeführt, wie aus Fig. 363 ersichtlich ist. Der Ständer besteht in diesem Falle aus Stahlguß.

Maß- und Gewichtstabelle der 4 Säulenpressen.

Preßdruck . . . . t	350	500	600	800	1000	1200	1500	2000	2500	3000
Säulenentfernung . . . mm	1200 × 600	1500 × 1000	1500 × 1000	1600 × 1100	2000 × 1200	2200 × 1300	2500 × 1400	2800 × 1500	3000 × 1550	3200 × 1600
Gesamthub . . . . . . mm	600	700	800	900	1000	1200	1400	1600	1750	1900
Einzelhub . . . . mm	110	120	125	130	135	140	145	150	160	170
Zahl der Preßhübe pro Min.			40—60				40—50		30—40	
Freie Höhe zwischen den Aufspannflächen	1400	1600	1800	2000	2200	2500	2700	3000	3150	3300
Höhe der Presse über Flur .	4300	4600	5100	5700	6300	7400	8400	9400	10200	11000
Betriebswasserdruck in Atm.			50		—			200		

Fig. 363.

Einhüftige reinhydraulische Schnellschmiede.

Maß- und Gewichtstabelle.

Preßdruck . . . . t	150	250	350	500
Gesamthub . . . . mm	400	450	520	680
Einzelhub . . . . mm	80	90	100	150
Zahl der Preßhübe pro Min.	40—60	40—60	40—60	40—60
Ausladung	750	800	850	900
Höhe der Presse über Flur mm	4600	5000	5400	6300

Abs. 291. **Reinhydraulische Schmiedepresse.** Bauart: Fritz Müller, Eßlingen a. N.

Zweck: Diese Presse, Fig. 364, dient hauptsächlich zur Ausführung aller im allgemeinen Maschinenbau vorkommenden geeigneten Schmiedestücke.

Konstruktion: Ein kräftiges, aus Stahl- oder Grauguß hergestelltes Unterteil, das als Gegenlager für den Amboß dient, ist durch vier starke Stahlsäulen mit dem ebenfalls aus Stahl- oder Grauguß hergestellten Geschlinge verbunden. In dieses ist der aus Stahlguß oder geschmiedetem Stahl bestehende Preßzylinder so eingesetzt, daß der Preßkolben von oben her wirken kann und daher das Schmiedestück immer in gleicher Arbeitshöhe verbleibt. Der Kolben wird durch ein Zwischenstück in besonders langen Lagern an den vier Säulen geführt. Diese Lager erhalten Metallbüchsen. Zum Rückzug des Kolbens sind zwei Zugstangen vorhanden, die durch eine Traverse mit den oben auf dem Preßzylinder stehenden Rückzugzylinder verbunden sind. Werden die eben erwähnten Zugstangen noch bis unter das Unterteil verlängert und mit starken Querstücken und Ausstoßkolben verbunden, so können mit den Rückzugkolben die in Gesenken geschmiedeten Teile ausgeworfen werden. Der Amboß und die Hammerbahn sind auswechselbar und werden den Erfordernissen angepaßt. Die Steuerungsteile, wie Ventile, Schieber usw., sind in einem Stahl- oder Bronzekörper untergebracht. Die Anordnung ist so getroffen, daß durch einen oder zwei Hebel alle erforderlichen Bewegungen der Kolben ausgeführt werden können, und zwar wird für kleine Schmiedestücke Niederdruck verwendet, für große Stücke kann allmählich der Druck gesteigert werden. Um rasches Arbeiten zu ermöglichen und Preßwasser zu sparen, werden große Einlaßventile für Füllwasser angewendet, die selbsttätig gesteuert werden. Die Pressen werden für jeden Druck bis 5 000 000 kg ausgeführt.

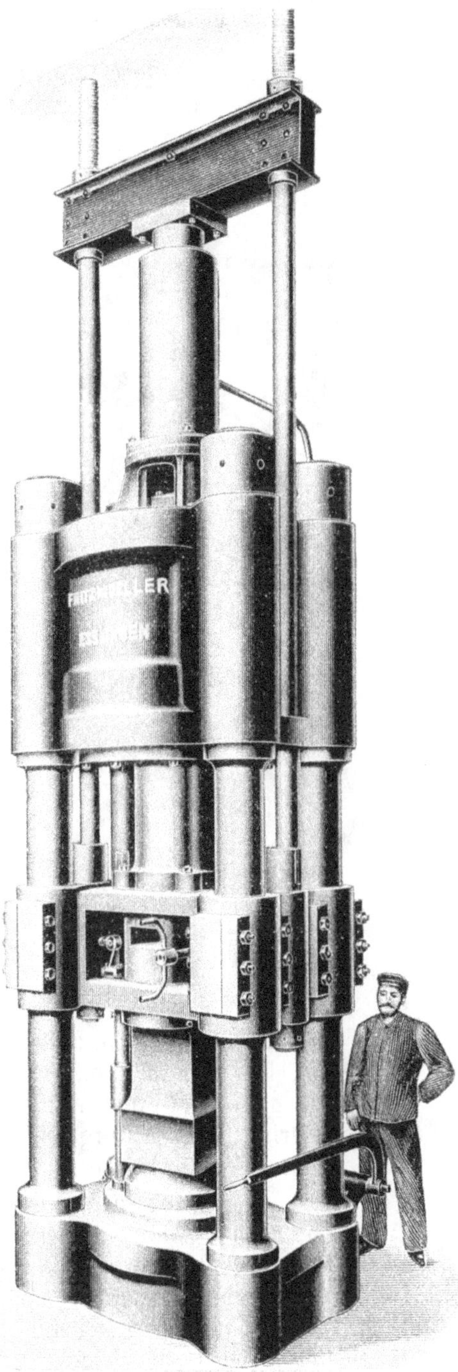
Fig. 364.

Arbeitsweise: Das Schmiedestück wird zwischen Preßkolben und Amboß gelegt. Durch Hebelbewegung öffnet sich das große Füllwasserventil; Wasser strömt ohne Preßdruck vom Wasserbehälter ein, der Kolben senkt sich selbsttätig rasch bis auf das Schmiedestück, durch andere Hebeldrehung schließt sich das Füllventil und der Einlaß für Niederdruckwasser wird frei; genügt dieser Druck nicht, so gestattet ein weiterer Hebeldruck den Eintritt des Hochdruckwassers. Hierbei werden Füllwasserventil und Niederdruck selbsttätig geschlossen. Das Stück kann nun durch den Hochdruck genau auf die gewünschte Dicke gepreßt werden. Der Kolbenrückzug wird durch einen oder zwei Rückzugkolben bewerkstelligt. Der Kolbenrückzug wird durch den gleichen Hebel betätigt. Eine Hebelbewegung schließt Einlaß von Hoch- und Niederdruck, öffnet ein Ventil für den Druckablaß und dann sofort das große Füllwasserventil, das die Rückströmung des Wassers zum Füllwasserbehälter gestattet.

Abs. 292. **Patent-Schnellschmiedepresse.** Bauart: F i e l d i n g & F l a t t, Ltd., Gloucester. Die Fig. 365 zeigt die Schnellschmiedepresse der Firma, die dem gewöhnlichen Dampfhammer in allgemeiner Ausführung und im Aussehen ähnlich ist; diese Maschine wird nur für Formzwecke gebraucht, wie z. B. zum Ausstrecken von Eisenstangen und für gewöhnliche Schmiedearbeiten.

Fig. 365.

Sie kann weiche Stahlbarren von 203—254 mm Querschnitt bearbeiten und hat einen Hub von 610 mm; die Maulweite von der Mitte des Preßkolbens beträgt 610 mm.

Die Presse ist fast ganz aus Stahl gebaut, denn sie hat einen Stahlgußhauptrahmen und -Zylinder; die Arbeitszylinder sind mit Bronze ausgekleidet und mit Hanfpackung versehen. Zum Nachstellen sind alle Packungen ohne Auseinandernehmen zugänglich.

Die Presse ist mit einer der Firma patentierten automatischen Preßwassersparvorrichtung ausgerüstet sowie mit leicht arbeitendem Ventilgetriebe. Die Hubgeschwindigkeit beträgt etwa 50 Hübe pro Minute. Für gewöhnlich ist jedoch diese Geschwindigkeit nicht erforderlich, da das Arbeitsstück nach jedem Hub gewendet werden muß. An dieser Ausführung ist hervorzuheben, daß ein großer, langer Hub ausgeführt werden kann, der die freie Bewegung des Arbeitsstückes auf dem Amboß ermöglicht, denn es ist infolge der Vorfülleinrichtung nicht nötig, den Hub wegen Preßwasserersparnis zu beschränken. Der Bär des Preßkolbens besitzt eine sehr lange Führung.

Abs. 293. **Reinhydraulische Schmiedepressen.** Baurat: M.A.G. vormals B r e i t e f e l d, D a n e k & C o., Prag-Karolinenthal. Fig. 366 und 367. Die reinhydraulische Presse bietet bei Anwendung von spezifischen Wasserdrücken bis 250 Atm. keine Schwierigkeiten. Naturgemäß erfordern die Steuerorgane bei diesen Drücken bereits besondere Ausführungen.

Die Steuerung der Presse baut die Firma nach patentierten Konstruktionen, welche sich bewährt haben. Prinzipiell beruhen diese auf der Anwendung kleiner Hilfssteuerventile, welche von einer gemeinsamen Steuerwelle aus durch Daumen in der richtigen Aufeinanderfolge betätigt werden und dadurch die für große Arbeitsgeschwindigkeiten entsprechend groß bemessenen Hauptsteuerorgane bewegen. Mit einem einzigen Hebel, der leicht und rasch zu bewegen ist, wird selbst die größte Presse bedient.

Die Einstellung der Geschwindigkeiten ist ein- für allemal durch Fixierung der Ventilhube festgelegt. Alle Querschnitte sind reichlich bemessen, um jede beliebige Drosselung und Anpassungsfähigkeit zu ermöglichen.

Bei großen Pressen über 600 t Druck werden drei Druckstufen angewendet, und zwar durch Unterteilung der Fläche des Preßplungers.

Fig. 366.

Je nachdem durch ein einfaches, mit Handkette von unten zu bedienendes Wechselventil die kleine innere Fläche oder die größere äußere Ringfläche oder endlich beide Flächen gleichzeitig unter Druck gesetzt werden, wird entweder die kleine, die mittlere oder die große Druckstufe in Tätigkeit treten.

Die Firma verwendet weiter bei sämtlichen Pressen selbsttätig gesteuerte Füllventile, welche in Verbindung mit einer Füllvorrichtung — in der Regel einem Druckwindkessel mit 3—5 Atm. Überdruck — stehen.

Diese Einrichtung hat, wie bekannt, den Zweck, den Druckwasserverbrauch nur auf den eigentlichen Preßweg, auf welchem die Formveränderung des Arbeitsstückes vor sich geht, zu beschränken.

Alle Totwege, das Herabsenken des Preßkolbens resp. Obergesenkes auf das Arbeitsstück, werden nur mit Füllwasser bedient, so daß das darauf eintretende Druckwasser die Zylinderräume bereits vollständig gefüllt findet.

Diese Füllventile sind groß bemessen und werden von der Hauptsteuerung aus sinngemäß betätigt. Sie sind nicht allein beim leeren Senken, sondern auch beim Rückziehen (Hochheben) des Kolbens zwangläufig offen gehalten, so daß demnach auch das gebrauchte Wasser wieder ebenso rasch in den Füllwasserbehälter zurückgedrängt wird. Die Füllventile sind nur während der Druckperiode stets zuverlässig geschlossen.

Der Rückzug wird bei den reinhydraulischen Pressen mittels hydraulischer Zylinder bewerkstelligt.

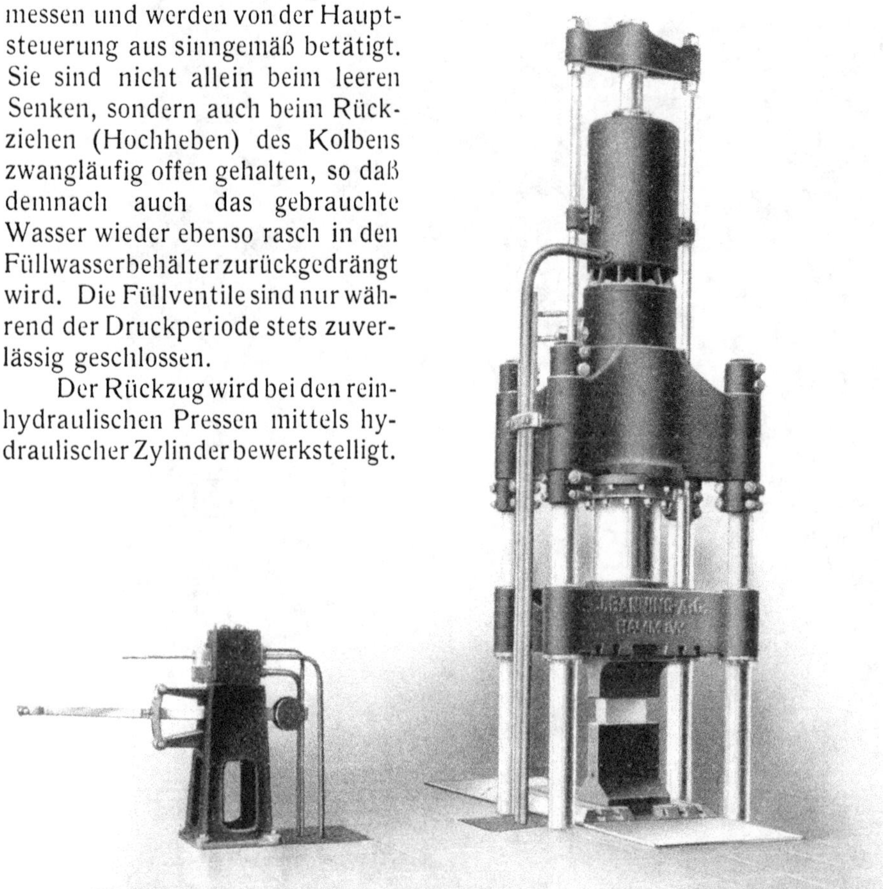

Fig. 367.

Abs. 294. **Reinhydraulische Schnellschmiedepresse in Viersäulenkonstruktion** nach Kreuser, ausführende Firma: J. Banning A.-G., Hamm, Westfalen. Fig. 367.

Zweck: Diese Presse eignet sich für alle Reck- und Stauch-Schmiedearbeiten.

Konstruktion: Sie ist kräftig gehalten und besitzt außer der eigentlichen Presse einen auf dem unteren Preßholm befindlichen hydraulisch betätigten Werkzeugverschiebetisch, wodurch ein schnelles Einbringen und Auswechseln der Gesenke ermöglicht wird (Abt. 11). Diese Einrichtung gestattet ferner die Anordnung zweier Preßbahnen und ist daher für Pressen von 350 t ab aufwärts sehr zu empfehlen. Im unteren Preßholm befindet sich ferner ein hydraulischer Ausstoßplunger zum Hinausdrücken der gepreßten Teile aus der Matrize. Die sämtlichen Bewegungen, wie die Bedienung der Presse, des Verschiebetisches und des Ausstoßplungers werden vom Steuerstand aus durch je einen Handhebel von dem Pressenführer allein bewirkt.

Tabelle der Normalmodelle.

Nr.	Preßdruck bei 200 Atm. Wasserdruck t	Gesamthub mm	Säulenmittenentfernung mm
SP 1	200	450	1200 × 600
SP 2	350	650	1400 × 750
SP 3	500	800	1600 × 900
SP 4	750	900	1800 × 1050
SP 5	1000	1000	2000 × 1200
SP 6	1250	1250	2250 × 1350
SP 7	1500	1400	2500 × 1500
SP 8	2000	1600	2750 × 1650

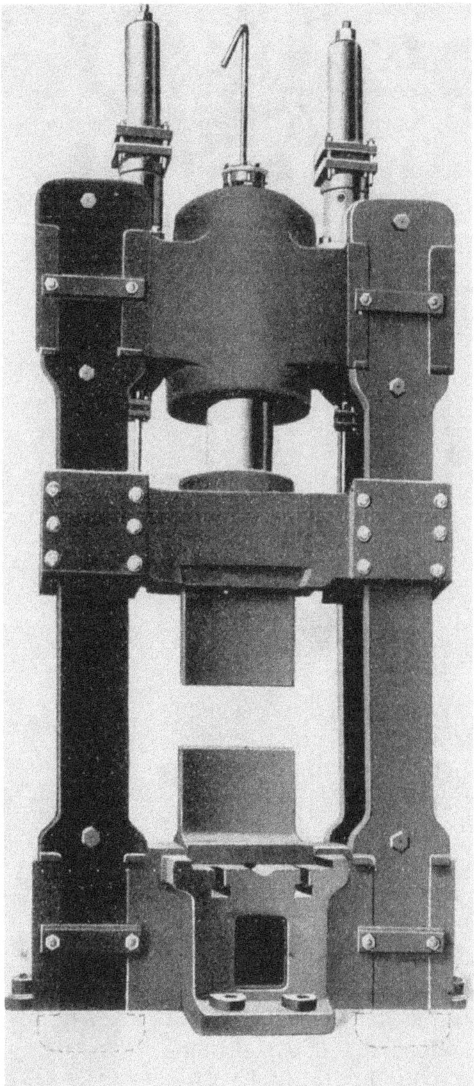

Fig. 368.

Abs. 295. **Schmiedepressen mit rechteckigen Säulen.** Bauart: Maschinenfabrik Sack, G. m. b. H., Düsseldorf-Rath. Vorstehend genannte Firma fertigt auch Schmiedepressen mit rechteckigen Säulen an, und zwar mit folgender Begründung: Im Laufe der Zeit verdrücken sich erfahrungsgemäß die Gewinde an den runden Säulen, und es ist alsdann schwierig, die Säulen der Schmiedepresse durch neue zu ersetzen, weil man die ganze Presse demontieren muß. Auch haben runde Säulen den Nachteil, daß sie von vornherein mit etwas Spiel in die Löcher von Unter- und Oberteil der Presse passen müssen. Dies hat zur Folge, daß Pressen mit runden Säulen, sobald der Druck etwas exzentrisch wirkt, nicht unbeträchtlich wackeln. Dem angegebenen Übelstande half die Firma mit rechteckigen Säulen, wie in Fig. 368 abgebildet, ab. Diese werden genau in Ober- und Unterteil der Presse eingepaßt, durch Keile, die sauber passen, an den dem Kraftangriff abgekehrten Einspannstellen vorgespannt und durch eingepaßte Bolzen mit Ober- und Unterholm verschraubt. Eine derartige Presse ist standfester und gibt kaum zu Reparaturen an den Säulen Veranlassung, zumal rechteckige Säulen wesentlich kräftiger gehalten werden können als runde Säulen, ohne daß dadurch die Bauart der Schmiedepresse zu breit ausfällt, was die Betätigung des Schmiedekranes behindern würde. Sollte eine

Fig. 369.

Reparatur vorkommen, so kann jede Säule einzeln seitwärts herausgenommen und ersetzt werden.

b) Dampfhydraulische Reckschmiedepressen.

Abs. 296. **Dampfhydraulische Pressen.** Bauart: H a n i e l & L u e g, Düsseldorf. Das Wesen dieses Systems besteht darin, daß ein steter Kraftschluß zwischen dem Dampfdruckübersetzer und dem Preßplunger vorhanden ist. Das Wasser in den Ausgleichzylindern wird durch Windkesseldruck ständig unter Druck gehalten, wodurch erzielt wird, daß die Dampftreibkolbenstange nach jedem Hub in die Anfangslage zurückgeht. Da die Dampftreibkolbenstange ständig auf dem Druckwasser im Preßzylinder ruht, ist die Presse jederzeit kraftgeschlossen, d. h. arbeitsbereit und ohne schädlichen Leergangsraum.

Infolge des steten Kraftschlusses zwischen dem Dampftreibapparat und dem Preßplunger wird bei nur geringem Dampfverbrauch eine genaue und schnelle Bewegung des Preßstempels erzielt, und die Kraftübertragung erfolgt direkt und ohne Stöße. Das in der Presse wirkende Druckwasser befindet sich stets innerhalb der Presse und steht in besonderen Windkesseln. Bei dieser Presse sind Steuerorgane und Rohrleitungen unter hohem Druck nicht vorhanden. Fig. 369 stellt eine solche dampfhydraulische Viersäulenschmiedepresse von 1000 t Preßdruck mit über der Presse befindlichem Dampftreibapparat dar. Die Presse dient zur Herstellung von Schmiedestücken im allgemeinen, von Geschoßkörpern und anderen Hohlkörpern. Für jede dieser Arbeiten können entsprechende Schmiedegesenke verwendet werden. Fig. 370 zeigt dagegen

Fig. 370.

eine dampfhydraulische Schmiedepresse derselben Firma von 4000 t Preßdruck mit seitlich neben der Presse stehendem Dampftreibapparat, der im Bilde nicht sichtbar ist. Diese Presse dient zum Ausschmieden von großen Turbinentrommeln, Turbinenscheiben und ähnlichen Körpern sowie zur Herstellung größter Schmiedestücke. Das Bild veranschaulicht das Verschmieden eines 80 000 kg-Blockes.

Abs. 297. **Dampfhydraulische Rapidschmiedepresse.** Bauart: Hydraulik G. m. b. H., Duisburg. Die Fig. 371 zeigt eine dampfhydraulische Rapidschmiedepresse mit daneben stehendem Dampftreibapparat.

Fig. 371.

Die Presse ist als Viersäulenpresse ausgebildet. Der Preßzylinder befindet sich, wie stets bei Schmiedepressen, im Oberholm; der Unterholm ist im Fundament eingebettet. Über dem Preßzylinder ordnet die Hydraulik G. m. b. H. bei ihrer patentierten Rapidpresse den sog. Verdrängerzylinder an, dessen Bedeutung und Wirkungsweise bereits im Abschnitt 288 geschildert wurde. Rechts und links vom Preßzylinder sind als Dampfzylinder ausgebildete Rückzugzylinder angeordnet.

Die Steuerung dieser Presse erfolgt durch einen einzigen Handhebel, welcher am Dampftreibapparat angebracht ist, und mittels dessen der Dampf sowohl in beiden Dampfrückzugzylindern als auch im Dampftreibapparat gesteuert wird. Der Dampfzylinder des letzteren ist mit dem oben befindlichen Preßwasserzylinder bei der Ausführung der Hydraulik G. m. b. H., Duisburg, statt durch Säulen durch eine Stahlgußlaterne vereinigt, wodurch eine sehr solide starre Verbindung erzielt wird. Da der Preßwasserdruck bei dampfhydraulischen Pressen bis zu 400 Atm. und höher gewählt wird, so wird der Preßwasserzylinder häufig aus geschmiedetem Stahl hergestellt.

Bemerkenswert ist eine obiger Firma patentierte Anordnung des Steuerhebels. Da sich nämlich der Dampftreibapparat beim Erreichen der Höchststellung automatisch umsteuert, so würde der Hebel ruckartig umgestellt werden und hierbei den Bedienungs-

Fig. 372.

mann verletzen. Ein Ausklinkmechanismus verhindert dies, der Hebel verharrt in seiner Lage und vereinigt sich erst bei Einleitung des folgenden Treibapparathubes wieder mit dem Gestänge.

Größere Schmiedepressen, wie auf Fig. 372 veranschaulicht, erhalten häufig einen hydraulisch zu betätigenden Verschiebetisch, mittels dessen die Werkzeuge leicht ausgewechselt werden können und auch das Arbeitsstück selbst bequem in die Presse einzubringen ist.

Bei diesen großen dampfhydraulischen Pressen empfiehlt es sich, auch den Rückzug reinhydraulisch zu betreiben, namentlich in Fällen, in denen eine Kraftwasseranlage im Werk zur Verfügung steht, da der Dampfverbrauch in den Rückzugzylindern ein relativ hoher ist. Es wird nämlich bei jedem Abwärtsgang der Dampfinhalt des Rückzugzylinders ins Freie geführt, so daß zu jedem Rückzuge wieder der Gesamtzylinder neu mit Dampf aufgefüllt werden muß. Außerdem bringen die kalten Wände durch Leitung starke Kondensationen. Bei hydraulischem Rückzug dagegen tritt nur soviel Wasser aus dem Rückzugzylinder heraus, als dem Hub entspricht, und nur diese Wassermenge ist für Ausführung des Rückzuges wieder in den Zylinder einzuführen.

Wellenwendevorrichtungen und Halteeisen dienen zum Hantieren der Schmiedestücke. Fig. 372 stellt eine Presse in flottem Schmiedebetrieb dar.

Abs. 298. **Dampfhydraulische Schnellschmiedepresse D. R. P.** System: Breuer-Schumacher. Bauart: Kalker Werkzeugmaschinenfabrik Breuer-Schumacher & Co., Kalk.

Zweck: Die dampfhydraulische Schmiedepresse gemäß Fig. 373 dient zur Herstellung von Schmiedestücken aller Art, wo innere Stückarbeit, wie Recken u. dgl., geleistet werden soll.

Konstruktion: Die Presse besteht aus einem unteren Teil aus zähem Gußeisen oder Stahlguß, der durch vier Säulen aus geschmiedetem Stahl mit dem hydraulischen Preßzylinder verbunden ist. Die Bohrung des aus zähem Stahlguß hergestellten Preßzylinders ist durch eine auswechselbare Büchse aus harter Spezialbronze ausgefüttert. Der in der letzteren gleitende Preßkolben ist, wie die in solider Weise mit ihm verbundene Preßtraverse, aus Stahlguß hergestellt. Die Preßtraverse sowie der Preßzylinder selbst sind so weit eingeschnürt, daß man mit den Schmiedekränen bis nahe an die Mitte der Presse gelangen kann. Die Bohrungen der langen, an die Preßtraverse angegossenen Führungsaugen sind mit mehrteiligen, leicht auswechselbaren Ausfütterungen aus bester Lagerbronze versehen, die noch mit besonderen Augen oder Nuten zur Aufnahme von Schmiermaterial ausgestattet sind. Der obere Schmiedesattel sowie der Amboß sind aus hartem Stahlguß angefertigt. Je nach der Aufstellung und der Verwendung der Presse kann der Amboß entweder nach der Schmal- oder nach der Breitseite der Presse oder nach beiden Seiten hin verschoben werden.

Zwecks raschen Hebens und Senkens der Preßtraverse sowie zum Festhalten derselben in beliebiger Lage dienen die oberhalb der Traverse angeordneten, von der Steuerung des Dampftreibapparates aus gesteuerten Dampfrückzugzylinder.

Der Dampftreibapparat besteht aus dem Dampfzylinder in Zylinderguß und dem Pumpenzylinder in hartem Schmiedestahl. Der in dem Dampfzylinder gleitende Dampfkolben aus Stahlguß erhält nur Druck von unten; sein Rückgang erfolgt durch das Zurückströmen des Wassers aus den Preßzylindern beim Rückgang der Presse und wird noch erleichtert durch das Eigengewicht des Kolbens selbst. Der untere Dampfzylinderdeckel ist als Gegenkolben ausgebildet, so daß das sich am unteren Ende des Hubes bildende Dampfkissen ein geräuschloses Aufsetzen des Kolbens gewährleistet. Die Kolbenstange aus Schmiedestahl dient gleichzeitig als Plungerkolben. Infolge der eigentümlichen Arbeitsweise der Presse ist die Kolbenstange nur auf Zug beansprucht (D. R. P.), wodurch der Verschleiß der Stopfbüchsenpackungen beschränkt ist. Durch Zurückströmen des verbrauchten Dampfes durch die Steuerung in den Dampfzylinder wird der letztere nach jedem Hub selbsttätig in seiner ganzen Ausdehnung vorgewärmt.

Die seitlich am Dampfzylinder angebrachte Steuerung besteht aus dem Wasserfüllventil und der Dampfsteuerung. Sämtliche Bewegungen der Presse werden durch diese mittels eines einzigen Hebels sinngemäß eingeleitet und ausgeführt. Reguliert wird der Zutritt des Wassers aus dem Vorfüllbehälter zum Preß- und Pumpenzylinder durch das in der hydraulischen Druckrohrleitung eingeschaltete Wasserfüllventil, welches das rückströmende Preßwasser wieder in den Vorfüllbehälter eintreten läßt. Der Druck im Vorfüllbehälter ist so gewählt, daß selbst bei schnellster Arbeit mit der

Fig. 373.

Presse eine absolut sichere Füllung des Preß- und Pumpenzylinders in jeder Lage des Preßkolbens gesichert ist.

Die Presse kann bei entsprechender Konstruktionsänderung in gleicher Weise auch anstatt mit Dampf mit Druckluft betrieben werden.

Arbeitsweise: Bei der Steuerung der Presse sind vier Stellungen des Steuerhebels zu unterscheiden. Die Mittellage des Hebels bedingt Ruhestellung der Presse in jeder Lage der Preßtraverse. Die Bewegung des Steuerhebels in die obere Lage läßt die Preßtraverse entsprechend hochgehen, während die Bewegung des Steuerhebels in die erste untere Lage über die Mittellage hinaus die Preßtraverse heruntergehen und gleichzeitig den Preßzylinder sich mit Vorfüllwasser füllen läßt. Erst die Bewegung des Steuerhebels in die letzte untere Lage läßt Dampf in den Treibapparat eintreten, wodurch Hochdruckwasser erzeugt wird, welches durch Druck auf den Preßkolben die eigentliche Preßarbeit hervorruft. Gleichzeitig wird durch die Bewegung des Steuerhebels der Dampf sinngemäß in die Rückzugzylinder ein- bzw. aus ihnen herausgelassen.

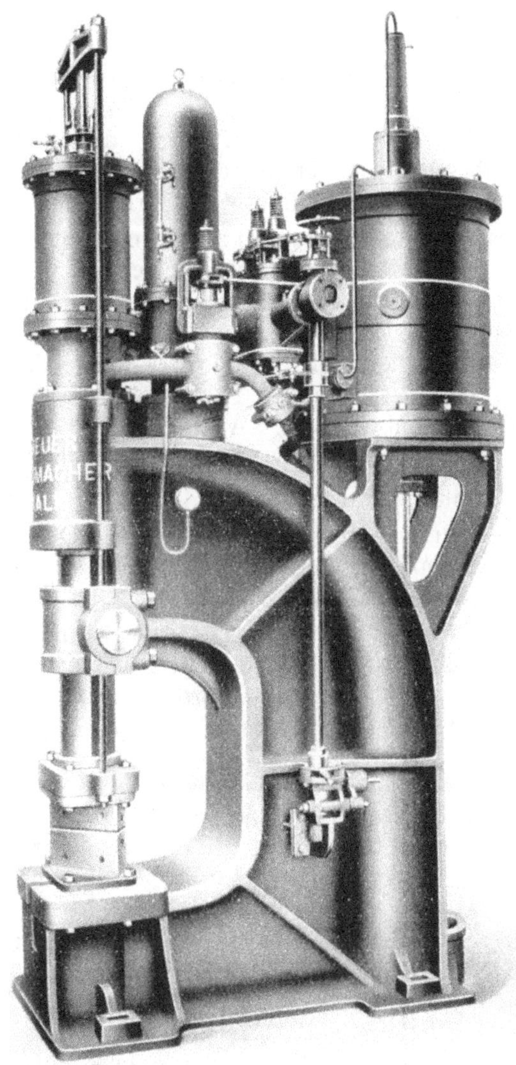

Fig. 374.

Das Preßwasser fließt stets im Kreislauf zum Vorfüllwasserbehälter zurück, so daß es ohne weiteres reichlich mit wasserlöslichem Öl vermischt werden kann, was eine längere Haltbarkeit der Dichtungsmanschetten und somit eine lange Lebensdauer der Maschine sichert sowie bei strenger Kälte das Einfrieren der einzelnen beweglichen Teile der Presse ausschließt.

Die Pressen werden als Viersäulenpressen ausgeführt für einen Druck von 400 bis 15 000 t.

Abs. 299. **Dampfhydraulische Hammerpresse.** Bauart: Kalker Werkzeugmaschinenfabrik Breuer-Schumacher & Co., Kalk. Der Hauptunterschied der nebenstehend, Fig. 374, abgebildeten, von der vorstehenden Firma auf den Markt gestellten dampfhydraulischen Hammerpresse gegenüber der im Abs. 298 beschriebenen Viersäulenpresse besteht darin, daß der Preßdruck nicht mehr von Säulen, sondern von einem aus bestem Stahlformguß hergestellten Ständer aufgenommen wird. Dieser ist mit dem hydraulischen Druckzylinder aus einem Stück gegossen und trägt auf der

Rückseite auf einem Konsol den Treibapparat. Über dem Druckzylinder befindet sich der Rückzugzylinder, dessen Kolben mittels Traverse und Zugstangen mit dem Preßblock verbunden ist. Die zwischen Treibapparatzylinder und Rückzugzylinder montierte Steuerung zeigt gegenüber derjenigen der Viersäulenpresse keinen wesentlichen Unterschied. Desgleichen sind die Arbeitsweisen beider Maschinen gleich.

Diese Pressen werden für einen Druck von 100–500 t ausgeführt.

Abs. 300. **Hydraulische Schmiedepresse.** Bauart: Davy Brothers, Ltd., Sheffield.

Die dampfhydraulischen Pressen, die jetzt von Davy Brothers Ltd. fabriziert werden, besitzen mehrere Eigenschaften, die im Vergleich zu früher neu sind und wesentlich zu der Schnelligkeit der Arbeit und der Wirksamkeit der Presse beitragen.

Diese Vervollkommnungen bestehen hauptsächlich in der patentierten automatischen Regulierung und dem einfachen mechanischen Hebelsteuerwerk, wodurch alle Bewegungen der Presse vollständig unter Kontrolle eines Handhebels stehen. Die Bewegungen des Pressenkopfes folgen exakt denjenigen des Handhebels, sowohl in der Geschwindigkeit, als auch in der Länge des Hubes, so daß, während die Presse mit höchster Geschwindigkeit arbeitet, man die Presse gleich darauf so langsam als nötig handhaben kann. Auch wird die Traversenbewegung in demselben Moment zum Stillstand gebracht, wenn der Handhebel in Ruhe gesetzt wird.

Die Anlage besteht aus:

a) der Presse selbst mit hydraulischem Druckzylinder und Dampf-Rückhubzylinder oder im Fall von sehr großen Pressen hydraulischen Rückhubzylindern;

b) dem dampfhydraulischen Druckwassererzeuger, welcher die Presse antreibt und mit Holmes und Davys patentierter, automatischer, einfacher Kontrollsteuerung versehen ist (wie weiter unten beschrieben);

c) dem Füllwindkessel mit Luft- und Wasserpumpe, um den Luftbehälter auf einen Druck von ungefähr 4 atm. zu laden und eintretende Lektage periodisch zu ersetzen.

Die Arbeitweise der Presse in bezug auf ihr einfaches Hebelsteuerwerk ist folgende:

Der volle Hub des Druckwassererzeugers gibt einen Hub für Schmieden von 100 bis 200 mm je nach der Größe der Presse. Diese Hublänge reicht gewöhnlich für Schmieden oder Bearbeitung, wie Schlichten, aus; falls aber ein großer Hub erforderlich ist, erhält man diesen augenblicklich durch Verstellen des Handhebels. Um den Preßkopf gerade aufzuheben, braucht der Handhebel nur ein wenig weiter nach hinten geschoben zu werden, dann wird der Preßkopf weiter sich heben, indem das Wasser aus dem Druckzylinder nach dem Luftbehälter zurückkehrt. Bei der umgekehrten Bewegung des Handhebels fällt der Preßkopf sofort auf das Arbeitsstück, indem der Luftbehälterdruck den Druckzylinder sofort füllt und erfolgt dann der Druckhub, sowie das Werkzeug das Arbeitsstück berührt.

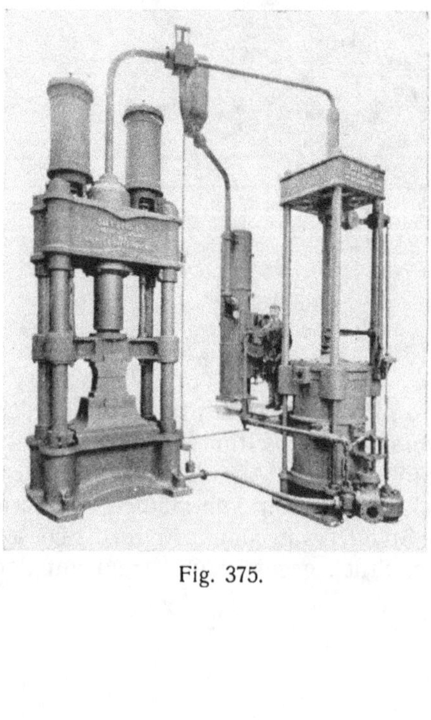

Fig. 375.

Die kleinsten Größen der Presse, wie solche von 100, 150 und 200 t Leistung, gehören zu dem einhüftigen Typ. Der Druckwassererzeuger ist auf dem Rahmen der Presse angebracht und der Rahmen, der hohl ist, dient als Luftbehälter, Reservoir.

Alle größeren Pressen von 300 t Leistung und darüber gehören zu dem »Viersäulentyp«, wie in der Fig. 375 gezeigt ist, wo der Druckwassererzeuger und Luftbehälter separat aufgestellt sind.

Bei den schwersten Schmiedepressen von 200 t Leistung und höher von dem Typ »Patent-Duplexzylinder«, Fig. 376, bei welchem die Führung des Preßkopfes vollständig unabhängig von dem Druckzylinder ist, wird jeder Seitenstoß auf dem Preßblock vermieden, was die Dauerhaftigkeit der Lederpackung begünstigt.

Die Fig. 376 zeigt die von Davy Brothers besonders ausgebildete vertikale und seitliche Verschiebung der Gesenke mittels hydraulischen Kolbens und Handtriebwerk. Dieses ist eine sehr beachtenswerte Einrichtung.

Fig. 376.

Das patentierte automatische Kontrollsteuerwerk ist eine neue, spezielle Einrichtung. Sie besteht aus einer geneigten Stange, welche einen Kolben antreibt, der automatisch in höchster Lage des Preßkolbens das Dampfventil schließt und den Auslaß öffnet, so daß der Druckerzeuger unmöglich überanstrengt werden kann, wie nachlässig auch die Presse gehandhabt wird, oder sogar, falls der ganze Druck plötzlich verschwinden würde, wegen Ausgleitens des Schmiedestückes oder irgendeines Unfalls.

Ein weiterer großer Vorteil des Kontrollsteuerwerkes ist der, daß es bedeutend leichtere Regulierung des Hubes der Presse ermöglicht, da der Dampfdruckerzeuger keinen größeren Hub machen kann als die entsprechende Lage des Handhebels; der Dampf wird, gemäß der Lage des Hebels, automatisch abgeschnitten. Bei vielen Operationen ist die automatische Kontrolle sehr nützlich, um längere als erforderliche Hübe zu verhindern, wie zum Schneiden oder Lochen; hier folgt der Hub des Druckverstärkers ganz exakt der Bewegung des Handhebels; er gestattet so die Regulierung dieser Operation bis zu einer Feinheit, welche andernfalls unmöglich wäre.

Das Hebeltriebwerk bewirkt, daß alle Bewegungen der Presse mittels eines einzigen Handhebels hervorgerufen werden können, d. h. entweder schnelle Schlichthübe oder solche von ganzer Hubhöhe der Presse, je nach den Forderungen der Arbeit. Das vereinfacht den Antrieb und vergrößert die Geschwindigkeit der Arbeit, da die Presse immer automatisch zu den kleinen Huben zurückkehrt, falls kein langer Hub erforderlich ist.

Der eine Hebel setzt Hubzylinder immer direkt in Tätigkeit, sobald der Preßgang beginnt, und verhindert folglich jede Möglichkeit eines Falles des Preßkopfes, falls der ganze Widerstand desselben plötzlich verschwindet, wie z. B. während des Schneidens oder Lochens.

Für den Dampfverbrauch der Davy Brothers-Pressen beträgt die Menge der Kohle für Erzeugung des Dampfes durchschnittlich 1500—2500 kg pro Tonne des produzierten Schmiedematerials, abhängig von der Art der Arbeit und der Leistung der Presse.

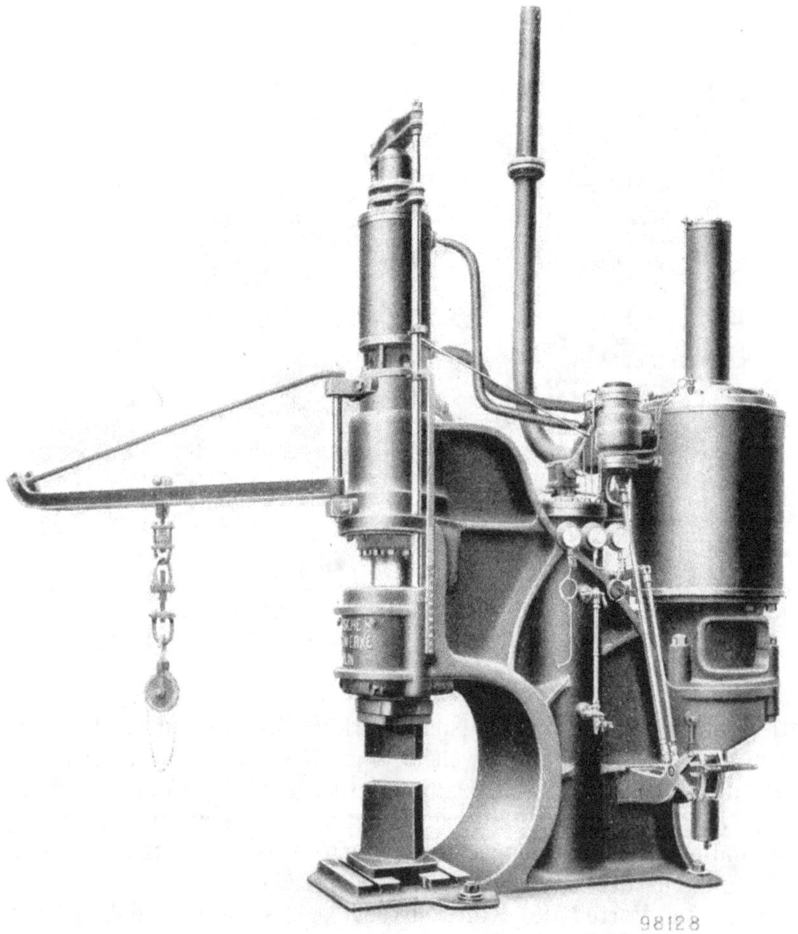

Fig. 377.

Abs. 301. **Dampfhydraulische Schnellschmiedepresse.** Bauart: Deutsche Niles-Werkzeugmaschinenfabrik, Berlin-Oberschöneweide.

Zweck: Die dampfhydraulische Schnellschmiedepresse gemäß Fig. 377 dient zum Pressen von Schmiedestücken.

K o n s t r u k t i o n: Die Presse ist als einhüftig ausladende Presse gebaut. Der Ständer besteht aus ausgeglühtem Stahlformguß. In demselben eingelassen ist der aus SM-Stahl hergestellte, aus dem Vollen gebohrte hydraulische Preßzylinder. Der in diesem sich bewegende Hauptpreßplunger ist aus besonders hartem SM-Stahl hergestellt. Seine Abdichtung erfolgt unter Verwendung von Bronzearmatur durch Ledermanschetten. Mit seinem unteren Teile führt sich der Plunger in langer Rundführung des Ständers, welche noch besonders mit einer auswechselbaren, zweiteiligen gußeisernen Büchse versehen ist. In den Ständer der Presse ist der Füllwindkessel zur Aufnahme des Füllwassers eingesetzt. Aus diesem Füllbehälter wird das zur Zurücklegung des Leerweges des Hauptpreßplungers erforderliche Füllwasser entnommen. Da dieses Füllwasser unter einem regulierbaren Druck von 4—5 Atm. steht, so geht das Anfüllen des Preßzylinders sicher und schnell vor sich. Der hintere Teil des Ständers ist konsolartig ausgebildet, und auf diesen ist der Dampftreibapparat montiert. Der obere Teil des Treibapparates ist als Dampfzylinder ausgebildet, und in diesem bewegt sich der aus Stahlguß hergestellte, mit selbstspannenden gußeisernen Kolbenringen versehene Dampfkolben. Sobald man Dampf über dem Dampfkolben einströmen läßt, wird im Verhältnis der Querschnitte vom Dampfkolben zum Wasserkolben im Preßzylinder Preßwasser erzeugt, welches durch eine kurze Rohrleitung direkt in den Preßzylinder gedrückt wird und auf diese Weise die Armbewegung des Kolbens bzw. das Zusammendrücken des zu schmiedenden Stückes hervorruft.

Der Rückgang des Hauptpreßkolbens wird durch einen Dampfrückzug bewirkt, welcher direkt über dem Preßzylinder montiert wird. Durch die Anordnung des Rückzugzylinders geht der Rückzug mit möglichst geringem Dampfverbrauch vonstatten.

Diese Pressen werden auch als Viersäulenpressen ausgebildet; alsdann werden die Dampfdruckwassererzeuger gesondert ausgebildet, wie Fig. 378 zeigt.

Fig. 378.

A r b e i t s w e i s e: Zuerst sinken, nachdem der Pressenführer durch eine geringe Bewegung des Steuerhebels hierzu Veranlassung gegeben, die beweglichen Pressenteile unter dem Einfluß ihrer Schwere schnell herab, bis der Preßkolben auf dem Schmiedestück aufruht. Während dieser Bewegung ist durch die Füllsteuerung Wasser aus dem Füllbehälter in den Preßzylinder übergetreten und hat diesen vollständig angefüllt. Nach einem weiteren Impuls des Pressenführers schließt sich die Füllsteuerung, und es wird nun durch Vermittlung des Dampftreibapparates der Preßdruck im Preßzylinder erzeugt. Ist auf die vorgeschriebene Weise der eigentliche Preßdruck vollführt worden, so wird der Steuerhebel in seine oberste Stellung gebracht und dadurch dem Rückzugzylinder Dampf zugeführt, gleichzeitig aber auch die Füllsteuerung wieder derart betätigt, daß der Übertritt des im Preßzylinder befindlichen Wassers in den Füllbehälter möglich ist. Hierdurch werden die beweglichen Pressenteile wieder so lange nach aufwärts bewegt, bis der Pressenführer den Steuerhebel in den Stillstand bzw. zu einem weiteren Arbeitshub in die Niedergangsstellung bringt.

Die Dimensionen der Füllsteuerung wie auch der von Hand zu betätigenden Dampfsteuerung sind derart gehalten, daß sowohl die Leerwege als auch der Preß- und Rückgang der Presse schnell vonstatten gehen.

Dampfhydraulische einhüftige Schmiedepressen.

Maß- und Gewichtstabelle.

Preßdruck . . . . t	150	250	350	500
Gesamthub . . . . mm	400	450	520	680
Einzelhub . . . . mm	80	90	100	150
Zahl der Preßhübe pro Min.	40—60			
Schlichthübe pro Min.	120—150			
Ausladung . . . . mm	700	800	850	900
Höhe der Presse über Flur . . mm	4600	5000	5400	6300

Dampfhydraulische Schmiedepresse in Vier-Säulenanordnung.

Maß- und Gewichtstabelle.

Preßdruck . . . . t	350	500	600	800	1000	1200	1500	2000	2500	3000
Säulenentfernung . . . mm	1200 × 600	1500 × 1000	1500 × 1000	1600 × 1100	2000 × 1200	2200 × 1300	2500 × 1400	2800 × 1500	3000 × 1550	3200 × 1600
Gesamthub . . . . . . mm	600	700	800	900	1000	1200	1400	1600	1750	1900
Einzelhub . . . . mm	110	120	125	130	135	140	145	150	160	170
Zahl der Preßhübe pro Min.	40—60				40—50				30—40	
Zahl der Schlichthübe pro Min.	120—150				100—120		80—100		60—80	
Freie Höhe zwischen den Aufspannflächen . . . . mm	1400	1600	1800	2000	2200	2500	2700	3000	3150	3300
Höhe der Presse über Flur mm	4300	4600	5100	5700	6300	7400	8400	9400	10200	11000

Betriebsdampfdruck richtet sich in beiden Fällen nach der vorhandenen Kesselspannung, gewöhnlich 8—12 Atm.

Abs. 302. **Dampfhydraulische Schnellschmiedepresse.** Bauart: K r e u s e r, Ausführung: J. B a n n i n g, A.-G., Hamm, Westfalen. Die dampfhydraulische Schnellschmiedepresse Bauart Kreuser ist unter ähnlichen Gesichtspunkten konstruiert, wie die in

Abs. 289 beschriebene reinhydraulische Presse der Firma. So befindet sich der Niederdruckwasserbehälter auch hier direkt über dem Preßzylinder, das Vorfüllventil ist in Schräglage in den Preßzylinder eingebaut (D. R.-G.-M.). Die Fig. 380 zeigt den günstigen Wasserweg des Niederdruckwassers vom Niederdruckwasserbehälter nach dem Preßzylinderraum. Die Ausbildung des Vorfüllventils ist hier als Rückschlagventil vorgesehen. Das Ventil arbeitet selbsttätig, ausgenommen beim Rückzug der Presse, woselbst es bei kleineren Pressen durch das Handsteuerungsgestänge und bei größeren

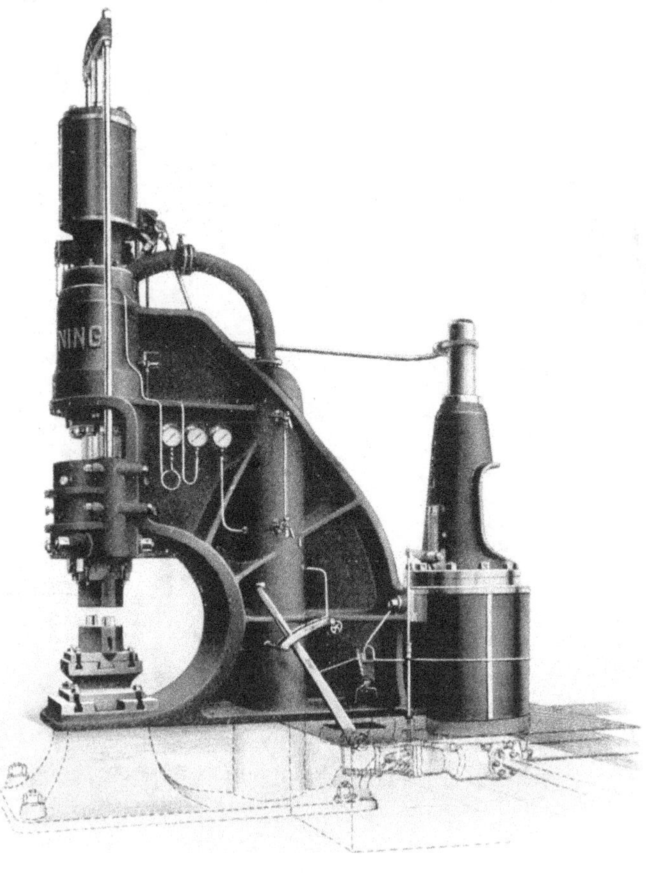

Fig. 379.

Pressen durch Dampf- oder Wasserkraft entgegen dem Wasserstrom aufgestoßen resp. offen gehalten wird. Zur Ausübung des Leerhubes dienen die beiden Dampfrückzugkolben, die durch Rückzugstangen mit dem beweglichen Pressenhaupt verbunden sind. Der dampfhydraulische Druckübersetzer (Fig. 380) zur Erzeugung des Druckwassers erhält aus praktischen Gründen einen besonderen Aufstellungsort. Die Dampfsteuerung (Bauart Kreuser D. R. Pa.) ist direkt in den Boden des Dampfzylinderuntersatzes hineingebaut, wodurch die Anbringung eines sperrigen Steuergehäuses an dem Dampfzylinder wegfällt, so daß der Steuermann mehr Spielraum hat und nicht durch die Dampfausstrahlungswärme der Steuerung und Rohrleitungen belästigt wird. Ferner ist durch diese Lage der Steuerung der schädliche Raum des Dampfzylinders auf ein Mindestmaß beschränkt, und der Dampfeintritt unter den Kolben erfolgt von Anfang an zentral, so daß Seitenschläge des Dampfkolbens vermieden sind.

Der zentrale Dampfeintritt in den Zylinder ermöglicht es, durch die nach unten hin verlängerte Nabe des Dampfkolbens einen einfachen, gut wirkenden Kolbenpuffer zu schaffen, ohne Komplikationen am Dampfkolben und Zylinderboden heranziehen zu müssen. Die neue Lage der Dampfsteuerung ergibt ferner von vornherein eine gute Zylinderbodenheizung für den Druckübersetzer. Beim gewöhnlichen Arbeiten gibt der

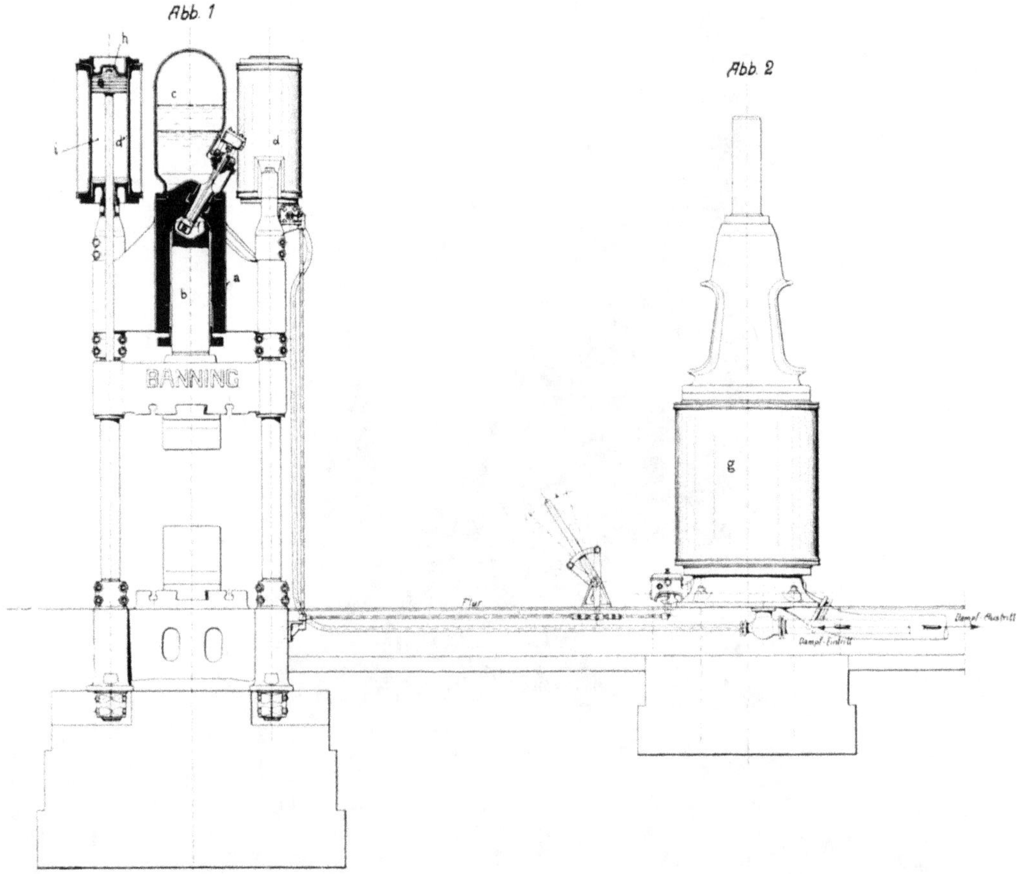

Fig. 380.

Steuermann dem Dampfkolben in der richtigen Zeit und Reihenfolge Frischdampf und Abdampf.

Wenn jedoch der Dampfkolben sich seinem Hubende so weit nähert, daß er an den im oberen Deckel eingebauten Stift stößt, wird die Steuerung momentan auf Abdampf umgestellt, ohne daß der Handhebel einen Schlag bekommt, so daß ein Durchgehen des Dampfkolbens und eine Zerstörung des Druckübersetzers einerseits, wie auch eine Verletzung des Steuermannes anderseits ausgeschlossen ist.

Die sämtlichen Bewegungen der Presse werden nur mit einem Steuerhebel eingeleitet.

Solche dampfhydraulische Pressen sind dargestellt in Fig. 379 und 380 und ähnlich der reinhydraulischen Presse ausgeführt.

Bei der einhüftig ausgebildeten Presse ist der dampfhydraulische Druckübersetzer direkt an den Ständerrücken angeschraubt und hat die bekannten, bereits beschriebenen besonderen Merkmale. Zur Ausübung des Leerhubes ist auch hier wie bei der reinhydraulischen Presse nur ein Mittelrückzugkolben vorhanden.

Die Maschine macht je nach der Größe 80—150 Schlichthübe pro Minute.

Tabelle der Normalmodelle der einhüftigen Pressen.

Nr.	Preßdruck t	Gesamthub mm	Einzelhub der dampfhydraul. Presse mm	Freie Ausladung mm
St. P. 1	100	325	70	750
St. P. 2	150	375	80	875
St. P. 3	200	450	90	875
St. P. 4	300	500	100	875
St. P. 5	400	550	110	875
St. P. 6	500	600	120	875

Fig. 381.

Abs. 303. **Dampfhydraulische Presse zum Ausweiten von Bandagen (Hornpresse).** Bauart: Breuer-Schumacher & Co., Köln-Kalk. Fig. 381. Nach denselben Grundsätzen, wie die in Abs. 298 beschriebene dampfhydraulische Schnellschmiedepresse, arbeitet die nebenstehend abgebildete dampfhydraulische Spezialpresse, die zum Ausweiten von Bandagen für Radreifen dient, aber auch zweckmäßig zum Ausschmieden von Ringen u. dgl. unter Verwendung entsprechender Einsätze benutzt wird. Die Viersäulenkonstruktion ist zur Aufnahme des Preßdrucks beibehalten, nur ist das Pressengerüst zwecks Abfangens der beim Ausweiten der Bandagen auftretenden exzentrischen Drücke durch zwei in dem oberen Holm der Presse solid verschraubte, schräg nach oben geneigte Säulen in wirkungsvoller Weise verstärkt.

Der untere Schmiedesattel der Presse ist mit einem Horn versehen, auf dem die vorgelochten Scheiben weiter aufgeweitet werden. Die obere Fläche des Horns ist als flacher Sattel ausgebildet, auf dem die ausgeweiteten Bandagen nach erfolgter Rundierung etwas beigedrückt werden. Das Horn des unteren Schmiedesattels läßt sich nach Lösung des Befestigungskeils durch Einsätze ersetzen, die eine Verwendung der Presse auch zu gewöhnlichen Schmiedearbeiten, insbesondere im weiteren Fabrikationsgang der Radsätze zum Ausschmieden der Achsen ermöglichen.

Im übrigen ist die Steuerung, die Anordnung des Treibapparates sowie der anderen Teile der Presse gleich derjenigen der in Abs. 298 des genaueren beschriebenen dampfhydraulischen Schnellschmiedepresse.

2. Hydraulische Prägepressen.

Abs. 304. **Allgemeines über Prägepressen.** In den folgenden Abschnitten sind einige Beispiele von Prägepressen angeführt. Obgleich es sich um Oberflächenarbeit handelt, findet man als Arbeitsmaschinen nicht nur Schlagpressen, sondern auch hydraulische Pressen neben den reinen Fallhammermaschinen. Die Ursache hierfür ist wohl hauptsächlich darin zu suchen, daß man befürchtet, die meist wertvolleren Gesenke durch den Schlag zu zerstören. Man wendet daher lieber eine erhöhte Kraft an und führt mit ihnen eine reine Pressung oder einen Preßschlag aus. Auch handelt es sich meist beim Prägen um Materialien, die eine größere Bildsamkeit besitzen. Lit.-Nachw. Nr. 304.

Abs. 305. **Reinhydraulische Bandagensignierpresse.** Bauart: Maschinenfabrik Sack, G. m. b. H., Düsseldorf-Rath. Die auf beigedruckter Fig. 382 dargestellte Bandagensignierpresse ist als einhüftige Ständerpresse ausgebildet, mit untenliegendem Preßplunger, dessen oberer Teil direkt als Spannplatte zur Aufnahme der Signierwerkzeuge ausgebildet ist. Der Rückzug erfolgt entweder durch Federn oder durch Rückzugzylinder. Die Werkzeughalter sind so ausgebildet, daß die Lettern von allen Seiten fest eingespannt werden können. Die Werkzeuge selbst sind auf der rechten Seite des Bildes zu sehen. Die zu signierende Bandage wird auf Schienen in die Presse hineingeschoben, wobei sie an verstellbaren Anschlägen in die richtige Lage zu dem Buchstaben gebracht wird; durch die Handsteueruug kann Preßdruck gegeben werden. Entsprechend den verschiedenen Höhen der Bandagen kann die obere Gegenplatte leicht und bequem eingestellt werden, so daß nur die geringsten, unbedingt notwendigen Preßwege gemacht werden.

Abs. 306. **Hydraulische Hochdruck- und Prägepressen.** Bauart: Bonner Maschinenfabrik Mönkemöller G. m. b. H., Bonn. Die Presse ist ein mit Zylinder und Pressenkopf in einem Stück gegossener, geschlossener Körper aus Siemens-Martin-Stahl, der ohne alle Verbindungsstellen besonders zur Aufnahme der auszuübenden hohen Drücke geeignet ist. Sie wird ausgeführt ohne oder mit hydraulischem Rückzug; letzterer dann, wenn großer Hub erforderlich ist oder Schnittarbeiten vorkommen. Der Preßkolben mit aufgeschraubtem Preßtisch ist aus Grauguß hergestellt und sowohl im Zylinder als auch namentlich in den Seitenwänden des Ständers in breiter, durch konische Leisten nachstellbarer Prismaführung lang und sorgfältig geführt, so daß genaue Parallelität zwischen Preßtisch und Kopfplatte gesichert ist.

Nach den Angaben der Firma sind bei der Presse folgende Eigenschaften vorhanden: Der sanft ansteigende, vollkommen stoßfreie, aber intensiv wirkende Druck ist auf jede gewünschte Höhe einstellbar, genau zu regeln, stets gleichbleibend. Der beliebig lange Zeit gleichmäßig auf dem Werkstück ruhende Druck kann nicht überschritten werden und es erfolgt die selbsttätige Auslösung, wenn der Höchstdruck erreicht ist. Dies bedingt Schonung und längere Lebensdauer von Werkzeug und Presse. — Fertigstellung der Gegenstände in einem Druck unter Vermeidung des

Fig. 382.

Nachglühens. — Geräuschloses Arbeiten und Fortfall aller Erschütterungen, so daß keine besonderen Fundamente erforderlich sind und die Aufstellung der Presse überall, selbst in Obergeschossen, erfolgen kann.

Die Pumpe oder Druckleitung erhält ein Sicherheits- bzw. Reduzierventil, welches durch leichtes Verschieben eines Gewichtes auf jeden beliebigen Druck eingestellt werden kann.

Der Steuerapparat wird mittels Fußtritts betätigt. Er erhält ein auf jeden gewünschten Druck einstellbares automatisches Umsteuerventil, welches selbsttätig wirkt, sobald der Höchstdruck überschritten wird, so daß eine Überlastung auch bei Unachtsamkeit des Bedienungspersonals ausgeschlossen ist. Fig. 383.

Fig. 383.

Modell HP Nr.	5	10	15	20
Preßdruck . . . . kg	500 000	1 000 000	1 500 000	2 000 000
Betriebsdruck . . . . Atm.	350	500	500	500
Ständerweite der Presse . . . . mm	470	560	600	700
Lichte Höhe zwischen Tisch und Kopfstück mm	500	550	600	650
Preßkolbendurchmesser . . . . mm	200	275	350	425
Preßkolbenhub . . . . mm	200	275	350	425
Gewicht ohne Rückzug Modell HP . . . . . kg	6 500	9 200	12 600	13 800
Gewicht mit Rückzug Modell HPr . . . . . kg	6 700	9 500	12 900	14 200

Diese Pressen sind bestimmt zum Prägen von Gegenständen aller Art.

3. Biegepressen.

a) Mechanisch betriebene für Stangenmaterial und Profileisen.

Abs. 307. **Allgemeines über mechanisch betriebene Biegepressen für Stangenmaterial und Profileisen.**

Diese mechanisch betriebenen Biegemaschinen dienen zur Herstellung von Kurbelwellen, zum Abbiegen von Stangen- und Profilmaterial, zu den verschiedenartigsten Formen, sowohl für die Massen- als auch für die Einzelfabrikation. Infolge der Anwendung von Schubstangen und Kurbelwellen als Getriebe können diese Maschinen schlagartig pressend arbeiten, namentlich auch weil sie auf der Antriebswelle ein großes Schwungrad sitzen haben; im Gegensatz zu den in der Konstruktion ähnlichen horizontalen Stauchschmiedemaschinen weisen sie wesentlich niedrigere Hubzahl pro Minute auf und drücken daher. Diese niedrige Hubzahl ist auch berechtigt, da das Biegen gleich dem Recken eine innere Stückarbeit ist, bei der die Faser erhalten bleiben soll. Der mechanische Antrieb ist insofern ungünstig, als meist ein hoher Hub und niedrige Drehzahl verlangt wird. Ungünstig ist für die Antriebsmaschine, daß die höchste Pressung im letzten Augenblick des Hubes, also dicht am Totpunkte erfolgt, obgleich sicher ein Teil der Kraft durch das Schwungrad ausgeglichen wird. Der Ausgleich kann aber erst dann erfolgen, wenn mehr als ein Hub von der Maschine gemacht wurde, und daher ist es in bezug auf die Kraftentnahme wünschenswert, daß die Maschine mehr zur Massenfabrikation benutzt werde. Nachteilig ist auch, daß der Preßholm sich sofort wieder nach Vollendung des Hubes vom Arbeitsstück abhebt, während es günstiger ist, ihn einen Augenblick ruhen zu lassen, damit dieses nicht im warmen Zustande zurückfedert. Die Stücke müssen daher sehr warm gemacht werden.

Lit.-Nachw. Nr. 307.

Abs. 308. **Horizontale Biegemaschinen (Bulldozer).** Bauart: H a s e n c l e v e r.

Z w e c k: Die Maschine dient zur Herstellung von gebogenen Massenartikeln.

K o n s t r u k t i o n: Die Maschinen sind als horizontale Exzenterpressen gebaut. Fig. 384. Der sehr kräftige Körper hat einen mit angegossenen Rippen versehenen Tisch, der je nach Größe und Art der Arbeitsstücke gebaut, die Vorrichtung zur Befestigung des Unterwerkzeuges erhält. Der Schlitten erhält eine entsprechende Einspannvorrichtung für das Oberwerkzeug; er wird doppelseitig durch zwei starke Kurbelstangen betätigt und besitzt leicht nachstellbare Führungsleisten. Die Maschine besitzt in den Druckstangen eine selbsttätige Sicherheitsvorrichtung, die derartig wirkt, daß sie nach Überschreitung des Enddruckes in Tätigkeit tritt und beim Rückgang des Schlittens selbsttätig einschaltet, so daß die Maschine sofort wieder betriebsfertig ist. Irgendwelche Bruchstücke sind hierbei nicht zu erneuern, so daß weder Kosten noch Zeitverlust entstehen. Kurbelscheiben und Kurbelwelle sind aus geschmiedetem Siemens-Martin-Stahl hergestellt. Die Momentausschaltvorrichtung der Firma läßt den Schlitten nach jeder ausübenden Arbeitsbewegung in der höchsten Stellung selbsttätig stehen. Zur Arbeitsleistung ist die Kuppelung durch Handhebel einzurücken. Die Vorgelegewelle trägt ein abgedrehtes Schwungrad und treibt das kräftige Zahnrädervorgelege. Kurbelwelle und Vorgelegewelle laufen in schweren, nachstellbaren Lagern aus Phosphorbronze. Der Antrieb erfolgt auf Fest- und Losscheibe durch Riemenrückvorrichtung. Die Maschinen eignen sich auch zum unmittelbaren Antrieb durch einen Motor. Fig. 384.

Fig. 384.

Maß- und Gewichtstabelle.

Modell-zeichen	Gebaut für einen Enddruck von ca. kg	Hub mm	Anzahl der ausführbaren Hübe pro Min.	Entfernung des Schlittens in vorderer Stellung vom Tisch mm	Stirnfläche des Schlittens mm	Erforderliche Bodenfläche m	Kraftbedarf ca. PS	Gewicht netto ca. kg
BD I	300 000	600	6	1200	2000 × 400	4,750 × 2,500	30	24 000
BD II	260 000	550	8	1200	1750 × 400	4,750 × 2,250	25	19 000
BD III	225 000	500	10	1000	1600 × 400	4,730 × 2,000	20	14 000
BD IV	180 000	500	12	1000	1600 × 400	4,730 × 2,000	18	11 000
BD IVa	180 000	450	12	1000	1150 × 400	4,000 × 1,900	15	10 000
BD V	150 000	450	14	1000	1150 × 250	3,500 × 1,500	13	8 500
BD VI	100 000	400	16	750	1000 × 200	3,500 × 1,500	10	5 500
BD VII	50 000	400	18	750	900 × 200	2,750 × 1,000	8	3 700
BD VIII	25 000	350	20	600	750 × 200	2,500 × 1,000	6	3 000

Abs. 309. **Horizontalform- und Biegemaschinen,** geliefert von Alfred H. Schütte, Köln-Deutz. Fig. 385. Die Maschine ist äußerst kräftiger Bauart. Die für Hub, Stößelfläche und Arbeitsraum zum Einspannen der Werkzeuge (Zulagen) gewählten Abmessungen reichen erfahrungsgemäß für alle vorkommenden Arbeiten aus. Im Gegensatz zu einigen anderen, mit Kurbeln arbeitenden Maschinen hat das hier zu beschreibende Modell Doppelräderübersetzung mit unmittelbar in den Stirnrädern sitzenden Kurbelzapfen, wodurch auch bei unsymmetrischem Arbeiten eine Verdrehung der Antriebswelle vermieden wird.

Der Stößel gleitet in langen, nachstellbaren Führungen, so daß auch bei stärkster Beanspruchung der Maschine jedes Ecken und Federn ausgeschlossen ist. Die oberen

Fig. 385.

Bettflächen haben Stahlauflage zum Schutze gegen vorzeitige Abnutzung. Antrieb erfolgt von der Transmission aus auf Riemenscheibe mit Reibungskuppelung an der Maschine. Die Reibungskuppelung ermöglicht stoßfreies Einrücken sowie augenblickliches Stillsetzen der Maschine während des Hubes, was namentlich beim Einstellen der Werkzeuge von großer Wichtigkeit ist. Je nach der Größe der Maschine arbeiten diese mit einfacher, doppelter oder dreifacher Räderübersetzung; für besondere Zwecke, zur Erreichung schnellerer Stößelbewegung, können jedoch auch die größeren Maschinen mit kleinerer Übersetzung ausgeführt werden.

Die Werkzeuge können in den meisten Fällen aus Gußeisen hergestellt werden, für genauere Arbeiten empfiehlt sich jedoch die Verwendung von Schmiedeeisen oder Stahl.

Zur Tabelle ist zu bemerken, daß Fabriken für Landwirtschaftsmaschinen (Pflugfabriken) je nach der Art der Fabrikation im allgemeinen Nr. 0—4 verwenden, Waggonfabriken die größeren Maschinen.

Maß- und Gewichtstabelle.

Nr.	0	I	II	III	IV
Spannfläche des Stößels . mm	460 × 125	750 × 125	875 × 165	990 × 175	114 × 1900
Hub des Stößels . . . . . mm	200	350	400	400	460
Entfernung zwischen Widerlager und Stößel bei geringstem Abstand . . . . mm	600	600	760	760	960
Hubzahl pro Minute . . . ca.	25	10	10	9	9
Erforderliche Bodenfläche Länge . . . mm	2300	2300	2600	2800	3200
Erforderliche Bodenfläche Breite . . . mm	750	915	1100	1200	1400
Gewicht, verpackt . . . ca. kg	1500	2400	3300	4100	6000

Nr.	V	VI	VII	VIII
Spannfläche des Stößels . mm	1600 × 300	1600 × 300	1780 × 400	1830 × 400
Hub des Stößels . . . . . mm	500	500	550	600
Entfernung zwischen Widerlager und Stößel bei geringstem Abstand . . . . mm	960	960	1200	1000
Hubzahl pro Minute	8	8	7	7
Erforderliche Bodenfläche Länge . . . mm	3500	3600	4600	4700
Erforderliche Bodenfläche Breite . . . mm	1900	1900	2000	2200
Gewicht, verpackt . . . ca. kg	9000	11500	17000	24000

Abs. 310. **Biege- und Formmaschine.** Bauart: De Fries & Cie. A.-G., Düsseldorf. Fig. 386.

Zweck: Die Biege- und Formmaschine dient wie die vorerwähnten Maschinen zum Biegen der verschiedenartigsten Formstücke aus Rund-, Vierkant- oder Flacheisen.

Fig. 386.

Konstruktion: Die Maschine besteht aus einem kräftigen Bett, auf dem sich der durch zwei Pleuelstangen getriebene Stößel auf horizontaler Bahn bewegt. Diese Bewegung erfolgt auf die ruhende Matrize zu, die auf dem Bett festgestellt wird. Der Preßdruck wird durch zwei kräftige Gegenlager aufgenommen. Angetrieben wird die Maschine von einem schnellaufenden Schwungrad, das die Drehung durch entsprechende Räderübersetzung auf die großen Antriebsräder mit den Pleuelstangen weiterleitet.

Fig. 387.

Arbeitsweise: Nachdem die Matrize auf dem Bett und der Stempel am Stößel in entsprechender Lage befestigt sind, wird das gut erwärmte Arbeitsstück in die durch Anschlag oder durch Form der Matrize bestimmte, für das Biegen erforderliche Lage gebracht. Danach rückt der Arbeiter durch einen Hebel die Stößelbewegung ein. Dieser bewegt sich nach vorn und preßt das Material in die Form der Matrize ein. Der Stempel wird alsdann selbsttätig zurückgezogen. Die Maschine kann mittels einer Bremse, die durch Fußtritt betätigt wird, schnell stillgesetzt werden. Die in Fig. 387 dargestellte Maschine dient zur Massenfabrikation kleiner Teile.

Maß- und Gewichtstabelle der Biegemaschine Fig. 386.

Modell BM	1	2	3	4	5
Breite der Stößelfläche . . mm	980	1100	1160	1300	1450
Höhe der Stößelfläche . . mm	180	180	225	225	300
Stößelhub . . . . mm	350	380	420	450	470
Kleinste Entfernung zwischen Stößel und Gegenlager . mm	500	575	700	800	900
Anzahl der Hübe pro Minute .	14	14	12	12	9
Erforderliche Bodenfläche . mm	3100 × 1300	3200 × 1300	3800 × 1600	4000 × 1600	4700 × 1900
Kraftverbrauch . . . . ca. PS	8	10	12	15	20

Modell BM	6	7	8	9
Breite der Stößelfläche . . mm	1600	1750	2000	2750
Höhe der Stößelfläche . . mm	300	350	400	400
Stößelhub . . . . mm	500	550	600	750
Kleinste Entfernung zwischen Stößel und Gegenlager . mm	1000	1080	1300	1800
Anzahl der Hübe pro Minute .	9	7	6	6
Erforderliche Bodenfläche . mm	4900 × 1900	5700 × 2300	5800 × 2700	7000 × 3250
Kraftverbrauch . . . . ca. PS	25	30	35	40

Maß- und Gewichtstabelle der Schnellbiegemaschinen.

Modell SBF	1	2	3
Breite der Stößelfläche . . mm	405	560	710
Höhe der Stößelfläche . . mm	100	140	200
Stößelhub . . . . mm	126	200	200
Kleinste Entfernung zwischen Stößel und Gegenlager . mm	305	410	610
Anzahl der Hübe pro Minute .	60	60	45
Erforderliche Bodenfläche . mm	1600 × 750	2400 × 1000	3000 × 1150
Kraftverbrauch . . . . . ca. PS	5	6	7

b) Hydraulisch betriebene Biegemaschinen.

Abs. 311. **Allgemeines über die hydraulischen Biegemaschinen für Stangen-, Block- und Profilmaterial.** In dieser Gruppe habe ich die hydraulischen Biegepressen zusammengefaßt, welche mit die wichtigsten Spezialmaschinen der Schmiedetechnik bilden. Auch diese Presse noch weiter auszubilden, dürfte meines Erachtens in Zukunft das Ziel der Konstrukteure sein.

Hier sind namentlich amerikanische Maschinen zu erwähnen, die geeignet sind, die Handarbeit ganz erheblich einzuschränken; sie können nicht angelegentlich genug empfohlen werden.

Wegen des oft erforderlichen großen Hubes sollten auch diese Maschinen mit Vorfüllwindkessel oder mit Zweistufen-Drucküberstzer versehen sein. Es ist nicht immer günstig, daß auf dem ganzen Preßwege der gleich hohe Druck herrscht.

Fig. 388.

Die hydraulische Biegemaschine, welche wesentlich einfacher ist als diejenige mit mechanischen Triebwerken, vermeidet Leerlaufverluste und gestattet, den Druck eine Zeitlang auf dem gebogenen Stücke ruhen zu lassen, so daß ein Zurückfedern nicht erfolgt und die sonst notwendige zweite Pressung überflüssig wird.

Die Entnahme der großen Kräfte, welche in Zwischenräumen bei diesen Maschinen erfolgt, findet ihren Ausgleich hier in den Akkumulatoren, ohne die Betriebsmaschine ungünstig zu beeinflussen. Im Gegensatz zu den mechanisch betriebenen Biegemaschinen eignen sich diese namentlich für Einzelfabrikation. Lit.-N. Nr. 311.

Abs. 312. **Spantenbieger.** Bauart: Rice & Co., Ltd., Leeds. Eine sehr handliche Form einer hydraulischen Winde zum Absetzen oder Biegen der Spanten im Schiffbau ist in Fig. 388 dargestellt. Der Zylinder ist aus Stahlguß und mit Phosphorbronze ausgefüttert und so leicht wie möglich gemacht. Die Presse hat zwei Räder und eine Lenkstange, so daß sie leicht auf dem Spantenplan von einem Manne herangefahren werden kann. Diese Winden werden für gewöhnlich paarweise gebraucht und können vermittelst eines biegsamen Rohres mit einer Preßwasserleitung verbunden werden, wie die Figur zeigt. Die Presse ist eingerichtet für einen Arbeitsdruck von 235 Atm., wenn nichts anderes bestimmt wird.

Abs. 313. **Handbedienter hydraulischer Preßzylinder für das Biegen von Profileisen usw.** Bauart: Watson, Stillman Co., New York. Fig. 389.

Fig. 389.

Zweck: Er dient zum Biegen von kleinen Profileisen usw. zu Rahmen, kleinen Spanten, Decksaufbauten und anderen Arbeiten.

Konstruktion: Der ganze Apparat ist aus einem Spezialmaterial hergestellt und sind Gußstücke an ihm nicht verwendet. Er ruht auf einer horizontalen Fläche und stützt sich gegen sein hinteres Ende. Eine federnde Handhabe bildet ein einfaches Mittel, die Handpresse zu ihrer Anfangsstellung durch bloßes Aufwärtsziehen zurückzubringen. Sie wird gewöhnlich an die Werkshydraulik mittels Schlauch angeschlossen.

Durchmesser des Kolbens . . .	114 mm,
Hub	63 mm,
Preßdruck bei 105 Atm.	10 t,
Gewicht	90 kg.

Arbeitsweise: Das zu biegende Stück wird in der zum Biegen richtigen Stellung auf der Biegeplatte festgemacht. Der Preßkolben der Biegevorrichtung wird dann durch Öffnen des Ventils der Anschlußleitung herausgetrieben.

Der Arbeiter schließt das Ventil, wenn die gewünschte Biegung fertig ist; alsdann wird der Kolben durch Heben der Handgestänge und Öffnen des Wasserablasses zurückgeführt.

Abs. 314. **Träger- und Schienenbiegemaschine.** Bauart: Watson, Stillman Co., New York. Figur 390.

Fig. 390.

Zweck: Biegen von Schienen, Trägern, Stangen usw.

Konstruktion: Der Zylinder, Tisch, Widerlager und die Beine sind aus einem Stück gegossen und bilden ein festes Ganze. Der Kolben läuft aus auf der Oberfläche des Tisches in der Mittellinie senkrecht zu dem Widerlager. Der Rückhub des Biegekolbens wird von einem kleinen hydraulischen Zylinder bewirkt, der unterhalb des Tisches angebracht ist.

Arbeitsweise: Das zu biegende angezeichnete Stück wird kalt oder an Stelle dessen die Schablone auf den Tisch gelegt und die Formblöcke werden nun erst gegen das Widerlager eingerichtet. Beim Pressen läuft der Kolben, welcher einen Formblock trägt, der den Blöcken am Widerlager angepaßt ist, vor und preßt das warme Arbeitsstück dazwischen. Sodann wird der Kolben in seine Anfangsstellung durch den unter dem Tisch befindlichen hydraulischen Zylinder zurückgeschoben.

Tischhöhe	673 mm,
Länge des Bettes	1219 »
Stärke des Widerlagers	196 »
Abstand zwischen Kolben und Widerlager	558 »
Kolbenhub	177 »
Kolbendurchmesser	380 »
Kolbenstangendurchmesser	317 »
Preßdruck bei 105 Atm.	55 t.

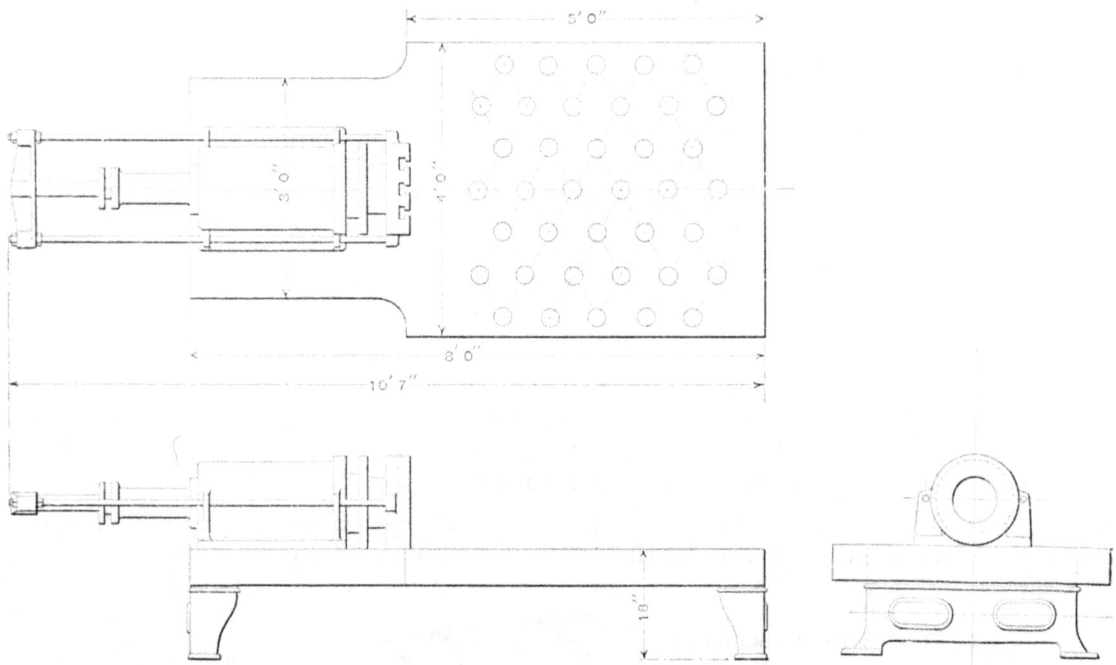

Fig. 391.

Abs. 315. **Hydraulische Trägerbiegepresse.** Bauart: Watson, Stillman Co., New York. Fig. 391.

Zweck: Biegen von größeren Profileisen, Schienen, Stangen, Rohr usw.

Konstruktion: Eine flache, gußeiserne Platte, die als Biegetisch dient, und in die Löcher zum Festhalten der Bolzen und Formblöcke gebohrt sind, ist horizontal auf vier gußeisernen Beinen montiert.

Der hydraulische Zylinder ist auf einer Verlängerung des Tisches festgeschraubt und läßt so den Preßkolben horizontal quer über den oberen Teil des Bettes arbeiten. Ein kleiner Rückzugkolben, der gegenläufig mit dem Biegekolben arbeitet, bringt diesen nach jedem Arbeitshub zu seiner Anfangsstellung zurück.

Arbeitsweise: Das zu biegende Stück ist auf den Tisch gelegt, nachdem zuvor die Bolzen und Formblöcke der gewünschten Biegung entsprechend untergebracht sind. Der Biegekolben wird dann in Tätigkeit gesetzt und bildet an dem Arbeitsstück die gewünschte Biegung. Durch Umlegen des Steuerhebels auf die Rückwärtsstellung wird der Preßkolben in seine ursprüngliche Stellung zurückgebracht.

Bettlänge	1524 mm,
Bettbreite	1219 »
Betthöhe vom Flur	457 »
Länge der Presse über alles	3224 »
Kolbendurchmesser	254 »
Kolbenhub	380 »
Preßdruck bei 105 Atm.	55 t,
Gewicht	5889 kg.

Abs. 316. **Biege- und Richtepressen.** Bauart: Watson, Stillman Co., New York. Fig. 394.

Zweck: Biegen von kleinen Profileisen, Schienen, Eisenstangen, Rohren usw. verschiedener Größe.

Konstruktion: Eine flache, gegossene Platte, worin T-Schlitze gefräst und Löcher zum Halten der Bolzen und Blöcke gebohrt sind, dient als Biegetisch. Der Tisch wird von einem gußeisernen Ständer getragen. Der hydraulische Zylinder ist am Tisch angegossen und läßt den Preßkolben glatt über die Tischfläche arbeiten. Um den Preßkolben in seine ursprüngliche Stellung zurückzubringen, ist ein Gegengewicht angebracht.

Arbeitsweise: Das zu biegende Stück wird auf den Tisch gelegt, die Bolzen und Biegeblöcke wie bekannt der gewünschten Biegung entsprechend passend angebracht, und alsdann wird der Preßkolben in Tätigkeit gesetzt, der die gewünschte Biegung bewirkt. Nach vollendeter Arbeit wird der Preßkolben durch das Gewicht zurückgezogen. Die ganze Arbeit ist dem Einfluß eines einfachen Hebelventils unterworfen, welches Wasser von dem hydraulischen System in den Zylinder zu- und abläßt.

Fig. 392.

Leistung	Kolbendurchmesser	Kolbenhub	Mitte Preßkolben über Tischfläche	Erforderlicher Druckbetrieb	Tischgröße	Gewicht
t	mm	mm	mm	Atm.	mm	kg
25	127	203	57	150	609 × 1015	1052
30	139	203	76	175	919 × 1015	1412

Abs. 317. **Hydraulische Trägerbiegemaschine.** Bauart: Watson, Stillman Co., New York. Fig. 393.

Zweck: Biegen von Profileisen, Reifen, Schienen, Stangen und Stäben usw.

Konstruktion: Das Bett und die Zylinder dieser Maschine sind in einem Stück gegossen und die Zylinder mit Bronze ausgekleidet; die Kolben sind unabhängig voneinander und einfachwirkend. Sie werden in ihre Anfangsstellung durch Gegengewichte zurückgebracht. An jeder Seite des Tisches sind Löcher zum Einstecken der Biegebolzen gebohrt. Zum Kontrollieren der Arbeitsweise dieser Werkzeugmaschine erstrecken sich Hebel von dem Ventilkasten aus nach den vier Ecken. Die Größe des Tisches ist 914 × 1524 mm, der Abstand der Preßkolben beträgt 431 mm, der Durchmesser des Kolbens 205 mm, der Kolbenhub 152 mm, Gewicht 3397 kg. Die Maschine biegt Winkeleisen von 152 × 152 × 16 mm.

Arbeitsweise: Das Arbeitsstück wird auf das Bett der Maschine gebracht und Biegebolzen, wie sie zur Herstellung der gewünschten Biegung nötig sind, in die Löcher mit hinzugefügten Sperrungen gesteckt.

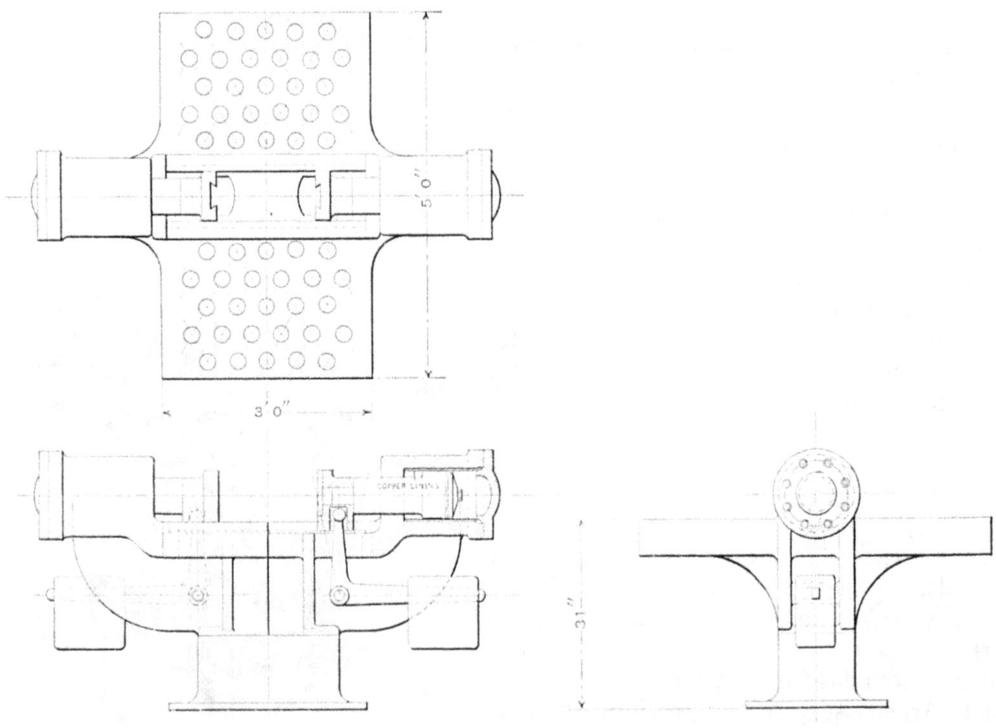

Fig. 393.

Der Biegekolben wird in Tätigkeit gesetzt, indem man auf einen der Eckhebel drückt. Der Kolben wird angehalten, sobald man den Hebel losläßt. Jeder von beiden Zylindern kann zum Biegen benutzt werden. Wie schon gesagt, bringt das Kontregewicht die Kolben, nachdem der Biegeschlag zu Ende ist, in ihre Anfangsstellung.

Abs. 318. **Hydraulische Träger- und Auslegerbiegepressen.** Bauart: Watson, Stillman Co., New York. Fig. 394.

Zweck: Biegen von Eisenstangen, Normalprofilen, Schienen usw.

Konstruktion: Zwei Tandemzylinder sind für die Druckgebung an den entgegengesetzten Seiten mit in das Bett der Presse gegossen. Ein Kolben mit Doppelenden arbeitet von beiden Zylindern aus. Die Biegeblöcke sind schwalbenschwanzförmig in einem gemeinsamen Doppelkopfsattelstück eingesetzt, welches die beiden Kolbenenden fest verbindet. Diese Blöcke gleiten in Nuten, die bedeckt sind, um zu verhüten, daß Glühspan hineinfällt. Beide Deckel der Zylinder sind abnehmbar und mit Ablaßhähnen versehen, damit die Luft herausgetrieben resp. das Wasser oder die Flüssigkeit bei kaltem Wetter abgeleitet werden kann. Betätigungshebel befinden sich an den vier Ecken des Bettes, so daß der Arbeiter von irgendwelchem Standort die Maschine bedienen kann. Die ganze Maschine ruht auf vier gußeisernen Beinen.

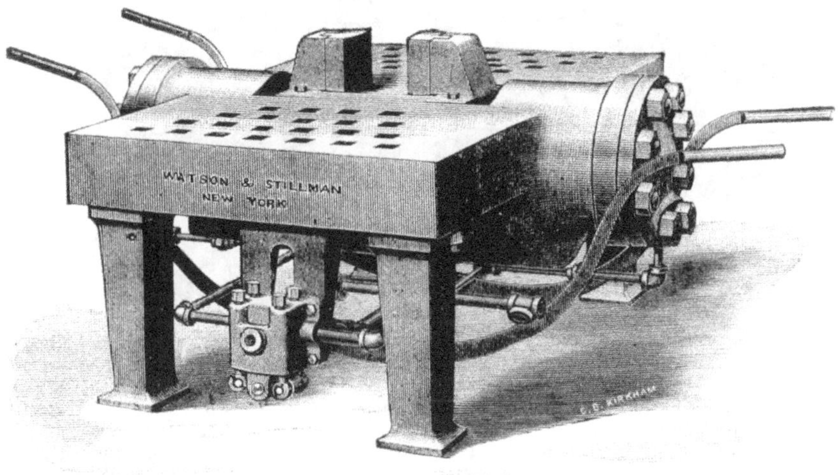

Fig. 394.

Arbeitsweise: Das Arbeitsstück wird auf den Tisch zwischen die Blöcke des Doppelkolbens gelegt, und auf beiden Seiten werden an jedem Ende zwei Bolzen angebracht, so daß, falls das Stück zu weit nach einer Richtung gebogen werden sollte, es schnell wieder durch den entgegengesetzten Kolben zurückgebogen werden kann. Jeder der beiden Zylinder wirkt als ein Zurückzieher für den andern, und jeder kann durch irgendeinen der Ventilsteuerhebel betätigt werden. Zum Treiben der Presse kann die hydraulische Kraft aus der Werksanlage benutzt werden.

Maß- und Gewichtstabelle.

Nr.	Tischgröße mm	Kolben-durch-messer mm	Hub mm	Abstand zwischen den Biegeböcken mm	Entfernung zwischen dem Einsteckbolzen min. mm	max. mm	Gewicht kg	Biege-leistung am Z-Eisen mm
1	914 × 1371	203	101	152—279	609	1219	2265	203 × 76
2	1219 × 1824	177	304	228—330	609	1524	3284	152 × 76
3	1522 × 1824	158	406	228—330	609	1524	3624	152 × 76

Abs. 319. **Biegemaschine für Achsengabeln und Flacheisen auf Hochkante.** Bauart: Rice & Co., Ltd., Leeds. Die in Fig. 395 abgebildete Maschine dient namentlich zum Biegen von Achsengabeln und Achsenschienenkniestücken für Eisenbahnwagen, d. h. flache Eisenstangen, und stanzt auch gleichzeitig die Löcher aus. Die flache Eisenstange wird quer über die Stirnseite der Biegewalzen gelegt, sodann dem Schlitten

Druck zugeführt; hierdurch wird die Stange zwischen die Walzen geschoben und um den Block auf der Oberseite des Zylinderschlittens gebogen. Der Vertikalzylinder stanzt dann die Löcher und glättet die Schiene gleichzeitig.

Fig. 395.

Fig. 396.

Der Arbeitsdruck beträgt 235 Atm.; die Presse kann aber auch jedem Druck angepaßt werden.

Abs. 320. **Hydraulische Biegemaschine für Achsenhalter aus Flacheisen.** Bauart: Fielding & Platt, Ltd., Gloucester. Fig. 396. Diese Maschine wird zum Biegen von Achsenhaltern aus Flacheisen benutzt. Sie ist hier in vertikaler Form ausgeführt. Eine Biegevorrichtung ist auf der Vorderseite des Schlittens angebracht und, wenn er hochgeht, wird die Flacheisenstange in die Form durch die Walzen, zwischen denen der Schlitten durchgeht, gebogen. Das Ende des Halters wird durch einen hydraulischen Preßkolben im dreiwinkligen Rahmen abgeflacht bzw. umgebogen, nachdem der Schlitten seinen Hub beendet hat.

Abs. 321. **Zweikolben-Horizontalbiegepresse.** Bauart: Rice & Co., Ltd. Leeds. Die Fig. 397 zeigt das Spezialmodell einer Horizontalpresse, bei der das Grundgestell aus gewalzten Stahlträgern gebaut ist. Diese Presse findet Verwendung wo oftmals der eine Kolben benutzt wird, um das Material zu halten, während der zweite mit den Werkzeugen ausgerüstet ist, um die Arbeit zu machen; die beiden Kolben können zusammen für andere Arbeiten gebraucht werden. Sie haben jeder einen Hub von 610 mm, von denen jeder einen Preßdruck von 50 t bei 235 Atm. Arbeitsdruck ausübt. Ihre Anordnung ist so, daß sie unabhängig oder zusammengekuppelt arbeiten können. Die Grundplatte hat eine reine Arbeitsfläche von 2736 mm Länge $\times$ 1916 mm Breite, auf der ein starkes gußeisernes Widerlager ruht, das durch starke Bolzen festgehalten ist und in verschiedene Stellungen je nach Bedarf eingestellt werden kann.

Fig. 397.

Die Ventile sind aus Phosphorbronze und mit automatischen Absperrungen versehen, so daß der ganze oder ein Teil des Hubes benutzt werden kann.

Abs. 322. **Fahrbare hydraulische Biegemaschine.** Bauart: Paul Homann, Dessau.

Zweck: Die in Fig. 398 abgebildete fahrbare Biegemaschine dient zum Biegen von Stangen, Schienen und Profileisen aller Art in fliegenden Schmieden.

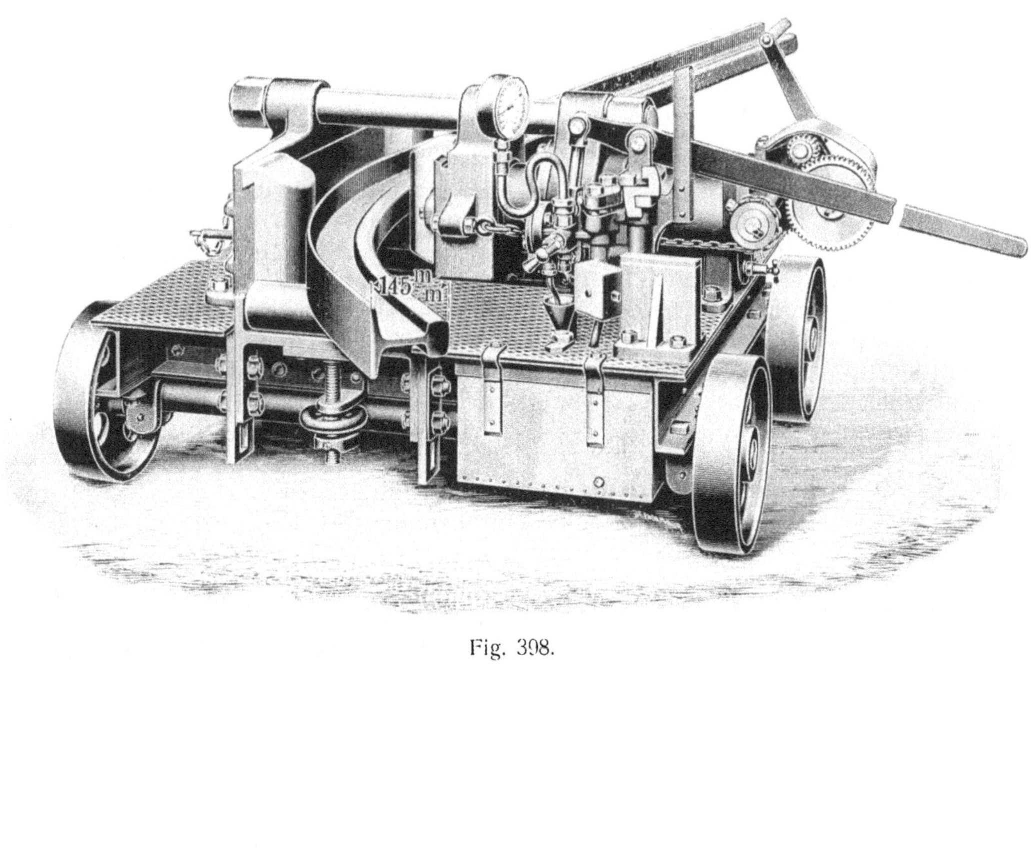

Fig. 398.

Konstruktion: Auf einem eisernen Wagen ist sowohl Preßzylinder als auch Widerlager montiert. Beide sind nicht nur durch das Wagengestell, sondern auch durch starke Zugstangen miteinander verbunden.

Auf den Widerlagern sind in Schwalbenschwanzführung zwei Erhöhungen verschiebbar angeordnet, so daß die zu biegende Stange auf jeden Radius gebogen werden kann.

Der Kolben wird hydraulisch vorwärts bewegt und durch Kettenzug mittels Handkurbel nach jedem Hub zurückgeholt.

Gespeist wird der Preßzylinder entweder von der Werkshydraulik oder, wie abgebildet, durch eine auf den Wagen montierte Preßpumpe.

Abs. 323. **Horizontalbiegepresse.** Bauart: Rice & Co., Ltd., Leeds. Fig. 399 zeigt das Normalmodell einer Horizontalpresse der Firma zum Biegen, Geraderichten, Absetzen usw. Der Pressenkörper ist aus Spezialgußeisen, desgleichen der bewegliche Kreuzkopf mit den Kolben hergestellt.

Der in der Abbildung gezeigte Zylinder des Verstärkers unterhalb des hinteren Preßzylinders ist aus Phosphorbronze gebaut.

Fig. 399.

Die Presse übt einen Druck von 40 t bei 235 Atm. aus, sie ist jedoch an dem hinteren Ende noch mit einem Verstärker versehen, wodurch die Kraft bis auf 60 t, wenn erforderlich, gesteigert werden kann, und zwar durch eine einfache Hebelbewegung. Das Ventil ist das ausbalancierte, verbesserte Kolbenmodell der Firma und mit automatischen, einstellbaren Sperrungen ausgestattet, um den ganzen oder nur einen Teil des Hubes zu benutzen. Die Kolben haben einen Hub von 510 mm und haben eine gute Führung auf dem Grundgestell, das letztere ist vollständig abgehobelt und mit Schlitzen zum Befestigen von Schneidebacken, Matrizen usw. ausgerüstet.

Auf Wunsch baut die Firma diese Pressen mit einem Quersupport zum Biegen und Geraderichten von Trägern und anderen Profilen oder zum Rohrbiegen.

Abs. 324. **Hydraulische Horizontalbiegepresse.** Bauart: Rice & Co., Ltd., Leeds. Die in Fig. 400 gezeigte Horizontalpresse mit massiver gußeiserner Grundplatte hat eine reine Arbeitsfläche von 2432 mm Länge und 1520 mm Breite. Der Zylinder aus weichem Gußstahl ist abnehmbar an der Grundplatte befestigt. Die Kolben haben einen Hub von 760 mm und üben eine Kraft von 75 t bei 235 Atm. aus, können aber auch jedem Arbeitsdruck angepaßt werden. Ein starkes Widerlager wird durch

Bolzen festgehalten und kann in jeder Position den Bedürfnissen entsprechend befestigt werden. Die Grundplatte ist mit Schlitzlöchern versehen und hat darin an zwei Stellen auch gebohrte Löcher zwecks Aufnahme eines Stahlbolzens von 254 mm Durchmesser, der für viele Biegezwecke verwendet werden kann.

Fig. 400.

Abs. 325. **Hydraulische Biegemaschine.** Bauart: Eschweiler-Ratinger Maschinenbau-Aktiengesellschaft (Ermag), Eschweiler-Aue. Fig. 401. Die Maschine dient zum Biegen von Profileisen aller Art. Mit ihr kann U-Eisen bis Normalprofil 30 mit Leichtigkeit zu Ringen von 10 m kleinstem Durchmesser gebogen werden. Sie ist für 100 t Druckkraft bei 130 Atm. Betriebsdruck und 500 mm Hub gebaut.

Fig. 401.

Das sehr schwer gehaltene gußeiserne Unterteil trägt den Preßzylinder und das Druckwiderlager. Beide sind zur Aufnahme der Schubkraft mit dem Unterteil fest verklinkt, so daß die Befestigungsschrauben vollständig vom Druck entlastet sind.

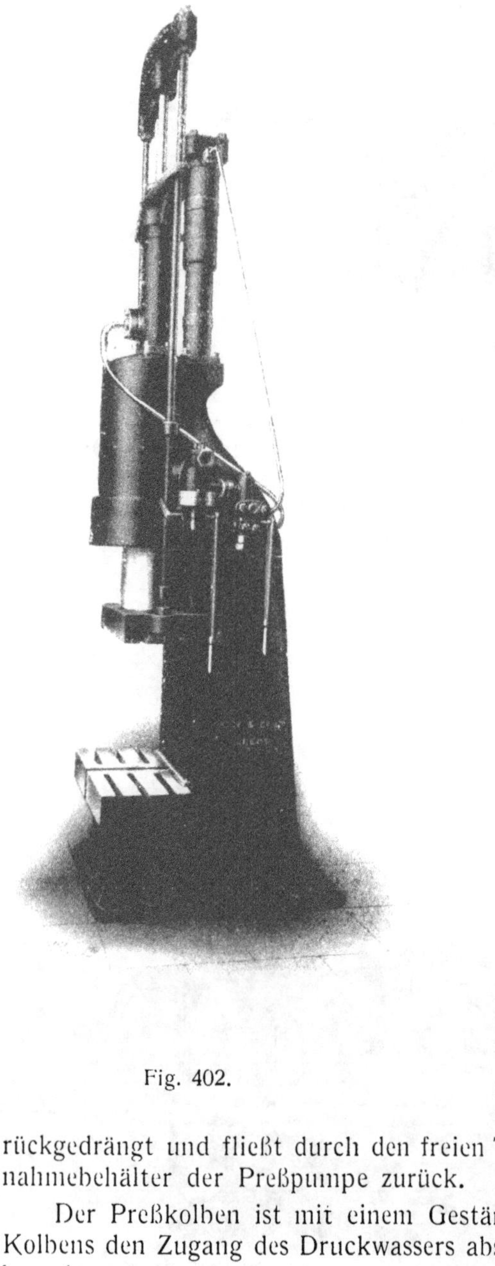

Fig. 402.

Der Preßzylinder besteht aus Stahlguß und ist mit einer geschlossenen, mit Boden versehenen, Büchse aus Phosphorbronze gefüttert, um eine durchaus glatte Zylinderwand für die Ledermanschetten des Plungerkolbens zu erhalten. Der Plungerkolben ist aus geschmiedetem Stahl hergestellt und trägt an seinem Kopf das Druckstück aus Stahlguß.

Vor dem gußeisernen Druckwiderlager ist die Gewindespindel gelagert, mittels welcher je nach der Stärke des zu biegenden Profileisens bzw. nach der gewünschten Krümmung desselben die Stahlgußdruckköpfe einander genähert oder voneinander entfernt werden können.

Um die verschiedenen hohen Arbeitsstücke auf die Druckmitte der Maschine zu bringen, sind zu beiden Seiten des Untersatzes mittels Handrades und Gewindespindel verstellbare Rollen angebracht, welche zugleich das Verschieben des Arbeitsstückes erleichtern.

Das Steuergehäuse besteht aus Phosphorbronze, seine Abschlußspindeln aus Deltametall.

Die Steuerung des Druckkolbens geschieht von Hand. Nach Öffnen der Abschlußspindel tritt das Druckwasser durch das Zuleitungsrohr hinter den Preßkolben, und es erfolgt der Hingang desselben. Eine schmale Ringfläche auf der Vorderseite des Kolbens steht beim Arbeiten der Biegemaschinen beständig unter Druck, so daß nach Schließen der Spindel und Öffnen der Spindel der Rückgang des Kolbens erfolgt. Das Abwasser wird durch das Rohr zum Steuergehäuse zurückgedrängt und fließt durch den freien Teil desselben und das Abgangsrohr zum Entnahmebehälter der Preßpumpe zurück.

Der Preßkolben ist mit einem Gestänge verkuppelt, welches in der Endlage des Kolbens den Zugang des Druckwassers abschließt und dadurch die Bewegung des Kolbens begrenzt.

Abs. 326. **Hydraulische Vertikalbiegepresse.** Bauart: Rice & Co., Ltd., Leeds. Fig. 402. Diese Presse ist zweckmäßig zum Schweißen von Winkeleisen, Ringen, Herstellen von Krümmungen, Richten und Absetzen von Platten, Winkeleisen, Schienen, Rinnenschienen sowie Trägern. Der vertikale Pressenständer ist im Hohlguß einhüftig ausladend ausgeführt. Der angezogene Biegetisch ist mit Aufspannschlitzen versehen.

Die Presse ist mit automatischen Sperrungen ausgerüstet, die das Ventil betätigen, so daß nach Bedarf der ganze oder ein Teil des Hubes erfolgen kann. Das Ventil ist das entlastete Kolbenmodell aus Phosphorbronze, welches seitlich am Pressenständer angebracht ist. Die Presse kann in jeder Größe und mit jedem gewünschten Preßdruck hergestellt werden.

Dieses Pressenmodell ist aber ausgerüstet mit einem Verstärker, wodurch die Kraftäußerung von 40 auf 60 t erhöht werden kann. Die Krafterhöhung wird durch einfaches Ziehen des zweiten Ventilhebels erzielt.

Abs. 327. **Speichenbiegemaschine.** Bauart: R i c e & C o., Ltd., Leeds. Die Fig. 403 zeigt eine Presse zum Biegen von Speichen der Eisenbahnwagen und Fuhrwerksrädern. Der zu biegende flache Stab wird erhitzt und auf den Block gebracht, darauf wird er auf dem Biegestock durch den kleinen Kolben, der an der Spitze des Schlittens zu sehen ist, in Stellung gehalten. Alsdann wird dem unteren Zylinder Druck zugeführt, welcher den Schlitten steigen und die Hebel auf das Flacheisen einwirken läßt; hierdurch wird der Streifen um den Biegestock gebogen.

Fig. 403.

Die ganze Arbeit ist schnell ausgeführt und, nachdem der Hauptkolben drucklos geworden ist, bewirkt die Abstellung am hinteren Teile das Ausstoßen der Speichen aus dem Biegestock.

Obige Maschine arbeitet mit 235 Atm., kann aber auch zu jedem Arbeitsdruck passend gemacht werden.

Abs. 328. **Kombinierte Presse zum Aufpressen und Entfernen der Federbunde.** Bauart: F i e l d i n g & P l a t t, Ltd., Gloucester. Fig. 404. Diese Maschine dient zum Anbringen und Zusammenpressen von Bunden um Eisenbahnwagenfedern; auch kann sie zum Wegnehmen von Bunden alter Federn gebraucht werden. Die Firma baut sie entweder in der gezeigten, kombinierten Form oder nur passend zum Anbringen oder Abnehmen der Bunde.

Fig. 404.

Die Presse kann auch zu allen anderen Schmiedearbeiten benutzt werden, wo die Kombination von vertikalen mit horizontalen Preßkolben paßt, um mit dem einen Kolben das Gesenk zu schließen oder festzuhalten und mit dem anderen das Arbeitsstück zu biegen.

Die Maschine besteht aus einem kräftigen Grundgestell mit angegossenem Ständer, in welchem sich unter rechtem Winkel in einer Ebene die beiden Preßzylinder befinden. Die Preßzylinder sind mit zentralem Rückzugkolben ausgerüstet. Der flache Tisch ist teilweise mit Aufspannuten und zwei Widerlagern versehen, welch letztere dem horizontalen Kolben gegenüberliegen. Beide Preßkolben werden getrennt gesteuert.

Abs. 329. **Federschnallenpresse.** Bauart: Rice & Co., Ltd., Leeds. Fig. 405. Diese Presse ist konstruiert zum Abnehmen und Anlegen von Bunden an Federn für Eisenbahnwagen, Lokomotiven und sonstigen Wagen. Sie ist eine gebräuchliche Werkzeugmaschine für Federwerkstätten der Eisenbahnwagen, wo sie zum Neuvorrichten von

Fig. 405.

zerbrochenen Federn verwendet wird und mit welcher dann die Schnallen (Rückenstücke) wieder durch die Vertikal- und Horizontalkolben abgeschlossen werden.

Sie besteht aus einem kräftigen, gußeisernen Gestell, woran die Vertikal- und Horizontalzylinder fest angegossen sind. Die Zylinder sind mit Phosphorbronze ausgekleidet. Der Adjustierhebel ist aus weichem Stahl mit einer weichen Stahlwalze, um den Druck des Horizontalkolbens aufzunehmen. Für das Ende der Feder ist ein einstellbares Widerlager vorgesehen, um dagegenzudrücken, wenn die Federbunde geschlossen werden.

Ein Sicherheitstriebwerk ist so angeordnet, daß der Vertikalkolben nicht unvorhergesehen unter Druck gesetzt werden kann, wenn der Horizontalkolben ganz heraus ist.

Obige Maschine arbeitet mit 235 Atm., kann aber für jeden Arbeitsdruck eingerichtet werden.

3. Hydraulische Stauch-, Hohlkörper- und Ziehpressen.

Abs. 330. **Allgemeines über die hydraulischen Spezialpressen für Stangen-, Block- und Profilmaterial.** In dieser Gruppe habe ich die hydraulischen Stauch-, Hohlkörper- und Ziehpressen zusammengefaßt. Bei diesen Pressen ist man zur Spezialisierung übergegangen und meines Erachtens dürfte die Weiterverfolgung des Begonnenen in Zukunft das Ziel der Konstrukteure sein. Namentlich die mehrzylindrigen Maschinen haben sich als außerordentlich vorteilhaft erwiesen; sie ermöglichen, daß mehrere Operationen in einer Hitze vollzogen werden können und schränken damit die Handarbeit ganz erheblich ein. Stauchmaschinen nach Art der Ajax- und Acmemaschinen haben in dieser Gruppe noch keine Vertreter aufzuweisen, weder halbhydraulisch noch ganzhydraulisch, obwohl die Tourenzahl dieser Maschinen so niedrig liegt, daß sehr wohl der hydraulische Antrieb hier verwendet werden könnte. Der Grund dürfte darin zu suchen sein, daß die Schlagpressen bei dieser Arbeit doch bessere Resultate liefern als die reine Presse, da gleichzeitig Wert auf die gute Ausprägung der äußeren Form gelegt wird.

Möglicherweise bringt die pneumatische Maschine oder deren Verbindung mit hydraulischer die Lösung, weil deren Geschwindigkeit zu regulieren ist. Sie ist wesentlich einfacher, vermeidet Leerlaufverluste und gestattet, den Druck eine Zeitlang auf dem gestauchten Stücke ruhen zu lassen, so daß ein Zurückfedern nicht erfolgt und der sonst notwendige zweite Schlag überflüssig wird. Hier mag daran erinnert werden, daß Nieten wirklich gut sitzen, wenn der Nietstempel eine gewisse Zeit auf dem Niet geruht hat.

Die Entnahme der großen Kräfte, welche in Zwischenräumen bei diesen Maschinen erfolgt, findet ihren Ausgleich hier in den Akkumulatoren, ohne die Betriebsmaschine ungünstig zu beeinflussen, oder es werden die Pressen auch mit Dampfdruckübersetzern angetrieben. Lit.-Nachw. Nr. 330.

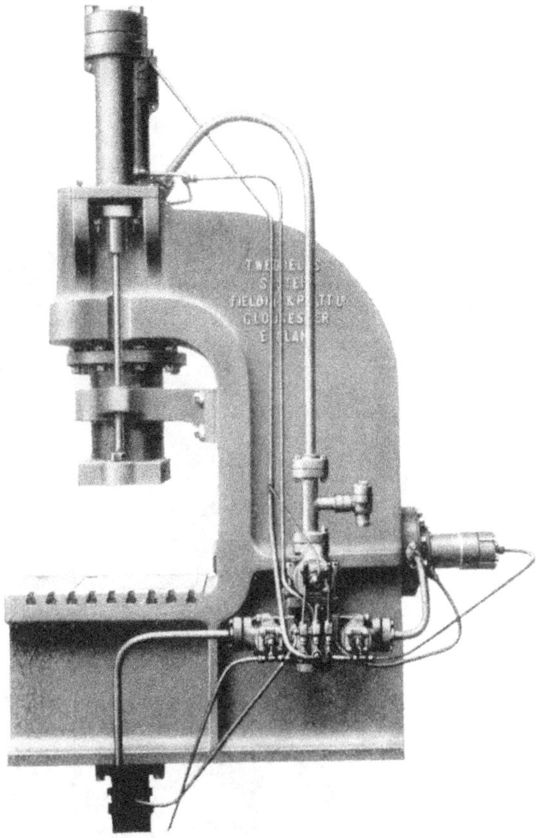

Fig. 406.

Abs. 331. **Hydraulische Schmiede- und Schweißpresse (Ständermodell).** Bauart: Fielding & Platt, Ltd., Gloucester.

Zweck: Dient z. B. zur Herstellung von Roststabenden.

Diese Ausführung bietet viele Vorteile, obwohl sie etwas kostspieliger ist als das in Abs. 292 beschriebenen Säulenmodell. Der Arbeiter kann infolge des großen Aufspanntisches hier sein Arbeitsstück weit besser sehen. Auch kann man hier die Biege- und Vorgesenke schnell entfernen resp. aufspannen. Bei manchen Ausführungen ist noch ein horizontaler Preßkolben der Maschine hinzugefügt, wie in der Fig. 406 gezeigt, und in einigen Fällen ist auch ein Ausstoßkolben vorgesehen. Wenn erforderlich, kann der Tisch mit einer Öffnung in der Mitte versehen werden, welche die

Presse vorteilhaft für Herstellung von Puffern oder ähnlichen Arbeiten macht. Sie besitzt für den Hauptpreßkolben zwei Rückzugzylinder, die an einer Traverse angreifen. Sie werden auch mit einem zentralen Rückzugkolben versehen und auch als Schnellpressen ausgeführt; ebenso stellt die Firma auf Verlangen den Ständer in Stahlguß her. Die kleinen Pressen werden mit Fußsteuerung versehen, wenn nur zwei Zylinder bedient zu werden brauchen.

Maßtabelle.

Preßdruck t	Kolbenhub mm	Ständerausladung von Mitte Preßzylinder mm
25	228	267
30	228	267
40	305	305
50	457	457
75	457	585
100	508	610
150	610	686
200	762	610

Fig. 407.

Abs. 332. **Sechszylinderschmiedepresse.** Bauart: Rice & Co., Ltd., Leeds. Fig. 407. Die obige Maschine zeigt ein Spezialmodell einer Schmiedepresse, die gebaut ist zwecks Benutzung in Eisenbahnwagen- oder Waggonbauwerkstätten. Die Grundplatte, Ständer und Zylinder sind durchweg von weichem Gußstahl. Sie besitzt vier Horizontalzylinder, einen Vertikalzylinder in dem Ständer und einen in der Mitte der Grundplatte.

Alle diese Zylinder sind mit Phosphorbronze ausgekleidet, und jeder einzelne kann einen Preßdruck von 40 t bei 235 Atm. ausüben. Die beiden kurzen Horizontalzylinder können abgenommen werden und, wenn erforderlich, auf der inneren Flanschseite des Ständers angeschraubt werden. Die Presse wird gesteuert durch das neue, schnell arbeitende Metalldoppelsitzventil der Firma, das auf einer Grundplatte angebracht ist.

Abs. 333. **Hydraulische Dreizylinderpresse mit Zylindern in T-Stellung.** Bauart: Fielding & Platt, Ltd., Gloucester. Die Fig. 408 zeigt eine hydraulische Presse, die besonders zum Herstellen von Kurbelwellen durch Stauchen und Biegen eingerichtet ist; es lassen sich aber auf dieser sehr nützlichen Maschine eine große Reihe anderer Arbeiten vollziehen, z. B. Stauchen von Achsen in der Mitte und Lochen der gestauchten Verdickung.

Fig. 408.

Die Presse hat einen vertikalen und zwei horizontale Preßkolben, von denen jeder einen Druck von 75 t bei einem Betriebsdruck von 105 Atm. ausüben kann. Der Hub der Preßkolben beträgt 456 mm. Jeder Preßkolben trägt eine mit Aufspannnuten versehene Arbeitsplatte und läßt sich durch Traversen vom Rückzugzylinder zurückholen. Die horizontalen Zylinder sind an das Grundgestell mit angegossen, während der T-förmig zu diesen stehende vertikale Zylinder an einem angeschraubten Ständer angegossen ist.

Gesteuert wird die Presse durch drei Handhebel, die jeden Zylinder einzeln betätigen. Auch werden größere Maschinen dieser Gattung ausgeführt.

Abs. 334. **Radreifenpresse.** Bauart: Deutsche »West«-Gesellschaft Akt.-Ges., Köln. Fig. 409.

Zweck: Die Radreifenpresse dient zum Aufziehen oder Nachbinden der Wagenradreifen auf hölzerne Räder. Die Maschine macht ein vorheriges Erhitzen der Reifen überflüssig; ihre Konstruktion beruht vielmehr darauf, daß der Reifen in kaltem Zustande mittels hydraulischen Druckes auf das Rad gepreßt wird.

Konstruktion: Bei dieser Presse tritt die Preßflüssigkeit (Mineralöl) mit einem Druck von 50 bis 250 Atm. in die Anschlußrohrleitung, durch welches es bei geschlossenem Regulierhahn in das in der Mitte der Presse befindliche starke, gußeiserne Sammelbassin fließt. Von da aus überträgt sich der Druck durch radiale Rohre nach 18 Preßzylindern, deren Kolben auf der Innenseite eines aus dem Vollen geschmiedeten Stahlringes befestigt sind. Die Preßzylinder bewegen sich während der Arbeit mit den für das jeweilige Rad passend eingesetzten Preßbacken auf gehobelten Bahnen radial nach der Mitte zu, und es müssen dabei die Innenseiten der Preßbacken immer konzentrisch kleiner werdende Kreise bilden, weil die in eine kreisförmige Rille eingesetzten Paßstücke ein schnelleres Vorgehen des einen Zylinders gegenüber dem anderen nicht zulassen. Auf diese Weise wird der kalte Radreifen in sich rund zusammengedrückt und auf das Rad gepreßt.

Ist der Zeitpunkt der richtigen Pressung erreicht, so wird der vorhin erwähnte Regulierhahn entweder mit der Hand oder automatisch durch die Maschine umgeschaltet,

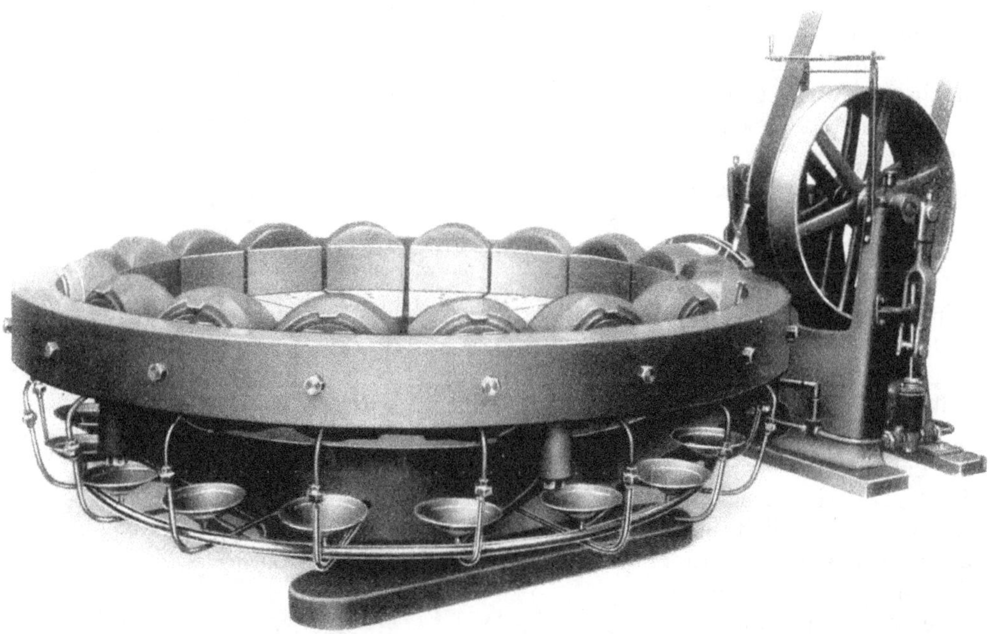

Fig. 409.

und die Preßzylinder werden durch unter ihren Bahnen angebrachte Federn in die Anfangsstellung zurückgedrängt.

Arbeitsweise: Bekanntlich geschieht das Aufziehen von Radreifen in kleineren Schmieden noch nach der althergebrachten Methode in der Weise, daß man den von vornherein auf einen kleineren Durchmesser zusammengeschweißten Radreifen im Feuer erwärmt, ihn dadurch vergrößert und denselben dann um das Rad legt oder zieht. Beim Erkalten verkleinert sich sein Durchmesser und der Reifen schrumpft — abhängig von dem Grade der Erwärmung und von seinem Umfange, den er im kalten Zustande hatte — mehr oder weniger fest auf das Rad auf.

Bei dieser Presse legt man das Rad in die Presse auf die Bahnen der Preßzylinder, bringt den um ca. 1 cm größer gemachten Radreifen darüber und setzt die für den jedesmaligen Raddurchmesser passenden Preßbacken ein. Dann öffnet man den Hahn der Druckleitung und schließt den Regulierhahn, wonach die Zylinder sich gleichmäßig vorwärts bewegen, die Preßbacken den Reifen in die Mitte schieben und rund drücken. Wenn nun die eigentliche Stauchung des Reifens beginnt, so zieht man das Rad mit einer durch die Nabe geführten Schraubenspindel fest, um eine Vergrößerung des Sturzes zu verhüten.

Ist die Pressung erfolgt, so wird der Regulierhahn geöffnet, die Preßbacken gehen dann wieder in ihre frühere Lage zurück, das fertige Rad kann mit Leichtigkeit herausgehoben werden, und die Presse ist sofort zur Aufnahme eines neuen Rades bereit. Sehr starke Reifen preßt man nach Angabe der Firma mit Vorteil nicht auf einmal, sondern in mehreren, kurz aufeinander folgenden Drücken. Während dieser kurzen Pause soll das Material zur Ruhe kommen und sich setzen, um gleich darauf wieder einer weiteren Pressung ausgesetzt zu werden.

Beim Nachbinden loser Reifen von gebrauchten Rädern ist das Abnehmen des Reifens unnötig. Sind die Speichen in der Nabe lose, so sind, bevor das Rad in die Maschine gelegt wird, an zwei gegenüberliegenden Stellen des Felgenkranzes die Fugen entsprechend nachzuschneiden, auch muß alsdann die Büchse aus der Nabe entfernt werden. Im übrigen wird das Rad, so wie es von der Achse kommt, in die Maschine gelegt, welche den losen Reifen wieder anpreßt.

Maß- und Gewichtstabelle.

Größe der Maschine	3	4	5
Durchmesser des Rades inkl. Reifen . . . . mm	660—1590	660—1730	660—1925
Breite der Radreifen . . . . mm	100	115	152
Dicke der Radreifen . . . . mm	25	25	38
Höhe der Preßbacken . . . . mm	100	115	152
Anzahl der Preßbackensätze	11	13	15
Gewicht der Maschine mit Pumpe und Preßbacken kg	5860	7100	9500
Kraftbedarf . . . . PS	5	6	8
Äußerer Durchmesser der Presse . . . . mm	2000	2160	2490

Abs. 335. **Hydraulische Radreifenpresse.** Bauart: Hydraulik G. m. b. H., Duisburg. Fig. 410 stellt eine Radreifenpresse dar, wie sie von der Firma Hydraulik G. m. b. H., Duisburg, gebaut wird. Die Presse dient ebenfalls zum Aufpressen von Radreifen in kaltem Zustande auf hölzerne oder eiserne Felgenkränze von Rädern für Fahrzeuge aller Art, wie Last- und Luxuswagen, Geschützlafetten, Munitions- und Transportwagen, Automobile, landwirtschaftliche Maschinen usw.

Auf einem soliden Untergestell ist ein kräftiger Stahlring montiert, gegen dessen innere Wandung sich 18 radial im Kreise angeordnete Preßplunger stützen. Die zugehörigen Preßzylinder sind als sog. Preßschuhe ausgebildet, welche den Druck entweder direkt auf die Radreifen oder, je nach der Größe der Reifendurchmesser, auf eingebaute Zwischenringe radial übertragen. In der Mitte der Presse ist eine Spindel vorgesehen, mittels welcher die Räder, auf welche Reifen aufgezogen werden sollen, in der Presse zentriert werden. Unter den Preßschuhen ist ein Sperrrad angeordnet, welches mittels Handrades und Rädergetriebes verstellt wird. Hierdurch werden die Preßschuhe, die unter Einfluß des hydraulischen Druckes gegen den Rücken der Sperrzähne drücken, an beliebiger Stelle arretiert.

Durch diese Vorrichtung, die sog. mechanische Hemmung, wird ein genau gleichmäßiger und gleichzeitiger Vorschub sämtlicher Preßplunger erzielt, da die einzelnen Preßschuhe nur nach Maßgabe des Sperrrades gleichmäßig vorrücken können, wodurch die Herstellung vollständig runder Räder gewährleistet wird. Bei Maschinen ohne eine mechanische Hemmung, kann niemals die Herstellung vollkommen runder Räder garantiert werden.

Der Rückzug der Preßplunger erfolgt selbsttätig durch Federkraft, nachdem die Radreifen, um ein Zurückfedern und also eine Formveränderung zu vermeiden, eine Zeitlang unter Druck gestanden haben und der Preßwasserzufluß angestellt ist.

Fig. 410.

Abs. 336. **Geschoßpresse.** Bauart: Eisenwerk und Maschinenbau-Aktien-Gesellschaft (früher A. G. Neußer Eisenwerk), Düsseldorf-Heerdt. Die hydraulische Presse gemäß Fig. 411 dient zur Herstellung von Geschoßkörpern aus vollem Material. Die Maschine besitzt einen kräftigen Tisch, der durch vier kräftige Schmiedestahlsäulen mit dem Preßzylinder aus Stahlguß verbunden ist. Auf dem Tisch ist der Matrizenkörper aus Stahl durch Stellschrauben genau einstellbar befestigt und in diesem selbst die eigentliche Matrize aus geschmiedetem Stahl. In ihrem unteren Teil ist die Matrize durchbohrt und besitzt ein Füllstück, mit dessen Hilfe die fertig gepreßten Geschosse durch den in den Pressentisch angeordneten Ausstoßzylinder ausgestoßen wird. Der Preßplunger aus Schmiedestahl ist teilweise ausgebohrt. In dieser Bohrung liegt der Rückzugzylinder, ebenfalls aus Stahl. Die gerade Führung des Preßplungers beim Niedergang wird durch einen an den vier Säulen geführten Schlitten gewährleistet. Der Preßstempel wird durch Trapezgewinde direkt in dem Preßplunger gehalten. Die Abdichtung ist, wo irgend angängig, durch außen liegende und während des Betriebes leicht nachzudichtende Stopfbüchsen vorgesehen, wo nicht angängig, wie z. B. beim Ausstoßzylinder, durch in mehreren Lagen übereinanderliegende Winkelmanschettenpackungen. Sämtliche Plunger sind in langen Bronzebüchsen gut geführt. Die Steuerung des Preß- und Rückzugzylinders erfolgt durch eine gemeinsame doppeltwirkende Ventilsteuerung; die Steuerung des Ausstoßzylinders durch eine besondere, einfachwirkende Ventilsteuerung in der Weise, daß nur zum Ausstoßen Druckwasser gegeben wird, und daß zum Zurückziehen des Kolbens auf diesen ständig Preßwasser steht.

Die Arbeitsweise der Presse ist folgende:

Die gut gewärmten Stahlstücke werden von Hand in den Matrizenkörper geworfen und der Matrizenkörper hierauf durch einen Deckel geschlossen. Alsdann geht der Preßstempel herunter, wird durch den Deckel des Matrizenkörpers geführt und drückt sich in den vollen Körper des Stahlstückes ein, derart, daß das Material den ganzen Hohlraum der Matrize ausfüllt. Hierauf wird durch den Rückzugzylinder der Preßstempel wieder hochgezogen, wobei durch vorgesehene Abstreifer das gepreßte Stück in der Matrize festgehalten wird. Jetzt wird der Matrizendeckel von Hand entfernt und das fertiggepreßte Stück durch den im Pressentisch befindlichen Ausstoßzylinder ausgestossen und von Hand fortgenommen. Hiernach wiederholt sich der Vorgang von neuem.

Die Presse arbeitet mit einem Betriebsdruck von 220 Atm., wobei ein größter Preßdruck von 300 t erzeugt wird. Der größte Preßhub beträgt 1200 mm.

Fig. 411.

Abs. 337. **Reinhydraulische Doppelpresse zum Lochen und Ziehen von Geschossen mit Schnellpressensteuerung nach Kreuser.** Bauart: Maschinenfabrik J. Banning A.-G., Hamm, Westfalen. Die linksseitige Presse der Doppelpresse (Fig. 412) dient zum Vorlochen der Rohlinge, während die rechtseitige zum Ziehen der Geschoßhüllen verwendet wird. Diese neue Vereinigung der beiden Pressen und die Vorrichtung der Zieharbeiten in vertikaler Richtung gewährt einen nach Angaben der Firma billigen Betrieb bei großer Leistungsfähigkeit und gleichmäßigen Wandstärken der Geschosse.

Abs. 338. **Geschoßpresse.** Bauart: Hydraulik G. m. b. H., Duisburg. Fig. 413 zeigt eine moderne Geschoßpreßanlage, wie sie von der Hydraulik G. m. b. H., Duisburg, ausgeführt wurde. Zur Herstellung von Hohlkörpern, wie z. B. Geschossen, Schrapnells oder Flaschen für Aufbewahrung komprimierter Gase baut die Firma in neuerer Zeit zwei Pressentypen, nämlich einer vertikalen Presse zum Lochen der vorgeschmiedeten Blöcke und einer horizontalen Ziehpresse, auf welcher der vorgelochte Block durch mehrere Ziehringe hindurch auf die gewünschte

Form herabgezogen wird. Die Lochpresse gleicht im allgemeinen einer normalen Schmiedepresse, besitzt jedoch, entsprechend den Abmessungen der Blöcke, langen Hub und große lichte Höhe. Falls diese Lochpresse auch zum Vorschmieden der Blöcke verwendet wird, baut sie die Firma Hydraulik G. m. b. H., Duisburg, nach dem patentierten Rapidsystem, dessen Eigenart in den Abschnitten 288 und 297 besprochen wurde.

Fig. 412.

Bei der Lochpresse ist darauf zu achten, daß ein genaues Zentrieren der Blöcke erfolgt, damit der gelochte Block gleichmäßige Wandungen erhält. Nachdem der Lochdorn eingedrückt ist, wird die Presse auf Rückzug gestellt, wobei der gelochte Block sich von dem Dorn an einer Abstreifvorrichtung ablöst. Dieses Lösen erfordert namentlich bei langen Blöcken erhebliche Rückzugkraft. Wenn jedoch die Trennung vollzogen, ist nur geringe Hubkraft notwendig, um die beweglichen Pressenteile wieder hochzuheben. Nachdem der Abstreifer ausgeschwenkt ist, wird durch eine hydraulische Ausstoßvorrichtung der gelochte Block aus dem Preßtopf herausgehoben, worauf er erfaßt und auf den Dorn der Ziehpresse gebracht wird.

Größere Lochpressen werden stets mit Verschiebetisch ausgerüstet, und dann erfolgt das Ausstoßen des Blockes außerhalb der Presse. Für diesen Zweck wird seitlich am Unterholm eine Ausstoßvorrichtung vorgesehen.

Zum Lochen langer Blöcke für Hohlkörper, wie Flaschen usw., verwendet die Firma Hydraulik G. m. b. H. besondere Abdrückzylinder, welche nur auf dem ersten Teile des Rückzugweges in Wirksamkeit sind und sich später ausschalten; dadurch wird die Wirtschaftlichkeit der Presse wesentlich gehoben. Bei der horizontalen Ziehpresse, deren Bau aus der Fig. 413 ersichtlich ist, werden die Abdrückzylinder häufig neben den Ziehholm gelegt, so daß die Abdrückkolben den Ziehdorn rückwärts drücken.

Fig. 413.

Reinhydraulische Geschoßpressenanlage zur Herstellung von „Schrapnells" bis ca. 12 cm.

Das Steuern der Lochpresse und der Ziehpresse erfolgt durch je einen einzigen Steuerhebel, dessen Bewegungen sinnfällig zu denen des Preßplungers sind.

Beim Ziehen langer Röhren ist auf gutes Zentrieren besonders zu achten. Die Firma Hydraulik sieht aus diesem Grunde hydraulisch betätigte Dornunterstützungen vor.

Um besonders wirtschaftlich zu arbeiten, verwendet die genannte Firma bei der Ziehpresse einen Vordruckkolben, mittels dessen die Leergangwege getätigt werden, so daß Preßwasser nur während der eigentlichen Ziehoperation erforderlich wird. Man stellt die Loch- und Ziehpresse zweckmäßig so nebeneinander, daß ein Steuermann beide Steuerungen bedienen kann.

Geschoßpreßanlagen werden fast durchweg reinhydraulisch betrieben, da zum ununterbrochenen Fortgang der Loch-, besonders aber der Ziehoperation ein großes Wasserquantum zur Verfügung stehen muß, das einen Akkumulator bedingt.

Über die günstigsten Abmessungen der Lochwerkzeuge siehe Hoffmann: »Die hydraulischen Schmiedepressen«. Lit.-Nachw. Nr. 338.

4. Stauchpressen für Rohre.

Abs. 339. **Allgemeines über Röhrenstauchpressen.** Diese Maschinen dienen zum Aufweiten von glatten Rohren zu Muffelrohren. Dabei wird das aufzuweitende Ende gleichzeitig gestaucht, um eine größere Wandstärke an der aufgeweiteten Stelle zu erzielen. Sie werden teils hydraulisch, teils halbhydraulisch gebaut, d. h. im letzten Falle wird das Festhalten der Rohre durch einen hydraulischen Preßkolben bewirkt,

Fig. 414.

während die Stauchung durch Friktionspressen, die eine Schlagpressung hervorbringen, erzeugt wird. Es sei dahingestellt, ob sich diese letztere Arbeit in gleich günstiger Weise nicht durch beide Arten von Pressung vollziehen läßt; möglich ist aber, daß durch schwere pneumatische Arbeitskolben, deren Geschwindigkeit sich in der richtigen Weise einstellen läßt, ein durchgehendes Fließen des Metalls eintritt und so auch die äußeree Formen, wenn dieses erforderlich, scharf ausgeprägt werden.

Einige dieser Werkzeugmaschinen sind als Beispiele in den folgenden Abschnitten angeführt. Lit.-Nachw. Nr. 339.

Abs. 340. **Rohrstauchmaschine.** Bauart: Maschinenbau-A.-G. Tigler, Duisburg-Meiderich. Fig. 414. Die Maschine ist auf einen gußeisernen Rahmen gelagert, auf dem einerseits das Friktionsgetriebe mit Spindelbock und anderseits der Werkzeugbock montiert ist. Das Friktionsgetriebe besteht aus einer aus Spezialstahl hergestellten Spindel mit Schwungscheibe und präziser doppelter Rundführung, um jedwedes Ecken infolge des einseitigen Antriebes der Schwungscheibe zu vermeiden.

Die vordere Führungstraverse mit dem Werkzeugdorn und dem Spindelspurlager ist aus Stahlguß, die Spindelmutter aus bester Hartbronze. Der Antrieb der mit Leder armierten Schwungscheibe erfolgt durch zwei polierte Treibscheiben.

Die vertikale Preßarbeit geschieht durch einen hydraulischen Zylinder mit Plunger, welcher in einer an den vertikalen Säulen geführten Stahlgußtraverse das Werkzeug trägt. Der Rückzug erfolgt durch einen im Querschnitt geringen Rückzugzylinder.

Beide hydraulischen Zylinder sind aus dichtem Stahlguß.

Gegen Schwankungen ist das vertikale Preßwerk durch eine Stütze abgesteift.

Der gußeiserne Werkzeugbock trägt das leicht auswechselbare Werkzeug und erhält nach hinten hin ein verstellbares Stauchgestänge.

Für die Vertikalarbeit ist der kontinuierliche hydraulische Druck am vorteilhaftesten, während in horizontaler Richtung die intensive Preßschlagwirkung der Friktionsspindel der Firma am wirksamsten erscheint.

Abs. 341. **Hydraulische Röhrenstauchpresse.** Bauart: Hydraulik, G. m. b. H., Duisburg. Die in Fig. 415 abgebildete Röhrenstauchpresse dient zum Stauchen, Einziehen und Aufweiten von Rohrenden sowie zum Aufschweißen von Bunden und ähnlichen Arbeiten.

Fig. 415.

Die Presse besteht aus einer vertikalen Einspann- und einer horizontalen Arbeitsvorrichtung. Durch die Vertikalpresse werden die Rohre in die Matrizen sicher eingespannt, während die Stauchung, das Einziehen usw. durch die Horizontalpresse erfolgt. Die Säulen der letzteren sind mit dem Unterholm der Vertikalpresse fest verbunden und nach hinten der Länge der zu verarbeitenden Rohre entsprechend verlängert. Bei großen Längen werden die Säulen gestützt, damit ein Durchhängen verhindert wird.

Um dem Rohre beim Einspannen einen festen Gegenhalt zu geben, ist eine auf den Säulen verschiebbare, mit Schraubenspindel versehene Traverse angeordnet, die durch Vorstecker auf den Säulen festgelegt werden kann. Die an den Säulen hierfür vorgesehenen Aussparungen sind so verteilt, daß jede beliebige Rohrlänge mit Hilfe der durch die Spindel ermöglichten Längeneinstellung eingestellt werden kann. Längere Rohre werden durch Unterstützungen, welche auf den Säulen verschiebbar sind, sicher gegen Durchhängen und Durchknicken geschützt. Diese Rohrunterstützungen besitzen exzentrisch gelagerte Rollen, die für die verschiedenen Durchmesser der Rohre bequem eingestellt werden können, wodurch ein zentrales Einspannen ermöglicht wird.

Die Bedienung der Einspann- sowie auch der Arbeitsvorrichtung erfolgt durch je eine Schnell- und Sparsteuerung, so daß alle Leerganghübe bei der Einspannvorrichtung ohne Druckwasserverbrauch im Preßzylinder und bei der Arbeitsvorrichtung mit einem ganz geringen Vordruck zurückgelegt werden. Die Pressen arbeiten daher wirtschaftlich und haben die früher vielfach im Gebrauch befindlichen älteren mechanischen Rohrstauchmaschinen fast ganz verdrängt.

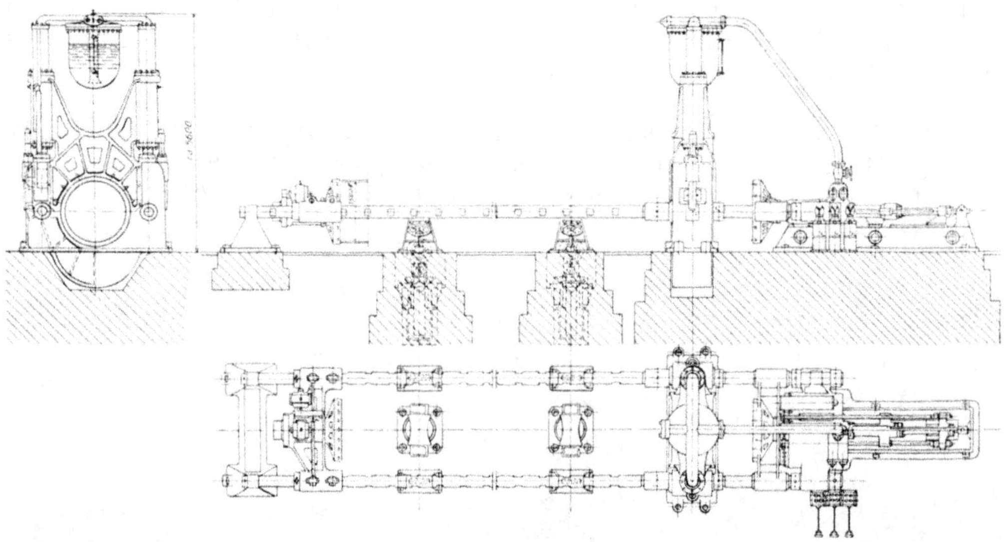

Fig. 416.

Abs. 342. **Röhrenstauchpresse für Rohre bis 1500 mm Durchmesser.** Bauart: Maschinenfabrik Sack, G. m. b. H., Düsseldorf-Rath. Die Fig. 416 zeigt eine solche Presse, und zwar besteht sie aus einer vertikalen, zum Festhalten der zu stauchenden Rohre dienenden Presse und einer horizontalen Presse mit drei Druckstufen von 185, 370 und 550 t Preßdruck. Sämtliche Zylinder sind mit der vereinfachten Vorfüllsteuerung dieser Firma versehen und werden durch Schnellpressenhandsteuerungen, wovon zwei kuppelbar eingerichtet sind, von einem gemeinschaftlichen Steuerplatze aus betätigt. Der Vorfüllwindkessel ist zwischen den beiden vertikalen Zylindern der vertikalen Presse aufgehängt und enthält in hinreichender Menge für sämtliche Zylinder Vorfüllwasser, das unter einem Luftdruck von 2—3 Atm. steht. Um zu erreichen, daß die Bauhöhe dieser Presse nicht zu groß wird, ergibt sich die aus der Fig. 416 ersichtliche Bauart der Vertikalpresse, nämlich eine Teilung des oberen Festhaltezylinders in zwei. Diese Zylinder sind mit der Niederhaltetraverse aus einem Stück gefertigt und gleiten auf den als Plunger ausgebildeten vertikalen Säulen, welche ihrerseits in den Unterholm der vertikalen Presse befestigt sind. An den oberen Enden dieser Säulen ist ein Kommunikationsrohr mit in der Mitte angeordnetem Vorfüllventil und Vorfüllwindkessel aufgesetzt.

Beachtenswert ist, daß auch die unteren Säulenmuttern der beiden Vertikalsäulen zugänglich bleiben, da sie nicht unter Flur liegen. Die Niederhaltetraverse aus Stahlguß ist mittels kräftiger nachstellbarer Führungsleisten in den Unterholm geführt, wodurch alle Axialschübe einwandfrei in diesem aufgenommen werden. Die horizontalen Zugstangen führen durch den Unterholm hindurch und werden mittels beiderseitiger Muttern kräftig mit ihm verspannt. In den verlängerten Muttern jenseits der horizontalen Pressen schließen sich die zur Aufnahme der Gegenhaltetraverse dienenden Zugstangen an, welche mit entsprechenden Einkerbungen versehen sind. Auf diesen Zugstangen, die durch eine entsprechende Zahl von Untersatzböcken getragen werden, ist eine schwere Verschiebtraverse auf Rollen beweglich aufgesetzt, welche in der Mitte eine große, mit Schraubennuten versehene Druckplatte und eine kräftige hohle Gewindespindel mit der zugehörigen Mutter trägt. Die Mutter wird durch ein Zahnradvorgelege von einem kleinen Elektromotor angetrieben. Zum Verfahren der Gegenhaltetraverse dient ein kleiner zweiter Elektromotor, welcher direkt auf die Rollen treibt, auf welchen die Traverse ruht. Entsprechende Einsteckriegel, welche in die Einkerbungen der Zugstangen entweder gemeinsam durch ein Hebelwerk oder aber einzeln von Hand eingelegt werden, leiten die Axialkräfte in die Zugstangen. An dem hinteren Ende sind diese Zugstangen in einem kräftigen Unterstützungsbock gelagert und mit Muttern entsprechend verspannt. Innerhalb der beiden Zugstangen sind drei in der Höhenlage verstellbare Unterstützungssäulen angeordnet, welche als Auflage für die zu bearbeitenden Rohre dienen. Die Anstellung dieser Rollen ist von der Seite der Presse aus durch Handräder zu betätigen, doch kann sie auch, falls gewünscht, hydraulisch erfolgen. Die Festhaltegesenke sind gegen den Unterholm und die obere Festhaltetraverse durch entsprechende Eindrehungen gegen Axialdrücke gesichert und werden durch entsprechende Schrauben mit genannten Teilen verbunden. Durch die vollständig runde Form dieser Gesenkeinsätze ist die Herstellung eine leichte und billige.

Mit dem Unterholm der vertikalen Presse ist durch kräftige Zugstangen verbunden die horizontale Zylindertraverse der horizontalen Presse. Diese ist, wie schon erwähnt, mit drei Druckstufen ausgestattet, welche durch drei nebeneinanderliegende, vollständig gleiche Zylindereinheiten erreicht werden. Die beiden äußeren Zylinder sind durch ein Verbindungsrohr und ein gemeinschaftliches Vorfüllventil verbunden, während der mittlere Zylinder ein besonderes Vorfüllventil enthält. Es arbeiten also, je nach den zu erreichenden Druckstufen, entweder der mittlere Zylinder allein oder die beiden äußeren oder aber alle drei zugleich. Die Preßplunger dieser Zylinder sind starr mit einem kräftigen, beweglichen Querhaupt verbunden, welches eine große, mit Schraubennuten versehene Aufspannplatte trägt und mittels kräftiger Arme auf den horizontalen Zugstangen gleitet. An derselben Traverse greifen auch die Rückzugstangen an, welche zu der hinteren Rückzugzylindertraverse führen, die mit einem großflächigen Fuß in einer entsprechenden Gleitbahn geführt und unterstützt wird.

In den Rückzugplunger taucht der Vordruckzylinder ein, welcher sich mit seinem Kopfende gegen ein entsprechendes Lager an der Sohlplatte abstützt. Dieser Vordruckplunger dient dazu, die beweglichen Teile der horizontalen Presse bis an das Werkstück heranzuführen. Bei diesem Hub füllen sich die Preßzylinder mit Vorfüllwasser. Die Arbeitsgeschwindigkeiten der Presse sind annähernd folgende:

Vorfüllen der vertikalen Presse	0,8—1	m pro Sekunde
» » horizontalen Presse	0,6—0,8	» » »
Preßdruck der horizontalen Presse	0,2	» » »
Rückzug der horizontalen Presse	0,8	» » »
» » vertikalen Presse	1	» » »

Von den drei Handsteuerungen dient eine für die vertikale Presse, eine für den mittleren Plunger der horizontalen Presse und die dritte für die beiden seitlichen Plunger derselben. Je nach Betätigung der einen oder der andern der beiden letzteren werden die ersten zwei Kraftstufen eingeschaltet und durch gleichzeitiges Betätigen der beiden letzten die dritte Kraftstufe in Funktion gesetzt. Das gleichzeitige Bedienen der beiden Steuerungen für den letzten Fall wird durch Kuppeln der beiden Steuerungen ebenfalls nur durch einen Hebel bewirkt, und durch die vollkommen zwangläufige Bewegung dieser besonders reichlichen Dimensionierung der Vorfülleitung und der Vorfüllventile wird ein absolut sicheres Angefülltsein der Preßzylinder erreicht.

Abs. 344. **Hydraulische Rohrstauchmaschine und Aufweitemaschine.** Bauart: Fielding & Platt, Ltd., Gloucester. Fig. 417 zeigt eine Presse im Aufweiten und Einziehen von Röhren. Sie vermag Rohre von mehr als 125 mm zu stauchen und 300 mm aufzuweiten bei einer größten Länge von 4200 mm. Sie kann der kräftigen Konstruktion wegen auch zu anderen Arbeiten verwendet werden.

Fig. 417.

Abs. 345. **Muffen-Rohrstauchpresse.** Bauart: Otto Froriep, G. m. b. H., Rheydt. Die in Fig. 418 dargestellte Rohrstauchpresse dient dazu, schmiedeeiserne Rohre, Muffenrohre, herzustellen. Derartige Rohre, welche zu Leitungszwecken in großen Mengen verwendet werden, werden durch Ineinanderstecken des einen Rohrendes in das aufgeweitete Rohrende des andern verlegt. Das aufgeweitete Ende wird in vielen Fällen zur Erhöhung der Festigkeit auch gleichzeitig aufgestaucht, so daß die Wandstärke in dem vergrößerten Teile um einige Millimeter stärker ist als in dem übrigen Rohre. Die Operation des Aufweitens beim gleichzeitigen Stauchen auf der vorliegenden Presse wird in der Weise ausgeführt, daß das erhitzte Rohr in einem durch den vertikalen Zylinder verschließbaren Gesenk festgehalten wird oder gleichzeitig durch den horizontalen Zylinder ein Dorn von entsprechend kalibrierter Form in das Rohrende eingeschoben wird. Um ein rasches Ein- und Ausbringen der Rohre in die Matrize zu gewährleisten, wird bei dieser Presse der vertikale Ständer als einhüftiger, offener Ständer zweckmäßigerweise ausgeführt. Mit ihr können auch andere Arbeiten, wie z. B. Einziehen der Rohre auf kleineren Durchmesser, ausgeführt werden. Daneben finden derartige Pressen auch Anwendung zum Aufschweißen der Bunde an den Rohren, nachdem die Flanschringe über das Rohr bereits gebracht sind.

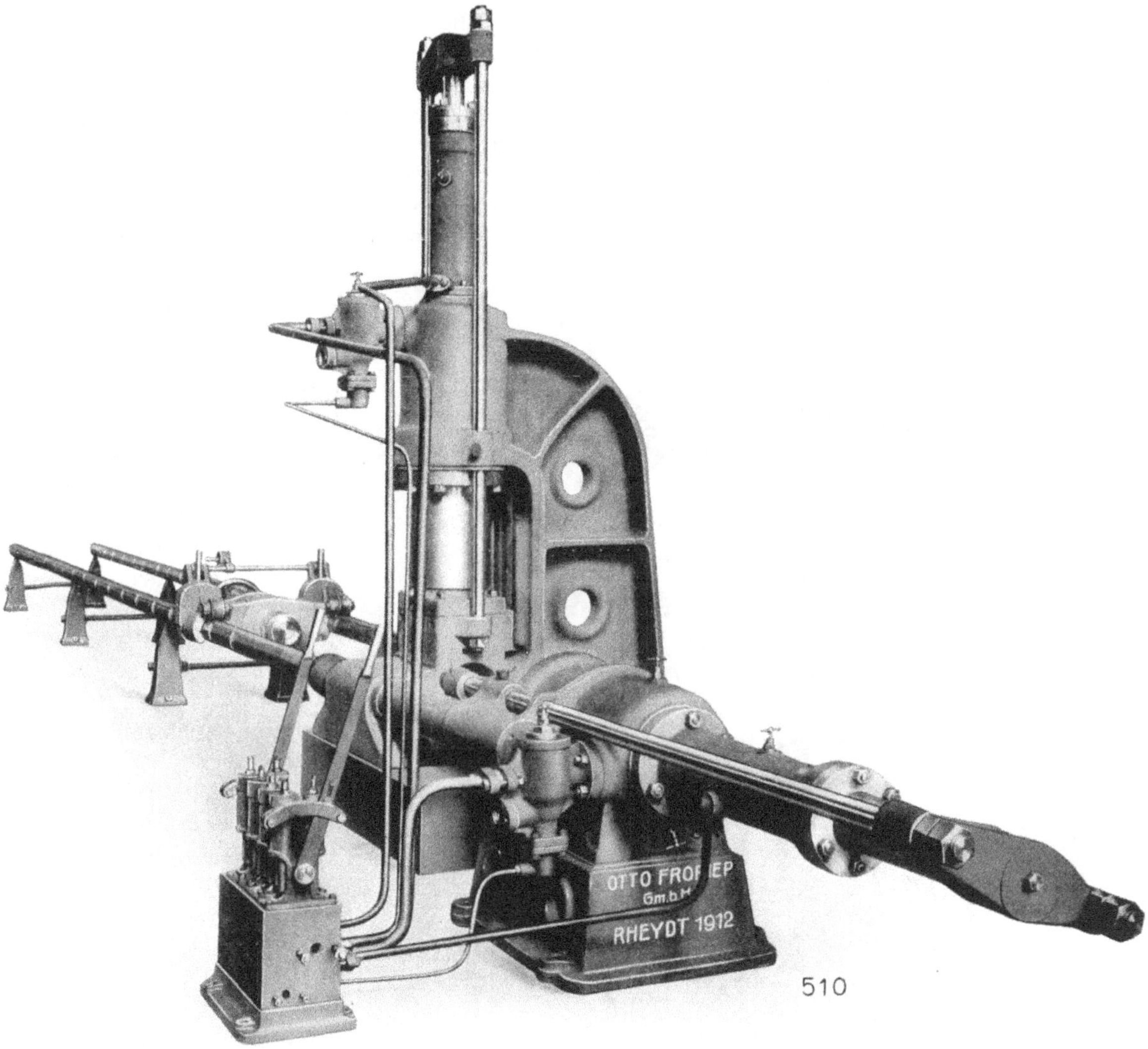

Fig. 418.

5. Biegepressen für Rohre.

Abs. 346. **Allgemeines über die Rohrbiegepressen.** Diese Maschinen dienen zum Abbiegen von Rohren und bilden in Rohrschmieden ein Hilfsmittel ersten Ranges. Mittels dieser Maschinen lassen sich sämtliche Arten von Rohren kalt biegen, selbst bis zu Durchmessern von 350 mm in Kupfer und 200 mm in Eisen. Sie werden fast ausschließlich hydraulisch angetrieben, da sich durch diesen Antrieb bequem der ruhige langsame Druck, wie er erforderlich ist, erreichen läßt. In den folgenden Abschnitten sind einige Beispiele dieser Werkzeugmaschinen angeführt. Lit.-Nachw. Nr. 346.

Abs. 347. **Rohrbiegemaschinen.** Bauart: Paul Homann, Dessau.

Zweck: Die hydraulischen Rohrbiegemaschinen gemäß Fig. 419 und 420 dienen zum Biegen von Kupfer-, Eisen- und Stahlrohren in kaltem Zustande.

Konstruktion: Die Maschinen der Ausführung *A*, Fig. 419, bestehen aus einem stehenden Zylinder, Kolben mit Biegetisch und dem durch schmiedeeiserne Säulen mit dem Zylinder verbundenen Holm, in welchen die für das jeweilig zu biegende Rohr gebrauchte Matrize eingeschoben wird. Zur Erzeugung der Betriebskraft in der Maschine dient entweder eine an den Zylinder angeschraubte Zweikolbenhandpreßpumpe, deren großer Kolben als Füllkolben und deren kleiner als Preßkolben zu betrachten ist, oder es kommt der Anschluß an die hydraulische Zentralanlage der Schmiede zur Anwendung. Das Auswechseln der Füll- und Preßkolben geschieht auf bequemste Weise mittels Bajonettverschluß. Bei Erreichung eines bestimmten Druckes wird der Füllkolben selbsttätig ausgeschaltet. Die Konstruktion der liegenden Maschinen, Fig. 420, weicht insofern von derjenigen der stehenden ab, als hiermit der Biegetisch an dem Zylinder angegossen und der Kolben mit dem Holm durch schmiedeeiserne Zugstangen verbunden ist. Wie aus den Abbildungen erkannt wird, befindet sich am Zylinder ein Steuerhahn, mit Hilfe dessen die Druckflüssigkeit, Wasser, abwechselnd vor und hinter den Kolben geführt bzw. der Vor- und Rückgang des letzteren bewirkt werden kann. Das Bedienen der liegenden Maschinen erfolgt im wesentlichen wie das der stehenden; eine nennenswerte Abweichung besteht nur darin, daß der Kolben beim Öffnen des Ventils an der Pumpe nicht von selbst zurückgeht, vielmehr mittels Pumpe zurückgetrieben werden muß. Um diese Arbeit schnellmöglichst zu vollziehen, ist eventuell extra eine Handpumpe mit großem Kolben angeordnet.

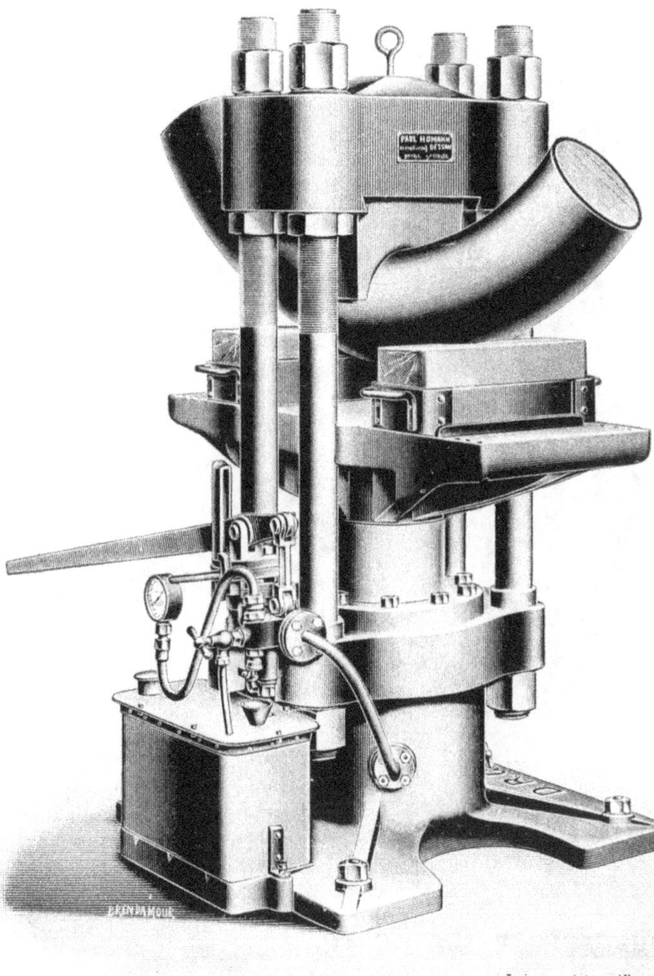

Fig. 419.

Arbeitsweise: a) Kupferrohre: Man setzt die Matrize, welche für das zu biegende Rohr passend gewählt ist, in den Holm ein, bringt das Rohr, von einem Ende aus beginnend, auf die der Maschine mitgegebenen zwei weißbuchenen Holzunterlagen und treibt den Kolben mit Biegetisch in die Höhe. Hierbei legt sich das Rohr bald an die Matrize an und wird bei weiterem Heben des Tisches gezwungen, sich zu biegen. Ist die Stelle stark genug gebogen, so öffnet man das Ventil an der Pumpe, worauf der Biegetisch sofort von selbst sinkt und das Rohr freigibt, schiebt dann das Rohr um so viel weiter, daß die etwa geschlagene Falte direkt unter die Mitte der Matrize gelangt, und treibt den Tisch wieder hoch usw. Die Falte wird durch den erneuten Druck bei richtiger Handhabung fast ganz beseitigt, so daß nur sehr wenig zum Forthämmern stehen bleibt. Es ist darauf zu achten, daß die Matrize möglichst genau für das zu biegende Rohr paßt, damit es sich recht gut rund hält. Die Arbeit des Abhämmerns wird dadurch auf ein Minimum beschränkt.

b) Eisen- und Stahlrohre: Die Eisen- und Stahlrohre werden ebenso ausgeglüht, dann mit Harz ausgegossen und nach vollständigem Erstarren der Füllung in gleicher Weise wie Kupferrohre auf kaltem Wege gebogen. Die jedesmalige Pressung ist nur soweit vorzunehmen, daß keine Falten entstehen, da solche nicht wie bei Kupferrohren wieder fortgehämmert werden können. In den meisten Fällen wird das Rohr bei dem

Fig. 420.

ersten Durchgang durch die Matrize noch nicht den gewünschten Krümmungshalbmesser haben. Dann lasse man es in gleicher Weise noch einmal durch die Maschine gehen. Dabei ist immer die Stelle des Rohres unter die Mitte der Matrize zu bringen, wo sich beim erstenmal Neigung zur Faltenbildung zeigte bzw. eine leichte Erhöhung der Rohrwandung entstand. Eine einigermaßen geübte Hand wird nach diesem Verfahren einen so schönen Bogen erhalten, wie man ihn im warmen Zustande nicht herstellen kann. Bei unrichtiger Arbeitsweise stellt sich häufig der Nachteil ein, daß beim Erwärmen des Rohres der Sand an der Rohrwandung anbrennt und sich später im Gebrauch wieder loslöst. Dieser Übelstand ruft vielfach Beschädigungen in der Dampfmaschine hervor und hat dann recht unangenehme Betriebsstörungen zur Folge.

Die Rohrbiegemaschinen werden in vier Größen für nachstehend angegebene Leistungen gebaut:

Größe	I:	zum	Biegen	v.	Kupferrohren	bis	170,	Eisenr.	bis	125	u.	Stahlr.	bis	100 mm	lichte Weite
»	II:	»	»	»	»	»	250,	»	»	180	»	»	»	150 »	» »
»	III:	»	»	»	»	»	350,	»	»	250	»	»	»	200 »	» »
»	IV:	»	»	»	»	»	400,	»	»	350	»	»	»	300 »	» »

Die liegenden Maschinen werden nur nach Größe II, III und IV zu gleichen Leistungen ausgeführt.

Abs. 348. **Hydraulische Rohrbiege- und Richtpresse.** Bauart: Hydraulik, G. m. b. H., Duisburg. Fig. 421 zeigt eine Spezialpresse zum Richten und Biegen von Röhren. Gegenüber anderen Konstruktionen, nämlich zwei- und viersäuligen Pressen, ist diese Presse als Einständerpresse ausgebildet, die für das Aus- und Einbringen der Rohre besonders günstig ist. In dem Kopf des Ständers ist der Preßzylinder angeordnet, in welchem sich der Preßplunger bewegt. Dieser ist an seinem unteren Ende als Traverse ausgebildet, welche das obere Druckstück trägt. Auf dem Preßzylinder ist die Rückzugvorrichtung, bestehend aus Zylinder, Plunger, Traverse und Rückzugstangen, angeordnet. Die Rückzugstangen sind mit der vorerwähnten Preßplungertraverse verbunden. Auf dem unteren vorgebauten Teil des Pressenständers ist eine mit Nuten versehene Biegetraverse befestigt. Die in den Nuten gelagerten Stützrollen werden je nach der Größe der zu verarbeitenden Rohre und je nach der Art der herzustellenden Bögen verstellt.

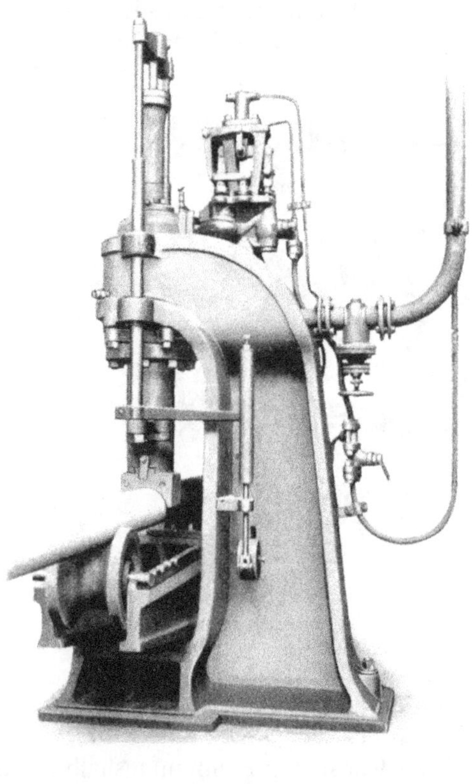

Fig. 421.

Rationelles Arbeiten wird dadurch erzielt, daß für alle Leerwege nur Niederdruckwasser und nur für den eigentlichen Preßweg, welcher ja häufig nur einen geringen Teil des Hubes ausmacht, Preßwasser verwendet wird.

Zur Bedienung der Presse wird eine von Hand zu betätigende Steuerung verwandt, welche bei der Presse so angebracht wird, daß der bedienende Arbeiter den Arbeitsvorgang von seinem Standort übersehen kann. Die Bewegung des Handhebels der Steuerung erfolgt sinnfällig zu der Bewegungsrichtung des Preßplungers. Die ganze Aufmerksamkeit der Bedienungsmannschaft kann also auf das Arbeitsstück gerichtet sein.

Abs. 349. **Hydraulische Rohrbiegepresse.** Bauart: Watson, Stillman & Co., New York. Fig. 422.

Zweck: Auch diese Presse ist für das Biegen von Rohr bis zu ungefähr 10 Zoll Durchmesser. Sie kann auch zum Biegen von Formeisen usw. Verwendung finden.

Konstruktion: Zwei Tandemzylinder an den entgegengesetzten Seiten sind mit in das Bett der Presse gegossen. Ein Doppelkolben in einem Stück arbeitet aus dem einen Zylinder in den andern. Ein Drehpunkt resp. Biegebolzen ist auf einem Sattelstück des Kolbens befestigt. Der Sattel gleitet in Führungen, die bedeckt sind, um Glühspan oder Staub nicht in diese fallen zu lassen. Beide Zylinderdeckel sind abnehmbar und mit Ablaßhähnen versehen, damit die Luft hinausgetrieben resp. Flüssigkeit abgelassen werden kann. Die Ventile sind in einem Gehäuse untergebracht und mit Hebeln nach jeder Ecke der Presse verbunden. Löcher zum Halten der Biegebolzen sind in das flache Bett gebohrt. Der ganze Apparat ruht auf vier gußeisernen Beinen.

Arbeitsweise: Das anliegende Rohr wird auf den Tisch gelegt und Biegebolzen werden in die Löcher gesetzt, wo Widerstände nötig sind, um die richtige Biegung hervorzurufen. Der Biegekolben wird in Tätigkeit gesetzt, indem man auf einen der Eckhebel drückt, und angehalten, indem man den Hebel losläßt. Jeder der beiden Zylinder kann benutzt werden, um den Biegehub auszuführen. Um zu verhindern, daß die Kolben sich über die Sicherheitsgrenze hinausbewegen, ist eine Hemmung vorgesehen.

Tischgröße .	1219×1828 mm
Tischhöhe	76 mm
Zahl der Biegelöcher	21
Zylinderdurchmesser	177 mm
Kolbenhub	304 mm
Gewicht	3624 kg

Fig. 422.

6. Stangenrichtpressen.

Abs. 350. **Allgemeines über Stangenrichtpressen.** Da sich beim Schmieden Profileisen und Stangen, die z. B. auf der Biegepresse geformt worden sind, wie mehrfach gekröpfte Kurbelwellen, leicht verziehen, ist es notwendig, sie nachzurichten. Dieses geschieht vermittelst der in nachstehenden Abschnitten beschriebenen Maschinen. Sie werden teils hydraulisch, teils anderweitig mechanisch angetrieben. Lit.-N. Nr. 350.

Abs. 351. **Hydraulische Richtpressen.** Bauart: Elsässische Maschinenbaugesellschaft, Grafenstaden. Fig. 423. Ein bettförmiger Wasserbehälter ist auf zwei Füßen gelagert und trägt in seiner Mitte den Zylinder mit dem Preßkolben; auf dem Kopf des letzteren befindet sich der Tisch, welcher die zu richtenden Gegenstände aufnimmt. Auf einer Seite des Bettes ist ferner die Druckpumpe oder der Anschluß für die Preßwasserhauptleitung befestigt. Der Preßzylinder besitzt ein Sicherheitsventil. Zwei vertikale Spindeln an den Enden des Bettes tragen einen starken Querbalken, welcher dem unteren Tisch genähert oder von ihm entfernt werden kann. Eine in der

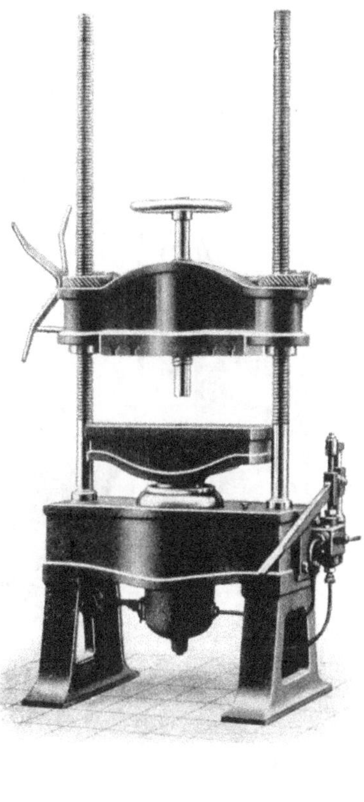

Fig. 423.

Mitte des Querbalkens befindliche vertikale Spindel dient als Anschlag für die Werkstücke.

Der Querbalken der Presse Nr. 080 ist mit Nuten versehen zum Einsetzen von Lehrstücken und Stempeln.

Hauptverhältnisse.

Nummer der Maschine		079	080
Durchmesser des Preßkolbens . .	mm	120	185
Höchster Druck	kg	20 000	40 000
Notwendige Bodenfläche	mm	1 500×1 200	1 700×1 200
Ungefähres Gewicht	kg	1 150	1 380

Abs. 352. **Hydraulische Presse mit Richtplatte.** Bauart: Armaturen- und Maschinenfabrik Paul Homann, Dessau. Fig. 424.

Zweck: Die Presse dient zum Kaltausrichten und Biegen von Trieb- und Kuppelstangen, Wellen, Trägern sowie sonstigen Maschinenteilen, welche sich während des Schmiedens verzogen haben.

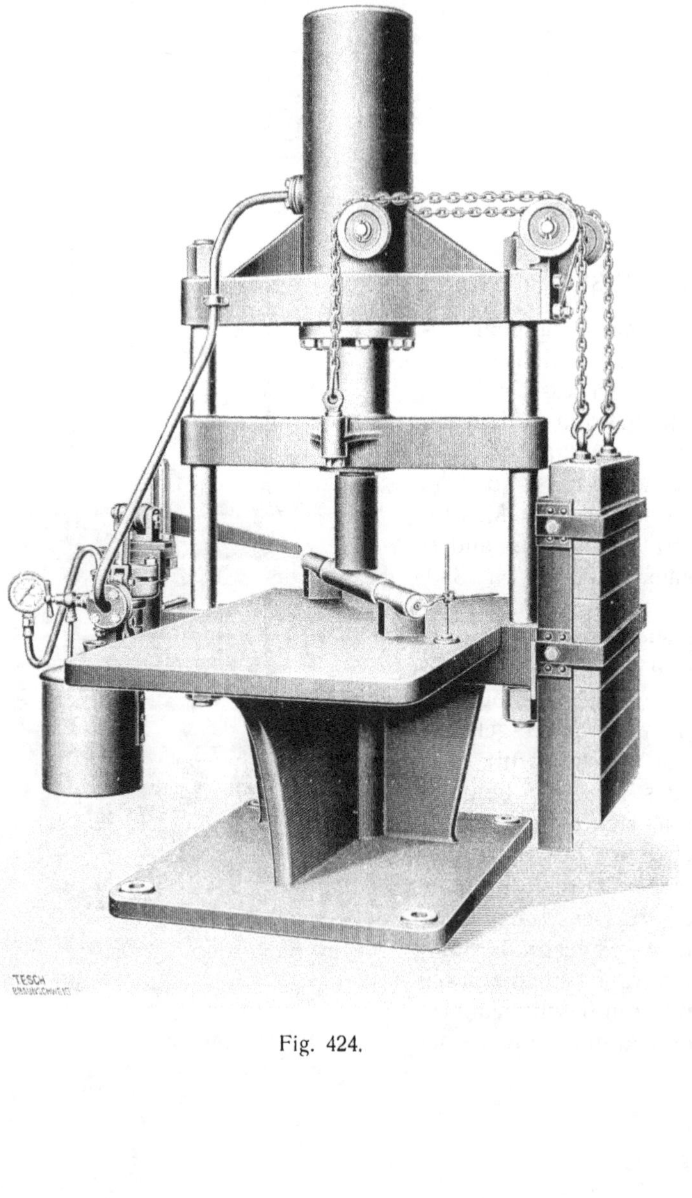

Fig. 424.

Konstruktion: Die Maschine besteht aus einem feststehenden Tisch, welcher durch Säulen mit dem obenliegenden Zylinder verbunden ist. Dazwischen bewegt sich ein Kolben, welcher beim Rückhub durch Gegengewichte in die Höhe getrieben wird. An der Seite der Presse befindet sich eine Handpreßpumpe mit Manometer und Sicherheitsventil sowie Wasserbehälter; sie hat je einen Kolben von 50 bis 22 mm Durchmesser, wovon ersterer als Füllkolben und letzterer als Druckkolben dient. Den erforderlichen Preßdruck erzeugt die Pumpe, oder er wird der Werksanlage entnommen.

Arbeitsweise: Der zu bearbeitende Gegenstand wird unter den Kolben bzw. auf den Tisch gelegt und dann die erforderliche Arbeit der Durchbiegung vorgenommen.

Dadurch, daß der Tisch feststehend angeordnet ist, bildet er eine starke, ruhende Richtplatte, welche gestattet, längere Arbeitsstücke sicher aufzulegen und den Arbeitsvorgang mit Meßinstrumenten zu verfolgen.

Abmessungen: Kraftäußerung: 40 000 kg, Hub: 500 mm, Druckspannung: 130 Atm., lichte Weite zwischen den Säulen 800 mm, Länge: 1500, Breite: 1600, Höhe: 2100 mm, Gewicht: ca. 2700 kg.

Abs. 353. **Wagenachsenrichtepresse.** Bauart: Watson, Stillman Co., New York. Fig. 425.

Zweck: Diese Presse dient zum Geraderichten von Wagenachsen und Richten oder Biegen starker Wellen sowie mehrfach gekröpfter Kurbelwellen einfacher Ausführung, z. B. von Dreschmaschinen.

Konstruktion: Das Bett ist aus Normal-T-Trägern in jeder gewünschten Länge gemacht. Der Zylinder und der Preßkolben werden von zwei vertikalen Zug-

Fig. 425.

stangen getragen, die auf einem Wagen montiert sind, der so eingerichtet ist, daß er an den unteren Außenflanschseiten der T-Träger entlang rollt. Passende Biegeblöcke und Endspitzen ruhen auf dem Maschinenbett oder sind daran befestigt. Bei einem Preßdruck von 75 t wird eine Stange von 114 mm durchgebogen bei einer Spitzenentfernung von 762 mm, stärkere Stangen bei größerer Spitzenentfernung. Der Kolbenhub beträgt 101 mm. Die Maschine wird mittels Schlauches an die Werkhydraulik angeschlossen, oder es ist, wie abgebildet, eine besondere Preßpumpe auf dem Wagen montiert.

Arbeitsweise: Bevor man das Arbeitsstück in die Biegestellung bringt, wird der Pressewagen nach einem Ende gerollt. Die Spitzen an jedem Ende ermöglichen eine Richteprobe. Nachdem man die zu machende Biegung festgestellt hat, werden die Stützblöcke in ihre richtige Stellung gebracht, und der Wagen wird nach der gewünschten Stelle gerollt. Sobald Druck ausgeübt wird, werden die Spindelspitzen, die auf Federn ruhen, mit der Wellenachse heruntergedrückt, bis diese auf den Blöcken ruht. Während die Achse sich biegt, gehen die Spitzen mit den Enden der Achse hoch, die sich vollständig frei auf und ab bewegen kann. Der Preßkolben wird dann vermittelst eines Zahnstangengetriebes und einer Hebelvorrichtung gehoben.

Abs. 354. **Schwere Richtpresse.** Bauart: Watson, Stillman Co., New York. Fig. 426.

Zweck: Diese Presse dient ebenfalls zum Richten oder Biegen schwerer Achsen, Wellen, Stangen usw.

Konstruktion: Das Bett wird aus Normal-T-Trägern in irgendeiner gewünschten Länge hergestellt. Der Zylinder mit Kolben stützt sich auf zwei vertikale Zugstangen, die auf einem Wagen montiert sind. Er ist so eingerichtet, daß er auf den unteren Außenflanschen der T-Träger entlang rollt. Passende Biege- und Zentrierwalzen sind an dem Bett der Maschine befestigt.

Fig. 426.

Arbeitsweise: Der Preßwagen wird nach einem Ende des Gestelles gerollt, und das Arbeitsstück ruht auf zwei Paar Zentrierwalzen, deren Entfernung nach Belieben geändert werden kann, je nach Länge der Welle. Das eine Zentrierwalzenpaar kann vermittelst eines Handgriffes in Umdrehung versetzt werden, wodurch die Welle sich dreht und die darin befindlichen Krümmungen zeigt. Zwischen den beiden Zentrierwalzenpaaren befinden sich zwei bewegliche Biegeblöcke, die senkrecht aufwärts durch einen Hebedaumen bewegt werden können, um die Welle an der richtigen Stelle zu stützen, wobei die Last von den rotierenden Walzen abgenommen wird.

Der Preßwagen wird dann nach dem richtigen Platze zwischen den Biegeblöcken bewegt. Der Kolben wird vermittelst eines Handhebelzahnstangengetriebes zu dem Arbeitsstück heruntergeführt, und einige Hübe der Pumpe besorgen die Biegung.

Biegedruck	Biegestangen		Brutto-breite	Brutto-länge	Brutto-gewicht
	Durch-messer	bei Spitzen-abstand			
t	mm	mm	mm	mm	kg
75	114	761	380	3352	1268
75	114	761	380	5486	1496
125	152	914	507	3352	2174
125	152	914	507	5486	2400
125	152	914	507	7619	3080

Abs. 355. **Richt- und Biegepresse.** Bauart: A. Schröder, Maschinenfabrik und Eisengießerei, Burg a. d. Wupper. Fig. 427. Diese Presse dient zum Richten oder Biegen von T- und anderen Profileisen. Der Rumpf ist in einem Stück aus bestem

Grauguß hergestellt und die Exzenterwelle besteht aus Stahl und ist lang gelagert; der Kurbelzapfen läuft in einem Rotgußlager. Die Schieberführung ist solide und von vorne nachstellbar.

Die Entfernung zwischen dem zu biegenden Profileisen und der Unterfläche oder Druckfläche des Schiebers kann durch einen verstellbaren Stößel je nach Bedarf ein-

Fig. 427.

gestellt werden, so daß das Unterlegen mit Eisenstücken von verschiedener Länge und Dicke nicht notwendig ist. Dadurch wird die zum Richten oder Biegen notwendige Arbeitszeit abgekürzt und die geleistete Arbeit eine genaue. Diese Verstellbarkeit wird durch ein mit Gewinde versehenen Stößel aus Stahl erreicht, auf welchem sich ein mit demselben Gewinde versehenes Schneckenrad durch eine Schnecke und Handrad dreht.

Durch diese Übersetzung wird der Stößel, welcher außerdem durch einen Keil gegen Drehung gesichert ist, ohne Anstrengung auf und ab bewegt. Sowohl der Stößel als auch das Schneckenrad und die Schnecke sind aus Stahl hergestellt und dadurch imstande, den größten Druck auszuhalten.

Die Auflegerrollen werden je nach der Größe des Bogens, welchen das Profileisen erhalten soll, näher oder weiter auseinandergestellt; zu diesem Zwecke ist der Fuß der Presse mit zweimal drei Lagerstellen versehen.

Der Antrieb erfolgt durch direkte Riemenübertragung auf das Schwungrad.

Nummer der Preise	1	2 (doppelständig)
Gewicht . . . . ca. kg	9200	16200
Hub . . . . mm	50	50
Verstellbarkeit des Stößels . . . . . . mm	125	125
Größte Entfernung zwischen Auflegerollen und Stößel . . . . mm	300	300
Auflegerollen-Durchmesser . . . . . . mm	300	300
Breite desselben . . . . mm	280	280
Tourenzahl pro Minute	40	40
Entfernung der Auflegerolle . . . . . mm	600, 1000, 1500	600, 1000, 1500
Kraftbedarf . . . . ca. PS	5	8
Zur Aufstellung ist ein Raum erforderlich von:		
Breite . . . . mm	2000	2000
Tiefe . . . . mm	1500	3000
Höhe . . . . mm	3000	3000

7. Räderpressen.

Abs. 356. **Allgemeines über Räderpressen.** Diese Werkzeugmaschinen der Schmiede dienen zum Aufziehen von Rädern und Kurbeln auf Achsen, ebenso von Scheiben u. dgl. Je nach der Größe der aufzuziehenden Stücke werden diese warm oder kalt aufgezogen, und hiernach richtet sich auch die Konizität und das Schrumpfmaß, welches bei der Bearbeitung zuzugeben ist. In umgekehrter Weise werden diese Maschinen auch dazu benutzt, die mit dieser Arbeitsmethode aufgezogenen Stücke wieder zu entfernen. Die Maschinen werden durchweg hydraulisch angetrieben, da große Kräfte mit verhältnismäßig kleinem Hub erforderlich sind. Lit.-Nachw. Nr. 355.

Abs. 357. **Fahrbare Biege- und Aufziehpresse.** Bauart: Watson, Stillman Co., New York.

Zweck: Diese fahrbare Presse dient dazu, in der Schmiede an Arbeitsstellen gefahren zu werden, wo die vorhandene Biegemaschine zu weit entfernt liegt. Durch den Gebrauch von Hakenbolzen und durch das Stützen des Arbeitsstückes auf Kastentischen und Böcken kann diese Maschine für verschiedene Arten von Drück- und Biegearbeit benutzt werden; ferner auch zum Aufziehen von Handhaben und Gegengewichten.

Konstruktion: Ein kräftiger hydraulischer Zylinder, dessen Kolben mit Zahnstange und Getriebe für die Rückbewegung versehen ist, ist auf einem eisernen Fahrgestell montiert; einstellbare Stützen mit Schraubengewinde dienen dazu, daß der Arbeiter schnell die Presse bis zu ihrer gewünschten Höhe heben oder senken kann. Alle vier Schrauben sind vermittelst einer Kette und Kettenrädern untereinander verbunden und veranlassen so jede Schraube, sich gleichzeitig zu drehen. Auf Wunsch können die Schrauben in Paaren verbunden sein. Das Querhaupt ist bei dieser Maschine dicht am Arbeitsstück angebracht, um, wenn z. B. ein Zapfen warm eingezogen werden soll, jede Neigung zu vermeiden, diesen aus der richtigen Lage zu bringen.

Arbeitsweise: Der Preßkolben wird in der gewünschten Höhe eingestellt, indem man irgendeine der Vertikalstellschrauben dreht. Die Maschine wird dann genau in Flucht gebracht, das Querhaupt fest am Arbeitsstück oder Widerlager befestigt, und der Preßkolben wird gegen das Arbeitsstück vermittelst Zahnstangengetriebes vorgetrieben.

Durch Öffnen des Ventils der Werkshydraulik wird die mittels Anschlußschlauches angeschlossene Presse in Tätigkeit gesetzt. Fig. 428 zeigt allerdings eine fahrbare Presse mit angebauter Presse, wie sie für fliegende Schmieden in Betracht kommt. Nach geleisteter Arbeit wird der Kolben in seine Anfangsstellung durch das Zahnradgetriebe gebracht.

Fig. 428.

Maß- und Gewichtstabelle.

Preßdruck t	Kolbenhub mm	Vertikale Verschiebung mm	Länge des Querhaupts mm	Gewichte kg
60	304	406—660	711	373
60	304	406—761	1066	430
100	304	304—558	1041	520
100	304	304—558	1213	732
125	304	342—603	1015	502
150	304	457—711	1066	692
150	304	457—711	1523	906

Abs. 358. **Fahrbare Räderpresse.** Bauart: Tangyes, Ltd., Birmingham. Die abgebildeten fahrbaren Räderpressen werden von 50—300 t hergestellt; die mit kleinerer Leistung eignen sich, um Räder von Waggons und Straßenbahnwagen von ihren Achsen abzunehmen oder aufzuziehen, und die größeren Pressen für Eisenbahnpersonenwagen und Lokomotivräder sowie für das Aufziehen von Handhaben.

Der Druckzylinder, in welchem der gußeiserne Plunger arbeitet, ist aus zähem Gußeisen gefertigt, gebohrt und mit doppelter Lederdichtung ausgestattet; hinten am Zylinder ist ein Pumpwasserbehälter befestigt, der mit zwei Pumpen von verschiedenen Größen versehen ist, die größere, um den Plunger schnell herauszuarbeiten, und die kleinere, um den Maximaldruck auf den Plunger auszuüben. — Ein Sicherheitsventil mit Gewichtbelastung ist angebracht und so beschwert, daß der Maximaldruck auf den Plunger nicht überschritten werden kann. Das Schraubenabsperrventil über dem Wasserbehälter wird gebraucht, um das Wasser vom Zylinder nach dem Behälter zurückzuführen, von wo es von neuem gebraucht wird. Die Rückzugvorrichtungen für den Plunger bestehen aus einer Winde für die größeren Pressen und einer Schraubenanordnung für die kleineren.

Die Fig. 429 der kleineren Presse zeigt die Methode, nach welcher ein Rad von seiner Achse genommen wird; hier sind die kurzen Spannungsschienen mit einem gußeisernen Kreuzkopf verbunden, der hinter dem Rad aufgesetzt ist, und der Plunger schiebt gegen die Achse.

Fig. 429.

Die abgebildete 200 t-Presse Fig. 430 zeigt, wie zwei Räder zur gleichen Zeit aufgezogen werden, und hierbei werden die langen Spannungsschienen gebraucht; die Achse, auf welche zwei Räder aufgezogen werden sollen, wird durch einen Schraubenhebetisch gestützt.

Die Presse ist auf zwei gußeisernen Fundamenten montiert und mit Achsen und vier Laufrädern, passend für Schienen der Straßen- und Eisenbahnen, versehen. — Statt der gezeigten Handpresse kann diese Presse auch von der Werkspreßwasserleitung bedient werden.

Abs. 359. **Räderaufziehpresse.** Bauart: Hydraulik, G. m. b. H., Duisburg.

Zweck: Die hydraulische Presse gemäß Fig. 431 dient ebenfalls zum Auf- und Abpressen von Lokomotiv- und Waggonrädern, Kollektoren, Kolben, Kuppelungen, Scheiben, Trommeln usw.

Konstruktion: Der Hauptständer der Presse ist gleichzeitig als Preßzylinder ausgebildet, in welchem sich der Preßplunger bewegt. Der Ständer ist durch zwei kräftige Säulen mit einem Distanzblock, in welchem die Säulenenden gelagert sind, ver-

Fig. 430.

Fig. 431.

bunden. Auf den Säulen ist auf Rollen verfahrbar eine Traverse angeordnet, welche eine maulförmige Öffnung besitzt, um ein leichtes Einbringen der Radsätze usw. zu ermöglichen. Außerdem ist auf der oberen Säule noch eine Haltevorrichtung angeordnet, welche in vertikaler Richtung durch Handrad und Spindel verstellt werden kann. Diese Aufhängevorrichtung dient zur Aufnahme der Achsen beim Aufpressen der Räder.

Arbeitsweise: Nachdem die Traverse entsprechend der Achsenlänge eingestellt ist — der auf die Traverse ausgeübte Druck wird durch Stahlschieber, welche in entsprechende Einkerbungen der Säulen hinter die Traverse geschoben werden, auf die Säulen übertragen —, wird das aufzupressende Rad zwischen Achse und Plunger gebracht und hierauf Preßwasser in den Preßzylinder geleitet. Die Achse stützt sich an der Traverse gegen eine entsprechende Druckplatte ab, und das Rad schiebt sich auf die Achse.

Beim Abpressen der Räder wird der Radsatz in die maulförmige Öffnung der Traverse eingelegt, und zwar so, daß sich das abzupressende Rad gegen die Vorderwand der Traverse legt. Hierauf wird Preßwasser gegeben und mittels eines entsprechend langen Druckstückes die Achse aus dem Rad ausgepreßt. Der Rückzug des Preßplungers erfolgt durch Gegengewicht oder hydraulisch.

Fig. 432.

Abs. 360. **Hydraulische Räderpresse.** Bauart: Maschinenfabrik Deutschland, G. m. b. H., Dortmund. Diese hydraulischen Räderpressen sind auch eingerichtet zum Ein- und Auspressen der Achsen von Wagen-, Tender- und Lokomotivradsätzen, bei letzteren auch der Krummachsen sowie zum Ein- und Auspressen der Kurbel- und Kuppelzapfen.

Die Presse besteht aus dem schweren Preßständer mit dem Preßzylinder aus bestem Stahlformguß und dem Preßkolben aus geschmiedetem Stahl, der durch Manschetten abgedichtet ist, dem verschiebbaren Mittelständer aus Stahlformguß mit großem Maul zur Aufnahme der Achsen, speziell auch der Lokomotivkrummachsen, und dem Endständer aus Eisenkonstruktion.

Der bewegliche Stahlgußmittelständer läuft mit Rollen auf festliegenden Schienen, die mit ihren Enden auf Ansätzen des Preßständers und hinteren Ständers aufliegen und verschraubt sind. Außerdem werden die Schienen im Mittelteil noch mit dem Fundament durch Unterlagplatten und Steinschrauben verbunden und auf der ganzen Länge mit Zement untergossen, so daß sie ihre genaue Lage unbedingt beibehalten. Ein seitliches Kippen oder Verschieben des Mittelständers beim Bewegen ist ausgeschlossen, vielmehr ist eine stets genaue Führung gesichert.

Die am Hauptständer angeordnete Pumpe aus Phosphorbronze ist doppeltwirkend, derart, daß der große Kolben bei Erreichung eines gewissen Höchstdruckes selbsttätig ausschaltet und der kleine Kolben dann bis zum Maximaldruck weiterarbeitet. Die Pumpe bzw. die Druckleitung hat ferner ein Sicherheitsventil, welches sich bei erreichtem Maximaldruck öffnet. Das Zurückziehen des Preßkolbens erfolgt mit großer Beschleunigung durch die Pumpe bzw. die Druckleitung und ist ein Vielfaches der Arbeitsgeschwindigkeit.

Über der Presse, Fig. 432, ist ein Laufkrangerüst mit zwei Laufkatzen angeordnet, womit die Radsätze auf die bequemste Weise in die Presse eingebracht sowie längs und quer eingestellt werden können. Um letzteres bequem zu erreichen, haben die Zugstangen gegen die senkrechte Achsmitte eine versetzte Lage.

Da manche Werkstätten Wert darauf legen, den vorhandenen Werkstattlaufkran für die Bedienung der Räderpresse mitzubenutzen, so ist dann für solche Fälle das Laufkrangerüst entsprechend ausgebildet. Auf dem Gerüst ist ein Laufkranwagen angeordnet, auf dem wiederum zwei Laufkatzen von entsprechender Tragkraft laufen.

Diese Pressen werden in mehreren Größen für Raddurchmesser von 1000 mm beginnend bis zu den größten vorkommenden Durchmessern mit einem Druck bis zu 500 000 kg und darüber hergestellt; die Firma baut aber auch kleinere hydraulische Räderpressen in einfacherer Ausführung, wie solche in Werkstätten von Straßen-, Klein- und Nebenbahnen gebraucht werden.

Abs. 361. **Hydraulische Rapidräderpresse.** Bauart: Putnam Machine Co., Pitchburg, Mass. Fig. 433. Diese dient unter anderem auch zum Auf- und Abziehen der Handhaben an großen Schmiedestücken, ist freistehend auf einer festen Grundplatte

Fig. 433.

aufgebaut, die als ein unveränderliches Fundament für den Oberbau dient. Sie arbeitet geräuschlos und schnell, bis zur höchsten Leistungsfähigkeit. Bedienungs- und Registrierapparate sind sichtbar untergebracht. Der Zylinder ist aus gutem Eisen und in trockener Sandform gegossen. Er hat Kupferauskleidung, die nach einer besonderen Methode ausgeschliffen und poliert ist, wodurch eine Sicherheit gegen Zerfressen, Durchsickern und Leckwerden geschaffen ist.

Der Kolben von 228 mm im Durchmesser, 1041 mm Länge hat einen Hub von 635 mm, wird durch ein langes Zylinderlager geführt und ist mit automatischer Packung versehen, die ein Leckwerden bei hohem Druck verhindert.

Die Bewegung des Kolbens beim Anlassen, Anhalten und Zurückgehen geschieht unmittelbar ohne Kraftanstrengung des Arbeiters, der die Maschine durch die Steuerung in seiner Gewalt hat. Wenn sich alle Pumpkolben in Tätigkeit befinden, rückt der

Preßkolben bei gewöhnlicher Geschwindigkeit ungefähr 513 mm in der Minute vor. Sind zwei Hochdruckkolben in Tätigkeit, ist die Geschwindigkeit des Preßkolbens 153 mm in der Minute; mit einem Kolben rückt er 79 mm in der Minute vor.

Die Pumpe ist aus Phosphorbronze und dreifachwirkend. Die Kolben derselben stehen unter Kontrolle des Arbeiters und laufen einzeln oder zusammen.

Ein schnellwirkender Pumpenkolben kann so eingestellt werden, daß er einen Druck von 5—30 t auf den Preßkolben ausübt und dann durch die Wirkung eines automatischen Ablasses ausrückt. Die Pumpeneinrichtung gestattet, den Gang der Preßkolben zu verzögern, wenn die aufzupressenden Räder sich der Grenzlinie nähern. Die Pumpe ist mit einem Registrierdruckmanometer mit Einteilung nach Zentimeterkilogramm und pro Tonne auf den Preßkolben sowie Absperrventil und verschlossenem Sicherheitsventil zur Verhütung einer Überlastung versehen.

Das feststehende Querhaupt und die Widerlager sind stark und schwer, die letzteren sind mit Stahl auf der Arbeitsseite eingefaßt. Sie sind verbunden durch starke schmiedeeiserne Zugstangen. Das Widerlager wird durch Eisenbänder, die aus Flacheisen bestehen, in Stellung gehalten, die gleichzeitig den Zweck haben zu führen; sein ganzes Gewicht stützt sich auf die Grundplatte vermittelst Rollen, die auf der unteren Stange laufen. Diese Anordnung befreit die obere Schiene vollständig von einer durchbiegenden Spannung und verhindert, daß sie sich sackt oder verdrückt. Der Preßdruck wird ganz durch Zugstangen und nicht von der Grundplatte aufgenommen. Die hintere Ständerstütze für die obere Schiene hat eine Einbuchtung, wodurch Wellen oder Arbeitsstücke jeder Länge in der Presse aufgenommen werden können.

Die Räder werden in Stellung gebracht, indem sie auf einer schiefen Ebene auf die fahrbaren Tragkasten hingerollt werden, welche sie sofort richtig in der Presse unterbringen. Die Radtragkasten sind mit auswechselbaren Lagerdeckeln versehen und für verschiedene Radgrößen passend gemacht.

Gewicht der in Fig. 433 dargestellten Maschine mit 900 t Leistung ist ungefähr 10160 kg.

Fig. 434.

Abs. 362. **Hydraulische Pressen zum Aufziehen der Räder mit beweglichem Mittelständer.** Bauart: Elsässische Maschinenbaugesellschaft, Grafenstaden. Fig. 434. Der horizontale Preßzylinder ist in einem gußeisernen Gestell eingezogen. Von dem Gestell gehen oben und unten Zugstangen aus, die an ihrem anderen Ende durch einen Ständer verbunden sind. Zwischen diesen Stangen bewegt sich auf Rollen ein Querstück aus Stahlguß, welches als Stützpunkt beim Auf- oder Abziehen der Räder dient und dabei mittels Keilen am Zurückweichen verhindert wird. Der Preßzylinder ist mit Sicherheitsventil versehen. Der Preßkolben wird nach erfolgter Operation durch ein Gegengewicht zurückgezogen.

Auf der oberen Zugstange sind verschiebbare, in der Höhe verstellbare Haken zum Aufhängen der Achsen und Räder angeordnet.

Hauptverhältnisse.

Nummer der Maschine		368	369
Höchster Druck	kg	200 000	100 000
Durchmesser des Preßkolbens . . .	mm	300	250
Größter Hub des Preßkolbens . .	mm	600	400
Lichter Abstand zwischen den oberen und unteren Zugstangen	mm	1 140	1 150
Notwendige Bodenfläche ohne Pumpe	qmm	6 200×1 200	4 800×1 000
Ungefähres Gewicht einsch. d. Pumpe	kg	8 200	3 800

8. Blechbiegepressen.

Abs. 363. **Allgemeines über Blechbiegepressen.** Die in den folgenden Abschnitten behandelten Werkzeugmaschinen bilden eine wichtige Gattung von Spezialmaschinen der Schmiede. Sie werden sämtlich hydraulisch angetrieben, da sich auf diese Weise die bei jedem Arbeitsgang erforderlichen hohen Kraftentwicklungen am leichtesten hervorrufen lassen. Die Verwendungszwecke dieser Maschinen ergeben sich aus den einzelnen Abschnitten. Lit.-N. Nr. 363.

Abs. 364. **Reinhydraulische Blechanbiegepresse.** Bauart: Hydraulik G. m. b. H., Duisburg.

Zweck: Die hydraulische Presse gemäß Fig. 435 u. Fig. 436 dient zum Anbiegen der Blechenden von Kesselschüssen und Rohren.

Fig. 435.

Konstruktion: Die Maschine nach Fig. 435 besteht aus einem soliden Stahlgußständer, an dessen oberem Ende der Arbeitszylinder befestigt ist. Der Rückzug erfolgt durch eine über dem Preßzylinder angeordnete Rückzugvorrichtung. Die Biegewerkzeuge werden auf dem Tisch des Ständers bzw. am Preßplunger befestigt. Die Werkzeuge erhalten eine Länge von 800—1200 mm. Längere Kesselschüsse müssen eventuell in mehreren Operationen angebogen werden.

Die Fig. 436 zeigt eine Presse, die mit zwei untenliegenden Preßzylindern ausgerüstet ist. Der Rückzug erfolgt hier durch die Eigengewichte. Beide Pressen werden mit hydraulischer Hubeinstellung ausgerüstet.

Arbeitsweise: Zum Biegen von Röhren und Kesselschüssen usw. werden häufig mechanisch angetriebene Biegewalzen verwendet. Derartige Maschinen arbeiten mit drei oder vier Walzen. Da nun zwischen zwei Walzen stets ein gewisser Abstand bleibt, so kann man die Enden der Bleche nicht genau in dem gleichen Radius biegen wie den mittleren Teil. Es ist also als Ergänzung der Blechbiegewalzen eine Blechanbiege-

Fig. 436.

presse erforderlich. Für diese Arbeiten verwendet man Spezialgesenke, mit welchen, um die gleiche Biegung zu erzielen, immer derselbe Hub zurückgelegt werden muß.

Die Bedienung der Presse erfolgt durch eine Handsteuerung.

Abs. 365. **Hydraulische vertikale Blechbiegemaschine.** Bauart: Fielding & Platt, Ltd., Gloucester. Fig. 437. Hervorzuheben sind folgende Eigenschaften dieser Maschine: 1. daß die zu bearbeitende Platte bis zu Ende durchweg richtig gebogen wird, und 2. daß enggebogene Platten oder Verbindungsstreifen leicht und genau gebogen werden können. Ferner ist es nicht möglich, die Maschine zu überlasten, so daß sie nicht zu Bruch gehen kann; auch können die Platten schneller darauf gebogen werden als durch Walzen und erfordern weniger Handarbeit. Endlich nimmt sie weniger Raum ein — eine Maschine, die 42 mm dicke und 4000 mm breite Platten biegen kann, beansprucht nur einen Raum von 4570 $\times$ 1675 mm.

Die ganze Maschine ist in starkem Rippenguß ausgeführt. Die Bewegung der

Preßtraverse, welche auf Rollen läuft, wird durch einen hydraulischen Zylinder hervorgebracht, dessen Kolben auf Traverse und Preßholme und gegen deren schräge Flächen drückt. Durch die beiden Angriffe wird eine ganz gleichmäßige Bewegung erzielt. Zurückgezogen wird die Preßtraverse ebenfalls hydraulisch, indem der kleine hydraulische Zylinder an den rechten festen Ständer mittels Zugstangen in der Mitte

Fig. 437.

angreift. Die Maschinen werden mit einem patentierten, automatischen Speisegetriebe zum Führen der Platten durch die Maschine versehen. Auch ist eine automatische Absperrung vorgesehen, welche vorher für jede Biegung oder Dicke der Platte eingestellt werden kann. Die Steuerung erfolgt durch Handhebel.

Maßtabelle.

Presse Nr.	Breite des Bleches m	Dicke des Bleches mm
1	2,440	22
2	2,440	26
3	3,660	26
4	2,285	32
5	3,660	32
6	3,200	38
7	3,810	38
8	3,990	42
9	3,660	51
10	3,965	51
11	3,965	78

Abs. 366. **Reinhydraulische zweistufige Blechbiegepresse.** Bauart: H y d r a u l i k, G. m. b. H., Duisburg.

Z w e c k: Die hydraulische Biegepresse gemäß Fig. 438 dient zum Rundbiegen von Blechen bis zu den größten Abmessungen.

K o n s t r u k t i o n: Die Maschine besitzt eine kräftige Grundplatte, mit welcher die Holme der Presse verschraubt sind. Die oberen Enden der Holme sind durch einen ausschwenkbaren stählernen Balken vereinigt. Zwischen beiden Holmen gleitet die bewegliche Biegetraverse. Der Preßzylinder ist am Hauptholm befestigt. Der Preßplunger überträgt den Druck auf zwei zwischen geneigten Flächen gleitende Rollenpaare, welche die Biegetraverse dem festen Gegenholm nähern und hierbei dem zwischengespannten Blech die gewünschte Form geben.

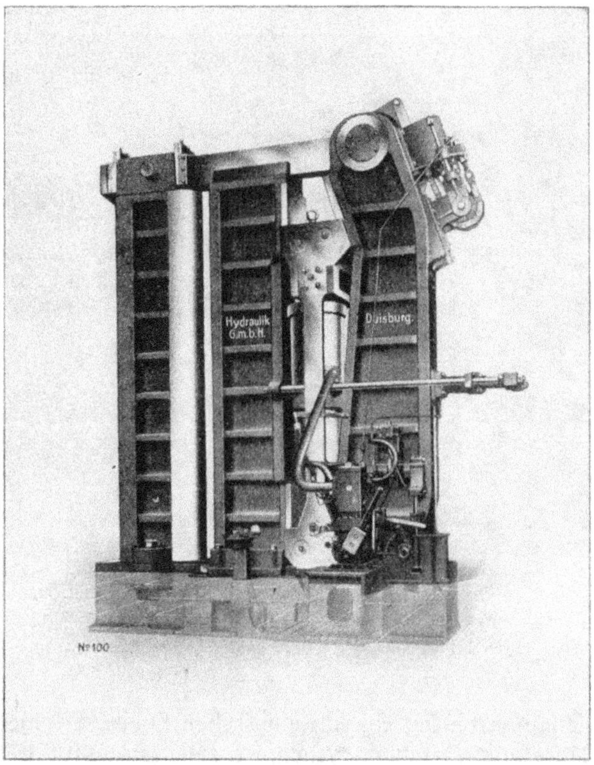

Fig. 438.

Um mit dieser Presse besonders rationell arbeiten zu können, wird von obiger Firma ein Vordruckzylinder vorgesehen, mittels dessen während des ersten Teiles des Preßweges die Biegearbeit unter Aufwendung von wenig Preßwasser ausgeführt wird. Erst wenn der Widerstand des Bleches wächst, wird durch Einschaltung der zweiten Stufe die maximale Kraft der Presse erzielt. Das Zurückziehen der Traverse erfolgt durch einen horizontalen, hinter dem Hauptholm angeordneten Rückzugzylinder. Das völlig rundgebogene Blech wird nach Ausschwenken des Stahlbalkens mittels Kranes nach oben herausgezogen. — Falls häufig verschiedene Abmessungen von Gesenken verwendet werden müssen, pflegt genannte Firma den Gegenholm auf der Grundplatte drehbar anzuordnen, so daß seine beiden Seiten für die Anbringung von Biegewerkzeugen ausgenutzt werden können.

Die Maschine ist ferner mit einer regulierbaren Hubeinstellung ausgerüstet, durch welche die Steuerung automatisch abgestellt wird, so daß beim jedesmaligen Vorgang des Biegeholmes genau der gleiche Weg zurückgelegt und damit der gleiche Biegeradius erzielt wird. Zum Biegen allerkleinster Radien kann der Gegenholm durch eine runde stählerne Säule ersetzt werden, die dann aber nicht den Maximaldruck aufzunehmen in der Lage ist.

Um die zu biegenden Bleche bequem durch die Presse durchzuschieben, ist eine hydraulische Blechverschiebevorrichtung angebracht. Das Blech wird mittels einer am Seil befestigten Zange erfaßt und durch einen Hilfszylinder um ein bestimmtes Stück verschoben.

Abs. 367. **Hydraulische Patent-Horizontalblechbiegemaschine.** Bauart: Fielding & Platt, Ltd., Gloucester. Die Fig. 439 zeigt die horizontale Biegemaschine der obigen Firma. Die Maschine wurde speziell zum Biegen von Platten für Dampfsammler bei Wasserröhrenkesseln gebaut.

Die horizontale Form ist vorzuziehen, wenn der Durchmesser der gebogenen Platte klein und die Breite der Platte im Verhältnis groß ist. Die Maschine ist mit einem ausbalancierten Scharnierbolzen versehen zum schnellen Entfernen der Platten und mit automatischem Getriebe wie bei dem vertikalen Typ derselben Firma. Es ist zweckmäßiger, die Maschine in die Erde bis zum Niveau der Füße der Plattenstützen *A* einzulassen und nicht, wie die Fig. 439 nur der Deutlichkeit halber zeigt.

A

Fig. 439.

Maß- und Gewichtstabelle.

Presse Nr.	Breite des Bleches m	Dicke des Bleches mm
1	2,440	22
2	2,440	26
3	3,660	26
4	2,285	32
5	3,660	32
6	3,200	38
7	3,810	38
8	3,990	42
9	3,660	51
10	3,965	51
11	3,965	78

Abs. 368. **Dampfhydraulische Panzerplattenbiegemaschinen.** Bauart: Haniel & Lueg, Düsseldorf. Fig. 440a u. 440b zeigt eine solche dampfhydraulische Panzerplattenbiege- und -richtpresse von 12 500 t Preßdruck. Sie ist bestimmt zum Biegen und Richten von Panzerplatten von 350 mm und mehr Stärke sowie für sonstige Form- und Preßarbeiten an Panzerplatten. Bedient wird sie durch einen Doppeldampftreib-

apparat, der im Gegensatz zu der unter Abs. 296 beschriebenen dampfhydraulischen Schmiedepresse dieser Firma von der eigentlichen Presse abgetrennt ist. Diese Pressen werden zurzeit auch für 15 000 t Preßdruck gebaut.

Abs. 369. **Hydraulische Presse zum Biegen von schwachen Panzerplatten.** Bauart: Hayward-Tyler & Co., Ltd., London. Die Presse hat einen horizontalen Tisch, der mit Nuten versehen ist, um Bolzen von 25 mm Durchmesser zum Befestigen der Biegematrize aufzunehmen, auf die die Platte gelegt wird, welche bearbeitet werden soll.

Fig. 440 a.

Es sind zwei umgekehrte hydraulische Zylinder und Plunger mit korrespondierenden Rückzugzylindern vorhanden, letztere um die Kolben zu heben, sobald der Druck vollendet ist. Der Durchmesser der Hauptplunger beträgt 184 mm und 648 mm Hub. Die Rückzugzylinder sind mit Schrauben und Handrädern versehen zwecks Regulierung der Hubhöhe. Jeder Plunger ist mit einer viereckigen gußeisernen Platte ausgestattet, die zur Aufnahme der Patrize eine glatte, gehobelte Oberfläche hat und durch Kopfschrauben befestigt ist. Der Abstand zwischen den Säulen der Presse ist 3 m und die Breite 2 m. Die Entfernung zwischen den Mitten der Plunger beträgt 1,1 m. Der Arbeitsdruck ist 204 atm.; die totale Leistung jedes Plungers beträgt 50 000 kg. Die Kolben haben eine doppelte Lederringdichtung.

Fig. 440 b.

Die Presse hat drei Sätze von Ventilen auf gußeisernen Säulen und besteht jeder Satz aus einem Wassereinlaßventil und einem Wasserauslaßventil mit Röhrenleitungen, so daß die Zylinder einzeln oder zusammen in Betrieb sein können.

Die Säulen- oder Spannschienen sind aus Stahl, der Kopf und der Untersatz aus Gußeisen.

Abs. 370. **Hydraulische Maschine zum Abbiegen von Platten.** Bauart: Ernst Schieß, Werkzeugmaschinenfabrik A.-G., Düsseldorf. Fig. 441. Diese Maschine dient zum Abbiegen von Platten bis 10 m Breite

bis 28 mm Stärke in einem Winkel von 90°
» 32 » » » » » » 45°
» 38 » » » » » » 15°

für ca. 550 000 kg Gesamtdruck hydraulischen Kolben.

Fig. 441.

Das Abbiegen erfolgt durch eine stählerne, etwas konisch gedrehte Walze von 520 mm Durchmesser, welche in zwei rahmenartigen Hebeln aus Stahlguß gehalten sind. Diese besitzen kräftige Augen, welche mit den schwingenden hydraulischen Zylindern in Verbindung stehen.

Die Walze kann auch schräg gestellt werden, da sie in Kugellagern ruht, wodurch es möglich ist, die Blechenden in verschiedenen Winkeln abzubiegen.

Es ist Preßwasser von 120 Atm. Druck angenommen, welches, in die hydraulischen aus Stahlguß hergestellten Zylinder eingelassen, die Druckwalze und die Zylinder ein wenig hebt, wodurch das Blech gebogen wird. Die Scharniere besitzen außerdem eine feine Handregulierung mittels Handrades, Schneckenübersetzung und Spindel, um die Druckwalze entsprechend der Blechdicke einstellen zu können.

Vier kräftige, abgekröpfte Ständer nehmen einen zweiteiligen, stählernen Längsbalken auf, gegen welchen das Blech mittels schwerer, gußeiserner Keilstücke angepreßt wird, und zwar erfolgt dieses Anpressen ebenfalls hydraulisch mittels eines besonderen hydraulischen Zylinders. Die Keilstücke stützen sich nach unten ebenfalls auf ein entsprechend den Keilschrägen gehobeltes langes Bett.

Das Zurückziehen der Walze nach beendigter Arbeit geschieht durch ihr eigenes Gewicht. Gewicht ca. 150 000 kg.

Fig. 442.

Die Einstellung der Walze, die mittels Schraubenspindel von Hand vorgenommen wird, kann auch maschinell durch Fest- und Losscheibe mit offenem und gekreuztem Riemen erfolgen.

Abs. 371. **Kielplankenbiegemaschine.** Bauart: Watson, Stillman Co., New York. Fig. 442.

Zweck: Sie dient zum Biegen von leicht- bis mittelstarken Blechen beim Bau von Schiffen und Blechkonstruktionen.

Konstruktion: Für den Bau ist Walzeisen und Stahl ausschließlich gebraucht worden, sowohl als Sicherung gegen Bruch, als auch um die Maschine so leicht wie möglich zu machen. Der obere oder Biegeträger von 5486 mm Länge hängt von den beiden kleinen Rückhubzylindern herab. Zwei große, hydraulische Kolben, die sich an den an den Enden des Trägers angebrachten Sattelstücken befinden, drücken den Biegeträger herunter, um die Biegearbeit auszuführen. Das Bett der Maschine hat eine Nute, und die Arbeitskante des Biegebalkens ist V-förmig ausgebildet; dieser paßt in die ebenso geformte Nute wodurch eine Biegevorrichtung hergestellt ist.

Fig. 443.

Die Konstruktion der Führungen des beweglichen Trägers ist derartig, daß sie volle Bewegungsfreiheit gestatten. Um eine Verschwendung von Akkumulatorkraft zu verhindern, sind Sperrungen angebracht, um den Biegeträger in seiner Aufwärtsbewegung an irgendeinem gewünschten Punkte automatisch festzuhalten. Gewicht der Maschine 9966 kg, Biegedruck 175 t, zulässige Plattenbreite 1828 mm.

Arbeitsweise: Nachdem das Blechstück in die richtige Stellung zum Biegen gebracht ist, wird die Hochdruckflüssigkeit in die großen hydraulischen Zylinder eingelassen, und die Kolben drücken den Biegeträger gegen die Platte herunter. Wenn an dem einen Ende des Bleches weniger Biegung gewünscht wird als an dem anderen, so wird die Hublänge der beiden Kolben so eingestellt, daß sie die gewünschte Biegung an den betreffenden Enden entsprechend ausführen. Nachdem die Biegung vollendet ist, bringen die kleinen Hubzylinder den Träger in seine Anfangsstellung zurück.

Abs. 372. **Rahmenpresse.** Bauart: Hydraulik, G. m. b. H., Duisburg.

Zweck: Die kombinierte hydraulische Presse gemäß Fig. 443 dient zur Herstellung von Rahmenträgern für Automobile. Beide Teile der Presse sind jedoch auch einzeln als Blechgesenkpressen zu verwenden. Es lassen sich auf der Presse Automobilrahmen bis über 7 m Länge herstellen.

Fig. 444.

Konstruktion: Beide Pressen besitzen einen gemeinsamen Unterholm, der durch je vier kräftige Schmiedestahlsäulen mit den zwei Preßzylindern vereinigt ist. Jede Presse kann durch eine besondere Steuerung betätigt werden, sie können also unabhängig voneinander sowohl zu Blechgesenk- und Schmiedearbeiten als auch zum Abgraten benutzt werden, und zwar sind Schnellsteuerungen vorgesehen, die derart arbeiten, daß während des Leerganges die Zylinder mit Füllwasser aufgefüllt werden. Beim Pressen von Seitenrahmen wird eine lange Stahltraverse auf Rollen in die Presse hineingefahren und dann in einfacher Weise angekuppelt.

Um den exzentrisch auftretenden Beanspruchungen, wie sie beim Pressen langer Rahmen auftreten, Rechnung zu tragen, ist die Preßtraverse beweglich an den beiden Querhäuptern aufgehängt, und zwar an einem drehbar, am anderen pendelnd. Außerdem ist eine Vorrichtung vorgesehen, mittels deren man bei jeder Stellung des Hubes konstatieren kann, ob sich die Traverse gleichmäßig hebt und senkt. Auf dem Verbindungssteg zwischen den beiden Pressenoberteilen ist ein besonderer Rückzugzylinder für die Traverse vorgesehen.

Eine Rahmenpresse einfacher Bauart wird durch Fig. 444 dargestellt. Die Presse besitzt vier Säulen und zwei Preßzylinder. Die bewegliche Preßtraverse ist an den Säulen besonders gut geführt. Der Rückzug erfolgt durch zwei Zylinder, die als Differentialplunger ausgerüstet sind. Außer zur Rahmenfabrikation dient diese Presse auch zur Ausführung von Blechgesenkarbeiten, und zwar sind die Holme besonders kräftig ausgebildet, damit in der Mitte der Presse der Maximaldruck ausgeübt werden kann.

Fig. 445.

Abs. 373. **Reinhydraulische Spezial - Blechgesenkpresse.** Bauart: Deutsche Niles-Werkzeugmaschinen-Fabrik, Berlin-Oberschöneweide.

Zweck: Die reinhydraulische Spezialgesenkpresse gemäß Fig. 445 wird zum Pressen aller Arten von Blechpreßteilen, von Pflugscharen, Streichblechen usw. benutzt.

Konstruktion: Der Ständer besteht aus ausgeglühtem Stahlformguß. In demselben ist der Preßzylinder direkt eingegossen, in dem sich der aus Hartguß hergestellte Preßkolben bewegt. Am Unterteil des Kolbens ist das aus Stahlguß hergestellte Führungsstück, welches sich nochmals am Ständer führt, angebracht. Der Tisch bzw. die Aufspannfläche des Ständers wie auch des Führungsstückes werden entweder mit T-förmigen Aufspannschlitzen oder aber mit einer Einhobelung für Schwalbenschwanzbefestigung vorgesehen. Über dem Preßzylinder ist direkt der Rückzugzylinder angeordnet, welcher das Führungsstück mit Preßkolben nach vollendetem Arbeitshub zurückzieht. Nur für den eigentlichen Preßweg wird Druckwasser verbraucht, während die Leerwege mit dem dem Hochbehälter entnommenen Füllwasser zurückgelegt werden.

Arbeitsweise: Zuerst sinken, nachdem der Pressenführer durch eine geringe Abwärtsbewegung des Steuerhebels den Antrieb hierzu gegeben hat, die beweglichen Pressenteile unter dem Einfluß ihrer Schwere schnell herab, bis die obere Preßform auf dem Arbeitsstück ruht. Während dieser Bewegung ist durch die Füllsteuerung Wasser aus dem Füllbehälter in den Preßzylinder übergetreten und hat diesen vollständig angefüllt. Nach einer weiteren Steuerbewegung des Pressenführers wird dem Preßzylinder Druckwasser zugeführt. Hierbei ist die Einrichtung derart getroffen, daß vor Eintritt des Druckwassers der Preßzylinder nach dem Füllwasserbehälter hin durch das Füllventil vollständig abgesperrt ist, so daß ein Druckwasserverlust durch Übertreten von Druckwasser in den Füllbehälter nicht eintreten kann. Nachdem auf diese Weise der eigentliche Preßhub vollführt ist, wird der Steuerhebel in seine oberste Stellung gebracht und dadurch dem Rückzugzylinder Druckwasser zugeführt, gleichzeitig aber auch das Füllventil wieder derartig betätigt, daß es den Übertritt des im Preßzylinder befindlichen Wassers in den Füllbehälter gestattet. Hierbei werden die beweglichen Pressenteile solange schnell nach aufwärts bewegt, bis der Pressenführer den Steuerhebel in die Stillstands- bzw. zu einem weiteren Arbeitshub in die Niedergangsstellung bringt.

Maßtabelle.

Kraftäußerung	t	1500
Hub	mm	300
Betriebswasserdruck	Atm.	300
Freie Höhe zwischen den Aufspannflächen	mm	500
Gesamthöhe über Flur	mm	5300

Fig. 446.

Abs. 374. **Dampf- resp. lufthydraulische Schwellenkapp- und Schneidepresse.** Bauart: Maschinenfabrik Sack, G. m. b. H., Düsseldorf-Rath. Eine solche Presse nach dem Patent Hoesch, Bauart obiger Firma, ist in den Fig. 446 und 447 dargestellt. Der Gesamtdruck der Presse beträgt ca. 600 t.

Die Presse besteht aus zwei kräftigen Ständern, welche unten durch den hohen Sattel für die Preßwerkzeuge und oben durch eine Traverse zu einem absolut starren Gestell verbunden sind. Oben ist jeder Ständer mit einem hohlen Raum versehen zur Aufnahme je eines Schmiedestahlpreßzylinders. Die Plunger derselben treten nach unten aus und wirken gegen den die oberen Preßwerkzeuge tragenden Schlitten. Ausbalanciert ist dieser durch drei, in der oberen Ständerverbindungstraverse gelagerte Luftzylinder, von welchen jedoch, wie weiter unten ausgeführt, der mittlere bei höherem Luftdruck ausgeschaltet werden kann, so daß nur die beiden äußeren wirksam bleiben. Unter- und Obermessersattel sind reichlich mit Quernuten versehen, um ein bequemes und sicheres Aufspannen der verschiedenen Werkzeuge zu gewährleisten. Wie ohne weiteres klar ist, tritt, nicht anders als bei jeder Schere, auch hier bei dieser Presse beim Abschneiden des zu passenden Schwellenstückes eine starke Seitenkraft in der Richtung der Schwelle ein; desgleichen natürlich auch beim nachfolgenden Kappen der Enden, wenn die beiden Kappmesser nicht ganz genau übereinander eingestellt sind.

Fig. 447.

Zur guten Übertragung dieser unter Umständen recht bedeutenden Seitenkräfte führt sich der obere bewegliche Werkzeughalter in der hierfür in Frage kommenden Richtung mit sehr großen Flächen beiderseits an den beiden Ständern. Um eventuell eintretenden Verschleiß leicht beseitigen zu können, sind hier besonders kräftige, durch eine entsprechende Anzahl Schrauben nachstellbare Leisten angeordnet. Selbstverständlich ist auch die betreffende Partie der Ständer selbst hinreichend stark gehalten.

Die Berührungsflächen zwischen den beweglichen Preßwerkzeugträgern und Ständern sind natürlich auch in der anderen Richtung sehr groß gehalten. Um ein Abklappen des Trägers zu verhindern, wird er durch besondere, dem Ständer angeschraubte starke und hohe Leisten auch auf der vorderen Seite entsprechend geführt. Er ist also, alles zusammen genommen, vollständig eingebettet.

Die parallele Auf- und Abwärtsbewegung des Schlittens wird durch eine in beiden Ständern hochgelagerte, starke Schmiedestahlwelle gesichert. Es ist eine besondere Vorrichtung hierfür natürlich erforderlich mit Rücksicht auf die bedeutenden exzentrischen Kräfte, welche im Abwärtsgehen des oberen Schlittens beim Schneiden der Schwelle hervorgerufen werden, und auch schon mit Rücksicht auf eventuell verschiedene Manschettenreibung oder verschiedenen Wasserzufluß der beiden Preßzylinder.

Die erwähnte Schmiedestahlwelle ist mit zwei direkt angeschmiedeten starken Hebeln versehen, welche ihrerseits durch entsprechende Stangen gelenkig mit dem beweglichen Schlitten verbunden sind. Will das eine oder andere Ende des Schlittens zurückbleiben, so wird durch diese Wellenverbindung direkt ein Ausgleich geschaffen.

Die Hebelgelenkbolzen sind stark bemessen und mit Büchsen aus Phosphorbronze armiert.

Mit einem Futter aus gleichem Metall sind auch die beiden Preßzylinder versehen, und zwar hat dieses Futter oben im Zylindergrunde auch einen Boden, um die sonst hier erforderliche, sehr schwer zugängliche Manschette zu beseitigen. Nur das Wasserzuflußrohr durchbricht diesen Boden. Die hier erforderliche Dichtung hat nur einen sehr kleinen Durchmesser und bedarf keiner Wartung.

Besonderes Augenmerk ist auf die Möglichkeit eines sehr schnellen und bequemen Wechselns der beweglichen Hauptmanschetten der Preßzylinder gelegt. Diese ruhen in einem niedrigen Kölbchen, welches lose auf dem eigentlichen Plungerstück sitzt und die auf- und abwärts gehende Bewegung desselben mitmacht. Der Plunger selbst ist nicht fest mit dem oberen Schlitten verbunden, sondern stützt sich mittels einer eingeschalteten recht hohen Mutter gegen diesen. Der an dieser Stelle als Schraube ausgebildete Plunger geht durch die Mutter und ragt in eine entsprechende Höhlung des Schlittens hinein. Die Mutter ist mit einer ständig aufgesetzten Ratsche versehen, so daß sie bequem in der einen oder anderen Richtung gedreht werden kann.

Sobald sich nun das Auswechseln einer Manschette als erforderlich erweist, läßt man den oberen Schlitten soweit heruntergehen, daß die Werkzeuge aufeinandersitzen. Das Manschettenkölbchen jeder der beiden Preßzylinder steckt hierbei noch vollständig in ihnen. Nun wird durch Drehen der Mutterratsche des Zylinders, dessen Manschette zu wechseln ist, das zugehörige Plungerstück weiter in die Höhlung hineingeschraubt (ein Drehen der Schrauben selbst wird durch eine einfache Vorrichtung unmöglich gemacht), bis das Manschettenkölbchen sich so weit gesenkt hat, daß es völlig frei ist, einfach zur Seite genommen und durch ein bereitgestelltes Reservestück mit neuer Manschette ersetzt werden kann, wonach es durch Rückwärtsratschen der Mutter in die richtige Höhenlage in den Zylinder gehoben wird. Die Presse ist alsdann wieder bereit, zu arbeiten. Auf diese Weise ist das Wechseln der Manschette schnell und bequem zu bewerkstelligen.

Die Ständer selbst sind mit Schrumpfbolzen von großem Durchmesser versehen, welche die Widerstandsfähigkeit dieser Teile bedeutend erhöhen.

Die Verbindung der Presse mit dem Fundament ist besonders durchgeführt, um ein Loslösen und Wackeln infolge der auftretenden heftigen Stöße unmöglich zu machen.

Aus demselben Grunde ist die Verbindung zwischen den Ständern und dem Sattel der unteren Werkzeuge sowie der oberen Rückzugzylindertraverse besonders sicher durchgearbeitet. Ein großer Teil der zugehörigen, starken Verbindungsbolzen ist direkt eingepaßt und gesichert, so daß ein absolut starres Gestell gebildet wird.

Zu der Presse gehört noch eine Schwellenaushebevorrichtung, Schwellentransportvorrichtung usw., die aber aus Raummangel nicht mitbeschrieben werden können.

Abs. 375. **Hydraulische Spezialpresse für Kesselstirnwände.** Bauart: Fielding & Platt, Ltd., Gloucester. Fig. 448. Diese Presse wurde zur Herstellung der Vor- und Rückwände von Sammelkasten der Wasserrohre für den Niclauß-Wasserröhrenkessel gebaut. Obwohl sie speziell für diesen Zweck konstruiert ist, kann sie für ähnliche Arbeiten bei anderen Röhrenwasserkesseln leicht passend gemacht werden.

Sie ist doppelseitig und hat einen Hauptzylinder an jedem Ende von 550 t Preßkraft, mittels welchem man 72 Löcher auf einmal umbördeln kann.

Fig. 448.

Abs. 376. **Reinhydraulische Biegepresse von 750 t Preßdruck bei 2000 mm freier Ständerausladung für den Großschiffbau** (nach Kreuser). Bauart: J. Banning, A.-G., Hamm, Westfalen.

Zweck: Die Presse dient zum Biegen und Stanzen von schweren Blechen und Fassoneisen im kalten Zustande, speziell für die Herstellung sperriger Teile; sie kann natürlich infolge ihrer schnellen Gangart auch für jede andere Warmpreßarbeit herangezogen werden.

Konstruktion: Die Presse (Fig. 449) fällt auf den ersten Blick durch ihre Größe und die eigenartige Form des Ständers auf. Sie stellt in bezug auf Preßdruck und Ausladung die größte bis jetzt mir bekannt gewordene Ständerpresse dar. Der Ständer (nach Kreuser), welcher des Eisenbahntransportes halber zweiteilig ausgeführt werden mußte, ist aus Stahlguß gefertigt. Die beiden Ständerhälften stützen sich an ihrem äußersten Ende auf einen runden Stahlbolzen und sind nahe der inneren Ausladungswand durch zwei geschmiedete Säulen verbunden, welche bei dem Probedruck durch vier Einlegekeile in bleibende Spannung versetzt wurden, um ein Atmen des Ständers an der Stoßstelle zu vermeiden. Die Gesamtlänge der unteren Ständerhälfte beträgt 6850 mm. Das Gesamtgewicht der Presse beträgt etwa 85 000 kg.

Bezüglich der Steuerung Bauart Kreuser gilt das bereits in Abs. 289 Gesagte.

Abs. 377. **Reinhydraulische Biegepresse von 400 t Preßdruck bei 1200 mm freier Ständerausladung für den Großschiffbau** (nach Kreuser). Bauart: Maschinenfabrik J. Banning, A.-G., Hamm, Westfalen. Fig. 450.

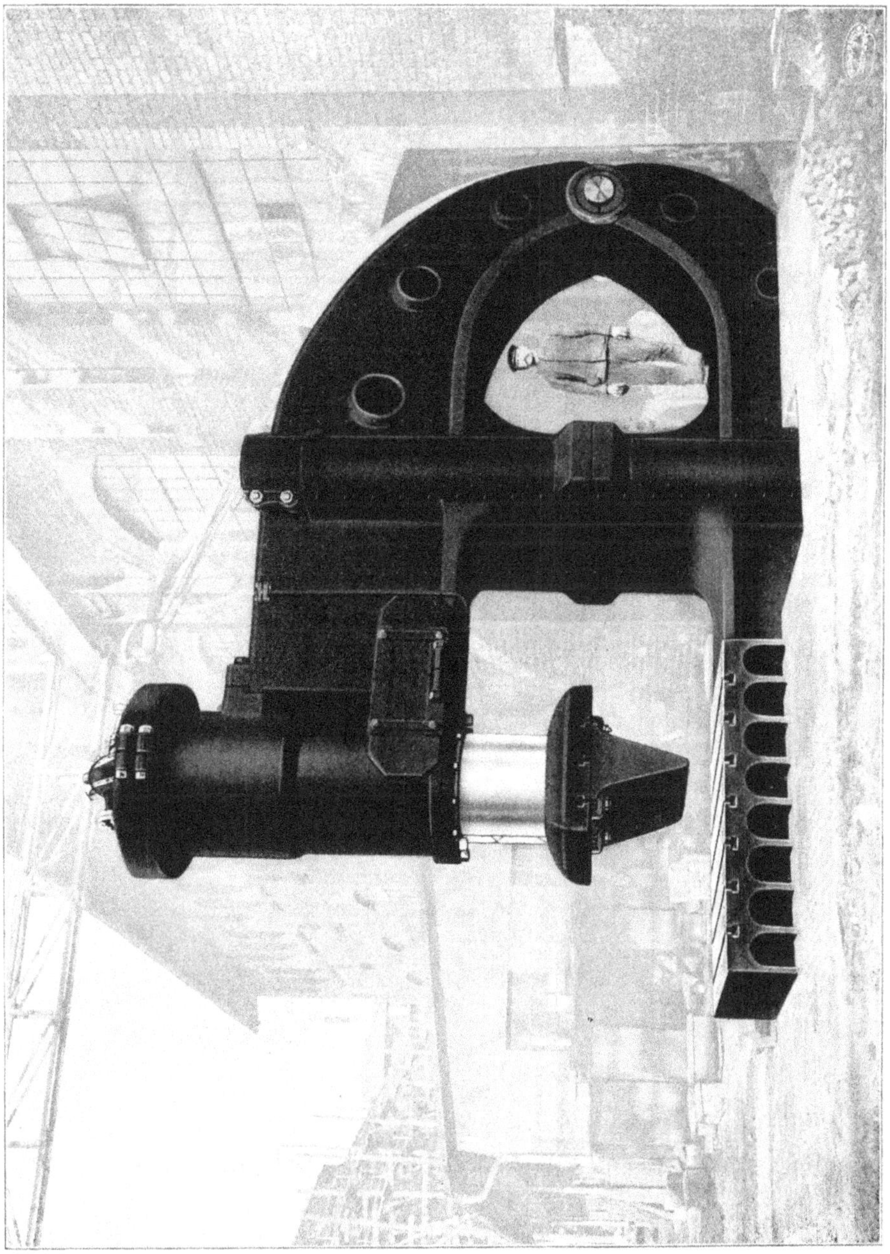

Fig. 449.

Zweck: Die Presse dient wie die in Abs. 376 beschriebene zum Biegen und Stanzen von Blechen und Fassoneisen im kalten Zustande usw.

Konstruktion: Sie stellt die größte Ständerpresse dar, deren Ständer in Ansehung des Bahntransportes noch aus einem Stück hergestellt werden konnte. Für

Beförderung des Ständers müßte natürlich ein Spezialwagen genommen werden, da der Ständer die Außenmaße 4000 × 5200 × 2300 mm hat. Die Bauart ist im übrigen ähnlich der in Abs. 376 beschriebenen reinhydraulischen Presse, nur ist die innere Konstruktion des Preßzylinders und des Preßplungers den Schiffbauarbeitsverhältnissen angepaßt. Bezüglich der Steuerung, Bauart »Kreuser«, gilt das bereits in Abs. 289 Gesagte.

Fig. 450.

Abs. 378. **Hydraulische Kümpel- oder Bördelpresse.** Bauart: Breuer, Schumacher & Co., Köln-Kalk. Zur Herstellung von Kesselböden und ähnlichen Kümpelarbeiten sind in Anbetracht der besonderen Form des Werkstückes Pressen erforderlich, bei denen nicht wie in Abs. 299 nur von oben, sondern auch von unten und von der Seite Druck gegeben wird. Derartige Kümpelpressen werden für kleinere Kümpelstücke im allgemeinen nach Fig. 451 von obiger Firma ausgeführt.

Diese Pressen eignen sich nicht nur zur Herstellung von vorgenannten Kümpelstücken, sondern auch von solchen, die wegen ihrer großen Abmessung schrittweise gekümpelt werden müssen. Im einzelnen geht die Konstruktion aus der Fig. 451 genügend klar hervor.

Abs. 379. **Universalflansch- und Bördelpresse.** Bauart: Hydraulik, G. m. b. H., Duisburg.

Fig. 451.

Zweck: Die hydraulische Presse gemäß Fig. 452 dient zur Ausführung der im Kesselbau notwendigen Bördel- und Flanschierarbeiten. Letztere können in Teiloperationen ausgeführt werden.

Konstruktion: Die Presse besteht aus einem kräftigen Stahlgußständer, an welchen oben zwei vertikale Arbeitszylinder angeschraubt sind. Diese sind mit je einer Bronzebüchse versehen und haben Differentialkolben. Gegen Verdrehen wird jeder Kolben durch eine kräftige seitliche Führungsstange gesichert. Beide Zylinder sind mit einer Schnell- und Sparsteuerung ausgerüstet, wodurch alle Leergangwege ohne Druckwasserverbrauch im Preßzylinder zurückgelegt werden.

Die Presse ist ferner mit einem horizontalen, im Ständer angebrachten Zylinder versehen, der zur Ausführung einer Anzahl Arbeiten zweckmäßig ist. Auch im unteren Preßtisch wird in der Regel ein hydraulischer Ausstoßzylinder vorgesehen, der dazu dient, gepreßte Böden aus dem Gesenk herauszuheben.

Die Maschine besitzt endlich einen Klapptisch, der mit dem Ständer scharnierartig verbunden ist und ein Widerlager sowie Rollen aufweist, auf welchen das zu flanschierende Rohr gelagert ist.

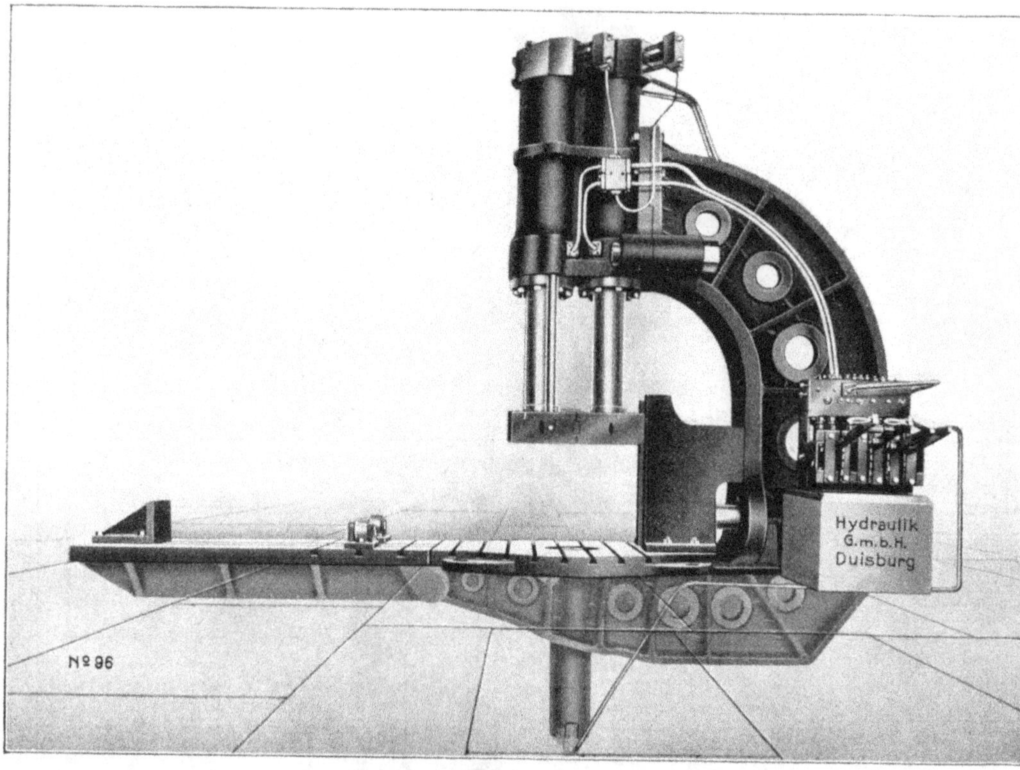

Fig. 452.

Arbeitsweise: Auf der Presse kann entweder mit beiden Preßplungern gemeinsam gearbeitet werden, wobei die Preßplunger mit einem runden Preßkopf versehen werden, oder es kann aber auch jeder Plunger einzeln arbeiten. Hierbei dient in der Regel der äußere Plunger zum Festhalten des Arbeitsstückes, während der innere das Biegegesenk trägt, mittels dessen ein Teil des zu verarbeitenden Bleches gebördelt wird. Sobald der innere Plunger wieder zurückgezogen ist, wird auch der äußere so weit zurückgezogen, daß das Blech sich weiterdreht, bis der nächste Preßhub ausgeführt werden kann. Um dem inneren Preßplunger bei diesen Arbeiten eine Führung zu gewähren, wird an dem Ständer ein Gußstück angesetzt, an welchem der Schuh des Preßplungers entlanggleitet.

Ausgeführt wird die Presse in mehreren Größen; normale Typen sind für den oberen Preßdruck: 2 × 75 t, 2 × 100 t oder 2 × 150 t.

Abs. 380. **Dampfhydraulische Radscheibenbombierpresse.** Bauart: Maschinenfabrik Sack, G. m. b. H., Düsseldorf-Rath. Die in Fig. 453 dargestellte

Bombierpresse ist eine normale dampfhydraulische Schnellschmiedepresse mit Vorfüllung und einem in der Sohlplatte untergebrachten Ausstoßplunger, welcher das gekümpelte Rad aus den Matrizen auszuwerfen hat.

Die Arbeitsgeschwindigkeiten dieser Presse sind hoch. Selbstverständlich können unter ihr auch andere Blech-Preßarbeiten hergestellt werden.

Die Presse baut die Firma sowohl in rein- als auch dampfhydraulischer Bauart.

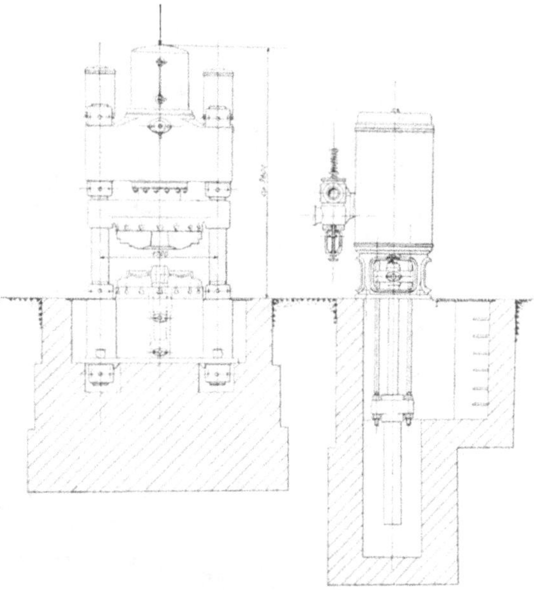

Fig. 453.

Abs. 381. **Hydraulische Bördel- und Flanschierpressen.** Bauart: M.-A.-G. vormals Breitfeld, Danêk & Co., Prag-Karolinenthal. Im wesentlichen charakterisiert sich diese Bördelpressenkonstruktion durch die Anwendung zweier oben angeordneter Preßzylinder, welche auf eine teilbare, bewegliche Preßplatte arbeiten. Die Fig. 454—456 geben ein Bild dieses seit 1896 beibehaltenen Typs.

Die zweiteilige Preßplatte führt sich normal, wenn beide Preßplunger gemeinsam auf sie einwirken, an den vier Säulen der Presse und an einem mittleren Führungszylinder, der zwischen den beiden Arbeitszylindern eingebaut ist.

Dieser mittlere Führungszylinder tritt auch in Funktion, sobald mit geteilter Preßplatte gearbeitet wird, d. h. wenn jeder Preßplunger für sich nur an der einen Hälfte der beweglichen Preßplatte unabhängig von der anderen angreift.

Es kommen Arbeiten, namentlich im Lokomotivkesselbau vor, bei Erzeugung von Satteltafeln, Feuerbüchswänden u. dgl., bei welchen es notwendig ist, den einen Teil des Bleches am Untergesenk festzuhalten, während der andere mittels des Obergesenkes umgebörtelt wird.

Bei Kuppelung der beiden Plattenhälften werden die Zylinderräume der Presse miteinander verbunden, wogegen sie bei Teilung voneinander getrennt sind. In einfacher und zuverlässiger Weise wird dies durch einen Kommunikationsschieber bewirkt, welcher vor den Zylindern hinter der Hauptsteuerung in die Rohrleitungen eingebaut ist.

In der Mitte der unteren Preßplatte ist ferner ein dritter Preßzylinder angeordnet, mit welchem entweder das Einspannen der Bleche oder aber auch kleinere Börtelarbeiten für sich ausgeführt werden.

Die Einzelheiten der Presse sind im wesentlichen aus den angeführten Figuren zu ersehen, namentlich was die Ausführung des oberen Preßkopfes mit den beiden Preßzylindern und dem mittleren Führungszylinder, den Plunger und Rückzugzylinder anbelangt. Sämtliche Zylinder sind aus Stahlguß hergestellt. Die Abdichtung der Hauptplunger erfolgt mittels der leicht wechselbaren, fetten Baumwolltandempackung, welche dauernd dicht hält. Auch die Rückzugkolben sind damit verpackt.

Um den Druckwasserverbrauch nur dem faktischen Arbeitshube anzupassen, sind die oberen Zylinder mit einer der Firma patentierten gesteuerten Füllvorrichtung versehen, während der untere Preßzylinder mit einem kleinen, wenig Druckwasser verbrauchenden Anhebezylinder ausgestattet ist.

Jeder der oberen Preßzylinder und zugehörigen Rückzugzylinder besitzt eine Doppelkolbenschiebersteuerung, die mit einem Handhebel betätigt wird. Daneben ist ein einfacher Schieber für das Hubwerk des hydraulischen Bedienungskranes und weiter noch je ein Schieber für den unteren Preßzylinder und für seinen Anhebezylinder angeordnet.

Die Kolbenschieber sind vollkommen entlastet und besitzen nur je eine laufende Lederstulpe auf der Druckwasserseite; auf der anderen Seite sind sie als Rohrschieber

Fig. 454.

gestaltet. Die Manschetten passieren die Schlitze der Steuerschieberspiegel vollkommen entlastet und sind nur mit gedrehten Phosphorbronzeflächen in Berührung, was ihnen eine lange Lebensdauer sichert.

Nachdem bei gewissen Arbeiten das Blech, zwischen oberen und unteren Plungern eingespannt, durch das feststehende Untergesenk hindurchgedrückt werden muß, ist es notwendig, in der Steuerung der unteren Zylinder Überströmventile vorzusehen, durch welche das unter Überdruck verdrängte Wasser auch dann selbsttätig in den Druckwasserraum zurückgeleitet wird, wenn der Pressenführer zufällig die Steuerhebel der unteren Zylinder nicht auf Druck, sondern auf Absperrung gestellt hätte.

Die Füll- und Hubbegrenzungsventile, von welchen jeder der oberen Preßzylinder ein Stück besitzt, sind wie folgt ausgeführt. In einem gemeinsamen, schmiedeeisernen Gehäuse ist das hydraulisch gesteuerte Füllventil und der federbelastete Kolbenschieber, als Hubbegrenzung wirkend, angeordnet. Der Steuer-

Fig. 455.

kolben des Füllventiles ist mit seiner unteren Ringfläche mit dem Rohr, welches zu dem Rückzugzylinder führt, verbunden, während seine volle obere Fläche mit dem Preßzylinderraum kommuniziert. Das Füllventil ist daher beim leeren Senken, wo beide genannten Räume drucklos sind, sich selbst überlassen und öffnet sich wie das Saugventil einer Pumpe; unmittelbar vor dem Druckgeben im Preßzylinder wird es hydraulisch geschlossen und vor Einleitung der Rückzugbewegung hydraulisch geöffnet.

Der Hubbegrenzungsschieber wird durch die Feder stets offen gehalten, sobald aber durch eine Unachtsamkeit der maximale Pressenhub überschritten werden würde, zieht die bewegliche Preßplatte mittels eines Teleskopgestänges den Schieber in seine Absperrstellung. Zur Vorfüllung wird auch hier, wie bei den Schmiedepressen, am vorteilhaftesten ein entsprechend dimensionierter Druckwindkessel angewandt.

Die Firma baut ihre Börtelpressen in drei Größen mit Gesamtdrücken von 200, 300 und 500 t. Die Säulenentfernungen sind so gewählt, daß auf der Presse von 200 t Druck noch Rundkesselböden bis 1,8 m Durchmesser, auf der 300 t-Presse solche

Fig. 456.

bis 2,3 m Durchmesser und auf der 500 t-Presse noch Rundkesselböden bis 3 m Durchmesser in einer Hitze gepreßt werden können.

Durch die Anwendung eines oder zweier unterer Preßzylinder können in derselben Hitze auch die Flammrohransätze für Böden von Cornwallkessel hergestellt werden.

Auf Fig. 455 sind die auf den Börtelpressen erzeugten Arbeiten zu ersehen.

Fig. 456 stellt eine hydraulische Flanschierpresse dar, wie sie für Schiffskesselböden von der Firma ausgeführt wird. Die Presse gibt 250 t Druck.

Abs. 382. **Hydraulische Bördel-, Kümpel- und Biegepresse.** Bauart: Hydraulik G. m. b. H., Duisburg.

Zweck: Die hydraulische Bördelpresse gemäß Fig. 457 dient zur Vornahme von Bördelarbeiten aller Art, namentlich zur Herstellung von Lokomotivkesselteilen, Waggonzisternen usw.

Fig. 457.

Konstruktion: Die Eigentümlichkeit dieser Bördelpresse im Gegensatz zu den allgemein üblichen besteht darin, daß der obere bewegliche Preßtisch durch eine starke quadratische Säule im Oberholm sicher geführt ist, ohne daß der Preßtisch selbst an den Säulen der Presse einer Führung bedarf. Die quadratische Säule ist stark genug dimensioniert, um die beim Bördeln unsymmetrisch geformten Kesselwände auftretenden exzentrischen Drücke aufzunehmen und sichert auch den Tisch gegen Verdrehen. Einseitig wirkende Kräfte, z. B. Biegung, beanspruchen die Säulen der

Presse nicht, wodurch also ein genaues Aufsetzen des Obergesenkes auf das Untergesenk erreicht wird.

Die Presse besitzt im Oberholm vier Preßzylinder und vier Rückzugzylinder und ist für Stufenwirkung beim Pressen und Rückziehen eingerichtet. Auch im Unterholm sind zwei Preßzylinder vorgesehen und ebenso zwei Rückzug- bzw. Vordruck-

Fig. 458.

zylinder. Der Mittelplunger des Untertisches ist als Differentialplunger ausgebildet, wodurch er fähig ist, die Biegemomente aufzunehmen. Der Plungerkopf kann durch Aufsetzen von Ringen vergrößert werden, und zwar bis auf 3600 mm Durchmesser. Entsprechend dem Durchmesser des beweglichen Tisches werden im Unterholm Füllringe eingesetzt, welche mit den auf dem Plunger aufgesetzten Ringe korrespondieren, da die Öffnung im Unterholm stets so weit verschlossen wird, als der freie Durchgang des beweglichen Untertisches gestattet.

Die Presse ist ferner mit zwei Hilfszylindern ausgerüstet, deren Plunger durch den beweglichen unteren Preßtisch hindurcharbeiten können. Zu diesem Zweck sind die Ringe mit entsprechender Aussparung versehen.

Zum Steuern der Presse wird Sparsteuerung für alle Zylinder verwendet, so daß ökonomisches Arbeiten, nämlich Auffüllen der Zylinder während des Leerweges mit Füllwasser ohne Druckwasserverbrauch, gesichert ist.

Die Presse besitzt auch eine hydraulisch betätigte Gesenkverschiebevorrichtung zum Aus- und Einfahren der Blechgesenke.

Die in Fig. 457 abgebildete Presse soll die größte bisher gebaute Börtelpresse sein; sie hat einen Tischdurchmesser von 5200 mm. Die Bauhöhe beträgt 11 m über Flur.

Bördelpressen einfacherer Bauart baut die genannte Firma entsprechend Fig. 458. Bei diesen geschieht die Führung des Preßtisches in der üblichen Weise an den Säulen.

Abs. 383. **Kümpelpresse.** Bauart: B r e u e r, S c h u m a c h e r & C o., Köln-Kalk. Zum Pressen von großen Böden, Rahmen und solchen Stücken, bei denen das Kümpeln meist auf einmal geschehen muß, werden die Kümpelpressen in der Viersäulenkonstruktion ausgeführt, und zwar entweder als reinhydraulische oder als dampfhydraulische Presse. Die meisten derartigen Anlagen sind als dampfhydraulische Pressen ausgebildet. Um auch große Druckwassermengen sehr rasch durch den Treibapparat erzeugen zu können, ohne hierzu großer Pumpen- und Akkumulatorenanlagen zu benötigen, die bei den unvermeidlichen langen Betriebspausen zwischen den Kümpeln solcher großen Stücke sehr unrationell würden, ist derselbe als Zwilling ausgebildet. Der dampfhydraulische Treibapparat in der gleichen Ausführung wie bei der in Abs. 298 beschriebenen dampfhydraulischen Schnellschmiedepresse eignet sich für diese Betriebsweise am besten, weil hierbei die Expansionsfähigkeit des Dampfes im Treibapparat zur Geltung kommt. Eine derartige Presse der oben genannten Firma ist in einer Ausführung auf S. 492 in Fig. 459 abgebildet. Bei dieser Presse wird das im Treibapparat erzeugte Druckwasser je nach dem herzustellenden Kümpelboden entweder dem Druckzylinder oberhalb des Bodens oder demjenigen unterhalb des Bodens oder auch beiden gleichzeitig zugeführt. Um eine rasche Arbeit zu gewährleisten, werden, wie schon gesagt, gewöhnlich zwei Multiplikatoren aufgestellt, die so arbeiten, daß am Ende des Hubes des einen der andere automatisch eingerückt wird. Die Presse ist sowohl im unteren wie im oberen Holm mit einem großen Hauptzylinder und zwei Rückzug- oder Losreißzylindern ausgestattet. Im übrigen besteht auch bei dieser Kümpelpresse kein grundlegender Unterschied gegenüber der Viersäulenschmiedepresse derselben Firma.

Abs. 384. **Reinhydraulische Säulenpresse mit Drucksteigerer, Steuerung nach Kreuser.** Bauart: M a s c h i n e n f a b r i k J. B a n n i n g, A.-G., Hamm, Westfalen.

Z w e c k: Die abgebildete Presse Fig. 460 dient hauptsächlich zum Warmpressen und Kümpeln von Scheiben und Rotationskörpern.

K o n s t r u k t i o n: Diese ausgeführte Presse, welche in diesem Falle mit einer Druckwasserspannung von nur 25—30 Atm. betrieben wird, mußte, um nicht einen allzugroßen Plungerdurchmesser zu erhalten, mittels eines besonderen reinhydraulischen Drucksteigerers betrieben werden. Dieser neben der Presse stehende Drucksteigerer erzeugt im Preßzylinder der Presse eine Druckwasserspannung von 400 bis 480 Atm., wodurch die Presse einen Preßdruck von 1000—1200 t erhält. Die Leer-

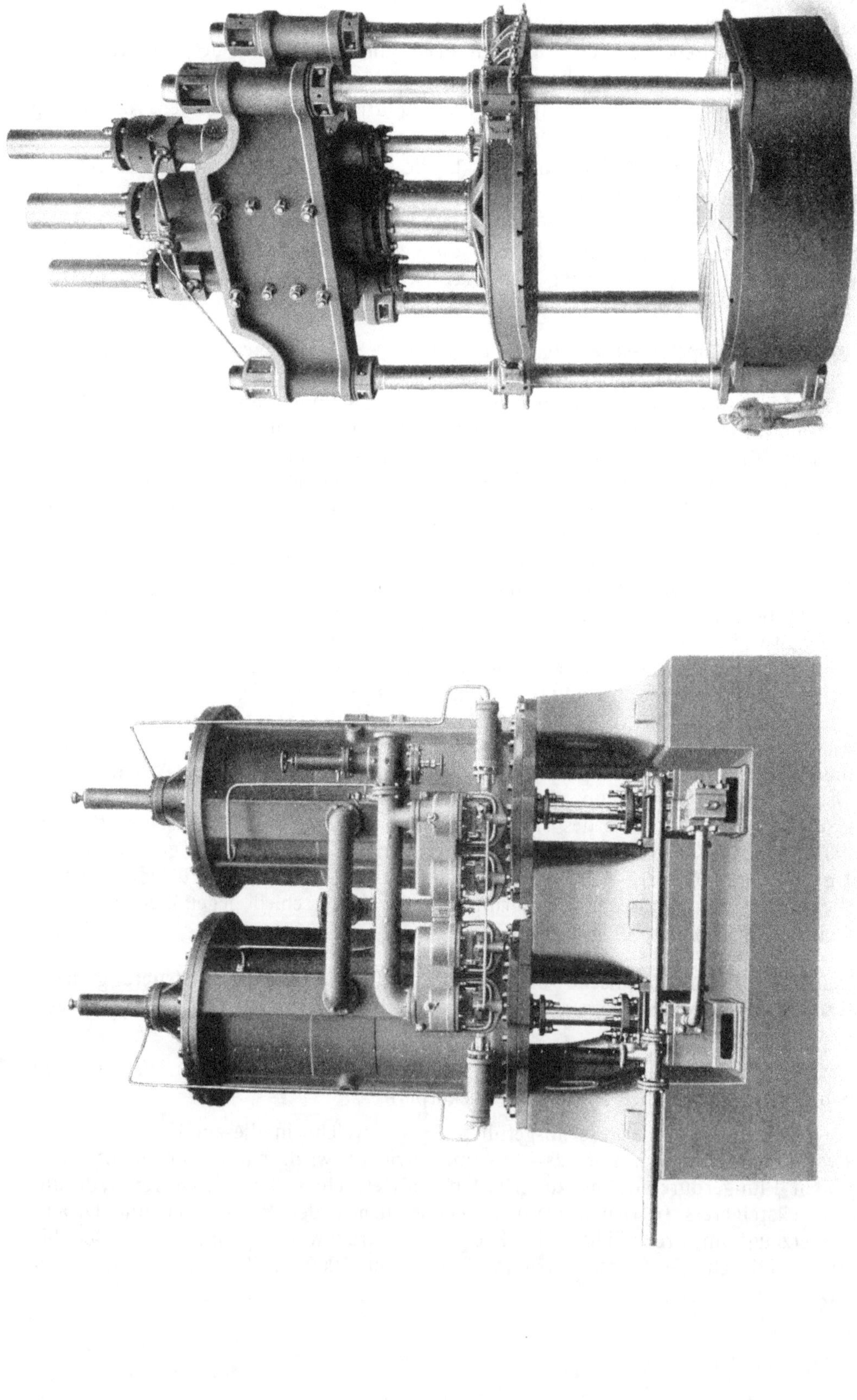

Fig. 459.

hübe werden natürlich mittels Niederdruckwasser ausgeführt. Ein unter dem Unterholm befindlicher Ausstoßer hebt das gepreßte Material aus der Matrize heraus. Das Vorfüllventil, Bauart »Kreuser«, ist im Kopfe des Preßzylinders eingebaut. Die Bedienung der ganzen Presse erfolgt mit nur einem Handhebel.

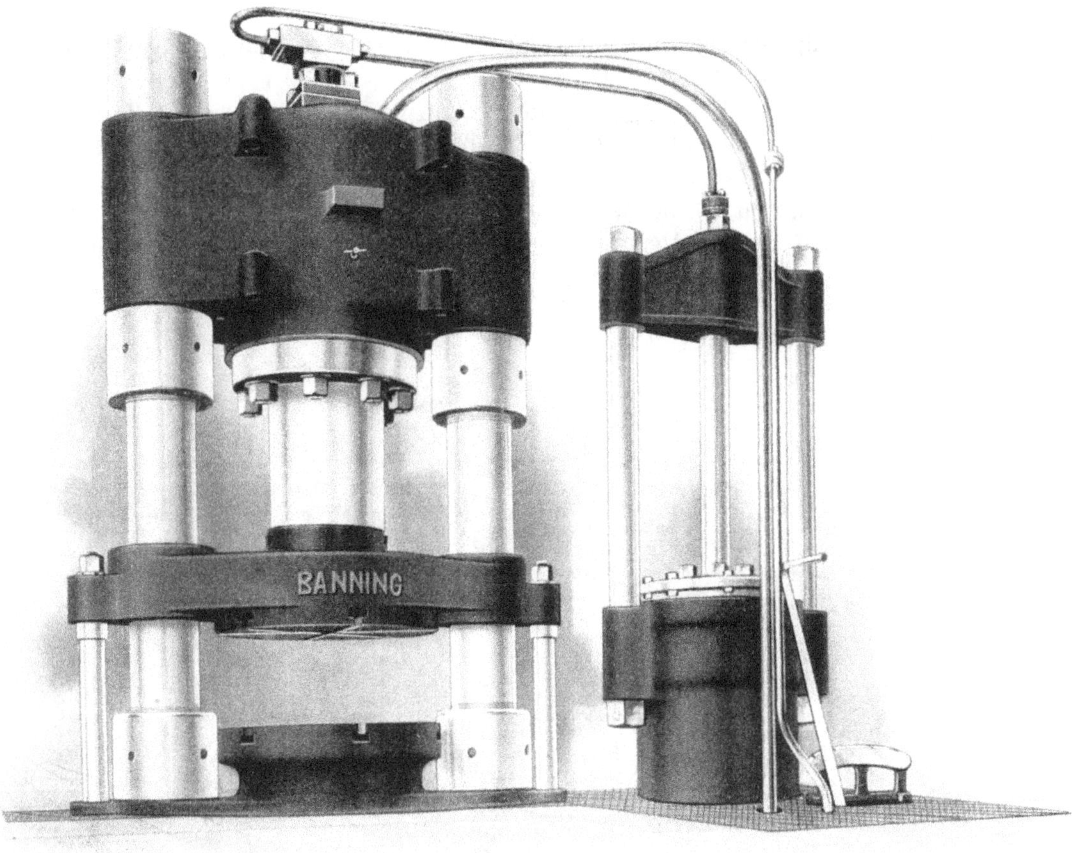

Fig. 460.

9. Walzmaschinen.

Abs. 385. **Allgemeines über Schmiedewalzmaschinen.** Das Walzen ist ein kontinuierliches Pressen und eignet sich daher für innere Stückarbeit.

Die in nachstehenden Abschnitten beschriebenen Schmiedewalzmaschinen sind die einzigen Werkzeugmaschinen der Schmiede, welche rotierend die Arbeitsstücke formen. Alle übrigen Maschinen, die beim Schmieden zum Formen usw. Verwendung finden, arbeiten gradlinig. Hier ist daher der elektrische Antrieb infolge seiner Unmittelbarkeit sehr günstig verwendbar, während im übrigen der Zylinderantrieb für die gradlinige Bewegung vorherrschen wird. Ihr Anwendungsgebiet umfaßt zunächst das Streckwalzen, wodurch Gegenstände geformt werden sollen, die eines Reckens oder Ausspitzens bedürfen; das Ausspitzen durch Walzen kommt namentlich für stärkere Stücke in Betracht, wo ein Abreißen nicht zu befürchten ist, sonst ist das Reduzieren durch Hämmern vorzunehmen. Sodann fallen unter diese Gattung die Maschinen, welche Stangen- und Profileisen walzend biegen; hierhin gehören die Radreifenbiegemaschinen, Hufeisenbiegemaschinen u. dgl. Schließlich sind unter diese Gattung zu rechnen diejenigen Maschinen, welche Körper aufeinanderwalzen, z. B. die Einwalzmaschine für Sprengringe, die Rohrwalzmaschinen u. dgl.

Abs. 386. **Sprengringeinwalzmaschine für Bandagenbefestigung.** Bauart: Breuer, Schumacher & Co., Köln-Kalk.

Zweck: Die in Fig. 461 abgebildete Walzmaschine dient zur Befestigung der Bandage auf den Eisenbahn- und Lokomotivrädern durch Einwalzen eines zwischen Bandage und Radkörper eingelegten Sprengringes.

Konstruktion: Die Maschine besteht aus einem soliden Gestell aus Gußeisen, in welchem zwei Walzenachsen aus Siemens-Martin-Stahl gelagert sind, die an

Fig. 461.

ihrem aus dem Gestell ragenden Ende besondere Walzenköpfe tragen. Die beiden Walzenköpfe sind aus geeignetem harten Material gefertigt. Die Oberwalze ist entsprechend der schrägen Anwalzung des schmalen Streifens über dem eingesetzten Sprengring kegelförmig ausgebildet und aufgekeilt, während die Unterwalze lose auf der Achse läuft. Um ein Verbiegen der oberen Rollenzapfen durch Überschreiten des Maximaldruckes infolge plötzlich auftretender Unebenheiten der Bandage mit Sicherheit auszuschließen, ist die Oberwalze elastisch gelagert (D. R. G.-M.). Außerdem ist noch eine besondere Zeigervorrichtung vorgesehen (der Firma Breuer, Schumacher & Co. gleichfalls durch D. R. G.-M. geschützt), mittels welcher man sämtliche Drücke in den Grenzen von 5000—45000 kg ablesen kann. Diese beiden Vorrichtungen bieten einen Ersatz für die hydraulische Anpressung mit Sicherheitsventil. Der Antrieb kann entweder von der Transmission aus oder direkt durch Elektromotor erfolgen.

Für Transmissionsantrieb wird die Antriebswelle mit Fest- und Losscheibe ausgestattet, während für elektrischen Einzelantrieb der Motor unmittelbar an das Gestell angebaut ist und mittels Ritzel aus geschmiedetem Stahl und Stirnrad aus Stahlformguß, beide mit gefrästen Zähnen versehen, auf die Antriebswelle treibt.

Von der Antriebswelle erfolgt in beiden Fällen die Kraftübertragung durch Schneckengetriebe auf die Unterwalze und von dieser mittels Stirnräder auf die Oberwalze.

Arbeitsweise: Das Andrücken der Oberwalze auf die Bandage erfolgt von der Antriebswelle aus mittels Friktionswendegetriebe, ebenso das vor und nach dem Walzen erforderliche Verstellen derselben. Zur Anstellung der Oberwalze sind zwei verschiedene Geschwindigkeiten vorgesehen, und zwar ein langsamer Gang zum Anstellen beim Einwalzen und ein schneller Gang, um beim Einlegen neuer Bandagen die Oberwalze schnell auf und ab bewegen zu können. Die Einstellung der Geschwindigkeiten wird durch Handrad und Hebel bewirkt.

Sämtliche zur Bedienung der Maschine benötigten Hebel und Handräder sind vom Stande des Arbeiters aus zu bedienen.

Abs. 387. **Maschine zum Einwalzen der Sprengringe von Lokomotiv-, Tender- und Eisenbahnwagenrädern mittels hydraulischen Druckes.** Bauart: Elsässische Maschinenbaugesellschaft, Grafenstaden. Fig. 462. Die hydraulische Maschine zum Einwalzen der Sprengringe hat den Vorzug der Geräuschlosigkeit; sie arbeitet in

Fig. 462.

der Weise, daß der Rand der Sprengringnut durch eine hydraulisch betätigte Walze niedergedrückt wird, während der Radsatz sich gleichzeitig dreht. Die Druckwalze ist zu diesem Zweck im vorderen Teil eines langgeführten hydraulischen Druckkolbens gelagert. Eine als Gegenhalter zur Druckwalze dienende Rolle, welche mechanisch angetrieben wird, versetzt den Radsatz vermöge ihrer Reibung in Drehung. Die Antriebsorgane dieser Gegenhalterrolle sind Schnecke und Schneckenrad, im Ölbad laufend. Der Radsatz selbst wird in einfachster Weise in zwei Setzstöcken mit auswechselbaren Futtern gelagert. Um alle vorkommenden Durchmesser der verschiedenen Radsatzgattungen walzen zu können, sind die Setzstöcke sowohl auf einzelnen Sockelplatten als auch auf der gemeinsamen Grundplatte umkehrbar, gegeneinander und gegen die Walzenebene verschiebbar angeordnet.

Die Maschine kann in jedem Betrieb ohne Genehmigung zur Aufstellung gelangen. Sie kann vorteilhaft an bestehende Druckwasseranlagen mit Drücken zwischen 50 und 200 Atm. angeschlossen werden. Das Anpressen bzw. Zurückschieben des Druckkolbens geschieht für alle Ausführungsarten hydraulisch vermittelst einer Steuerung aus zwei Absperrventilen in gemeinsamem Gehäuse.

Der Druckwasserverbrauch ist sehr gering; er beträgt pro Radsatz ungefähr 1 cdm. Der Antrieb der Transportrolle und der Pumpe kann in einfacher Weise von jeder bestehenden Transmission aus erfolgen; doch ist die Maschine auch zum Antrieb mittels Elektromotors geeignet. Als Kraftbedarf kommen etwa 10 HP in Betracht.

Das Einrichten der Maschine für eine bestimmte Radsatzgröße ist einfach und erfordert nur wenige Minuten.

Hauptverhältnisse.

Größter Durchmesser der Räder	mm	2300
Kleinster Durchmesser der Räder	mm	770
Durchmesser der Riemenscheibe	mm	1000
Breite der Riemenscheibe	mm	180
Umdrehungen in der Minute		120
Notwendige Bodenfläche	mm	3200/3600

Fig. 463.

Abs. 388. **Sprengringeinwalzmaschine.** Bauart: Aerzener Maschinenfabrik, Aerzen-Hameln. Fig. 463. Die Sprengringeinwalzmaschine »System Aerzen« wird mit senkrechten Walzenachsen für direkten Antrieb der Preßwalze ausgeführt. Die Arbeits- oder Preßwalze ist in beweglichem Hals- und Spurlager schwingbar und verstellbar gelagert. Die Antriebskraft wird hier nicht, wie sonst üblich, durch die Zahnräder von der feststehenden Leitwalze auf die Preßwalze geleitet, sondern wirkt direkt auf die letztere.

Die Walzenachsen und die gehärteten und geschliffenen Druckwalzen werden aus Kruppschem Stahl hergestellt. Der Ständer ist sehr breitfüßig. Druck- und Leitwalze können mittels Konus und schwerer Mutter nachgestellt und auch abgenommen werden.

Den Antrieb der Arbeitswalze bewirkt ein konisches Räderpaar, das aus bestem Stahlguß hergestellt wird. Das Stirnrädervorgelege läuft in einem dichtgeschlossenen, gußeisernen Radkasten dauernd in einem Ölbade. Hierdurch wird ein ruhiger Gang, geringe Abnutzung und hoher Nutzeffekt erreicht. Das Antriebsvorgelege läuft in Bronzelagerschalen mit Ringschmierung.

Der Preßzylinder ist an den gußeisernen Ständer auf prismatischer Schlittenführung montiert. Derselbe besteht aus Stahlguß und enthält einen geschmiedeten Stahlkolben. Die Abdichtung erfolgt durch Ledermanschetten. Der von dem Druckkolben mit Druckbacke auf das Druckwalzenlager übermittelte Preßdruck wird durch vier starke Stahlsäulen, welche die Leitwalzenlager mit dem Preßzylinder verbinden, aufgenommen. Das Druckwalzenlager ist in zwei Schildzapfen drehbar und auf einem Supportschlitten an der behobelten gußeisernen Ständerwange horizontal verschiebbar. Der Rückzug des Preßkolbens wird durch eine selbsttätige Ventilauslösevorrichtung begrenzt.

Die gesamte Einwalzmaschine mit dem gußeisernen Maschinenständer, der Walzenlagerung, dem Zahnräderantrieb und Vorgelege wird auf einer gemeinsamen, sehr starken Fundamentplatte montiert und bildet ein solides, in sich geschlossenes Ganze.

Diese Einwalzmaschine kann infolgedessen in eine gemauerte Grube eingebaut werden, so daß nur die beiden Walzen über den Fußboden hervortreten.

Die Radsätze werden zwischen das Walzenpaar gerollt. Zu diesem Zwecke wird das normale Eisenbahnschienengleis auf I-Eisenträgern über die Einwalzmaschine weitergeführt. Beim Anrollen und Abrollen der Radsätze werden die innerhalb neben dem Gleis auf besonderem Zapfen gelagerten kippbaren Rollen- und Hebeböcke umgelegt. Die Mittelstellung der Radsätze vor den Walzen wird durch eine entsprechend eingehobelte Kerbe in die Schienenköpfe markiert. Die vier gehärteten, stählernen Laufrollen sind in Gleitschienen auf keilförmig konstruierten Böcken durch Schraubenspindel und Kurbel verstellbar. Auf diese Weise werden die Radsätze angehoben und laufen auf den Rollen.

Durch die nach einem bestimmten Winkel konstruierten schrägen Gleitflächen der Böcke wird erreicht, daß die Rollpunkte bei den verschiedensten Raddurchmessern ohne weiteres einen gleichen Winkel mit der Achsenmitte bilden. Hierdurch wird ein sicherer Stand der Radsätze auf den Rollen erreicht.

Das An- und Abstellen des Preßdruckes erfolgt zweckmäßig von Hand.

Auf der Sprengringeinwalzmaschine »System Aerzen« können Sprengringe von den kleinsten bis zu den größten Dimensionen in Waggon-, Tender- und Lokomotivradsätze mit allen Gegenkurbeln in bequemer Weise eingewalzt werden.

Nach einmaligem Durchgang des Reifens durch die Walzen, die zweckmäßig mit 1,6 m Umfangsgeschwindigkeit pro Minute laufen, wird eine vollständige Walzung bewirkt. Ein Aufweiten und Lösen der Bandagen durch zu starke Walzung wird vermieden. Der Steuermann kann jederzeit den jeweiligen Preßdruck am Manometer ablesen.

Abs. 389. **Schmiedewalze „System Defries-Ajax“.** Bauart: De Fries & Cie., A.-G., Düsseldorf. Fig. 464—466.

Zweck: Die Schmiedewalze dient zur Herstellung von Schmiedestücken durch Strecken, z. B. Gewehrläufen usw.

K o n s t r u k t i o n: Die Maschine besteht in der Hauptsache aus zwei Ständern, in denen senkrecht übereinander die beiden Walzen kreisen, die das zu walzende Profil

Fig. 464.

auf dem halben Umfange tragen. Neben den Ständern ist der Antrieb angebracht, der durch ein kräftiges, von einem Riemen getriebenes Schwungrad und durch das zur

Fig. 465.

Fig. 466.

Verlangsamung der Umlaufzahl nötige Räderwerk gebildet wird. Am rechten Ständer der Maschine ist eine Schere angeordnet, um kleine Arbeitsstücke abschneiden zu können. An der Vorderseite der Maschine ist eine Auflage zur Erleichterung der Einführung der Arbeitsstücke in die Profile; auf der Rückseite sind Anschläge angebracht, durch welche das Auswalzen in einem Stich (Profil) begrenzt wird.

Arbeitsweise: Das auf Hitze gebrachte Arbeitsstück wird je nach der Stärke der herzustellenden Verjüngung um ein kürzeres oder längeres Stück zwischen die Walzen eingeführt, während diese mit ihrem freien Teil übereinanderstehen. Das Arbeitsstück wird dann von dem betreffenden Stich gefaßt und so mitgenommen, daß es sich auf den Arbeiter zu bewegt, wobei die Walzen die Verjüngung bzw. Streckung des Stückes bewirken. Sobald das Stück von der Walze freigegeben wird, stößt der Arbeiter es wieder vor, so daß es, wenn die Walzen es wieder fassen, um ein weiteres Stück gestreckt werden kann. Diese Arbeit wird solange wiederholt, bis das Arbeitsstück an den rückwärtigen Anschlag des betreffenden Stiches stößt bzw. das Endprofil erreicht ist. Diese Maschinen werden in verschiedenen Größen geliefert.

Maßtabelle.

Modell SW	0	1	2	3	4
Größte Länge d. Arbeitsstückes mm	280	460	965	965	1200
Größte Breite der Walzen . mm	360	510	510	635	760
Umdrehungen der Walzen pro Min.	35	35	30	25	20
Erforderliche Bodenfläche . mm	1500 × 1200	2000 × 1850	2100 × 2000	2300 × 2000	2600 × 2200
Kraftbedarf . . . . . . ca. PS	8	10	15	20	25

Fig. 467.

Abs. 390. **Schmiedewalzmaschinen.** Bauart: Maschinenfabrik Hasenclever A.-G., Düsseldorf. Fig. 467.

Zweck: Diese Maschinen sind hauptsächlich für Schmiedezwecke geeignet, bei denen es darauf ankommt, von Quadrat-, Flach- oder Profileisen Material abzusetzen, abzurecken oder zu profilieren.

Konstruktion: Es handelt sich bei diesen Maschinen um ein sog. Rücklaufwalzwerk. Das Arbeitsstück wird gegen einen verstellbaren Anschlag geführt, und die Walzen bringen das Arbeitsstück in einem Gang nach vorn. Die Werkzeuge bestehen bei diesen Maschinen aus einzelnen Segmenten, die augenblicklich auswechselbar und in der Anschaffung billig sind. Diese Anordnung ist gegenüber amerikanischen Maschinen beispielsweise verschieden, da diese die Walzen direkt als Werkzeuge ausbilden, was im allgemeinen teurer wird. Zum Ausstrecken werden einfache Kaliber benutzt, die für verschiedenartige Zwecke angewendet werden können, während zum Profilieren jeweilig entsprechend geformte Stücke erforderlich sind. Die Walzen sind bei diesen Maschinen breit gehalten, so daß eine Reihe von Werkzeugen nebeneinander eingebaut werden können und Schmiedestücke, die zur endgültigen Fertigstellung verschiedene Operationen erfordern, in einer Hitze hintereinander bearbeitet werden können. Für Arbeitsstücke mit scharfkantigen Absätzen oder beiderseitigen Wulsten ist eine eigenartige Anordnung der Walzenstuhlräder (D. R. G.-M.) getroffen. Ein Voreilen der einen Walze gegenüber der anderen ist verhindert und somit eine Gewähr geleistet, daß die Ware stets gleichmäßig ausfällt. Für solche Schmiedestücke, die mit einem Werkzeug verschiedene Male gestreckt werden und hierbei durch die jeweilig erhaltene Länge einen veränderten rückwärtigen Anschlag bedingen, ist ein vom Arbeiterstande durch einfachen Handhebel zu bedienender verstellbarer Anschlag vorgesehen, so daß auf jeden Fall die Maschine nur von einem Arbeiter bedient zu werden braucht.

Maß- und Gewichtstabelle.

Modellzeichen	Walzen- Durchmesser mm	Breite mm	Umdrehungszahl p. Min.	Kraftbedarf ca. PS.	Gewicht netto ca. kg
	Für lange Arbeitsstücke:				
AW 00	600	600	20	18	15 000
AW 0	550	570	25	10	10 000
AW I	500	500	30	8	7 500
AW II	350	350	35	6	4 000
	Für kurze Arbeitsstücke:				
AW III	275	300	40	6	1 600
AW IV	250	200	60	4	1 200
AW V	250	160	60	2	750

Abs. 391. **Walzmaschinen mit Hammer zum Richten.** Bauart: Maschinenfabrik Hasenclever A.-G., Düsseldorf. Fig. 468.

Zweck: Diese Maschine ist insonderheit für die Stücke geeignet, bei denen es darauf ankommt, die Stücke gleich nach dem Auswalzen genau zu richten, wie beispielsweise bei Feilen.

Konstruktion: Für diese Maschine gilt im allgemeinen die Beschreibung der Walzmaschine wie in Abs. 390 wiedergegeben. Der Hammer wird durch ein konisches Rädergetriebe und Druckstange schnell bewegt.

Maß- und Gewichtstabelle.

Modellzeichen	Walzen- Durchmesser mm	Breite mm	Umdrehungszahl p. Min.	Kraftbedarf ca. PS	Gewicht netto ca. kg
	Für Arbeitsstücke, die gerichtet werden:				
FW 11	300	380	60	5	4200

Fig. 468.

Fig. 469.

Abs. 392. **Doppelwalzmaschinen.** Bauart: Maschinenfabrik Hasenclever A.-G., Düsseldorf. Fig. 469.

Zweck: Diese Maschinen sind besonders für solche Schmiedestücke bestimmt, die von der Mitte nach beiden Seiten symmetrisch bearbeitet werden müssen, wie beispielsweise bei Hufeisen.

Konstruktion: Die Maschine trägt an beiden freien Wellenenden die sog. Walzwerkzeuge. Sie ist doppelt arbeitend ausgebildet, um einmal eine erhöhte Produktion zu erzielen, wie es bei der Hufeisenfabrikation für einen Gang der Maschine nötig ist, anderseits um bei einer doppelten Maschine billiger zu fahren als bei zwei einfachen Maschinen. Die Konstruktion ist im übrigen dieselbe wie die Walzmaschinen in Abs. 390 beschrieben.

Maß- und Gewichtstabelle.

Modell-zeichen	Walzen-Durch-messer mm	Um-drehungs-zahl p. Min.	Kraft-bedarf ca. PS.	Gewicht netto ca. kg
	Für zweiseitig von der Mitte aus zu bearbeitende Stücke.			
HW 1	250	40	4	1700

Abs. 393. **Pendelwalzmaschinen.** Bauart: Maschinenfabrik Hasenclever, A.-G., Düsseldorf. Fig. 470.

Fig. 470.

Zweck: Diese Maschinen werden namentlich für kleine, kurze Schmiedestücke verwendet, die ein sehr schnelles Bearbeiten erfordern, wie beispielsweise bei Türdrückerstiften, gewissen Spitzen an Nägeln, Feilen u. dgl.

Konstruktion: Wie aus der Bezeichnung dieser Maschine schon hervorgeht, sind die Walzen pendelartig wirkend zueinander angeordnet, so daß eine volle Umdrehung der Walzen wie bei den übrigen Walzmaschinen nicht in Betracht kommt. Der Antrieb erfolgt durch Fest- und Losscheibe auf ein Zahnradgetriebe. Von diesem Zahnradgetriebe wird die untere Welle pendelnd bewegt. Die rechte Seite der unteren Walzwelle trägt ein Rädergetriebe, welches die Bewegung der oberen Pendelwalze entsprechend bewirkt. Vor dem Walzwerkzeug ist eine passende Auflagebrücke angeordnet zum bequemen Einführen der Arbeitsstücke.

Maß- und Gewichtstabelle.

Modell-zeichen	Walzen- Durch-messer mm	Walzen- Breite mm	Um-drehungs-zahl p. Min.	Kraft-bedarf ca. PS	Gewicht netto ca. kg
	Für ganz kleine Arbeitsstücke				
PW	250	250	60	2	1300

Abs. 394. **Warmgewindewalzmaschinen,** geliefert von Alfred H. Schütte, Köln-Deutz.

Die Maschine, Fig. 471, dient zum Einwalzen des groben Holzgewindes an Schwellenschrauben (Tirefonds), Isolatorenstützen und ähnlichen Schrauben im warmen Zustande der Bolzen. Wegen seiner Vorzüge wird das Verfahren auch bereits vielfach schon für Laschenschraubengewinde angewendet.

Fig. 471.

So besitzen Bolzen mit warm angewalztem Gewinde eine bedeutend größere Zugfestigkeit als solche mit geschnittenem Gewinde, da das Material verdichtet wird und keine Durchschneidung der Metallfasern stattfindet.

Die Materialersparnis ist wesentlich, da das Gewinde ohne Verlust erzeugt wird und die Materialenden infolge des Streckens beim Walzen entsprechend kürzer sein können.

Die Stundenleistung beträgt ca. 900 Stück.

Das Gewinde wird hier nicht vom Kopf nach der Spitze zu gearbeitet, sondern in umgekehrter Richtung, vom stumpf abgeschnittenen oder angespitzten Ende aus angewalzt. Der Eintritt des Materialendes in die Walzen erfolgt leicht und stoßfrei. Die Maschine ist für alle gebräuchlichen Holzgewinde bis zu 15 mm Steigung und für Arbeitsstücke bis 500 mm Länge verwendbar; sie erzeugt das gewöhnlich von den Eisenbahnbaubehörden verlangte zylindrische Gewinde mit konischem Verlauf.

Die Maschine ist kräftiger Bauart. Antrieb erfolgt von der Transmission aus auf Riemenscheibenschwungrad mit Reibungskuppelung, die ein augenblickliches Stillsetzen und stoßfreies Wiedereinrücken gestattet.

Ein zweckmäßig gestalteter Halter dient zum Einführen des rotwarmen Bolzens zwischen die drei Gewindewalzen, die den Materialbolzen infolge ihres konischen Einlaufes sofort erfassen, worauf das Einwalzen des Gewindes selbsttätig und schnell vor sich geht, da die verhältnismäßig großen Walzen mit ziemlich hoher Anfangsgeschwindigkeit arbeiten. Nach Erreichung der eingestellten Gewindelänge erfolgt selbsttätiges Öffnen der Walzen und Freigabe des fertigen Bolzens. Durch Zurückziehen des Halters in die Anfangsstellung schließen sich die Walzen wieder selbsttätig. Die obere Walze ist festgelagert, die beiden unteren sind zwecks Einstellung auf Gewindedurchmesser radial verstellbar. Am Antriebende sind die Walzenspindeln in einem drehbaren Kopfe gelagert, durch dessen Verstellung eine symmetrische Verdrehung der Spindeln zueinander stattfindet, so daß man einen Walzensatz leicht dem Neigungswinkel verschiedener Gewindedurchmesser anpassen kann.

Zur Vorbeugung von Beschädigungen und unbeabsichtigter Verstellung sind alle in Frage kommenden Mechanismen eingekapselt oder verdeckt angeordnet.

Für Schwellenschrauben (Tirefonds) von Durchmesser mm	10—18	18—25
Für Gewindekerndurchmesser von . . . . mm	8—13	13—20
Für größte Bolzenlänge von . . . . mm	500	
Mittlere Leistung = Gewindeanzahl pro Minute	22	
Drehungen der Antriebsscheibe (Schwungrad) pro Minute .	375	
Durchmesser und Breite derselben . . . . mm	600 × 175	
Kraftbedarf . . . . ca. PS	5	
Erforderliche Bodenfläche . . . . mm	3725 × 800	
Gewicht . . . . ca. kg	2400	

Abs. 395. **Automatisches Hufeisenwalzwerk „Hansa".** Bauart: Eisenwalzwerke »Hansa«, Bremen. Fig. 472 und 473. Der Automat dient zur Herstellung vollständig fertiger Handelshufeisen in einem Arbeitsgange. Dieser ist wie folgt gebaut:

Fig. 472.

Das Biegen des Eisenstabes erfolgt durch unter Zwang gehende Rollen, welche beim Vorgehen des Arbeitstisches gleichzeitig während des Biegens die Schenkelenden schmaler und dicker auswalzen. Bei weiterem Vorgehen des ersteren wird die obere hohl ausgearbeitete Matrize, welche auf einer Achse verstellbar angeordnet ist, durch Zahnsegmente in Umdrehung versetzt und auf den auf dem unteren, flachen Matrizenteil liegenden gebogenen Eisenstab unter starker Pressung gedrückt; hierdurch muß letzterer genau die Form der oberen Matrize annehmen, während das überschüssige

Material nach rückwärts zu ausgestreckt wird. Die Matrizen sind auswechselbar für jede Größe und Form von Hufeisen.

Die Lochung erfolgt mittels Lochstempels, welcher durch Exzenter betätigt wird; letzteres geschieht, indem Aussparungen am Arbeitstisch an Arretierungsbolzen anschlagen und dieselben zum Senken bringen; hierdurch wird der Schlitten mitgenommen und der Exzenter zwangläufig in Drehung versetzt. Nach geschehener Lochung wird der Schlitten losgelassen und beim Rückwärtsgang wieder in seine Anfangsstellung gebracht. Der Arbeitstisch geht zunächst nun noch ungefähr 300 mm weiter;

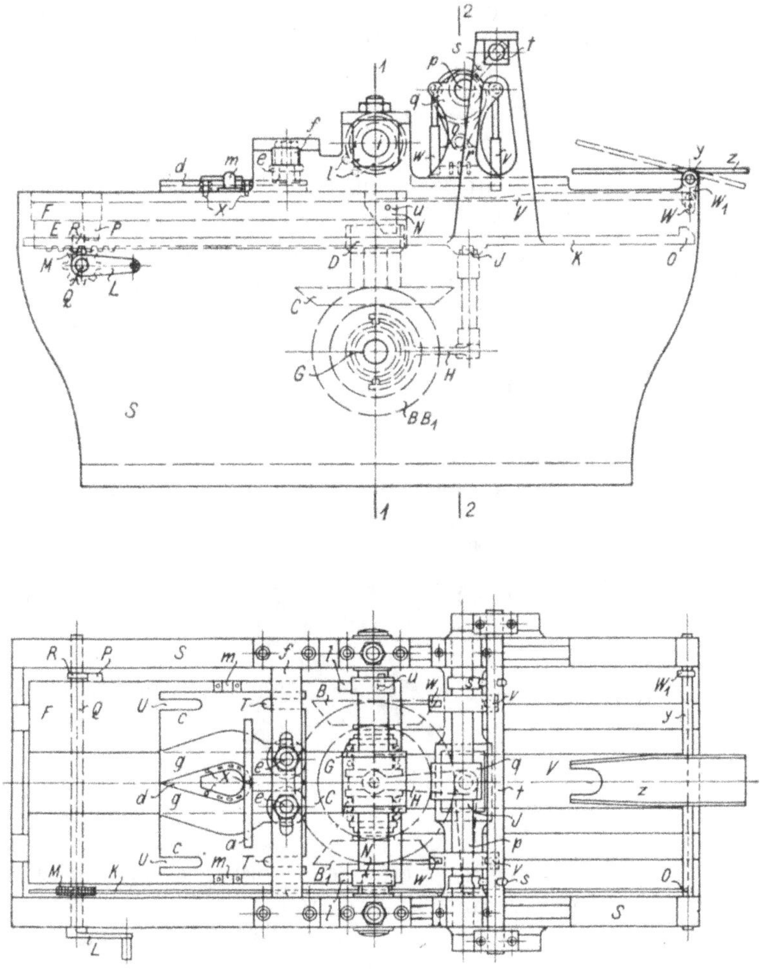

Fig. 473.

hierbei treten Abhebestifte aus Durchbohrungen des unteren Matrizenteils und heben das fertige Eisen über ihn empor. Gleichzeitig schiebt sich die Ablegevorrichtung zwischen fertiges Eisen und unteren Matrizenteil. Der Arbeitstisch schaltet jetzt automatisch zum Rückgang um, setzt hierbei die Ablegevorrichtung in Tätigkeit, welche das Eisen abgleiten läßt, und geht in seine Anfangsstellung zurück. Der Arbeitsgang ist derart, daß der auf seine bezügliche Länge geschnittene und erwärmte Eisenstab am Kopfende der Maschine eingelegt und am anderen Ende als fertiges Hufeisen ohne Griff und Stollen herausgehoben wird. Die Maschine macht sechs Touren in der Minute; demnach ergibt sich eine Produktion je nach der Gewandtheit der Bedienung von 250 bis 350 Stück Hufeisen pro Stunde. Alle Prozesse gehen in einer Hitze und ohne jegliches Eingreifen des bedienenden einen Arbeiters zwischendurch vor sich.

Die Maschine wiegt ca. 14 000 kg; sie benötigt zum Antrieb nur 7 PS; Länge ca. 4,50 m, Breite ca. 2,80 m inklusive Vorgelege, Höhe ca. 2 m.

Gegenüber den bisher in Deutschland üblichen Einrichtungen zur Herstellung von Hufeisen arbeitet diese Maschine, da das Biegen, das Walzen und Falzen, Vordrücken der Nagelkopfversenkung und schließlich das Lochen in einer ununterbrochenen Folge und in einer Hitze besorgt wird, bei mindestens gleicher Produktionsfähigkeit billiger: 1. durch Ersparung von Antriebskraft, von welcher sie intermittierend nur 7 PS beansprucht; 2. durch Ersparung von Arbeitslöhnen, da sie, wie oben erwähnt, nur einen Mann Bedienung benötigt, und 3. durch geringen Raumbedarf.

Abs. 396. **Winkel- und Profileisenbiegemaschine.** Bauart: Wilh. Momma, Maschinenfabrik, Wetzlar. Fig. 474.

Zweck: Diese Maschine dient dazu, um Winkel-, I-, T- und U-Eisen usw. in kaltem Zustande kreisförmig zu biegen.

Konstruktion: In einem kräftigen Hauptkörper, aus Maschinenguß bestehend, sind zwei Antriebsachsen, durch lange Lagerstellen gehend, dauerhaft gegen Verbiegen und Abdrücken unverstellbar gelagert. Die dritte Achse befindet sich in einem, durch ein großes Griffrad vermittelst Zugschraube verstellbaren Schlitten. Der Schlitten kann beliebig auf den zu erzielenden Durchmesser eingestellt werden; es ist auch eine Skala angebracht, um von gleichprofiliertem Biegematerial ohne weiteres denselben Durchmesser zu erhalten. Die vorstehend beschriebenen drei Achsen nehmen die Biegewalzen auf.

Fig. 474.

Der Antrieb der Maschine erfolgt vermittelst vorwärts- und rückwärtslaufendem Riemenscheibenvorgelege oder vermittelst Elektromotors.

Durch ein kräftiges Zahnrädervorgelege erfolgt die Übertragung auf die eingangs erwähnten zwei Antriebsachsen mit ihren Biegewalzen; die mittlere verstellbare Biegewalze rollt lose mit.

Die Biegewalzen sind so konstruiert, daß nicht für jedes Winkeleisenprofil andere Rollen einzusetzen sind, sondern ohne Wechsel können alle Profile gebogen werden, welche für die betreffende Maschinengröße zulässig sind.

Arbeitsweise: Sämtliche Profileisen werden in kaltem Zustande gebogen. Die Führung der Winkeleisen ist eine zwangläufige, so daß ein Windschiefwerden ausgeschlossen ist; die Ringe bleiben tadellos gerade. Das zu biegende Material wird nur auf ein kurzes Stückchen angebogen, damit der Stab hinter die Biegewalzen geht, worauf er in kurzer Zeit von der Maschine genau rund fertig gebogen wird.

Diese Maschinen werden in fünf verschiedenen Größen angefertigt: für Biegeleistungen von 30—200 mm breiten Winkeleisen mit einem Gewicht von 1800—16 000 kg.

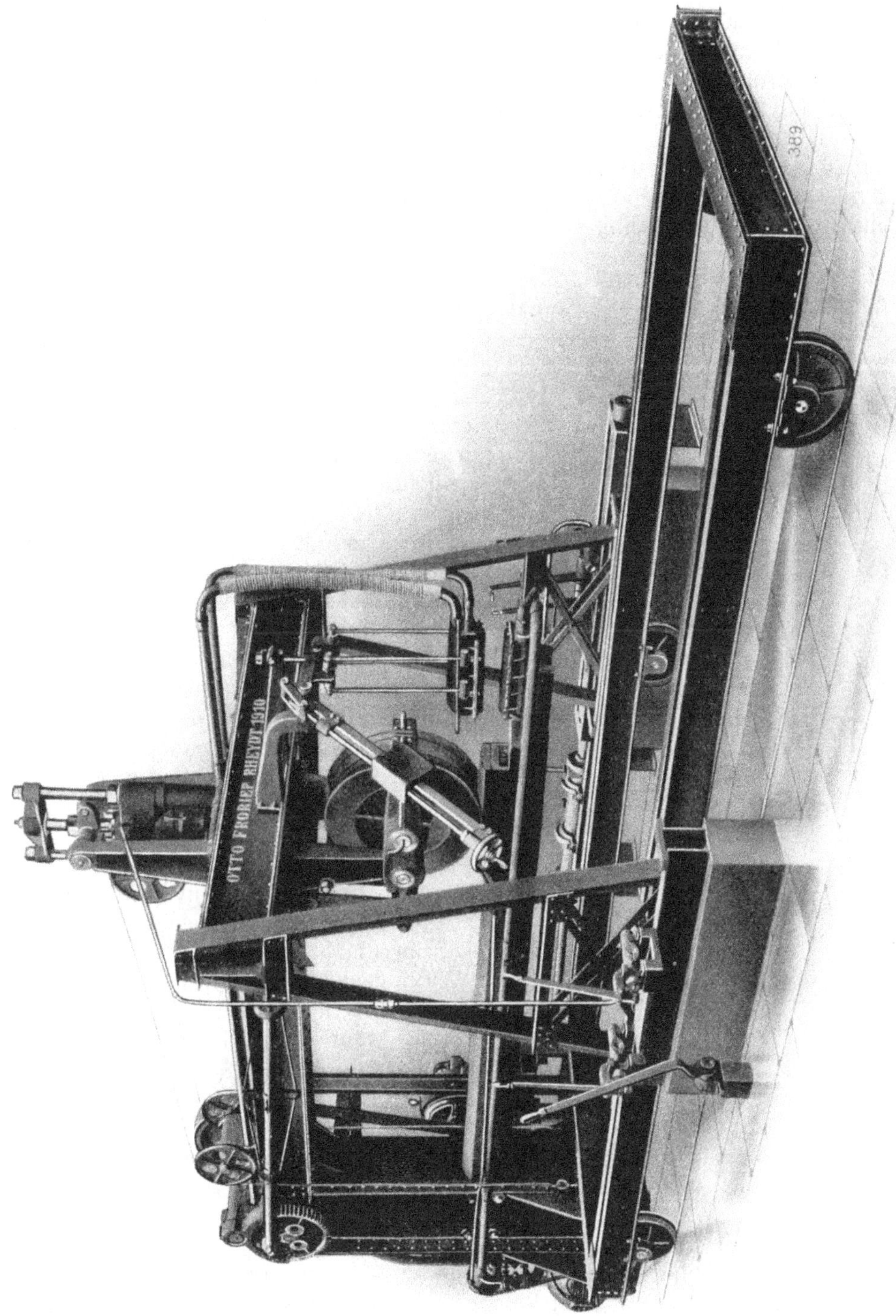

Fig. 475.

Abs. 397. **Schweißmaschinen für Rohr- und Kesselschüsse.** Bauart: Otto Froriep G. m. b. H., Rheydt. Die in Fig. 475 dargestellte Schweißmaschine dient zum Schweißen von Rohren und Kesselschüssen von 500—2000 mm Durchmesser und Längen bis zu 8 m. Das zu schweißende Rohr wird durch zwei Gasfeuer von ca. 300—400 mm Länge erhitzt und dann mittels des Wagens unter die hydraulisch angepreßte Schweißrolle gebracht, die das Zuschweißen der Naht ausführt. Die Schweißrolle wird während dieser Arbeit durch eine elektrisch betriebene Verschiebevorrichtung auf dem Rohre verschoben. Der durch die Rolle erzeugte Druck wird durch eine Amboßstange von ca. $4\frac{1}{2}$ m Länge aufgenommen.

Walzrolle und Sattelamboß können entsprechend dem Durchmesser der zu schweißenden Rohre ausgewechselt werden.

Abs. 398. **Universalflanschenwalze.** Bauart: E. Möhrlein G. m. b. H., Stuttgart. Fig. 476. Behufs wirtschaftlicher Ausnutzung der Brennstoffe sind in den letzten Jahren die Spannungen des Dampfes immer weiter gesteigert worden. Namentlich für große Dampfanlagen sind lange Rohrleitungen mit Röhren von verschiedenen Durchmessern notwendig, an deren dichte Verbindungen bei hohen Drücken bedeutende Anforderungen gestellt werden. Versuche, die von der führenden Industrie des Dampfmaschinenbaues in dieser Richtung angestellt wurden, haben ergeben, daß mit die zuverlässigsten Flanschenverbindungen durch das Walzverfahren erzielt werden.

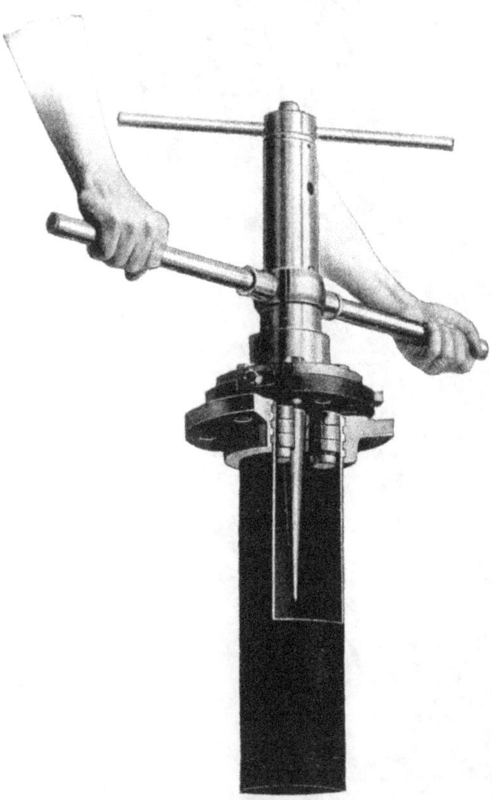

Fig. 476.

Durch die Materialprüfungsanstalt der Kgl. Technischen Hochschule Stuttgart wurde hinsichtlich der Brauchbarkeit der Möhrlinschen Universalflanschenwalze der Beweis erbracht, daß die Widerstandsfähigkeit der normalen im Handel vorkommenden Dampfleitungsrohre geringer ist als die Festigkeit der mit dieser Universalflanschenwalze hergestellten Flanschenverbindungen. Die Schweißnaht eines Rohres von 200 mm l. W. riß, nachdem der Druck allmählich auf 155 Atm. gesteigert wurde, nach der Längsseite auf, während die Flanschenverbindung vollkommen dicht blieb.

Das Aufwalzen von Flanschen, d. h. die durch unmittelbares Aufeinanderpressen erzielte innige Vereinigung von Rohr und Flansch ist eine einfache, billige und dauerhafte Verbindung für Rohrleitungen jeglicher Art (Dampf, Wasser, Preßluft, Ammoniak usw.).

Die Möhrlinsche Universalflanschenwalze ist derartig gebaut, daß für Rohrdurchmesser von 52—210 mm nur eine Maschine, von 52—400 mm nur zwei Maschinen benötigt werden. Dieser Apparat besteht aus einem Windeisen und einer zentralen Nachspannvorrichtung, wodurch die radiale Verschiebung der 3 Walzen in der Gleitbahn hervorgebracht wird.

III. Kapitel. Werkzeugmaschinen zum Trennen.

1. Pressen zur Herstellung von Schnitten und zum Abgraten.

Abs. 399. **Allgemeines über Pressen zur Herstellung von Schnitten und zum Abgraten.** Die in nachstehenden Abschnitten beschriebenen Pressen dienen zum Abgraten der im Gesenk mit dem Fallhammer geschlagenen Gesenkstücke und erhalten dann ihre Aufstellung möglichst unmittelbar neben dem Fallhammer, damit die geschlagenen Stücke noch in derselben Hitze abgegratet werden können. Das Warmabgraten vermindert den Kraftbedarf erheblich, und daher hat man in den Vereinigten Staaten mit Vorliebe die Aufstellung in dieser Anordnung vorgenommen. Weiter dienen diese Maschinen bei allen Arbeiten, wo der herausgedrückte Körper als Arbeitsprodukt gewonnen wird, im Gegensatz zu den Lochmaschinen, die einen Ausschnitt erzeugen.

Bei diesen Maschinen wird sehr häufig am falschen Orte gespart; man soll sich lieber eine teure, aber tadellos arbeitende Abgratepresse kaufen, da die Mehrkosten durch die Erhaltung der Schnitte bald ausgeglichen sein werden.

Es ist eine eigenartige Erscheinung, daß diese Maschinen mit Ausnahme der Schnittpressen für Bleche, fast durchweg mechanisch angetrieben werden, obgleich sie sich infolge ihrer niedrigen Hubzahl sehr wohl für hydraulischen Antrieb, namentlich unter Anwendung des Kniehebels oder der Vorfüllung mit Erfolg bauen ließen. Lit.-Nachw. Nr. 399.

Fig. 477.

Abs. 400. **Abgratepressen.** Bauart: Maschinenfabrik Weingarten vorm. Hch. Schatz A.-G., Weingarten, Württemberg. Fig. 477—480. Im allgemeinen sind die Gestelle außergewöhnlich kräftig bei Verwendung bestgeeigneter Materialien bzw. Wahl günstigster Querschnitte unter tunlichster Rücksichtnahme auf gefällige Formengabe.

Die Gestelle der kleineren Pressen werden aus Spezialgußeisen besonderer Gattung ausgeführt, die der stärkeren Pressen für größere Leistungen ganz aus schmiedbarem Siemens-Martin-Stahlguß, daß ein Bruch des Gestells ausgeschlossen ist.

Bei Dimensionierung der einzelnen Gestellteile ist neben reichlicher Bemessung des Arbeitstisches und der Exzenterwellenlager besonders auf eine lange, kräftige Führung für den Stößel Rücksicht genommen.

Diese prismatische, durch Stelleisten justierbare Stößelführung ist sehr lang, und dies ist von besonderer Wichtigkeit, weil dadurch den manchmal sehr teuren Schnitten und Stanzen eine weit größere Lebensdauer gewährleistet wird.

Der Druckstößel selbst ist zum bequemen Einspannen der Werkzeuge unten gewöhnlich mit Klemmdeckel versehen, oben aber zur Aufnahme der Druckpfanne für die Kugel der Pleuelstange und die übrigen Mechanismen zur Stößelverstellung ausgebildet.

Die Stößelverstellbarkeit ist, da vielfach ganz verschieden hohe Werkzeuge im Wechsel zur Verwendung kommen, oder aber, wie z. B. beim Absetzen, Prägen oder Formenpressen ein geringerer oder stärkerer Druck ausgeübt werden soll, durch nachstehendes Bild, Fig. 478, veranschaulicht.

Diese Stößelverstellung gestattet vermittelst eines vorn angebrachten Handrades auch während des Ganges der Maschine ein bequemes, genaues Einstellen des Stößels auf jede Materialstärke oder beliebige Höhe, und zwar in verhältnismäßig weiten Grenzen. Fig. 478.

Fig. 478.

Fig. 479.

Dabei bleibt die Pleuelstange mit dem Gewinde auch bei tiefster Stößelverstellung in der Mutter stets gleich solid gelagert und ist — weil aus einem Stück — gegen Knickung immer widerstandsfähig.

Die Pleuelstangen selbst sind aus Gußstahl geschmiedet und besitzen ein geteiltes Lager mit Phosphorbronzebüchsen, um jedes Spiel, Schlagen oder »Schlottern« zwischen dem Exzenterzapfen und Pleuelstangenlager zu verhüten bzw. eventuell wieder ausgleichen zu können.

Ebenso ist ein etwaiges Spiel zwischen Pleueldruckkopf und Stößel durch eine Mutter auszugleichen und so ein dauernd exaktes ruhiges Arbeiten gewährleistet.

Die in sehr breiten, ausgebüchsten Lagern eingepaßte und geschliffene Exzenterwelle ist aus geschmiedetem zähem Stahl hergestellt und kräftig dimensioniert. Bei dieser erfolgt ein augenblickliches, selbsttätiges und geräuschloses Einrücken nach Betätigung des Fußtrittes oder Handgriffes — ohne eine ganze Radumdrehung abwarten zu müssen. Es erfolgt automatisches Auslösen der Kuppelung, Fig. 479, nach jedem Hub im höchsten Exzenterstand — falls diese nicht für kontinuierliches Arbeiten eingestellt wird —, und zwar auch dann, wenn der Einrückhebel oder Tritt versehentlich nicht freigegeben wird, da erst nach Loslassen des Hebels oder Fußtrittes und bewußtem wiederholten Einrücken ein Weiterarbeiten erfolgt. Ein unbeabsichtigter Stößelniedergang ist somit ausgeschlossen.

Die Kupplung gestattet in gewissen Fällen auch ein Zurückdrehen der Exzenterwelle, ohne daß man die Maschine auseinandernehmen muß.

Außerdem ist eine nachstellbare Bremsvorrichtung angebracht, die störende Rückschläge auf Stößel, Exzenter und Kupplung, speziell auch bei Verwendung kombinierter Werkzeuge mit starken Druckfedern, vollkommen verhütet.

Zum bequemen Einbauen der Werkzeuge ist ferner an der Kupplung noch eine Sicherheitsvorrichtung angebracht, die nach Gebrauch ein Einrücken des Kupplungsbolzens auch dann verhütet, wenn die Presse im Betrieb belassen bzw. versehentlich eingerückt würde. Dies ermöglicht jederzeit ein gefahrloses Werkzeugwechseln, insbesondere da infolge dieser Sicherung und einem auf dem Exzenter angeordneten Sechskant der Exzenter mit Hilfe eines Schlüssels von Hand gedreht und der Stößel beliebig tief einzustellen ist, um die Werkzeuge richtig im Eingriff zueinander zu bringen.

Fig. 480.

Pressen für geringere Leistungen werden meist ohne Übersetzung gewählt, und der Antrieb erfolgt bei diesen direkt auf das Schwungrad. Pressen für größere Leistungen erhalten Fest- und Losscheibe und axial schwenkbaren Riemenleiter, so daß der Riemeneinlauf von beliebiger Seite direkt von der Transmission gewählt werden kann sowie gefräste Übersetzungsräder, die einen ruhigen Gang bewirken. Bei ganz schweren Maschinen wird die Antriebswelle noch extra in einem besonderen Stützbock gelagert, um jede Vibration zu vermeiden. Fig. 480.

Der Arbeitstisch wird gewöhnlich fest aus einem Stück mit dem Körper ausgeführt, und die reichlich bemessenen Tischflächen sind für gewöhnlich mit normalem Durchfalloch und einer oder mehrerer gehobelten Schwalbenschwanznuten — quer zur Exzenterwelle — zum Aufspannen einer Platte oder der Werkzeuge versehen.

Abs. 401. **Doppelte Abgratpresse.** Bauart: Maschinenfabrik, Lorenz, Ettlingen. Diese Presse ist besonders zum Abgraten von Gesenkschmiedestücken geeignet.

Der Antrieb der Maschine erfolgt durch Elektromotor oder von der Transmission durch Keilkuppelung und doppeltes Rädervorgelege auf die Kurbelwelle.

Fig. 481.

Die Kurbelwelle ist aus geschmiedetem Stahl gefertigt und läuft in geteilten Rotgußlagern. Die Kuppelungsorgane sind aus eingesetztem Chromnickelstahl.

Die Stößel sind aus Stahlformguß hergestellt und bewegen sich in langen, nachstellbaren Führungen.

Der Hauptstößel ist vertikal verstellbar, so daß die freie Höhe zwischen Stößel und Druckplatte verändert werden kann.

Der Arbeitsdruck wird durch stählerne Zugstangen aufgenommen, welche durch den Ständer gezogen sind.

Die Durchfallöffnung ist durch eine starke Druckplatte abgedeckt. Fig. 481.

Hauptmasse.

Arbeitsdruck . . . . kg	150 000
Hub des Hauptstößels . . . . mm	150
Hub des Seitenstößels . . . . mm	100
Durchfallöffnung zum Hauptstößel . . . . . mm	400 × 600
Durchfallöffnung zum Seitenstößel . . . . . mm	200
Kurbelachsendurchmesser . . . . mm	200
Größte Entfernung Stößelfuß bis Tisch . . mm	400
Hubzahl pro Minute	24
Kraftbedarf . . . . ca. PS	15
Gewicht der Maschine netto . . . . kg	11000

Abs. 402. **Exzenterpressen.** Bauart: A. Schröder, Maschinenfabrik und Eisengießerei, Burg a. d. Wupper. Der Antrieb dieser Exzenterpressen erfolgt entweder durch ein Schwungrad, auf dem der Antreibriemen läuft, oder durch Zahnrädervorgelege mit Fest- und Losscheibe.

Wenn der Antrieb nur durch ein Schwungrad geschieht, so erfolgt die momentane Ein- und Ausrückung fast immer durch Fußbewegung, dagegen wird bei einem Zahnrädervorgelege sowohl Hand- als auch Fußbewegung angewendet. Es werden hierfür nur gefräste Zahnräder verwendet, wodurch ein geräuschloser Gang der Maschine erzielt wird.

Bei Fußbewegung wird die momentane Ein- und Ausrückung dadurch bewirkt, daß eine Klauenkupplung auf der Exzenterwelle ineinandergreift und beim Loslassen des Fußtritthebels sich wieder löst.

Bei Handbewegung ist die momentane Ein- und Ausrückung an dem Schieber oder Schlitten angebracht, und zwar wird an einem Handgriff ein Druckstück zwischen die Druckstange und den Schieber geschoben oder fortgezogen. Im letzteren Falle hat die Druckstange in dem Schieber so viel freien Raum, um ihren durch die Exzentrizität der Achse bedingten Weg unbehindert ausführen zu können.

An dem Schieber oder Schlitten ist eine Verstellbarkeit angebracht, wodurch die Entfernung zwischen dem Tisch und der Unterfläche des Schiebers so eingestellt werden kann, wie die Größe der Gerätschaft es erforderlich macht. Das Unterlegen der Gerätschaften beim Abschleißen ist hierdurch auch überflüssig, und dadurch ist wiederum ihr genaueres Einstellen möglich. Diese Verstellbarkeit wird durch ein innerhalb der Druckstange liegendes Exzenter bewirkt, welches mit einem Handhebel verbunden ist. Dieser Hebel wird gedreht und stellt sich hierbei an einem halbkreisförmigen Segment

Fig. 482.

ein; er wird durch eine Schraube festgehalten, so daß ein Loswerden während des Betriebes nicht vorkommt. Die Verstellbarkeit ist dadurch solid und genau.

Auch für die Anbringung von Abstreifern oder Stellmaßen steht bei diesen Pressen durch den auskragenden Rumpf genügend Raum zur Verfügung.

Bei den Pressen mit Fußtritteinrückung ist vorne auf der Exzenterwelle ein Handrad angebracht, wodurch man die Gerätschaften vor Gebrauch genau, sicher und schnell einstellen kann.

Die am meisten in Anspruch genommenen Teile, wie Druckstange, Stellhebel, Klauenkuppelung usw., sind aus Stahlguß hergestellt. Das Durchfalloch sowie die Schlitze zum Festschrauben der Gerätschaften werden nach Wunsch angebracht.

Abs. 403. **Verstärkungsplattenpresse.** Bauart: Rice & Co., Ltd., Leeds. Fig. 483. Die obige Maschine ist eine Spezialausführung einer sehr starken Schnittmaschine, besonders bestimmt zum Ausschneiden von Verstärkungsplatten für den Schiffbau.

Fig. 483.

Sie kann mit einem einzigen Schnitt aus einer 19 mm starken Platte ein Stück von 304 mm Länge und 101 mm Breite herausnehmen. Somit ist sie eine nützliche Werkzeugmaschine für eine Schiffswerft, und mit ihr sind bedeutende Ersparnisse an Zeit und Geld zu erzielen. Die Maschine kann auch als Abgratepresse und für runde Löcher gebaut werden und kann dann solche bis zu 152 mm Durchmesser in 19 mm starke Platten schneiden.

Abs. 404. **Reinhydraulische Schnittpresse mit Schnellsteuerung** nach »Kreuser«. Bauart: J. Banning A.-G., Hamm, Westfalen.

Zweck: Die Maschine dient zum Ausschneiden von Nickelstahlplatten im kalten Zustande.

Konstruktion: Die Maschine, Fig. 484, übt einen Preßdruck von 600 t bei einem Wasserdruck von 100 Atm. aus. Mittels der beiden seitlich am Ständer angebrachten Druckplunger wird das Blech fest gegen seine Unterlage gedrückt. Die Maschine kann vermöge ihrer schnellen Gangart bei sparsamem Druckwasserverbrauch auch zu anderen Preßarbeiten herangezogen werden.

Fig. 484.

2. Lochmaschinen.

Abs. 405. **Allgemeines über Lochmaschinen.** Diese Maschinen, welche in der Schmiede Verwendung finden, sind meist nicht dauernd im Betriebe. Infolgedessen wird es sich auch hier nicht lohnen, sofern man nicht an elektrischen Antrieb gebunden und die Energie sehr billig ist, diese in der Weise anzutreiben, während in Konstruktionswerkstätten, wo dauernd gelocht wird, der elektrische Antrieb günstiger sein wird. In der Schmiede, wo künftig, wie man annehmen kann, der Antrieb durch gepreßte Luft oder gepreßtes Wasser vorherrschen wird, wird man diese Gattung von Maschinen den eben genannten Antriebsarten anpassen müssen.

Eine Ausnahme bilden die Aushaumaschinen, die einen großen Hubwechsel aufweisen, infolgedessen ist deren Einzelantrieb durch Elektromotor günstiger. Ihre Arbeit ist auch namentlich in den Kunstschmieden fortlaufender. Lit.-Nachw. Nr. 405.

Abs. 406. **Lochmaschinen.** Bauart: Stahlwerk Oeking, A.-G., Düsseldorf. Die Körper, Schlittendeckel, Kuppelungen sowie alle einer hohen Beanspruchung ausgesetzten Teile sind aus Stahlguß von großer Zugfestigkeit und Dehnung hergestellt.

Die schnellaufenden Antriebswellen, deren langgehaltene Laufflächen genau geschliffen sind, drehen sich in Ölkammerlagern aus Phosphorbronze, während die Lager der übrigen Wellen mit dichtem Grauguß ausgebüchst sind.

Die einfachen Lochmaschinen haben nur einfaches Rädervorgelege mit gefrästen Zähnen, alle übrigen Maschinen arbeiten mit doppeltem Vorgelege, dessen schnellaufende Räder nach dem Abwälzverfahren gefräste Zähne besitzen.

Um die beim Schneiden und Lochen auftretenden Stöße aufzuheben, sind die Maschinen mit kräftigen Schwungrädern versehen, die infolge ihrer lebendigen Kraft einen ruhigen Gang gewährleisten.

Diese Maschinen werden entweder für Riemenantrieb oder für Antrieb durch einen an der Maschine befestigten Elektromotor geliefert. Für Riemenantrieb ein-

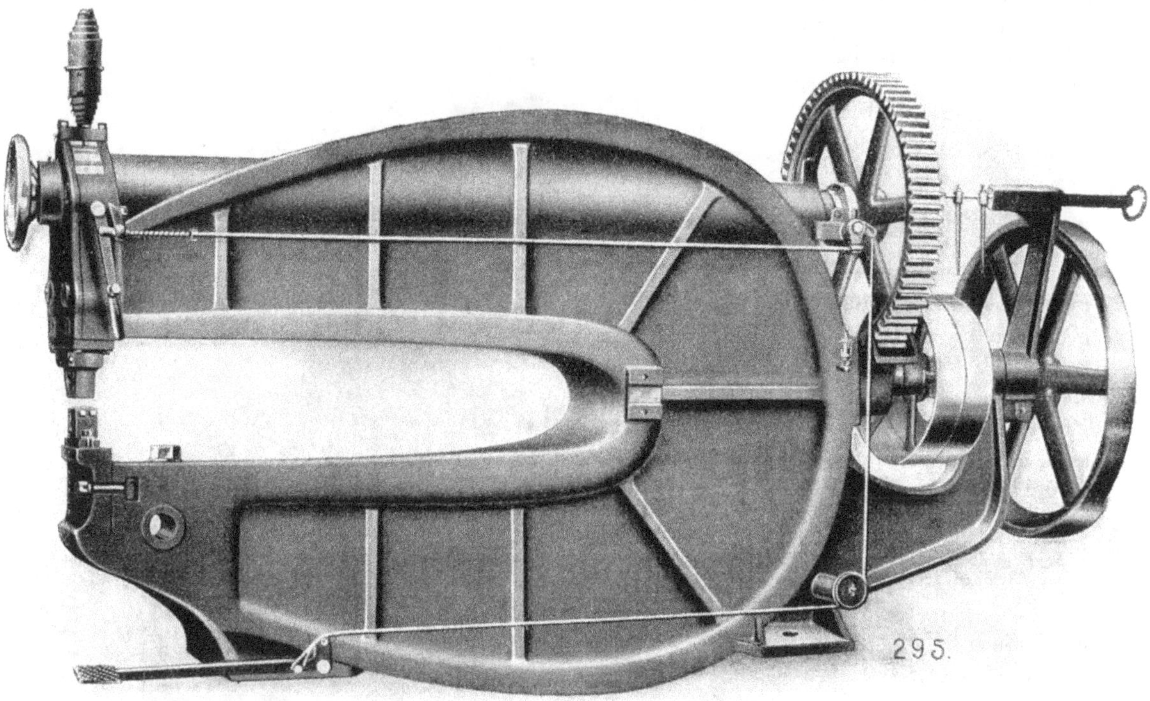

Fig. 485.

gerichtete Maschinen haben Fest- und Losscheibe sowie drehbaren Riemenschieber. Wird direkter Elektromotorantrieb gewünscht, so werden die einfachen Lochmaschinen mit einer unten am Körper befestigten, auf dem Fundament stehenden Motorplatte versehen, während bei allen übrigen Maschinen der Motor oben angebracht wird. Das Schwungrad erhält einen angeschraubten, mit gefrästen Zähnen versehenen Zahnkranz aus Gußeisen, in welchen das Motorritzel eingreift. Dieses wird aus Rohhaut hergestellt und beiderseitig mit Bordscheiben versehen.

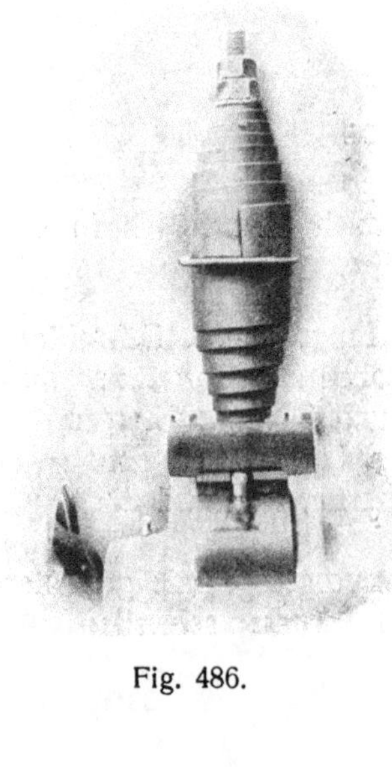

Fig. 486.

Es ist besonderer Wert auf gute und lange Schlittenführung gelegt, um einen möglichst geringen Verschleiß der gleitenden Teile sowie größte Schonung der Stempel und der anderen Werkzeuge zu erzielen. Zur Behebung der Stöße, welche beim Wechsel der Bewegungsrichtung des Schlittens auftreten können, ist dieser durch kräftige Pufferfedern ausbalanciert, wie aus Fig. 486 zu ersehen ist.

Die mit dem Körper verschraubten Schlittendeckel haben zwei Aufgaben zu erfüllen. Sie müssen sowohl dem Schlitten eine geschlossene Führung gewähren als auch die Lagerung des vorderen Endes der Exzenterwelle übernehmen. Der Deckel hat also die Hälfte des Arbeitsdruckes aufzunehmen, und man muß daher für eine äußerst solide Verbindung des Deckels mit dem Körper Sorge tragen. Um dies zu erreichen, hat die Firma eine innige Verbindung der beiden Teile durch genau eingepaßte, kräftige Bolzen hergestellt, welche nur durch einen ganz geringen Flächendruck beansprucht sind.

Fig. 487.

Fig. 488.

Alle Maschinen sind mit einer zuverlässig arbeitenden Klauenkuppelung versehen. Fig. 487 zeigt die Kuppelung in ausgerücktem, Fig. 488 in eingerücktem Zustande. Rückt man die Kuppelung ein, so fällt der kleine Schieber infolge seines Eigengewichtes herunter und kommt hinter den Wulst der Kuppelungsmuffe zu liegen, so daß diese trotz der Federkraft, die auf sie wirkt, in eingerücktem Zustand bleiben muß. Nach einer Umdrehung der Exzenterwelle hebt der Daumen den Schieber wieder hoch, wodurch die Muffe infolge der auf sie wirkenden Federkraft zurückschnellt. Die Kuppelung rückt also jedesmal nach einer Umdrehung der Exzenterwelle in höchster Stellung des Schlittens selbsttätig aus. Man kann aber auch den Schlitten der Lochmaschine ununterbrochen arbeiten lassen, wenn man den im Einrückhebel befindlichen Arretierstift, der aus Fig. 489 erkenntlich ist, um 90° dreht. Diese Abbildung zeigt auch gleichzeitig die Feder, welche die Kuppelungsmuffe in ihre Ruhelage zurückschnellt.

Fig. 489.

Besonderheiten der Lochmaschinen: Jede Lochmaschine ist mit einem normalen, drehbaren Stempelkopf aus Stahl ausgerüstet, welcher zur Aufnahme der Stempel dient. Für unrunde Stempel, welche sich nicht drehen dürfen, muß der Stempelkopf des Sonderwerkzeuges *W* sowie ein besonderer Abstreifer verwandt werden. Die Stempel werden aus einem besonders dazu geeigneten Werkzeugstahl hergestellt und haben auf der unteren Fläche einen körnerartigen Vorsprung, um beim Lochen angekörnter Bleche den Stempel genau an der gewünschten Stelle eindringen lassen zu können. Die Stempel tragen an ihrem Schaft eine Einkerbung und werden durch einen konisch abgeflachten Stift im Stempelkopf gehalten. Die Stempel werden auf diese Weise fest in den Kopf gepreßt und können sich daher auch während des Lochens nicht lockern, da der Arbeitsdruck in derselben Richtung wirkt. Während die großen Stempel direkt im Stempelkopf befestigt werden, dient zur Aufnahme der kleinen eine Reduktionshülse, welche dem Schaft der großen Stempel entspricht und in welche die kleinen Stempel eingesetzt werden. Die aus Werkzeugstahl hergestellten Matrizen haben rechteckige Form und werden durch seitliche Stellschrauben in den Matrizenhaltern befestigt.

Diese Konstruktion ist gewählt, um Formeisen so dicht am Flansch bzw. Schenkel lochen zu können, wie dies möglich ist.

Der vordere Teil des Lochmaschinenkörpers ist derartig gestaltet, daß man sowohl einen aufrecht stehenden Matrizenstock zum Lochen von Blechen, L-Eisen und U- und I-Eisen im Steg, als auch einen überhängenden Winkeltisch zum Lochen der Flansche von U- und I-Eisen aufschrauben kann. Der aufrecht stehende Matrizenstock ist aus Fig. 490 ersichtlich, während Fig. 491 den Winkeltisch darstellt.

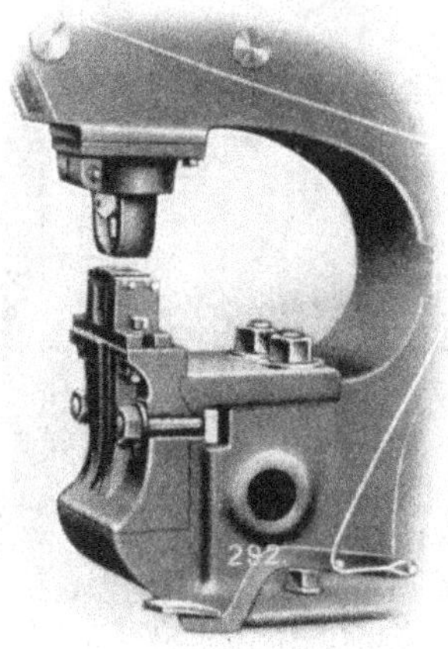

Fig. 490.

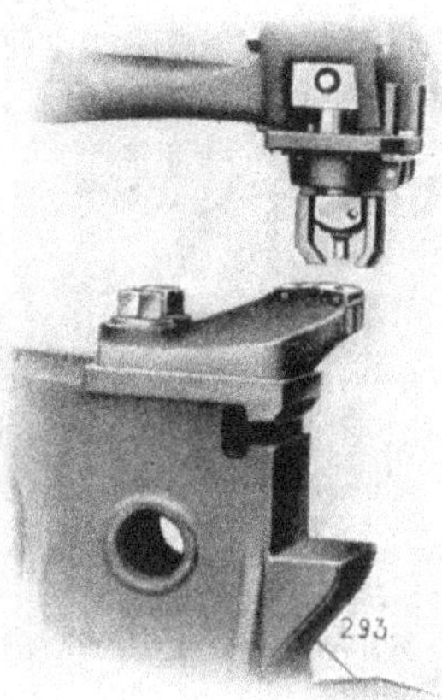

Fig. 491.

Fig. 492.

Zum schnellen und bequemen Arbeiten sowie zur Schonung und Haltbarkeit der Stempel trägt ein geeigneter, für jede Blechstärke einstellbarer Abstreifer viel bei. Es wird daher jede Lochmaschine mit einem Abstreifer (D. R. G.-M. 349 703) versehen, der in einer Muffe eine drehbare und in der Höhe verstellbare Abstreifgabel trägt, die durch eine Klemmschraube festgehalten wird. Die Drehbarkeit der Gabel gestattet dem Arbeiter, die Maschine von jeder Seite aus bedienen zu können, ohne daß der Stempel durch die Gabel seinem Blick entzogen wird. Aus Fig. 492 ist dieser Abstreifer ersichtlich.

Werden die zu verarbeitenden Materialien vorher angerissen und die Lochstellen angekörnt, so muß man die Möglichkeit haben, den Stempel von Hand auf das Material senken zu können, um mit der Stempelspitze das Körnerloch zu suchen. Die Lochmaschinen tragen daher vorn auf der Exzenterwelle ein Handrad, mit welchem man den Stempel niederzieht. Dieser hält nun mit seiner Spitze das Material fest und locht es, nachdem man die Maschine eingerückt hat, ohne erst wieder hochzugehen.

Alle Lochmaschinen haben außer dem Handhebel auch einen Fußhebel zum Einrücken der Kuppelung. Die Verbindung stellt ein Drahtseil her, das bei Lochmaschinen, welche mit Blechschere kombiniert sind, leicht abgehängt werden kann, wenn große Bleche geschnitten werden sollen.

In vielen Fällen sind in Blechen oder Formeisen Löcher von verschiedenen Durchmessern herzustellen. Um hierbei nicht ständig die Stempel und Matrizen auswechseln oder das Material mehrere Male unter die Maschine bringen zu müssen, können die einfachen Lochmaschinen mit einer Dreistempellocheinrichtung geliefert werden, wie sie Fig. 493 zeigt. In der Mitte wird der größte Stempel befestigt, außen die kleineren, und zwar derart, daß immer nur derjenige Stempel durch das Material dringen kann, über welchem man den kleinen Schieber eingeschoben hat, während die beiden anderen Stempel beim Niedergehen des Schlittens zurückweichen. Da nur ein Schieber mitgeliefert wird, ist es ausgeschlossen, daß irrtümlich mit mehreren Stempeln gleichzeitig gelocht wird und eine Überlastung der Maschine eintritt.

Fig. 493.

Abs. 407. **Horizontale Lochmaschine, kombiniert mit Balkenbiegemaschine.** Bauart: Ernst Schieß, Werkzeugmaschinenfabrik A.-G., Düsseldorf. Diese Maschine ist so eingerichtet, daß auf der einen Seite gelocht und auf der anderen gebogen werden kann. Fig. 494.

Der Antrieb erfolgt von einer Transmission aus durch Riemen, Fest- und Losscheibe und entsprechende Räderübersetzung, welche derart gewählt ist, daß der horizontal angeordnete, durch Exzenterwelle bewegte Stößel ca. 15 Hübe in der Minute macht. Die Lochmaschine

Fig. 494.

hat eine Ausladung von 250 mm und ist dazu bestimmt, in Winkelstähle von 100 × 100 × 15 mm Löcher bis 22 mm Durchmesser zu stanzen. Der Stößel ist für die Lochseite ausrückbar. Die zum Biegen eingerichtete Seite der Maschine ist zum Biegen von U-Eisen usw. geeignet. Der durch den Stößel erzeugte Biegedruck wird von zwei kräftigen, durch starke Schrauben einstellbare Klötze aufgenommen. Im übrigen können die zu biegenden oder zu lochenden Profile über in vertikaler Richtung verstellbare Rollen rasch eingeführt werden. Gewicht ca. 7500 kg.

Abs. 408. **Hydraulische Lochpresse (Hebelmodell).** Bauart: Fielding & Platt, Ltd., Gloucester.

Zweck: Diese Maschine dient zum Herstellen von Löchern.

Konstruktion: An dem Stanzenkörper ist an dem hinteren Ende ein hydraulischer Zylinder angebracht, der seine Bewegung auf den Werkzeugschlitten mittels Hebels überträgt.

Fig. 495 zeigt eine solche Maschine, die mit automatischer Bewegung sowie augenblicklich wirksamer Geschwindigkeitsregulierung ausgestattet ist; sie gestattet, ohne Unterbrechung oder Anhalten nach jedem Hub weiterzuarbeiten. Diese Eigenheit bildet einen großen Vorteil bei gewissen Arbeiten. In letzter Zeit ist eine Verbesserung gemacht worden, die in einem an der Vorderseite der Maschine befindlichen Mechanismus besteht, der den Hub des Schneidewerkzeuges je nach der Dicke des Bleches reguliert. Ein Undichtwerden des Ventils ist nach Angabe der Firma ausgeschlossen; dies läßt sich deshalb immer in richtiger Weise ölen.

Fig. 495.

Der Zylinder ist an dem Hauptkörper der Maschine angesetzt, so daß man, falls irgendwelche Teile zu erneuern sind, diesen Hauptteil nicht mitzuersetzen braucht.

Das Erneuern der Zylinderpackung ist bei direkt wirkenden Maschinen beschwerlich. Diese Maschine besitzt dagegen die Neuerung, daß die Abdichtung nur aus zwei Zylinderpackungen (zwei Stopfbüchsen mit äußeren Hanfpackungen) besteht, die zu erneuern oder abzudichten in einigen Minuten möglich ist. Hierdurch ist die Notwendigkeit vermieden, stets Ersatzpackungen bereit zu haben.

Maßtabelle.

Zu lochende Blechstärke mm	Größtes Loch mm	Maultiefe mm
6,4	14	457
25	38	610
32	32	610
32	32	915

Abs. 409. **Hydraulische Lochmaschine.** Bauart: Rice & Co., Ltd., Leeds. Fig. 496. Diese Lochmaschine ist statt der normalen Ausführung der Firma horizontal gebaut mit einer Maultiefe von 507 mm und ist imstande, 25 mm-Löcher durch 25 mm starke Platten zu lochen. Der Kolben ist in der Form eines flachen Schlittens gebaut;

Fig. 496.

der Ständer ist aus weichem Stahlguß. Die Zylinder sind mit Phosphorbronze ausgebuchst. Die Matrizen und die Locheisenhalter sind lose eingesetzt. Es sind zwei einstellbare Träger vorgesehen, die das zu bearbeitende Material tragen. Das Ventil ist das neu ausbalancierte Kolbenmodell aus Phosphorbronze. Diese Maschine ist zweckmäßig für Lokomotivbau sowie für allgemeine Arbeiten. Sie wird für einen Arbeitsdruck von 235 Atm. gebaut, wenn nichts anderes bestimmt wird.

Abs. 410. **Hydraulische Vielfachlochmaschine.** Bauart: Fielding & Platt, Ltd., Gloucester. Fig. 497 zeigt eine sehr einfache Form einer Vielfachlochmaschine. Die Wirkung der Patentparallelbewegung, welche den Schlitten betätigt, ist identisch mit derjenigen der Kesselplattenbiegemaschine, welche in Abschnitt 365 beschrieben worden ist. Der Rückzugzylinder, welcher bei der Blechbiegemaschine horizontal liegt, steht hier vertikal auf dem Querhaupt. Die Deckelplatte ist in der Fig. 497 entfernt, um die Anordnung des Getriebes zu zeigen. Durch den Rahmen geht eine Öffnung, damit lange Platten auch quer an jedem Punkte, wenn erforderlich, gelocht werden können. Die

Fig. 497.

Stempel und Viellochmatrizen werden für Schablonenarbeit in sehr einfacher Art hergestellt, die der erforderlichen Teilung angepaßt sind. Diese können für späteren Gebrauch jederzeit zurückgestellt werden, und immer kann eine neue Lochung dem Zwischenraum der Löcher passend gemacht werden. Das Auswechseln der Stempel kann in einigen Minuten erfolgen.

Außerdem wird diese Maschine auch als Schere für lange Bleche ausgeführt und ferner in der Form, daß sie sowohl als Vielfachlochpresse und Schere für langen Schnitt gebraucht werden kann.

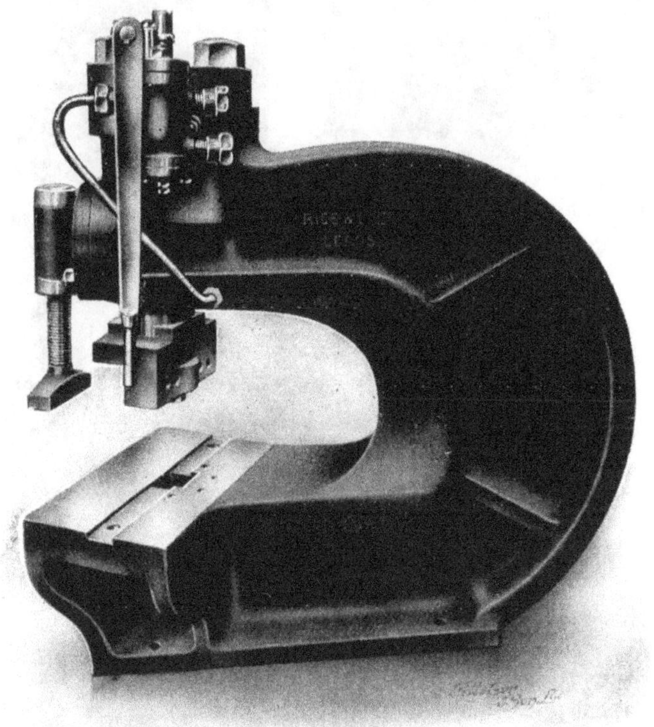

Fig. 498.

Abs. 411. **Hydraulische Viellochpresse bzw. Schere.** Bauart: Rice & Co., Ltd., Leeds. Fig. 498. Die Maschine ist ausgestattet mit drei losen, nicht gezeigten Werkzeugen, die schnell ausgewechselt werden können, sei es zum Schneiden von Platten oder Winkeleisen oder zum Herstellen mehrerer Löcher zugleich. Die Werkzeugeisen sind mit einem Schlitzzapfen versehen, der in einen Einschnitt im Tische paßt, so daß das Messer resp. die Punze oder auch mehrere genau in Richtung gebracht und in der Stellung festgehalten werden können. Der Rahmen ist aus weichem Stahlguß und hat eine Maulweite von 494 mm, jedoch sind Tisch und Schneiden winkelig gesetzt, so daß Platten von jeder Länge (nicht überschreitend 330 mm in Breite) geschnitten werden können. Sie schneidet 19 mm-Platten, Winkeleisen von 101 × 101 × 12 mm und stellen 19 mm starke Löcher durch 19 mm starke Platten.

Abs. 412. **Kombinierte Aushau- und Lochmaschine.** Bauart: Heyligenstaedt & Co., A.-G., Gießen.

Zweck: Die kombinierten Aushau- und Lochmaschinen dienen zum Blechtrennen in geraden, kreisförmigen oder geschwungenen Linien und zum Aushauen von Ornamenten aller Art, wie solche in Kunstschlossereien und Schablonen für die Werkstätten selbst usw. vorkommen. Außerdem sind aber diese Maschinen zum Einzellochen bestimmt und sollen in dieser Beziehung die Arbeit von Exzenterlochwerken gleicher Größe vollkommen ersetzen.

Konstruktion: Um die mit großer Hubzahl arbeitende Aushaumaschine auch als Lochmaschine verwendbar zu machen, ist ein doppeltes, ein- und ausrückbares

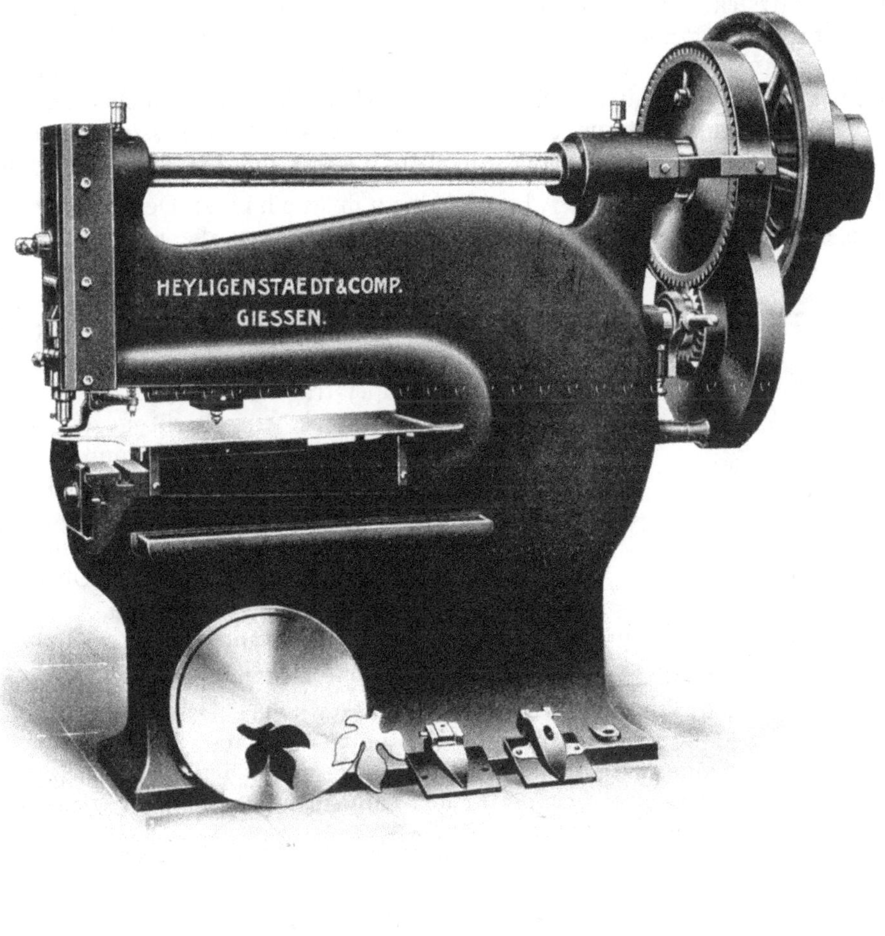

Fig. 499.

Rädervorgelege (früheres D. R. G.-M.) angebracht, welches eingerückt die Stempelhübe auf die zum Einzellochen geeignete Anzahl reduziert und gleichzeitig den Stempeldruck entsprechend vergrößert.

Die Hubbewegungen des den Stempel tragenden Schiebers können durch eine Momentaus- und -einrückung durch den in der Fig. 499 vorne oben sichtbaren kleinen Hebel jederzeit unterbrochen werden, und zwar kehrt hierbei der ausgerückte Schieber stets in seine höchste Stellung zurück. Die Ausrückungsvorrichtung selbst besteht aus einem schwingend angeordneten Druckstück in Verbindung mit einem Gleitstück, das durch den bereits erwähnten kleinen Hebel verschoben werden kann.

Das wichtigste Konstruktionselement der Maschine für ihren Zweck als Aushaumaschine ist die Einrichtung zum Hochziehen und Abklappen des Stempelhalters (früheres D. R. P.) zwecks bequemen Auswechselns der Stempel und Einbringens von Arbeitsstücken, welche durchbrochene Muster erhalten sollen. Diese Einrichtung ist durch die Art des Stempels bedingt, welcher sich mit seinem unteren, etwa bis zur Hälfte des Querschnitts abgesetzten Ende in der Matrize führt und auch bei der höchsten Arbeitsstellung nicht aus ihr heraustritt. Hierdurch wird der Stempel gegen seitliche Arbeitsdrücke gestützt und bildet gleichzeitig eine Führung für das Arbeitsstück. Die Absatzstelle des Stempels ist etwas auf Schnitt gestellt und muß natürlich bei höchster Stellung über dem Arbeitsstück liegen, bei tiefster aber in die Matrize hineinragen. Um den Stempel herauszunehmen, ist vermittelst des vorne befindlichen kleinen Hebels der Stempelhalter nach rechts zu drehen, dann hochzuheben und aufzuklappen.

Um kreisrunde Öffnungen bequem aushauen zu können, ist noch eine verstellbare Rundführung angebracht, deren Konstruktion aus der Fig. 499 zu erkennen ist.

Arbeitsweise: 1. Als Aushaumaschine: Der Antrieb erfolgt direkt, also ohne Zwischenschaltung des Rädervorgeleges, und die Hubzahl ist entsprechend den Blechstärken bzw. den Stempeldurchmessern einzustellen, was bei den normalen Maschinen durch Stufenscheiben, bei elektrisch angetriebenen eventuell durch Motorregulierung bewirkt werden kann. Der den Stempel tragende Schieber wird eingerückt und das Arbeitsstück ganz leicht gegen den abgesetzten Stempel gedrückt. Natürlich muß das auszuhauende Muster vorher auf das Arbeitsstück aufgezeichnet werden, es ist dann nach kurzer Übung ganz leicht, den vorgezeichneten Linien zu folgen. Der Stempel ist durch zweckmäßigst häufiges Ölen vor der frühzeitigen Abnutzung zu schützen.

Fig. 500.

Er wird aus bestem Rundstahl hergestellt und kann bei Verwendung des Spezialstempelschraubenstockes, Fig. 500, von jedem Schlosser leicht angefertigt werden.

2. Als Lochwerk zum Einzellochen. Das doppelte Rädervorgelege wird eingerückt, der aus Eisenblech hergestellte Tisch, die Rundführung und der zum Aushauen dienende Matrizenhalter werden abgenommen und je nach der Art der zu lochenden Arbeitsstücke einer der beiden Universalmatrizenhalter sowie die zum Stanzen üblichen Stempel und Matrizen eingesetzt.

3. Profileisenscheren.

Abs. 413. **Allgemeines über Profileisenscheren.** Wie der Name schon sagt, dienen diese Maschinen zum Zerteilen von Profileisen, ferner aber auch zum Zerteilen von Rundeisen, Quadrateisen u. dgl. Während es in Konstruktionswerkstätten geeignet sein mag, diese Maschinen, die hier unausgesetzt schneiden, elektrisch oder durch Riemen anzutreiben, halte ich den hydraulischen Antrieb dieser Maschinen in Schmieden für den günstigeren, da aller Voraussicht nach hier weniger Leerlaufverluste eintreten dürften. Der Vorzug des hydraulischen Antriebs in Schmieden, namentlich wenn große Profile warm geschnitten und durch Unachtsamkeit eines Arbeiters einmal zu kalt eingeschoben werden, ist der, daß kein Bruch durch Überbeanspruchung der Schere erfolgen kann.

In den nachstehenden Abschnitten sind sowohl mechanisch als auch hydraulisch angetriebene Maschinen beschrieben. Lit.-Nachw. Nr. 413.

Abs. 414. **Profileisenschneider.** Bauart: H e y l i g e n s t a e d t & C o., Werkzeugmaschinenfabrik und Eisengießerei A.-G., Gießen. Diese Originalkonstruktion einer Fassoneisenschere zeichnet sich dadurch aus, daß die verschiedenen Schnitte sowie die Stanze in der Drucklinie des Exzenters untereinander angeordnet sind. Infolge dieser zentralen Beanspruchung, welche jede seitliche Druckverschiebung ausschließt, findet ein sauberes Abschneiden der Profile statt, so daß sie ihre regelmäßige Form behalten.

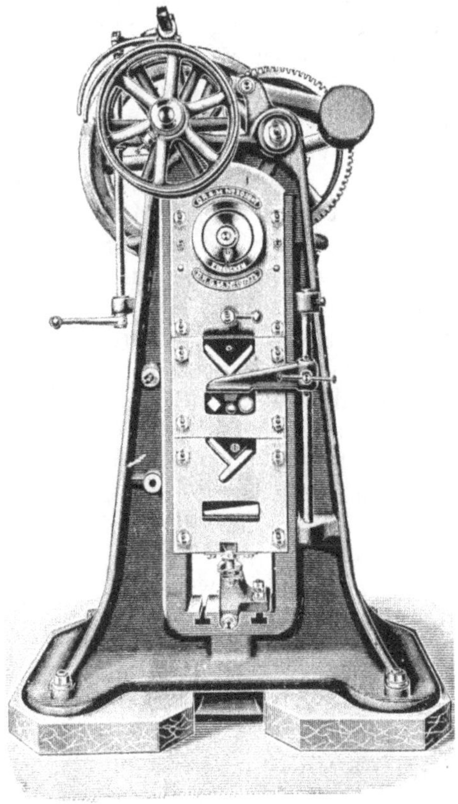

Fig. 501.

Der durch eine Feder ausbalancierte Schieber mit den eingelassenen Gußstahlmessern ist, wie die Deckplatten, welche die Gegenmesser tragen, aus Stahl hergestellt. Die Messer selbst sind leicht auszuwechseln. Der Eisenschneider Nr. 4 besitzt zwei verschiedene Profile für T-Eisen.

Die Maschinen besitzen Los- und Festscheibe und können direkt von der Transmission aus angetrieben werden. Bei direktem elektrischen Antrieb erhält der Motor seinen Platz oben auf der Maschine und wirkt vermittelst Rohhautrades auf ein an Stelle der Riemenscheiben angebrachtes Zahnrad. Ausgerüstet wird die Maschine ferner mit einer präzis wirkenden Momentausrückung.

Die Maschinen können auch zum Abschneiden von H- und U-Eisen sowie sonstiger Profile eingerichtet werden.

Es liegt in der Natur der Sache, daß man T-Eisen nur mit Messern, die dem betreffenden Profil ganz genau entsprechen, ohne Deformierung des Eisens exakt und sauber abschneiden kann. Es ist auch möglich, nahe beieinanderliegende Profile auf denselben Messern noch einigermaßen gerade und sauber abzuschneiden. In der Regel ist für je drei verschiedene T-Eisen ein Satz Messer erforderlich.

Nummer	2	3	4
Schneidet Flacheisen bis . . . mm	80 × 16	130 × 20 bzw. 200 × 13	200 × 20 bzw. 250 × 16
Schneidet Quadrateisen bis . . . mm	30	40	50
Schneidet Rundeisen bis . . . mm	35	45	55
Schneidet Winkeleisen bis . . . mm	80 × 80 × 10	110 × 110 × 14	130 × 130 × 14
Schneidet T-Eisen bis . . . mm	80 × 80 × 9	120 × 120 × 13	120 × 120 × 13 80 × 80 × 9
Locht bis zu einem Durchmesser von . . . mm	20	30	35
Locht Flußeisen bis zu einer Stärke von . . mm	16	20	25
Maximalstanzleistung, ausgedrückt in . . . qmm	1005	1885	2750
Hubzahl in der Minute ca. . . .	16	13	11
Durchmesser und Breite der Riemenscheibe . mm	400 × 80	440 × 120	500 × 140
Umdrehungszahl derselben in der Minute ca. . .	400	400	400
Kraftbedarf der Maschinen . . . ca. PS	4	6	8
Ungefähres Nettogewicht der Maschinen . . kg	875	2375	4300

Abs. 415. **Hydraulische Profileisenschere.** Bauart: J o h n C a m e r o n, Ltd., Manchester. Diese Maschine Patent Cameron & Snape dient zum Schneiden von

U-, H-, I-, L-Eisen oder ähnlichen regelmäßigen Formen. Sie ist für hydraulischen Betrieb konstruiert, sei es von einem Akkumulator aus oder durch kleine Pumpen, die direkt mit ihnen verbunden sind. Jede beliebige Größe von Winkeleisen kann damit ohne Messerwechsel geschnitten werden. Die Zylinder sind durch vier Stahlsäulen gestützt, die fest mit dem gußeisernen Grundgestell verbunden sind. Der Hauptpreßkolben wie auch der Rückzugkolben haben die gewöhnlichen Führungsbüchsen und Stopfbüchsen mit Hanfpackung. Der hydraulische Teil und die Bauart der Maschine sind stark genug bemessen, um auch die stärksten Eisen zu durchschneiden. In Betrieb gesetzt wird die Maschine durch ein Kolbenventil im Bereich des Bedienungsmannes; an jeder Seite der Maschine befindet sich ein Stellrad, mittels dessen die Schieber, welche die seitlichen Messer tragen, für das Schneiden, besonders von U-förmigem Eisen, eingestellt werden können. Die Operation des Durchschneidens der U-Eisen ohne Änderung des Schneideapparates, die charakteristische Eigenart dieser Maschine, geschieht, indem die Messer des oberen Kolbens und der Seiten einander genähert werden; diese Operation wird begrenzt durch Aufsitzen des Stoßmessers, das wie ein Locheisen wirkt und einen Schlitz in der Wandung des U-Eisens macht, jetzt bewegen die gegenüberstehenden Messer sich andauernd abwärts, bis der Kolben sich vollständig gesenkt hat. Da der Kolben durch Führungen an jeder Seite gestützt ist, und das doppelte Paar der Scherenblätter mit den Rändern parallel zueinander angeordnet ist, so bilden sie ein Quadrat, in den dreikantige Lochmeißel durch das obere Blatt geführt werden. Es ist klar, daß bei dieser Anordnung das Profileisen zu beiden Seiten gegen das obere oder schneidende Messer gestützt ist, und so gleichzeitig Verzerrungen unmöglich gemacht werden.

Abs. 416. **Hydraulische Winkeleisenschere.** Bauart: F i e l d i n g & P l a t t, Ltd., Gloucester. Die in Fig. 502 dargestellte Maschine kann Winkeleisen von 114 × 114 × 13 mm zerschneiden.

Fig. 502.

Fig. 503.

Den Körper bildet ein massives Gußstück, und der Zylinder ist mit Bronze ausgekleidet. Die Maschine ist mit einem hydraulischen Rückzugzylinder sowie patentiertem Kolbensteuerventil versehen.

Abs. 417. **Winkeleisenschneider.** Bauart: Rice & Co., Ltd., Leeds. Dieser Winkeleisenschneider ist imstande, 127 × 127 × 16 mm Winkeleisen jeder Länge ohne Verziehen abzuschneiden.

Der Rahmen ist aus weichem Stahlguß in einem Stück hergestellt. Die Zylinder sind alle mit Phosphorbronze ausgefüttert und mit einem Phosphorbronzeventil des neuen entlasteten Kolbenmodells versehen.

Die in Fig. 503 dargestellte Maschine ist klein und gedrungen; ihr Gewicht beträgt nur 1050 kg. Der Preis ist infolgedessen niedrig, und doch ist die Maschine für alle gewöhnlichen Bedürfnisse stark genug. Sie arbeitet mit 235 Atm., kann aber auch jedem Arbeitsdrucke angepaßt werden; für den Betrieb braucht sie nur mittels eines Kupferrohrs mit der Hauptrohrleitung verbunden zu werden.

Fig. 504.

Abs. 418. **Hydraulische Trägerschere.** Bauart: Breuer, Schumacher & Co., Köln — Kalk.

Zweck: Die in Fig. 504 abgebildete Schere stellt ein normales Modell einer hydraulischen Schere für Normal- und Grey-Träger dar.

Konstruktion: Die Maschine besteht aus der eigentlichen Schere und in dem abgebildeten Falle aus der mittels Elektromotors anzutreibenden Preßpumpe. Der Antrieb kann aber selbstverständlich ebensogut von der hydraulischen Zentralanlage erfolgen. Die Schere hat einen sehr kräftigen Ständer aus ausgeglühtem Stahlguß, der in seinem Oberteil den ebenfalls aus Stahlfassonguß hergestellten Druckzylinder umschließt. In letzterem bewegt sich der durch leicht auswechselbare Ledermanschetten abgedichtete Druckkolben, welcher in einem kräftig ausgeführten Schlitten das bewegliche Obermesser trägt. Der Schlitten ist in den Maschinenständer geführt. Außer dieser Messerführung ist auch noch dicht über dem abzuscherenden Profil eine zweite Führung vorgesehen, die den etwa auftretenden Seitendruck aufzunehmen hat. Gleichzeitig dient die untere Führung dazu, ein Ausweichen des Obermessers nach vorn oder hinten mit Sicherheit zu verhindern. Die feststehenden Untermesser sowie die mit Hilfe von je zwei Schraubenspindeln und Zahnradübersetzungen von Hand an die Profile nachstellbaren Seitenmesser sind direkt zwischen den Ständerhälften angeordnet. Es ist Vorkehrung getroffen, daß die Abfälle sicher durch den Ständer hindurchfallen können. Sämtliche Messer sind leicht auswechselbar. Diese Maschine wird auch fahrbar gemacht.

Arbeitsweise: Die in diesem Falle seitlich von der Schere montierte doppeltwirkende Preßpumpe arbeitet bis zu einem bestimmten Druck mit beiden Plungern. Dann wird ein Saugventil selbsttätig ausgerückt, wodurch erreicht wird, daß mit nur einem Plunger und entsprechend höherem Druck gearbeitet werden kann. Der Rückgang des Obermessers wird durch einen auf dem Druckzylinder angeordneten Hebezylinder bewirkt. Das Steuerventil ist seitlich von der Presse angebracht.

Fig. 505.

Abs. 419. **Hydraulische Stangen-Schneidemaschine.** Bauart: Rice & Co., Ltd., Leeds. Fig. 505 zeigt eine kräftige Maschine zum Abschneiden von runden oder viereckigen Eisen- und Stahlstangen. Der Ständer ist ein massives Gußeisenstück, das zur Aufnahme des Schlittens gut ausgehobelt, während der Zylinder ausgebohrt ist. Die Messer sind derart, daß sie alle Größen von Rundeisen oder viereckigen Eisen von 25—98 mm durchschneiden. Das Ventil ist aus Phosphorbronze und stellt das neue Kolbenmodell dar. Es ist mit einstellbaren, automatischen Absperrungen versehen, um den ganzen oder einen Teil des Hubes zu gebrauchen.

Abs. 420. **Doppelte, reinhydraulische Schere.** Bauart: Deutsche Niles-Werkzeugmaschinenfabrik, Berlin-Oberschöneweide.

Zweck: Die reinhydraulische Schere gemäß Fig. 506 dient zum Schneiden von Flußeisenblechen von 40 kg/qmm Festigkeit bis zu 36 mm Blechstärke und zum Schneiden von Winkeleisen bis zu 120 × 120 × 25 mm, Rundeisen bis 45 mm und Quadrateisen bis zu 42 mm Durchschnitt.

Konstruktion: Die Schere besteht aus einem aus Stahlformguß hergestellten Ständer, welcher auf beiden Seiten als Preßzylinder ausgebildet ist. Die Zylinder sind mit einer kräftigen Bronzebüchse versehen. Die aus Flußstahl hergestellten Preßplunger sind mit einer durch D. R. G.-M. geschützten Manschettenpackung abgedichtet. Die Rückzüge erfolgen durch einen Differentialplunger. Die Messerhalter sitzen an einer Vierkantführung und sind gegen die Preßplunger verschiebbar ausgebildet, so daß ein Ecken und Klemmen in den Führungen ausgeschlossen ist.

Arbeitsweise: Die Steuerung der beiden Scherenseiten, von denen jede für sich besonders erfolgt, kann sowohl von Hand als auch durch eine selbsttätige Umsteuerung automatisch betätigt werden, so daß man in der Lage ist, ununterbrochen ohne Anwendung des Steuerhebels weiterschneiden zu können.

Fig. 506.

Maß- und Gewichtstabelle.

Kraftäußerung für jede Seite . . . t	120
Hub . . . . mm	110
Zahl der Hübe pro Minute	10—12
Betriebswasserdruck . . . . . . Atm.	200
Länge . . . . ca. mm	2500
Gesamthöhe über Flur . . . . . mm	2400

4. Die Block- und Blechscheren.

Abs. 421. **Allgemeines über die Block- und Blechscheren für die Schmiede.** Die Block- und Blechscheren für die Schmiede werden meist nur interimistisch gebraucht. Sie sollen 1. in der Gesenkeschmiede die Stangen und die Bleche zuschneiden, die im Gesenk geschlagen oder gedrückt werden sollen (bei Blechen habe ich auch die Verzierungen der Kunstschmiede im Auge), 2. aber auch gegebenenfalls die im Gesenk geschlagenen Stücke voneinander abtrennen; ferner Bleche zur Herstellung von Heckplatten, Kesseln u. dgl. zuschneiden.

Der Antrieb soll daher auch ein anderer sein als derjenige der Scheren in Konstruktionswerkstätten. Während voraussichtlich in der Schmiede der Antrieb durch fluktuierende Medien vorherrschen wird, da es sich stets um große Kraftäußerungen in Intervallen handelt, wird in der Konstruktionswerkstatt der Antrieb elektrisch sein können, da es sich um fortlaufende Ausnutzung der Maschinen und nicht so plötzliche große Kraftentnahmen handelt. Eine Ausnahme machen die Kreisscheren, die wohl besser elektrisch angetrieben werden, wenngleich sich Kesselböden, falls autogene Schmiedanlagen vorhanden sind, in kürzerer Zeit herstellen lassen. Die Anschaffung der Kreisscheren ist aber wesentlich billiger. Lit.-Nachw. Nr. 421.

Fig. 507.

Abs. 422. **Vertikale dampfhydraulische Blockschere.** Bauart: Breuer, Schumacher & Co., A.-G., Köln — Kalk.

Zweck: Die in Fig. 507 abgebildete Schere dient zum Schneiden von rotwarmen Blöcken und Brammen sowie von Platinen.

Konstruktion: Die Maschine besteht aus zwei Hauptteilen, nämlich der eigentlichen Schere und dem Treibapparat zur Erzeugung der Druckflüssigkeit. Der Treibapparat kann mit Dampf und event. mit Druckluft betrieben werden. Da sich nun im Treibapparat die Expansion des Dampfes oder der Druckluft ausnutzen läßt.

wird die Arbeitsweise der Schere eine rationelle, indem für jeden zu schneidenden Querschnitt nicht mehr Dampf oder Druckluft verbraucht wird, als es der Widerstand des Materials erfordert. Die Anordnung des Treibapparates ist die gleiche wie bei der in Abs. 298 beschriebenen Dampf- bzw. lufthydraulischen Presse der gleichen Firma. Natürlich kann die Schere auch rein hydraulisch betrieben werden. In diesen Fällen sind die später beim Vergleich der dampfhydraulischen bzw. lufthydraulischen Pressen näher erläuterten Verhältnisse im wesentlichen die gleichen.

Die eigentliche Schere besteht aus einem zweiteiligen Ständer, der am unteren Ende durch Schrauben und Schrumpfbänder und am oberen durch Traversen solide zum eigentlichen Scherengestell verbunden ist. Zwischen den beiden Gestellhälften werden die Messerträger an besonderen, nachstellbaren Führungsleisten geführt. Das Schneiden erfolgt mittels zweier beweglichen Messer.

Der untere Messerträger sitzt an zwei Zugstangen, die an ihrem oberen Ende eine Traverse aus Stahlguß tragen. Diese Traverse ist als Druckzylinder ausgebildet, in dem der Druckkolben arbeitet, welcher mittels zweiteiligen Ringes mit dem oberen Messerträger verbunden ist. Der Druckkolben ist gegen den Zylinder durch Hydraulikpackung abgedichtet. Durch die in den Druckzylindern eingeführte Druckflüssigkeit wird also einerseits das Obermesser abwärts gepreßt, dann aber nach erfolgtem Aufsitzen des Obermessers die Stahlgußtraverse mit den beiden Zugstangen und dem Untermesserträger hochgehoben.

Während der Leerbewegung des Obermessers bis zu seinem Aufsitzen auf dem schneidenden Block füllt sich der Druckzylinder mit Vorfüllwasser aus einem Vorfüllbehälter, so daß eine unnütze Kraftverschwendung durch Leerschneiden unter Druck nicht stattfinden kann.

Zum Heben des oberen Messerträgers nach erfolgtem Schnitt ist zu beiden Seiten des Ständers je ein kleiner Zylinder vorgesehen. Die Hubbegrenzung beim Rückgang der Messer bilden in beiden Fällen die Ständertraversen.

Die Schere ist mit einem Niederhalter ausgestattet, der in der Weise wirkt, daß die schweren Brammen beim Durchschneiden am hinteren Ende nicht hochgehen können, da sonst bei ihrem Herunterschlagen sehr leicht eine Beschädigung des Rollganges eintreten würde. Der Niederhalter besteht aus einem hydraulischen Kolben mit Druckstange. Seine Arbeitsweise ist weiter unten im Zusammenhang mit derjenigen der Schere näher beschrieben.

Um Blöcke auf bestimmte Größen schneiden zu können, besitzt die Schere einen Vorstoß. Dieser besteht aus einer starken Gewindespindel, die einerseits in einem kräftigen Block, anderseits in einem der Ständer gelagert ist, und einem auf der Gewindespindel verstellbaren, aus Stahlfassonguß hergestellten Vorstoßhebel, der zur leichteren Handhabung ausbalanciert ist und seine Bewegung mittels Handhebels oder Motors erhält.

Arbeitsweise: Zunächst wird der zu schneidende Block durch den Rollgang zwischen beide Schermesser geschoben und durch den auf die zu schneidende Länge eingestellten Vorstoß in bezug auf die Länge des zu schneidenden Stückes fixiert. Hierauf erhalten die Kolben in beiden Rückzugzylindern Druck von oben, wodurch der obere Messerträger abwärts gedrückt wird, bis sich die Messerschneide auf den Block aufsetzt, während sich gleichzeitig der Druckzylinder mit Vorfüllwasser füllt. Jetzt wird das im Treibapparat erzeugte Hochdruckwasser in den vorgefüllten Druckzylinder geleitet, wodurch das auf dem Block aufruhende Obermesser fest auf diesem aufgedrückt wird, während anderseits das Untermesser durch den im Zylinder sich entwickelnden Druck nach oben bewegt wird und so den eigentlichen Schnitt vollführt.

Der Niederhalter ist mit dem oberen Messerschlitten verbunden und geht mit diesem abwärts, bis er auf den Block auftrifft. Während des Schneidens schiebt er sich um den Blockquerschnitt zurück und verhindert auf diese Weise ein Aufkippen des Blockes.

Nach dem Schnitt wird der Treibapparat durch einen Säbelhebel selbständig umgesteuert, wodurch die Druckflüssigkeit aus dem Zylinder nach dem Treibapparat bzw. nach dem Vorfüllbehälter zurückfließt. Dadurch geht der Zylinder samt dem unteren Messerträger bis auf die untere Traverse zurück. Gleichzeitig mit der Umsteuerung des Treibapparates wird auch der über den Kolben der beiden Rückzugzylinder stehende Dampf bzw. Luft auf Ausströmung gesteuert, so daß der unter diesen beiden Kolben stehende Dampf (Luft) den oberen Messerträger wieder in seine Anfangslage zurückdrückt.

Das Hochgehen des oberen Messerträgers kann durch Schließen des Füllventils oder aufgelegte Ringe entsprechend dem zu schneidenden Querschnitt eingeschränkt werden.

Eine erwähnenswerte Besonderheit der beschriebenen Anordnung besteht darin, daß infolge der Vorfüllung der Verbrauch an Druckwasser nicht größer ist, als es die Stärke des Blockes erfordert, um so mehr, als durch den begrenzten Hub ein Durchschießen des Messerträgers nach dem Schnitt vermieden wird.

Brüche bei Einführung von zu großen Querschnitten oder zu kaltem Material können bei derartigen Scheren nicht stattfinden. Wird nämlich die Belastung, für welche die Schere gebaut ist, überschritten, so wird keine Arbeit mehr geleistet, und die Scherenmesser bleiben stehen.

Fig. 508.

Abs. 423. **Horizontale dampfhydraulische Blockschere.** Bauart: Breuer, Schumacher & Co. A.-G., Köln-Kalk.

Zweck: Die in Fig. 508 abgebildete horizontale dampfhydraulische Schere dient zum Schneiden von vorgeschmiedeten, warmen Blöcken.

Konstruktion: Die Maschine setzt sich genau wie die unter Abs. 422 beschriebene vertikale dampfhydraulische Schere aus zwei Teilen zusammen, der eigentlichen Schere und dem Treibapparat. Der Unterschied dieser Schere gegenüber der in Abs. 422 beschriebenen vertikalen dampfhydraulischen Schere besteht darin, daß bei dieser Schere nur ein bewegliches Messer vorhanden ist. Hieraus und aus der horizontalen Stellung der Maschine ergibt sich ihre charakteristische Konstruktion.

Das unbewegliche Messer sitzt in einem Messerblock, der mit der gegenüberliegenden Ständerkappe durch 4 Zuganker aus Schmiedestahl, die den gesamten Scherenwiderstand aufzunehmen haben, verbunden ist. Der bewegliche Messerschlitten ist nachstellbar im Ständer geführt und kann zum Auswechseln von Manschetten leicht von Hand durch ein Schneckengetriebe verstellt werden. Ebenso wie bei der vertikalen Schere sind auch hier für die Führung des Messerschlittens auswechselbare Verschleißplatten vorhanden.

Der Druckzylinder aus geschmiedetem Stahl umschließt den Druckkolben, der in einfachster Weise mit dem Messerschlitten verbunden ist. Hinter dem Scherenständer ist auf der gleichen Fundamentplatte ein kleiner Dampfzylinder angebracht, dessen Kolben durch Zugstangen mit dem Messerschlitten in fester Verbindung steht und der dazu dient, den Messerschlitten bis zum Aufsitzen auf den zu schneidenden Block vorzuschieben und ihn nach vollendetem Schnitt rasch in die Anfangslage zurückzubringen.

Die Konstruktion des Vorstoßes, der das Abschneiden der Blöcke auf bestimmte Größen ermöglicht, ist genau die gleiche, wie die des Vorstoßes der vertikalen hydraulischen Schere.

Ein Niederhalten ist bei dieser Schere nicht erforderlich.

A r b e i t s w e i s e: Vor dem Schneiden wird der Messerschlitten auf den zu schneidenden Querschnitt eingestellt. Bei der Ausführung des Schnittes selbst wird zunächst durch den hinteren kleinen Dampfzylinder der Messerschlitten vorgeschoben, während sich der Druckzylinder mit Füllwasser aus dem Vorfüllbehälter anfüllt. In dem Augenblick, wo das Messer den zu schneidenden Block berührt, tritt der Treibapparat in Tätigkeit und das durch ihn erzeugte Druckwasser wirkt durch den Druckkolben auf den Messerschlitten bzw. auf das Messer, so daß der Block durchschnitten wird.

Während der Treibapparat wieder in seine Anfangslage zurückgeht, indem der zum Vorschub des Messers dienende Dampf auf Ausströmung und der Rückzugzylinder auf Einströmung gesteuert wird, kann der Messerschlitten wieder seine ursprüngliche Lage annehmen.

Die Steuerung der Schere erfolgt in genau der gleichen Weise wie die der vertikalen dampfhydraulischen Blockschere.

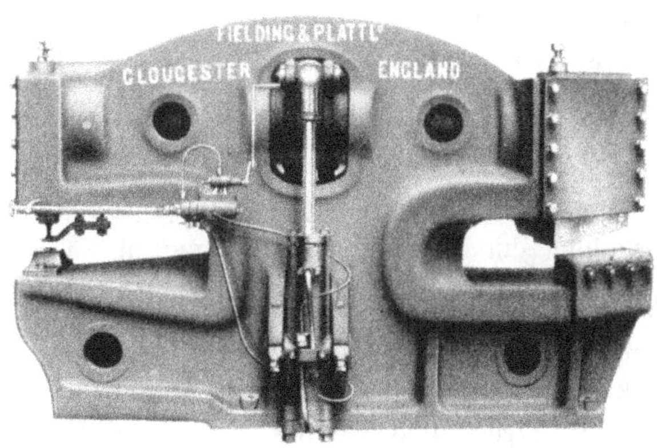

Fig. 509.

Abs. 424. **Automatische hydraulische Schere und Locher. Exzentermodell.** Bauart: F i e l d i n g & P l a t t, Ltd., Gloucester. Fig. 509 zeigt eine zweiseitige Schere und Locher, deren beide Seiten durch denselben Zylinder betätigt werden. Der hydraulische Antriebszylinder ist durch einen Hebel mit der Exzenterwelle, welche die Maschine der ganzen Länge nach durchsetzt, in der Mitte mittels Pleuelstange verbunden.

Wenn allerdings schwere Arbeiten ausgeführt werden sollen, so kann nur eine Seite gebraucht werden, aber bei leichteren Arbeiten können beide Seiten gleichzeitig benutzt werden.

Das Scherenmesser ist unter einem Winkel angebracht und gestattet, daß Platten von 711 mm Breite quer in jeder Länge durchschnitten werden können; auch schneidet die Maschine 254 mm breite Streifen von langen Platten ab. Die dargestellte Maschine locht und schneidet 25 mm starke Stahlplatten.

Abs. 425. **Hydraulische Blechschere (Hebelmodell).** Bauart: F i e l d i n g & P l a t t Ltd., Gloucester.

Z w e c k: Die Maschine dient zum Beschneiden von Blechen.

K o n s t r u k t i o n: Die abgebildete Schere Fig. 510 ist nach dem Hebelsystem gebaut und der hydraulische Zylinder, dessen Bewegung durch den Hebel auf den Messerhalter übertragen wird, ist an dem hinteren Ende des Scherenkörpers angeschraubt.

Fig. 510.

Die Maschine kann mit einer automatischen Vorrichtung fortgesetzt schneiden, ebenso mit einer Hubgeschwindigkeitsregulierung und einer Regulierung der Hubhöhe versehen werden.

Die Steuerung ist vom Scherenende zu bedienen.

M a ß t a b e l l e.

zuschneidende Blechstärke mm	Maultiefe mm
6,4	457
25,0	610
32,0	610
32,0	915

Abs. 426. **Hydraulische Blechschere.** Bauart: B r e u e r, S c h u m a c h e r & C o., Köln — Kalk.

Z w e c k: Die Scheren, die der in Fig. 511 abgebildeten Ausführung entsprechen, dienen zum Schneiden von Blechen in kaltem Zustande. Derartige Scheren sind von genannter Firma zum Schneiden von Blechen für Deckplatten u. dgl. bis 80 mm Stärke und 4500 mm Breite gebaut worden.

K o n s t r u k t i o n: Diese Scheren besitzen zwei kräftige Ständer, die an der Ausladung durch je einen in der ganzen Länge durchgehenden Schrumpfbolzen aus zähem Schmiedestahl gegen Dehnung und Bruch gesichert sind. Verbunden sind beide Ständer unten durch den das Untermesser tragenden, sehr starken Messerblock und oben durch eine hohe, kräftige Traverse aus Schmiedeeisen oder Stahlguß, welche die Rückzug- und Niederhaltezylinder aufnimmt.

Zur Erzeugung des Druckes dienen die auf den beiden äußeren Ständern angebrachten Druckzylinder, die so eingerichtet sind, daß mit ihnen verschiedene Drücke erzeugt werden können. Zu diesem Zweck umschließen die in den Zylindern gleitenden Kolben einen zweiten Kolben, der fest mit dem Boden des entsprechenden Druckzylinders verbunden ist, und dem das Druckwasser durch eine zentrale Bohrung zugeführt wird. Je nachdem also das Druckwasser dem größeren oder kleineren Kolben der Druckzylinder zugeführt wird, kommt die größere oder kleinere Druckstufe zur Wirkung.

Die in den Zylindern arbeitenden Druckkolben besitzen oben je eine besonders geführte Rolle, die ihrerseits auf einen mit einem auswechselbaren Druckstück versehenen Hebel wirkt. Diese Hebel sind an beiden Enden auf einer langen, kräftigen Welle aus Schmiedestahl aufgekeilt, die in beiden Ständern der Schere gelagert ist.

Durch diese Anordnung ist eine zwangläufige starre Verbindung zwischen den Kraftübertragungshebeln und den Druckkolben vermieden, so daß die Kolben, die kein Druckwasser erhalten, in der Anfangslage stehen bleiben, während der entsprechende Übertragungshebel durch die Welle abgehoben und mitgenommen wird.

Die Welle besteht aus drei Teilen, so daß sich bei einer Demontage die beiden durch die Ständer hindurchgehenden Enden nach Ausbau des Mittelteils bequem nach innen herausziehen lassen, ohne daß man die Ständer seitlich wegziehen muß.

Fig. 511.

Die Kraftübertragung dieser Welle auf das zwischen beiden Scherenständern vertikal geführte Obermesser findet mittels zweier Druckstücke statt. Mit dieser Konstruktion wird besonders erreicht, daß hierdurch eine absolut parallele Führung der oberen Messerschlitten entsteht.

Vor dem Untermesser befinden sich eine Anzahl leicht drehbarer Rollenköpfe, von denen sich einige um wenige Millimeter hydraulisch anheben lassen, um ein leichtes Verschieben des Bleches über dem Untermesser zu ermöglichen.

Für den Rückgang des Messers nach dem Schnitt sowie zum Niederhalten des Bleches während des Schnittes sind hydraulische Zylinder vorgesehen.

Arbeitsweise: Nachdem das zu schneidende Blech in die richtige Lage auf das Untermesser aufgebracht und eine der Dicke des Bleches entsprechende Druckstufe eingestellt worden ist, wird durch eine kleine Vorsteuerung die Hauptsteuerung selbst geöffnet. Das in die Druckzylinder eintretende Druckwasser vollführt dann den Schnitt. Während dieser Zeit stehen die Niederhaltezylinder ebenfalls unter Druck und verhindern ein Hochgehen des Bleches. Nach erfolgtem Schnitt werden die Druckzylinder auf Ausströmung gesteuert, während durch die Rückzugzylinder der Messerschlitten wieder in seine Anfangslage zurückgeholt wird.

Fig. 512.

Wie bereits erwähnt, wird die Hauptsteuerung durch eine kleine Vorsteuerung geöffnet und geschlossen, da infolge der großen Querschnitte die Handhabung der Hauptsteuerung unmittelbar von Hand für den Arbeiter auf die Dauer zu anstrengend wäre.

Abs. 427. **Kreisscheren für Kraftbetrieb mit doppelter Räderübersetzung und parallelen Wellen.** Bauart: L. Schuler, Göppingen, Württemberg.

Zweck: Diese in Fig. 512 dargestellten Scheren sind von besonders schwerer Konstruktion und von den größten Abmessungen sowohl hinsichtlich Blechstärke als auch Scheibendurchmesser, die noch zur Verarbeitung mittels Kreisscheren in Frage kommen.

Konstruktion: Der Hauptkörper ist aus Spezialgußeisen von hoher Festigkeit und sein Querschnitt so reichlich bemessen, daß ein Federn der Körper tunlichst vermieden wird. Die Messerwellen sind ebenfalls kräftig gehalten und aus zähem, geschmiedetem Stahl hergestellt; ihre Lagerung ist eine solide, und es werden die axialen Drücke, die beim Schneiden an den Wellen auftreten, durch ein Scheibendruckkugellager aufgenommen.

Die obere Messerwelle ist sowohl in senkrechter als auch in wagerechter Richtung verstellbar, letztere Verstellung geschieht durch Handrad, Schnecke und Schneckenrad. Es können somit für jede beliebige Blechstärke die Messer, die aus Gußstahl hergestellt sind, zueinander verstellt werden, wie auch ein öfteres Nachschärfen der Messer dadurch ermöglicht wird.

Der Führungsbogen ist auf einer gußeisernen Fundamentplatte prismatisch geführt und durch Handrad, konisches Getriebe und Gewindespindel für den zu schneidenden Durchmesser zu verstellen, wobei der einzustellende Durchmesser an einer Skala abgelesen werden kann. Zwecks bequemen und raschen Verstellens des Führungsbogens zum Scherenmittel gemäß der zu schneidenden Blockstärke ist der Führungsbogen drehbar gelagert und durch eine Gewindespindel an einem vorderen Lager verstellbar; eine Skala und Zeiger fixiert die Stellung des Führungsbogens für die verschiedenen Blechstärken.

Zum Schneiden von Streifen ist eine Streifenleitung im Scherenkörper vorgesehen, die gleichzeitig als Verstärkungsbacken ausgebildet ist; die Verstellung der Streifenleitung geschieht durch Handrad, Trieb- und Zahnstangen.

Der Antrieb der Scheren erfolgt durch Fest- und Losscheiben und doppelte Räderübersetzung — bei direktem elektrischen Antrieb mit dreifachem Rädervorgelege —, deren Zähne gefräst sind.

Zum Festspannen der Blechtafeln dienen zwei Klammerplatten, die auf Kugellager sich drehen, um jede Reibung möglichst zu verringern.

Maß- und Gewichtstabelle.

Modellzeichen		YR	YS	YN
Für Durchmesser von	mm	300/1500	400/2100	600/4500
Für Streifenbreiten bis	mm	1 000	1 000	500
Für Flußeisenbleche bis	mm	16	20	32
Riemenscheiben-Durchmesser	mm	800	800	1 100
Riemenscheiben-Breite	mm	150	170	275
Riemenscheiben-Umdrehungen pro Minute		300	300	500
Erforderliche Kraft	PS	24	30	90
Gewicht	kg	5 300	9 000	25 800
Gewicht ohne Führungsbogen	kg	3 700	5 500	18 000

5. Die Fräsmaschinen.

Abs. 428. **Allgemeines über Fräsmaschinen.** Die Fräsmaschinen, welche in den beiden folgenden Abschnitten besprochen werden, dienen dazu, den Grat, der sich beim Schmieden der Stücke im Gesenk bildet, noch in warmem Zustande abzufräsen. Da die Frässcheiben des häufigeren aufgehauen werden müssen, wodurch die Betriebsunkosten dieser Maschinen nicht unbedeutend werden, wird man dafür Sorge tragen müssen, die Stauchgesenke derartig auszubilden, daß sie gut aufeinanderpassen, und die zu verarbeitenden Materialien derartig zu wählen, daß die Arbeit dieser nicht entbehrlichen Maschinen möglichst gering ist. Der hohen Tourenzahl wegen werden diese Maschinen zweckmäßig mittels Elektromotors angetrieben. Lit.-Nachw. Nr. 428.

Abs. 429. **Warmfräs- und Sägemaschinen.** Bauart: Maschinenfabrik Hasenclever A.-G., Düsseldorf. Fig. 513.

Zweck: Diese Maschinen kommen für Abgratezwecke, zum Winkligfräsen von Stirnflächen, ferner auch zum Aufschneiden bestimmter Gabelstücke, zum Abschneiden von Stangenmaterial auf warmem Wege u. dgl. in Betracht.

Konstruktion: Die Hauptwelle ist in Ringschmierlagern angeordnet und trägt auf der linken Seite ein Sägeblatt, auf der rechten den Fräser, der als Kopf- und Seitenfräser ausgebildet ist. Zum bequemen Einlegen oder Auflegen der Arbeitsstücke sind verstellbare Auflageflächen angeordnet. Die Sägen bzw. Scheiben sind mit entsprechenden Schutzkappen ausgerüstet, die das Abfallmaterial nach unten führen. Der Antrieb erfolgt bei den kleineren Maschinen durch Fest- und Losscheibe mit Riemenausrückvorrichtung, nur die größte Maschine bekommt Festscheibe und wird am zweckmäßigsten durch Elektromotor betrieben.

Fig. 513.

Maß- und Gewichtstabelle.

Modellzeichen	Stirnfräser Für Rund- u. Quadrateisen bis mm	Stirnfräser Durchmesser mm	Stirnfräser Breite mm	Kraftbedarf ca. PS	Gewicht netto ca. kg
WF I	110	800	75	10	1300
WF Ia	90	600	60	8	700
WF II	65	350	50	6	350

Abs. 430. **Warmfräsmaschinen.** Bauart: De Fries & Cie. A.-G., Düsseldorf. Fig. 514 und 515. Das Gestell ist als kräftig dimensionierter Hohlgußrahmen ausgebildet und sichert ein ruhiges Arbeiten ohne Vibration. Die Spindel aus Gußstahl ist sauber nach Toleranzlehre geschliffen. Die Ölkammersparlager sind mit Weißmetall ausgelegt. Die angebrachten Schmiervorrichtungen gewährleisten zugleich den staubdichten Abschluß.

Die Fräserscheiben werden mit geschliffenem Konus auf der Arbeitsspindel aufgepaßt und mit dieser genau ausbalanciert.

Die Maschine läßt sich auch als Warmsäge verwenden; in diesem Falle wird eine der Fräserscheiben gegen ein Sägeblatt ausgewechselt. Auch kann die eine Seite der Maschine direkt als Warmsäge ausgebildet werden.

Fig. 514.

Fig. 515.

Hauptabmessungen.

Durchmesser und Breite des Walzenfräsers. . . . mm	350×50
Kleinster und größter Durchmesser des Planfräsers mm	160 u. 325
Umdrehungen derselben pro Minute	900
Erforderliche Bodenfläche . . . . mm	850×500
Gewicht . . . . ca. kg	310

6. Die Sägen und Metalltrennmaschinen.

Abs. 431. **Allgemeines über Sägen und Metalltrennmaschinen.** Diese Gattung von Werkzeugmaschinen wird in der Schmiede namentlich in dem Rohmateriallager verwendet. Weiter findet sie Anwendung an den Stellen der Schmiede, wo die Erzeugung von Massenfabrikaten stattfindet; so z. B. in der Nähe von Fallwerken und Schmiedestauchmaschinen. Hier sind die Sägen dann meist als Heißsägen ausgebildet, um das fertig geschlagene oder gestauchte Stück von der Stange abzutrennen. Eine andere Verwendungsart der Sägen ist vorzugsweise das Ausschneiden der Kurbelwellen, obgleich auch schon hier das autogene Schneiden mit Erfolg angewendet wird. Gegen letzteres spricht teilweise, daß eine höhere Materialzugabe als beim Schneiden erforderlich ist, um sicher zu sein, daß solche wesentlichen Triebteile einer Maschine im Material absolut gesund sind. Man rechnet hier nach Versuchen ca. 10 mm Zugabe vor dem Schmieden. Es ist zweifellos, daß durch das Schmieden ein Teil dieser 10 mm Zugabe durch Hämmern oder Pressen wieder veredelt wird; vielleicht wird man aber doch immerhin bei hochbeanspruchten Wellen aus hochwertigem Nickelstahl gut tun, diese mittels Säge zu schneiden. Die Sägen finden schließlich ihre Verwendung noch z. B. zum Abtrennen der Ränder von Panzerplatten auf Maß.

In der letzten Zeit sind infolge des Konkurrierens der autogenen Schneidemethode die Sägen in ihrer Leistung wesentlich heraufgesetzt worden, indem man Sägeblätter mit eingesetzten Schnelldrehstahlzähnen in Anwendung brachte. Dadurch und durch besseres Ausbilden des elastischen Vorschubes ist es möglich geworden, die Maschinen automatisch arbeiten zu lassen, so daß ein Mann gleichzeitig mehrere Sägen bedienen kann. Hiervon wird die Lohnrechnung in der Kalkulation erheblich beeinflußt.

Fig. 516.

Neuerdings tauchen auch in brauchbarer Form die zahnlosen Trennmaschinen auf welche eine erhebliche Leistung zeigen.

In den Abschnitten 432 bis 441 sind eine Reihe dieser Maschinen beschrieben. Lit.-N. Nr. 431.

Abs. 432. **Schnellaufende Kreissäge.** Bauart: Billings & Spencer Co., Hartford, Con. Diese Säge gestattet ein schnelles Abschneiden von Stangenmaterial oder der Enden von Gesenkschmiedestücken in glühendem oder kaltem Zustande.

Die ganze Konstruktion ist einfach und stabil. Die Sägenspindel läuft in Bronzebüchsen und besitzt Kettenschmierung. Das Sägeblatt ist auf der nicht arbeitenden Seite mit einem Schutzschirm umgeben und wird mittels Riemens oder Elektromotors angetrieben.

Abmessungen.

Schneidet Material (alle Sorten Stahl glühend) bis . . .	mm ϕ	76
Schneidet Material (Eisen oder weichen Stahl kalt) bis	mm ϕ	38
Durchmesser des Sägeblattes	mm	508
Dicke des Sägeblattes	mm	3,2
Umdrehungen bes Sägeblattes in der Minute		2500
Kraftbedarf	PS	11
Umdrehungen des erforderlichen Motors in der Minute.		1125
Erforderliche Bodenfläche bei Riemenantrieb.	mm	815×1520
Erforderliche Bodenfläche bei elektrischem Antrieb. . . .	mm	1300×1520
Gewicht der Maschine mit Deckenvorgelege	ca. kg	500
Gewicht der Maschine mit Motor	ca. kg	885

Das Arbeitsstück wird mittels Schraube und Handrad in einem drehbaren Halter eingespannt, welcher mit dem abzusägenden Stück von Hand durch eine einfache Kniehebelübertragung kräftig gegen die Kreissäge vorgeschoben wird.

Durch den Halter geht ein verstellbarer kräftiger Anschlag.

Abs. 433. **Kaltsägemaschinen „Rapid doppelt“ für rechtwinkelige Abschnitte.** Bauart: Gustav Wagner, Maschinenfabrik, Reutlingen, Württemberg. Fig. 517—525. Diese Maschinen sind für allgemeine Zwecke sowie als Ersatz der Abstechmaschinen für rechtwinkelige Abschnitte bestimmt.

Fig. 517. Kaltsägemaschine für rechtwinkelige und Gehrungsschnitte.

Sie sind entsprechend stark und gedrungen gebaut. Der Sägeblattantrieb erfolgt durch eine rechts- und linksgängige Doppelschnecke und zwei sich gegenüberliegende Schneckenräder aus Phosphorbronze; dadurch wird der Schneckenenddruck aufgehoben bzw. in Arbeit umgesetzt, der Druck auf die Schneckenradzähne und Lager halbiert. Das ganze Schneckengetriebe läuft in einem Ölbade.

Die Antriebsscheiben schieben sich nicht mit dem das Sägeblatt tragenden Schlitten vor.

Die Vorschubbewegung wird mittels Stufenscheiben, Schneckenradübersetzung und Kuppelung auf die Gewindeschaltspindel übertragen, deren Mutter durch ein verschiebbares Gewicht — entsprechend der Größe des vom Sägeblatt zu überwindenden Widerstandes — belastet ist. Wird dieser Widerstand größer als der Gewichtsdruck, dann schraubt sich die Mutter unter Anheben

Fig. 518. Kaltsägemaschine zur Bearbeitung von Blechen und Panzerplatten.

des Gewichts rückwärts, bringt schließlich die Schaltkuppelung außer Eingriff und unterbricht dadurch den Vorschub solange, bis das Sägeblatt den zu großen Widerstand überwunden hat und der — durch eine Griffstange belasteten — Schaltkuppe-

Fig. 519. Kaltsägemaschine mit einfachem und Doppelübersetzungskopf.

Fig. 520. Kaltsägemaschine mit einfachem und Doppelübersetzungskopf.

Fig. 521. Kaltsägemaschine zur Bearbeitung von Blechen.

Fig. 522. Kaltsägemaschine zur Bearbeitung von Blechen.

lung wieder in Eingriff zu gehen erlaubt. Mit der Griffstange wird der Vorschub auch von Hand aus- und eingerückt, ebenso eine Reibungskuppelung zum schnellen mechanischen Rücklauf des Sägeschlittens. So lassen sich durch Stufenscheibenwechsel sechs verschiedene Vorschubsgeschwindigkeiten erzielen. Ein verstellbarer Anschlag löst die Schaltung, wenn die eingestellte Schnittiefe erreicht ist, selbsttätig

Fig. 523. Kaltsägemaschine zum Ausschneiden von Kurbelwellen.

aus. Die Nachgiebigkeit des Schaltmechanismus schützt die Sägeblätter vor Bruch und Überlastung, bewirkt ein gleichmäßiges Schneiden sämtlicher Sägeblattzähne und erzielt die günstige Schnittzeit dadurch, daß sich der Vorschub dem Querschnitt des Arbeitsstückes selbsttätig anpaßt.

Fig. 524. Kaltsägemaschine zum Ausschneiden von Kurbelwellen.

Der Sägeschlitten ist auf seine ganze Länge nachstellbar geführt. Weil die Gleitbahn des Sägenkopfes den Arbeitsdruck aufnimmt, arbeitet die Maschine sehr ruhig.

Ein Winkelspannstock oder andere Vorrichtungen spannt die verschiedensten Arbeitsstücke horizontal und vertikal genau rechtwinkelig zum Sägeblatt. Kleine Quer-

Fig. 525. Kaltsägemaschine zum Ausschneiden von Kurbelwellen.

schnitte werden zweckmäßig zu einem Bündel zusammengespannt. Zur ungehinderten Einführung des Arbeitsstückes ist der Spannstock nach vorne offen. Das Sägeblatt sitzt geschützt hinter der Spannstelle.

Alle schützbaren Triebteile sind gekapselt. Um den Maschinenkörper läuft meist eine Wasserrinne. Die Sägespäne sammeln sich in einem — bei den Maschinengrößen D und E ausziehbaren — Trog. Das ablaufende Schmierwasser wird von einer Zahnradpumpe dem Sägeblatt zur reichlichen Schmierung und Kühlung wieder zugeführt.

Eine Reihe von Maschinen dieser Firma sind in Fig. 517—525 dargestellt.

Schnittzeiten sind für:

Siemens-Martin-Stahl, Härte III (50—60 kg Festigkeit):

	50	100	150	200	250	300
Höchstleistung . .	$^1/_2$	1	2	4	7	10
Dauerleistung. . .	$^3/_4$	2	$4—4^1/_2$	7—9	10—12	15—18

I-Träger:

NP 10	NP 20	NP 30	NP 40	NP 50	NP 60
$^1/_2$	1	$1^1/_2$	$2^1/_4$	3	$3^1/_2$ Min.
$^3/_4$	$1^1/_2$	$2^1/_2$	$3^1/_2$	$4^1/_2$	5 Min.

Abs. 434. **Die Hochleistungskaltsäge.** Bauart: L. Burckhardt & Weber, Werkzeugmaschinenfabrik, Reutlingen. Fig. 526. Die Hochleistungskaltsägemaschine ist speziell für rechtwinkelige Schnitte und für große Beanspruchung in bezug auf hohe Schnittfähigkeit, Durchzugskraft gebaut.

Der Antrieb durch Riemen erfolgt direkt von der Transmission aus auf eine feststehende Fest- und Losscheibe. Der Antrieb durch Elektromotor wird von einem Zahnradvorgelege bewirkt. Motor und Rädervorgelege sind dann an der Seite des Bettes montiert.

Die Sägenachse wird durch zwei hintereinanderliegende Schneckengetriebe sowie Stirnrädergetriebe angetrieben. Die Schneckenräder sind aus zäher Phosphorbronze hergestellt. Die Schnecken befinden sich auf der Antriebswelle. Sämtliche Achsen und Wellen des Antriebes laufen in Rotgußlagern.

Der nachgiebige Vorschub des Schlittenkopfes erfolgt entweder selbsttätig durch Stufenscheiben, Schnecken und Schneckenräder sowie Zahnkolben und Zahnstange oder von Hand. Sechs verschiedene große Vorschubgeschwindigkeiten sind vorhanden, ebenso ein verstellbarer Anschlag, welcher das selbsttätige Auslösen des Vorschubes nach erfolgtem Schnitt bzw. auf jeder gewünschten Schnittlänge bewirkt. Derselbe wird durch eine auf der Transportwelle befindliche, regulierbare Druckfeder und Klauenkuppelung hervorgerufen.

Der beschleunigte mechanische Rücklauf des Schlittenkopfes kann durch eine einfache Hebelbewegung betätigt werden. Sein Ausschalten erfolgt selbsttätig in jeder beliebigen Stellung.

Der Schlittenkopf bildet in seiner Verlängerung zugleich den Schlitten. Die Führung desselben ist ein zum Sägeblatt rechtwinkelig angeordnetes Prisma. Sie erfolgt auf seiner ganzen Länge. Die auftretenden Kippmomente werden infolge dieser Anordnung aufgenommen.

Die Bedienung erfolgt von vorne und ist einfach. Demzufolge können mehrere Maschinen durch einen Arbeiter bedient werden.

Fig. 526.

Ein kräftiger Winkelspannstock ermöglicht ein rechtwinkeliges Einspannen des Arbeitsstückes. Das Festspannen erfolgt mittels Rätschenhebel und Gewindespindeln.

Das Bett der Maschine ist als ein kräftig verrippter Hohlgußkörper ausgebildet und besitzt am oberen Teile die Schlittenführung sowie den Aufspanntisch zur Aufnahme des Winkelspannstockes. Der untere Rand des Bettes ist als Ölrinne ausgeführt. Der Hohlraum desselben ist ein Kühlwasserbehälter, in welchem ein ausziehbarer Spänekasten Aufnahme findet. Die Zahnradpumpe, welche durch Riemen angetrieben wird, fördert das Kühlwasser zum Sägeblatt.

Das Stammblatt des Kreissägeblattes »Perfekt« besteht aus bestem naturhartem Gußstahl, die Zähne sind aus hochwertigem Schnellaufstahl gefertigt, mittels Nut und Feder in das erstere eingelassen und durch Querstifte verkeilt. Ausgebrochene Zähne können, weil nach Schablone hergestellt, leicht und sicher ersetzt werden.

Abs. 435. **Kaltkreissägemaschine mit verstärktem Schlittenkopf „Spezial“ für Schnellbetrieb.** Bauart: L. Burckhardt & Weber, Werkzeugmaschinenfabrik Reutlingen. Fig. 527. Der Antrieb durch Elektromotor von Modell KS VII wird durch ein Zahnradvorgelege bewirkt und an die Seite des Bettes sind Motor- und Rädervorgelege montiert. Bei den kleineren Modellen erfolgt der elektrische Antrieb durch Riemen unter Verwendung eines Riemenspanners.

Der Antrieb der Sägenachse bildet den sog. Sägen- bzw. Schlittenkopf »Spezial«. Mit der Antriebswelle ist die mehrfach gängige Schnecke für den Sägenkopfantrieb

Fig. 527.

direkt verbunden, welche aus Stahl hergestellt ist und dreimal in Bronzelagern läuft. Das dazugehörige Schneckenrad ist aus Phosphorbronze hergestellt und rotiert in zwei Lagern.

Die Übertragung auf die Sägewelle erfolgt durch ein beiderseits am Kopfe angeordnetes Stirnrädergetriebe aus Stahl; das ganze Rädergetriebe ist eingekapselt. Durch Anwendung eines möglichst großen Steigungswinkels der Schnecke und durch die Übersetzung von 1 : 2 ins Langsame vom Schneckenrad aus wird das Schneckengetriebe wesentlich entlastet. Außerdem wird der Axial- und Flächendruck verringert; der Axialdruck wird von zwei großen, ständig in Öl laufenden Anlaufflächen aufgenommen. Der Schlittenkopf ist, um beliebige Gehrungsschnitte vornehmen zu können, im ganzen Kreise drehbar angeordnet, mit Gradeinteilung versehen und wird mittels Schrauben mit der Stößelführung verbunden.

Die Unterstützung des Schlittenkopfes, der bei Gehrungsschnitten leicht abnehmbar ist, veranlaßt einen ruhigen Gang der Maschine. (Von Modell KS IV ab.)

Der nachgiebige Vorschub des Schlittenkopfes erfolgt durch einen auf der Antriebswelle befestigten, verstellbaren Exzenter (bei den größeren Modellen durch Doppelexzenter), sowie Schnecke und Schneckenrad, Zahnkolben und Zahnstange. Mehrere verschieden große Vorschubgeschwindigkeiten sind vorgesehen, ebenso ein verstellbarer Anschlag, welcher das selbsttätige Auflösen des Vorschubs nach erfolgtem Schnitt bzw. auf jeder gewünschten Schnittlänge bewirkt.

Der beschleunigte mechanische Rücklauf des Schlittenkopfes erfolgt selbsttätig und kann von Hand betätigt werden. Sein Ausschalten erfolgt selbsttätig in jeder beliebigen Stellung.

Die Führung des Schlittenkopfes bildet ein kräftiger Schlitten, welcher auf vier Seiten in seiner ganzen Länge geführt ist. Die auftretenden Kippmomente werden infolge der angeordneten Führung aufgenommen.

Der Schlittenführungsbock ist als ein Hohlgußkörper ausgebildet, welcher nach oben hin in die Schlittenführung und nach unten hin in eine konisch verlaufende große Auflagefläche ausläuft.

Das Bett ist ebenfalls ein verrippter Gußkörper, auf dessen oberen Teil der Schlittenführungsbock Aufnahme findet. Sein vorderer Teil ist als ein Wasserbehälter ausgeführt. Eine seitliche Verlängerung bildet die Führung des Aufspanntisches.

Der Aufspanntisch ist mit mehreren Aufspannuten versehen. Seine Führung ist eine rechteckige Prismaführung, die am äußersten Teil des Tisches angebracht ist, um dessen Vibration zu vermeiden.

Zur Kühlung des Sägeblattes ist ein Tropfgefäß vorgesehen; an dessen Stelle bei den größeren Modellen eine Zahnradpumpe kommt, welche durch Riemen angetrieben wird und das Kühlwasser von einem in dem Fundament befindlichen Sammelbecken zum Sägeblatt fördert.

Bei Kaltkreissägemaschinen Modell KS a und KS av ist der Tisch horizontal durchgehend bzw. horizontal durchgehend und verstellbar ausgebildet.

Abs. 436. **Patent-Hochleistungschnellsäge.** Bauart: Gebr. Heller, Werkzeug- und Maschinenfabrik, Nürtingen, Württemberg. Fig. 528. Diese Maschinen sind in der Konstruktion verhältnismäßig einfach. Der Antrieb erfolgt bei Nr. 1—5 durch Einzelscheibe, bei Nr. 0 und 6 durch Voll- und Leerscheibe. Von hier aus wird die rotierende Bewegung durch ein reichlich-dimensioniertes, steilgängiges Schneckengetriebe, kombiniert mit doppeltem Rädervorgelege auf die Sägeachse bzw. das Sägeblatt übertragen. Diese Anordnung bedingt verhältnismäßig niedrigen Kraftverbrauch und gewährleistet einen guten Wirkungsgrad.

Der automatische, sich selbst nachregulierende Vorschub erfolgt durch Schalträderkasten mit fünf verschiedenen Geschwindigkeiten und wird durch einen innerhalb der Höchstgrenze auf jeder Schnittlänge einstellbaren Anschlag nach erreichtem Schnitt selbsttätig ausgelöst.

Durch Umschaltung des Hebels an der Stirnseite der Maschine tritt der ebenfalls automatische, durch einstellbaren Anschlag begrenzte Rücklauf in Tätigkeit. Da der Rücklauf des Schlittens innerhalb einiger Sekunden erfolgt, kann das Weiterspannen des Materials nach Umschaltung des Hebels sofort erfolgen. Sodann tritt durch einen entgegengesetzten Hebeldruck der Vorschub sofort in Tätigkeit.

Die Länge der abzuschneidenden Teile kann durch einen verstellbaren Anschlag mit Feineinstellschrauben begrenzt werden. Bei gleichbleibenden Schnittlängen hat der die Maschine bedienende Mann also nur das Einspannen des Materials und nach erfolgtem Schnitt bzw. Rücklauf eine einfache Hebelschaltung an der Stirnseite der Maschine vorzunehmen.

Das Abstellen der Maschine, was bei gleichbleibenden Schnittlängen ja selten erforderlich ist, geschieht ebenfalls von der Stirnseite der Maschine aus durch ein angebrachtes Handrad, welches eine Friktionskuppelung betätigt. Die an der Längsseite der Maschine befindlichen Handräder und Handhebel dienen zum Einstellen der Schnittlängen und Vorschubgeschwindigkeiten. Die einfache Bedienungsweise ermöglicht es, daß ein Mann zwei bis drei Maschinen bedienen kann.

Fig. 528.

Das kräftig gebaute Bett der Maschine ist mit umlaufender Wasserrinne versehen und im Innern als Kühlflüssigkeitsbehälter ausgebildet.

Der auf breiten, rechtwinkeligen Bahnen geführte, kräftige Schlitten ist gegen seitliche Verschiebung durch eine nachstellbare konische Leiste gesichert, wodurch in Verbindung mit dem reichlich dimensionierten Sägeachsenkopfgetriebe ein präziser Schnitt gewährleistet ist.

Der Spannstock eignet sich sowohl zum Einspannen von Rund- wie Kantigmaterial.

Die aus Spezialmaterial angefertigte Antriebsschnecke läuft ständig in einem Ölbad. Das Schnecken- und die Stirnrädergetriebe des Sägeachsenkopfes sind vollständig eingekapselt, die zugehörigen zylindrischen Achsen laufen in nachstellbaren Bronzelagern. Hauptantriebwelle und Büchse laufen in langen Rotguß- bzw. Ringschmierlagern.

Die beim Schneiden erzeugten Späne werden in einem siebartigen Kasten aufgefangen, wodurch Sauberkeit bedingt ist.

Die Maschinen werden gebaut für Rundmaterial bis 500 mm Durchmesser. Die Leistungen sind hoch bei Verwendung von Schnellaufblättern, das sind Sägeblätter mit eingesetzten Zähnen aus naturhartem Stahl; so wird z. B. Siemens-Martin-Stahl von 70—80 kg Festigkeit, 250 mm Durchmesser in 14—15 Minuten im Dauerbetrieb geschnitten. Der Kraftverbrauch der Maschine beträgt hierfür ca. 10 PS.

Hauptabmessungen	Patent-Schnellsäge SS 0	Patent-Schnellsäge SS 1	Patent-Schnellsäge SS 2	Patent-Schnellsäge SS 3	Patent-Schnellsäge SS 4	Patent-Schnellsäge SS 5	Patent-Schnellsäge SS 6
Schnellsägeblattdurchmesser mm	410	550	660	820	1020	1220	1420
Größtes zu schneidendes I-Profileisen	25	32	40	55	700 × 300	750 × 300	1000 × 300
Größter zu schneidender Durchmesser . . . mm	125	160	200	250	325	430	500
Gewicht der Maschine, verpackt ..... ca. kg	1150	2000	2650	3300	5200	6000	8500
Raumbedarf..... mm	1900 × 1300 × 900	2500 × 1400 × 1400	2700 × 1450 × 1450	3000 × 1600 × 1550	3500 × 1850 × 1600	3850 × 2000 × 1700	4500 × 2200 × 1850

Abs. 437. **Kaltkreissägemaschine.** Bauart: Gebr. Heller, Nürtingen, Württemberg. Fig. 529 und 530. Diese Kaltsäge ist mit Einzelscheibenantrieb ausgerüstet. Die Riemenscheibe ist fest in einem Bock gelagert, der mit dem Bett der Maschine

Fig. 529.

starr verbunden ist. Die Kraftübertragung auf die Antriebswelle erfolgt durch eine Klauenkuppelung, welche durch selbsttätige, nach erfolgtem Schnitt wirkende Momentausrückung, die auf jede beliebige Schnittlänge eingestellt werden kann, ausgelöst wird.

Auf der Antriebswelle ist die Schnecke durch eine eigenartige, patentierte Anordnung gelagert. Die Schnecke selbst ist aus Spezialstahl hergestellt und gehärtet und geschliffen; sie läuft nebst dem Schneckenrad aus bester Phosphorbronze beständig in Öl.

Die zylindrische Sägenachse besitzt nachziehbare Lagerung und eine Aufspannvorrichtung für das Sägeblatt. Der selbsttätige Vorschub des Spindelstockes geschieht

Fig. 530.

durch Kette und Kettenräder, Friktionsscheibe kombiniert mit Schneckengetriebe, Zahnkolben und Zahnstange. Die Regulierung der Vorschubgeschwindigkeit kann während des Betriebes durch einen Handhebel bewirkt werden. Die Verstellung bietet eine Gewähr dafür, daß der Arbeiter den Vorschub auch wirklich in jedem gegebenen Falle so ändert, daß die Leistungsfähigkeit der Maschine aufs vollständigste ausgenutzt wird.

Für die schnelle Vor- und Rückwärtsbewegung des Spindelstockes ist ein Handrad vorgesehen.

Das Bett dieser Kaltsägemaschine ist besonders kräftig gehalten, sachgemäß verrippt und mit breiten Wangen für die Führung des Spindelstockes ausgerüstet. Dieser ist auf seiner ganzen Länge in solider Weise gegen seitliche Verschiebung gesichert, er ist stark gebaut. Der Spindelstockkopf ist mit Gradeinteilung versehen und kann in jedem beliebigen Winkel für Gehrungsschnitte eingestellt werden. Sämtliche schnelllaufenden Wellen sind in Bronzebüchsen gelagert. Die Werkstücke lassen sich ohne besondere Kraftaufwendung sicher und unverrückbar in den Schraubstock einspannen. Für die Kühlung des Blattes sorgt eine besondere Pumpe. Das ablaufende Kühlwasser wird in einer tiefen Rinne aufgefangen.

Diese Kaltsäge ist durchweg so kräftig gehalten, daß die Verwendung von Schnellsägeblättern möglich ist und den Ansprüchen an eine einfache Schnellsäge genügt.

Maße und Leistungen der Maschinen.

Größe Nr.		Sägeblatt-durchmesser mm	Größtes zu schneidendes Profil mm	Gewicht ca. kg
2	Ohne Fuß und kastenförmiges Untergestell	310	90 × 225	375
	Mit 1 Fuß und kastenförmigem Untergestell	310	90 × 225	610
3	Ohne Fuß und kastenförmiges Untergestell	410	125 × 310	625
	Mit 1 Fuß und kastenförmigem Untergestell	410	125 × 310	950
4	Ohne Untergestell	510	160 × 410	1250
	Mit Untergestell	510	160 × 410	1900
5	Ohne Untergestell	610	200 × 510	2000
	Mit Untergestell	610	200 × 510	2700
6	Ohne Untergestell	810	250 × 560	2800

Abs. 438. **Heißeisenschlittensäge Modell H. S. I.** Bauart: Eduard Laeis & Cie., G. m. b. H., Trier. Fig. 531. Die Säge besteht im wesentlichen aus einer gußeisernen Grundplatte mit verlängertem Schlitten, welch letzterer die Lagerung für die

Fig. 531.

Sägewelle trägt und ebenso den Motor für deren Antrieb aufnimmt, sowie einer in Stahl geschmiedeten Sägewelle mit Riemenscheibe, einer Klemmscheibe zur Befestigung des Sägeblattes. Die Lager für die Sägewelle sind als Ringschmierlager ausgebildet und haben mit Rücksicht auf die hohe Tourenzahl der Welle sehr lange Lagerflächen. Der Vor- und Rückschub des Sägeschlittens geschieht hydraulisch. Die Säge ist ferner mit einer Schutzhaube über dem Sägeblatt und einem Schutzkasten über dem Riemen versehen.

Abs. 439. **Pendelsäge PS.** Bauart: Eduard Laeis & Cie., G. m. b. H., Trier. Fig. 532. Diese Pendeläge besteht aus einer großen Grundplatte mit zwei aufmontierten Ständern, die je zwei Lager für die Pendellagerung und Vorgelegewelle tragen, erstere besitzen Rotgußlagerschalen, letztere gußeiserne Schalen mit Kompositionsausguß. Die Lagerschalen sind sehr lang gehalten, die Lager selbst als Ringschmierlager ausgebildet. Die beiden Ständer sind, und zwar aus Stabilitätsrücksichten, auf der Rückseite mit einer zweiteiligen Platte verbunden, welche die Lagerung für die beiden hydraulischen Zylinder und ebenso für den Handvorschub trägt. Die beiden Hydraulikzylinder für den Vor- und Rückschub des Pendels sind aus Gußeisen hergestellt und mit Rotgußbüchsen ausgefüttert; die Plunger werden in geschmiedetem Stahl, die die zwei Plunger verbindende Zahnstange in Stahlguß und das in diese eingreifende Triebrad ebenfalls in Stahlguß ausgeführt. Die beiden mit dem Sägependel in Verbindung stehenden Zahnstangen sind aus geschmiedetem Stahl mit geschnittenen Zähnen hergestellt. Das Pendel erhält kastenförmigen Querschnitt, die Lager für die Sägewelle sind für Ölschmierung eingerichtet, die gußeisernen Lagerschalen, mit Kompositionsausguß versehen, erhalten 110 mm Bohrung bei 250 mm Lauflänge. Das Vorgelege sowie die Sägewelle sind kräftig dimensioniert und aus geschmiedetem Stahl hergestellt. Entgegen den früheren Konstruktionen führt obige Firma die Sägewelle jetzt so aus, daß sie nur mit einem breiten Riemen angetrieben wird. Das Sägeblatt ist mit einem Schutzkasten versehen.

Fig. 532.

Abs. 440. **Bandsäge für Metalle.** Bauart: Fried. Krupp A.-G., Grusonwerk, Magdeburg. Diese Bandsäge dient zum Zerschneiden der verschiedenen Werkstoffe (geschmiedeter oder gewalzter Stahl, Schmiedeeisen, Kupfer usw.) in kaltem Zustande. Je nach der Verwendung für geraden oder bogenförmigen Schnitt werden Blätter verschiedener Breite benutzt. Jedes Blatt bildet ein Band ohne Ende, das auf zwei mit Gummi bekleideten Scheiben läuft und zwischen diesen oberhalb des Werkstücks sowie unterhalb des Tisches von je zwei Seitenrollen und einer Rückenrolle geführt wird. Die Maschinen sind kräftig gebaut, arbeiten mit geringem Schnittverlust und gebrauchen verhältnismäßig wenig Betriebskraft. Die Sägeblätter sind zur Erzielung freien Schnitts an der Zahnseite stärker als am Rücken.

Die Ausführung der Sägen erfolgt in mehreren Größen (siehe Zusammenstellung 1), die mit Ausnahme von Nr. 1 sämtlich selbsttätigen Vorschub besitzen. Die Veränderung des Vorschubes bei den Sägen Nr. 2, 3 und 4 kann sowohl beim Stillstand als auch während des Ganges der Maschine vorgenommen werden und geht augenblicklich vor sich, so daß man imstande ist, bei einem Arbeitsstück mit verschiedenen Schnitthöhen den Vorschub stets diesen anzupassen (siehe Zusammenstellung 2).

Zusammenstellung 1.

Bandsäge Nr.	1	2	3	4	4a 40	4a 60
Ausladung . . . . mm	700	600	1000	1400	1400	1400
Durchmesser der Sägeblattscheiben mm	750	750	1100	1500	1500	1500
Größte Schnitthöhe . . . . mm	300	250	400	500	400	400
Vorschub des Tisches. . . . . . . mm	350	500	1000	1250	4000	6000
Kraftbedarf . . . . PK	$^1/_2$	$^3/_4$	1	$1^1/_2$	6	8

Fig. 533.

Zusammenstellung 2.

(Leistung der Bandsäge Nr. 3.)

	Stärke (Schnitthöhe) des zu zerschneidenden Arbeitsstückes in mm														
	12	20	30	40	50	65	80	100	140	180	220	260	300	350	400
	Vorschub in der Minute (mm)														
Für Stahl	39,5	31,2	22,4	16	11,3	9,8	7,9	5,6	4	2,9	2,4	1,9	1,3	1	0,7
Für Schmiedeeisen	50	44,5	32	22,8	16,2	14	11	7,9	5,7	4	3,4	2,7	1,9	1,4	1
Für Kupfer . . .	178	126	91,6	65	46	40	31,5	22,6	16,2	11,4	9,4	7,6	5,4	3,9	2,8

Abs. 441. **Metalltrennmaschinen.** Bauart: Mars-Werke, A.-G., Nürnberg-Doos. Das Prinzip der Arbeitsweise ist an sich überaus einfach: das zu trennende Material wird durch die in Wärme umgesetzte Reibung am Umfange der mit hoher Geschwindigkeit umlaufenden Metallscheibe zum Glühen und schließlich zum Fließen gebracht. Soweit die davon betroffenen Metallteilchen nicht verbrennen, schleudert sie die vordringende Trennscheibe aus ihrem Weg. Dabei vollzieht sich der Vorgang so überaus rasch, daß die Trennscheibe selbst nicht zum Glühen kommt.

Langjährige Versuche führten nun zu einer Anzahl von Leitsätzen, die in den nachstehend beschriebenen Maschinen in erfolgreicher Weise verköprert erscheinen:

1. Die Reibung zwischen Trennblattperipherie und Arbeitsstücke nach Möglichkeit zu vergrößern.
2. Die entstehende Wärme auf die Schnittstelle zu konzentrieren und gleichzeitig vom Trennblatt fernzuhalten.
3. Die Trennblätter so klein und damit so dünn wie möglich zu dimensionieren, um die Trennstelle so schmal wie möglich und damit den Kraftverbrauch so gering wie angängig zu halten.
4. Das Verfahren seiner Eigenart gemäß in Spezialmaschinen mehrerer Größen auszuwerten, die vornehmlich Profileisen trennen sollen.

Eine günstige Gestaltung der Reibungsverhältnisse zwischen Trennblatt und Arbeitsstück sowie die Fernhaltung und Ableitung der Wärme von der Trennscheibe wird durch die besondere konstruktive Ausbildung der letzteren erreicht. Das Trennblatt erzeugt sich selbst einen kräftigen Luftstrom; dieser preßt sich zu beiden Seiten zwischen Blatt und Arbeitsstück, führt die vom Trennblatt aufgenommene Wärme ab und umspült die Schnittstelle, hierbei durch Zuführung von Sauerstoff den Verbrennungsprozeß der Materialteilchen lebhaft unterstützend. Es ist damit die erforderliche Kühlung des Blattes gleichzeitig zur Unterstützung der Schneidvorgänge nutzbar gemacht.

Zur Kleinhaltung der Trennblätter ist zu bemerken:

Des einfachen Aufbaues, der Bedienung und der Instandhaltung halber ist vom Riemenantrieb abgesehen worden, bis auf die beiden kleinsten Typen, welche von untergeordneter Bedeutung sind. Die Trennblätter werden bei allen anderen Maschinengrößen direkt auf die Achse eines Elektromotors montiert, und der Durchmesser dieses Motors im Verein mit seiner Tourenzahl und der Abmessung des Trennblattes bestimmen die mögliche Größe des zu trennenden Arbeitsstückes. Bei konstanter Größe des Trennblattes und seiner Umfangsgeschwindigkeit wächst also die mögliche Arbeitsstückgröße mit der Verkleinerung des Motordurchmessers. Diese Erkenntnis wurde dahingehend ausgenutzt, daß für die vorliegenden Maschinen Spezialelektromotoren mit besonders kleinem Durchmesser gebaut wurden.

Die Trennscheiben bestehen aus einem für seinen Zweck besonders ausgesuchten Material von ca. 4000 kg qcm Festigkeit. Es ist von weicher und zäher Beschaffenheit und gleichmäßig stark gewalzt.

Irrige Anschauungen bestehen bisweilen über die in einer solchen Scheibe auftretenden Fliehkraftspannungen. In dem ersten Schaulinienbild der Fig. 534 sind zwei Kurvenpaare gezeigt, woraus diese Spannungen für eine mit 3000 Touren pro Minute umlaufende Scheibe von 500 mm Dtr. und eine mit der gleichen Tourenzahl rotierende Scheibe von 900 mm Dtr. zu ersehen sind. In beiden Fällen bleiben die Beanspruchungen recht mäßig.

In der Maschine selbst wird das Trennblatt zwischen zwei geschmiedeten Siemens-Martin-Stahlflanschen gehalten, die im Durchmesser dem des Motors gleich sind, also nur den tatsächlich zum Trennen benötigten Teil des Blattes frei lassen.

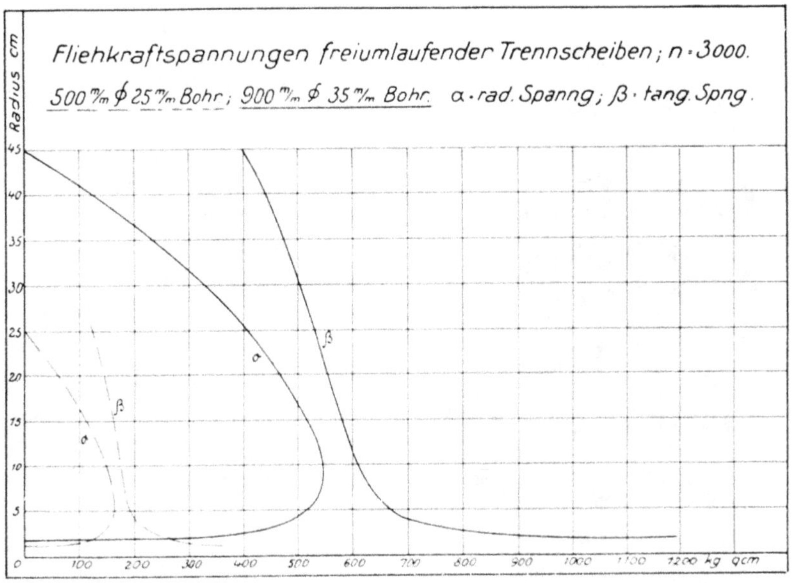

Fig. 534.

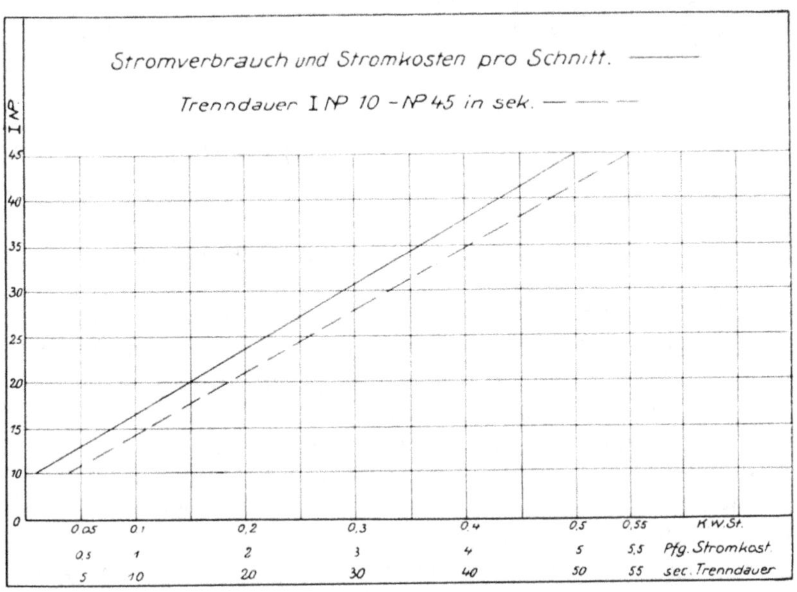

Die in Fig. 535 gezeigte Maschine ist für leichte Profilarbeiten gedacht, bis etwa I-Eisen NP 10. Das Arbeitsstück wird unter einem Stellwinkel festgespannt, welcher für Gehrungsschnitte bis 45° eingestellt werden kann. Der Vorschub des Tisches erfolgt durch Handkurbel und Spindel. Das Anwendungsgebiet dieser sowie der sonst gleichen, nur durch Riemen angetriebenen Maschine liegt in Schmieden, welche kleinere Stab- und Profileisen verarbeiten, also z. B. für Geldschränke, zum Trennen von Siederohren usw. Der elektrische Antrieb der Maschine ist natürlich vorzuziehen; der eingebaute Motor ist für 4 PS Dauerleistung bemessen. Das Schneiden von I-Eisen NP 10 erfordert ca. 20 Sekunden.

Fig. 535.

In letzter Zeit hat man in dieser Ausführung noch ein größeres Modell verlangt, welches mit 10 pferdigem Motor ausgerüstet ist, bis NP 15 reicht und dieses Profil in ca. 40 Sekunden trennt.

Die mit 10 PS-Motoren versehene Maschine besitzt im Gegensatz zu den eben beschriebenen einen feststehenden Tisch. Das auch bei Gehrungsschnitten immer in derselben Richtung zugeführte Material wird durch das von unten herauf geschwenkte Trennblatt mit Motor geteilt. Zum Gewichtsausgleich dient das am Bedienungsende des zweiarmigen Hebels angeordnete Gegengewicht. Die gesamte Maschine ist für Gehrungsschnitte auf ihrer Grundplatte drehbar gemacht. Die Höchstleistung ist NP 25 mit ca. 58 Sekunden Trenndauer.

Die nächste Größennummer Fig. 536 ist in gleicher Konstruktion ausgeführt, nur daß der eingebaute Elektromotor für 20 PS Dauerleistung bemessen ist und die mechanischen Teile gleichfalls verstärkt sind. Dementsprechend reicht das Anwendungsgebiet bis I-Eisen NP 30. Ein derartiges Eisen wird in ca. 60 Sekunden getrennt.

Bei dem größten Typ Fig. 537, welcher heute gebaut wird, leistet der Motor dauernd 35 PS, und I-Eisen NP 45 wird in 55 Sekunden getrennt. Der Vorschub erfolgt gleichfalls von Hand mittels Speichenrad und Zahnradübersetzung. Auch bei dieser Maschine ist Vorsorge getroffen, daß Winkelschnitte bis zu 45° ausgeführt werden können, ohne das Arbeitsstück quer durch die Werkstatt legen zu müssen. Außerdem werden neben diesen Normalmodellen noch eine Anzahl Spezialmodelle ausgeführt, so z. B. zum Trennen von Eisen- und Straßenbahnschienen, größeren Rohren, kombiniert mit Warmsägen usw., die sich in der Praxis ebenfalls bewähren.

Aus der zweiten Schaulinie der Fig. 534 ist die Leistung dieser Maschine an I-Eisen von NP 10 bis NP 45 ersichtlich, ebenso ist der Stromverbrauch und sind die Stromkosten pro Schnitt unter der Annahme von 10 Pf. pro Kilowattstunde gezeigt. Bei weiterer Untersuchung des Schaubildes kommt man zu dem Resultat, daß schwache Profile pro Quadratzentimeter Schnittfläche geringere Energie benötigen als stärkere

Profile. Damit ist dem Arbeitsverfahren eine wirtschaftliche Grenze gesetzt, die je nach den in einer Gegend herrschenden Stromkosten verschieden hoch sein kann. Die Fabrikantin hat die Maschinen daher, wie schon eingangs erwähnt, als Spezialtypen hauptsächlich zur Verarbeitung von Profileisen und Schienen gebaut.

Fig. 536.

Zusammenstellung der Leistungen und Abmessungen.

Maschinen-Nr.		1	2	3
Trennt Formeisen bis	mm	—	100 × 50	100 × 50
» Rundeisen bis	mm	15	25	25
» Vierkannteisen bis	mm	15	25	25
» Flacheisen bis	mm	60 × 6	70 × 10	70 × 10
» Rohre bis	mm	25 × 4	50 × 6	50 × 6
Durchmesser des Trennblattes	mm	300	500	500
Umdrehungen des Trennblattes i. d. Min.	ca.	5000	3500	3500
Umdrehungen des Vorgeleges in der Minute	ca.	1000	700	—
Voll- und Leerscheibe am Vorgelege	mm	150 × 110	200 × 160	—
Ungefährer Kraftbedarf bezw. Dauerleistung des eingebauten elektrischen Treibers	PS	3	4	4
Tischgröße	mm	—	570 × 350	570 × 350
Ganze Höhe der Maschine	ca. mm	1400	1150	1150
Erforderliche Bodenfläche	ca. mm	500 × 500	1200 × 900	700 × 600
Reingewinn der vollständigen Maschine	ca. kg	160	250	250

Maschinen-Nr.		4	5	6
Trennt Formeisen bis	mm	250×110	300×125	450×170
» Rundeisen bis	mm	30	40	60
» Vierkanteisen bis	mm	30	40	60
» Flacheisen bis	mm	200×12	300×15	400×18
» Rohre bis	mm	125×8	150×12	180×15
Durchmesser des Trennblattes	mm	650	700	900
Umdrehungen des Trennblattes in der Minute	ca.	3000	2500	2500
Ungefährer Kraftbedarf bezw. Dauerleistung des eingebauten elektrischen Treibers	PS	10	20	35
Tischgröße	mm	700×600	750×600	1650×750
Ganze Höhe der Maschine	ca. mm	1150	1400	2600
Erforderliche Bodenfläche	ca. mm	1000×1000	1500×1000	2000×2000
Reingewicht der vollständigen Maschine	ca. kg	1100	1500	4000

Fig. 537.

Das in den besprochenen Maschinen festgelegte Verfahren eignet sich gleich gut für alle Legierungen von Schmiedeeisen und Stahl in allen Härtegraden. Die härteren Sorten, wie Stahlschienen, Automobilrahmen usw., ergeben besonders gute Resultate. Gußeisen und verwandte Sorten sind zu spröde, während Kupfer und Legierungen dieses Metalles aus dem entgegengesetzten Grunde nicht für den Trennprozeß geeignet erscheinen. Diese weichen Metalle erschweren durch ihren hohen Wärmeleitungskoeffizienten wohl die nötige Konzentration der Wärme an der Berührungsstelle mit der Trennscheibe — sie »schmieren«, wie der Praktiker sagt.

IV. Kapitel. Die Schweißmaschinen.

Abs. 442. **Allgemeines über die Schweißmaschinen.** Die Maschinen zum Schweißen, welche in den nachfolgenden Abschnitten aufgeführt sind, zerfallen in elektrische Schweißmaschinen, bei denen in der Maschine die Erwärmung gleichzeitig während der durch Druck bewirkten Schweißung erfolgt, und die mechanischen Schweißmaschinen, bei denen die Schweißstücke erst in Öfen auf Schweißhitze gebracht werden müssen, während die Schweißmaschine selbst lediglich die mechanische Arbeit des Schweißens vollzieht.

Die Methoden der autogenen Schweißung und die hierzu erforderlichen Apparate sind im II. Hauptteil näher beschrieben. Lit.-Nachw. Nr. 442.

Abs. 443. **Die elektrischen Widerstandsschweißmaschinen.** Bauart: A. E. G. Die elektrischen Widerstandsschweißmaschinen sind wegen ihrer Wirtschaftlichkeit, Ungefährlichkeit und Sauberkeit des Betriebes für die modernen Massenschweißwerkstätten und eine Reihe von Spezialschmieden ein wichtiges Hilfsmittel geworden.

Fig. 538.

Die Hauptteile einer elektrischen Schweißmaschine läßt Fig. 538 erkennen. Die Maschinen bestehen im wesentlichen aus einem Einphasenwechselstrom - Schweißtransformator, welchem die Aufgabe zufällt, die jeweils vorhandene Netzspannung in die zum Schweißen nötige Schweißspannung auf ca. 3—4 Volt herunterzutransformieren. Entsprechend den niedrigen Spannungen werden anderseits sehr hohe Stromstärken erzeugt, welche beim Durchgang durch das Schweißstück an der Schweißstelle die Hitze erzeugen. Der Transformator erhält verschiedene Anzapfungen, um eine Regulierung der Sekundärspannung resp. Stromstärke entsprechend der jeweils zu schweißenden Eisenquerschnitte resp. Blechstärke vornehmen zu können.

Auf dem Bild ist weiter der zweite Hauptteil, die Elektrodenarme, zwischen die das Schweißgut geklemmt wird, zu erkennen.

Die Bedienung der Maschinen erfolgt teilweise durch Fußhebelgestänge, Stauchräder oder durch Motorantrieb, je nachdem die Maschinen für Punktschweißung, Stumpfschweißung oder automatischen Betrieb vorgesehen sind.

Fig. 539.

Fig. 540.

Fig. 538 veranschaulicht gleichzeitig eine charakteristische Punktschweißmaschine. Diese ist für eine Leistung von 7,5 KW entsprechend einer Schweißleistung von je 2 mm Blechstärke berechnet.

Die Punktschweißmaschinen werden zum Schweißen von Blechstärken bis zu je 10 mm verwendet.

Mit der in dieser Figur wiedergegebenen Maschine ist es einem Jungen oder Mädchen in zehnstündigen Arbeitstagen möglich, bis zu 12000 Schweißpunkte herzustellen, während für dieselbe Anzahl Nieten dreimal so viel Arbeitskräfte erforderlich sein sollen.

Von besonderer Wichtigkeit ist hierbei, daß mit diesen Maschinen Bleche bis zu den allerdünnsten Dimensionen ohne Schwierigkeit geschweißt werden können, da die Hitze genau reguliert und eingestellt werden kann, so daß ein Verbrennen der Bleche so gut wie ausgeschlossen ist.

Setzt man an Stelle der Punktelektroden Rollenelektroden, so ist es ohne weiteres klar, daß man mit einer solchen Maschine Nahtschweißungen für wasserdichte Gefäße herstellen kann.

Fig. 539 zeigt eine solche Maschine, wobei die Drehung der Schweißrollen durch Motorantrieb vorgesehen ist.

Die elektrischen Nahtschweißmaschinen werden vorteilhaft beim Schweißen von Blechen bis zu 2 mm Stärke verwendet.

Fig. 540 zeigt den charakteristischen Typ der dritten Art von elektrischen Schweißmaschinen, eine Stumpfschweißmaschine.

Diese Maschinen erhalten an Stelle der Punkt- resp. Rollenelektroden Parallelaufsätze mit

Einspannvorrichtungen für die Schweißstücke. Das Bild zeigt das Stumpfschweißen von Rädern, wie sie im landwirtschaftlichen Maschinenbau häufig vorkommen. Eine derartige Maschine soll im Durchschnitt drei Schweißfeuer ersetzen. Die Einspannbacken der Maschine müssen natürlich der jeweils zu schweißenden Form der Schweißglieder angepaßt werden.

Die Stumpfschweißmaschinen werden für Leistungen bis zu 200 KW zum Schweißen von Eisenquerschnitten bis 5000 qmm bereits in den verschiedensten Betrieben verwendet.

Die Stumpfschweißmaschine läßt sich ohne weiteres auch als Erwärmungsmaschine zum Aufstauchen resp. zum Ausziehen von Drähten, Wellen, Vierkanteisen usw. verwenden.

Abs. 444. **Elektrische Kettenschweißmaschinen.** Bauart: Pfretzschner & Co., Maschinenfabrik, Pasing-München. Die maschinelle Herstellung von Ketten erreicht eine hohe Leistungsfähigkeit bei Verschweißung der in Biegemaschinen vorgebogenen Ketten auf elektrischem Wege.

Fig. 541.

Die Biegemaschine verarbeitet den Draht von der Rolle bis zur fertig verhängten Kette, wobei die zu verschweißenden Enden jedes Gliedes an einem Schenkel zusammenstoßen.

Die Ketten kommen als kalibrierte Ketten oder als Handelsware zur Verwendung. Erstere müssen in der Schweißmaschine auf ganz genaue Länge und Breite gedrückt werden und dürfen keinerlei Wulst oder Verstärkung an der Stoßstelle aufweisen, wogegen es bei den Handelsketten hierauf nicht ankommt. — Diesen praktischen Bedürfnissen entsprechend baut die Firma Typ Ka automatisch arbeitende Maschinen für kalibrierte Ketten, bei denen der während der Schweißung entstehende Wulst schon in der Maschine abgedrückt wird, so daß eine kalibrierte Kette mit überall gleichem Drahtquerschnitt erzeugt wird.

Diese Kettenschweißmaschine Fig. 541 dient dazu, genau kalibrierte, wulstlose Ketten automatisch herzustellen, die für Kran- und Schiffszwecke Verwendung finden.

Die Pressung der Kettenglieder erfolgt durch Stahlbacken, die durch sehr stark dimensionierte Kniehebelübersetzung betätigt werden.

Die Zuführung des zum Erhitzen des Kettengliedes nötigen Stromes wird unabhängig von der Pressung mit wassergekühlten Doppelelektroden bewirkt.

Sobald die Schweißung vollendet ist, wird ein Doppelhammer ausgelöst, der mittels Federkraft den Wulst an der Schweißstelle durch einen kräftigen Hammerschlag beseitigt und die Schweißstelle infolge dieser Hämmerung noch nachträglich kräftigt.

Außerdem ist an der Maschine eine einfache Abschervorrichtung vorgesehen, die einen eigenen Kettentransport hat. Diese Abschervorrichtung wird bei allen stärkeren Ketten angewandt, die kalibriert sein sollen; bei dünneren Ketten genügt die Hämmerung durch den oben genannten Doppelhammer vollständig zur Beseitigung des

Schweißwulstes. Die noch überstehenden Wulstreste fallen hierbei im Rollfaß von selbst ab.

Das Neueinlegen eines weiteren Kettengliedes geschieht durch eine Spezialvorrichtung genau.

Die Maschine besitzt ferner ein an ihr angebrachtes Vorgelege mit Ausrückhebel sowie eine doppelte Regulierung des Druckes auf das Kettenglied, die den Schweißdruck, also den letzten Druck, unabhängig macht von dem ersten Druck, nach dem die Kettengliederenden Kontakte bilden. An dem Hebel, mit dem die Maschine in Gang gesetzt wird, ist ein automatischer Ausschalter angebracht. Dadurch ist das Ausschalten des Stromes nicht mehr abhängig von der Kuppelung, vielmehr erfolgt es sofort durch Drücken auf den Einschalthebel. Es muß der Arbeiter — Junge oder Mädchen — bei erreichter Schweißhitze jedes Gliedes mittels eines Handhebels eine Friktion auslösen, wodurch selbsttätig das nächste Glied bedient wird. Dies ist für zuverlässige Schweißungen unerläßlich, da die einzelnen Glieder nicht alle genau gleiche Zeit bis zur Erreichung der Schweißhitze brauchen, was auf die Verunreinigung der Stoßstelle durch anhaftendes Öl, Schmutz usw. zurückzuführen ist.

In der gleichen Maschine können auch Handelsketten ohne Wulst hergestellt werden; daß die einzelnen Glieder hierbei alle gleiche Dimensionen erhalten, erhöht die Güte der Ware.

Schaltet man an den Maschinen Typ Ka die zum Abdrücken des Wulstes dienenden Werkzeuge aus, so können damit Handelsketten mit einer Wulst bzw. Verdickung an der Stoßstelle automatisch geschweißt werden, wie bei Handelsware häufig verlangt wird.

Durch teilweise Belassung der Abdruckwerkzeuge können ferner automatisch Ketten geschweißt werden, bei denen in der Schweißhitze die Wulst zu einem seitlich austretenden Grat verdrückt wird, der in die Putztrommel abfällt.

Der Arbeitsvorgang bei den Maschinen Typ Ka ist derart, daß die Kette entweder zweimal durchlaufen muß, wobei das erstemal das 1., 3., 5., 7. usw. Glied und das zweitemal das 2., 4., 6., 8. usw. Glied geschweißt wird. — Man kann aber auch zwei Maschinen nebeneinander anordnen, von denen die eine das 1., 3., 5., 7. usw. und die zweite das 2., 4., 6., 8. usw. Glied schweißt.

Automatische Maschine für kalibrierte, wulstlose Ketten.

Type Ka.		III	IV
Drahtdurchmesser	mm	5—8	7—12
Anzahl der Schweißungen	p. Min.	15—10	10—6
Durchschnittliche Jahresleistung	t	75	180
Strombedarf für maximale Leistung	Kw	8	12
Strombedarf für 1000 Schweißungen stärksten Durchmessers	Kw.St.	10	25
Kraftbedarf für automatischen Antrieb	ca. PS.	1	2
Gewicht netto	kg	1700	3100
Gewicht brutto	kg	2100	3600

Typ Kh sind Handelsketten-Schweißmaschinen, in denen die Schweißung der Stoßstellen mit Wulst erfolgt. Ein Anspruch auf genaue Dimensionen der einzelnen Glieder kann nicht gestellt werden.

Die Handelsketten, auch Viehketten, werden meist noch gedreht; durch diese Drehung tritt die Wulst, da sich das Glied dabei in der Mitte etwas verengt, zurück und verliert dadurch die unangenehme Wirkung des Scheuerns.

An dem Typ Kh kann ein durch Fuß zu betätigendes Gesenke angebracht werden, welches nach erfolgter Aufstauchung ein Andrücken der Wulst zu einem seitlichen Grate ermöglicht, der dann in der Putztrommel abgescheuert wird.

Mit diesen Kettenschweißmaschinen sowohl Typ Ka als Kh können auch einzelne Glieder sowie Ringe und Garniturteile geschweißt und in die Ketten eingeschweißt werden.

Ein Verbrennen der Glieder soll bei einiger Aufmerksamkeit des Schweißers, der während des Betriebes nur den erwähnten Ausrückhebel zu bedienen hat, ausgeschlossen sein.

Abs. 445. **Auerbachs Patent-Universal-Stauch- und Schweißmaschine.** Bauart: Paul Auerbach, Saalfeld a. d. Saale.

Zweck: Auerbachs Patent-Universal-Stauch- und Schweißmaschine dient zur Herstellung von Schmiedestücken, deren Teile zusammengeschweißt werden sollen.

Konstruktion: Wie Fig. 542 zeigt, besitzt die Maschine einen kräftigen, auf Laufrollen ruhenden Hohlgußkörper, auf welchen die zwei Arbeitsschlitten und die

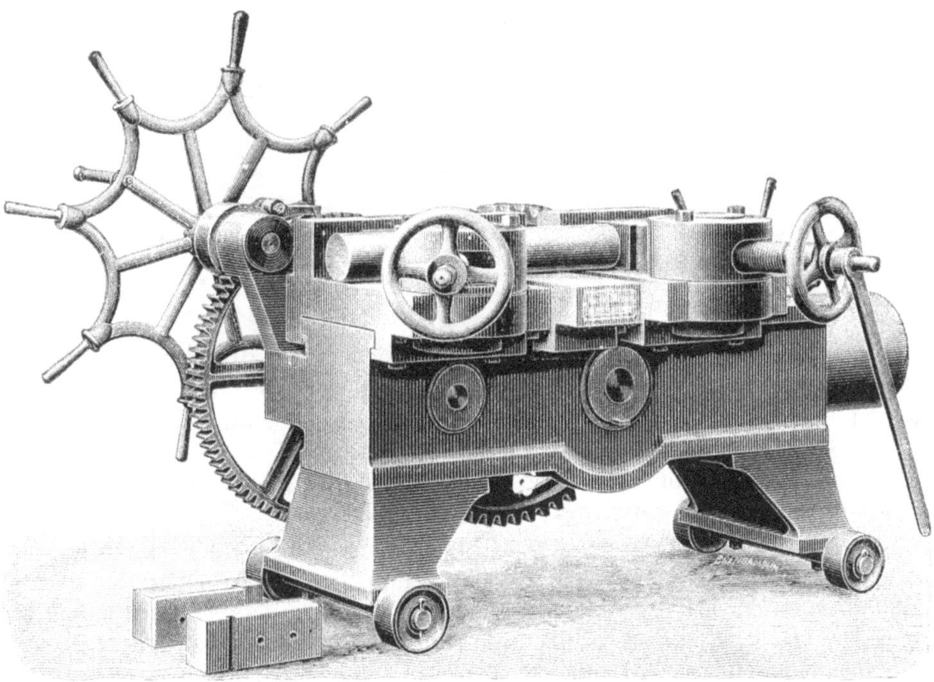

Fig. 542.

mittlere verstellbare Stauchplatte montiert sind. Weiter befinden sich an ihnen der Antriebsmechanismus dieser beiden Arbeitsschlitten. Der Antrieb erfolgt mittels großen Zahnradvorgeleges von Hand. Auf dem Arbeitsschlitten sind die Klemmklauen, die das Aufspannen und Festhalten der Arbeitsstücke ermöglichen, angeordnet. Diese (Fig. 543) bestehen aus zwei langen Stahlschraubspindeln, die in je einer Zapfenmutter verstellbar lagern, vorn mit einem gezahnten Klauenkopf versehen sind und durch ihre zentrische Bewegung in Gemeinschaft mit den an der Rückseite der Schlitten angebrachten Klemmbacken das Arbeits- und Materialstück festhalten.

Arbeitsweise: Nachdem die beiden Klemmklauen sowie die Arbeitsschlitten und die mittlere Stauchplatte dem Materialstück entsprechend gestellt sind, wird das

Arbeitsstück im Ofen auf gute Schweißhitze gebracht und schnell in die Maschine eingesetzt. Hierauf werden durch Drehen des Handrades, das in das Zahnradvorgelege eingreift, die beiden Arbeitsschlitten in Tätigkeit gesetzt, und zwar so lange, bis durch den rückwirkenden Druck die Klemmklauen immer fester in das Arbeitsstück eingreifen und die Schweißung vollzogen ist.

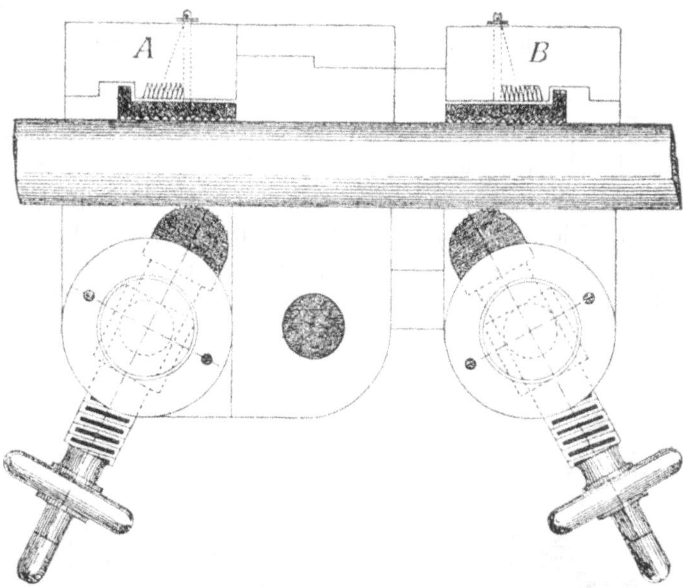

Fig. 543.

Abs. 446. **Sonderausführung der Schmiedemaschinen zum Aufschweißen von Bordringen an Rohre.** Bauart: De Fries & Cie., A.-G., Düsseldorf.

Zweck: Für das Aufschweißen von Bordringen an schmiedeeisernen Rohren werden die Schmiedemaschinen System Defries-Ajax von obiger Firma in einer Spezialkonstruktion ausgeführt, bei der die Rohre durch nachstehend beschriebenes Verfahren mit den erforderlichen Bordringen versehen werden.

Konstruktion: Diese Sondermaschinen werden mit beiderseitig beweglichen Klemmbacken versehen, um die Rohre rasch in und aus der Arbeitsstellung bringen zu können. Außerdem erhalten die Maschinen einen rasch verstellbaren Gegenhalter besonderer Konstruktion mit Schraubenspindel und Handrad sowie Tragstützen, um das Werkstück während des Arbeitsprozesses genau in der richtigen Lage zu halten. Um die für diese Arbeitsmethode erforderliche große Klemmbackenöffnung zu erzielen, sind die Maschinen für diesen Sonderzweck symmetrisch ausgeführt, d. h. beide Klemmbacken sind beweglich und ihre Bewegung durch zwei gleiche Kniehebelsysteme eingeleitet, wie sie bei den normalen Schmiedemaschinen mit einseitig beweglicher Klemmbacke verwendet werden.

Durch diese Spezialausführung ist es möglich, das Rohr nach erfolgter Schweißoperation rasch aus der Maschine entfernen zu können; im übrigen sind die Maschinen auf gleicher Grundlage aufgebaut, wie die normalen Schmiedemaschinen System Defries-Ajax, und erhalten die gleichen Sicherheitsvorrichtungen zum Schutz gegen zu hohe Beanspruchung.

Arbeitsweise: Das Verfahren des Aufschweißens der Bordringe besteht darin, daß ein Ring aus Flacheisen von den erforderlichen Dimensionen auf dem Rohrende einfach durch eine Niete befestigt wird. Hierauf wird das Rohrende mit dem aufgenieteten Ring zusammen auf Schweißhitze gebracht und in die Maschine eingeführt.

Alsdann wird der Stauchprozeß eingeleitet, der Ring mit dem der Ringbreite entsprechenden Rohrende auf die Flanschstärke und den gewünschten Flanschdurchmesser zusammengestaucht, gleichzeitig tritt ein Zusammenschweißen des Rohrbundes mit dem Rohrende ein, wodurch eine äußerst vollkommene Verbindung dieser beiden Teile gesichert ist.

Fig. 544.

V. Kapitel.

Meßinstrumente und Meßmethoden für Arbeitsmaschinen.

Abs. 447. **Allgemeines über Meßinstrumente und Meßmethoden für Arbeitsmaschinen.** Da der Ingenieur sich bisher wenig um die Schmiede kümmerte und dem Meister die Bewirtschaftung der Schmiede überließ, so fanden Meßinstrumente und Meßmethoden, die uns Aufschluß über den Arbeitsgang der Maschinen geben, nur ganz verschwindende Anwendung.

Der berechtigten Klage aber, daß die Schmiede teuer arbeite, kann nur durch exakte Messungen gesteuert werden; es müssen die relativen Begriffe, daß z. B. ein Hammer nur so und so viel Kraft gebrauche, ohne Rücksicht auf seine tatsächliche Arbeitsleistung verschwinden. Unbedingt muß der Kraftverbrauch in Einklang gebracht werden mit dem, was die Maschine produziert, und gleichzeitig muß die Produktion der Maschine auf das höchste Maß gebracht werden. Wie ich schon in früheren Abschnitten betont habe, ist fast die Regel, daß die Maschinen bisher zu klein genommen wurden, weil man die Arbeitsleistung des von einem Manne ausgeübten Hammerschlages bei weitem unterschätzt. Durch die Anwendung der Meßinstrumente wird man bei der gesteigerten Größe der Arbeitsmaschinen immer mehr erkennen, daß die stoßweise Entnahme großer Kräfte, wie dieses hauptsächlich in der Schmiede vorkommt, dazu führen muß, nur solche Antriebskräfte zu nehmen, die gestatten, plötzlich große Kräfte zu entfalten. Das gilt vom Dampf, Preßwasser und Preßluft. Die Anwendung von Meßinstrumenten wird dem Ingenieur namentlich auch zeigen, daß es unbedingt notwendig ist, nicht nur die Kraftentnahmen an der Verwendungsstelle zu berücksichtigen, sondern auch an der Erzeugungsstelle. Es muß darauf hingearbeitet werden, nicht nur die Leerlaufsverluste etwa durch Einzelantrieb vermittelst Elektromotoren zu verringern, sondern auch die Zwischenverluste, die durch Neueinschalten von Zwischengliedern, wie Zahnradpaaren, entstehen, zur Erzielung des langsamen Ganges der Schmiedemaschinen ebenfalls zu vermeiden.

In nachstehenden Abschnitten sind daher einige der für Schmiedemaschinen in Frage kommenden Meßinstrumente und Meßmethoden beschrieben. Lit.-Nachw. Nr. 446.

Abs. 448. **Die durchlaufende Kontrolle der Maschinenbelastung mit dem registrierenden Belastungsanzeiger nach Böttcher.** Bauart: H. Maihak Aktiengesellschaft, Hamburg. Fig. 545.

Fig. 545.

Zweck: Dieses Meßinstrument dient zur Feststellung des Kraftverbrauchs einer Arbeitsmaschine an der Erzeugungsstelle. Jede Betriebsmaschine, einerlei, ob Dampfmaschine oder Verbrennungsmotor, welche die Preßluft- oder Preßwasserpumpen zum Antrieb von Hämmern oder Pressen treibt, entwickelt eine normale Dauerleistung und eine Maximalleistung. Die erstere gibt die Belastungsstufe an, bei welcher die betreffende Maschine mit größter Wirtschaftlichkeit arbeitet, die letztere stellt die obere Belastungsgrenze dar, bei deren Überschreitung die Tourenzahl stark abfällt bzw. die Maschine stehen bleibt. Über den Belastungszustand verschafft man sich mit Hilfe des Indikators bzw. des Leistungszählers Aufschluß. Für die dauernde Überwachung des Belastungszustandes einer Maschine werden aber derartige Untersuchungen, trotz der wesentlichen Vereinfachung durch den Leistungszähler, unter Umständen unbequem, und man hat deshalb nach Mitteln gesucht, welche in ähnlicher Weise, wie die registrierenden Wattmeter der elektrischen Zentralen, ein durchlaufendes Bild des Belastungszustandes einer Maschine aufzeichnen. Eine Lösung in dieser Richtung stellt der in Fig. 545 abgebildete Apparat, der »registrierende Belastungsanzeiger«, dar. Dieser beruht in seiner Wirkung auf der bekannten Tatsache, daß die Regulatorstellung einer Maschine dem jeweiligen Belastungszustand entspricht; in der tiefsten Stellung liegt Vollbelastung vor, in der höchsten Leerlauf. Läßt man demnach durch ein Schreibgestänge die Regulatorstellung auf einen wandernden Papierstreifen aufzeichnen, so erhält man ein durchlaufendes Bild des Belastungszustandes der Maschine.

So einfach der Grundgedanke ist, so stellten sich der Ausführung dennoch erhebliche Schwierigkeiten entgegen, die darin bestanden, die Schwingungen der Regulatorhülse um die jeweilige Mittellage, die durch die Rückwirkung der Steuerung bedingt sind, von der Schreibfeder des Apparates fernzuhalten. Dies ist durch die Einschaltung eines federnden, ausbalancierten Massenpendels zwischen Antriebstange und Schreibfeder gelungen. In Fig. 545 ist *c* dieses Massenpendel, welches derart aufgehängt ist, daß es in indifferentem Gleichgewicht schwingt; zwei Aufhängefedern *s* verbinden das Pendel mit dem Antriebhebel *a*, welcher direkt mit der Regulatorhülse in Verbindung steht; die Federn sind so eingestellt, daß sie das Gewicht des Pendels vollständig aufnehmen; dadurch wird die Zapfenreibung der Pendelachse vollständig aufgehoben. Um Resonanzerscheinungen zwischen dem Antriebshebel und dem Pendel, die sehr störend wirken würden, aufheben zu können, ist zu dem äußerst wirksamen Mittel gegriffen, den unteren Aufhängepunkt der Federn radial gegen die Pendelachse verstellbar zu machen.

Die jeweilige Stellung des Pendels, welche bei vorhandenen Schwingungen der betreffenden Mittellage der Regulatorhülse, im übrigen der augenblicklichen Stellung der Hülse selbst entspricht, wird durch eine Schreibfeder auf eine Papiertrommel übertragen, die je nach Bedarf für ein- oder zwölfstündigen Umlauf eingerichtet ist.

Abs. 449. **Fernschreibindikatoren.** Bauart: H. Maihak Aktiengesellschaft, Hamburg. Fig. 546—549. Da die gleichzeitige Handhabung mehrerer Indikatoren an mehrzylindrigen Arbeitsmaschinen, wie Fünfzylinderpressen, schwer erreichbaren großen Hämmern und Pressen u. dgl., naturgemäß schwierig ist, so ist die Verwendung von Fernschreibindikatoren sehr zweckentsprechend.

Fig. 546.

Die Vorzüge der Einrichtung liegen darin, daß die Diagrammentnahme von beliebig entfernten Stellen aus durch eine Person gleichzeitig an allen Maschinenzylindern und zu beliebigen Zeiten ohne Papierwechselung erfolgen kann.

Die Ausrüstung einer Indiziereinrichtung mit Fernbetätigung besteht aus:

1. den eigentlichen Indikatoren mit Papiertrommel zur Entnahme fortlaufend verzeichneter Diagramme mit elektrischer Betätigung des Papiervorschubes und mit elektrischer Andrückvorrichtung für das Schreibzeug;
2. den Stromleitungen, der Schalttafel und der Stromquelle;
3. der Hubverminderungseinrichtung.

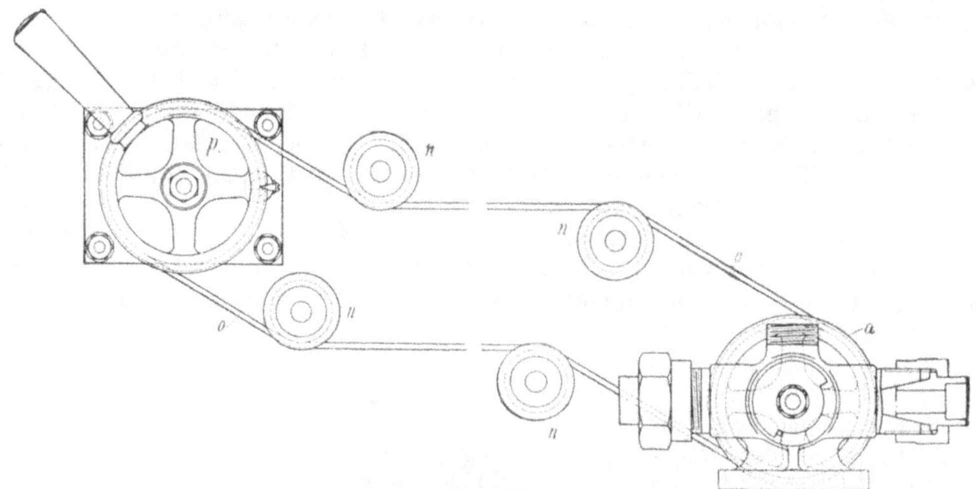

Fig. 547.

Als Fernschreibindikator wird eine Spezialausführung des Patent-Maihak-Indikators Größe 2 mit Papiertrommel für fortlaufend verzeichnete Diagramme verwendet (siehe Fig. 546).

Das Andrücken des Schreibzeuges und die Betätigung des Papiervorschubes erfolgt durch je einen Elektromagneten, die mit den Indikatoren fest verbunden sind. Als

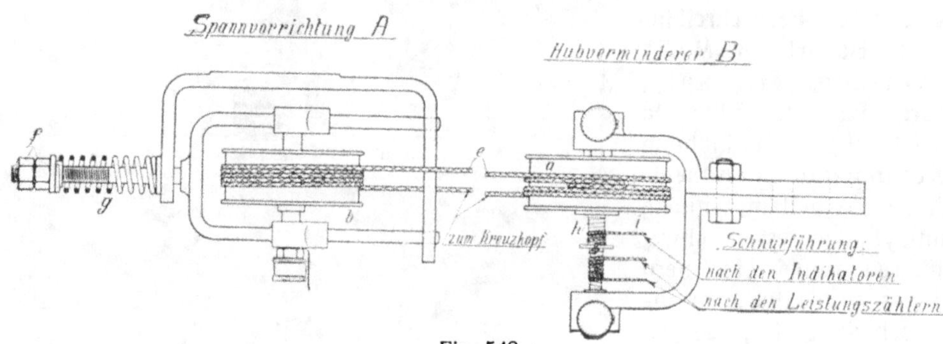

Fig. 548.

Stromquellen werden kleine Akkumulatorenbatterien von je vier Zellen mit einer Kapazität von 12 Amp./Std. verwendet. Die Stromleitungen bestehen aus gut isolierten Kupferlitzen mit wetterfestem Schutzüberzug, die an ihren Enden mit kräftigen Polschuhen armiert sind. Die Betätigung der Elektromagnete erfolgt von einer mit zwei

Schaltern, einem Volt- und Ampèremeter versehenen kleinen Schalttafel aus. Fig. 549. Die Polschuhe der Stromleitungen sind mit Bezeichnungen versehen, die sich mit denen der Schalttafel- bzw. Elektromagnetanschlüsse decken. Zur Vermeidung von Verwechselungen sind die letzteren verschiedenartig ausgebildet, so daß nur die richtigen Kabelverbindungen hergestellt werden können.

Das auf der Schalttafel befindliche Voltmeter dient zur Kontrolle der Spannung der Batterie, während das vorhandene Ampèremeter die Belastung der Batterie bei Einrücken der Elektromagnete und auch jede Störung sofort anzeigt. Ist die Leitung unterbrochen, so erfolgt beim Einrücken eines der beiden Schalter kein Ausschlag.

Fig. 549.

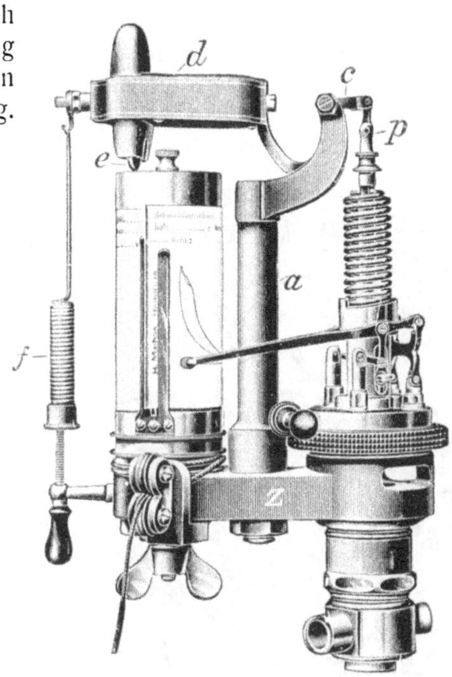

Fig. 550.

Abs. 450. **Neuer Leistungszähler für Kolbenmaschinen.** Bauart: H. Maihak Aktiengesellschaft, Hamburg. Vom Zivilingenieur Anton Boettcher in Hamburg ist ein Apparat konstruiert worden, der in Verbindung mit einem Indikator selbsttätig die Auswertung einzelner Diagramme ausführt, so daß einerseits jedes in der Maschine entwickelte Diagramm für die Berechnung der Maschinenleistung herangezogen und anderseits die Ausrechnung durch den Apparat selbst vorgenommen wird. Der Beobachter braucht bei Auswertung von mehreren hunderttausend Diagrammen nur zwei Ablesungen zu machen.

Der Apparat zeigt folgende Einrichtung: Die Säule *a* (s. Fig. 550) trägt bei *c* einen Winkelhebel, dessen wagerechter Schenkel bei *p* an die Kolbenstange des Indikators angeschlossen ist, während der senkrechte Schenkel die Verbindung mit dem eigentlichen Zählapparat *d* bewirkt. Letzterer besteht aus einer in Spitzen gelagerten Achse, welche das Zählrad *e* betätigt. Auf der gleichen Achse sitzt eine kleine Schnecke, die ein Zählrad betätigt, welches bei aufgeklapptem Zähler sichtbar ist. Eine schwache Feder *f* erzeugt einen bestimmten Adhäsionsdruck des Zählrades *e*, mit welchem es gegen die obere Stirnfläche der Indikatortrommel gedrückt wird. Während des Arbeitens des Zählers, d. h. bei offenem Indikatorhahn und eingehängter Schnur, wird nun einmal das Zählrad *e* durch die Trommel selbst in Drehung versetzt und gleichzeitig die im Gehäuse *d* gelagerte Zählradachse durch Vermittlung des Winkelhebels *c* auf der oberen Stirnfläche der Indikatortrommel radial zu ihr verschoben. Durch diese gleichzeitig eingeleiteten Bewegungen ist das Element des abgerollten Umfangsbogens des Zählrades proportional dem Verdrehungswinkel der Indikatortrommel, d. h. proportional dem Element des Kolbenweges, gleichzeitig aber auch proportional dem indizierten Druck im Zylinder. Hieraus ist ersichtlich, daß der in einem bestimmten Zeitabschnitt abgerollte Umfangsbogen des Zählrades der indizierten Arbeit in dem betreffenden Zeitabschnitt gleich ist.

Charakteristisch ist für die Wirkungsweise des Zählers, daß er selbsttätig die während des Kolbenrücklaufes entwickelte negative Arbeit der betreffenden Kolbenseite in Abzug bringt, weil während dieses Rücklaufes die Indikatortrommel das Zählrad rücklaufend dreht; letzteres schreitet also während des Zählvorganges über mehrere Umdrehungen der Maschine im Pilgerschritt vorwärts, d. h. es rollt ein größeres Stück vor, darauf ein kleineres Stück zurück, dann wieder ein größeres vor usw.

Hat man die Zählerablesung z genommen, so ergibt die Formel $f = A \cdot z$ den mittleren Flächeninhalt sämtlicher während der Zählperiode genommenen Diagramme in Quadratmillimetern. Es bedeuten in der vorstehenden Formel f den mittleren Inhalt sämtlicher während der Zählperiode im Zylinder entwickelten Diagramme in Quadratmillimetern; A die sog. Zählerkonstante, die jedem Apparat beigegeben wird; z die Differenz der Zählerablesungen; nz die Anzahl Umdrehungen, welche die Maschine während der Zählperiode gemacht hat.

Ist der Wert von f gefunden, so ergibt sich zunächst die mittlere indizierte Höhe sämtlicher geschriebenen Diagramme in Millimetern, wenn man den mit Hilfe der Formel erhaltenen Wert f durch die Diagrammbasis dividiert. Mit Hilfe des Federmaßstabes ist dann der mittlere indizierte Druck der betreffenden Zylinderseite und in bekannter Weise die mittlere indizierte Leistung der betreffenden Maschine zu berechnen. Bemerkt sei, daß jede Zylinderseite einen Zähler haben muß.

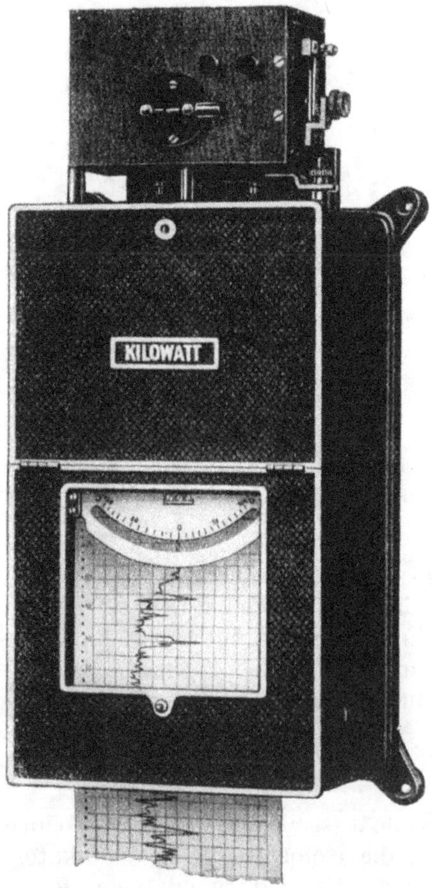

Fig. 551.

Abs. 451. **Funkenschreiber.** Bauart: Siemens & Halske A.-G., Siemensstadt bei Berlin. Fig. 551. Die Instrumente mit Funkenregistrierung der Siemens & Halske A.-G. sind eine Spezialkonstruktion zur Aufnahme schnell veränderlicher Belastungsvorgänge. Für die Genauigkeit der Aufzeichnung einer Kurve kommen zwei Fehler in Betracht, der Fehler der Phase und der Fehler der Amplitude. Der erstere ist von geringerer Bedeutung als der letztere, weil er nur eine zeitliche Verschiebung, aber keine wesentliche Verzerrung der aufgenommenen Kurve zur Folge hat. Der Fehler der Amplitude ist dagegen viel bedeutsamer, und zwar dem Quadrate der Schwingungsdauer des beweglichen Systems proportional. Registrierapparate mit Tintenschrift haben im Mittel eine Schwingungsdauer von ca. 1,0 Sek. für eine halbe Schwingung. Eine wesentliche Verminderung derselben ist selten möglich, weil die Schreiborgane stets ziemlich kräftig gehalten werden müssen, um das Schreibgefäß zu tragen und den notwendigen Manipulationen gegenüber standzuhalten.

Bei den funkenregistrierenden Instrumenten wird dagegen der Funkenstrom eines kleinen Induktoriums über den Zeiger durch das Papier geleitet und hinterläßt dort deutliche Brandmarken. Das Meßsystem kann sehr leicht gehalten werden. Deshalb beträgt die Schwingungsdauer des beweglichen Systems nur ca. 0,1 Sek. und noch weniger. Der Amplitudenfehler ist daher sehr viel kleiner und beispielsweise nur $^1/_{100}$ des Fehlers, den ein gewöhnlicher Registrierapparat mit 1,0 Sek. Schwingungsdauer aufweist.

Bei den letzten Konstruktionen erfolgt die Aufzeichnung in rechtwinkeligen Koordinaten. Der Papiervorschub kann bis 3 cm pro Sekunde gesteigert werden, um das Diagramm schnell veränderlicher Belastungsvorgänge zu hinreichender Deutlichkeit auseinanderzuziehen.

Abs. 452. **Preßluftmesser- und Dampfuhren.** Bauart: Gehre, Dampfmesser G. m. b. H., Berlin W. 31. Sie werden in verschiedenen Typen ausgeführt. Der Berechnung zugrunde liegt die Zeunersche Formel für die Ausströmung von Dampf. Man erzeugt künstlich ein Ausströmungsverhältnis an einer Stelle der Rohrleitung, indem

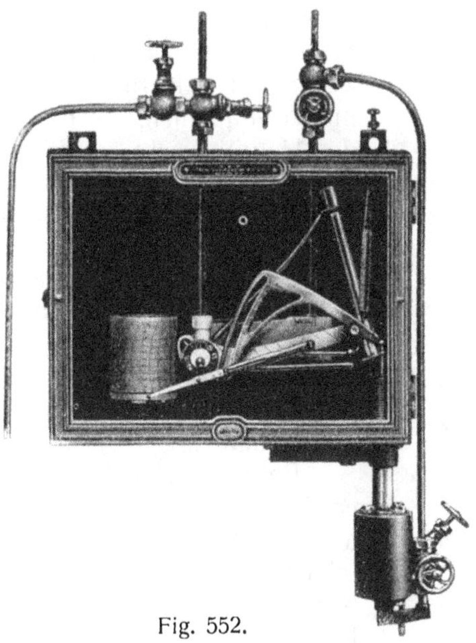

Fig. 552.

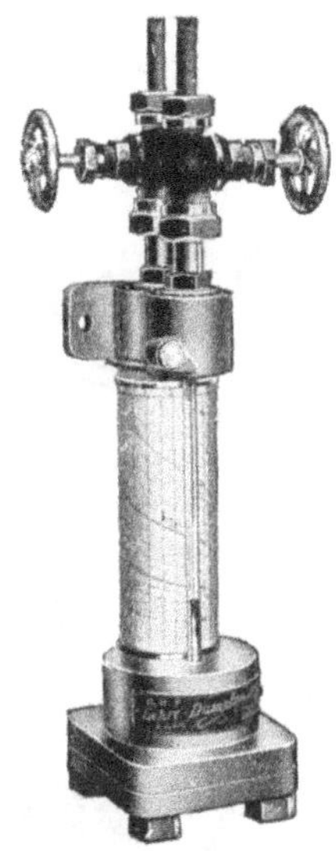

Fig. 553.

man durch Einbau einer Verengung (Drosselflansch) den Dampf einschnürt. Beim Durchströmen des Dampfes herrscht hinter der Drosselung ein kleinerer Druck als vor derselben. Es entsteht also durch das Einschnüren des Dampfes ein geringer Druckabfall, und dieser ist direkt proportional dem Quadrat der Geschwindigkeit des Dampfes.

Die Gehre-Dampfmesser, Fig. 552, geben die Dampfmenge in Kilogramm, bezogen auf Speise- oder Kondenswasser, an. Ein Schreibwerk zeichnet ein leicht planimetrierbares Verbrauchsdiagramm auf, und ein Zählwerk zeigt die Gesamtmenge in beliebigen Zeitabschnitten an.

Bei den einfachen Gehre-Dampfmessern, den nicht registrierenden, Fig. 553, wird die Druckdifferenz auf die beiden Seiten einer Quecksilbersäule übertragen, die bei wechselndem Verbrauch auf und nieder spielt. Diese nicht registrierenden Dampfmesser haben bei Verdampfungsversuchen an Kesseln als Leistungsmesser gute Erfolge gezeitigt.

Wesentlich verbessert und für das Auge gefälliger, betriebssicherer, auch leichter ablesbar, ist die Preßluft- und Dampfuhr, ein ebenfalls nicht registrierender Apparat Diese Dampfuhr, Fig. 554, wird für annähernd gleichmäßigen Druck gebaut, mit Emailleskala, oder für verschiedene Drucke einstellbar, mit Papierskala. Auch die registrierenden Dampfmesser werden verschieden ausgeführt, entweder für annähernd gleichmäßigen Druck, Typ A II, oder mit selbsttätiger Berichtigung der Anzeige bei stark schwankendem Druck, Typ A I, wobei der Apparat selbsttätig die verschiedenen spezifischen Gewichte berücksichtigt. Innerhalb dieser beiden Abteilungen unterscheiden sich dann die registrierenden Messer dadurch, daß sie entweder mit Zählwerk und Schreibwerk oder nur mit einer dieser Vorrichtungen geliefert werden.

Fig. 554.

Das Diagramm gibt der Betriebsleitung leichter als die Endzahl des Zählwerks einen Überblick über den Betrieb und einen dauernden schriftlichen Beleg über den Verbrauch. Darum wird es sich immer empfehlen, auf die Schaulinie das Hauptgewicht zu legen.

Die Messer mit Schreibwerk für annähernd gleichmäßigen Druck sind überall da zu empfehlen, wo ein mittlerer Druck der Berechnung zugrunde gelegt werden kann oder aber, wo der Druck so hoch ist, daß geringe Druckschwankungen keinen nennenswerten Einfluß auf das Gesamtergebnis haben.

Bei der Preßluft- und Dampfuhr erfolgt die Anzeige durch einen Zeiger auf einer Skala. Sie zeichnet sich infolgedessen vor andern nichtschreibenden Messern durch leichte Ablesbarkeit aus. Auch fällt das Spielen der Quecksilbersäule, das die Ablesung stört, hierbei fort, weil die Bewegung des Zeigers mehr gedämpft wird, soweit die Dampfentnahme nicht sehr stark stoßweise geschieht. Die Anzeige erfolgt bei allen nichtregistrierenden Apparaten genau wie bei den Apparaten mit Schreibwerk in Kilogrammsekunden oder Kilogrammstunden, bei Kesselleistungsmessern in Kilogramm pro Quadratmeter Heizfläche und Stunde. Auch bei den Messern mit Quecksilberanzeige läßt sich die Skala von Hand auf verschiedene Drucke einstellen, so daß auch hier in dieser Beziehung eine recht genaue Ablesung möglich ist. Der Anschluß erfolgt durch Einbau einer ca. 18 bis 25 mm starken Meßscheibe zwischen zwei vorhandenen Flanschen ähnlich einem Blindflansch. Von dieser Meßscheibe (Drosselflansch) gehen zwei dünne Kupferrohrleitungen zu dem bis zu 40 m von der Meßstelle entfernt aufzustellenden Messer. Es sind also in der Leitung selbst keinerlei bewegliche Teile. Der Messer selbst sitzt auch nicht störend in der Leitung und bedingt dadurch nicht eine besondere Umleitung; der Dampfmesser selbst bleibt kalt. Jeder Luft- oder Dampfmesser ist für mehrere Leitungen verwendbar, die gleichzeitig angeschlossen werden können, von denen aber natürlich jeweils nur eine gemessen werden kann.

Abs. 453. **Preßluft- und Dampfmesser.** Bauart: Hallwachs & Co., Saarbrücken. Auch diese Dampf- und Preßluftmesser beruhen auf dem Prinzip der Druckdifferenzmessung. In eine Rohrleitung wird wieder eine Meßscheibe eingeschaltet, deren Durchgangsquerschnitt enger ist als derjenige der Rohrleitung. Durch diese Querschnittsverminderung findet eine Druckdifferenz statt, die mittels eines Quecksilberdifferentialmanometers gemessen wird. Mit Hilfe der Zeunerschen Formel über Ausströmung von Dampf und Luft werden die Mengen aus dem Stand der Quecksilbersäule des Differentialmanometers ermittelt. Es werden fünf Arten von Messern von der Firma gebaut.

1. Nichtregistrierende Messer resp. Belastungsmesser für Dampf- und Relaiskessel. Die Apparate dienen dazu, die momentan durch die Rohrleitung strömenden Luft- oder Dampfmengen festzustellen. Am Kessel angebracht, zeigen sie die Belastung, d. h. die Dampferzeugung des Kessels an. Sie geben als Belastungsmesser für den Heizer wertvolle Kontrollinstrumente, da er jederzeit in der Lage ist, die Leistung seines Kessels oder, was dasselbe ist, auch die Beanspruchung seines Kessels zu kontrollieren.

Fig. 555.

2. Dampf- oder Luftzähler. Fig. 555. In dem Glasrohre des Differentialmanometers sind in gewissen Abständen Platindrähte angebracht, die mit einem Widerstand in Verbindung stehen. Steigt oder fällt das Quecksilber in der Glasröhre je nach der durch den Meßflansch strömenden Luft- oder Dampfmenge, so wird Widerstand ein- oder ausgeschaltet. Der Zähler zeigt somit den mittleren Stand der Quecksilbersäule an. Die Anzeige des Zählers, multipliziert mit einem Koeffizienten, ergibt die durch die Rohrleitung strömende Menge.

3. Registrierende Messer. Fig. 556. Das Prinzip ist das gleiche wie beim Dampfzähler. Anstatt des Zählers ist ein elektrisch registrierendes Meßinstrument angebracht, das die Schwankungen der Quecksilbersäule in Gestalt einer Kurve aufzeichnet. Die Kurve ist ohne weiteres planimetrierbar, und aus dem Diagramm erhält man durch einfache Multiplikation mit einem Koeffizienten die durchschnittliche stündliche Dampf- bzw. Luftmenge, die durch den Meßflansch geströmt ist.

4. Kombinierte Messer. Fig. 557. Auch hier ist dasselbe Prinzip wie bei den vorstehenden Apparaten, nur werden die Schwankungen der Quecksilbersäule sowohl graphisch aufgezeichnet als auch durch einen Zähler angezeigt. Man ist also in der Lage, die Schwankungen in dem Dampf- oder Luftverbrauch aus den Diagrammen festzustellen, während der Zähler wiederum die gesamte Menge angibt.

5. D a m p f - o d e r L u f t u h r. Diese Apparate sind ebenfalls nach dem gleichen Prinzip gebaut wie die erwähnten, nur ist an Stelle des Zählers resp. des Registrierapparates ein einfaches Zeigerinstrument angebracht. Der Ausschlag des Zeigers gibt, multipliziert mit einem Koeffizienten, die stündliche Luftmenge resp. die Belastung eines Dampfkessels pro Quadratmeter Heizfläche und Stunde an.

Fig. 556.

Fig. 557.

Sämtliche elektrisch betriebenen Instrumente werden entweder an eine Akkumulatorbatterie von 12 Volt Spannung angeschlossen oder direkt an eine Starkstromleitung, falls Gleichstrom vorhanden ist. Der Vorteil der Instrumente besteht darin, daß die elektrischen Instrumente in jeder beliebigen Entfernung von der eigentlichen Meßstelle angebracht werden können. Es sind Anlagen im Betrieb, in denen 40—50 Apparate in einer Entfernung von über 1 km von der eigentlichen Meßstelle laufen.

Garantie bei Dampf lautet: ± 3% bezogen auf gewogenes Kondensat und ± 5% bezogen auf gewogenes Speisewasser.

Abs. 454. **Dampfmesser.** Bauart: J. C. E c k a r d t , Stuttgart-Cannstatt. Die Dampfmesser der Firma J. C. Eckardt, Stuttgart-Cannstatt, beruhen auf folgendem Prinzip:

In das Dampfrohr, durch das die zu entnehmenden Dampfmengen geführt werden, ist eine Düse eingebaut, wie sie Fig. 558 zeigt. Durch die düsenförmige Einschnürung

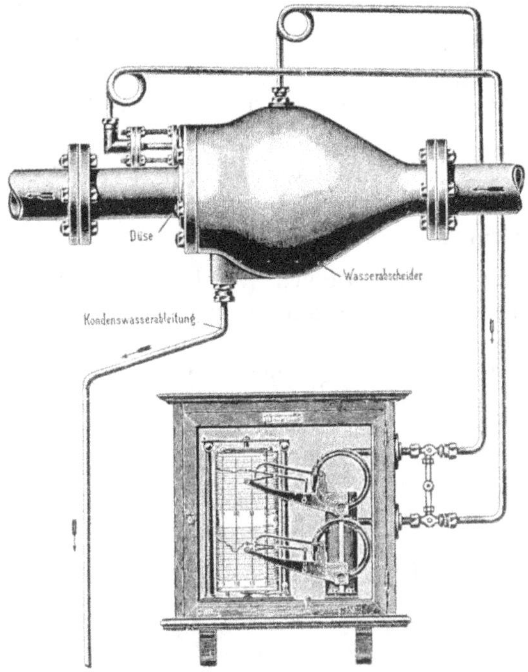

Fig. 558.

der Rohrleitung tritt bei Dampfverbrauch innerhalb der Düse eine Beschleunigung der normalen Dampfgeschwindigkeit ein, und der hierbei entstehende Druckabfall wird gemessen.

Nach den Zeuner-Napierschen Versuchen steht der Spannungsabfall in einem bestimmten Verhältnis zum Düsenquerschnitt und zur Dampfmenge.

Mit Hilfe der Formel:

$$G = k \cdot F \cdot \frac{(p_1 - p_2)\, p_2}{p_1 \cdot v_1}$$

läßt sich der Dampfverbrauch genau bestimmen. In dieser Formel bedeuten G die Dampfmenge in Kilogramm, k eine durch genaue Versuche festgestellte Erfahrungszahl, F den Querschnitt der Düse, p_1 den normalen Druck in der Rohrleitung, p_2 den verminderten Druck in der Düse und v_1 das spezifische Volumen von p_1.

Durch den doppelten Registrierapparat werden beide Druckwirkungen, und zwar p_1 durch das obere und p_2 durch das untere Schreibzeug fortlaufend auf der durch das Uhrwerk bewegten Trommel aufgezeichnet, Fig. 559, so daß sowohl jederzeit die augenblicklich durchströmende Dampfmenge in Kilogramm pro Minute auf der beigegebenen Tabelle abgelesen werden kann, wie auch nachträglich für einen beliebigen Zeitraum — nachdem die mittleren Druckeinwirkungen am einfachsten durch Planimetrieren ermittelt worden sind — der Gesamtverbrauch bestimmt werden kann durch Multiplizieren des Tabellenwertes mit der Anzahl der Minuten.

Die Umdrehung der Trommel erfolgt in der Regel innerhalb 12 Stunden einmal.

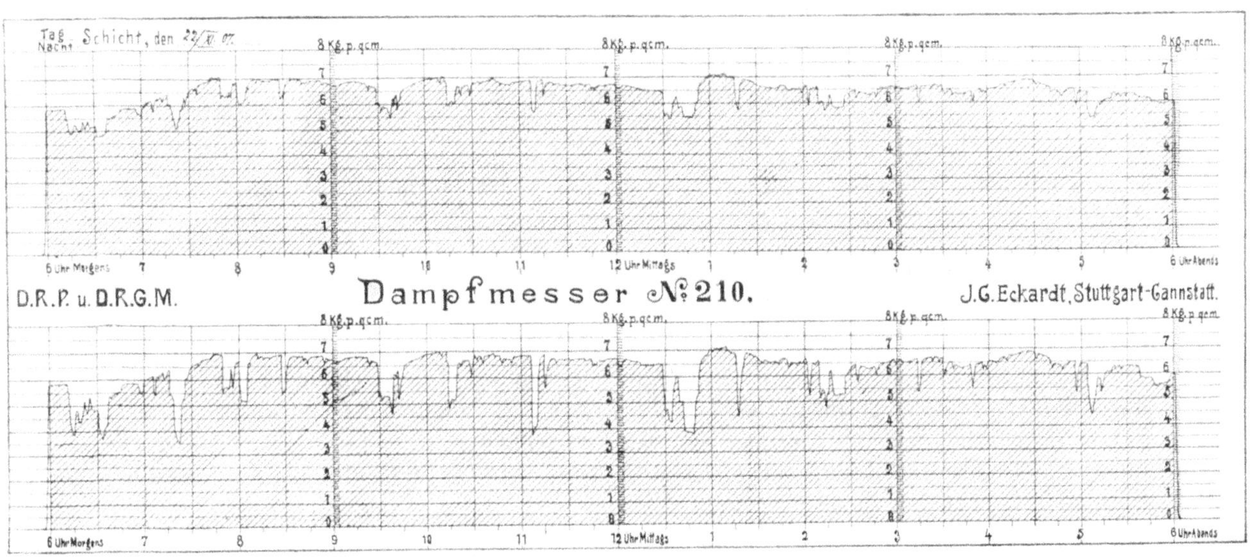

Fig. 559.

Abs. 455. **Kondenstopfkontrollapparat.** Bauart: J. C. Eckardt, Stuttgart-Cannstatt. Zur Abführung des in den Dampfleitungen von Dampfhämmern und Dampf-Preßwassererzeugern sich ansammelnden Kondenswassers sind Kondenstöpfe eingebaut, die, wie allgemein bekannt, periodisch oder kontinuierlich das Kondenswasser abstoßen.

Recht oft hat man jedoch darüber zu klagen, daß diese Vorrichtungen infolge nicht richtigen Funktionierens Dampfmengen durchlassen und auf die Dauer recht unangenehm bemerkbare Betriebsverluste verursachen.

Um diesem Übel zu steuern, sind in die Dampfleitungen Kondenstopfkontrollapparate einzubauen, die nicht nur dem Fachmann, sondern auch dem Laien die Funktion der Kondenswasserableiter (Kondenstöpfe) richtig zu beurteilen und zu prüfen ermöglichen. Es ist zu erkennen, ob der Kondenstopf richtig arbeitet, d. h. ob er während des Betriebs nur Wasser abführt oder bei mangelhafter Funktion Dampfmengen entweichen läßt.

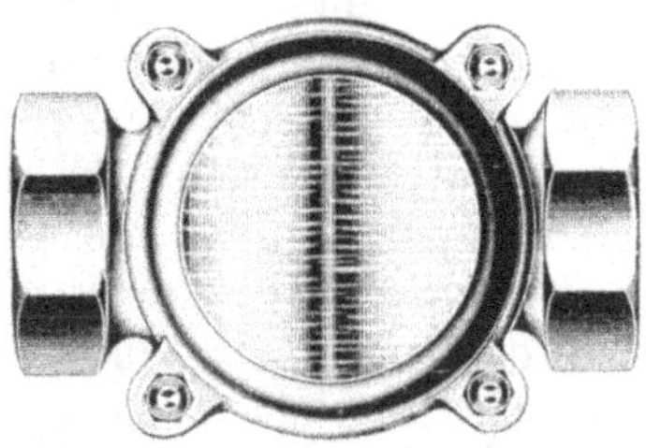

Fig. 560.
Für wagrechten Einbau.

Fig. 561. Für wagrechten und senkrechten Einbau und senkrechte Stellung des Schauglases.

Durch den Kondenstopfkontrollapparat der obigen Firma werden Dampfverluste sofort erkannt, auch machen sich Defekte des Kondenstopfes bemerkbar. Große Schaugläser ermöglichen es, das Funktionieren des Apparates und demgemäß das Arbeiten des Kondenstopfes selbst beobachten zu können. Hierfür diene folgendes Beispiel: Ein Kondenstopf hat an Dampfverlust pro Minute 0,5 l Kondenswasser = 30 l pro Stunde, in 10 Arbeitsstunden 300 l, bei 300 Arbeitstagen 90 000 l Wasser oder Kilogramm Dampf.

1 kg Dampf erfordert bei 7facher Verdampfung = 0,14 kg Kohle, somit 0,14 × 90 000 = 12600 kg Kohle, 100 kg Kohle à 2,50 M. = Verlust daher 315 M.

Der Kondenstopfkontrollapparat wird zweckmäßig hinter den Kondenstopf in die Abflußleitung eingebaut.

Abs. 456. **Die Prüfung der Hämmer nach der Heimschen Methode.** Zur Prüfung von Hämmern hat der verstorbene Baurat Heim in Wasseralfingen die Messung des geleisteten Effekts bei einem Schlage in nachstehender Weise empfohlen:

Ausgehend von dem Gedanken, daß ein Bleizylinder sich durch den Schlag mehr oder minder zusammenstauchen läßt und hieraus der Schlageffekt zu berechnen ist, hat er durch eine größere Anzahl von Versuchen mittels eines Stielhammers, bei dem durch genaue Messung die Fallhöhe bei bekanntem Gewicht bestimmt wurde, folgende Formel festgelegt:

$$L = d^3 \, [2{,}7\, a + 4{,}0\, (a^2 + a^1)] = d^3 \times b \text{ m/kg.}$$

In der Formel bedeutet:

$$a = \frac{h - h_1}{h}$$

d = den Durchmesser des Bleizylinders in Zentimetern,
h = die ursprüngliche Höhe des Bleizylinders,
h_1 = die zusammengeschlagene Höhe.

Für die Versuche verwendet man eine Höhe des Bleizylinders von dem 1,5 fachen des Durchmessers.

Der Wert der großen Klammer läßt sich durch den Ausdruck b ersetzen, so daß $L = d^3 \cdot b$ m/kg ist.

Bei den verschiedenen Werten von a ergibt sich nach den Heimschen Angaben für b folgende Werte:

a	0,1	0,15	0,2	0,25	0,3
b	0,310	0,497	0,706	0,981	1,202

a	0,35	0,4	0,45	0,5	0,55	0,6
b	1,495	1,822	2,189	2,60	3,06	3,58

In ihrem Katalog führt die Firma Bêché & Groß G. m. b. H. in Hückeswagen für einen Lufthammer von 150 kg 170 Touren als Beispiel einer Schlagleistung an, daß dieser Hammer bei genannter Tourenzahl einen Bleizylinder von 50 mm Durchmesser und 75 mm Höhe mit einem Schlage auf 41 mm zusammenstaucht. Die Werte in diese Formel eingesetzt, ergibt:

$$a = \frac{h - h_1}{h} = \frac{75 - 41}{75} = \frac{34}{75} = 0{,}45.$$

Liest man nun für den Klammerwert b den Wert in der angeführten Tabelle ab, so ergibt sich $b = 2{,}189$.

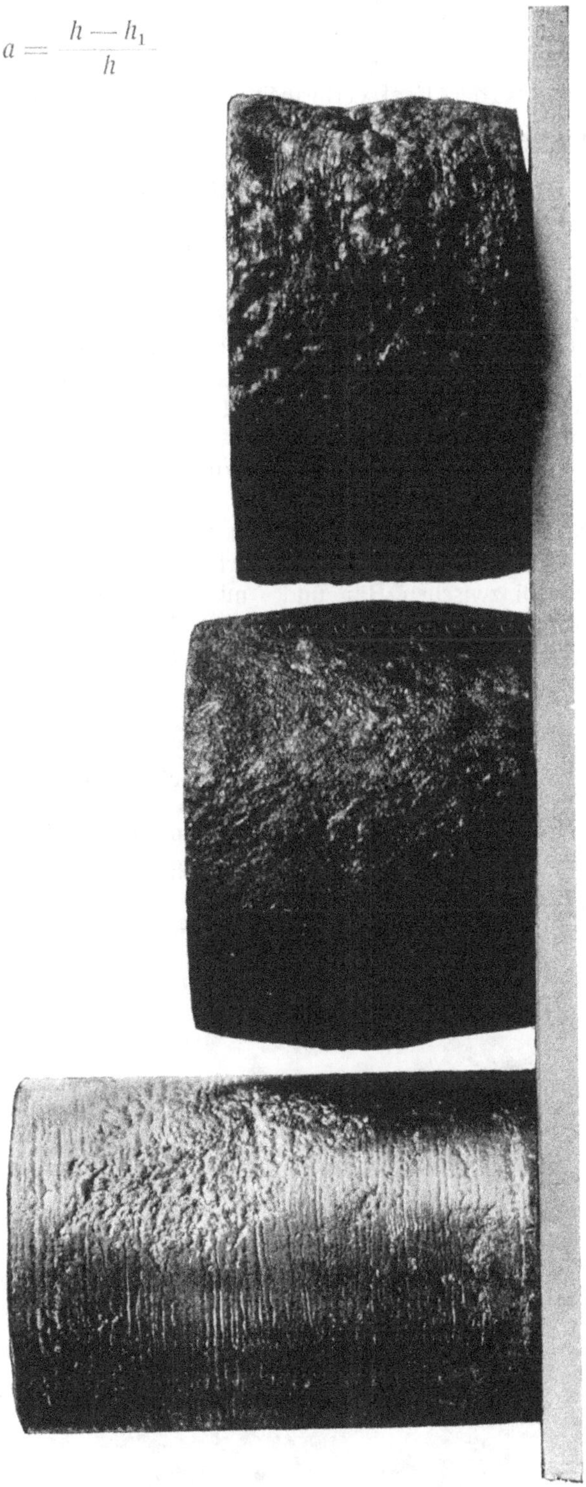

Fig. 562.

Demnach wäre $L = d^3 \cdot b$ m/kg $= 5^3 \cdot 2{,}189 = 273{,}63$ m/kg bei einem Schlage oder pro Sekunde $\frac{273{,}6 \cdot 170}{60} = 775{,}2$ m/kg-Sek.

Da der Kraftverbrauch des untersuchten Hammers 15,7 PSe oder $15{,}7 \cdot 75 = 1177{,}5$ m/kg-Sek. betrug, so ist der Nutzeffekt des Hammers $\frac{775{,}2}{1177{,}5} = 66\,\%$.

Bei den Heimschen Versuchen betrug das Verhältnis von Effekt zu Schabottegewicht 1 : 38 7.

Infolge der durch mich in Abs. 261 festgelegten Nutzeffektskurve für den Schlag eines Hammers sind aber die Heimschen Werte um einige Prozent zu korrigieren. Bei jedem Versuch aber ist das Verhältnis von Schlageffekt zum Schabottegewicht zu berücksichtigen. Dennoch bilden diese Versuche eine vorzügliche Methode der Prüfung. Bei zu leichten Schlägen im Vergleich zur Bolzenstärke dürften sich vielleicht Differenzen ergeben. (Siehe IV. Haupttcil.) Diese Schlagproben werden vorgenommen, indem man die Amboßbahn etwas vorkeilt, so daß man den Bleizylinder auch während des Schlagens auf dem Amboß ruhen lassen kann. Den Bleizylinder hält man am besten mit einer besonders geformten Zange oder, wenn keine solche vorhanden ist, mit einer Nietenzange. Während man nun auf der einen Seite ein Stück Eisen herunterstreckt, bis es dünn genug ist, um nicht mehr störend zu wirken, schiebt der Untersuchende schnell zwischen Bär und Amboß den Bleizylinder, so daß dieser nur einen Schlag erhält. Hierzu bedarf es einiger Übung, um die nötige Geschicklichkeit zu erhalten, auch muß der Beharrungszustand des Hammers erreicht sein. Zu achten ist darauf, daß stets nur reines Hüttenblei von 11,37 spez. Gew. genommen werde, nicht legiertes.

Vorstehend mögen einige Beispiele, Fig. 562, von zusammengestauchten Bleizylindern, wie sie die Firma Bêché in ihrem Katalog als Proben ihrer Hämmer aufführt, wiedergegeben sein. Lit.-Nachw. Nr. 456.

Abs. 457. **Normal-Aufnahmekino.** Bauart Heinrich Ernemann, A.-G., Dresden-A.

Zweck: Dieses Meßinstrument dient zur Bestimmung von Stoßgeschwindigkeiten an Schmiedemaschinen.

Konstruktion: Der Apparat Fig. 563 und 564 ist in seiner Preislage billig und in seiner Handhabung so einfach, daß ihn jeder bedienen kann, der nur einigermaßen mit der Bedienung eines Projektors Bescheid weiß.

Fig. 564.

Fig. 563.

Der Erneman-Normal-Aufnahmekino, Modell A, faßt 60 m Film, so daß Aufnahmen bis 60 m gemacht werden können. Werden längere Aufnahmen beabsichtigt, so lassen sich extra Kassetten mitführen, die mit wenigen Handgriffen eingesetzt sind. Wenn man also nach Ablauf von 60 m sich mit einer Unterbrechung von etwa einer Minute einverstanden erklärt, so kann man Films von beliebiger Länge mit diesem Apparat machen.

Bei dem Aufnahmeapparat sind zwei Dinge von größter Bedeutung: ein zuverlässiger Transportmechanismus und ein gutes Objektiv.

Der Transportmechanismus ist nach dem Greifersystem konstruiert. Es ist nach Ansicht der Firma dasjenige System, welches die größte Gewähr für absolutes Feststehen der Bilder bietet. Das Objektiv ist von großer Lichtstärke und Tiefenschärfe, ein Ernemann-Doppelanastigmat Ernon 1 : 3,5 von 50 mm Brennweite. Das Objektiv ist in Schneckengangfassung, welche ein Einstellen auf verschiedene Entfernungen ermöglicht. Ein großer Sucher zeigt das aufzunehmende Bild in 2½-facher Größe.

Wie aus der Abbildung ersichtlich, enthält der Apparat zwei Kassetten. Die obere wird in der Dunkelkammer mit 60 m Film geladen, in den Apparat eingesetzt und das herausragende Ende des Filmbandes über eine Zahntrommel hinweggeführt, welche gleichzeitig als Vor- und Nachwickler dient. Von hier geht der Film, eine Schleife bildend, durch eine Tür am Belichtungsfenster vorüber nach dem Transportmechanismus und von da über die bereits erwähnte Nachwicklerrolle in die zweite untere Kassette, in der er sich automatisch aufwickelt. Eine in der Nähe der Kurbel angebrachte Zähluhr zeigt an, wieviel Meter Film verbraucht worden sind, so daß man jederzeit beurteilen kann, wieviel noch für weitere Aufnahmen zur Verfügung stehen.

Sind 60 m Film abgelaufen, so kann die untere, nunmehr mit belichtetem Film gefüllte Kassette mit einem Handgriff herausgenommen werden. An ihre Stelle wird die nunmehr leer gewordene obere Kassette gebracht, und schließlich kann eine mit frischem, unbelichtetem Film beschickte Kassette in den oberen Raum eingesetzt werden. In den meisten Fällen werden für die eingangs erwähnten Zwecke jedoch 60 m Film vollkommen ausreichend sein.

Dieser Film wird nun auf Rahmen gespannt und in großen Schalen wie eine photographische Platte entwickelt. Von dem so erhaltenen Negativfilm ist ein Positiv anzufertigen. Auch dies geschieht mit Hilfe des Aufnahmeapparates, indem der Negativfilm auf eine oben auf dem Apparat aufzusteckende Gabel gehängt und durch einen Schlitz in den Apparat eingeführt wird, während die Kassetten im Apparat mit dem unbelichteten Positivfilm beschickt werden (s. Fig. 564).

Nachdem man die Kurbel an eine zweite Welle gesteckt hat, werden beide Films durch Drehen der Kurbel in langsamem Tempo an dem Belichtungsfenster vorbeigeführt. Hierbei wird durch die Einwirkung des Tageslichtes oder einer künstlichen Lichtquelle das Negativ auf den Film kopiert. Nachdem dies geschehen ist, muß der Positivfilm in der gleichen Weise wie der Negativfilm entwickelt werden und ist zur Vorführung gebrauchsfertig. Das Entwickeln der Films erfordert jedoch immerhin einige photographische Übung. Wer sich mit Photographieren überhaupt noch nicht beschäftigt hat, dem empfiehlt die Firma, nach gemachter Aufnahme ihr den Film zum Entwickeln und zur Anfertigung des Positivs einzusenden. Innerhalb 24 Stunden nach Erhalt des Negativs kann das fertige Positiv weggeschickt werden.

A r b e i t s w e i s e: Um genau die Stoßgeschwindigkeiten einer Schmiedemaschine mit diesem Apparat bestimmen zu können, ist es notwendig, neben dem Preßkolben bzw. dem Bären einen festen Maßstab anzubringen, um den zurückgelegten

Weg des Kolbens bestimmen zu können. Ferner muß neben der Maschine eine von einer Sekundenuhr betriebene Scheibe aufgestellt werden, welche die Zeit der jeweiligen Aufnahme $^1/_5$ bis $^1/_{10}$ Sek. genau erkennen läßt.

Abs. 458. **Verfahren und Vorrichtung zur Prüfung von Schmiedepressen.** Um den Wirkungsgrad einer Presse zu bestimmen, ist es notwendig, daß die Presse auf einer bestimmten längeren Wegstrecke den gleichbleibenden Druck ausübt und die Atmung des Gestells ausgeschaltet werde. Dies wird dadurch erreicht, daß man einen Flüssigkeitswiderstand einschaltet, auf den der Preßkolben wirkt. Dieser Flüssigkeitswiderstand besteht aus einem hydraulischen Zylinder mit Preßkolben, an dessen Ende eine Ausflußöffnung angebracht ist. Um den Druck im Zylinder stets auf gleicher Höhe zu erhalten, ist an der Ausflußöffnung ein belastetes Ventil eingeschaltet, das sich öffnet, sobald der Druck eine gewisse Atmosphärenzahl überschreitet. Der Druck, der im Innern des Zylinders herrscht, kann durch ein mit dem Zylinder in Verbindung stehendes Manometer abgelesen werden.

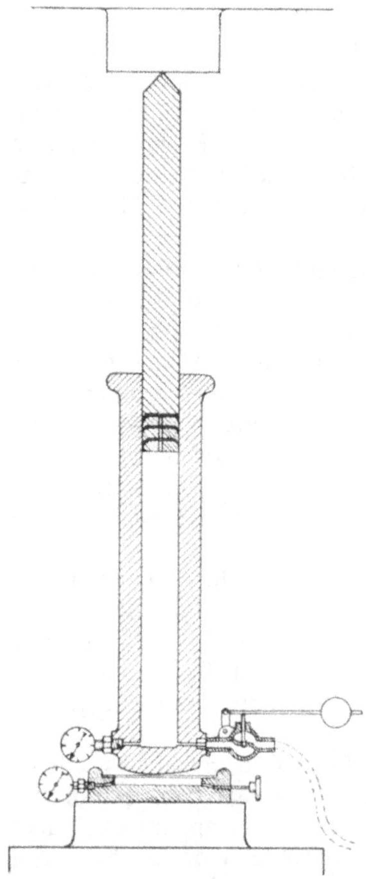

Fig. 565.

Da die Druckleistung der Presse infolge der entstehenden Reibungsverluste im Flüssigkeitswiderstand nicht genau gemessen werden kann, steht der Zylinder des Flüssigkeitswiderstandes auf einer Meßdose, deren Meßdruck in bekannter und geeigneter Weise auf einen Schreibapparat wirkt.

Auf dem Meßtisch steht daneben ein Funkenschreiber der elektrisch angetriebenen hydraulischen Preßpumpe, die einmal gegen einen Akkumulator, das andere Mal direkt auf die reinhydraulische Presse arbeitet. Nebenbei ist ein Indikatordiagramm am hydraulischen Zylinder der Presse zu nehmen. Auch ist die verbrauchte Preß-Wassermenge zu messen.

Handelt es sich um eine dampfhydraulische Presse, so sind Dampf- und Wassermengen zu messen und am Dampf- und Wasserzylinder des Dampftreibers Indikatordiagramme zu nehmen. Auch der Kraftverbrauch der Rückzugszylinder ist zu messen. Alle Kraftangaben, die nur den Zylinderdruck berücksichtigen, sind unrichtig.

Abs. 459. **Meßinstrument zur Ablesung der Preßdrücke an Pressen,** nach Ingenieur F. John. Bauart E. W. Bliss-Co., Paris. Zur Ablesung der Preßdrücke an ihren Abgratepressen fertigt die obengenannte Firma neuerdings ein Meßinstrument, Fig. 566 und 567, an, das auf der Atmung der Gestelle beruht.

In einem Gehäuse, das am Fuße des Gestells befestigt ist, Fig. 568, ist ein Zeigerwerk angebracht, dessen Zeiger durch eine dünne Zugstange in Bewegung gesetzt wird, welche an dem oberen Ende der Verbindungsschraube des Gestells aufgehängt ist. Diese Stange behält stets die gleiche Länge und ist der Dehnung nicht durch Preßdrücke unterworfen. Der Zeiger ist auf Null justierbar; die Einteilung der Scheibe ist durch vorherige Feststellung der Preßdrücke gewonnen. Ein Schleppzeiger läßt erkennen, mit welchen höchsten Drücken der Arbeiter gearbeitet hat. Zur Kontrolle ist das Gehäuse abzuschließen. Mit den von dem Instrument angezeigten Zahlen korrespondieren die der Aichlisten. Diese Listen werden mit Hilfe eines mit Manometer versehenen hydraulischen Hebeblocks aufgestellt, welcher zwischen den Schlitten der Maschine und den Tisch derselben gebracht wird, worauf dann die den Druck-

Fig. 566.

Fig. 567.

differenzen von 10 zu 10 t entsprechenden Körperverlängerungen auf dem Anzeiger abgelesen werden. Die so erzielten Listen werden dann neben der Maschine aufgehängt, oder es wird auch das Zifferblatt direkt den durch den Manometer gegebenen Drücken entsprechend eingeteilt, so daß der Arbeiter sowohl von der Liste als auch vom Zifferblatt den erzielten Druck ablesen kann.

Die Nr. 78-1/2-P-Presse ist für einen Druck von 500 t konstruiert. Beim Ausprobieren der Maschine wird dieselbe jedoch mit einer Überlastung von 40—60% abgepreßt.

Es war bisher selbst für einen sehr geübten Fachmann unmöglich, sich auch nur einen annähernden Begriff von dem tatsächlichen, mit einer Exzenter-, Kurbel- oder Spindelpresse ausgeübten Druck zu machen. Durch die Erfindung des beschriebenen Druckanzeigers ist dies nunmehr der Fall, und man läuft nicht mehr Gefahr, daß der Arbeiter den Preßkörper, die Welle oder andere Elemente der Maschine oder auch die Werkzeuge durch zu stramme Einstellung überlastet und eventuell zertrümmert. Auch geht die Druckeinstellung der Maschine viel schneller und billiger vonstatten und erfordert durchaus keinen geübten

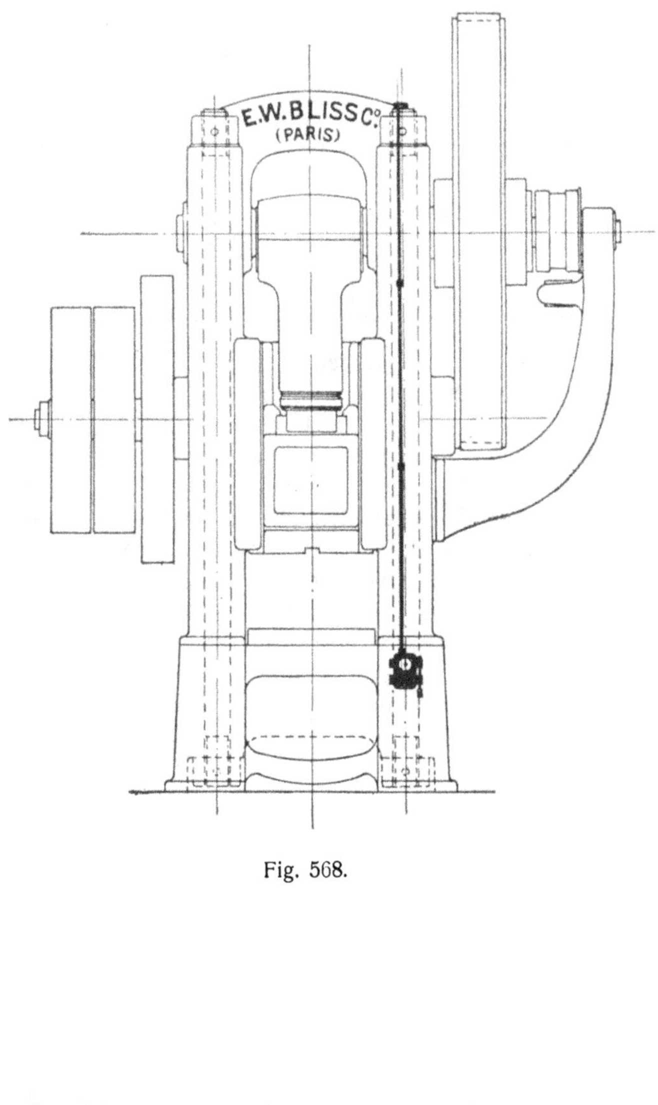

Fig. 568.

Arbeiter. Die für die einzelnen Werkzeuge auf das Mindestmaß beschränkte Druckeinstellung sichert eine längstmögliche Lebensdauer der Werkzeuge. Auch der Energiebedarf für eine Presse, die mit einem solchen Druckanzeiger versehen ist, wird bedeutend beschränkt.

Mit Rücksicht auf das, was im IV. Hauptteil bezüglich des spezifischen Druckes zur Erzeugung innerer oder äußerer Stückarbeit gesagt worden ist, ist diese Kontrollvorrichtung ebenfalls von großer Wichtigkeit.

Nachstehend ist eine solche Aichkarte wiedergegeben.

Aichliste der Nr. 78-1/2-P-Presse.

Manometer	Zifferblatt	Manometer	Zifferblatt
Tonnen		Tonnen	
20	0,5	420	24
40	1	440	26
60	3	460	28
80	3	480	31,5
100	4	500	33 Druckgrenze
120	5	520	35
140	6,5	540	37
160	8	560	39,5
180	9	580	42
200	10	600	45
220	11	620	48
240	12	640	51
260	13,5	660	55
280	14,5	680	59
300	15,5	700	63
320	16,5	720	67
340	17,5	740	71
360	19	760	75
380	20,5	775	78
400	22	780	79
		800	83

Abs. 460. **Verfahren und Vorrichtung zum indirekten Messen des Schlageffekts an Hämmern.** Beckmann hat bei seinen Versuchen zur Bestimmung des Effektverlustes in der Schabotte die letztere auf Federn gestellt und den Verlust durch Hebelübertragung mittels Schreibzeug auf einer Trommel aufzeichnen lassen.

In gleicher Weise kann man indirekt den Effekt des Hammers bestimmen, denn kennt man den Verlust in der Schabotte, so kennt man auch den Effekt des Schlages. Bei Hämmern, deren Schabotte regulierbar federnd gelagert ist, läßt sich ein Flüssigkeitskolben einbauen und von diesem oder auch direkt von den elastischen Flüssigkeitstragzylindern ein Rohr zu einem Schreibwerk mit Bourdonfeder führen. Wird dann noch der Kraftverbrauch der elektrisch betriebenen Lufthämmer durch einen Funkenschreiber (Abs. 451), der der Dampfhämmer durch einen Dampfmesser (Abs. 452 u. f.) gemessen, so läßt sich der Nutzeffekt des Hammers mit ausreichender Sicherheit bestimmen.

Vierter Teil.

Transport- und Bedienungsmittel.

I. Kapitel. Transportmittel.

Abs. 461. **Allgemeines über die Transportmittel.** In den folgenden Abschnitten Nr. 462—466 führe ich einige Transportmittel auf, welche in der Schmiede für die Herbeischaffung der Rohmaterialien und der Brennstoffe, wie auch schließlich zum Transport der schweren Gesenke aus dem Gesenkelager zu den einzelnen Werkzeugmaschinen und endlich zur Fortschaffung der fertiggestellten Ware dienen.

Es handelt sich hierbei meist um leicht und rasch laufende Transportvorrichtungen, wie schnellaufende elektrische Laufkrane, Hängebahnen oder Gleiswagen, je nach der Beschaffenheit des Gebäudes und der Art des zu verschmiedenden Materials, d. h. es werden in der Sperrstück- und Grobschmiede andere Bedienungsmittel erforderlich sein als in der Kleinschmiede. In letzterer wird man besser mit Hängebahnen und Gleiswagen auskommen, während man für die Großschmiede und die Sperrstückschmiede meist Laufkräne anwenden muß. Auch in Kupferschmieden, in welchen sehr sperrige, wenn auch leichte Stücke zur Verarbeitung gelangen, wird es öfters notwendig sein, leichte Laufkräne großer Spannweiten einzubauen.

Bei allen diesen Transportmitteln ist unbedingt darauf zu sehen, daß sie unter keinen Umständen die Übersicht der Schmiede stören, denn in keiner Werkstatt ist mehr Rücksicht auf Übersicht zu nehmen als in Schmiedewerkstätten. Lit.-Nachw. Nr. 461.

Abs. 462. **Hängebahnen aus Stahlblech.** Bauart: T. Tourtellier & Fils, Mülhausen i. E. Diese Hängebahnen bestehen im wesentlichen aus

1. den Gleisen aus Stahlblech, Weichen, Kurven, Drehscheiben und Kreuzungen;
2. den Hängeklammern aus Stahlblech;
3. den Laufkatzen.

Die Gleise dieses Systems sind aus Stahlblech in einem Stück. Die einzelnen Stöße sind 2 m lang und haben die aus Fig. 569 ersichtliche Form.

Vermittelst der Stahlblechhängeklammern werden die Gleise an den der Bahn längslaufenden I-Trägern befestigt.

Sie bewirken zugleich auch die Verbindung der einzelnen Stöße. Hierdurch sind andere Verbindungsmittel, wie Laschen od. dgl., entbehrlich.

Bei der Montage werden diese Hängeklammern am unteren I-Trägerflansch angesetzt (s. Fig. 569) und mittels einer einzigen Schraube festgezogen.

Die Laufkatzen, deren Achsen auf Kugellagern laufen, besitzen infolge ihrer eigenartigen Konstruktion einen spielend leichten Lauf. Sie bewegen sich vollständig eingeschlossen innerhalb der Laufschiene; daher ist ein Entgleisen ganz unmöglich.

Selbst wenn man annimmt, es würden sämtliche Achsen der Laufkatze brechen, so wäre trotzdem ein Herunterfallen der Last ganz ausgeschlossen, da die Herzstücke der Rollenpaare derart ausgebildet sind, daß sie sich in dem Gleisprofil fangen und somit die Last festhalten. Auch Einzelteile der Laufkatzen können nie herunterfallen, da das ganze Fahrwerk im Gleis eingeschlossen ist.

Bei den Weichen Fig. 570 unterscheidet man drei Systeme:

a) fixe Weichen;

b) betätigte Weichen;

c) automatische Weichen.

Fixe Weichen eignen sich speziell für geringere Lasten; sie sind mit kleineren Kurven verbunden, deren Radien 0,600, 1 und 1,5 m betragen.

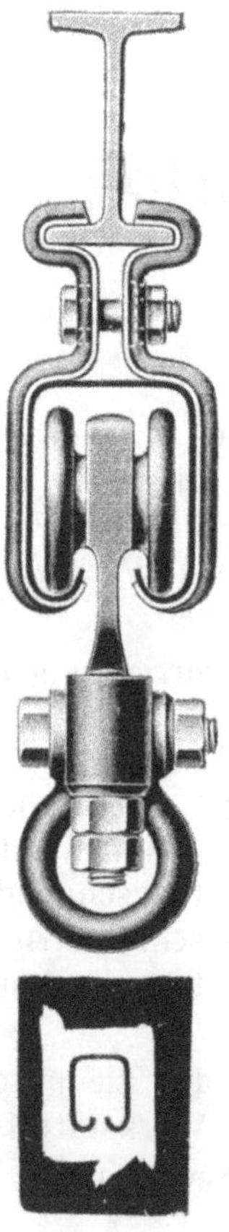

Fig. 569.

Fig. 570.

Das Befahren der Abzweigung geschieht durch Abschwenkung der Last nach der gewünschten Richtung.

Einstellbare Weichen werden als einfache und als Doppelweichen konstruiert.

Zu ihrer Betätigung genügt ein Zug an demjenigen zweier herunterhängender Kettchen, nach denen die gewünschte Richtung gestellt werden soll.

Ein federnder Daumen springt in eine zu diesem Zweck vorgesehene Öffnung ein und klemmt die Weiche fest.

Zur Verhütung des Auslaufens des Trolleys, eines nicht mit der Weiche verbundenen Gleises, sind an beiden Seiten selbst zwei starke schmiedeeiserne Winkel angebracht, welche die offenen Gleise decken.

Die Kurven werden je nach Größe und Last aus Gußeisen oder Stahlblech hergestellt.

Wie schon erwähnt, betragen die Radien der gußeisernen Kurven 0,600, 1,000 und 1,500 m, während Stahlblechkurven in der Regel mit 1,900 m Radius hergestellt werden.

Für besondere Fälle werden auch andere Radien, wie z. B. 2,500 oder 3,000 m und mehr, hergestellt.

Automatische Weichen werden da vorteilhaft verwendet, wo ein sog. forcierter Betrieb vorgeschrieben ist. Die Weiche ist stets nach derselben Einfahrt offen, während das Herausfahren von beiden Richtungen geschehen kann. Sofort nach der Durchfahrt der Laufkatze bewegt sich die Weichenzunge automatisch in ihre alte Lage zurück und verhütet somit die Einfahrt auf das falsche Gleis.

Die Drehscheiben sind auf Kugeln gelagert und dienen dazu, die auf sie angelaufene Laufkatze nach einer anderen Richtung zu leiten.

Drehscheiben werden mit gerader und gekreuzter Richtung konstruiert.

Erstere können die Katze von zwei entgegengesetzten Richtungen aufnehmen, letztere hingegen erlauben, weil gekreuzt, den Zugang von vier Gleisen aus.

Die Betätigung der Drehscheiben ist gleich derjenigen der Weichen eine einfache und sichere und geschieht mittels Zug an zwei Handketten oder Kabel vom Boden aus.

Besondere Vorsichtsmaßregeln sind getroffen, um während der Betätigung das Ein- und Ausfahren der Laufkatze zu verhüten, folglich ist das Herabstürzen der Katze vor, während oder nach der Einstellung der Drehscheibe ausgeschlossen.

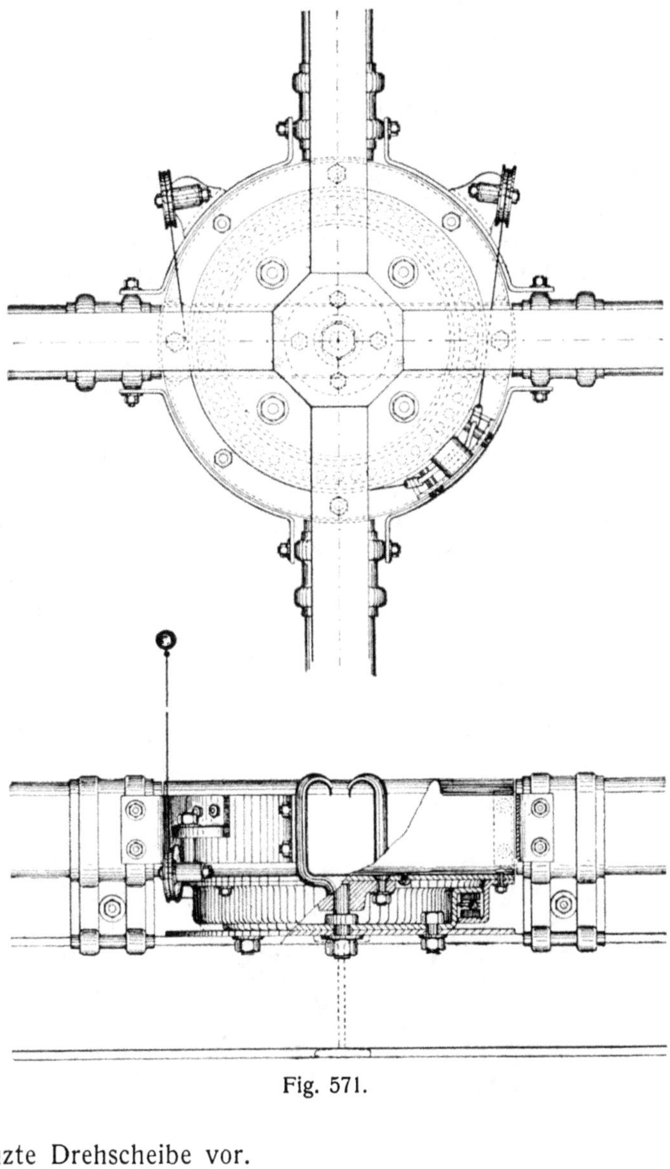

Fig. 571.

Fig. 571 stellt eine gekreuzte Drehscheibe vor.

Die aus den Gleisen hergestellten leichtgehenden Laufbrücken bieten ebenfalls die bereits vorerwähnten Vorteile und Sicherheiten.

Sie werden ohne jede mechanische Betätigung bedient und sind eben deshalb vorteilhaft, weil die Ware rasch und leicht auf jede der zu bestreichenden Flächen gebracht werden kann.

Eine der interessantesten Anwendungen ist die »selbsttätig verriegelnde Fähre« (D. R. P. Nr. 214 705).

Bis jetzt kam es häufig vor, daß Hängebahnen über Torwege, Einfahrten usw. nicht gebaut werden konnten, da diese im Niveau mit der zur Torwölbung viel zu tief liegenden Decke des Gebäudes die Wagen an der Einfahrt gehindert hätten.

Durch Einbau der Fähre kann ein ungehindertes Durchfahren der Lokomotiven ohne Einfluß auf den Betrieb der Hängebahn ermöglicht werden.

Durch eine besondere Sicherung wird das Herausfallen der Katzen während der Überfahrt verhütet.

Auch die anschließenden Enden der Hängebahn sind mit automatischen Verschlußvorrichtungen versehen, die sich erst dann öffnen, wenn die Fährenkatze eingefahren ist.

Abs. 463. **Elektrische Laufkräne.** Bauart: Zobel, Neubert & Co., Schmalkalden. In größeren Schmieden und in Preßwerken findet der elektrische Laufkran, angetrieben durch drei, in der Regel vier Motoren, Verwendung. Der Lasthaken wird sehr gut federnd aufgehängt und möglichst noch die in der Katze befindliche Umleitrolle resp. das feste Ende des Huborgans. Die Steuerung erfolgt von einem am Kran befestigten Führerkorb aus, entsprechend dem normalen Laufkranbau für Werkstätten usw., oder aber in vielen Fällen von einem festen Stand im Gebäude aus. Bei dieser Anordnung müssen natürlich zum Speisen der einzelnen Motoren längs der ganzen Kranfahrbahn eine größere Anzahl Schleifleitungen gezogen werden, wodurch aber keine nennenswerte Verteuerung der Anlage entsteht. Immerhin können die blanken Leitungen Fehlerquellen darstellen, die aber bei der jetzt allgemein im Kranbau durchgebildeten Anordnung der Stromabnahme belanglos sind.

Fig. 572 endlich zeigt einen normalen Dreimotorenlaufkran, der nun entweder mit an der Kranbühne angehängtem Führerkorb ausgerüstet ist oder je nach der Größe auch Fernsteuerung erhalten kann. Für ausgeführte Schmiedekräne haben folgende Geschwindigkeiten Verwendung gefunden: Heben = 2—5 m/Min., Katzenfahren = 20—30 m/Min., Kranfahren je nach Länge der Halle = 60—90 m/Min.

Abs. 464. **Gleiswagen.** Bauart: Orenstein & Koppel — Arthur Koppel, A.-G., Berlin.

1. Blockwagen. Fig. 573. Dieser Wagen dient zum Transport von Flußeisenblöcken, z. B. für Kurbelwellen, und besitzt eine Tragfähigkeit von 10 000 kg, während die Spurweite des Werkgleises 785 mm beträgt.

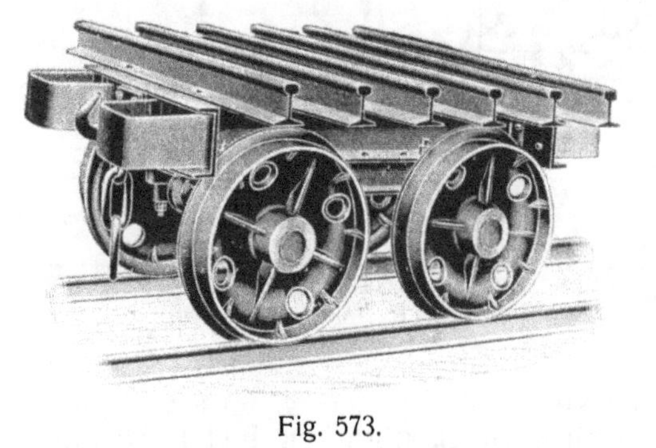

Fig. 573.

Ein starker Schienenrost überträgt den Lastdruck auf die Längsträger des Wagengestells. Im Hinblick auf die besonderen Betriebsverhältnisse sind die Achslager ohne Federung als feste Achslager ausgebildet, und einfache Pufferkappen bilden die elastische Stoßvorrichtung, während ein federnd in der Kopfschwelle gelagerter Zughaken nebst Kuppelkette zur Kupplung mit anderen Fahrzeugen dient.

2. Plateauwagen mit drehbarer Plattform. Bei dem Transport von Schmiedestücken ist es oft notwendig, die Last auf den Wagen zu drehen.

Der in Fig. 574 gezeigte Spezialwagen für diese Zwecke besitzt deshalb eine auf Kugeln drehbar gegen das Wagengestell gelagerte Plattform. Diese wird durch ein

Fig. 572

Gußstück gebildet, während das eigentliche Wagengestell in üblicher Weise aus Walzeisen zusammengesetzt ist.

Eine Mittelpufferkuppelung mit vertikalem Kuppelbolzen und Schäkel ermöglicht die Kuppelung mit anderen Fahrzeugen.

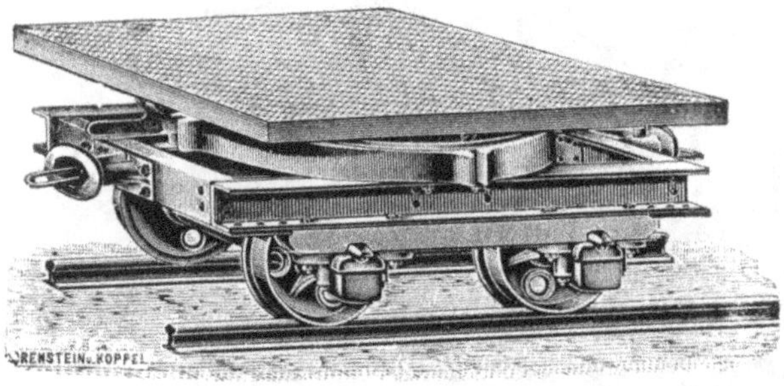

Fig. 574.

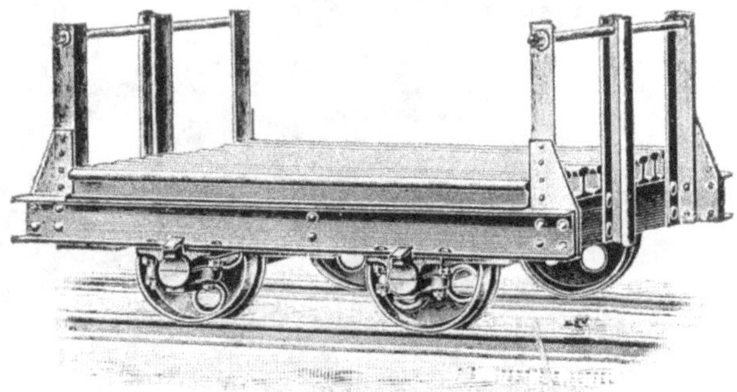

Fig. 575.

Die Achslager besitzen infolge von Holzzwischenlagen eine gewisse elastische Federung.

Durch eine besondere Verriegelungsvorrichtung kann die Plattform in vier zueinander senkrechten Stellungen festgestellt werden.

3. Roheisentransportwagen. Fig. 575. Dieser Wagen ist speziell für den Transport von Roheisenmassen konstruiert, die quer zur Gleisachse auf dem Schienenrost gelagert werden. Er ist für 750 mm Spurweite gebaut und vermag 6000 kg Ladung aufzunehmen.

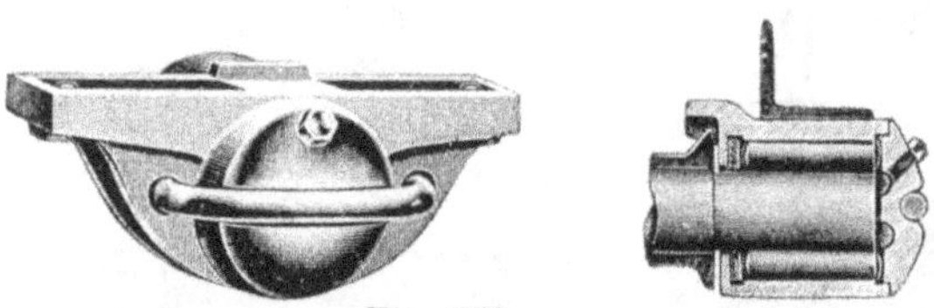

Fig. 576.

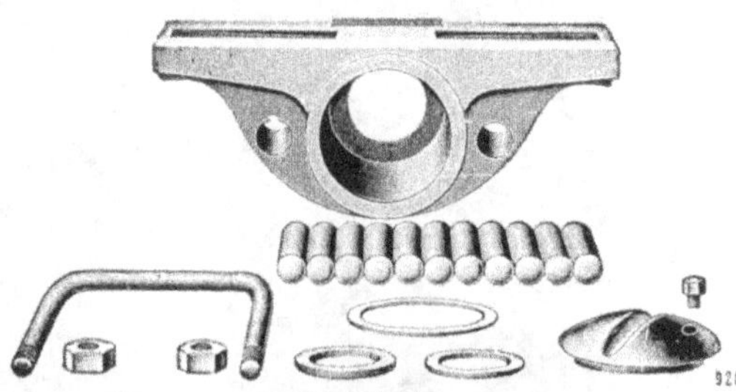

Fig. 577.

Die Achslager sind einfache Schalenlager, welche mit dem Wagengestell fest verschraubt sind. Da diese Wagen einzeln verfahren werden, sind weder Puffer noch Kuppelungsvorrichtungen vorgesehen.

Die Firma rüstet aber auch ihre Wagen mit dem in Fig. 576 und 577 abgebildeten Rollenlagern aus, welche dem Wagen sehr leichten Gang verleihen.

Abs. 465. **Transportwagen.** Bauart: Grundmann & Kuhn, Berlin SO. 16.

1. Plattenwagen. Fig. 578. Dieser fahrbare Tisch dient zum Transport von Gesenken. Er besteht aus einem Rahmen aus Winkeleisen, so daß er zwei beladefähige Etagen bildet. Getragen wird das Gestell durch 4 Räder; die an den Stirnseiten befindlichen sind Lenkrollen. Die Wagen werden für jede Tragfähigkeit und Größe gebaut, zumeist in 1000—1400 mm Länge, 600—700 mm Breite und einer den Gesenkfallhämmern entsprechenden Höhe.

2. Magazinwagen. Fig. 579. Diese Wagen dienen zum Transport des leichteren fertigen Fabrikats zum Magazin. Sie bestehen aus einem geschlossenen

Winkeleisenrahmen, der mit Holzbohlen belegt ist. Die Wagen werden in einer Länge von 900 bis 1500 mm und einer Breite von 600—1000 mm hergestellt. Zwei Räder

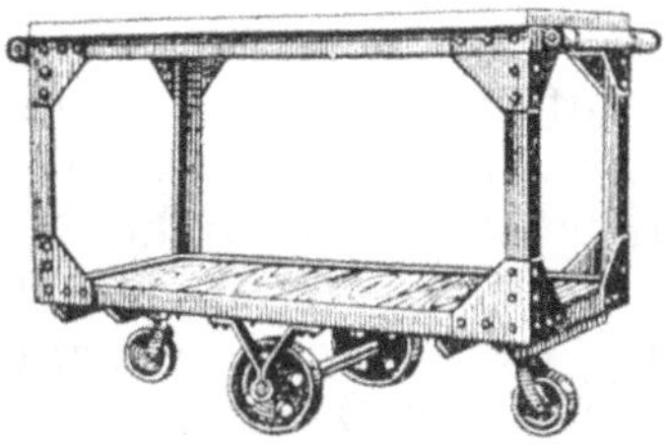

Fig. 578.

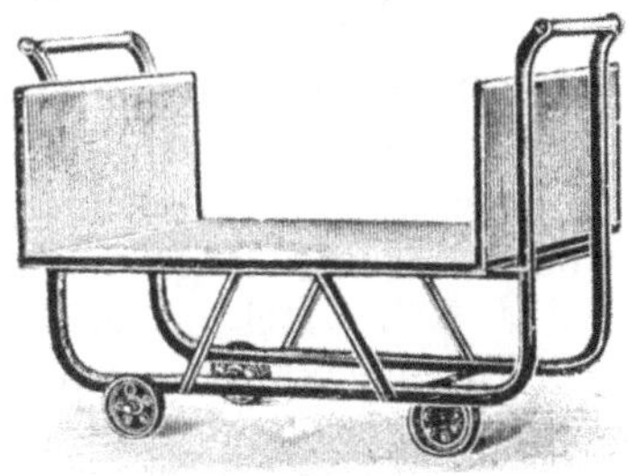

Fig. 579.

sind fest an einer Achse, ein Rad drehbar (Lenkrolle) vorn.

3. Tischkarren. Fig. 580. Die Karren dienen zum Transport von rohen Schmiedestücken in kleinen Schmieden, wo keine Gleise liegen. Die Länge der Platten beträgt 400—600 mm, die Breite 500—700, die Tragkraft 300—500 kg.

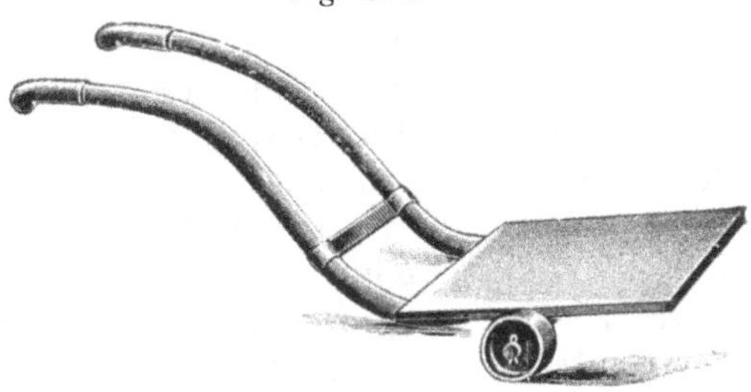

Fig. 580.

Abs. 466. **Befeuerungswagen.** Bauart: Grundmann & Kuhn, Berlin. Fig. 581 und 582. Dieser Typ von Kastenwagen eignet sich zum Transport von Koks und Kohlen für Schmiedeöfen und Generatoren, da die Kohle selbsttätig auf den unteren offenen Teil nachfällt und leicht mit der Schaufel herausgehoben werden kann.

Fig. 581.

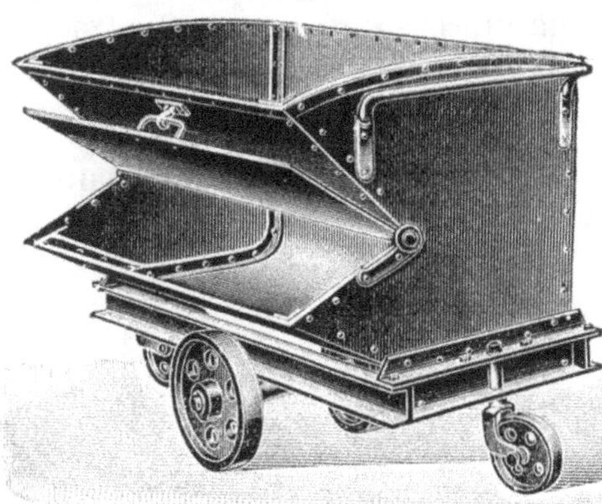

Fig. 582.

Der Kasten ruht auf einem starken U-Eisenrahmen, der auf drei oder vier Rädern rollt. Bei den vierräderigen Wagen Fig. 582 wird die geöffnete Klappe oben befestigt. Der Kasten des Wagens wird für 400, 500 und 650 l Inhalt hergestellt.

Die Wagen gestatten eine bequeme Kontrolle des Brennmaterialverbrauchs und vermeiden ein Vergeuden des Brennstoffs durch Verstreuung und Vertreten, da die Wagen neben den Öfen Aufstellung finden können.

II. Kapitel. Die Bedienungsmittel.

Abs. 467. **Allgemeines über die Bedienungsmittel.** Bei Verarbeitung schwerer Stücke ist es notwendig, mechanische Bedienungsmittel für Öfen und Arbeitsmaschinen anzuwenden. Diese Bedienungsmittel bestehen meist aus Drehkranen, die entweder an den Maschinen oder den Erwärmungsvorrichtungen angebracht sind und in unmittelbarer Nähe stehen, oder es sind Krane, die an den Wänden laufen (Konsolkrane, Velozipedkrane), schließlich aber auch je nach der Beschaffenheit des Gebäudes kurze Laufbahnen mit Katzen, die direkt vom Ofen zur Werkzeugmaschine führen.

Alle diese Hebe- und Bedienungsmaschinen müssen die Bedingung erfüllen, daß sie eine elastische Aufhängung für das Arbeitsstück besitzen, namentlich bei solchen Vorrichtungen, welche Hämmer oder Hammerpressen bedienen, um Prellungen mit nachfolgendem Zerreißen der Ketten oder Seile zu vermeiden, ferner, daß die Hebezeuge in der eingestellten Höhenlage nicht nachgeben, wie z. B. ungesicherte pneumatische Hebezeuge, und endlich, daß sie trotzdem dem Arbeiter die größte Bewegungsfreiheit geben, das Werkstück in der richtigen Lage unter die Maschine zu bringen. Mit Vorteil werden daher auch die hydraulischen Hebezeuge namentlich bei Anwendung von Glyzerin hierfür verwendet, da sie erstens für die Aufnahme des Stoßes etwas elastisch sind, zweitens keinen Rückgang in der Höhenlage zeigen und infolge ihrer geringen Massen sich leicht bewegen lassen.

Wesentlich ist auch die Anbringung von Montagekränen, um bei dem vermehrten Maschinenpark und Öfendefekten Betriebsstörungen rasch beseitigen zu können.

Zurzeit fehlt es noch an geeigneten Ofenbedienungsmitteln, wie wir diese z. B. für die Hüttenwerke in den Chargiermaschinen der Martinwerke haben. Hier fehlt es namentlich an geeigneten Greifzangen für die Glühstücke.

In nachstehenden Abschnitten sind einige Bedienungsmittel beschrieben. Lit.-Nachw. Nr. 467.

Abs. 468. **Das Wenden und Halten größerer Schmiedestücke.** Um große Schmiedestücke bequemer handhaben zu können, schweißt man an diese als Gegengewicht eine

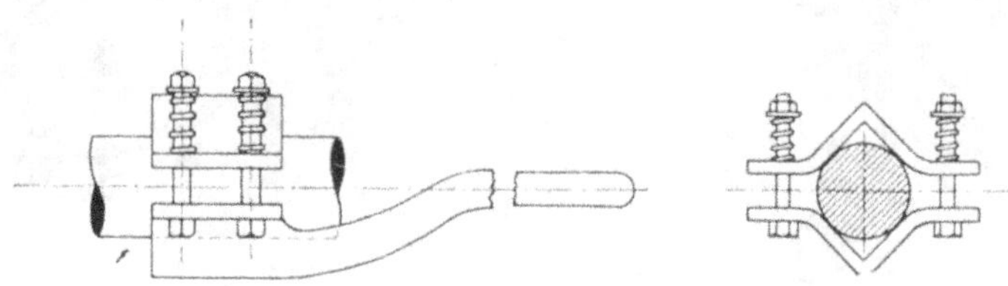

Fig. 583.

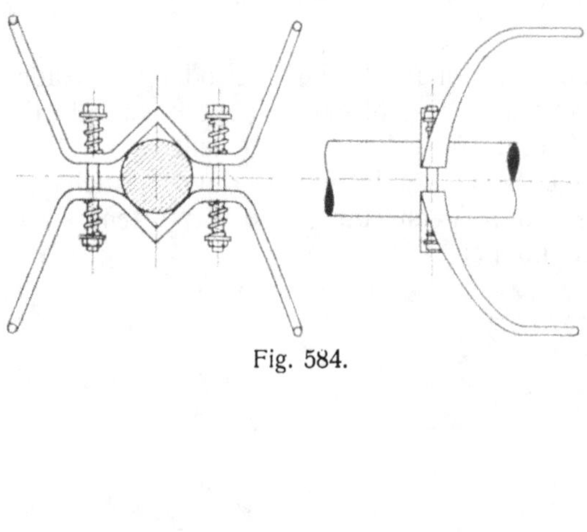

Fig. 584.

große Handhabe an. Das ist natürlich mit nicht unerheblichen Kosten verknüpft und lohnt sich nur bei sehr großen Stücken. An Stelle des Anschweissens halte ich unter Umständen auch das Aufziehen von Handhaben mittels Aufziehpressen für möglich und für billiger. Für mittelgroße Stücke, die man nicht mehr mit der Zange fassen kann, finden sich in der Zeitschrift für Werkstatt-Technik zwei Vorrichtungen abgebildet, die ich als zweckmäßig hier wiedergeben möchte.

In Fig. 583 ist die lange und genügend schwere Handhabe federnd aufgeklemmt, um gleichzeitig die starken Prellungen, die bei nicht richtiger Auflage des Schmiedestückes entstehen können, vom Bedienenden fernzuhalten. Diese Vorrichtung dient hauptsächlich für Stücke, die nicht gewendet zu werden brauchen. Fig. 584 dagegen ist eine Handhabe für Stücke, die während des Schmiedens gedreht werden sollen; sie besitzt daher auch vier Arme. Auch hier wird die Prellung durch Federn vom Arbeiter ferngehalten.

Zum Wenden großer Schmiedestücke, die an einem Kran hängen, wird auch häufig der Wendehebel verwendet. Fig. 585. Er besteht aus einem ungleicharmigen Hebel, der an einer Kette hängt, die ihrerseits an einer Rolle befestigt ist, die auf einem Träger läuft. (Lit.-Nachw. Nr. 468.)

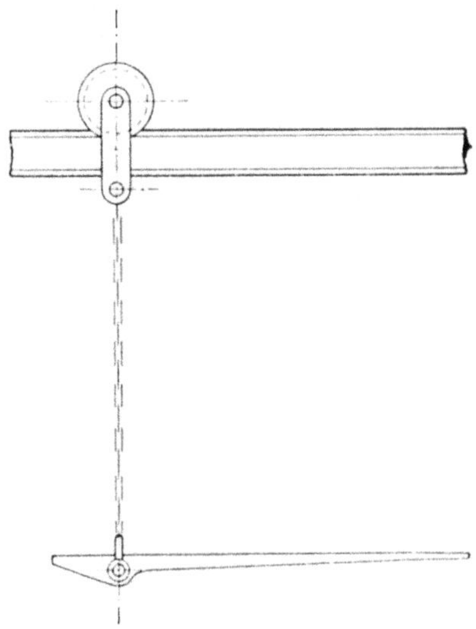

Fig. 585.

Abs. 469. **Schmiedekrane.** Bauart: F. Piechatzek, Berlin. N. 65. Als solche wurden von der Firma hauptsächlich die auf Fig. 586 und 587 dargestellten Konstruktionen geliefert. Der Kran nach Zeichnung Fig. 586 eignet sich nur für kleinere Schmieden, während für größere Betriebe Krane nach der anderen in Betracht kommen.

Die Krangerüste bzw. Ausleger sind jeweils ganz aus Profileisen hergestellt. Die Schwenklager sind zwecks leichter Drehbarkeit sehr sorgfältig ausgeführt.

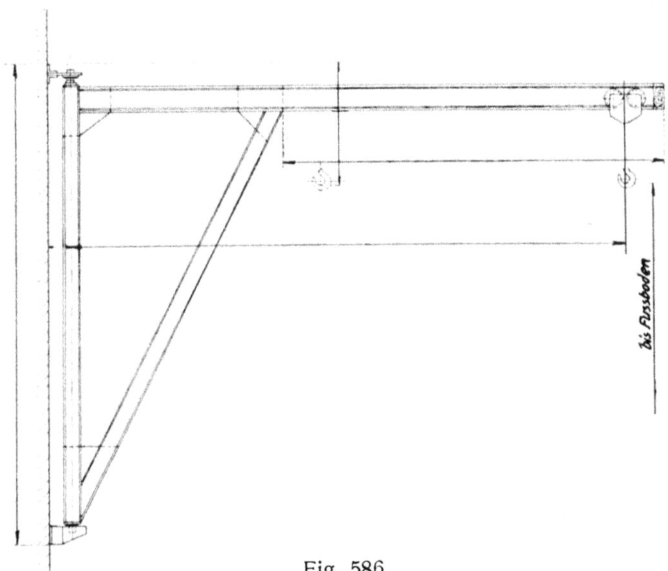

Fig. 586.

Die zum Heben dienenden Windwerke besitzen stets reine Stirnradübersetzung mit gutem Nutzeffekt und können für Bedienung durch ein oder zwei Mann eingerichtet werden. Der Wirkungsgrad beträgt 80—90%, je nachdem ein oder zwei

Vorgelege verwendet werden. Eine sicher wirkende Bremse hält die Last in jeder Lage freischwebend fest. Das Heben geschieht mittels einer Kurbel, das Senken kann durch einfaches Lüften des Bremshebels erfolgen, wobei die Kurbel ausgerückt ist, um ein Schlagen derselben zu verhüten. Als Tragorgan haben die Krane des ruhigeren und stoßfreien Betriebes wegen Drahtseil.

Alle Kranteile sind mit der gesetzlichen Sicherheit berechnet.

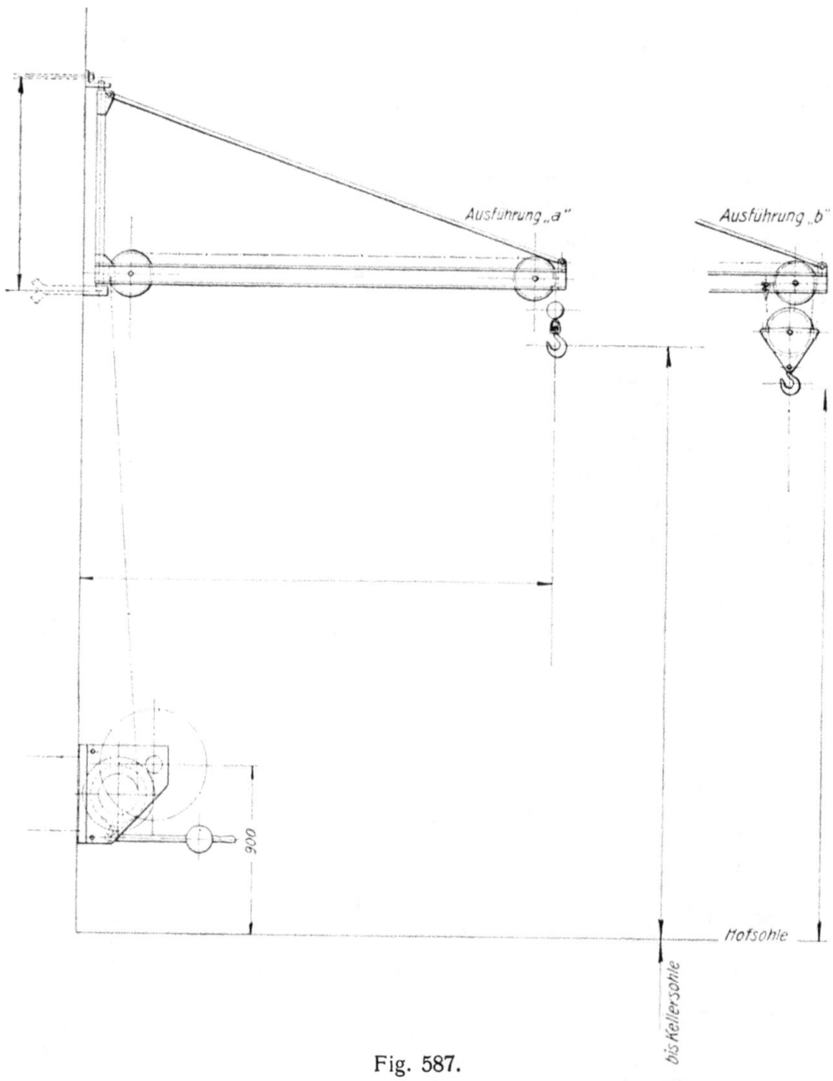

Fig. 587.

Abs. 470. **Hydraulische Wandkräne.** Bauart: Fielding & Platt, Ltd., Gloucester. Fig. 588 zeigt einen Kran von dem Auslegertyp. Bei dieser Konstruktion geht der an dem Ausleger befestigte Zylinder an einer festen Kolbenstange am Ständer herauf und herunter. Die unteren und oberen Rollen nehmen den Schub bzw. den Zug an dem Ausleger an der Spannstange auf.

Das Ventil befindet sich an dem Hammer oder an der Seite der Presse nahe dem Arbeiter, und zwar in einer bequem erreichbaren Stellung.

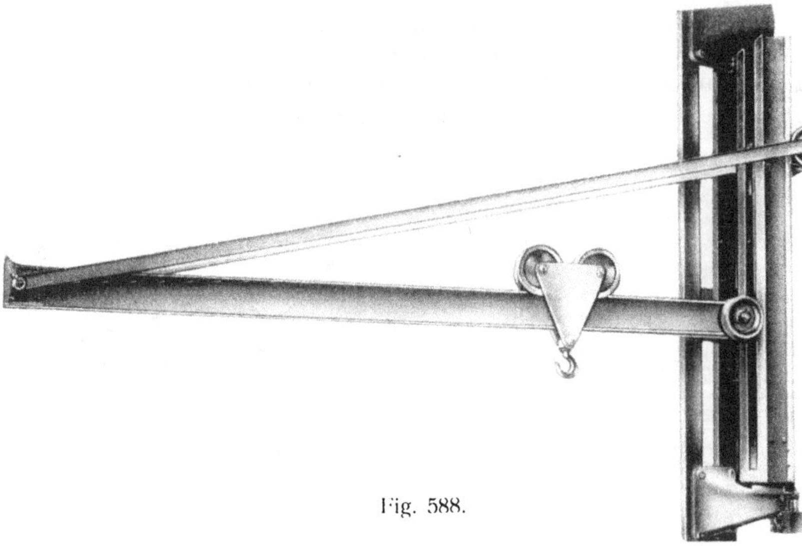

Fig. 588.

Sie werden ausgeführt in den nachstehenden Größen:

Hebekraft kg	Hubhöhe mm	Bedienungsradius m
254	1,525	6,095
508	1,525	6,095
1016	1,525	6,095
2032	1,525	6,095
3048	1,525	6,095
4064	1,525	6,095
2032	1,220	4,875
2032	1,220	6,095
3048	1,525	6,095
5080	2,450	6,095
6096	2,440	7,315
7112	2,440	7,315
8128	2,440	7,315
10160	8,440	7,315

Abs. 471. **Krane für Hämmer, Pressen, Blechscheren und Lochmaschinen in einfacher, doppelter und kombinierter Bauart.** Bauart: Stahlwerk Oeking, Düsseldorf. Die für diese Maschinen bestimmten Schwenkkrane dienen dazu, schwerere Bleche und Schmiedestücke bequemer unter der Maschine bewegen zu können. Wie aus Fig. 589 zu ersehen ist, bestehen sie aus einer Säule von Flußstahl, welche in passende, am Körper befindliche Bohrungen gesteckt wird. Der Auslegerarm besteht aus zwei verschraubten U-Eisen, welche am einen Ende das Drehlager, am anderen das Auge zur Aufnahme der Zugstange tragen. Zwischen die Laufflächen des Auslegers und der Säule sind mit Schmiernuten versehene Messingscheiben gelegt. Auf den U-Eisen läuft die mit vier Rollen ausgerüstete Katze, welche zur Aufnahme des Kettenzuges dient. Jeder Kran ist für ein bestimmtes Moment, das sich aus dem Produkt von Ausladung und Traglast ergibt, berechnet. Die Krane werden mit verschiedenen Ausladungen ausgeführt. Die jeweilige Tragfähigkeit wird durch Division des Momentes durch die Ausladung ermittelt. Wird die Ausladung vergrößert, so muß die Traglast entsprechend verringert werden. Die Schwenkkrane des Stahlwerks Oeking, A.-G., Düsseldorf, können auch als Doppelkrane ausgeführt werden, indem die Säule mit zwei Auslegerarmen ausgerüstet wird. Bei solchen Doppelkranen ist aber

die Traglast entsprechend geringer zu wählen, wenn beide Ausleger nach derselben Seite geschwenkt und gleichzeitig benutzt werden.

Die an die Laufkatzen angehängten Flaschenzüge, hydraulische oder pneumatische Hebezeuge, sind bei Hämmern und Schnellpressen mit guter Abfederung zu versehen.

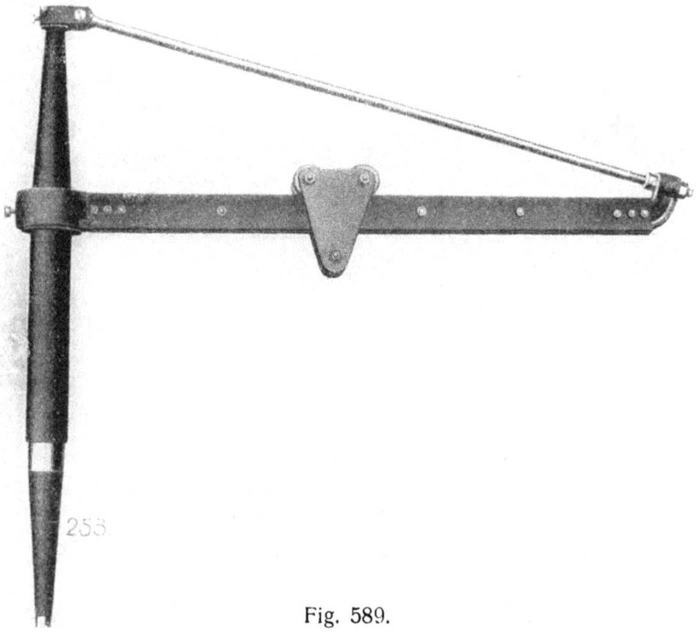

Fig. 589.

Einfache Krane für Hämmer, Blechscheren und Lochmaschinen.

Größe	16	20	26	32	40	50	60	70
Modell	KE	KG	KI	KK	KM	KN	KO	KP
Größtes zulässiges Moment an Traglast und Ausladung . . . . m/kg	1500	2850	5000	7500	10000	13000	16000	20000
Kransäulendurchmesser im Körperauge mm	100	125	150	175	190	205	220	240
Laufschienen: U-Eisen-Normalprofil . .	10	12	14	18	20	24	26	30
Normale Ausladung . . . . mm	1500	1900	2500	3000	3500	4100	4450	5000
Größte Tragkraft hierbei . . . . . . kg	1000	1500	2000	2500	2850	3200	3600	4000
Gewicht d. Krans m. norm. Ausladung ca. kg	250	400	670	950	1300	1800	2500	3500
Mehrgewicht für jede 500 mm größere Ausladung . . . . ca. kg	22	30	40	55	80	115	155	200

Doppelkrane für Blechscheren und Lochmaschinen.

Größe	16	20	26	32	40	50	60	70
Modell	KEd	KGd	KId	KKd	KMd	KNd	KOd	KPd
Größtes zulässiges Moment an Traglast und Ausladung . . . . m/kg	1500	2850	5000	7500	10000	13000	16000	20000
Kransäulendurchmesser im Körperauge mm	100	125	150	175	190	205	220	240
Laufschienen: U-Eisen-Normalprofil. . .	10	12	14	18	20	24	26	30
Normale Ausladung . . . . mm	1500	1900	2500	3000	3500	4100	4450	5000
Größte Tragkraft hierbei . . . . . . kg	1900	1500	2000	2500	2850	3200	3600	4000
Gewicht d. Krans m. norm. Ausladung ca. kg	360	580	950	1350	1900	2690	3600	5200
Mehrgewicht für jede 500 mm größere Ausladung . . . . ca. kg	45	60	80	110	160	230	310	400

Abs. 472. **Hydraulischer Hebezug mit Wagen.** Bauart: R i c e & C o., Ltd., Leeds. Fig. 590 zeigt einen hydraulischen Aufzug mit Wagen, der mit 235 Atm. arbeitet. Er besteht aus einem Zylinder aus Phosphorbronze und ist mit einem Kolben aus weichem Stahl ausgerüstet. Dieser trägt an dem unteren Ende einen Haken, von dem das Wendezeug für die Schmiedestücke herabhängt.

Der Aufzug selbst wird vom Boden aus durch das Ventil und die gezeigte Handkette betätigt und läuft an den Trägern bei Antrieb durch eine endlose Handkette vermittelst Getriebe entlang, so daß das Ganze von unten her durch einen Mann, der auch die Schmiedemaschine bedient, betätigt werden kann. Gebaut wird diese Vorrichtung immer so, daß die größte Höhe oberhalb des Schienenniveaus gleich dem

Fig. 590.

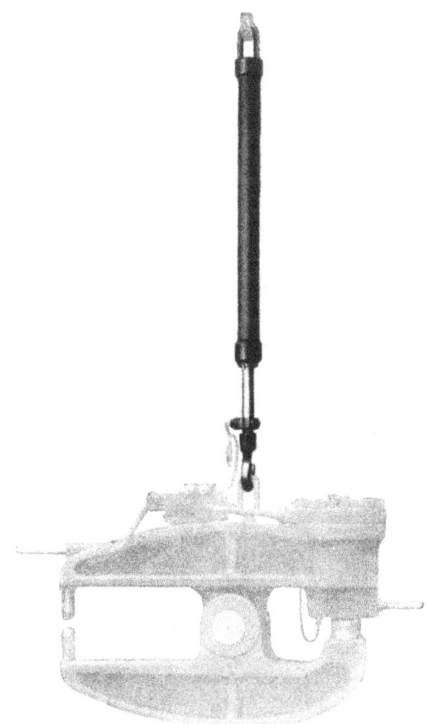

Fig. 591.

halben Hub des Aufzuges ist, wenn nichts anderes bestimmt wird. Diese Aufzüge können auch ohne den Wagen gebaut werden und so eingerichtet sein, daß sie von einem Ringbolzen am oberen Ende herabhängen. Sie können für jedes Gewicht und jede gewünschte Höhe gebaut werden sowie unter jedem Druck arbeiten.

Abs. 473. **Hydraulische Hebeflasche für 2200 kg Tragkraft und 1 m Hub.** Bauart: D e u t s c h e N i l e s - W e r k z e u g m a s c h i n e n - F a b r i k , Berlin-Oberschöneweide.

Z w e c k: Die hydraulische Hebeflasche gemäß Fig. 591 dient zur senkrechten Bewegung und genauen Einstellung von zu pressenden Arbeitsstücken.

K o n s t r u k t i o n: Die Hebeflasche besteht aus einem nahtlos gezogenen Rohr, welches innen sauber ausgedreht ist. In diesem bewegt sich ein Differentialkolben, welcher durch Ledermanschetten abgedichtet ist. Am unteren Teile der Kolbenstange ist ein Aufhängehaken, am oberen Teile der Flasche eine Aufhängeöse vorgesehen. Die Druckwasserzufuhr geschieht durch die ausgebohrte Kolbenstange, und der zugehörige kleine Steuerapparat ist eventuell direkt neben dem Steuerapparat der Maschine montiert. Die Verbindung zwischen Steuerung und Werkshydraulik wird durch einen kleinen Hochdruckschlauch hergestellt. Auch kann zur vergrößerten Elastizität Glycerin als Preßflüssigkeit gewonnen werden; alsdann ist aber in die Leitung ein vertikaler Cylinder mit Trennungskolben für die beiden Flüssigkeiten einzufügen.

Beispiel einer hydraulichen Hebeflasche.

Hebekraft	2200 kg
Hub	1000 mm
Betriebswasserdruck	100 Atm.

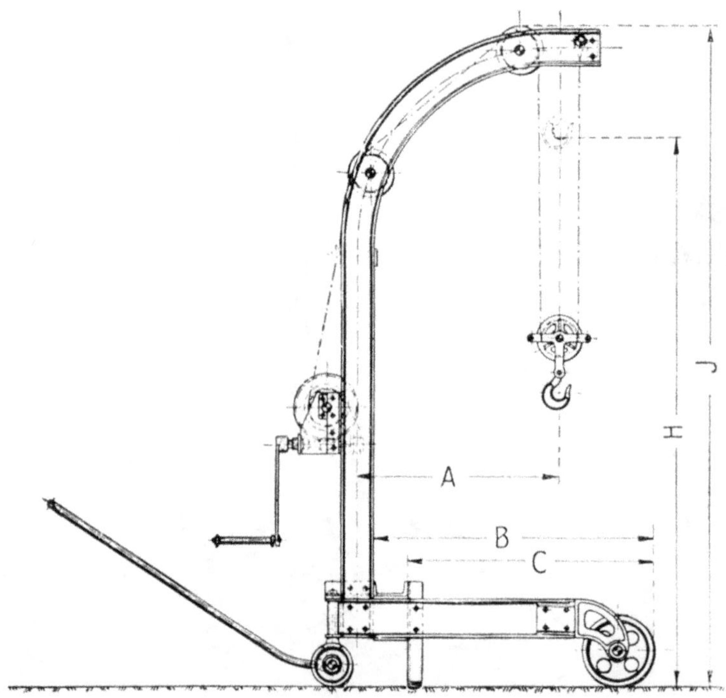

Fig. 592.

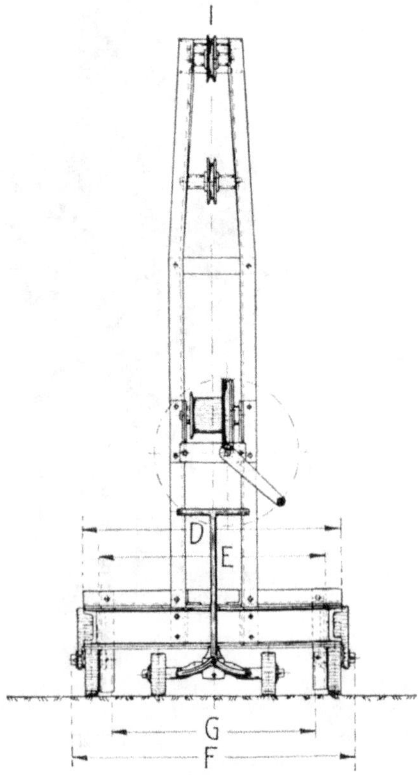

Fig. 593.

Abs. 474. **Fahr- und lenkbare Werkstätten- (Wagen-) Kräne.** Bauart: Gebrüder Bolzani, G. m. b. H., Hebezeugfabrik, Berlin N. 20. Fig. 592 u. 593.

Zweck: Diese Kräne werden zum Bedienen der Werkzeugmaschinen in der Schmiede verwendet, wie z. B. zum Aufbringen schwerer Stücke auf horizontale hydraulische Pressen.

Konstruktion: Auf einem hufeisenförmig gebogenen Profileisen, welches das Gestell des Wagens bildet, baut sich der nach innen gekröpfte Kran aus U-Eisen auf. Der Kranausleger besteht aus zwei nebeneinander gelegten U-Eisen, die durch Flacheisen miteinander verbunden sind und zwischen denen die Seilrollen laufen. Zwischen ihnen befindet sich an dem vertikalen Teil die Seiltrommel. Diese wird durch eine Schnecke mittels Handkurbel angetrieben. Die Flasche erhält, namentlich wenn Hämmer mit dem Krane bedient werden sollen, um ein Zerreißen des Seils durch Prellschläge zu verhindern, einen gefederten Haken. Das Wagengestell hat am vorderen Ende zwei größere Laufrollen, während eine Lenkachse mit zwei kleineren Laufrollen sich unterhalb des Kranträgers befinden.

In nachstehender Tabelle sind die Maße und Gewichte angegeben.

Tragkraft kg	Gewichte ca. kg	Ausladung A	Bettlänge B	Bettlänge licht C	Bettbreite D	Bettbreite licht E	Ganze Breite außen F	Ganze Breite innen G	Hubhöhe H	Ganze Höhe J	Betthöhe K
500	250	800	945	845	960	850	1035	775	2000	2400	290
1000	300	800	1050	930	1020	900	1105	815	2000	2375	340
1500	375	850	1175	1035	1080	950	1160	870	2250	2700	360
2000	500	900	1270	1110	1140	1000	1225	915	2500	3000	410
3000	600	1000	1325	1145	1250	1100	1330	1020	2750	3275	430

Abs. 475. **Elektrische Laufkatze mit Hub- und Fahrwerk.** Bauart: S c h i n d l e r & C i e., Luzern. Figuren 594 und 595. Die elektrische Laufkatze mit Hub- und Fahrwerk dieser Firma besteht aus einem normalen elektrischen Flaschenzug, welcher starr mit einer schmiedeeisernen Laufkatze verbunden ist. Der Antrieb für das Fahrwerk erfolgt, wie allgemein üblich, unter Zwischenschaltung eines Rädervorgeleges auf zwei Laufräder, welche auf den entgegengesetzten Seiten des T-Trägers liegen, in welchem die Laufkatze läuft. Die Laufräder werden auch mit einer Kugellagerkonstruktion ausgeführt, welche den Vorteil besitzt, daß sie keiner Wartung bedarf.

Fig. 594.

Die normalen Fahrgeschwindigkeiten sind

0,4—1 m pro Sekunde. Die Endausschaltung für das Hubwerk wirkt auf den Steuerkontroller, so daß der Haken niemals seine maximale Höchststellung übersteigen kann, da bei großem Durchlaufweg der Last der Motor umgesteuert wird.

Ein jeder Flaschenzug besitzt überdies eine kräftige Backenbremse, welche einen großen Durchlauf der Kette verhindert und ein genaues Einstellen der Last ermöglicht, was bei Lastdruckbremsen nicht immer der Fall ist. Die Führerkabine wird

Fig. 595.

direkt an der verlängerten Laufkatze befestigt, welche in diesem Falle noch ein drittes Laufrad erhält, um ein Schwanken der Laufkatze, hervorgerufen durch das Führergewicht, bei leerem Haken zu vermeiden. — Am Führersitz selbst sind keine Kontroller angebracht, sondern diese sitzen wie bei einem gewöhnlichen Flaschenzug an diesem selbst, und der Führer steuert sie mittels Handrades und Ketten. Dabei wird eine einfache und betriebssichere Endabstellung des Hub- und Fahrwerks erzielt, ohne daß man zu neuen Schaltapparaten und komplizierten Schaltungen greifen muß. In der Führerkabine ist ein Schalter angebracht, welcher die Stromzuführung beider Motoren unterbricht, so daß im Falle des Versagens einer der Kontroller der Führer die Gewalt über die Laufkatze nicht verliert.

Die Stromabnahme erfolgt mittels entsprechend angeordneter Schleifleitungen, welche in der Fig. 594 weggelassen sind, da sie sich ganz nach den speziellen Verhältnissen richten.

Abs. 476. **Konsolkrane.** Bauart: Karl Flohr, Maschinenfabrik, Berlin N. Das Gerüst ist als Fachwerkbau hergestellt und so durchkonstruiert, daß die Durchbiegung am Ausleger gering ist.

Fig. 596.

Am Krangerüst ist der offene Führerkorb angebracht, von dem aus die Steuerung erfolgt.

Der Kran stützt sich mit zwei vertikalen und vier horizontalen Laufrollen gegen die Laufbahn und die Laufrollen erhalten Kugellager, um die Reibung auf ein Minimum zu reduzieren.

Eine vertikale Laufrolle wird mittels Stirnradübersetzung durch den Fahrmotor angetrieben. Zum Stoppen des Kranes dient eine Fußtrittbremse. Zur Bedienung der Laufkatze sind zwei Laufstege mit Geländern angebracht.

Auf dem Ausleger des Kranes ist die Laufkatze angeordnet, die für Heben und Katzfahren einen besonderen Motor besitzt.

Der hier abgebildete Konsolkran besitzt eine Tragfähigkeit von 5000 kg und eine größte nutzbare Ausladung von 5800 mm.

Die Motorstärke und Geschwindigkeiten für den vorliegenden Fall sind folgende:

Heben:	17,02 PS	n ∾ 930	Umdrehungen	v = 8 m pro Minute,
Katzfahren:	0,94 PS	n ∾ 1050	»	v = 10 m » »
Kranfahren:	6,04 PS	n ∾ 1120	»	v = 120 m » »

Für die elektrische Ausrüstung sind Fabrikate der Allgemeinen Elektrizitäts-Gesellschaft, Berlin, vorgesehen. Der Hubkontroller ist mit Senkbremsschaltung ausgerüstet.

Abs. 477. **Dreimotorenwandlaufkran.** Bauart: Ardeltwerke, G. m. b. H., Eberswalde.

Zweck: Diese Kräne dienen sowohl zum Bedienen der Werkzeugmaschinen als auch zum Transport von Materialien.

Ausführung: 1. Das Fahrgestell. Der Unterwagen ist aus gut versteiften Blechträgern zusammengenietet; er dient zur Aufnahme der Triebwerke sowie des Führerstandes mit sämtlichen Steuerapparaten. Auch sind in ihm die beiden vertikalen Laufräder sowie die horizontalen Führungsrollen eingebaut.

Der Ausleger ist als vollwandiger Kastenträger ausgebildet und schwingt in einer Traverse um die in ein kräftiges Halslager eingebaute Königssäule.

2. Das Drehwerk. Der vertikale Druck wird durch ein unter der Traverse sitzendes Kugellager auf die Königssäule übertragen, welche gleichfalls die horizontalen

Fig. 597.

Drücke aufzunehmen hat, die durch das Lastmoment hervorgerufen werden, wenn der Ausleger parallel zur Fahrbahn steht. Die Übertragung dieser Horizontaldrücke erfolgt einerseits durch die in dem oberen Teil des Auslegers drehbar eingesetzte stählerne Traverse und anderseits durch die am unteren Ende des Auslegers eingebauten Druckrollen. Letztere laufen innerhalb eines hohlen Stahlgußkörpers, der zugleich als Zahnkranz ausgebildet und in den Ausleger eingelassen ist.

In den Zahnkranz greift ein Ritzel ein, welches die Drehbewegung vom Motor aus durch Vermittlung eines ganz in Öl laufenden Schneckengetriebes und eines Zwischenvorgeleges einleitet. Der Motor ist mit der Schneckenwelle durch eine elastische Kuppelung verbunden, die zugleich als Bremsscheibe dient. Als Bremse ist eine durch Fußtritt betätigte Doppelbackenbremse vorgesehen.

3. Das Hubwerk. Die Hubbewegung wird vom Motor aus durch Stirnradvorgelege auf die mit eingedrehten Rillen versehene Hubtrommel übertragen. Das

Motorvorgelege läuft in einem ganz geschlossenen gußeisernen Ölkasten, wodurch bei fast geräuschlosem Gang ein sehr hoher Wirkungsgrad erzielt wird. Sämtliche Wellen laufen in gußeisernen, mit Bronzebüchsen versehenen Lagern; die Schmierung erfolgt bei dem langsam laufenden durch konsistentes Fett mittels Staufferbüchsen, bei den schnellaufenden durch Ringschmierung.

Die Hubwerksbremse ist eine elektromagnetisch betätigte Doppelbackenbremse. Die Bremsscheibe sitzt auf dem rückwärtigen Wellenstumpf des Hubmotors. Bei jeder Unterbrechung des Motorstromkreises wird auch der Bremslüftmagnet stromlos, die Bremse tritt in Tätigkeit, und die Last wird in jeder Lage unbedingt sicher in der Schwebe gehalten.

Als Lastorgan wird ein biegsames Tiegelgußstahldrahtseil von reichlicher Bruchsicherheit verwendet. Zur Aufnahme der Last dient ein in der Unterflasche auf Kugeln drehbar gelagerter Haken; die Unterflasche selbst hängt mit einer Seilrolle in zwei Seilsträngen, von denen der eine an einem festen Punkt des Auslegers befestigt ist, während der andere über drei Umlenkrollen durch die ausgebohrte Königssäule geführt wird und sich auf die Seiltrommel aufwickelt. Für die Verwendung in Schmieden wird ein elastisches Zwischenglied eingebaut.

4. Das Kranfahrwerk. Die Fahrbewegung wird vom Motor aus durch Stirnradvorgelege zunächst auf die eine Laufradachse und von dieser mittels zweier Kegelgetriebe und einer durchgehenden Transmissionswelle auf die andere Laufradachse übertragen. Auch hier läuft das Motorvorgelege in einem ganz geschlossenen Ölkasten, und die Lagerung aller Wellen ist in der gleichen soliden Weise gehalten wie bei den anderen Triebwerken, so daß ruhiger Gang und sehr geringe Abnutzung gewährleistet werden können. Die Bremse wird ebenso ausgeführt wie beim Hubwerk und durch Magnet betätigt, die Bremsscheibe sitzt auch hier wiederum auf dem rückwärtigen Wellenstumpf des Antriebsmotors.

Abs. 478. **Schmiedekrane.** Bauart: E. Becker, Maschinenfabrik, Berlin-Reinickendorf. An Schmiedekranen hat obige Firma einige bemerkenswerte Neuerungen geschaffen. Diese beziehen sich im wesentlichen auf die Wendevorrichtungen für größere Schmiedestücke. Sie sind so durchgebildet worden, daß sie für alle Krane mit mechanischem oder elektrischem Antrieb verwendet werden können. Zur Anwendung gelangt hierbei in erster Linie das dieser Firma seinerzeit patentierte Triebwerk mittels endloser Kette (Fig. 598). Je nachdem die beiden treibenden Kettenrollen R_1 oder R_2

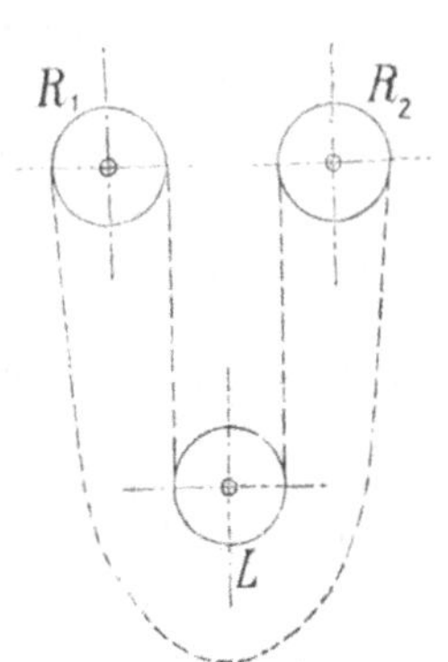

Fig. 598.

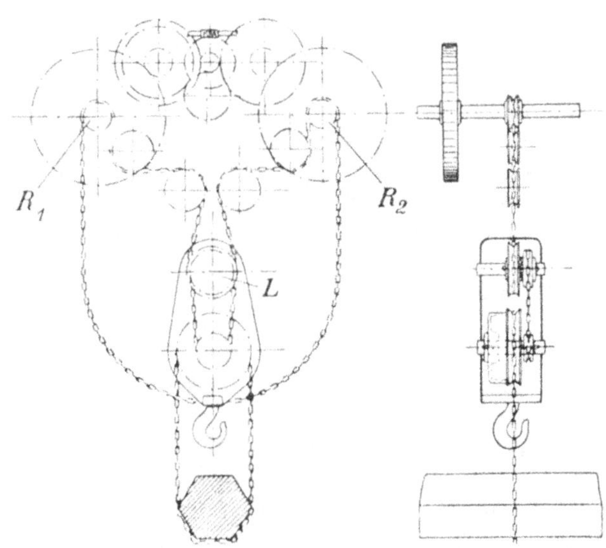

Fig. 599.

im gleichen oder entgegengesetzten Sinne gedreht werden, wird die lose Rolle L entweder nur in ihrer Achse gedreht oder gehoben. Diese Bewegung der losen Rolle wird benutzt, um dem an der losen Rolle in einer Schlinge hängenden Schmiedestück entweder eine Drehbewegung um seine Achse zu erteilen, dasselbe also unter dem Hammer zu wenden, oder um es zu heben und zu senken. Das Schema für das Triebwerk eines solchen Schmiedekrans ist in Fig. 599 gegeben.

Die beiden treibenden Kettenrollen R_1 und R_2 werden von der mittleren Antriebswelle mit entsprechenden Vorgelegen unter gleicher Geschwindigkeit entweder in gleicher oder verschiedener Richtung gedreht, je nachdem zum Antrieb für beide Kettenräder die gleiche Anzahl von Zwischenrädern benutzt, oder für ein Kettenrad für eine Umschaltung noch ein weiteres Zwischenrad eingeschaltet wird. Von den beiden treibenden Kettenrollen R_1 und R_2 wird die Kette von einigen Leitrollen zur losen Rolle L geführt. Im Gehänge dieser Rolle ist unten eine zweite Rolle angebracht, die von der

Fig. 600.

oberen durch eine Kette angetrieben wird. Über die untere Rolle ist eine endlose Kettenschlinge gelegt, in die das Schmiedestück eingehängt wird, so daß es bei der Drehung der Rolle ebenfalls gedreht wird.

Die Kettenrollen werden durch einen umkehrbaren Motor angetrieben, der durch ein Schneckengetriebe zunächst auf einer Zwischenwelle arbeitet. Von dieser Welle werden die beiden Kettenrollen mit Stirnräderübersetzung in Umdrehung versetzt, und zwar die eine unter Zwischenschaltung eines Wechselgetriebes, so daß sie in demselben Sinne wie die andere oder in verschiedenem Sinne umläuft. Zur Umschaltung dieses Wechselgetriebes wird bei elektrisch betriebenen Kranen eine umschaltbare elektromagnetische Kuppelung benutzt, die durch einen einfachen Umschalthebel vom Führerstande aus betätigt werden kann.

Die über der losen Rolle L angeordneten oberen Kettenumleitrollen sind dicht beieinander gelagert, so daß es möglich ist, die lose Rolle und das daran hängende Schmiedestück auch in einem größeren Winkel um die senkrechte Achse zu drehen. Gleichzeitig sind diese Kettenumleitrollen federnd gelagert, so daß sie die Stöße beim Schmieden aufnehmen. Die Bewegung dieser federnd gelagerten Rollen wird dazu benutzt, um in dem Augenblick, wo die Feder durch Überlastung vollständig zusammengedrückt wird und daher die Gefahr eines Kettenbruches eintreten würde, ein Hebelgestänge zu betätigen, welches durch einen Kohlenausschalter den Stromkreis der elektromagnetischen Kuppelung unterbricht und den Stromkreis eines Magneten zum Auslösen eines Hauptausschalters schließt und gleichzeitig durch einen Anschlag den Bremshebel einer Bandbremse abstützt und dadurch verhindert, daß das Bremsgewicht dieser elektromagnetischen Bremse einfällt.

Infolge dieses Vorganges muß die Last sofort sinken, da sie weder durch die Kuppelung noch durch die Magnetbremse gehalten wird.

Beim Senken der Last wird die Feder entlastet und dadurch die Verriegelung des Bremsgewichtes freigegeben. Die Bremse fällt darauf ein und sperrt die Last. Diese kann also niemals weiter sinken, als zur Entlastung der Kette nötig ist.

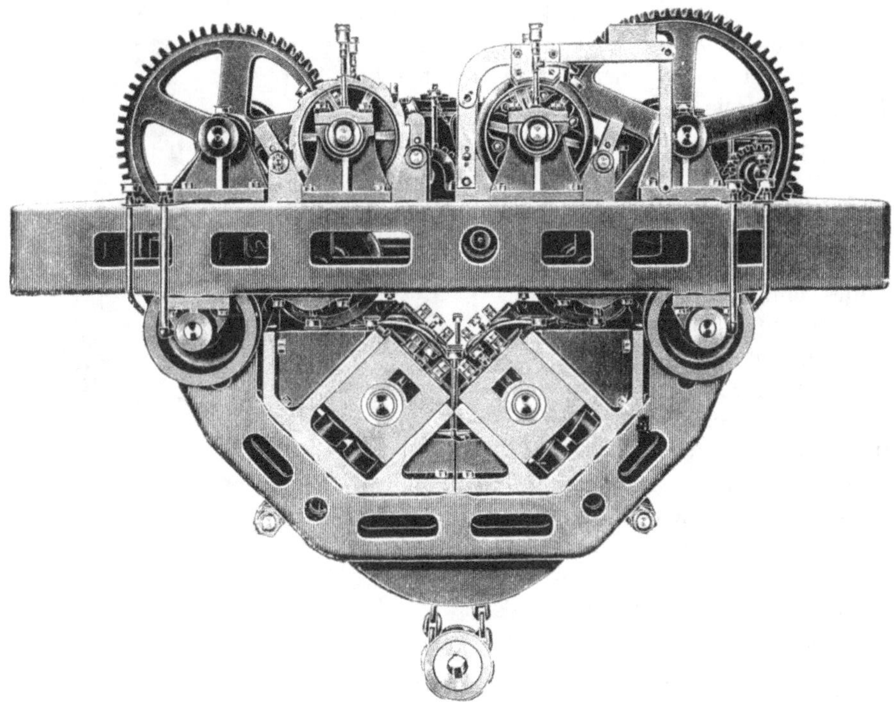

Fig. 601.

Fig. 600 u. 601 zeigt ein Bild einer so konstruierten Katze, und Fig. 602 gibt die untere Flasche eines 25 t-Kranes wieder. Die ganze Flasche ist in einem geschlossenen Blechmantel von möglichst abgerundeter äußerer Form gelagert, damit sie nirgends hängen bleiben kann.

Sorgfalt ist wiederum auf elastische Auffangung der Stöße beim Blockwenden verwandt und zu diesem Zwecke die Rolle der Kettenschlinge gegen die Achse durch vier Blattspiralfedern abgefedert, die nach beiden Richtungen wirken, damit das Wenden in beiden Richtungen erfolgen kann.

Um noch weitergehende Ansprüche zu erfüllen und das Schmiedestück vermittelst des Krantriebwerks nicht nur um eine horizontale, sondern nach Bedarf auch um eine vertikale Achse drehen zu können, wurde eine Wendevorrichtung durchgebildet, die ebenfalls durch D. R. P. geschützt wurde. Bei dieser Vorrichtung besteht die Flasche aus einem oberen und einem unteren Gehäuse, die gegeneinander drehbar sind. Das untere Gehäuse ruht auf vier Blattspiralfedern, um die Stöße beim Schmieden aufzufangen, und dreht sich auf einem Kugelkranz, der am Boden des oberen Gehäuses gelagert ist.

Um nun die Drehung um die beiden Achsen zu erzielen, sind Sperrungen oder Bremsen angeordnet. Wird die Scheibe der oberen Bremse festgehalten, so kann sich das mit dieser Bremsscheibe verbundene untere Gehäuse nicht gegen das obere Gehäuse drehen, und die Drehung der losen Rolle wird durch die beiden konischen Räderpaare auf die Achse der Kettenschlinge übertragen und dadurch das Schmiedestück um eine wagerechte Achse gedreht.

Wird dagegen die untere Bremse festgehalten, so kann sich die Achse der Kettenschlinge nicht drehen. Das auf dieser Achse sitzende konische Rad wird mit dem eingreifenden Rade durch die Wirkung der unteren Bremse in starre Verbindung gebracht, so daß bei einer Drehung der losen Rolle, welche sich auf die konischen Räder überträgt, stets dieselben Zähne des unteren Räderpaares in Eingriff bleiben und so das ganze untere Gehänge mit dem Schmiedestück um eine senkrechte Achse gedreht wird.

Die untere Magnetbremse kann auch fortgelassen werden, da der Widerstand beim Blockwenden viel größer ist als bei der Drehung auf dem Kugellager um die senkrechte Achse. Der Kranführer ist also imstande, von seinem entfernten Standorte aus mittels eines einzigen Motors und einer ziemlich einfachen Steuerung die Last zu heben und zu senken und um eine wagerechte sowie um eine senkrechte Achse beliebig im Raum zu drehen und zu wenden.

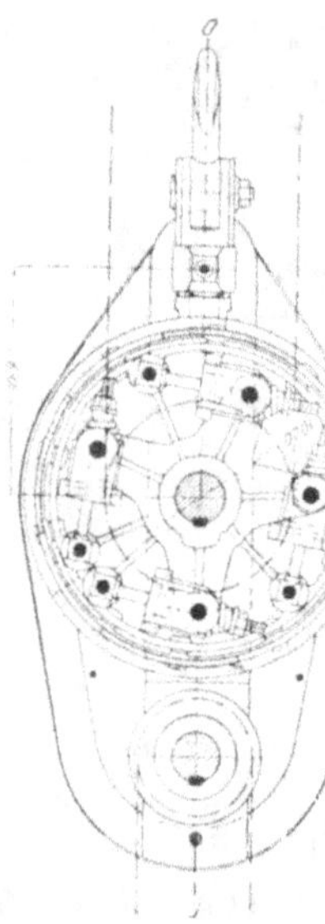

Fig. 602.

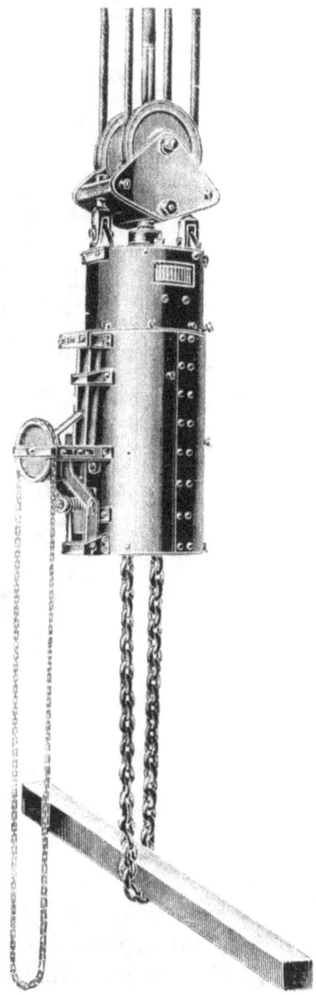

Fig. 603.

In Fig. 603 ist eine weitere Ausführung dieser Wendevorrichtung dargestellt, bei welcher das Gehänge nicht an einem endlosen Kettengetriebe, sondern an der gewöhnlichen zweirolligen Seilunterflasche einer elektrisch betriebenen Laufkatze hängt. Der Antrieb für das Drehen und Wenden des Schmiedestücks um eine horizontale und vertikale Achse erfolgt hierbei nicht durch das endlose Kettengetriebe, sondern durch eine zentral in das Kettengehänge eingeführte Teleskopwelle, welche das Heben und Senken der Unterflasche mit der elektrisch betriebenen Lastwinde ohne weiteres gestattet. Durch abwechselnde Betätigung zweier Sperrvorrichtungen vermittelst der am Gehänge der Unterflasche angebrachten Haspelkette wird erreicht, daß, sobald die Teleskopwelle vom Kranführer durch Einschaltung des zugehörigen Hilfsmotors auf der Laufkatze angetrieben wird, das Schmiedestück entweder mit der Schlinge um die horizontale Achse gewendet oder zusammen mit der senkrechten Teleskopwelle und dem damit gekuppelten Gehänge mit einer durch entsprechende Vorgelege verringerten Geschwindigkeit um die vertikale Achse gedreht wird. Die an der Laufkatze hängende Teleskopwelle ist mit der an der Katze gelagerten senkrechten Antriebswelle durch Universalgelenke verbunden. Lit.-Nachw. Nr. 476.

Abs. 479. **Blockeinsetzmaschinen für Wärmeöfen.** Bauart: Aktien-Gesellschaft Lauchhammer in Lauchhammer. Die großen und vielseitigen Vorteile, welche man durch Verwendung von Beschickungsmaschinen beim Martinofenbetrieb erreichte, führten bald zur Konstruktion ähnlicher Maschinen zum Einsetzen und Ausziehen von Blöcken, Brammen, Ingots usw. in die Wärmeöfen. Während beim Einsetzen von Chargen in die Martinöfen ein schräges Anheben der Mulden erwünscht

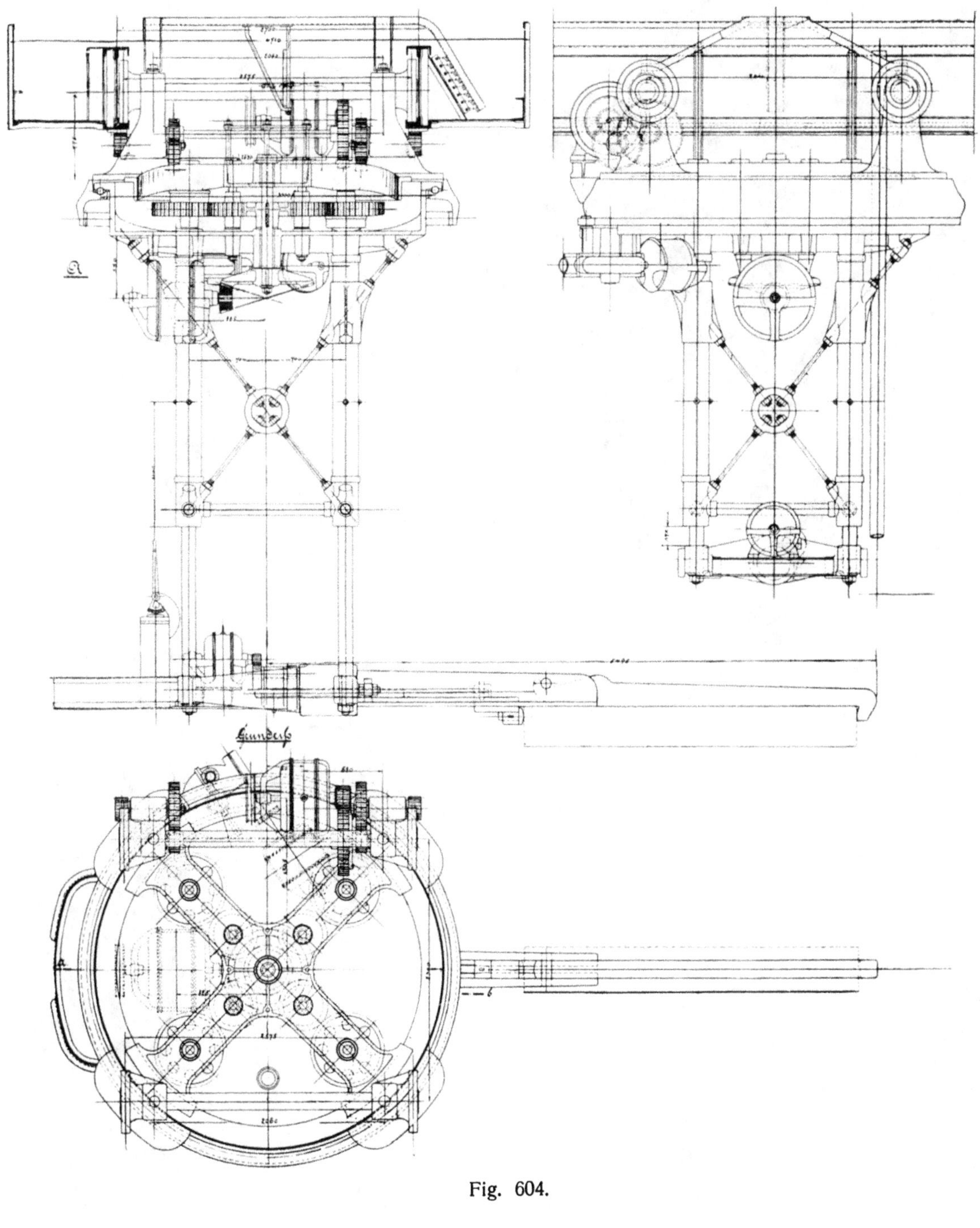

Fig. 604.

Fig. 605.

Fig. 606.

ist, um über die in den Öfen bereits angehäuften Schrottberge hinwegzukommen, bedingen die Betriebsverhältnisse der Blockeinsetzmaschinen ein senkrechtes Aufheben und Absetzen der Blöcke. Die laufkranartigen Chargiermaschinen mit den Vorteilen der besseren Raumausnutzung führten bald auch zu gleichen Konstruktionen für die Blockeinsetzmaschinen. Die Fig. 604 u. 605 zeigen eine Ausführung schwerster Form für Blöcke und Brammen von 4000 kg Gewicht und Längen bis zu 4 m. Die Konstruktion der Laufbrücke ist die übliche und besteht aus zwei Hauptträgern, welche durch seitliche Bühnen in bekannter Weise ausgesteift sind. Die Untergurte dieser Hauptträger sind in geeigneter Weise als Laufbahn für die Katze ausgebildet. Letztere besteht im wesentlichen aus drei Teilen: 1. dem Tragring aus Stahlguß, der gleichzeitig als Zahnkranz ausgebildet ist und den gesamten Fahrantrieb trägt; 2. dem drehbaren Oberteil mit Hub- und Drehwerk; 3. dem drehbaren und senkrecht bewegbaren Unterteil mit dem Antrieb zum Öffnen und Schließen der Zange und dem Führerstand. Die großen zu bewegenden Massen, die hohen Fahrgeschwindigkeiten sowie der häufige und sehr plötzliche Fahrtrichtungswechsel erfordern statt des üblichen Adhäsionsantriebes einen zwangläufigen Zahnantrieb. Der Motor treibt durch doppeltes Stirnradvorgelege zwei Stirnritzel an, die in die beiden unter den Untergurten der Hauptträger befestigten Zahnstangen eingreifen, während die vier Laufrollen sich mit ihren Achsen frei drehen können. Es ist hierdurch ein äußerst exaktes Halten und ein unbedingtes Feststehen der Katze beim Drehen der schweren und langen Blöcke gewährleistet. Auf dem Tragring ruht auf einer großen Anzahl gehärteter Stahlkugeln der drehbare Oberteil. Der Drehmotor nebst zugehörigem Schneckengetriebe ist an dem sich drehenden Teil fest angebaut und greift das angetriebene Stirnritzel in den festen Zahnkranz ein. Das Hubwerk besteht aus vier Spindeln, deren zugehörige Muttern gemeinschaftlich durch konische Räder und ein System von Stirnrädern vom Hubmotor aus angetrieben werden. Die Muttern sind auf Kugeln derart gelagert, daß sie kleinen seitlichen Ablenkungen nachgeben können. Die als Rohre ausgebildeten Spindelführungen sind mit dem schweren Gußgehäuse für das Räderwerk fest verbunden und durch Diagonalen untereinander gut ausgesteift. Die Spindeln selbst erhalten durch die untere Gußtraverse untereinander nochmals eine feste Verbindung. In dieser Traverse ist die Zange und die Vorrichtung zu ihrem Öffnen und Schließen, bestehend aus Elektromotor, doppeltem Rädervorgelege und Spindel, eingebaut. Der Führerstand mit Anlassern, Widerständen und Schalttafel befindet sich an der der Zange entgegengesetzten Seite des Unterteils, so daß Führer und Apparate möglichst wenig der Hitze ausgesetzt sind.

In Fig. 605 u. 606 ist eine seitlich greifende Zange dargestellt, während Fig. 604 die Maschine mit Kopfzange darstellt. Beide Zangen sind in kürzester Zeit auswechselbar. Die Greifzange eignet sich besonders für lange Blöcke mit verhältnismäßig kleinem Querschnitt, während die Kopfzange vorteilhaft bei kurzen, breiten Brammen Verwendung findet. Die Arbeitsgeschwindigkeiten der Maschine sind:

Kranfahren	120 m p. Min.	Heben	8 m p. Min.
Katzfahren	60 m p. Min.	Drehen	2 mal p. Min.

Spindelvorschub: 1,6 m p. Min.

Eine bedeutend leichtere, einfacher konstruierte Maschine ist in Fig. 606 dargestellt. Diese ist ebenfalls für das Arbeiten mit Blöcken oder Brammen von 4000 kg Gewicht und Längen bis zu 4 m bestimmt. Die Konstruktion des Krangerüstes mit dem Fahrwerk entspricht den früher beschriebenen Ausführungen.

www.ingramcontent.com/pod-product-compliance
Lightning Source LLC
LaVergne TN
LVHW081345011026
849161LV00013BB/3009